CGWANG编辑部

Maya
影视动画高级模型制作全解析

CGWANG动漫教育 编著

人民邮电出版社
北京

图书在版编目（CIP）数据

Maya影视动画高级模型制作全解析 / CGWANG动漫教育编著. -- 北京 : 人民邮电出版社, 2016.4
ISBN 978-7-115-41201-0

Ⅰ. ①M… Ⅱ. ①C… Ⅲ. ①三维动画软件 Ⅳ. ①TP391.41

中国版本图书馆CIP数据核字(2016)第045836号

内 容 提 要

本书是一本关于 Maya 影视动画模型制作入门与提高的书，由浅入深地介绍了运用 Maya 软件进行影视动画模型制作的相关知识。全书共分为 7 章，从影视动画的道具模型制作到影视动画的角色模型制作，全面介绍了 Maya 影视动画模型制作的技术理论知识、功能命令的使用方法等。本书注重实用性，书中的案例均为在实际生产中具有代表性的模型制作案例。

随书附带 DVD 多媒体教学光盘，包括本书案例的源文件、优秀作品展示和宣传视频，另外，还提供了完整案例的制作视频下载，包括 87 小时超长演示，深入讲解各步骤的操作细节和技巧。

本书在讲解上采用了原理分析配合实践操作的方式，不仅可以快速上手操作，还能够了解 Maya 影视动画模型的制作原理，让读者知其然更知其所以然。本书非常适合自学 Maya 影视动画模型制作的读者，也适合相关培训学校作为教材使用。

◆ 编　　著　CGWANG 动漫教育
　责任编辑　张丹阳
　责任印制　陈　犇

◆ 人民邮电出版社出版发行　　北京市丰台区成寿寺路 11 号
　邮编　100164　　电子邮件　315@ptpress.com.cn
　网址　http://www.ptpress.com.cn
　北京捷迅佳彩印刷有限公司印刷

◆ 开本：787×1092　1/16
　印张：24　　　　2016 年 4 月第 1 版
　字数：700 千字　　　　2024 年 8 月北京第 25 次印刷

定价：99.00 元（附光盘）

读者服务热线：(010)81055410　印装质量热线：(010)81055316

反盗版热线：(010)81055315

王氏教育集团,以人为本
CGWANG
.com

Maya 影视动画高级模型制作全解析
CGWANG课堂系列

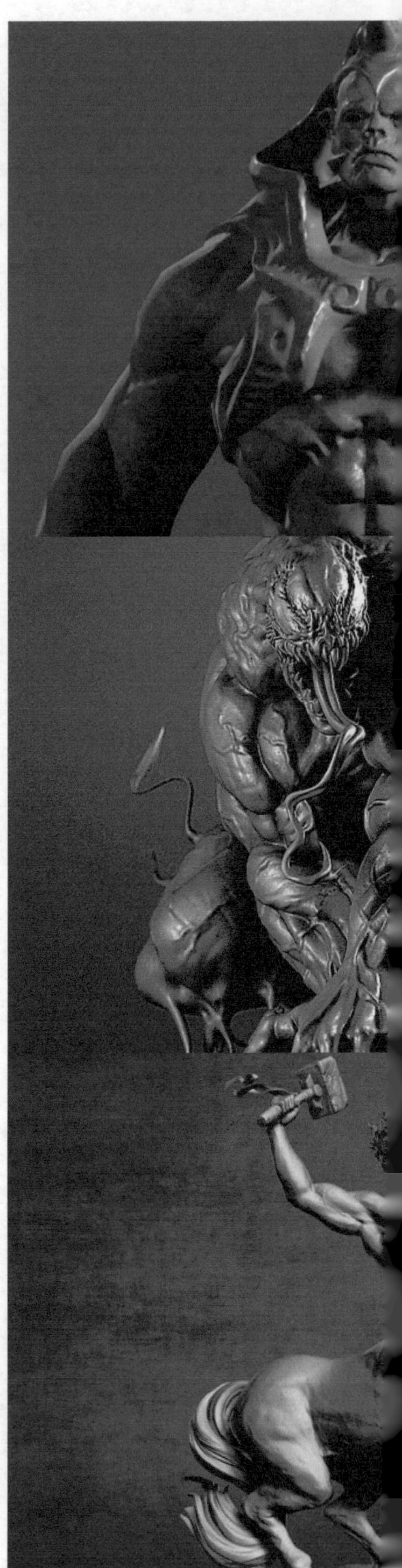

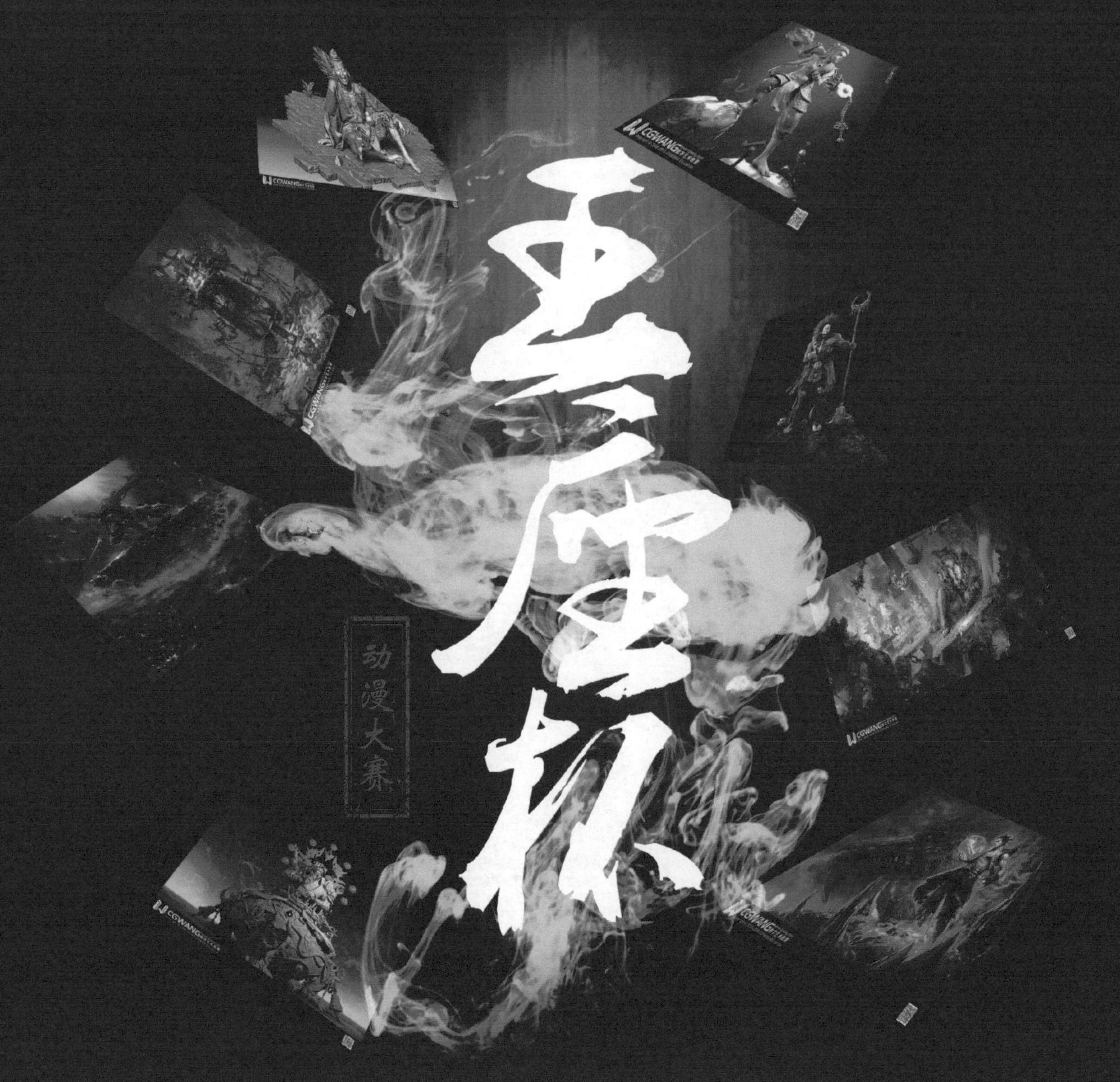
王座杯
动漫大赛

王氏教育集团,以人为本
CGWANG
.com

前言

动画是绘画、漫画、艺术、数字媒体、摄影和音乐等多艺术的表现形式。动画有两个共同点：第一，以电影胶片或数字信息的方式逐格记录；第二，是幻想艺术创作出来的，而不是原本就存在的。动画被广泛应用在文化传播、知识普及、影视特效、广告制作和电子游戏中。中国动画存在着巨大的市场潜力，不仅是3.67亿未成年人，10多亿中国人都将是动漫产业潜在的消费群体，动漫产业的发展也必然会推动影视动画的发展。

在CGWANG网站(www.cgwang.com)上提供了相关的信息介绍，包括动画作品、动画课堂教程、动画论坛和动画招聘等。

随着游戏、动漫产业的迅猛发展，优秀技术人才的数量远远满足不了公司开发产品的需求，为了推动和普及CG领域中三维影视与游戏技术的应用，我们出版了《3ds Max高级角色建模：美女篇》《ZBrush/3ds Max次世代游戏角色制作全解析》《3ds Max/Photoshop影视游戏贴图渲染技术全解析》《Photoshop CG角色绘制技法精解》和《ZBrush数字人体雕刻精解》等图书。

随着3D技术的不断发展，其渐渐取代了平面动画。动画技术并不仅限于动画片的制作，其在电影、电视等多媒体中也得到了广泛的运用，特别是电影电脑特技的表现更使得电影得到了更多的技术支持，成为现代电影重要的一部分，电影利用电脑动画补充其表现手法，而动画也吸取电影的各方面技术。动画建模是动画创作中不可缺少的重要部分，Maya软件是现今制作影视动画模型最主流的软件。

Maya是美国Autodesk公司出品的世界顶级的三维动画软件，应用对象是专业的影视广告、角色动画和电影特技等。Maya功能完善，工作灵活，易学易用，制作效率极高，渲染真实感极强，是电影级别的高端制作软件。其售价高昂，声名显赫，是制作者梦寐以求的制作工具，掌握了Maya，会极大地提高动画的制作效率和品质，调节出仿真的角色动画，渲染出电影一般的真实效果，向世界顶级动画师迈进。本书正是由CGWANG动漫培训机构的原画、Maya影视动画组的课堂制作讲解实例所编辑整理而成的，介绍并巩固了包括Maya基础在内的非常重要的基础知识，并传授了行业资深人士的制作技巧。无论你是刚接触Maya动画建模的新人，还是已经从事相关工作的业内人士，《Maya影视动画高级模型制作全解析》都是值得您仔细揣摩的图书。

本书通过对道具、场景、角色的模型制作讲解，阐述了Maya软件的应用和影视动画模型制作的各项要领。本书共分为7个章节，结构条理清晰，讲解详细到位，希望将Maya软件应用和影视动画建模技法准确无误地传达给读者。

随书附带DVD多媒体教学光盘，包括本书案例的源文件、优秀作品展示和宣传视频，由于光盘容量有限，还提供了案例制作演示视频的百度云下载链接，读者可自行下载。

如果读者在阅读本书的过程中遇到问题，可以登录CGWANG网站http://www.cgwang.com的论坛提出问题，将会有CGWANG老师为您解答。我们的客服QQ号码是8675701。

在学习本书之前，请确保您的计算机已安装Maya 2012以上版本软件。

编者

目录

第01章 关于影视动画高级模型

第02章 Maya基础

第03章 Maya 影视机械模型制作

第04章 Maya 影视道具模型制作

第05章 Maya 影视场景模型制作

第06章 Maya 写实女战士角色设计制作

第07章 Maya 卡通女角色设计制作

视频目录

本书视频总时长长达87小时，内容涵盖本书中所有的模型制作案例。视频课程将为读者详细讲解各种影视模型的制作，既有机械、道具和场景等影视模型的制作，也有写实类和卡通类影视角色的制作。由于视频体积较大，光盘容量有限，为读者提供了案例制作演示视频的百度云下载链接，详细内容见本书附带光盘。

第03章 Maya影视机械模型制作

本章视频讲解了如何使用Maya软件来制作狙击枪和机械头盔的模型。狙击枪案例从参考图的导入，到大型的创建，再到模型结构的细化和最终的渲染输出，详细地讲解了一个完整的制作案例。机械头盔从大型创建开始，逐步深入讲解到零部件的细化，最终精细地制作出机械头盔的模型，视频时长18:41:00。

3.2.4 狙击枪模型的参考图导入

狙击枪模型制作-01.mp4

3.2.5 狙击枪模型的大型创建

狙击枪模型制作-02.mp4

3.2.6 狙击枪模型的结构细化

狙击枪模型制作-03.mp4、04.mp4、05.mp4

3.2.7 狙击枪模型的渲染输出

狙击枪模型制作-06.mp4

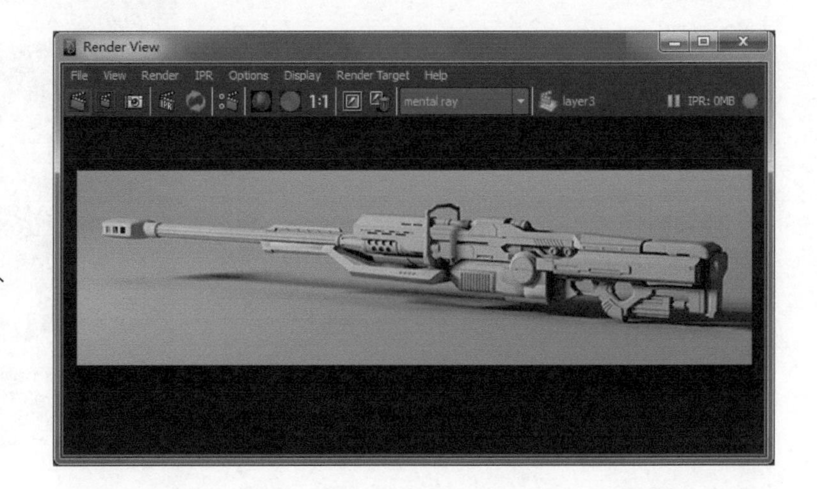

3.3.4 机械头盔的大型创建

机械头盔模型制作-01.mp4、02.mp4

3.3.5 机械头盔的结构细化

机械头盔模型制作-03.mp4、04.mp4、05.mp4、06.mp4、07.mp4

3.3.6 机械头盔的零部件制作

机械头盔模型制作-08.mp4、09.mp4、010.mp4、011.mp4、012.mp4、013.mp4

第04章 Maya影视道具模型制作

本章视频主要讲解了使用Maya软件进行道具模型的制作。宝箱案例依照其结构分成箱身、箱盖和花纹3部分进行有条理的制作。斧头道具则是先建好整体结构，细化之后再对斧身进行装饰配件的制作，视频时长09:15:00。

4.2.4 宝箱模型的箱身制作

宝箱模型制作-01.mp4

4.2.5 宝箱模型的箱盖制作

宝箱模型制作-02.mp4

4.2.6 宝箱模型的花纹底部结构制作

宝箱模型制作-03.mp4

4.2.7 宝箱模型的花纹制作

宝箱模型制作-04.mp4、05.mp4、06.mp4

4.2.8 宝箱模型的部件物体制作

宝箱模型制作-07.mp4

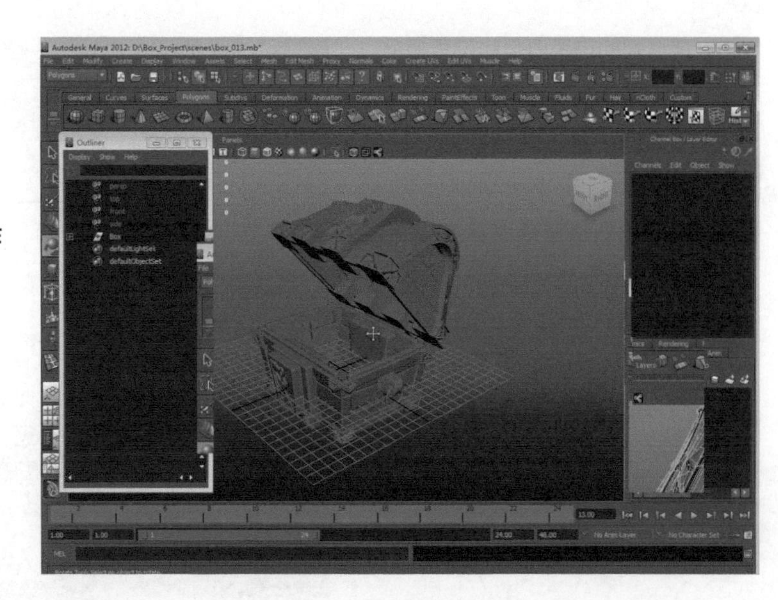

4.3.4 斧头模型的参考图导入

斧头模型制作-01.mp4

4.3.5 斧头模型的大型创建

斧头模型制作-01.mp4、02.mp4、03.mp4

4.3.6 斧头模型的斧身细化

斧头模型制作-04.mp4、05.mp4、06.mp4

4.3.7 斧头模型的配件制作

斧头模型制作-06.mp4、07.mp4、08.mp4、09.mp4、010.mp4

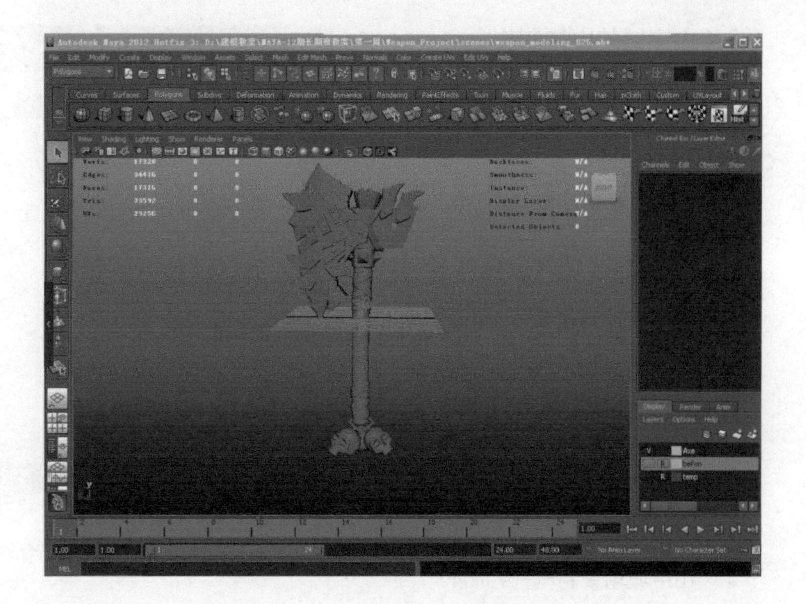

第05章 Maya影视场景模型制作

本章视频主要针对影视场景进行模型的制作讲解。室内场景书屋的制作通过对场景摄像机的设置和摆放、场景大型搭建、细节建造和装饰建造4个方面来制作完整的室内场景。室外场景案例讲解了一座嵌在山体中的城堡，因此需要制作的模型不仅是单一的城堡，还包括山体的制作，视频时长12:16:00。

5.2.4 藏书阁的场景摄像机设置摆放

藏书阁场景制作-01.mp4

5.2.5 藏书阁的场景大型搭建

藏书阁场景制作-01.mp4

5.2.6 藏书阁的场景细节建造

藏书阁场景制作-02.mp4

5.2.7 藏书阁的场景装饰制作

藏书阁场景制作-03.mp4、04.mp4

5.3.4 山中城的山体制作

山中城场景制作-01.mp4、02.mp4

5.3.5 山中城的建筑制作

山中城场景制作-02.mp4、03.mp4、04.mp4

5.3.6 山中城的场景细节纹理制作

山中城场景制作-05.mp4

5.3.7 山中城的部件物体制作

山中城场景制作-06.mp4、07.mp4

5.3.8 山中城的最终调整和渲染输出

山中城场景制作-07.mp4

第06章 Maya写实女战士角色设计制作

本章视频讲解了如何使用Maya软件制作一个影视角色模型。写实女战士案例可分为3大部分，分别为角色的头部制作、身体制作和服饰制作。在大型创建完成后，先对头部进行细化，之后是身体的细化，整个人体制作精确后再进行服饰装备的制作，视频时长32:09:00。

6.3 女战士头部制作

写实女战士模型制作-01.mp4、02.mp4、03.mp4、04.mp4、05.mp4、06.mp4、07.mp4、08.mp4、09.mp4

6.4 女战士身体制作

写实女战士模型制作-10.mp4、11.mp4、12.mp4、13.mp4、14.mp4、15.mp4、16.mp4、17.mp4、18.mp4

6.5 女战士服饰制作

写实女战士模型制作-19.mp4、20.mp4、21.mp4、22.mp4、23.mp4、24.mp4、25.mp4、26.mp4、27.mp4、28.mp4、29.mp4

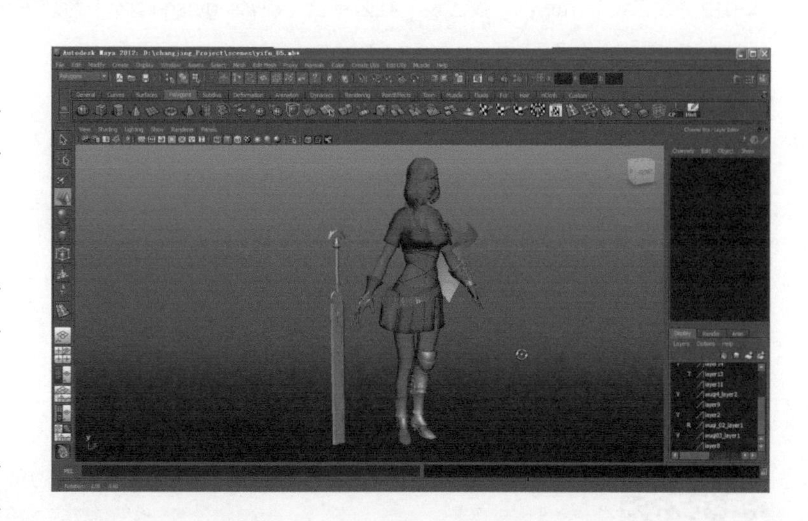

第07章 Maya卡通女角色模型制作

本章视频讲解了如何使用Maya软件制作一个影视卡通角色。从头部的制作到身体制作再到头发和服饰的制作，此案例详细地讲解了如何创建出一个合格的影视卡通模型，视频时长14:55:00。

7.3 卡通角色头部制作

卡通女角色模型制作-01.mp4、02.mp4、03.mp4、04.mp4、05.mp4

7.4 卡通角色身体制作

卡通女角色模型制作-06.mp4、07.mp4、08.mp4、09.mp4、10.mp4、11.mp4、12.mp4、13.mp4、14.mp4、15.mp4

7.5 卡通角色头发制作

卡通女角色模型制作-16.mp4、17.mp4、18.mp4、19.mp4

7.6 卡通角色服饰制作

卡通女角色模型制作-20.mp4、21.mp4、22.mp4

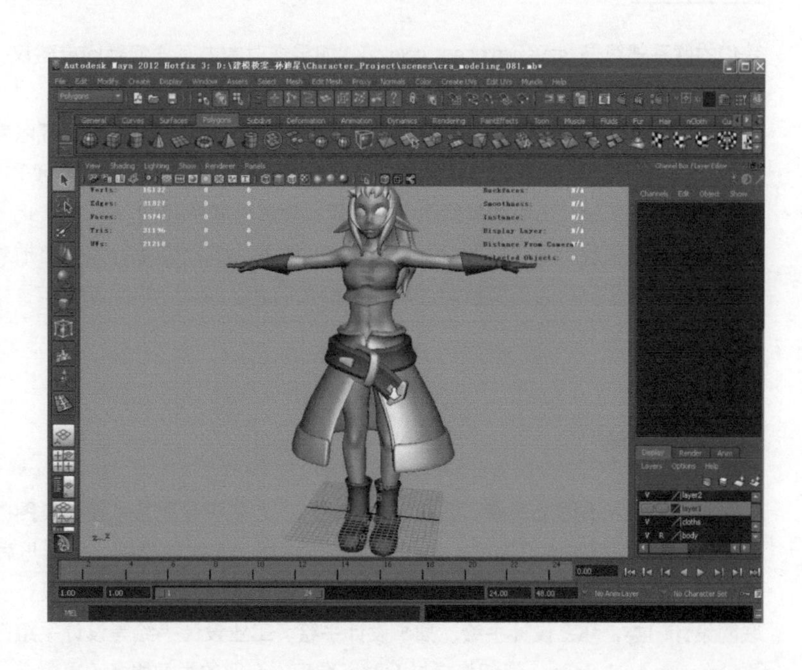

资源与支持

本书由“数艺设”出品，“数艺设”社区平台（www.shuyishe.com）为您提供后续服务。

配套资源

本书所有案例的最终效果图及Maya模型制作过程的源文件
CGWANG动漫培训全部课程的课堂示范加速视频
CGWANG动漫培训优秀作品赏析
长达87小时书中全部案例课堂示范演示视频

资源获取请扫码

“数艺设”社区平台，为艺术设计从业者提供专业的教育产品。

与我们联系

我们的联系邮箱是 szys@ptpress.com.cn。如果您对本书有任何疑问或建议，请您发邮件给我们，并请在邮件标题中注明本书书名及ISBN，以便我们更高效地做出反馈。

如果您有兴趣出版图书、录制教学课程，或者参与技术审校等工作，可以发邮件给我们；有意出版图书的作者也可以到“数艺设”社区平台在线投稿（直接访问 www.shuyishe.com 即可）。如果学校、培训机构或企业想批量购买本书或“数艺设”出版的其他图书，也可以发邮件联系我们。

如果您在网上发现针对“数艺设”出品图书的各种形式的盗版行为，包括对图书全部或部分内容的非授权传播，请您将怀疑有侵权行为的链接通过邮件发给我们。您的这一举动是对作者权益的保护，也是我们持续为您提供有价值的内容的动力之源。

关于“数艺设”

人民邮电出版社有限公司旗下品牌“数艺设”，专注于专业艺术设计类图书出版，为艺术设计从业者提供专业的图书、U书、课程等教育产品。出版领域涉及平面、三维、影视、摄影与后期等数字艺术门类，字体设计、品牌设计、色彩设计等设计理论与应用门类，UI设计、电商设计、新媒体设计、游戏设计、交互设计、原型设计等互联网设计门类，环艺设计手绘、插画设计手绘、工业设计手绘等设计手绘门类。更多服务请访问“数艺设”社区平台www.shuyishe.com。我们将提供及时、准确、专业的学习服务。

第01章 关于影视动画高级模型

本章主要是对三维影视动画行业方面的相关知识进行介绍，帮助大家了解影视动画的生产流程和模型制作的方法及工具。

1.1 三维影视动画概述

三维影视动画又称3D影视动画，它作为电脑美术的一个分支，是建立在动画艺术和电脑软件技术发展基础上而形成的一种相对独立新型的艺术形式。近年来，随着计算机技术在影视领域的延伸和制作软件的日益丰富，三维数字影像技术打破了影视拍摄的局限性，在视觉效果上弥补了拍摄的不足。由于影视产业的高度发展，数字三维艺术不断被影视创作所应用，其震撼的视觉效果让人们相信，艺术可以改变生活。

三维艺术使特技制作有了更多的艺术表现手段，传统特技使用化妆、机械模型等来模拟需要的形象，而现在很多时候已采用三维动画来完成。从三维制作的效果来看，三维技术为影视后期合成提供了非常丰富的素材，其强大的功能可以逼真地模拟现实世界中的各类事物，让更多虚拟的元素进入作品，能轻松完成现实拍摄和制作中无法做到的工作，其超炫的特效为影视作品带来了华美的包装，大大节约了影视动画制作的成本。它的精确性、真实性和无限的可操作性，被广泛应用于影视特效、动画制作、游戏制作、影视广告设计、栏目包装等诸多领域，如图1-1所示。

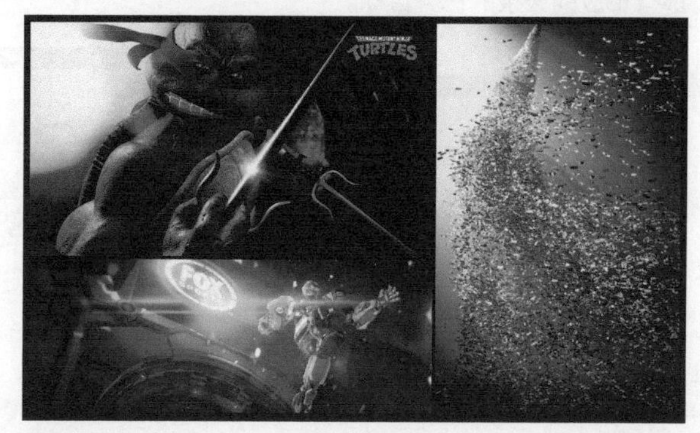

图1-1

1.2 三维技术在影视动画行业中的应用

随着计算机技术的发展，三维电脑动画技术日趋成熟，在影视作品制作中逐步获得了广泛应用，并已成为当今影视制作的主要手段之一。众多功能日趋强大的三维软件给现代影视作品的设计制作带来了极大的方便，也为设计师开拓了更广阔的创意空间。在影视制作中，三维技术主要应用于虚拟现实场景的制作、角色动画制作、运动过程模拟及重建和后期特效等方面。

三维动画丰富的表现手法，增强了影视作品的艺术表现力，超越了一般影视艺术的表现局限，充分发挥设计者的想象力和创作思维的表现力，几乎不受到外界的任何阻挠。动画形象的塑造和特技的运用，更赋予影视作品独特的艺术魅力，形成了一种传统影视手法无法达到的视觉与艺术境界，审美的特征和超现实的独特个性，人们在实际生活中没有或无法看到的现象，都可以在动画中得到实现，极大地满足了观众的心理需求，使电影电视更具欣赏力与吸引力。许多创意优秀、反响强烈的影视作品，在制作中都有三维动画合成技术的支持，如图1-2所示。

图1-2

好莱坞作为世界电影制作的最前沿，同时也是展示美国计算机三维技术的舞台，其电影产品对计算机三维技术的应用能力，以及所诞生出来的影视作品中所展现的艺术成就也是走在世界前列的。正是因为计算机三维技术具有种种传统技术所不能达到的能力和优势，这种技术几乎已经成为当前影视制作的通用技术，在这样的大背景下，研究三维技术在影视行业中的应用具有非常重要的意义。

1.3 影视动画的生产流程

影视动画制作是一门涉及范围很广的技术，不但需要具备软件使用技术，还需要拥有扎实的艺术功底和创造力。它的生产流程通常分为前期的剧本创作设定、中期的三维制作和后期的最终合成剪辑三个阶段，每一个阶段都有相应的繁杂的任务目标。

三维制作处于整个流程的中期阶段，大致上又可以分为模型、材质贴图、设置绑定、镜头动画、灯光渲染等几道工序，如图1-3所示。

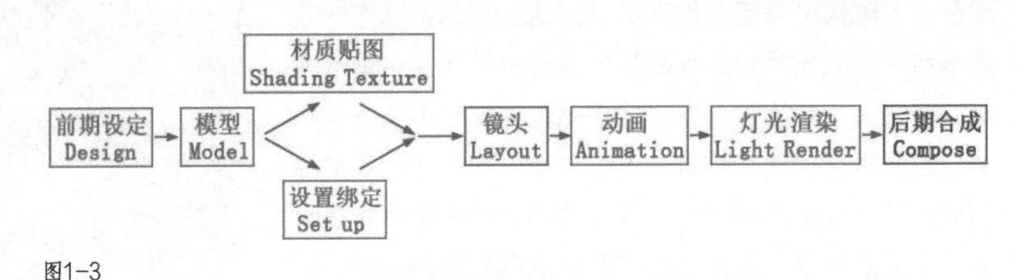

图1-3

1.4 模型模块在生产流程中的位置和要求

本书所讲的是模型的制作，而模型是一个三维作品中非常重要的环节，它是三维动画项目中核心的部分，它是将二维上的原画设定稿实现成立体的三维模型，只有开始的模型建得好、建得合理，才能让后续的工作变得顺利和轻松。

模型的制作大致有两个方面的要求。首先是造型方面，不仅要把模型做得精致准确、造型合理，还需要有很高的还原度，尽可能贴近原画设定稿。然后是布线方面，因为模型只是生产流程中的一个阶段，它不是单独孤立存在的，之后还需要对其进行动画制作，如果模型的布线不合理，那么会对之后的动画造成很大的影响。

1.5 模型的类别

模型常被归为角色、道具与场景三种类型，它们是一部电影动画所必需的元素组成部分，也是构成一幅画面、一部电影动画的基础。作为一个好的美术设计者，不仅要把它们的外形设计得精美准确，同时又要反映出剧情所发生的社会背景、历史文化、风土人情等，因为它们都会直接影响着那个时期的特点。更要考虑的是它们的意境体现，利用一景一物传达内心情感。

角色是一部动画片中的表演者，是一部好的影视动画的重要元素，动画片中的角色形象如同真人演出的电影电视一样，他们担负着演绎故事，推动戏剧情节以及揭示人物性格、命运和影片主题的重要任务。影片中的角色造型也是形成影片整体风格的重要元素，如图1-4所示。

道具泛指场景中装饰、布置用的可移动物件，是和电影场景、剧情和人物相关联的一切物件的总称，如图1-5所示。

图1-4

图1-5

场景是影片叙事的基本载体和影片特定的空间环境，是影片重要的造型元素。现代电影的场景，可以是现实空间环境，也可以是非现实空间环境，但是，这两种场景的存在，都要求体现和反映剧本中规定的情境，如图1-6所示。

建立角色、道具及场景模型时，模型的比例要确保统一，严格按照原设定比例进行制作。

图1-6

1.6 模型的美术风格

模型设计制作的好坏对整部影片的视觉效果起着决定性的作用，所以在制作过程中，需要特别注意其风格的把握。它的风格一方面取决于故事剧本的具体内容和题材，另一方面取决于导演和主创人员的审美取向，可以把它的美术创作风格大体分为写实风格、半写实风格和卡通风格。

1. 写实风格模型

写实风格的模型是指按照事物真实的样式进行表达的方式。在模型的造型过程中，所呈现的是一个真字，不管是结构、比例、形状、色彩还是绘制手法，都是按现实人物或动物的真实状态进行创作、设计。写实风格的模型，无论是客观物体的再现，还是艺术家的想象、再创造，给人的感觉是真实的。制作写实风格的模型需要过硬的绘画基本功，如图1-7所示。

图1-7

2. 半写实风格模型

半写实风格的模型其造型是在写实的基础上进行艺术加工、改造，通过夸张甚至变形的手法突出模型的主要特征，既不失写实的特色，又加入了更多设计者创作的成分。设计半写实风格的模型，有时甚至比写实风格的难度还要大，设计者除了要具备过硬的绘画基础外，还要了解多种卡通绘制技法，如图1-8所示。

图1-8

3. 卡通风格模型

卡通风格的模型一般是通过夸张、变形、提炼的手法，以幽默、风趣、诙谐的艺术效果进行表现，既可以滑稽、可爱，也可以严肃、庄重，是具有鲜明原型特征的创作手法，是一种被采用最多的艺术形式，如图1-9所示。

图1-9

1.7 模型的制作方法与工具——Maya

模型是利用计算机进行设计与创作，通过使用三维建模软件，按照要表现的对象的形状以及尺寸建立的三维物体，这是三维动画制作中十分繁重的一项工作，需要出场的角色和场景中出现的物体都需要建模。需要注意的是，计算机所建立的三维模型并不是现实三维空间中的物体，而是通过计算机实现的在视觉上产生三维效果的模型。

三维制作软件有很多，不同的行业所使用的软件也不同，它们各有所长，可根据工作需要进行选择。目前国际上最为流行的三维制作软件，主要包括：Maya、3ds Max、Softimage/XSI、Lightwave 3D、Cinema 4D等，如图1-10所示。

由于本书是以Maya为制作工具，那么下面就对Maya做一些简单介绍。

Autodesk Maya是美国Autodesk公司出品的世界顶级的三维动画制作软件，应用对象是专业的影视广告、角色动画和电影特技等。Maya软件功能完善，工作灵活，易学易用，制作效率极高，渲染真实感极强，是电影级别的高端制作软件，如图1-11所示。

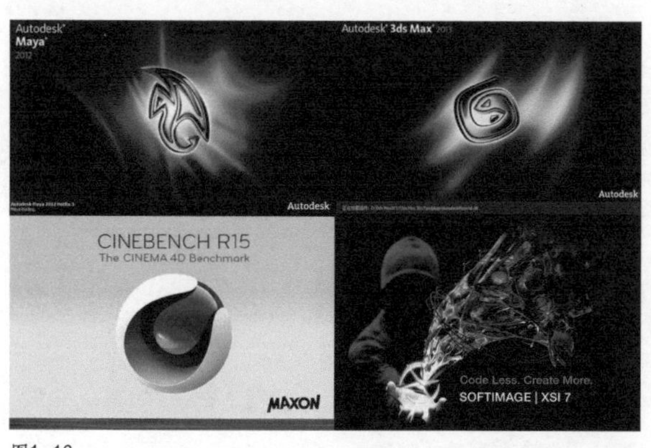

图1-10

图1-11

Maya集成了Alias、Wavefront最先进的动画及数字效果技术，它不仅包括一般三维和视觉效果制作的功能，而且还与最先进的建模、数字化布料模拟、毛发渲染、运动匹配技术相结合。在目前市场上用来进行数字和三维制作的工具中，Maya是首选解决方案。它强大的功能正是那些设计师、广告主、影视制片人、游戏开发者、视觉艺术设计专家、网站开发人员们极为推崇的原因，同时Maya也将他们的标准提升到了更高的层次。

Maya广泛应用于近年来所有荣获奥斯卡最佳视觉效果奖的影片制作中，可以看出Maya技术在电影领域的应用越来越趋于成熟。《星球大战》系列、《指环王》系列、《蜘蛛侠》系列、《钢铁侠》系列、《哈里波特》系列、《变形金刚》系列、《阿凡达》、《环太平洋》、《最终幻想》、《海底总动员》、《冰河世纪》、《功夫熊猫》、《疯狂原始人》、《蓝精灵》以及国内魔幻大片《大闹天宫》等都是出自Maya之手，如图1-12所示。

图1-12

1.8 本章小结

本章主要介绍了一些三维影视动画行业方面的内容，同时也对模型模块做了基础讲解，从而帮助大家熟悉影视动画的生产流程，了解模型的制作方法和制作工具。也希望大家通过本章的学习能进一步提高对三维制作的兴趣。

第02章 Maya基础

本章主要对Maya的界面、基础操作、常用菜单命令和建模方式进行讲解，帮助大家掌握Maya的基础知识。

2.1 Maya界面认识

Maya 2012主界面如图2-1所示。

1.标题栏

标题栏显示的是Maya软件的版本号和默认创建的文件名，文件保存之后，则会显示完整的保存路径、文件名和文件格式。如果在视图中选择了物体，那么在文件名后会显示当前选择物体的名称，如图2-2所示。

2.菜单栏

Maya的菜单栏被分为6个模块，分别是Animation、Polygons、Surfaces、Dynamics、Rendering、nDynamics。不同的模块进行切换时，菜单选项也会随之切换，而通用菜单选项不会发生变化，通用菜单选项包括File、Edit、Modify、Create、Display、Windows，如图2-3所示。

3.状态栏

状态栏包含多种常用工具，这些工具都是按组排列的，并且可以单击相应的按钮将其展开或关闭，如图2-3所示。

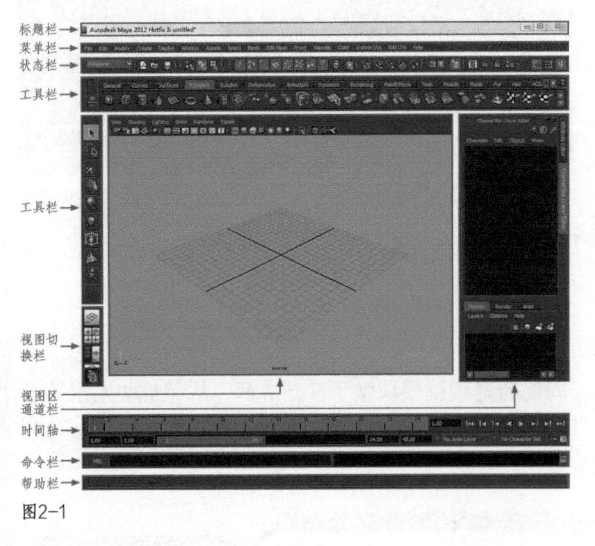

图2-1

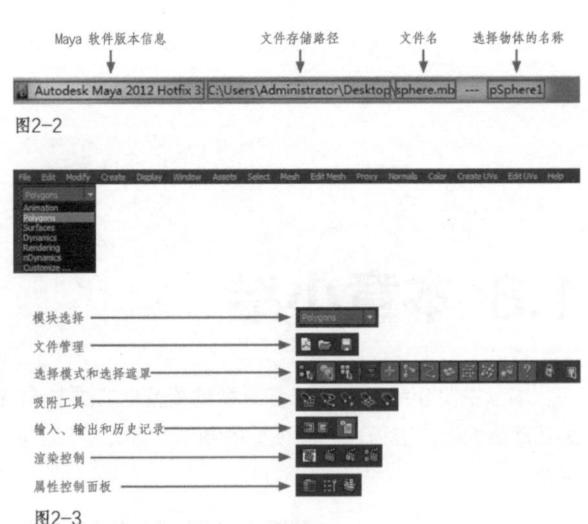

图2-2

图2-3

4.工具架

工具架放置的是菜单命令的快捷图标，通过单击不同标签下的不同按钮可以执行相应的命令从而方便用户的操作，如图2-4所示。

图2-4

5.工具栏和视图切换栏

工具栏包含了物体的选择与操作工具以及最近使用的工具。视图切换栏具有多种视图切换图标，可以使视图工作区呈现不同的排布方式，如图2-5所示。

6.通道栏、属性编辑器和工具属性设置栏

这三栏处在同一个面板位置，可以通过单击右侧的标签进行切换，如图2-6所示。

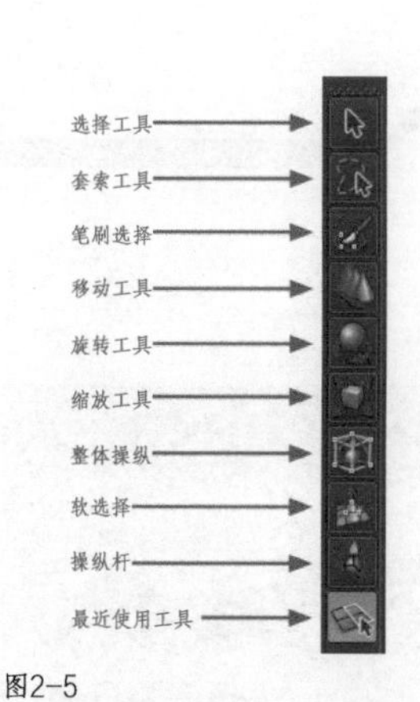

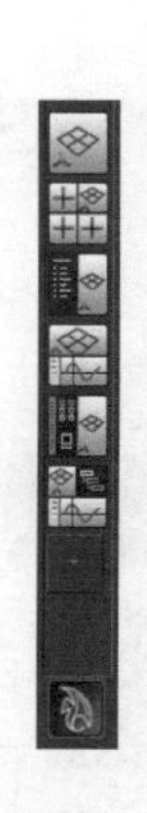

图2-5

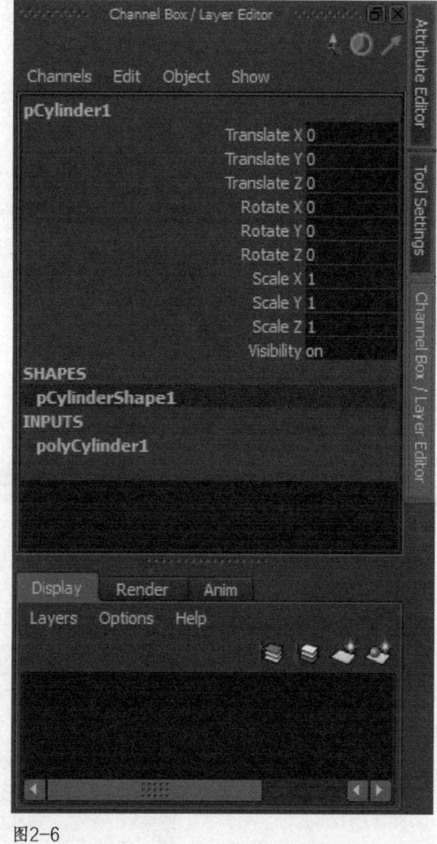

图2-6

7.时间轴

时间轴包括时间滑块和范围滑块，可以进行动画制作的时间调节、播放预览以及动画的参数设置等操作，如图2-7所示。

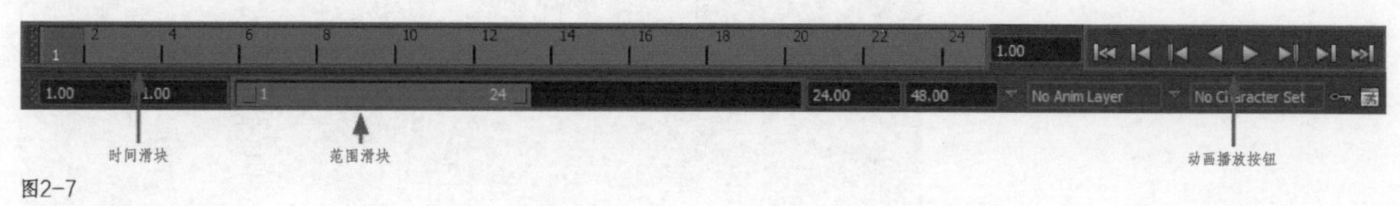

图2-7

8.命令栏

命令栏分为输入命令栏、命令反馈栏和脚本编辑器3个区域。命令栏可以输入MEL语言对文件进行操作，在反馈栏中会显示相应操作的反馈信息，单击脚本编辑器会打开脚本编辑面板，可以显示每一步操作的脚本记录，以及进行MEL表达式的编写，如图2-8所示。

图2-8

9.帮助栏

帮助栏主要是用来显示操作的提示信息，如图2-9所示。

图2-9

10.视图区

视图区是主要的工作区域，一系列的物体创建和编辑都是在视图区里操作完成的，默认的视图模式是单视图或四视图，而每个视图上方都有相同的视图菜单和视图工具架，如图2-10所示。

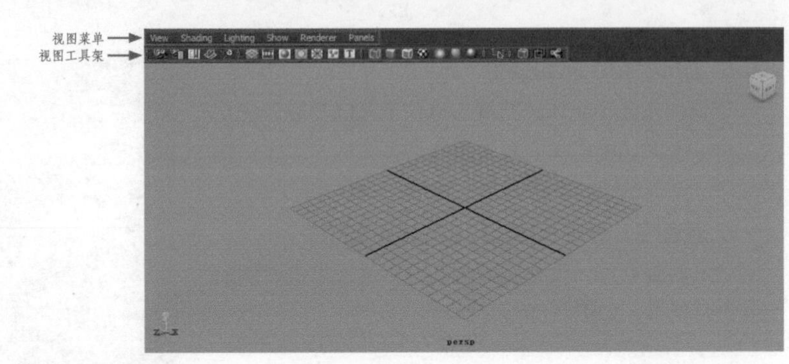

图2-10

2.2 Maya基础操作

2.2.1 视图操作

Maya的默认视图模式是单视图或四视图，四视图显示时分别为顶视图、前视图、侧视图和透视图。可以通过空格键在四视图和单视图之间切换，如图2-11所示。

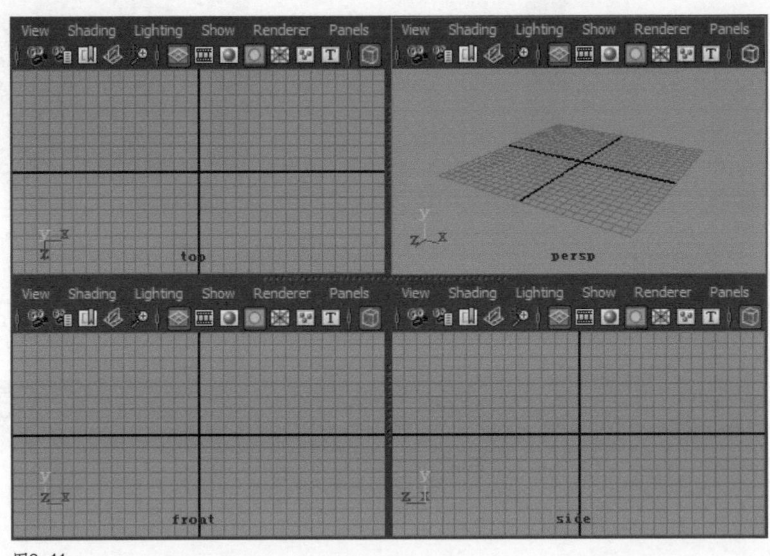

图2-11

Maya的视图操作分为平移视图、旋转视图和缩放视图3种方式，需要键盘和鼠标配合来进行视图操作。

平移视图：Alt+鼠标中键。

旋转视图：Alt+鼠标左键。

缩放视图：Alt+鼠标右键。

Maya同时还提供了改变摄像机视距从而显示场景全部物体和最大化显示当前选择物体的视图调整方式，快捷键分别为A和F，如图2-12所示。

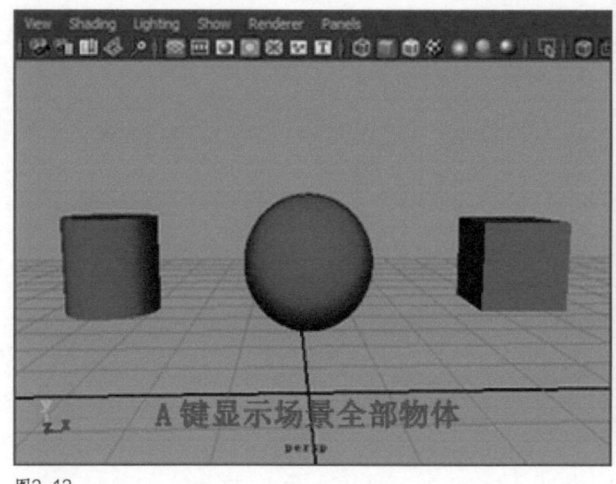

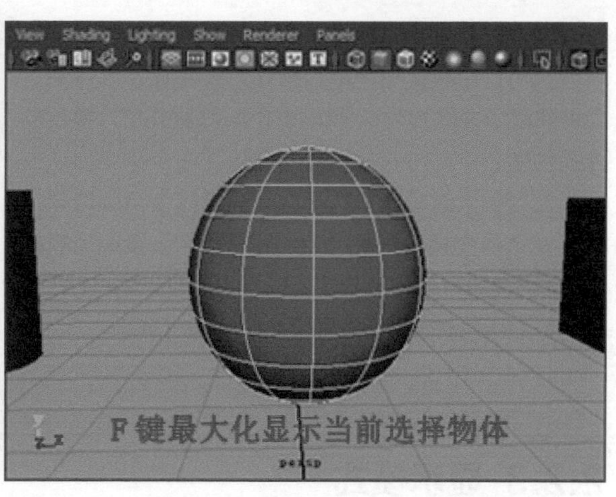

图2-12

2.2.2 物体创建与编辑

Maya的Create菜单是物体的创建菜单，一些基本物体的创建就是通过此菜单进行创建的。根据建模方式的需要，基本物体的创建被分为3种类型，分别是NURBS、Polygon和Subdiv，可以通过菜单选择进行创建，也可以直接单击工具架的物体按钮进行创建，如图2-13所示。

常用基本物体有Sphere（球体）、Cube（立方体）、Cylinder（圆柱体）、Cone（圆锥体）、Plane（平面）、Torus（圆环）等，如图2-14所示。

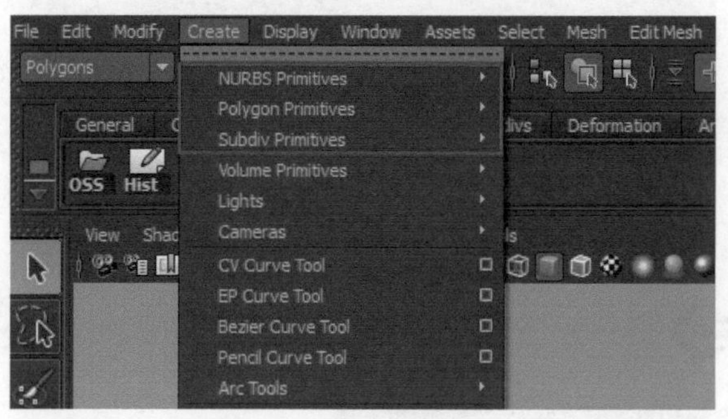

图2-13

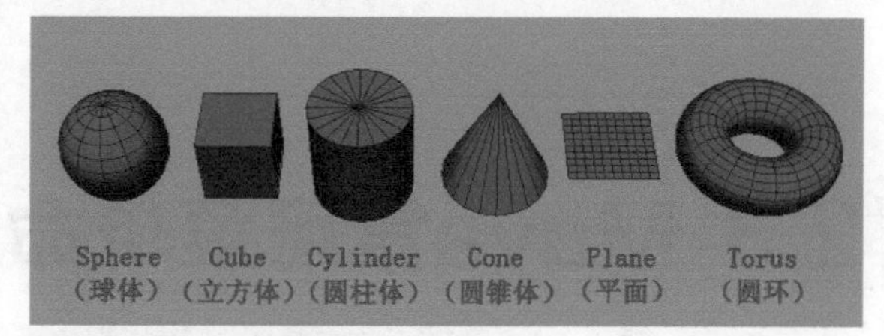

图2-14

物体是由点、线、面构成的，创建之后不仅可以对其整体进行选择（快捷键Q）、移动（快捷键W）、旋转（快捷键E）、缩放（快捷键R）、复制、合并与分离等操作，也可以对其点、线、面元素进行编辑操作。选择模型，在模型上按住鼠标右键，可以分别在点、线、面模式下切换，如图2-15所示。

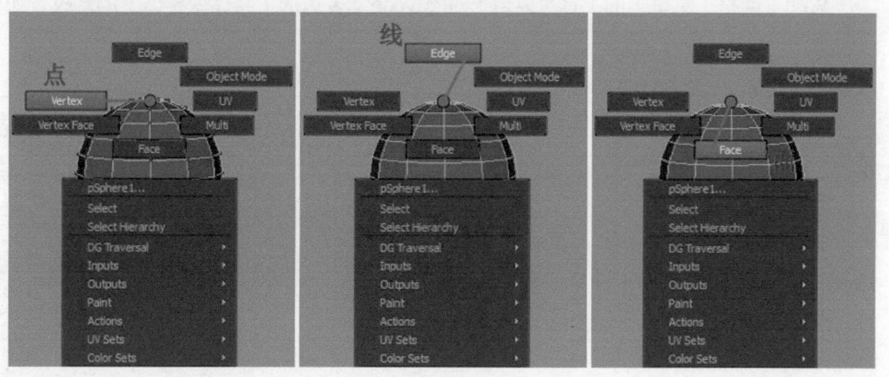

图2-15

在对物体进行操作选择时，如果需要一次选择多个物体，可以通过框选的方式选择，加选物体可以通过Ctrl+Shift组合键选择添加物体，去除物体可以通过Ctrl键选择去除物体，反选物体可以通过Shift键反向选择物体。

在对元素进行操作选择时，还可以使用软选择工具。在选择变换工具状态下，并且处在元素编辑模式下，按B键即可切换到软选择工具。按住B键不动，拖动鼠标即可调整软选择范围，如图2-16所示。

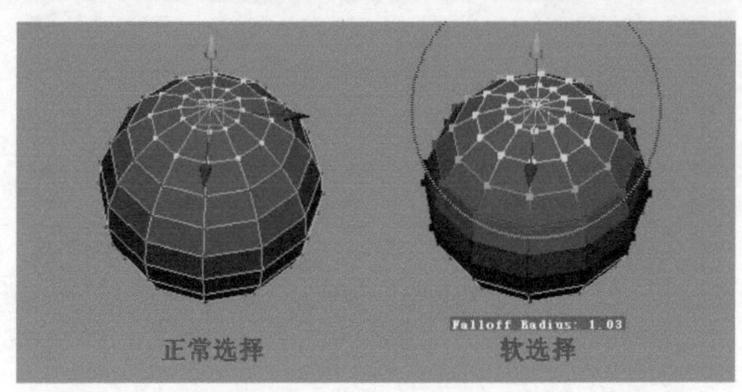

图2-16

2.2.3 显示模式

Maya中的实时显示模式共分为7种，分别是低质量显示、中等质量显示、高质量平滑显示、线框显示、实体显示、材质显示、灯光显示，快捷键依次为数字键1~7。Maya之所以有这几种显示模式，除了方便观察制作之外，还可以在制作复杂模型时以低质量显示来减轻计算机运算的负荷，从而保持计算机运行的流畅。以球体显示为例，如图2-17所示。

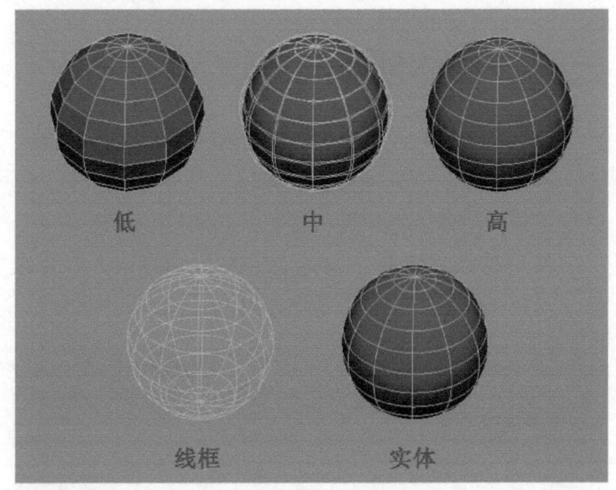

图2-17

2.3 Maya常用菜单命令

2.3.1 Mesh（网格）菜单

Mesh（网格）菜单下的工具主要用于对Polygon（多边形）物体做整体上的修改，如合并、分离、细分等。

◆第1阶段：Combine（合并）

合并工具可以使多个个体合并成为一个物体。

示例：

选择需要合并的物体，执行Mesh（网格）>Combine（合并）命令，如图2-18所示。

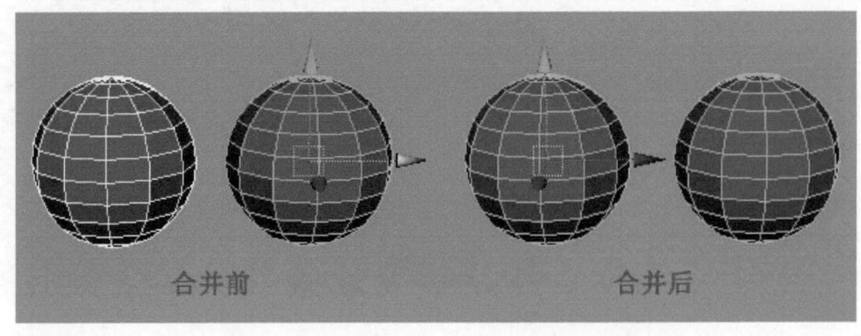

图2-18

◆第 2 阶段：Separate（分离）

分离工具可以将包含多个独立个体的物体分离成多个个体，它可以看作合并命令的反向操作。

示例：

选择需要分离的物体，执行Mesh（网格）>Separate（分离）命令，如图2-19所示。

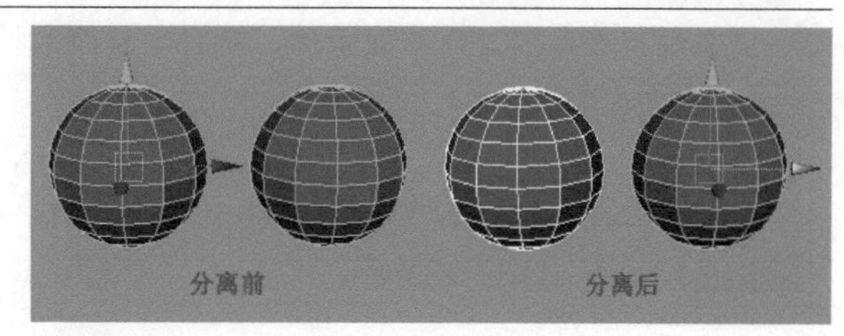

图2-19

◆第 3 阶段：Extract（提取）

提取命令主要用于提取多边形物体上的面。

示例：

选择模型的面，执行Mesh（网格）>Extract（提取）命令，如图2-20所示。

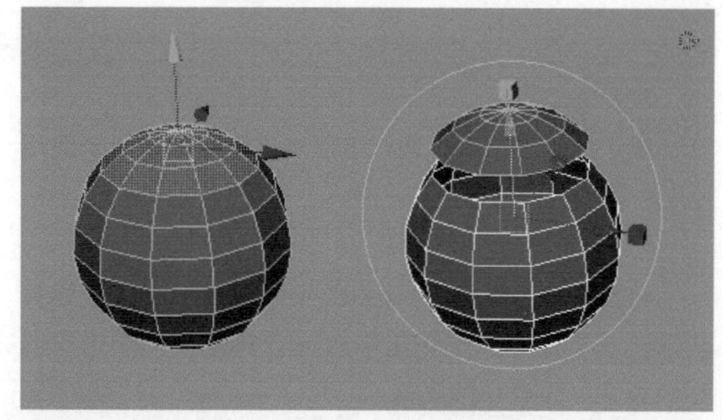

图2-20

◆第 4 阶段：Booleans（布尔）

布尔工具是物体与物体之间的表面运算工具，分为并集、差集和交集3种运算方式。

示例：

选择两个物体，执行Mesh（网格）>Booleans（布尔）>Union（并集）命令，计算两个物体合并在一起的状态。

选择两个物体，执行Mesh（网格）>Booleans（布尔）>Difference（差集）命令，计算从第一个物体中减掉第二个物体，计算结果与选择顺序有关。

选择两个物体，执行Mesh（网格）>Booleans（布尔）>Intersection（交集）命令，计算第一个物体与第二个物体的公共部分。

并集、差集和交集的效果，如图2-21所示。

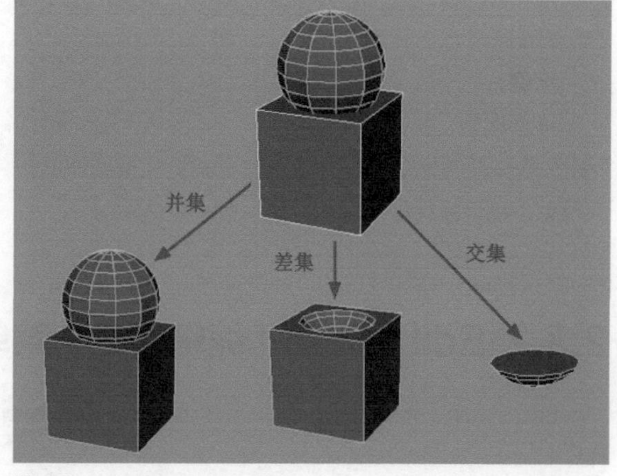

图2-21

◆第 5 阶段：Smooth（光滑）

光滑工具用于对物体进行光滑运算，可以使物体面数细分增加，从而使物体表面更光滑。

示例：

选择需要光滑的几何体或者面，执行Mesh（网格）>Smooth（光滑）命令，如图2-22所示。

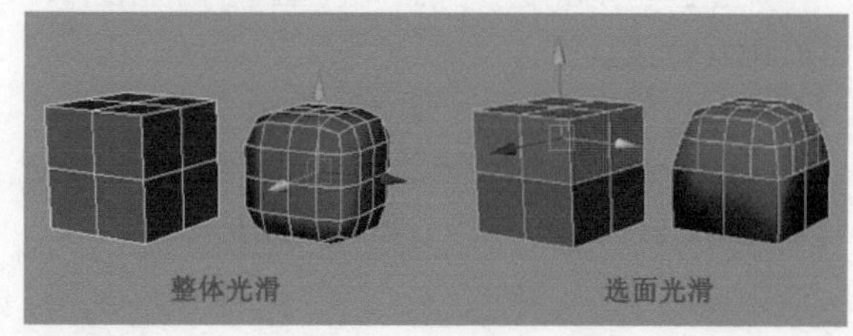

图2-22

◆第 6 阶段：Fill Hole（填充洞）

填充洞工具可以进行补面操作，对有空缺面的Polygon物体进行填补。

示例：

选择缺口的边界，执行Mesh（网格）>Fill Hole（填充洞）命令，如图2-23所示。

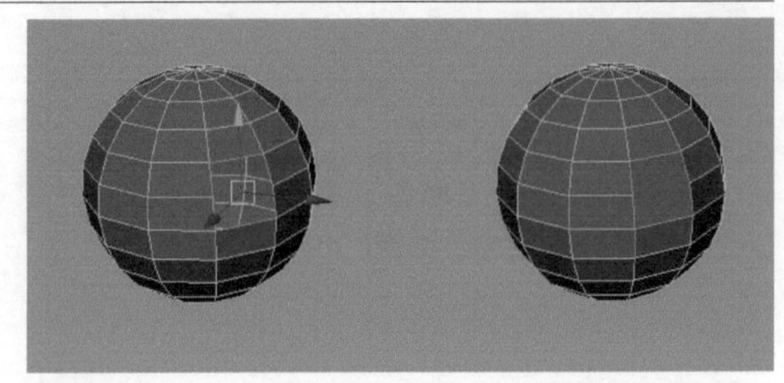

图2-23

◆第 7 阶段：Create Polygon Tool（创建多边形工具）

创建多边形工具是一种比较自由的创建工具，可以在场景中创建多个点，通过这些点来连接成面。一般用于制作物体的大体造型和轮廓。

示例：

执行Mesh（网格）>Create Polygon Tool（创建多边形工具）命令，在场景中单击创建点，构成想要造型的轮廓，如图2-24所示。

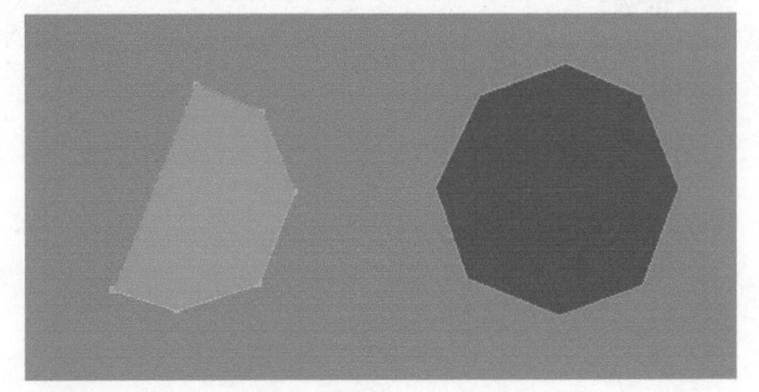

图2-24

◆第 8 阶段：Sculpt Geometry Tool（雕刻几何体工具）

雕刻几何体工具就是一种简单的雕刻工具，它可以对物体表面的顶点进行分布调整，以改变模型的造型或进行细致修改。

示例：

选择模型，执行Mesh（网格）> Sculpt Geometry Tool（雕刻几何体工具）命令，鼠标指针变成圆圈状，在模型上拖动鼠标即可雕刻模型，如图2-25所示。

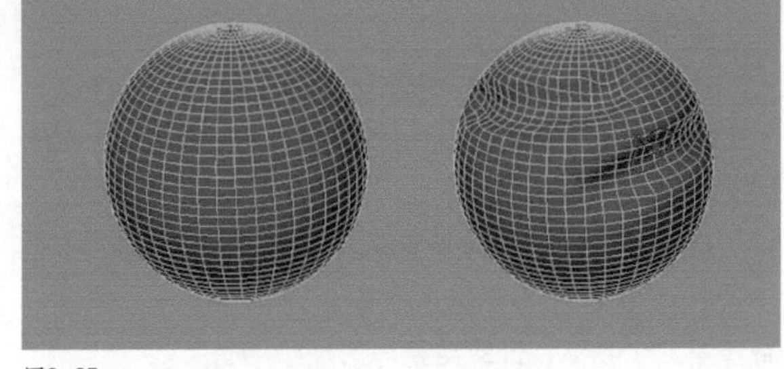

图2-25

2.3.2 Edit Mesh（编辑网格）菜单

Edit Mesh（编辑网格）菜单下包含众多的物体编辑命令，可以对物体的点、线、面元素进行各种复杂的编辑操作。

◆第 1 阶段：Extrude（挤出）

挤出工具可以对选择的点、线、面进行挤出操作，从而得到新的面。

示例：

选择模型的点、线或面，执行Edit Mesh（编辑网格）>Extrude（挤出）命令，如图2-26所示。

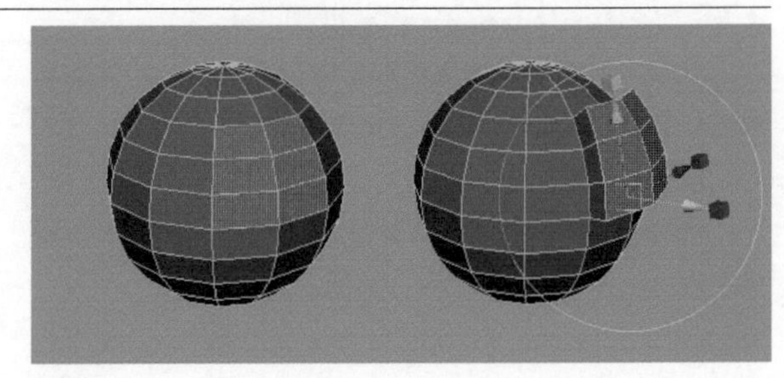

图2-26

◆第 2 阶段：Keep Faces Together（保持面的连接）

在对边或面进行挤出操作时，勾选保持面的连接选项可以使挤出的相邻的面拥有公共边；如果不勾选此选项，则挤出的相邻面是独立的，没有公共边。

示例：

挤出时，勾选与不勾选的情况，如图2-27所示。

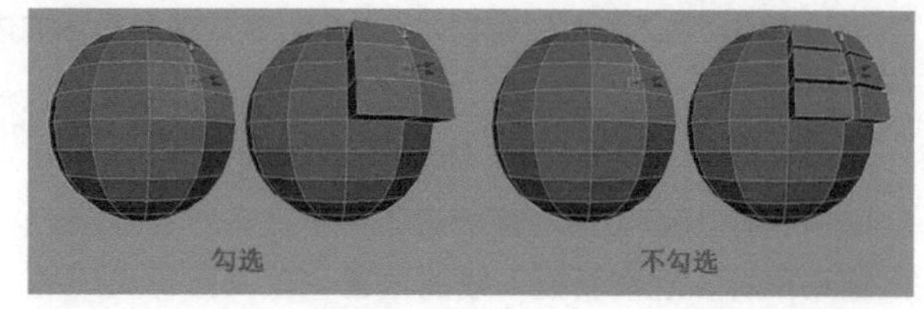

图2-27

◆第 3 阶段：Bridge（桥接）

桥接工具是用于同一多边形物体上的边与边、面与面之间的连接工具。

示例：

选择需要桥接的边或面，执行Edit Mesh（编辑网格）> Bridge（桥接）命令，如图2-28所示。

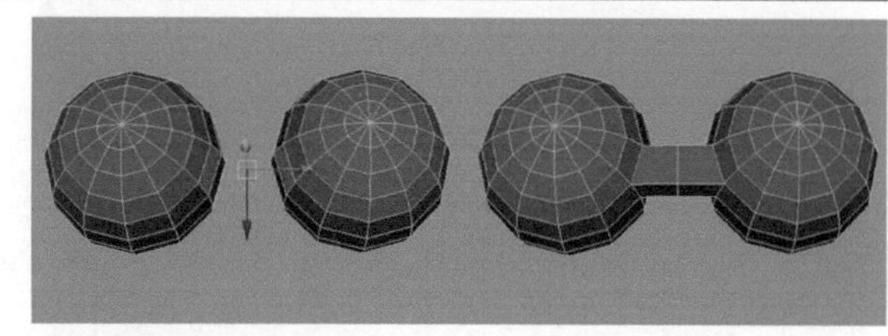
图2-28

◆第 4 阶段：Append to Polygon Tool（添加到多边形工具）

添加到多边形工具可以将同一多边形的边进行连接，一般制作时用于补面操作。

示例：

选择模型，执行Edit Mesh（编辑网格）> Append to Polygon Tool（添加多边形工具）命令，先选择其中一条边，再选择需要填补连接的边，如图2-29所示。

图2-29

◆第 5 阶段：Cut Faces Tool（切面工具）

切面工具可以将面元素进行分割，执行时会沿着一条直线切割模型上所有经过的面，比较方便快捷，但是有一定的局限性。

示例：

选择面或整个物体，执行Edit Mesh（编辑网格）> Cut Faces Tool（切面工具）命令，拖动鼠标在模型上切割，如图2-30所示。

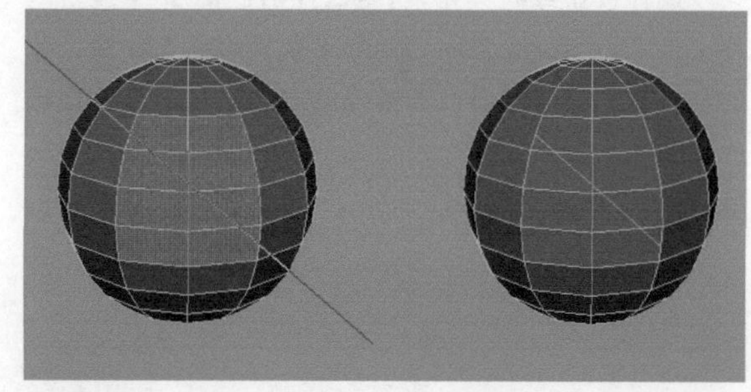
图2-30

◆第 6 阶段：Interactive Split Tool（交互式分割工具）

交互式分割多边形工具用于在多边形上分割模型面上的边，可以在多边形模型的边或面上创建点或边。

示例：

执行Edit Mesh（编辑网格）>Interactive Split Tool（交互式分割工具）命令，单击要切割的边，再单击其他边，放置新的点，按Enter键结束命令，如图2-31所示。

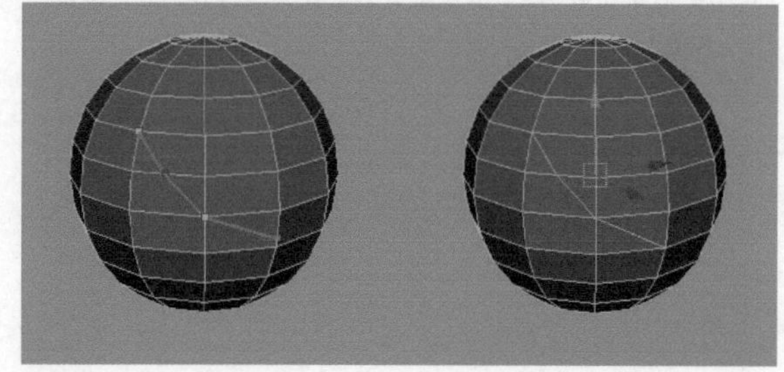
图2-31

◆第 7 阶段：Insert Edge Loop Tool（插入循环边工具）

插入循环边工具可以在物体上添加一条或多条循环的边。

示例：

选择模型，执行Edit Mesh（编辑网格）>Insert Edge Loop Tool（插入循环边工具）命令，在一条边上拖动鼠标，观察新插入线的位置，松开鼠标完成操作，如图2-32所示。

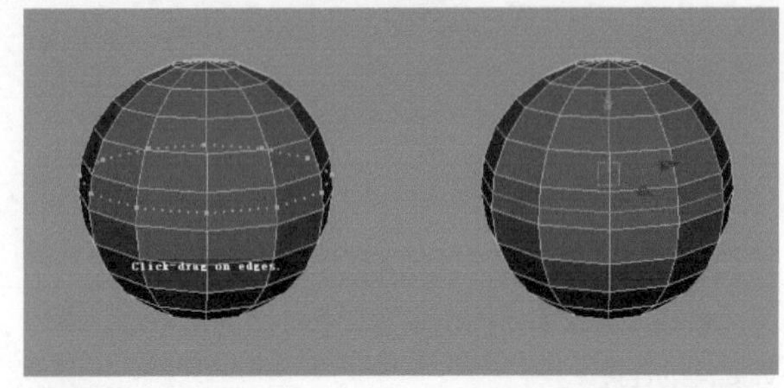

图2-32

◆第 8 阶段：Slide Edge Tool（滑动边工具）

滑动边工具可以使边沿着自身所在的平面进行移动，以便于调整点或边的位置。

示例：

选择要滑动的边，执行Edit Mesh（编辑网格）>Slide Edge Tool（滑动边工具）命令，按住鼠标中链在视图中左右拖动鼠标，效果如图2-33所示。

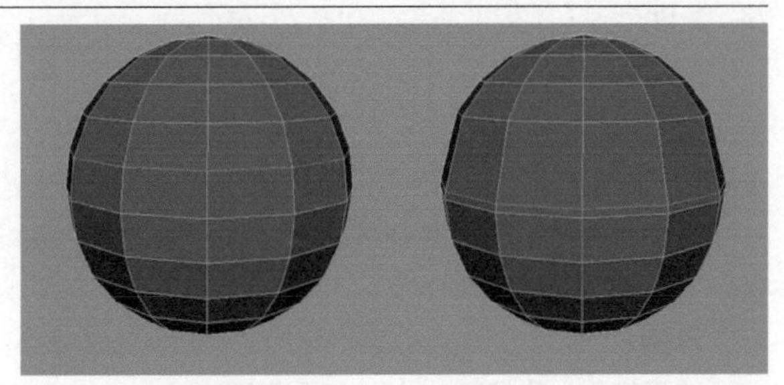

图2-33

◆第 9 阶段：Transform Component（变换组件）

变换组件命令可以对多边形物体的点、线、面元素进行沿自身法线方向的移动、旋转、缩放等变换操作。

示例：

选择模型或者其元素，执行Edit Mesh（编辑网格）> Transform Component（变换组件）命令，此时会出现变换控制器，调整控制器，对其进行变换操作，如图2-34所示。

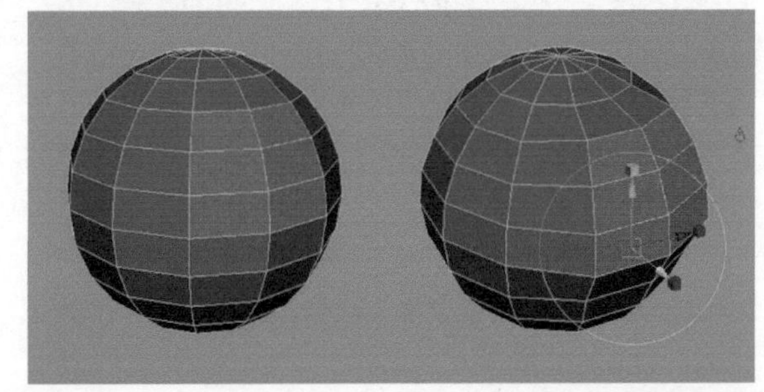

图2-34

◆第 10 阶段：Duplicate Face（复制面）

复制面工具可以对所选多边形的面进行复制提取。

示例：

选择要复制的面，执行Edit Mesh（编辑网格）>Duplicate Face（复制面）命令，如图2-35所示。

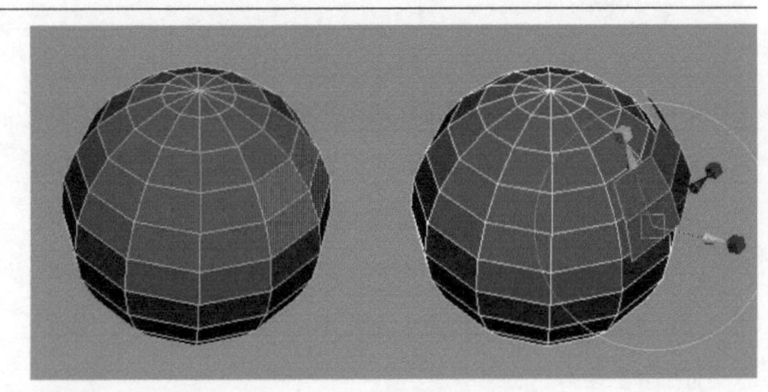

图2-35

◆第 11 阶段：Merge（合并）

合并命令可以将同一多边形物体上的点、线、面元素进行合并。

示例：

选择物体的元素，单击Edit Mesh（编辑网格）> Merge（合并）命令后的设置选项按钮，调整Threshold（阈值）参数，然后单击“Merge”，在这个参数距离内的元素将被合并，如图2-36所示。

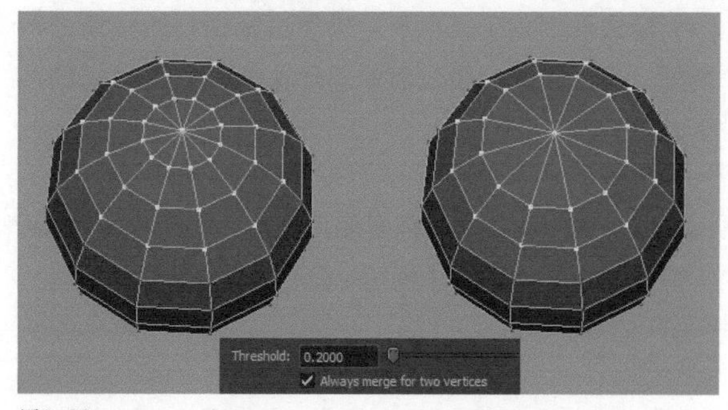

图2-36

◆第 12 阶段：Merge to Center（合并到中心）

合并到中心命令可以将同一多边形物体上的点、线、面元素合并到一个中心。

示例：

选择物体的元素，执行Edit Mesh（编辑网格）> Merge to Center（合并到中心）命令，把元素合并到中心，如图2-37所示。

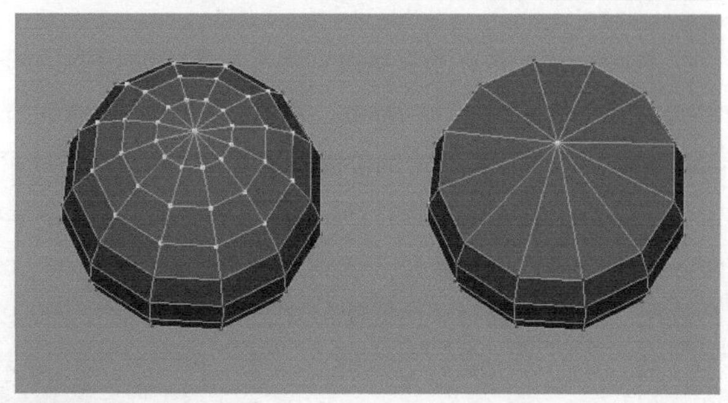

图2-37

◆第 13 阶段：Collapse（塌陷）

塌陷工具也是一种合并命令，它可以将所选模型的多个面或边缝合在一起。

示例：

选择模型的一圈环形边，执行Edit Mesh（编辑网格）> Collapse（塌陷）命令，如图2-38所示。

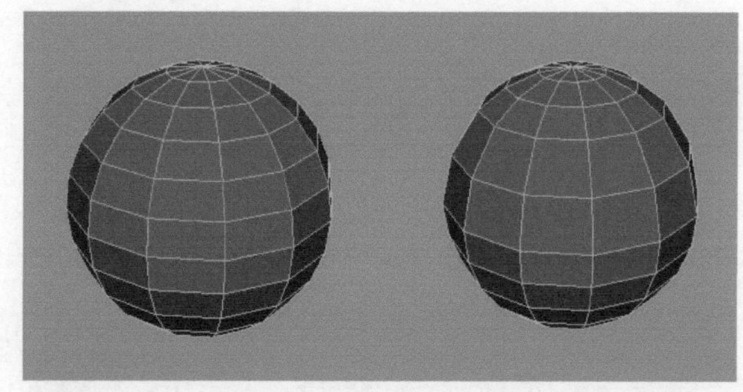

图2-38

◆第 14 阶段：Delete Edge/Vertex（删除边或点）

删除边或点命令用于删除模型上指定的点或边。

示例：

选择模型的边或点，执行Edit Mesh（编辑网格）> Delete Edge/Vertex（删除边或点）命令，如图2-39所示。

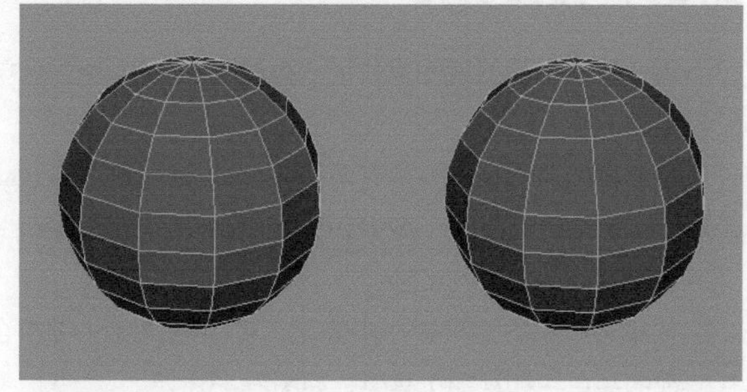

图2-39

◆第 15 阶段：.Bevel（倒角）

多边形倒角工具用于对模型边缘锐利的棱角进行倒角，用一个或一组过渡面取代两个相邻面之间的共享边。

示例：

选择整个物体或者需要倒角的边，执行Edit Mesh（编辑网格）> Bevel（倒角）命令，如图2-40所示。

图2-40

2.3.3 快捷方式

在Maya软件中，不仅可以利用工具架的快捷图标和一些快捷键来实现方便快捷的操作，还可以使用Maya常用的热盒菜单，即Marking Menu。按住空格键不放，即可显示热盒的基础菜单，可以通过鼠标单击来显示菜单下拉选项，也可以根据鼠标单击的位置来显示其他隐藏的快捷菜单。

在Marking Menu的第1行显示的是界面上的公共菜单栏，第2行为视图区上的菜单栏。第4行至第9行是界面上的功能模块菜单栏。而第3行左右两个菜单分别是Recent Command（最近使用命令）和Hotbox Controls（热盒设置）。Recent Command储存了最近使用过的几次操作命令，可以在这里快速选择之前执行过的命令。Hotbox Controls是对整个Marking Menu进行显示设置，如图2-41所示。

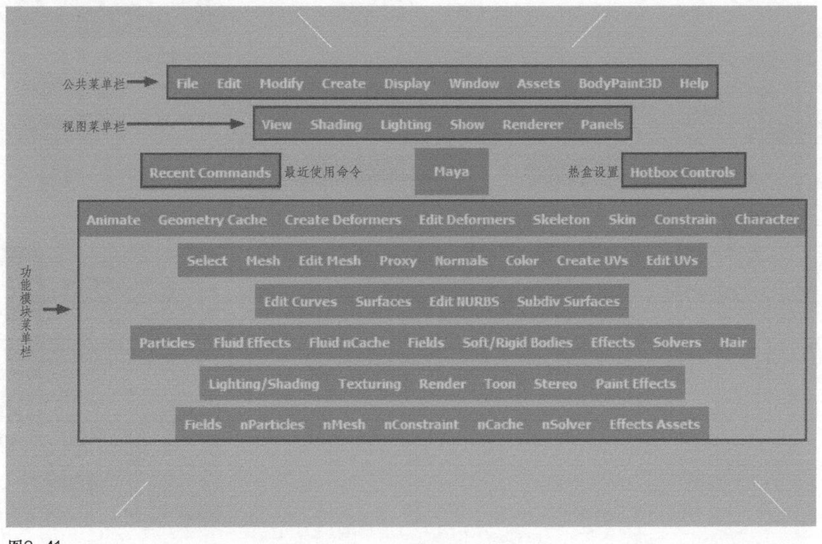

图2-41

2.3.4 界面优化

Maya默认的界面视图操作区占据的面积比较小，不方便制作，所以可以对界面进行优化设置，把流程中一般暂时用不到的板块隐藏。

显示和隐藏界面的方法有两种：一是在菜单栏Display>UI Element下勾选设置的方法，这里也可以勾选隐藏或显示所有UI，快捷键是Ctrl+Shift+空格；另一种是激活Marking Menu，在其右侧的空白区域单击显示UI的控制菜单来进行快捷选择，如图2-42所示。

如果还想把界面再进一步简化，可以使用Ctrl+M组合键、Shift+M组合键和Ctrl+Shift+M组合键分别隐藏菜单栏、视图菜单栏和视图工具架，如图2-43所示。

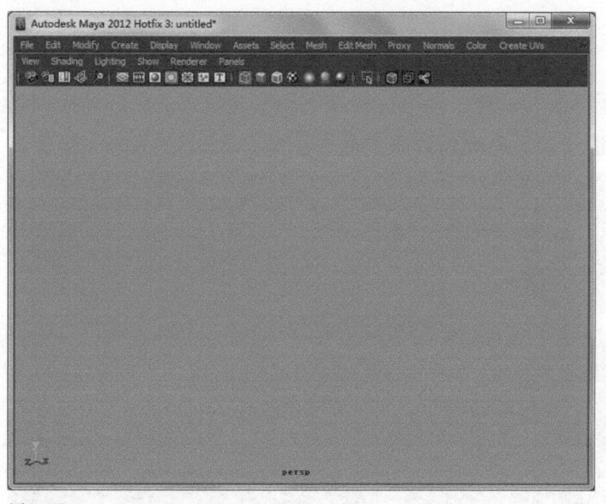

图2-42

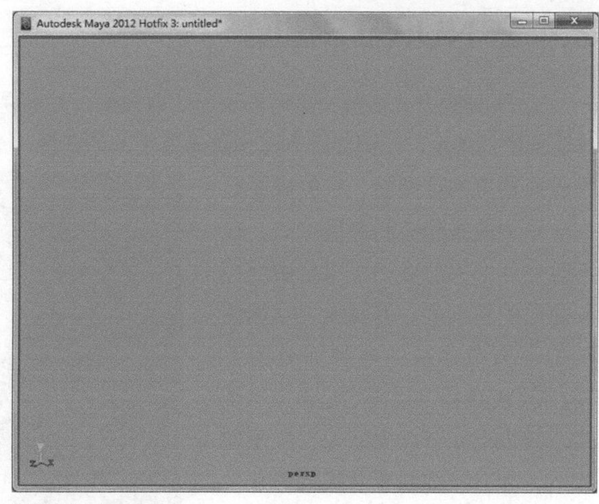

图2-43

2.4 Maya的建模方式

Maya的建模方式大致可分为多边形建模、NURBS建模和细分曲面建模3种。每种建模方式都有自己的特点，通常建立一个模型也可以分别通过几种方法得到，但有优劣、繁简之分。

2.4.1 Polygon建模

Maya的Polygon建模（多边形建模）是常用的建模方式，也是应用最广泛的建模方法。主要是通过对该多边形对象的元素进行编辑和修改来实现建模过程。对于多边形物体，它包含了Vertex（点）、Edge（边）、Face（面）3种元素。多边形建模方式从技术角度来讲比较容易掌握，在创建复杂表面时，细节部分可以任意加线，给定位置内的面数越多所表现的细节也就越多，通过增加更多的细节，会使模型更加具体化，这在结构穿插关系很复杂的模型中就能体现出它的优势。

另一方面，它不如NURBS有固定的UV，在贴图工作中需要对UV进行手动编辑，防止重叠、拉伸纹理，作品如图2-44所示。

图2-44

2.4.2 NURBS建模

NURBS建模方式能够完美地表现出曲面模型，并且易于修改和调整，能够比传统的网格建模方式更好地控制物体表面的曲线度，从而能够创建出更逼真生动的造型，最适于表现有光滑外表的曲面造型。NURBS的另外一个优势是表面精度的可调性，它的表面是由一系列曲线和控制点确定的，在不改变外形的前提下可以自由地控制曲面的精细度。编辑能力根据使用的表面或曲线的类型而有所不同。NURBS曲线可以由定位点或CV确定，定位点和节点类似，它位于曲线上，并直接控制着曲线的形状，作品如图2-45所示。

图2-45

2.4.3 Subdiv建模

Subdiv建模（细分曲面建模）整合了Poylgon建模和NURBS建模方法的优点，不但拥有多边形建模灵活多变的强大功能，而且还能像NURBS模型一样保持模型的圆滑，是一种全新的建模方式。Subdiv建模的最大特点就是它的细分性，也就是说可以对局部区域的多边形进行细分，从而达到光滑细腻的效果，并能控制模型的渲染精度，它是多边形建模强有力的升级，而大多数的多边形工具也都可以应用在细分表面建模上。但是由于细分技术出现得较晚，虽然其功能强大，但在角色建模中目前还是以多边形建模居多，作品如图2-46所示。

图2-46

2.5 本章小结

本章对Maya软件进行了基础讲解，主要包括对界面的认识、基础的操作、常用命令以及快捷方式等，方便大家在之后的案例学习中能更好地理解和把握软件技术方面的问题。

第03章 Maya影视机械模型制作

本章主要讲解机械类模型的制作方法，通过本章案例，可以了解机械模型的特点和制作技巧，从而进一步认识并学习软件的常用命令以及操作方法。

3.1 机械模型的基础介绍

机械模型顾名思义就是关于机械的模型。由于知识领域的不同，机械模型具体的定义也是不相同的。其实简单的就CG制作方面的解释，机械模型是指根据机械设定稿，运用三维软件制作出的模型。在常规的影视制作流程中，模型是根据前期的设定来进行制作的，所以在进行机械模型制作之前，首先要了解一下什么是机械设定。

3.1.1 机械模型的设定

机械设定就是对现实机械的一种虚拟的归类重组，将现实的机械结构在人为的思想影响下，重新构建出的一种与现实相近的但是幻想的机械结构。通常设定图都是以二维的形式展现的，机械设定除了要画出机械的造型外，对于可能出现的细部结构、运动方式、可开启处等也必须一一标明，如图3-1所示。

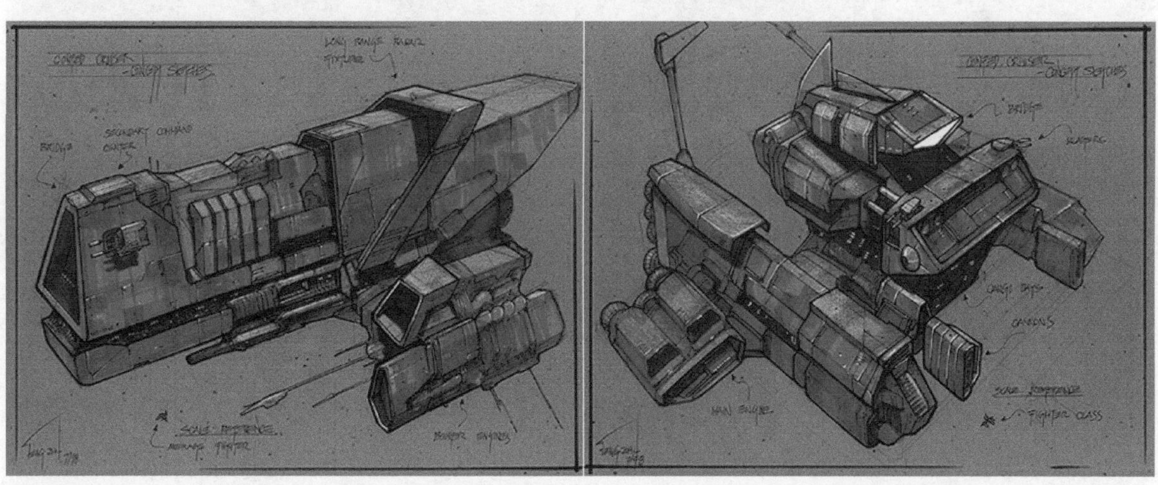

图3-1

机械设定的机械结构往往不是完全真实的，在合理性上也与现实中的机械出入较大，它们都是经过了设计者虚拟化的改造，可以说没有一个机械模型是完全合理、合乎逻辑的，它们都是在现实的基础之上，用人类自身的感性思维影响的结果，如果机械设定完全合理，那么这个机械设定就是一个真正意义上的工业机械设计了，因为它已经具备了生产的设计条件。

在现实生活中，也许我们会看到很多科幻电影中的机械模型被制作出来，不过这是完全不同的，那只不过是个模型，具有合理的机械构造外形而已，不可能具有工业上的使用意义，也就是说，它们虽然被生产出来，但却不能实现在科幻电影中的功能，它们被生产也只是具有模型上的展示意义罢了。就像电影《变形金刚》里的“汽车人”模型一样，只能给人视觉观赏，却无法在现实世界中进行汽车变形，它们永远只是概念艺术上的机械模型，而不是工业意义上的机械模型。现在大家对机械模型有个基本的认识了，至少不会把它和工业模型混为一谈，如图3-2所示。

图3-2

3.1.2 机械模型的类别

机械模型经常应用在科幻题材的电影和科幻战争游戏中，机械模型有很多类别，包括机械角色、机械盔甲、机械武器、机械飞船、机械建筑场景等。

在美国科幻电影《环太平洋》中，为了抵御海洋怪兽们越来越频繁、破坏性越来越大的攻击，人类组建了一支配备最顶尖科技装备的军队对来犯的怪兽进行有效还击。组成军队的个体就是来自不同国家、不同造型、武装到牙齿的巨型机甲战士，这种机甲战士就属于机械角色，给人们带来了非常酷炫的视觉效果，如图3-3所示。

图3-3

机械模型在游戏中的应用也是非常广泛的，比如科幻题材的《Star Craft》《Section 8》和《dust 514》，机械武器、机械飞船、机械装甲车、机械建筑场景等都是其中的主要元素，它们都属于机械模型，如图3-4所示。

图3-4

3.1.3 机械模型的形式特点和风格

影视中不论多么复杂的机械模型都是根据现实生活中的机械模型或工业模型改造而来的，所以其形式特点与现实中的工业模型一样，都具有光滑的硬表面以及棱角分明的转折结构。如图3-5所示，有以下3种常见的形式风格：

（1）流线型，多采用精致具有柔和感的弧线形。

（2）直线型，具有直线加大曲率特点的时代造型。

（3）斜线型，具有精炼、简洁、梯形斜坡直的特点。

图3-5

这3种形式的造型常被结合使用，以设计出更为独特的、体现时代特征的复杂造型。

3.1.4 机械模型的制作原则

其实所谓的机械模型最重要的原则就是真实可信，真实可信的程度直接影响了一个机械模型的质量。要实现真实可信，就必须立足于现实，即使你的设计再稀奇古怪，也要让人们在这个设计中找到现实中的成分，或者简单地说，就是人们可以在你的设计中找到“似曾相识”的感觉，人们总是相信它们的印象和感觉，他们生活的周围就是它们生活的全部，他们会在电视、互联网、电影上收集对这个世界的印象，当然也包括对机械的印象，如果你的设计让人觉得可以在其中发现那些在现实环境中出现的东西的时候，他们就会觉得你的机械模型是真实可信的，这就是为什么最好的机械模型都有一个共同点：都具有现实元素，如图3-6所示。

图3-6

3.1.5 机械模型的制作方法

复杂的机械部件，夸张的机械结构，给人一种强烈的视觉冲击力，而这些复杂的结构到底难不难做呢？其实并不难，因为不论多么复杂的机械结构，归根结底是由一些简单的元素所组成，可以对这些元素进行不断地强化，以便于达到人们所需要的效果，这些用于强化效果的元素，仍是人们看到的简单元素所构成，设计者需要考虑的是使它们的组合具有合理性，这需要设计者对现实中的事物进行细致的观察，能够了解到一定的机械知识，实际上，无论是幻想中的机械模型还是现实中的机械模型，它们都是由这些最基本的简单的几何元素所构成，唯一能够影响它们合理性的因素，就在于它们组合的方式，也就是说，要进行机械模型制作，需要考虑的是组合的方式，以及所需要使用的几何元素，抓住了这两点，在继续深入细节，就能得出所需要的结果了，如图3-7所示。

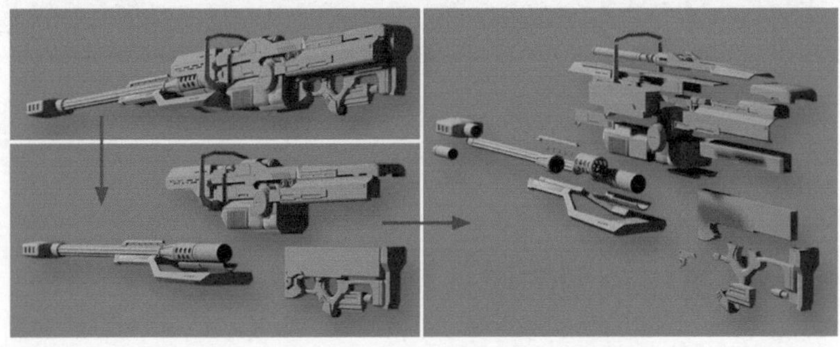

图3-7

机械模型的形式给人一种工业和科技的感觉，具有光滑的硬表面结构，而根据这种结构特点，以多边形建模的方式来制作比较方便。由于机械类模型各个部件比较接近基本几何体，所以在制作过程中一般会使用Maya内置的标准模型来编辑得到，最常用的是Sphere（球体）、Cube（立方体）、Cylinder（圆柱体）、Plane（平面）等，如图3-8所示。

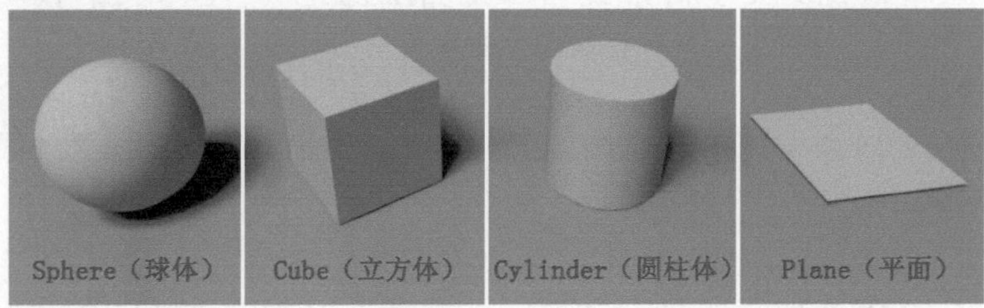

图3-8

3.2 案例——概念武器狙击枪

本节要制作的是新型的概念狙击枪，属于机械武器的一种，是根据现实生活中狙击枪的元素进行夸张变化，重新构建的机械形态，最终效果如图3-9所示。

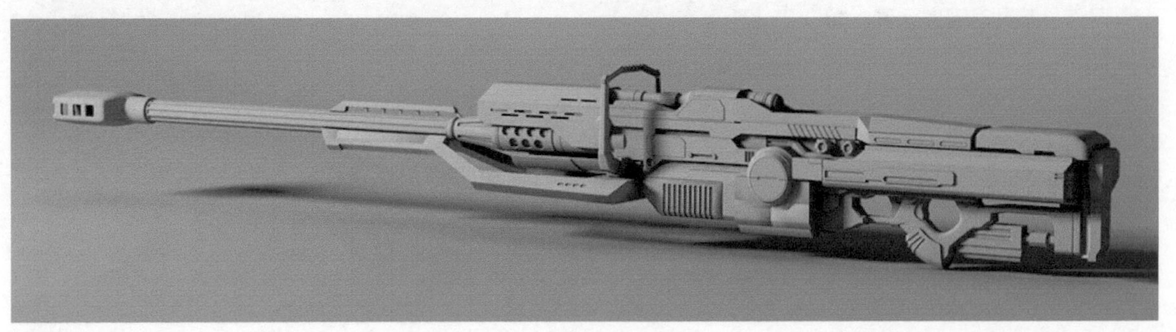

图3-9

3.2.1 关于枪械

在制作之前先了解一下现实中的枪械的知识，以便于进一步了解枪械的结构。

枪械是指利用火药燃气能量发射弹丸，口径小于20mm的身管射击武器。以发射枪弹，打击无防护或弱防护的有生目标为主。其是步兵的主要武器，也是其他兵种的辅助武器。枪械包括手枪、步枪、卡宾枪、冲锋枪和机枪。

本节将要制作的狙击枪属于步枪的一种，也被称作狙击步枪，指在普通步枪中挑选或专门设计制造，射击精度高、距离远、可靠性好的专用步枪。军事上主要用于射击对方的重要目标。狙击步枪的结构与普通步枪基本一致，区别在狙击步枪多装有精确瞄准用的瞄准镜；枪管经过特别加工，精度非常高；射击多以半自动方式或手动单发射击。

狙击枪一般是由枪管、机匣、枪机、枪机框、复进机、击发机、供弹具、瞄准装置和枪托组成，其主要构成部件如图3-10所示。

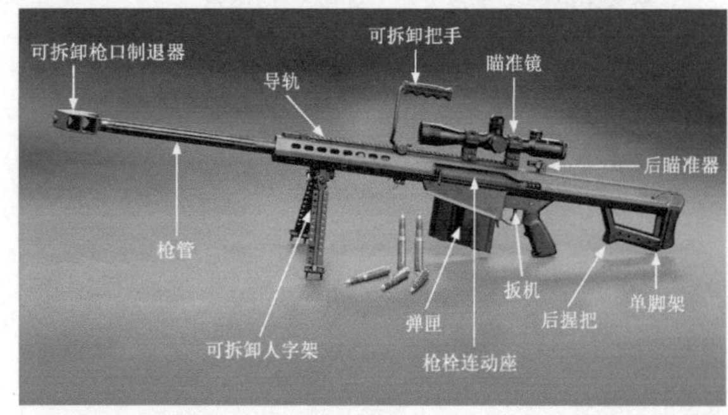

图3-10

本节要制作的概念狙击枪，是根据现实生活中的狙击枪的元素进行夸张变化重新构建的机械形态，其大的结构以及相应的部件位置和现实中的狙击枪类似，如图3-11所示。

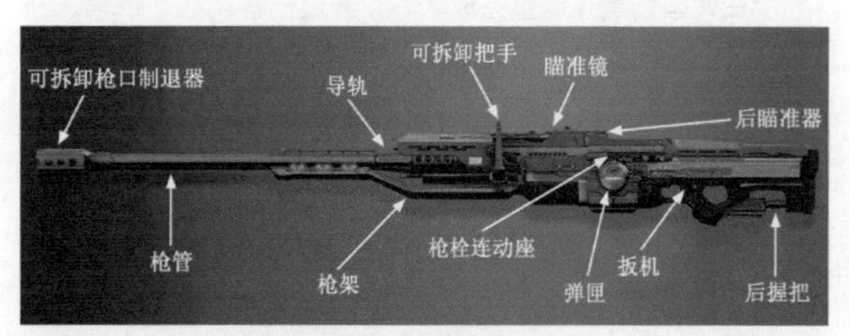

图3-11

3.2.2 制作思路

在制作之前首先应该多收集一些参考图片，尤其是三视图的收集，做好前期的资料准备，大量的参考图可以使我们制作出的零件结构更加合理，以避免出现比例和结构上的差错，同时也会大大提高制作效率。

整个狙击枪大体可以分为枪管、枪身和枪托3个部分，每一个部分都有复杂的结构造型和部件之间的相互堆叠。制作过程中要对模型结构进行分析，把复杂的结构简单化，比如枪管可以使用Cylinder（圆柱体）编辑得到，枪身某些部件可以使用Cube（立方体）编辑得到、枪托可以使用Plane（面片）编辑的方式创建得到，如图3-12、图3-13所示。

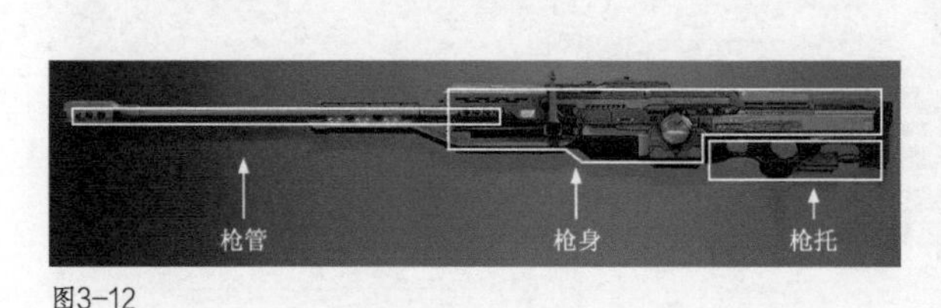

图3-12

Cylinder（圆柱体）
Cube（立方体）
Plane（面片）

图3-13

制作步骤也要由整体到局部进行，大型做好了，小的结构也就容易添加了，并且有型可依经得起推敲。制作时还要注意结构的转折变化和直角边卡线的处理方式，只有把细节做到位，才能完成一个高质量的模型。

3.2.3 制作流程

在机械模型的制作中，一般使用两种流程方法：一种是首先进行整体大型的创建与组合，然后再对结构进行细化处理；另一种是按部件制作，把每一个部件依次完整做出来，同时进行组合摆放。这里使用的是第一种流程方法。

01 在开始进行模型制作前，首先把参考图进行导入，调整参考图的位置及大小，如图3-14所示。

02 然后根据参考图通过创建编辑基本几何体的方式搭建出狙击枪的大型，如图3-15所示。

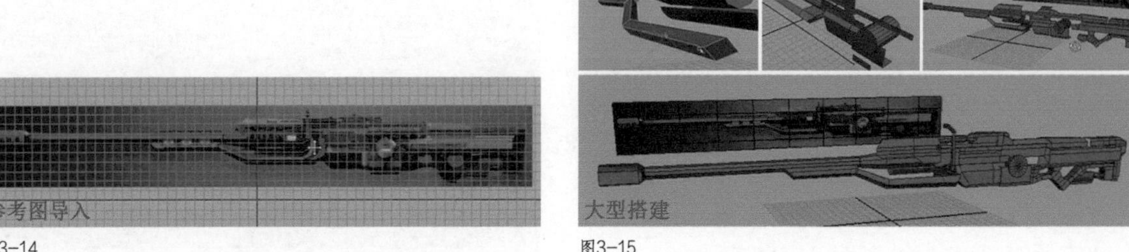

图3-14

图3-15

03 在大型创建并调整完成之后，通过一些切线、倒角、挤出、布尔运算等命令增加细节结构，如图3-16所示。

04 最后进行整体调整，完成模型最终制作并渲染输出，如图3-17所示。

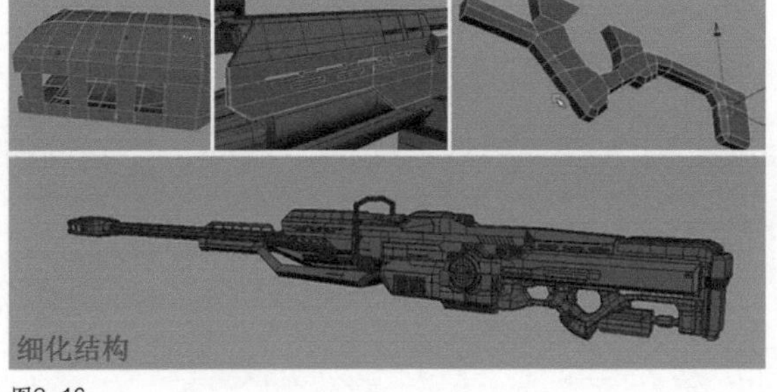

图3-16

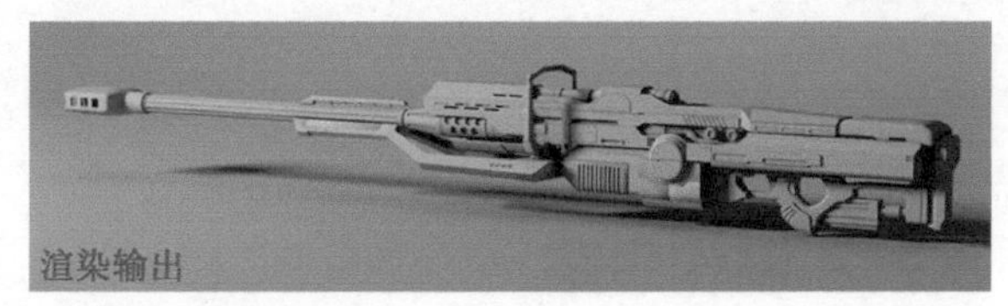

图3-17

3.2.4 参考图导入

常用的参考图导入方法有两种，一种是摄像机的视图导入的方法，另一种是利用创建面片赋予材质贴图的方法。由于第一种方法会占用比较大的计算机内存，而且在操作中会感觉不太方便，所以这里使用第二种方法，如图3-18所示。

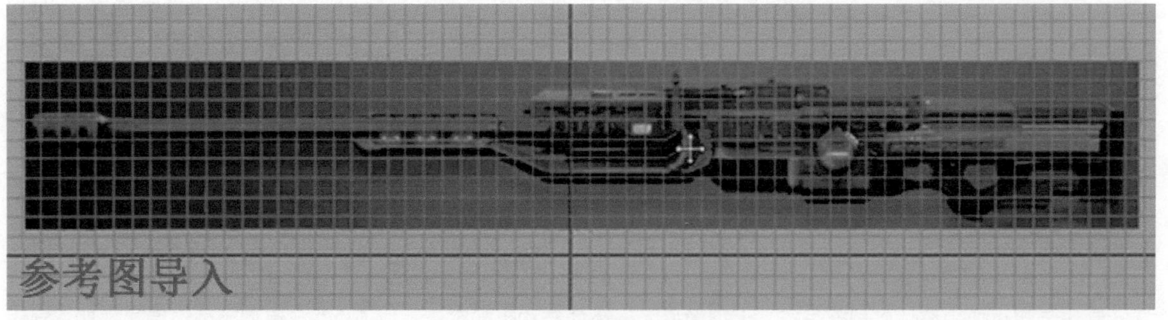

图3-18

01 执行Create（创建）>Polygon Primitives（多边形基本体）>Plane（平面）命令，创建一个平面，作为贴图显示的载体，如图3-19所示。

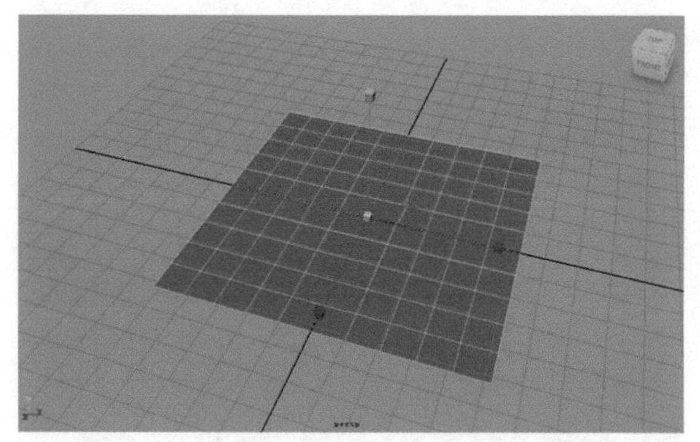

图3-19

02 执行Window（窗口）>Rendering Editors（渲染编辑器）>Hypershade（超级着色器）命令，打开材质编辑器。在弹出的Hypershade（超级着色器）窗口中的左侧创建栏里找到Lambert（兰伯特）材质并单击创建，观察右边的工作区就会找到新建的lambert2（兰伯特2）材质，如图3-20所示。

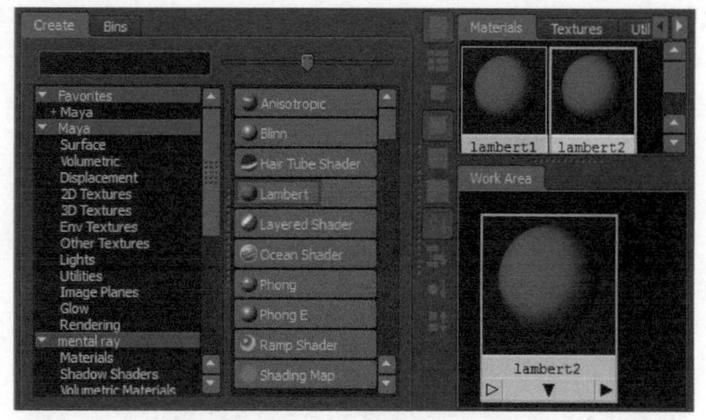

图3-20

03 双击lambert2（兰伯特2）材质，打开lambert2（兰伯特2）的属性编辑面板，找到Color（颜色）选项，单击后面的图标，如图3-21所示。

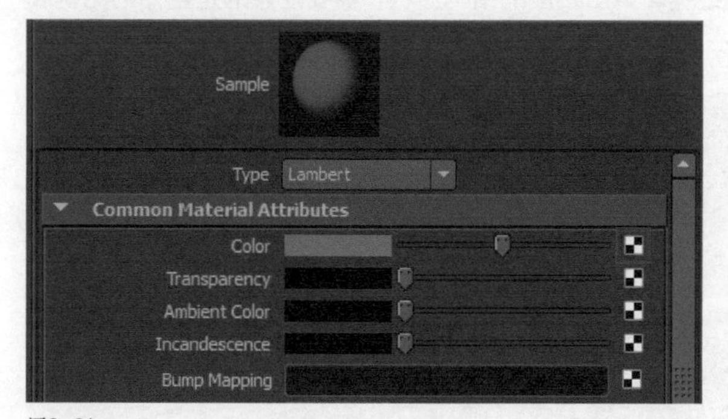

图3-21

04 在弹出的Create Render Node（创建渲染节点）的窗口中，找到File（文件）图标并单击，如图3-22所示。

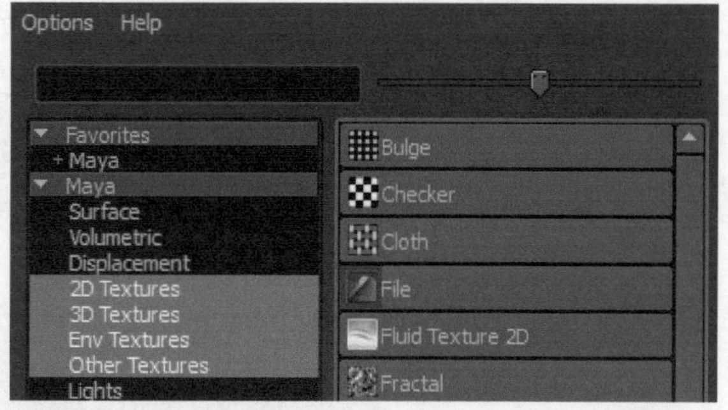

图3-22

05 这时属性编辑器已跳转至File（文件）的属性标签，找到Image Name（图像名称），单击后面的文件夹图标，然后在弹出的Open（打开）窗口中找到准备的参考图即可导入，如图3-23所示。

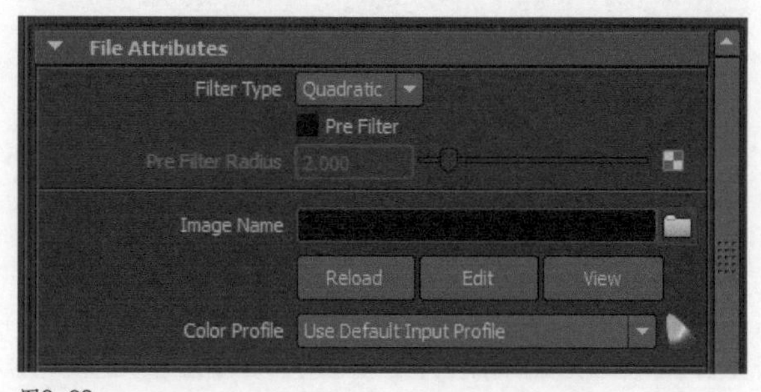

图3-23

06 这一步完成之后发现视图窗口内的平面并没有显示导入的参考图，因为这里还需要一步，就是把材质赋予到平面上。在Hypershade（超级着色器）窗口中找到新建的lambert2（兰伯特2）材质，按鼠标中键拖曳材质球到创建的平面上，接着按键盘上的数字6键贴图显示，即可发现创建的平面上显示出参考图了，如图3-24所示。

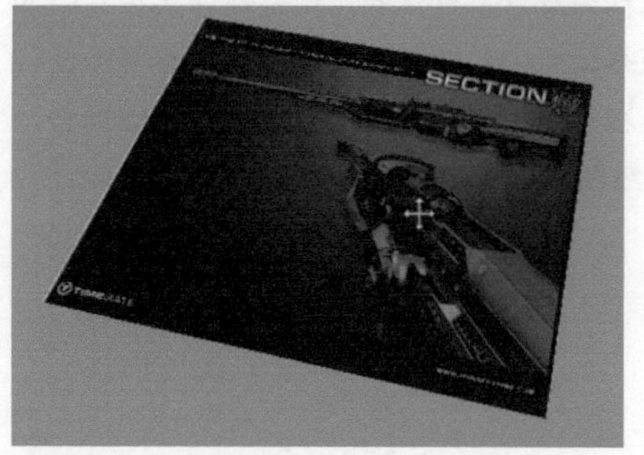

图3-24

07 在这里参考图的比例显示并不正确，需要对平面进行缩放匹配。首先打开参考图片，查看其尺寸为1216×904，然后根据查看显示的尺寸比例对创建的平面进行此比例缩放。选择平面，打开通道栏，把Scale X（缩放X）和Scale Z（缩放Z）分别改为12.16和9.04，这样参考图的比例显示就正确了，如图3-25所示。

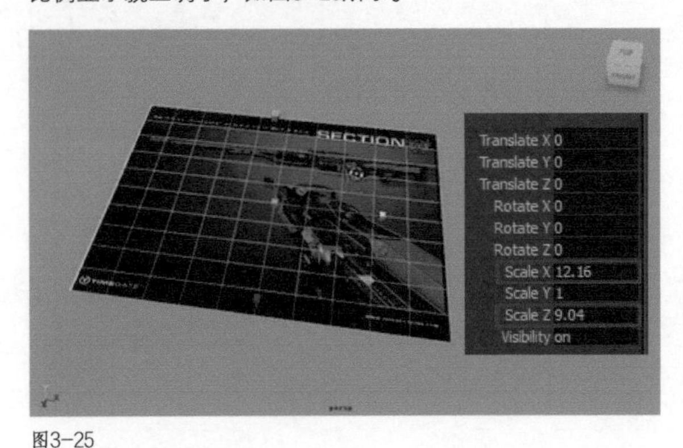

图3-25

08 最后就是调整面片位置、面片删减优化以及面片锁定，以便操作时不会妨碍到操作区域。锁定的方法就是选择面片然后单击通道栏下的层管理栏的创建层按钮，把面片添加到层里，然后单击层上面的锁定按钮即可锁定，如图3-26所示。

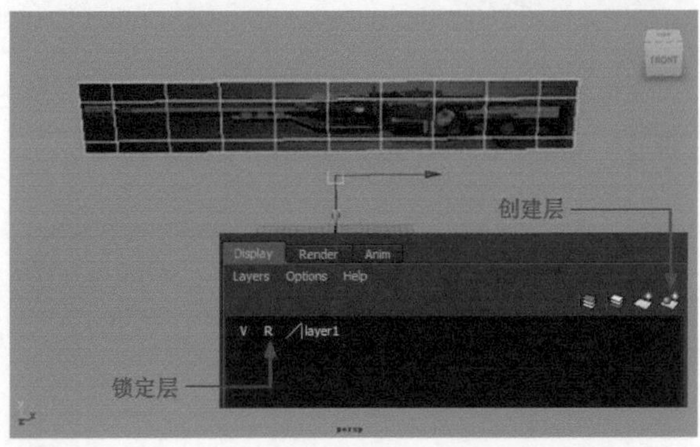

图3-26

3.2.5 大型创建

大型创建阶段，其实就是在Maya的基本模型上通过加线编辑调出相应的结构形状，需要注意的是整体的比例和大的结构关系，以及一些转折结构的角度，如图3-27所示。

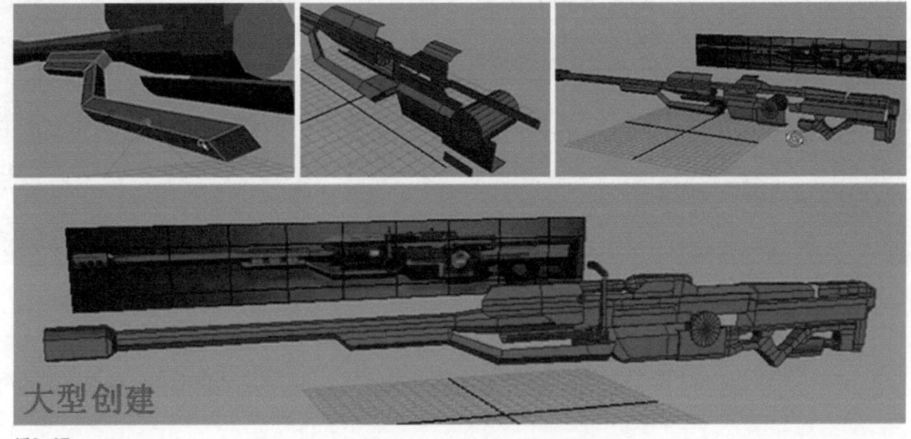

图3-27

◆第 1 阶段：枪管大型创建

枪管也称为身管，枪管的作用是使弹头在其中加速，从而获得动能，并赋予弹头以弹道。枪管上往往还装有一些准星座、导轨、枪口制退器等其他零件，而形成枪管组件，如图3-28所示。

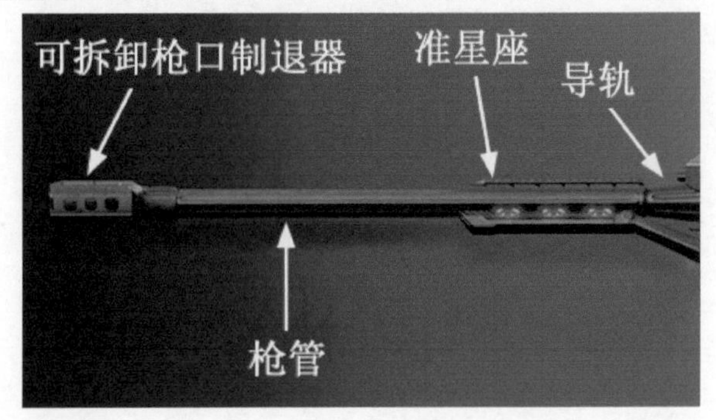

图3-28

01 枪管比较简单，可以直接使用圆柱体来做。执行Create（创建）>Polygon Primitives（多边形基本体）>Cylinder（圆柱体）命令，创建一个圆柱体，调整通道栏里的Subdivision Axis（细分轴）参数为10。在前视图对照参考图对圆柱体进行旋转缩放，或者右键选择元素级别的点进行移动调整，如图3-29所示。

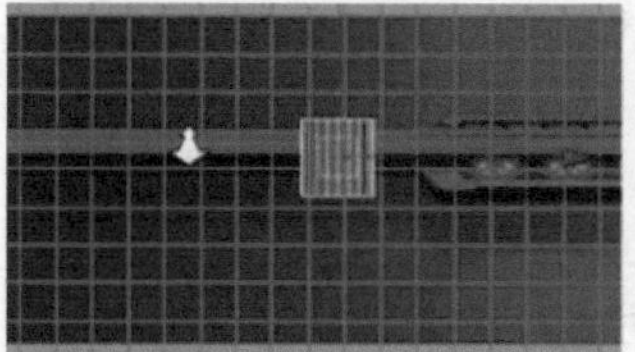

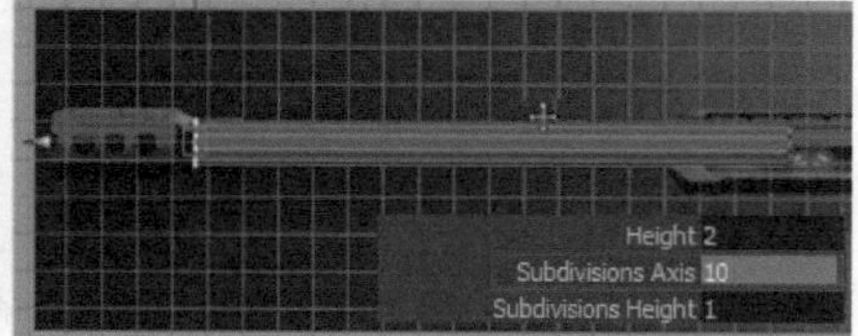

图3-29

02 执行Create（创建）>Polygon Primitives（多边形基本体）>Cube（立方体）命令，创建一个立方体做枪口的形状，同样是根据参考图做缩放比例大小等调整。调整完成之后可以选择相应的面执行Edit Mesh（编辑网格）>Extrude（挤出）命令，挤出一些大的结构转折；也可以根据需要，执行Edit Mesh（编辑网格）>Insert Edge Loop Tool（插入循环边工具）命令，进行加线调整，如图3-30所示。

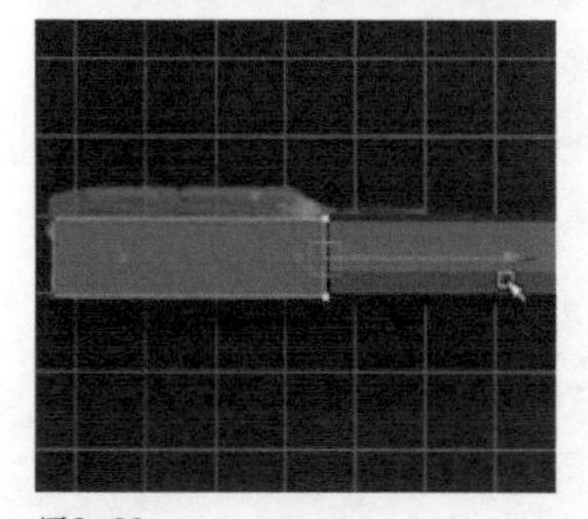

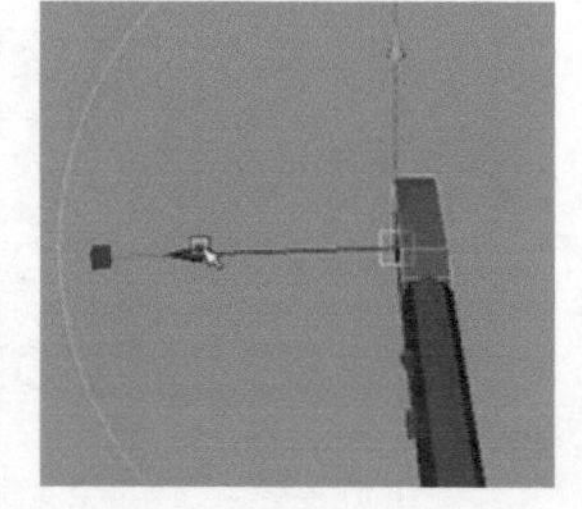

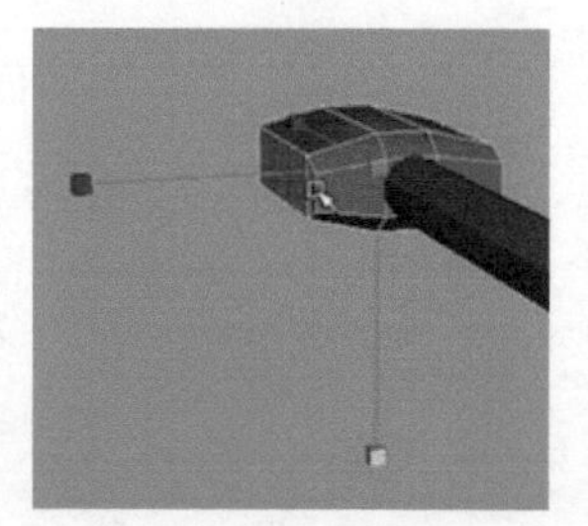

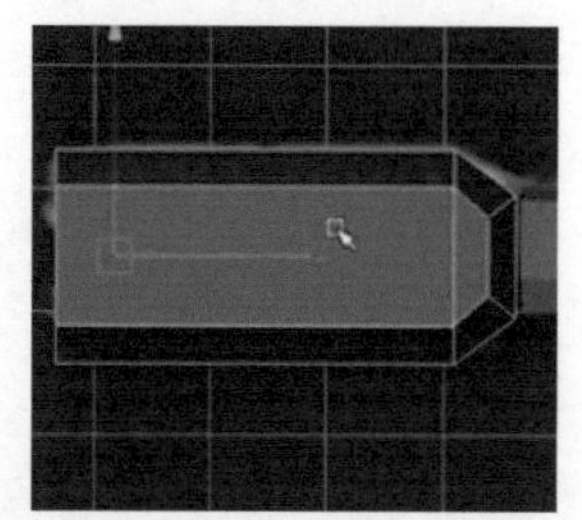

图3-30

◆第 2 阶段：枪身大型创建

枪身的结构是整个狙击枪中最复杂的部分，包括散热板、枪架、弹匣、把手等部件。整个枪械的上膛、发射、退壳等动作也都是在这部分互相连动完成的，如图3-31所示。

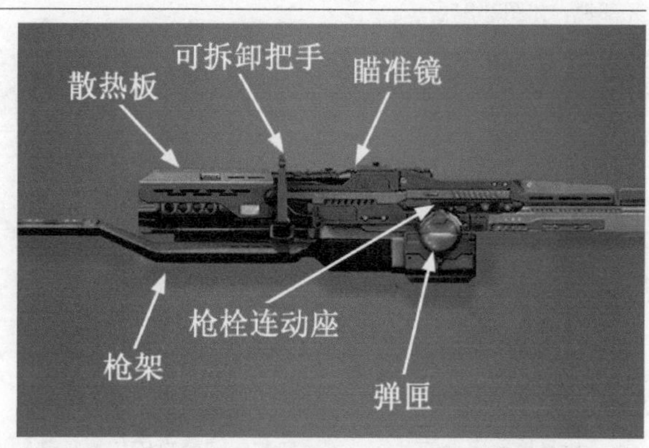

图3-31

01 枪身散热板的制作，执行Create（创建）>Polygon Primitives（多边形基本体）>Plane（平面）命令，创建一个面片，然后选择面片的点元素进行移动操作以及参考图的部件进行对位，同样根据需要进行加线调整或挤出操作，如图3-32所示。

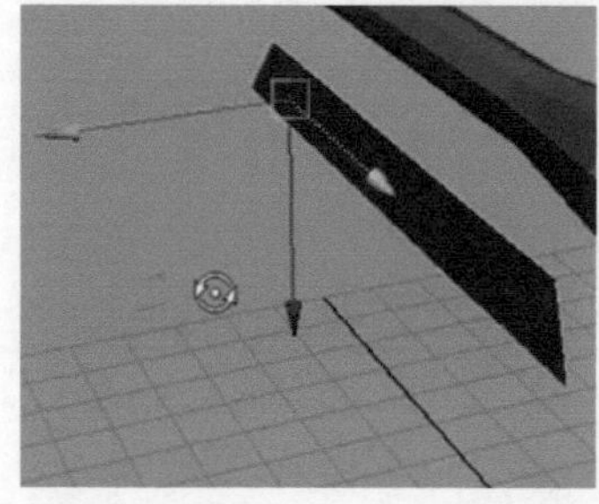

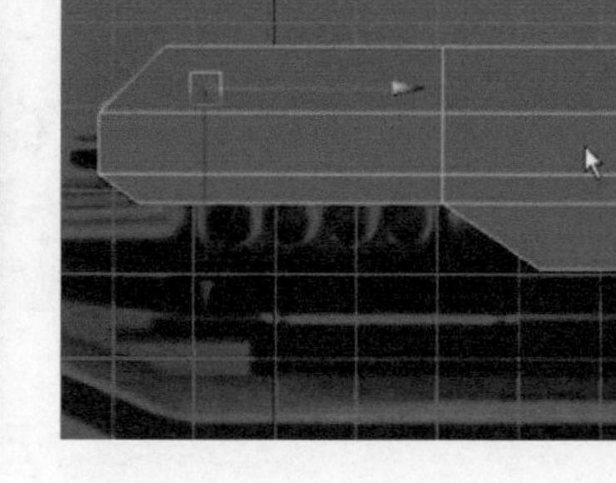

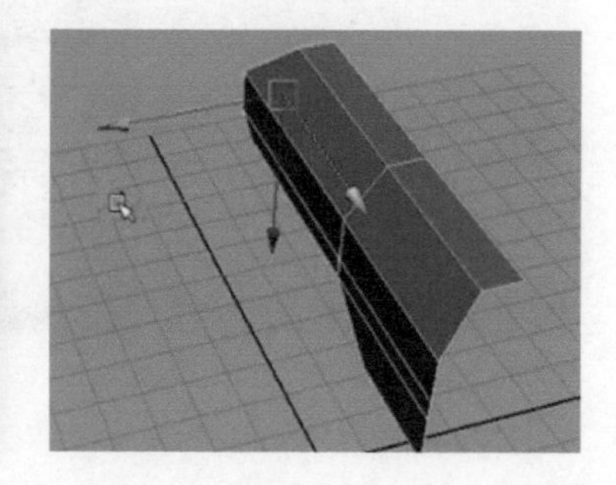

图3-32

Tips

操作过程中物体和物体之间的穿插可能会影响制作时的观察，可以选择模型在层管理器中单击创建层按钮，把物体添加到层里来进行锁定和隐藏。和之前导入参考图时把面片进行锁定的操作一样。

02 枪身枪架部分的制作，创建一个立方体，延X轴旋转45°。打开工具设置面板对移动、旋转和缩放工具进行坐标方式的设置。选择物体在执行变换操作的时候要选择适合编辑的坐标方式，这样会更方便准确地执行变换编辑等操作。执行挤出命令，调整出大的形状和结构，注意转折角度和粗细的变化，如图3-33所示。

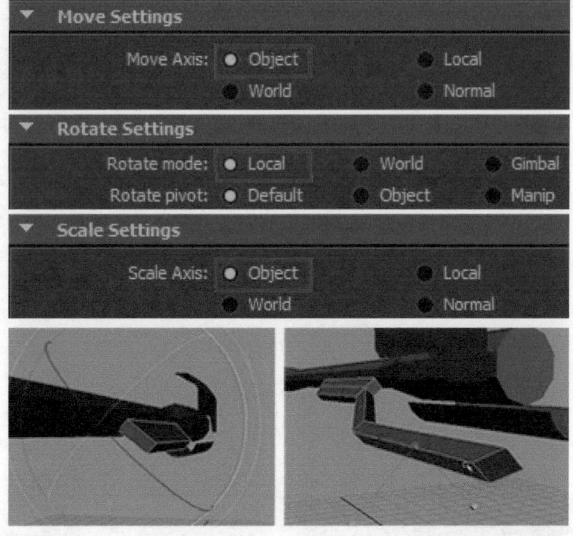

图3-33

03 枪身弹匣部分的制作，创建面片，放置到弹匣的位置，调整点与参考图对位，选择面片下端的边向-Z方向挤出，按X键打开网格吸附，把边移动到Z向的0点位置，以便之后执行左右镜像的操作。创建圆柱体，放置到弹匣上端，作为一个发光部件，如图3-34所示。

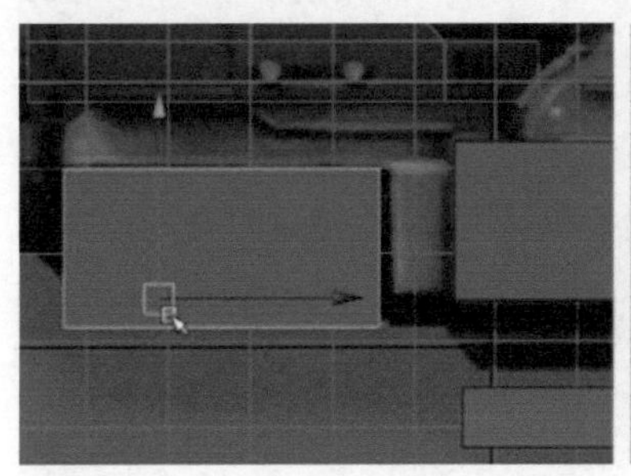
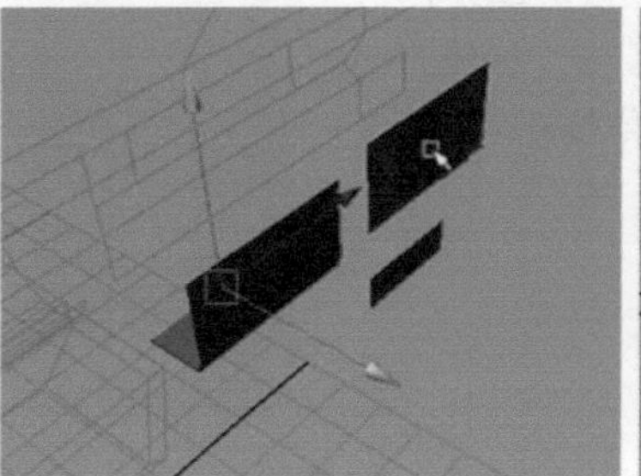
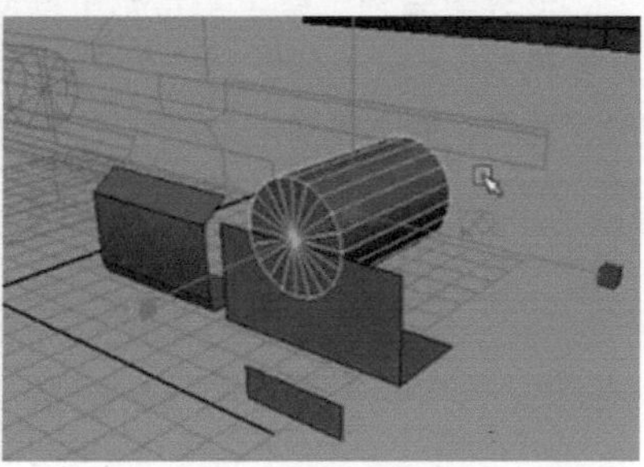

图3-34

04 枪身尾部部分的制作，创建面片，调整点的位置，执行一次挤出做出中间部位的转折结构，选择挤出边的点，按V键打开点吸附，和另一个点进行重合，然后选择这两个点执行Edit Mesh（编辑网格）>Merge To Center（合并到中心）命令，把点进行合并，调整点的位置，拉出斜面结构，然后选择边再次执行挤出，把其他结构制作出来，如图3-35所示。

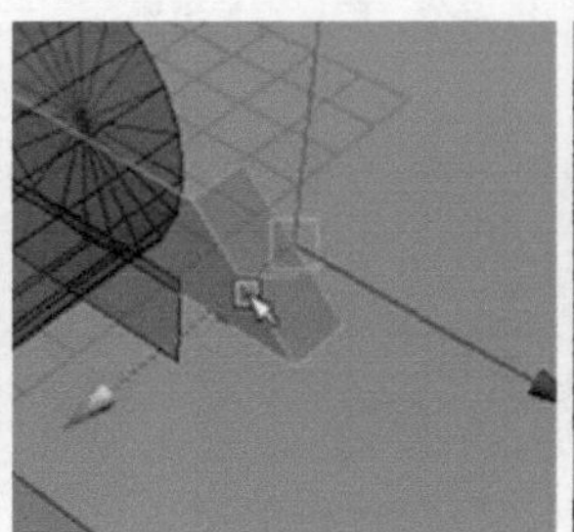
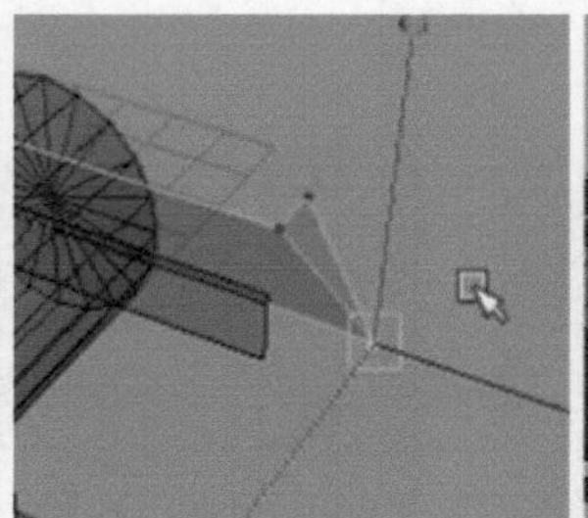

图3-35

Tips

制作过程中可以在材质属性编辑面板中移动Transparency（透明度）滑块，调整材质透明度，以便于和参考图对位时方便观察，如图3-36所示。

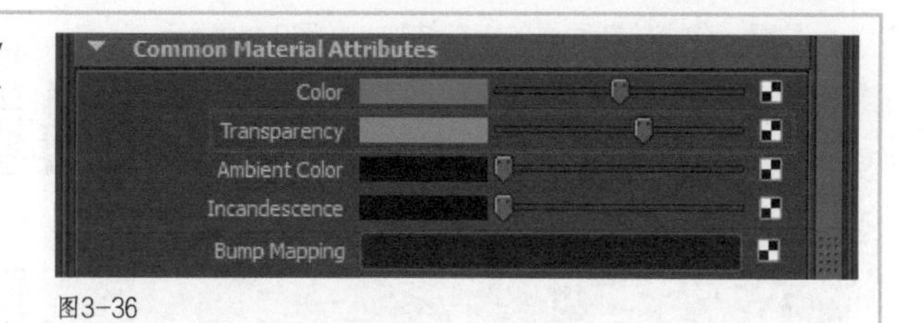

图3-36

05 枪身把手部分的制作，这里用创建多边形工具，执行Mesh（网格）>Creat Polygon Tool（创建多边形工具）命令，切换到侧视图中，单击鼠标左键以创建点的形式绘制把手轮廓，按Enter键结束绘制操作。执行Edit Mesh（编辑网格）>Interactive Split Tool（交互式分割工具）命令，使用分割多边形工具对绘制的面片进行切割布线。选择面片的点进行移动调整和参考图对位，最后再对其面片进行厚度挤出，如图3-37所示。

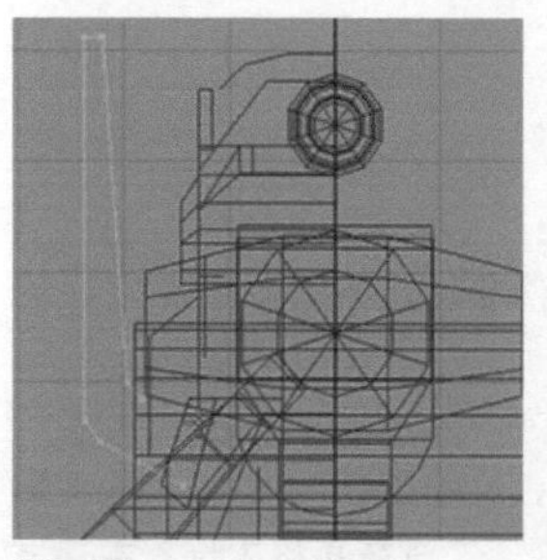
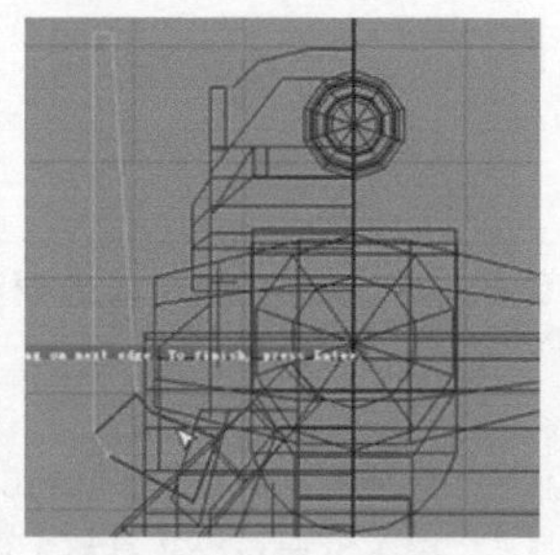
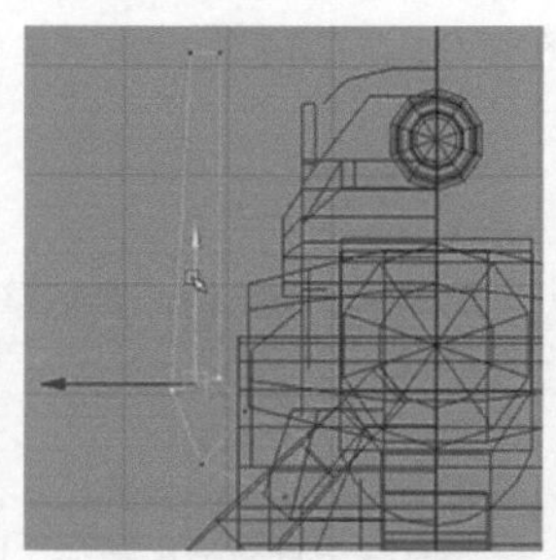
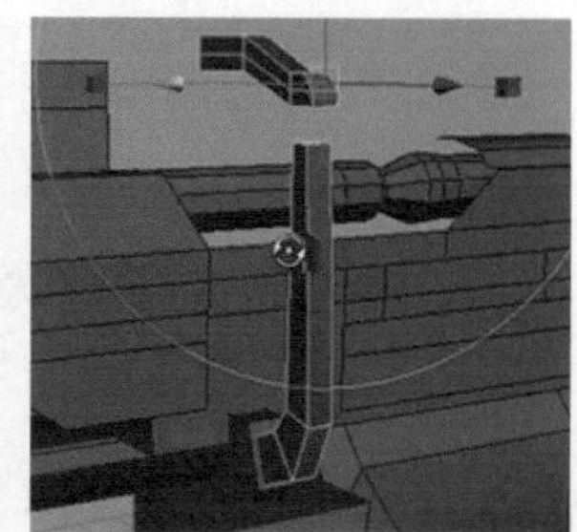

图3-37

◆第 3 阶段：枪托大型创建

枪托是枪支的柄，在枪的末端位置，连接握把和扳机。在发射时可以减缓或抵消弹出子弹时火药在枪管燃烧所产生的冲击力，如图3-38所示。

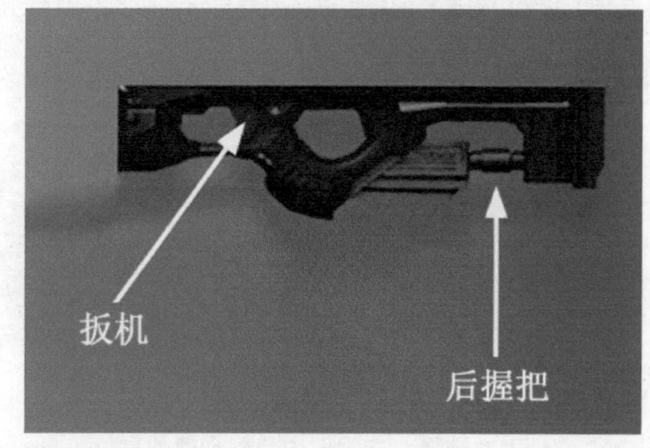

图3-38

01 创建一个立方体，放置在枪托尾部位置，执行Edit Mesh（编辑网格）>Cut Faces Tool（切面工具）命令，切出需要的结构线，移动点进行对位。选择其中的面，执行多次挤出命令，依次挤出枪托剩余的结构，在挤出过程中要注意调整点的位置，如图3-39所示。

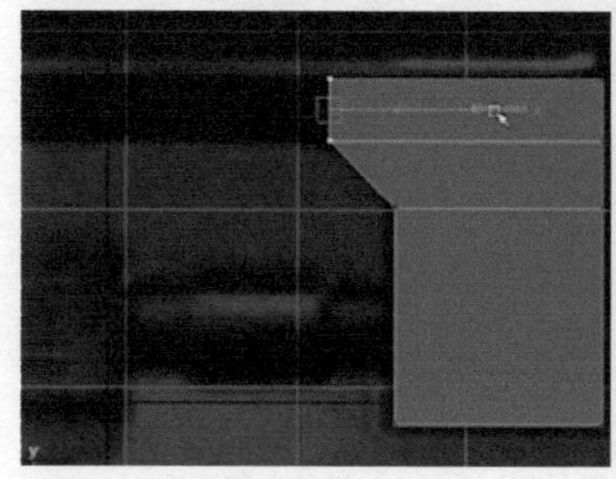
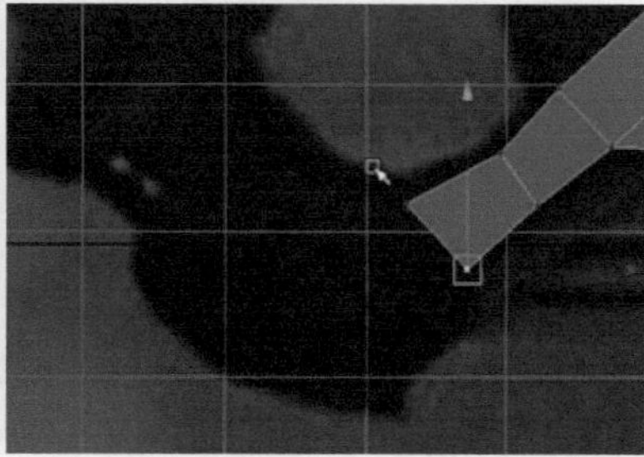
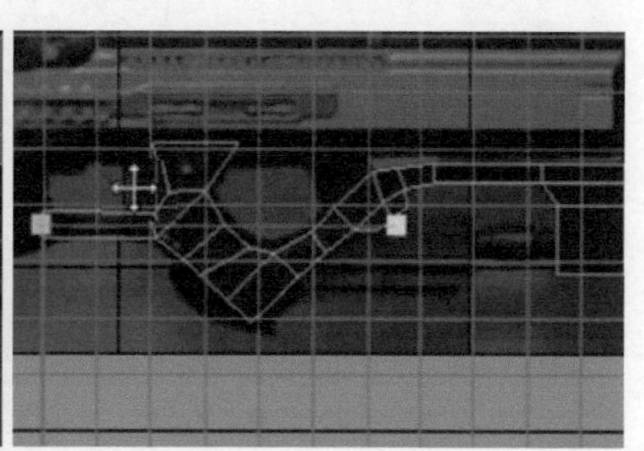

图3-39

02 创建一个面片，同样执行切线和挤出命令，做出枪托前端的衔接结构。继续创建立方体和圆柱体，放置在参考图的相应位置，作为枪托后面的衔接结构，如图3-40所示。

图3-40

Tips

由于枪械多数部件是左右对称的物体，可以先制作一侧，再做对称处理。

◆第 4 阶段：完善大型

大型制作完成之后不要急于增加细节和结构，要把整体的比例和位置尽可能地调整准确，不然会增加之后的工作量。

01 从各个角度进行观察，根据参考图调整各个部件的比例位置及排放，这里也可以使用晶格工具对部件整体进行调整。选择需要调整的部件，在视图菜单中执行Show（显示）>Isolate Select（孤立选择）>View Selected（显示选择）命令，对选择的模型进行孤立显示，如图3-41所示。

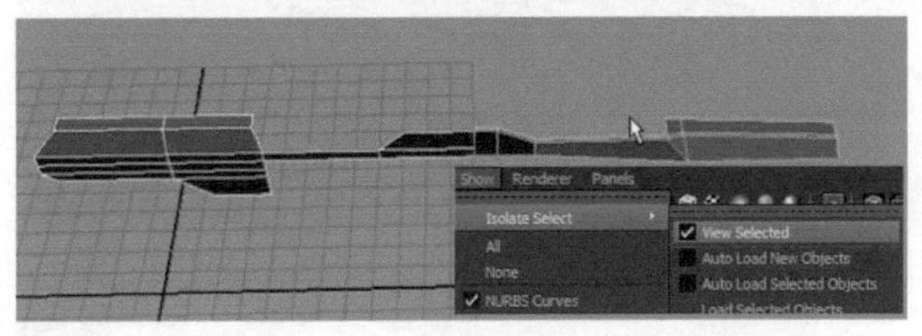

图3-41

02 切换到动画模块，执行Create Deformers（创建变形器）>Lattice（晶格）命令，创建晶格工具。在通道栏中，找到S、T、U Divisions（S、T、U细分），调整晶格的控制段数，然后找到ffdi下面的Local Influence S、T、U（局部影响S、T、U），调整晶格控制的局部影响范围，如图3-42所示。

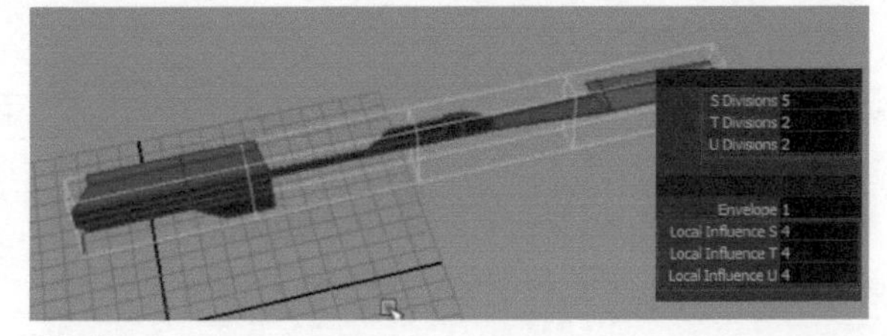

图3-42

03 取消孤立选择，在视图中找到创建的晶格工具，右键往上拖曳选择Lattice Point（晶格点），然后就可以选择晶格相应的控制点进行调整了，如图3-43所示。

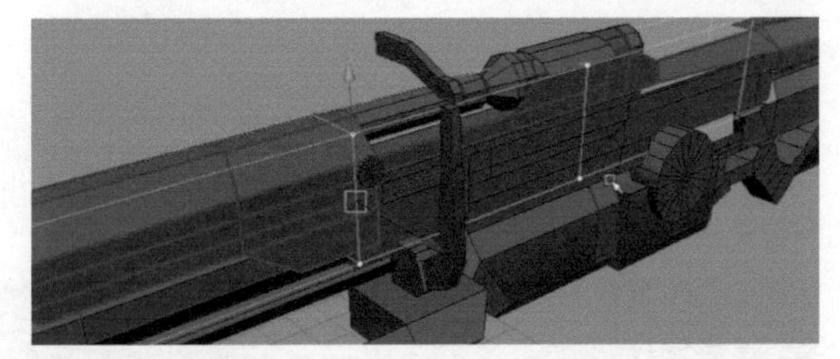

图3-43

04 调整完之后选择模型执行Edit（编辑）>Delete By Type（按类型删除）>History（历史）命令，对其删除操作历史。

Tips

制作模型时可以选择模型执行Edit（编辑）>Delete By Type（按类型删除）>History（历史）命令，这是对操作历史进行删除的命令，从而删除一些没用的节点。也可以执行File（文件）>Optimize Scene Size（优化场景大小）命令，对场景进行优化。

3.2.6 结构细化

整体大型完成之后开始对结构进行细化，丰富的结构变化必须要有足够的布线来满足，所以制作过程中会经常使用几种切线命令，在下面的制作过程中会一一讲解，如图3-44所示。

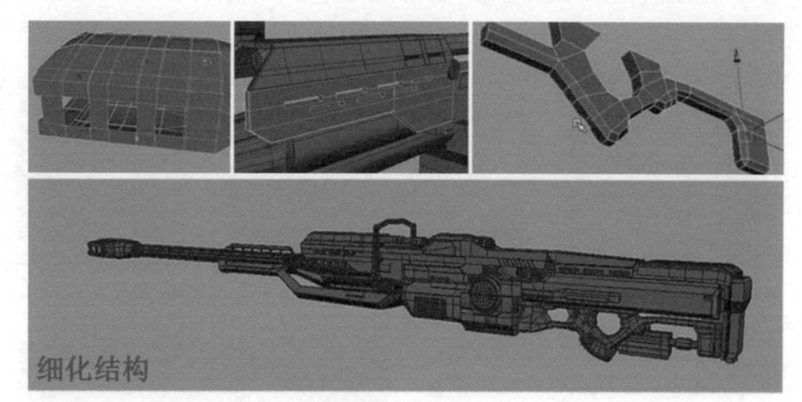

图3-44

◆第1阶段：枪口细化

枪口的细化比较简单，主要通过加线和挤出命令，做出枪口几个镂空的结构，效果如图3-45所示。

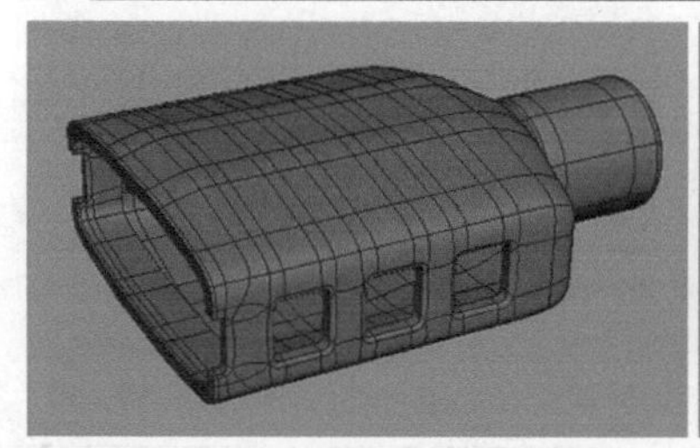
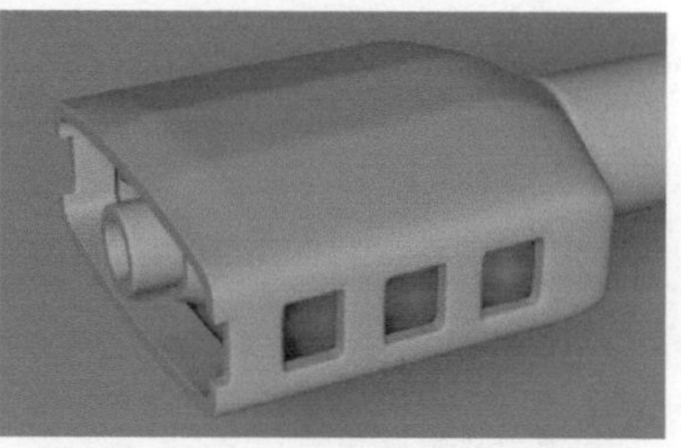

图3-45

01 首先从枪口开始，执行Edit Mesh（编辑网格）>Insert Edge Loop Tool（插入循环边工具）命令，在枪口横竖方向分别加入需要的结构线。选择点或边对其结构线的位置进行调整，然后删除枪口顶端多余的面，做出枪口凹槽的转折结构，如图3-46所示。

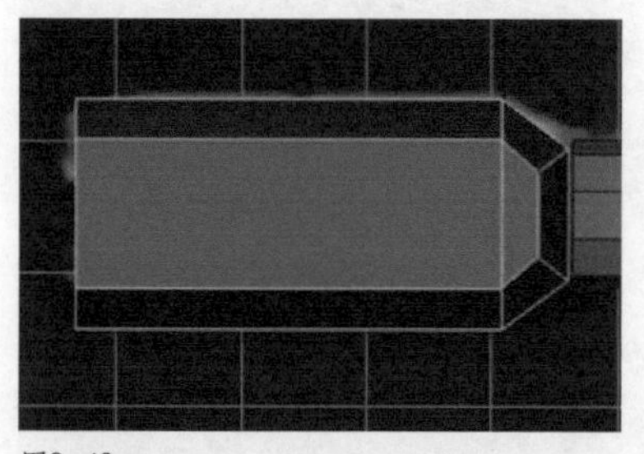
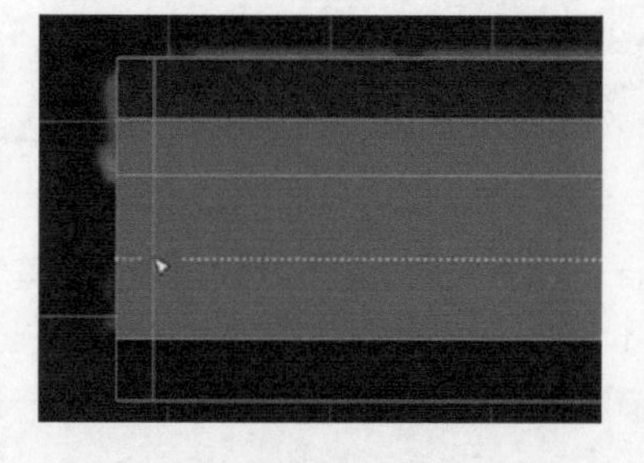
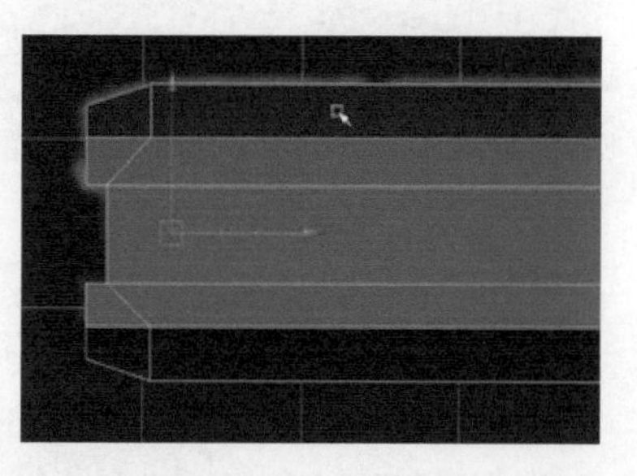

图3-46

02 执行Edit Mesh（编辑网格）>Cut Faces Tool（切面工具）命令，这是另一种切线方式，可以沿着一条线切割模型上的所有面。按住Shift键锁定角度切割，把枪口镂空的结构线切割出来，然后选择要镂空的面进行删除，如图3-47所示。

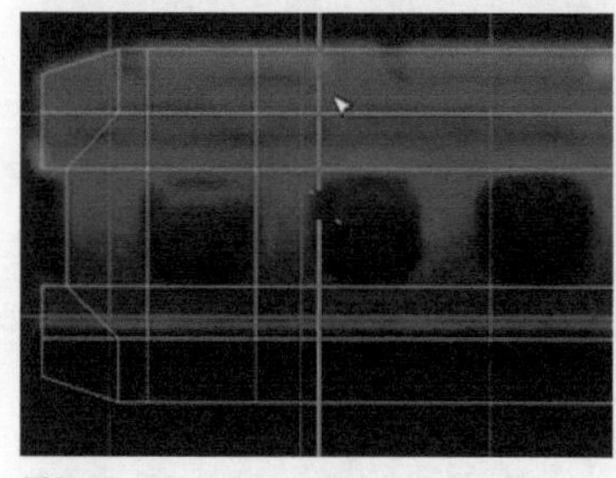
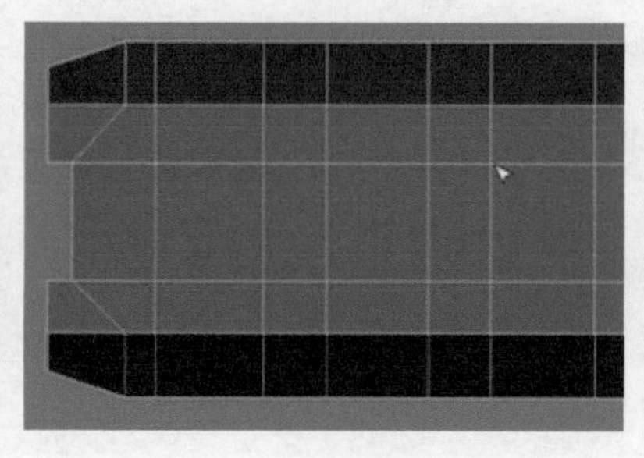
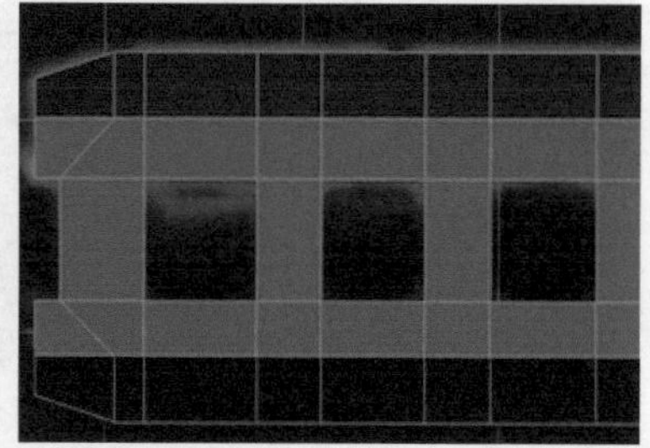

图3-47

03 按3键平滑显示，发现整个模型变圆了，这就需要进行卡线处理了，以便锐利的转折结构平滑显示后不会被圆滑掉，如图3-48所示。

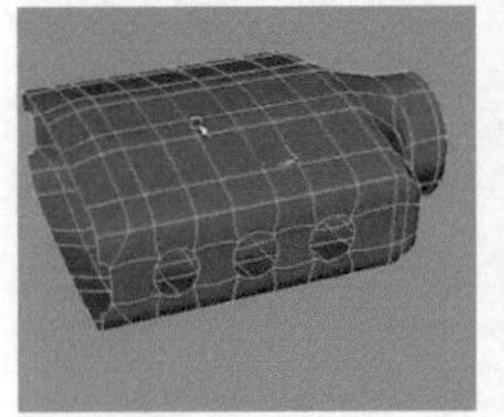
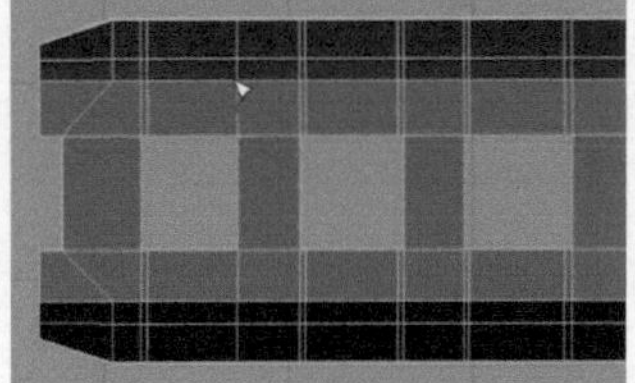

图3-48

04 选择枪口和镂空处部分的边，执行Edit Mesh（编辑网格）>Extrude（挤出）命令，挤出枪口结构的厚度和体积，如图3-49所示。

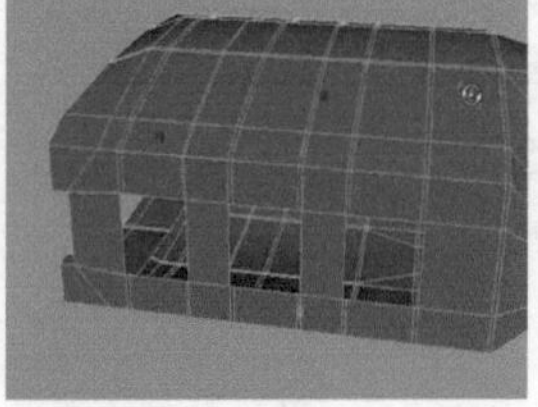
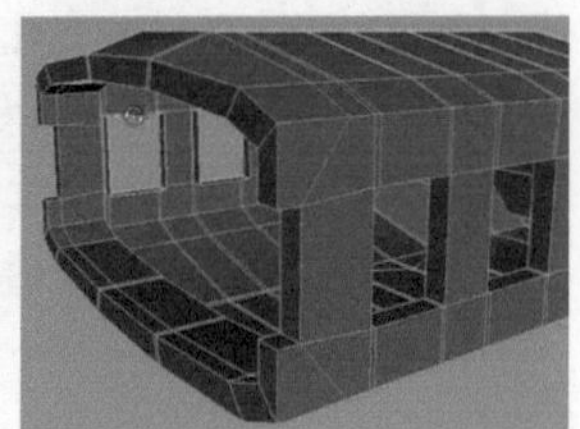

图3-49

05 再次对挤出后的结构进行卡线，以固定枪口形体，完成枪口的最终形态，如图3-50所示。

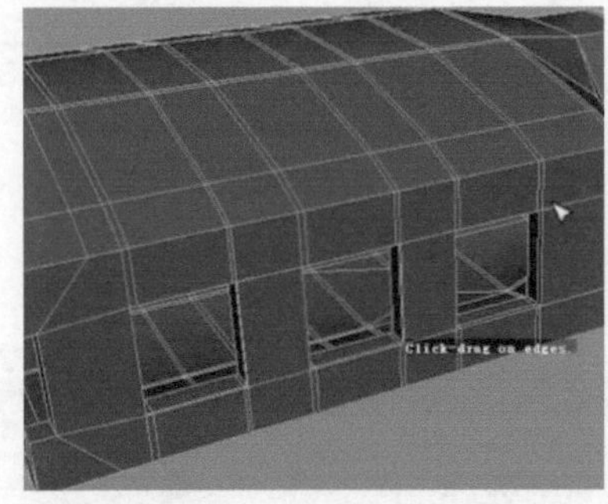

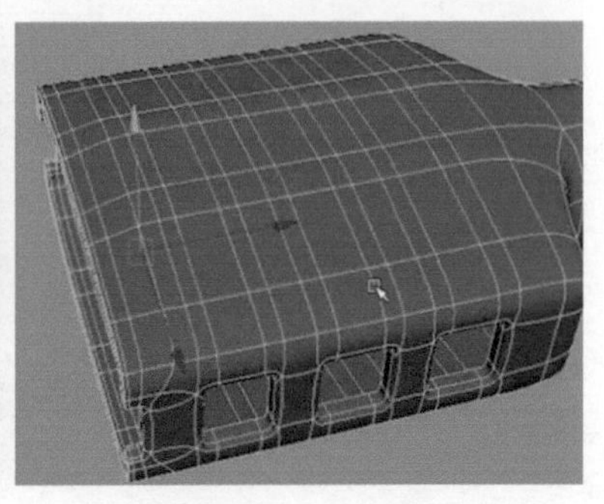

图3-50

◆第 2 阶段：枪管细化

枪管要细化的结构是一圈凹槽的结构，同样是运用挤出命令来完成，效果如图3-51所示。

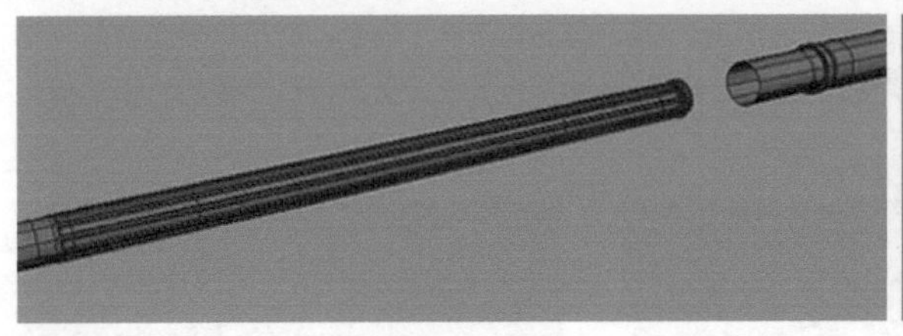
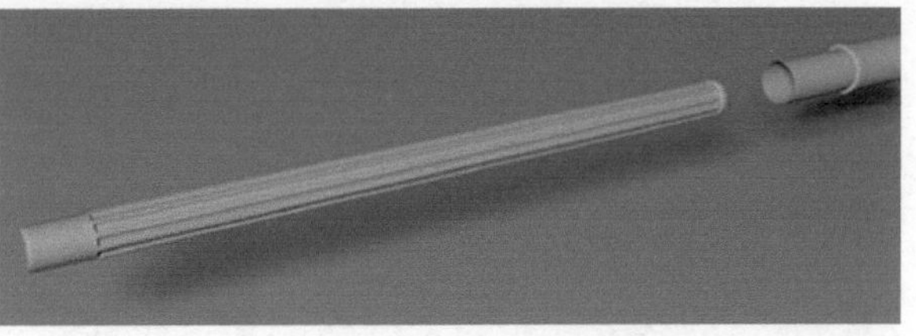

图3-51

执行Edit Mesh（编辑网格）>Insert Edge Loop Tool（插入循环边工具）命令，使用循环边插入工具插入结构线，然后选择枪管要挤出的面，把Edit Mesh（编辑网格）菜单下的Keep Faces Together（保持面的连接）的勾选去掉，执行Edit Mesh（编辑网格）>Extrude（挤出）命令，把枪管的凹槽挤出来，最后同样按结构卡线处理，如图3-52所示。

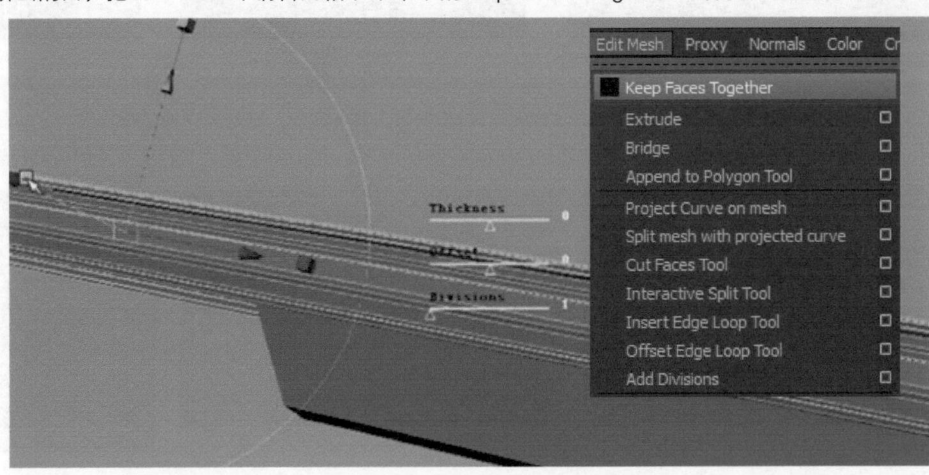

图3-52

Tips

Keep Faces Together（保持面的连接），是配合挤出命令一起使用的，在对模型进行挤出操作时，勾选保持面的连接，可以使多个相邻的挤出面拥有共同的公共边，不勾选时，则相邻的挤出面是彼此独立的，如图3-53所示。

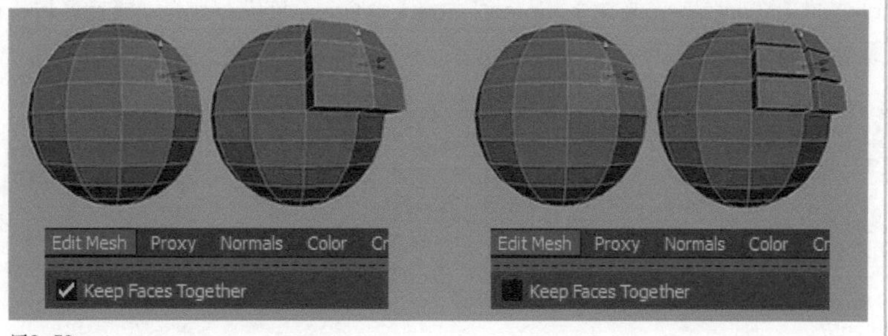

图3-53

◆第 3 阶段：散热板镂空结构细化

镂空的部分可以用布尔运算的方法制作，由于布尔运算得到的模型不会自动计算正确的布线连接，以致平滑显示之后会出现问题，所以这里就不会对模型进行平滑操作了，但是如果也要实现高精度的模型，那么就根据需要对结构进行倒角的方式处理，以达到类似平滑显示的效果，效果如图3-54所示。

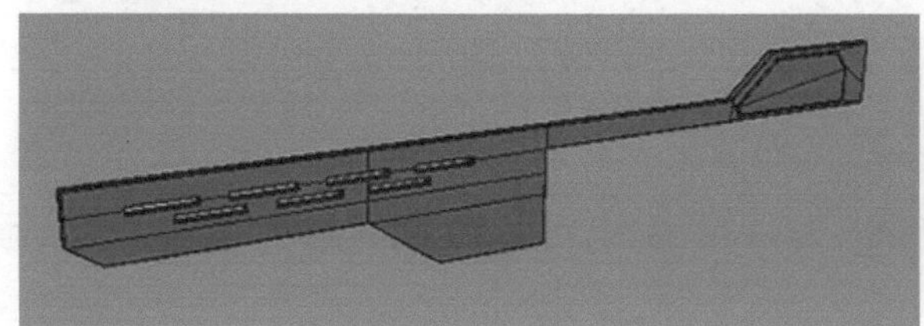
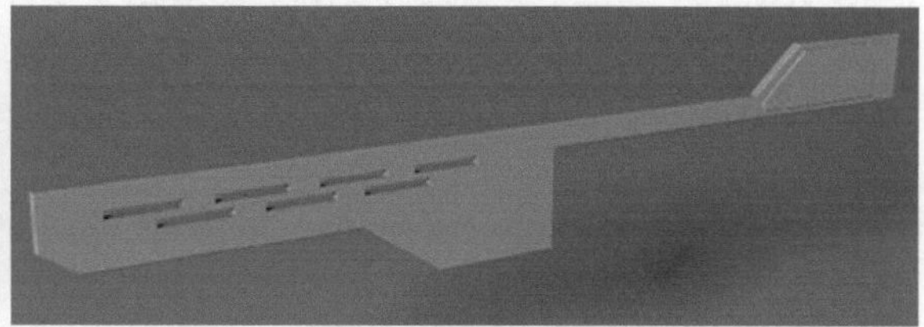

图3-54

01 选择部件体现结构轮廓的边，执行Edit Mesh（编辑网格）>Bevel（倒角）命令，然后在通道栏修改Offset（偏移）参数来调整倒角的大小，如图3-55所示。

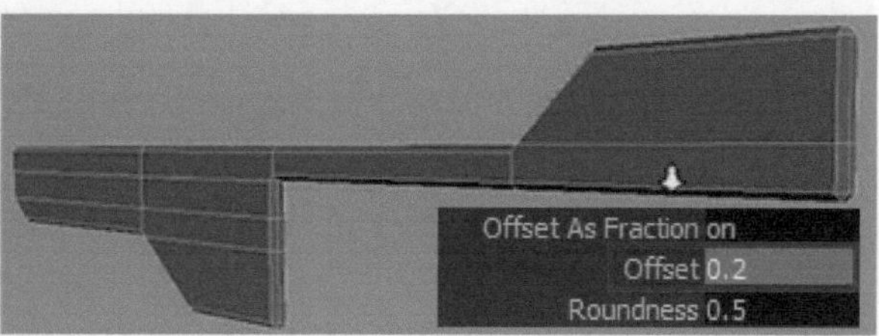

图3-55

02 新建一个立方体，根据参考图进行缩放调整和对位。接着把它复制到其余镂空部位相应的位置，然后选择这些对位调整好的立方体，执行Mesh（网格）>Combine（合并）命令，进行合并，如图3-56所示。

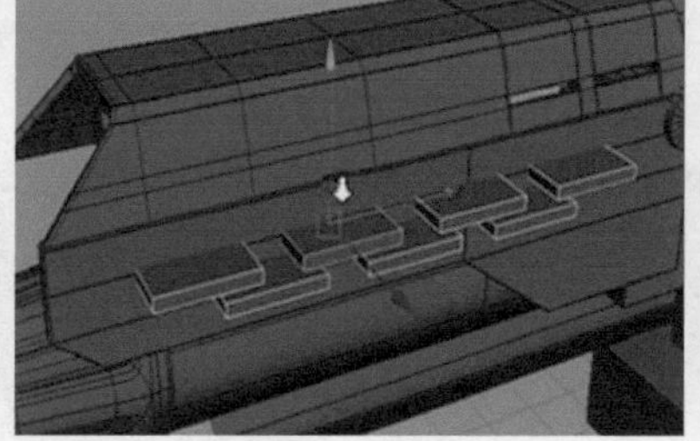
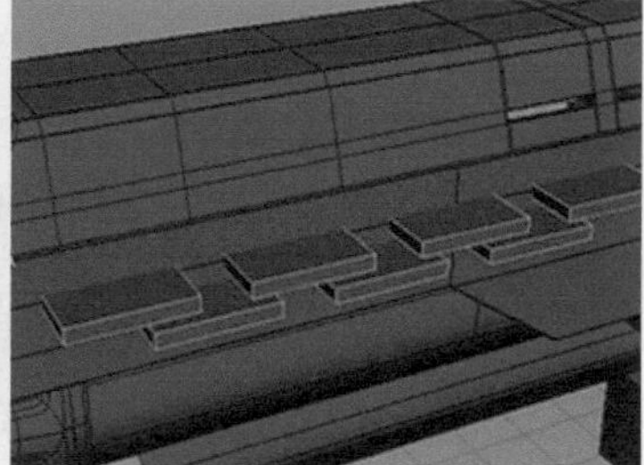

图3-56

03 先选择散热板，再选择合并后的模型，执行Mesh（网格）>Booleans（布尔）>Union（并集）命令，从而完成布尔运算的操作得到参考图的镂空效果，如图3-57所示。

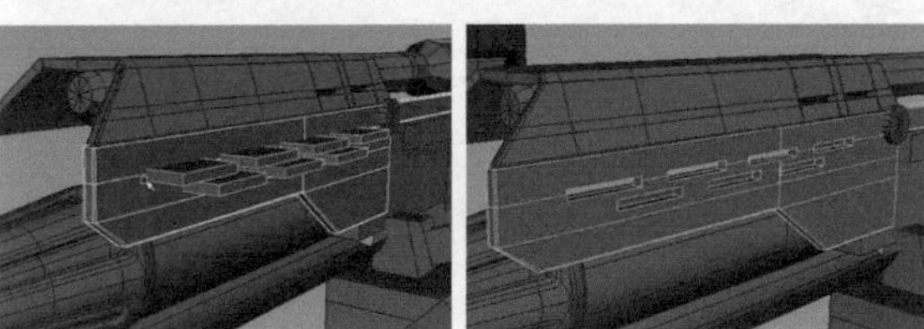

图3-57

04 为了使镂空结构边界的细节看起来更为丰富，需要对镂空区域执行一次挤出操作，做出细微的转折结构，如图3-58所示。

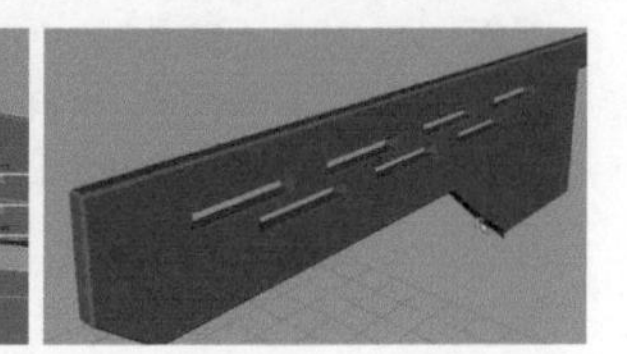

图3-58

◆第 4 阶段：弹匣凹槽结构细化

弹匣的凹槽结构同样需要布尔运算来实现，这里会用到提取面的操作，从弹匣基础模型上提取凹槽的轮廓结构，效果如图3-59所示。

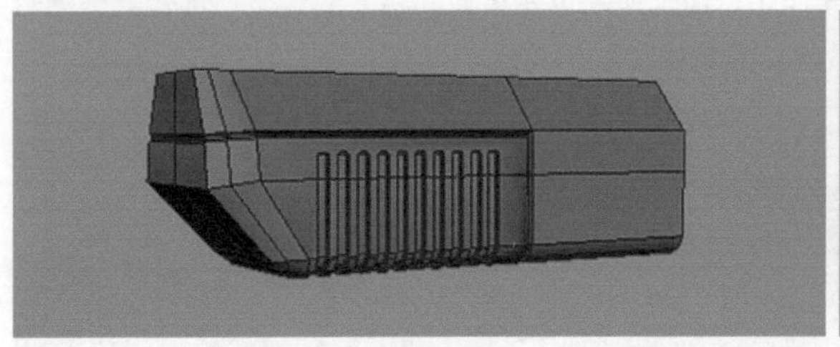

图3-59

01 执行Edit Mesh（编辑网格）>Interactive Split Tool（交互式分割工具）命令，布出弹匣大的凹槽结构线。使用Edit Mesh（编辑网格）>Insert Edge Loop Tool（插入循环边工具）命令，插入一条循环线，然后执行Edit Mesh（编辑网格）>Transform Component（变换元素）命令，把插入的循环线向内推，做出凹槽结构，如图3-60所示。

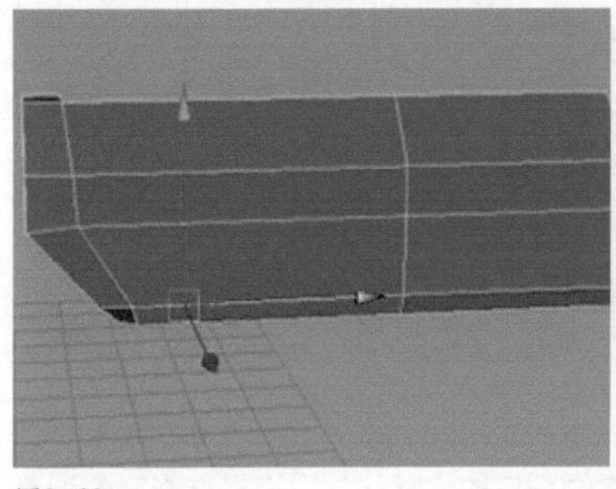

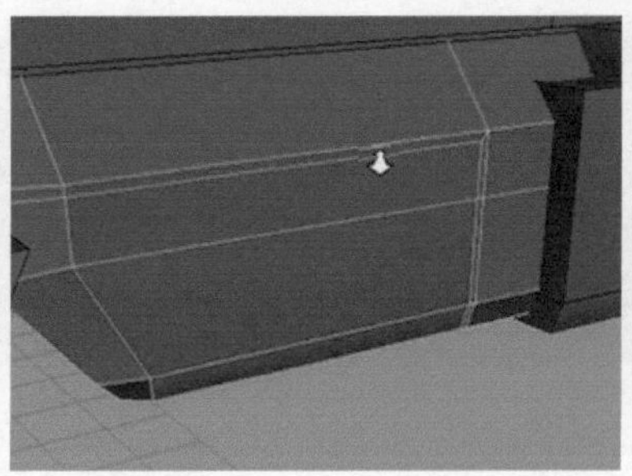

图3-60

02 选择弹匣部分面，执行Edit Mesh（编辑网格）>Duplicate Face（复制面）命令，把面复制提取出来。使用Edit Mesh（编辑网格）>Cut Faces Tool（切面工具）命令，在复制出来的面上切出第一列的凹槽结构线，切换到面元素级别，删除多余的面，如图3-61所示。

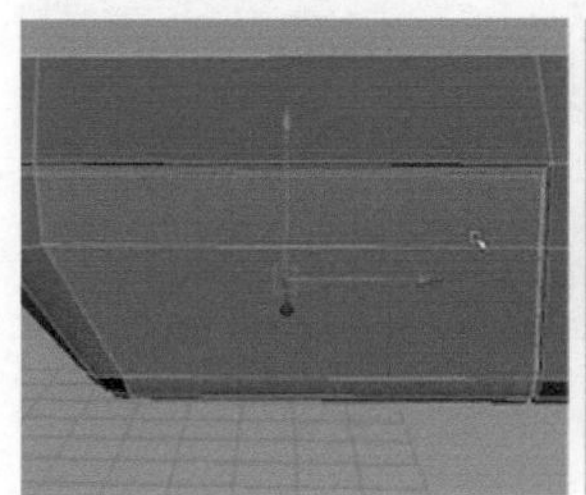

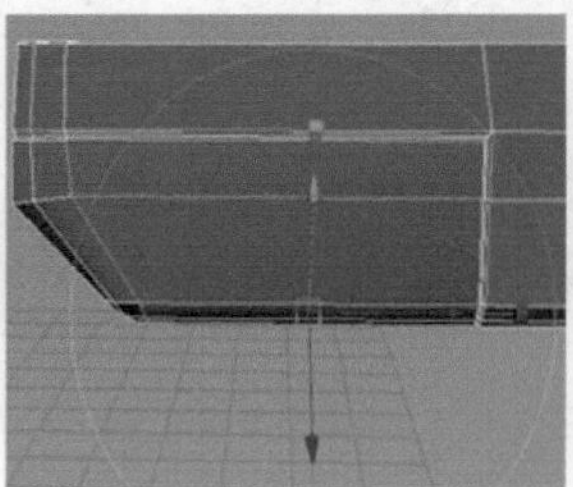

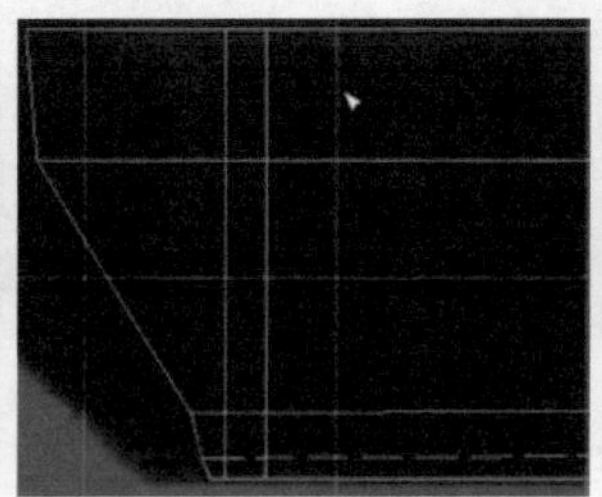

图3-61

03 选择最终提取的结构，执行Edit Mesh（编辑网格）>Extrude（挤出）命令，挤出一段厚度，然后选择轮廓结构的边，执行Edit Mesh（编辑网格）>Bevel（倒角）命令，做出倒角的结构，以便之后进行布尔运算出的模型可以得到更多细节，如图3-62所示。

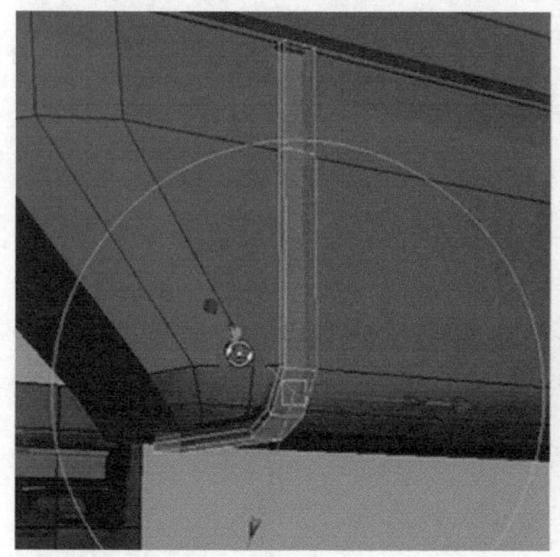
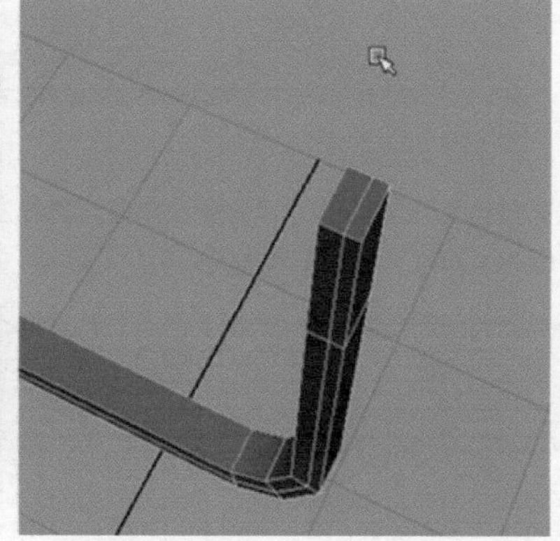
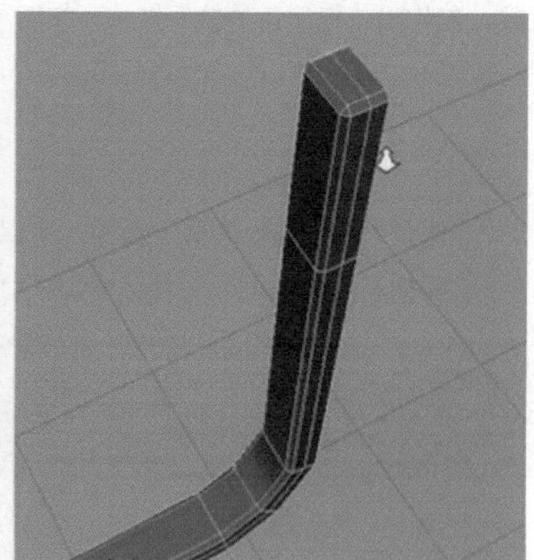

图3-62

04 把得到的模型连续复制对齐到其他凹槽处，选择这些结构模型执行Mesh（网格）>Combine（合并）命令，把它们合并为一个模型，如图3-63所示。

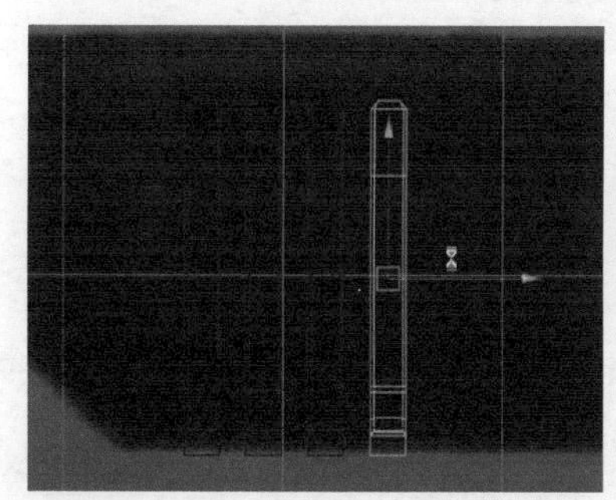
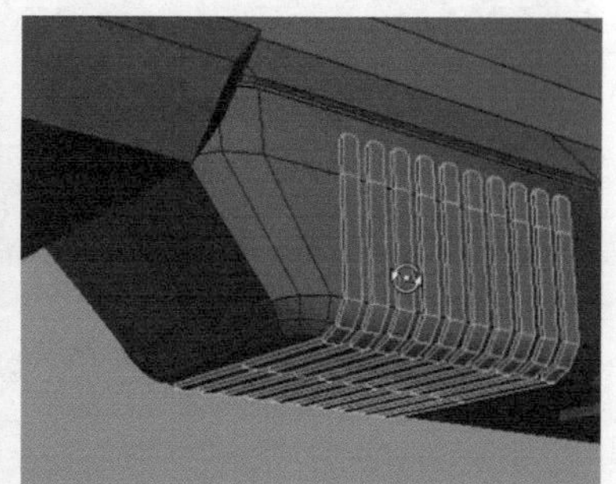

图3-63

05 先选择弹匣模型，再选择合并后的结构模型，执行Mesh（网格）>Booleans（布尔）>Intersection（交集）命令，完成布尔运算，得到弹匣的凹槽效果，如图3-64所示。

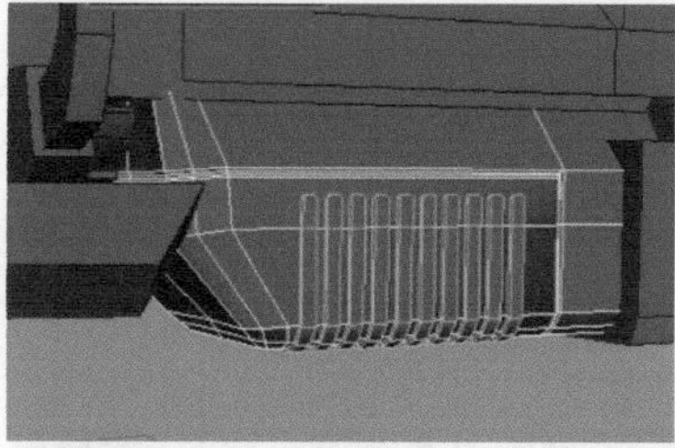
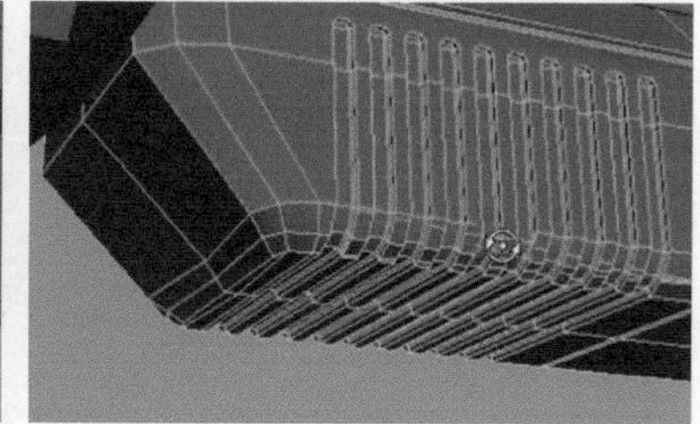

图3-64

◆第 5 阶段：枪托细化

枪托结构属于不规则的几何形体，其细节结构需要通过调整布线来制作，效果如图3-65所示。

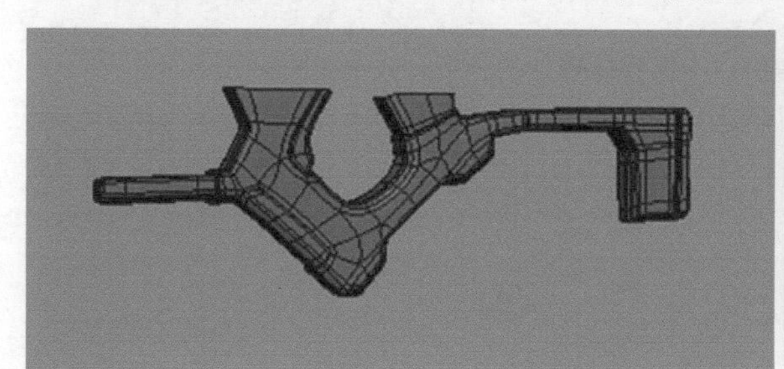
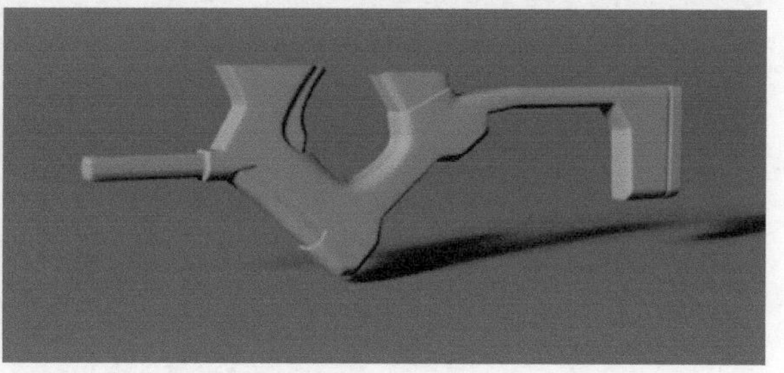

图3-65

01 选择枪托结构轮廓的边，执行Edit Mesh（编辑网格）>Bevel（倒角）命令，调整Offset（偏移）参数，制作出枪托倒角的转折结构，如图3-66所示。

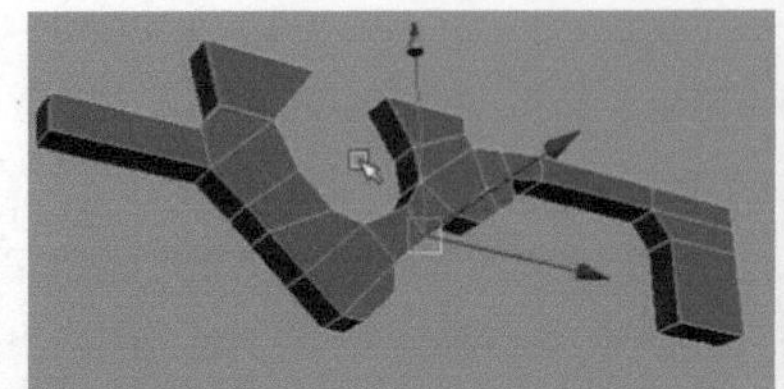
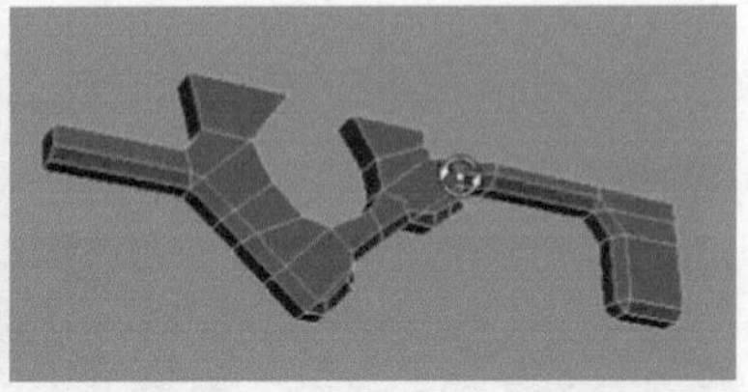

图3-66

02 倒角之后会出现一些三角面，可以通过合并点或线的方式去除三角面。选择三角面的一边或两点执行Edit Mesh（编辑网格）>Merge To Center（合并到中心）命令，如图3-67所示。

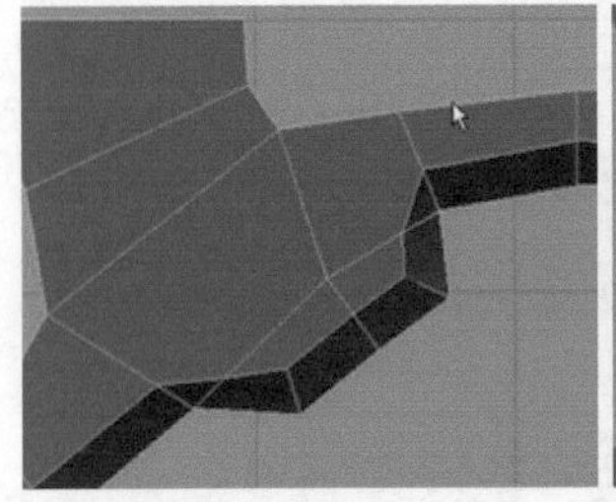
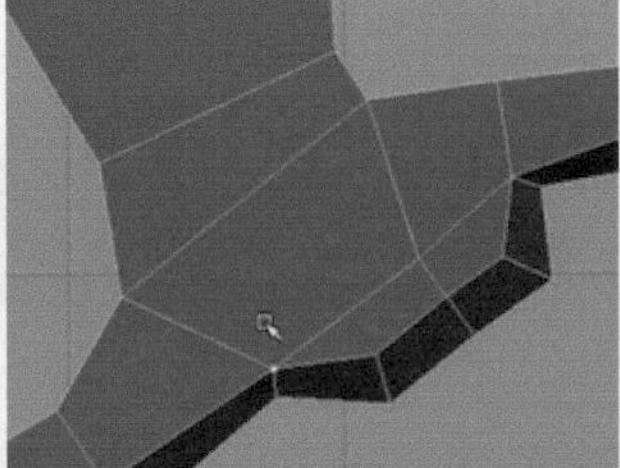
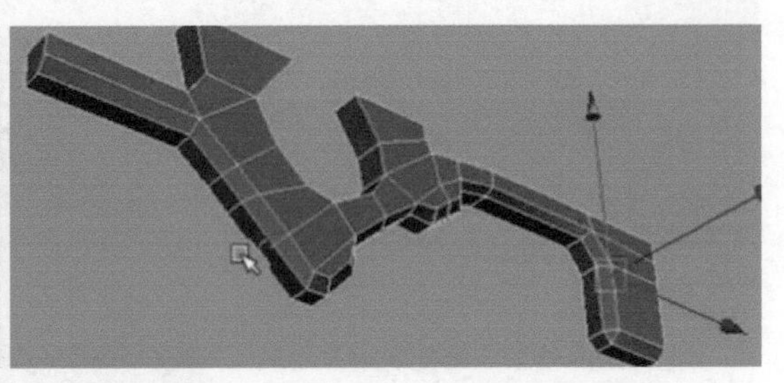

图3-67

03 选择Edit Mesh（编辑网格）>Interactive Split Tool（交互式分割工具）命令，对枪托的布线进行切割更改，然后调整点线面的位置，做出小的结构和转折，从而丰富枪托的细节，如图3-68所示。

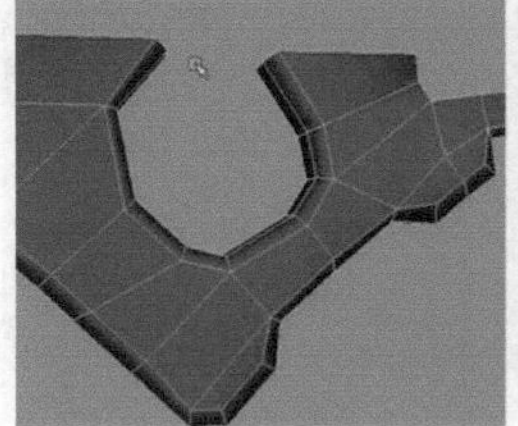
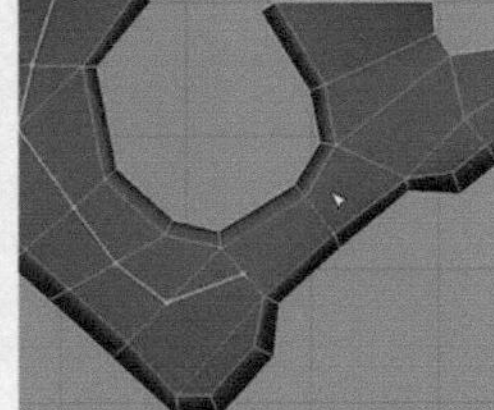
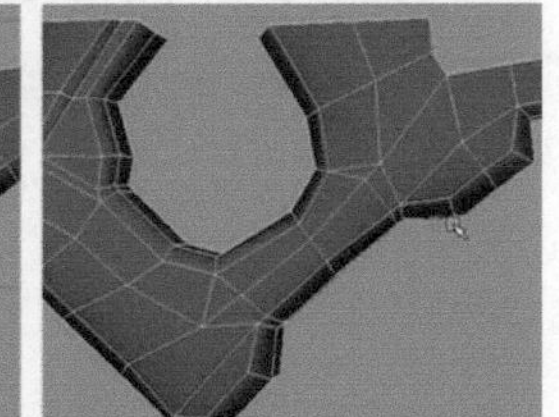

图3-68

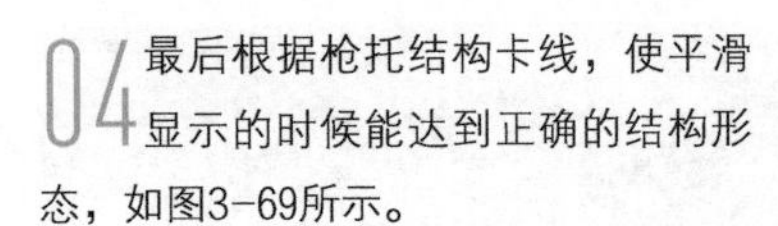

04 最后根据枪托结构卡线，使平滑显示的时候能达到正确的结构形态，如图3-69所示。

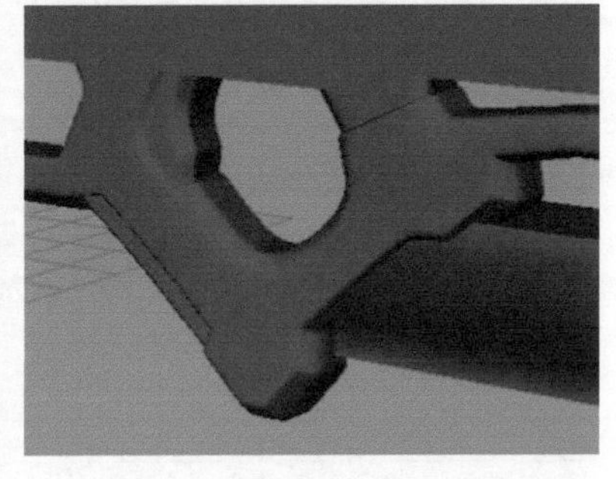

图3-69

◆第 6 阶段：螺丝钉细化

螺丝钉这种细小零部件往往是最后制作，可以多次复制以丰富整体模型的细节，效果如图3-70所示。

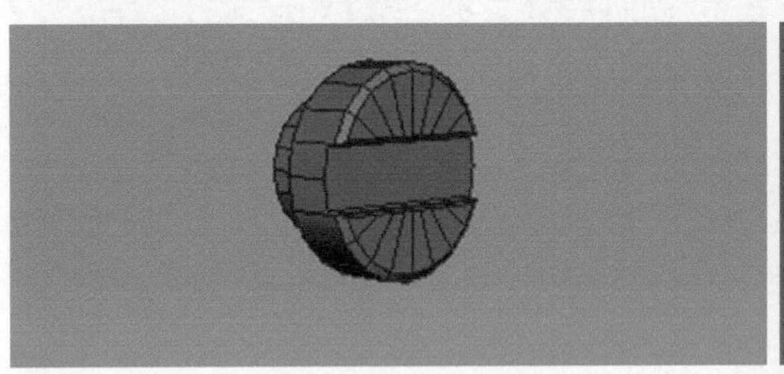
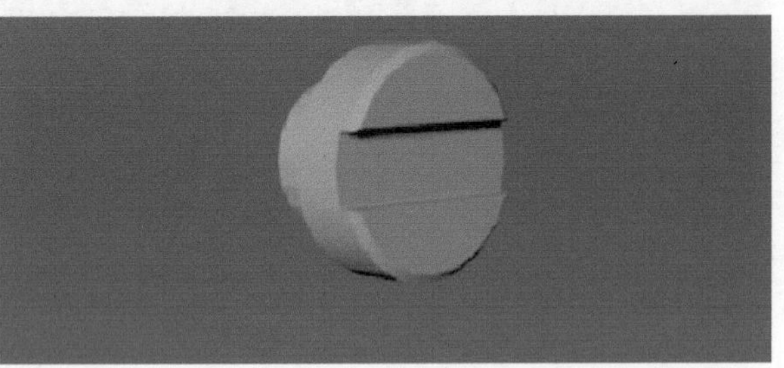

图3-70

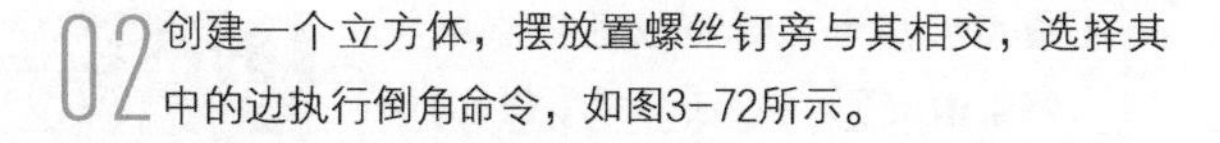

01 创建一个圆柱体，适当缩放大小，选择前端循环边执行Edit Mesh（编辑网格）>Bevel（倒角）命令，做出螺丝钉的倒角转折结构，如图3-71所示。

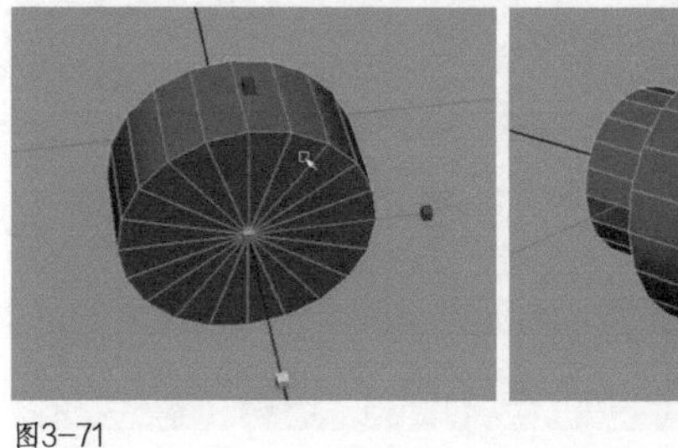

图3-71

02 创建一个立方体，摆放置螺丝钉旁与其相交，选择其中的边执行倒角命令，如图3-72所示。

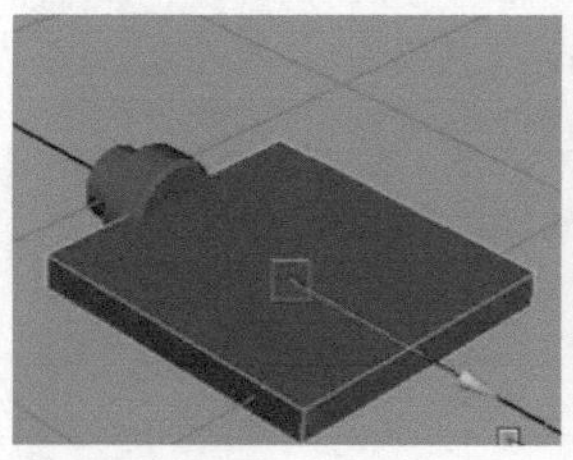

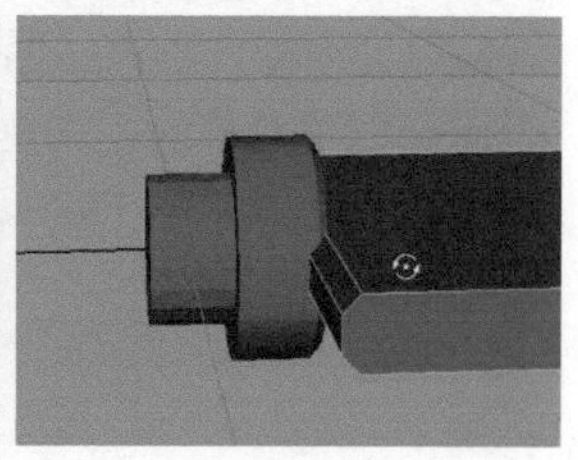

图3-72

03 执行Edit Mesh（编辑网格）>Cut Faces Tool（切面工具）命令，使用切面工具添加两段线，调整其点的位置，丰富模型相交部分的结构。先选择螺丝钉，再选择立方体，执行Mesh（网格）>Booleans（布尔）>Difference（差集）命令，进行布尔运算，得到螺丝钉的凹槽细节，如图3-73所示。

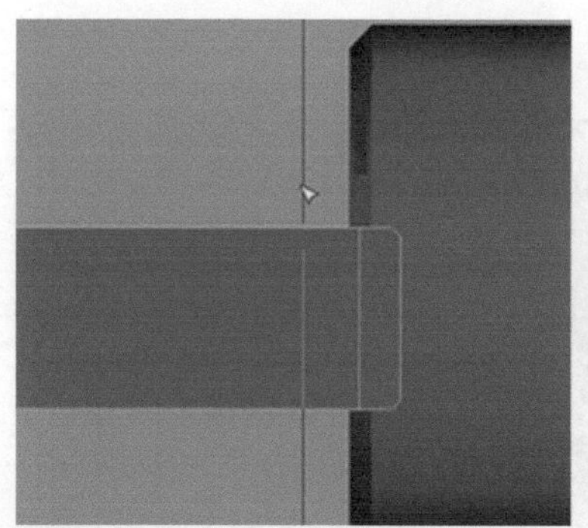

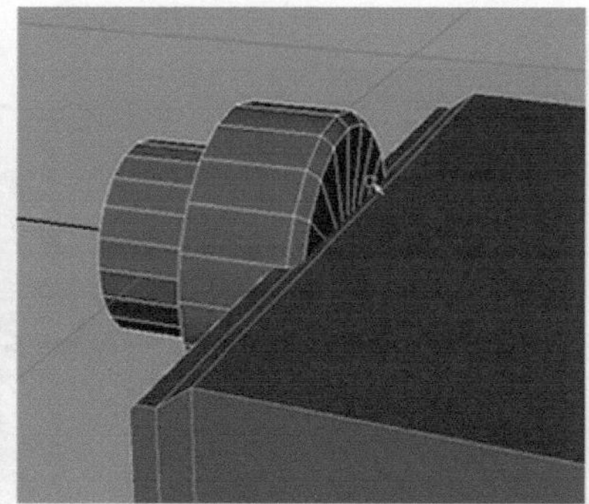

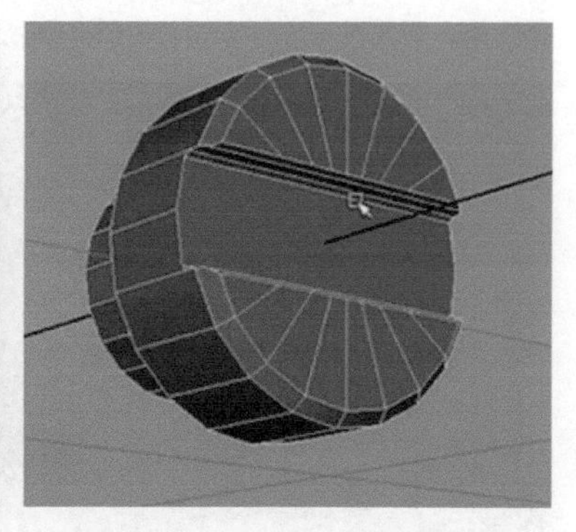

图3-73

Tips

这种螺丝钉可以主观地复制多个放置在不同的部件上面，丰富整体结构的细节。在制作某些其他部件时，形状接近的部件也可以拿来修改得到，不必重新制作。

3.2.7 最终调整和渲染输出

创建工作基本完成，剩下的就是对模型的比例结构以及布线做最终的检查与调整，把没有镜像的部件镜像过去，根据需要再进行一些零件和结构的添加，使模型看起来有足够的细节，最后调整渲染设置，把模型渲染输出，完成最终效果，如图3-74所示。

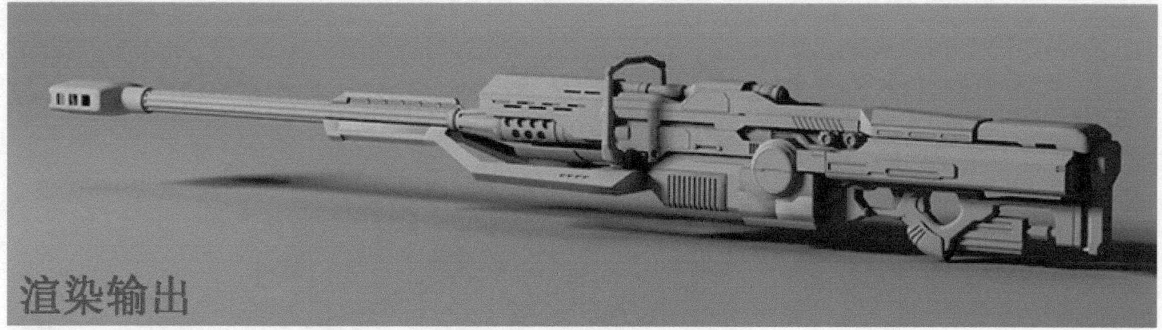

图3-74

01 模型完成之后就可以进行简单的渲染输出了。执行Creat（创建）>Cameras（摄像机）>Camera（摄像机）命令，创建一个摄像机，选择视图菜单的Panels（控制板）>Perspective（透视）>Camera1（摄像机1），切换到之前创建的摄像机视角，如图3-75所示。

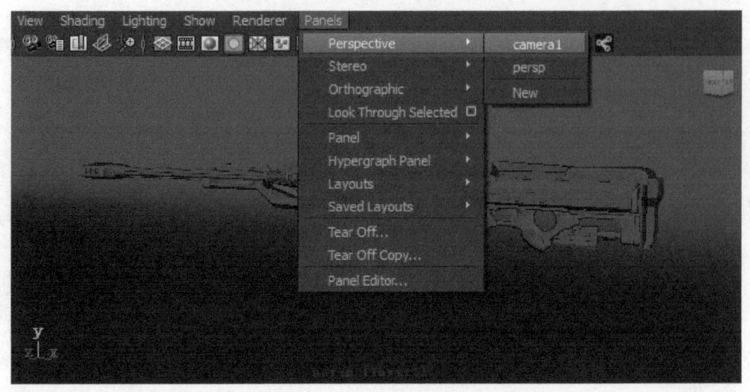

图3-75

02 打开视图菜单的View（视图）>Camera Setting（摄像机设置）>Resolution Gate（分辨率框），来显示要渲染的区域，不过在这里默认的渲染的区域比例不适合模型构图渲染，需要对其进行修改，如图3-76所示。

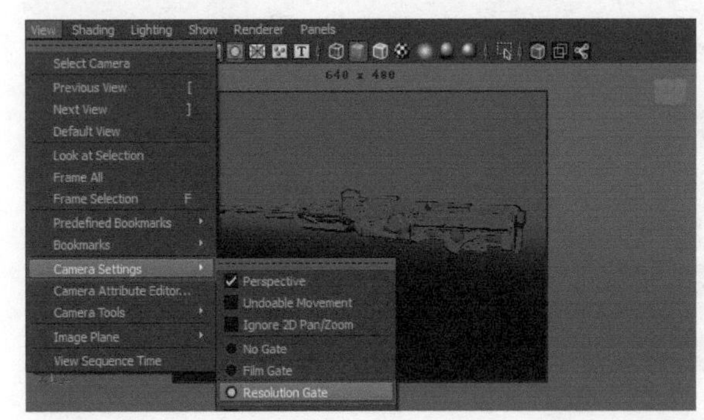

图3-76

03 打开Render Settings（渲染设置），在Common（默认）标签下的Image Size（图像大小）选项里找到Width（宽）和Height（高），修改成要渲染的尺寸数值，如图3-77所示。

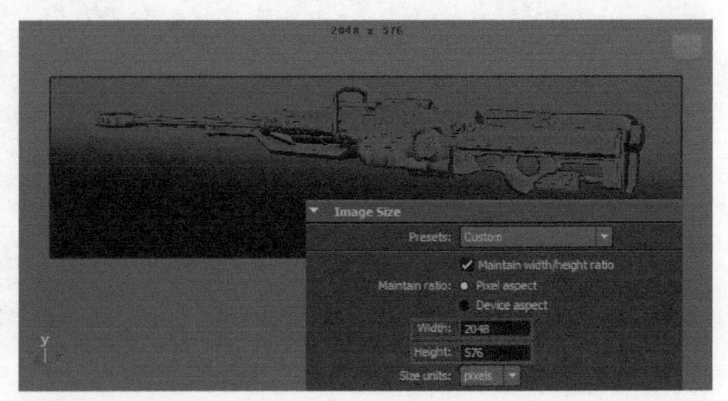

图3-77

04 观察视图，发现视图中具有明显的透视，导致狙机枪有较大的透视变形，因此这里需要调整摄像机的焦距参数。选择摄像机，打开摄像机的属性编辑面板，找到Focal Length（焦距），把数值调大，这里的参数设置为90，如图3-78所示。

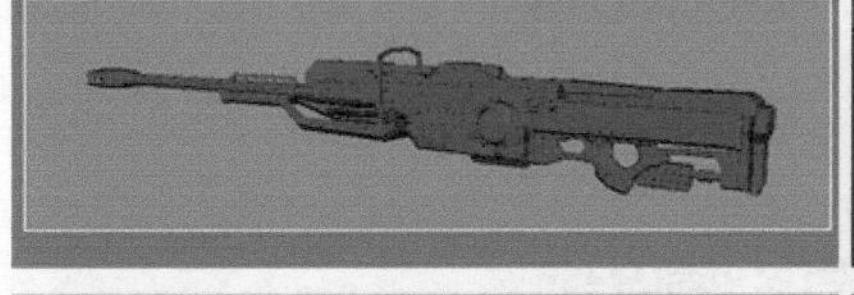
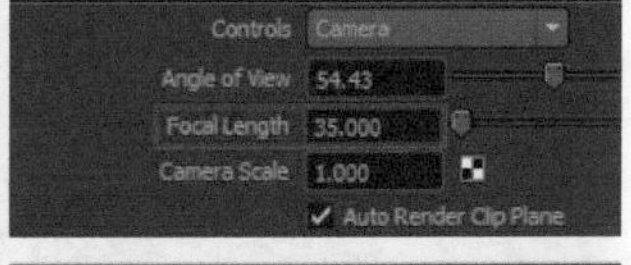

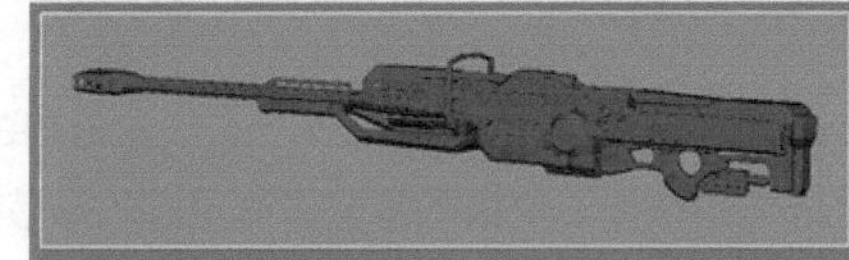
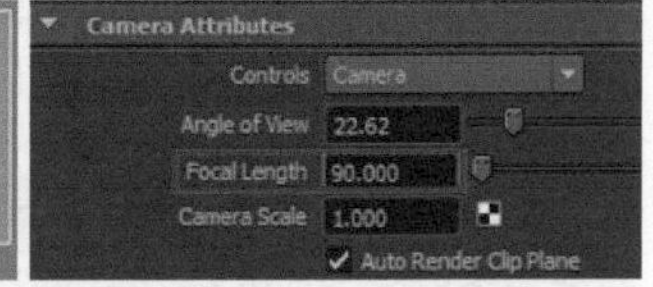

图3-78

05 选择场景所有模型，在通道栏下的层管理器中找到Render（渲染）标签，单击创建层按钮，把需要渲染的物体添加到渲染层里面，如图3-79所示。

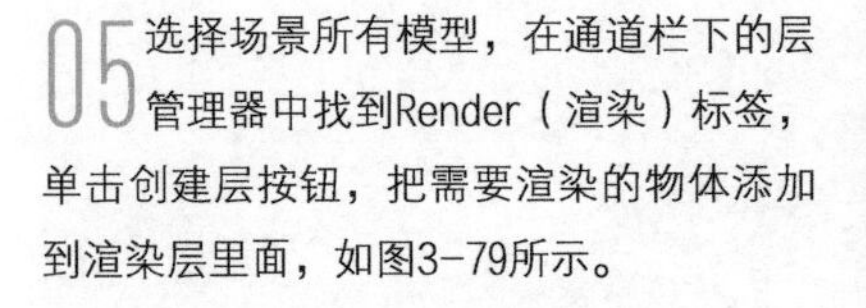

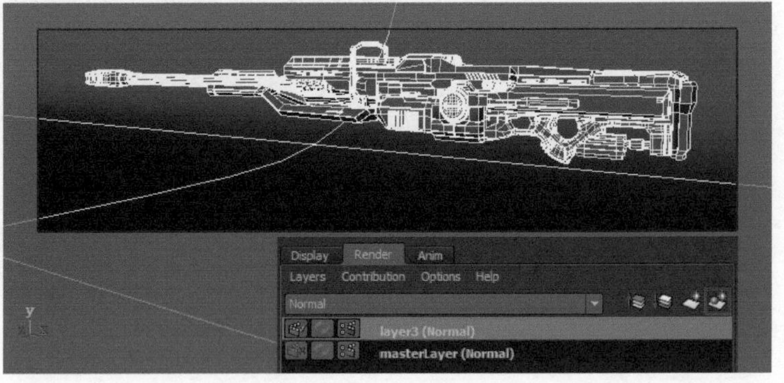

图3-79

06 右键单击新建的渲染层，在下拉列表选项中选择Attributes（属性），如图3-80所示。

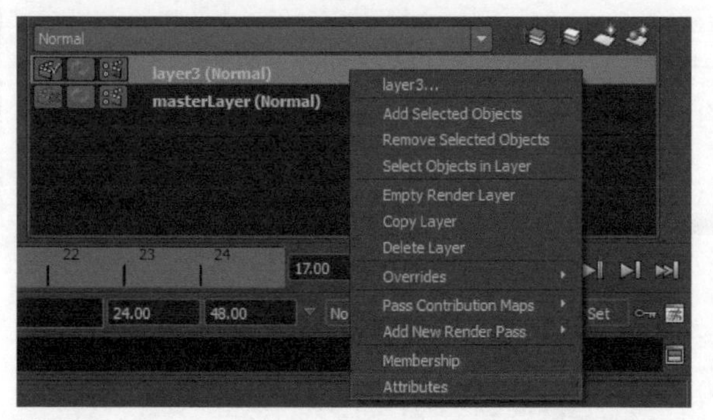

图3-80

07 在层属性编辑面板里找到Presets（预设），单击之后下拉菜单中会有很多预设选项，选择Occlusions（遮挡），如图3-81所示。

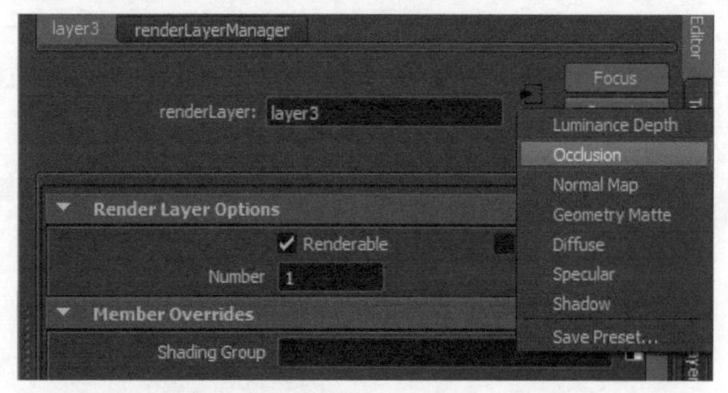

图3-81

08 然后在Surfaceshader（表面着色）的属性编辑面板里，找到Surface Shader Attributes（表面着色属性）下的Out Color（输出颜色）选项，单击后面的图标按钮，如图3-82所示。

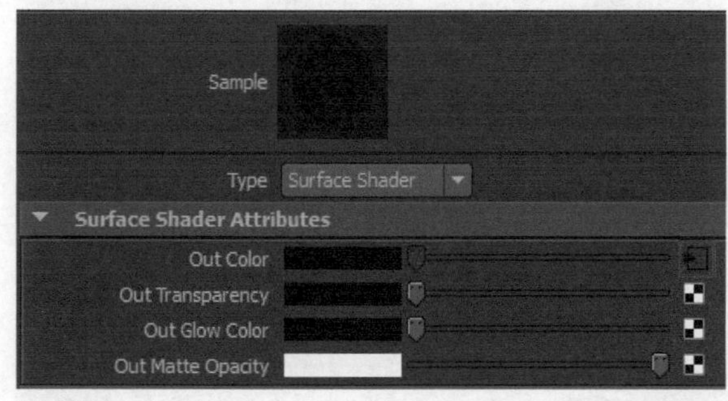

图3-82

09 转到mib_amb_occlusion的属性编辑面板，把Max Distances（最大距离）参数调为10，如图3-83所示。

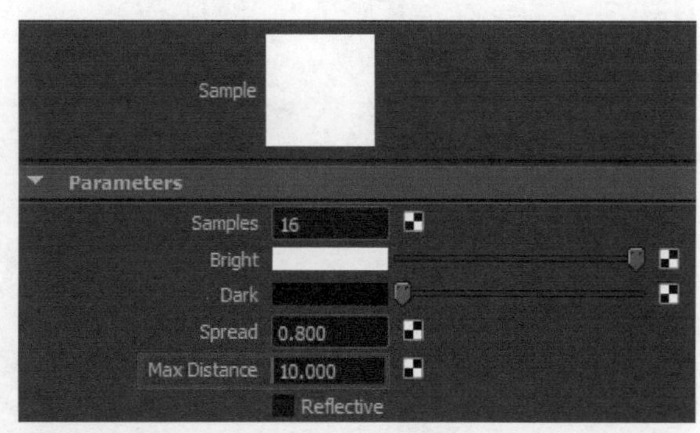

图3-83

10 最后调整下摄像机视角，所有设置完毕之后，打开Render View（渲染视图），单击渲染图标即可渲染，如图3-84所示。

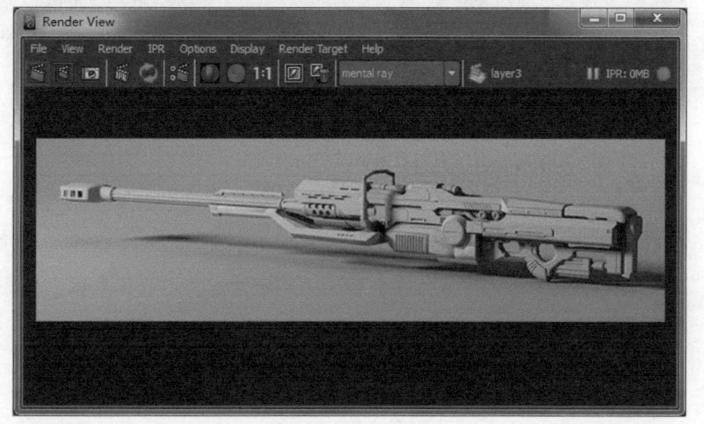

图3-84

3.2.8 本节小结

这把机械狙击枪是比较典型的机械武器，零部件比较多，结构也比较复杂，制作时不仅需要所讲的一些软件命令和制作技巧，同时也需要有耐心。做大型时，先思考、观察、总结再动手制作，做到心中有数，学会把复杂的结构简单化。做细节时，要注意细节结构的布线方式，镂空凹槽的制作技巧。通过本节案例的学习，相信大家已经掌握了这把概念狙击枪的制作方法，只要多次尝试、勤加练习一定可以制作出更多复杂的机械模型。

3.3 案例——概念机械头盔

本节案例要做的是一个概念机械角色的头部部分——机械头盔，它是战争优势（Dominance War，DW）竞赛中的一幅获奖作品。它的设计具有明显的流线曲面机械结构，是属于敏捷型的机械角色所装配的，也是整个角色的主体部分，效果如图3-85所示。

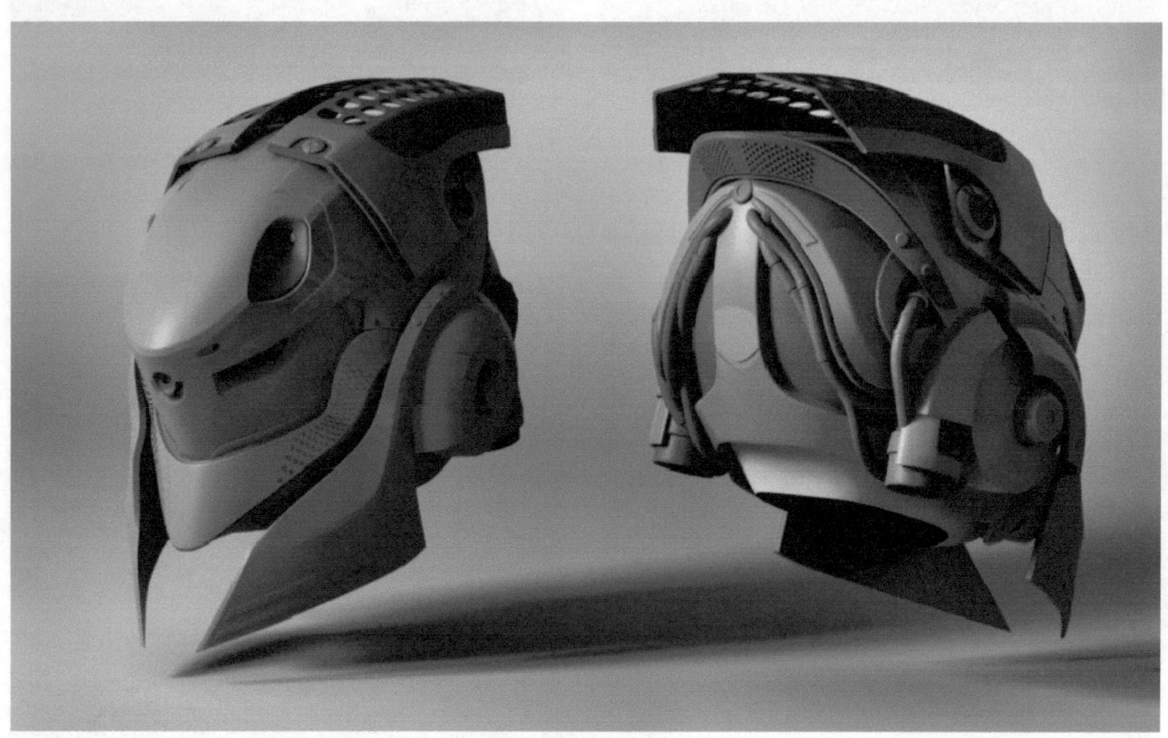

图3-85

3.3.1 制作前的准备

在本章3.1节中，了解了什么是机械设定，明白了一个好的机械模型是要做到真实可信的，所以在本节案例制作之前，同样需要结合现实元素对模型结构进行分析，以便大家以后在进行个人创作中，能够更好地理解结构，设计出更为独特的模型。

◆第 1 阶段：机械角色设计分析

这个机械角色是一位女性未来战士，配有近距离攻击武器和远程射击武器，身型性感修长，并且脚部装置轮滑，灵巧而华丽，很明显是属于敏捷型的角色。她的机械盔甲的外观结构多为平滑的曲面结构，这类感觉的结构比较有速度感和科技感，很多曲线曲面也都是为这种感觉服务的，然后配以复杂的局部机械部件和细小结构，以增加真实感和精密的机械感，如图3-86所示。

整体的机械设计是依附在人体结构上的，它的机械构造大体可以分为三部分。第一部分是贴合人体的最内部机械结构，它是根据人体结构的走向来设计的，给人一种非常精致紧凑的线条感，主要是躯干部分；第二部分是大块的体现整体造型的机械结构，表面光滑简洁，由肩部、手臂、大腿、膝部和小腿组成；第三部分是表面的细节部件和局部的复杂零部件，如图3-87所示。

图3-86

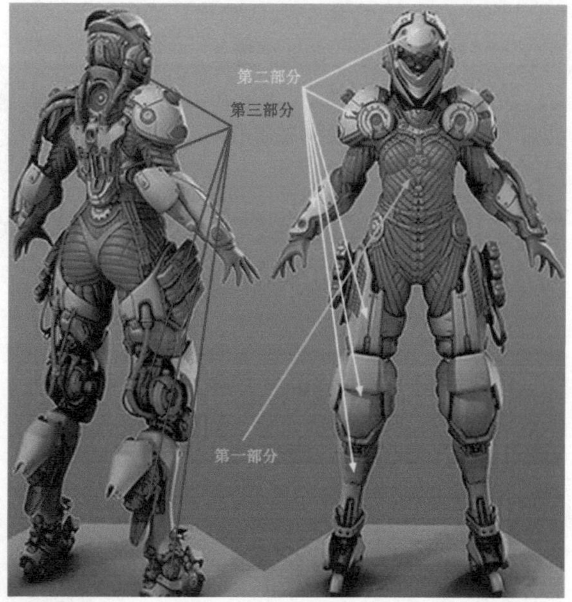

图3-87

◆第 2 阶段：头盔的认识

由于本节是以头部的机械头盔制作为例，所以这里着重对头盔进行基础的认识和结构的讲解。

头盔是保护头部的装具，是军人训练、作战时戴的帽子，也是人们生活中不可或缺的工具。它多呈半圆形，以抵御弹头、弹片和其他打击物对头部的伤害。头盔的出现，可以追溯到远古时代，原始人为追捕野兽和格斗，用椰子壳等纤维质以及犰狳壳、大乌龟壳等来保护自己的头部，以阻挡袭击。后来，随着人类生活的进步和战争的需要，逐渐出现了金属、工程塑料、皮革、纤维等不同材料的头盔，如图3-88所示。

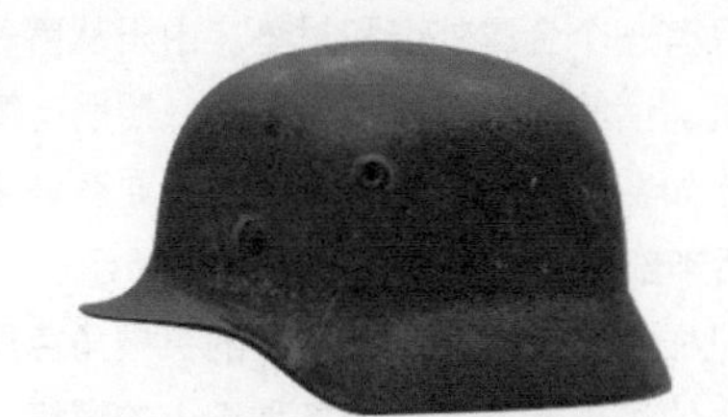

图3-88

◆第 3 阶段：头盔的类型

随着军事的发展和和平时期工作、生活的日益多样化，人们对生命安全的日益重视，而头盔具有结构简单、防护性强、摘戴方便等优点，致使头盔的使用方面也越来越广泛，大致可分为军事、工作、运动三类。

军事分类：步兵头盔、飞行员头盔、空降兵头盔、坦克员头盔等，如图3-89所示。

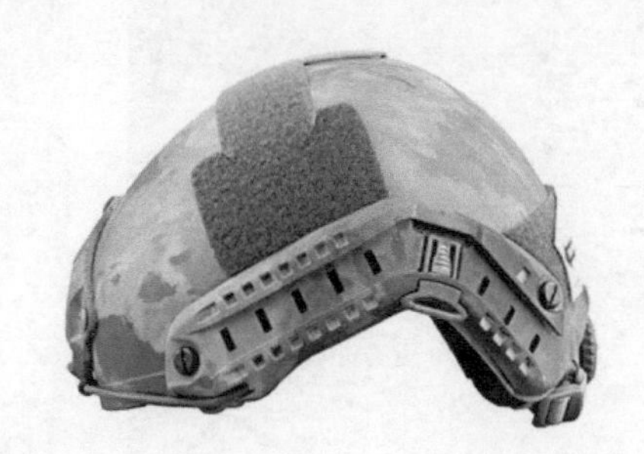

图3-89

工作分类：焊接用头盔、喷砂头盔、防热辐射头盔、防紫外线头盔、建筑用头盔（安全帽）、矿山用头盔（安全帽）等，如图3-90所示。

图3-90

运动分类：赛车头盔、冰球头盔、滑板头盔、登山攀岩头盔、轮滑头盔、棒球头盔、滑冰头盔、曲棍球头盔、极限运动头盔等，如图3-91所示。

图3-91

◆第 4 阶段：头盔的形式特点

头盔原本的雏形类似锅盖，一般只有一个金属外壳和衬垫。由于从事各种活动使用要求不同，头盔的结构和式样会有很多，有的装置护目镜、耳机、话筒，留有安装摄像头、照明电筒等附加设备的插口。一些特殊用途的头盔还经过空气动力工程师的设计，比如赛车头盔，你可以看到表面有许多扰流装置，表面很光滑，前部为很大的护目镜，将半个脸罩起来，头盔的后半部造型很独特，如图3-92所示。

本节要制作的是一款未来概念的机械头盔，是属于敏捷型的机械角色所装配的，装载有武器、防御系统。在这个未来概念上的设计使用了一些过去的表现元素，比如各种细小的螺钉、线管、金属网格等，使模型的外观看起来更有说服力。在造型上面流线的结构比较多，体现科技感和速度感，它比较接近赛车头盔的整体造型，而不像军事用的锅盖式头盔，如图3-93所示。

图3-92

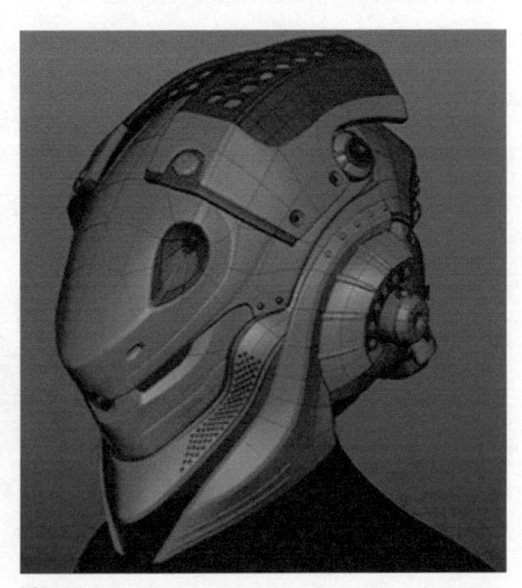

图3-93

3.3.2 制作思路

这个概念机械头盔类似赛车头盔造型，具有明显的流线结构，并且结构多为不规则几何形体，所以制作时一般多用创建面片编辑挤出的方法，或者在已有形体之上提取面再进行编辑的方式。它处在整个机械角色的头部位置，是最重要的主体部分，它的制作质量直接决定整个模型的质量，因此在部件与部件的衔接组合、细节部分的结构处理、细节零件的添加，都要做到足够的丰富，并且真实可信。

要把模型做得尽可能准确合理，需要三视图和大量参考图作为资料，而在很多个人的创作过程中，如果没有三视图，就只能以看图建模的方法来进行制作。在没有正交三视图的情况下，如何把握造型的准确性，如何估算长度距离，如何估算弧度，这都是本节案例制作的一大难点。

制作的难点不同，但是制作的方法却是一样的，可以把整个头盔划分几个部分，为了方便下面的讲解，在这里划分一下组合结构，如图3-94所示。

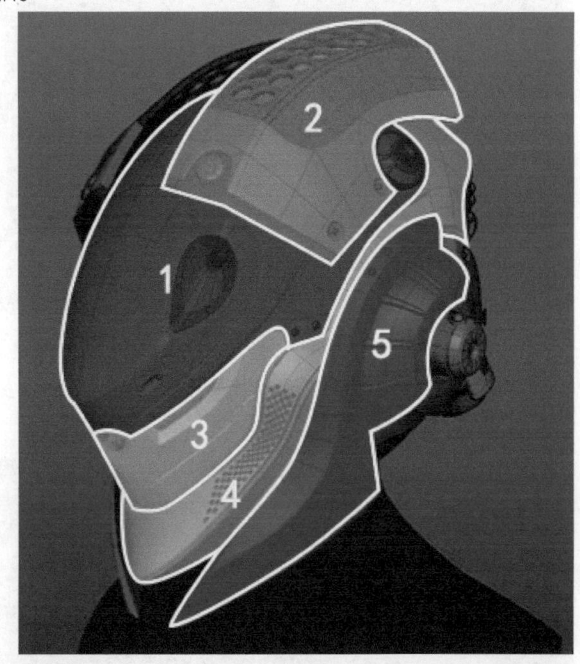

图3-94

3.3.3 制作流程

建模过程没有什么特殊的地方。从最大的结构开始制作整体大型，大型制作调整完成之后为其增加细节结构，最后再添加各种零部件。

01 在硬表面建模方面首先用简单的模型调整出参考图中的大体形状，并且在建模的过程中使用关联镜像复制以方便观察整体效果，如图3-95所示。

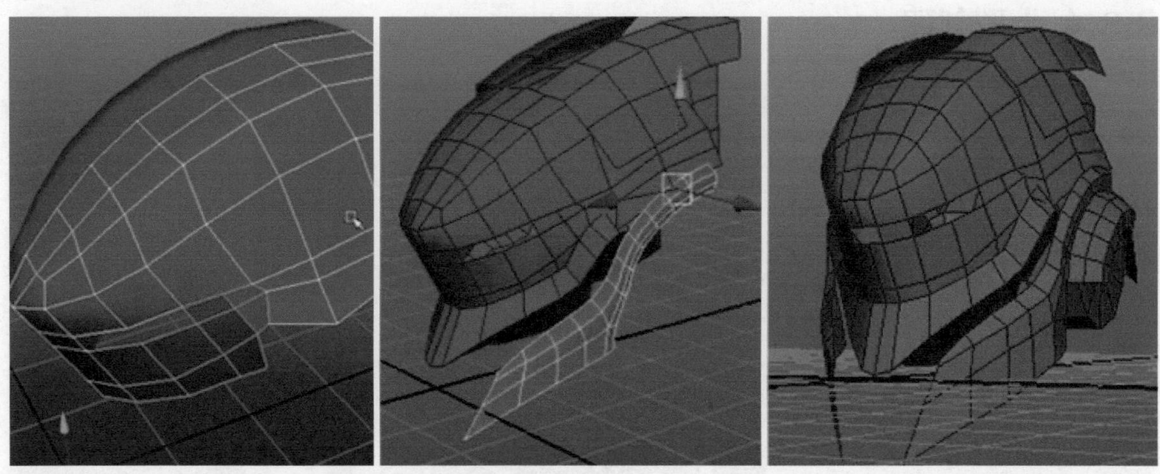
图3-95

02 当大型调整完成，感觉大的比例没有问题后，就可以增加模型细节结构，对模型进行厚度挤压和卡线，如图3-96所示。

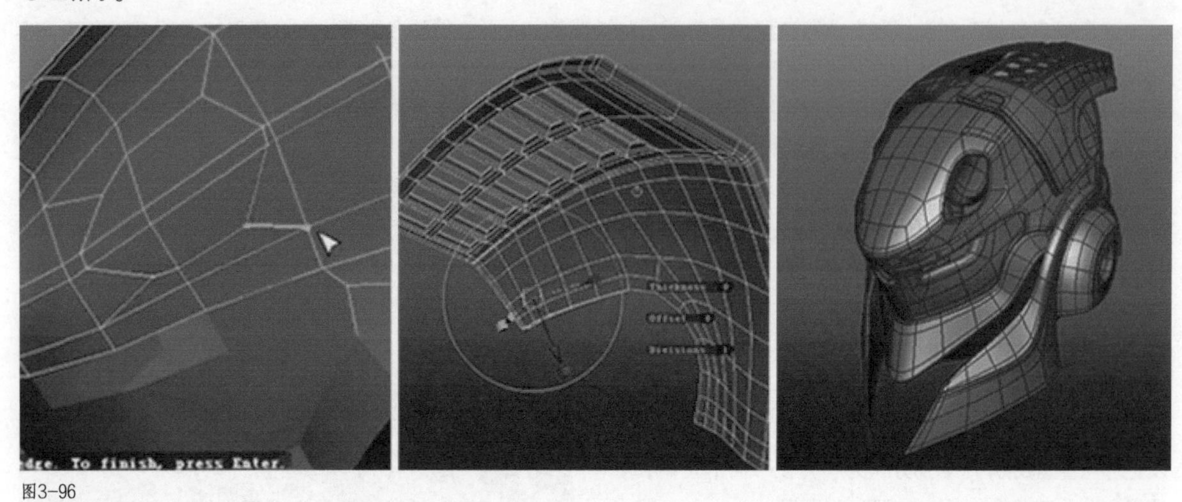

图3-96

03 最后在给模型增加细节部件，比如螺钉、线管、网格、提示灯等。为了节省时间和工作量，会采用复制的方式增加细节的数量，如图3-97所示。

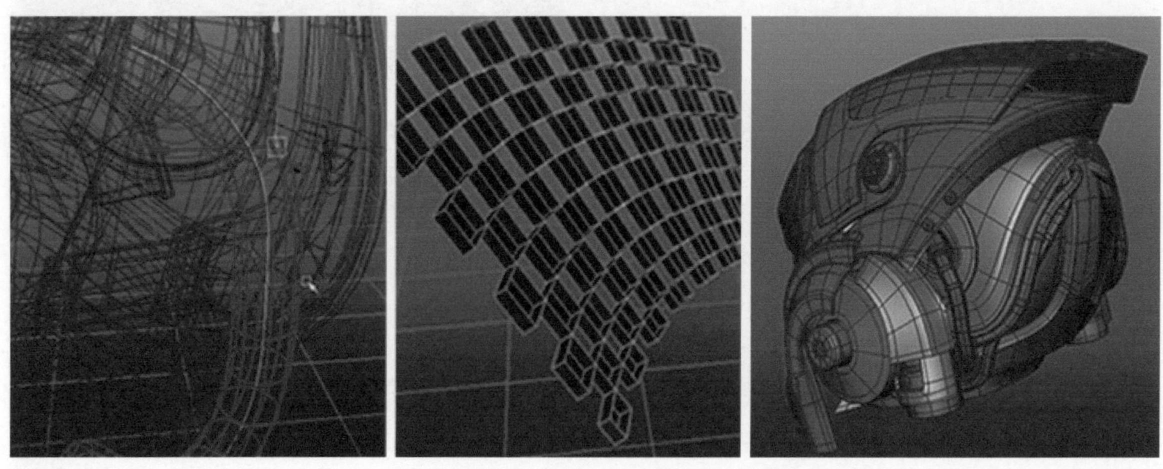
图3-97

3.3.4 大型创建

在日常生活中，曲面模型是十分常见的模型，表面光滑有弧度，棱角转折锐利，常用作表现外部结构，体现轮廓及整体造型风格，如图3-98所示。

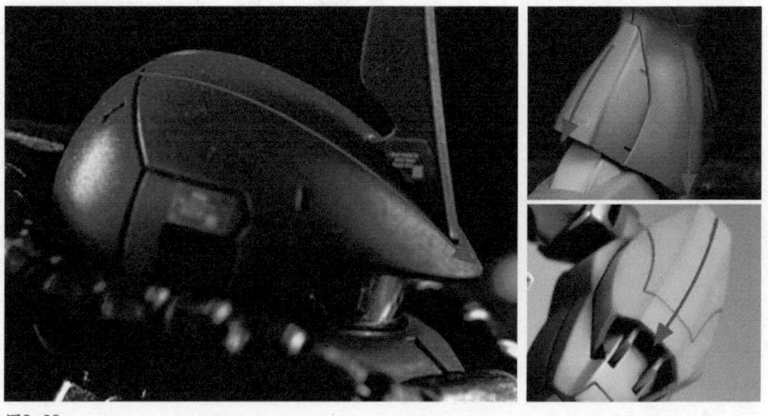
图3-98

头盔是依据头部的形状进行设计的，所以它的大的形状是一个半圆形的曲面结构。随着时代的发展和生活的需要，它的功能越来越完善，类型越来越丰富，以至于它的造型千变万化，但是不论多么复杂的结构，它都依附于头部的大的半圆形结构，无非就是加结构和减结构的处理，下面对几种头盔的大型做一个简单的了解和对比。

早期的军用头盔，是由一个没有任何变化的简单的半圆形结构制造的，像是锅盖一样，没有任何造型的变化，后来为完善它的功能和防护面积，逐渐在这简单的半圆形结构的基础上增加了一些新的结构，如图3-99所示。

图3-99

大多数赛车头盔基本成一个圆形，由于功能性的需要，它的防护面积比较大，以至于要包裹整个头部及脸部，但是它的结构是分开的，比如上面的护目镜可以灵活运动和拆卸，如图3-100所示。

图3-100

单车头盔是十分现代的头盔，造型十分特别，整体也是一个流线状的半圆形结构，由于单车运动是一个体力消耗比较大的长时间的运动，散热和轻便是它必备的特性，所以它的设计会有十分多的镂空结构，为了配合形体的美观，这些负形镂空的结构也是比较有规律和形状的，如图3-101所示。

图3-101

由于本案例机械头盔和现实中的赛车头盔有类似的地方，所以在讲解本案例的制作过程之前，我们先拿现实中的简单的赛车头盔分析一下，从而帮助大家在制作大型的过程中，学会怎么去概括形体，把复杂的东西简单化。头盔是依据头部的形状进行设计的，所以它的大的形状是一个大的半圆形结构，下巴比较尖，上部圆弧度比较大，由盔壳、护目镜和下巴扣盘3个主体部分组成，而这3个部分都是在一个整体结构中分割设计出来的，如图3-102、图3-103所示。

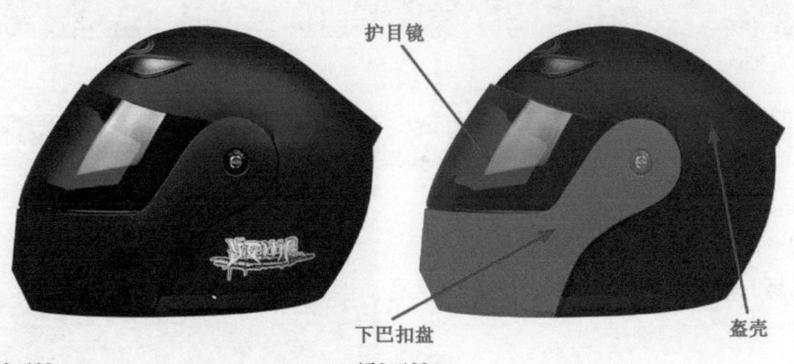

图3-102 图3-103

这种不规则的曲面大型往往以面片的方式制作，用面片挤出大的轮廓造型，然后再用加线和调点的命令对结构进行调整，制作时要注意布线的走势，均匀合理的布线可以更好地控制形体，如图3-104所示。

本案例的机械头盔在之前已经把它划分成了5个部分，第1部分是最大的结构，从它开始依次制作。这一步只需要建立一个大概的物体轮廓就行，重点是比例和大的结构关系，如图3-105所示。

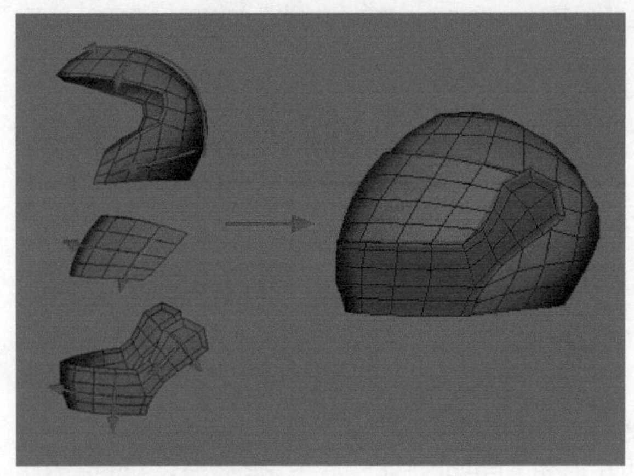

图3-104

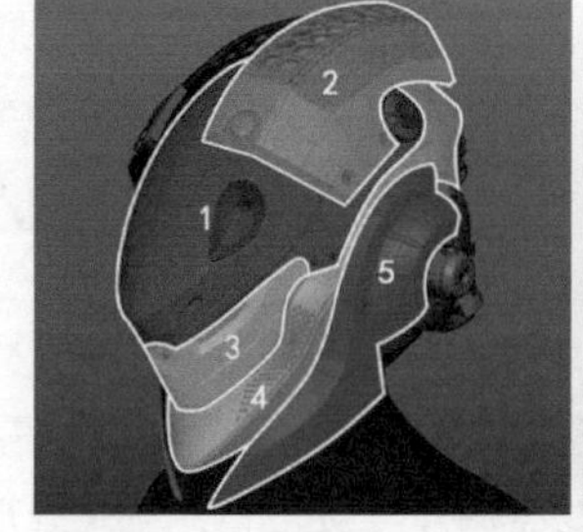

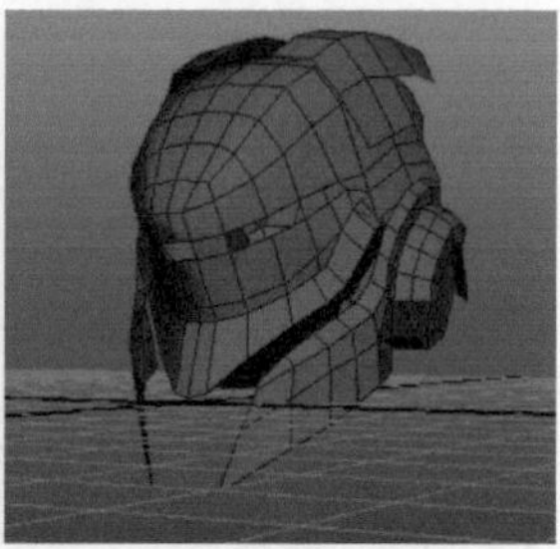

图3-105

◆第 1 阶段：第 1 部分大型创建

第1部分模型是比较平滑的曲面结构，通常以面片挤出的方式制作，分别挤出顶侧面的大体轮廓，然后再对剩余部分进行结构补充，制作中要注意模型的基础布线，也要注意随时对模型的形体进行调整，规整模型的布线，大型及布线如图3-106所示。

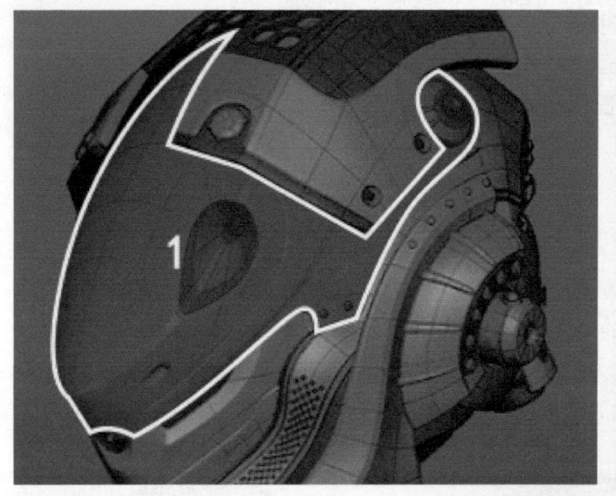

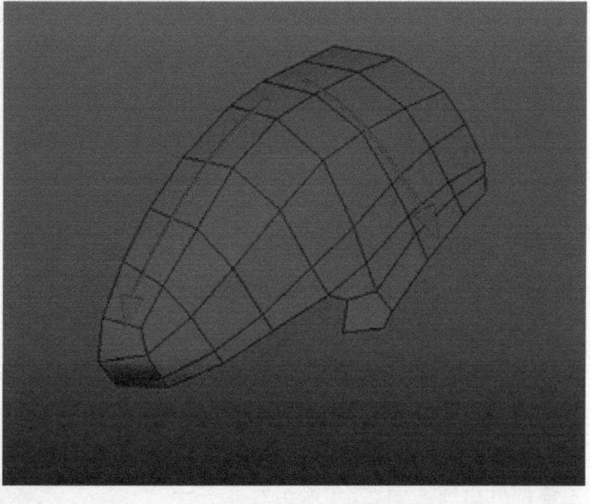

图3-106

01 执行Create（创建）>Polygon Primitives（多边形基本体）>Plane（平面）命令，创建一个平面，调整通道栏里的Subdivision Axis（细分轴）参数为2，如图3-107所示。

图3-107

02 删除左半边的面，选择前端的边，执行Edit Mesh（编辑网格）>Extrude（挤出）命令，挤出大的转折结构，右键切换到点元素模式，移动调整点的位置，如图3-108所示。

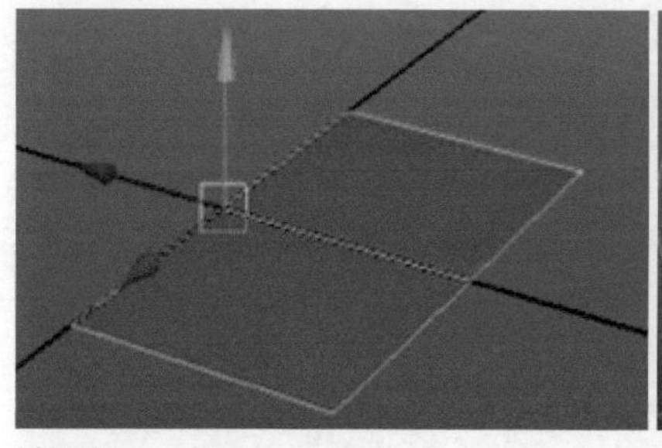
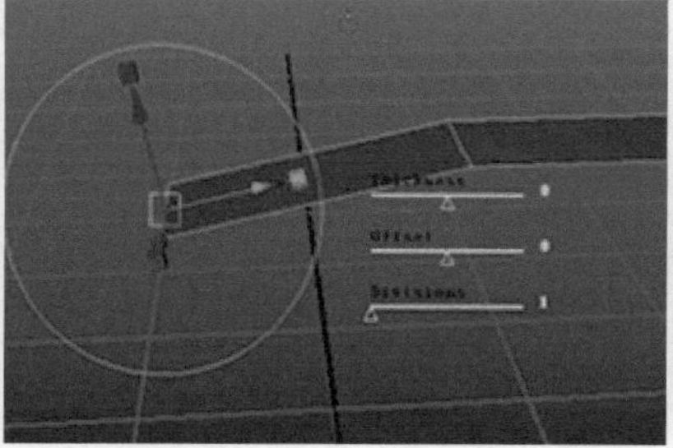

图3-108

03 选择模型执行Modify（自定义）>Freeze Transformations（冻结变换）命令，把变换操作后的参数恢复为初始值，如图3-109所示。

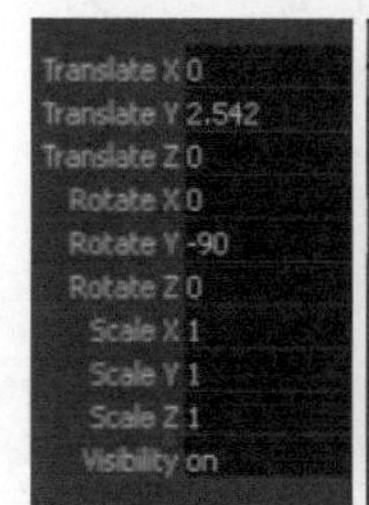

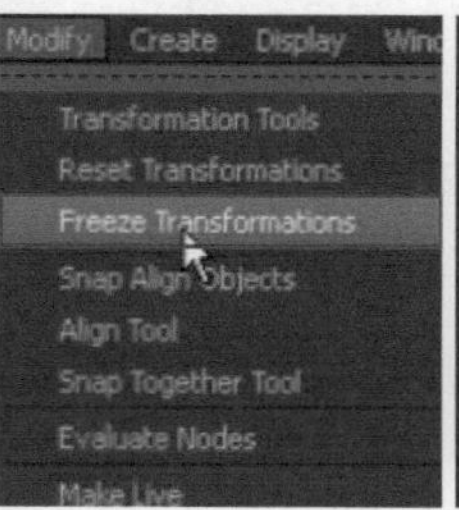

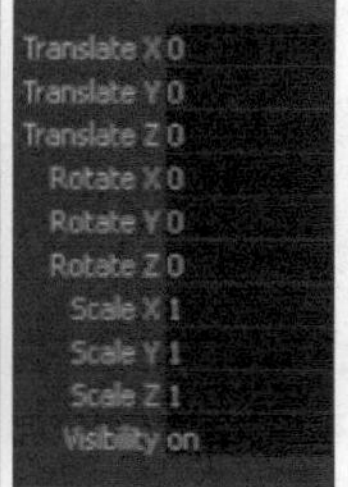

图3-109

Tips

提示：通道栏里的Translate（位移）、Rotate（旋转）的默认数值为0，Scale的默认数值为1。这里的冻结变换命令，只是数值被恢复默认，而物体不受影响。这一步的主要目的是为了重新记录模型的位置信息，把冻结变换后的模型位置定为初始位置。

04 选择侧面的边，切换到顶视图，执行Edit Mesh（编辑网格）>Extrude（挤出）命令，挤出一部分侧面轮廓，如图3-110所示。

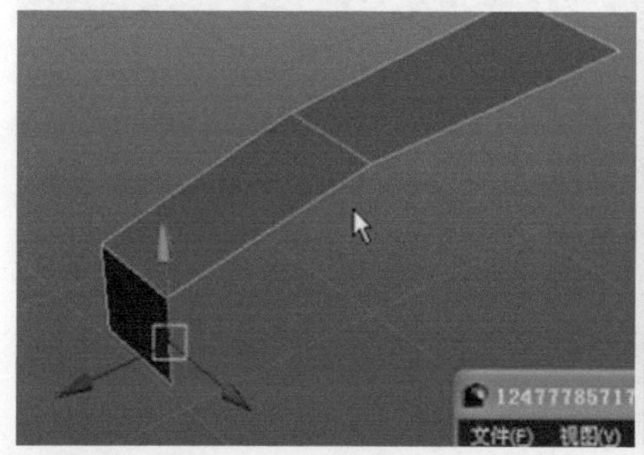
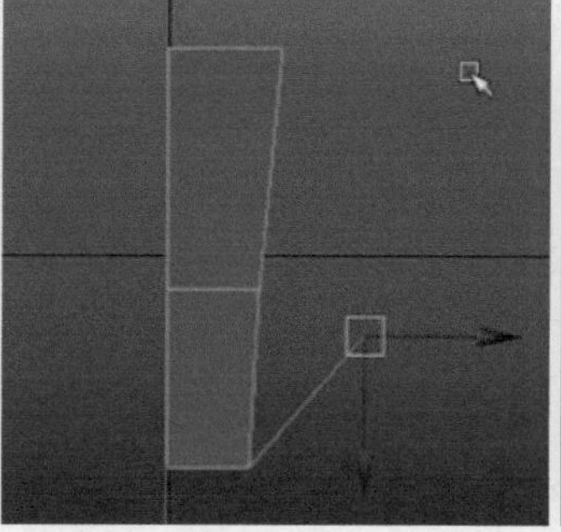
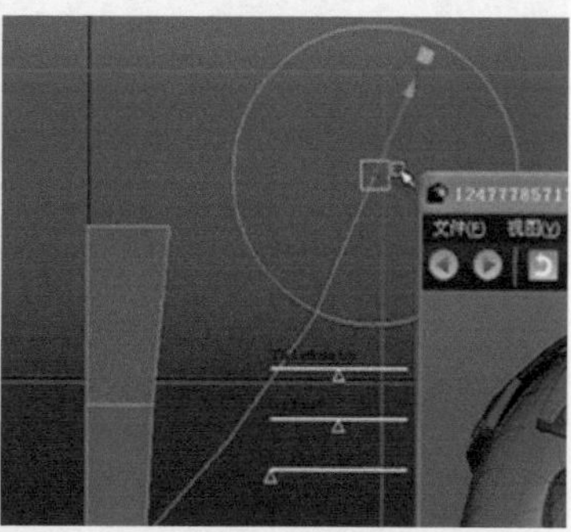

图3-110

05 切换回透视图，对照参考图旋转模型，注意倾斜角度。右键切换到点元素模式，选择侧面的点，移动调整点的位置，如图3-111所示。

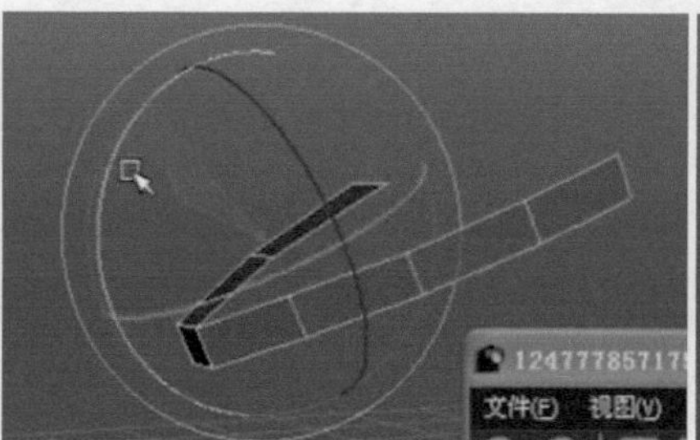
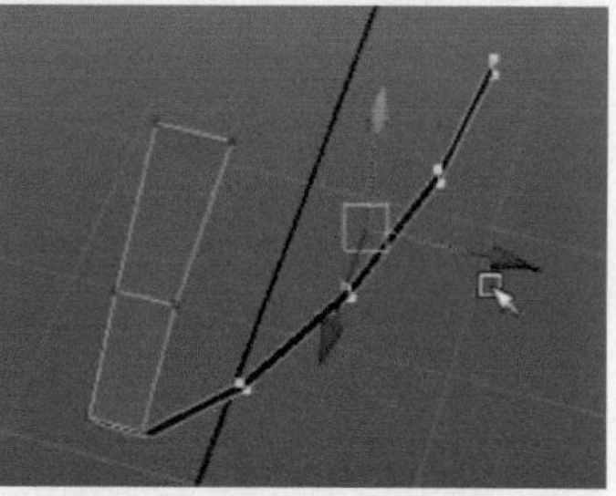

图3-111

06 选择顶端的边，执行Edit Mesh（编辑网格）>Extrude（挤出）命令，挤出与侧面相对应的面，以便于之后执行桥接面的操作，如图3-112所示。

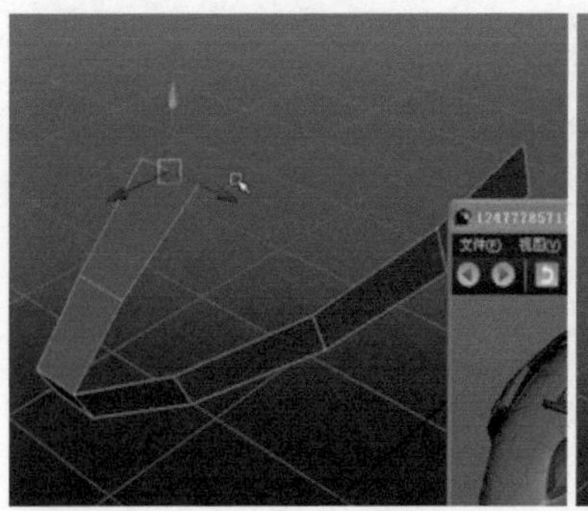
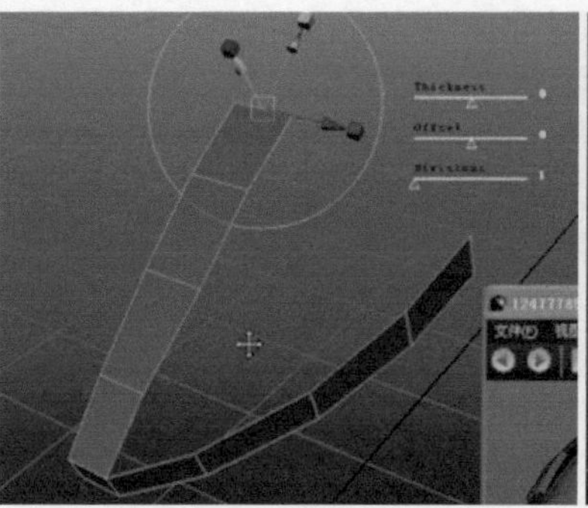
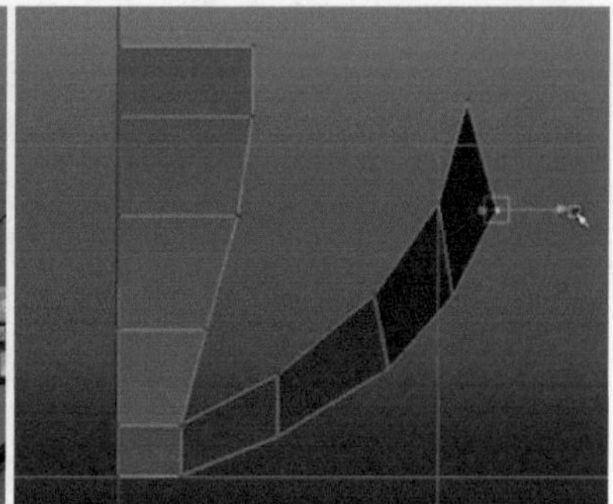

图3-112

07 选择顶面与侧面后部相对应的边，单击Edit Mesh（编辑网格）>Bridge（桥接）命令后的设置选项按钮，在弹出的选项卡中把Divisions（细分）的参数设置为1，然后单击Apply（应用），从而连接出一个新面，如图3-113所示。

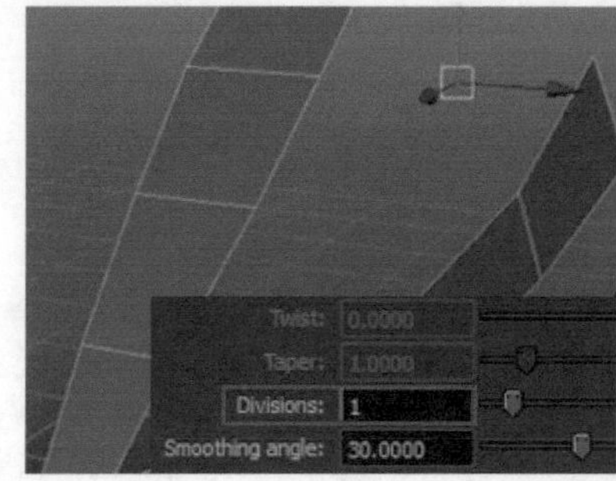

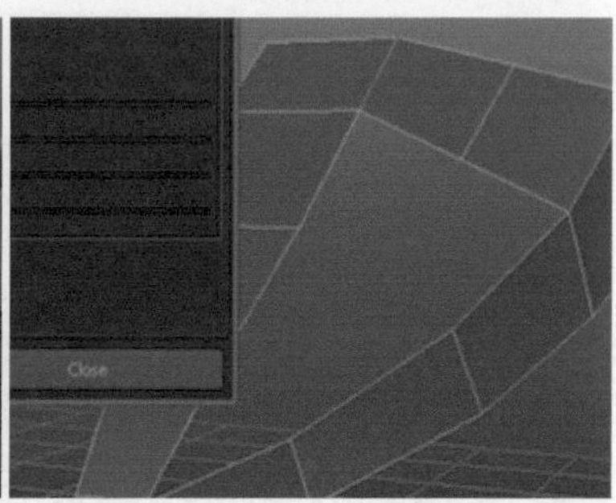

图3-113

08 选择桥接面的点，往上方移动一点，调整其曲面的弧度。然后选择镂空区域的边，执行Mesh（网格）>Fill Hole（填充洞）命令，填补镂空区域的面，如图3-114所示。

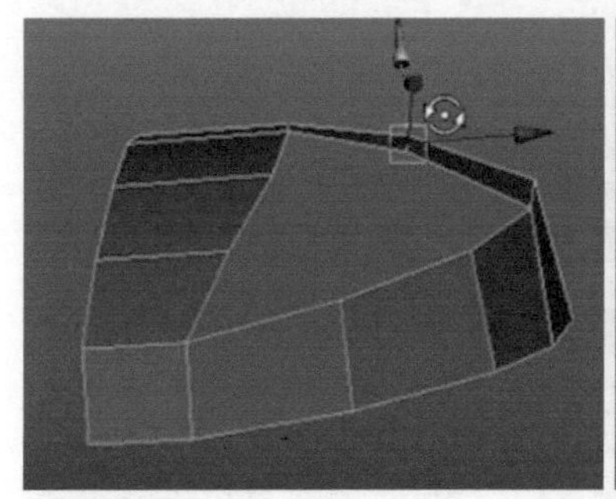
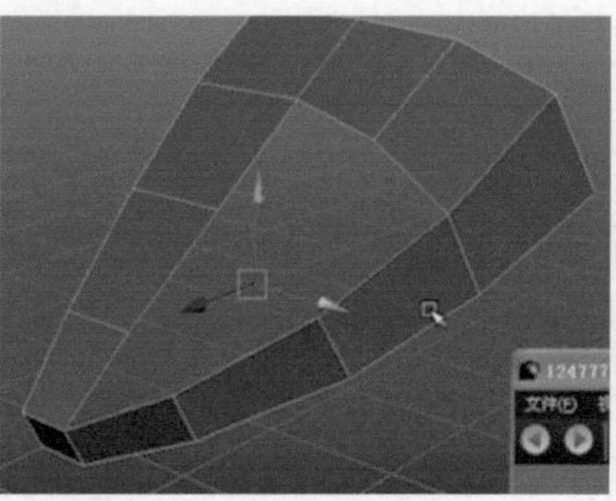
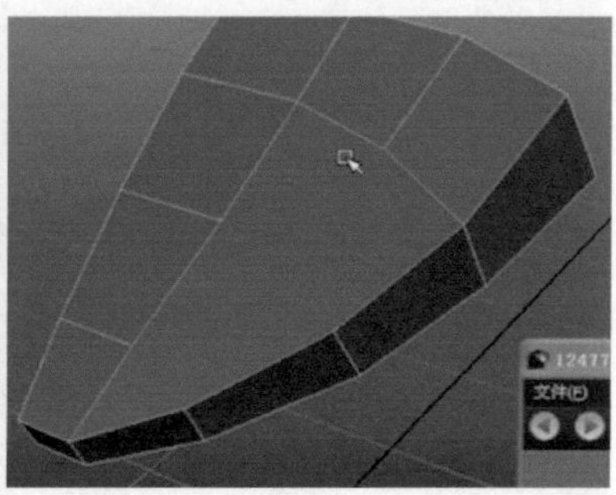

图3-114

09 执行Edit Mesh（编辑网格）>Interactive Split Tool（交互式分割工具）命令，使用分割多边形工具对填补的面进行切割布线，如图3-115所示。

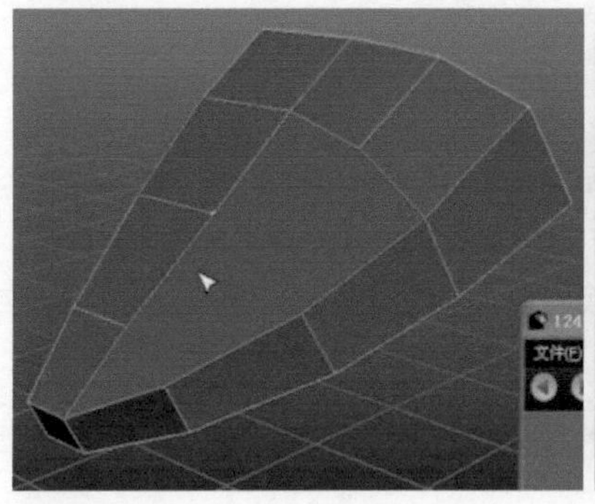

图3-115

10 选择背部的边，切换到侧视图，执行Edit Mesh（编辑网格）>Extrude（挤出）命令，继续挤出剩余的结构。切换到点元素模式，移动调整点的位置，这里要注意的是挤出的后边部分的倾斜度要逐渐趋于平缓，如图3-116所示。

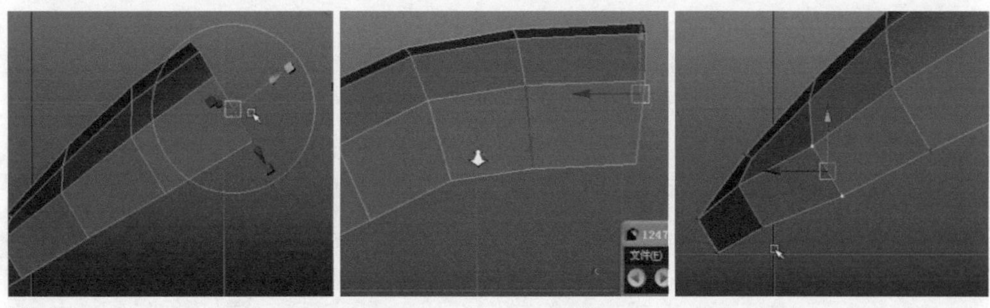

图3-116

11 选择侧面后半部分的边，执行Edit Mesh（编辑网格）>Extrude（挤出）命令，往下挤出新的结构，切换到点元素模式，调整结构的转折形状，如图3-117所示。

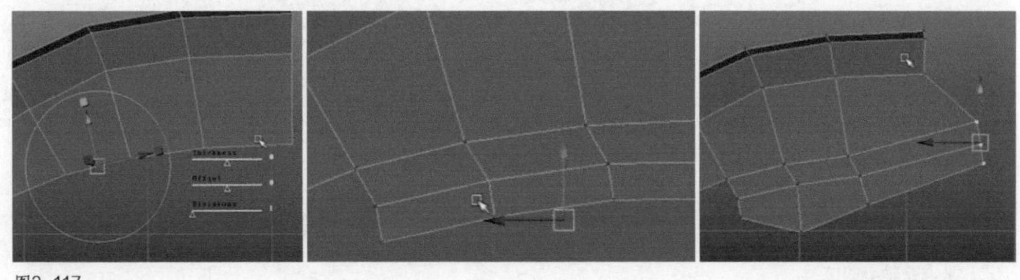

图3-117

12 切换到前视图，对照参考图的形状，选择侧面部分的点，把侧面的倾斜度调整出来，然后规整一下布线，把线调整平滑，如图3-118所示。

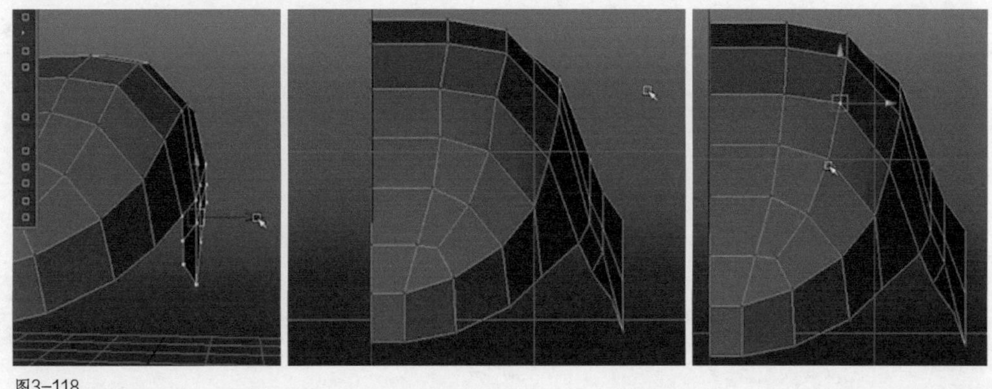

图3-118

13 切换到侧视图，执行Edit Mesh（编辑网格）>Cut Faces Tool（切面工具）命令，沿着竖向布线的角度切割出一条新的循环边，然后选择之前不规整的线段进行删除，如图3-119所示。

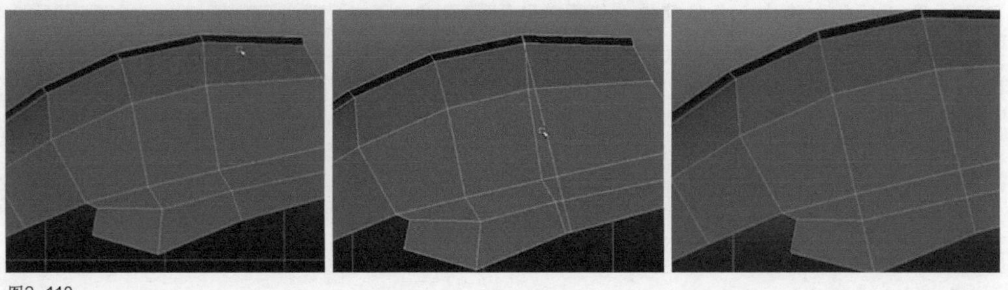

图3-119

Tips

在模型制作过程中可以灵活运用切面工具，由于它可以切出直线的效果，因此可以经常用它来作为重新规整布线的工具。

14 选择模型，单击Edit（编辑）>Duplicate Special（特殊复制）命令后的设置选项按钮，在弹出的选项卡中把Geometry Type（几何体类型）下的选项设置为Instance（实例），Scale X的参数设置为-1，然后单击Apply（应用），把模型的另一半镜像复制出来，如图3-120所示。

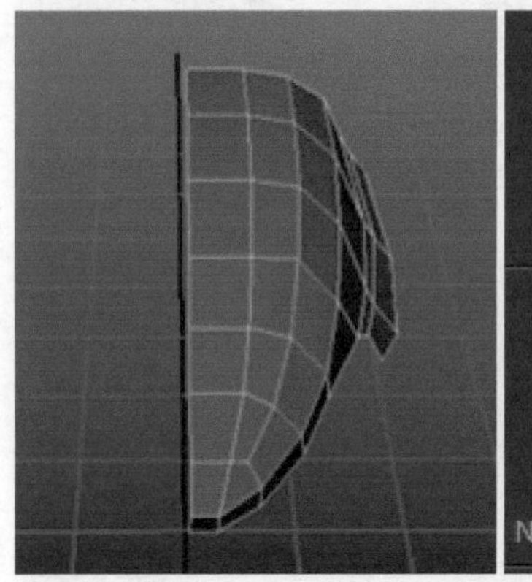
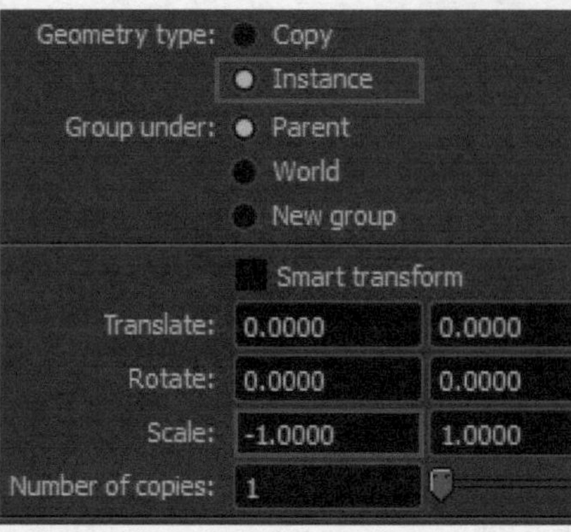

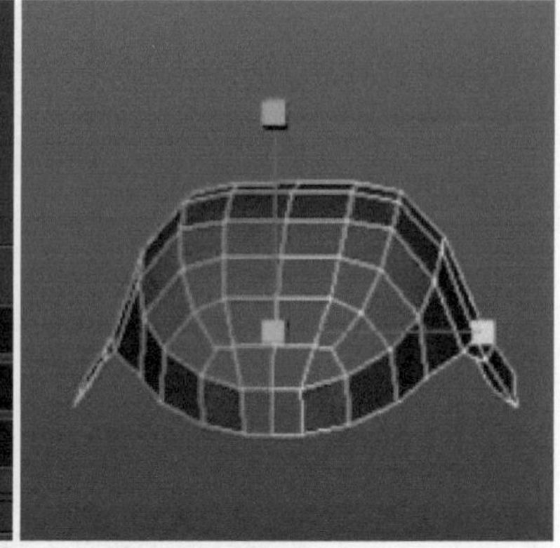

图3-120

Tips

不论哪种镜像方式，镜像之前都需要观察对称轴的位置是否正确，如果不正确，可以使用键盘上的Insert键，进入轴的调节模式，来调整轴心的位置。

15 观察模型，发现模型每一个面之间的转折都比较硬朗，不适合观察整体效果，因此这里执行Normals（法线）>Soften Edge（软边）命令，来实现软边显示，如图3-121所示。

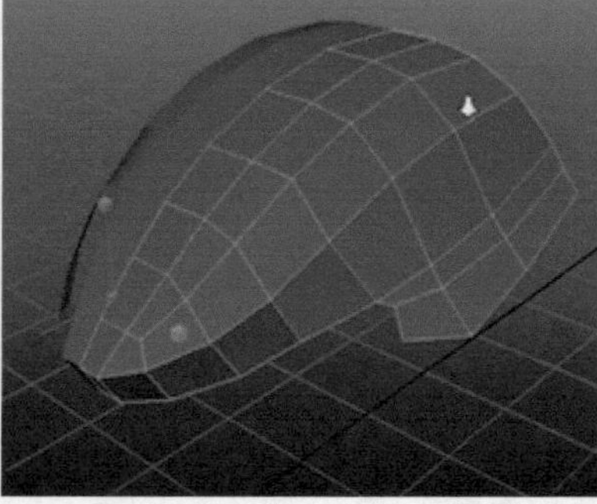
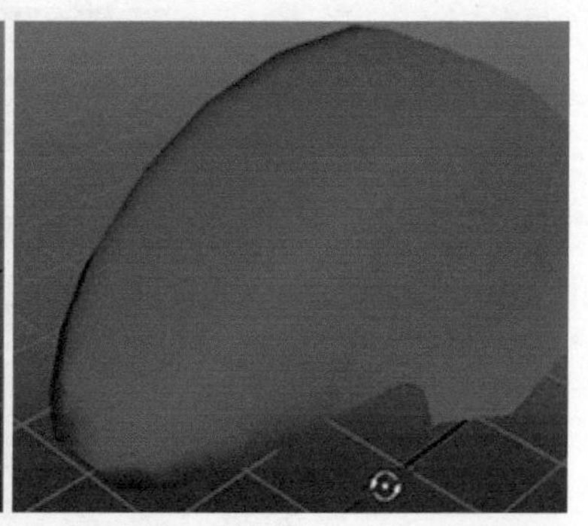

图3-121

◆第 2 阶段：第 2 部分大型创建

这部分模型是贴在第1部分模型的上面的结构，制作时，可以通过提取复制第1部分的面，然后对其进行编辑得到。在之后的制作中，会频繁使用提取复制面的操作，它可以很好地做出模型与模型之间的衔接，大型及布线如图3-122所示。

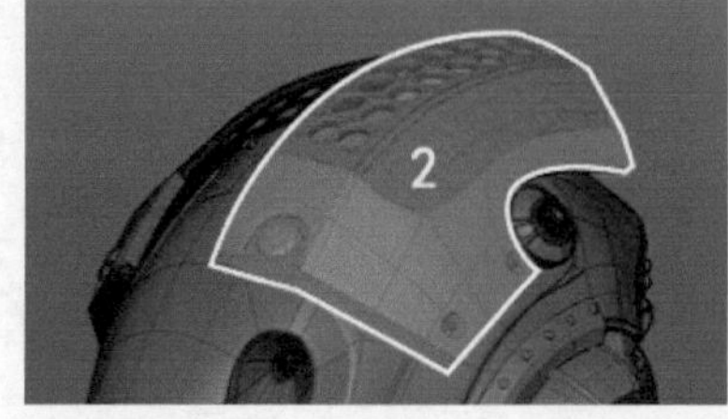

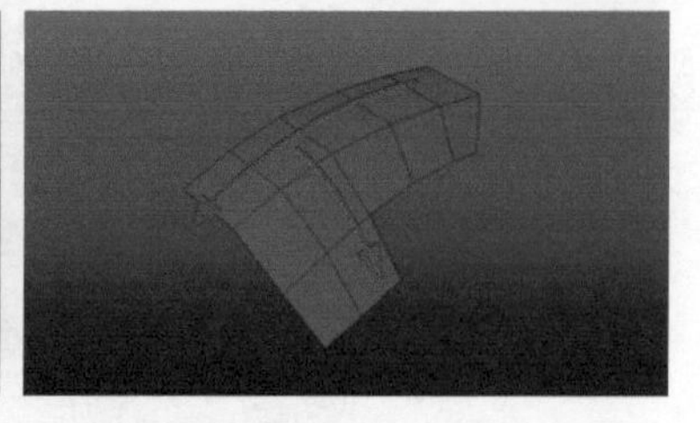

图3-122

01 选择第1部分模型，执行Edit（编辑）>Duplicate（复制）命令，把模型复制一份并向上轻移。选择删除前端多余的面，剩余的部分就作为第3部分的编辑物体，如图3-123所示。

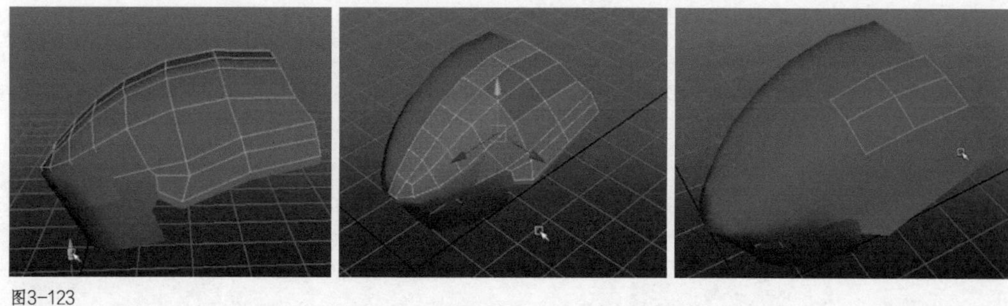

图3-123

02 选择前端的边，执行Edit Mesh（编辑网格）>Extrude（挤出）命令，向下挤出面。选择挤出的面，执行Mesh（网格）>Extract（提取）命令，把面提取分离，作为第2部分的基础形体，如图3-124所示。

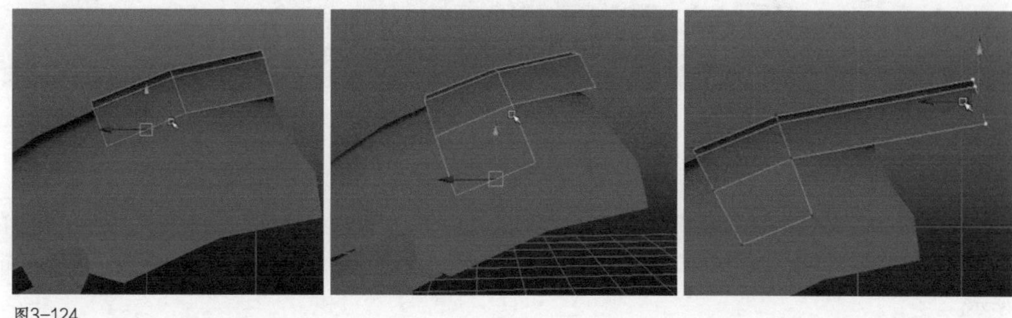

图3-124

03 切换到侧视图，执行Edit Mesh（编辑网格）>Cut Faces Tool（切面工具）命令，切出一条循环边，移动调整点的位置，做出结构的弧度，如图3-125所示。

图3-125

04 选择这部分模型，按Insert键，进入轴的调节模式，按住X键打开网格吸附，把轴心吸附到网格中心，然后再按Insert键结束轴的调解，如图3-126所示。

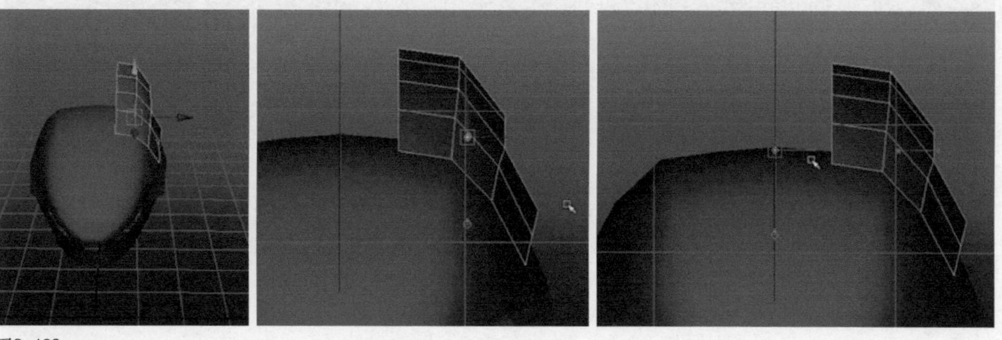

图3-126

Tips

轴的调节模式，不仅可以通过键盘的Insert键开启，也可以通过按住D键不放来开启。同样，如果要对轴心进行吸附，可以按D键结合X键（网格吸附）或V键（点吸附）进行操作。

05 选择模型，执行Edit（编辑）>Duplicate Special（特殊复制）命令，把模型镜像复制过去，然后根据参考图调整整体的比例和位置，如图3-127所示。

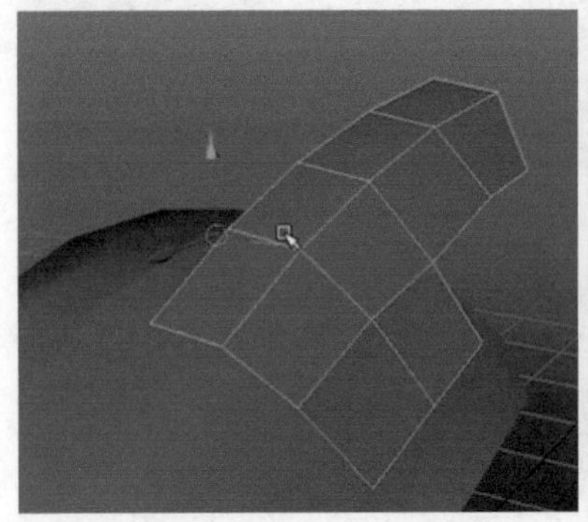

图3-127

◆第 3 阶段：第 3 部分大型创建

这部分大型是根据第1部分模型编辑后得到的，由第1部分模型挤出一段距离，然后把挤出的部分提取出来。这部分模型有两处缺口结构，这里会使用加线布线的命令，然后删除缺口多余的面，大型及布线如图3-128所示。

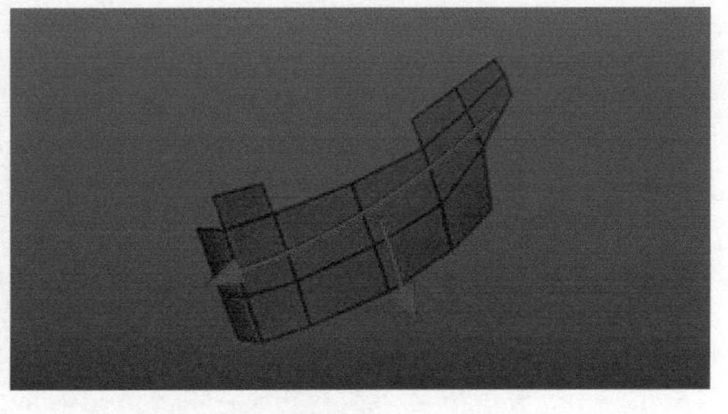

图3-128

01 选择第1部分前端的边，执行Edit Mesh（编辑网格）>Extrude（挤出）命令，向下挤出面。选择挤出的面，执行Mesh（网格）>Extract（提取）命令，把面提取分离，作为第2部分的基础形体，如图3-129所示。

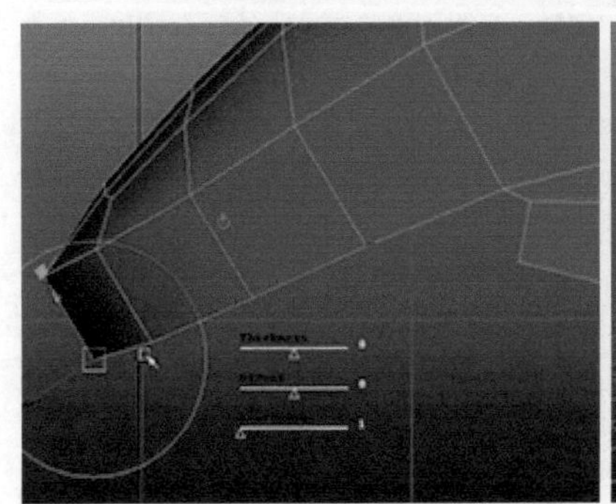
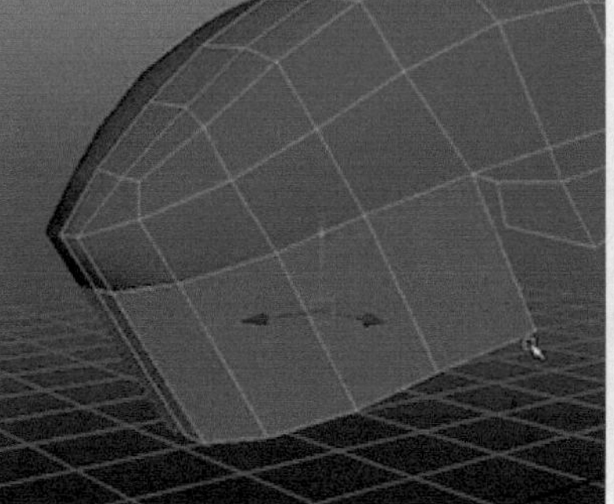
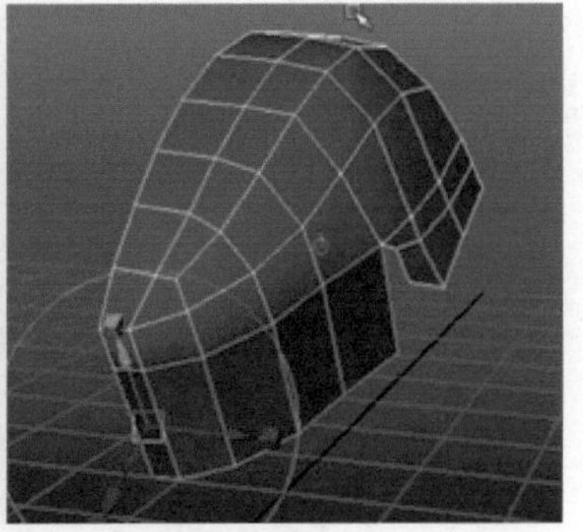

图3-129

02 执行Edit Mesh（编辑网格）>Insert Edge Loop Tool（插入循环边工具）命令，横向插入一条循环边，布出缺口的结构线。选择缺口结构的面进行删除，做出前面与侧面的缺口结构。选择后部的边执行一次挤出操作，继续调整形体，如图3-130所示。

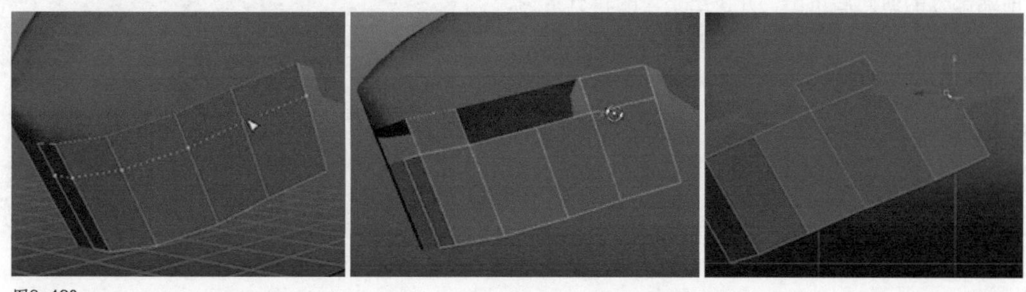

图3-130

03 执行Edit Mesh（编辑网格）>Interactive Split Tool（交互式分割工具）命令，使用分割多边形工具根据参考图结构对其更改布线，如图3-131所示。

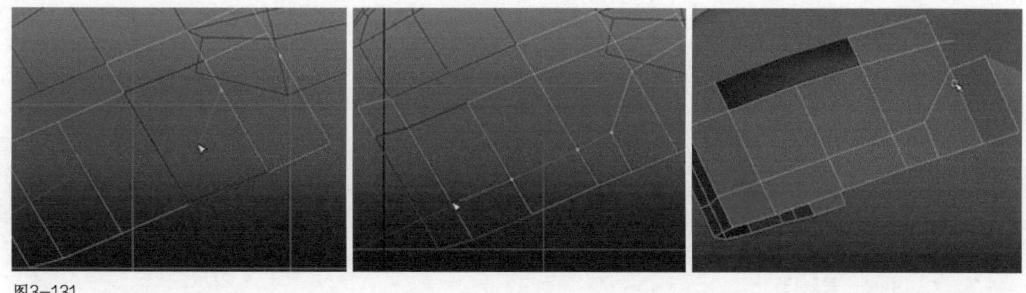

图3-131

04 选择结构多余的面进行删除。执行Normals（法线）>Soften Edge（软边）命令，软边显示这部分模型，如图3-132所示。

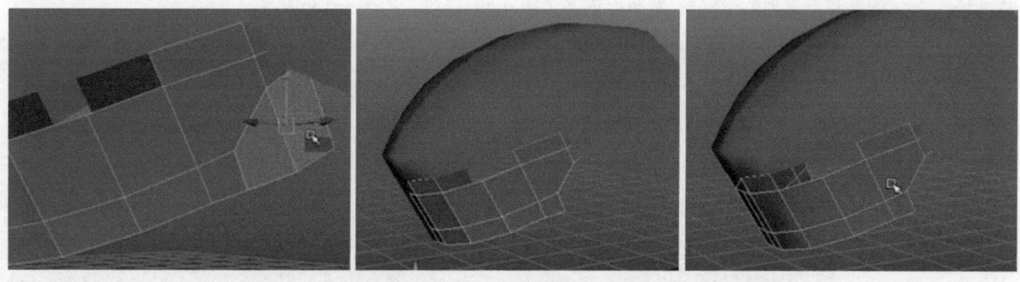

图3-132

05 选择后部的顶点，按住V键打开点吸附，吸附第1部分附近的点和其结构对齐。执行Edit Mesh（编辑网格）>Interactive Split Tool（交互式分割工具）命令，连接空缺的线段，如图3-133所示。

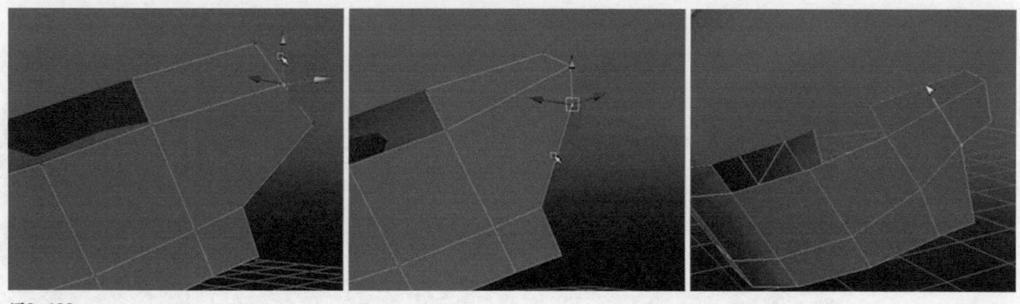

图3-133

◆第 4 阶段：第 4 部分大型创建

这部分大型也是由提取面进行编辑得到，提取前端部分的面向后挤出，并挤出整体的转折结构，然后再对结构造型进行托点调整，大型及布线如图3-134所示。

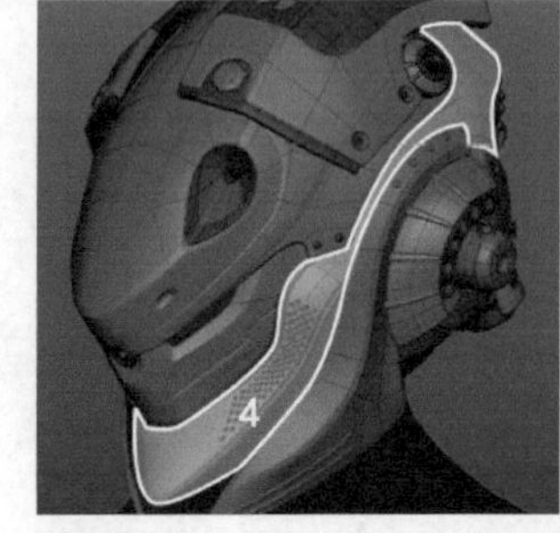

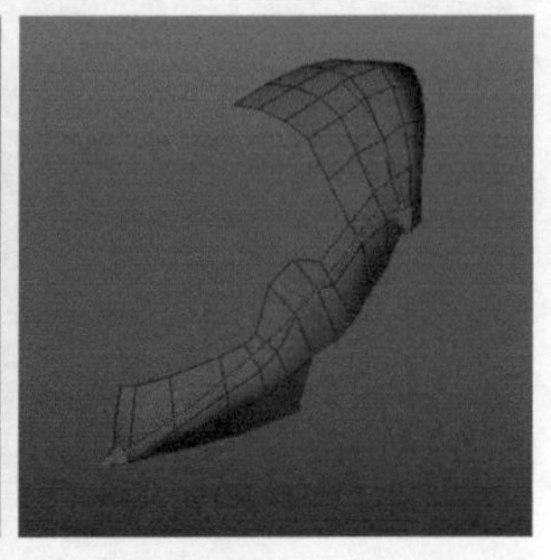

图3-134

01 选择第3部分下端的边，执行Edit Mesh（编辑网格）>Extrude（挤出）命令，向下挤出。选择挤出的面，执行Mesh（网格）>Extract（提取）命令，把面提取分离，作为第4部分制作的基础形体。切换到点元素模式，根据参考图调整其形状，如图3-135所示。

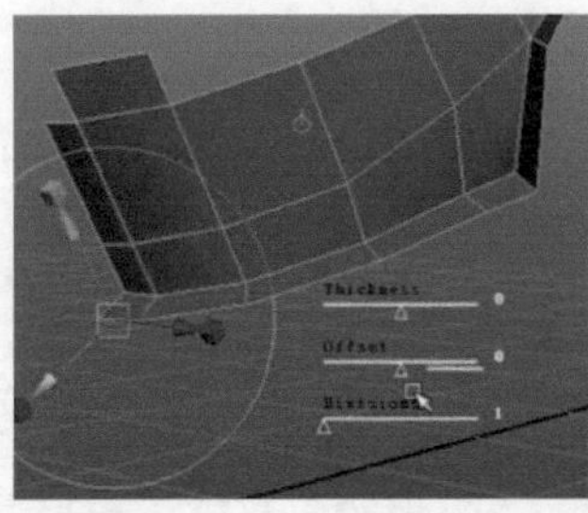
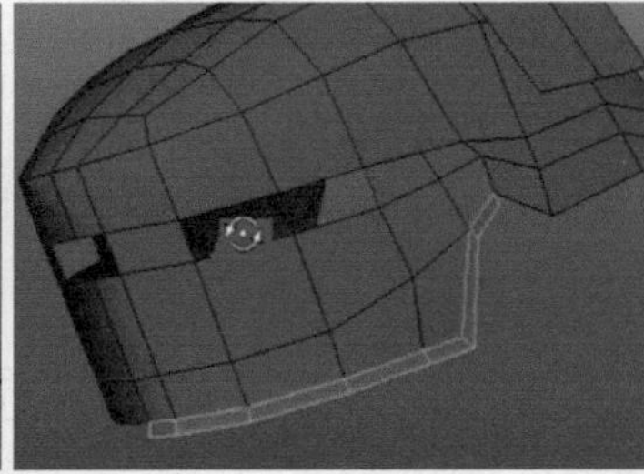
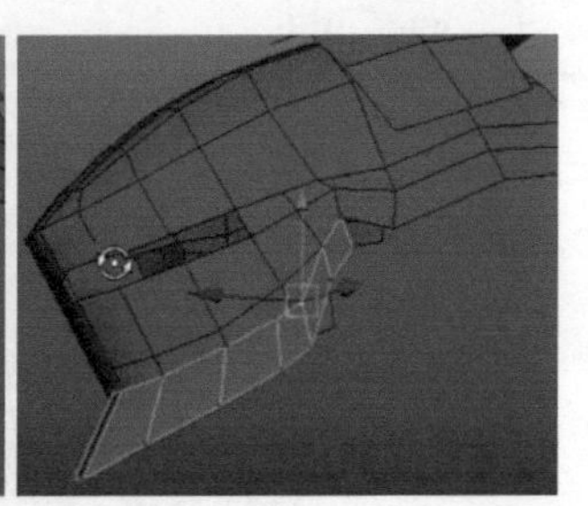

图3-135

02 选择末端的边，执行Edit Mesh（编辑网格）>Extrude（挤出）命令，向后挤出。单击Edit Mesh（编辑网格）> Insert Edge Loop Tool（插入循环边工具）命令后的设置选项按钮，在弹出的选项卡中选择Multiple edge loops，把Number of edge loops的参数设置为4，然后在新挤出的面上插入4条线段，如图3-136所示。

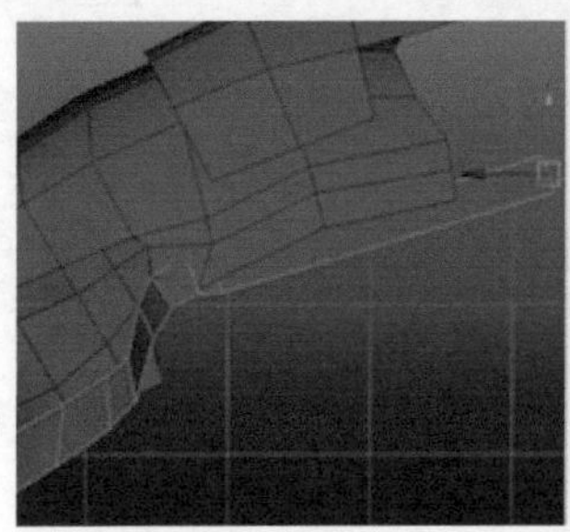
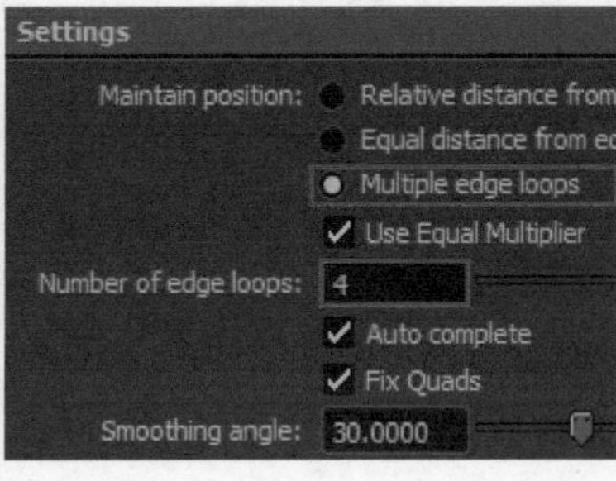

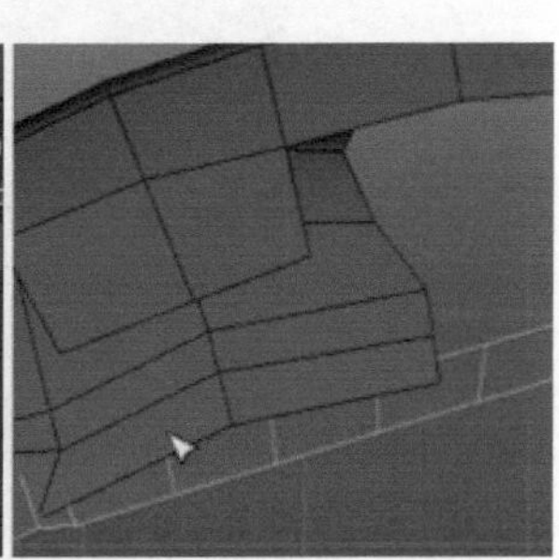

图3-136

03 选择后部内侧的边，继续执行Edit Mesh（编辑网格）>Extrude（挤出）命令，向内挤出。调整后半部分挤出的弧度与第3部分的模型结构进行匹配，如图3-137所示。

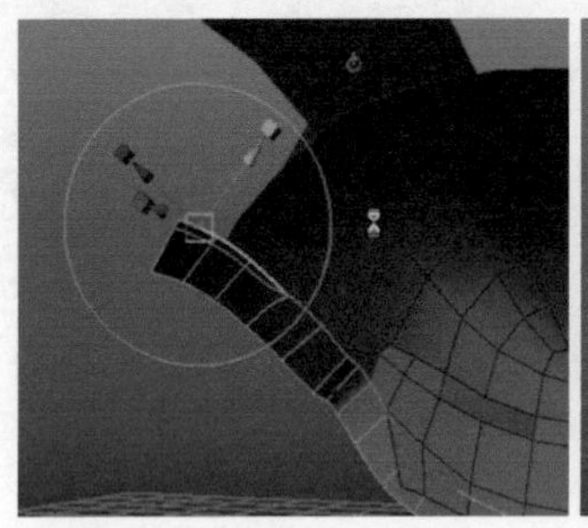
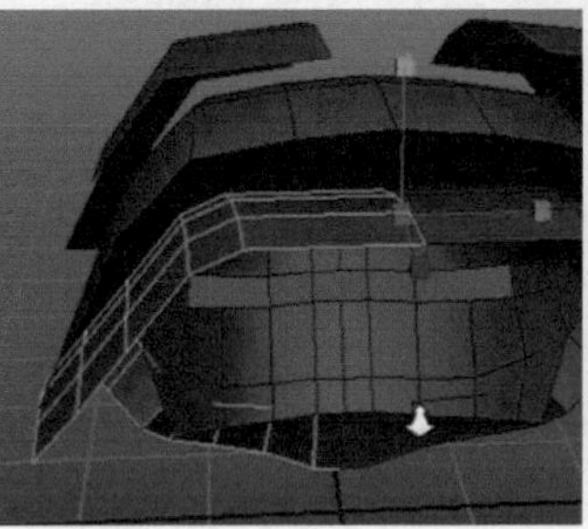
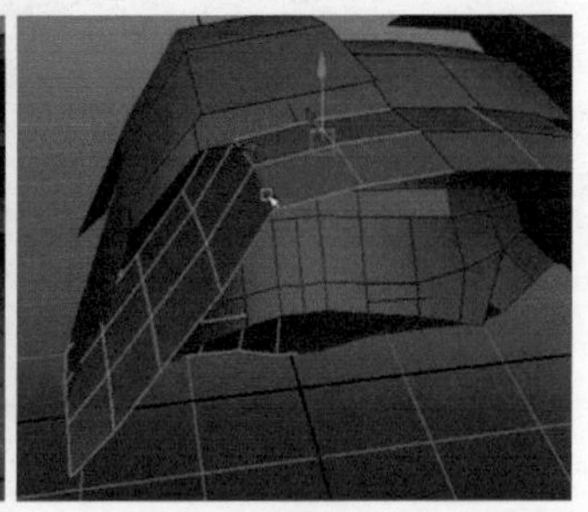

图3-137

04 切换到顶视图，选择中间的点，按“B”键开启软选择，鼠标左键左右拖动，调节软选择的衰减范围，然后进行移动操作，调整出尾部的弧度，如图3-138所示。

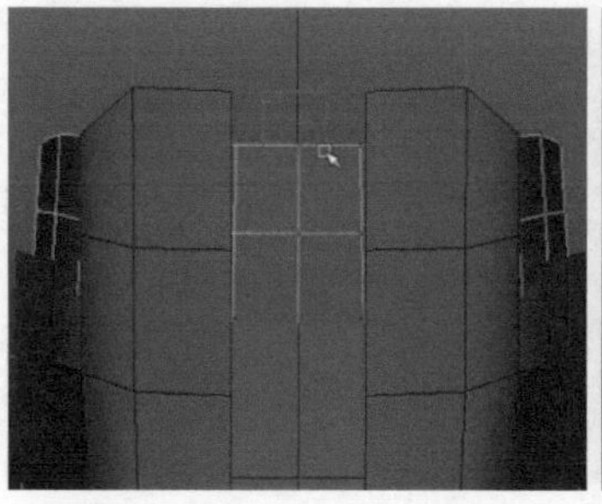
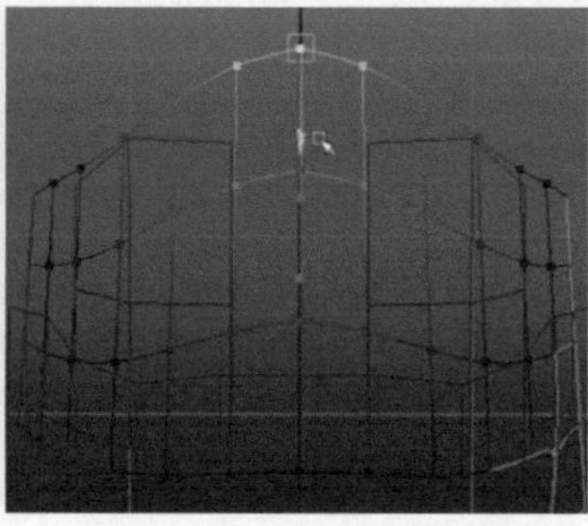
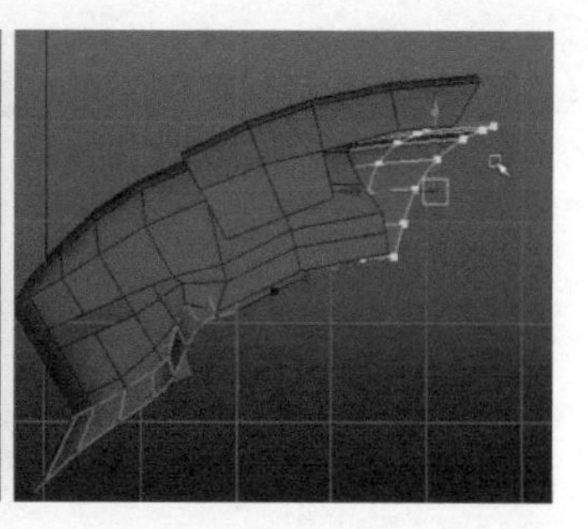

图3-138

05 选择外侧轮廓边，执行Edit Mesh（编辑网格）>Extrude（挤出）命令，挤出厚度转折结构。根据参考图调整底面的宽度，如图3-139所示。

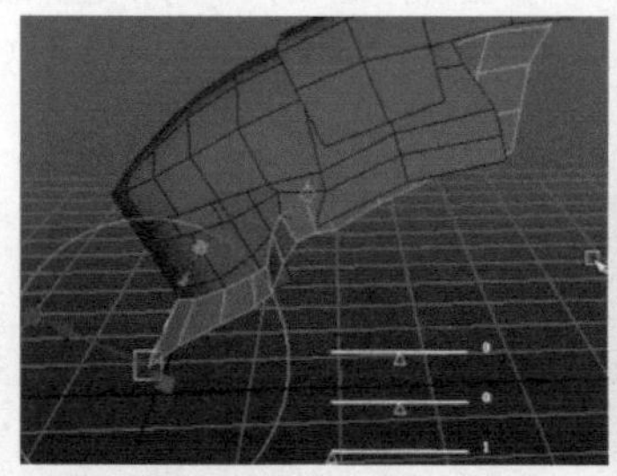
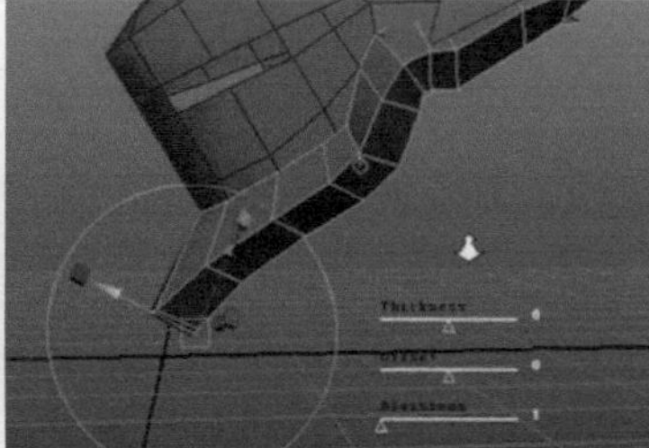
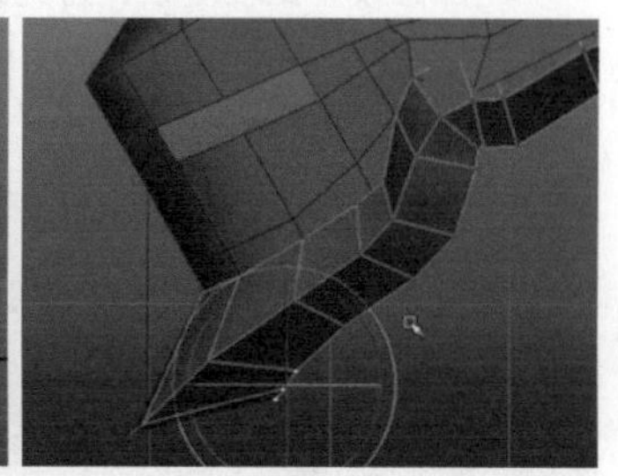

图3-139

06 切换到侧视图，执行Edit Mesh（编辑网格）>Cut Faces Tool（切面工具）命令，横向切出一条直边，选择这条直边下端不规整的多余的面进行删除，如图3-140所示。

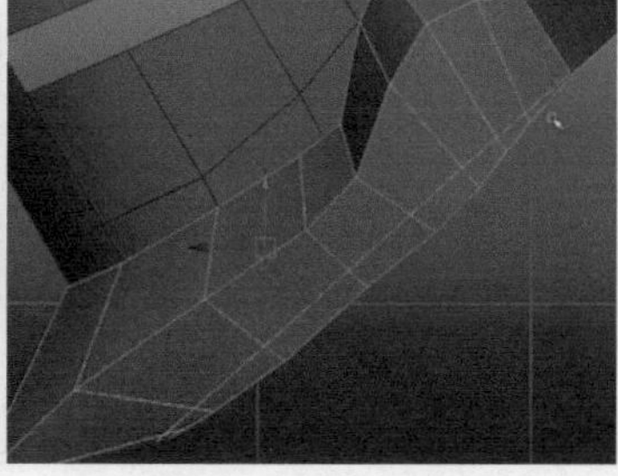
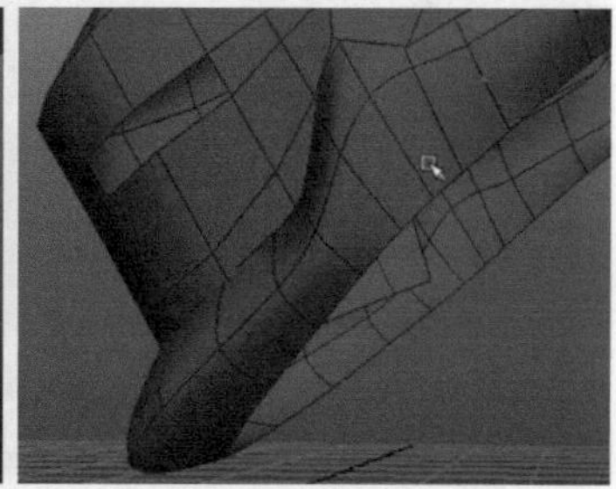

图3-140

07 选择后部的边，执行Edit Mesh（编辑网格）>Extrude（挤出）命令，挤出厚度。选择角部两个相邻的点，执行Edit Mesh（编辑网格）>Merge To Center（合并到中心）命令，把点进行合并，如图3-141所示。

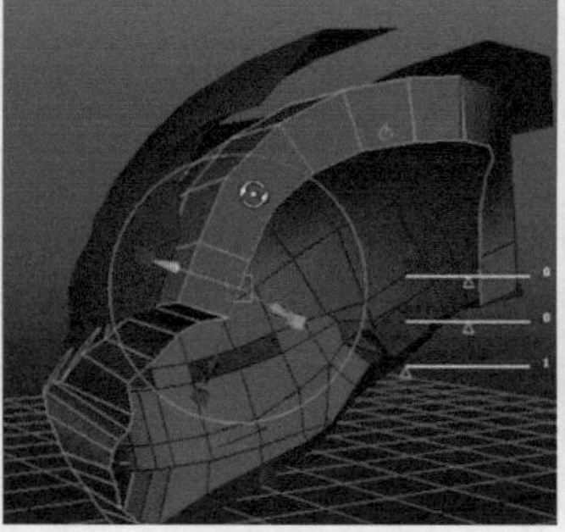
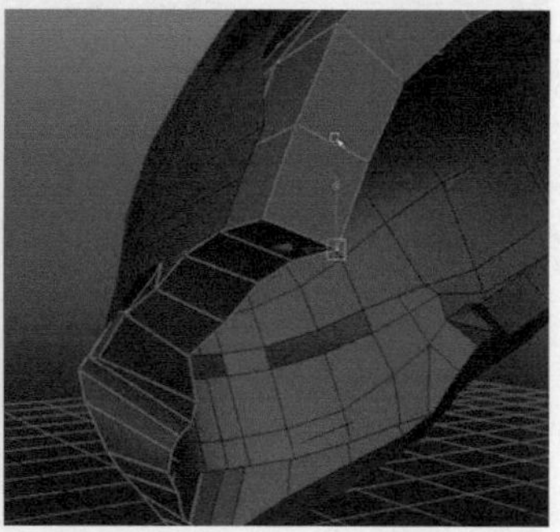

图3-141

08 打开软选择，调整这部分底部的结构。执行Edit Mesh（编辑网格）>Interactive Split Tool（交互式分割工具）命令，切出一条循环边来增加这里的布线，如图3-142所示。

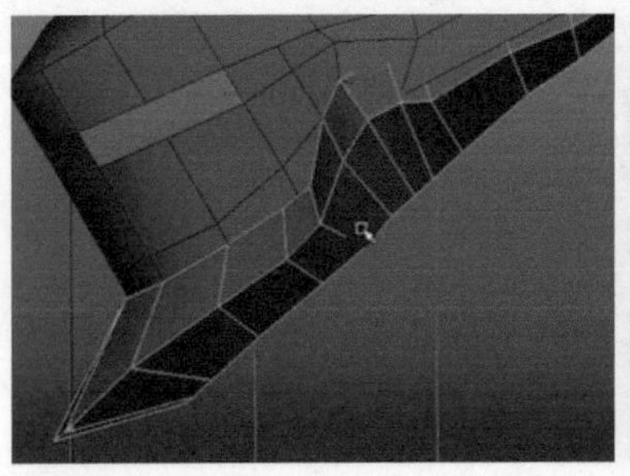
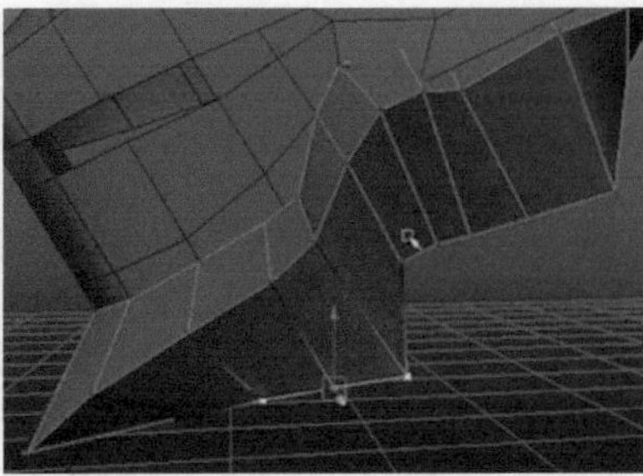
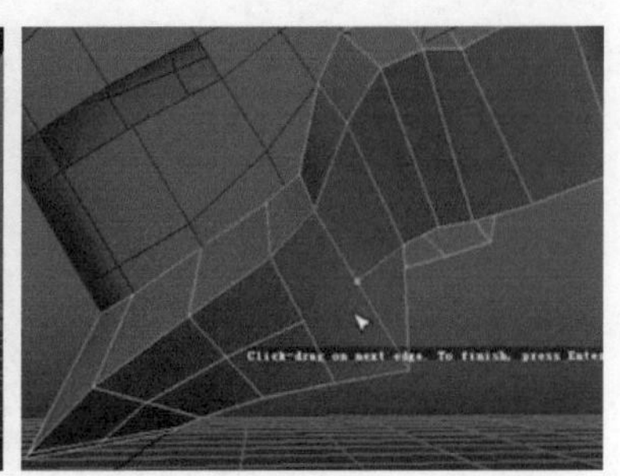

图3-142

◆第 5 阶段：第 5 部分大型创建

这部分模型比较复杂，首先使用面片连续挤出得到大的形体走势。挤出完成之后，使用软选择或晶格变形工具对其调整。剩余的附加结构也会使用提取复制面的方式编辑得到，与之前部分的操作类似，大型及布线如图3-143所示。

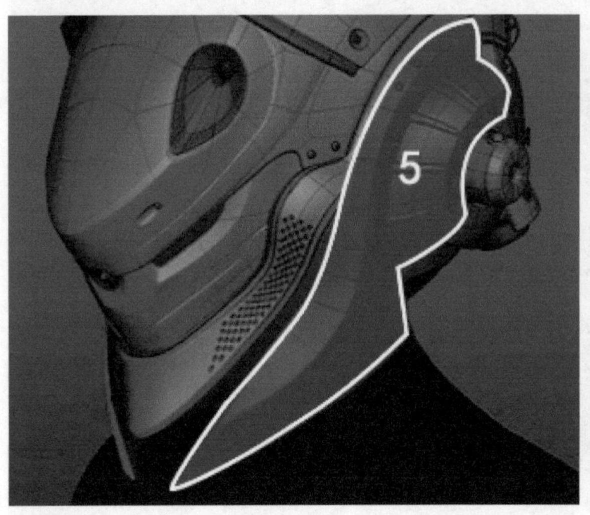

图3-143

01 创建一个平面，按住“V”键吸附到模型侧面位置。选择平面前端的边，执行Edit Mesh（编辑网格）>Extrude（挤出）命令，向前连续挤出，然后开启软选择调整其形状，如图3-144所示。

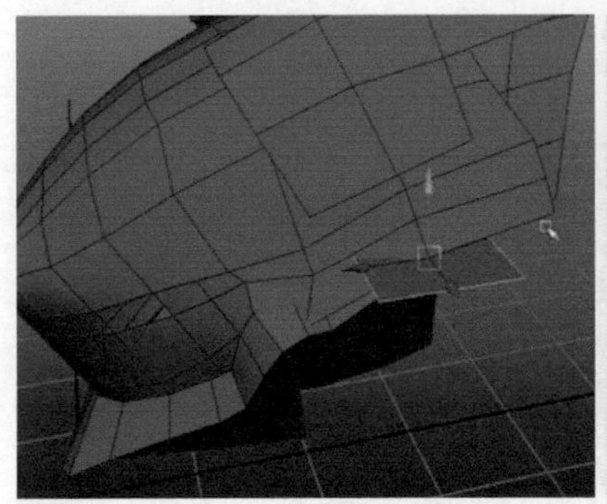

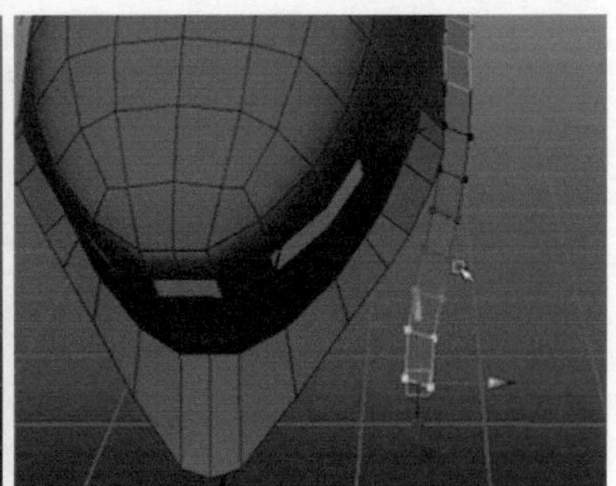

图3-144

02 选择外侧的边，执行Edit Mesh（编辑网格）>Extrude（挤出）命令，向下挤出侧面结构，注意挤出后要调整点的位置，如图3-145所示。

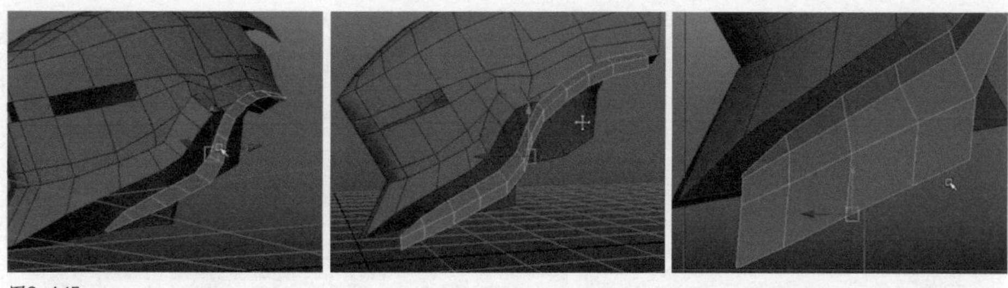

图3-145

03 选择这部分模型，切换到动画模块，执行Create Deformers（创建变形器）>Lattice（晶格）命令，创建晶格工具。在通道栏中，找到S、T、U Divisions（S、T、U细分），调整晶格的控制段数，然后再选择晶格点调整其形状，如图3-146所示。

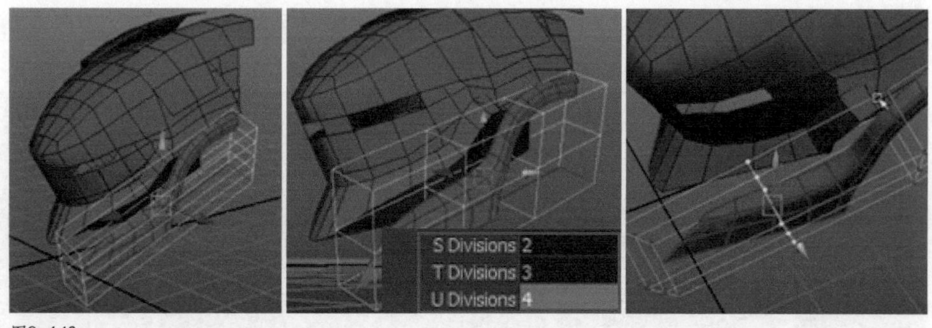

图3-146

04 选择后面的边，执行Edit Mesh（编辑网格）>Extrude（挤出）命令，向右挤出面。执行Edit Mesh（编辑网格）>Insert Edge Loop Tool（插入循环边工具）命令，插入一条循环边调整弧度。选择挤出的面，执行Mesh（网格）>Extract（提取）命令，把面提取分离，如图3-147所示。

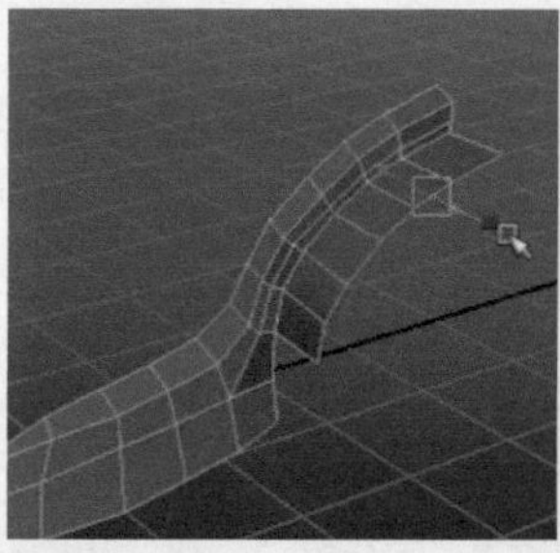
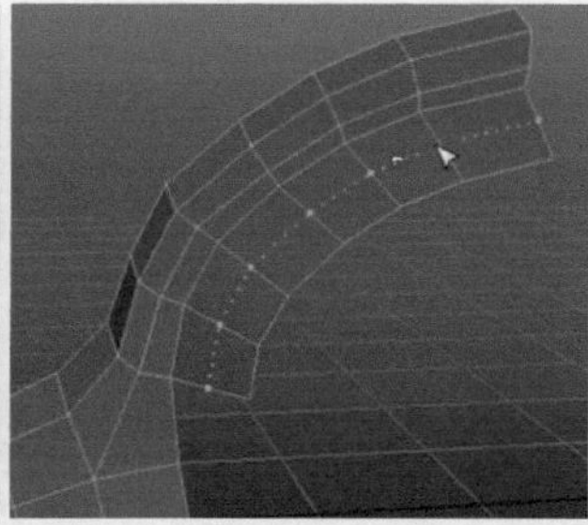
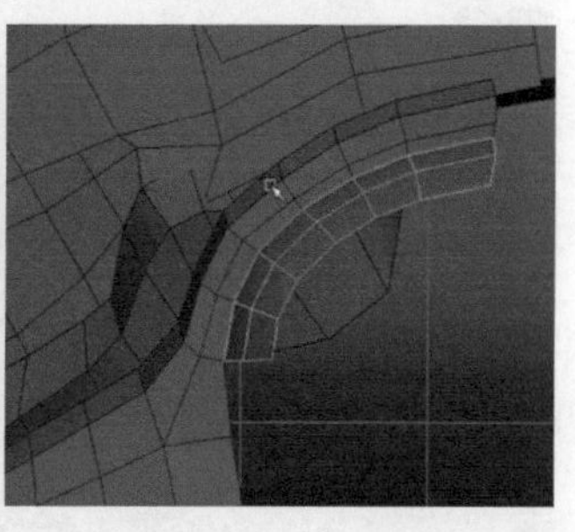

图3-147

05 执行Create（创建）>Polygon Primitives（多边形基本体）>Cylinder（圆柱体）命令，创建一个圆柱体，移动到模型侧面位置。选择圆柱一侧的面，执行Edit Mesh（编辑网格）>Duplicate Face（复制面）命令，把面复制提取出来，然后把面片挤出，做出圆柱的半环绕结构，如图3-148所示。

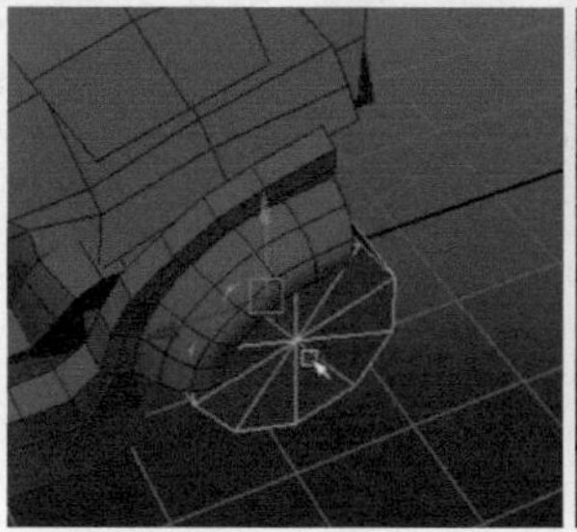

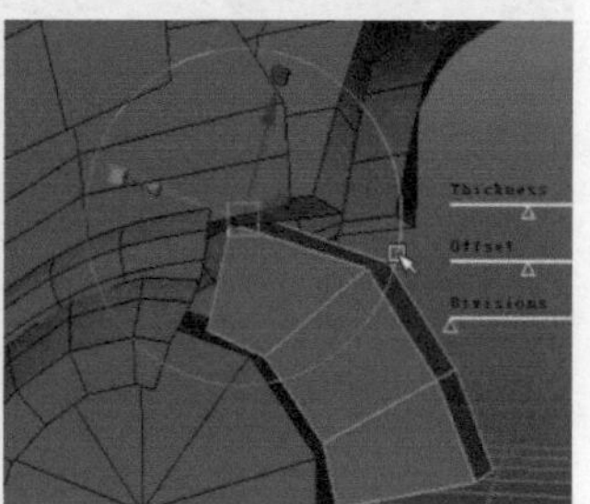

图3-148

06 选择内侧的边，执行Edit Mesh（编辑网格）>Extrude（挤出）命令，向内挤出面。切换到点或边元素下，调整其结构形状，注意调整时要与第4部分结构的尾部相匹配，如图3-149所示。

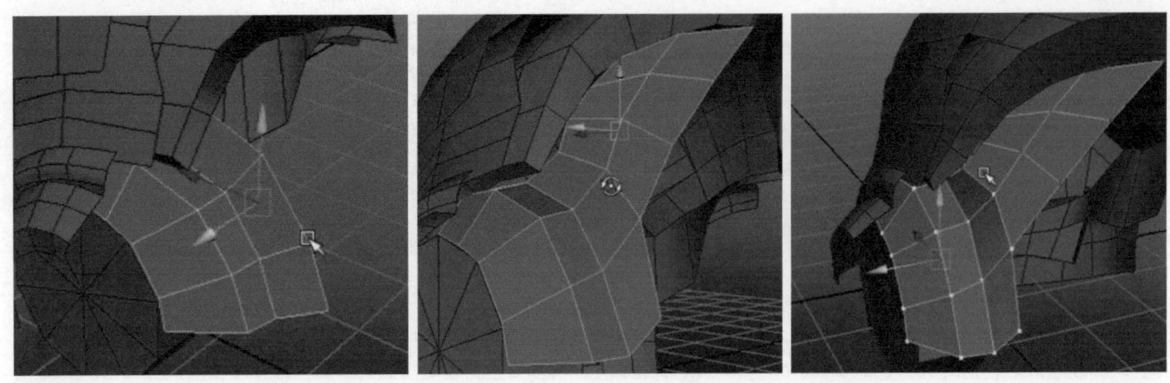

图3-149

07 执行Edit Mesh（编辑网格）>Interactive Split Tool（交互式分割工具）命令，重新调整这里的布线，如图3-150所示。

图3-150

08 选择下面两段边，执行Edit Mesh（编辑网格）>Extrude（挤出）命令，向内挤出，然后缩放挤出的边对其压直。执行Edit Mesh（编辑网格）>Append to Polygon Tool（添加多边形工具）命令，逆时针依次单击缺口的环边，从而把面补上，如图3-151所示。

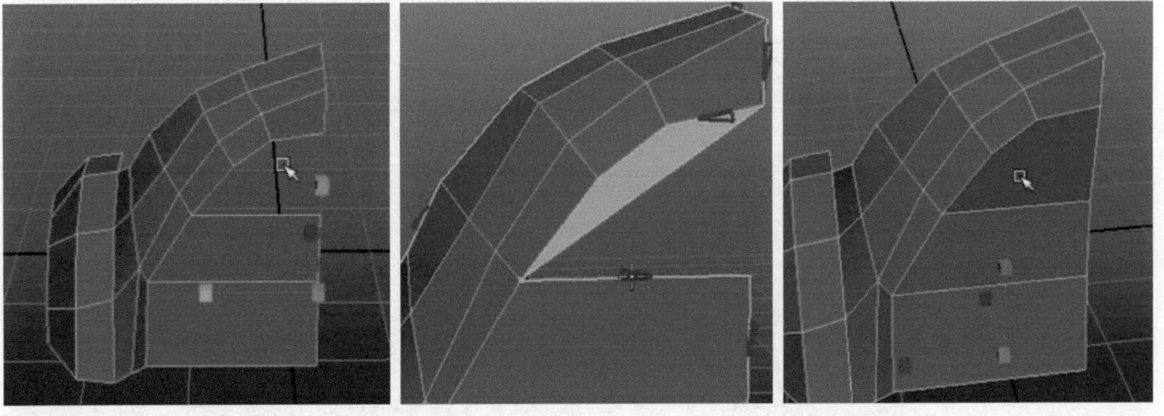

图3-151

09 执行Edit Mesh（编辑网格）>Interactive Split Tool（交互式分割工具）命令，使用分割多边形工具对填补的面进行切割布线，这里需要注意走线的方式，尽量使布线均匀，如图3-152所示。

图3-152

10 创建一个圆柱体，删除上下两端的面，放置在整体模型的底部。选择圆柱顶部的边进行缩放，然后调整点的位置，与底部结构进行匹配，如图3-153所示。

图3-153

11 选择除了圆柱体以外的所有模型，执行Create Deformers（创建变形器）>Lattice（晶格）命令，创建晶格工具，打开Window（窗口）> Outliner（大纲视图），在大纲视图中找到并选择ffd1Lattice和ffd1Base，在视图中旋转缩放晶格以匹配模型的形状，匹配完成之后再选择晶格点对其大的比例进行修改调整，如图3-154所示。

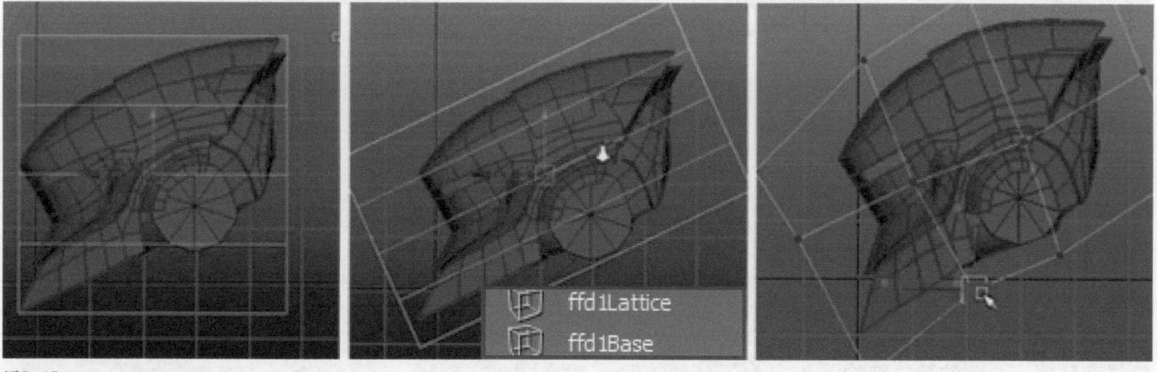

图3-154

3.3.5 结构细化

在现实中，很多模型都有各式各样的结构，比如一些斜面转折的结构，给人一种速度感和现代感，它的形式必须要配合整体的形式风格，不能随意进行添加，它是属于一种装饰性的结构，如图3-155所示。

也有些结构是具有功能性的，就像一些凹槽和镂空结构，它可以起到扰流或通风散热的作用，如图3-156所示。

图3-155

图3-156

通常在一个模型上的细节会有很多层次，有些是大结构上面附加一层小结构，有些是大结构里面包含一层小结构，就这样一层附加一层，一层包含一层，再加上造型的变化，才会制作出结构复杂的模型，如图3-157所示。

在制作中，结构细化不仅仅只是添加新的结构，它还需要对模型进行整体的厚度挤压和卡线处理，模型有厚度才会有体积感和重量感，卡住结构线之后，模型的转角才会有锐利的转折，结构之间的衔接组合才会有很好的缝隙。制作时还要注意斜面和倒角的结构，因为在最终渲染的时候，这种斜面或是倒角结构可以得到漂亮的高光，也可以丰富模型的细节，效果会更好，如图3-158所示。

图3-157

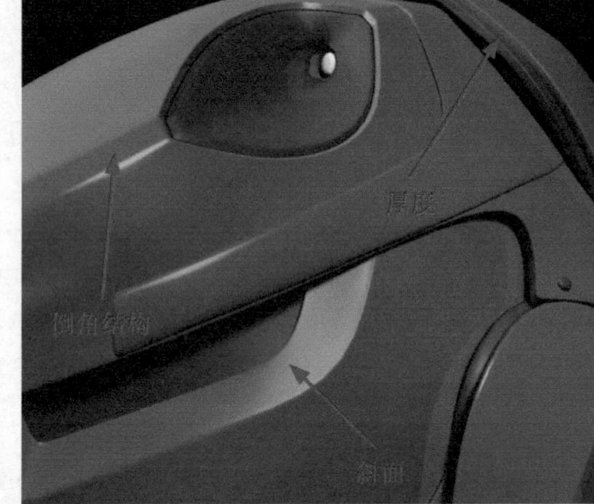

图3-158

整体大型完成之后开始对结构进行细化，这个过程是校正模型比例和丰富细节的，这个机械头盔需要完成顶侧的凹槽结构、头顶的重复镂空结构、面部的缺口结构以及各部分大的倒角结构等细节结构，布线及效果如图3-159、图3-160所示。

图3-159

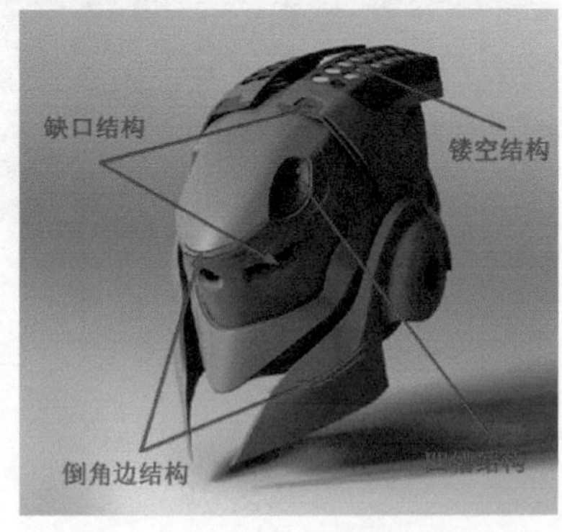

图3-160

◆第 1 阶段：第 1 部分结构细化

这部分结构的细化主要是完成两个方面的制作：一方面是顶侧面转折处的凹槽结构，需要通过切线命令，做出这里的结构布线；另一方面是上面的附加结构，通过复制提取面来进行编辑得到，效果如图3-161所示。

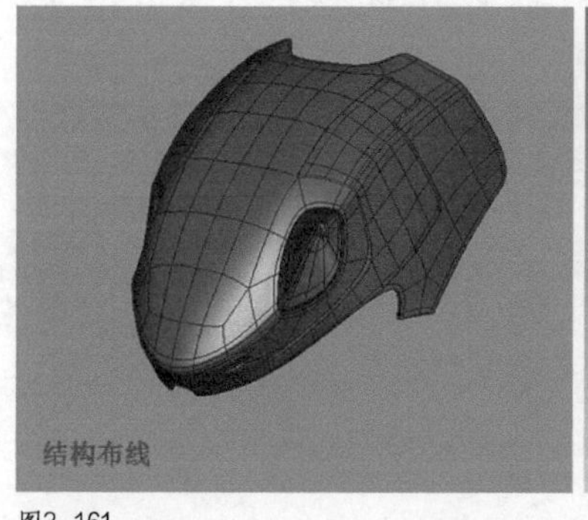

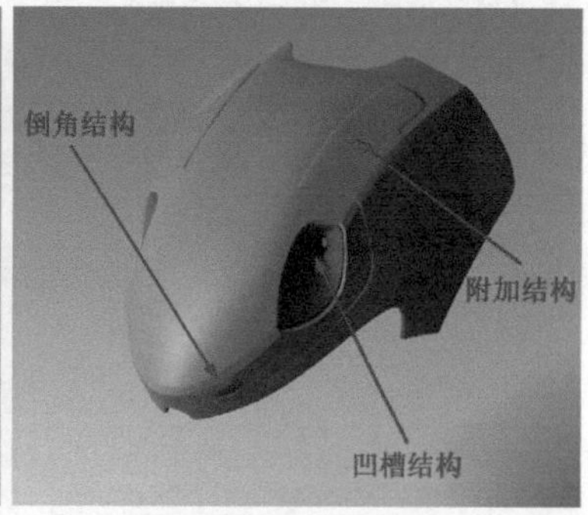

图3-161

01 选择顶侧面的转折边，执行Edit Mesh（编辑网格）>Bevel（倒角）命令，做出顶面与侧面转折的倒角结构，然后选择这部分模型，执行Normals（法线）>Soften Edge（软边）命令，软边显示模型，如图3-162所示。

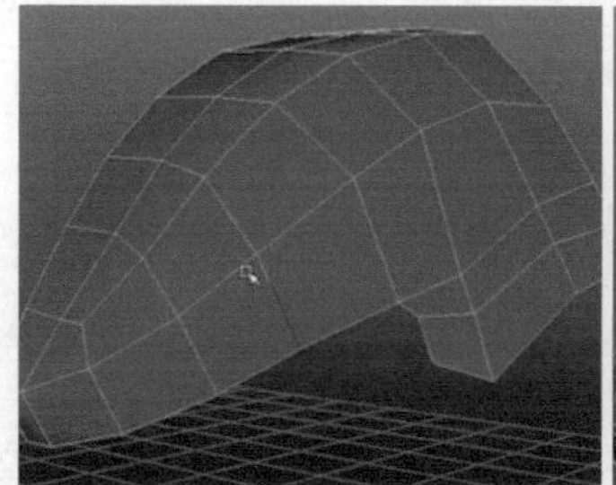
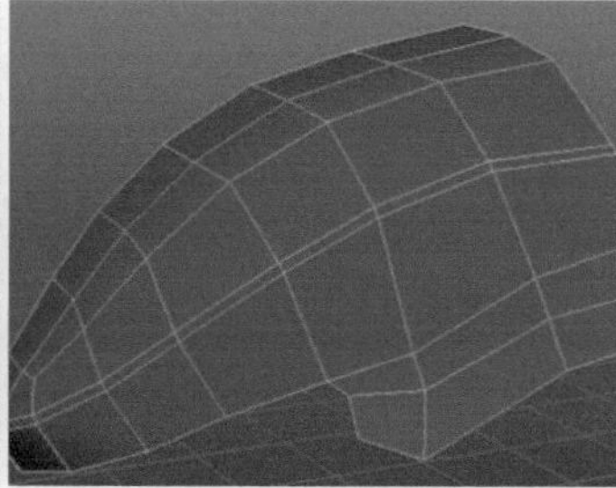
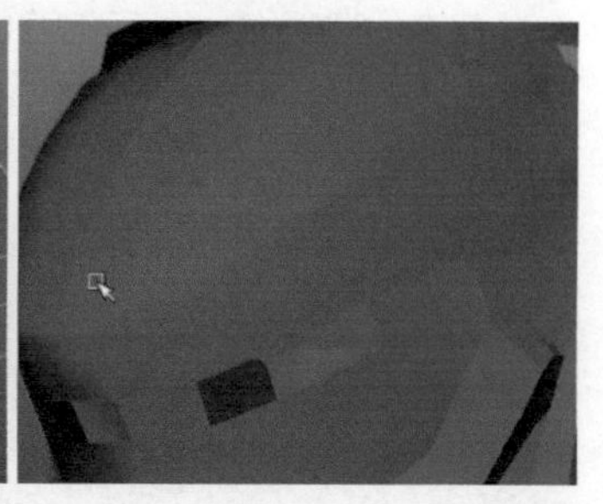

图3-162

02 执行Edit Mesh（编辑网格）>Interactive Split Tool（交互式分割工具）命令，使用分割多边形工具把椭圆形凹槽的结构线布出来，如图3-163所示。

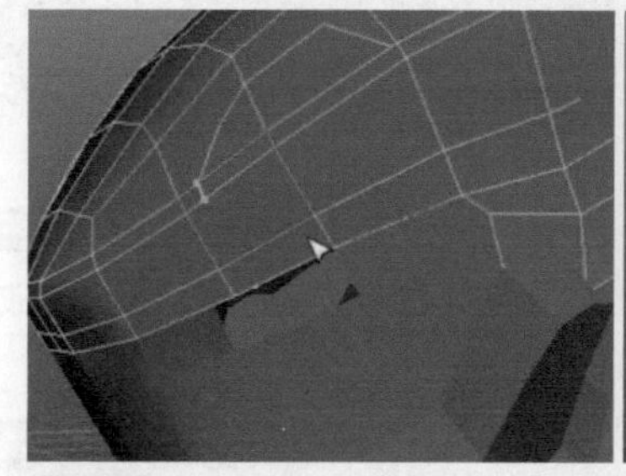
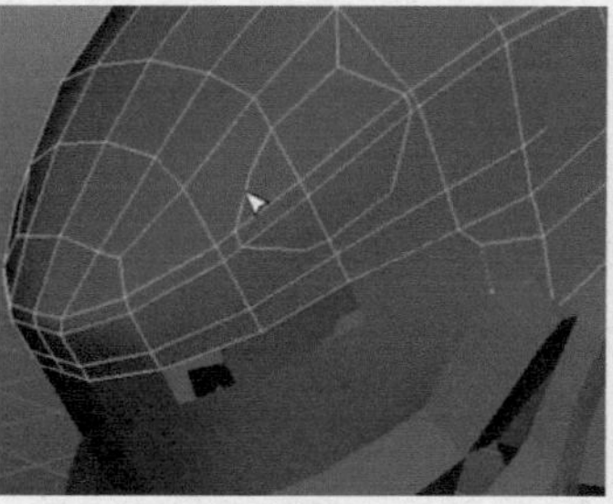
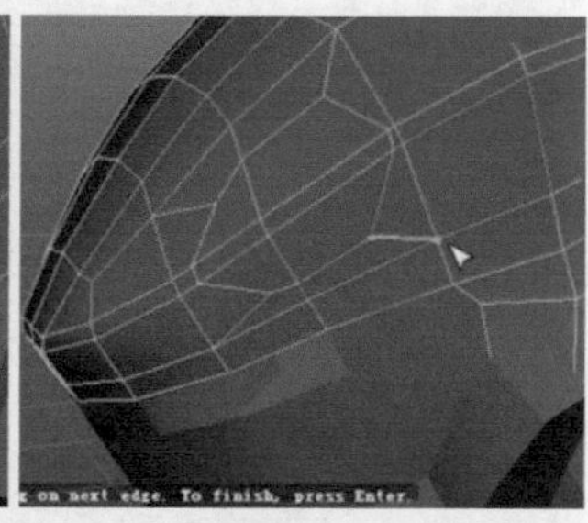

图3-163

03 选择凹槽结构的面，执行Edit Mesh（编辑网格）>Extrude（挤出）命令，向下挤出一段厚度，然后再把面删除，如图3-164所示。

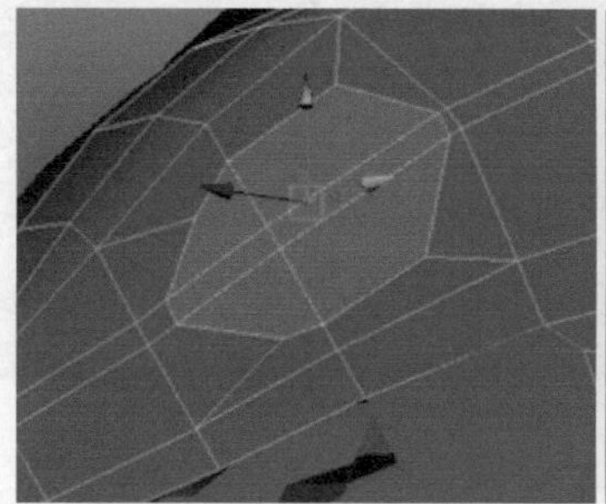
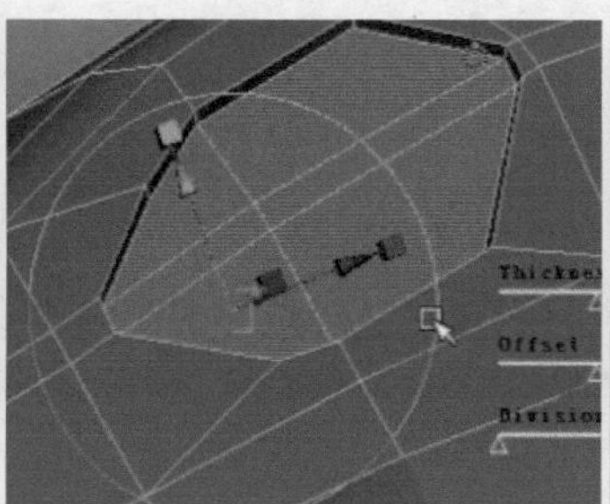

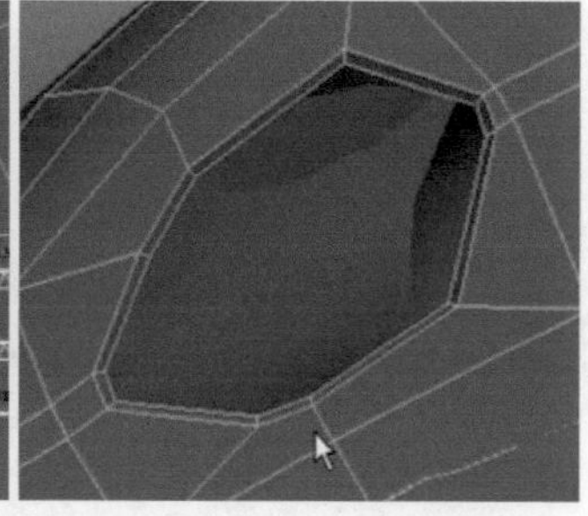

图3-164

04 切换到点元素模式，调整凹槽结构的形状。执行Edit Mesh（编辑网格）>Slide Edge Tool（滑动边工具）命令，在不改变形体的情况下均匀调整这里的布线。选择凹槽的循环边，执行Edit Mesh（编辑网格）>Extrude（挤出）命令，向内挤出并缩放，如图3-165所示。

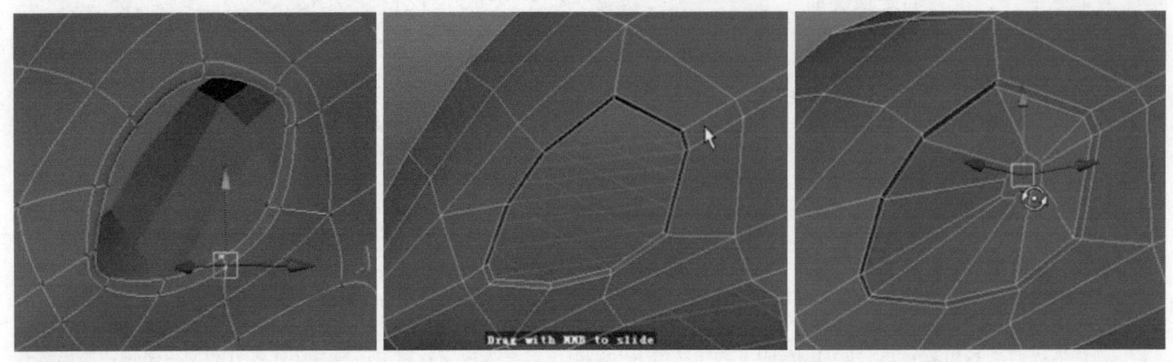

图3-165

05 新建一个圆柱体，放置到凹槽缺口处，作为被吸附模型。选择缺口的点，按V键，分别吸附到圆柱体相对应的顶点，吸附完成之后，删除圆柱体即可。选择凹槽的面，执行Mesh（网格）>Extract（提取）命令，把面提取分离，如图3-166所示。

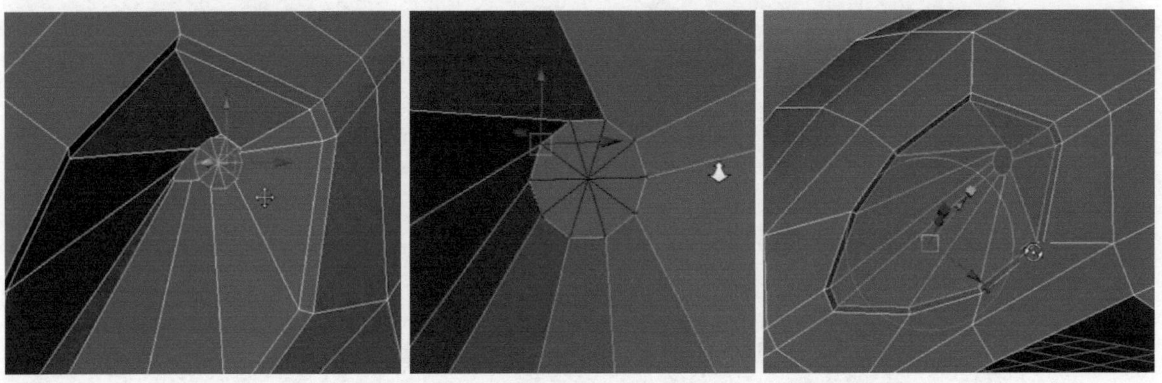

图3-166

06 执行Edit Mesh（编辑网格）>Insert Edge Loop Tool（插入循环边工具）命令，在靠近边缘的地方插入循环边以固定结构形体。选择圆孔缺口的边，执行Edit Mesh（编辑网格）>Extrude（挤出）命令，向内挤出缺口的深度。继续使用插入循环边工具对转折结构处进行卡线处理，以固定形体，避免转折结构被圆滑掉，如图3-167所示。

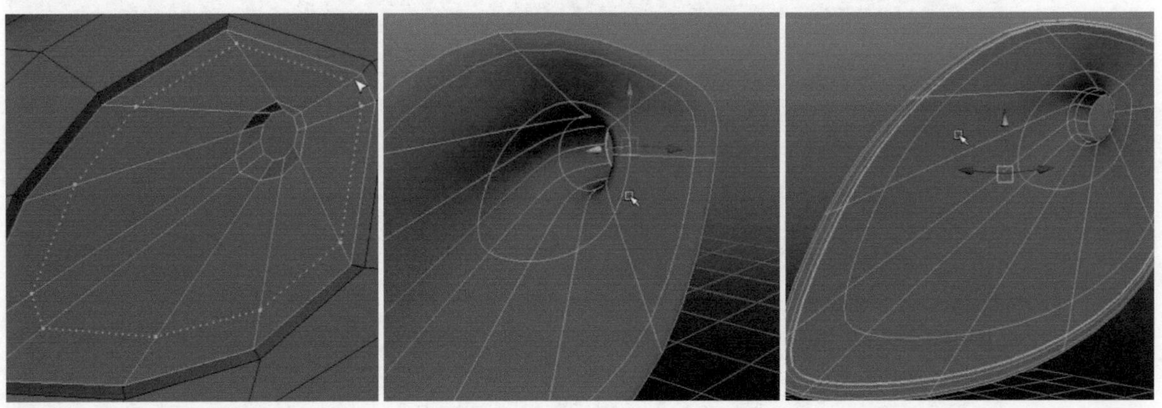

图3-167

07 复制这部分模型，执行Mesh（网格）>Smooth（平滑）命令，把模型细分一级。在通道栏中，把Keep Hard Edge（保持硬边）中的选项改为on，如图3-168所示。

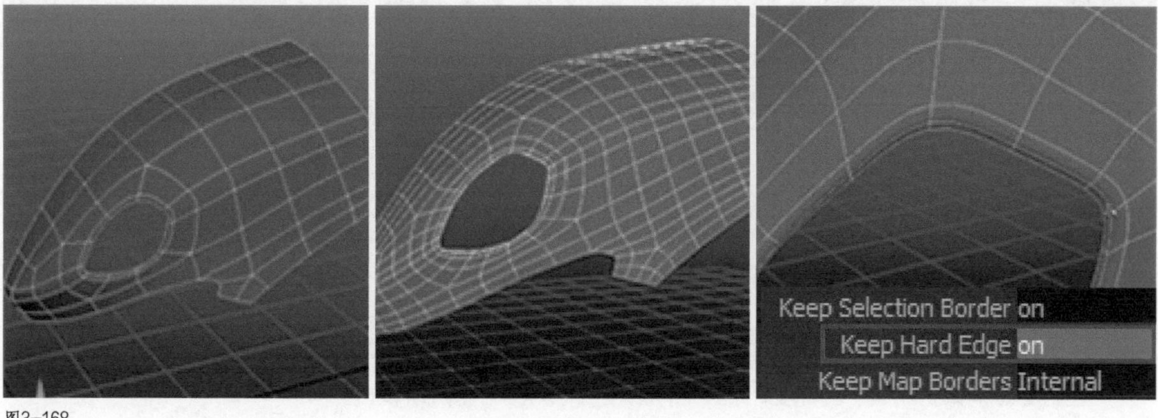

图3-168

08 选择需要提取的面，然后反选，把多余的面删除。执行Transform component（变换组件）命令，把模型往里推，如图3-169所示。

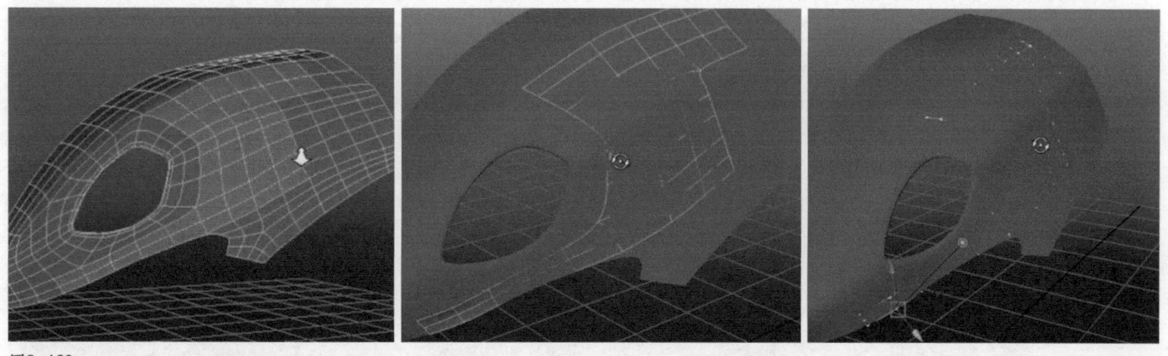

图3-169

09 继续选择这部分面，执行Edit Mesh（编辑网格）>Extrude（挤出）命令，挤出结构的厚度，然后使用插入循环边工具对转折处进行卡线处理。切换到点元素模式，调整与下面模型的穿插，如图3-170所示。

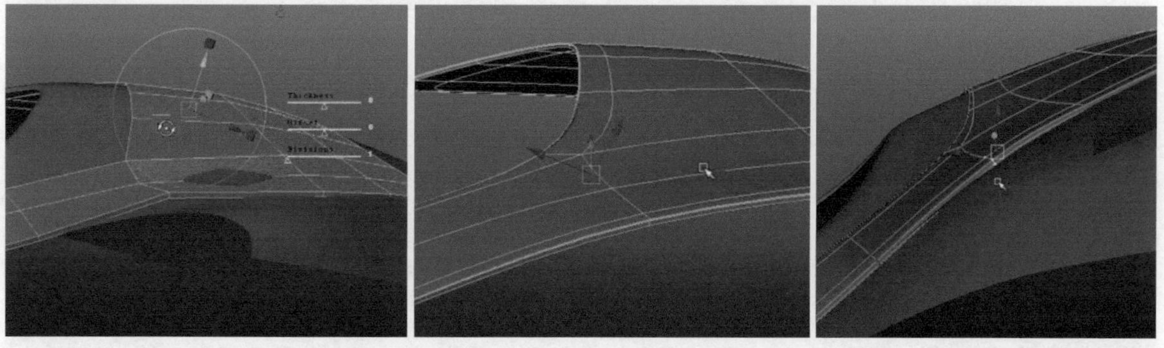

图3-170

10 选择之前的模型，单击Mesh（网格）>Mirror Geometry（镜像几何体）命令后的设置选项按钮，在弹出的选项卡中把Mirror Direction（镜像方向）设置为-X，单击Apply（应用），把模型镜像过去，然后修改通道栏中的Merge Threshold（合并阈值）参数为0.001。选择镜像后的模型，执行Edit Mesh（编辑网格）>Extrude（挤出）命令，把模型厚度挤出来，最后使用插入循环边工具对模型进行卡线处理，如图3-171所示。

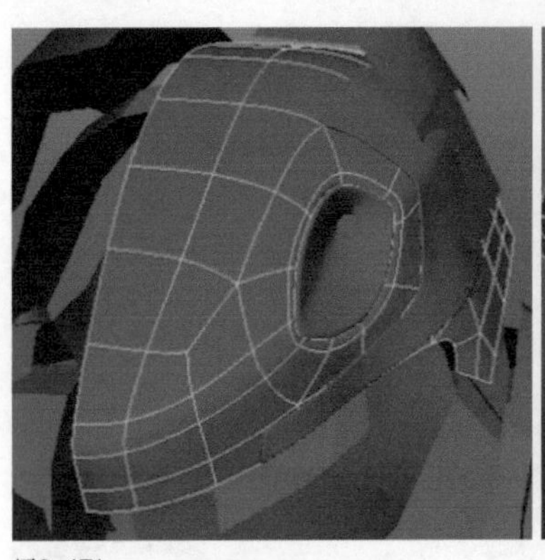
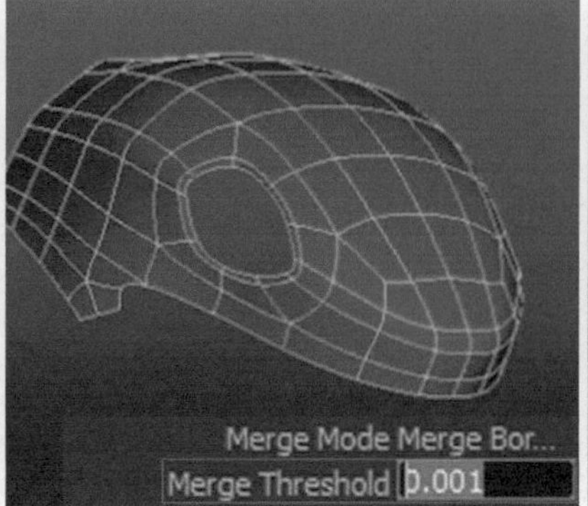

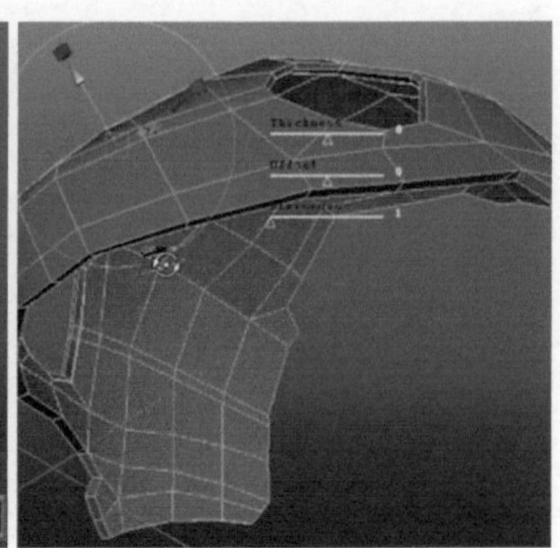

图3-171

Tips

这里的镜像几何体命令不同于之前的复制镜像，这种镜像方式可以镜像后自动合并模型。

◆第 2 阶段：第 2 部分结构细化

这部分结构的细化主要是圆孔的镂空结构，通过把模型平滑细分一级快速得到足够的布线，然后再对其进行挤出删除操作。上面的附加结构依然是通过复制提取面来编辑得到，效果如图3-172所示。

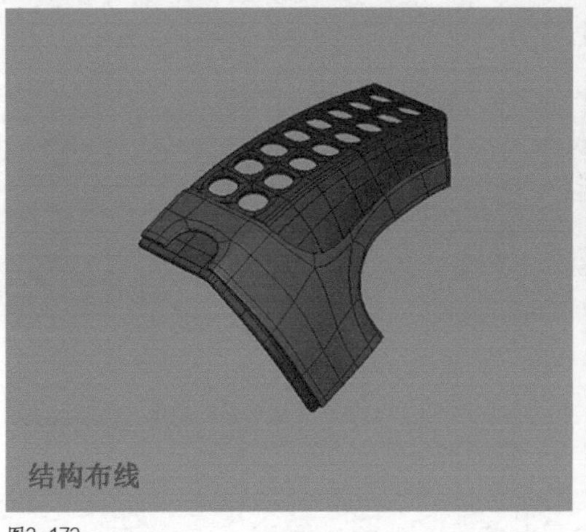

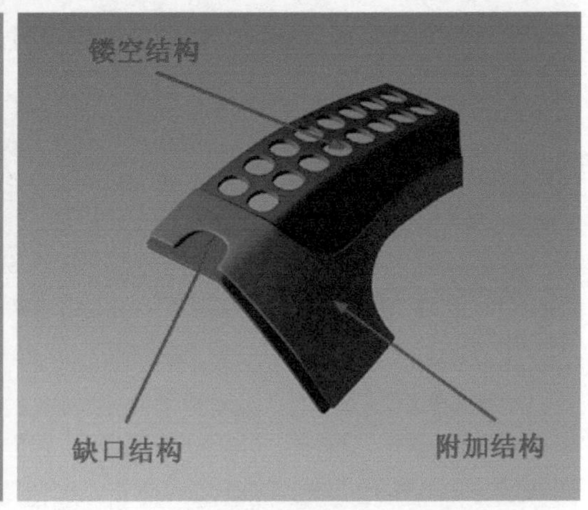

图3-172

01 执行Edit Mesh（编辑网格）>Interactive Split Tool（交互式分割工具）命令，调整结构的布线，做出圆弧形的循环结构，然后选择面，执行Edit Mesh（编辑网格）>Duplicate Face（复制面）命令，把面复制提取出来作为上部的结构，如图3-173所示。

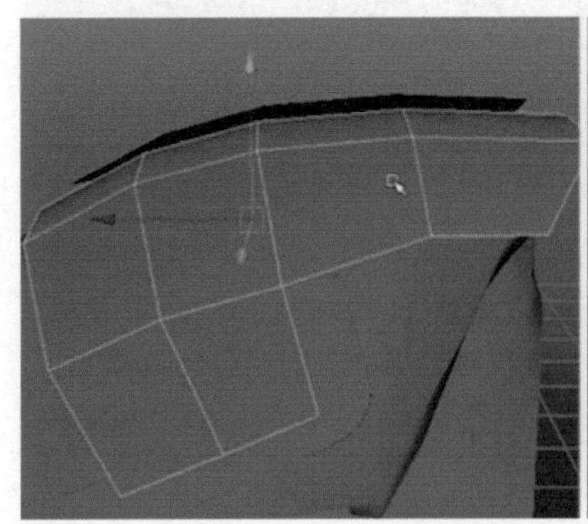
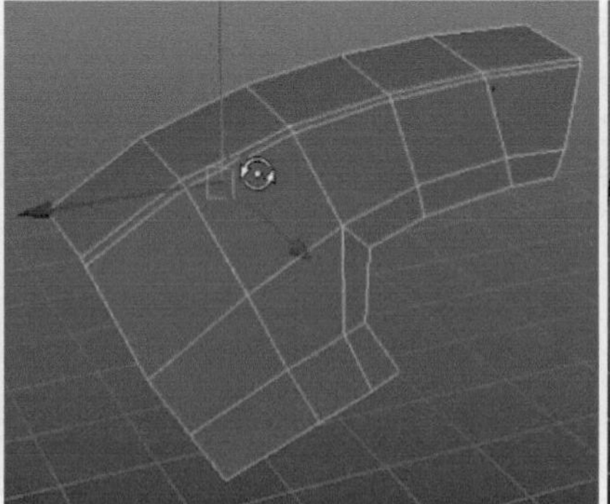
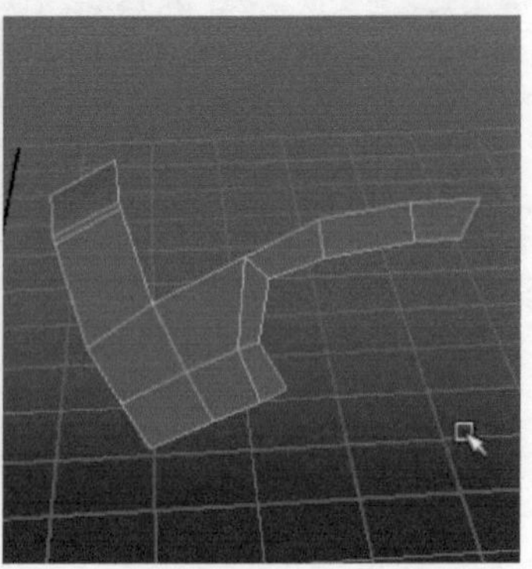

图3-173

Tips

模型在复制或者倒角等其他操作时，有时会出现破面或者显示不出来的情况，这是材质丢失的原因，重新赋予材质就可以了，如图3-174所示。

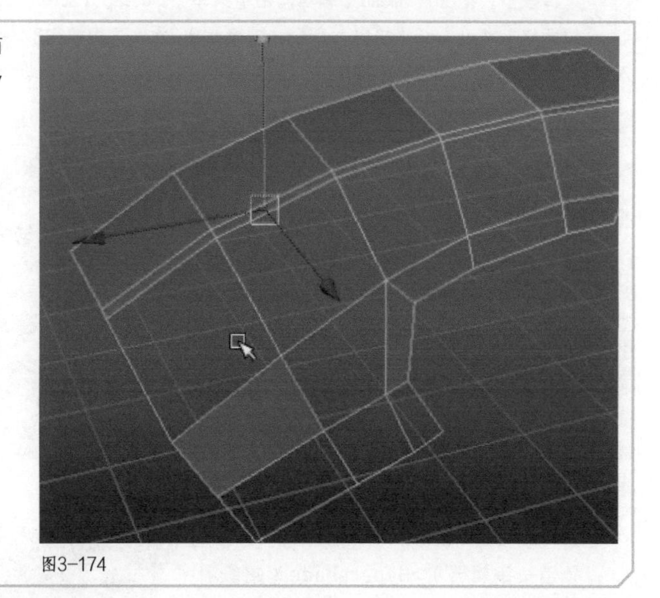

图3-174

02 继续执行交互式分割工具，做出前端的缺口形状。选择模型，执行Edit Mesh（编辑网格）>Extrude（挤出）命令，挤出厚度，然后使用插入循环边工具对转折结构进行卡线处理，如图3-175所示。

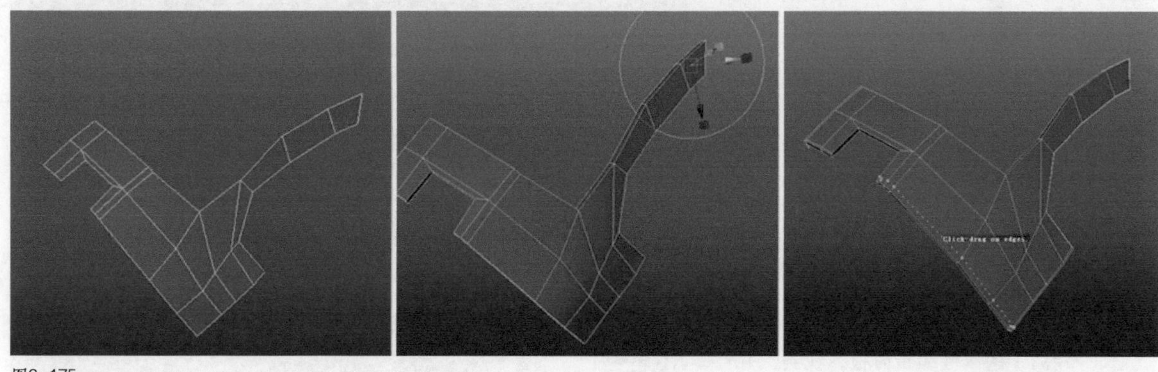

图3-175

03 选择底部模型，在边缘和转折位置卡出循环线，执行Mesh（网格）>Smooth（平滑）命令，把模型细分一级，来得到足够的面数，然后选择顶端凹槽结构的面，把Edit Mesh（编辑网格）菜单下的Keep Faces Together（保持面的连接）的勾选去掉，执行Edit Mesh（编辑网格）>Extrude（挤出）命令，挤出一段距离后再把面删除，如图3-176所示。

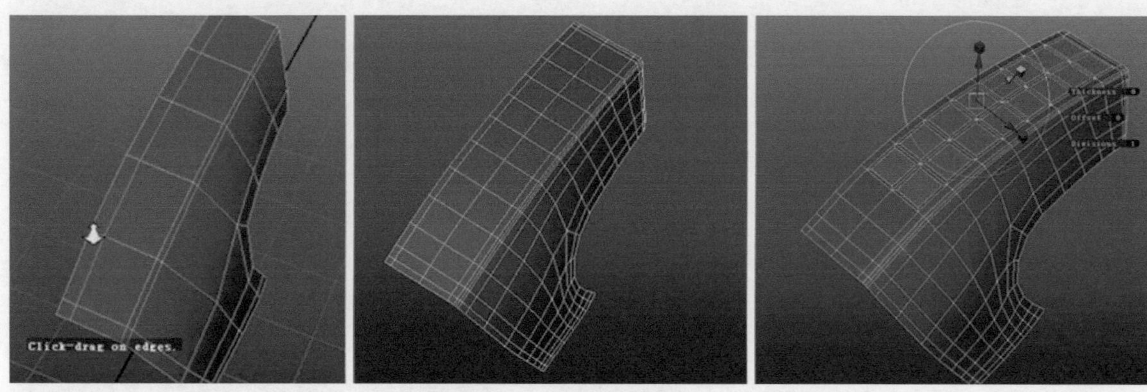

图3-176

04 选择模型，把Edit Mesh（编辑网格）菜单下的Keep Faces Together（保持面的连接）的勾打开，执行Edit Mesh（编辑网格）>Extrude（挤出）命令，连续挤出3次，这里挤出3次的目的主要是为了卡住形体截面的转折结构，和在截面插入循环边一个道理，按3键平滑显示，如图3-177所示。

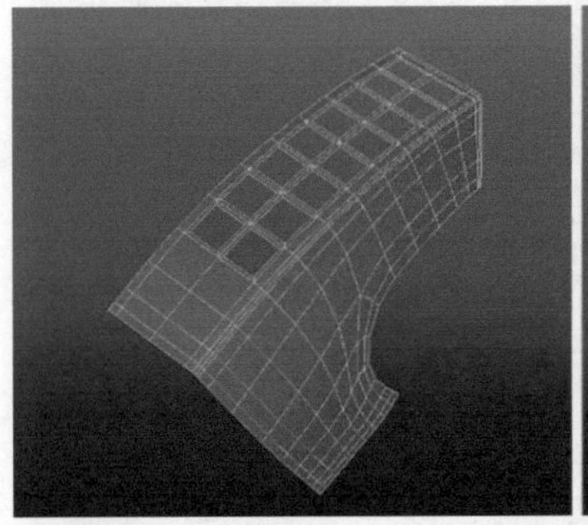
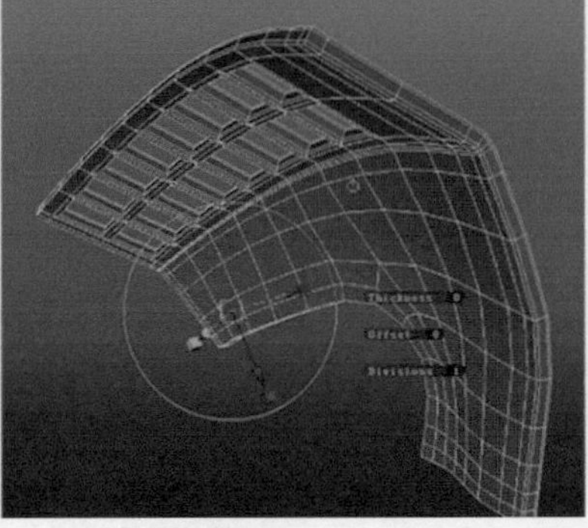
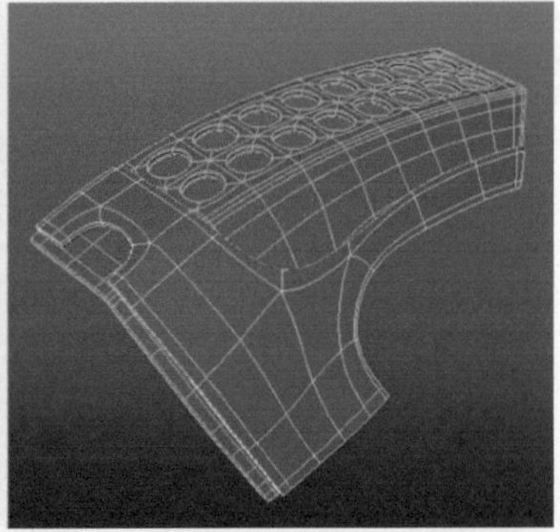

图3-177

05 执行Window（窗口）>Rendering Editors（渲染编辑器）>Hypershade（超级着色器）命令，打开材质编辑器。在弹出的Hypershade（超级着色器）窗口中的左侧创建栏里找到Blinn（布林）材质并单击创建，观察右边的工作区就会找到新建的blinn1（布林1）材质，如图3-178所示。

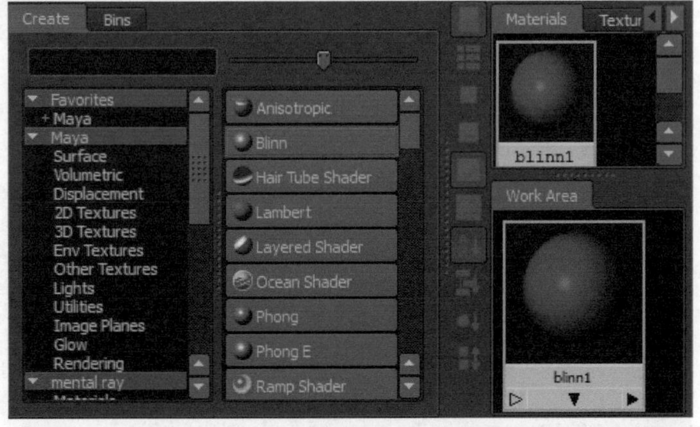

图3-178

06 双击blinn1（布林1）材质，打开blinn1（布林1）的属性编辑面板，找到Color（颜色）选项，单击颜色选框，把颜色改为灰蓝色，如图3-179所示。

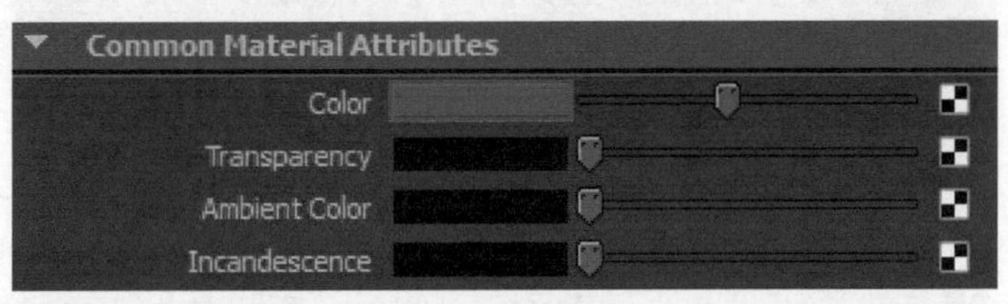

图3-179

07 选择模型，在Hypershade（超级着色器）窗口中找到新建的blinn1（布林1）材质，按鼠标右键向上拖曳选择Assign Material To Selection（指定材质给选择模型），把材质赋予到模型上，如图3-180所示。

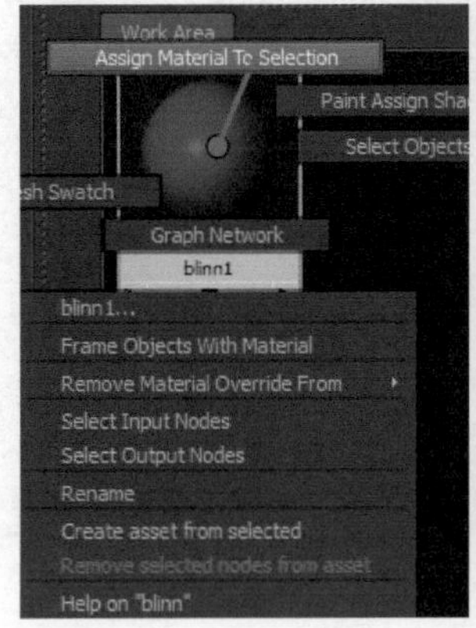

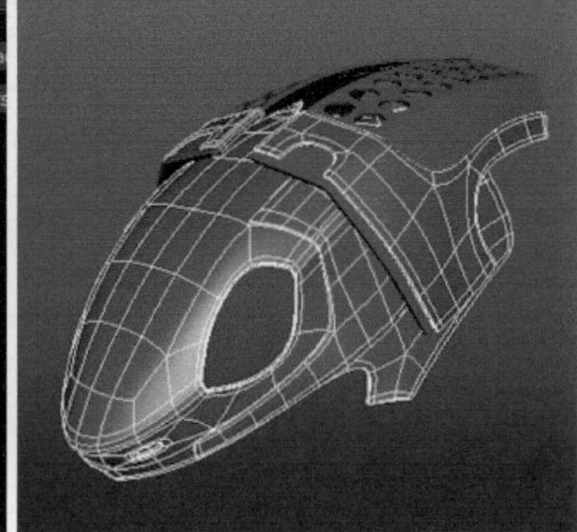

图3-180

Tips

制作时为了区分模型的完成情况，便于观察大体效果，可以随时给模型赋予不同的材质。

◆第 3 阶段：第 3 部分结构细化

很显然，这里的细节结构是上端的两处缺口，需要注意的是缺口的斜面制作，以及前端斜角细节结构的布线，效果如图3-181所示。

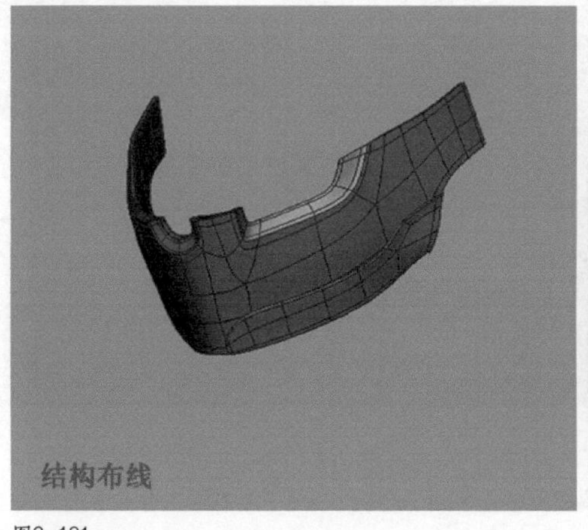

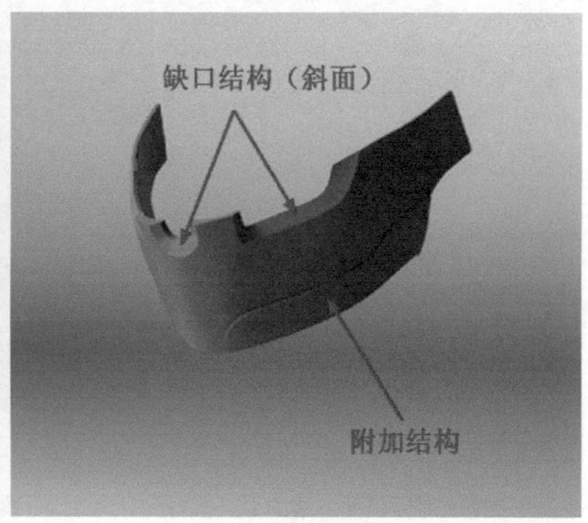

图3-181

01 选择第2部分模型，执行Edit Mesh（编辑网格）>Interactive Split Tool（交互式分割工具）命令，修改结构的布线并调整点的位置，注意缺口处的弧度。选择缺口处的边，执行Edit Mesh（编辑网格）>Extrude（挤出）命令，向内挤出，调整点的位置，做出缺口的斜面结构，如图3-182所示。

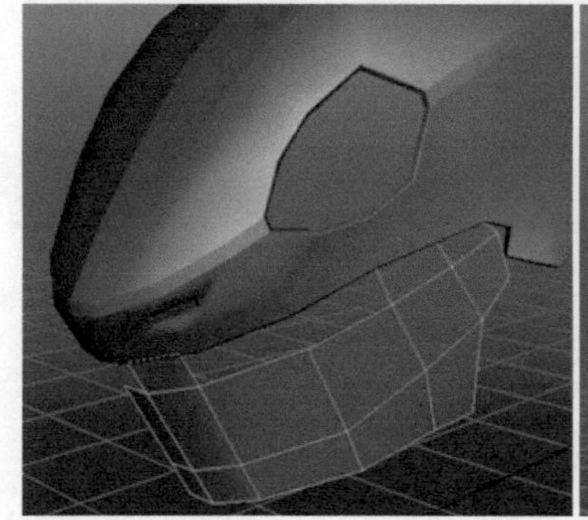

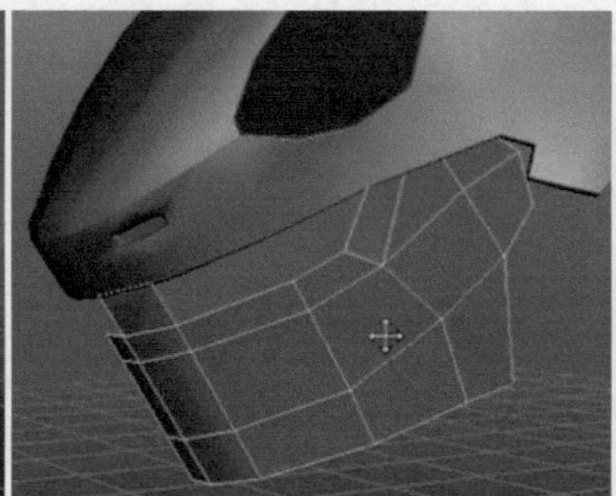

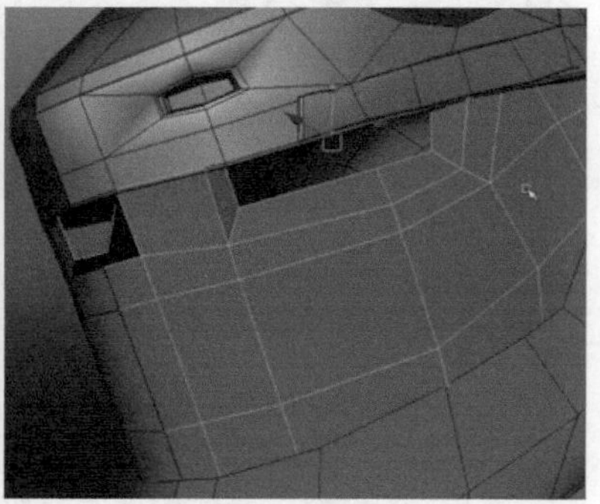

图3-182

02 执行Edit Mesh（编辑网格）>Interactive Split Tool（交互式分割工具）命令，根据参考图修改前端的布线，做出倾斜的细节结构。执行Edit Mesh（编辑网格）>Slide Edge Tool（滑动边工具）命令，滑动边调整这里的布线位置，以便卡出斜角结构，如图3-183所示。

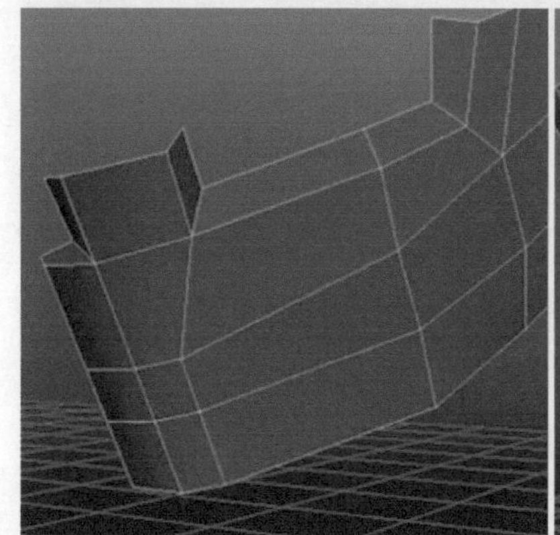

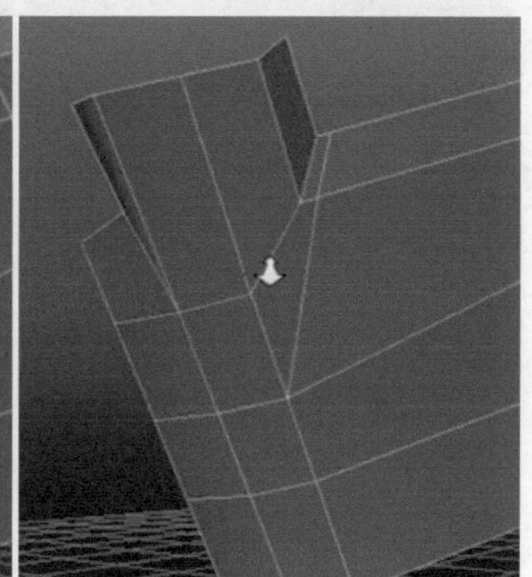

图3-183

03 选择模型，执行Edit Mesh（编辑网格）>Extrude（挤出）命令，挤出模型的厚度，然后切换至点元素模式，调整前端缺口的厚度和斜面的宽度。执行Edit Mesh（编辑网格）>Insert Edge Loop Tool（插入循环边工具）命令，插入循环边对其转折结构进行卡线处理，如图3-184所示。

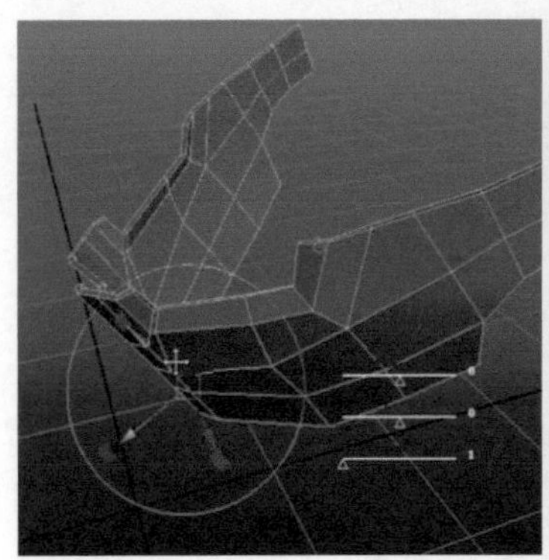

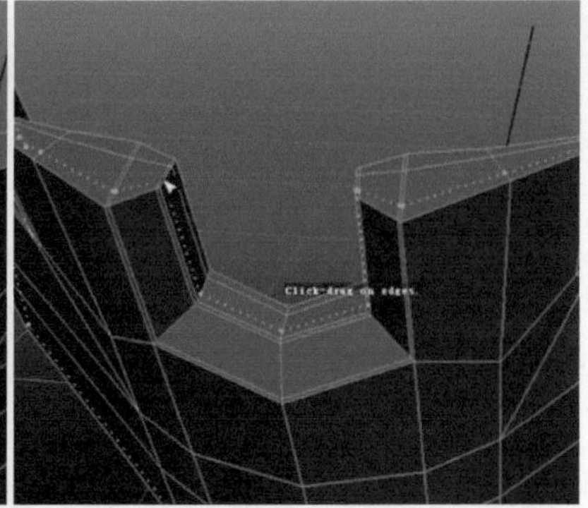

图3-184

04 选择这部分模型下端的面，执行Edit Mesh（编辑网格）>Duplicate Face（复制面）命令，把面复制提取出来作为将要制作的细节结构的基本形体。把这部分模型复制一份，按3键，进行平滑显示，然后执行Modify（修改）>Convert（转换）>Smooth Mesh Preview to Polygons（平滑预览到多边形）命令，把模型进行细分平滑，如图3-185所示。

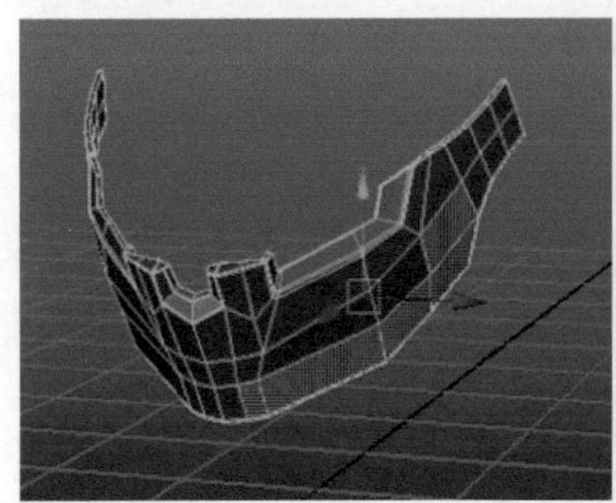
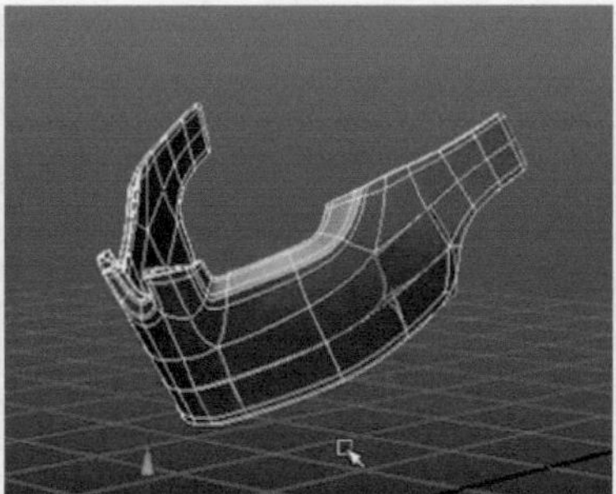
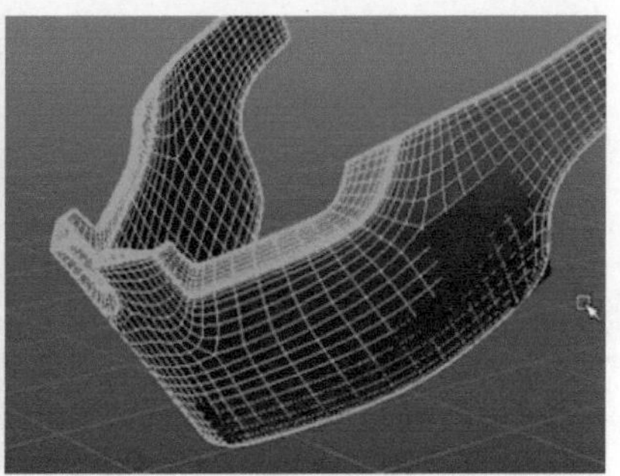

图3-185

05 选择平滑后的模型，执行Modify（修改）>Make Live（激活）命令，把模型作为吸附物体，然后选择之前复制提取出的结构，这时候对点进行移动时会自动吸附到被吸附的模型上面。执行Edit Mesh（编辑网格）>Insert Edge Loop Tool（插入循环边工具）命令，补充线段并调整。调整完成之后再次执行吸附命令，即可取消吸附，然后删除平滑后的物体即可，如图3-186所示。

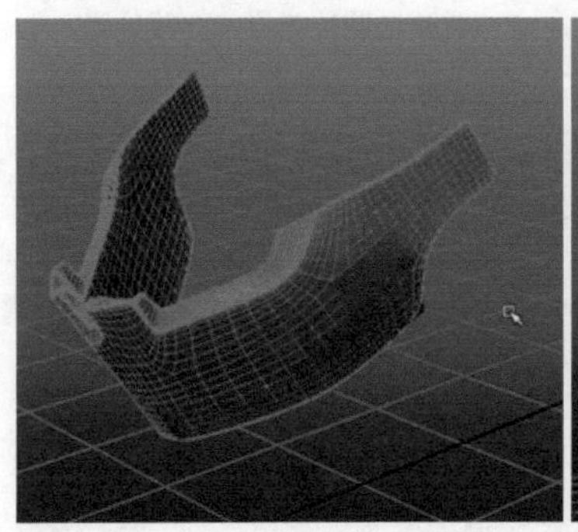
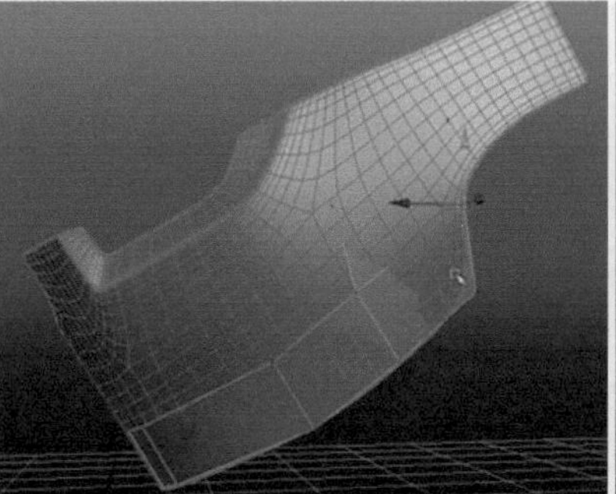
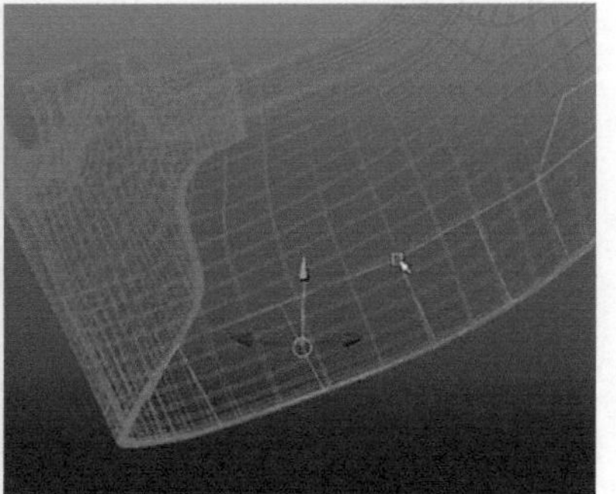

图3-186

06 执行Edit Mesh（编辑网格）>Interactive Split Tool（交互式分割工具）命令，调整结构的布线，然后执行Edit Mesh（编辑网格）>Extrude（挤出）命令，挤出结构的厚度，并进行卡线处理，如图3-187所示。

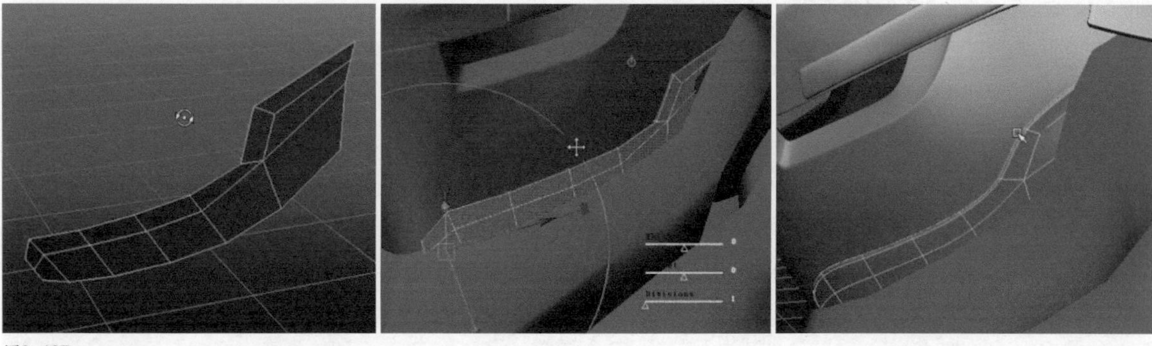

图3-187

◆第 4 阶段：第 4 部分结构细化

这部分结构细化比较简单，使用插入循环边的工具卡出结构线，固定住形体就可以了，尾部的附加结构同样是通过复制提取面来编辑得到，效果如图3-188所示。

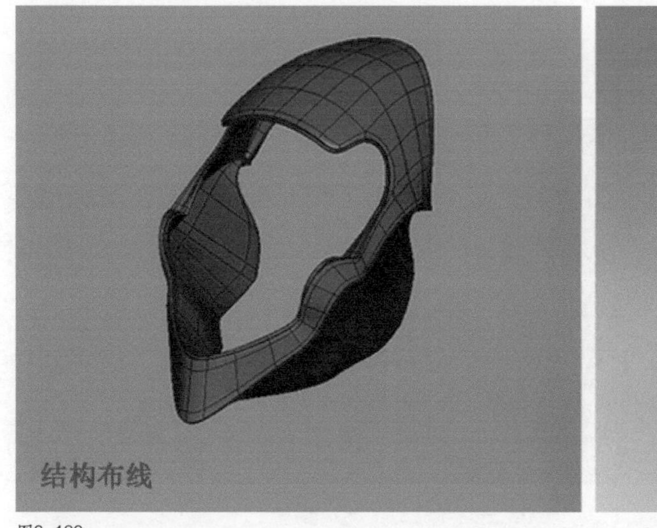

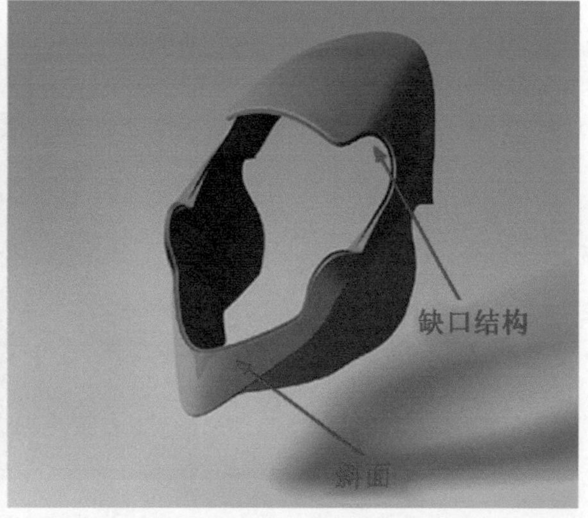

图3-188

01 选择顶侧面的转折边，执行Edit Mesh（编辑网格）>Bevel（倒角）命令，做出倒角的转折结构。执行Edit Mesh（编辑网格）>Interactive Split Tool（交互式分割工具）命令，连接尾部空缺的线段，如图3-189所示。

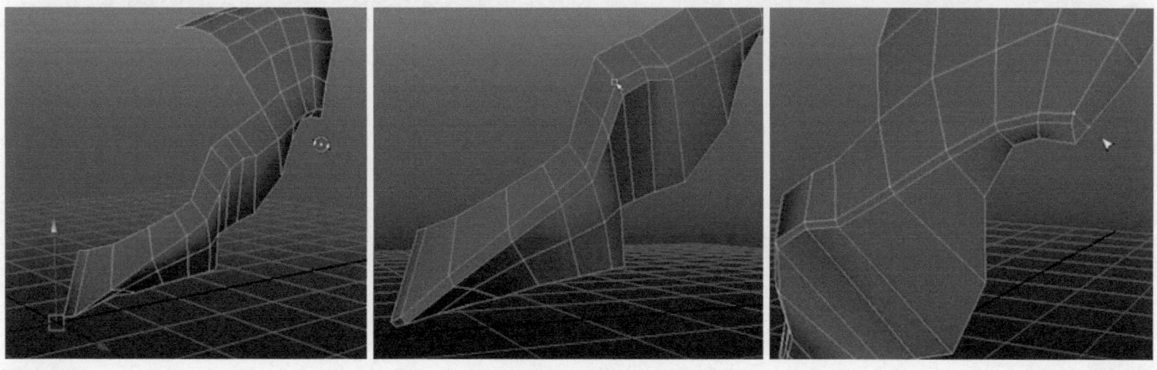

图3-189

02 切换至顶视图，选择中间的点，用缩放工具进行连续缩放，把中线打直。按住“X”键打开网格吸附，把点吸附到网格中心。执行Mesh（网格）>Mirror Geometry（镜像几何体）命令，修改通道栏中的Merge Threshold（合并阈值）参数为0.001，把模型镜像，如图3-190所示。

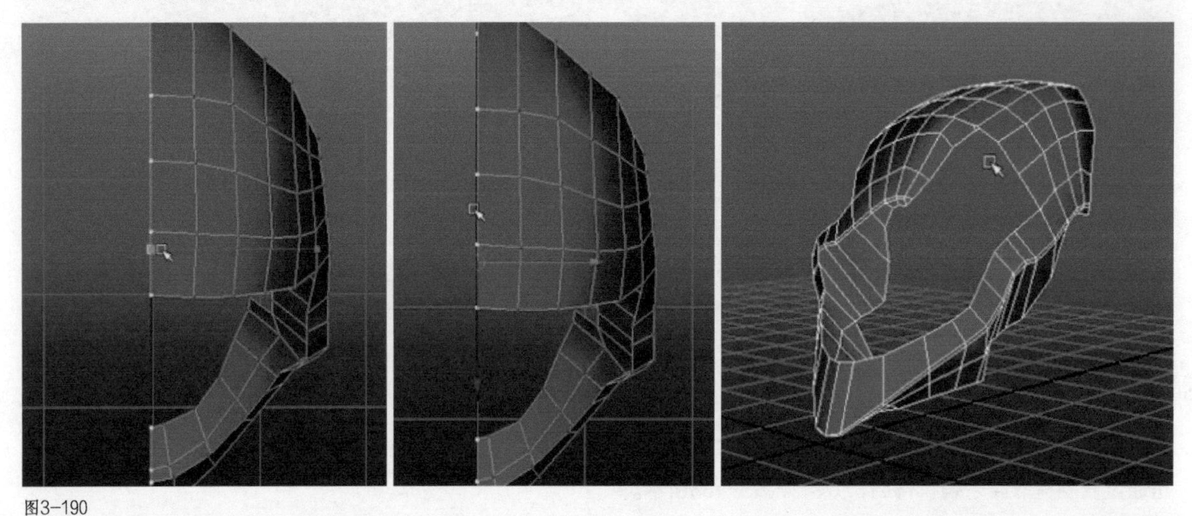

图3-190

03 选择这部分模型，执行Edit Mesh（编辑网格）>Extrude（挤出）命令，挤出模型的厚度。观察参考图，需要对结构进行修改，删除多余的结构面，如图3-191所示。

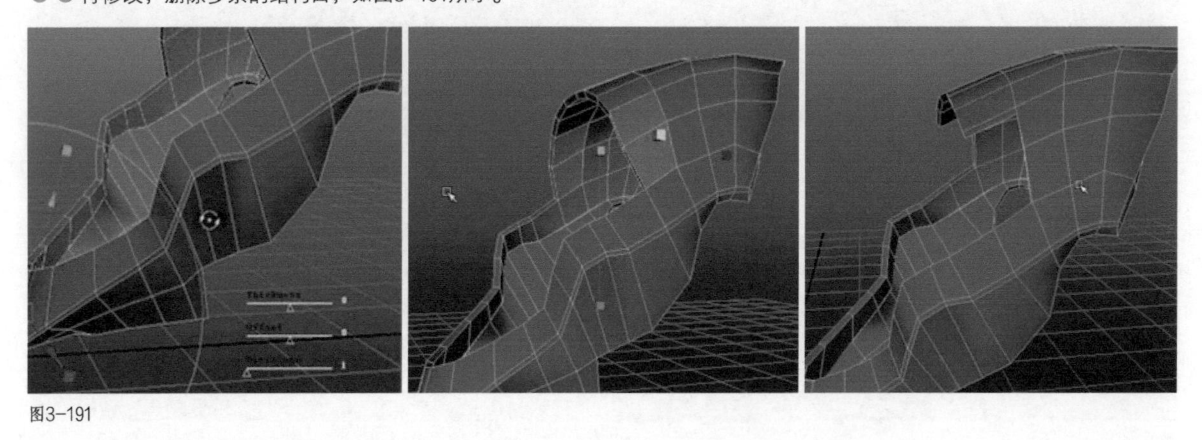

图3-191

04 面被删除之后，会出现开口，需要对其填补。选择开口处的循环边，执行Mesh（网格）>Fill Hole（填充洞）命令，填补开口区域的面，如图3-192所示。

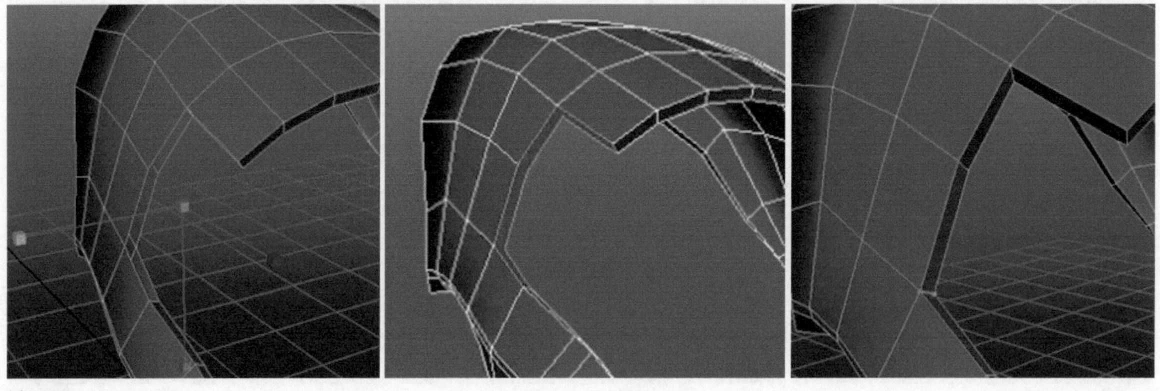

图3-192

05 双击移动工具，打开工具设置面板，勾选Reflection（反射）开启对称操作，切换到点元素模式进行对称调整。调整完成之后，执行Edit Mesh（编辑网格）>Insert Edge Loop Tool（插入循环边工具）命令，对其结构进行卡线处理，如图3-193所示。

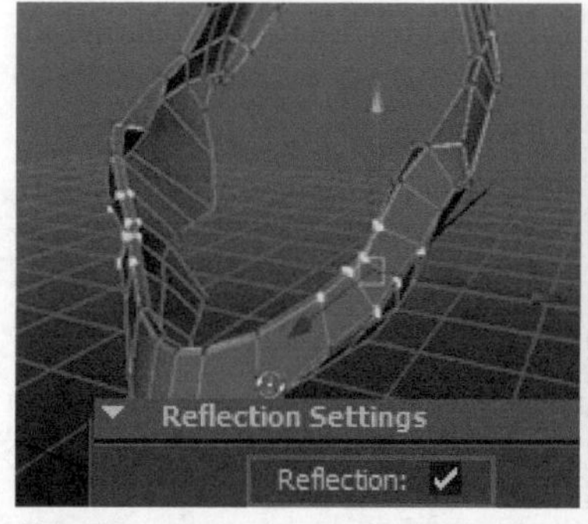

图3-193

06 选择尾部的面，执行Edit Mesh（编辑网格）>Duplicate Face（复制面）命令，把面复制提取出来。接着执行Edit Mesh（编辑网格）>Extrude（挤出）命令，挤出尾部附加结构的厚度，并使用插入循环边工具插入需要的结构线，如图3-194所示。

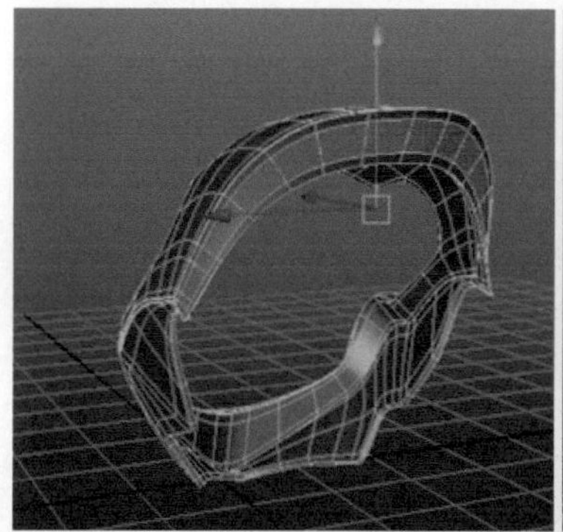
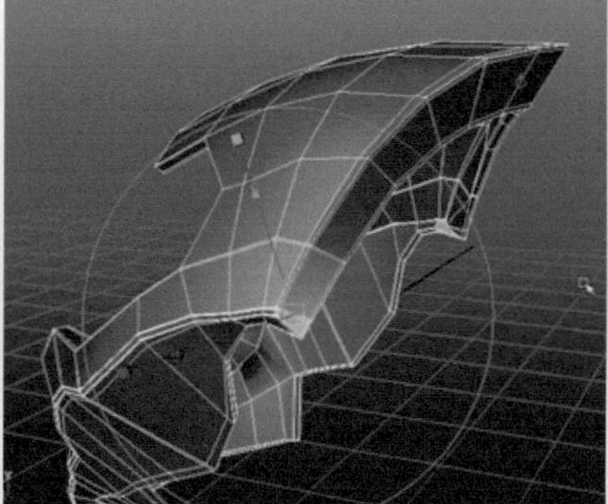
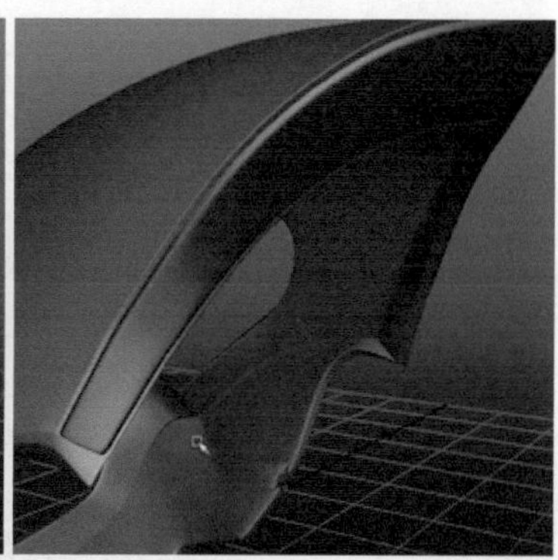

图3-194

◆第 5 阶段：第 5 部分结构细化

这一部分附加结构比较多，会多次使用复制提取面的命令。尾部的模型圆角的结构比较多，需要对布线进行修改调整。结构之间的衔接也要多次进行调整匹配，效果如图3-195所示。

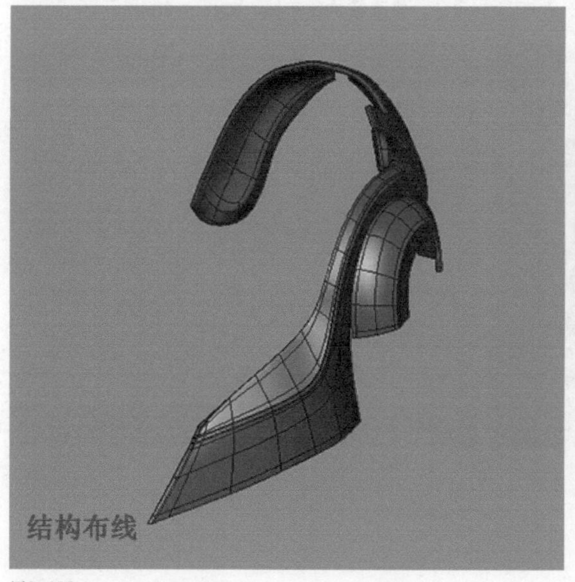

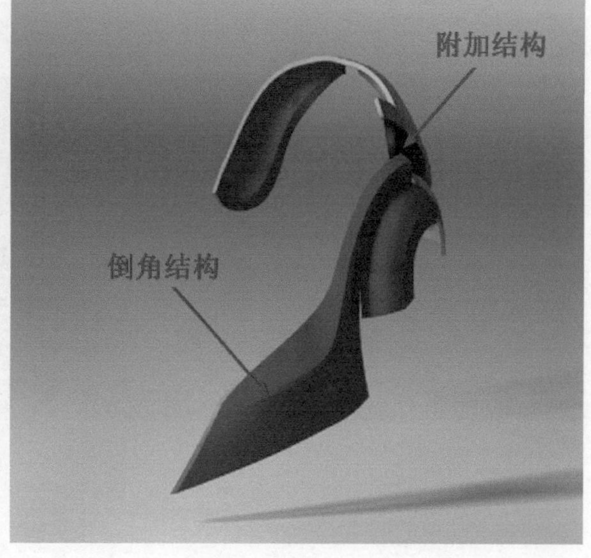

图3-195

01 切换至点元素模式选择前端侧面的点，切换到动画模块，执行Create Deformers（创建变形器）>Lattice（晶格）命令，创建晶格工具。在通道栏中，找到S、T、U Divisions（S、T、U细分），调整晶格的控制段数，选择晶格右键往上拖曳选择Lattice Point（晶格点）调整形状，如图3-196所示。

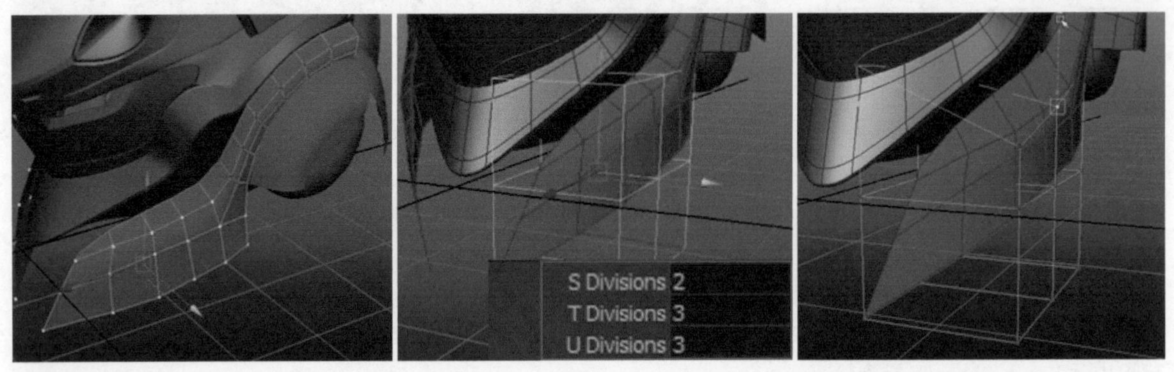

图3-196

02 选择模型，执行Edit Mesh（编辑网格）>Extrude（挤出）命令，挤出厚度。执行Edit Mesh（编辑网格）>Insert Edge Loop Tool（插入循环边工具）命令，插入循环边固定形体结构，如图3-197所示。

图3-197

03 选择后半部分模型下端的面，执行Edit Mesh（编辑网格）>Duplicate Face（复制面）命令，把面复制提取出来。执行Edit Mesh（编辑网格）>Interactive Split Tool（交互式分割工具）命令，修改结构的布线，如图3-198所示。

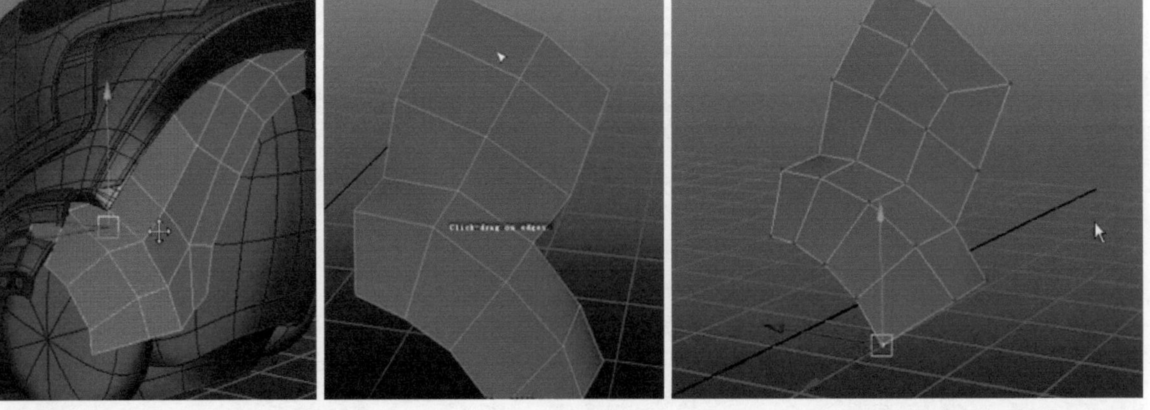
图3-198

04 选择模型，执行Edit Mesh（编辑网格）>Extrude（挤出）命令，挤出厚度。执行Edit Mesh（编辑网格）>Insert Edge Loop Tool（插入循环边工具）命令，插入结构线固定模型形状，如图3-199所示。

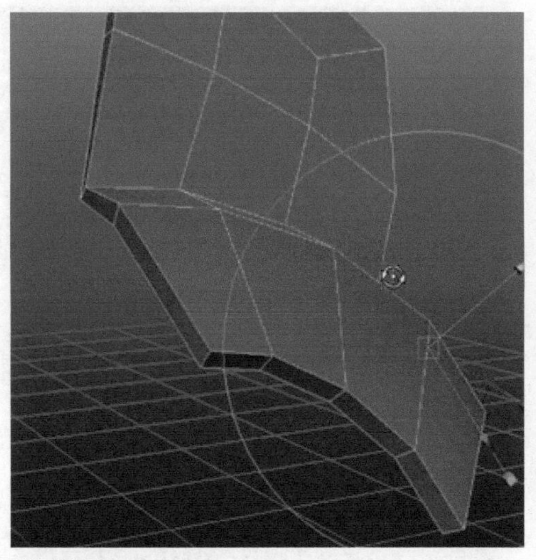

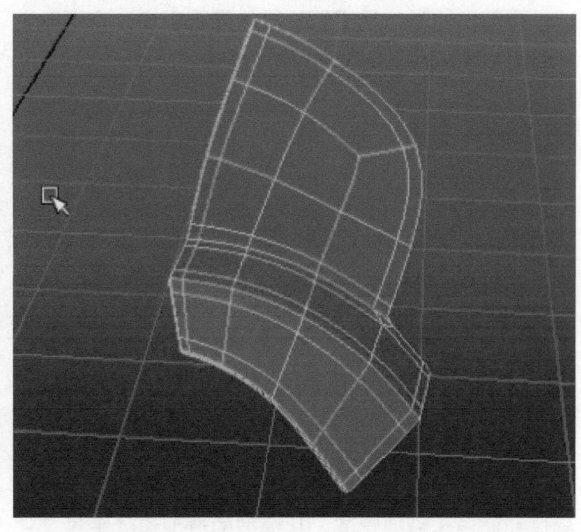

图3-199

05 选择后半部分模型，删除被上面结构覆盖的多余的面，执行Edit Mesh（编辑网格）>Interactive Split Tool（交互式分割工具）命令，修改结构的布线。执行Mesh（网格）>Mirror Geometry（镜像几何体）命令，修改通道栏中的Merge Threshold（合并阈值）参数为0.001，把模型镜像，如图3-200所示。

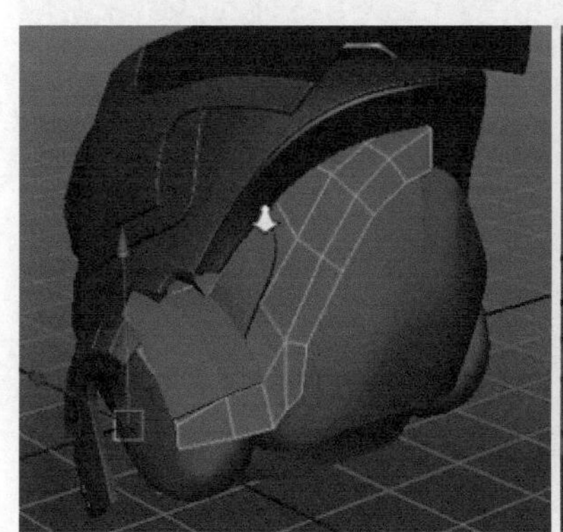

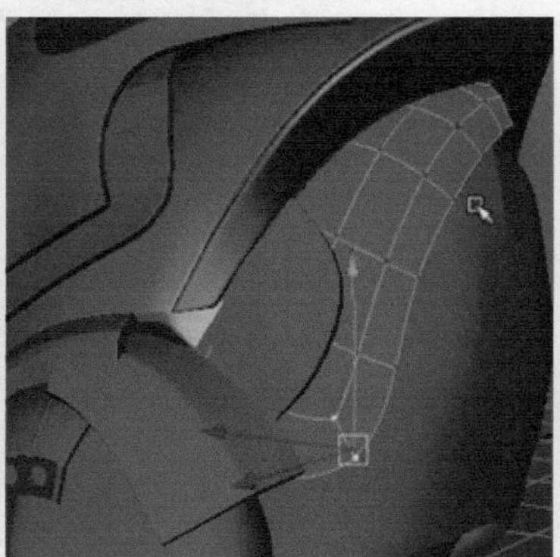

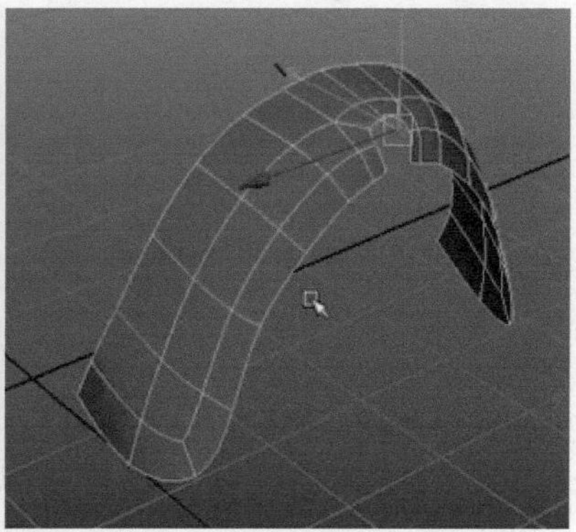

图3-200

06 选择镜像后的模型，执行Edit Mesh（编辑网格）>Extrude（挤出）命令，挤出厚度。观察参考图，选择转折结构的边，执行Edit Mesh（编辑网格）>Transform Component（变换元素）命令，向外推移一点强调其转折结构。执行Edit Mesh（编辑网格）>Insert Edge Loop Tool（插入循环边工具）命令，插入循环边，固定形体结构，如图3-201所示。

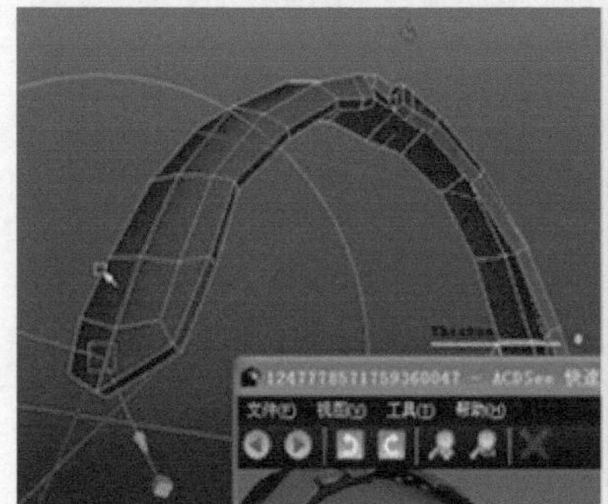

图3-201

3.3.6 零部件制作

零部件的添加是模型阶段的最后一步，它可以进一步增加模型的细节，提高模型整体的质量，它的相互堆叠以及复制反复利用，可以给观众带来复杂的视觉效果，它包括螺钉、齿轮、网格、管线和一些不规则的几何体，如图3-202所示。

图3-202

1. 管线管状体结构

它是机械模型常用的结构，一般用来表现通电导体和能源传输的管道。从模型的造型设计来讲，它可以使独立的结构产生联系，使模型看起来更具真实合理性，另外从它自身的形式特点来讲，它的弯曲结构可以打破单一死板的造型，并且丰富整体模型的细节，如图3-203所示。

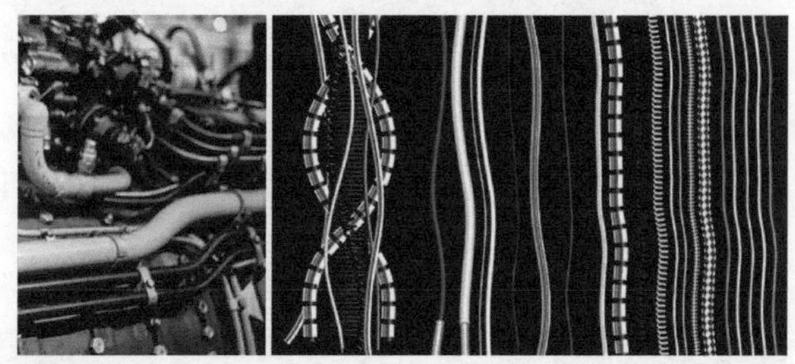

图3-203

2. 密集型网状结构

它是细节中的细节，可以进一步提升模型的质量，使整体的造型产生疏密对比，丰富模型的层次感。它的造型有很多种，可以是圆形、四边形、六边形等任意形状重复排列，也可以是不同大小的形状交叠重复排列来产生更为复杂有变化的结构，如图3-204所示。

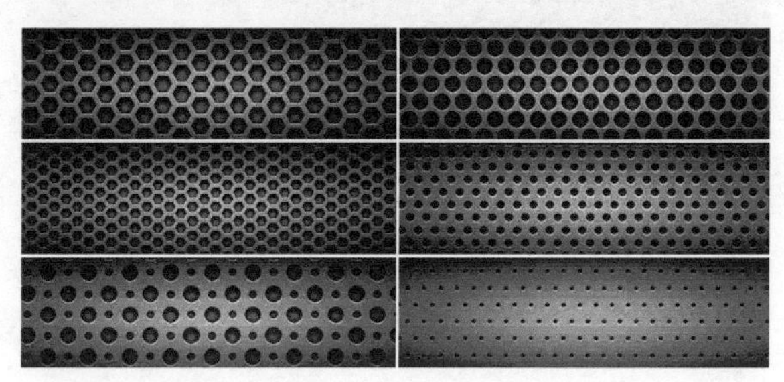

图3-204

3. 螺钉结构

它是机械模型制作中的点睛之笔，形式更是丰富多样。在日常生活中，螺钉这种元素是无处不在的，不论是家电还是各种器械，它也是必不可少的零件，人们熟知它的形状和特点，因此在机械模型的制作中，也一定要具备这种元素，这样模型看起来才更为真实可信。制作中可以对其重复复制利用，既可以节省制作的时间，又可以起到丰富模型细节的作用，如图3-205所示。

图3-205

这个机械头盔具有螺钉、网格、线管等零部件，每一种部件都有不同的制作技巧，比如：线形结构可以使用曲线挤出的方式，有规律的密集网格结构可以使用细分级别之后进行提取的方式，布线及效果如图3-206、图3-207所示。

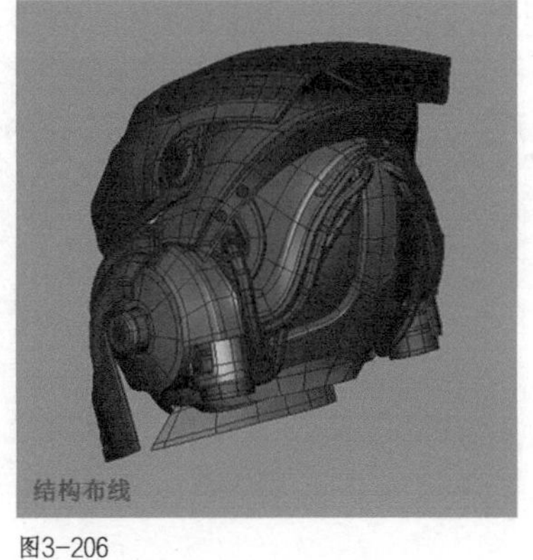

图3-206

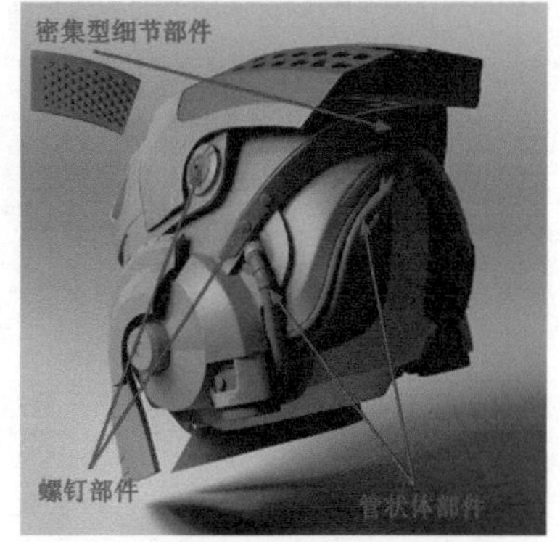

图3-207

◆第 1 阶段：管状体部件制作

这种弯曲不规则的管状体，一般会使用曲线的方法制作，模型生成之后，也可以通过调整曲线控制点来调整形体。管线上的多个环形结构是复制提取面后挤出得到的，效果如图3-208所示。

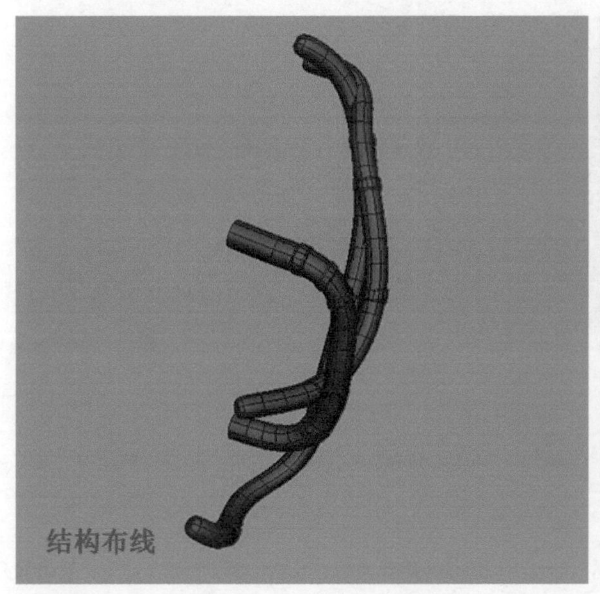

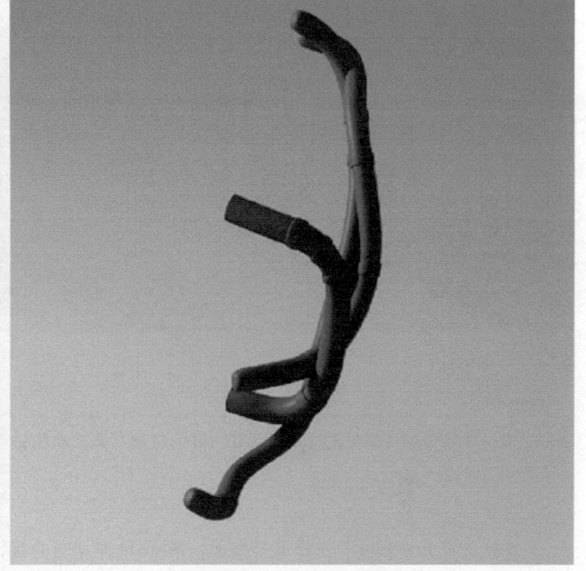

图3-208

01 切换至侧视图，执行Create（创建）>EP Curve Tool（EP曲线工具）命令，根据参考图创建一根曲线，切换回透视图，把曲线移动至相应位置，选择控制点调整曲线的形状，如图3-209所示。

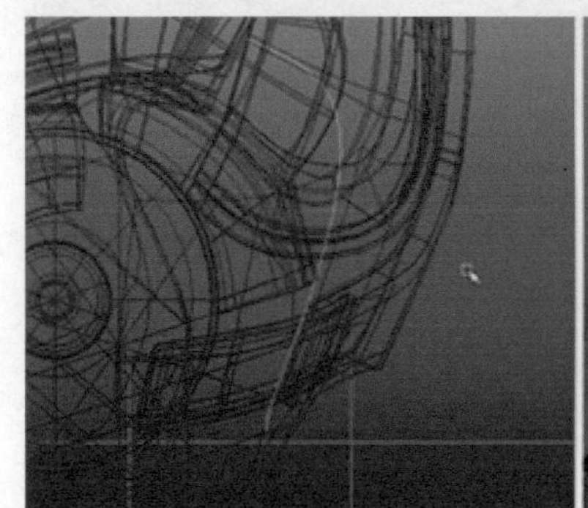

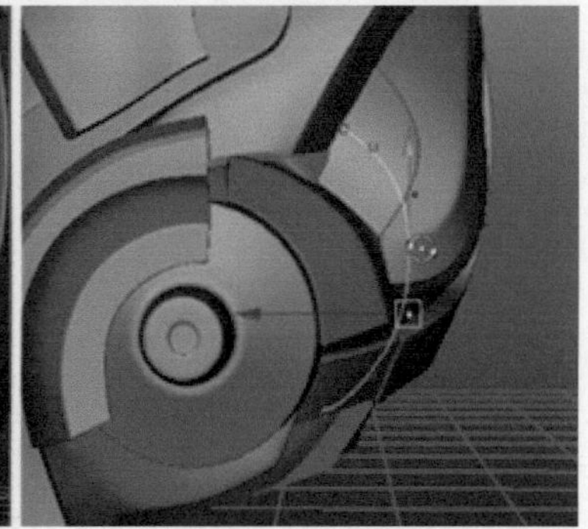

图3-209

02 这里控制点数量不够，不能很好地调整出曲线的形状，需要增加其控制点数。切换至Surfaces（曲面）模块，选择曲线，单击Edit Curves（编辑曲线）>Rebuild Curve（重建曲线）命令后的设置选项按钮，在弹出的选项卡中把Number of spans（跨数）的参数设置为6，单击Apply（应用），再次选择控制点对曲线进行调整，如图3-210所示。

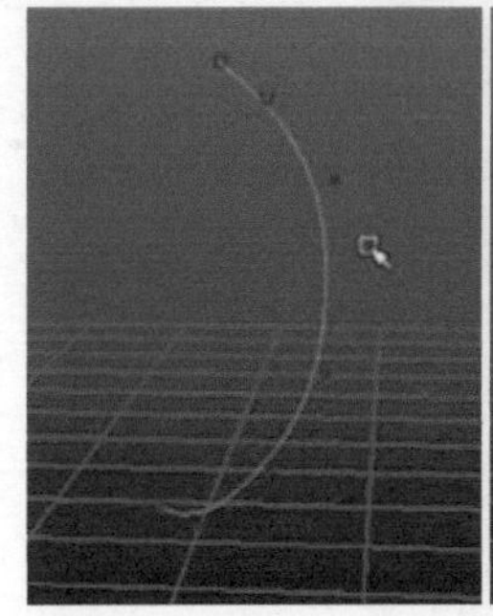
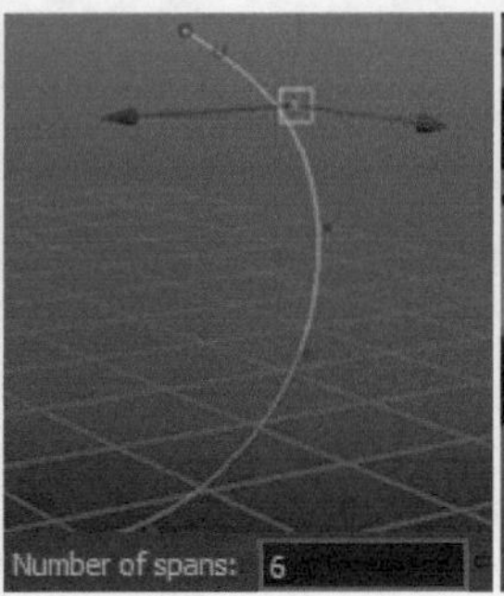

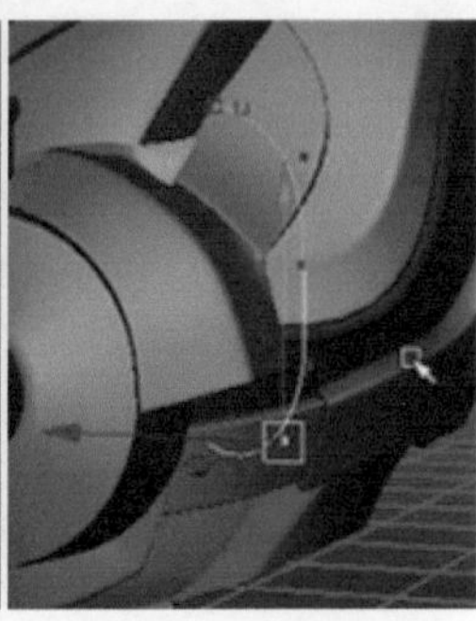

图3-210

03 创建一个圆柱体，设置分段为8，按C键，打开线吸附，把圆柱体吸附到曲线的顶端。按Insert键，进入轴的调节模式，按V键打开点吸附，把轴心吸附到端面中心，按Insert键结束轴的调解。按C键，打开线吸附再次把圆柱体吸附到曲线顶端。旋转圆柱体，尽可能使曲线与圆柱端面垂直，如图3-211所示。

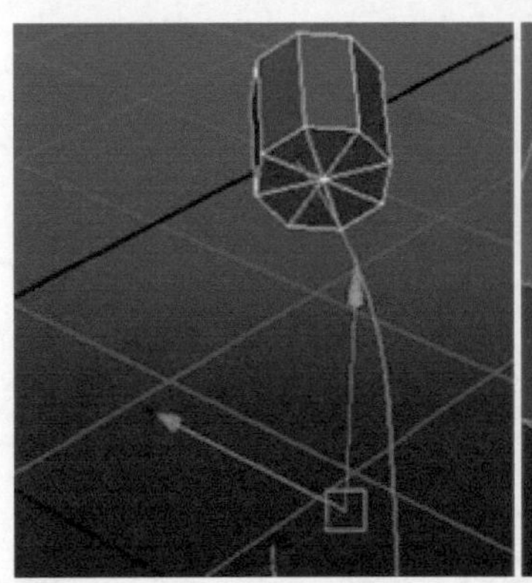
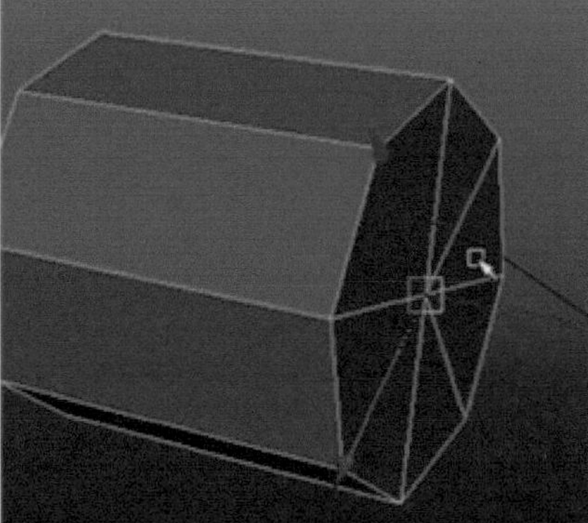
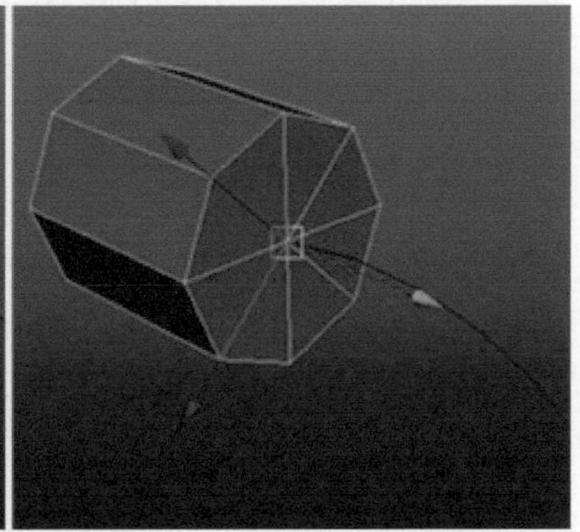

图3-211

Tips

第一次线吸附只是把圆柱体放置在大概的位置，第二次的轴心吸附是为了把轴心放置在圆柱的端面中心，第三次线吸附才是最终的准确对位。

04 切换到面元素模式，选择圆柱端面，按Shift键加选曲线，执行Edit Mesh（编辑网格）>Extrude（挤出）命令，挤出管状，调整通道栏里的Divisions（细分）参数为15，如图3-212所示。

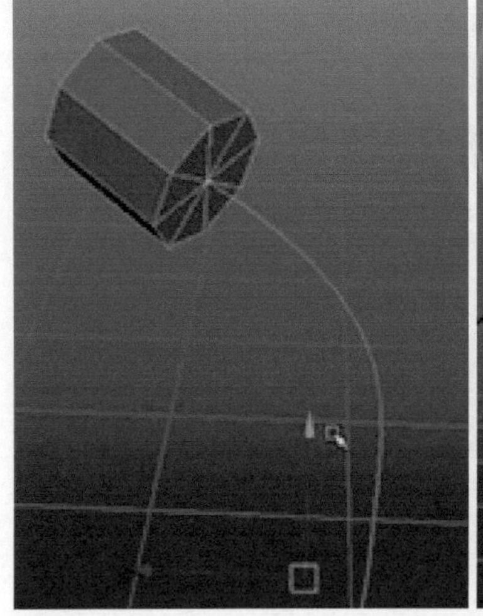
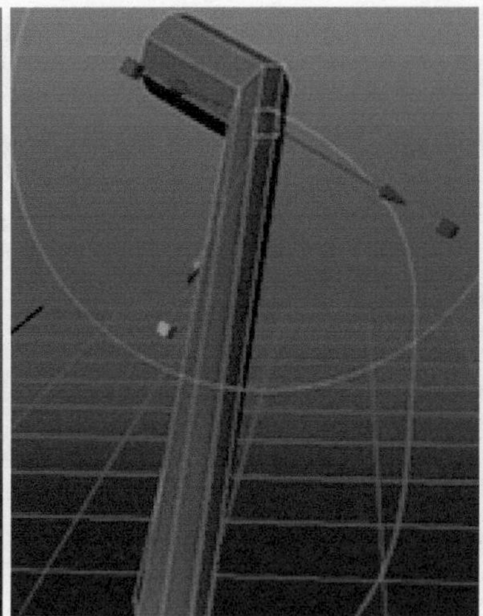
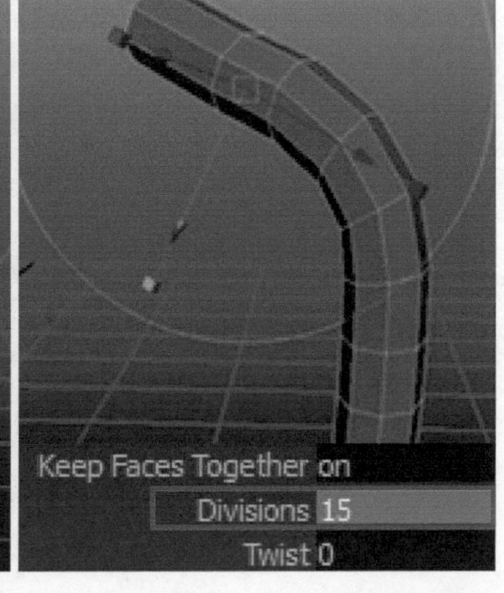

图3-212

05 按数字4键线框显示模型，选择管状体内的曲线控制点，按数字5键实体显示模型，调整管状形状，键盘上的左右键可快速切换选择控制点，如图3-213所示。

图3-213

06 选择管状几何体，执行Mesh（网格）>Smooth（平滑）命令，把模型细分一级。选择上端和下端的环面，执行Edit Mesh（编辑网格）>Duplicate Face（复制面）命令，把面复制提取出来，如图3-214所示。

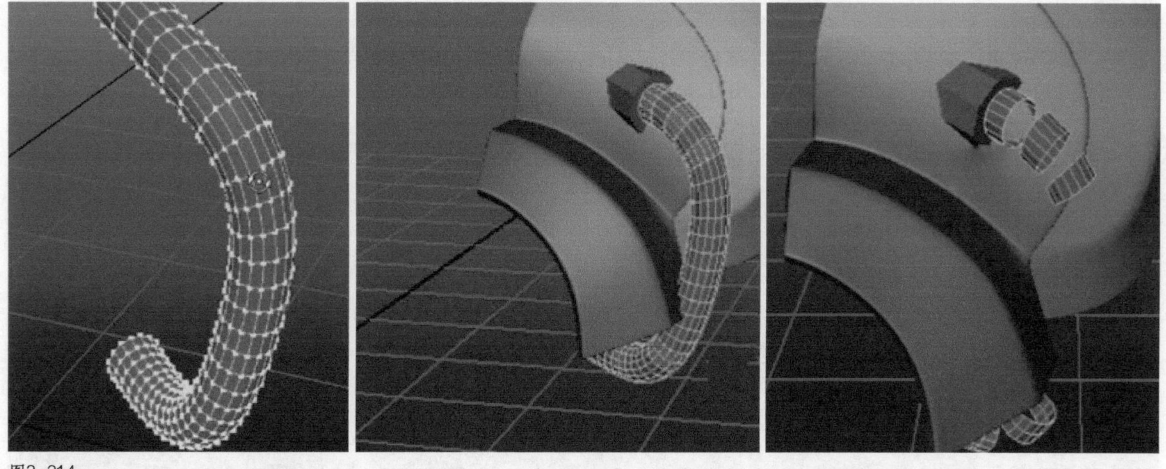

图3-214

07 切换至侧视图，选择环形结构，执行Edit Mesh（编辑网格）>Cut Faces Tool（切面工具）命令，在不整齐的环面上面切出一条直线，删除不规整的面。执行Edit Mesh（编辑网格）>Extrude（挤出）命令，连续挤出3次，挤出厚度，如图3-215所示。

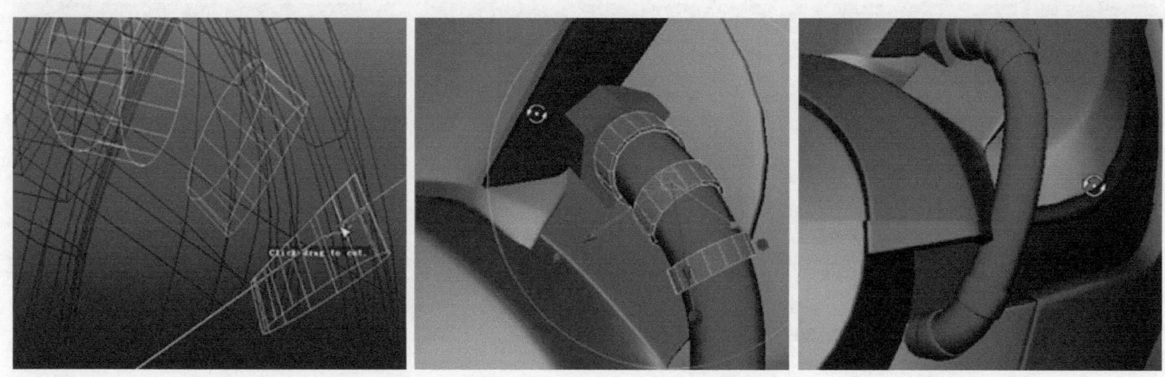

图3-215

◆第 2 阶段：密集型细节部件制作

这种密集型的细节结构使整个模型看起来很有层次感，同时制作方法十分简单，只是把模型平滑细分，得到差不多的大小疏密程度就可以了，然后挑选需要的面，复制提取出来，再挤出厚度即可，效果如图3-216所示。

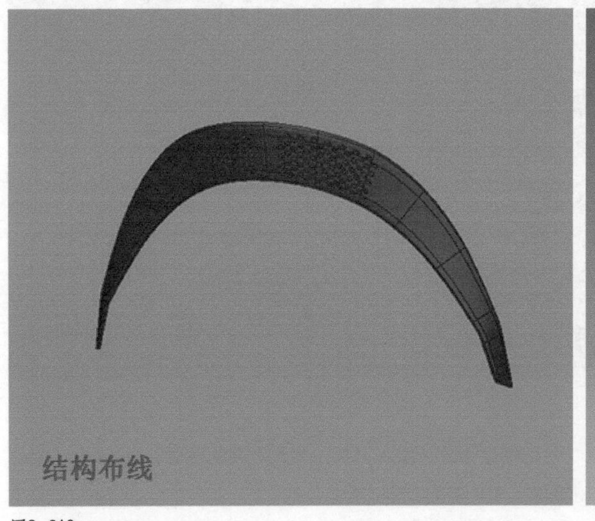

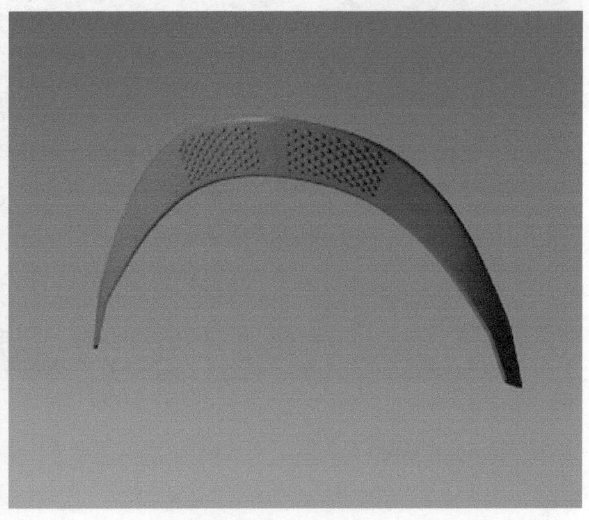

图3-216

01 选择尾部结构，复制一份，执行Mesh（网格）>Smooth（平滑）命令，调整通道栏里的Divisions（细分）参数为3。切换至前视图，删除模型另一半，如图3-217所示。

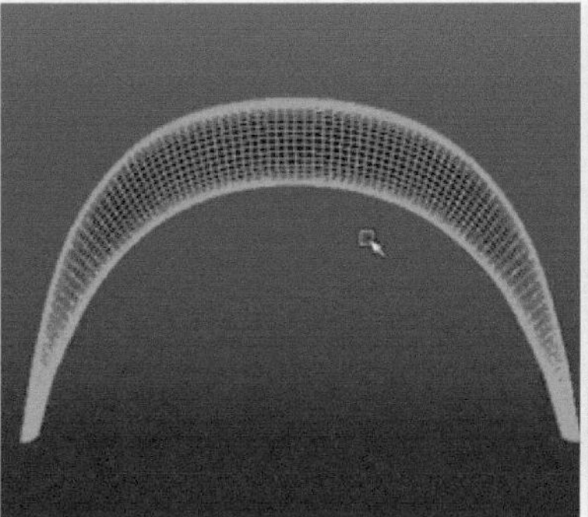

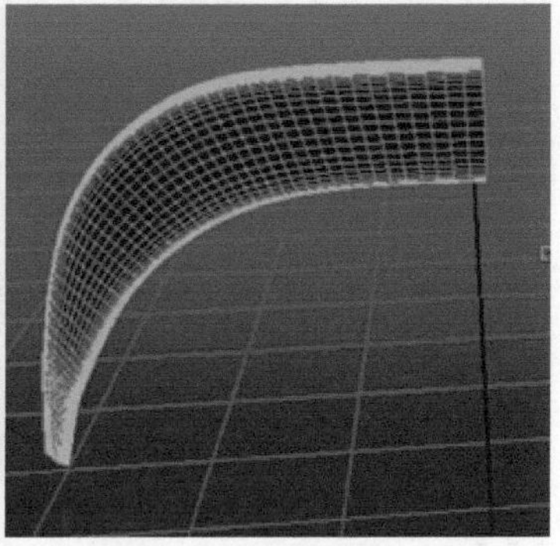

图3-217

02 挑选面，执行Mesh（网格）>Extract（提取）命令，把面提取分离。把Edit Mesh（编辑网格）菜单下的Keep Faces Together（保持面的连接）的勾选去掉，再次执行一次提取命令，把面分离，如图3-218所示。

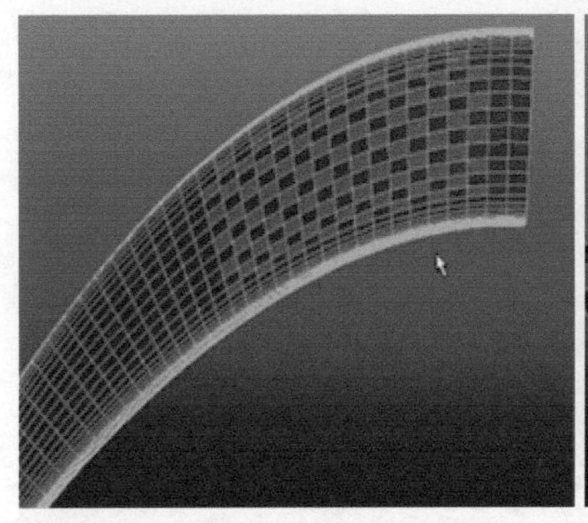

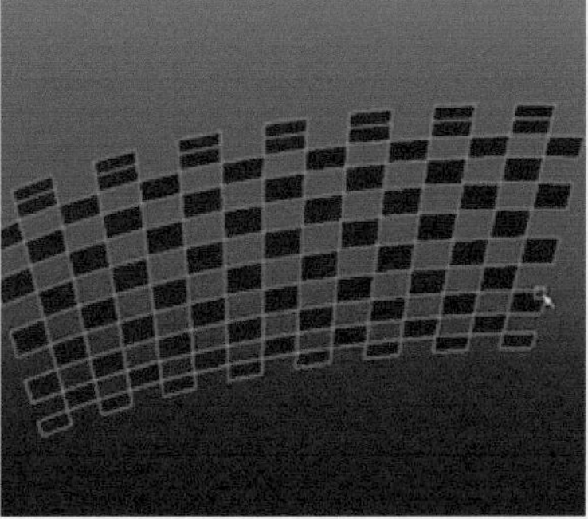

图3-218

03 选择提取的所有面，执行Edit Mesh（编辑网格）>Extrude（挤出）命令，挤出体积，按Shift键加句号键扩散加选侧面，然后按Shift键反选选择背面进行删除，按3键平滑显示模型，如图3-219所示。

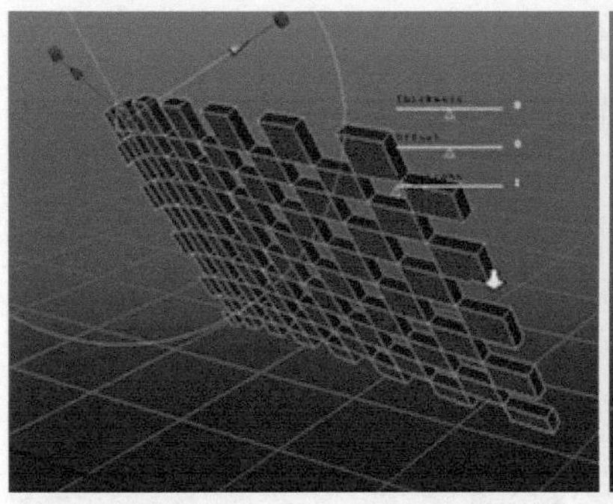
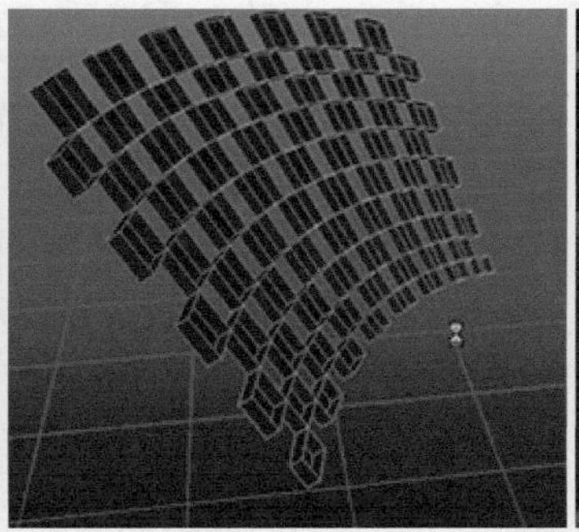

图3-219

◆第 3 阶段：螺钉部件制作

这个螺钉上面有一圈附加结构，在做这种结构时，需要注意模型的分段，以便之后在复制提取时可以得到正确的数量，效果如图3-220所示。

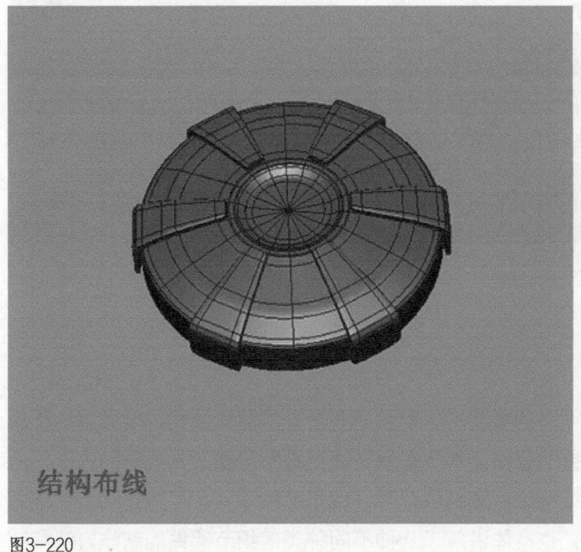

图3-220

01 创建一个圆柱体，设置为16段。选择顶面，执行Edit Mesh（编辑网格）>Extrude（挤出）命令，连续挤出，做出螺钉的端面转折结构。执行Edit Mesh（编辑网格）>Insert Edge Loop Tool（插入循环边工具）命令，对结构进行卡线处理，如图3-221所示。

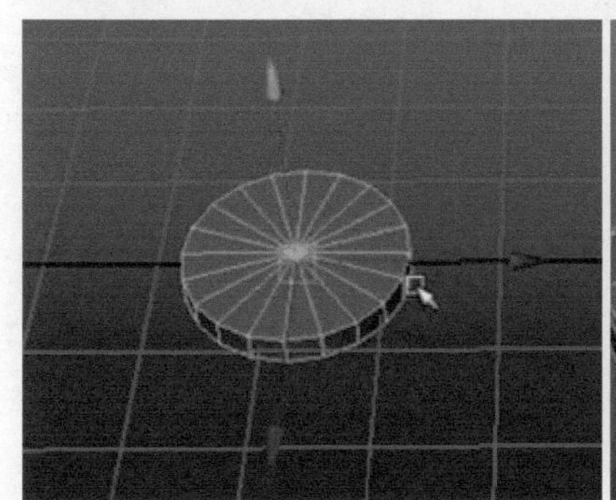
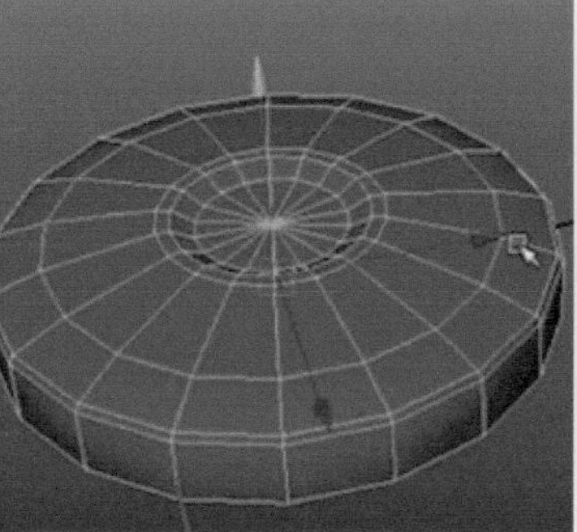
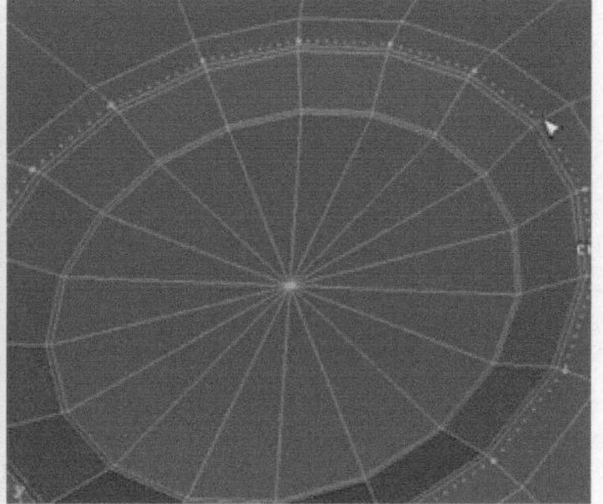

图3-221

02 切换至顶视图，隔段选择面，执行Edit Mesh（编辑网格）>Duplicate Face（复制面）命令，把面复制提取出来。选择提取的面，执行Mesh（网格）>Combine（合并）命令，把结构合并，如图3-222所示。

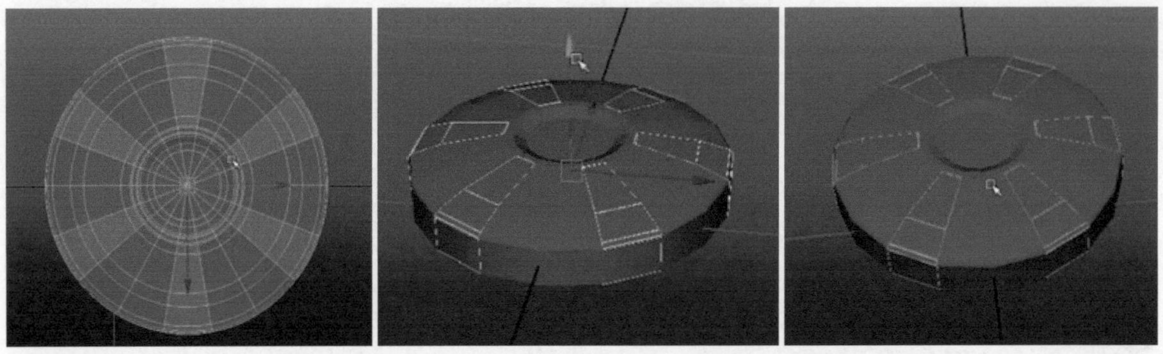

图3-222

03 选择结构，执行Edit Mesh（编辑网格）>Extrude（挤出）命令，挤出厚度。切换置前视图，执行Edit Mesh（编辑网格）>Cut Faces Tool（切面工具）命令，在模型的底端切出一条结构线，固定其结构，如图3-223所示。

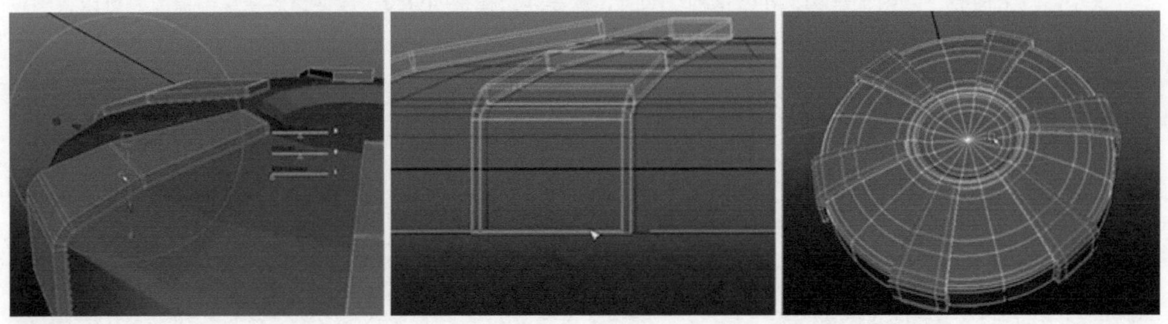

图3-223

3.3.7 本节小结

本节机械头盔的模型制作还是相对比较难的，不仅有很多的零部件，而且还有复杂的曲面结构，要做好这种模型，通常需要很大的耐心去调整点的位置才能得到平滑工整的效果。本节案例是通过看图建模的方式来制作的，所以在大的形体制作方面，需要多次对比调整，尽量把大的结构比例做到位，再去做细节的深入，不然在细节完成之后再去调整大型是比较麻烦的事。在后面的零部件制作中，也具体讲解了几种不同种类的细节部件的制作方法和制作技巧，在遇到同类型的结构时，可以灵活运用这些方式来制作。

第04章 Maya影视道具模型制作

本章主要讲解道具类模型的相关知识，通过本章中宝箱和斧头的案例，使大家掌握道具类模型的制作方法和制作技巧。

4.1 道具模型的基础介绍

在电影动画游戏里面除了人物以外，其他的构建元素就是道具了。几个道具一组合就可以形成一个场景，场景配上人物等一些离散的道具就组合成一部动画或游戏。由此说明道具在影视动画中的重要性。

4.1.1 道具的概念

道具是电影动画中的一种重要造型，道具是与“场景和剧情人物”有关的一切物件的总称。简单地说，道具就是动画作品中人物动作经常使用和陈列的物件，如武器、汽车、手表、眼镜等。依照道具在动画中的功能来划分主要有陈设道具和贴身道具等，如图4-1所示。

图4-1

4.1.2 道具的作用

道具在动漫作品中起着举足轻重的作用，它不仅是环境造型的重要组成部分，也是场景设计的重要造型元素，它与场景环境的空间层次、效果以及色调的构成上是密不可分的。在动画作品中的道具除了交代故事背景、推动情节发展、渲染影片和辅助表演的作用外，对刻画人物的性格、表现人物情绪也发挥着重大的作用。

◆第 1 阶段：交代故事背景

道具是刻画角色形象存在的具体条件，可以交代故事发生的时间、地点、季节、气候和环境等。同时道具是理解人物形象的线索，了解角色是处于工作环境、家庭环境、还是娱乐环境等任何环境中。比如一把砺剑，根据它的材料、做工以及装饰可以判断出它的年代，如图4-2所示。

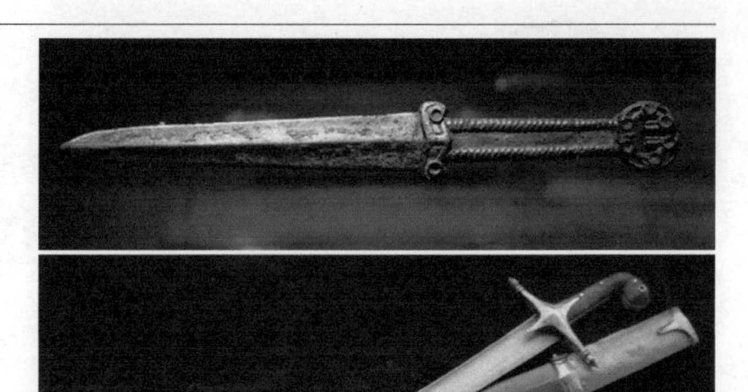

图4-2

◆第 2 阶段：推动情节

有的道具虽然体积小，但是它对剧情的推动作用却是不容忽视的。它与故事的发展或角色的命运密切相关。

◆第 3 阶段：渲染气氛

道具使用得当，可以营造出某种特别的气氛效果和情绪基调。就像战场里的武器，可以进一步烘托战场的激烈气氛。

◆第 4 阶段：刻画人物

道具与角色之间有着非常密切的联系，它们起到了强化角色的性格和形体特征的作用，展现了角色的身份和地位，情趣和爱好，有力地烘托了角色，增加了角色的感染力。比如电影《恶灵骑士》里面的锁链和坐骑，可以进一步强调主角的魔力，如图4-3所示。

图4-3

因此综上所述，道具的设计必须根据动画剧情的整体要求和角色所处的时代、角色的身份地位、角色的个人爱好等方面着手来进行设计。千万不可脱离以上各方面，以免对观众造成不必要的误导和思维混乱。

4.1.3 道具的类别

道具的分类有很多种。按照用途可分为：随身道具（与角色表演发生直接关系的器具称戏用道具）、陈设道具（表演环境中的陈设器具称陈设道具）、气氛道具（为增强环境气氛，说明故事发生的时局、战况等特定情景的称气氛道具）。

◆第 1 阶段：随身道具的设计

随身道具的设计是指角色手中或随身配备的道具，它与角色表演发生直接关系，具有一定的标志性与提示性，赋予角色魅力，辅助说明角色性格。就像中国的很多武侠剧，每个人都有适合自己的兵器，敏捷型的往往使用刀剑，力量强大的往往使用锤子和斧头。某些装饰型道具辅助形象的个性化塑造，随身道具造型关乎正反形象、角色内心、情感等的塑造。为了避免观众误解，正面角色的道具造型设计应与反面角色的设计有着明显的差异，在进行设计的时候需要根据角色身份，合理搭配。随身道具特色鲜明，使得随身道具设计成为角色标识性设计的重要部分，对角色与道具的关联性塑造有一定的作用，强化了人物身份，推动剧情发展，辅助表演，实用性强，如图4-4所示。

图4-4

◆第 2 阶段：陈设道具的设计

一般说来，动画场景里表演环境中陈列的器具多为陈设道具。陈设道具具有指向性，呈现时代特色，塑造场景环境气氛、地区风貌，以及角色家庭环境、所属阶层、习惯爱好等。讲述故事少不了陈设道具的搭建，如《冰河世纪》里遥远冰河时代的时代构建；《料理鼠王》里厨房厨具的构建；《海底总动员》里神奇的海底世界的搭建都需要配合剧情进行陈设道具的设计。在进行陈设道具设计的时候需要根据动画的风格类型等综合因素进行合理的搭建，如图4-5所示。

图4-5

道具按体积的大小又可分为大、中、小道具（如科幻、战争题材中的军舰飞船、坦克等机械设计属于大道具；桌椅、厨具等家具设计属于中道具；茶壶、文具等生活用品属于小道具），如图4-6所示。

图4-6

4.1.4 道具制作的原则要求

道具是影视动画作品中不可忽略的一部分，它是一个独立的体系，属于造型的一个重要单元，但是道具的设计不应该也不能和场景设计、人物造型设计分离，应该而且必须遵循相互联系、从整体到局部的艺术设计的总原则，如图4-7所示。

图4-7

◆第 1 阶段：道具应与作品的整体风格相一致

道具的设计应该跟随作品的整体风格做出相应的变化。如果作品风格为夸张风格，那么道具的设计就应该适当得夸张。不统一的设计风格会使整部片子在视觉和思维上产生不和谐感。

◆第 2 阶段：道具应与角色的个性塑造要求相吻合

道具是角色性格特征的表现，因为道具设计必须跟着角色走，角色鲜明的个性，在道具设计上也要有充分的体现。例如正反面人物使用的武器各不相同，反面人物使用的武器带有黑暗性质特点，而正面人物则反之。电影《美国队长》中，使用的道具是盾，可以完美的衬托出男主角的个性特征，坚毅、勇敢捍卫国家利益，如图4-8所示。

图4-8

◆**第 3 阶段：道具应与故事情节的发展相一致**

在动画作品中，随着故事情节的变化推移，角色道具也应该随之发生相应的变化，因此在进行道具设计时，应该考虑到这一点。

4.1.5 道具制作的方法

（1）概括和简练，对基本型的概括提炼，突出物体结构，特征。

（2）适度夸张，夸张是动画造型中最基本的特征之一，过于写实和自然的造型淡而无味，夸张的造型才能吸引眼球。总之，在开始设计道具之前需要充分了解作品整体的艺术风风格、时代背景以及角色个性，再根据了解的信息大量收集素材。道具的设计必须从整体着手，切不可孤立地看待道具设计。

4.2 案例——宝箱

本节案例要制作的是一个宝箱，这个宝箱是游戏《魔兽世界》里的道具，它属于陈设道具，如图4-9所示。

《魔兽世界》（World of Warcraft）是由著名游戏公司暴雪娱乐所制作的第一款网络游戏，属于大型多人在线角色扮演游戏。游戏以该公司出品的即时战略游戏《魔兽争霸》的剧情为历史背景，依托魔兽争霸的历史事件和英雄人物，魔兽世界有着完整的历史背景时间线。玩家在魔兽世界中冒险、完成任务、新的历险、探索未知的世界、征服怪物等，如图4-10所示。

图4-9

图4-10

4.2.1 关于宝箱

宝箱指装各种珍宝的箱子，也称首饰箱（匣子），宝箱制作精巧，主要供存放金银首饰与珠宝等，比喻蕴藏丰富资源的地区。

在游戏中，简单的宝箱是一个玩家随身工具箱，收集的武器服饰等物品都会存储在宝箱中。而在电影中，宝箱是非常重要的道具，一般在探险类电影中，宝箱会经常出现在人们面前，如图4-11所示。

图4-11

◆第 1 阶段：宝箱的造型结构

箱子的结构具有丰富多样性，特别是在家居用品、礼品包装、食品包装等领域中。但是不管如何变化，万变不离其宗。对于一个整体箱型一般都是由箱身、箱盖和锁具等组件构成，其结构性很强，而每个组件最终由线段圆弧等基本形状构成，如图4-12所示。

图4-12

◆第 2 阶段：宝箱的装饰特点

对于宝箱的装饰特点来说，形式风格多种多样，有的构造简单，外观朴素大方；有的造型华美富丽，装饰感强；有的强调自身节奏韵律感以及整体的艺术性；有的具有历史痕迹，使人产生特殊的美感和情趣，如图4-13所示。

图4-13

◆第 3 阶段：宝箱的材质应用

箱子的材料种类繁多，按材质分类有木质、金属、布料、塑料等种类。木质是箱子大量应用的基本材料，有的会在它的基础上添加金属材质的镶边或者花纹，形成材质上面的对比，如图4-14所示。

图4-14

4.2.2 制作思路

本节要制作的宝箱，结构对称，以金属镶边结构以及花纹为主要装饰元素，制作时，可以先从大的结构制作开始，最后再为其赋予花纹的结构，花纹看起来虽然复杂，但是可以使用拆分结合的方式来制作花纹，如图4-15所示。

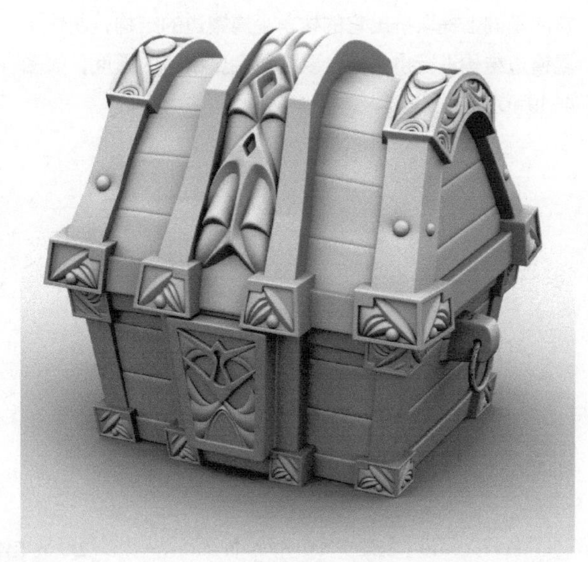

图4-15

4.2.3 制作流程

这个宝箱的制作，是从大到小的结构依次进行制作的，首先是箱身的和箱盖的制作，然后是花纹的制作，最后就是部件物体结构的制作。

01 箱身箱盖的制作，都是先从物体的大型制作开始的，然后再使用加线工具，对物体插入结构线。由于物体是对称的，所以制作过程中会使用特殊复制的方法，镜像制作，如图4-16所示。

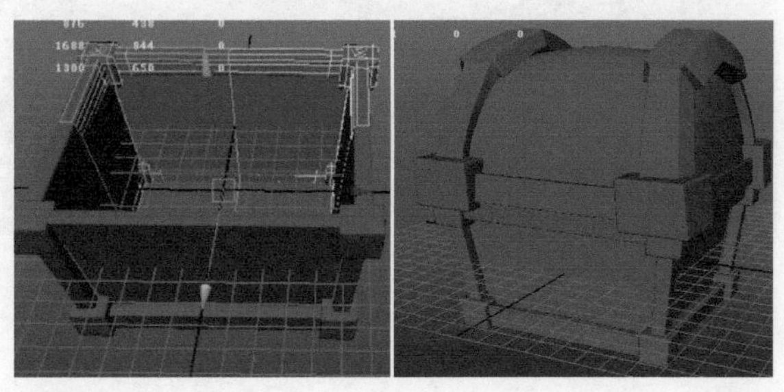

图4-16

02 花纹的制作分为盒盖的花纹、盒身的花纹以及金属边角的花纹制作，花纹的结构多以浮雕的形式，制作时可以先把花纹分解成几个部分，然后再重新组合起来，如图4-17所示。

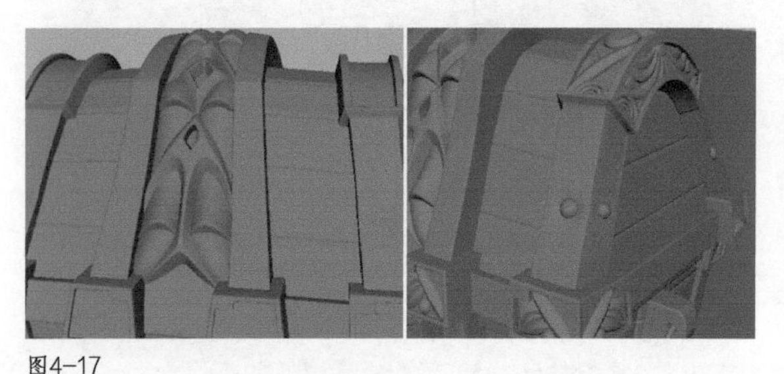

图4-17

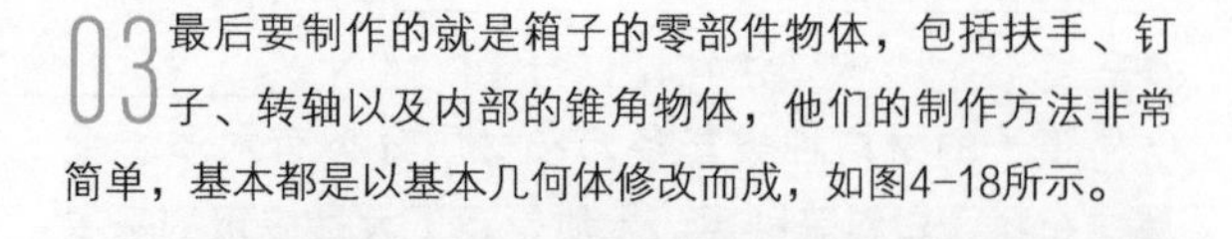

03 最后要制作的就是箱子的零部件物体，包括扶手、钉子、转轴以及内部的锥角物体，他们的制作方法非常简单，基本都是以基本几何体修改而成，如图4-18所示。

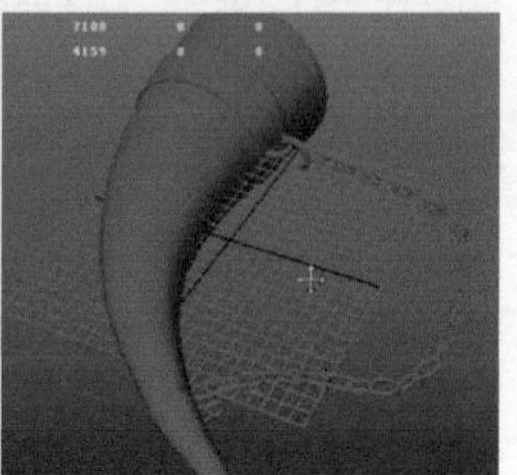

图4-18

4.2.4 箱身的制作

箱身的结构大型为倒梯形，上宽下窄，比方体的结构看上去更有些变化。然后箱身的大型完成之后，会在它的基础上提取挤出它的棱角金属镶边的结构，制作金属镶边结构进行挤出时，要把握金属镶边的厚度，如图4-19所示。

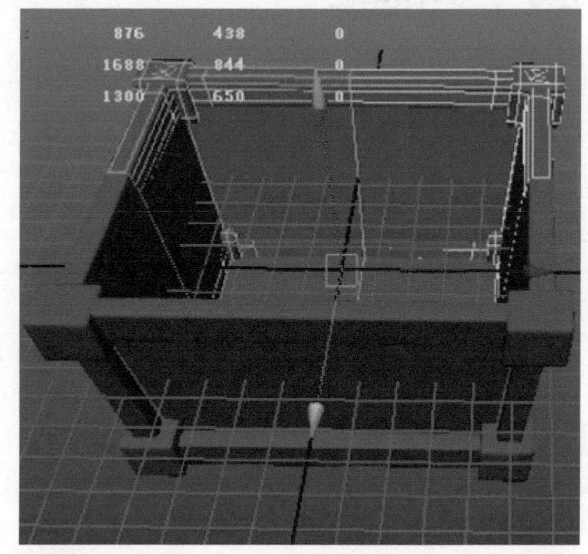

图4-19

01 执行Create（创建）>Polygon Primitives（多边形基本体）>Cube（立方体）命令，创建一个立方体。切换至点元素模式，根据参考图，调整点的位置编辑箱子的大型，然后删除顶面，如图4-20所示。

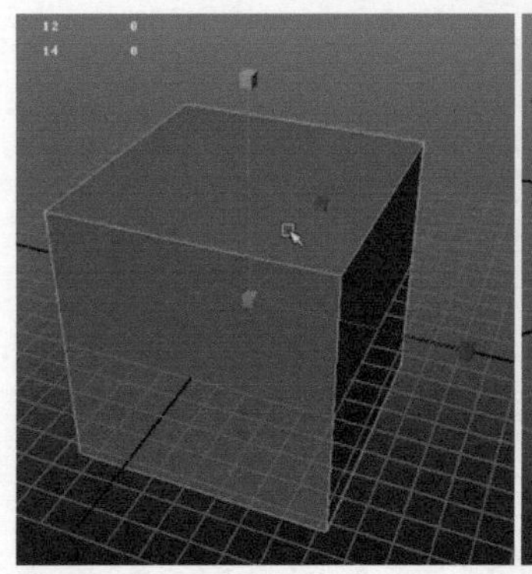

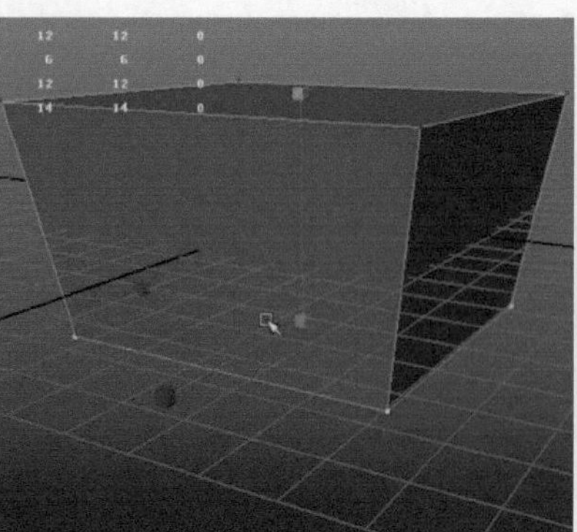

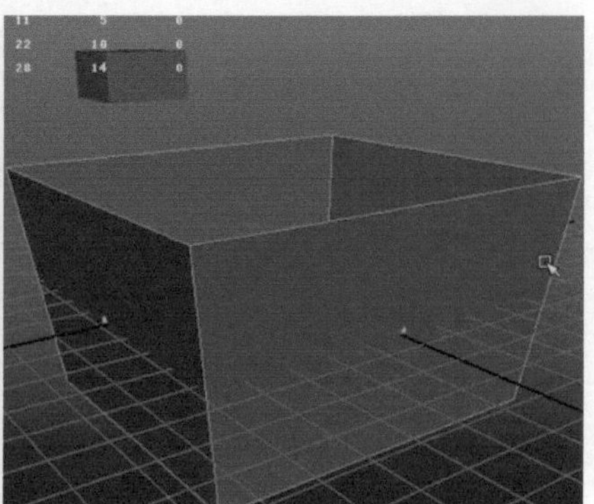

图4-20

02 执行Edit Mesh（编辑网格）>Insert Edge Loop Tool（插入循环边工具）命令，在正侧面分别插入循环边。然后切换至面元素模式，删除其余3个角的面，只保留1/4，之后可以再做镜像复制。继续使用插入循环边工具，插入需要的结构线，如图4-21所示。

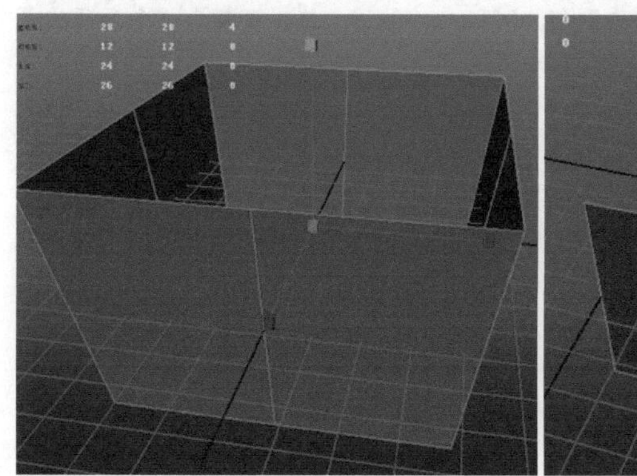
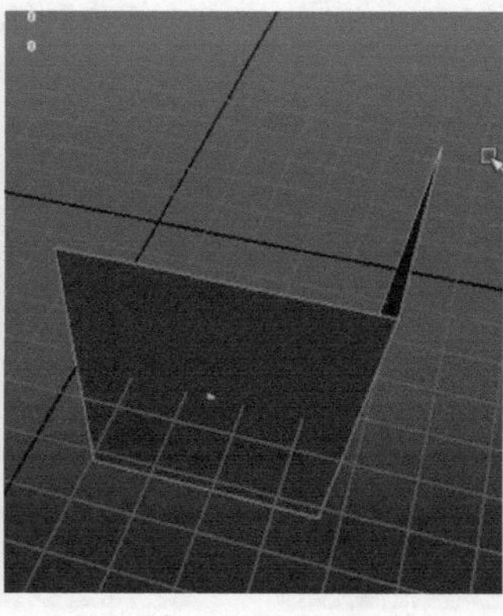
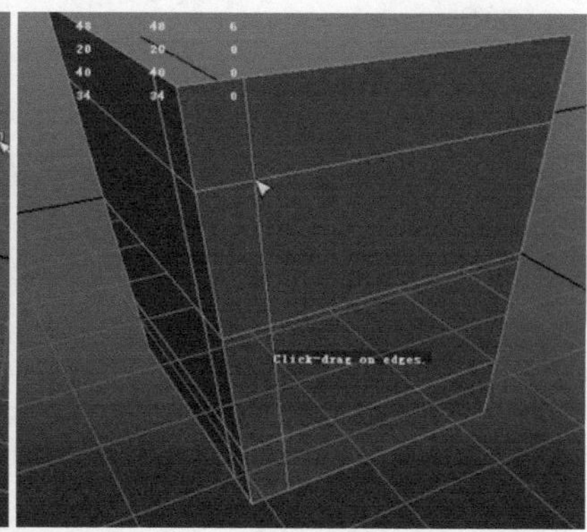

图4-21

03 选择模型，按Ctrl+D组合键，把模型复制一份，切换至面元素模式，删除不需要的面，然后再选择剩余的部分，执行Edit Mesh（编辑网格）>Extrude（挤出）命令，向内挤出金属镶边的厚度。挤出之后会出现交叉，这时需要对交叉部分的点进行合并优化，选择需要合并的点，执行Edit Mesh（编辑网格）>Merge（合并）命令，把点进行合并，如图4-22所示。

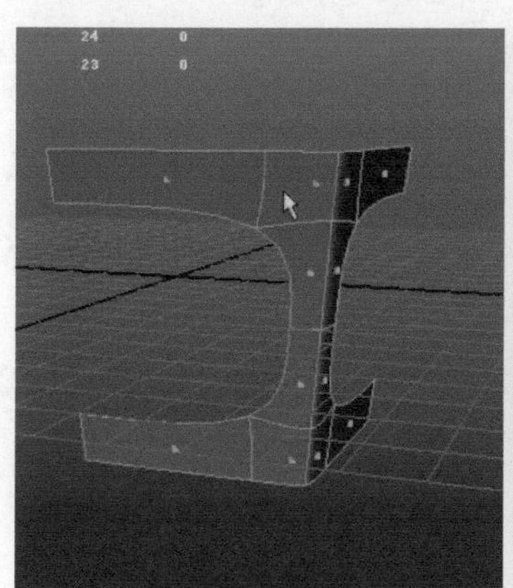
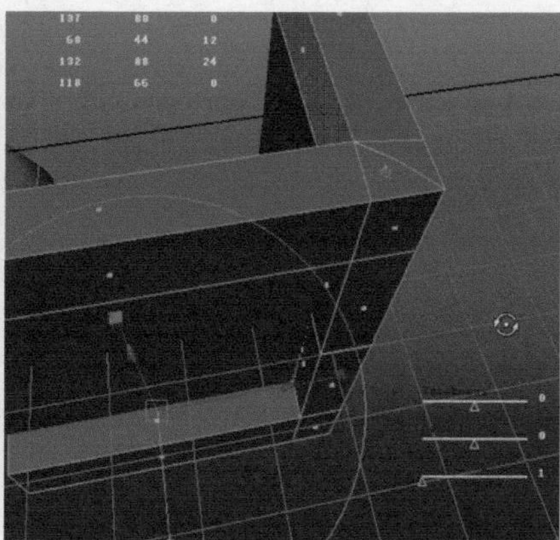
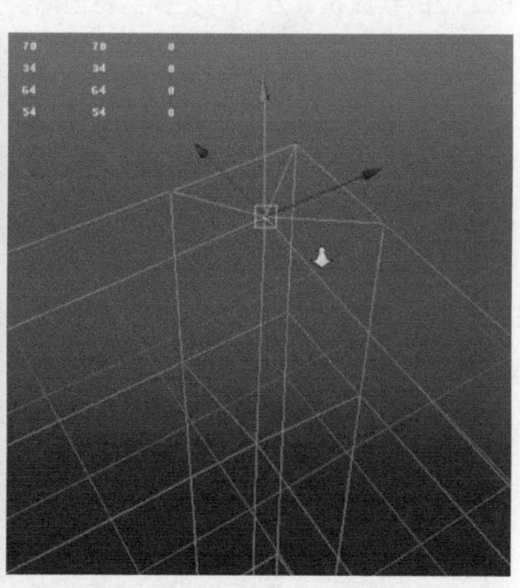

图4-22

04 创建一个立方体，放置在金属镶边的顶角位置，然后切换至点元素模式，调整它的形状，使它与箱子的斜度保持平行，如图4-23所示。

图4-23

05 复制顶角的立方体，放置在右下角，同样对它的位置和形状进行调整，如图4-24所示。

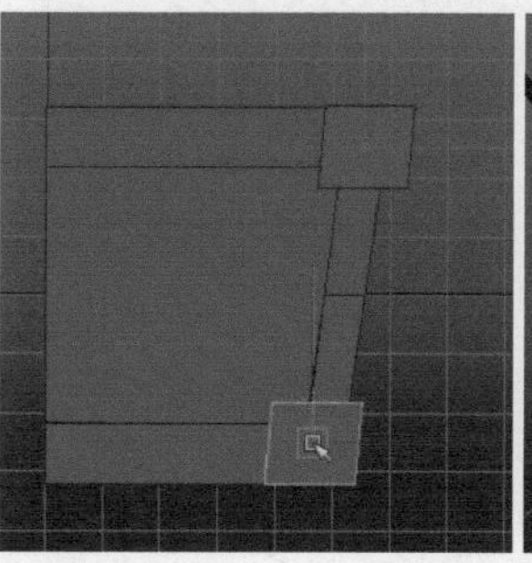
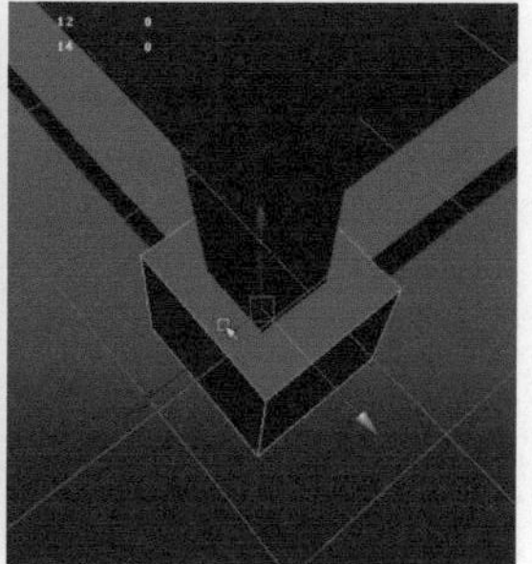

图4-24

06 选择金属镶边，执行Edit Mesh（编辑网格）>Insert Edge Loop Tool（插入循环边工具）命令，在转折位置插入结构线，以便在平滑模式下能保持锐利的转折结构，如图4-25所示。

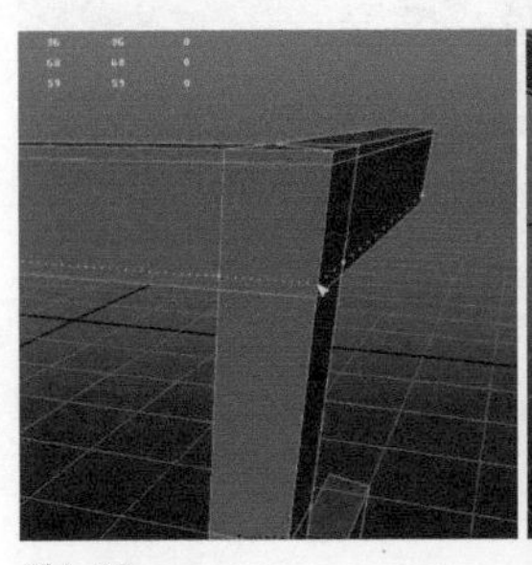

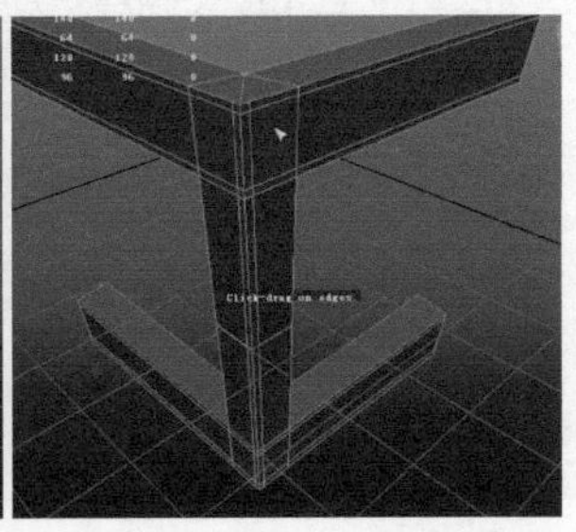

图4-25

07 选择顶角的立方体，切换至边元素模式，选择它的所有边，执行Edit Mesh（编辑网格）>Bevel（倒角）命令，做出倒角转折的细节结构，倒角之后，可以在通道栏中，调整倒角的Offest（偏移）值，调整为一个合适的大小，如图4-26所示。

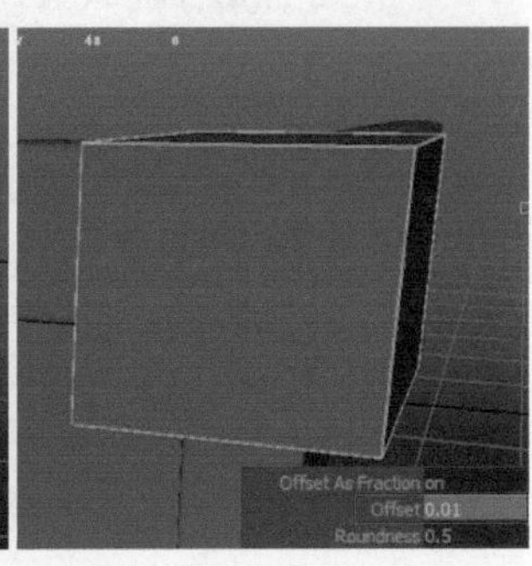

图4-26

08 选择目前已经完成的模型，按Ctrl+G组合键，把模型打组，然后单击Edit（编辑）>Duplicate Special（特殊复制）命令后的设置选项按钮，在弹出的选项卡中把Geometry Type（几何体类型）下的选项设置为Instance（实例），Scale X的参数设置为-1，然后单击Apply（应用），把模型的右半边镜像复制出来。完成之后，把选项卡中Scale X的参数设置为0，ScaleZ的参数设置为-1，把模型再前后镜像复制一次，这样就把盒身的基本大型制作好了，如图4-27所示。

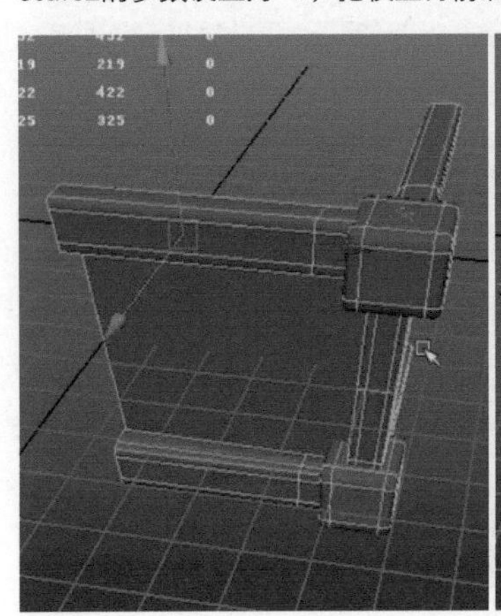

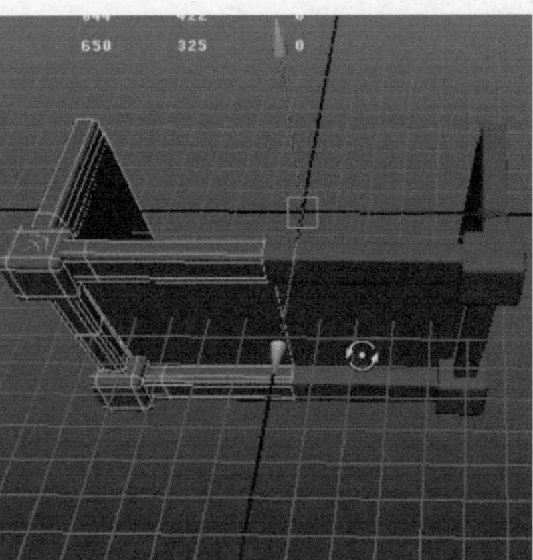

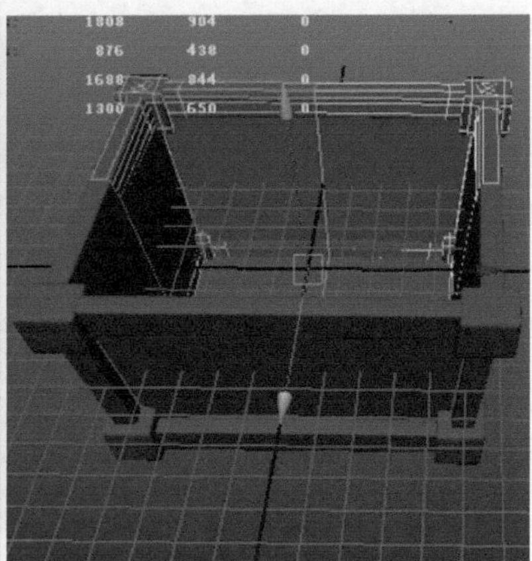

图4-27

4.2.5 箱盖的制作

箱盖的制作是一个圆弧的拱形结构，制作时要把握它和箱身结构的比例关系，并把位置对齐。箱盖同样需要制作大的金属镶边结构，可以使用箱身金属镶边的制作方式来进行制作，如图4-28所示。

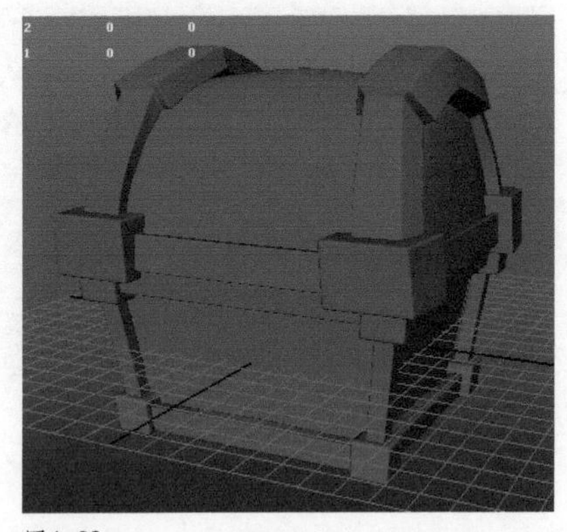

图4-28

01 执行Create（创建）>Polygon Primitives（多边形基本体）>Cube（立方体）命令，创建一个立方体，作为盒盖的模型，放置在箱身上端，并删除底面。然后执行Edit Mesh（编辑网格）>Insert Edge Loop Tool（插入循环边工具）命令，在两侧插入两条循环边，如图4-29所示。

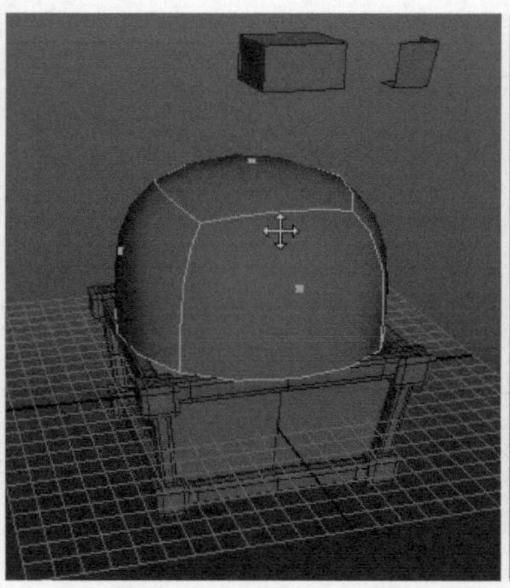
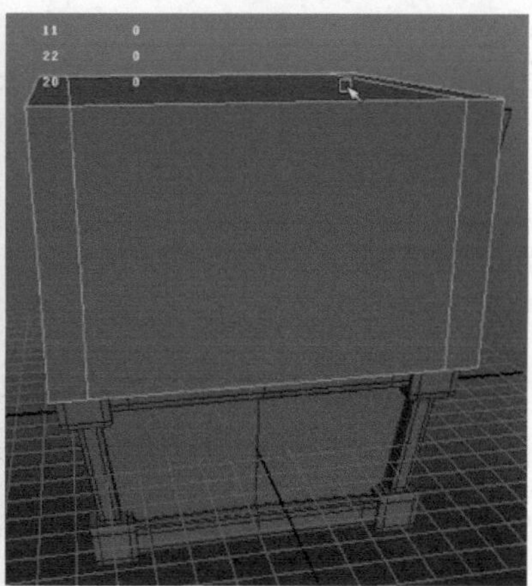

图4-29

02 选择盒盖的模型，执行Mesh（网格）>Smooth（平滑）命令，把模型细分一级，然后在通道栏中调整Keep Border（保持边）的参数调为0，如图4-30所示。

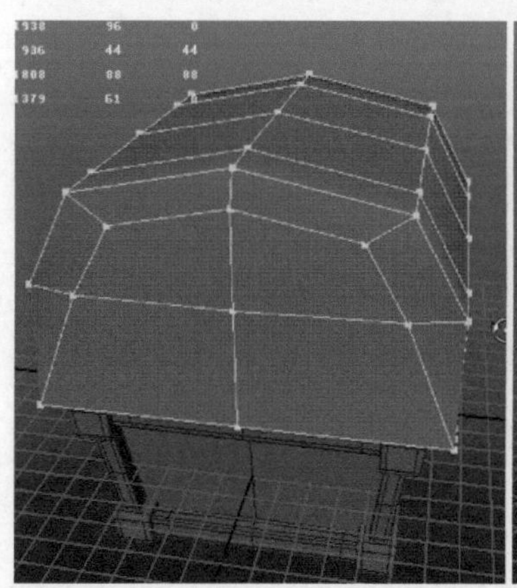
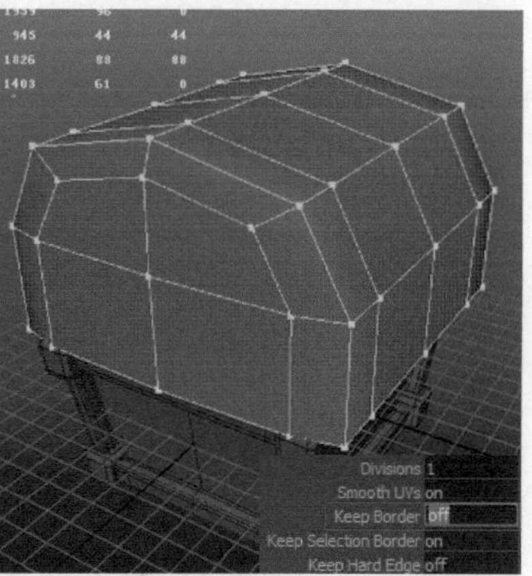

图4-30

03 选择盒盖，切换到动画模块，执行Create Deformers（创建变形器）>Lattice（晶格）命令，创建晶格工具。在通道栏中找到S、T、U Divisions（S、T、U细分），调整晶格的控制段数，然后找到ffdi下面的Local Influence S、T、U（局部影响S、T、U），调整晶格控制的局部影响范围。分别切换至前视图和侧视图，选择晶格相应的控制点对它的正面和侧面形状进行调整，如图4-31所示。

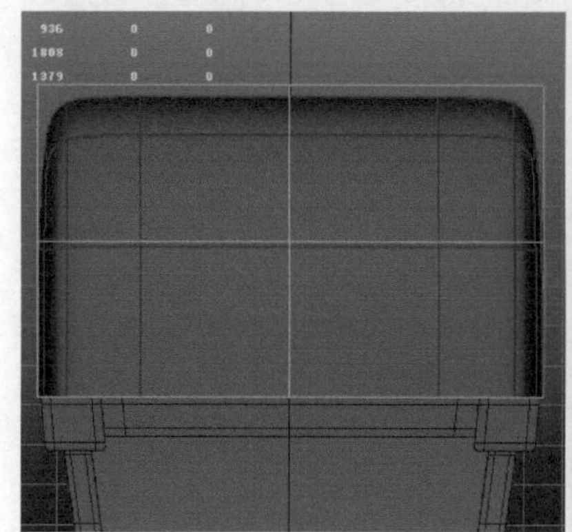
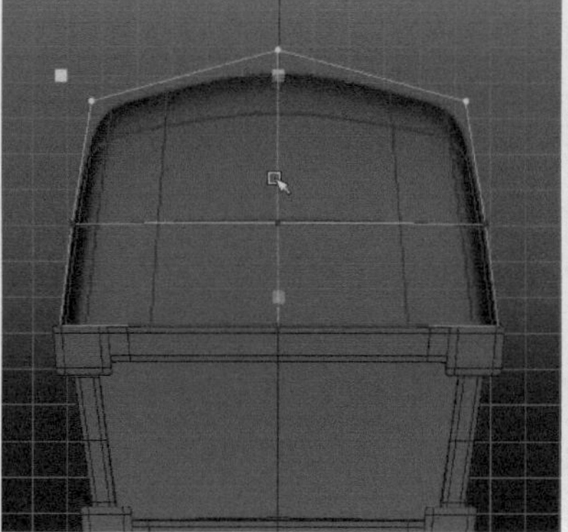
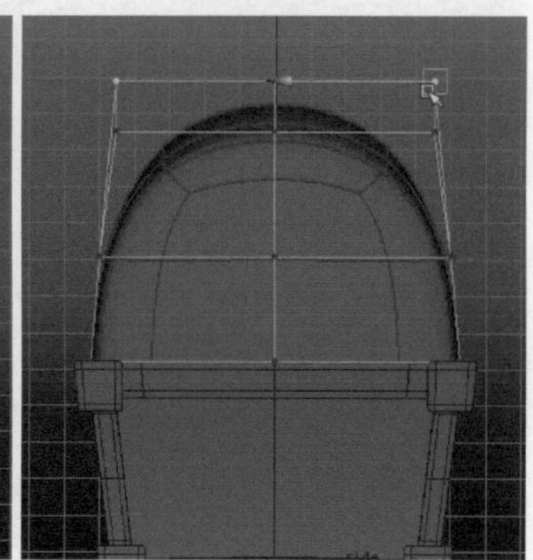

图4-31

04 把盒盖的模型复制一份，执行Edit Mesh（编辑网格）>Insert Edge Loop Tool（插入循环边工具）命令，在镶边位置插入结构线。删除不需要的面，然后选择剩余的部分，执行Edit Mesh（编辑网格）>Extrude（挤出）命令，向外挤出金属镶边的厚度，如图4-32所示。

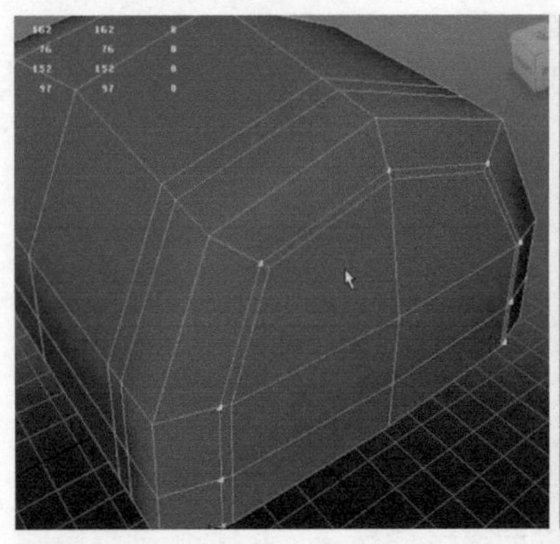
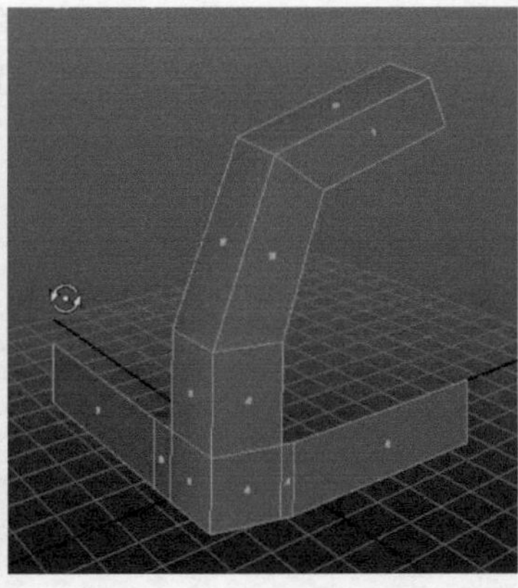
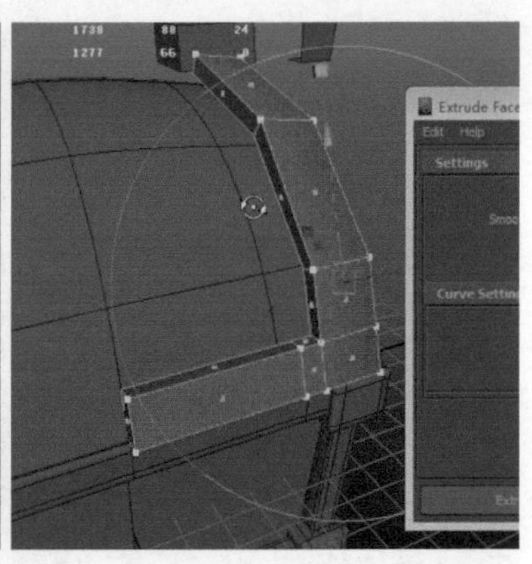

图4-32

05 选择盒盖的金属镶边的结构，切换至面元素模式，挑选上端的面，执行Edit Mesh（编辑网格）>Extrude（挤出）命令，向外挤出厚度。使用插入循环边工具，在中间插入一段循环边，然后往上轻移，做出它的弧度，最后再在镶边结构的转折处插入结构线，固定形体，如图4-33所示。

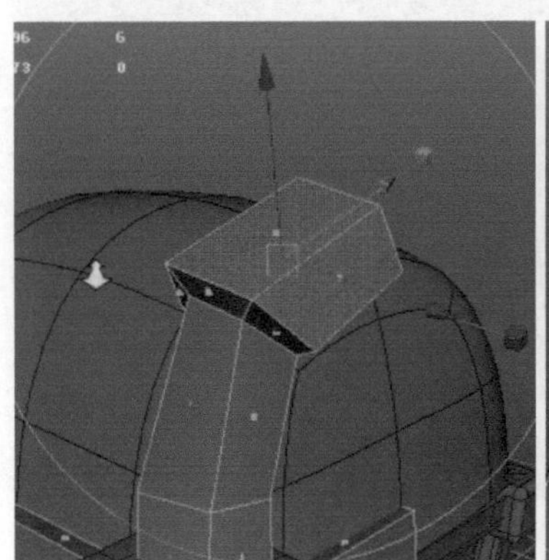
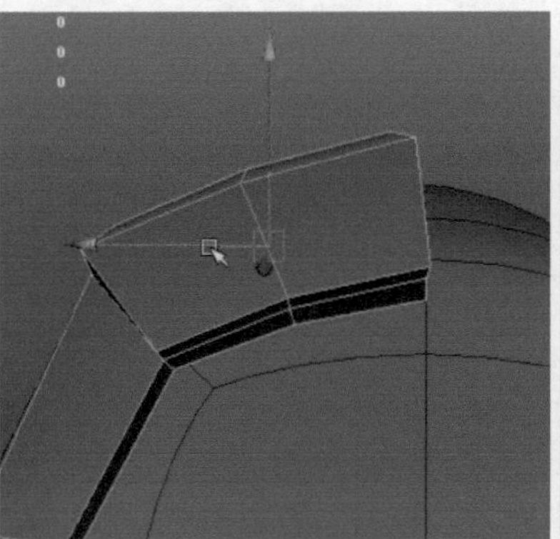
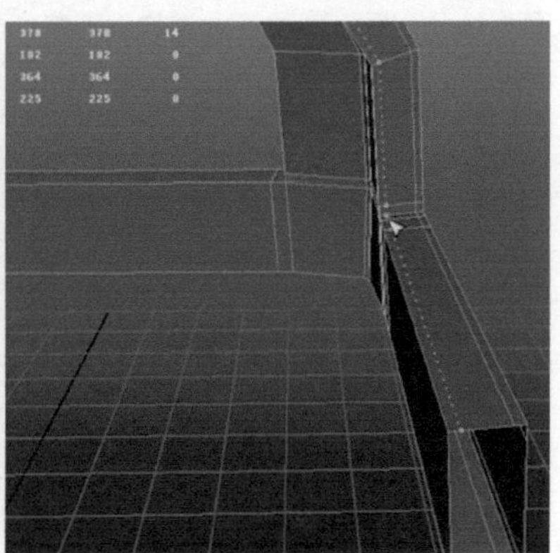

图4-33

06 选择中间的点，在状态栏后面的数值输入面板中找到输入Z，把它的值设为0，从而把中线打直。选择模型，使用特殊复制命令把其余3个角的结构复制镜像出来，如图4-34所示。

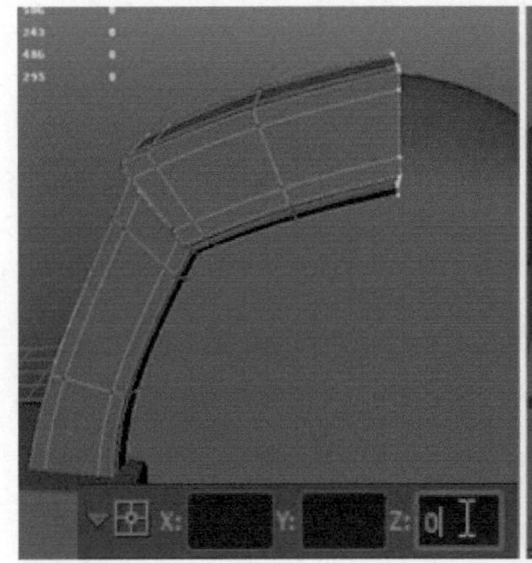

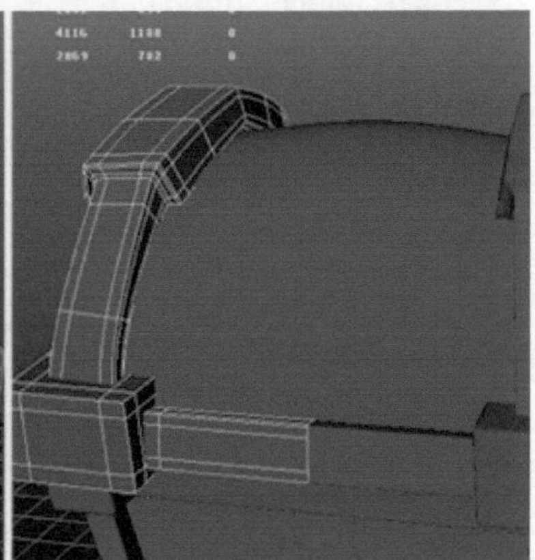

图4-34

07 选择盒盖的金属镶边，切换至面元素模式，挑选顶端的面，执行Edit Mesh（编辑网格）>Extrude（挤出）命令，向内挤出凹槽的结构。执行Edit Mesh（编辑网格）>Insert Edge Loop Tool（插入循环边工具）命令，使用插入循环边工具进行卡线处理，如图4-35所示。

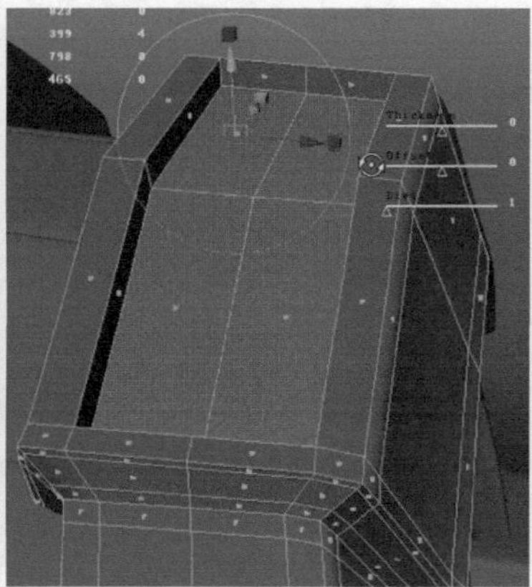
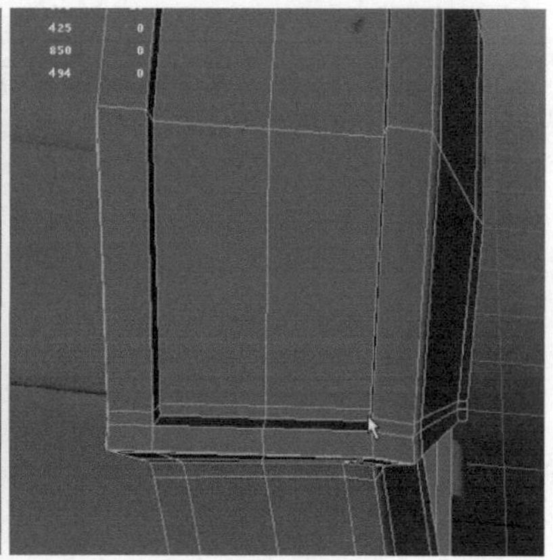
图4-35

08 复制之前在边角位置制作的立方体，把它放大放置在盒盖的右下角，作为盒盖的边角装饰，然后切换至点元素模式，调整它的形状，如图4-36所示。

图4-36

09 由于盒盖与盒身的边角结构不是完全相同的，所以复制得到立方体要做些改动，需要删除卡的结构线重新处理，这里可以使用合并点的方式去除结构线。选择需要合并的点，执行Edit Mesh（编辑网格）>Merge（合并）命令，调整下合并阈值，把相邻的点进行合并。然后执行Edit Mesh（编辑网格）>Insert Edge Loop Tool（插入循环边工具）命令，重新插入需要的结构线，如图4-37所示。

图4-37

10 由于它的表面需要制作一个凹槽的结构，所以，这里继续使用插入循环边工具，横竖插入需要的内结构线。挑选相应的面，执行Edit Mesh（编辑网格）>Extrude（挤出）命令，向内挤出它的凹槽结构，然后再次使用插入循环边工具对它进行卡线处理，如图4-38所示。

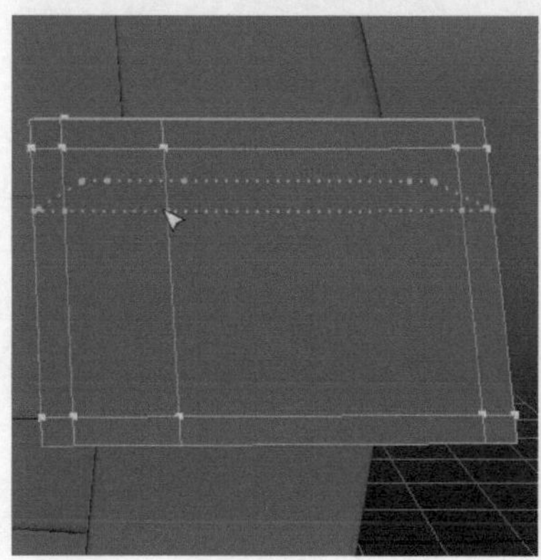
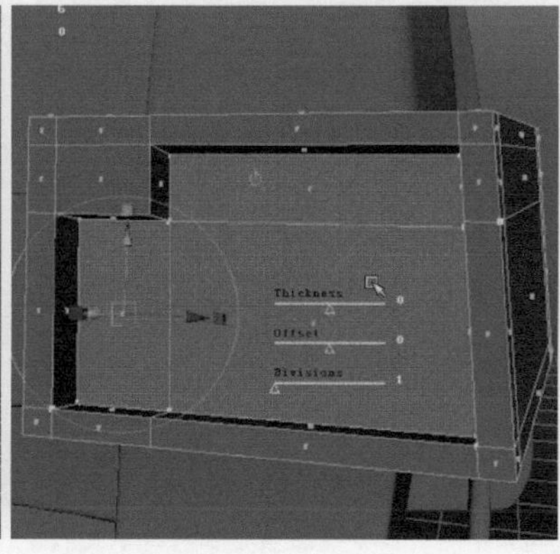

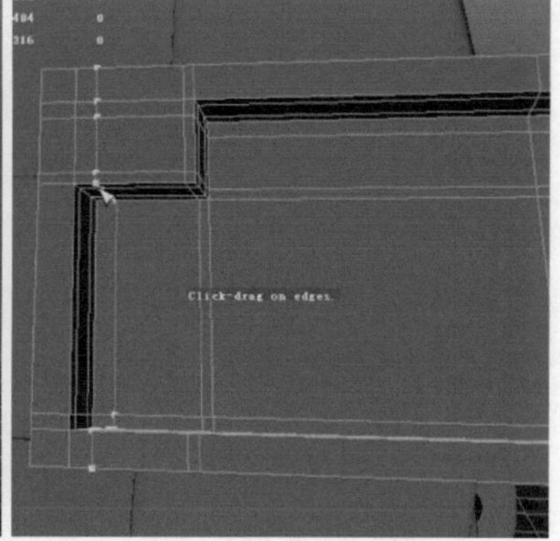

图4-38

4.2.6 花纹底部结构制作

花纹是要放置在一个平坦的中间结构上的，如果直接把之后制作的花纹放置在木质的结构上面，会显得比较突兀。这里可以使用复制提取面的方式来制作这个花纹底部的中间结构，这样可以完美地贴合箱子结构，如图4-39所示。

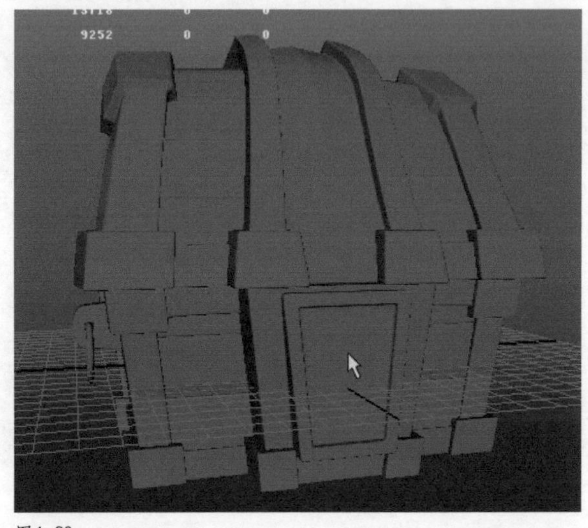

图4-39

01 把盒盖复制一份，执行Edit Mesh（编辑网格）>Insert Edge Loop Tool（插入循环边工具）命令，在盒盖的上方插入两段循环边，然后切换至面元素模式，删除不需要的面，保留中间的部分，如图4-40所示。

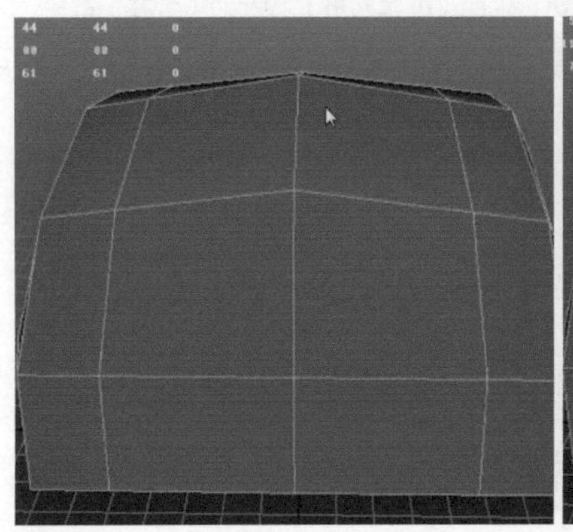

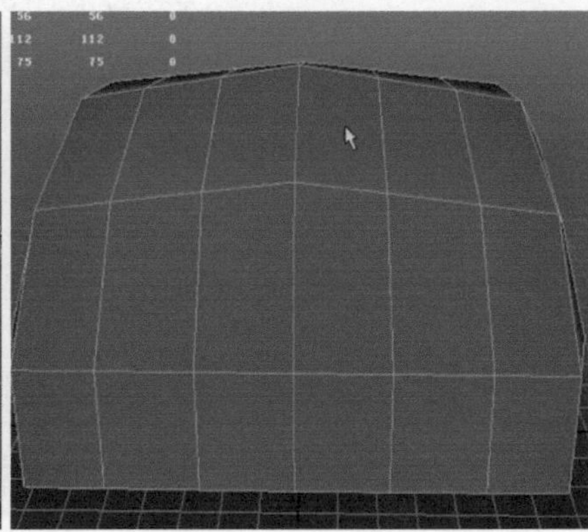

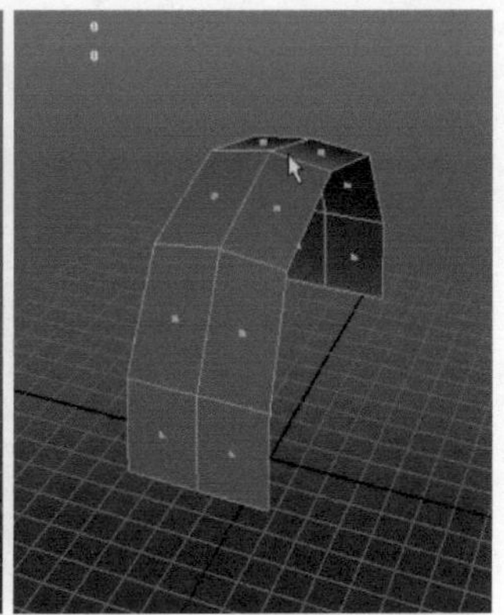

图4-40

02 选择剩余的面片，执行Edit Mesh（编辑网格）>Extrude（挤出）命令，向外挤出它的厚度。然后切换至边元素模式，对它的结构进行微调，如图4-41所示。

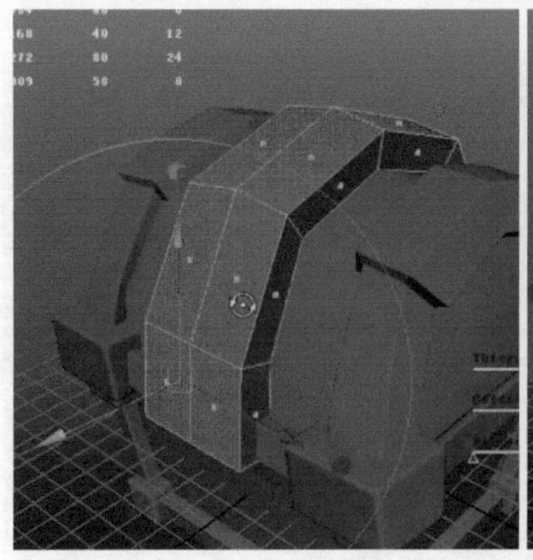

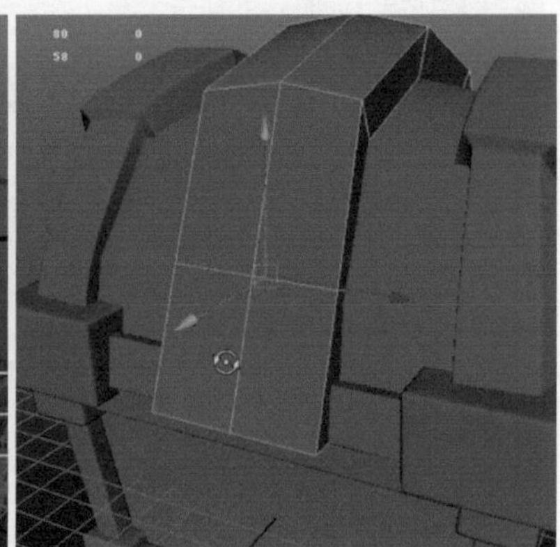

图4-41

03 执行Edit Mesh（编辑网格）>Insert Edge Loop Tool（插入循环边工具）命令，横向插入需要的控制段数。切换至点元素模式，调整它的宽度和形状。然后使用插入循环边工具，纵向插入两段循环边，以预留出之后做挤出的面，如图4-42所示。

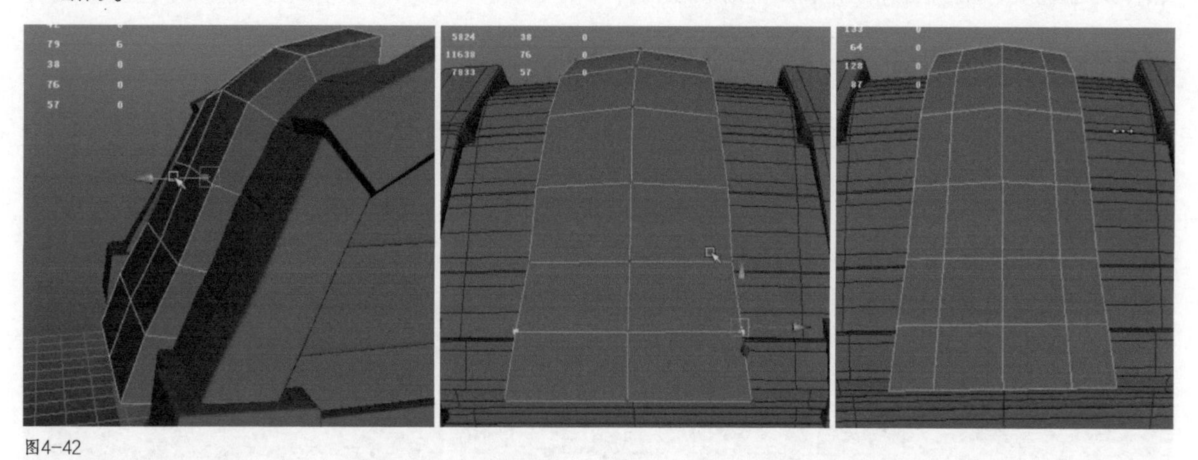

图4-42

04 切换至面元素模式，删除它的左半边，然后选择需要挤出的面，执行Edit Mesh（编辑网格）>Extrude（挤出）命令，向上挤出一段厚度，接着使用插入循环边工具，在边角位置进行卡线处理，如图4-43所示。

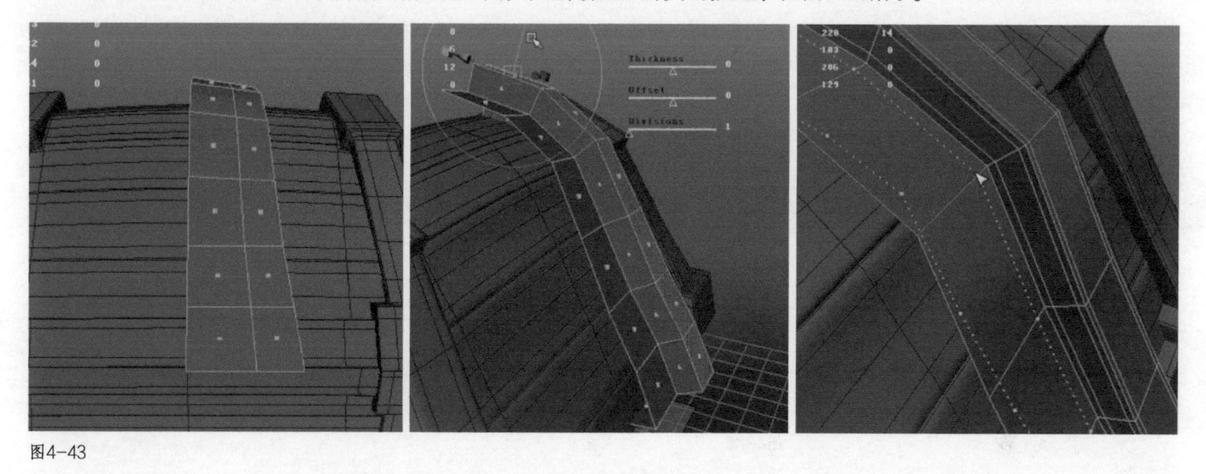

图4-43

05 选择中间的点，在状态栏后面的数值输入面板中找到输入Z，把它的值设为0，从而把中线打直。选择模型，使用特殊复制命令分别从X轴和Z轴进行镜像复制，如图4-44所示。

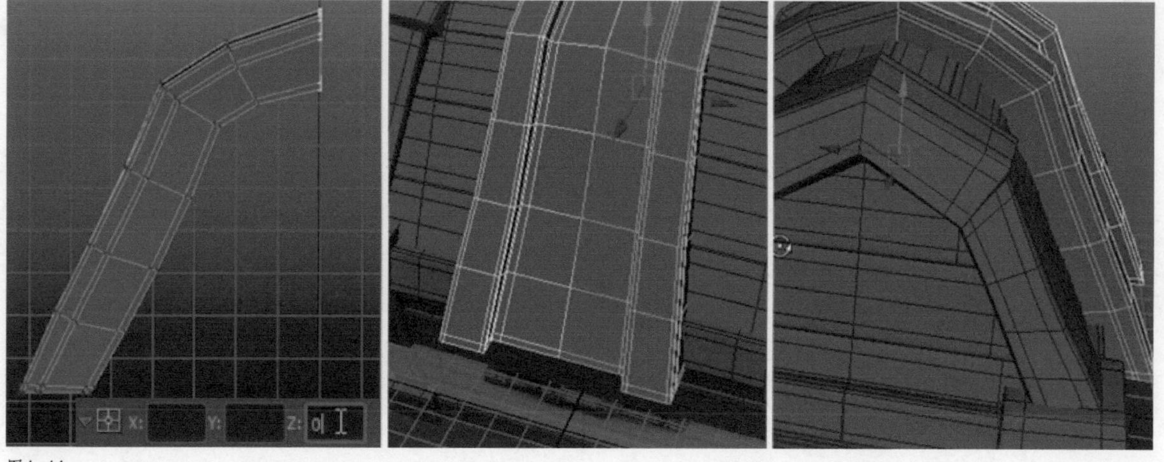

图4-44

06 执行Create（创建）>Polygon Primitives（多边形基本体）>Cube（立方体）命令，创建一个立方体，放置在盒身的前端。切换至点元素模式，把它调整成倒梯形状，然后选择前端的面，执行Edit Mesh（编辑网格）>Extrude（挤出）命令，向外连续挤出，做出丰富的结构，如图4-45所示。

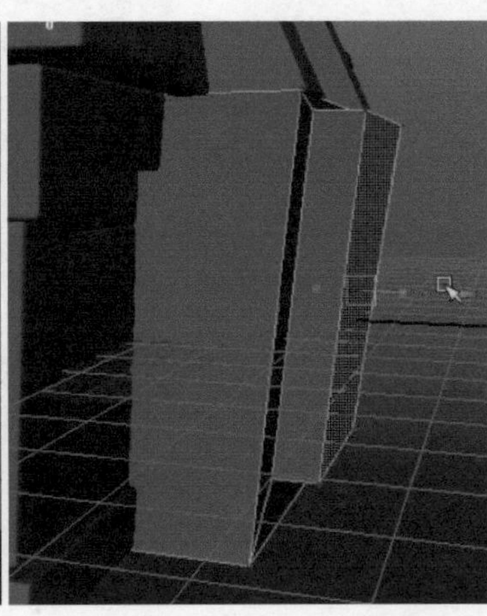
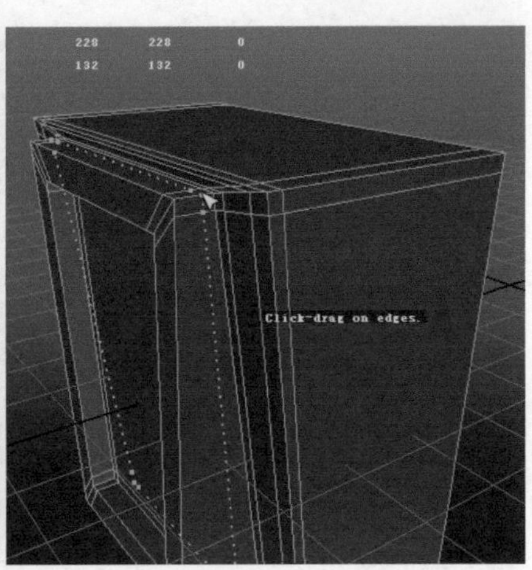

图4-45

07 复制之前所做的边角立方体结构，然后把它放置在相应的位置，丰富盒子的细节，如图4-46所示。

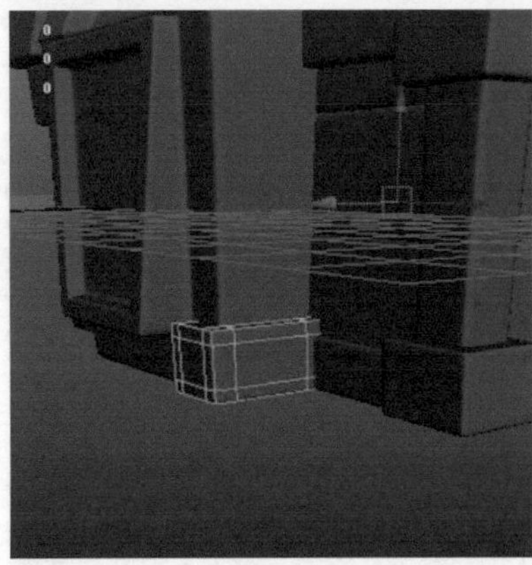
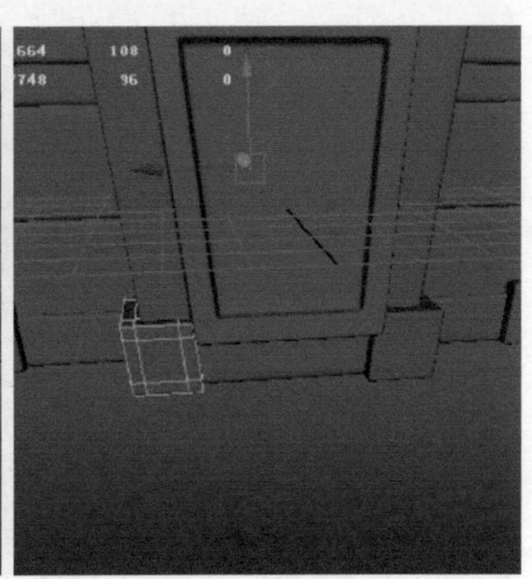

图4-46

08 继续复制边角立方体结构，放置在上端相应的位置，然后使用特殊复制的方法，把它的另一半镜像复制出来，如图4-47所示。

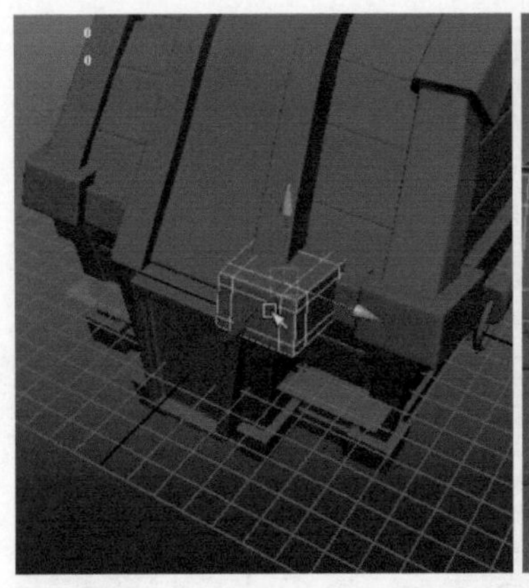

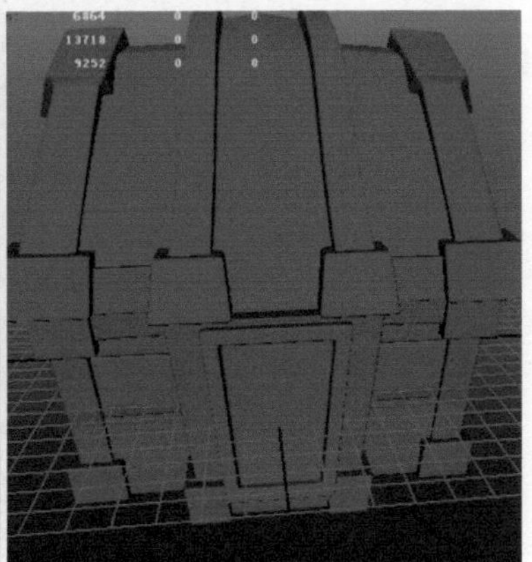

图4-47

09 选择盒身前端的结构，复制一份，然后把它镜像至背面。由于前后的结构略有不同，所以需要复制之后对它进行修改。切换至面元素模式，删除它不需要的结构的面，然后执行Mesh（网格）>Fill Hole（填充洞）命令，填补镂空区域的面，如图4-48所示。

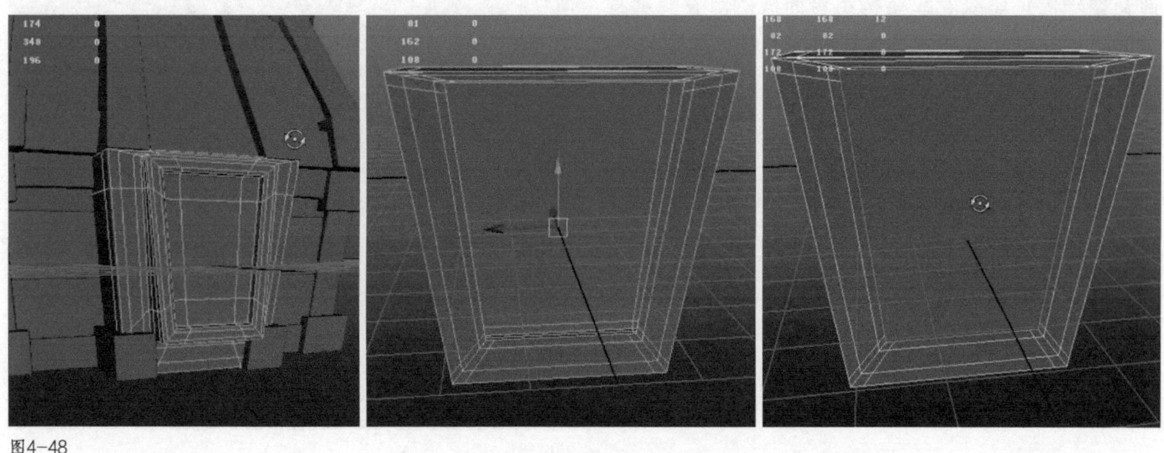

图4-48

10 切换至边元素模式，同样删除不需要的线，最后再使用插入循环边工具对它重新进行卡线优化，如图4-49所示。

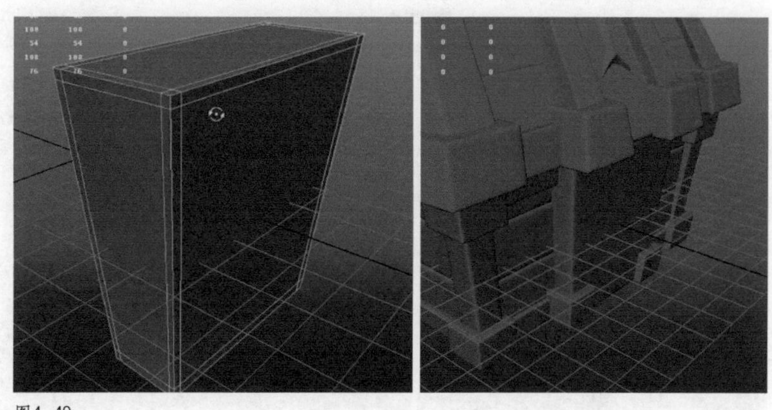

图4-49

4.2.7 花纹制作

花纹是本章节制作的重点，花纹可以体现整个宝箱的风格特征。本节把花纹分成盒盖花纹、盒身花纹以及金属边角的花纹3个部分进行制作，每一部分的花纹都是不同的，但是形式风格是统一的。制作时可以把花纹结构进行分解，完成之后再组合摆放，这种方法比较方便快捷，如图4-50所示。

图4-50

◆第 1 阶段：盒盖花纹制作

盒盖花纹主要是以变形的圆柱为主体结构，上面交叠一层鱼尾纹花纹结构组合而成的。在交叠摆放时，要注意交界线的弧度要保持流畅，如图4-51所示。

图4-51

01 执行Create（创建）>Polygon Primitives（多边形基本体）>Cylinder（圆柱体）命令，创建一个圆柱体，把它旋转90°，切换至面元素模式，删除下半部分。然后再选择边，把它调整成中间低两边高的形状，如图4-52所示。

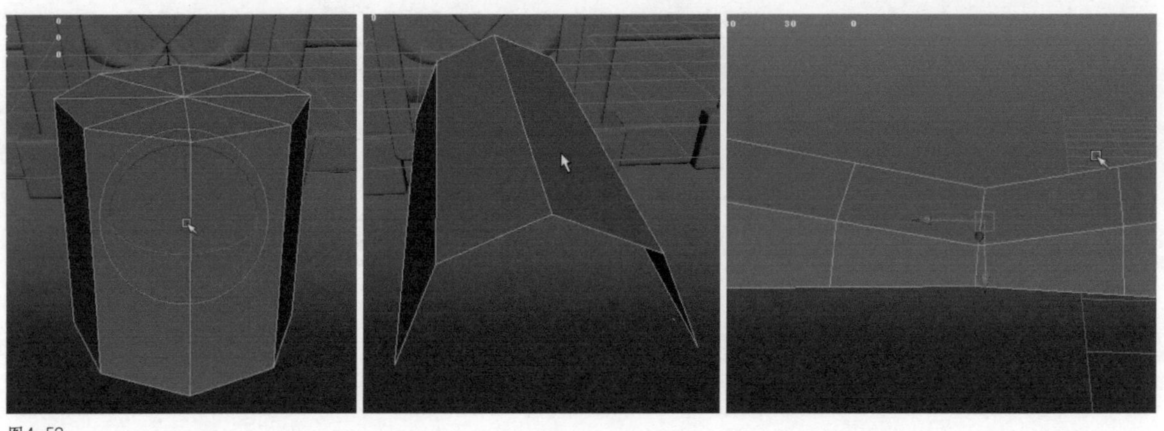

图4-52

02 选择模型，执行Edit Mesh（编辑网格）> Append to Polygon Tool（附加多边形工具）命令，以逆时针点取边的方式，把边连接成面，从而达到补面的效果。执行Edit Mesh（编辑网格）>Interactive Split Tool（交互式分割工具）命令，使用分割多边形工具连接空缺的线段，如图4-53所示。

图4-53

03 切换至点元素模式，选择点向内推移，做出一些结构的变化，然后再执行Edit Mesh（编辑网格）>Insert Edge Loop Tool（插入循环边工具）命令，在转折处进行卡线处理，做出锐利的转折结构，如图4-54所示。

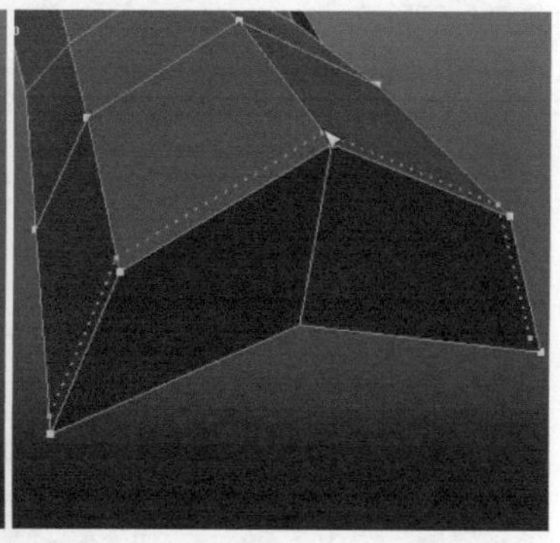

图4-54

04 选择模型，把它放置在盒盖中间的金属凹槽内。从侧面观察，旋转模型，使它与盒盖匹配，然后再把它进行复制下移，切换至点元素模式，调整点的位置，使它们交接的地方要有上压下的感觉，如图4-55所示。

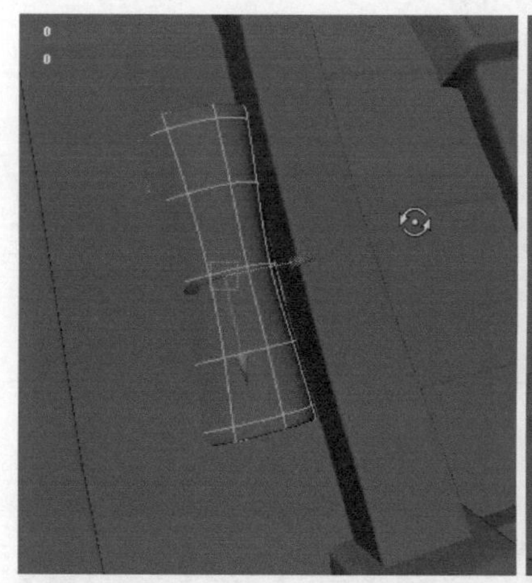
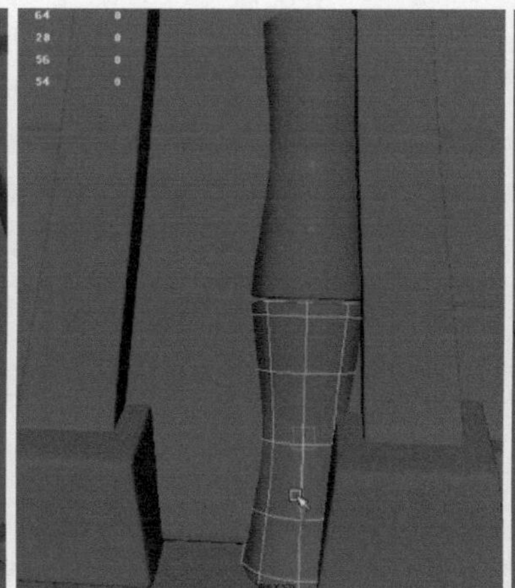

图4-55

05 选择复制下移的模型，删除它的下半部分，切换至点元素模式，按B键开启软选择工具，把它下端的点向下拉扯，以避免穿帮，然后使用同样的方法，把它上面的一半结构也制作出来，如图4-56所示。

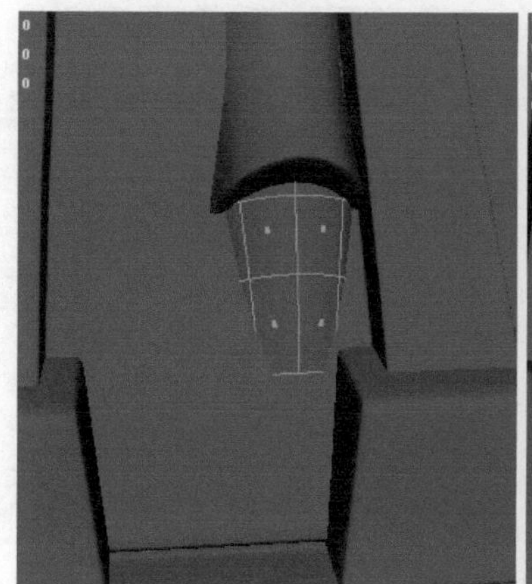

图4-56

06 选择完成的这部分模型，按Ctrl+G组合键，把它们进行打组，并使用特殊复制的方法，把另一半镜像复制出来。然后再把类似鱼纹的结构放置在它们上面，切换至点元素模式，开启软选择工具，调整点的位置，使它够能贴合下面的结构，如图4-57所示。

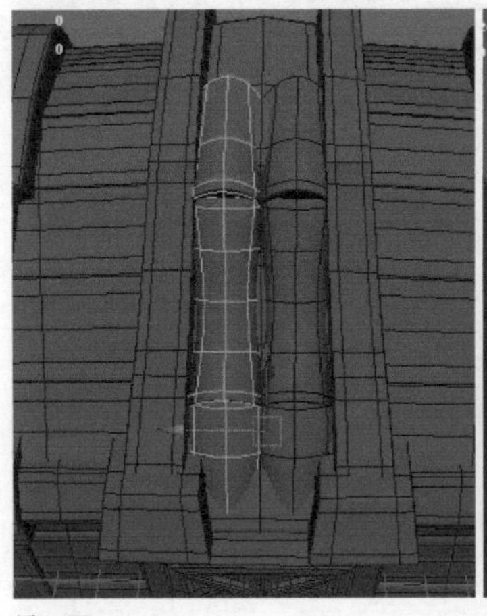
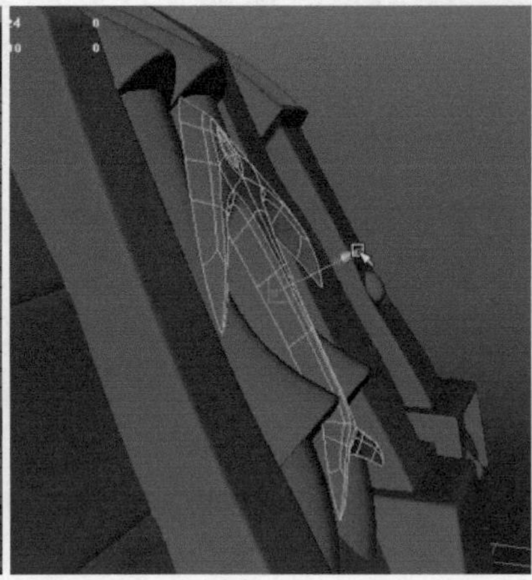
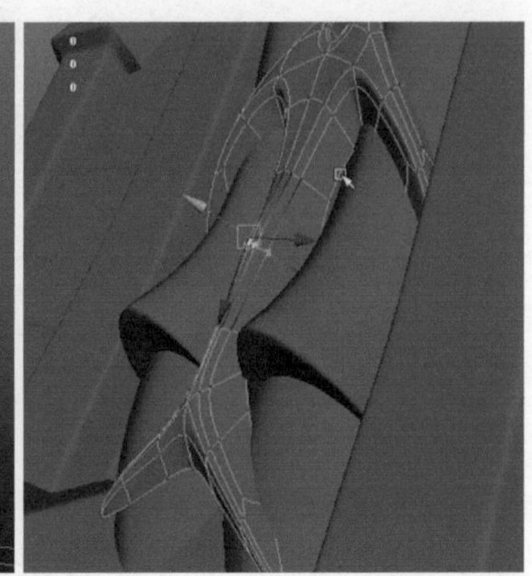

图4-57

07 把鱼纹模型复制一份，移动到顶端，把它进行适当旋转，贴合住下面的结构。切换至点元素模式，开启软选择工具，对它的形状和贴合进行微调，如图4-58所示。

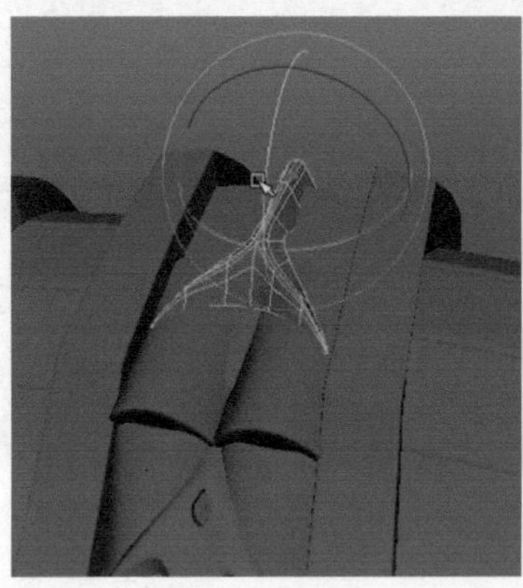
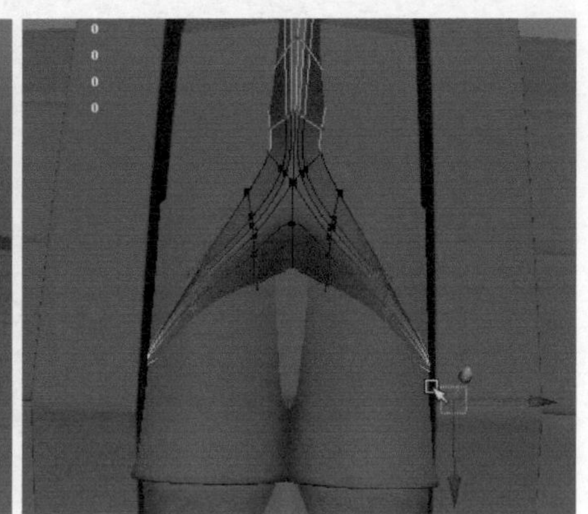

图4-58

08 执行Create（创建）>Polygon Primitives（多边形基本体）>Torus（圆环）命令，创建一个圆环，在通道栏里把它的段数调为4段。切换至面元素模式，删除不需要的底面，然后再选择中间的4个点，向上移动，做出它的斜面，如图4-59所示。

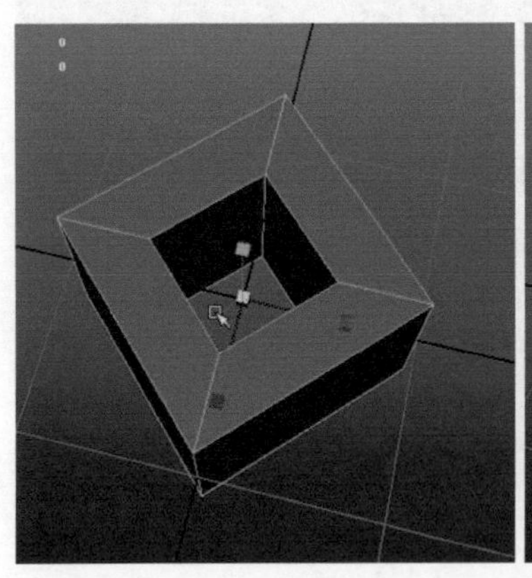
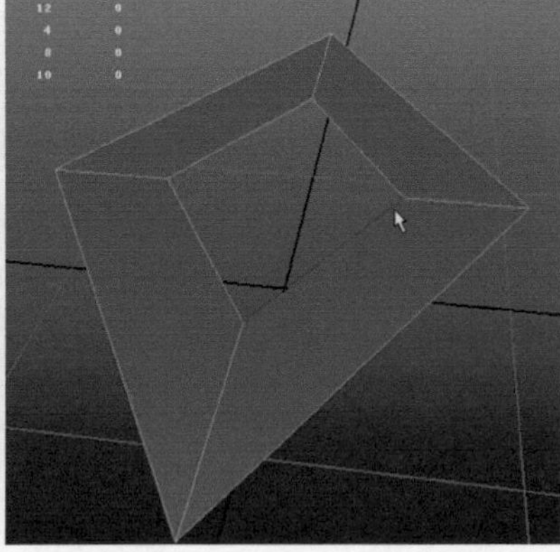
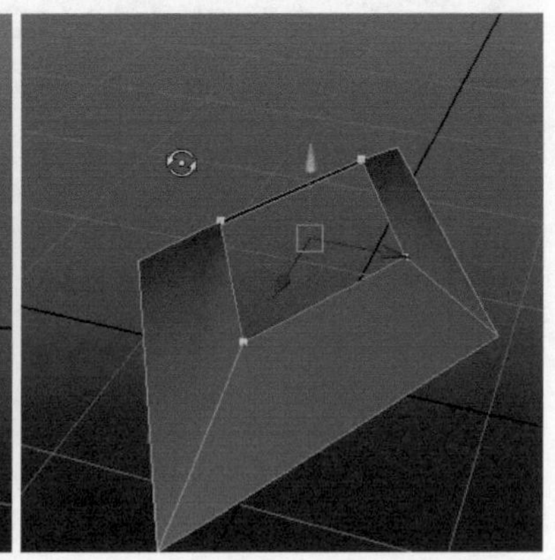

图4-59

09 选择中间的循环边，执行Edit Mesh（编辑网格）>Extrude（挤出）命令，向内挤出。然后执行Edit Mesh（编辑网格）>Insert Edge Loop Tool（插入循环边工具）命令，在转折位置加线，做出锐利的转折结构，如图4-60所示。

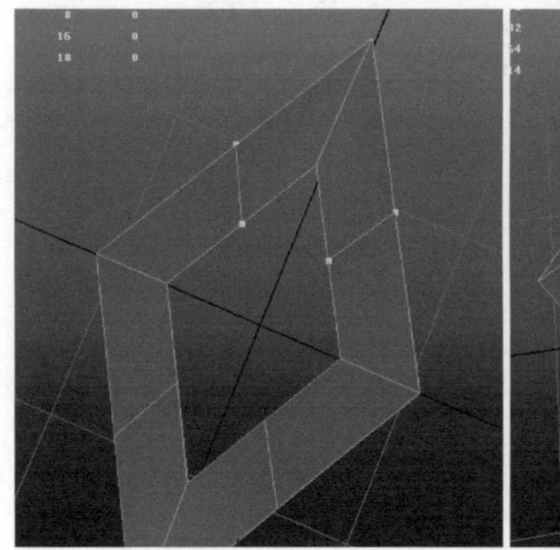
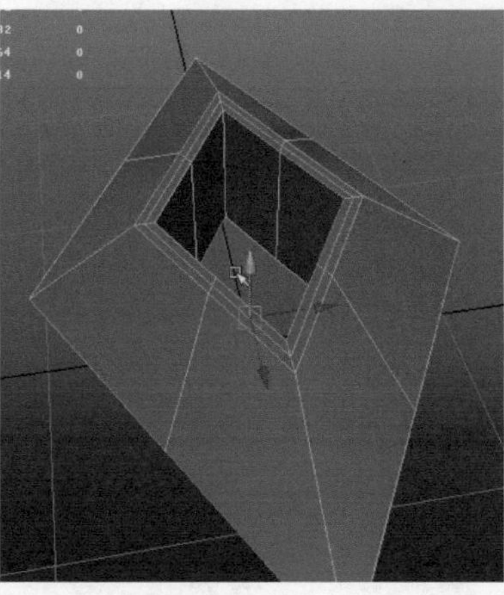
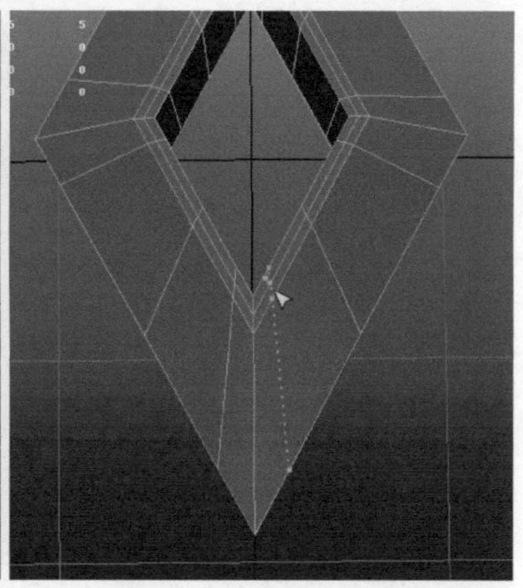

图4-60

10 选择这个菱形花纹，执行Create Deformers（创建变形器）>Lattice（晶格）命令，创建晶格工具。在通道栏中找到S、T、U Divisions（S、T、U细分），调整晶格的控制段数，找到ffdi下面的Local Influence S、T、U（局部影响S、T、U），调整晶格控制的局部影响范围。然后再选择晶格相应的控制点对它的形状进行调整。完成之后删除历史，接着切换至点元素模式，使用软选择工具调点，把形状再次深入调整，如图4-61所示。

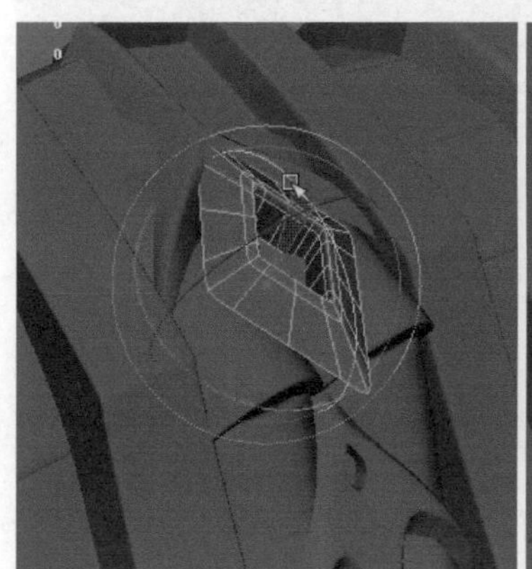
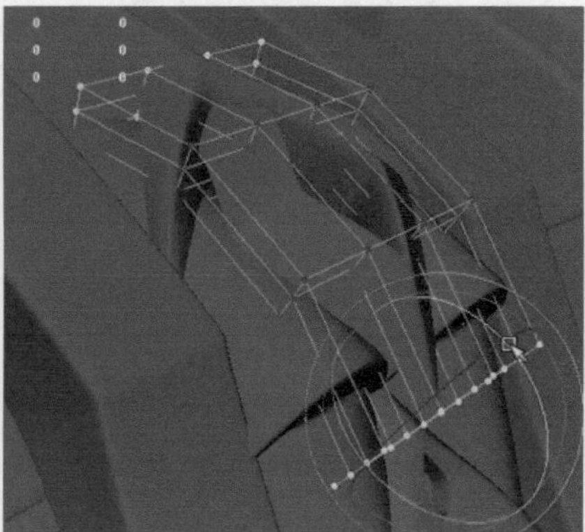
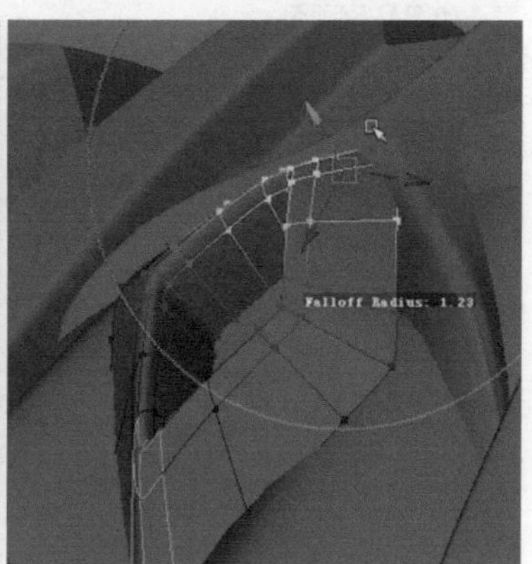

图4-61

◆第 2 阶段：盒身花纹制作

盒身的花纹是对称式的装饰花纹，也是由不同结构组合成为一个整体，浮雕式的花纹，适合用面片挤出的方式来制作，如图4-62所示。

图4-62

01 执行Create（创建）>Polygon Primitives（多边形基本体）> Plane（平面）命令，创建一个面片。然后执行Edit Mesh（编辑网格）>Insert Edge Loop Tool（插入循环边工具）命令，插入基本的控制段数，如图4-63所示。

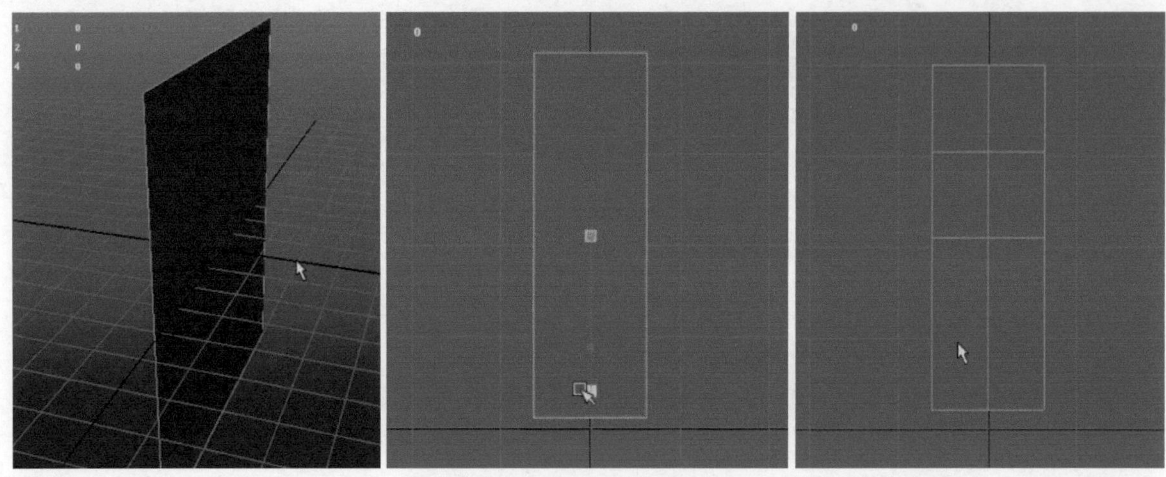

图4-63

02 切换至面元素模式，删除模型的左半边。然后再切换至点元素模式，拖动点，调整装饰花纹的大体轮廓，如图4-64所示。

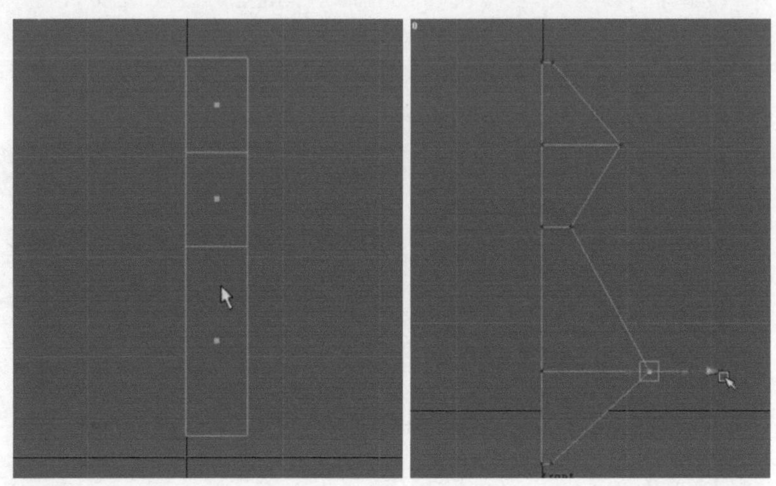

图4-64

03 继续使用插入循环边工具，插入需要的线段。切换至边元素模式，选择上端的一条边，执行Edit Mesh（编辑网格）>Extrude（挤出）命令，向右挤出一段距离，并缩放它的末端，如图4-65所示。

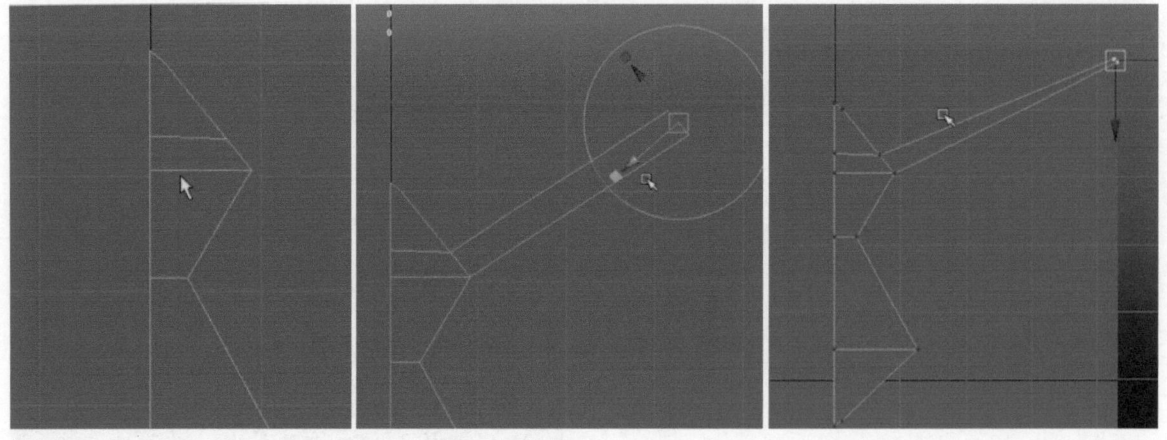

图4-65

04 使用相同的步骤和方法，使用插入循环边工具在下面插入需要的结构线，然后再选择边，进行挤出，如图4-66所示。

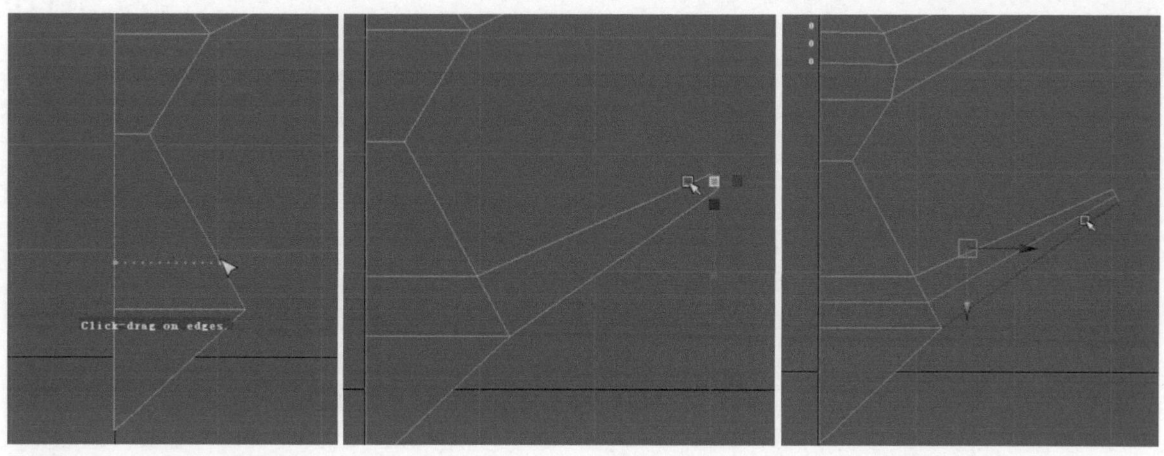

图4-66

05 执行Edit Mesh（编辑网格）>Interactive Split Tool（交互式分割工具）命令，使用分割多边形工具在上面切出内部轮廓。切换至面元素模式，删除不需要的面，然后再把模型的另一半镜像复制出来，如图4-67所示。

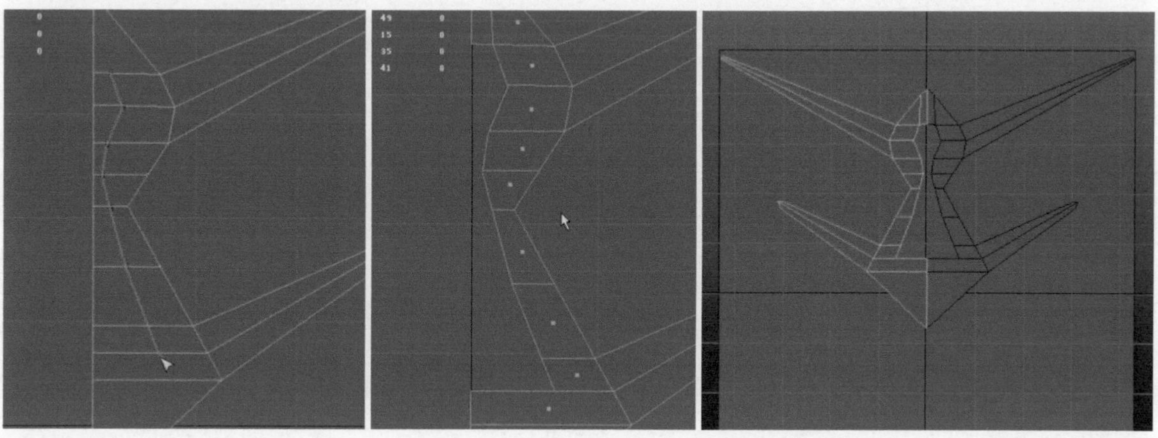

图4-67

06 执行Edit Mesh（编辑网格）>Insert Edge Loop Tool（插入循环边工具）命令，在之前挤出的结构上插入足够的段数。选择两侧模型，执行Mesh（网格）>Combine（合并）命令，把它们合并为一个整体，然后再执行Edit Mesh（编辑网格）>Merge（合并）命令，把相邻和重叠的点进行合并，如图4-68所示。

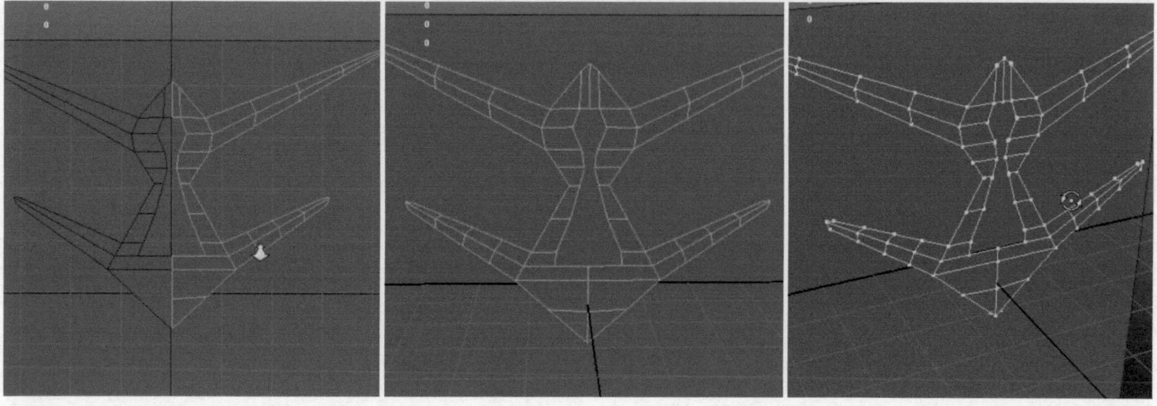

图4-68

07 选择这个花纹面片，执行Edit Mesh（编辑网格）>Extrude（挤出）命令，向外挤出，把花纹的厚度挤出来，如图4-69所示。

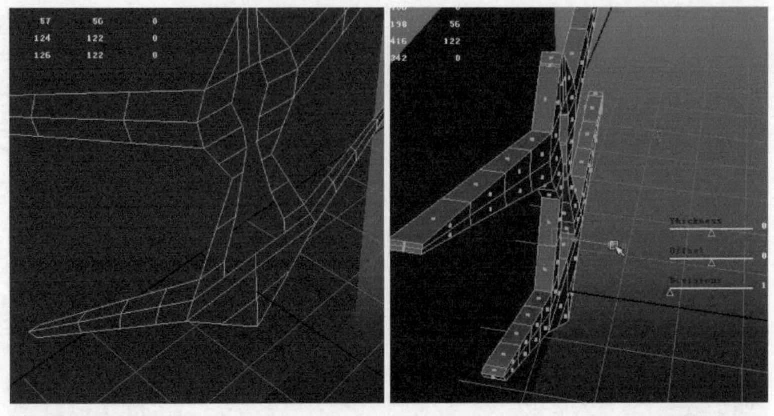

图4-69

08 执行Create（创建）>Polygon Primitives（多边形基本体）> Plane（平面）命令，创建一个面片。执行Edit Mesh（编辑网格）>Insert Edge Loop Tool（插入循环边工具）命令，在中间插入循环边。切换至点元素模式，对它的形状进行调整，如图4-70所示。

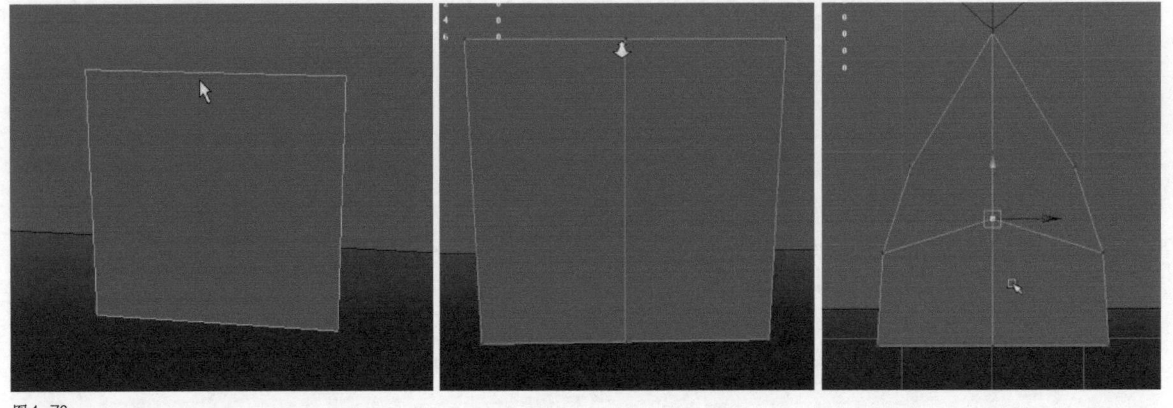

图4-70

09 选择它的轮廓边，执行Edit Mesh（编辑网格）>Extrude（挤出）命令，向外挤出它的转折结构。然后再执行Edit Mesh（编辑网格）>Interactive Split Tool（交互式分割工具）命令，使用分割多边形工具横向添加线段，并调整它的轮廓，使它的弧度看上去更平滑一点，如图4-71所示。

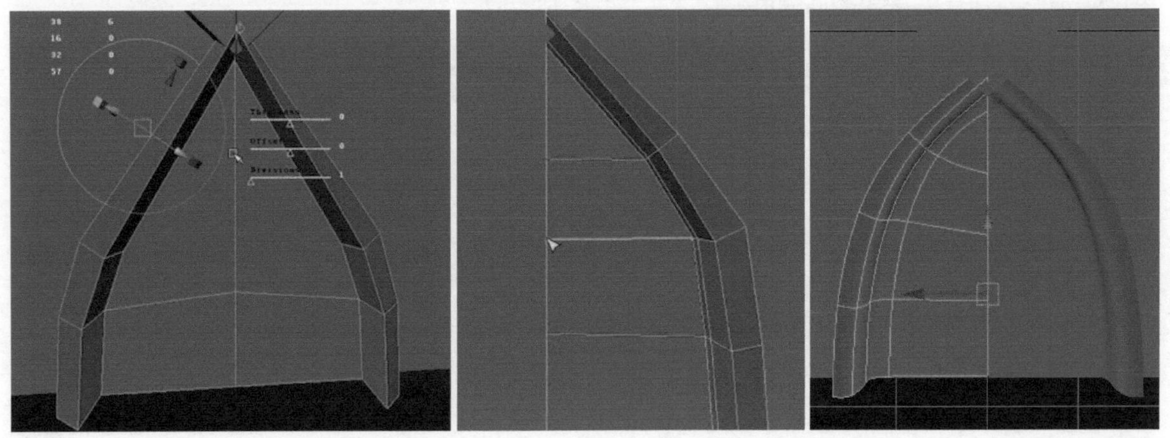

图4-71

10 选择两侧模型，执行Mesh（网格）>Combine（合并）命令，把它们合并为一个整体，然后再执行Edit Mesh（编辑网格）>Merge（合并）命令，把相邻和重叠的点进行合并，如图4-72所示。

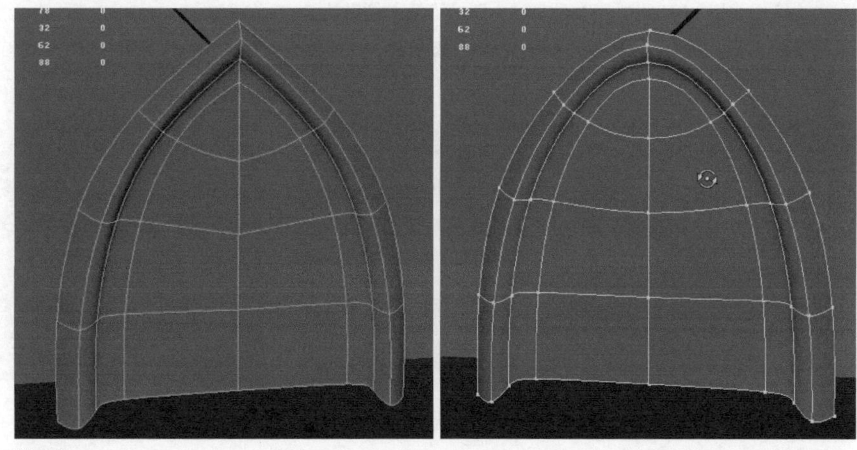

图4-72

11 选择轮廓边，减选底部的线，执行Edit Mesh（编辑网格）>Extrude（挤出）命令，向外再挤出一圈结构，然后执行Edit Mesh（编辑网格）>Insert Edge Loop Tool（插入循环边工具）命令，在转折位置进行卡线，保持锐利的转折结构，如图4-73所示。

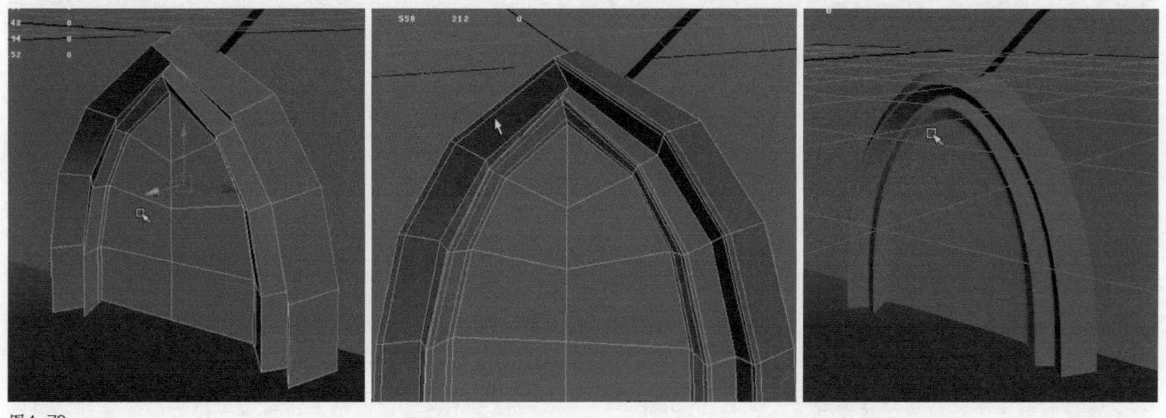

图4-73

12 选择模型，执行Create Deformers（创建变形器）>Lattice（晶格）命令，创建晶格工具。在通道栏中，找到S、T、U Divisions（S、T、U细分），调整晶格的控制段数，然后再选择晶格点，按B键开启软选择工具，对它的形状进行整体的调整，如图4-74所示。

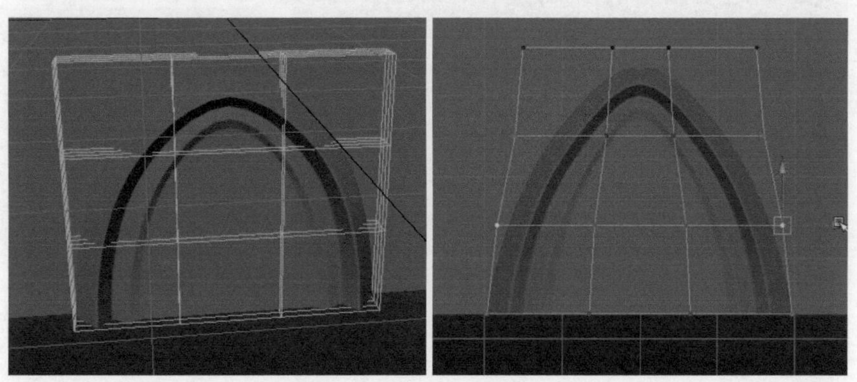

图4-74

13 执行Create（创建）>Polygon Primitives（多边形基本体）> Plane（平面）命令，创建一个面片。执行Edit Mesh（编辑网格）>Insert Edge Loop Tool（插入循环边工具）命令，插入3段线，然后再切换至点元素模式，对它的轮廓进行调整，如图4-75所示。

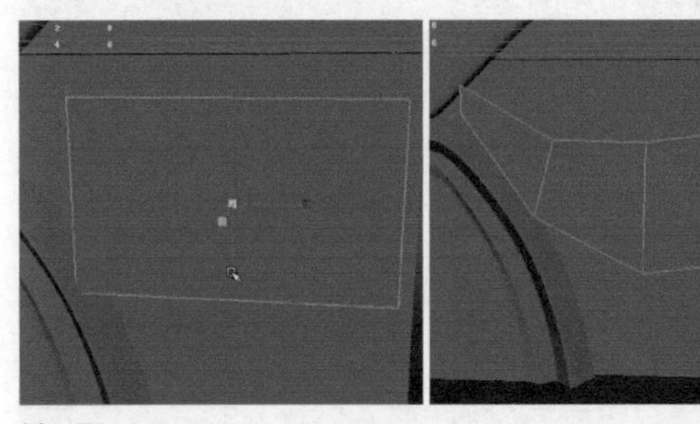

图4-75

14 继续使用插入循环边工具，在上面横向插入一条循环边，然后往外轻移一段距离，做出隆起的结构，如图4-76所示。

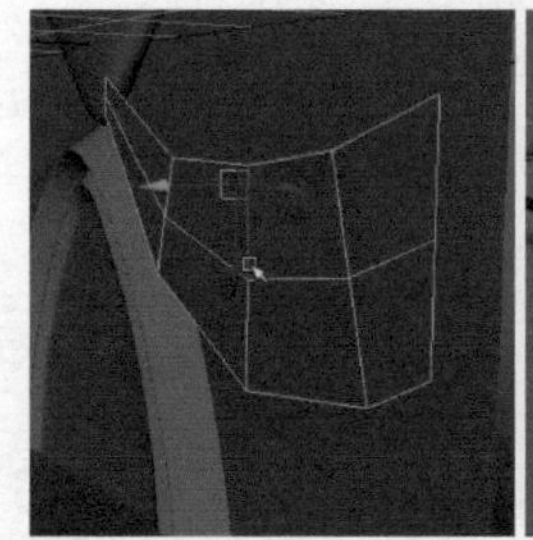

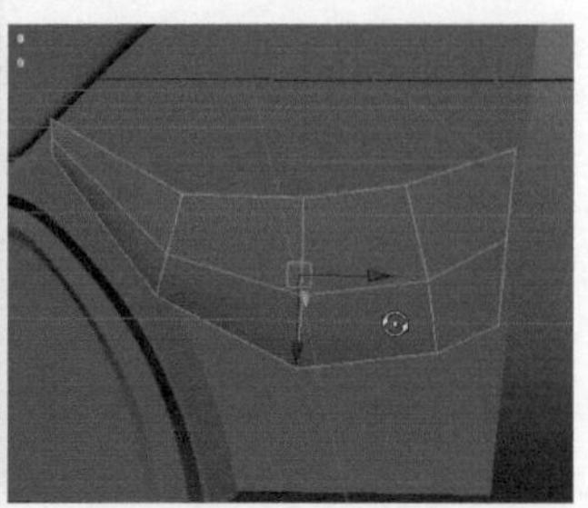

图4-76

15 选择这个花纹模型，按Ctrl+D组合键复制出来两个，适当缩放一下大小，然后把它贴合摆放在相应的位置，摆放完成之后再使用特殊复制的方式把它镜像复制到左边，成为对称的图案，如图4-77所示。

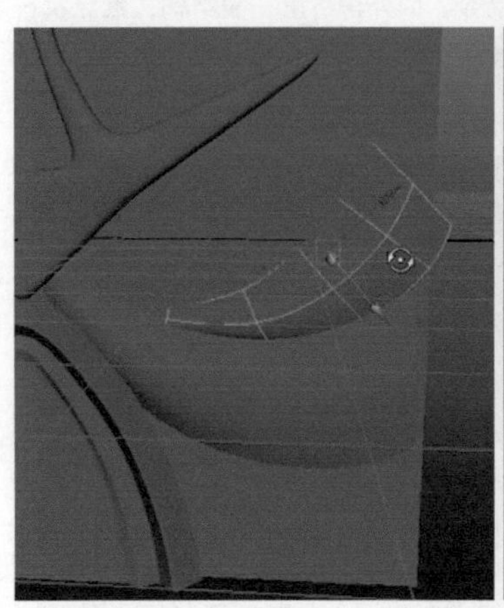

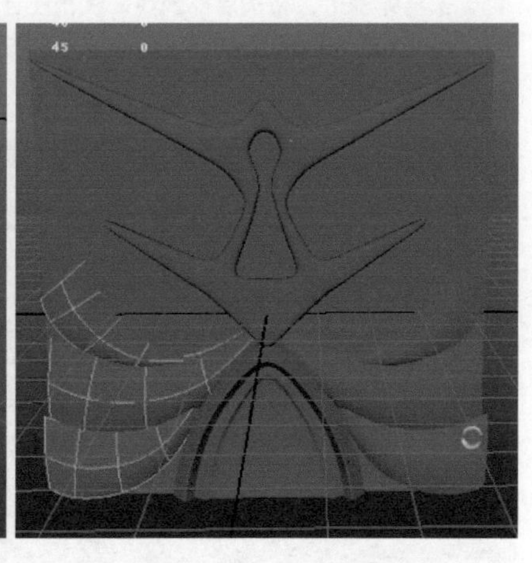

图4-77

16 继续复制这个花纹模型放置到上端，然后执行Edit Mesh（编辑网格）>Insert Edge Loop Tool（插入循环边工具）命令，插入结构线，做出明显的转折效果，在之前的花纹样式的基础上做出一些变化，如图4-78所示。

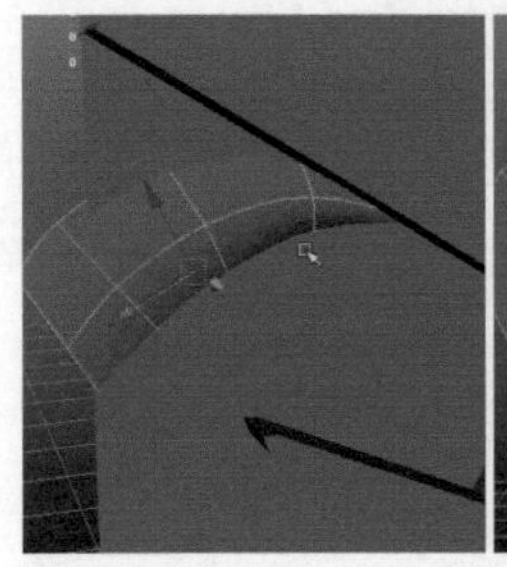

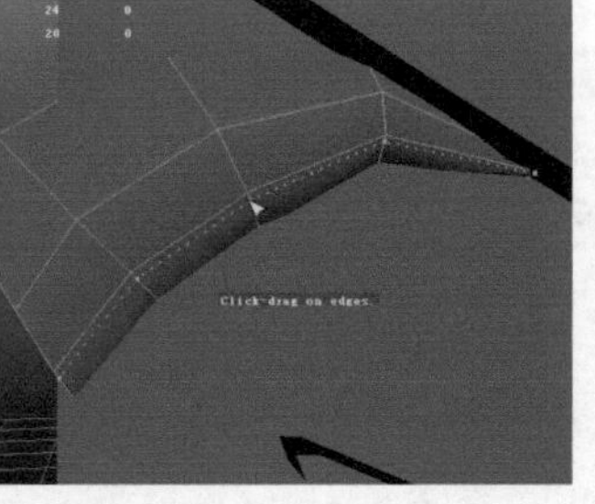

图4-78

17 把这个修改得到的花纹复制一份并向下移动一段距离，做出叠加的效果，然后切换至点元素模式，按B键开启软选择工具，调整花纹的点，使它覆盖到上端空出来的区域，如图4-79所示。

图4-79

18 前端的装饰花纹结构完成之后，按Ctrl+G组合键，把它们进行打组。选择组，把它们放置在相应的位置，然后再进行缩放旋转以匹配盒身的结构，如图4-80所示。

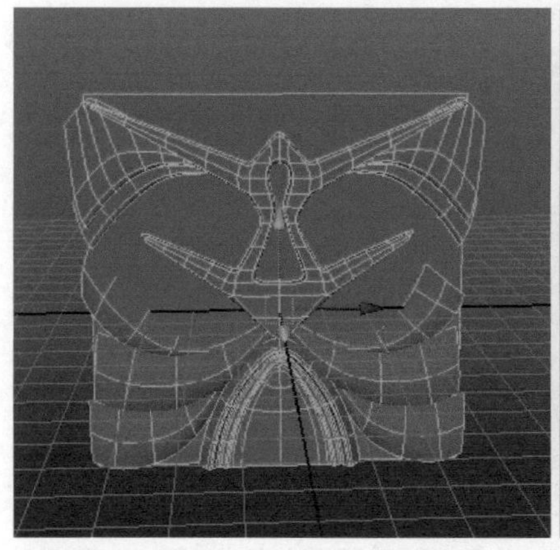
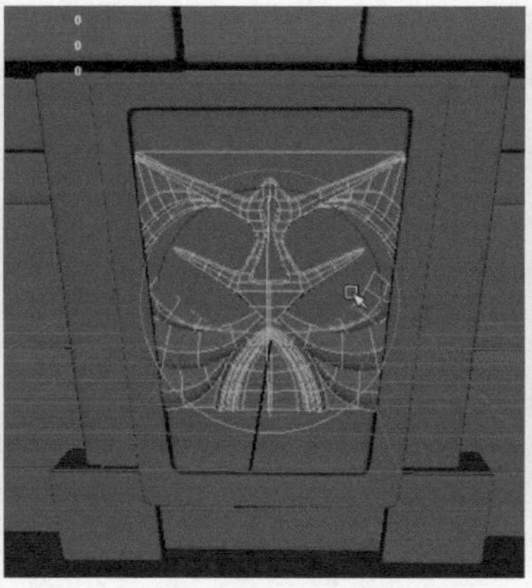

图4-80

◆第 3 阶段：金属边角花纹制作

金属边角的花纹比较简单，有重复的弧线形物体和球体摆放组合而成，制作时要注意重复的元素要有大小的变化，然后摆放时，尽量把区域填满，如图4-81所示。

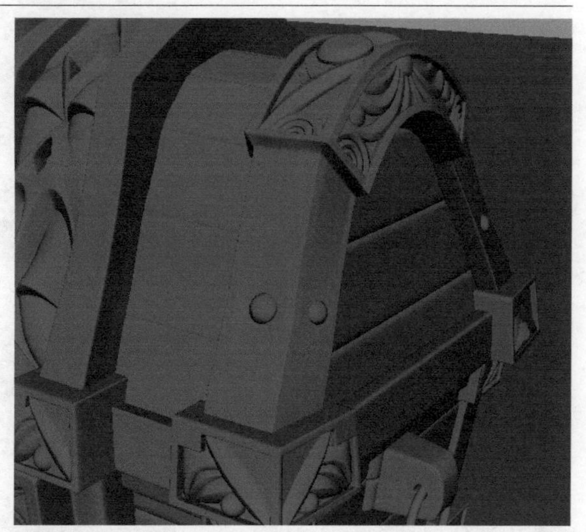

图4-81

01 执行Create（创建）>Polygon Primitives（多边形基本体）> Plane（平面）命令，创建一个面片，作为临时参考模型，接着再创建一个球体，把它拉长并旋转放置在平面上，作为花纹制作的基础模型，如图4-82所示。

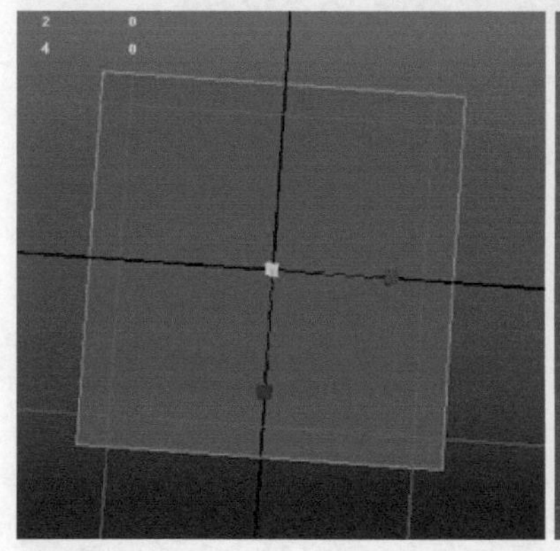
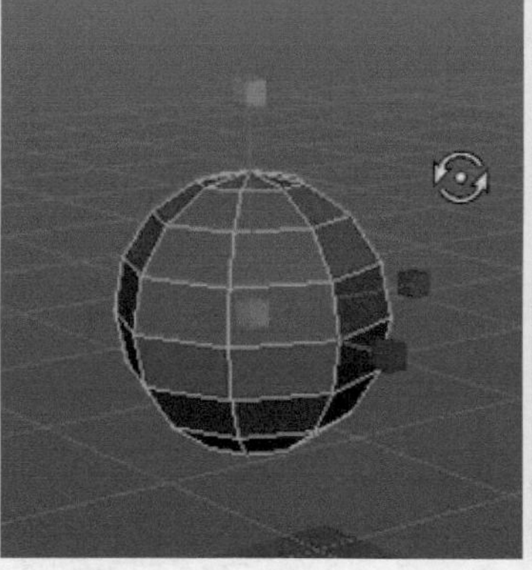
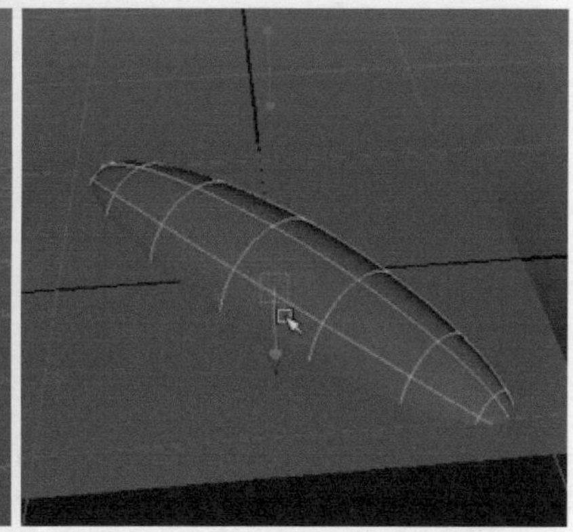

图4-82

02 执行Edit Mesh（编辑网格）>Insert Edge Loop Tool（插入循环边工具）命令，在中间进行卡线处理，做出比较锐利的转折结构。切换至点元素模式，选择两侧的点，向外侧轻移，把它做的饱满一点，如图4-83所示。

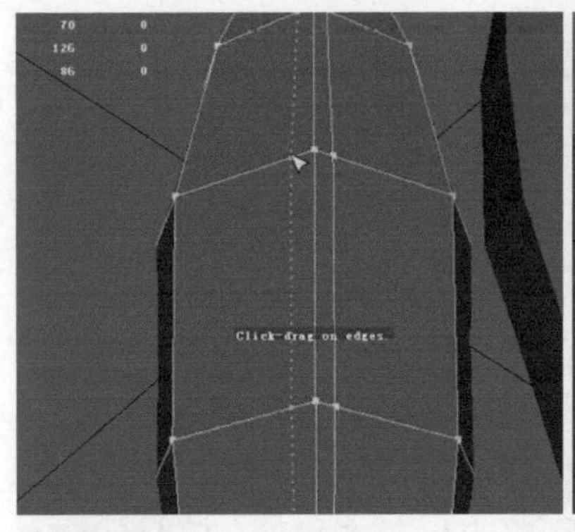

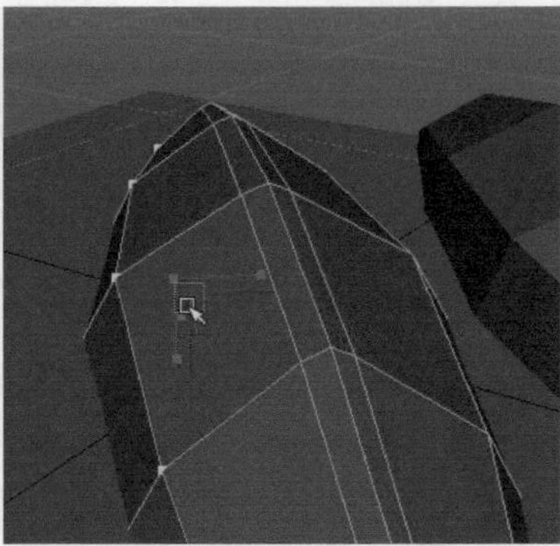

图4-83

03 把这个花纹复制一份并缩小放置在一侧。切换至点元素模式，按B键，开启软选择工具，旋转调整两侧的点，把它做成弯曲的结构，如图4-84所示。

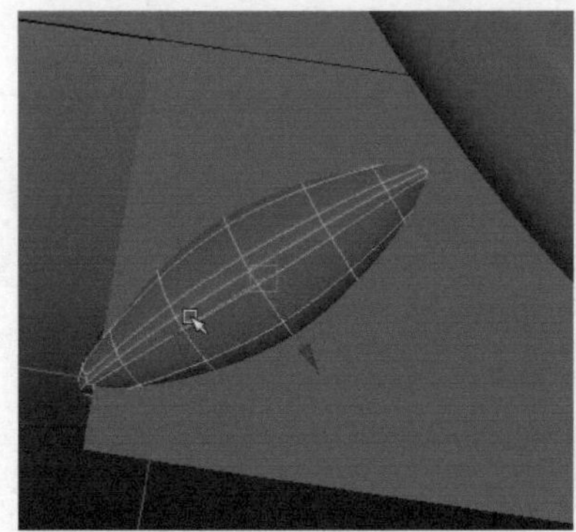
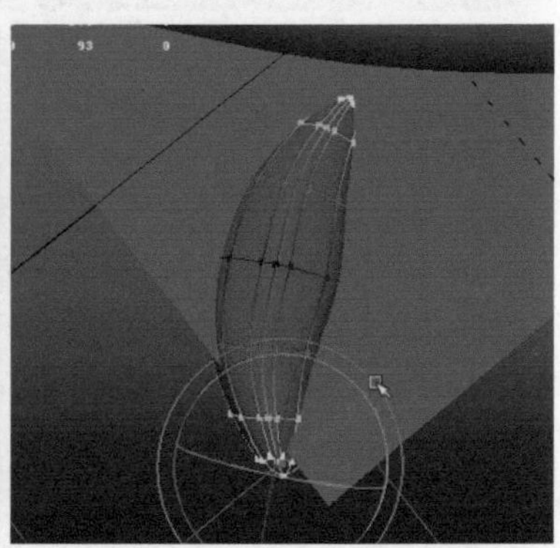

图4-84

04 继续使用复制的方式，把它复制出两个上下贴合摆放，然后切换至点元素模式，按B键开启软选择工具，分别调整它们的形状，使它们有些大小的变化。调整时还要注意它们的交接处，交接的弧线要平滑，如图4-85所示。

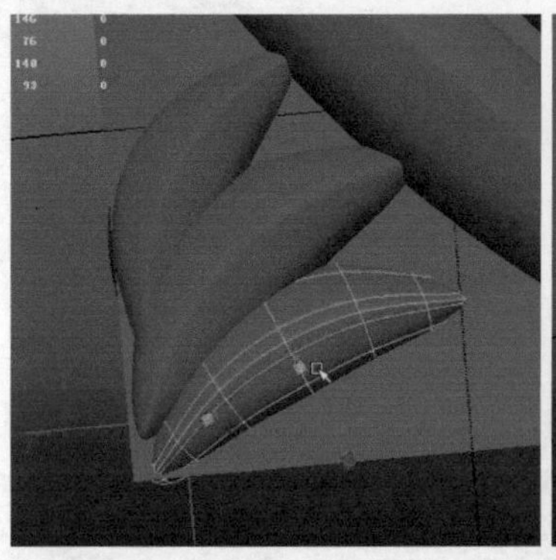
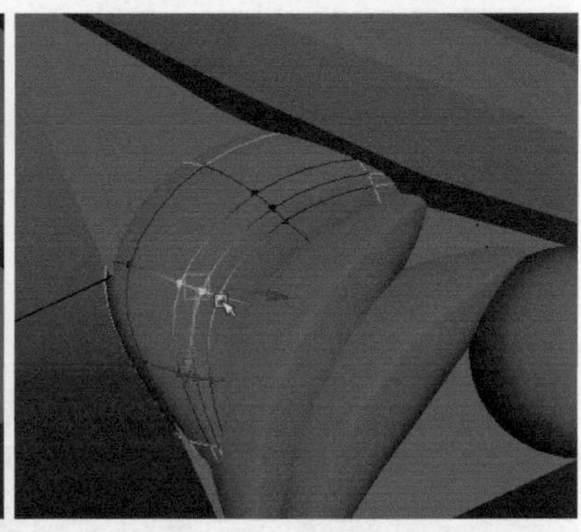

图4-85

05 这部分花纹完成之后，按Ctrl+G组合键把模型进行打组，放置在边角立方体的凹槽内，然后切换至点元素模式，进一步调整它们的大小，以覆盖空缺的区域，如图4-86所示。

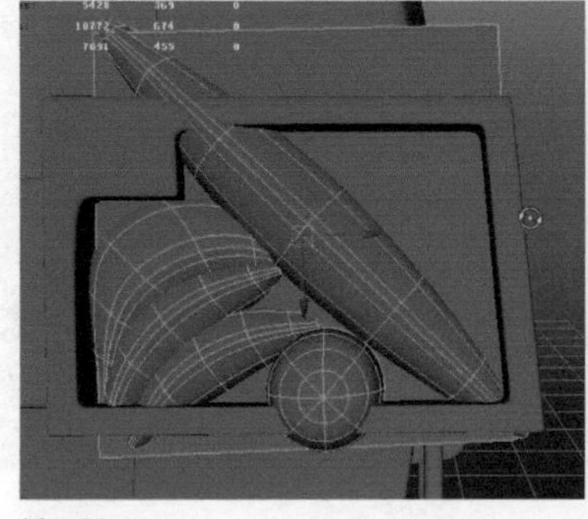
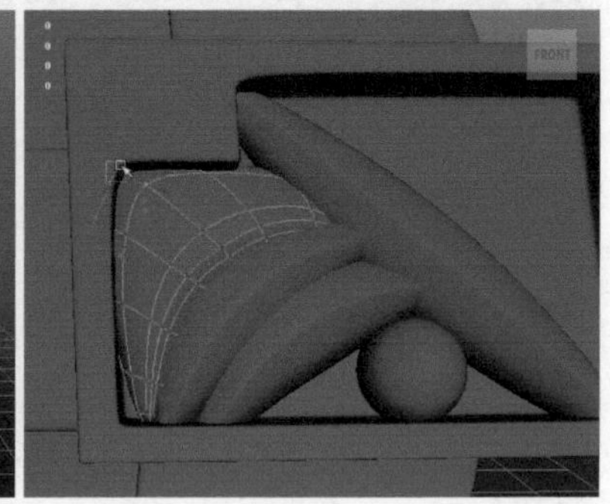

图4-86

4.2.8 部件物体制作

本小节部件物体的制作包括扶手的制作、钉子的制作和转轴的制作3个部分，这3部分物体的制作比较简单，用简单的基本几何体修改就能得到。

◆第 1 阶段：扶手制作

扶手是一个立方体结构，只不过上面打了圆形的孔，而这个圆孔的制作，可以通过创建一个圆柱体作为参照物体，然后把它放置在扶手立方体结构上面进行切割布线即可，如图4-87所示。

图4-87

01 执行Create（创建）>Polygon Primitives（多边形基本体）> Plane（平面）命令，创建一个面片。执行Edit Mesh（编辑网格）>Insert Edge Loop Tool（插入循环边工具）命令，在上面插入需要的结构线，如图4-88所示。

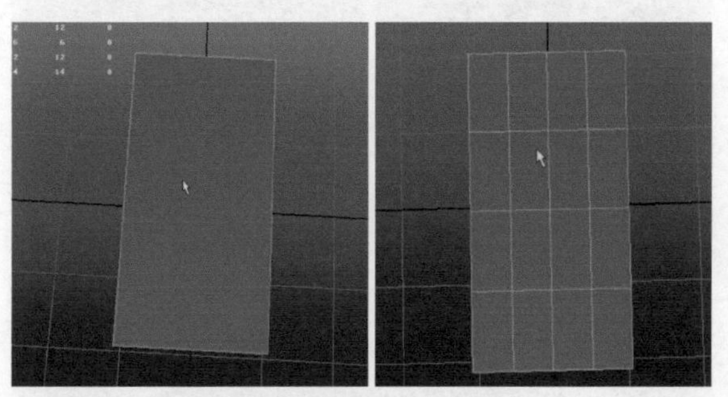

图4-88

02 执行Create（创建）>Polygon Primitives（多边形基本体）>Cylinder（圆柱体）命令，创建一个圆柱体，在通道栏中把它的段数设置为6段，然后旋转一下，使它与面片结构横竖的布线对齐，如图4-89所示。

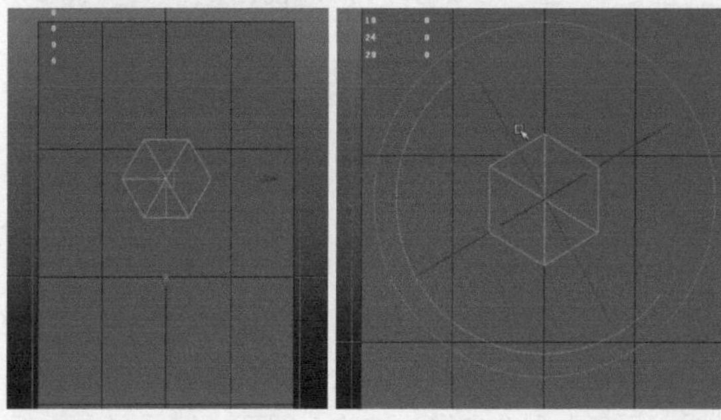

图4-89

03 执行Edit Mesh（编辑网格）>Interactive Split Tool（交互式分割工具）命令，使用分割多边形工具按照圆柱体的形状，在平面上切割布线，然后再把布线之后出现的多边面进行优化连接，如图4-90所示。

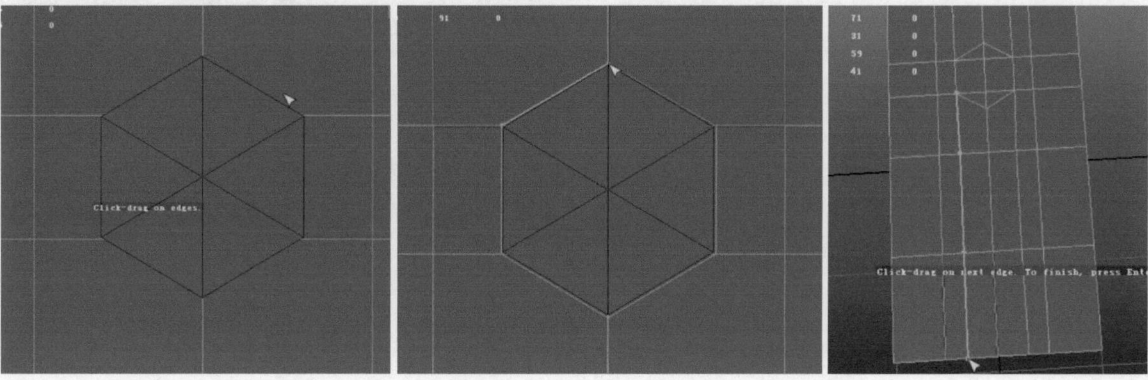

图4-90

04 切换至面元素模式，删除圆柱体位置的面，然后再切换至点元素模式，按“B”键开启软选择工具，调整它的轮廓形状。选择模型，执行Edit Mesh（编辑网格）>Extrude（挤出）命令，向下挤出它的厚度。执行Edit Mesh（编辑网格）>Insert Edge Loop Tool（插入循环边工具）命令，在转折位置插入结构线，如图4-91所示。

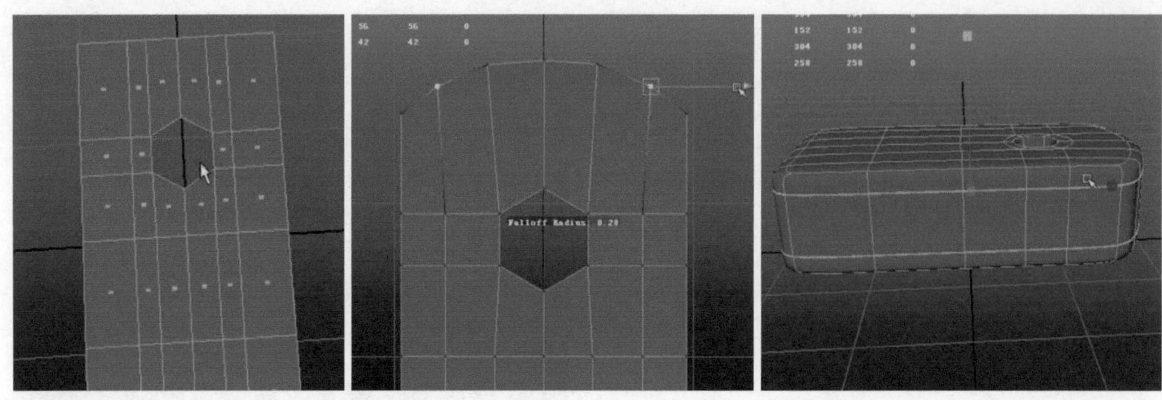

图4-91

05 这部分模型完成之后，把它放置在相应的位置，然后切换至点元素模式，适当调整它的比例和形状，如图4-92所示。

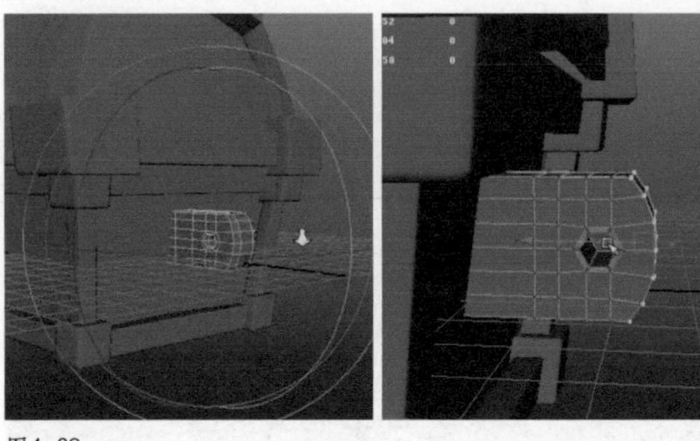

图4-92

06 执行Create（创建）>Polygon Primitives（多边形基本体）>Torus（圆环）命令，创建一个圆环，然后在通道栏里调整它的段数和半径，再把它放置在模型的打孔处，如图4-93所示。

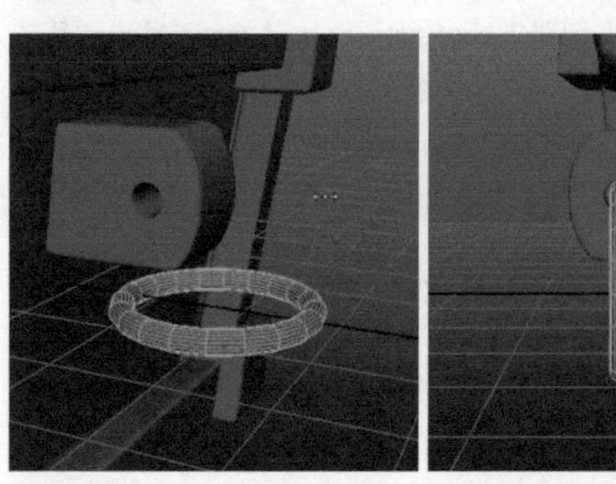

图4-93

◆第 2 阶段：钉子的制作

钉子的制作十分简单，就是一个半球体的形状，完成之后复制到金属镶边结构上即可，钉子虽小，但是可以进一步丰富模型的细节层次，如图4-94所示。

图4-94

01 执行Create（创建）>Polygon Primitives（多边形基本体）>Cylinder（圆柱体）命令，创建一个圆柱体。选择顶端的面，执行Edit Mesh（编辑网格）>Extrude（挤出）命令，向上连续挤出半球状，作为螺钉的结构，然后把它放置在金属镶边的结构上面，如图4-95所示。

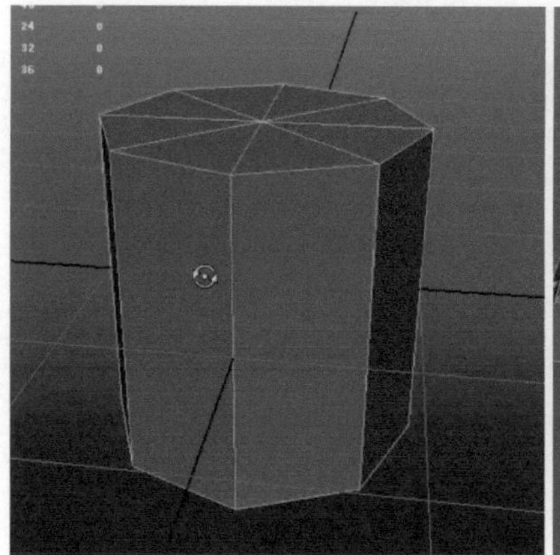
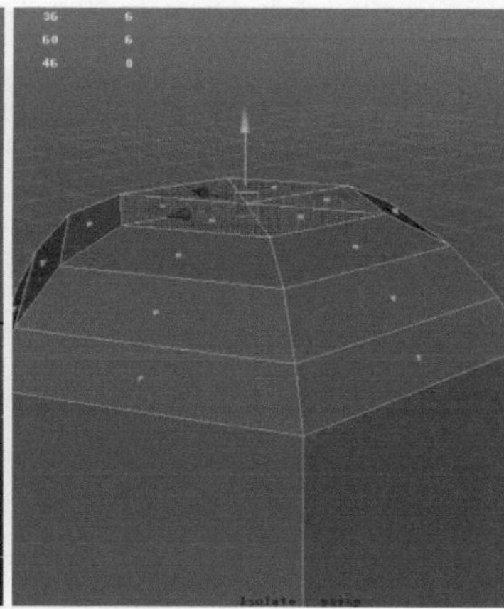

图4-95

02 执行Edit Mesh（编辑网格）>Insert Edge Loop Tool（插入循环边工具）命令，在金属镶边的螺钉结构处插入控制段数。切换至点元素模式，选择螺钉下面的点，向内推移，使它看上去有些凹槽起伏，从而增加模型的细节，如图4-96所示。

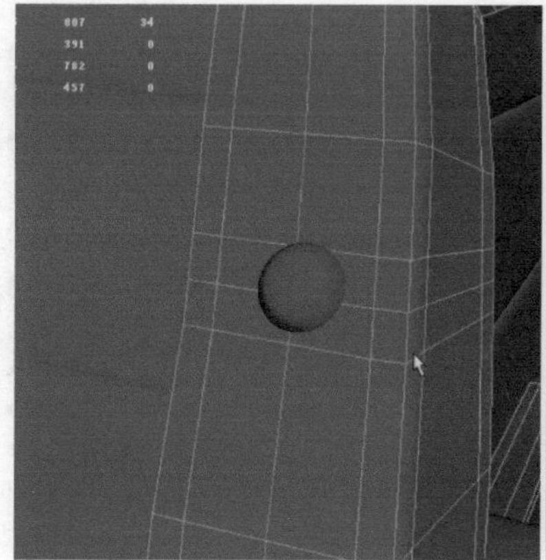
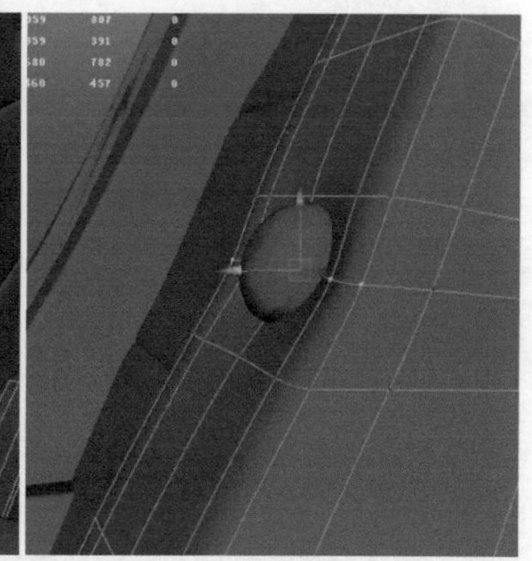

图4-96

◆第 3 阶段：转轴的制作

转轴没有什么特别的地方，两个圆柱体适当缩放大小比例放置在相应的位置即可，如图4-97所示。

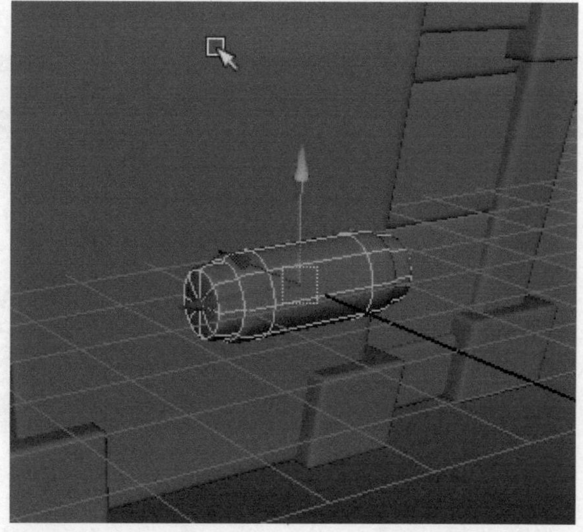

图4-97

01 执行Create（创建）>Polygon Primitives（多边形基本体）>Cylinder（圆柱体）命令，创建一个圆柱体。执行Edit Mesh（编辑网格）>Insert Edge Loop Tool（插入循环边工具）命令，在两侧边缘插入循环边。完成后把它复制一份，并且缩放拉长，如图4-98所示。

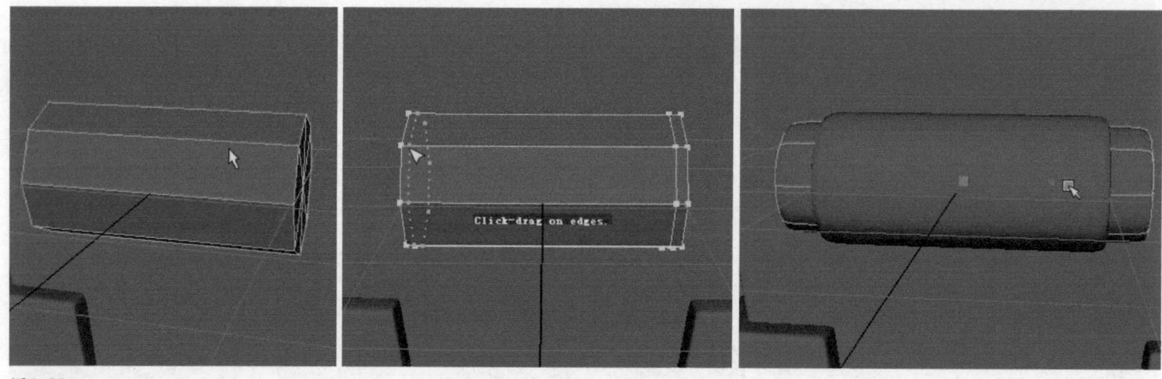

图4-98

02 选择这两个圆柱体，按Ctrl+G组合键把它们进行打组作为盒盖的旋转轴，放置在背后盒盖与盒身的交接处，如图4-99所示。

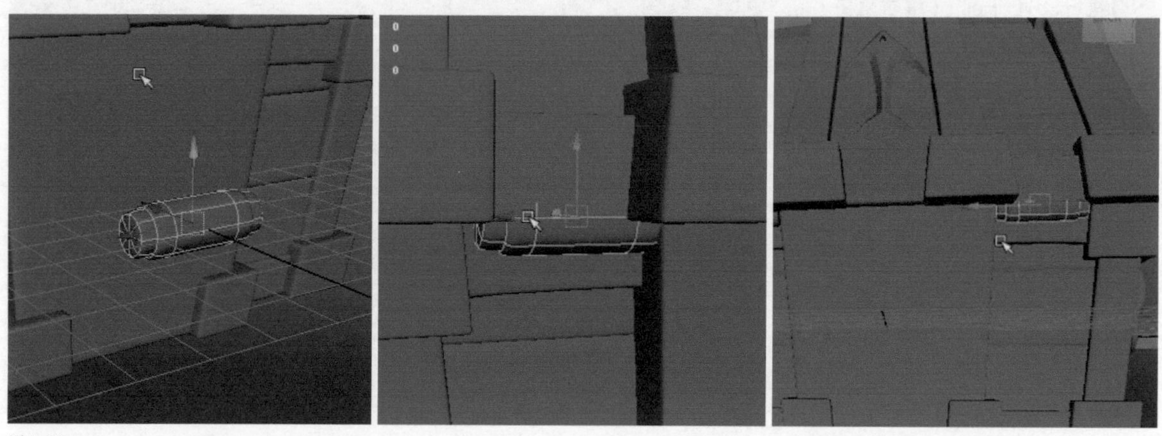

图4-99

03 选择盒盖的所有模型进行打组，按住D键进入轴的调节模式，接着按住V键打开点吸附，把轴心吸附到旋转轴的中心位置。现在旋转盒盖，它就会以旋转轴进行旋转，如图4-100所示。

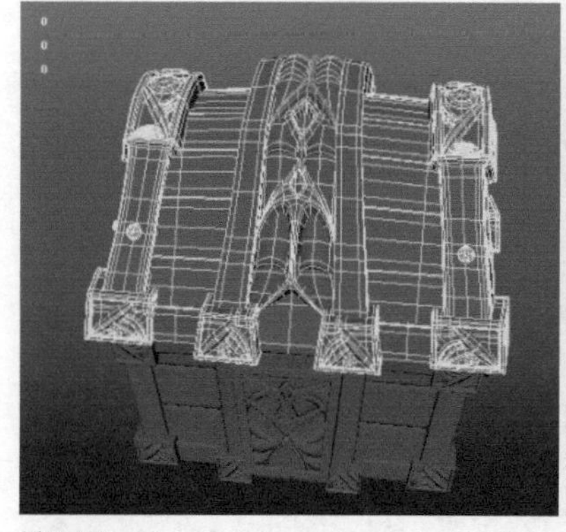

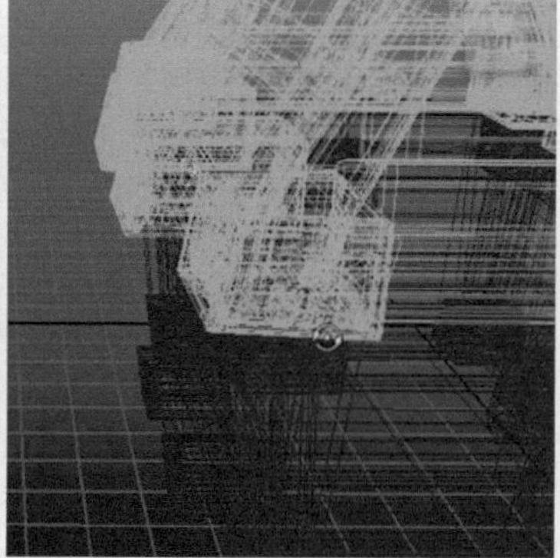

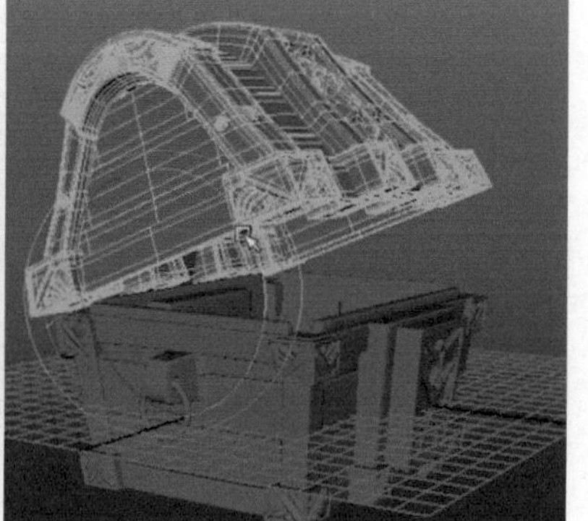

图4-100

◆第 4 阶段：内部物件锥角的制作

为了使模型看起来更加完整，还需要制作一些内部物件，这里拿一个锥角物体做示范。锥角的制作方法和之前所讲的有些不同，这里会使用更加方便的命令和方法进行制作，如图4-101所示。

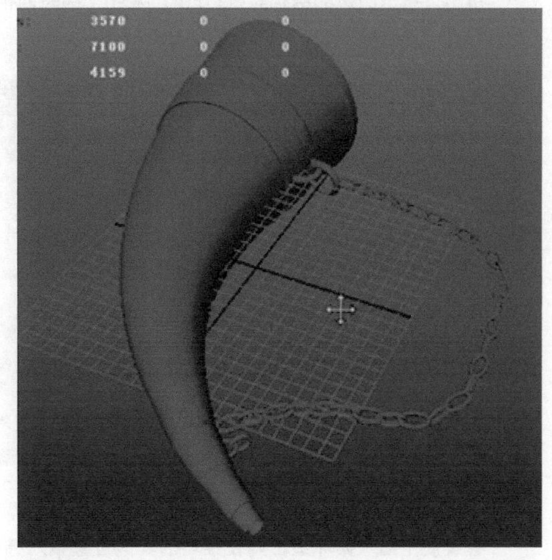

图4-101

01 执行Create（创建）>Polygon Primitives（多边形基本体）>Cylinder（圆柱体）命令，创建一个圆柱体，删除上下两端的面。切换至前视图，执行Creat（创建）>EP Curve Tool（EP曲线工具）命令，以鼠标左键单击的方式创建一条曲线，鼠标右键切换至控制点模式，调整曲线的弧度，如图4-102所示。

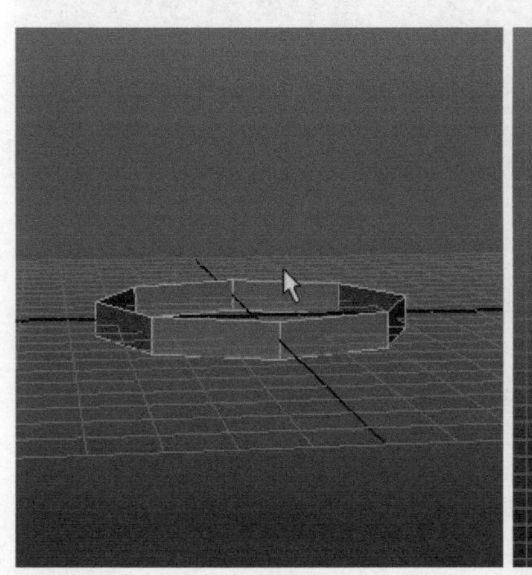

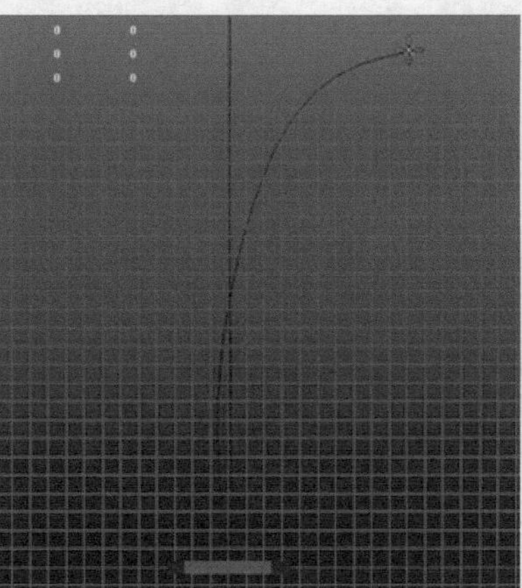

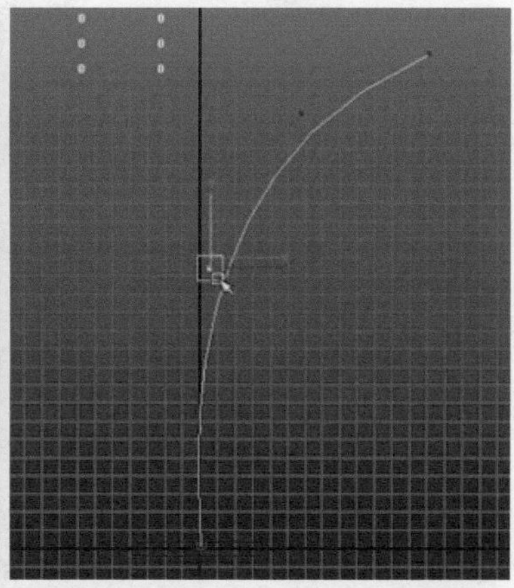

图4-102

02 切换至边元素模式，选择圆柱体的循环边加选曲线，单击Edit Mesh（编辑网格）>Extrude（挤出）命令后的设置选项按钮，在弹出的选项卡中，把Divisions（细分）参数设置为10，Taper（锥化）参数设置为0.1，然后单击Apply（应用），挤出锥角的形状，如图4-103所示。

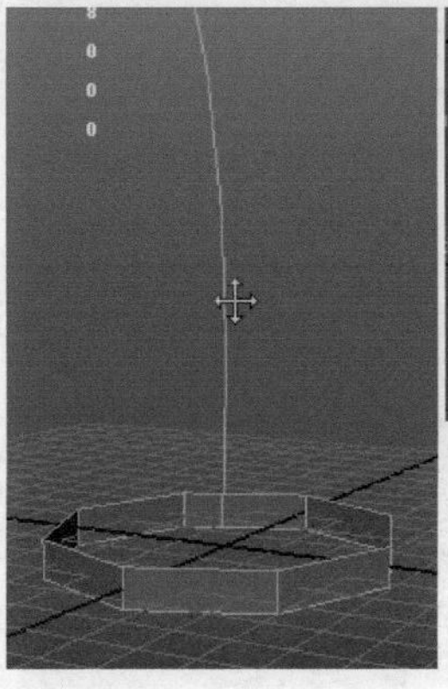

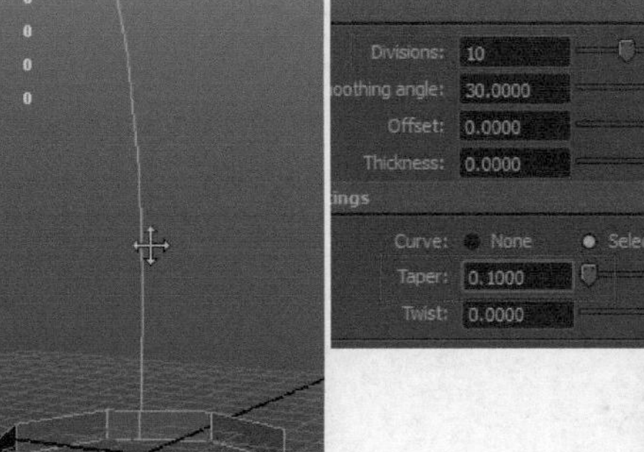

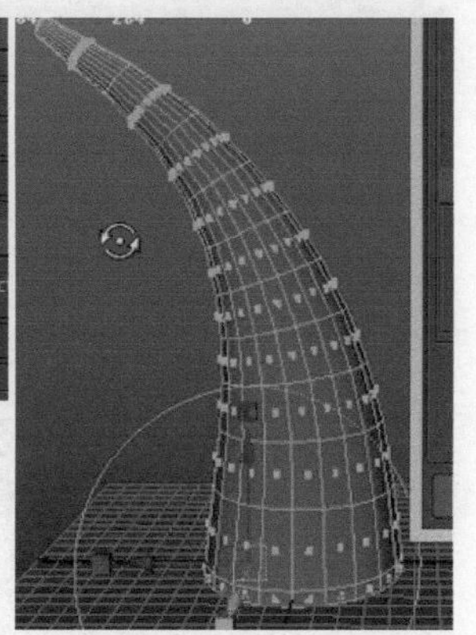

图4-103

03 选择它的底面，执行Edit Mesh（编辑网格）>Extrude（挤出）命令，向内挤出凹槽结构，然后选择边缘的循环面再次挤出，挤出凸边的结构。执行Edit Mesh（编辑网格）>Insert Edge Loop Tool（插入循环边工具）命令，在转折位置卡线，做出锐利的转折结构，如图4-104所示。

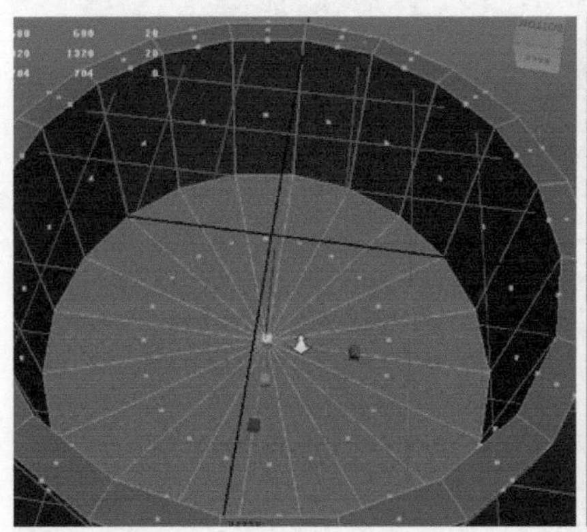

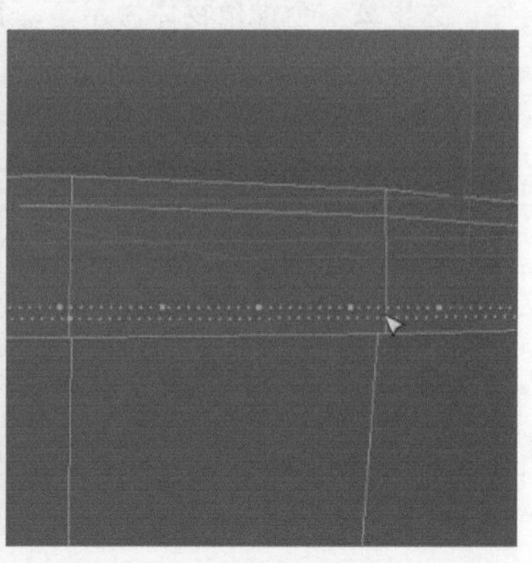

图4-104

04 继续使用插入循环边工具在锥角的其他位置插入结构线，然后进行挤出，把锥角的尖端也挤出一个凹槽结构，丰富模型的细节，如图4-105所示。

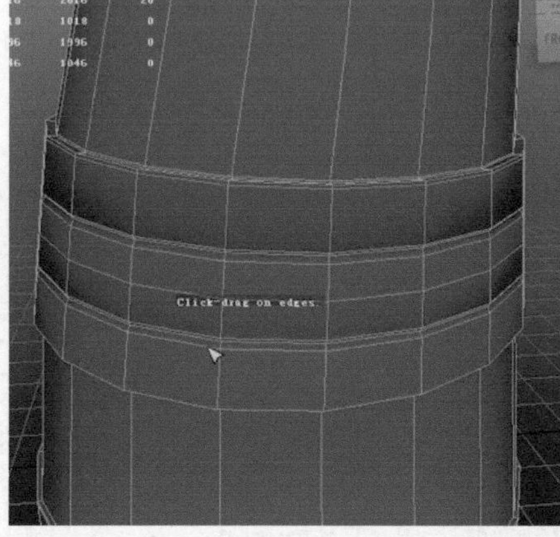

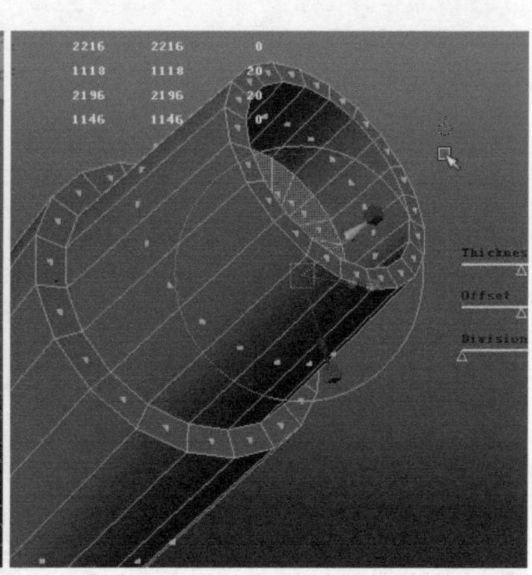

图4-105

05 执行Create（创建）>Polygon Primitives（多边形基本体）>Torus（圆环）命令，创建一个圆环，然后在通道栏里调整它的段数和半径，再把它复制一个旋转90° 交叉排列，完成之后把它打组放置在锥角的上下两端，作为环扣的模型，如图4-106所示。

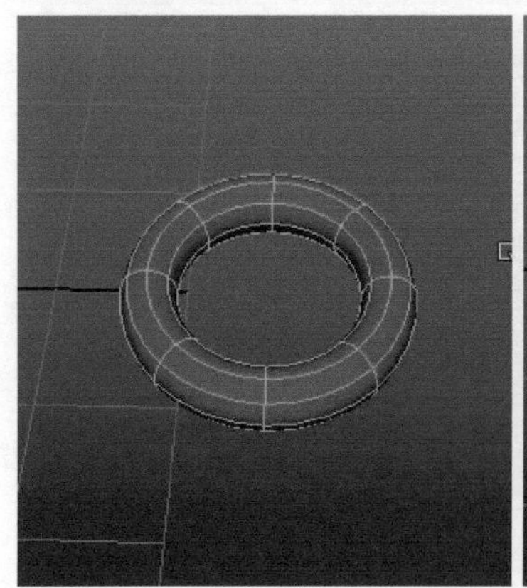
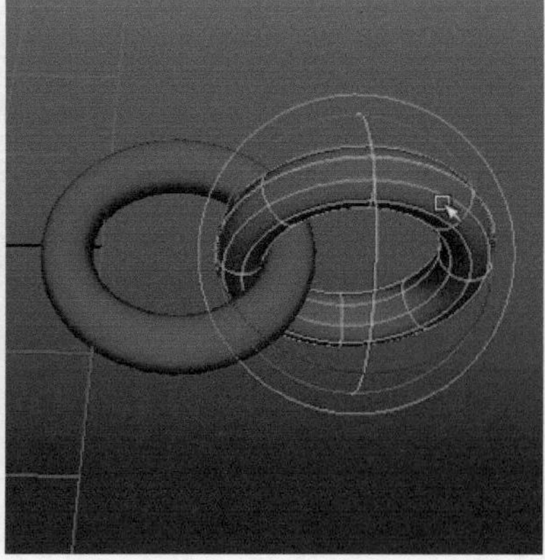
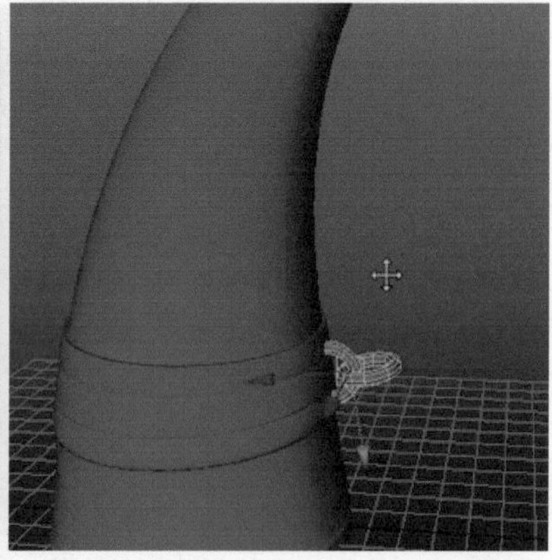

图4-106

06 为了方便之后的操作，先把椎体旋转90° 平放。执行Creat（创建）>EP Curve Tool（EP曲线工具）命令，以鼠标左键单击的方式创建一条曲线，连接上下两端的环扣，作为铁链制作的路径，然后鼠标右键切换至控制点模式，调整曲线的弧度，如图4-107所示。

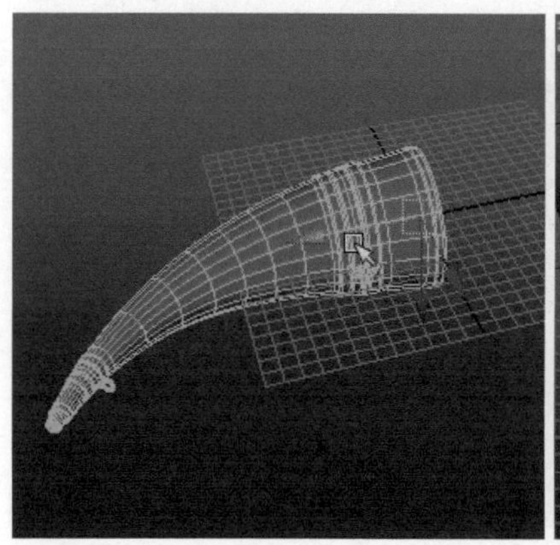
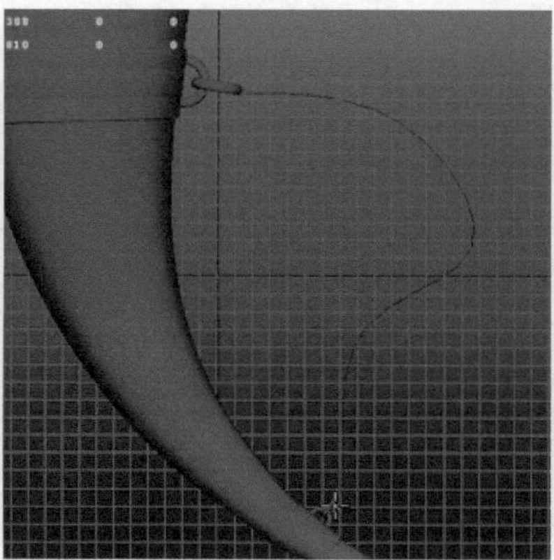
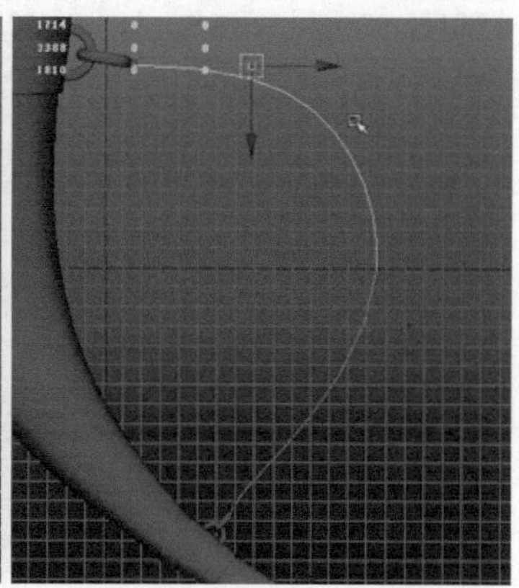

图4-107

07 执行Create（创建）>Polygon Primitives（多边形基本体）>Torus（圆环）命令，创建一个圆环，在通道栏里把它的段数调整为8段，并把它缩放成椭圆的形状，然后把它复制一个旋转90° 交叉排列，作为铁链的一截，如图4-108所示。

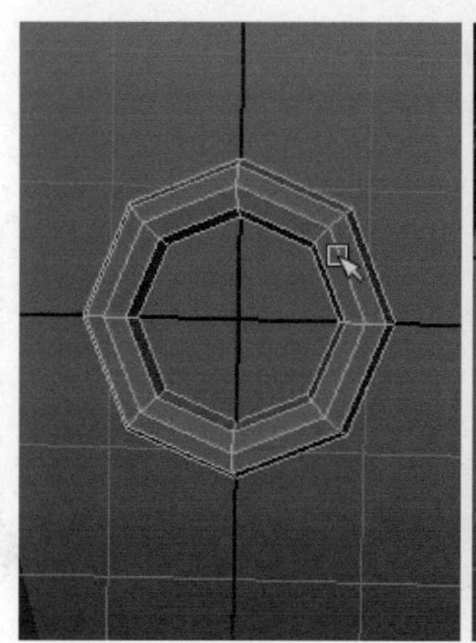
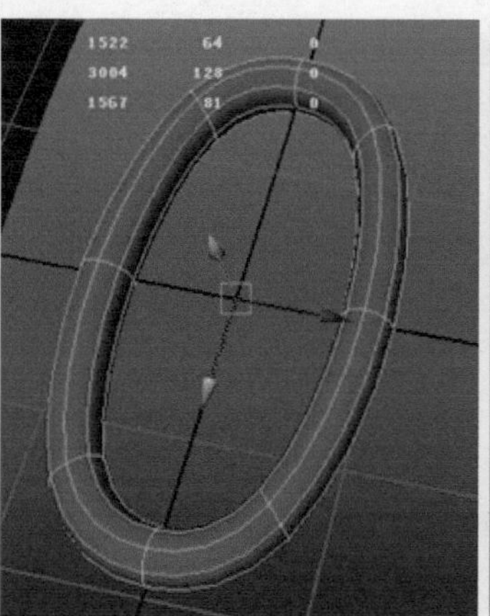
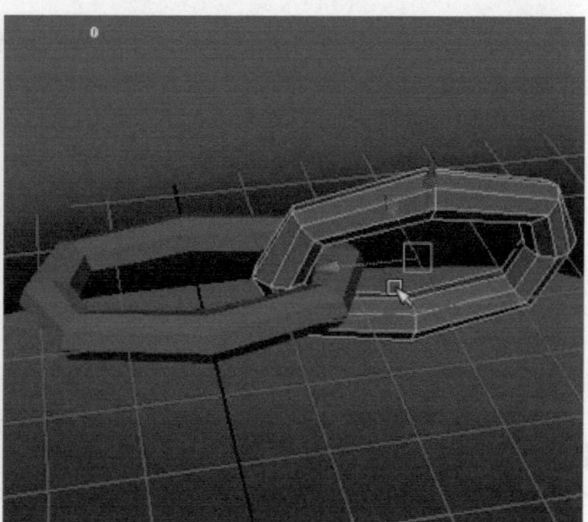

图4-108

08 选择这一截铁链，按住C键，把它吸附到曲线的起始端。选择铁链加选曲线，单击动画模块下的Animate（动画）>Motion Paths（动态路径）>Attach to Motion Path（附加到动态路径后的设置选项按钮，在弹出的选项卡中调整它的时间和轴向，单击Apply（应用），这时播放一下时间轴，会发现这一截铁链会沿路径运动，如图4-109所示。

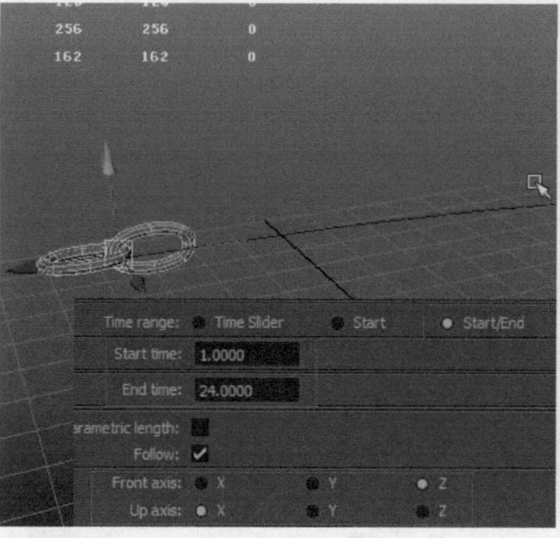

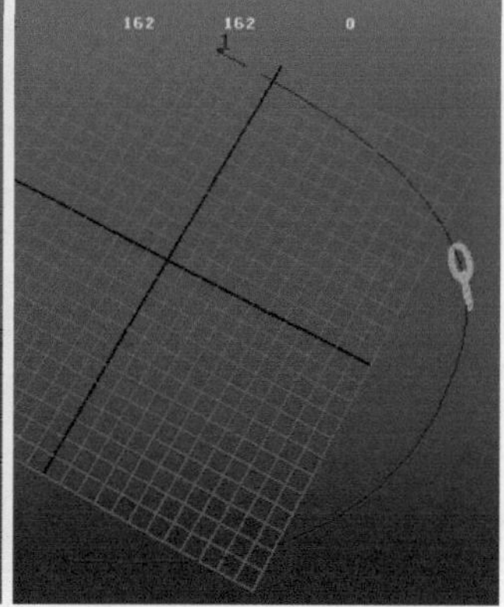

图4-109

09 选择铁链加选曲线，执行Animate（动画）>Create Animation Snapshot（创建动画快照）命令，沿路径创建出铁链的模型。选择曲线，切换至控制点模式，调整铁链的弧度，完成铁链的制作，如图4-110所示。

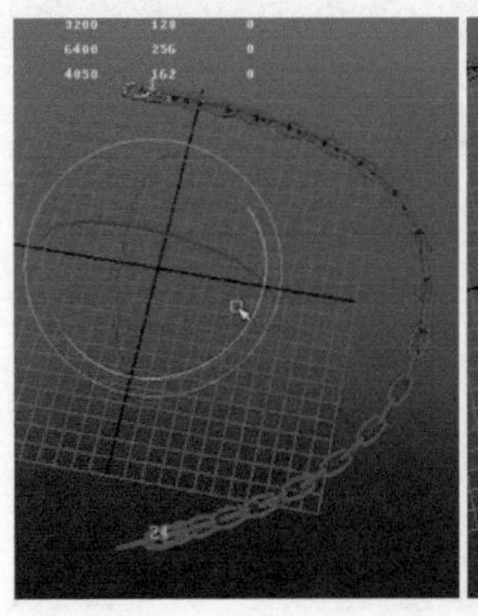
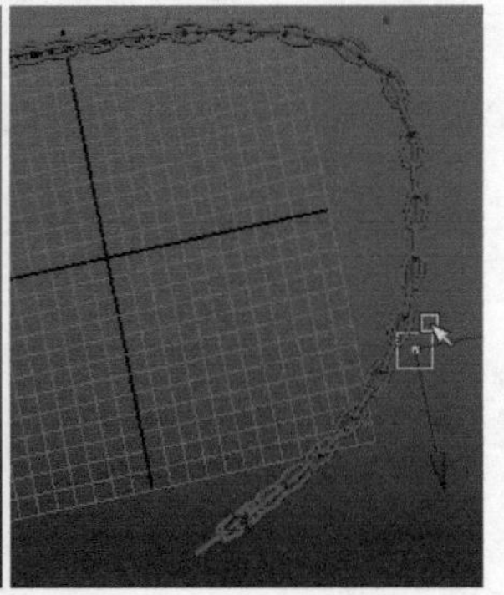

图4-110

10 由于以路径动画的方式创建模型，创建后往往尖端和末端的模型会离得比较近，所以这里需要删除尖端和末端的部分模型，保持整条铁链都是比较平均的，如图4-111所示。

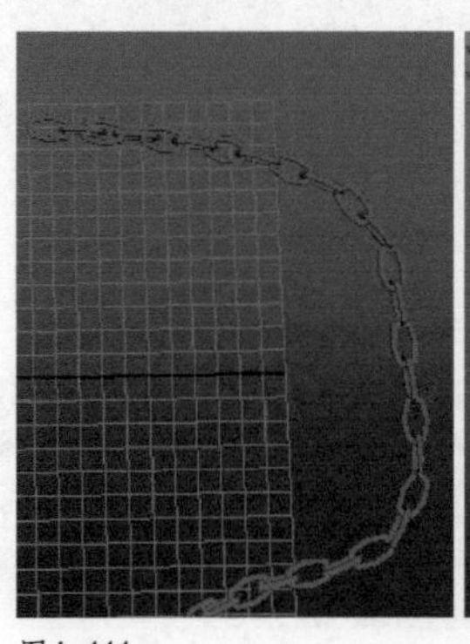
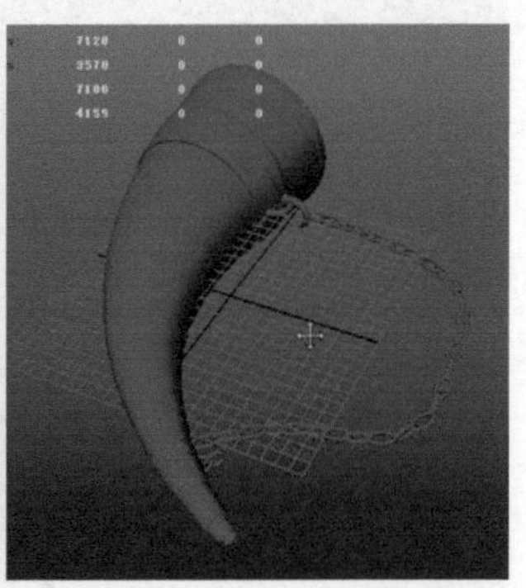

图4-111

4.2.9 本节小结

本节宝箱的模型制作还是相对比较简单的，通过本章的学习，可以使大家掌握花纹的制作方法，以及最后的锥形结构和锁链结构的制作方法，积累学习新的命令和技巧，以便于在之后的模型制作中更能得心应手。

4.3 案例——斧头

本节要制作的是一把战斧，它同样也是游戏《魔兽世界》里的道具，它属于随身道具，如图4-112所示。

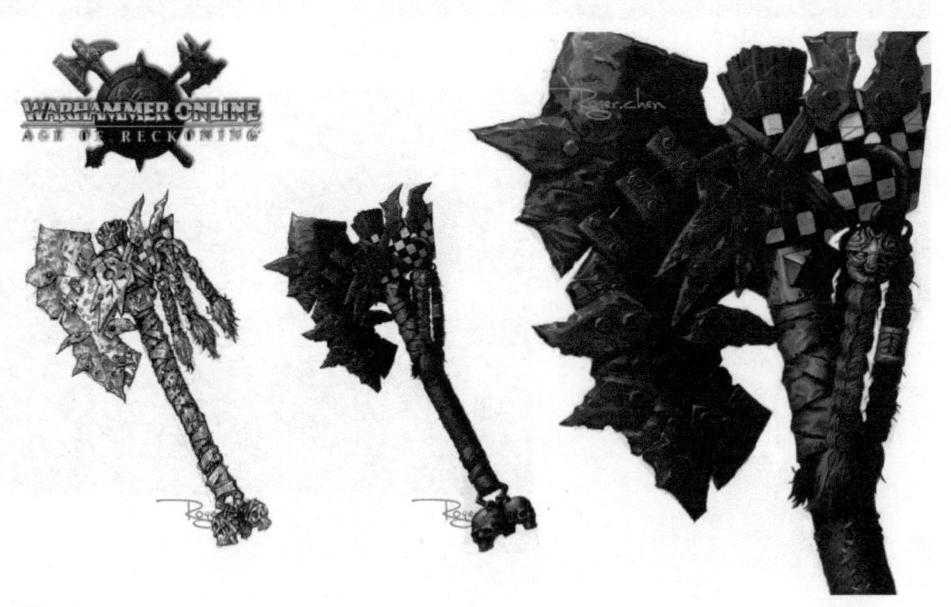

图4-112

4.3.1 关于兵器

兵器自古就有，古代兵器不但是为了防御，有时更像是身份地位的象征。兵器的先进程度，往往决定了一个国家的强盛与否。

中国古代有“十八般武艺”之说，其实也就是指十八种兵器。一般是指弓、弩、枪、棍、刀、剑、矛、盾、斧、钺、戟、殳、鞭、锏、锤、叉、钯、戈。而中国武术中的兵器远不止十八种，如果加上各种奇门兵器和形形色色的暗器，其总数则不下百种，如图4-113所示。

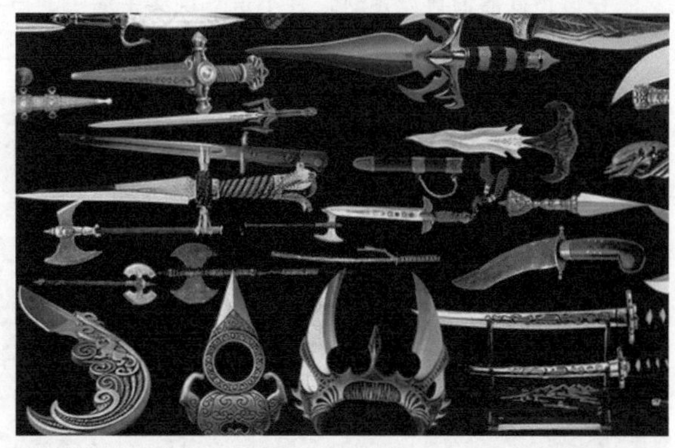

图4-113

由于本节是以斧头为例，所以在这里只对斧头的结构、特点以及分类做进一步的了解。

◆第 1 阶段：斧头的特点

斧在上古时代不仅是用于作战的兵器，而且是军权和国家统治权的象征。斧舞动起来，姿势优美、风格粗犷、豪放，可以显出劈山开岭的威武雄姿。

斧的主要特点是：动作粗犷、豪放、勇猛；主要技法有劈、剁、搂、云、片、砍、削、撞等。

◆第 2 阶段：斧头的造型结构

斧头是一种武器或者伐木工具，是由一根木棍把手接着一块梯形刀片所构成。斧是利用杠杆原理和冲量等于动量的改变量原理来运作的。一般分为斧头和斧柄两个部分：斧头为金属所制，一般为坚硬的金属，如钢铁，斧柄一般为木质或金属的。刀口形状一般为弧形，有时也为直线形或扁形，如图4-114所示。

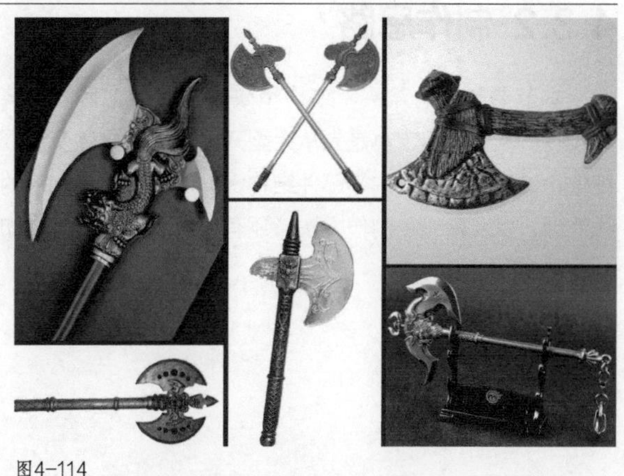

图4-114

◆第 3 阶段：斧头的分类

斧头自身又分为很多种类，包括板斧、大斧、鱼尾斧、短斧、凤头斧、双斧等。每一种斧头在造型上都有各自的特点和功能，如图4-115所示。

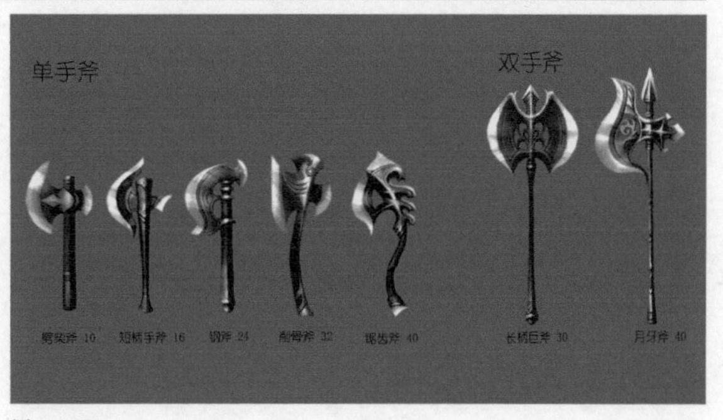

图4-115

◆第 4 阶段：斧头的设定

在进行武器道具设定时，并不是对现实生活中的事物进行模拟，而是在现实的基础上进行夸张丰富，通过借助丰富的想象，以种种方式来描绘充满梦幻和虚拟的想法，如图4-116所示。

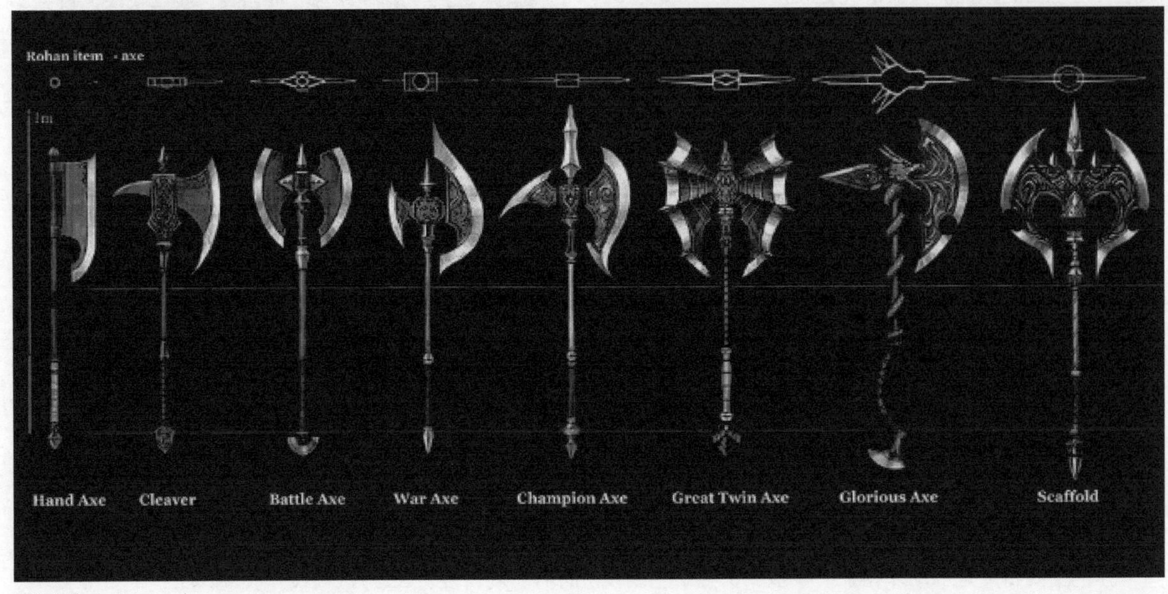

图4-116

4.3.2 制作思路

本节要制作的斧头，结构稍微有些复杂，另外细节也比较多。制作时通常也是先从大型开始，然后再逐步深入和细化，最后再添加小的零部件结构，难点主要在于划痕的布线处理，以及麻绳的制作方法，还有头骨的布线造型，如图4-117所示。

图4-117

4.3.3 制作流程

这把斧头道具的制作主要分为大型的制作、结构的细化和配件的制作3个阶段。

01 在大型创建中，利用Maya的基本模型或创建多边形工具，通过加线编辑调出斧头的结构形状，并进行合理的布线，如图4-118所示。

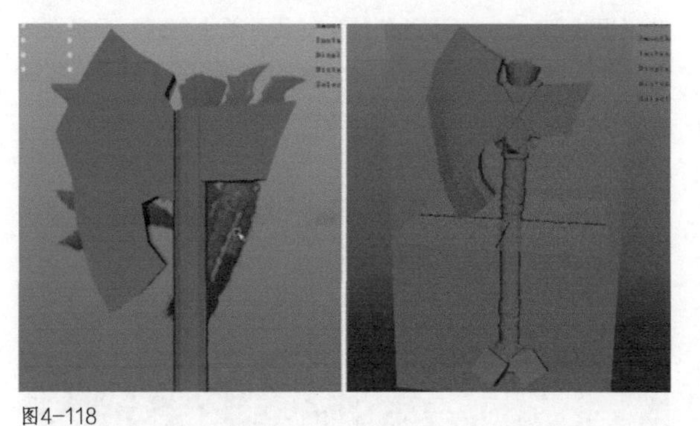

图4-118

02 整体的大型制作完成之后就可以对结构进行细化，斧头的尖刺和裂痕是主要的细节，而这些尖刺和裂痕的细节就需要根据结构走的布线来制作，如图4-119所示。

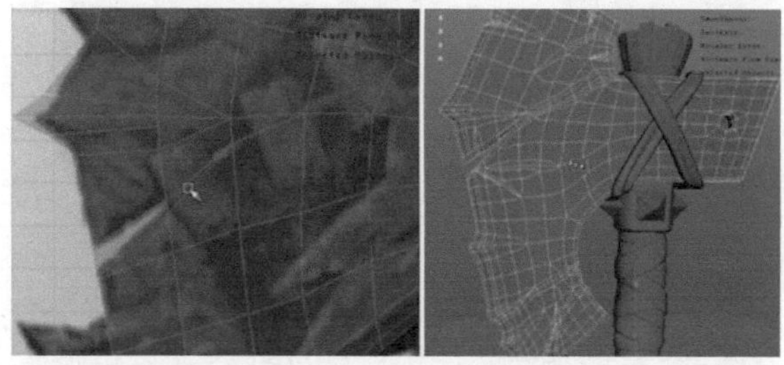

图4-119

03 这把斧头的配件有斧柄上端的铁环、铁块钉、顶部木圈以及布料绷带和绳子，最后就是相对比较复杂的头骨，由于头骨相对比较独立，所以可以放到后面进行制作，如图4-120所示。

图4-120

4.3.4 参考图导入

为了之后在模型的制作过程中更加准确和快捷，需要把斧头的原画设定稿导入进Maya作为参照物体，这样就可以使用创建多边形工具，按照参考图的轮廓进行绘制创建。参考图的导入方法，需要借助材质球来显示，如图4-121所示。

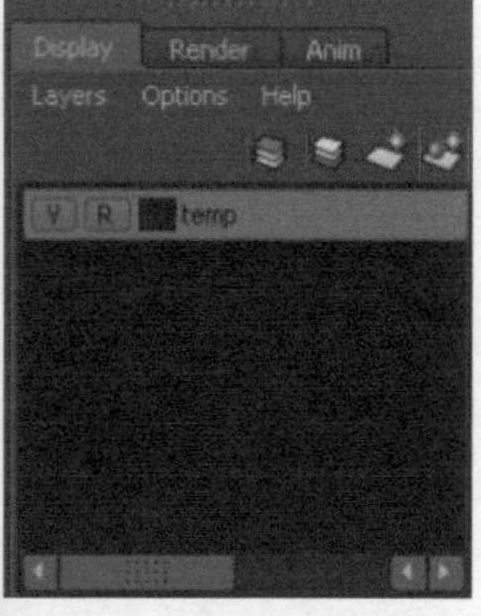

图4-121

01 执行Create（创建）>Polygon Primitives（多边形基本体）>Plane（平面）命令，创建一个面片，作为贴图显示的载体，根据参考图的比例进行缩放，如图4-122所示。

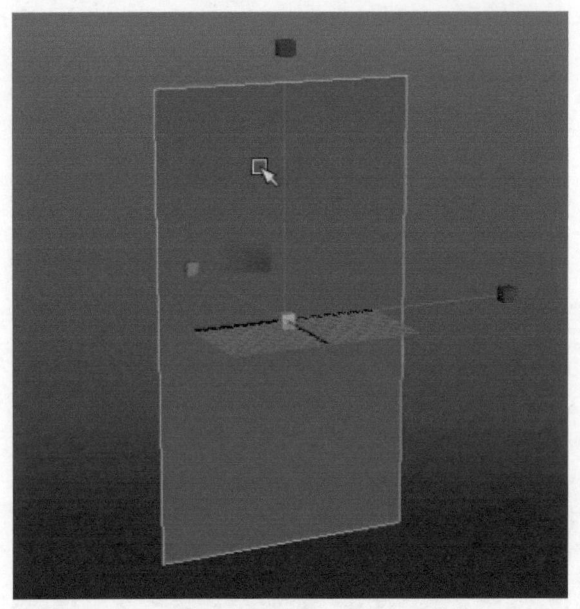

图4-122

02 执行Window（窗口）>Rendering Editors（渲染编辑器）>Hypershade（超级着色器）命令，打开材质编辑器。在弹出的Hypershade（超级着色器）窗口中的左侧创建栏里找到Lambert（兰伯特）材质并单击创建，观察右边的工作区就会找到新建的lambert2（兰伯特2）材质，如图4-123所示。

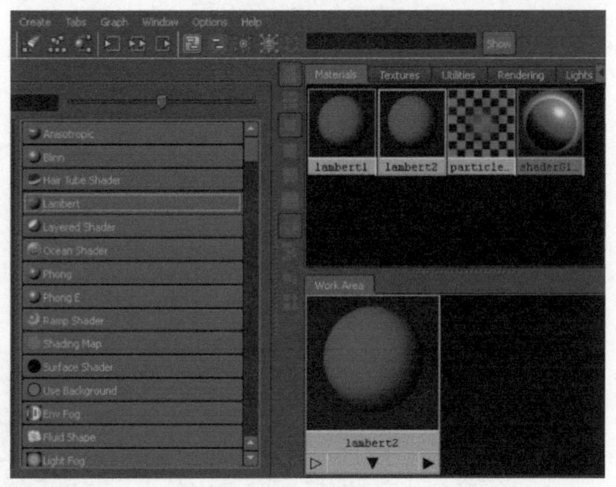

图4-123

03 双击lambert2（兰伯特2）材质，打开lambert2（兰伯特2）的属性编辑面板，找到Color（颜色）选项，单击后面的图标，如图4-124所示。

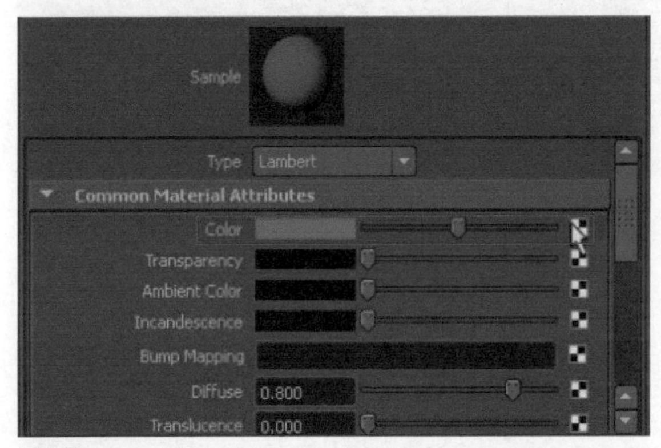

图4-124

04 在弹出的Create Render Node（创建渲染节点）的窗口中，找到File（文件）图标并单击，如图4-125所示。

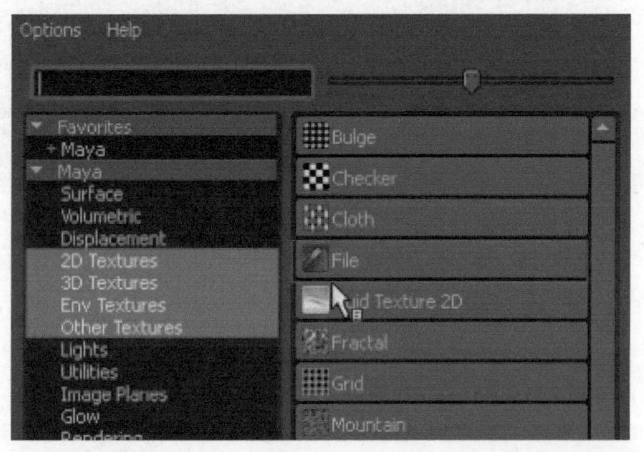

图4-125

05 这时属性编辑器已跳转至File（文件）的属性标签，找到Image Name（图像名称），单击后面的文件夹图标，然后在弹出的Open（打开）窗口中找到准备的参考图即可导入，如图4-126所示。

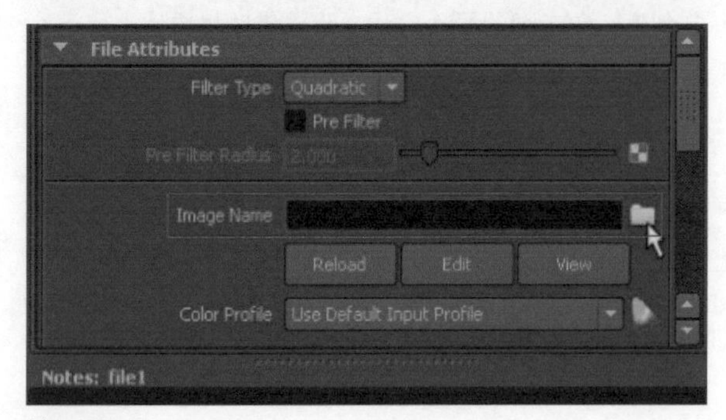

图4-126

06 再次打开lambert2（兰伯特2）材质属性编辑面板，找到Transparency（透明度）选项，移动滑块，调整材质的透明度，方便之后制作模型的时候进行观察参考，如图4-127所示。

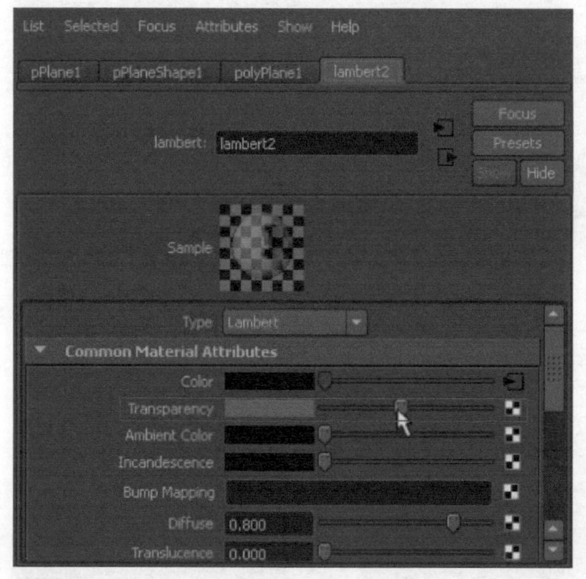

图4-127

07 在Hypershade（超级着色器）窗口中找到新建的lambert2（兰伯特2）材质，按鼠标中键拖曳材质球到创建的平面上，接着按数字6键贴图显示，即可发现创建的平面上显示出参考图了。接着选择面片，单击通道栏下的层管理栏的创建层按钮，把面片添加到层里，然后单击层上面的锁定按钮即可锁定，如图4-128所示。

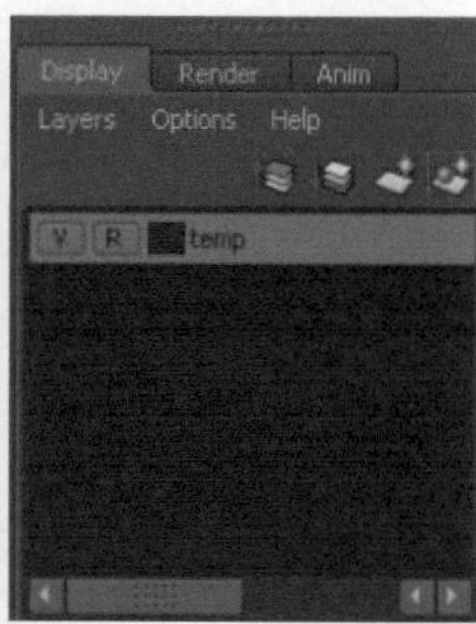

图4-128

4.3.5 大型创建

大型的创建阶段，就是利用Maya的基本模型或创建多边形工具，通过加线编辑调出斧头的结构形状，需要注意的是整体的比例和大的结构关系，尤其是斧身不规则的形状，还需要进行合理的布线，如图4-129所示。

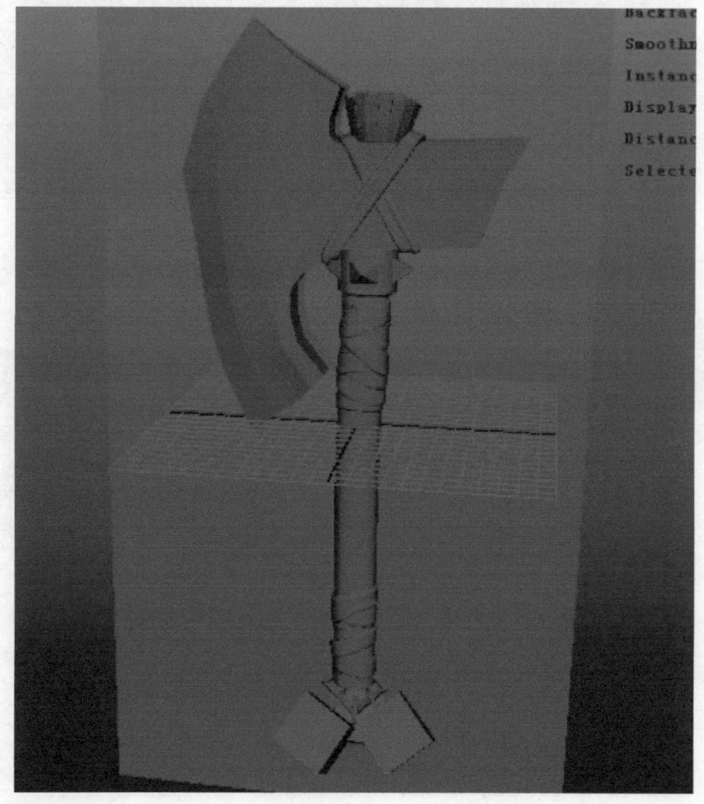

图4-129

01 执行Create（创建）>Polygon Primitives（多边形基本体）>Cylinder（圆柱体）命令，创建一个圆柱体，缩放整体的大小比例。执行Edit Mesh（编辑网格）>Insert Edge Loop Tool（插入循环边工具）命令，在上下两端插入结构线，以固定平滑预览后的结构，如图4-130所示。

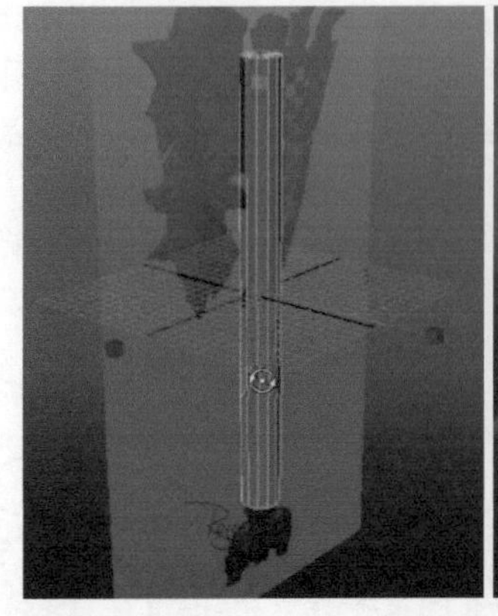
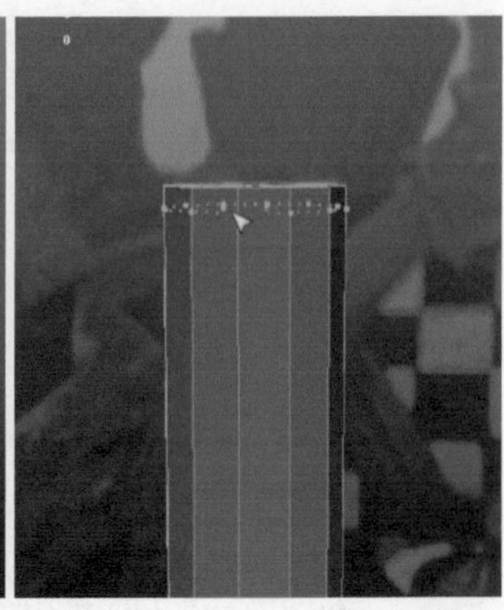

图4-130

02 执行Create（创建）>Polygon Primitives（多边形基本体）>Cube（立方体）命令，创建一个立方体。切换至前视图，根据参考图，调整点的位置编辑斧身的大型，在段数不够的情况下，可使用插入循环边工具进行加线，如图4-131所示。

图4-131

03 选择斧身下端的面，执行Edit Mesh（编辑网格）>Extrude（挤出）命令，挤出下端的结构，然后继续使用插入循环边工具进行加线调整，如图4-132所示。

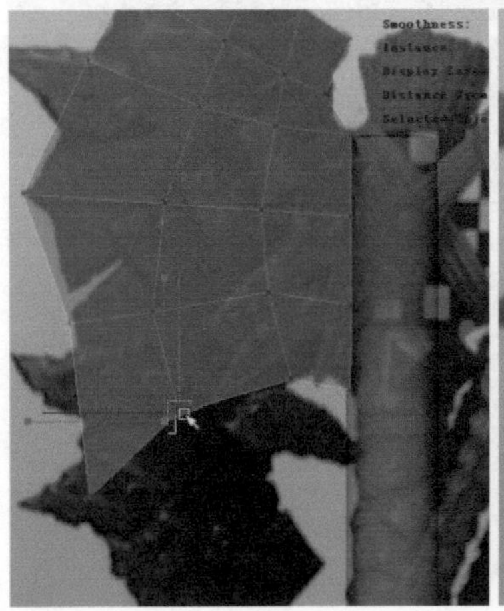
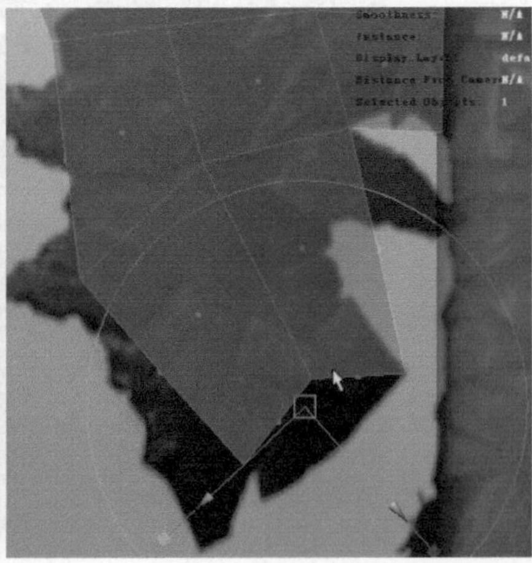

图4-132

04 创建立方体，像制作左侧的结构一样，制作出右侧结构，使用插入循环工具适当加线调整，如图4-133所示。

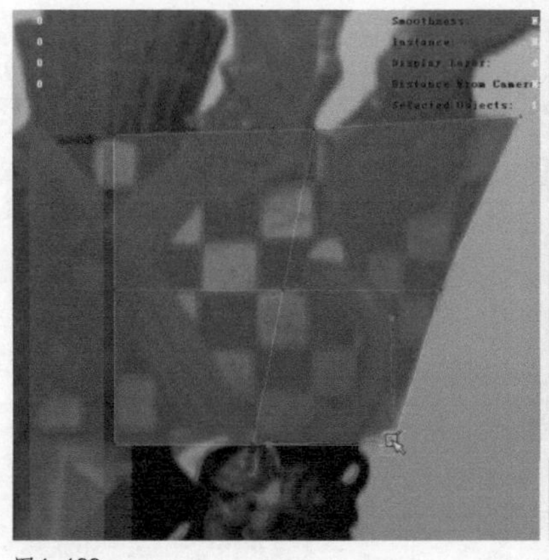
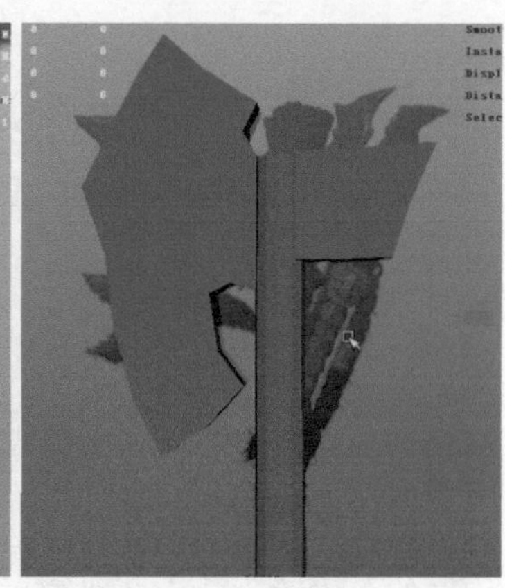

图4-133

05 切换回透视图，选择刀刃处的循环边，向外侧移动，拖出刀刃的尖端结构，然后再次切换至前视图，根据参考图对整体结构进行调整，如图4-134所示。

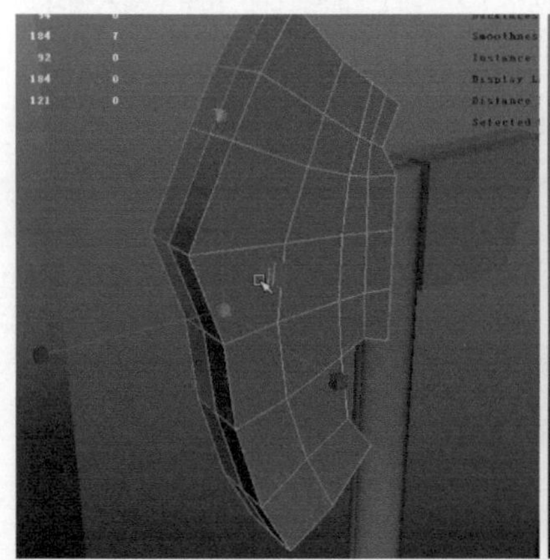
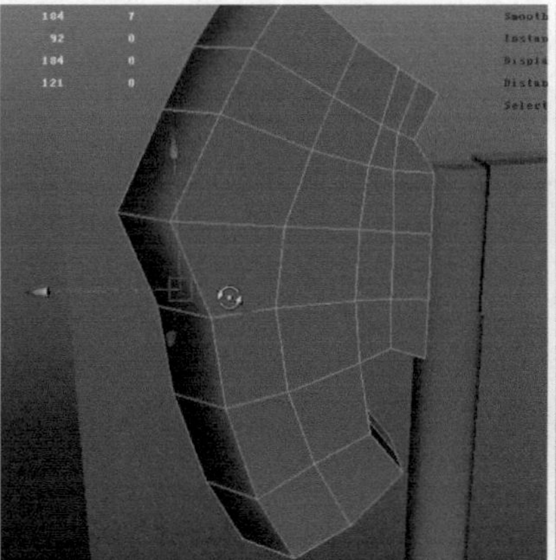

图4-134

06 挑选上端的面，执行Edit Mesh（编辑网格）>Extrude（挤出）命令，挤出上端的结构，注意挤出之后要和参考图进行调点对齐，如图4-135所示。

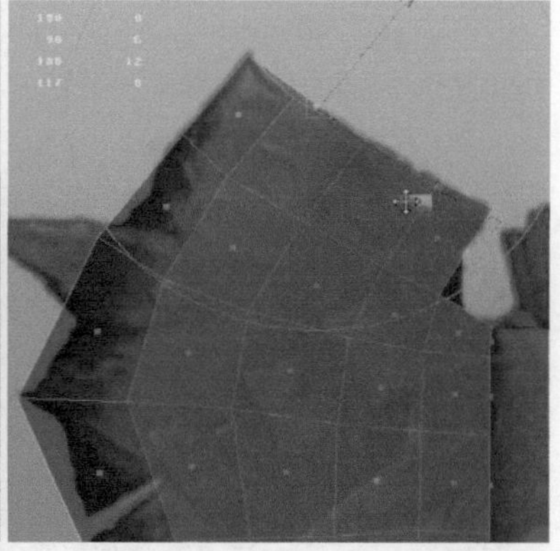

图4-135

07 进入透视图，双击移动工具，打开工具设置面板，勾选Reflection（反射）开启对称操作，选择刀刃处的侧边，向内微调，优化刀刃的结构形状，同时对右侧的结构进行调整。选择斧身，切换到动画模块，执行Create Deformers（创建变形器）>Lattice（晶格）命令，创建晶格工具。在通道栏中找到S、T、U Divisions（S、T、U细分），调整晶格的控制段数，然后找到ffdi下面的Local Influence S、T、U（局部影响S、T、U），调整晶格控制的局部影响范围。切换至侧视图，选择晶格相应的控制点调整刀刃中间宽上下窄的结构，如图4-136所示。

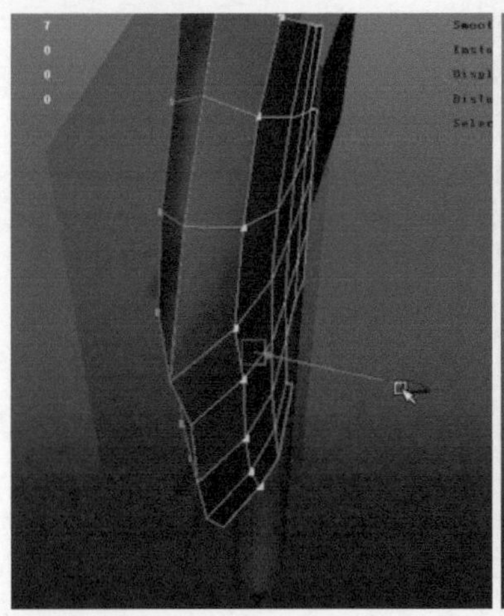
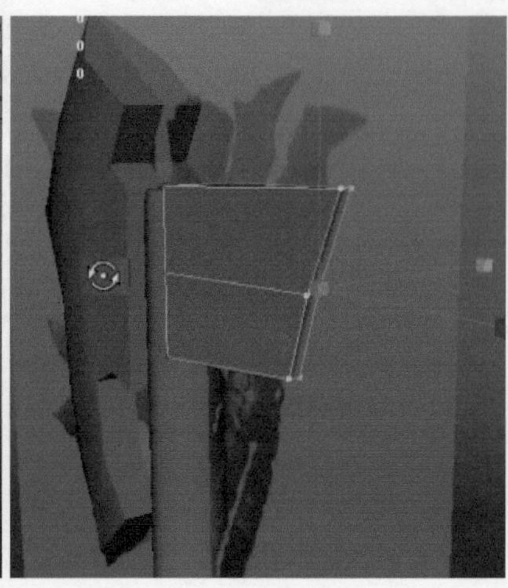
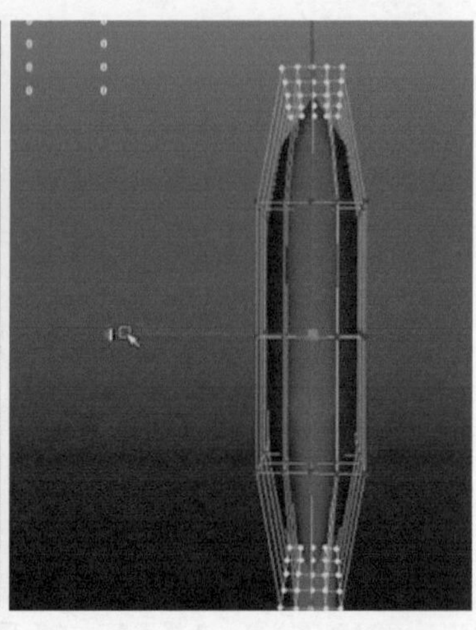

图4-136

08 选择右侧结构的点，向左侧移动，和左侧结构对齐。执行Edit Mesh（编辑网格）>Insert Edge Loop Tool（插入循环边工具）命令，在右侧结构横向插入结构线，匹配左侧的段数，如图4-137所示。

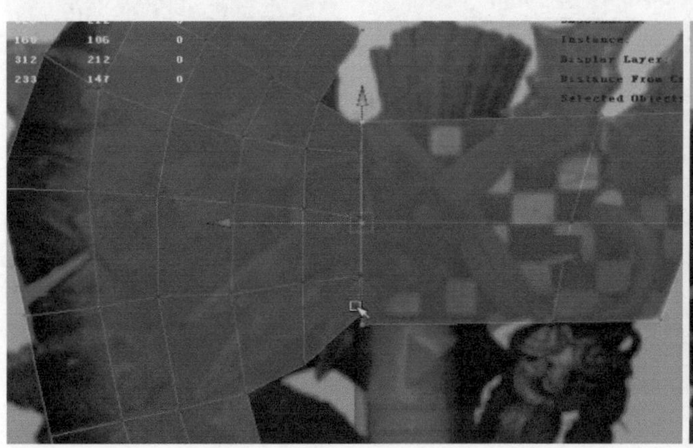
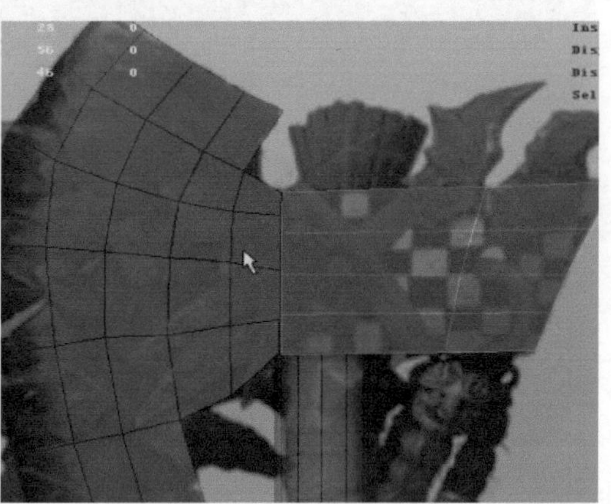

图4-137

09 切换至点元素模式，对应两侧结构之间的点，然后观察侧面，同样进行缩放对齐。完成之后删除它们之间相对看不到的面，如图4-138所示。

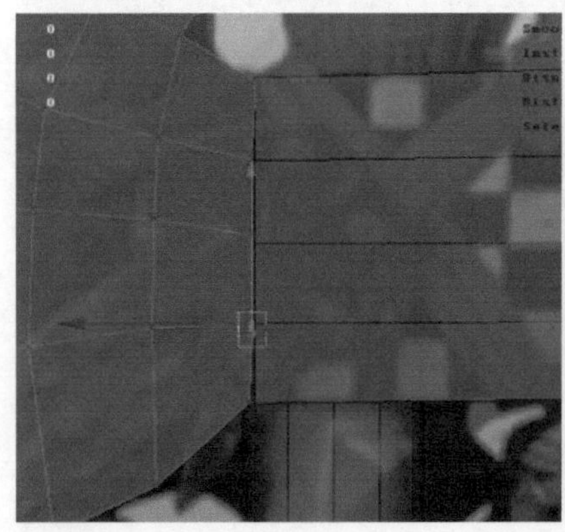

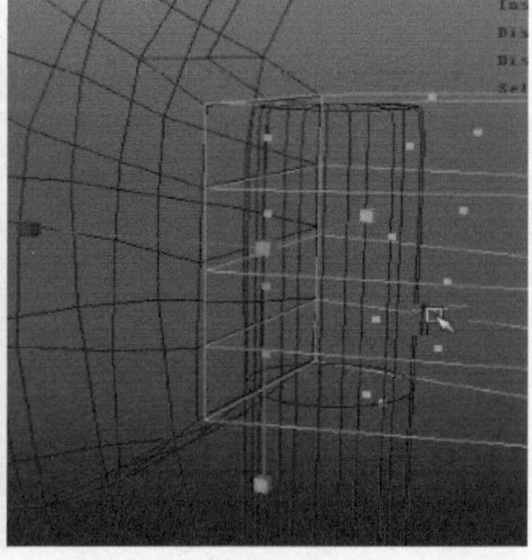

图4-138

10 同时选择两侧模型，执行Mesh（网格）>Combine（合并）命令，把它们合并为一个整体。执行Edit Mesh（编辑网格）>Merge Vertex Tool（合并点工具）命令，通过选择点拖动到另一个点的方法，把它们之间对齐的点进行合并，如图4-139所示。

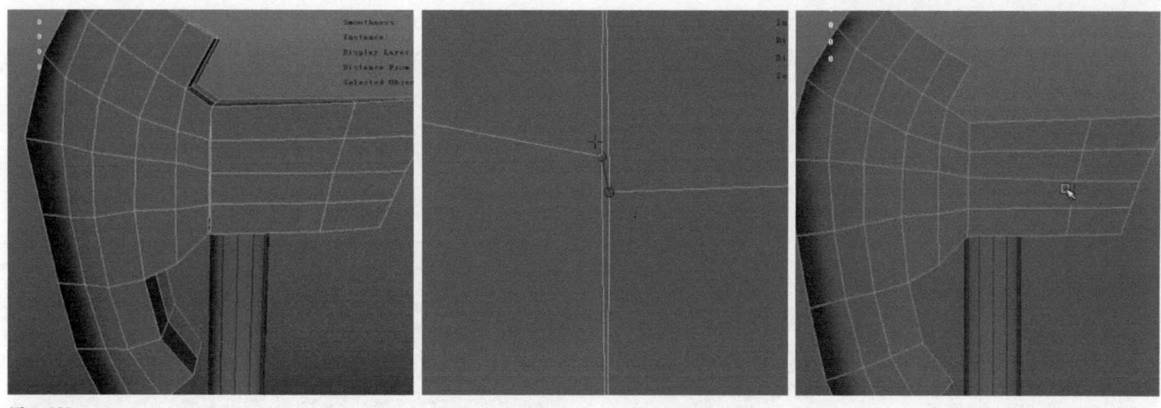

图4-139

11 切换至侧视图，选择斧身的一半删除，然后选择剩余的部分，单击Edit（编辑）>Duplicate Special（特殊复制）命令后的设置选项按钮，在弹出的选项卡中把Geometry Type（几何体类型）下的选项设置为Instance（实例），Scale X的参数设置为-1，然后单击Apply（应用），把模型的另一半重新镜像复制出来，这样可以对两边进行同时操作，如图4-140所示。

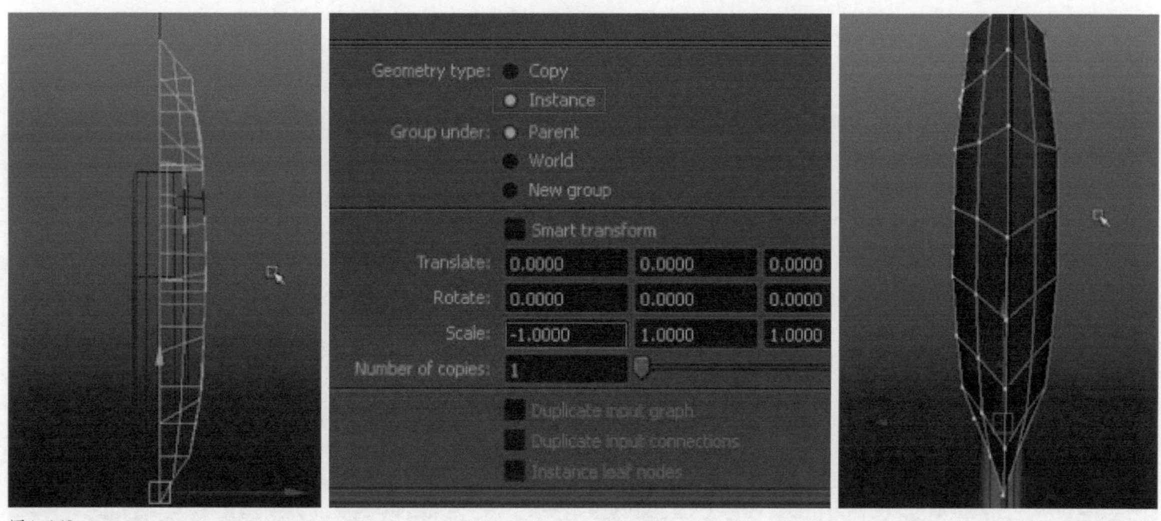

图4-140

12 选择斧身模型，执行Edit Mesh（编辑网格）>Interactive Split Tool（交互式分割工具）命令，使用分割多边形工具修改上下两端弯道处的布线，使布线按照结构的走向去走，如图4-141所示。

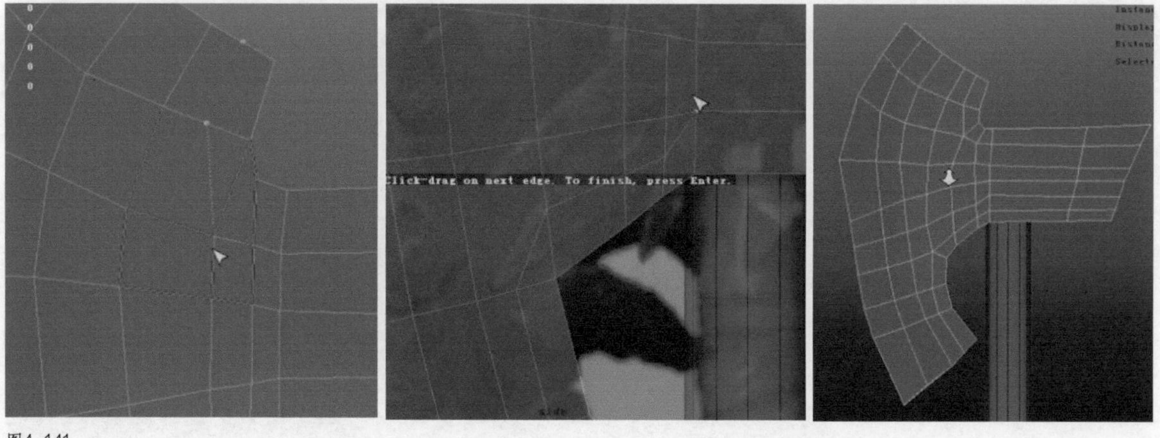

图4-141

13 选择斧柄的模型，切换至点元素模式，调整斧柄的形状，使上端略微弯曲，这样造型看上去会更加自然，如图4-142所示。

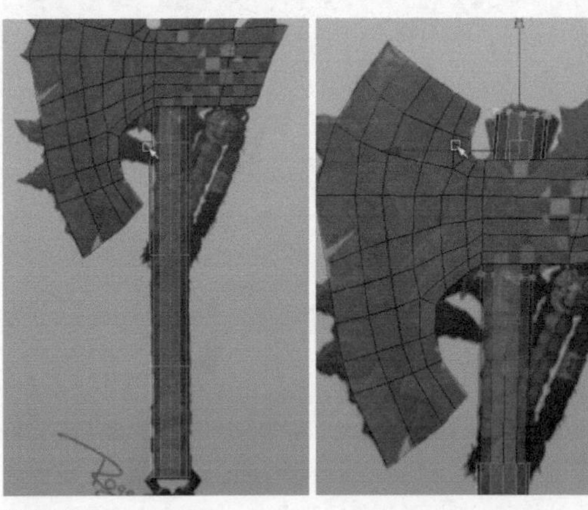

图4-142

14 执行Create（创建）>Polygon Primitives（多边形基本体）>Torus（圆环）命令，创建一个圆环，调整通道栏里的Subdivision Axis（细分轴）参数为4，如图4-143所示。

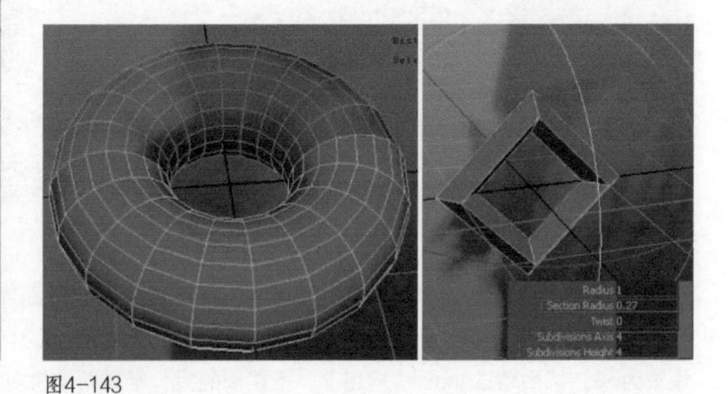

图4-143

15 创建一个立方体和圆环，把它们组合摆放在一起，旋转放置在菱形扣上面，然后再复制出另外两个，如图4-144所示。

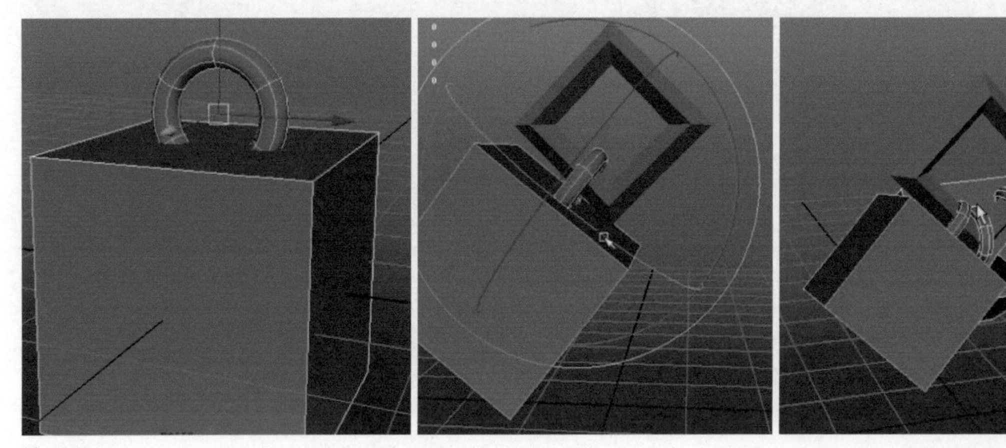

图4-144

16 切换至前视图，根据参考图继续调整它们的大小和位置，然后使用插入循环边工具，在菱形扣的转折结构上面插入结构线，如图4-145所示。

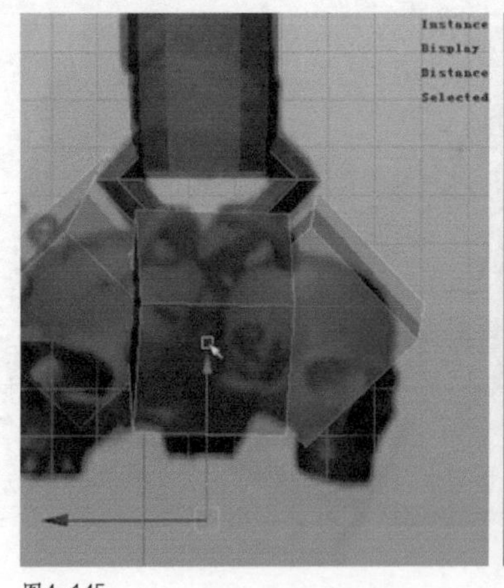

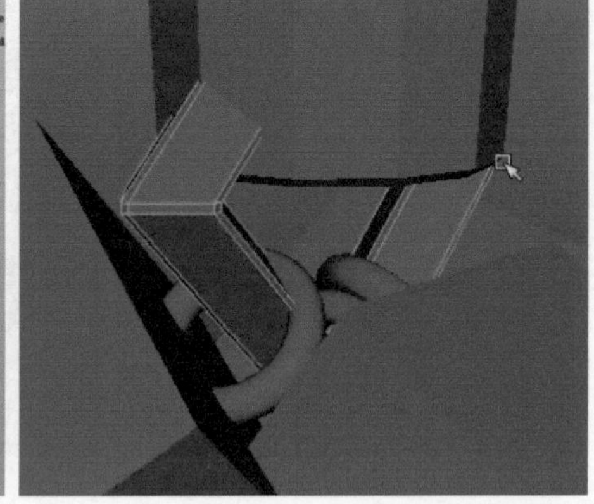

图4-145

4.3.6 斧身细化

整体的大型制作完成之后就可以对结构进行细化，斧头的尖刺和裂痕是主要的细节。丰富的结构细节需要足够的布线来满足，而这些尖刺和裂痕的细节就需要根据结构走的布线来制作，如图4-146所示。

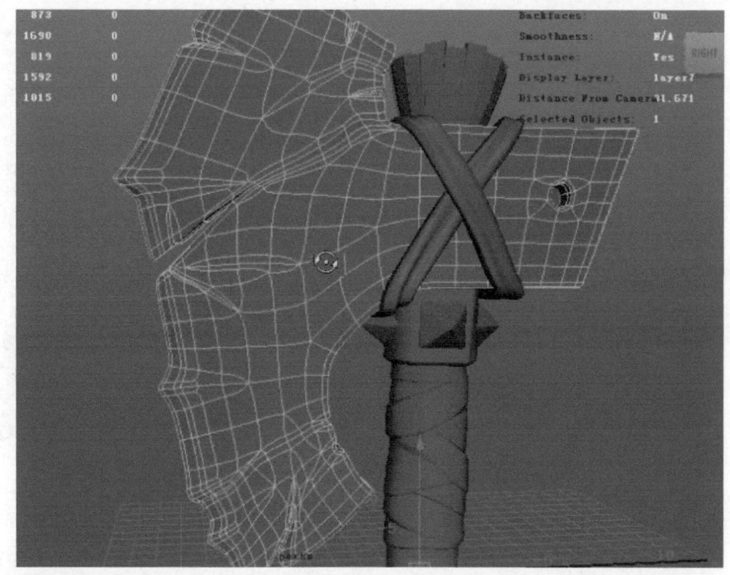

图4-146

01 执行Create（创建）>Polygon Primitives（多边形基本体）>Cylinder（圆柱体）命令，创建一个圆柱体，调整通道栏里的Subdivision Axis（细分轴）参数为6。根据参考图，把它放置在斧身右侧的打孔处，作为之后切线的参照物体。切换至前视图，执行Edit Mesh（编辑网格）>Interactive Split Tool（交互式分割工具）命令，使用分割多边形工具按照圆柱体的轮廓切割这里的布线，并把多出的点向四周进行连接，如图4-147所示。

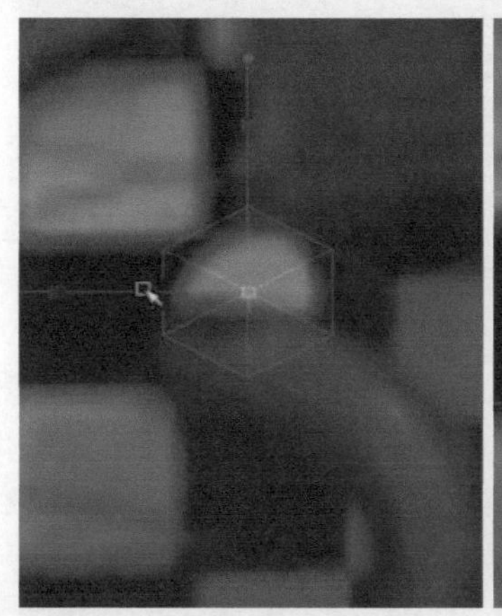

图4-147

02 选择模型，执行Edit Mesh（编辑网格）>Insert Edge Loop Tool（插入循环边工具）命令，在上下的边缘轮廓位置插入结构线，以固定结构的形状，如图4-148所示。

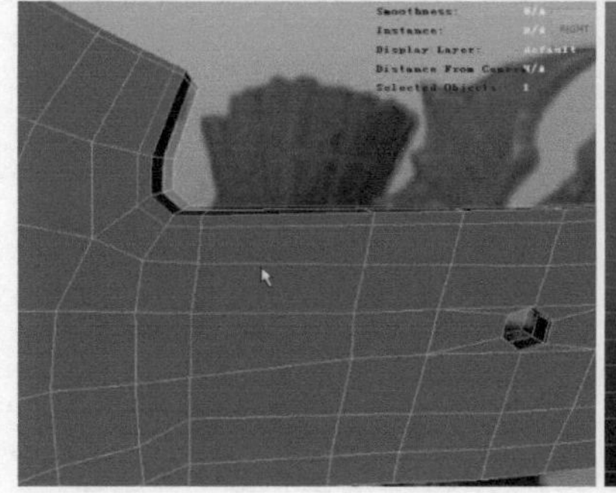
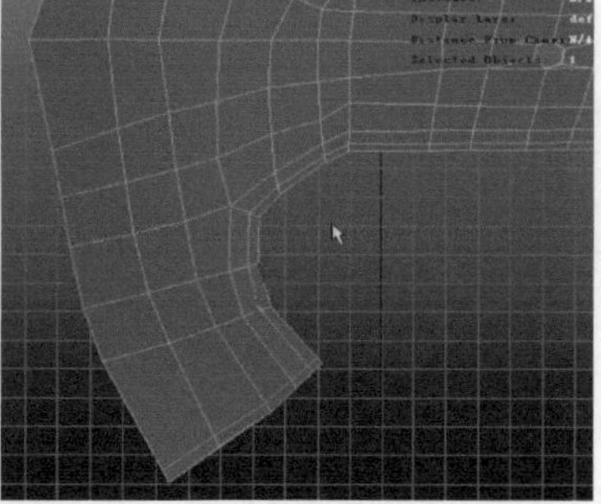

图4-148

03 挑选斧头顶部的斧尖的面，执行Edit Mesh（编辑网格）>Extrude（挤出）命令，向上挤出一段距离并缩放。然后使用插入循环边工具插入循环边，在平滑模式下调整斧尖的弧度结构，如图4-149所示。

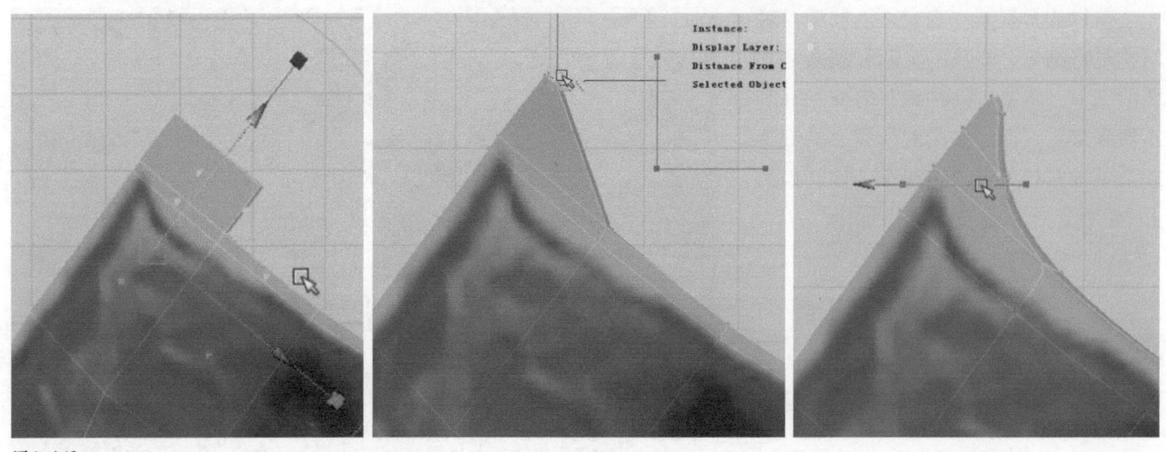

图4-149

04 切换至正视图，执行Edit Mesh（编辑网格）>Interactive Split Tool（交互式分割工具）命令，使用分割多边形工具，根据参考图，切出刀刃处的一些尖锐的锯齿结构，这里应该注意一下布线的技巧，每个锯齿的布线结构都相同，如图4-150所示。

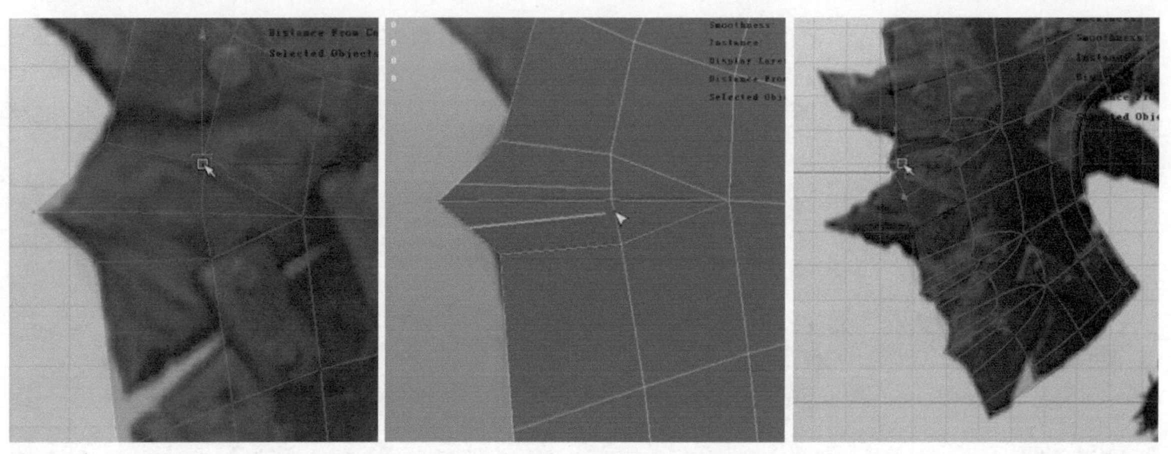

图4-150

05 继续使用分割多边形工具，根据参考图，切出裂缝的结构线，然后选择多余的面进行删除。注意这里的裂缝，是前端断开、后端连接的结构，如图4-151所示。

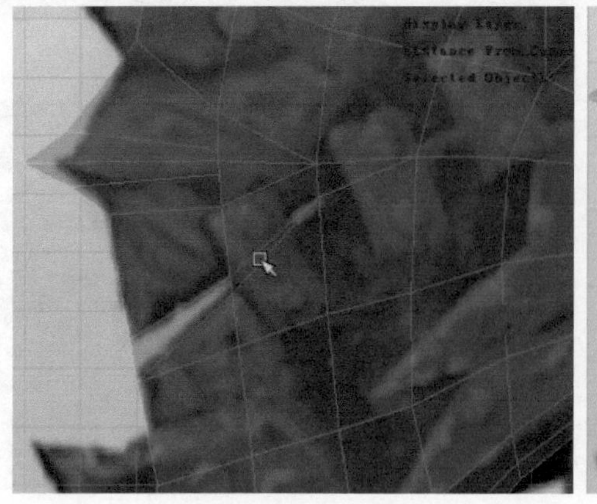

图4-151

06 同时选择两侧模型，执行Mesh（网格）>Combine（合并）命令，把它们合并为一个整体。执行Edit Mesh（编辑网格）>Merge（合并）命令，把相邻和重叠的点进行合并，如图4-152所示。

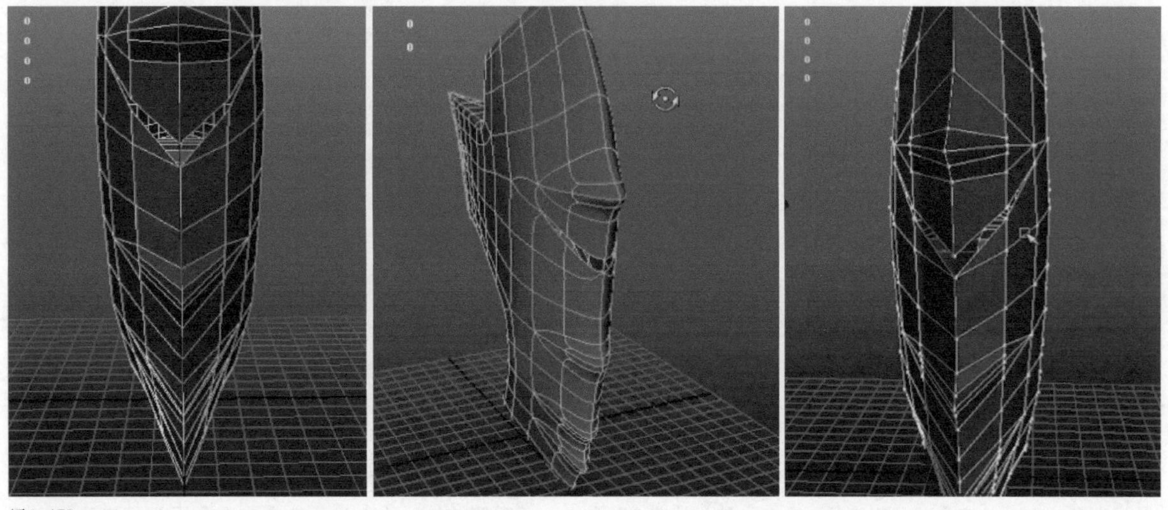

图4-152

07 切换至透视图，选择模型，执行Edit Mesh（编辑网格）>Append to Polygon Tool（添加多边形工具）命令，逆时针依次单击缺口的环边，从而把面补上。完成之后，使用分割多边形工具，连接缺少的线段，如图4-153所示。

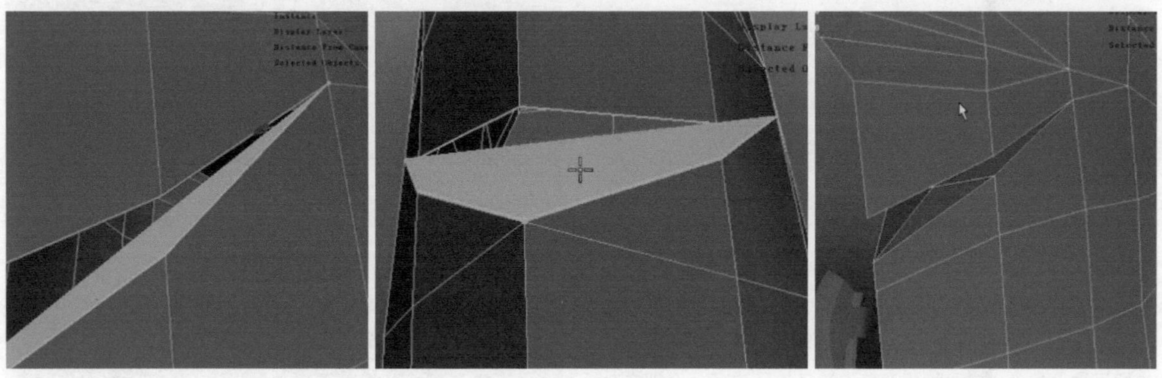

图4-153

08 选择缺口处的轮廓循环边，执行Edit Mesh（编辑网格）>Bevel（倒角）命令，做出倒角转折的细节结构。然后使用分割多边形工具修改这里的布线，如图4-154所示。

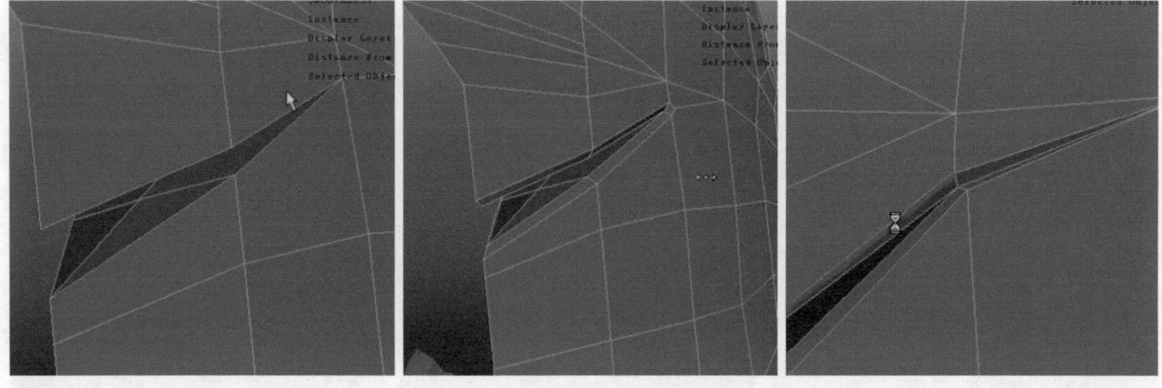

图4-154

09 选择模型，执行Edit Mesh（编辑网格）>Insert Edge Loop Tool（插入循环边工具）命令，在刀刃两侧插入结构线，使刀刃保持锋利的结构，如图4-155所示。

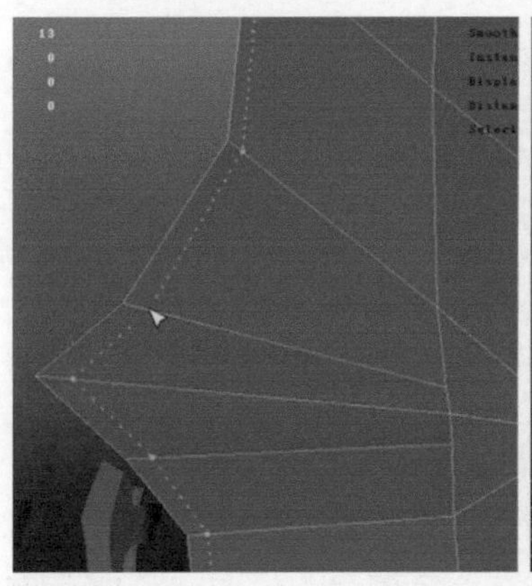
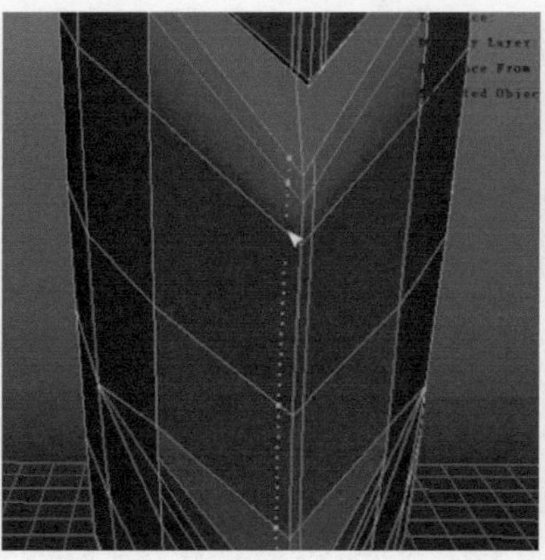
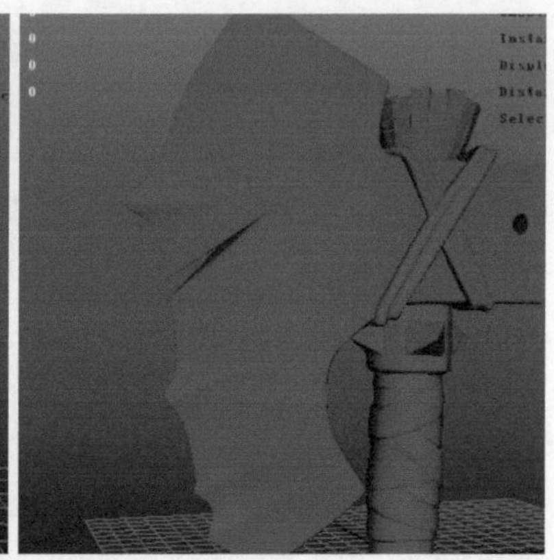

图4-155

10 选择模型，执行Edit Mesh（编辑网格）>Interactive Split Tool（交互式分割工具）命令，使用分割多边形工具调整裂缝处的布线，把缺口向上延伸的裂缝结构做出来，如图4-156所示。

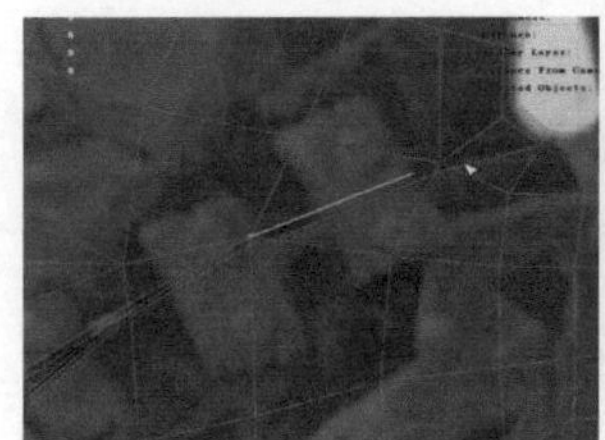

图4-156

11 继续使用分割多边形工具，根据参考图，切出下端的裂缝的结构线，然后选择多余的面进行删除。切换至点元素模式，对裂缝的曲折变化做些调整，如图4-157所示。

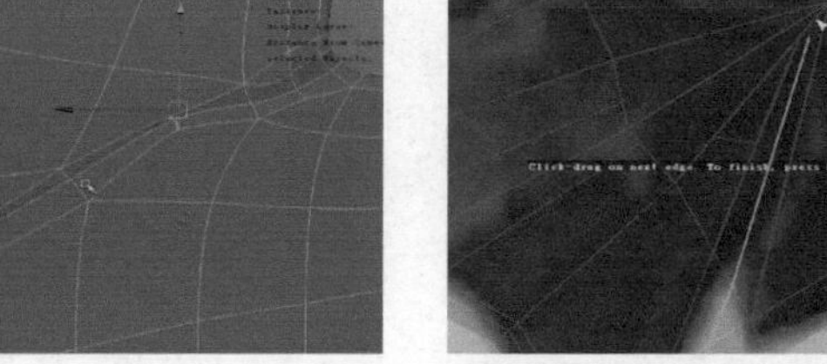
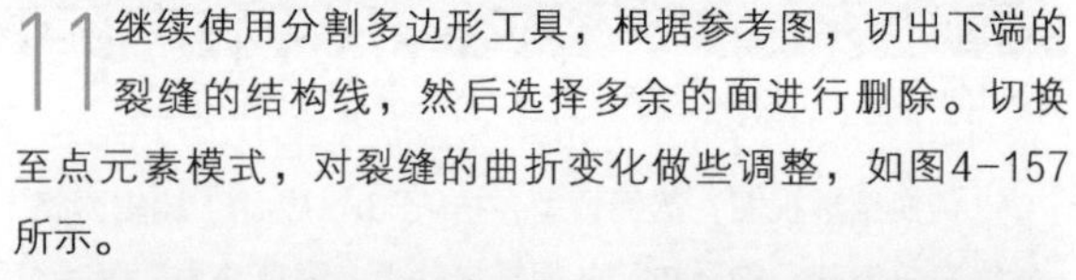
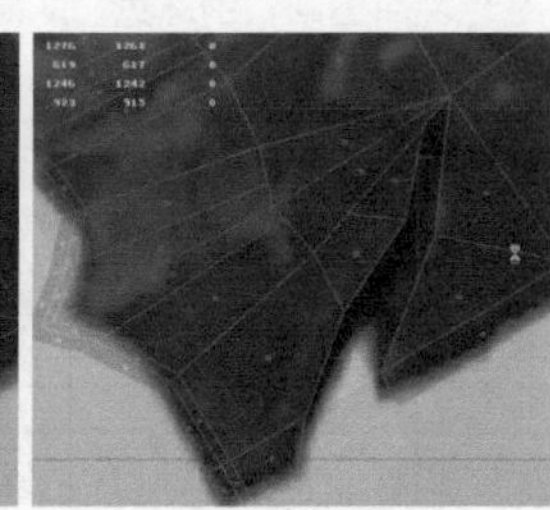

图4-157

12 和制作第一个缺口的方法一样，选择模型，执行Edit Mesh（编辑网格）>Append to Polygon Tool（添加多边形工具）命令，逆时针依次单击缺口的环边，从而把面补上。完成之后，使用分割多边形工具，连接缺少的线段，如图4-158所示。

图4-158

13 执行Edit Mesh（编辑网格）>Interactive Split Tool（交互式分割工具）命令，使用分割多边形工具在缺口的位置加入一段线，拖动点的位置，做出断面的结构。使用插入循环边工具，插入结构线，固定断面的转折结构，如图4-159所示。

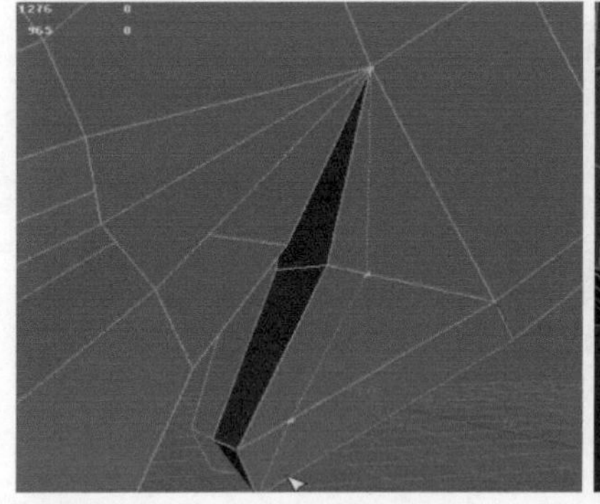
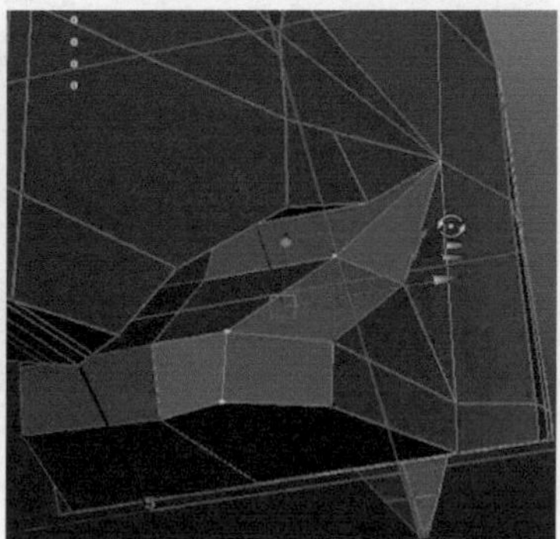
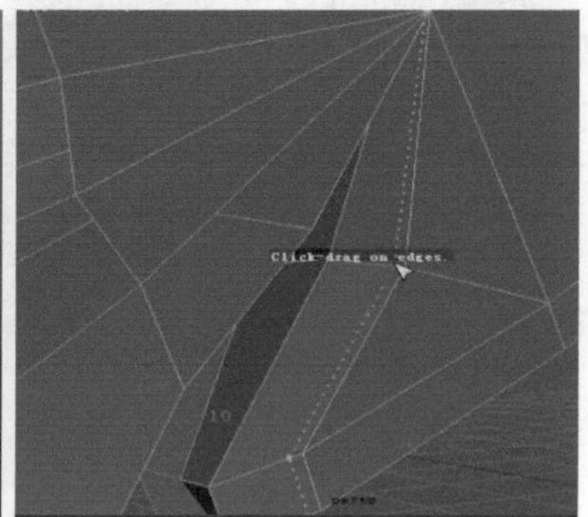

图4-159

14 使用分割多边形工具，在刀刃处切割布线，做出其他的锯齿结构，如图4-160所示。

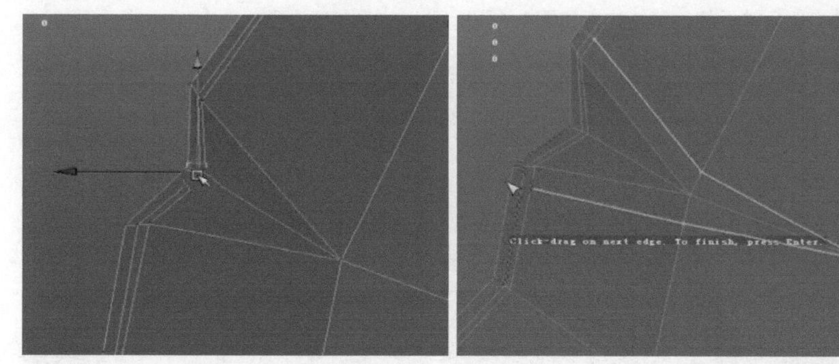

图4-160

15 使用分割多边形工具，布出其他的裂缝和凹槽结构，调整点时，需要注意凹凸的深浅变化，使其看上去更加自然，如图4-161所示。

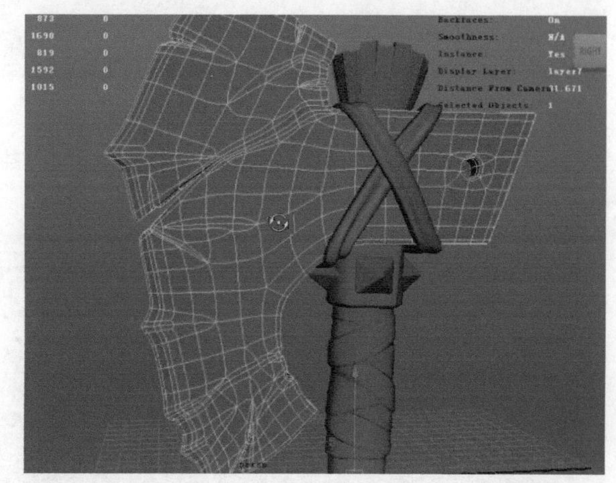

图4-161

4.3.7 配件制作

当模型的主体部分制作完成之后，就可以依次制作剩下的零散的部件。这把斧头的剩余部件有斧柄上端的铁环、铁块钉、顶部木圈以及布料绷带和绳子，最后就是相对比较复杂的头骨。

◆第 1 阶段：铁环制作

铁环的制作比较简单，使用基本的圆柱体和立方体编辑组合就可以得到，只不过在制作时需要注意铁环环面的弧度，前后两侧是扁平的，左右两侧是有弧度的，如图4-162所示。

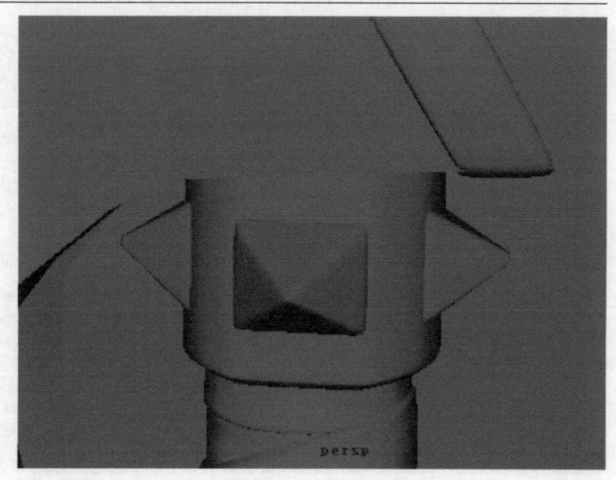

图4-162

01 执行Create（创建）>Polygon Primitives（多边形基本体）>Cylinder（圆柱体）命令，创建一个圆柱体。切换至顶视图，选择前后两侧的线进行缩放，做出圆柱体两端平两端圆的造型，然后再分别选择上下两端的循环边，执行Edit Mesh（编辑网格）>Bevel（倒角）命令，做出倒角转折的细节结构，如图4-163所示。

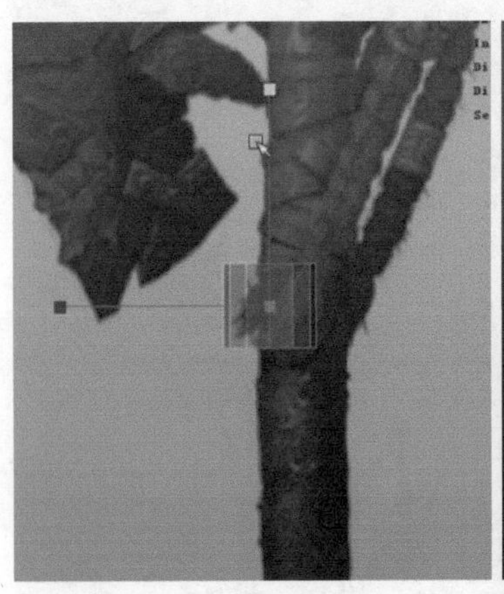
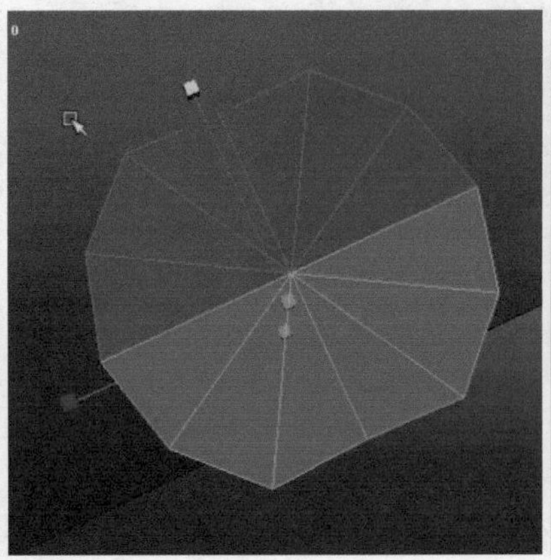
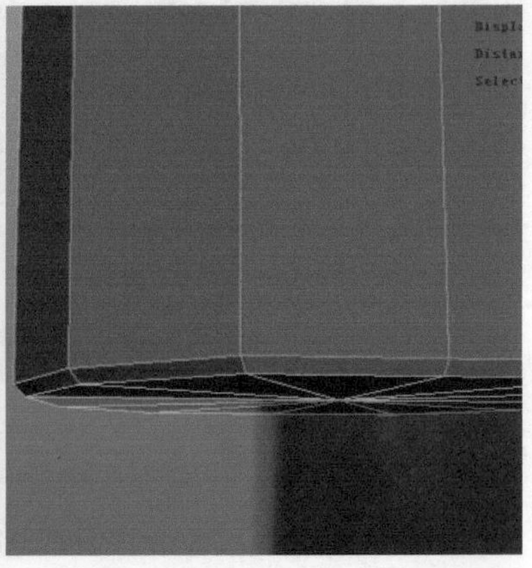

图4-163

02 执行Edit Mesh（编辑网格）>Insert Edge Loop Tool（插入循环边工具）命令，在倒角的地方插入循环边，以固定在平滑预览模式下的结构，如图4-164所示。

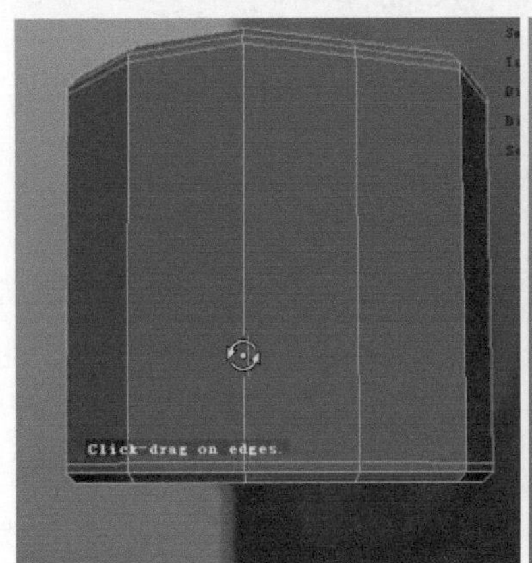

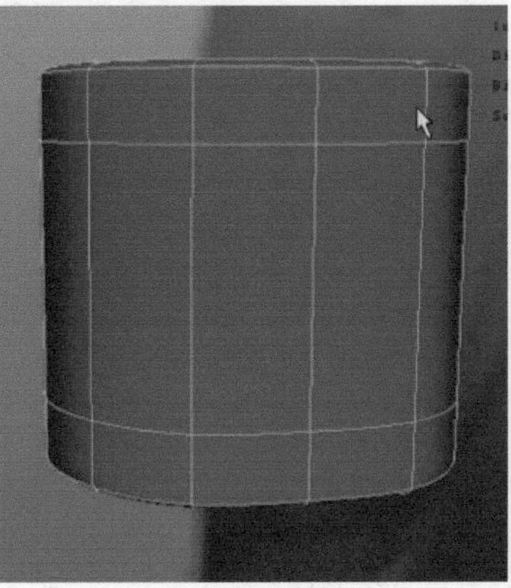
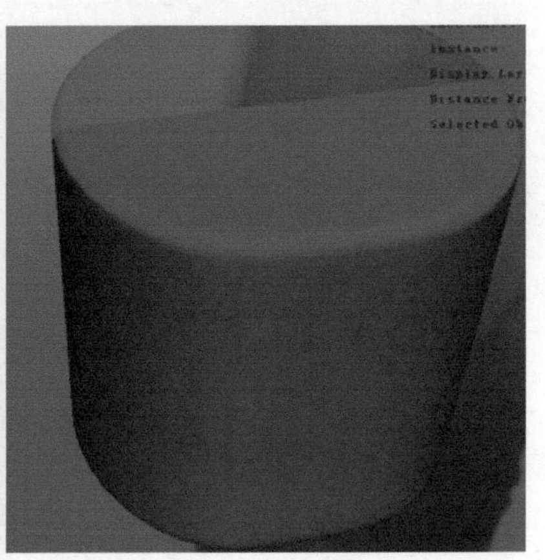

图4-164

03 创建一个立方体放置在圆柱体一侧，选择外端的4个顶点进行缩放，做成椎体的结构。选择所有边，执行Edit Mesh（编辑网格）>Bevel（倒角）命令，以固定转折结构，如图4-165所示。

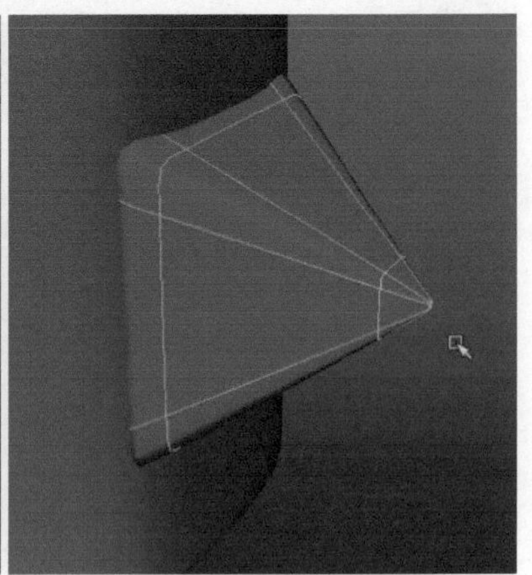

图4-165

04 选择这部分模型，按Insert键，进入轴的调节模式，按V键打开点吸附，把轴心吸附圆柱体中心，然后再按Insert键结束轴的调节。选择模型使用特殊复制的命令，旋转复制出来其他3个。完成之后把这部分模型打组，根据参考图进行摆放，如图4-166所示。

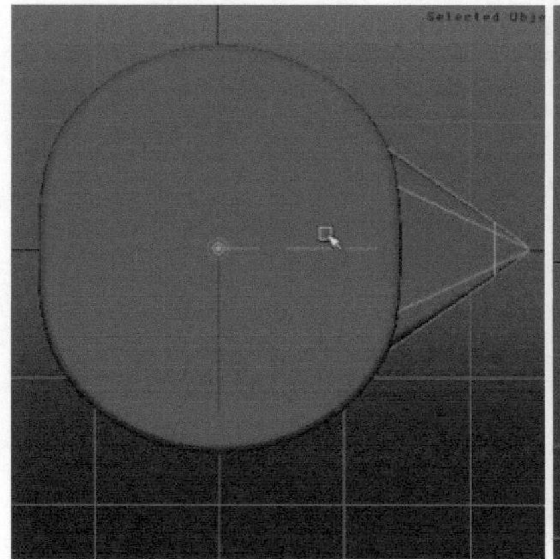
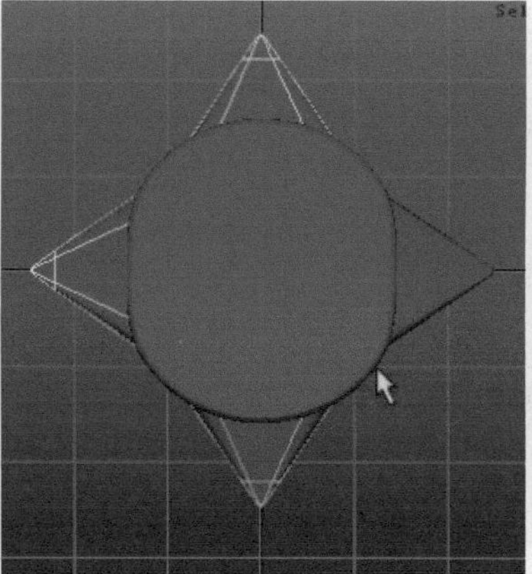
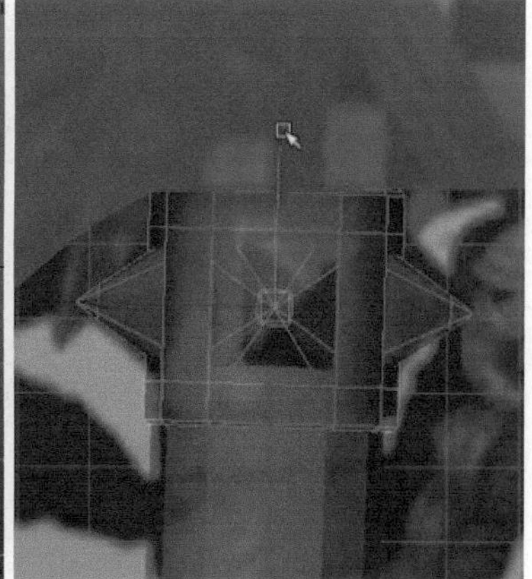

图4-166

◆第 2 阶段：铁块钉制作

这一节主要制作两种铁块钉：一种是体积比较大轮廓比较复杂的具有装饰性的铁块钉，需要进行切割布线来制作；另一种是形状简单的立方体铁块钉，制作比较简单，如图4-167所示。

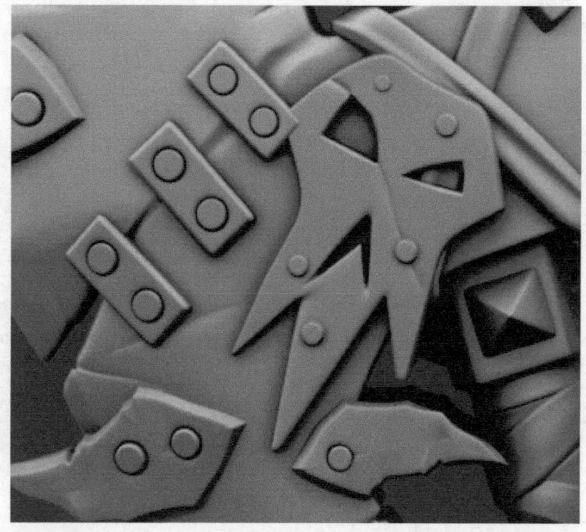

图4-167

01 执行Create（创建）>Polygon Primitives（多边形基本体）>Plane（平面）命令，创建一个面片，根据参考图放置在对应位置。执行Edit Mesh（编辑网格）>Extrude（挤出）命令，挤出其余的部分，调整金属装饰物的轮廓，使其与参考图形状对齐。如图4-168所示。

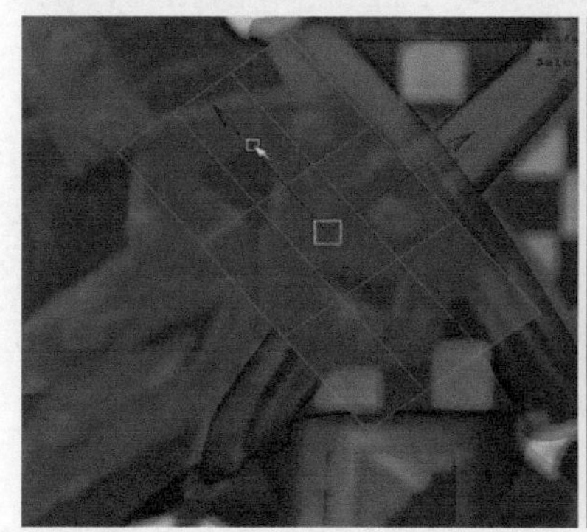

图4-168

02 执行Edit Mesh（编辑网格）>Interactive Split Tool（交互式分割工具）命令，使用分割多边形工具布出这个物体的结构线，并且删除不需要的镂空的面。选择物体，执行Edit Mesh（编辑网格）>Extrude（挤出）命令，向内挤出，挤出它的厚度，如图4-169所示。

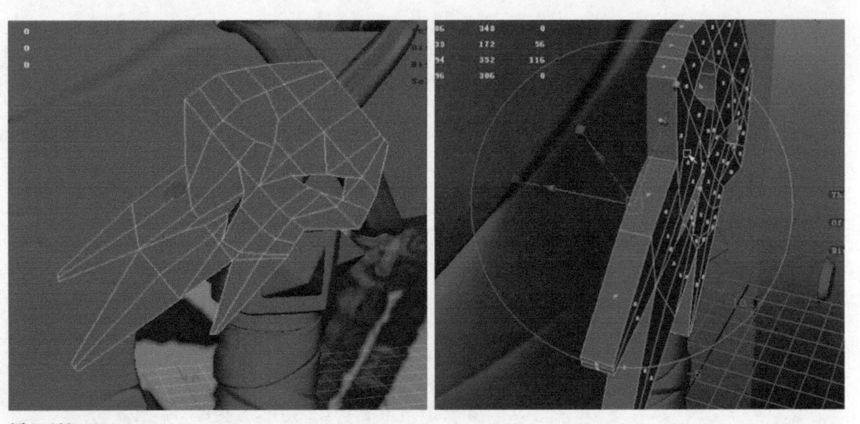

图4-169

03 执行Create（创建）>Polygon Primitives（多边形基本体）>Cube（立方体）命令，创建一个立方体，调整合适的分段。然后再创建一个圆柱体，调整调整通道栏里的Subdivision Axis（细分轴）参数为6，放置在立方体的一侧，作为参照物体。选择立方体，执行Edit Mesh（编辑网格）>Insert Edge Loop Tool（插入循环边工具）命令，根据参照圆柱体，插入循环边，使它们的边对齐，如图4-170所示。

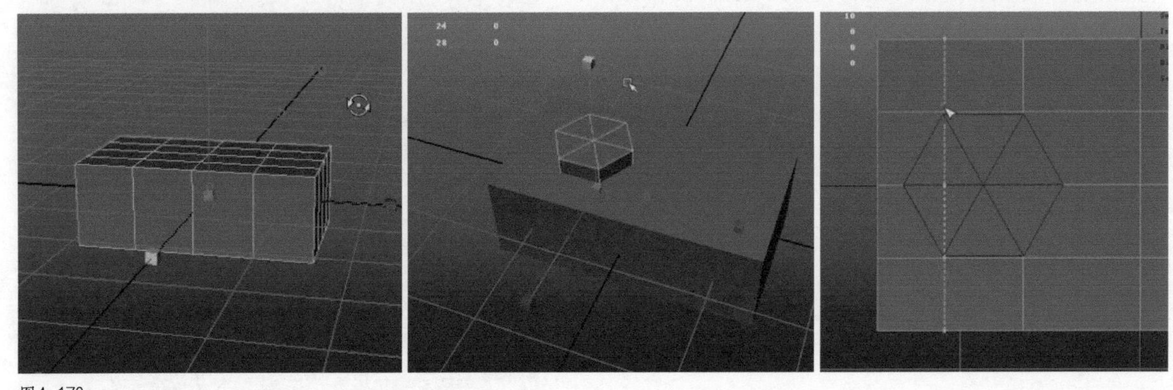

图4-170

04 执行Edit Mesh（编辑网格）>Interactive Split Tool（交互式分割工具）命令，使用分割多边形工具按照参照圆柱体的轮廓进行切割布线。完成之后把圆柱体暂时移开，删除立方体镂空的面，如图4-171所示。

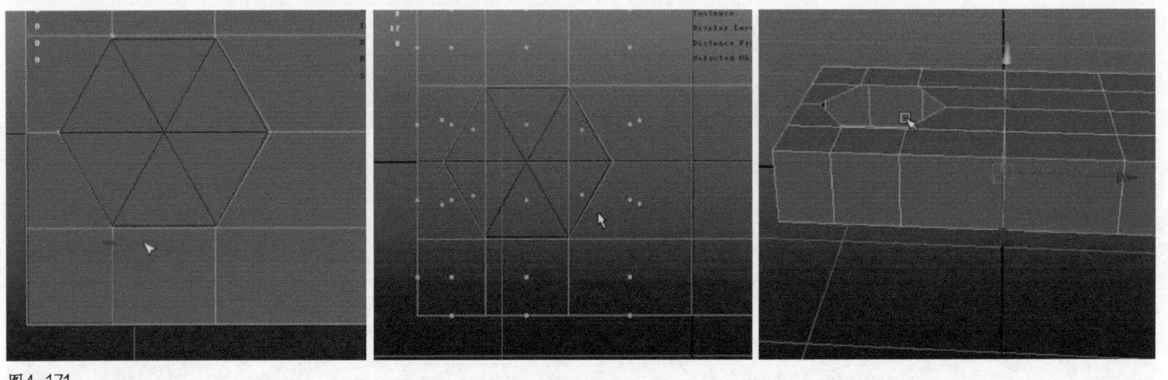

图4-171

05 选择镂空处的循环边，执行挤出命令，向下挤出它的厚度结构。把之前的圆柱体再次移动回来，并使用插入循环边工具固定圆柱体顶端的倒角转折结构，如图4-172所示。

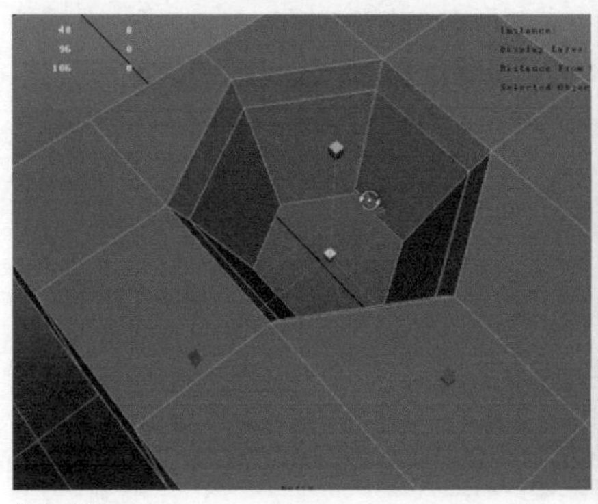
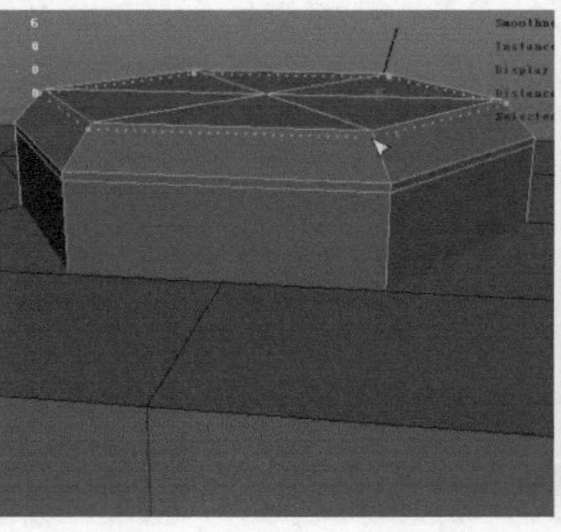
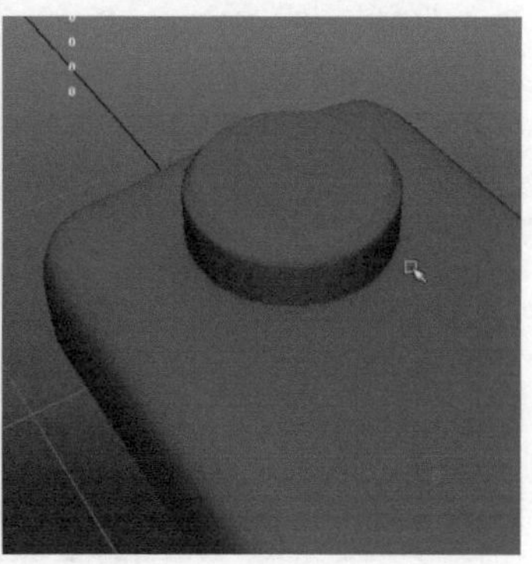

图4-172

06 执行Edit Mesh（编辑网格）>Interactive Split Tool（交互式分割工具）命令，使用分割多边形工具在镂空的轮廓边缘进行布线，做出倒角的结构，布线时要注意删除或合并不需要的点，这是布线时的优化操作，如图4-173所示。

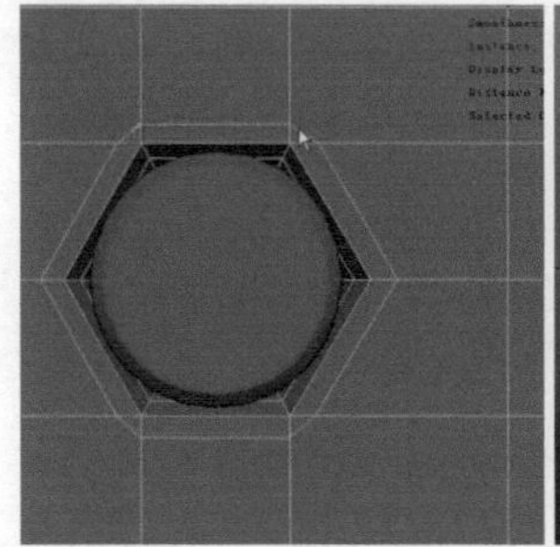
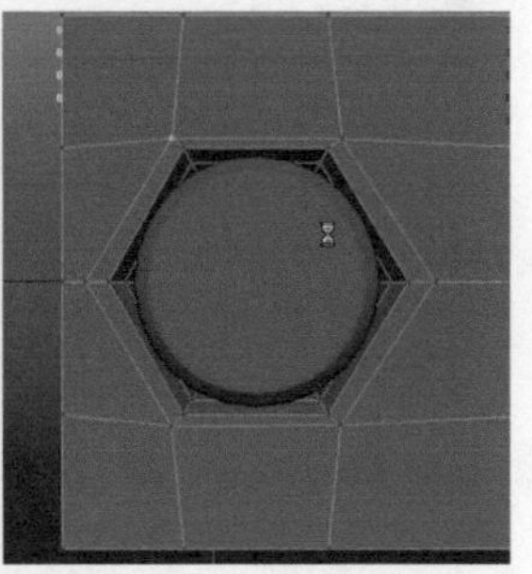

图4-173

07 同样使用插入循环边工具，在倒角的地方进行卡线处理，从而固定形体的结构，对模型进行平滑显示，可以看出模型的细节丰富了很多，如图4-174所示。

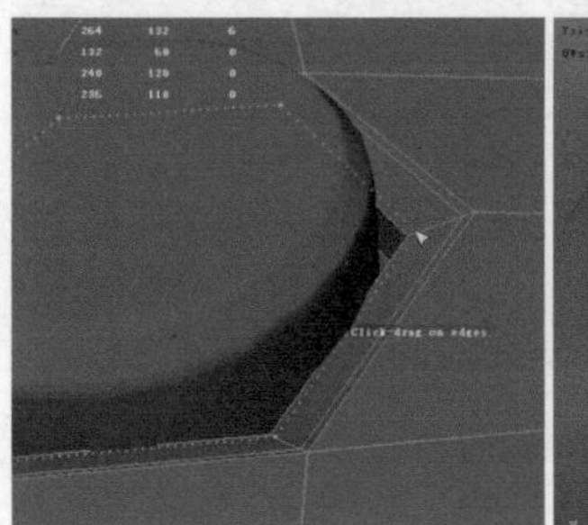
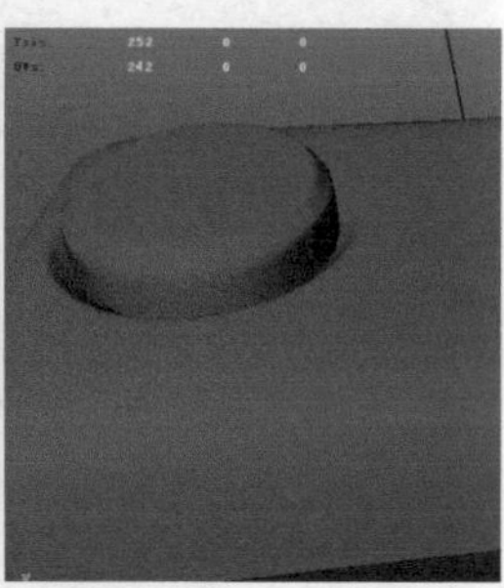

图4-174

08 选择立方体模型，切换至面元素模式，删除另一半。然后使用特殊复制的方式，把另一半重新复制镜像回来，如图4-175所示。

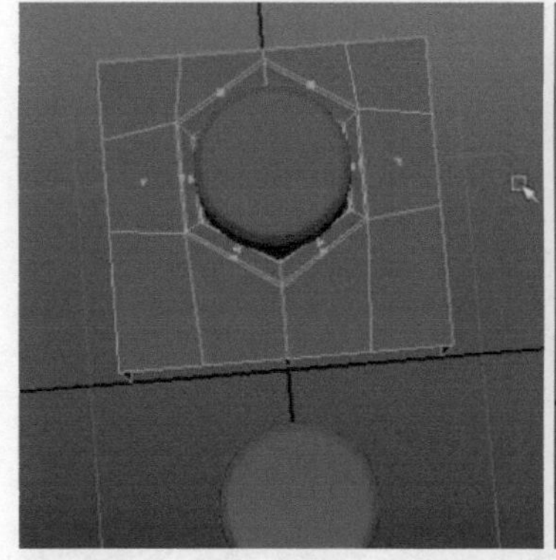
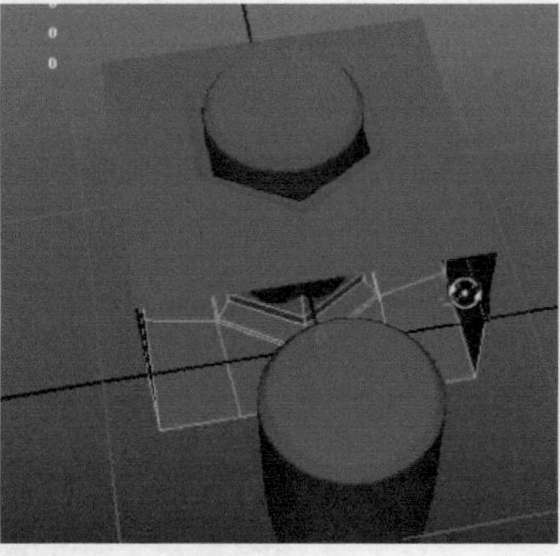
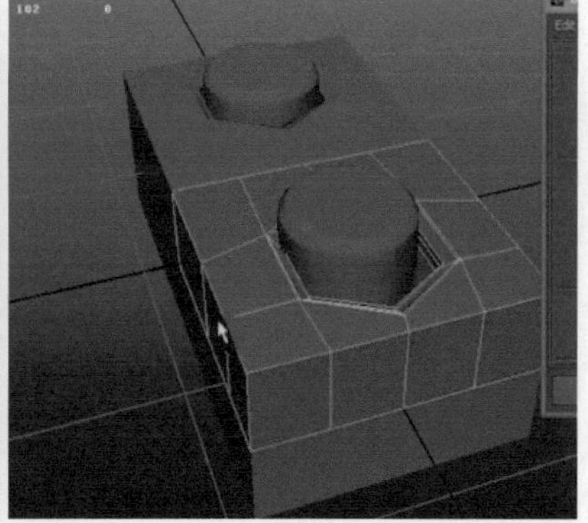

图4-175

09 选择这部分模型，执行Mesh（网格）>Combine（合并）命令，把它们合并为一个整体。然后执行Edit Mesh（编辑网格）>Merge（合并）命令，合并相邻和重叠的点，如图4-176所示。

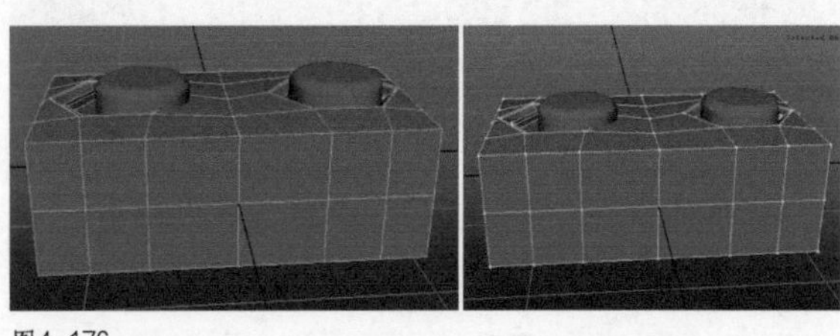

图4-176

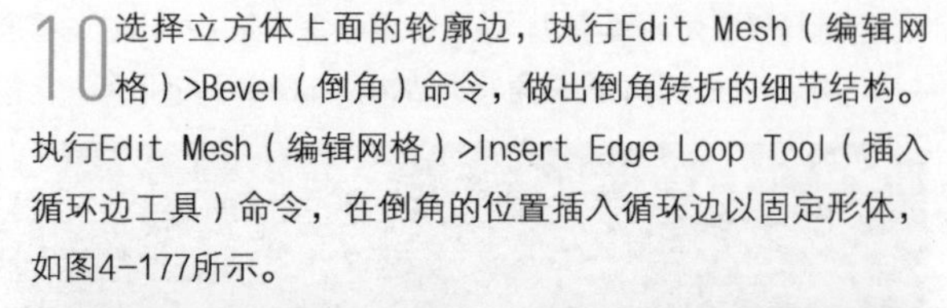

10 选择立方体上面的轮廓边，执行Edit Mesh（编辑网格）>Bevel（倒角）命令，做出倒角转折的细节结构。执行Edit Mesh（编辑网格）>Insert Edge Loop Tool（插入循环边工具）命令，在倒角的位置插入循环边以固定形体，如图4-177所示。

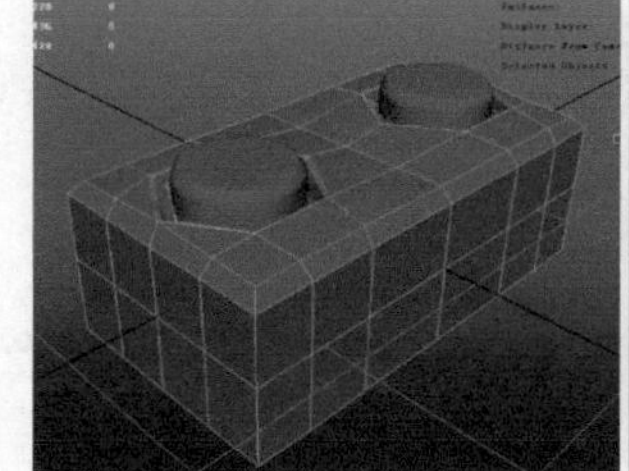
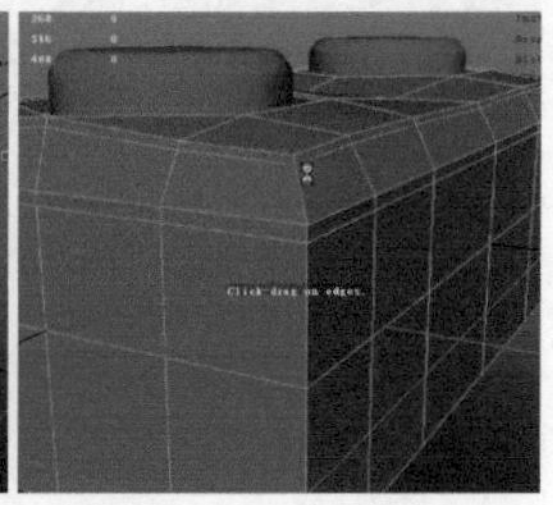

图4-177

11 选择模型，执行Edit Mesh（编辑网格）>Interactive Split Tool（交互式分割工具）命令，使用分割多边形工具在上面进行随机的布线，布出一些划痕凹槽的细节结构，如图4-178所示。

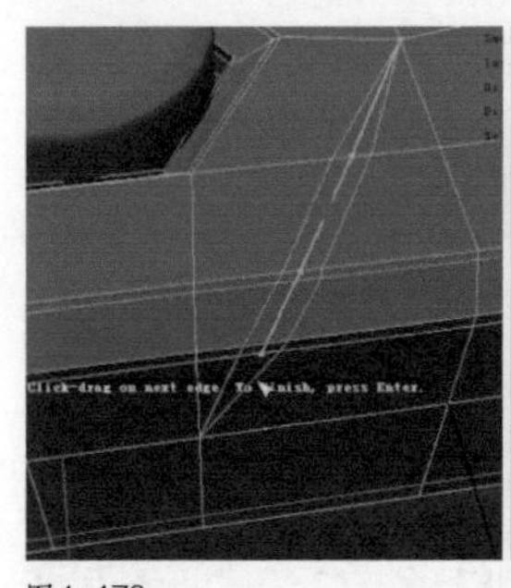
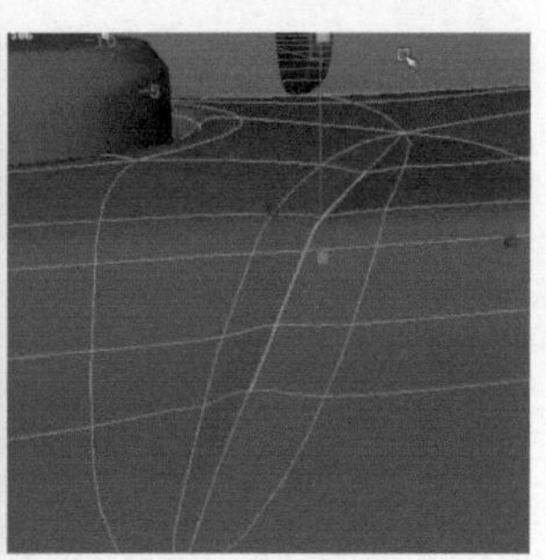

图4-178

12 选择铁钉的这部分模型，按Ctrl+G组合键把模型打组，根据参考图进行对位，然后复制出另外两个并且也摆在相应的位置，如图4-179所示。

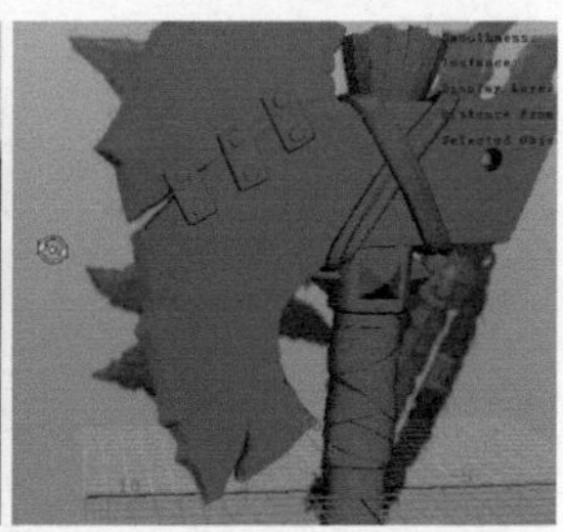

图4-179

◆第 3 阶段：顶部木圈制作

顶部的木圈是复制的方法制作的，需要先对其中一根木屑进行制作，完成之后使用特殊复制的方法复制完整的一圈，如图4-180所示。

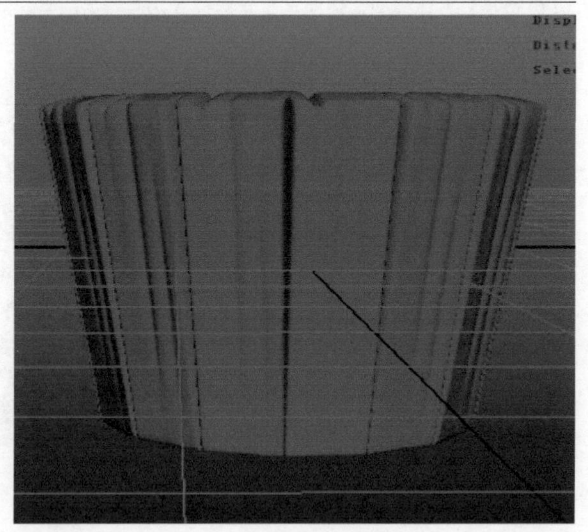

图4-180

01 创建立方体，缩放其长度大小。执行Edit Mesh（编辑网格）>Insert Edge Loop Tool（插入循环边工具）命令，插入足够的控制段数，如图4-181所示。

图4-181

02 执行Edit Mesh（编辑网格）>Interactive Split Tool（交互式分割工具）命令，使用分割多边形工具竖向增加这里的布线，然后选择边或点，调整出木纹的裂痕的效果，如图4-182所示。

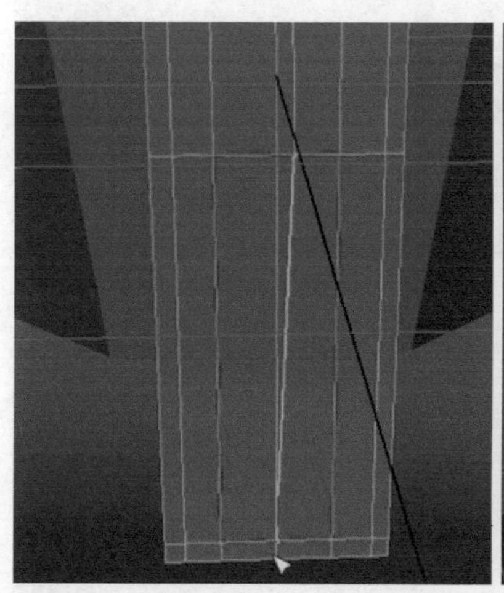
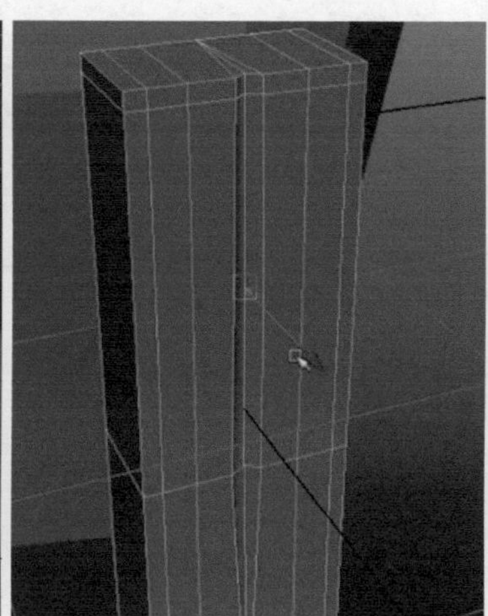
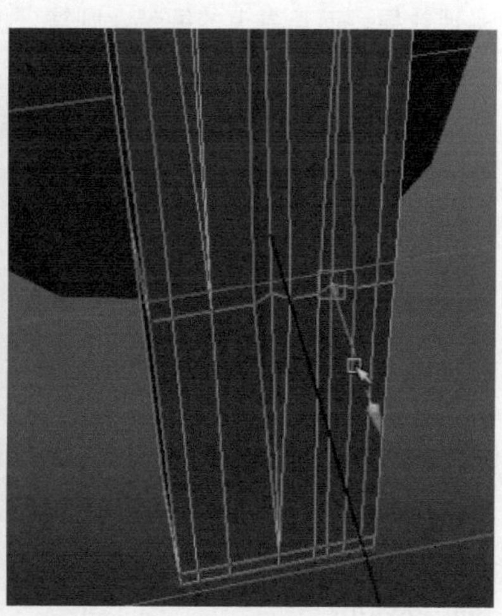

图4-182

03 调整木条的轴心，把它移动至网格中心。选择模型使用特殊复制的命令，旋转复制出来一圈，然后按B键，开启软选择工具，随机的调整木条的高度，使其看上去更加自然，如图4-183所示。

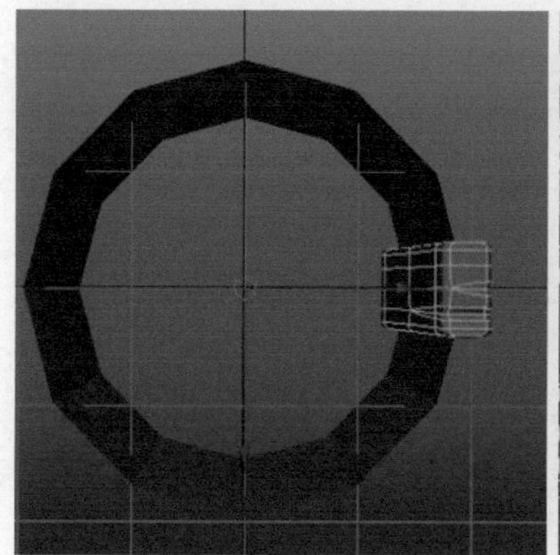

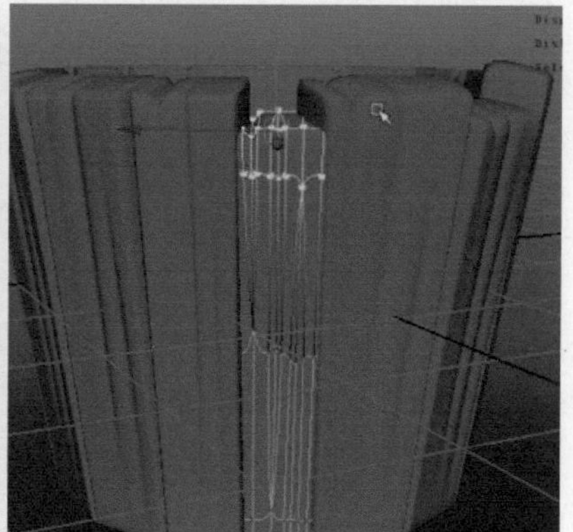

图4-183

04 选择所有的木条，按Ctrl+G组合键，把模型打组，然后移动至斧柄的顶端，根据参考图进行对位。切换到动画模块，执行Create Deformers（创建变形器）>Lattice（晶格）命令，创建晶格工具，在通道栏中调整晶格的控制段数，然后再选择晶格点调整木条的整体形状，如图4-184所示。

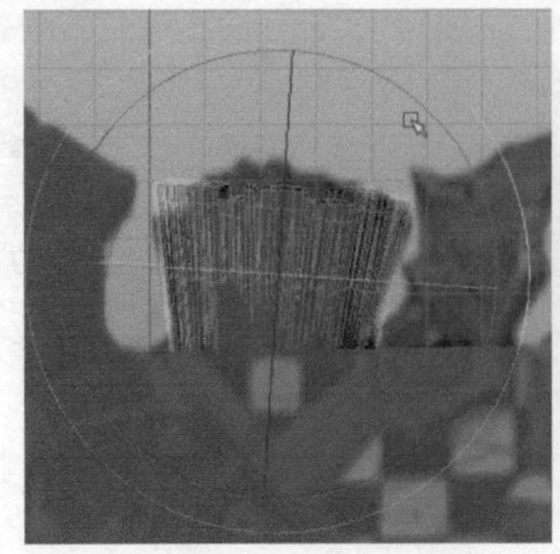
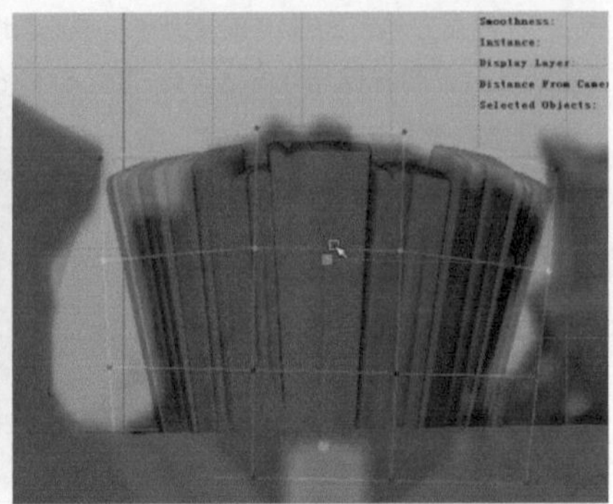

图4-184

◆第 4 阶段：绷带的制作

斧柄上的绷带，是一种布料物体，一层一层包裹在斧柄上，只需要使用圆柱体复制交叠摆放就可以实现效果，而斧身上的绷带，则需要在大型的基础上布出一些褶皱的结构线，拉扯出褶皱的效果，如图4-185所示。

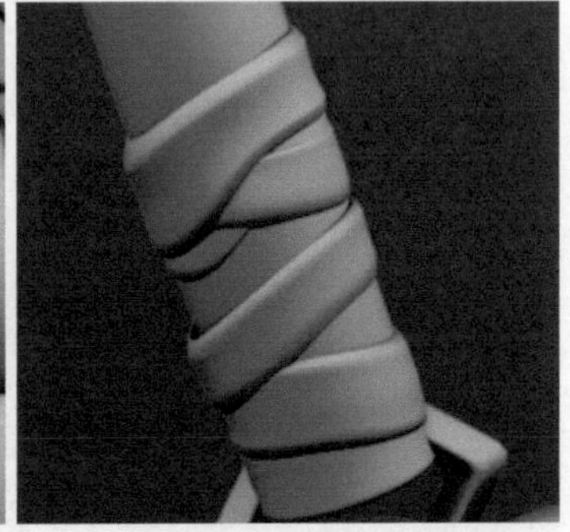

图4-185

01 执行Create（创建）>Polygon Primitives（多边形基本体）>Cylinder（圆柱体）命令，创建一个圆柱体，删除上下两端的面，按“B”键开启软选择，调整圆柱体的倾斜度，如图4-186所示。

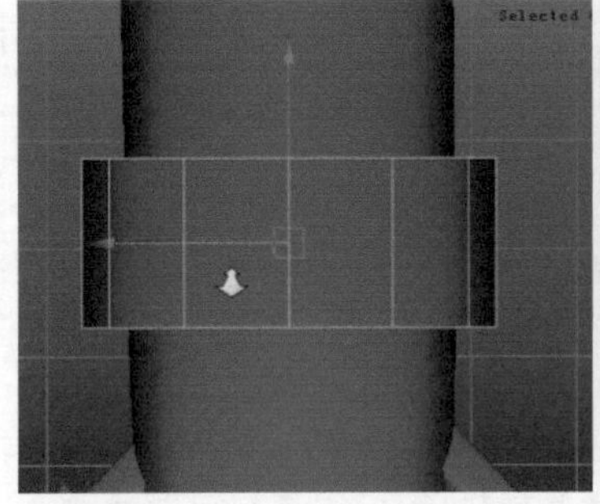
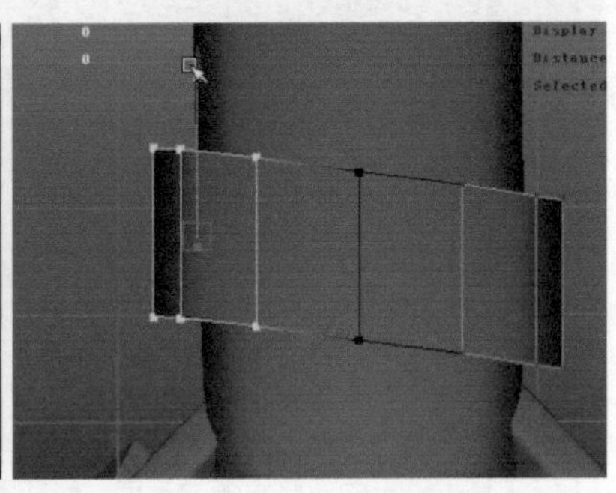

图4-186

02 选择圆柱体上下两端的循环边，执行Edit Mesh（编辑网格）>Extrude（挤出）命令，向内挤出厚度。切换至点元素模式，调整点的位置，使布料的结构看上去更加自然。使用同样的方法制作出上面其他的绷带，使其相互叠加，做出缠绕的效果，如图4-187所示。

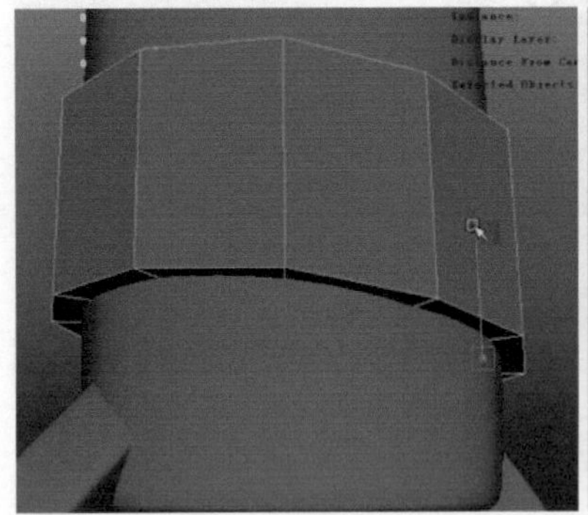
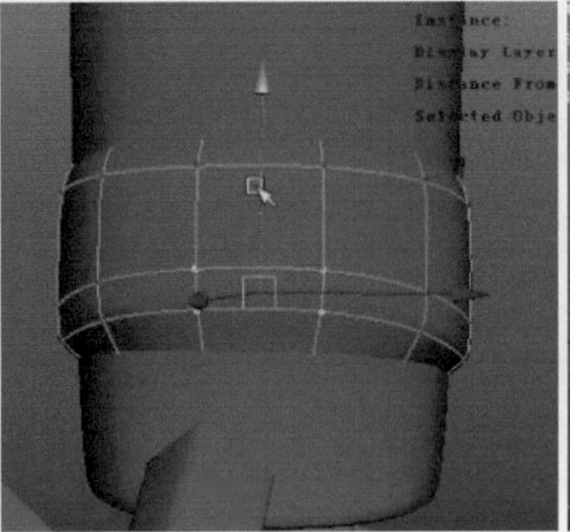
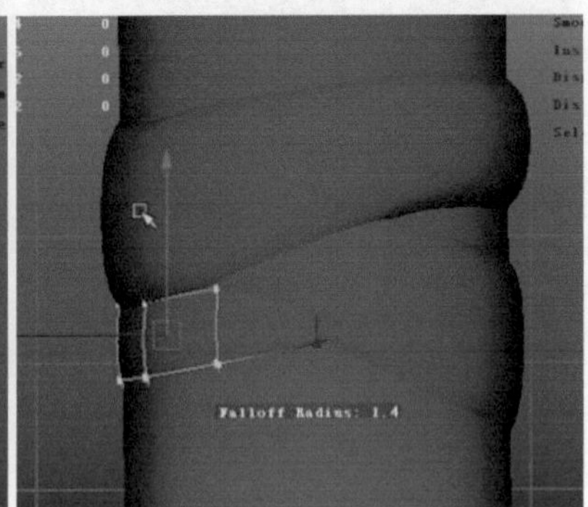

图4-187

03 执行Create（创建）>Polygon Primitives（多边形基本体）>Plane（平面）命令，创建一个面片，把它放置在斧身右侧的下端。选择边，执行Edit Mesh（编辑网格）>Extrude（挤出）命令，向斜上方连续挤出，做出绷带的效果，如图4-188所示。

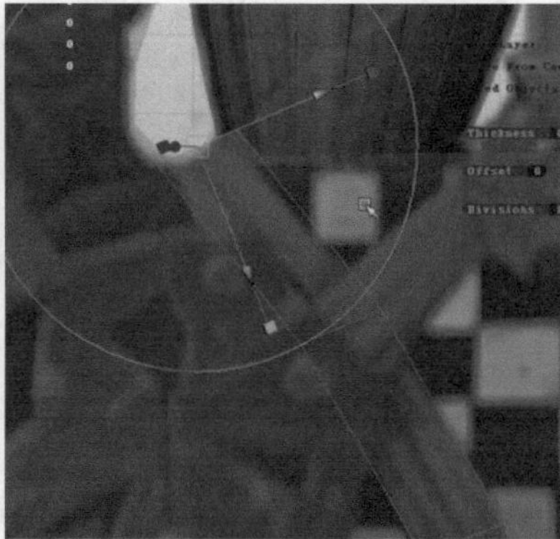

图4-188

04 选择这条绷带，继续执行挤出命令，挤出它的厚度，然后使用，插入循环边工具，插入足够的结构线，如图4-189所示。

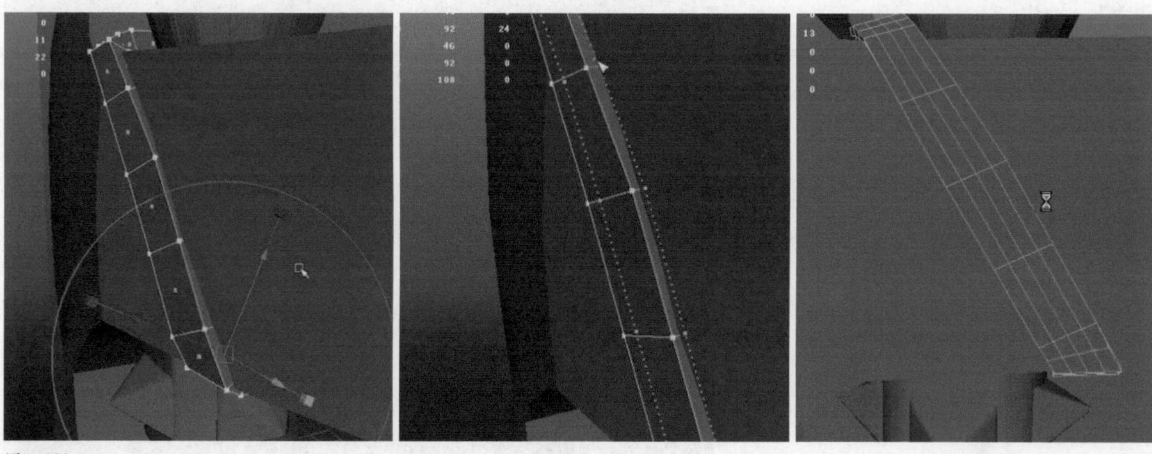

图4-189

05 执行Edit Mesh（编辑网格）>Interactive Split Tool（交互式分割工具）命令，使用分割多边形工具纵向增加这里的布线。然后通过调整点或边，做出褶皱的结构，如图4-190所示。

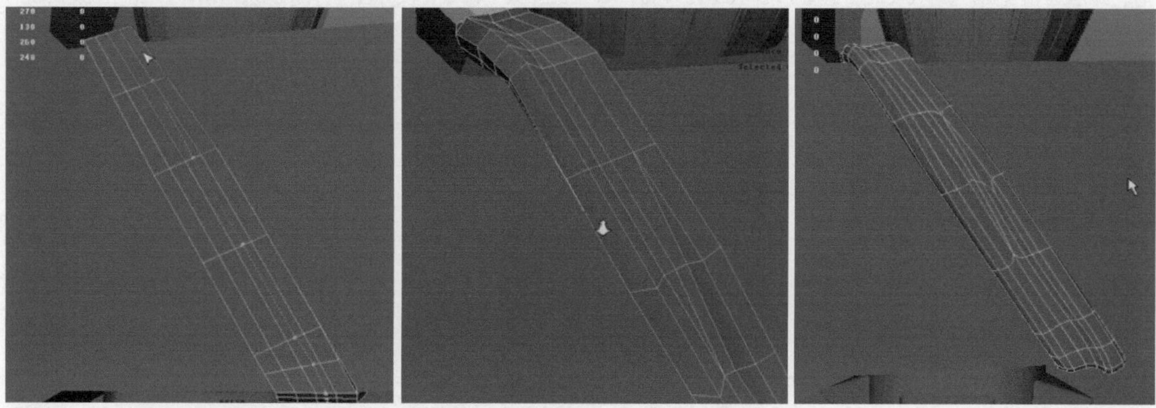

图4-190

06 选择这条绷带模型，把它进行镜像复制，然后按B键开启软选择工具，调整它们的穿插，如图4-191所示。

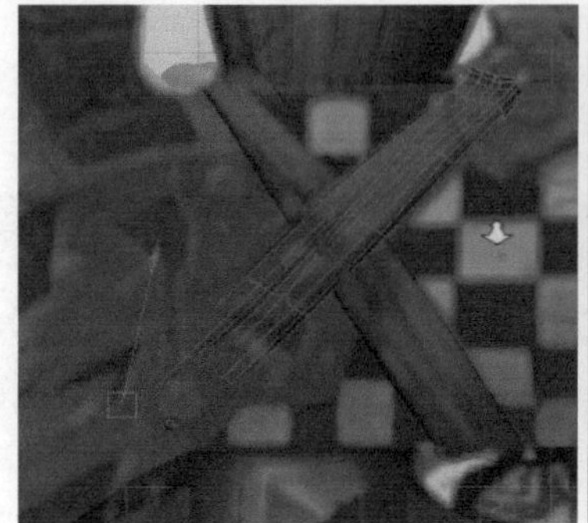
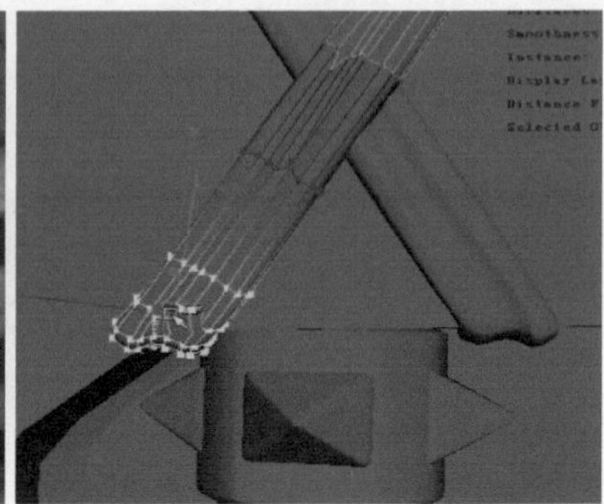

图4-191

◆第 5 阶段：编织绳子制作

这种花式的编织绳是比较复杂而有规律的，通常使用曲线加变形器的工具来进行制作，把曲线的形状做好之后，再使用挤出的命令，挤出模型的效果，如图4-192所示。

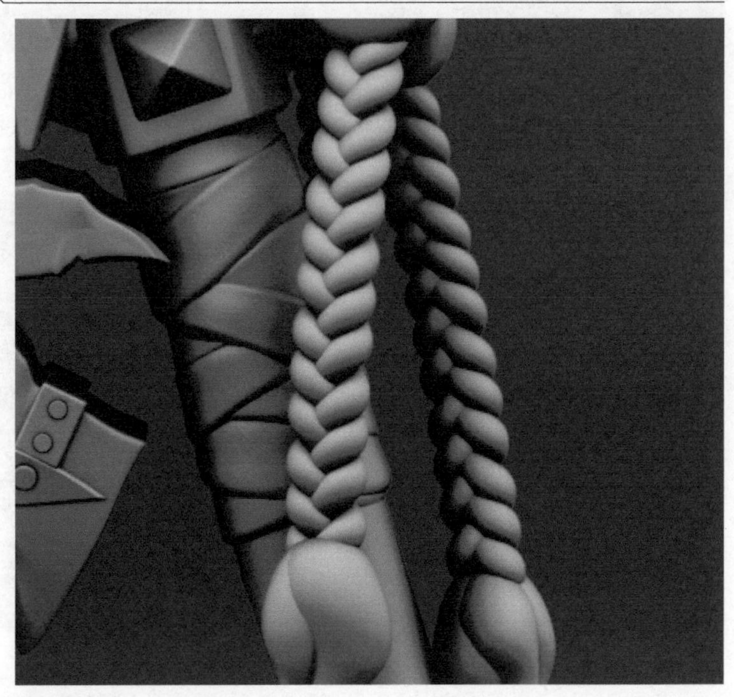

图4-192

01 切换至前视图，执行Creat（创建）>EP Curve Tool（EP曲线工具）命令，按C键，打开网格吸附功能，绘制一条12段的曲线。选择曲线，切换到动画模块，执行Create Deformers（创建变形器）>Nonlinear（非线性）>Sine（正弦）命令，调整通道栏中Amplitude（振幅）、Wavelength（波长）、Offset（偏移）的参数分别为0.5、3、-0.75，如图4-193所示。

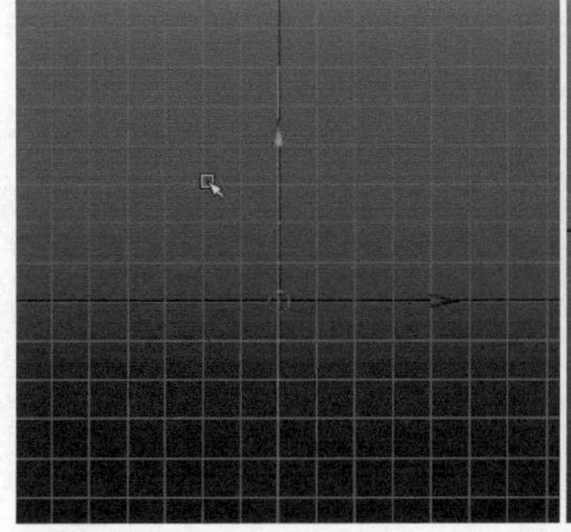
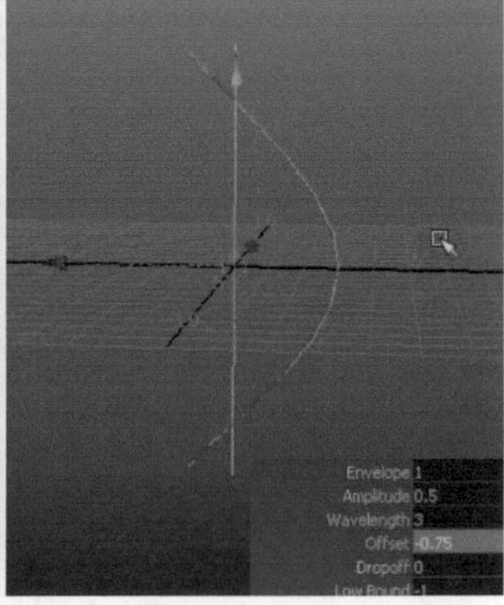

图4-193

02 重新选择曲线，执行Create Deformers（创建变形器）>Nonlinear（非线性）>Twist（扭曲）命令，调整通道栏中Start Angle（起始角度）的参数为180°。切换至顶视图，选择Twist变形器向左移动，使它从顶视图看接近一个圆形，如图4-194所示。

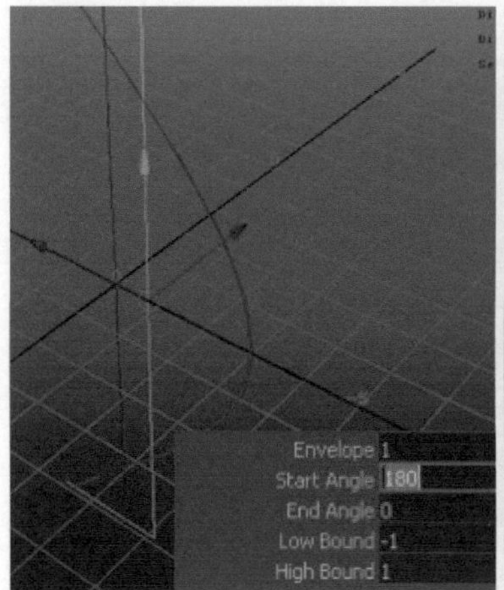

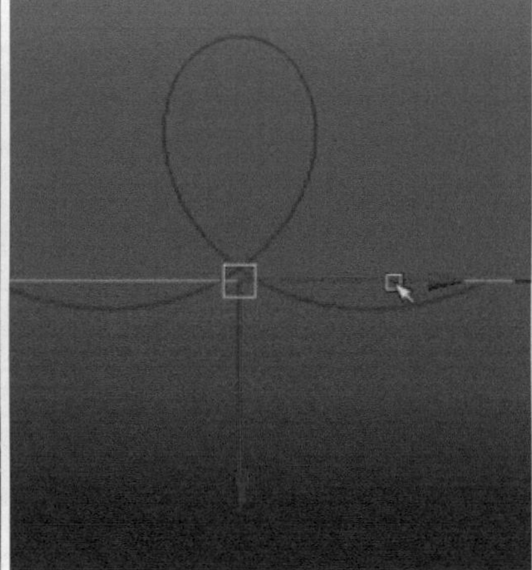

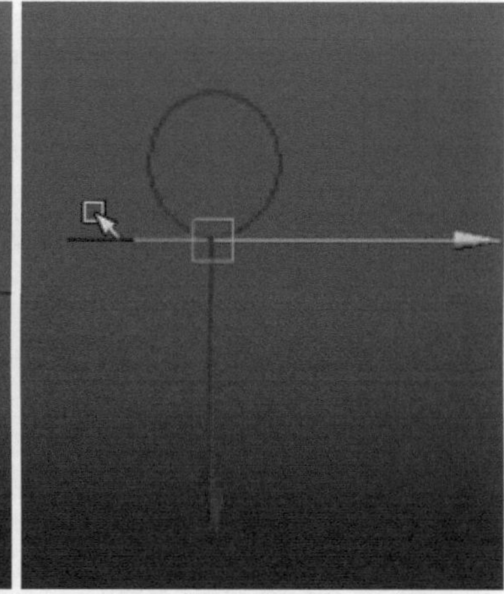

图4-194

03 切换至4个视图的显示，分别观察4个视图中曲线的样式是否正确，如图4-195所示。

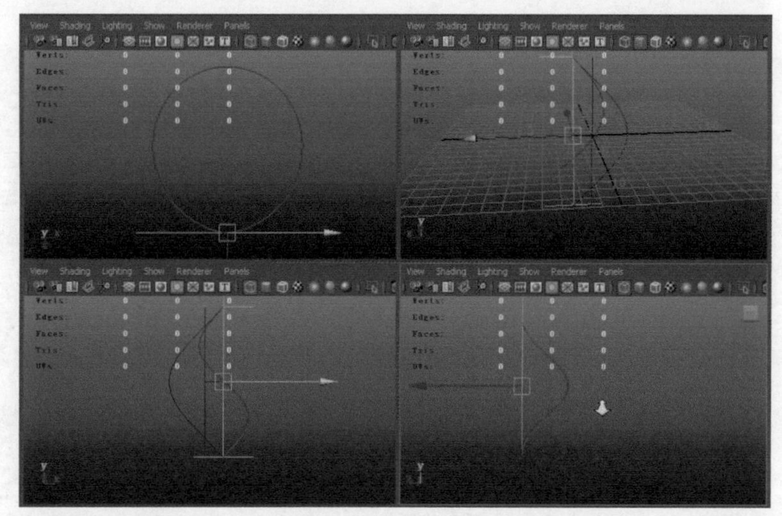

图4-195

04 选择曲线，按Ctrl+D组合键，复制一根，把它移动到一侧。选择曲线，继续复制一根，向下移动并和末端进行对齐。调整通道栏中ScaleZ（缩放Z）的参数为-1，如图4-196所示。

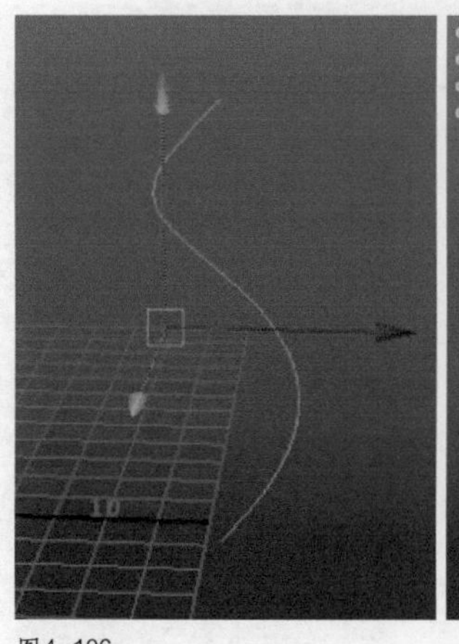

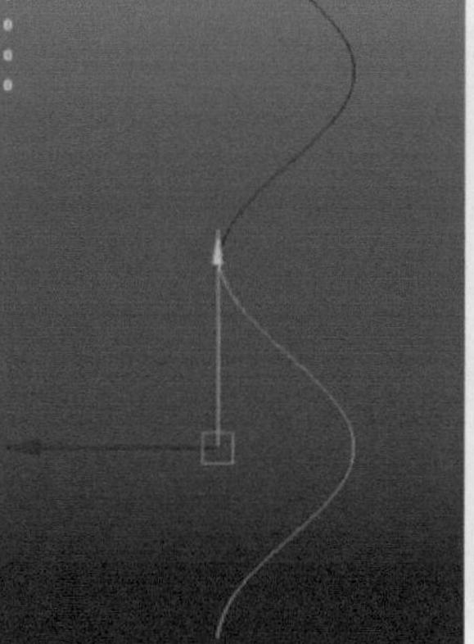

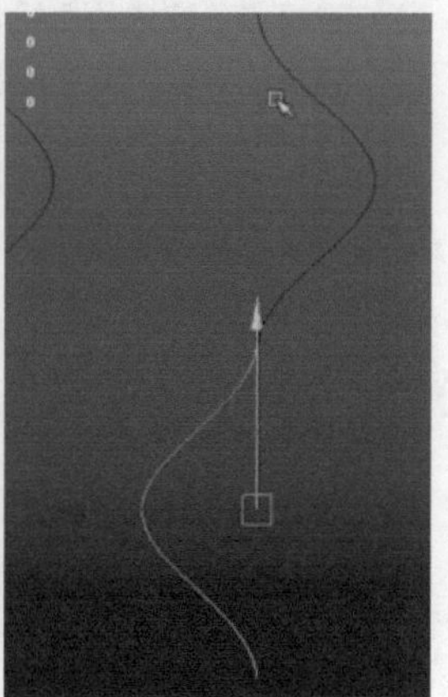

图4-196

05 选择复制的曲线，按Insert键，进入轴的调节模式，按C键打开线吸附，把轴心吸附到曲线的顶端，然后再Insert键结束轴的调节。重新选择曲线，按C键再次打开线吸附，把两根曲线进行首尾对齐。选择两条曲线，切换到曲面模块，执行Edit Curves（编辑曲线）>Attach Curves（连接曲线）命令，把它们连接成一条曲线，如图4-197所示。

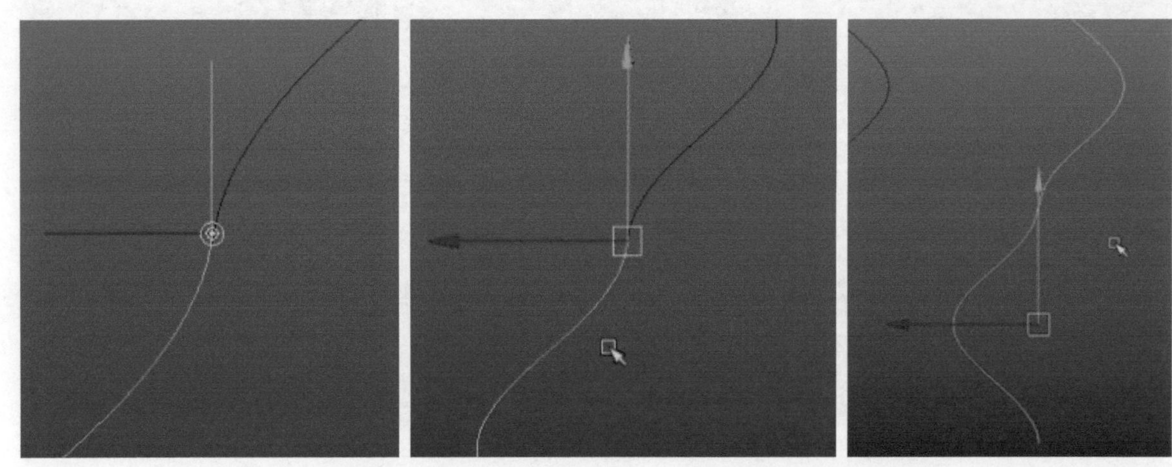

图4-197

06 把连接好的曲线往下复制，然后通过吸附工具把它们首尾对齐，最后再一次执行连接，得到新的曲线。用同样的方法继续制作，直到得到想要的长度，如图4-198所示。

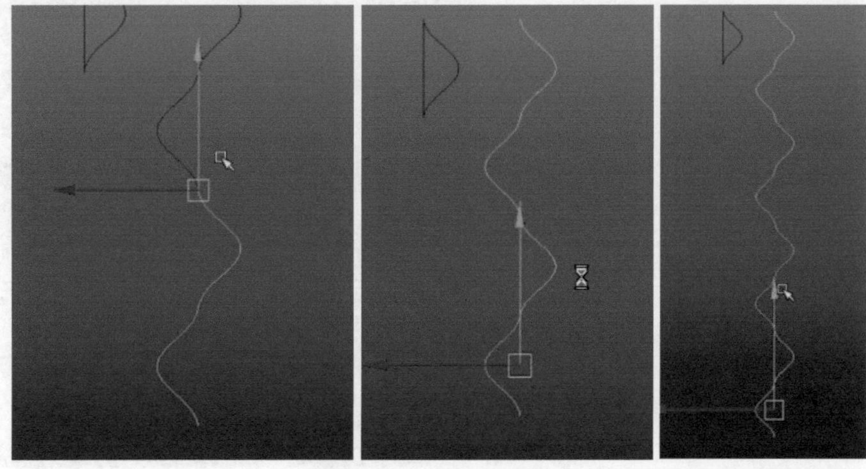

图4-198

07 选择最终完成的曲线，复制一根并向下移动，然后再复制一根，调整通道栏中ScaleZ（缩放Z）的参数为-1，如图4-199所示。

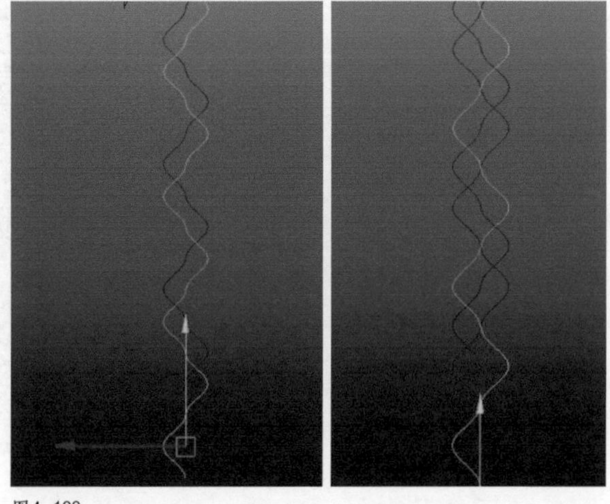

图4-199

08 执行Create（创建）>NURBS Primitives（NURBS基本体）>Circle（圆形）命令，创建一个圆形曲线。先选择圆形，再选择之前创建好的其中一根曲线，执行Surfaces（曲面）>Extrude（挤出）命令，挤出一束管状体，如图4-200所示。

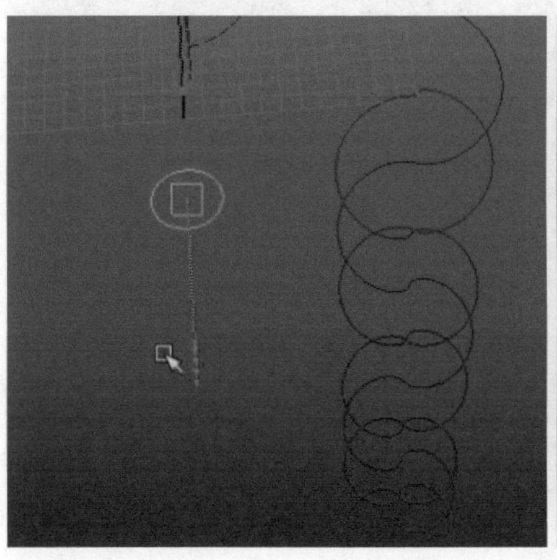
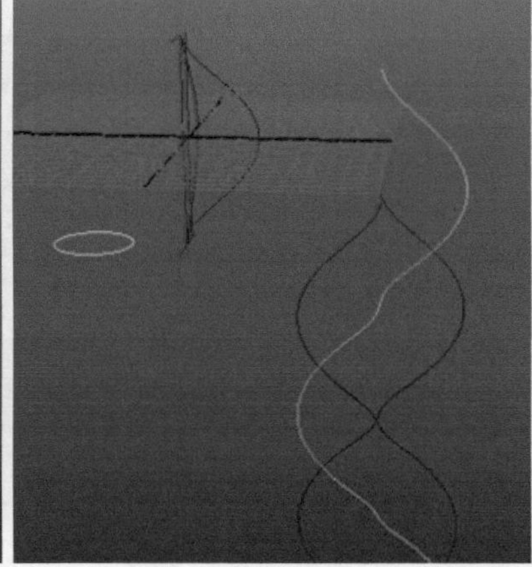
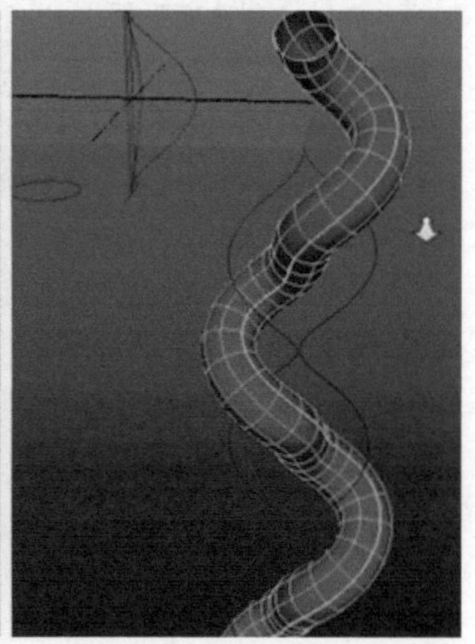

图4-200

09 用同样的方法挤出其余两条曲线，然后上下移动调整曲线的位置，从而得到编织状的绳带的效果，如图4-201所示。

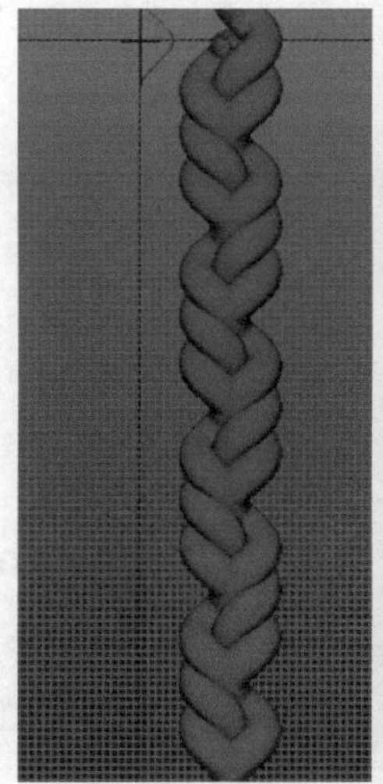
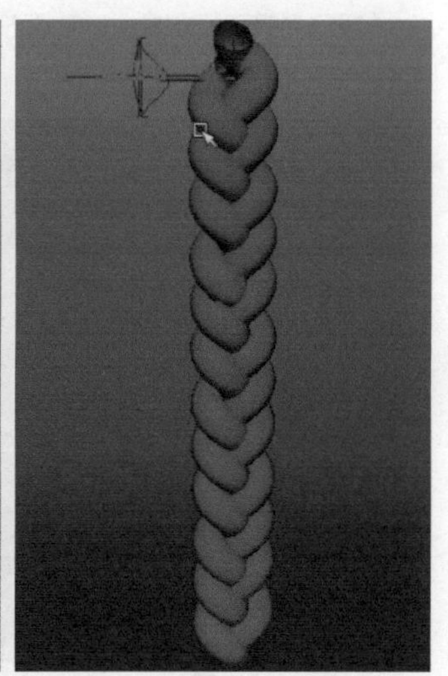

图4-201

10 选择绳带曲面，打开Modify（修改）>Convert（转换）>NURBS to Polygons（NURBS转多边形）命令后的设置选项按钮，在弹出的选项卡中把Type（类型）下的选项设置为Quads（四边形），Tessellation method（处理方式）的选项设置为General（常规），最后再把U type和V type的选项都设置为第3个，Number设置为1，单击Apply（应用），这样就把NURBS模型转换成多边形模型了，如图4-202所示。

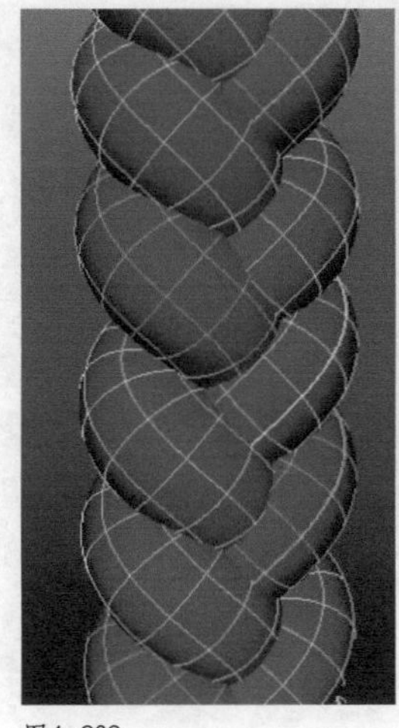
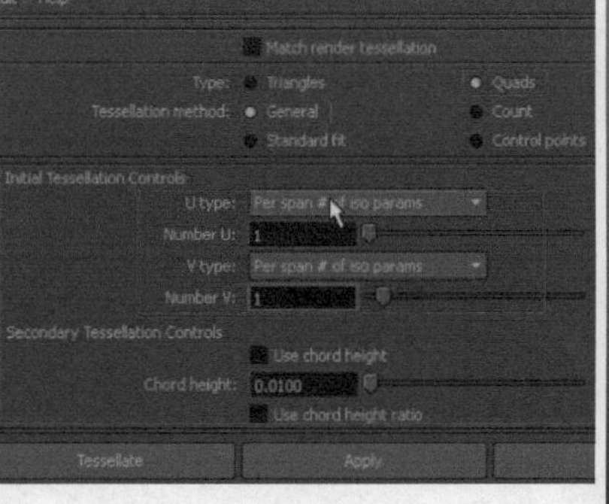

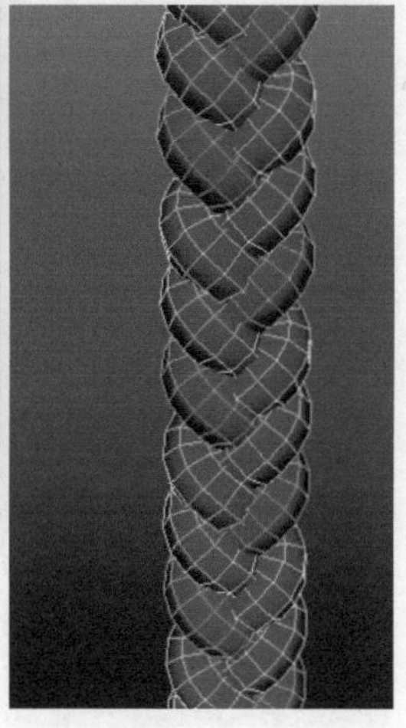

图4-202

11 选择转换后的多边形模型，切换到动画模块，执行Create Deformers（创建变形器）>Lattice（晶格）命令，创建晶格工具。在通道栏中找到S、T、U Divisions（S、T、U细分），调整晶格的控制段数，然后找到ffdi下面的Local Influence S、T、U（局部影响S、T、U），调整晶格控制的局部影响范围。切换至侧视图，选择晶格相应的控制点调整绳子的扭曲结构，如图4-203所示。

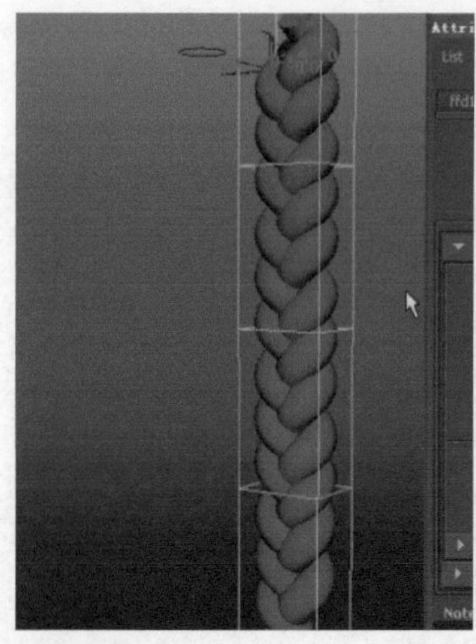

图4-203

12 执行Create（创建）>Polygon Primitives（多边形基本体）>Cube（立方体）命令，创建一个立方体，按V键，把它移动吸附到绳子的末端。使用插入循环边工具，横向插入足够的段数。按B键，开启软选择，在平滑模式下调整它的形态，如图4-204所示。

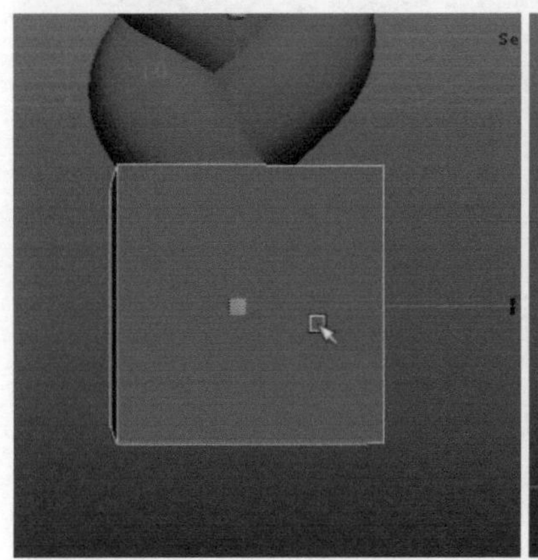
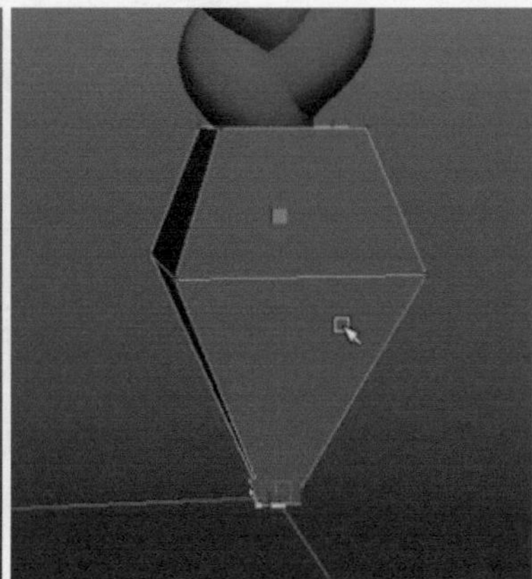
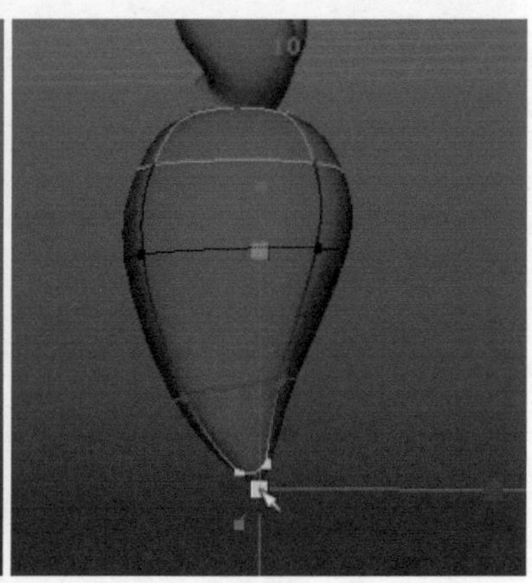

图4-204

13 完成之后复制两份，并旋转一定的角度，使用软选择工具，随意地调整一下扭曲变化，使它看上去更加自然。最后再把这部分绳带的模型打组，根据参考图摆放在相应的位置，如图4-205所示。

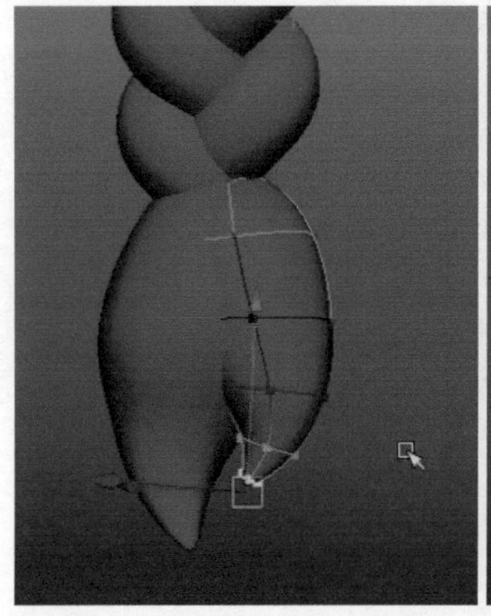
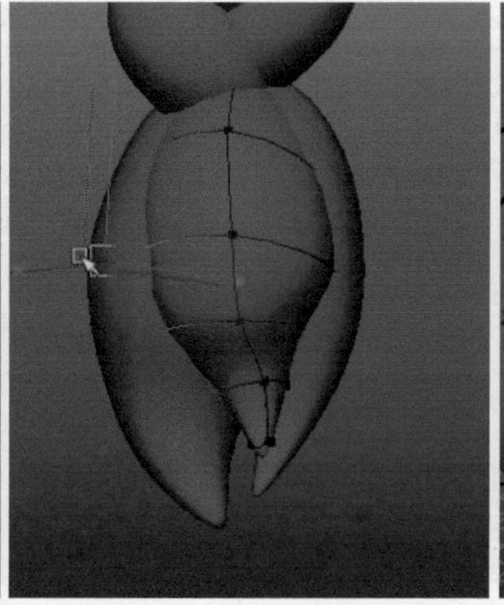
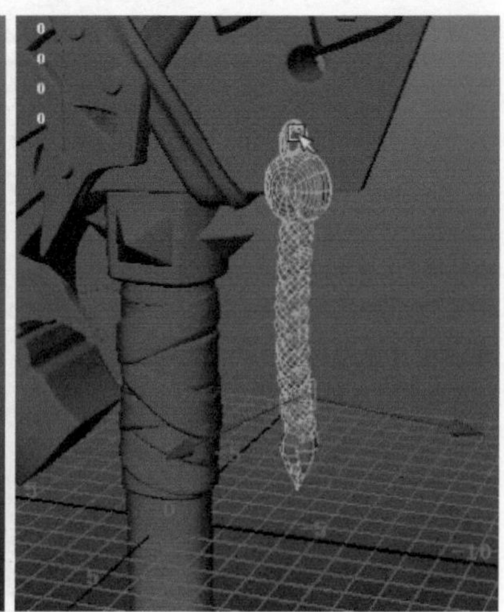

图4-205

◆第 6 阶段：骷髅头制作

头骨是比较大的主体饰品部件，制作也是相对比较难的，不过只要明白布线的方式，按照布线的规律，根据结构去布线，就可以轻松完成最终的效果，如图4-206所示。

图4-206

01 执行Create（创建）>Polygon Primitives（多边形基本体）>Cube（立方体）命令，创建一个立方体。执行Edit Mesh（编辑网格）>Insert Edge Loop Tool（插入循环边工具）命令，在中间插入循环边，然后删除左半部分的面，如图4-207所示。

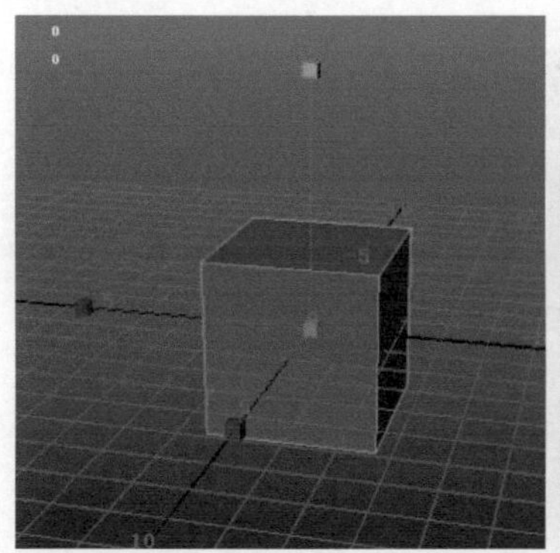
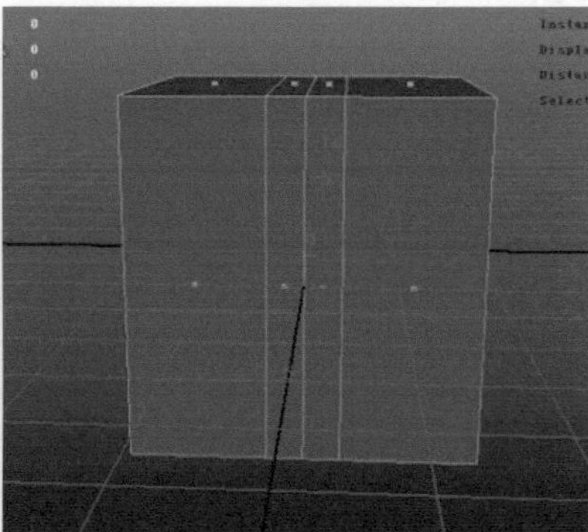
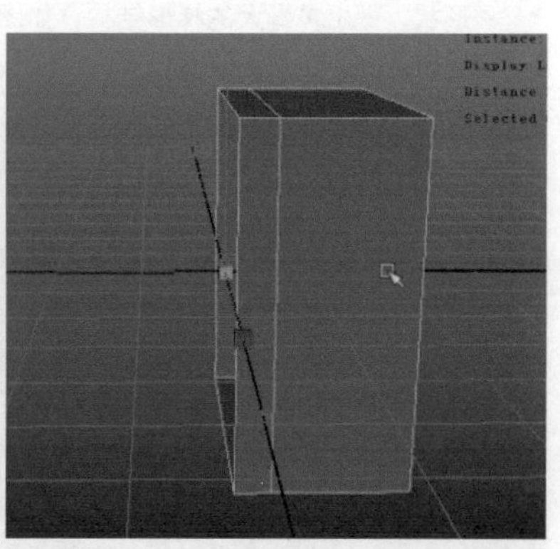

图4-207

02 继续使用插入循环工具在模型横向上面插入两条循环边，使它有足够的控制段数。切换至测试图，按B键开启软选择工具，调整侧面的形状，如图4-208所示。

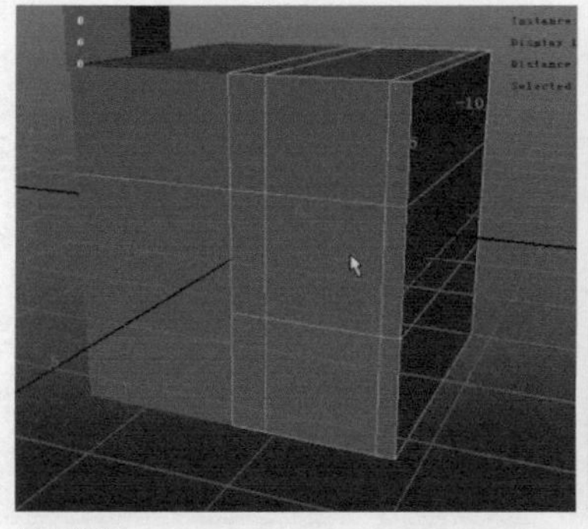
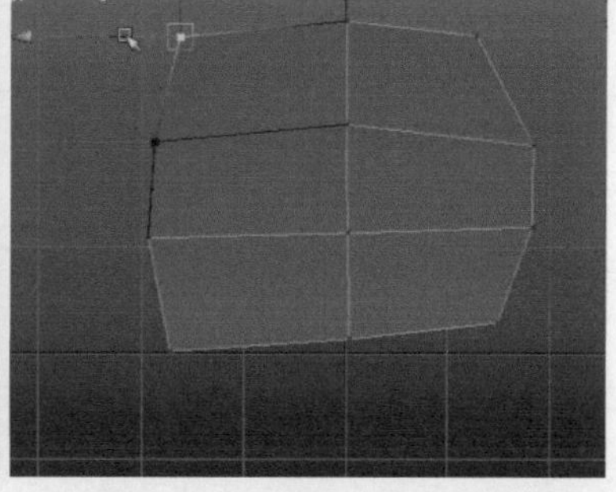

图4-208

03 调整线段的分布，确定眼眶的位置，然后删除眼眶的面。接着使用插入循环边工具插入需要的线段，调整头骨顶端的形状，使它保持比较圆的状态，如图4-209所示。

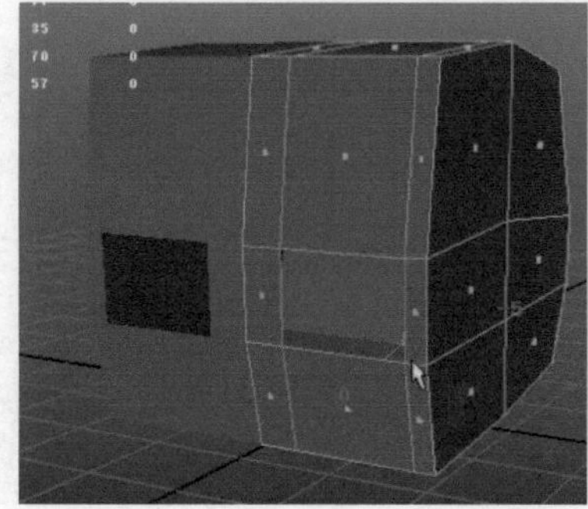
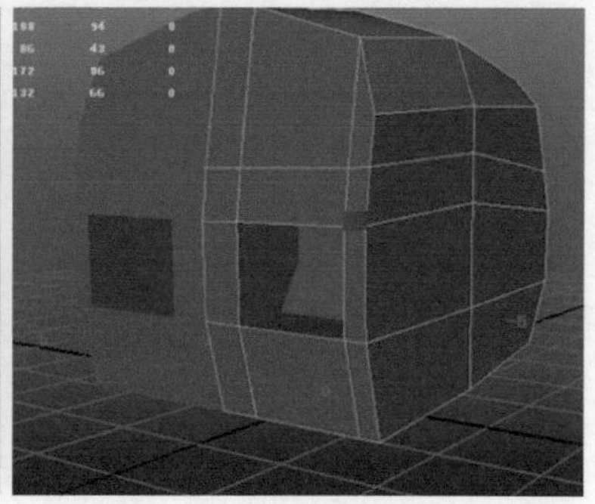

图4-209

04 执行Edit Mesh（编辑网格）>Interactive Split Tool（交互式分割工具）命令，使用分割多边形工具围绕眼眶进行布线，然后再合并不需要的费点。调整眼眶的大型，把突起的骨点做出来，如图4-210所示。

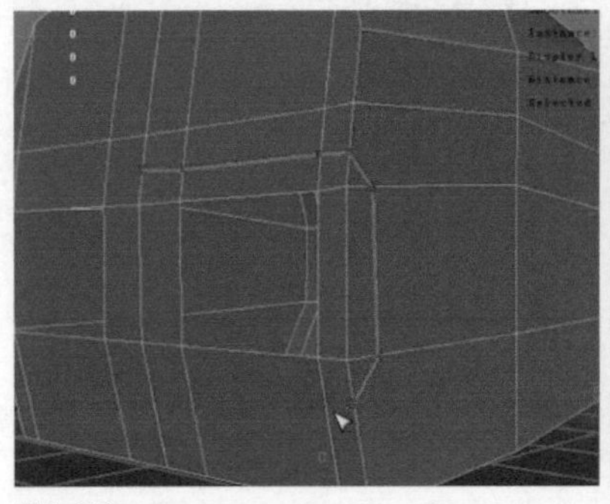
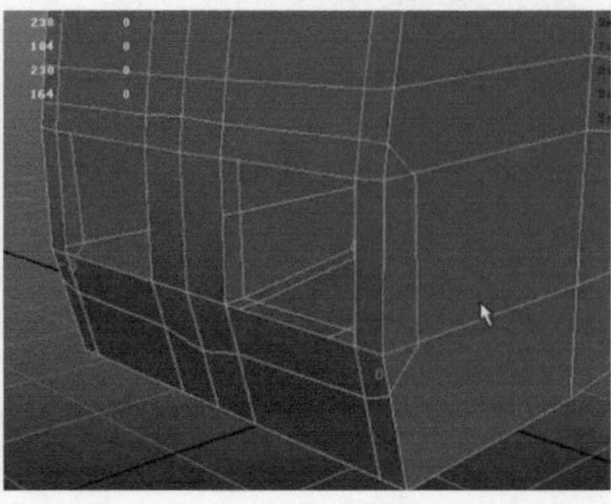
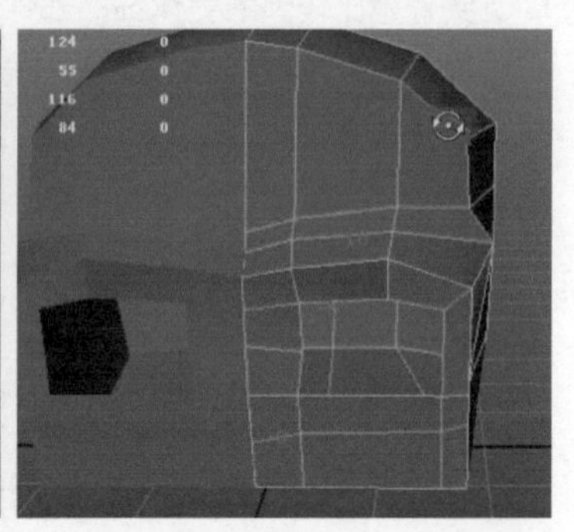

图4-210

05 选择鼻骨部分的面，执行Edit Mesh（编辑网格）>Extrude（挤出）命令，向外挤出，接着删除挤出的面，调整鼻骨的形状，做出鼻骨大的梯形结构，如图4-211所示。

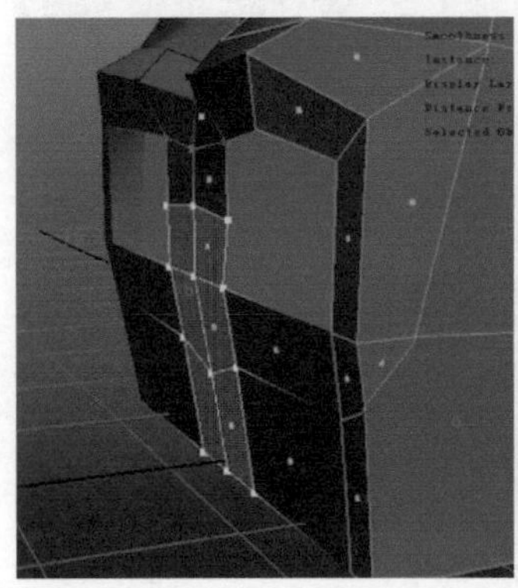
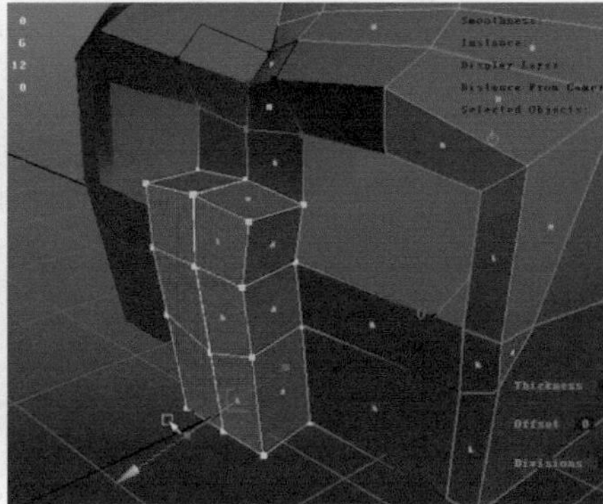
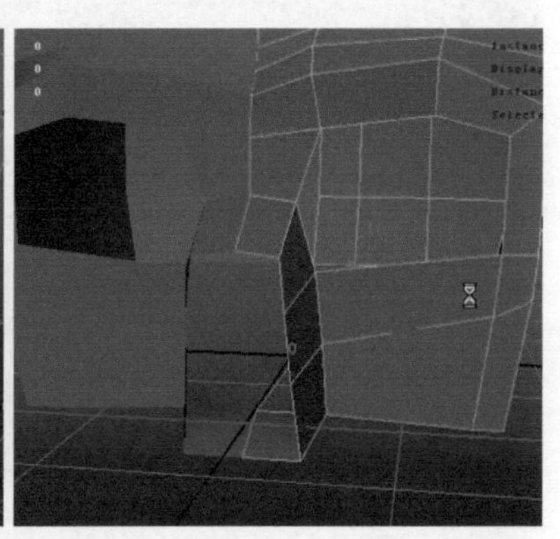

图4-211

06 执行Edit Mesh（编辑网格）>Insert Edge Loop Tool（插入循环边工具）命令，在头骨的纵向位置插入循环边。切换至点元素模式，调整头骨的大型，如图4-212所示。

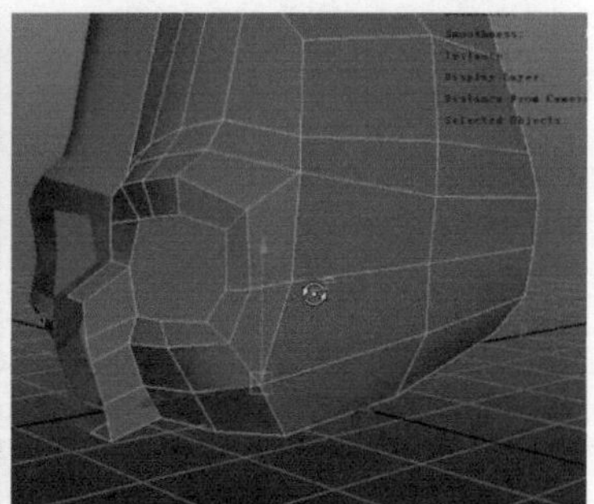

图4-212

07 执行Edit Mesh（编辑网格）>Interactive Split Tool（交互式分割工具）命令，使用分割多边形工具在眼眶后面布线。切换至点元素模式，调整出聂窝的结构，如图4-213所示。

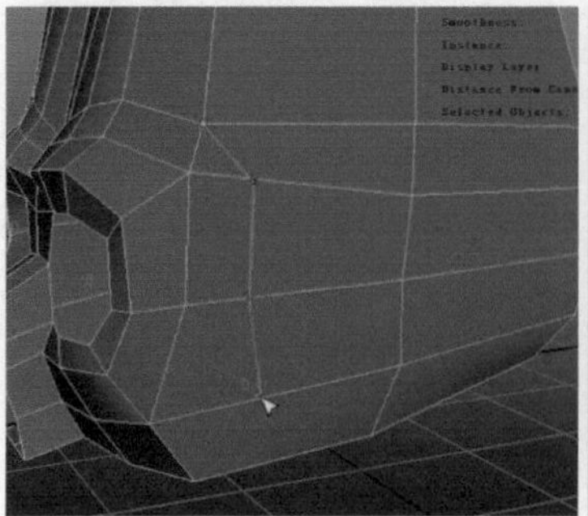
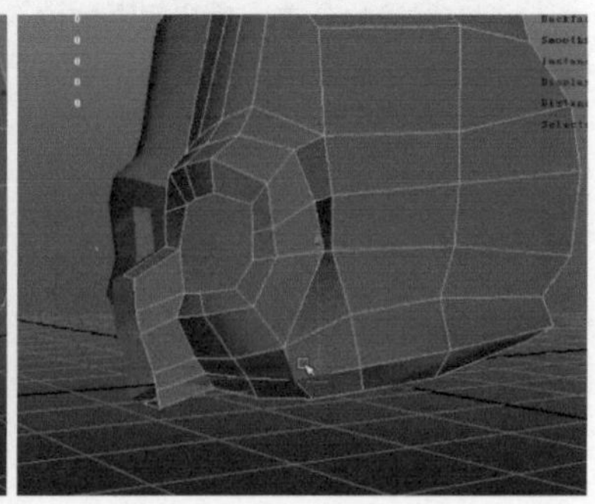

图4-213

08 执行Edit Mesh（编辑网格）>Insert Edge Loop Tool（插入循环边工具）命令，使用插入循环边工具在颧骨眼眶位置加线，调整出颧骨的骨点结构。选择眼眶的边缘，执行Edit Mesh（编辑网格）>Extrude（挤出）命令，挤出眼眶内的结构，然后接着执行Edit Mesh（编辑网格）>Merge To Center（合并到中心）命令，把边合并到中心，以封住洞口，如图4-214所示。

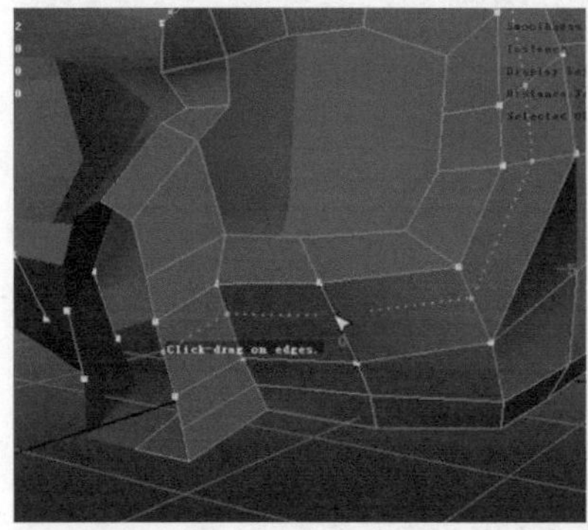

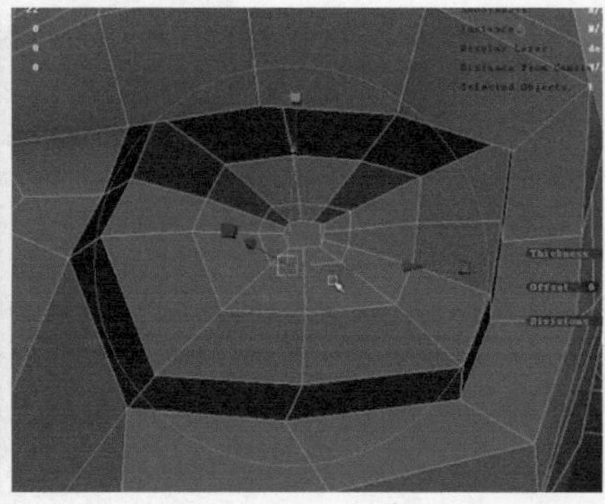
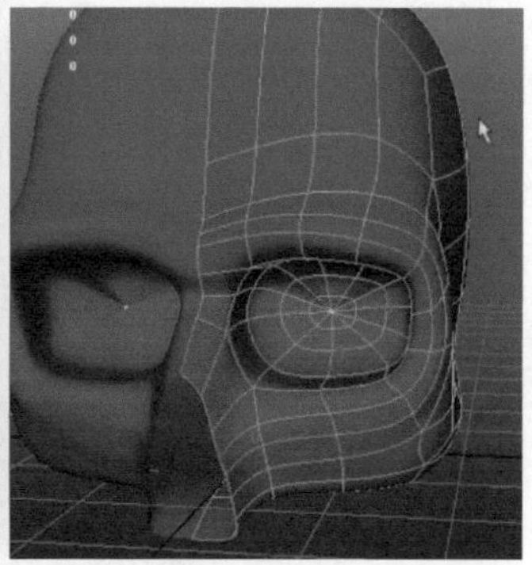

图4-214

09 同时选择两侧模型，执行Mesh（网格）>Combine（合并）命令，把它们合并为一个整体。执行Edit Mesh（编辑网格）>Merge（合并）命令，合并相邻和重叠的点。如果有没有合并上的点，就需要手动进行合并，如图4-215所示。

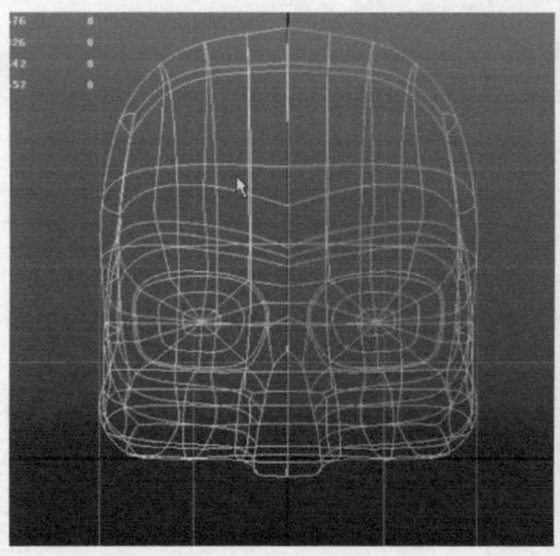
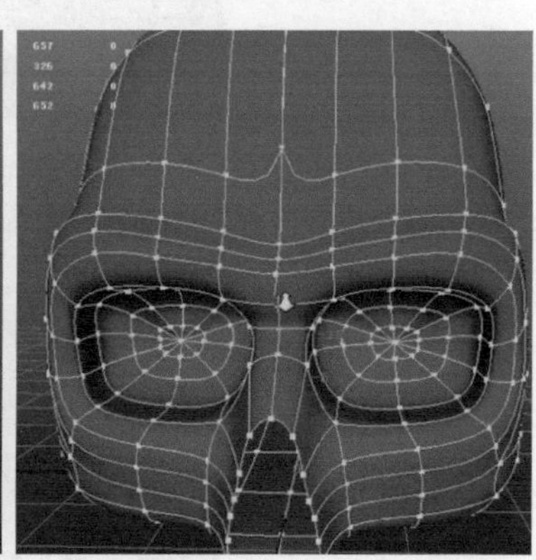

图4-215

10 选择鼻骨的边缘，执行Edit Mesh（编辑网格）>Extrude（挤出）命令，挤出鼻骨的厚度，并使用Edit Mesh（编辑网格）>Merge To Center（合并到中心）命令，把洞口封上。然后再使用插入循环边工具在鼻骨位置插入两段循环边，调整出鼻骨的起伏结构，如图4-216所示。

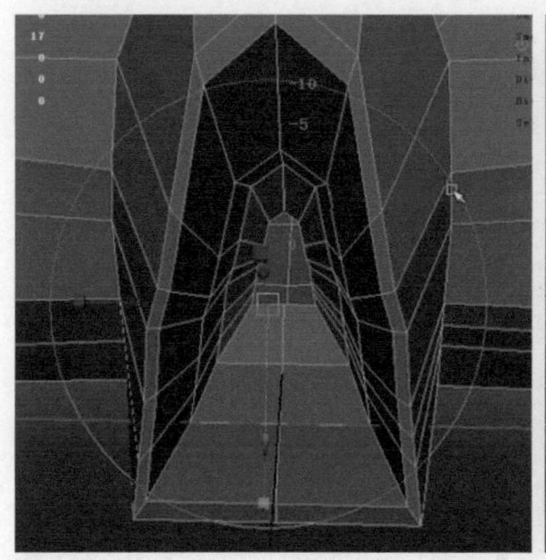
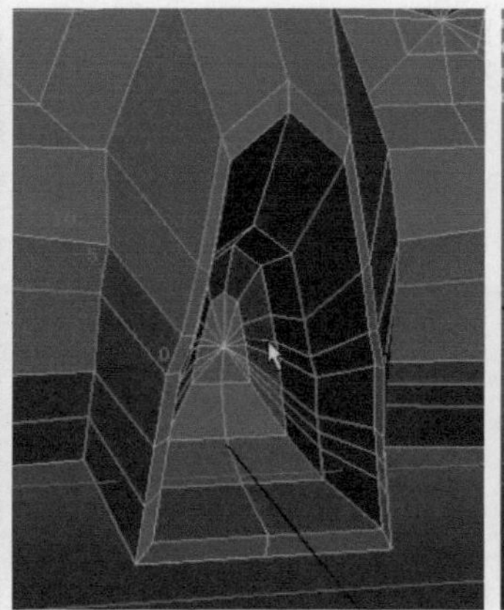
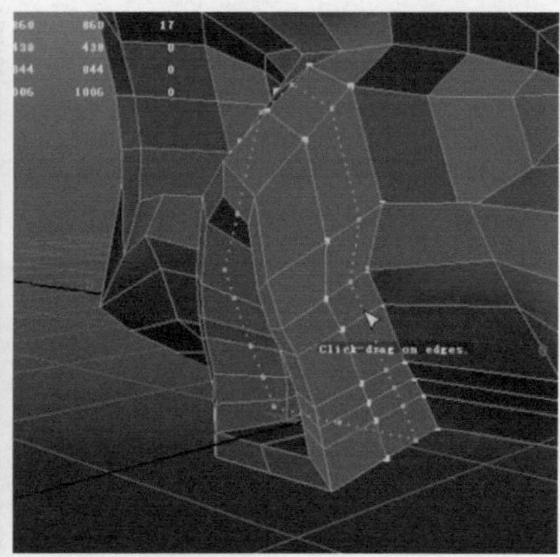

图4-216

11 切换至前视图，删除头骨的一半，然后选择剩余的部分，单击Edit（编辑）>Duplicate Special（特殊复制）命令，把模型的另一半重新镜像复制出来，如图4-217所示。

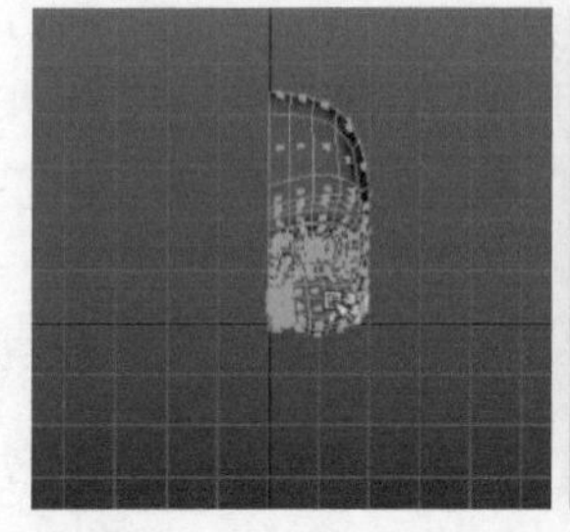
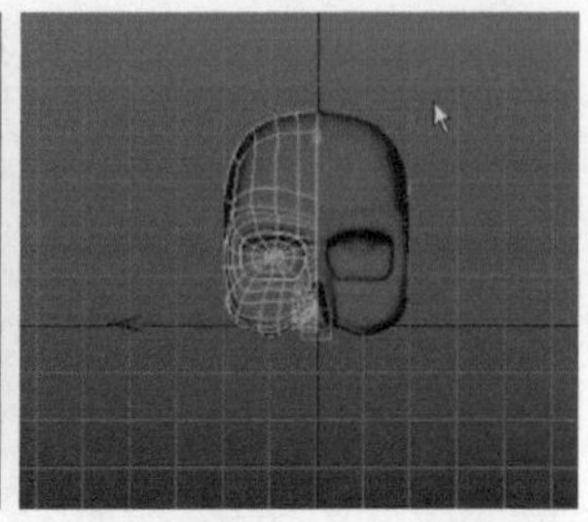

图4-217

12 挑选头骨前端的底面，执行Edit Mesh（编辑网格）>Extrude（挤出）命令，向下挤出上颌牙齿的部分。使用插入循环边工具，在上颌部分插入循环边，挑选面，再次执行挤出命令，挤出鼻骨下端的过度结构，如图4-218所示。

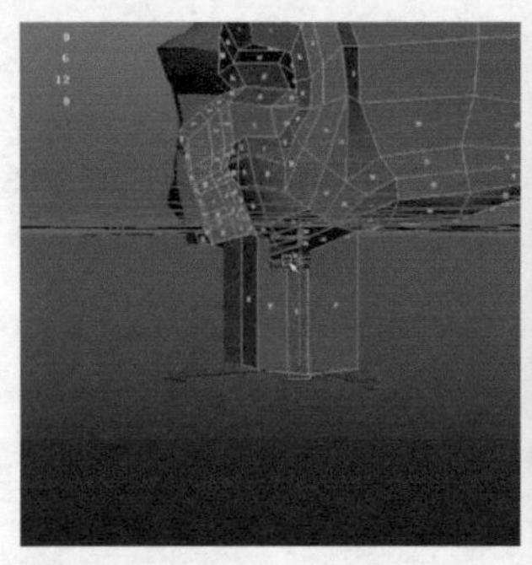
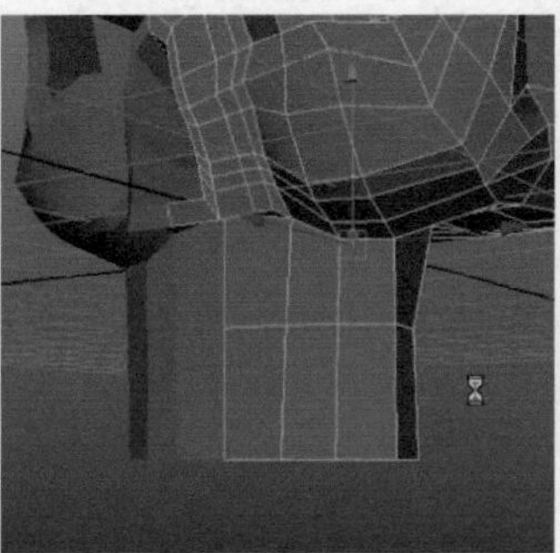
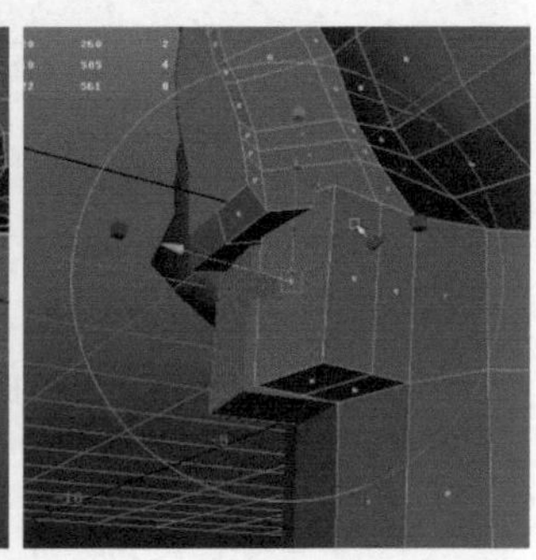

图4-218

13 删除挤出后出现的多余的面，执行Edit Mesh（编辑网格）>Merge Vertex Tool（合并点工具）命令，通过选择点拖动到另一个点的方法，把点进行合并，完成鼻骨下端的过度结构，如图4-219所示。

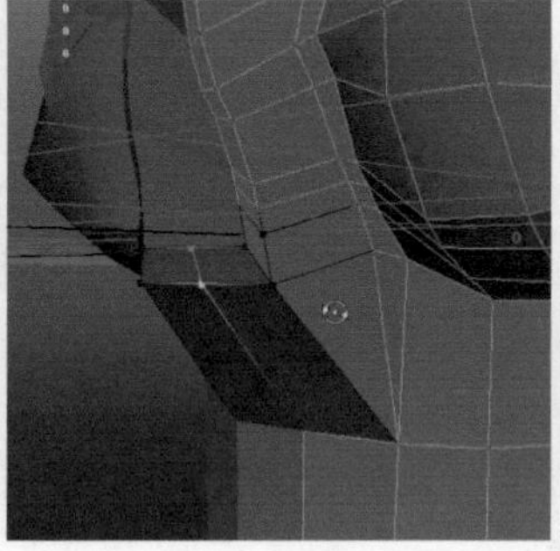
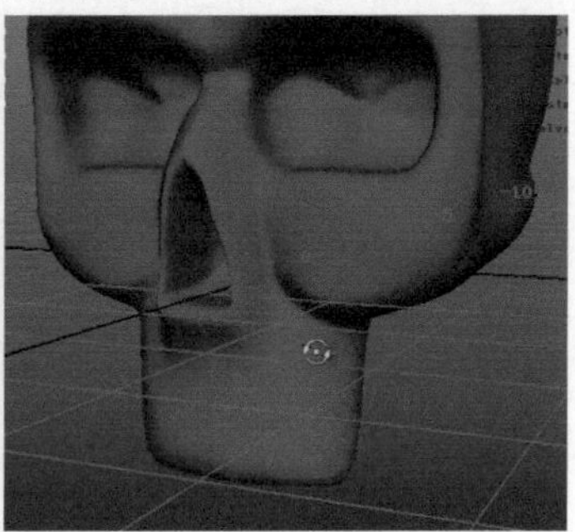

图4-219

14 选择模型，执行Edit Mesh（编辑网格）>Insert Edge Loop Tool（插入循环边工具）命令，在牙齿的位置插入循环边。选择牙齿位置的所有面，把Edit Mesh（编辑网格）菜单下的Keep Faces Together（保持面的连接）的勾选去掉，执行Edit Mesh（编辑网格）>Extrude（挤出）命令，挤出牙齿的结构。继续使用插入循环边工具，在牙齿位置插入结构线，以固定形体结构，如图4-220所示。

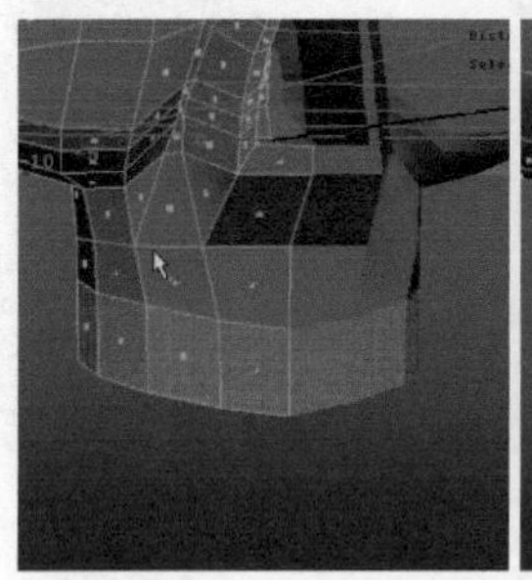
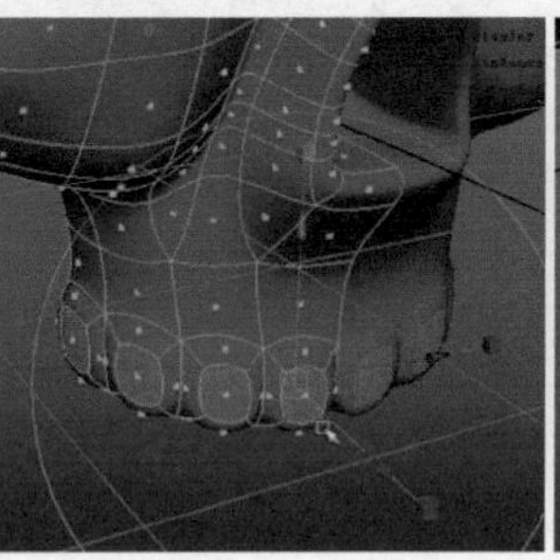
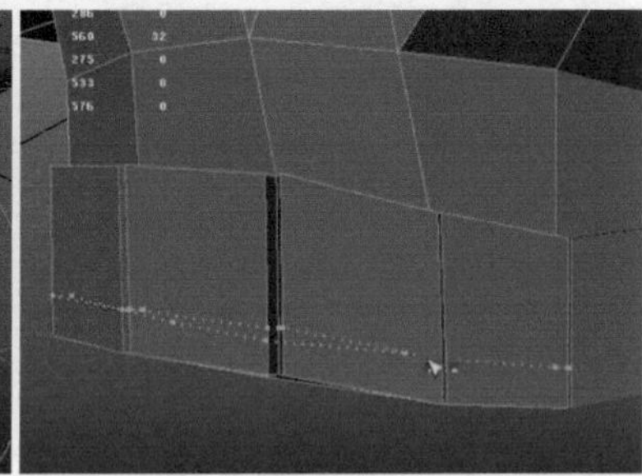

图4-220

15 选择头骨，切换到动画模块，执行Create Deformers（创建变形器）>Lattice（晶格）命令，创建晶格工具。在通道栏中找到S、T、U Divisions（S、T、U细分），调整晶格的控制段数，然后找到ffdi下面的Local Influence S、T、U（局部影响S、T、U），调整晶格控制的局部影响范围。选择晶格相应的控制点，分别在前视图和侧视图调整头骨的大型，完成之后选择模型删除历史，如图4-221所示。

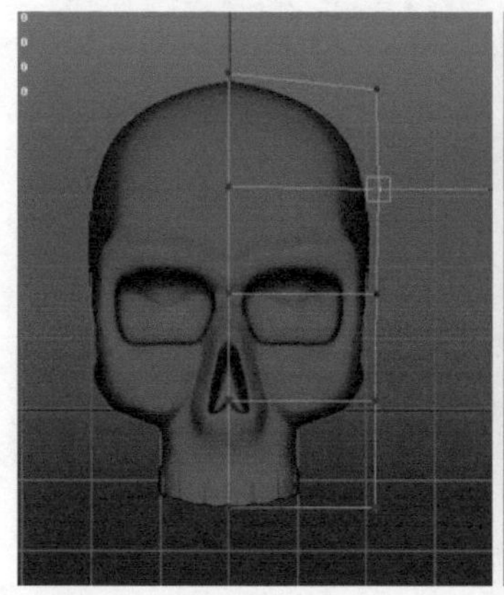
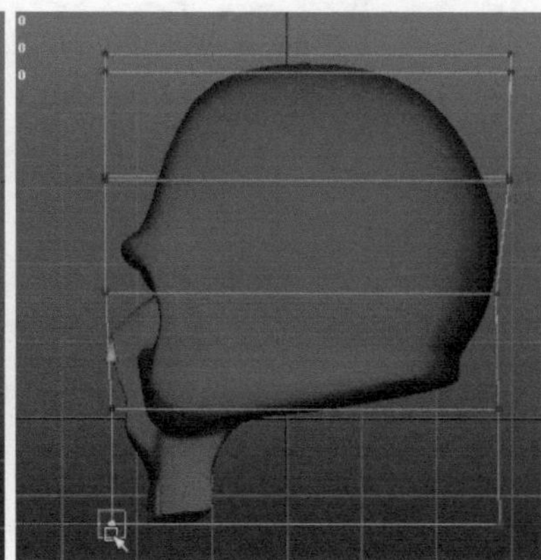
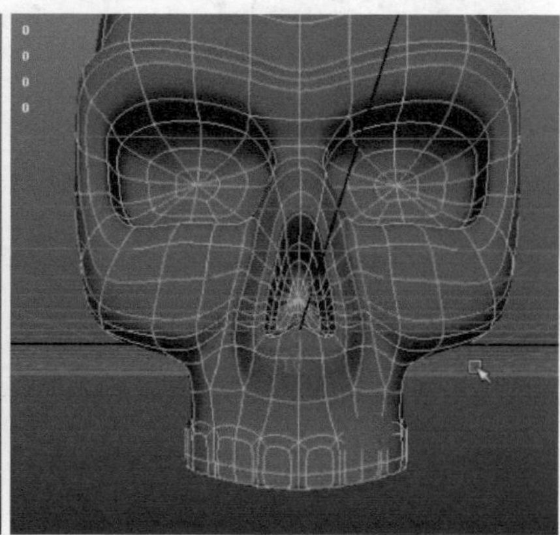

图4-221

16 整个头骨制作完成之后，根据参考图，把它摆放在适当的位置，并且复制出另外两个头骨。摆放时注意头骨与整个斧头的比例关系，如图4-222所示。

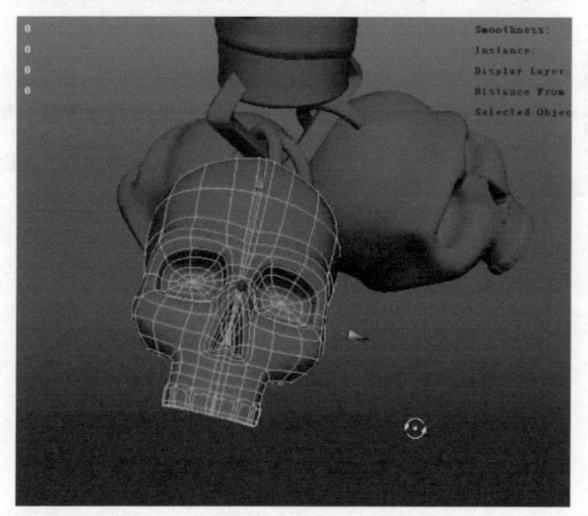

图4-222

4.3.8 本节小结

武器道具是模型学习的重点，它对刻画人物的性格、表现人物情绪也发挥着重大作用。通过本小节的学习，可以帮助大家解决道具类模型的制作难点，另外对布线的概念有了进一步的清晰认识。

第05章 Maya影视场景模型制作

本章主要讲解场景类模型的知识，通过本章室内与室外场景的案例，可以了解场景模型的类型和特点，学习其制作方法和制作技巧。

5.1 场景模型的基础介绍

影视动画中的场景即主体所处的环境，包括背景（内景和外景）和道具（场景中出现的物体）。场景不但是衬托主体、展现内容不可缺少的要素，更是营造气氛、增强艺术效果和感染力、吸引观众注意的有效手段。

5.1.1 场景设计概念及任务

影视动画场景设计就是指动画影片中除角色造型以外的随着时间改变而变化的一切物体的造型设计。场景一般分为内景、外景和内外结合景，如图5-1、图5-2和图5-3所示。

图5-1

图5-2

图5-3

场景就是随着故事的展开，围绕在角色周围，与角色发生关系的所有景物，即角色所处的生活场所、陈设道具、社会环境、自然环境以及历史环境，甚至包括作为社会背景出现的群众角色，都是场景设计的范围，也是场景设计要完成的设计任务。

5.1.2 场景在动画影片中的作用

场景设计在动画影片中具有重要的作用，起着决定性的意义，而且镜头往往首先展示出来的就是场景的面貌。

◆第 1 阶段：场景交代时空关系

场景应符合剧情内容，体现时代特征、历史风貌、民族文化特点以及交代故事发生、发展的地点和时间。

◆第 2 阶段：场景营造情绪氛围

根据剧本的要求，往往需要场景营造出某种特定的气氛效果和情绪基调。场景设计要从剧情出发、从角色出发，如图5-4所示。

图5-4

◆第 3 阶段：场景刻画角色

场景的造型功能是多方面的，集中到一点，就是刻画角色，为创造生动、真实的、性格鲜明的典型角色服务。刻画角色就是刻画角色的性格特点，反映角色的精神面貌，展现角色的心理活动。角色与场景的关系是不可分割、相互依存的关系，是典型性格和典型环境的关系。就像电影《冰雪奇缘》里的场景一样，雪山之巅以及冰雪城堡，进一步刻画了女主角艾莎优雅、美丽、矜持的女王特点，如图5-5所示。

图5-5

◆第 4 阶段：场景是动作的支点

动画影片的场景是以刻画角色、塑造角色为目的的。场景与角色动作的关系十分密切，场景是为角色动作而设置，根据角色的行为而周密设计的，它不能仅仅只起到填充画面背景的作用，而应是积极、主动地与任务结合在一起，成为角色动作的支点。

◆第 5 阶段：场景的隐喻

场景的隐喻功能在动画影片中应用的很少，但作为场景的形式功能之一，也必须有所了解。场景隐喻顾名思义就是一种潜移默化的视觉象征，比喻通过造型传达出深化主题的内在含义，如图5-6所示。

图5-6

5.1.3 动画电影场景设计的构思方法

在设计场景时，要树立整体的造型意识，对动画影片具有总体的、统一的、全面的创作观念。然后把握主题，确定基调，通过造型风格、情节节奏表现出一种感情情绪的特征。设计时还要把握场景的造型形式，体现影片整体形式风格，注意内容与形式的完美结合。

◆第 1 阶段：树立整体造型意识

整体造型意识就是指对动画影片总体的、统一的、全面的创作观念。其原则就是：艺术空间的整体性，影片时空的连续性，景人一体的融合性,创作意识的大众性。创作中场景设计师要与导演等主创人员在创作意识上取得共识，这是重要的原则。在实际的工作中，创作意图的统一往往是以导演意图为主，这是为使影片形成完整而具特色的风格所必需的。

◆第 2 阶段：把握主题，确定基调

在进行影片场景设计的时候，无疑要紧紧把握影片的主题，因为那是艺术作品的灵魂，但是如何将这种存在于意念和精神中的主体灵魂表现在视觉形象中，就要考验设计者的功力了。影片的基调就是通过造型风格、情节节奏、气氛、色彩等表现出的一种感情情绪的特征，如图5-7所示。

图5-7

◆第 3 阶段：探索独特恰当的造型形式

一部优秀的动画影片，应该是内容与形式的完美结合。造型形式，特别是场景的造型形式，是体现影片整体形式风格、艺术追求的重要因素。场景的造型形式直接体现出影片整体空间结构、色彩结构、绘画风格，设计者应努力探求影片整体与局部、局部与局部之间的关系，形成影片造型形式的基本风格。

5.2 案例——室内场景藏书阁

本节案例要制作的是一间藏书阁，属于室内场景，是根据原画场景的设定进行制作的，最终效果如图5-8所示。

图5-8

5.2.1 关于室内场景

室内场景是人工搭建的空间，是在固定的空间内反映它的样式、色彩与审美性。室内场景相对较为复杂，细节较多，内景较小，较封闭。富有生活气息和时代感，如房间内、山洞内、隧道内等，如图5-9所示。

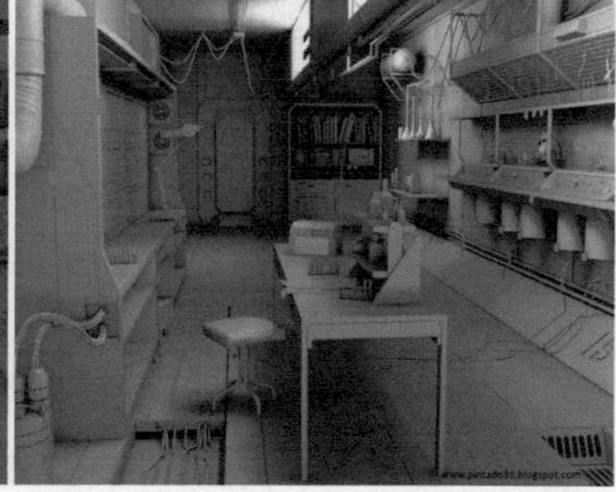

图5-9

◆**第 1 阶段：室内场景的设计原则**

室内场景制作时，要充分考虑室内的主题与统一。室内的装饰效果，对渲染美化室内环境起着非常重要的作用，墙面的形状、分划图案、质感和室内气氛有着密切的关系，为创造室内空间的艺术效果，室内元素本身的艺术性不可忽视。室内空间的装饰元素最富有变化，其透视感较强，通过不同的处理，能够增强空间的感染力，如图5-10所示。

图5-10

◆**第 2 阶段：室内场景的设计形式**

对与室内场景来说，形式风格多种多样，有的构造简单，外观朴素大方；有的造型华美富丽，立体感强；有的要强调自身节奏韵律感以及整体空间的艺术性；有的具有历史痕迹，使人产生特殊的美感和情趣；有的富于自然元素，为空间增加活力。

本节要制作的是一间藏书阁的案例，它具有很强的历史气息。场景内除了书架和藏书之外，还有桌椅、梯子、地球仪、蜡烛、纸张等许多摆件。整体形式比较复古华丽，从花纹和窗台的设计可以看出一点宗教色彩，如图5-11所示。

图5-11

5.2.2 制作思路

场景模型是所有模型类别中比较复杂的部分，因为在场景中所包含的物体种类比较多，然而需要掌握不同的制作方法和技巧进行应对。此外，场景制作对构图和全局的把握要求比较高，比例是否准确合理会影响整个场景的真实性。

本节案例藏书阁中的物件多为日常所能见到，包括书籍、书架、纸张、桌子、椅子、地球仪、梯子等，而这些物体多为几何体样式，所以具体到每一物件的制作方法并不困难，无非就是从基本几何体改变得到，难点就是工作量比较大，需要去完成整个室内所摆放的东西。通过观察设定图可以发现，整个场景内有许多重复的物体和对称的物体，最显而易见的就是书籍、书架、地板和吊灯了，这也是占据整个场景面积最大的部分，可以使用复制的方式快速完成。

5.2.3 制作流程

场景的制作流程和之前的道具类型模型是有所区别的，在场景制作过程中，摄像机的创建与调整是第一步，然后再从创建大型开始，先去构图定下物体的大概位置，然后再对其逐步细化。

01 首先创建摄像机，调整摄像机的位置和视角，这一步只是对摄像机的初步设定，后面会继续调整，如图5-12所示。

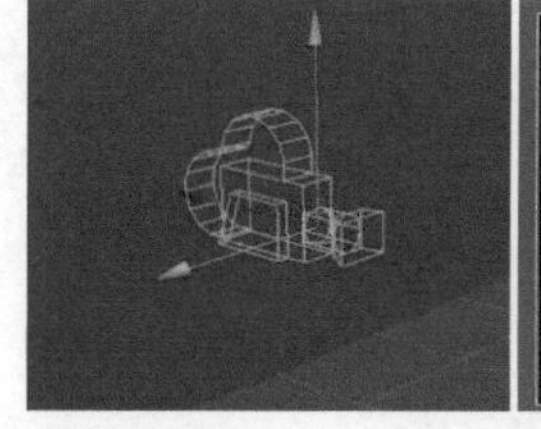

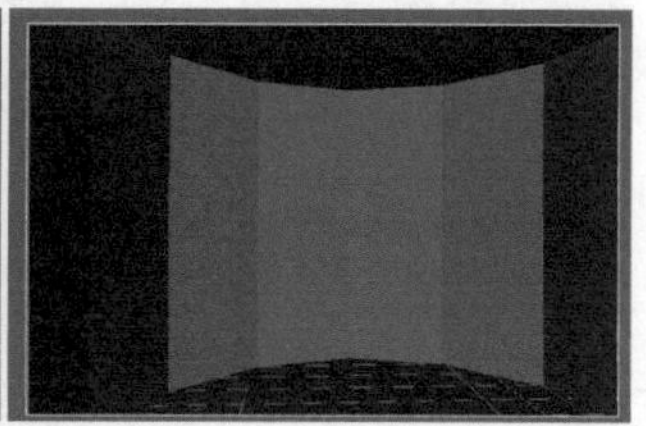

图5-12

02 创建场景的大型，给场景的大的元素进行摆放定位，然后根据场景物体的位置，对摄像机进一步调整，如图5-13所示。

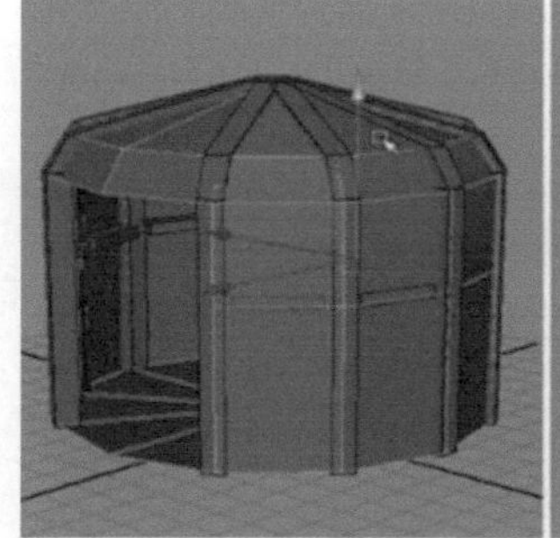

图5-13

03 对场景中大的物体结构进行细化，并相继添加制作剩余的物件，这一步要注意场景内物体的所有比例大小，如图5-14所示。

图5-14

5.2.4 场景摄像机设置摆放

场景中的摄像机就如影视拍摄中承载影像、能够构成画面的镜头，它是组成整部影片的基本单位。若干个镜头构成一个段落或场面，若干个段落或场面构成一部影片。因此，镜头也是构成视觉语言的基本单位，它是叙事和表意的基础。

在制作静帧场景作品时，场景的摄像机设置摆放十分重要，它会直接影响到镜头画面的整体构图和空间感。另一方面，舍弃摄像机视角外不需要制作的部分，可以节省资源，提高效率，如图5-15所示。

图5-15

01 执行Create（创建）>Polygon Primitives（多边形基本体）>Cylinder（圆柱体）命令，创建一个圆柱体，调整通道栏里的Subdivision Axis（细分轴）参数为12。切换至面选择模式，删除其另一半。选择开口的边，执行Edit Mesh（编辑网格）>Extrude（挤出）命令，挤出一段距离，如图5-16所示。

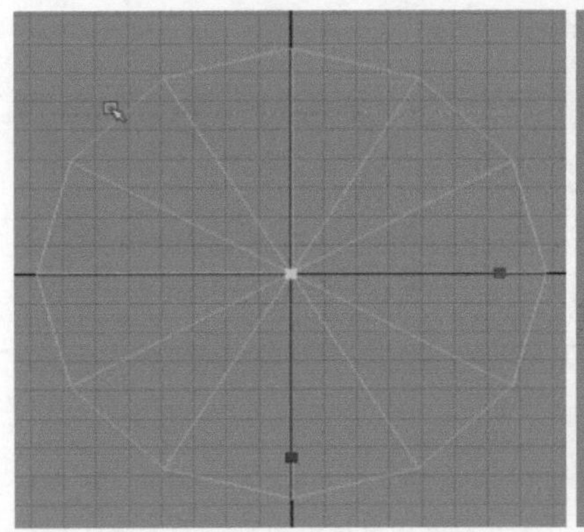
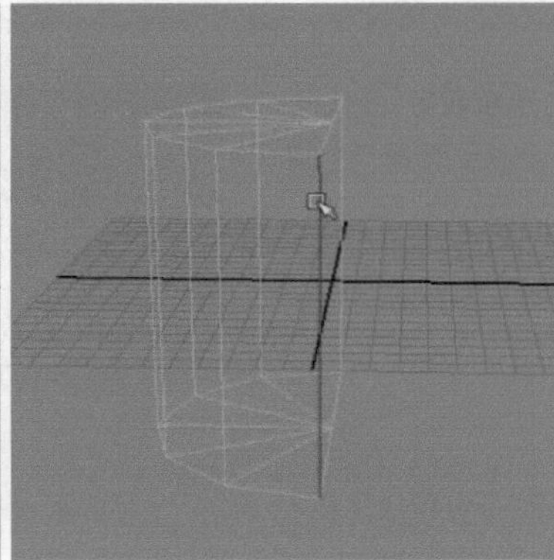
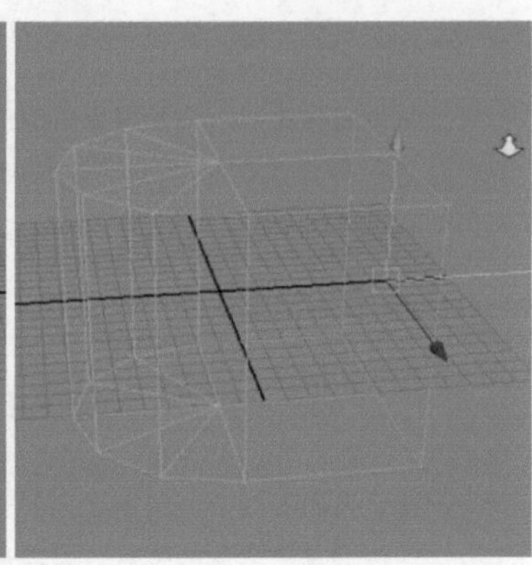

图5-16

02 执行Creat（创建）>Cameras（摄像机）>Camera（摄像机）命令，创建一个摄像机。选择视图菜单中的Panels（面板）>Perspective（透视）>camera1（摄像机1），进入新建的摄像机1视角并进行视角调整。打开视图菜单的View（视图）>Camera Setting（摄像机设置）>Resolution Gate（分辨率框），来显示要渲染的区域，如图5-17所示。

图5-17

03 删除之前圆柱体挤出的面，然后选择模型，执行Mesh（网格）>Mirror Geometry（镜像几何体）命令，镜像出另一半，如图5-18所示。

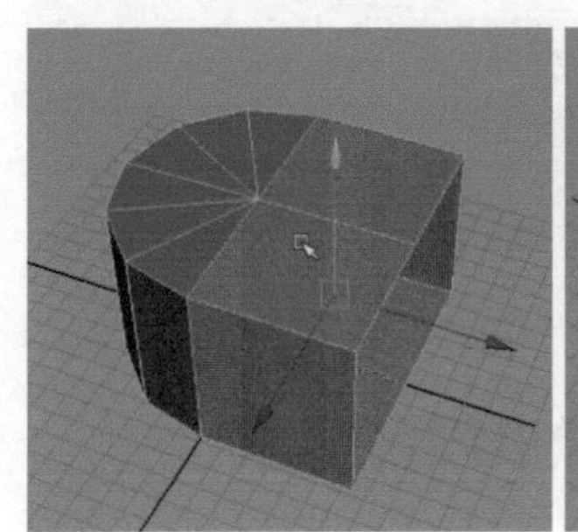
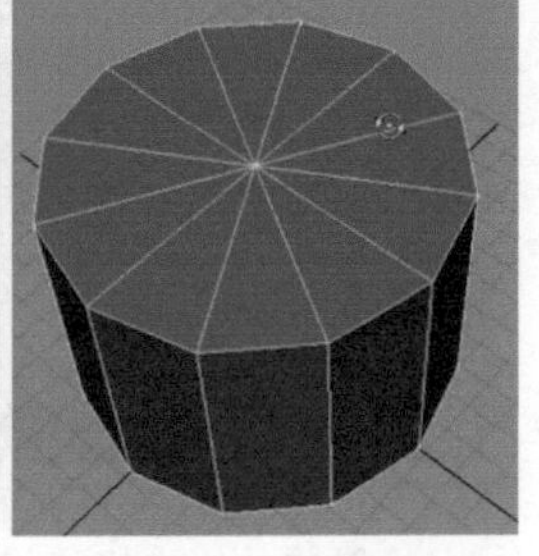

图5-18

04 选择模型顶端的面，执行Edit Mesh（编辑网格）>Extrude（挤出）命令，挤出屋顶的转折结构。切换至新建的摄像机视角，根据摄像机视角调整其屋顶的形状，如图5-19所示。

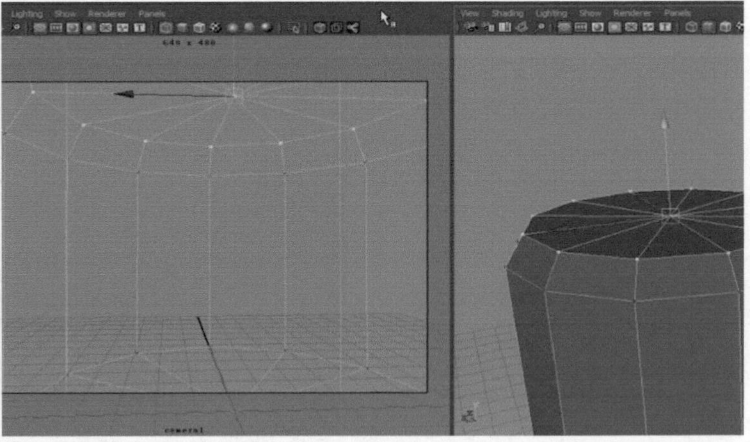

图5-19

05 执行Edit Mesh（编辑网格）>Insert Edge Loop Tool（插入循环边工具）命令，横向插入一条循环边，作为楼阁的分界。然后删除摄像机视角时遮挡视线的面，如图5-20所示。

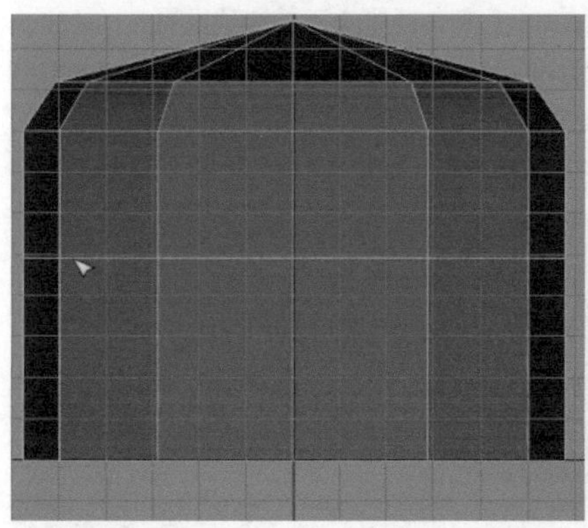
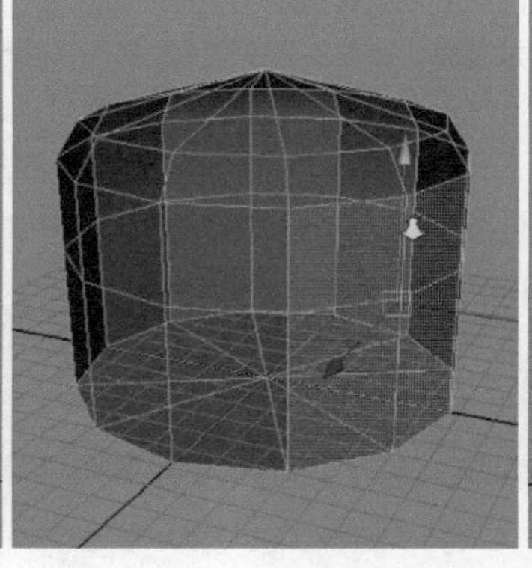
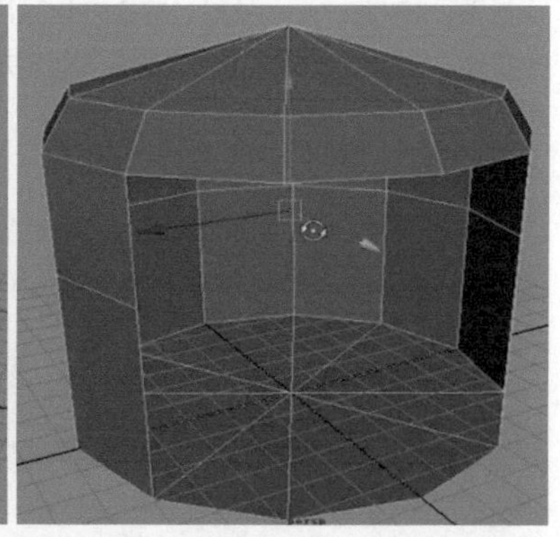

图5-20

06 再次进入新建的摄像机视角，调整其角度，然后适当缩放场景的大小，完成摄像机的设置，如图5-21所示。

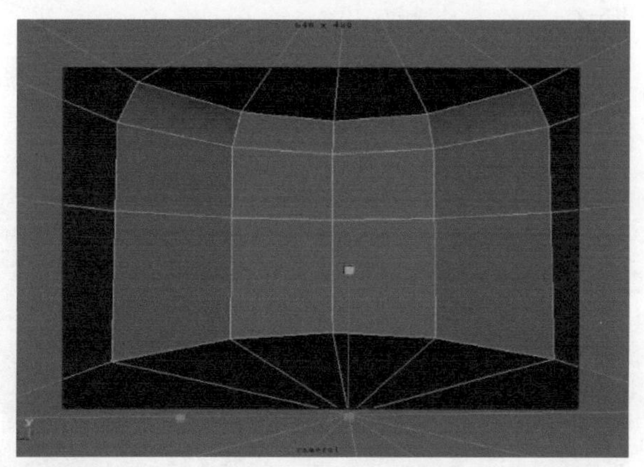

图5-21

5.2.5 场景大型搭建

场景的大型搭建，这一步主要是为了确定整体的比例位置，对基础的画面进行一个填充，它承载着之后要去完成的各种独立物体，没有一个标准的固定物体作为参照，其他的物体是无法制作摆放的。

从最终的效果图可以看到，室内四周是由书架到屋顶的部分重复排列的，所以在大型创建阶段，只制作一个部分就可以，完成之后再进行旋转复制得到其他的部分，如图5-22所示。

图5-22

01 执行Create（创建）>Polygon Primitives（多边形基本体）>Cube（立方体）命令，创建一个立方体。切换至顶视图，按V键打开点吸附，将立方体吸附第到场景轮廓的棱角处。切换回透视图，对其高度进行缩放调整，如图5-23所示。

02 选择模型，单击Edit（编辑）>Duplicate Special（特殊复制）命令后的设置选项按钮，在弹出的选项卡中把Geometry Type（几何体类型）下的选项设置为Instance（实例），Rotate的参数设置为30，Number of copies的参数设置为11，然后单击Apply（应用），把模型旋转复制出来，如图5-24所示。

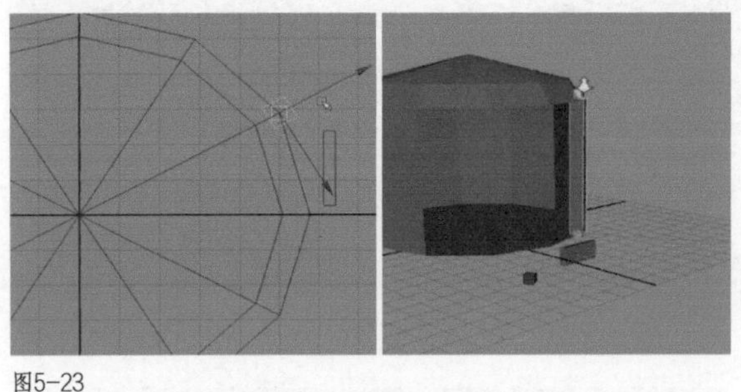

图5-23

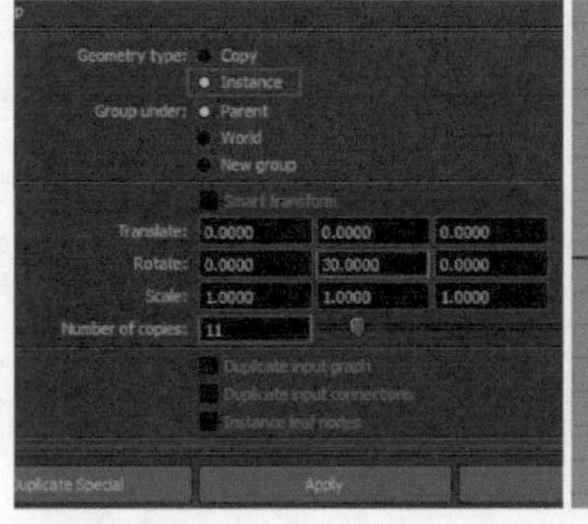

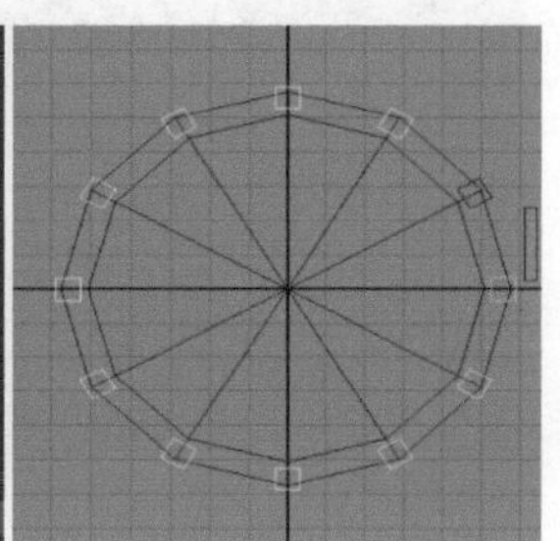

图5-24

03 选择其中一根柱子顶端的面，执行Edit Mesh（编辑网格）>Extrude（挤出）命令，挤出屋顶的转折结构，这时发现其他柱子也跟随挤出，这就是关联复制的作用。再次创建一个立方体，调整其大小比例，执行特殊复制命令，复制出其余的部分，如图5-25所示。

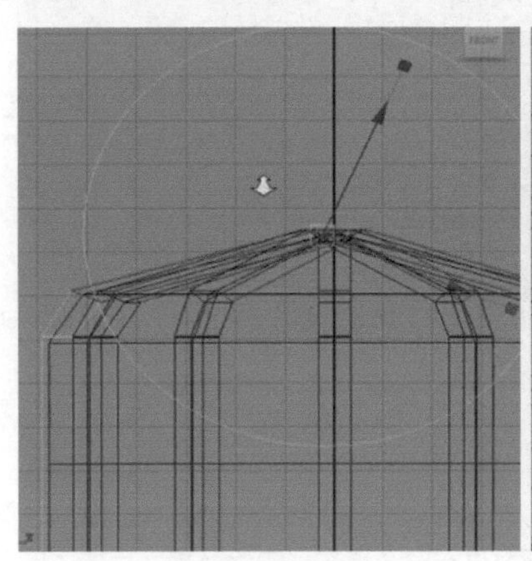

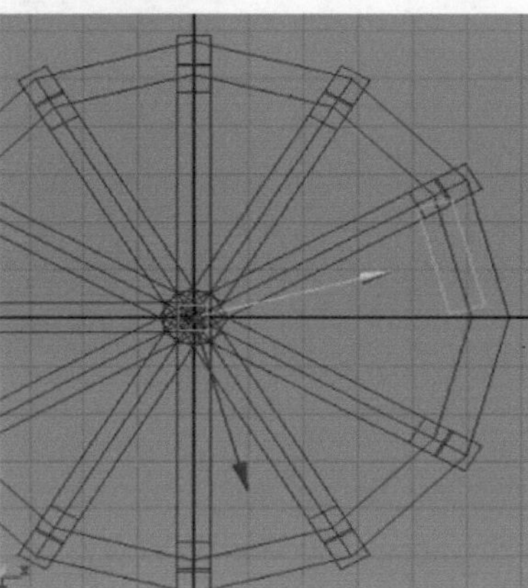

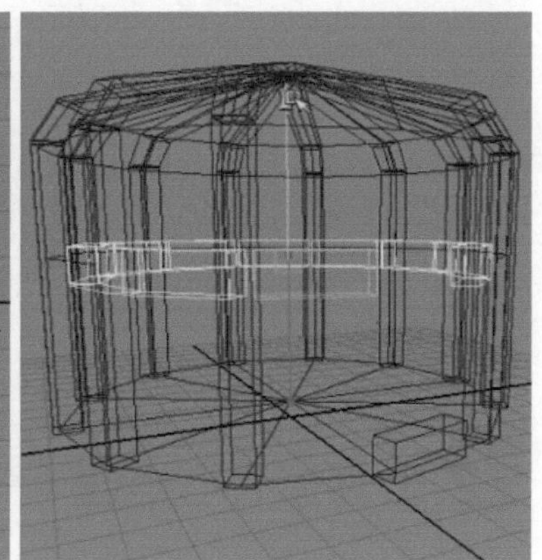

图5-25

04 选择场景中的面，执行Edit Mesh（编辑网格）>Duplicate Face（复制面）命令，把面复制提取出来。执行Edit Mesh（编辑网格）>Insert Edge Loop Tool（插入循环边工具）命令，在上面纵向插入一条边，如图5-26所示。

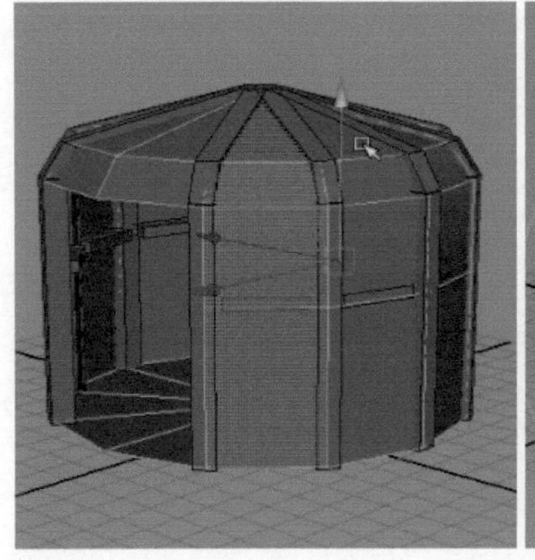

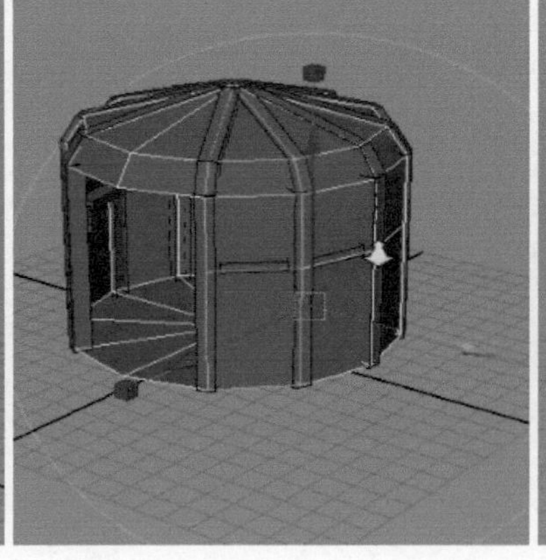

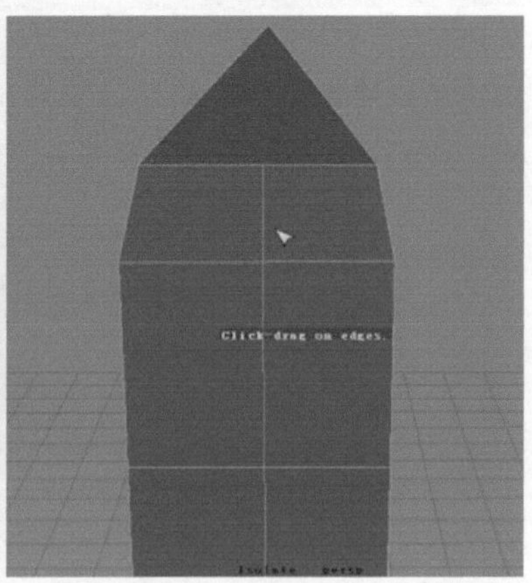

图5-26

05 选择中间的面，执行Edit Mesh（编辑网格）>Extrude（挤出）命令，向内挤出。使用插入循环边工具，插入两段边，并调整点的位置，做出窗口的形状，如图5-27所示。

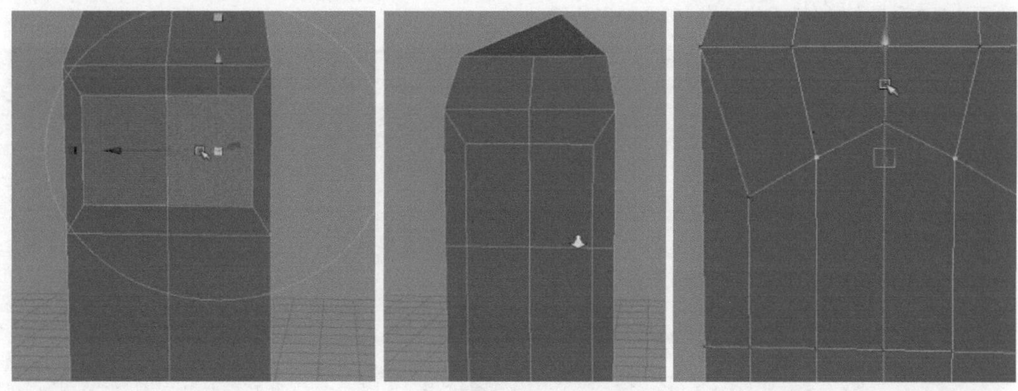

图5-27

06 执行Edit Mesh（编辑网格）>Interactive Split Tool（交互式分割工具）命令，使用分割多边形工具优化这里的布线。选择窗口的边，执行挤出命令，向内挤出窗口的厚度，如图5-28所示。

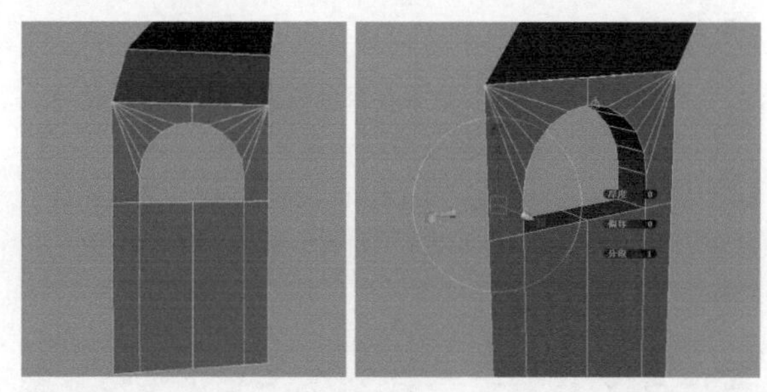

图5-28

07 选择窗口的环面，执行Edit Mesh（编辑网格）>Extrude（挤出）命令，向外挤出一段距离，并删除后面看不到的面。切换至点元素模式，调整下沿不平行的位置，如图5-29所示。

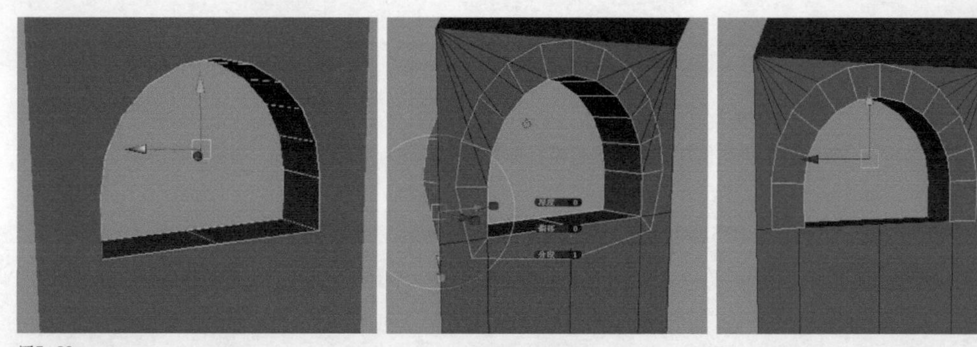

图5-29

08 执行Edit Mesh（编辑网格）>Insert Edge Loop Tool（插入循环边工具）命令，插入两条循环边。选择中间的环面，向内挤出一段凹槽的结构。再次使用加线挤出的方式制作窗口的细节结构，如图5-30所示。

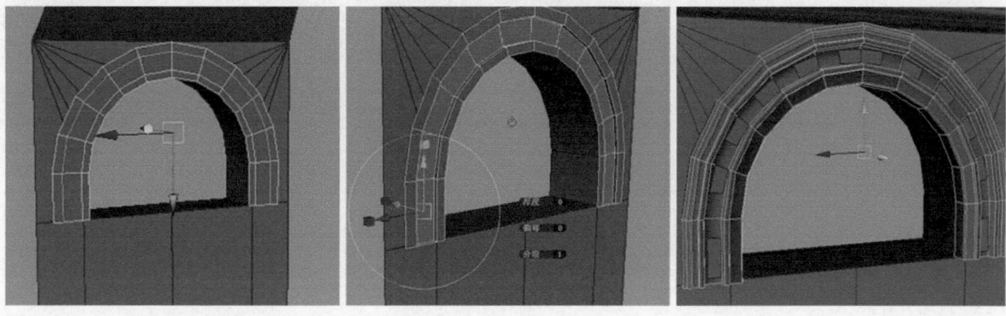

图5-30

09 创建一个立方体，选择四周的侧面，把Edit Mesh（编辑网格）菜单下的Keep Faces Together（保持面的连接）的勾选去掉，执行Edit Mesh（编辑网格）>Extrude（挤出）命令，挤出一个十字结构。选择十字结构，横向复制出另外4个，然后放置在窗口上端作为装饰结构，如图5-31所示。

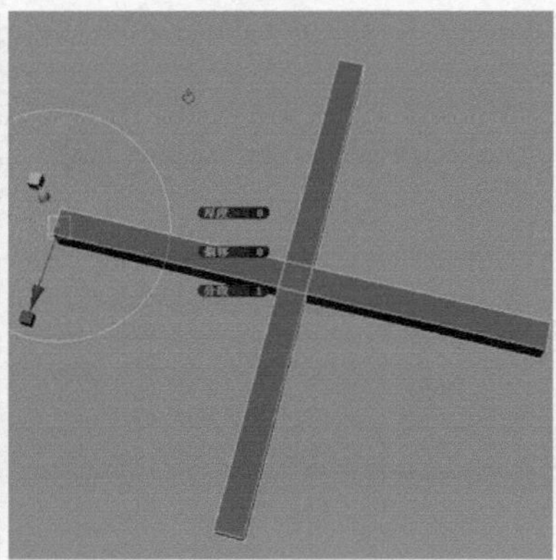

图5-31

10 创建一个立方体，放置在窗台位置。使用插入循环边工具，插入足够的线段。选择其中的循环边，执行Edit Mesh（编辑网格）>Transform Component（变换元素）命令，Z向向内推，做出凹凸转折的细节结构，如图5-32所示。

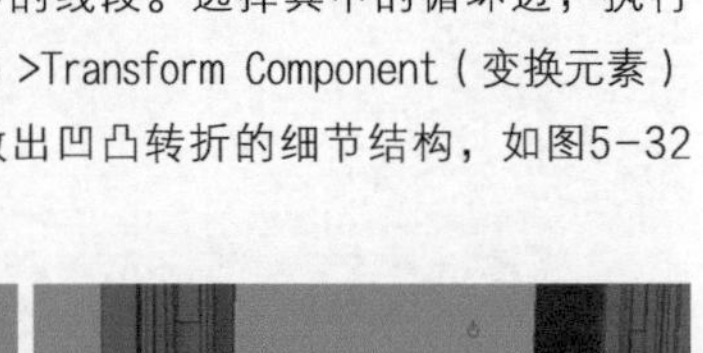

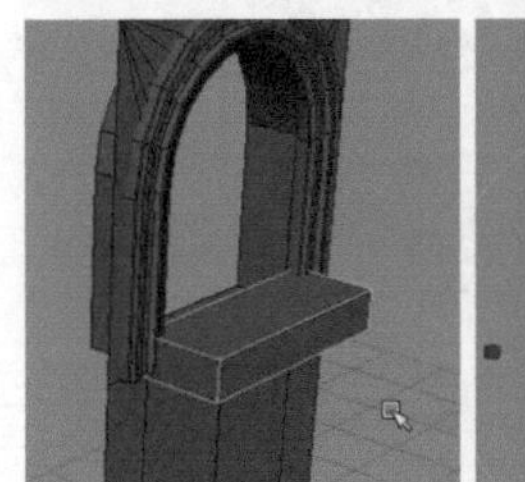
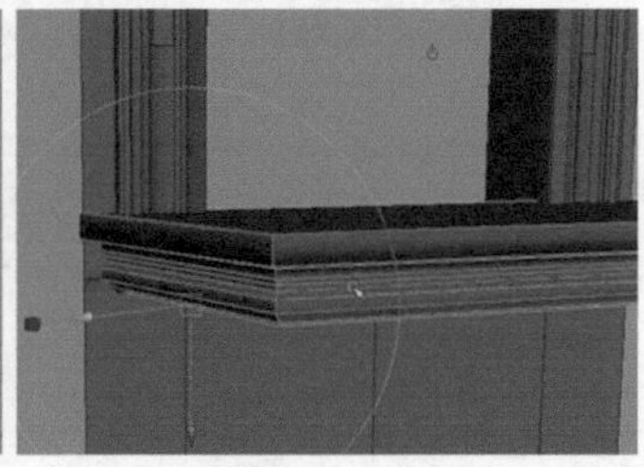

图5-32

11 显示出之前创建的柱子，镜像复制出另一半。选择这部分模型，按F8键，进入模型点元素级别，选择点，调整整体的高度，如图5-33所示。

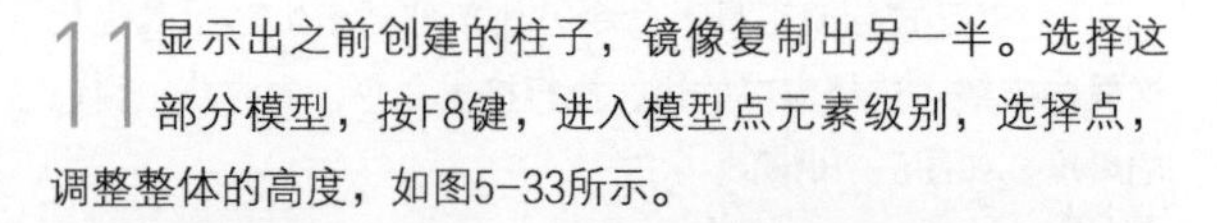

图5-33

12 创建立方体，缩放其大小比例，并复制多根横竖交叉排列，作为书架的部分，如图5-34所示。

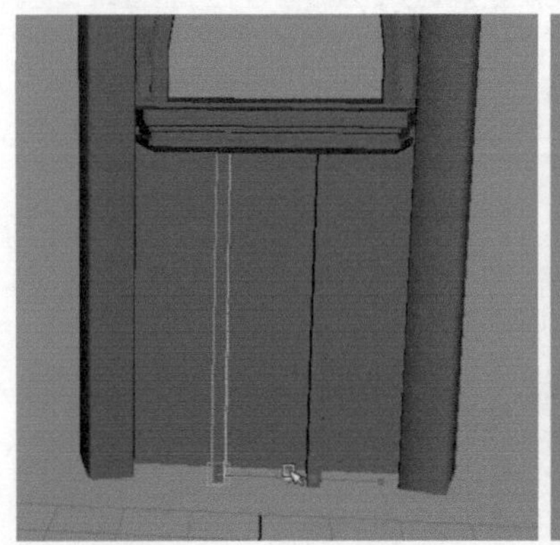
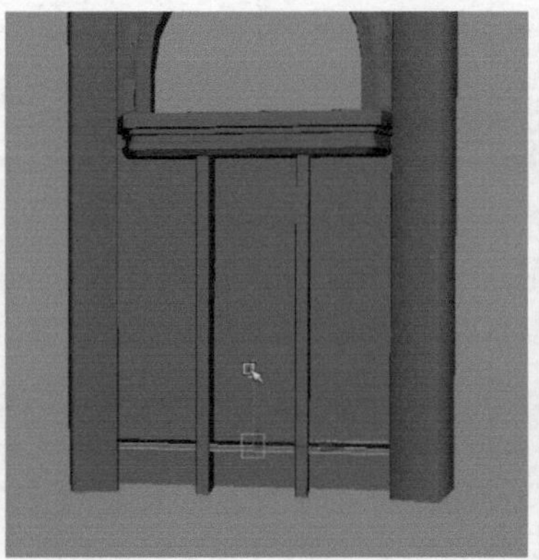

图5-34

5.2.6 场景细节建造

这一部分大型完成之后，需要在此基础上进行结构和装饰的细化，主要包括浮雕花纹的创建、书籍的创建、窗栏和围栏的创建等。

◆第1阶段：浮雕花纹创建

花纹是艺术创作的重要设计元素，它不仅具有很强的装饰性，而且还可以体现出整体的形式风格和时代特征。花纹应用于视觉设计、服装设计、珠宝设计、环艺设计以及雕塑和建筑等多种领域。花纹的设计自身就是一件艺术作品，它来源于自然，服务于人们的生活，如图5-35所示。

图5-35

本节案例在窗台的边角上面应用了浮雕花纹，为了配合室内的风格，这里使用的是比较复古的花纹造型。制作方法比较简单，一般先使用创建多边形工具勾出花纹的轮廓，然后再进行布线并挤出其厚度，如图5-36所示。

图5-36

01 执行Mesh（网格）>Creat Polygon Tool（创建多边形工具）命令，单击鼠标左键以创建点的形式绘制花纹轮廓，按Enter键结束绘制操作，如图5-37所示。

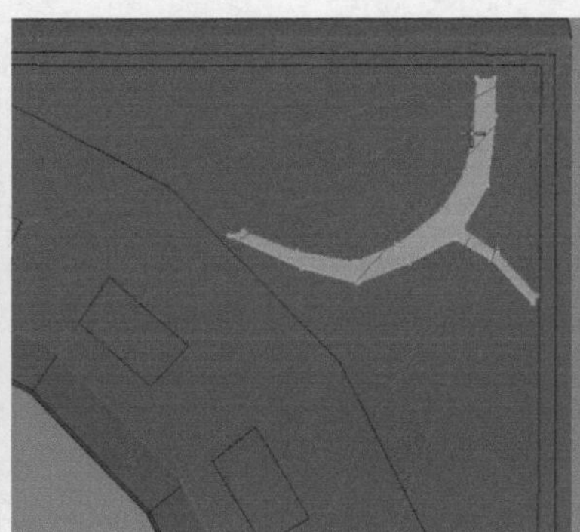
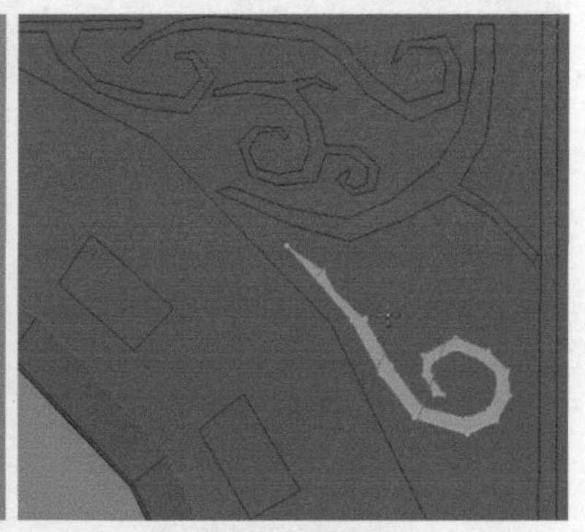

图5-37

02 选择绘制完成的花纹，依次执行Mesh（网格）> Triangulate（三角面）和Mesh（网格）> Quadrangulate（四边面）命令，自动完成布线的操作，如图5-38所示。

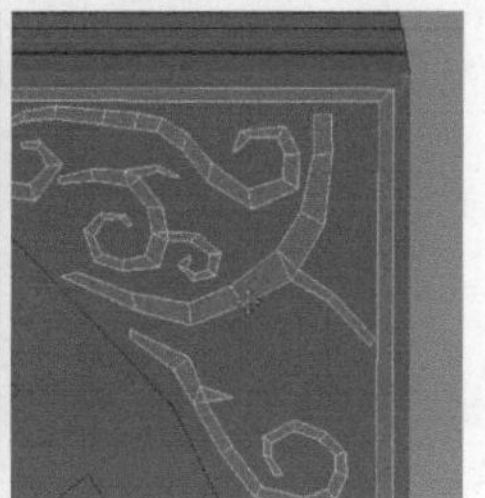

图5-38

03 选择所有花纹，执行Edit Mesh（编辑网格）>Extrude（挤出）命令，挤出花纹的厚度，然后执行Mesh（网格）>Smooth（平滑）命令，把模型细分一级。如图5-39所示。

图5-39

◆第 2 阶段：书籍创建与摆放

书籍是本节案例的主题元素，通过复制的方法可以很快完成所有书籍的摆放排列，它的制作也非常简单，基本就是由一个立方体缩放得到的，只不过需要注意一下封面的厚度，以及书脊的弧度等细节的处理，如图5-40所示。

在进行排列摆放时，需要随机性地调整书籍的大小、比例以及间隔，避免看到重复穿帮，如图5-41所示。

图5-40

图5-41

01 创建立方体，缩放成一般书本的比例大小，执行Edit Mesh（编辑网格）>Insert Edge Loop Tool（插入循环边工具）命令，在书脊出插入4条边，做出书脊的弧度。选择书页的部分，执行Edit Mesh（编辑网格）>Extrude（挤出）命令，向内挤出两次，做出封面的厚度感，如图5-42所示。

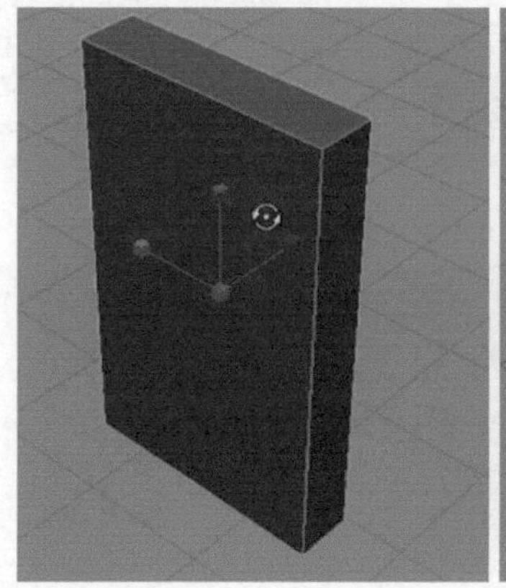

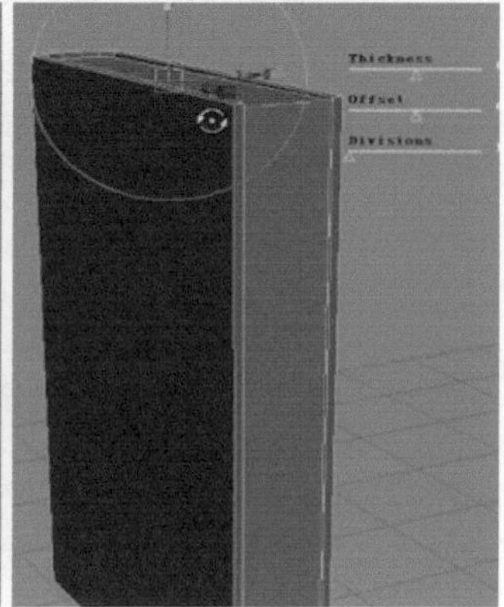

图5-42

02 把制作完成的书本进行复制，并随机性的调整大小和比例，然后把它们放置在书架上，注意摆放时要随机一点，尽量避免看到重复穿帮，如图5-43所示。

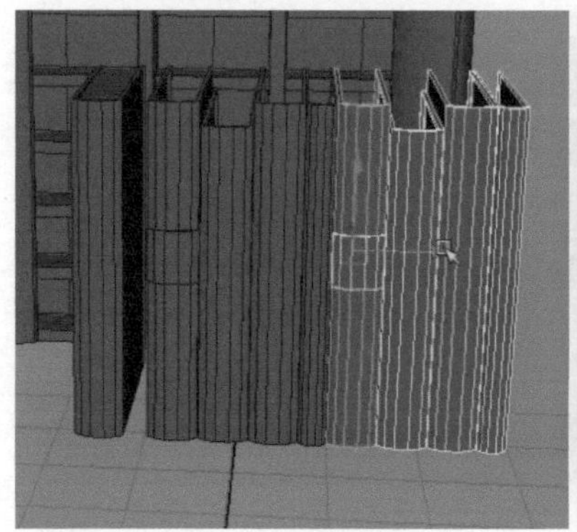

图5-43

◆第 3 阶段：窗栏创建

这里的窗栏制作比较简单，就是由横竖交错的矩形组合而成，就如日常所见到的窗架一样，制作时要注意窗栏结构的宽度，要分清哪一根是窗栏的主架，如图5-44所示。

图5-44

01 选择窗口的边，执行Mesh（网格）>Fill Hole（填充洞）命令，填补镂空区域的面。选择填补的面，执行Mesh（网格）>Extract（提取）命令，再把面提取分离出来，如图5-45所示。

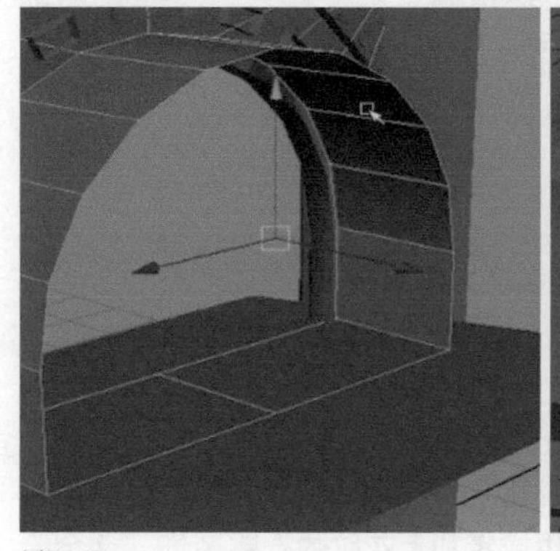

图5-45

02 选择窗户面片，执行Edit Mesh（编辑网格）>Cut Faces Tool（切面工具）命令，切出窗栏的结构布线，并删除多余的面。选择窗栏结构，执行挤出命令，挤出它的厚度，如图5-46所示。

图5-46

03 创建立方体，缩放其大小比例，放置在窗口位置。选择正面，执行挤出命令，挤出一段距离。删除不需要的面，只保留边框的部分。再次执行挤出命令，挤出边框的厚度，如图5-47所示。

图5-47

04 选择窗口的边，再次执行填充洞命令，并使用提取命令，把填充的面提取分离出来。执行Edit Mesh（编辑网格）>Interactive Split Tool（交互式分割工具）命令，使用分割多边形工具对其进行切割布线。完成之后选择窗户面片，移动至窗栏的位置，如图5-48所示。

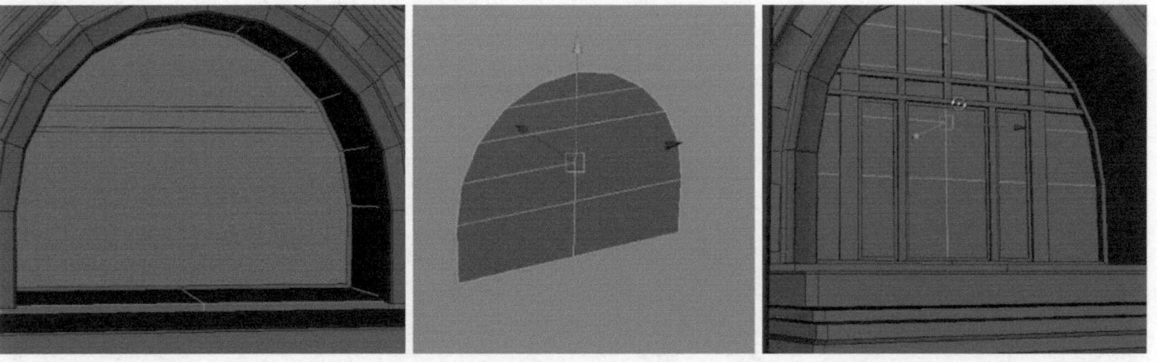

图5-48

◆第 4 阶段：围栏创建

围栏以及楼梯的扶手是室内设计和建筑设计的重点，重复排列的柱体结构给人以视觉的秩序化和整齐感，如果每根柱子上面进行充分的设计，比如粗细的变化，由上至下方圆的变化，再或者加上花纹的浮雕装饰，又会给人一种富丽庄严的气氛效果，如图5-49所示。

这间藏书阁的围栏是由基本圆柱体制作出来的，形式简洁，只在上下两端做出一点装饰性结构，中间就是粗细的过渡变化，完成一根之后，再进行复制排列，如图5-50所示。

图5-49

图5-50

01 选择窗台边缘的环面，使用提取命令，把面提取分离出来，并使用挤出命令挤出它的厚度。把模型上移到合适位置作为护栏的部分，如图5-51所示。

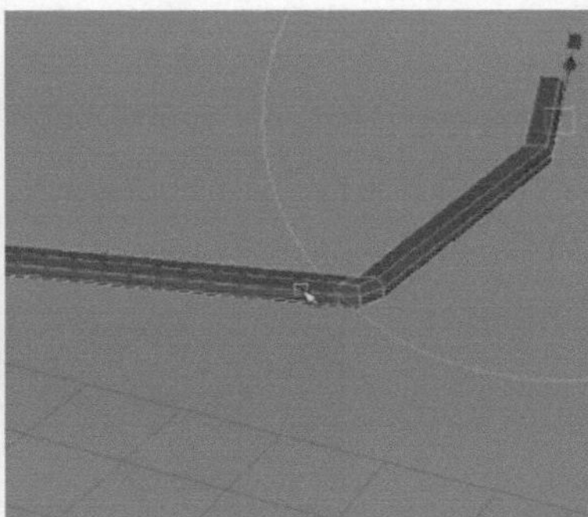

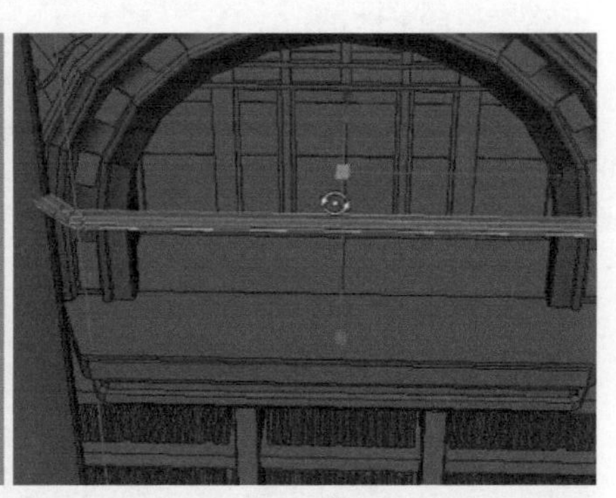

图5-51

02 创建一个圆柱体。执行Edit Mesh（编辑网格）>Insert Edge Loop Tool（插入循环边工具）命令，插入需要的边，并选择点进行缩放，调整出栏栅的结构。完成之后，把模型进行移动复制，如图5-52所示。

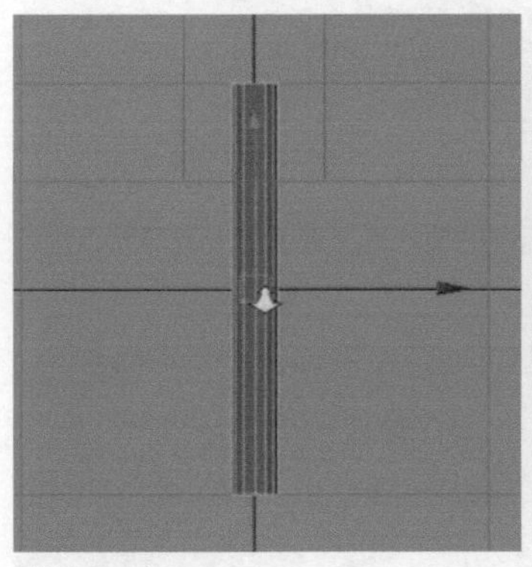

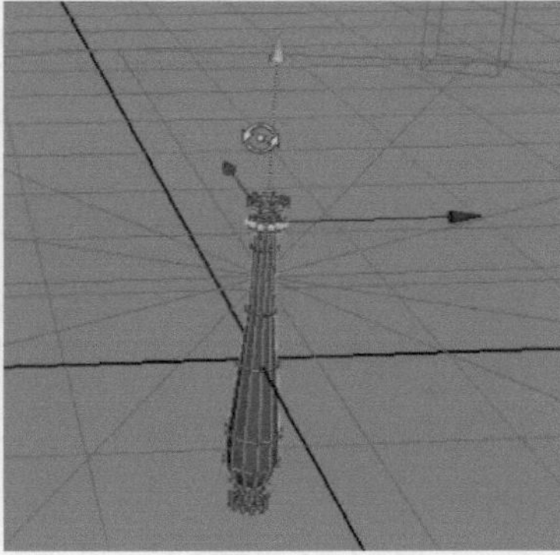

图5-52

◆第 5 阶段：复制排列

这一整块的制作完成之后，就需要对其进行打组，然后使用特殊复制的方法复制出来一圈，这时会发现，整间藏书阁的制作已经完成三分之二了。

选择完成的这组模型进行打组。单击Edit（编辑）>Duplicate Special（特殊复制）命令后的设置选项按钮，在弹出的选项卡中把Rotate的参数设置为30，Number of copies的参数设置为11，然后单击Apply（应用），把模型旋转复制出来。再次进入之前创建的摄像机视角，适当调整其角度，如图5-53所示。

图5-53

5.2.7 场景装饰制作

◆第 1 阶段：地球仪制作

地球仪是一间藏书阁内必不可少的装饰物，它可以进一步烘托室内的氛围。它的样式也是非常的多，不仅仅是平时看到的普通的地球仪那样，它的仪架往往会是设计的重点，如图5-54所示。

由于它是整间藏书阁内比较重要的摆件，所以在这里把它的体积适当放大，使其更加突出，另一方面它对整体画面的构图也起到一个平衡画面的作用，如图5-55所示。

图5-54

图5-55

01 分别创建一个球体和一个圆柱体。选择圆柱体，把它适当缩放压扁，并删除上下两端的面。选择剩余的一圈环面，执行Edit Mesh（编辑网格）>Extrude（挤出）命令，挤出它的厚度，如图5-56所示。

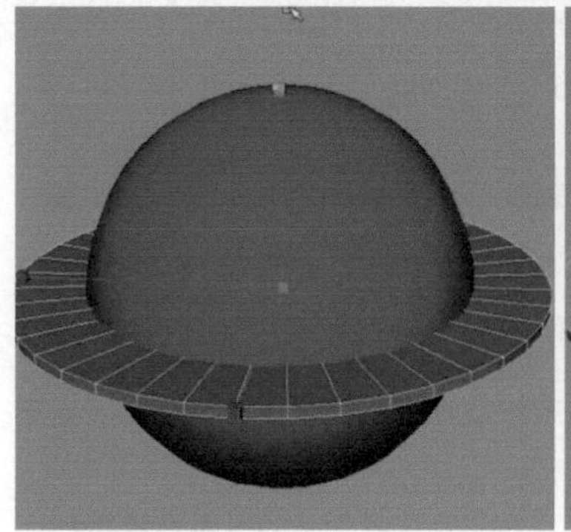

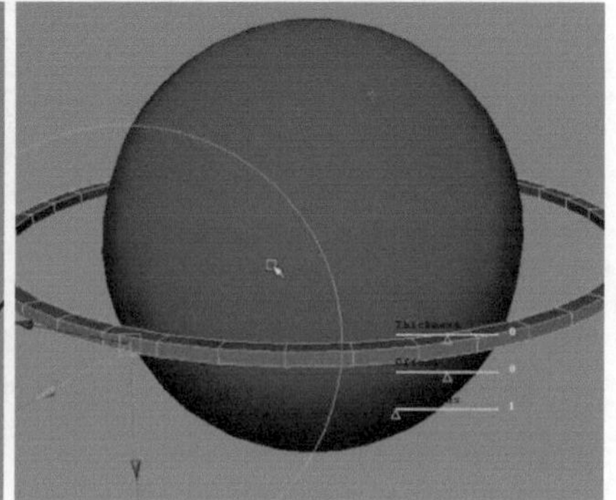

图5-56

02 执行Edit Mesh（编辑网格）>Insert Edge Loop Tool（插入循环边工具）命令，插入结构线，做出圆环细微的转折结构，如图5-57所示。

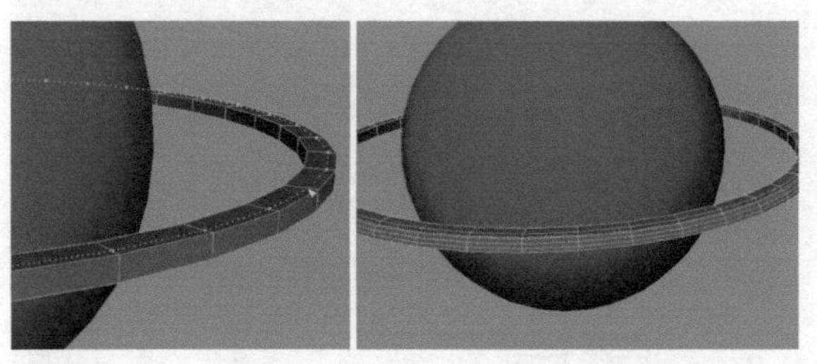

图5-57

03 用同样的方法再制作出另一个圆环，然后旋转90°，适当缩放其大小，如图5-58所示。

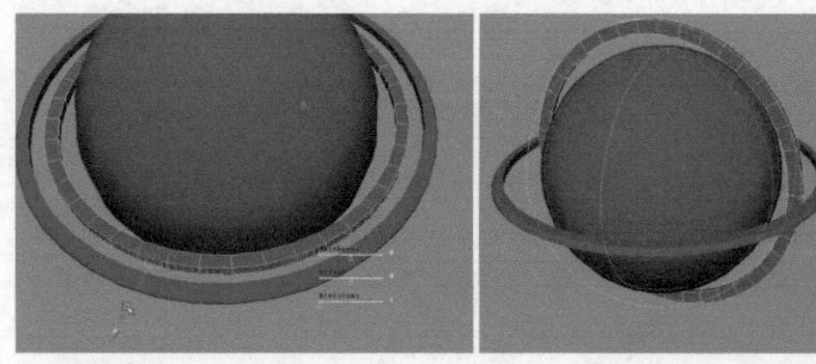

图5-58

04 创建一个圆柱体，缩放其大小，作为地球仪的旋转轴，并复制出另一根旋转90°，垂直摆放，如图5-59所示。

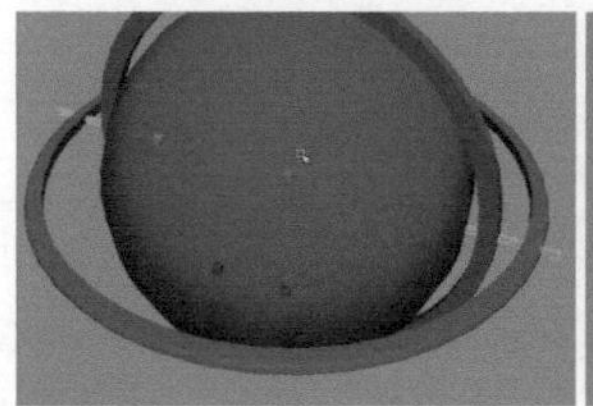

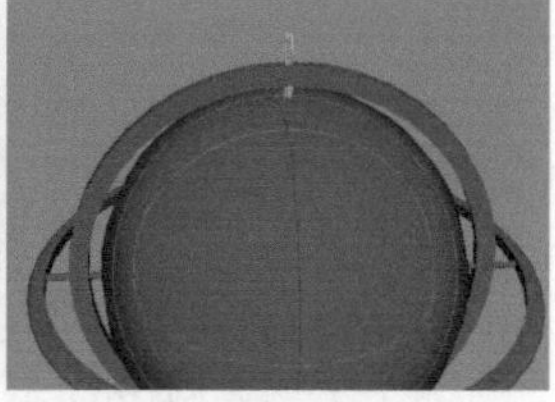

图5-59

05 执行Mesh（网格）>Creat Polygon Tool（创建多边形工具）命令，单击鼠标左键以创建点的形式绘制出支架的轮廓，按Enter键结束绘制操作。选择支架，依次执行Mesh（网格）>Triangulate（三角面）和Mesh（网格）>Quadrangulate（四边面）命令，自动完成布线的操作。执行Edit Mesh（编辑网格）>Interactive Split Tool（交互式分割工具）命令，使用分割多边形工具对其布线进行调整，如图5-60所示。

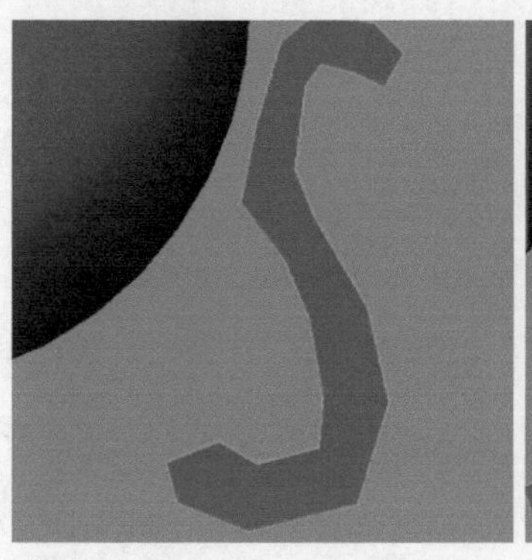

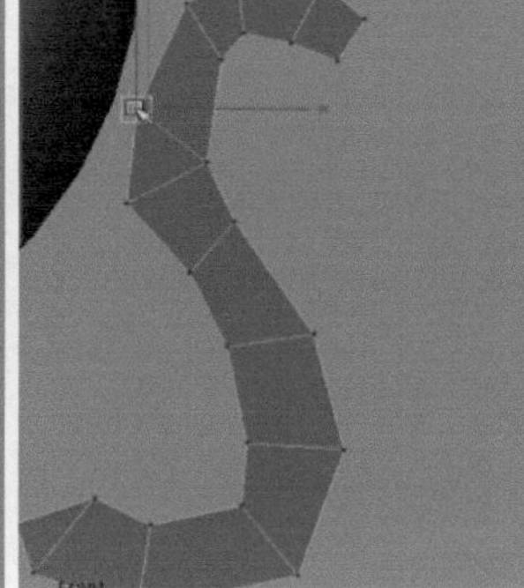

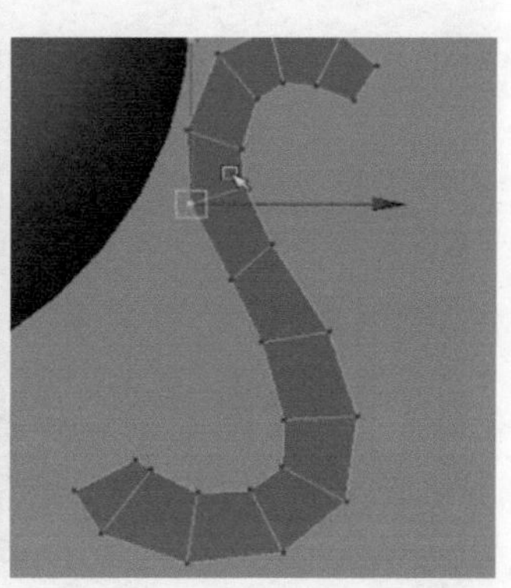

图5-60

06 选择支架面片，执行挤出命令，挤出支架的厚度和转折结构，然后执行Mesh（网格）>Smooth（平滑）命令，把模型细分一级，如图5-61所示。

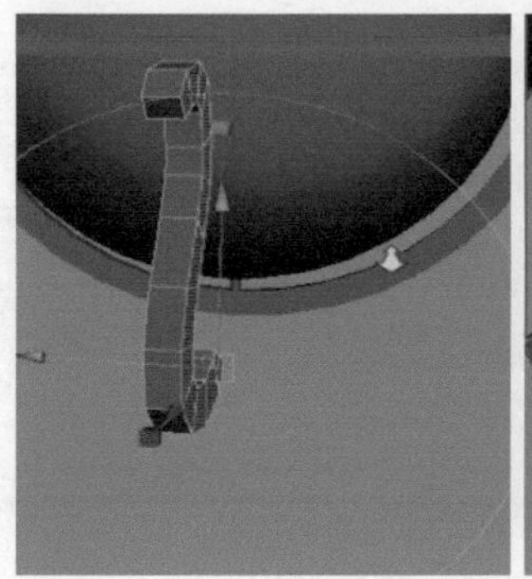

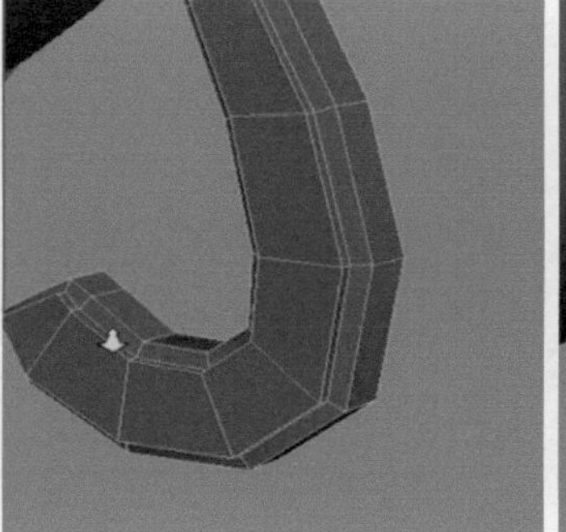

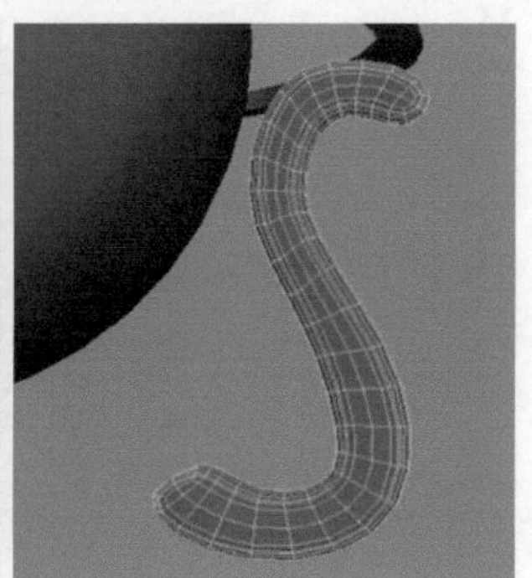

图5-61

07 切换至顶视图，把轴吸附在球体中心位置，旋转复制出其余3个支脚，如图5-62所示。

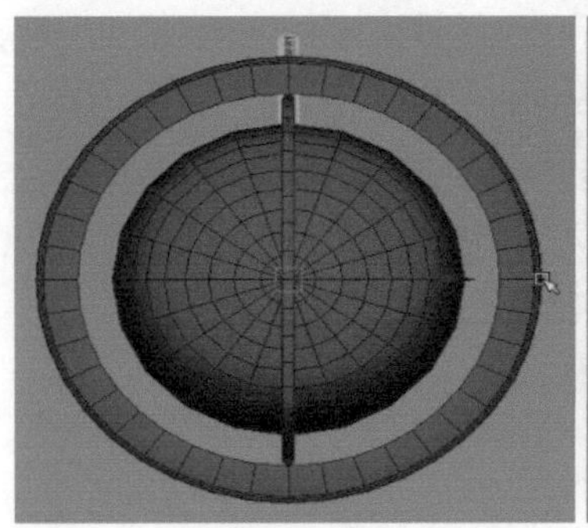
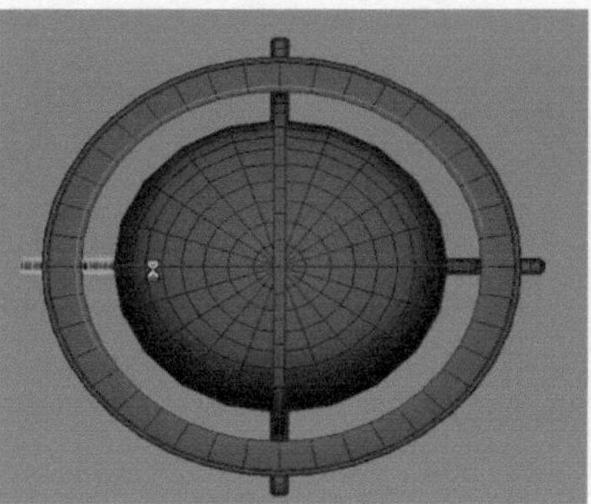
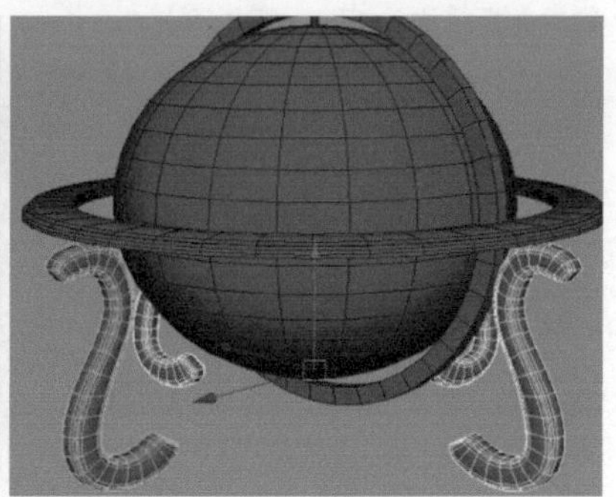

图5-62

◆第 2 阶段：复古椅子制作

椅子是室内之中最重要的家具，常和桌子配合陈列于室内，从古至今就有许多设计大师对椅子的设计情有独钟，并以椅子为主题创造了许多经典作品，其式样和装饰有简单的也有复杂的，如图5-63所示。

本节案例要制作的椅子是由坐垫、靠背、扶手和椅子腿4个部分组成的，坐垫和靠背是用立方体挤出得到的，扶手和椅子腿的制作和之前花纹的制作方法一样，使用创建多边形工具绘制出大体轮廓之后再进行挤出，如图5-64所示。

图5-63

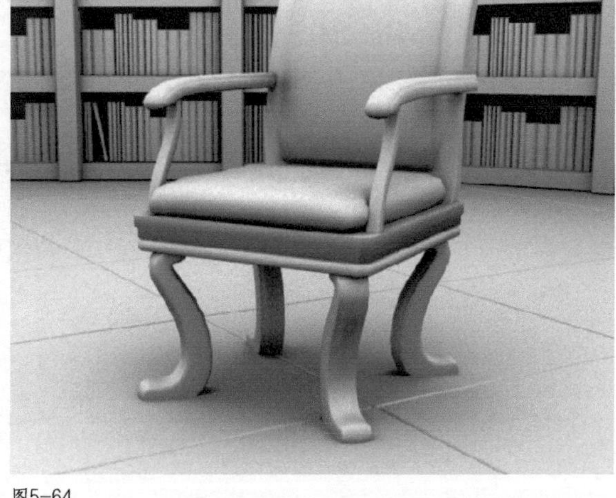

图5-64

01 创建一个立方体，选择底端的面，执行挤出命令，挤出坐垫的转折结构，如图5-65所示。

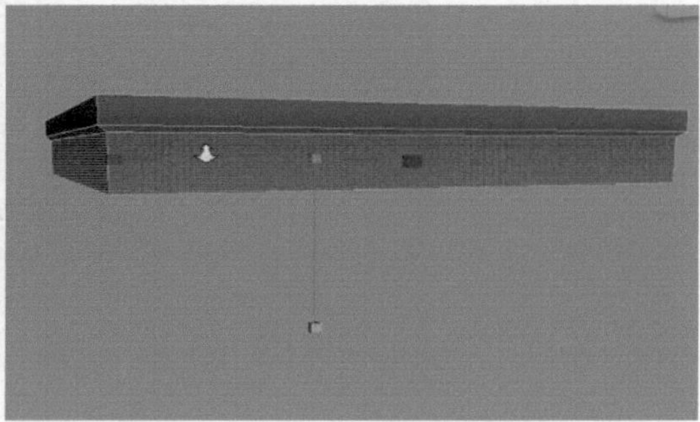

图5-65

02 选择顶端的面，执行Mesh（网格）>Extract（提取）命令，把面提取分离。然后执行挤出命令，挤出坐垫的厚度。使用插入循环边工具在边缘插入4条结构线，如图5-66所示。

图5-66

03 选择坐垫，执行Mesh（网格）>Smooth（平滑）命令，把模型细分一级。选择顶部的点，执行Mesh（网格）>Average Vertices（平均点）命令，把这些点进行自动松弛平均。然后执行Mesh（网格）>Sculp Geometry Tool（雕刻几何体工具）命令，适当雕刻坐垫边缘，使其看上去更加自然，如图5-67所示。

图5-67

04 执行Mesh（网格）>Creat Polygon Tool（创建多边形工具）命令，绘制靠垫的侧面轮廓。依次执行Mesh（网格）>Triangulate（三角面）和Mesh（网格）>Quadrangulate（四边面）命令，自动完成布线的操作，并使用分割多边形工具对布线进行调整，如图5-68所示。

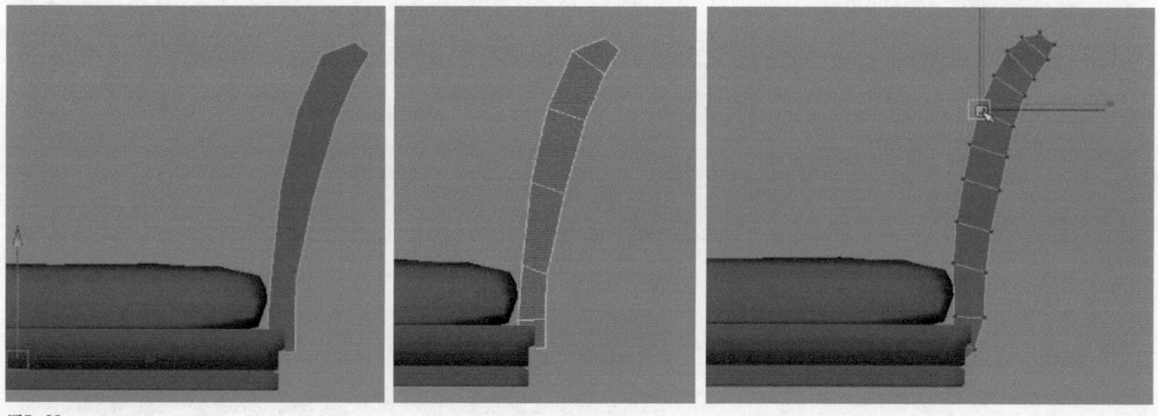

图5-68

05 选择创建完成的面片，执行挤出命令，挤出靠垫的大体结构，然后选择正面的面，继续使用挤出命令，挤出第二层结构，如图5-69所示。

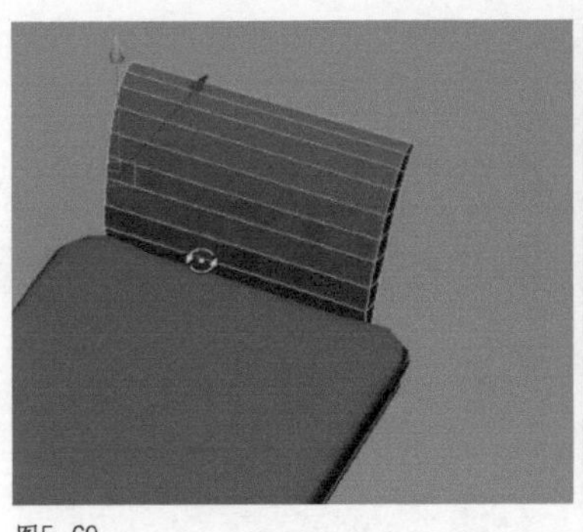
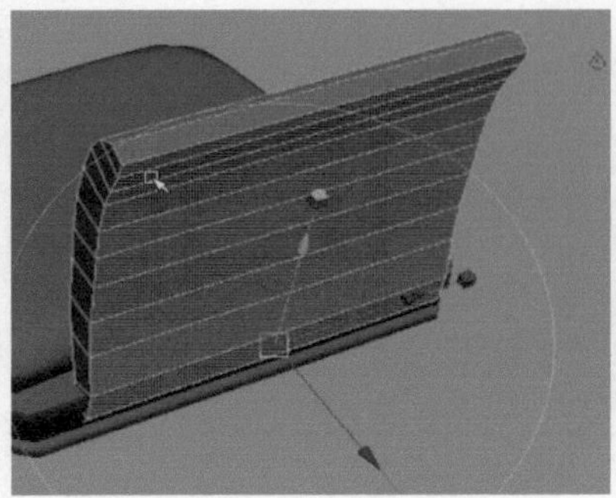
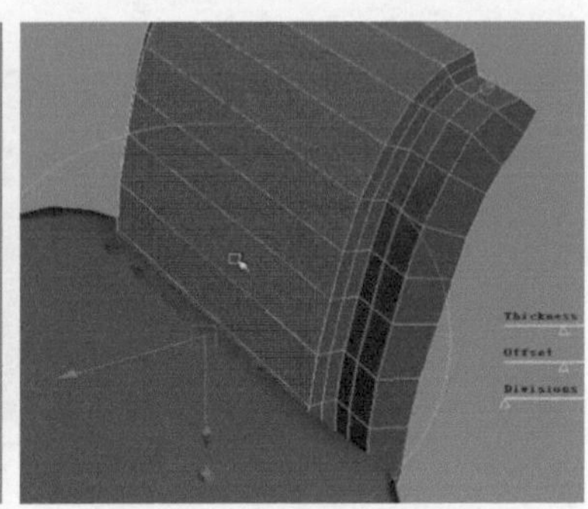

图5-69

06 分别选择正面和侧面的点，执行平均点的命令，使边缘转折具有倒角的结构，如图5-70所示。

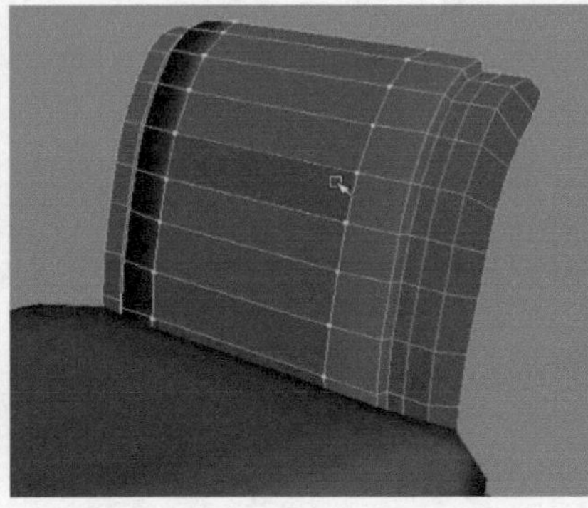
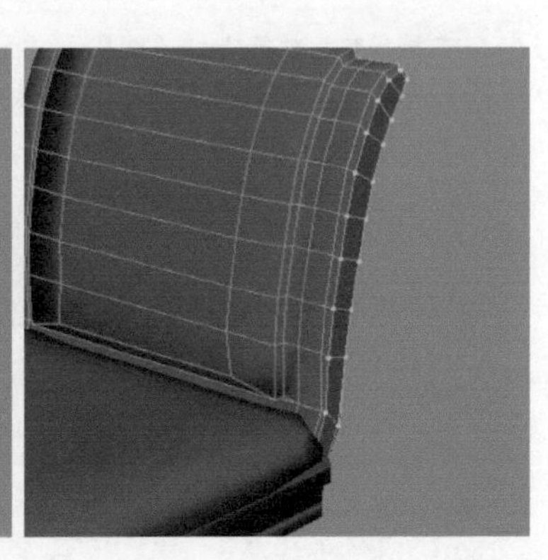

图5-70

07 同样使用创建多边形工具，绘制椅子腿的轮廓，然后使用分割多边形工具对其布线进行调整并挤出它的厚度和转折结构，如图5-71所示。

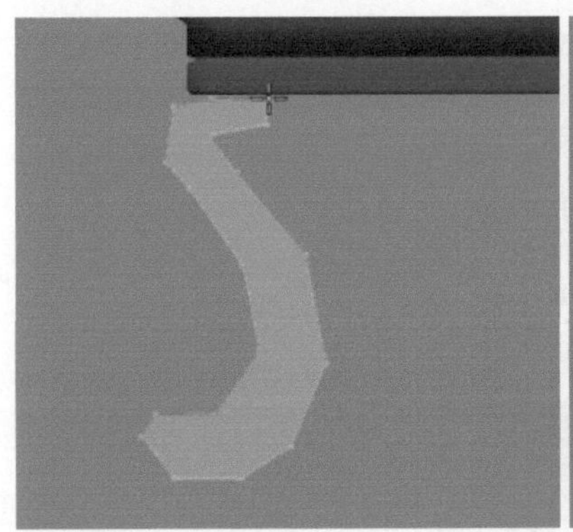
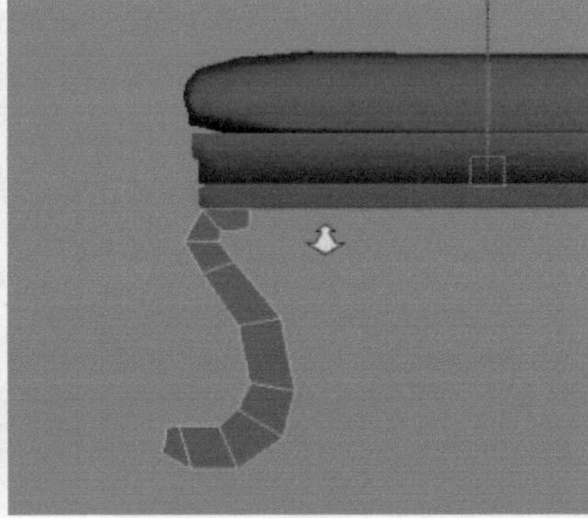
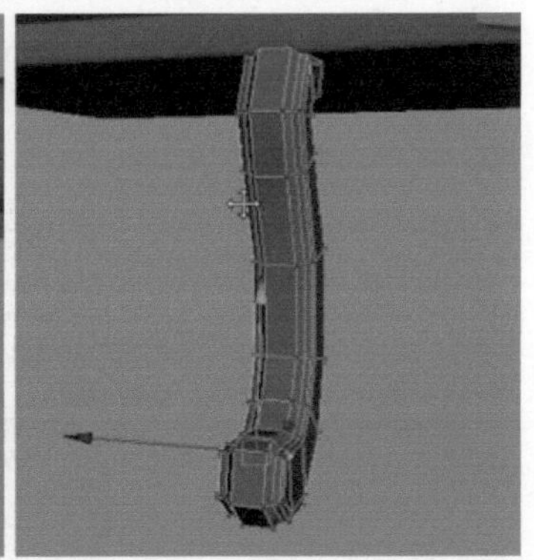

图5-71

08 选择椅子腿，执行Mesh（网格）>Smooth（平滑）命令，把模型细分一级，然后复制出另外3条腿，如图5-72所示。

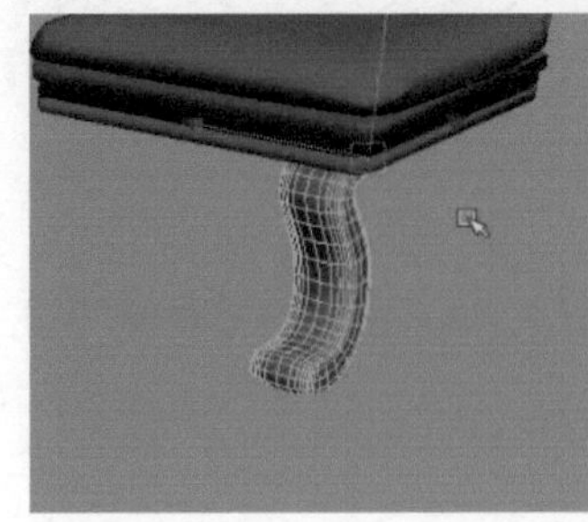
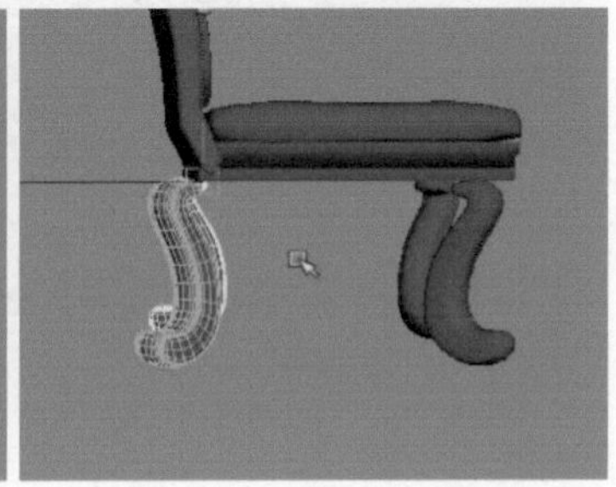

图5-72

09 使用制作椅子腿的方法制作出扶手的结构，如图5-73所示。

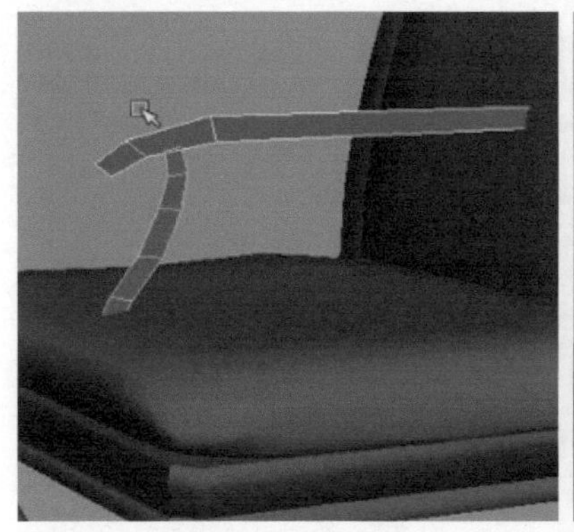
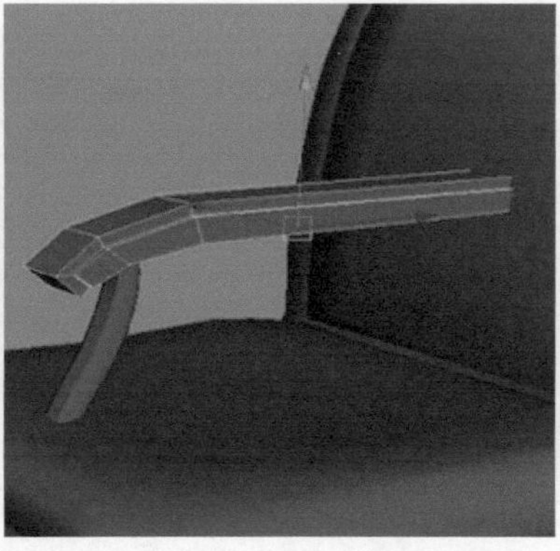
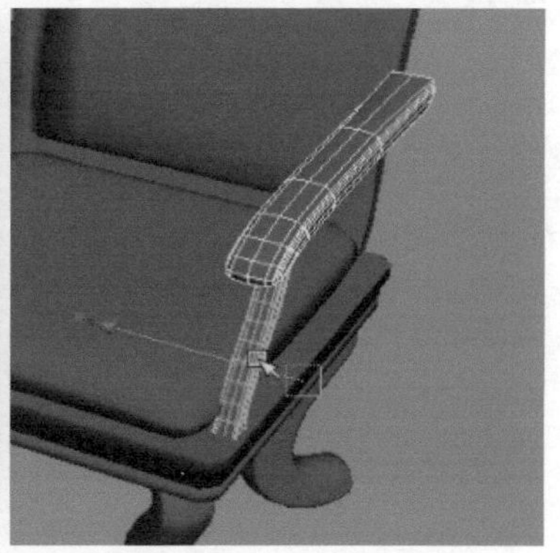

图5-73

10 整个椅子制作完成以后，进入摄像机视角，适当缩放椅子的大小并摆放在合适的位置，如图5-74所示。

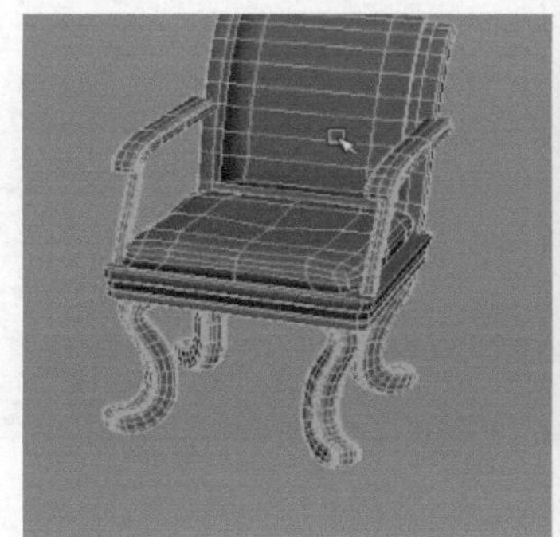
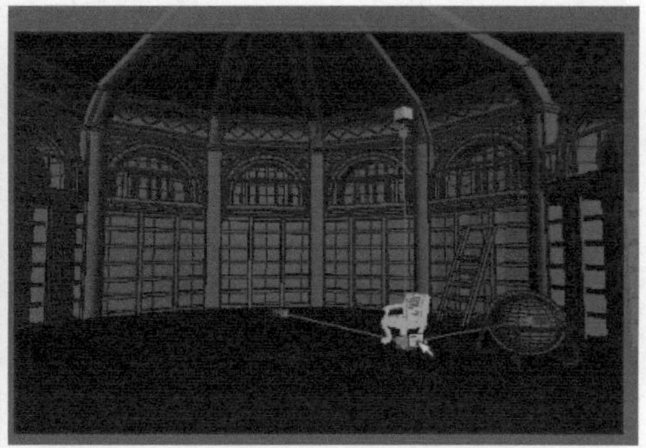

图5-74

◆第 3 阶段：吊灯制作

吊灯的花样最多，常用的有欧式烛台吊灯、中式吊灯、水晶吊灯、时尚吊灯等。欧式吊灯比较有层次感，富有理性主义，讲究华丽、奢靡，如图5-75所示。

本节案例制作的欧式吊灯，主要是由灯架、烛台和锁链组成，由于整体是环形对称的，所以同样只需要制作出一部分，最后再旋转复制即可，如图5-76所示。

图5-75

图5-76

01 创建一个圆柱体，调整其足够的段数，删除上下顶端的面。使用挤出命令，向内挤出它的厚度，如图5-77所示。

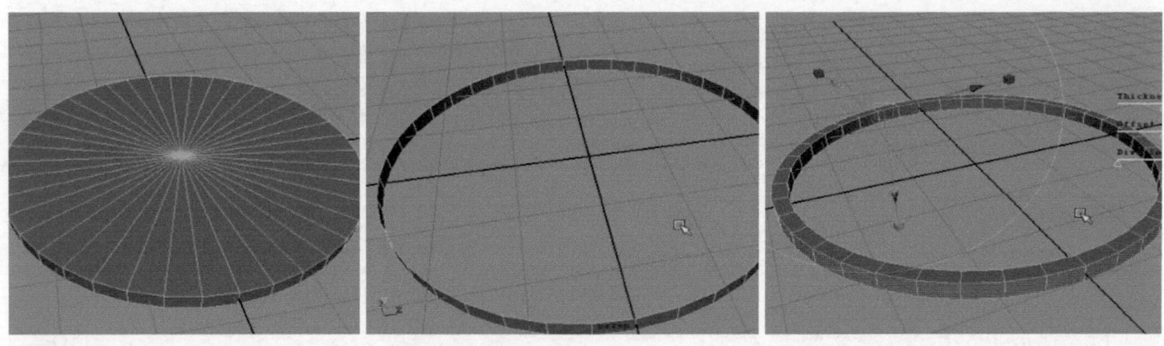

图5-77

02 选择所有点，执行Mesh（网格）>Average Vertices（平均点）命令，把这些点进行自动松弛平均并向下复制出另一个，如图5-78所示。

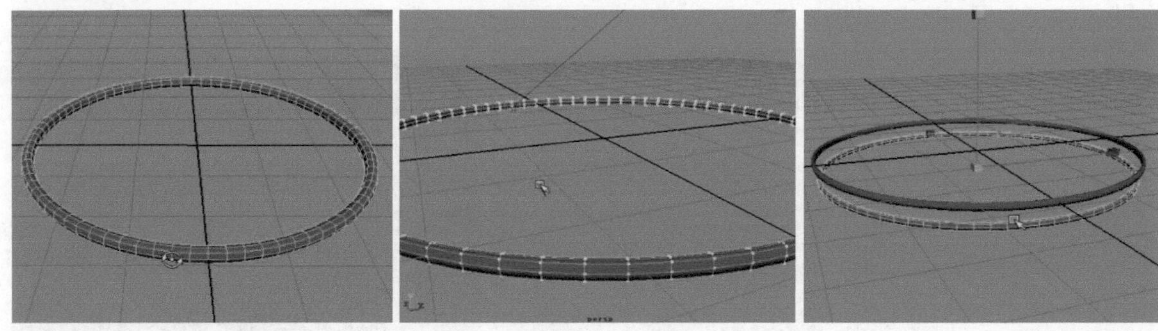

图5-78

03 创建一个小圆柱体，放置在上下两个圆环之间，然后使用特殊复制的方式，复制出一圈，如图5-79所示。

图5-79

04 切换至正视图，执行Creat（创建）>EP Curve Tool（EP曲线工具）命令，绘制出灯架的曲线，然后创建一个圆柱体，移动至曲线起始端，如图5-80所示。

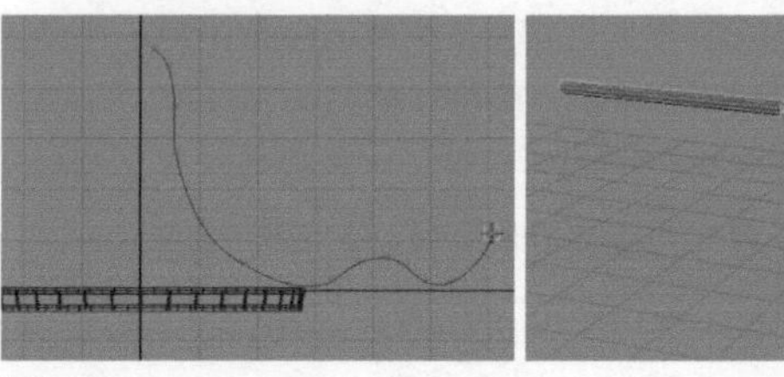

图5-80

05 选择圆柱体的底面加选曲线，执行挤出命令，挤出灯架的形状并调整足够的分段，如图5-81所示。

图5-81

06 切换至正视图，选择起端的点，移动吸附至网格中心，如图5-82所示。

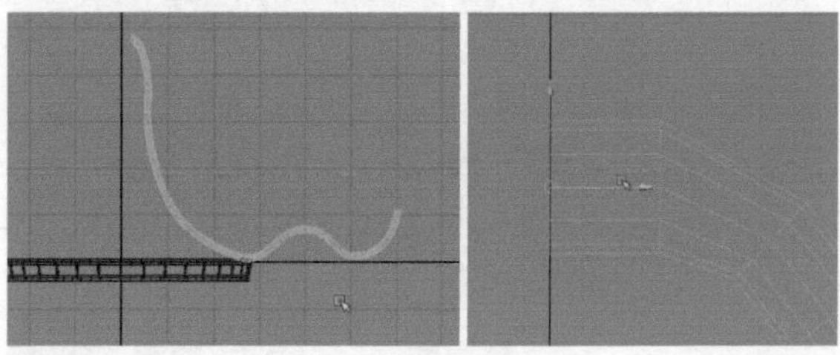

图5-82

07 创建一个圆柱体，执行挤出命令，做成圆盘的形状，放置在灯架的末端作为烛台，如图5-83所示。

图5-83

08 继续创建圆柱体，制作蜡烛，执行Edit Mesh（编辑网格）>Insert Edge Loop Tool（插入循环边工具）命令，在上半部分插入足够的段数。执行Mesh（网格）>Sculp Geometry Tool（雕刻几何体工具）命令，适当雕刻蜡烛上端，做出不规则的凹凸效果，如图5-84所示。

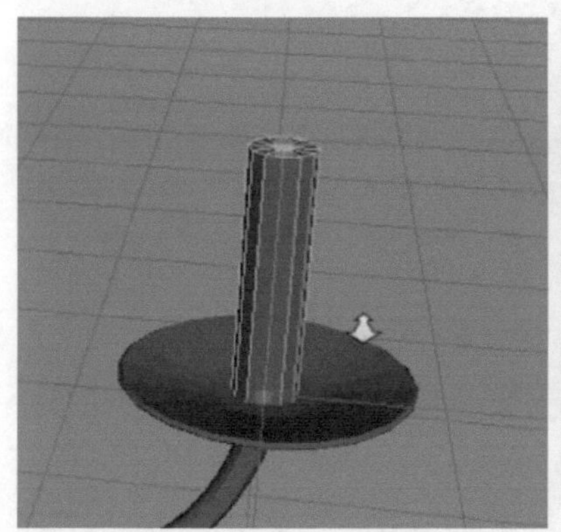
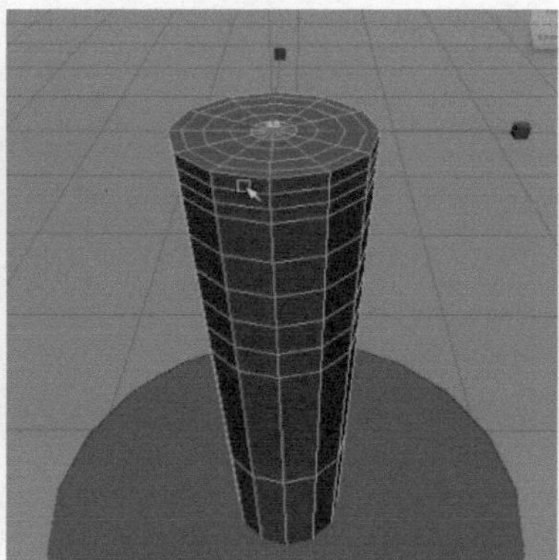
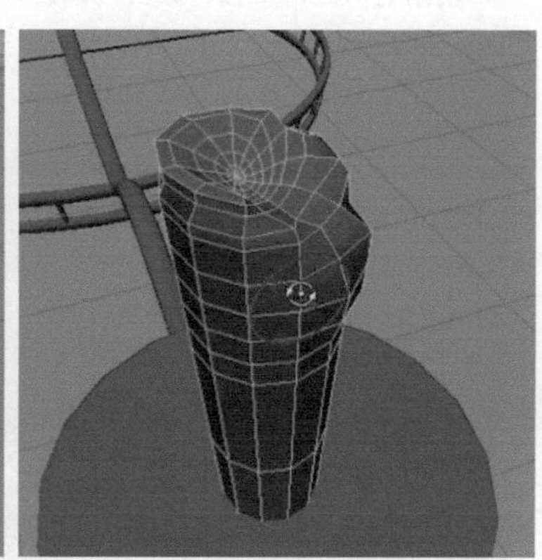

图5-84

09 创建圆柱体放置在蜡烛顶端作为烛芯，切换至点元素模式，调整出烛芯扭曲的形状，如图5-85所示。

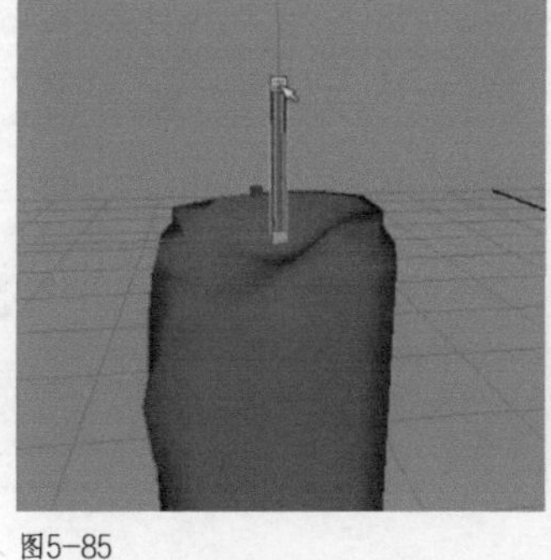
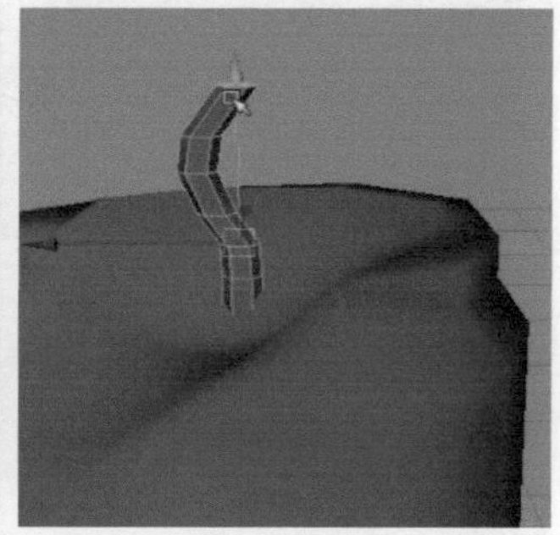

图5-85

10 选择完成的这组模型进行打组，然后使用特殊复制命令旋转复制出其余5个，如图5-86所示。

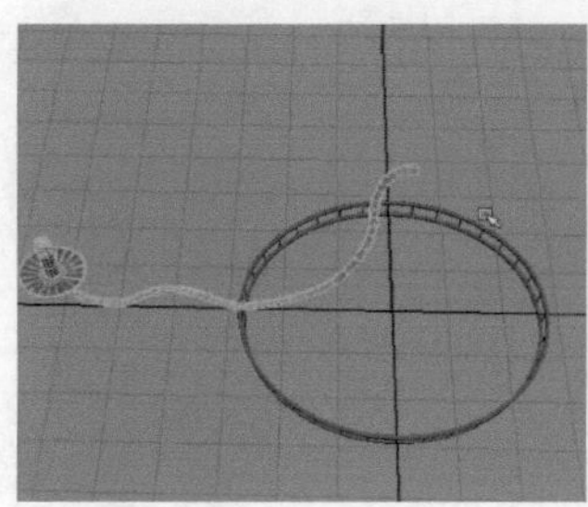
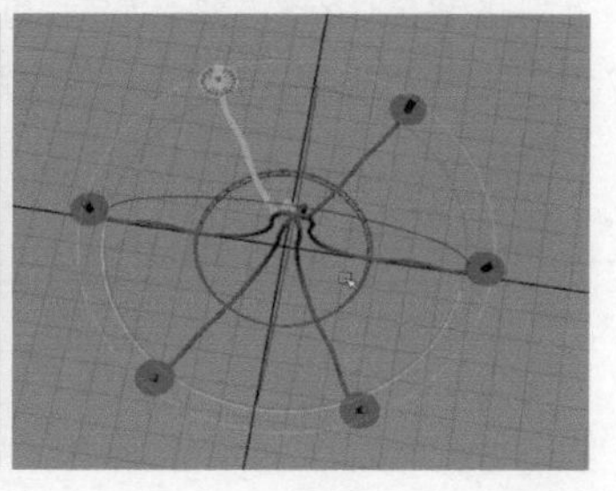

图5-86

11 创建圆柱体，使用挤出命令，做出灯架的顶部结构，如图5-87所示。

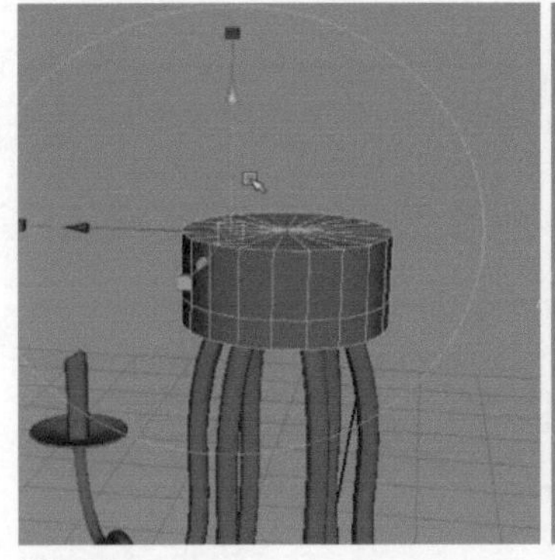

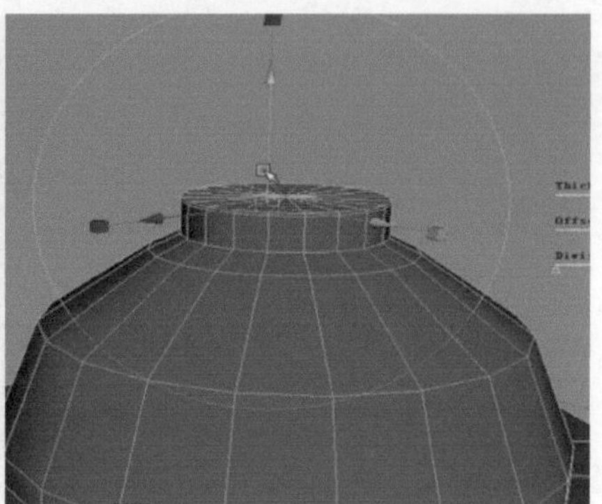

图5-87

12 创建一个圆环，切换至顶视图，选择左半边的所有点进行平移，做出一截锁链的形状，如图5-88所示。

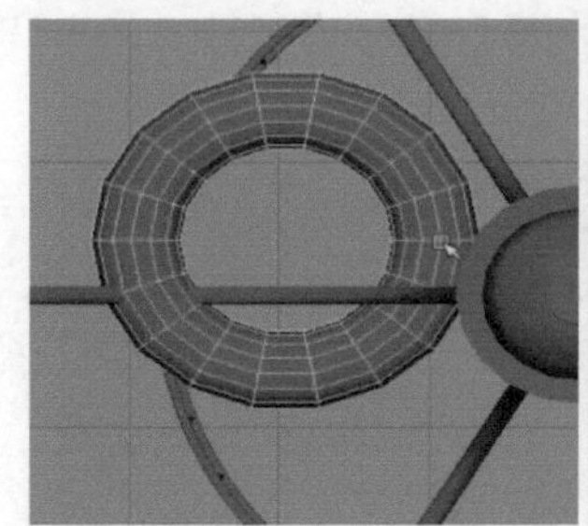
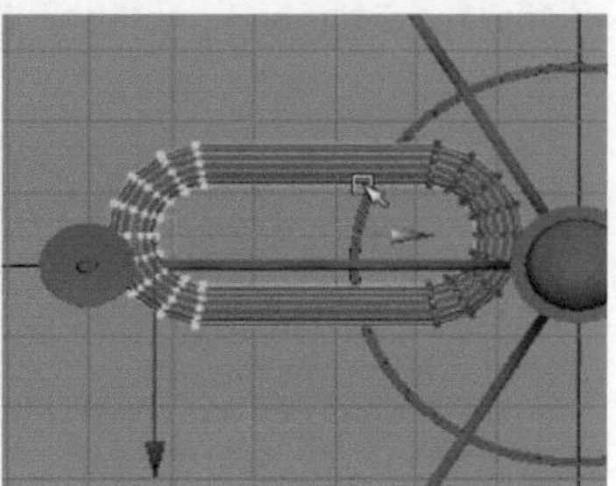

图5-88

13 复制一截锁链并向上移动，然后横向旋转90°，使两节锁链交错。选择这两节锁链，向上复制，直到达到所需的长度，如图5-89所示。

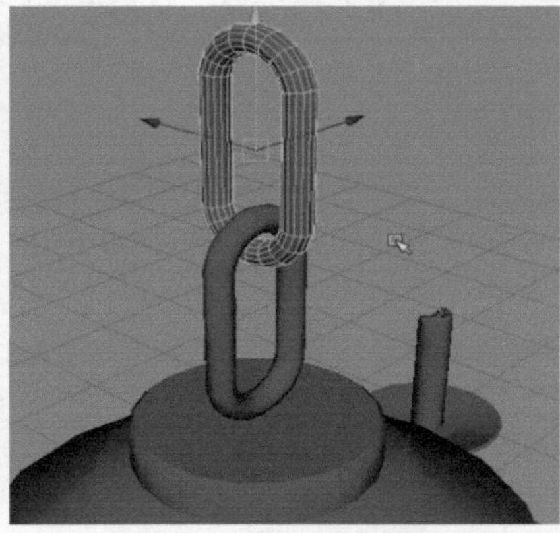
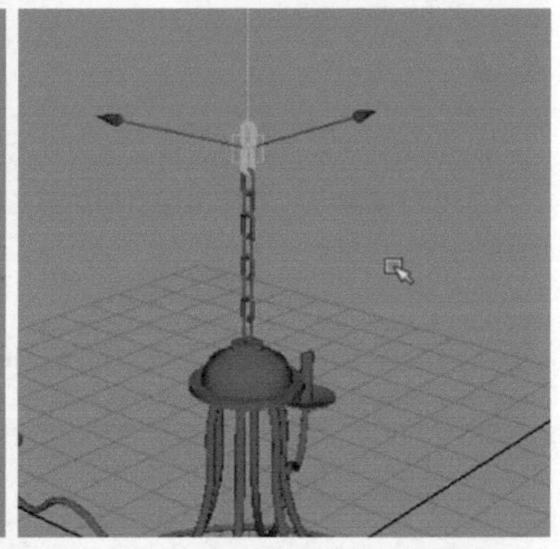

图5-89

14 选择吊灯的多有部件进行打组，然后切换至摄像机视角，摆放吊灯的位置，如图5-90所示。

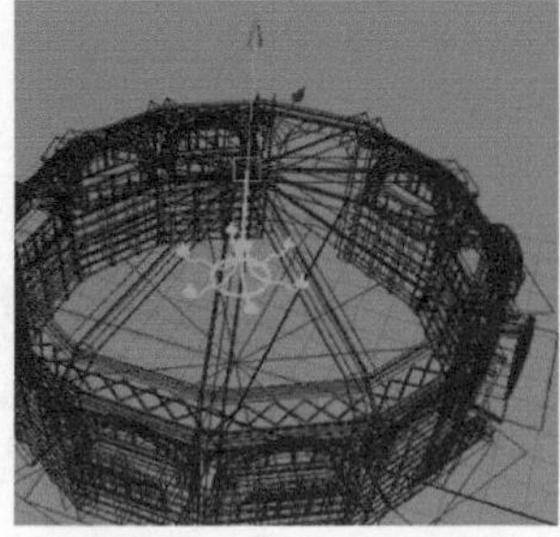
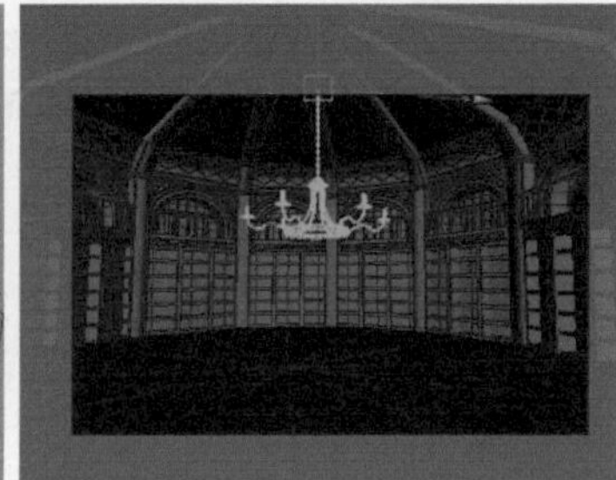

图5-90

◆第 4 阶段：地板制作

地板的制作十分简单，使用基本的立方体缩放就可以得到，只不过需要对其边角进行一次倒角处理，最后再复制布满整个室内空间，如图5-91所示。

图5-91

01 创建立方体，删除低端的面。选择顶面的4条边，执行Edit Mesh（编辑网格）>Bevel（倒角）命令，使边缘转折具有倒角的结构，出如图5-92所示。

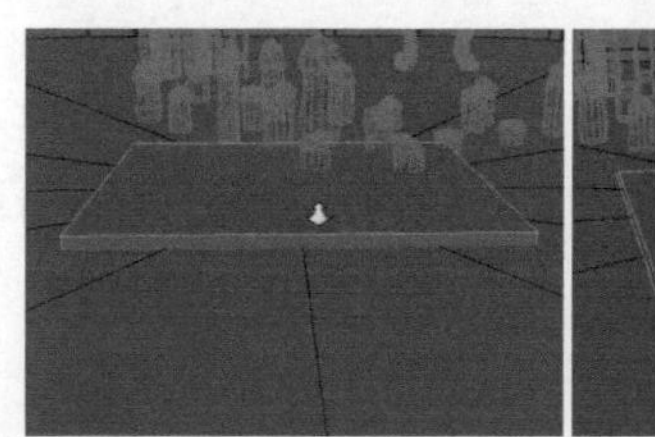

图5-92

02 按D键，把轴心吸附到其中一个角，然后执行特殊复制命令，复制出一排地板，如图5-93所示。

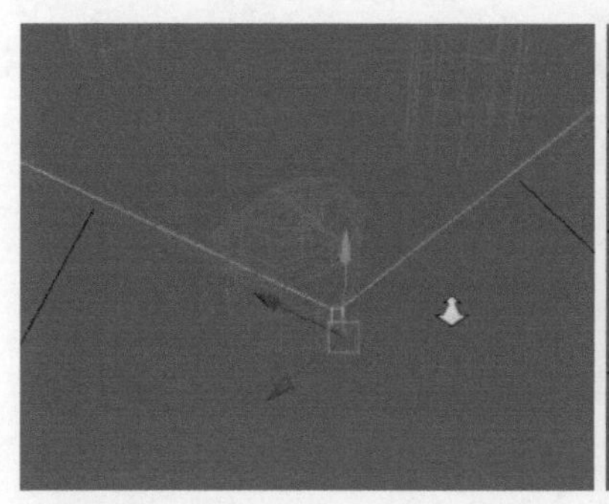
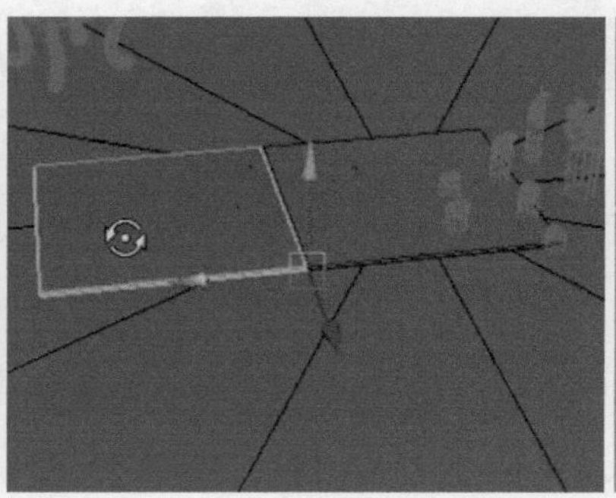
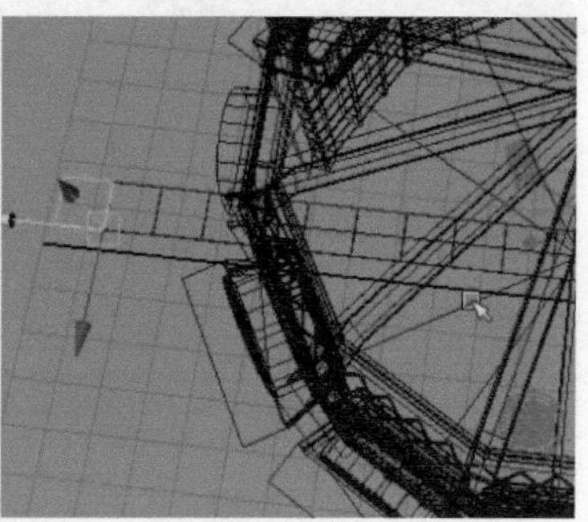
图5-93

03 选择这排地板，继续执行特殊复制命令，复制完成后再移动至场景中心，如图5-94所示。

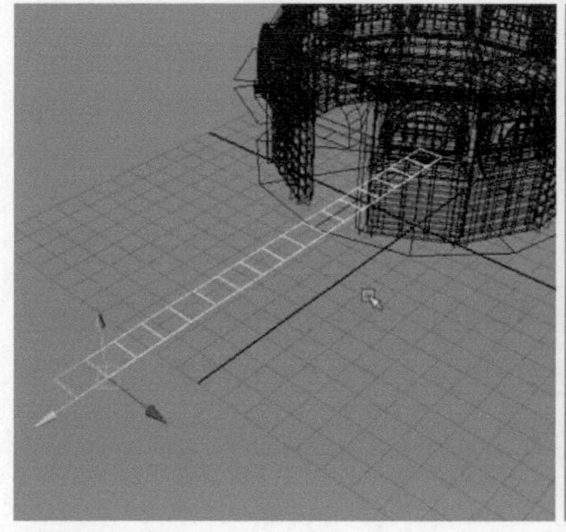
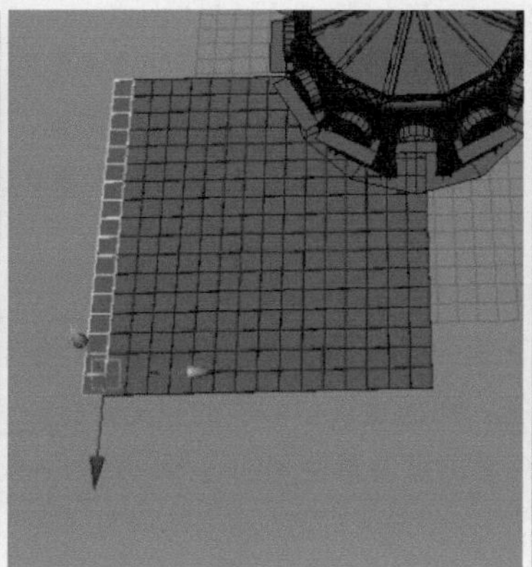

图5-94

5.2.8 本节小结

场景是模型制作中工作量比较大的，物件类型丰富，需要足够的耐心一步一步地创建出来。通过本节的学习，可以帮助大家深入了解场景模型的制作规范与制作技巧，同时对场景的风格类型也会有所了解。

5.3 案例——室外场景山中城

本节案例要制作的是一个室外场景山中城。场景中的山体和城堡建筑是本章节案例制作的重点，最终效果如图5-95所示。

图5-95

5.3.1 关于室外建筑场景

在场景结构形体中，室外场景是指被隔离在形体外部的一切宇宙空间，它的空间是较大、较开阔的，一般分为自然景观和建筑景观。地形、山体、水体、植物是基本的自然景观要素，它们与风景建筑的营建都有着密不可分的关系，建筑总是存在于一定的环境中，而本节要制作的室外场景是一座坐落在山上的城堡。

◆第 1 阶段：室外建筑与环境的关系

建筑总是存在于一定的环境中，建筑的设计构思与创作离不开自然环境的启示，由古至今所有建筑往往都会恰如其分地反映其外部环境的某些特征，形成建筑与环境的完美结合。多数情况下，建筑是从属环境，而不是环境从属于建筑，另一方面建筑的设计还要着重考虑空间的运用，如图5-96所示。

图5-96

◆第 2 阶段：室外建筑的形式风格

现代建筑：主要是指20世纪中期，在西方建筑界居主导地位的一种建筑风格，采用新材料、新结构，在建筑设计中发挥材料和结构的特性。它摆脱过时的建筑样式，没有过分的装饰，外立面简洁流畅，凸显现代简约的风格，体现时代特征，如图5-97所示。

古代建筑：主要是指古希腊到英国工业革命前的建筑，外观封闭、类似城堡，门窗均为半圆形拱券，造型厚重、敦实，其中部分建筑具有建筑城堡的特征，如图5-98所示。

图5-97

图5-98

未来科幻类建筑：属于概念型的建筑，它更多地来源于人的想象，力求摆脱对建筑本身的限制和约束，而创造个性化很强的建筑风格，形式上面的简洁和科技感是它的主要特点，如图5-99所示。

图5-99

本节制作的城堡建筑属于古代建筑，它是欧洲中世纪的产物，是建筑的一种特殊类型。欧洲中世纪的诸多神话传说引人入胜，而骑士、城堡是里面永恒的主题。城堡的诞生，源自于其所处的社会政治环境，贵族为争夺土地、粮食、牲畜、人口而不断爆发战争，密集的战争导致了贵族们修建越来越多、越来越大的城堡，来守卫自己的领地。城堡除了在军事上的防御用途外，还有政治上扩张领土和控制地方等用途。

◆第 3 阶段：城堡建筑的组成部分

为了确保模型制作的真实感，在制作之前，需要搜集一下城堡建筑的资料，尤其是先对城堡的结构有个大体的了解。在古代，城堡建筑主要是起防御的功能，所以它的大多数结构都是以防御为特点，包括要塞、城墙、箭塔、城垛、闸门、壕沟、吊桥等几个部分。

要塞是一个小城堡，通常复合在大城堡里面，随着时间演进，这个复合建筑会逐渐向四周扩建，包括外城墙和箭塔，以作为要塞的第一道防线，如图5-100所示。

图5-100

石墙具有防火以及抵挡弓箭和其他投射武器攻击的功能，它可以令敌军无法在没有装备（例如云梯和攻城塔）的情况下爬上陡峭的城墙。而城墙顶端的防卫者则可以向下射箭或投掷物件对攻城者施袭。城墙上的城门和出入口会尽量地缩小，以提供更大的防御度，如图5-101所示。

图5-101

箭塔建在城角或城墙上，依固定间隔而设，作为坚固的据点。箭塔会从平整的城墙中突出，让身在箭塔的防卫者可以沿着城墙面对的方向对外射击。而城角的箭培，则可让防卫者扩大攻击的面向，向不同的角度作出射击。箭塔可以让守城人从各个面向保卫城门。若干城堡一开始时只是一个简单的箭塔，而后扩建成更大、具有城墙、内部要塞和附加箭塔的复合城堡，如图5-102所示。

城墙和箭塔会不断地被强化，以提供防卫者更大的防护。在城墙顶端后面的平台，可以让防卫者站立作战。在城墙上方所设置的隘口，可以让防卫者向外射击，或在作战时，得到部分的掩盖。这些隘口可以加上木制的活门作额外的防护。狭小的射击口可以设置在城墙里，让弓兵在射击时受到完全的保护，如图5-103所示。

图5-102

图5-103

5.3.2 制作思路

这个场景的制作主要分为两个大部分，一部分是自然元素的山体结构，另一部分是城堡建筑。制作时，首先要从大型入手，使用简单的几何体，进行堆积摆放，定好建筑的比例和位置。定位和大型完成之后再对细节进行深入，之后会使用Zbrush软件对山体结构和纹理进行雕刻。城堡建筑会依据之前定好的位置和比例以分组的方式制作，最后再制作加入一些陪衬的物体。

5.3.3 制作流程

这个山中城场景的制作，主要分为两大部分，一个是山体的制作，一个是城堡建筑的制作。为了方便把握构图，先从山体的制作开始，然后再逐渐丰富制作完成所有城堡建筑。

01 山体的制作，通常是在Maya创建出一个基本大型，把它导入进Zbrush中进行细节雕刻，然后再对其进行减面，倒回到Maya里，如图5-104所示。

02 建筑部分的制作，主要分为城堡主体建筑群制作、城墙制作和城墙箭塔的制作3个部分，制作时也要由整体布局到最后的细节一步一步得到，如图5-105所示。

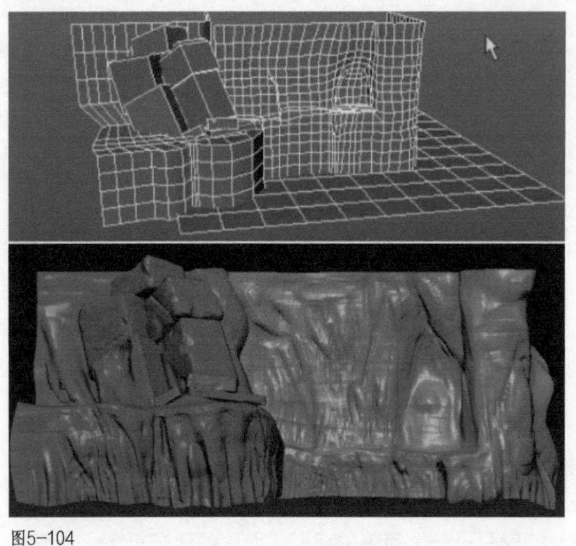
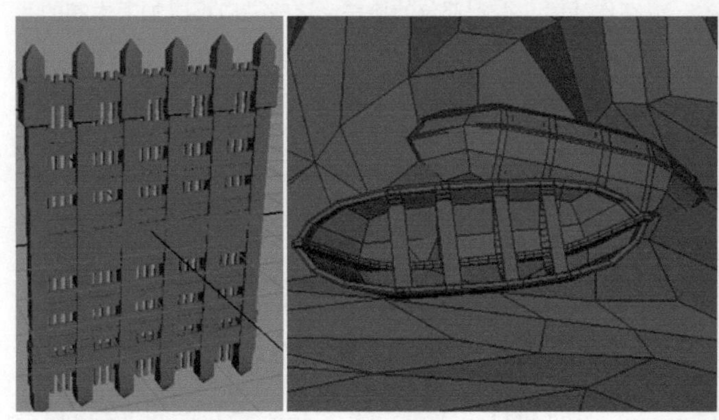

图5-104

图5-105

03 最后就是丰富场景内容，添加场景部件物体，包括门栏、木船、支架和植物4个部分，如图5-106所示。

图5-106

5.3.4 山体制作

大自然的山水是场景制作的重点，山体具有多方面造景的功能，是构成外景的主景，也是地形的骨架，起着划分和组织自然空间的作用，和建筑组合成赋予变化的景致，增添自然生趣。

◆第 1 阶段：山体大型制作

山按高度可分为高山、中山和低山。一般认为“高山”指山岳主峰的相对高度超过1000m，“中山”指其主峰相对高度在350~1000m，“低山”指主峰相对高度在150~350m。按成因可分为构造山、侵蚀山和堆积山，如图5-107所示。

图5-107

在制作之前，首先需要找到一些设定图和参考图进行分析，了解要制作的山体的类型。制作大型时，要把山体分为几个大的部分分开制作，主次大小要分明。大型完成之后才开始对细节进行深入刻画。山体的大型制作，也是为了确定整体的比例位置，对基础的画面进行一个填充，它承载着之后要去制作的城堡建筑，此外也方便之后摄像机镜头的调整，如图5-108所示。

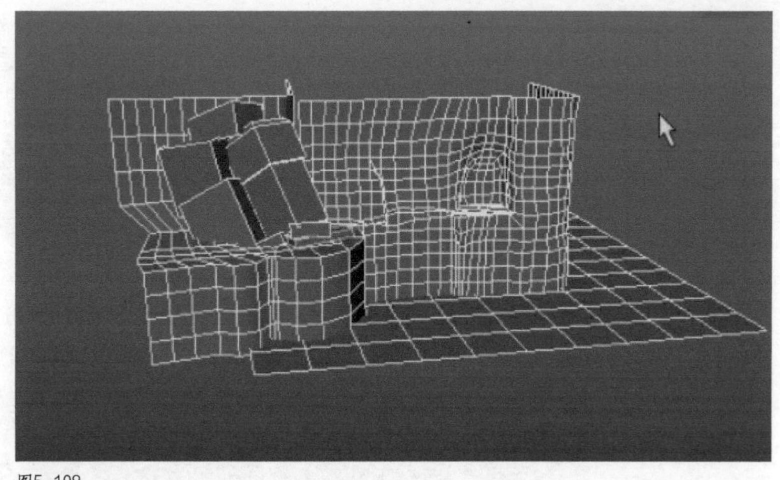

图5-108

01 执行Create（创建）>Polygon Primitives（多边形基本体）>Cube（立方体）命令，创建一个立方体，调整通道栏里的Subdivision Axis（细分轴）参数，增加适当的段数。挑选面，执行Edit Mesh（编辑网格）>Extrude（挤出）命令，挤出一段距离。右下方选择面，继续执行挤出命令，挤出洞穴的位置，如图5-109所示。

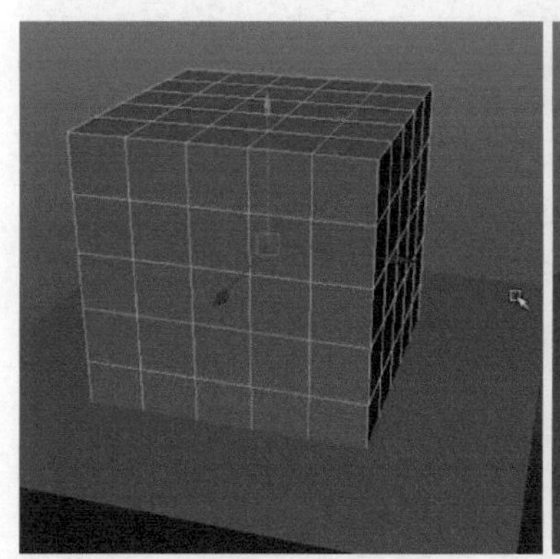
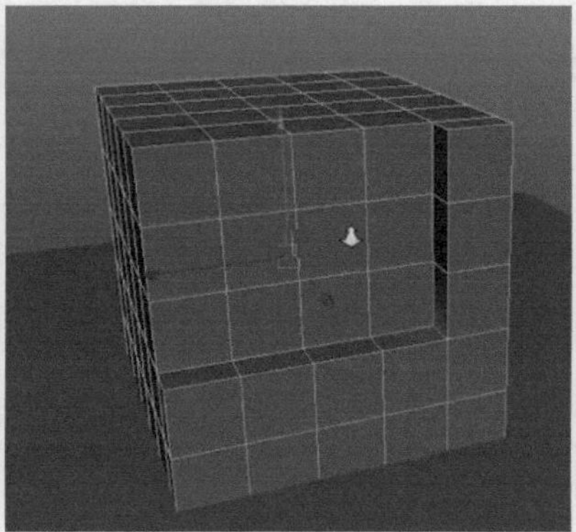
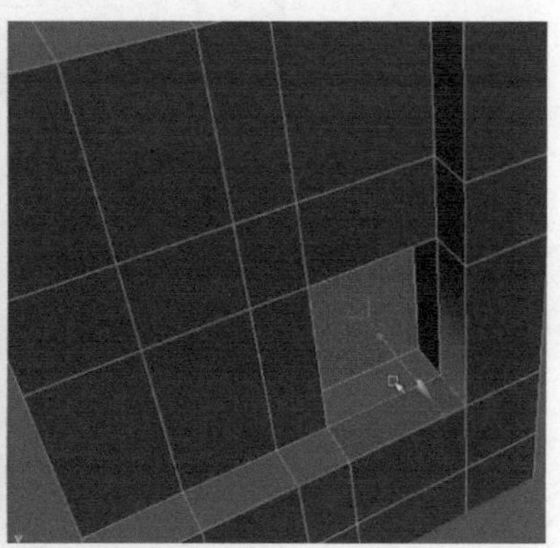

图5-109

02 删除背部以及顶端的面。切换至点元素模式，通过移动点来调整大型的大小和比例。执行Edit Mesh（编辑网格）>Insert Edge Loop Tool（插入循环边工具）命令，插入足够的控制段数，如图5-110所示。

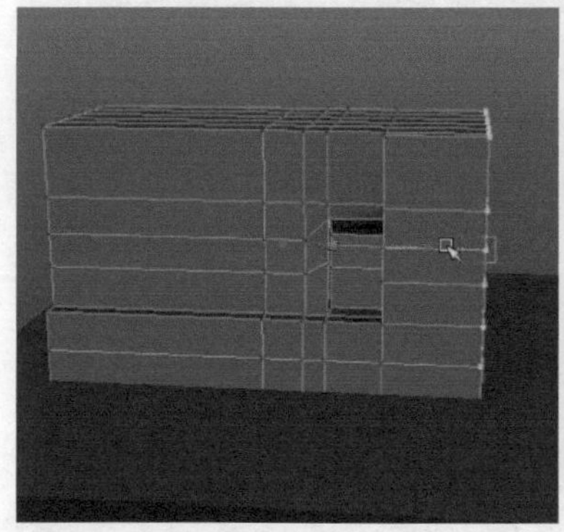
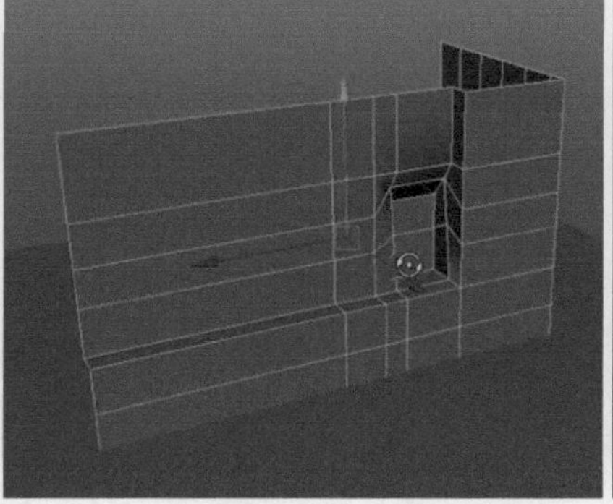
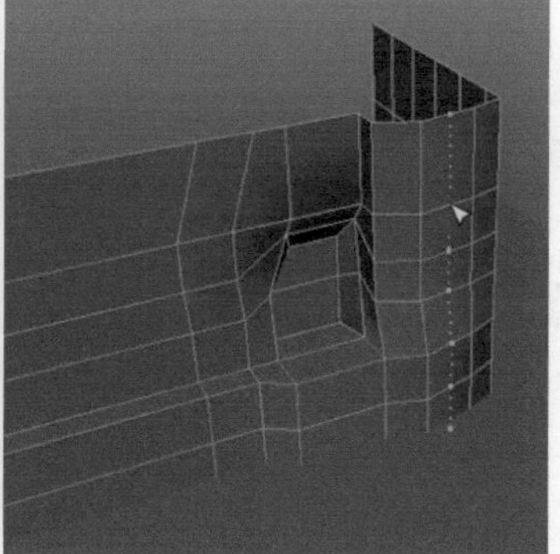

图5-110

03 选择模型，执行Mesh（网格）>Sculp Geometry Tool（雕刻几何体工具）命令，适当雕刻山体大型，做出不规则的山体凹凸效果，使其看上去更加自然。选择模型，执行Mesh（网格）>Smooth（平滑）命令，把模型细分一级，然后继续雕刻，如图5-111所示。

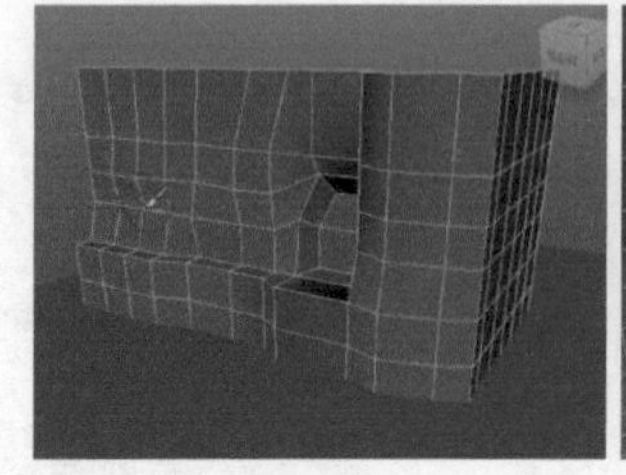
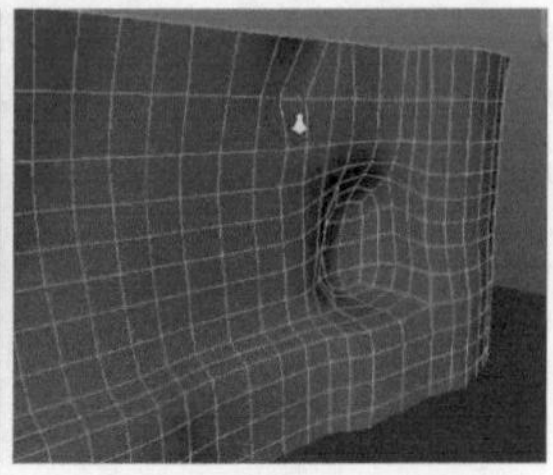

图5-111

04 选择模型，执行Edit Mesh（编辑网格）>Interactive Split Tool（交互式分割工具）命令，使用分割多边形工具对其进行切割布线，然后切换至点元素模式，做出山体的一些转折结构，如图5-112所示。

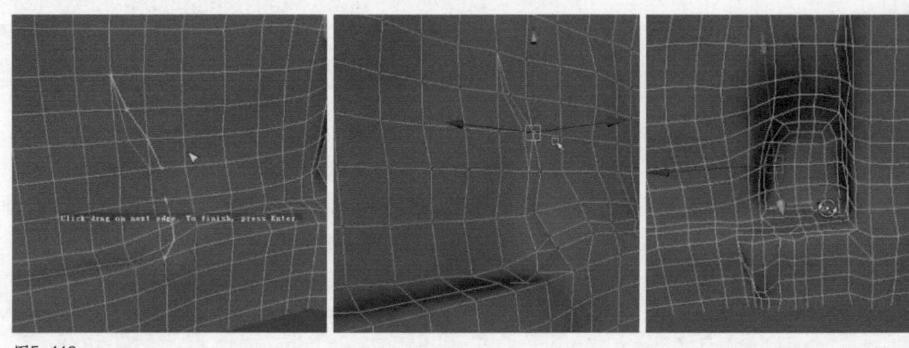

图5-112

05 创建一个立方体，放在模型的左侧，并删除背面以及上下两端的面。选择剩余的面，执行Edit Mesh（编辑网格）>Extrude（挤出）命令，向内挤出一段距离，并删除挤出后多余的面，如图5-113所示。

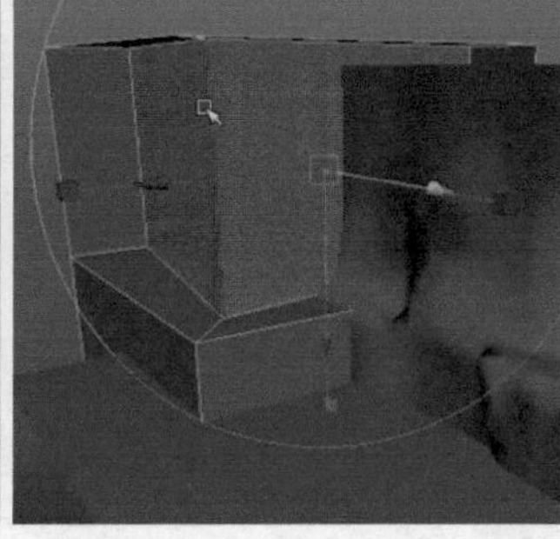
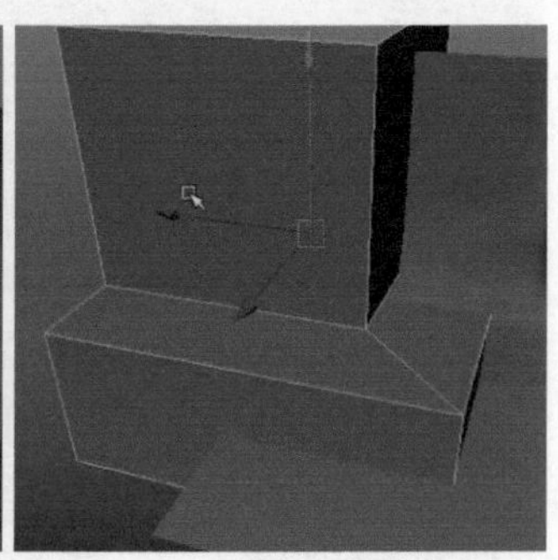

图5-113

06 选择模型，执行Mesh（网格）>Smooth（平滑）命令，把模型进行平滑细分，然后在通道栏中，把Keep Hard Edge（保持硬边）中的选项改为on，使模型在平滑之后，只增加段数而不改变大型，最后再通过手动的方式，对其大型进行调整，如图5-114所示。

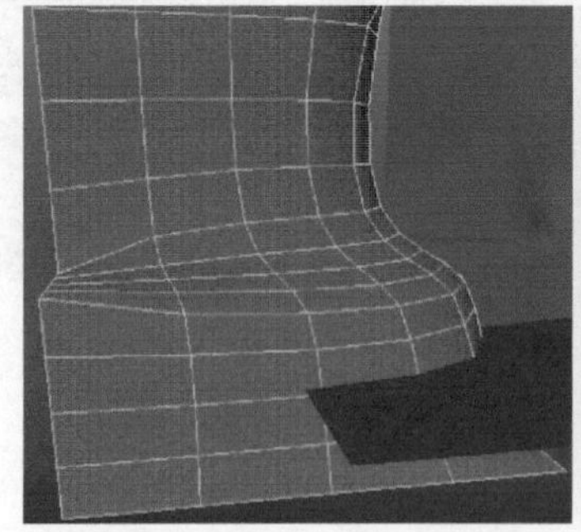
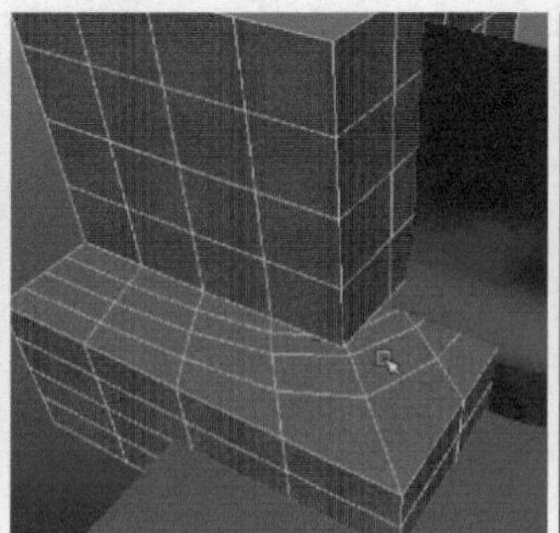
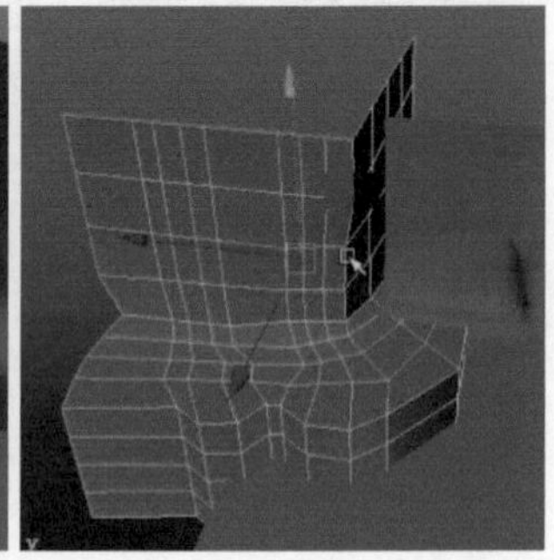

图5-114

07 创建一个立方体，放置在山体的台阶处，然后对其进行复制并堆积在一起，随机调整它们的大小和比例，摆放时要注意它们之间不要有太多明显的穿插，以避免穿帮，如图5-115所示。

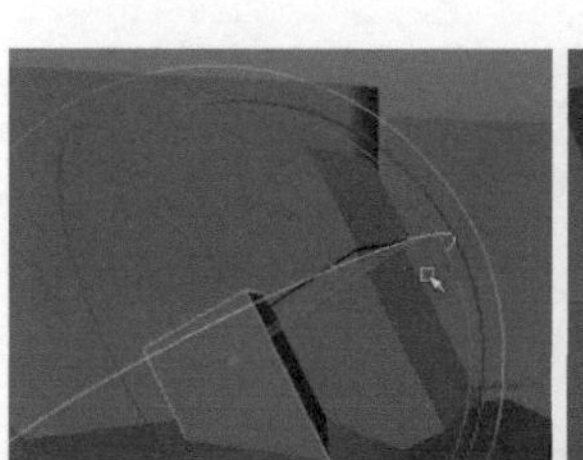

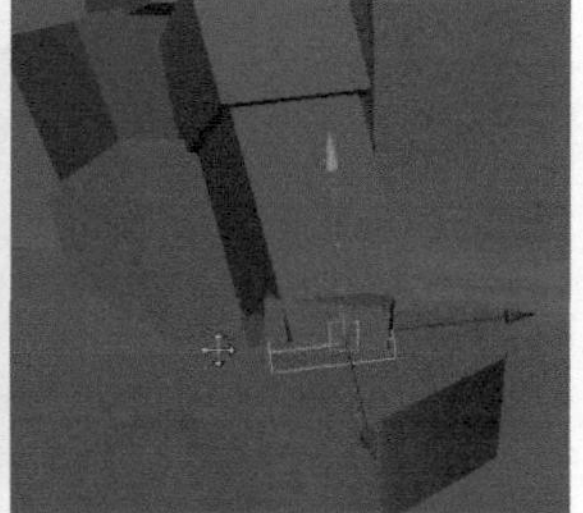

图5-115

08 打开Window（窗口）>Settings/Preferences（设置/首选项）>Plug-in Manager（插件管理器），在弹出的选项卡窗口中找到objExport.mll并勾选。选择所有山体模型，执行File（文件）>Export Selection（导出选择）命令，然后选择导出的路径，导出模型，如图5-116所示。

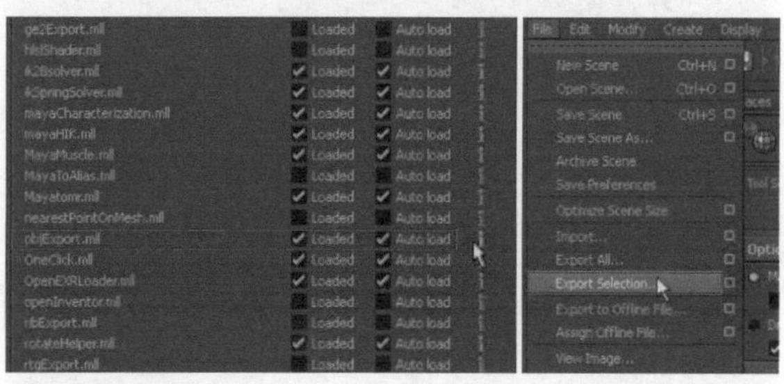

图5-116

◆第 2 阶段：山体大型雕刻

山体的纹理是赋予在大的岩石结构上的，而岩石的结构变化是十分丰富而复杂的，同样，它也是山体类型划分的一个重要标准，如图5-117所示。

山体的大型雕刻，主要是对山体的岩石结构进行雕刻，这一步并不需要雕刻纹理细节。岩石结构的雕刻，也是由大到小，逐步进行，如图5-118所示。

图5-117

图5-118

01 打开Zbrush软件，在右侧托盘的上端找到Import（导入）命令，导入之前导出的obj模型，然后在视图区域，按Shift键，以鼠标左键拖曳出模型。按Shift+F组合键显示模型网格，如图5-119所示。

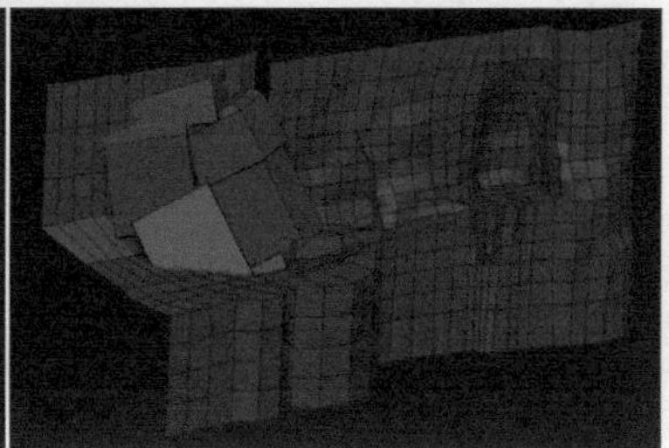

图5-119

02 按W键，切换至移动模式。然后按Ctrl键不放，左键在模型上面拖曳，把模型进行遮罩，如图5-120所示。

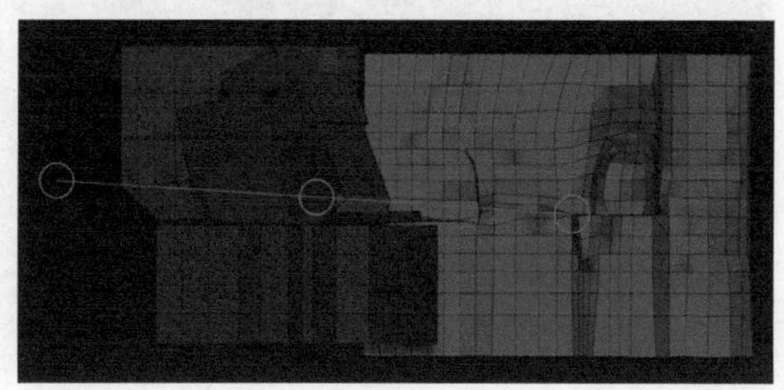

图5-120

03 在右侧托盘中打开Visibility（显示）下的HidePt（隐藏未遮罩）选项，然后再执行SubTool（多重工具）下的Split Hidden（分离隐藏）命令，这时会发现SubTool（多重工具）下的模型被分为两组模型，如图5-121所示。

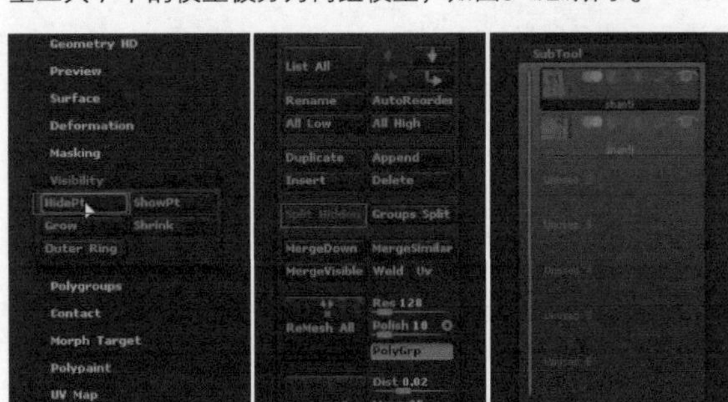

图5-121

04 使用同样的方法把左侧的山体和石块进行分离，观察右侧托盘SubTool（多重工具）下的模型被分成3组，以方便之后进行雕刻，如图5-122所示。

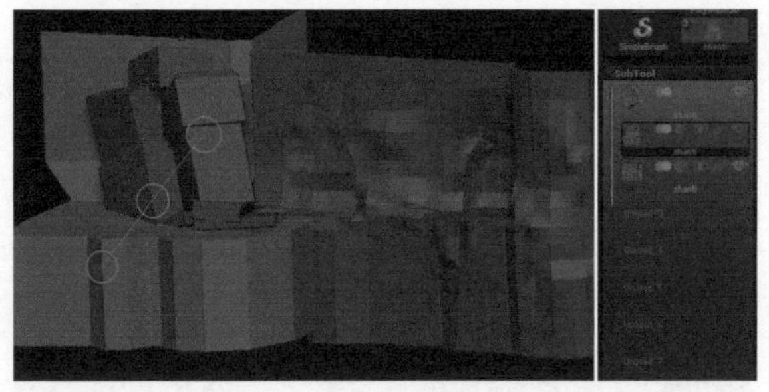

图5-122

05 在右侧托盘SubTool（多重工具）下选择右侧的山体模型，按Ctrl+D组合键给模型增加细分段数，这里可以先细分两级，不用一次细分到最高级，之后在雕刻纹理细节的时候再根据情况进行细分，如图5-123所示。

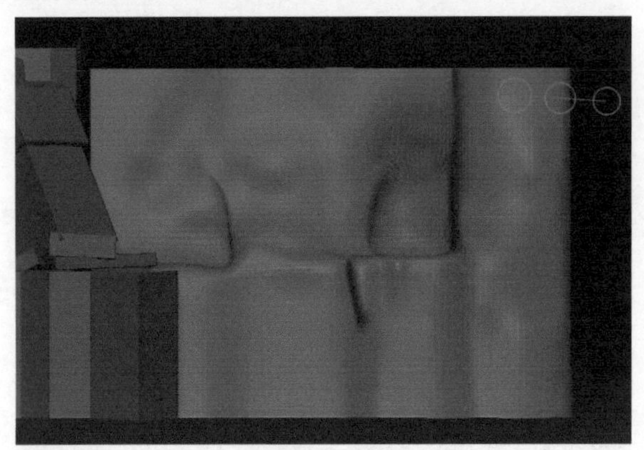

图5-123

06 在雕刻之前可以先设置一下笔刷，把常用的笔刷放置在底端的工具架上面，或进行快捷键的设置，如图5-124所示。

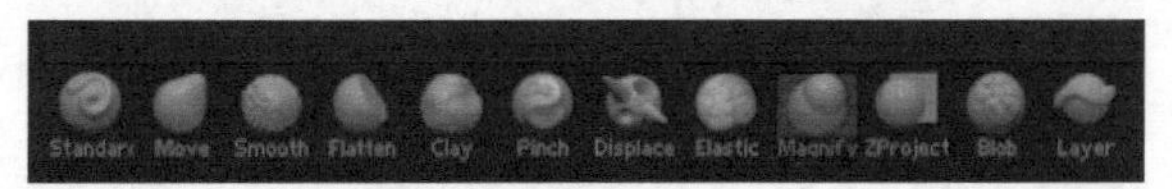

图5-124

07 使用Standard（标准）笔刷或者Clay（黏土）笔刷，分别对山体和石块进行雕刻，这里只是雕刻大的山体凹凸结构，雕刻时需要注意结构的走向和分布，如图5-125所示。

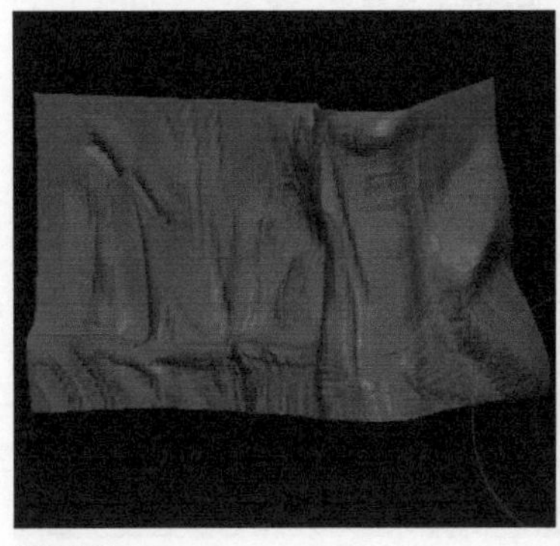

图5-125

08 选择Clay（黏土）笔刷，更改笔刷的Alpha（通道），选择28号方形通道，横向刷出山体的基本纹理，如图5-126所示。

图5-126

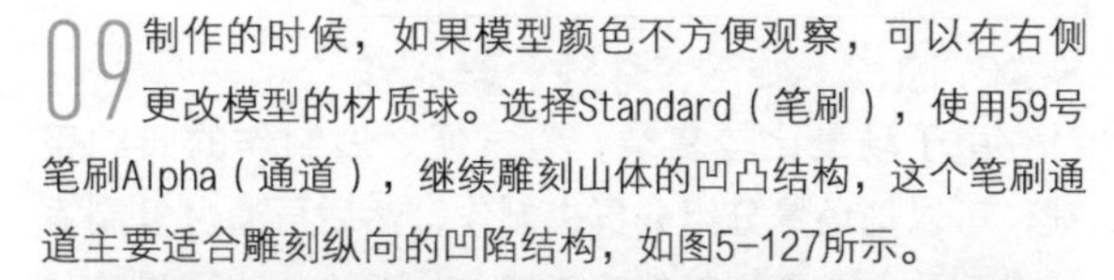

09 制作的时候，如果模型颜色不方便观察，可以在右侧更改模型的材质球。选择Standard（笔刷），使用59号笔刷Alpha（通道），继续雕刻山体的凹凸结构，这个笔刷通道主要适合雕刻纵向的凹陷结构，如图5-127所示。

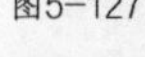

图5-127

10 选择右侧山体模型，按Shift+D组合键，降低模型细分，减少模型一定的面数，然后执行Export（导出）命令，把这部分模型导出，如图5-128所示。

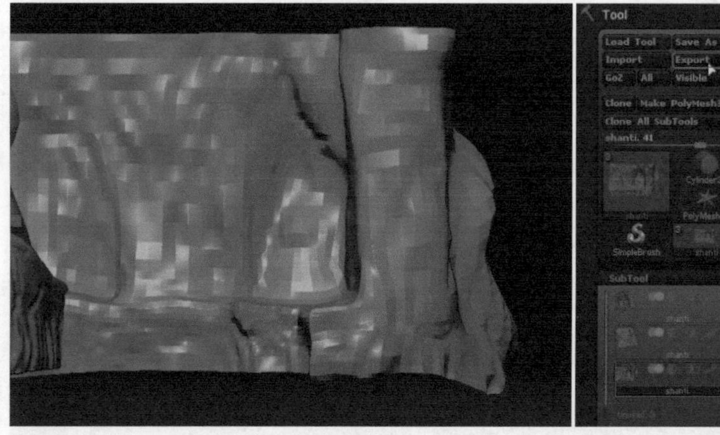

图5-128

5.3.5 建筑制作

建筑部分的制作，主要分为城堡主体建筑群制作、城墙制作和城墙箭塔的制作3个部分。城堡建筑是本案例制作的主体，把握场景的整体与统一，是场景制作的重点与难点，因此制作之前要多搜集一些参考图，确定要制作的建筑风格，以及它所处的时代氛围。同样，制作时也要由整体布局到最后的细节一步一步得到，如图5-129所示。

图5-129

◆第1阶段：城堡主体建筑群制作

由于场景比较复杂，为方便之后制作的归纳整理，可以把场景分组分群去制作，然后再通过复制重新排列的方式得到新的建筑群，从而快速达到最终的效果，如图5-130所示。

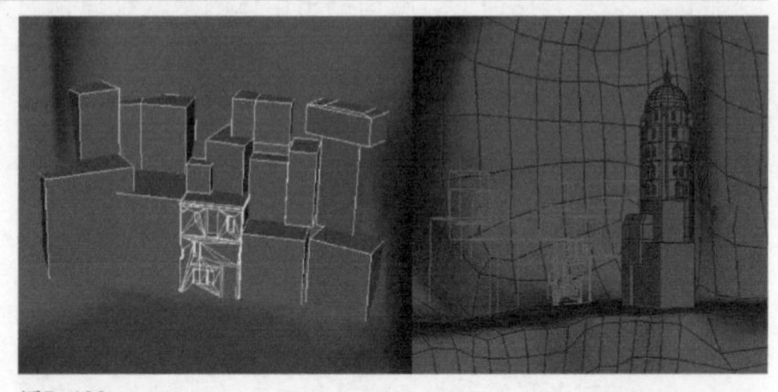

图5-130

01 重新打开Maya的场景模型，把从Zbrush导出的模型拖进Maya中，替换之前未雕刻的山体模型，如图5-131所示。

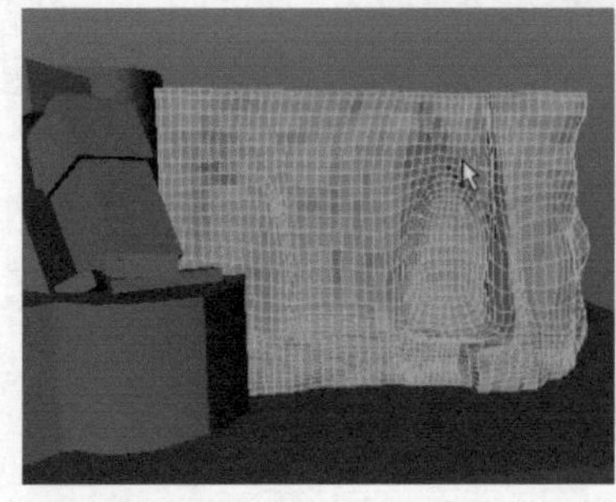
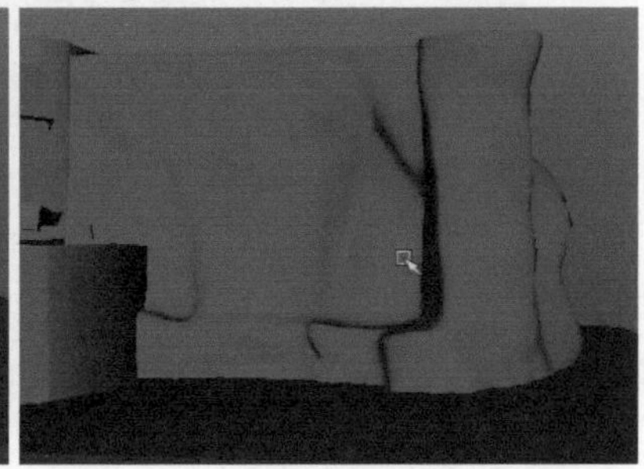

图5-131

02 执行Create（创建）>Polygon Primitives（多边形基本体）>Cube（立方体）命令，创建多个立方体，随机调整立方体的大小和比例，然后摆放在洞穴的位置，给场景的城堡建筑做大体的定位。选择洞穴处的底面，按B键，开启软选择工具，垂直缩放底面，把地面压平，如图5-132所示。

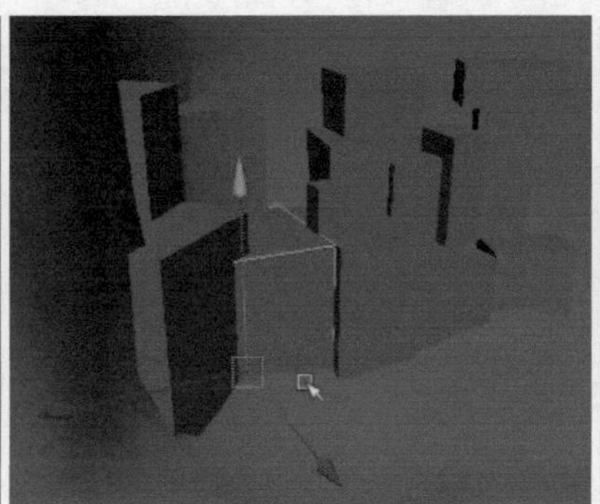
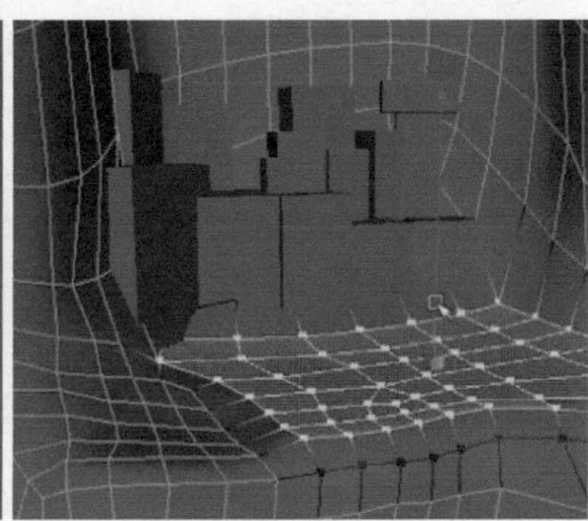

图5-132

03 选择最前端的其中一个立方体，执行Edit Mesh（编辑网格）>Insert Edge Loop Tool（插入循环边工具）命令，横向插入结构线。选择面，执行Edit Mesh（编辑网格）>Extrude（挤出）命令，向外挤出结构，如图5-133所示。

图5-133

04 选择纵向的4条边，执行Edit Mesh（编辑网格）>Bevel（倒角）命令，使边缘转折具有倒角的结构，如图5-134所示。

图5-134

05 再次创建立方体，缩小放置在模型要做的门窗位置。选择这些立方体，执行Mesh（网格）>Combine（合并）命令，把它们进行合并。先选择建筑模型再选择合并的立方体模型，执行Mesh（网格）>Booleans（布尔）> Difference（差集）命令，做出门窗的镂空效果，如图5-135所示。

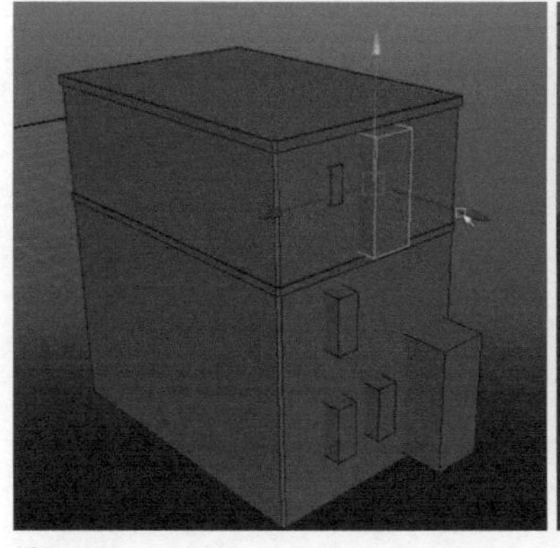
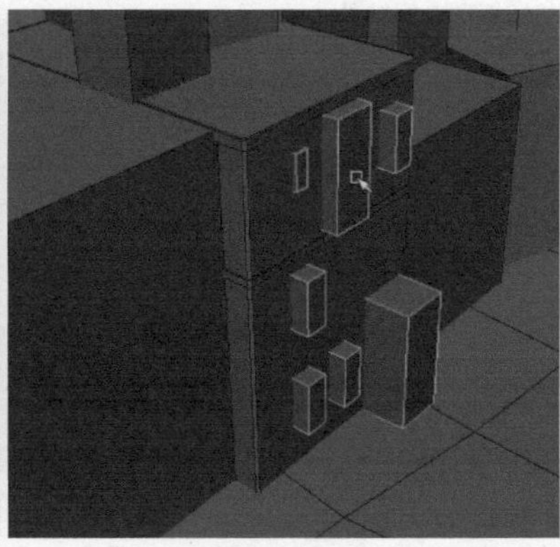
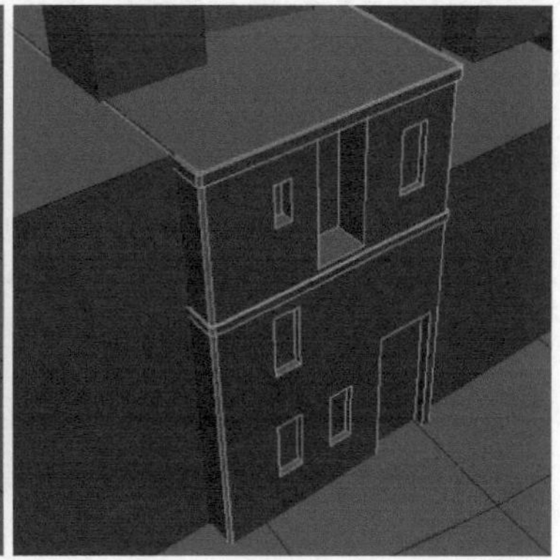

图5-135

06 创建立方体，缩放其长度，放置在窗户的底端位置，然后使用插入循环边工具，在两端插入线段。选择两端的面，执行Edit Mesh（编辑网格）>Extrude（挤出）命令，向上挤出纵向的结构，做出窗户的框架，如图5-136所示。

图5-136

07 选择窗户的框架，复制到其他窗户位置，与其进行匹配，并使用同样的方式制作出门框，如图5-137所示。

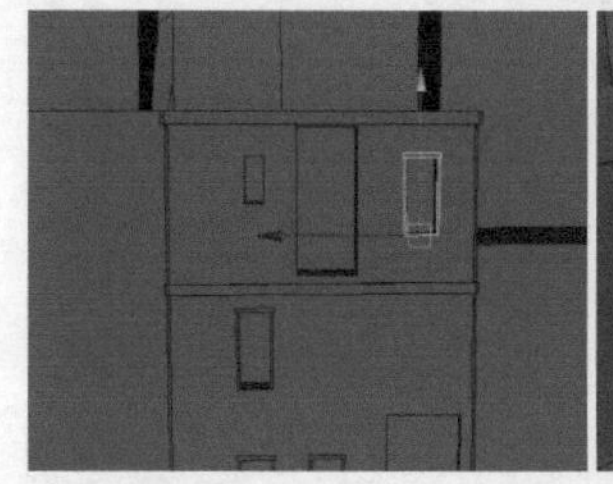
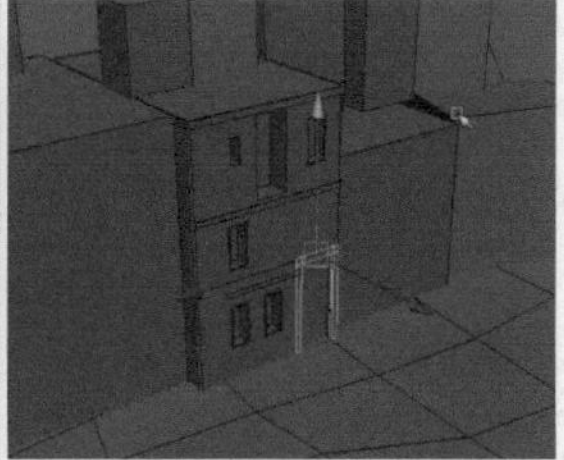

图5-137

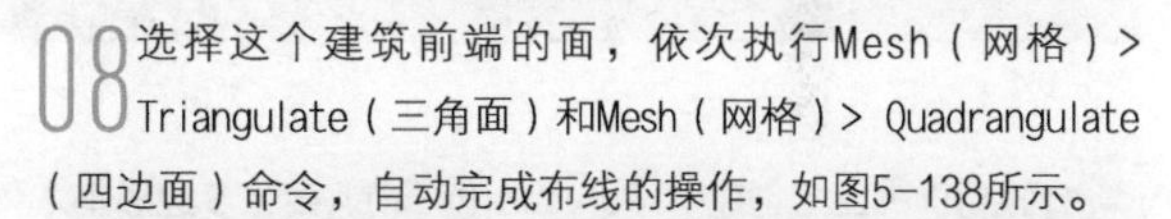

08 选择这个建筑前端的面，依次执行Mesh（网格）> Triangulate（三角面）和Mesh（网格）> Quadrangulate（四边面）命令，自动完成布线的操作，如图5-138所示。

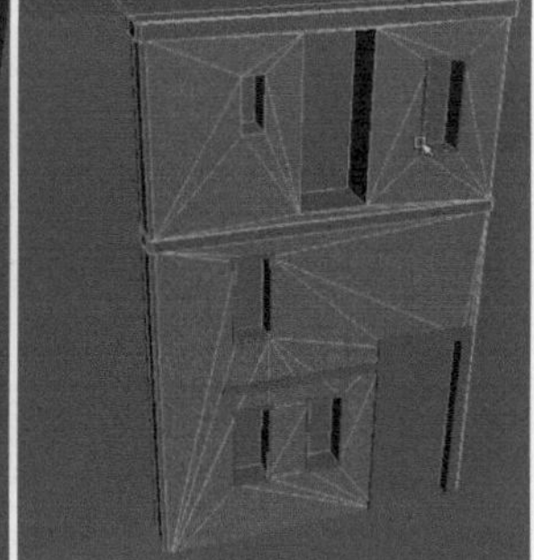

图5-138

09 选择模型，执行Edit Mesh（编辑网格）>Interactive Split Tool（交互式分割工具）命令，使用分割多边形工具在建筑物的棱角处以锯齿状随意的切割布线，完成之后，切换至点模式，拖曳控制点，调整出边缘残缺的结构，如图5-139所示。

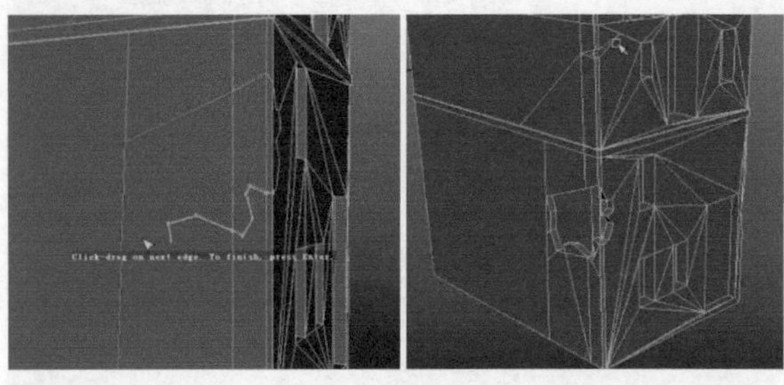

图5-139

10 打开Zbrush，使用之前导出的方式导出雕刻的左侧山体和石块，替换Maya里的原模型，观察整体的位置与大型，进行调整，如图5-140所示。

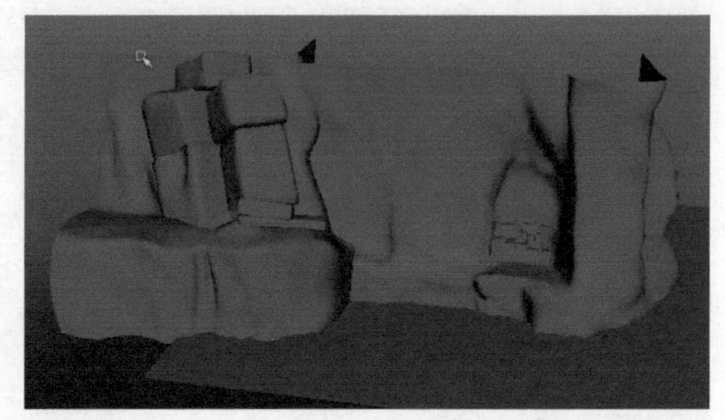

图5-140

11 选择摆放的立方体城堡建筑模型，在右侧添加进层里面，并线框显示的方式锁定，方便之后模型创建的调整与选择，如图5-141所示。

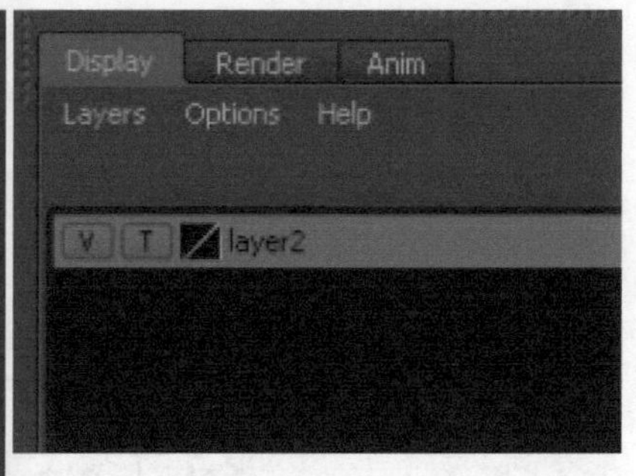

图5-141

12 执行Create（创建）>Polygon Primitives（多边形基本体）>Cylinder（圆柱体）/ Sphere（球体）命令，分别创建一个圆柱体和一个球体，并在通道栏里调整适当的分段。删除球体的另一半，缩放大小与圆柱体的截面相匹配。使用挤出命令，挤出半球体的边缘转折结构，如图5-142所示。

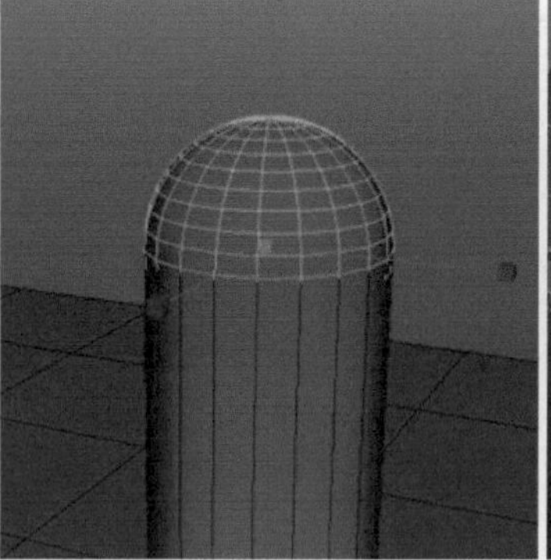

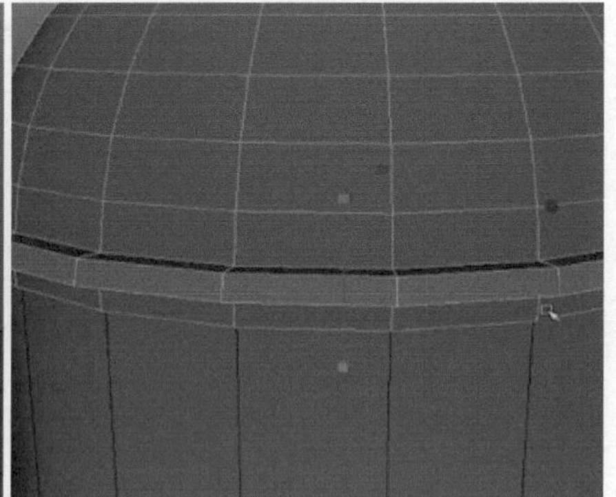

图5-142

13 继续使用挤出命令，连续挤出半球体顶端的复杂结构，做出上面的浅凹槽，如图5-143所示。

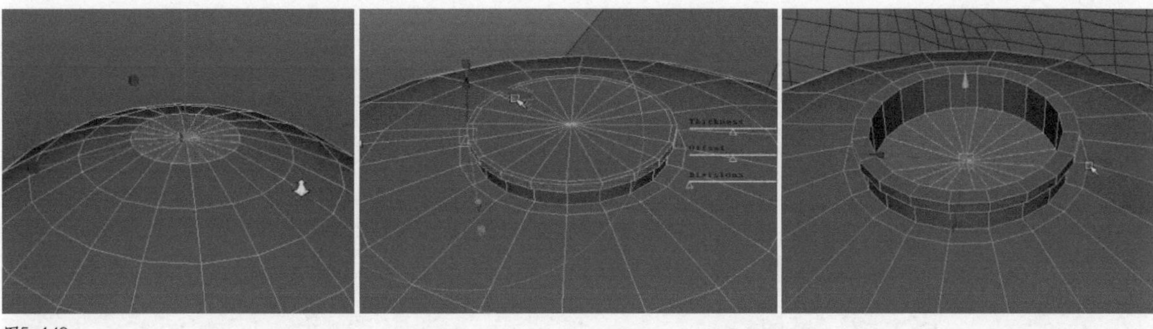

图5-143

14 再次创建一个球体，删除另一半。执行Edit Mesh（编辑网格）>Insert Edge Loop Tool（插入循环边工具）命令，在底部横向插入结构线，并使用挤出命令，挤出边缘结构，以及顶端的锥形结构，如图5-144所示。

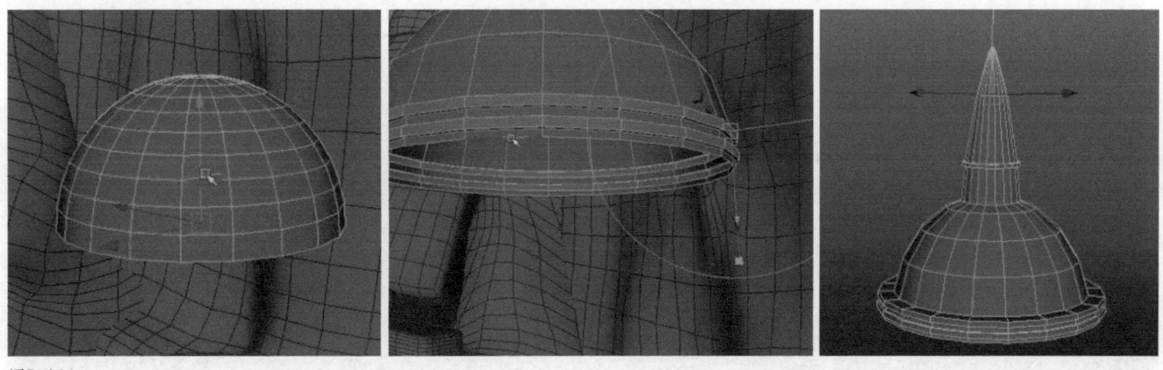

图5-144

15 创建一个圆柱体，放置在之前做的两个模型之间。删除上下两端多余的面，使用插入循环边工具在上端插入一条循环边，然后隔段挑选多余的面进行删除，如图5-145所示。

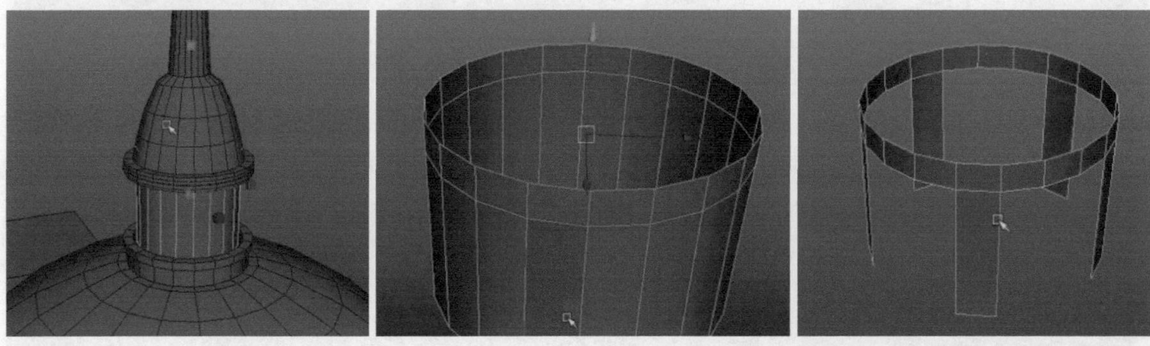

图5-145

16 挑选模型的点，向下移动，做出拱弧形的结构。选择这块模型，执行Edit Mesh（编辑网格）>Extrude（挤出）命令，挤出它的厚度，如图5-146所示。

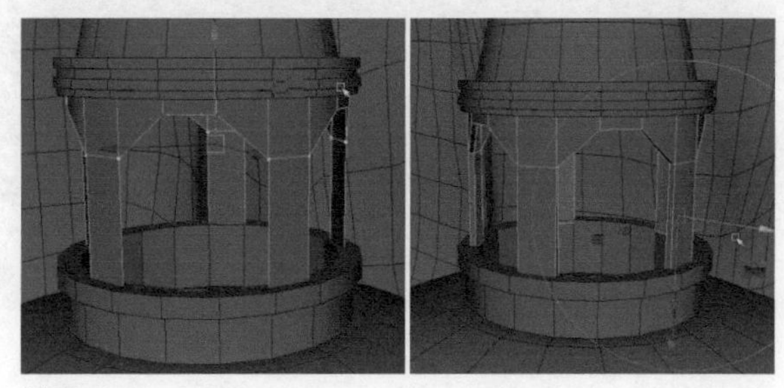

图5-146

17 选择之前创建的圆柱体模型，执行Edit Mesh（编辑网格）>Insert Edge Loop Tool（插入循环边工具）命令，平均插入足够的段数。然后选择它的部分面，向外挤出一段距离厚度。也可以继续加线，挤出一些小的结构，如图5-147所示。

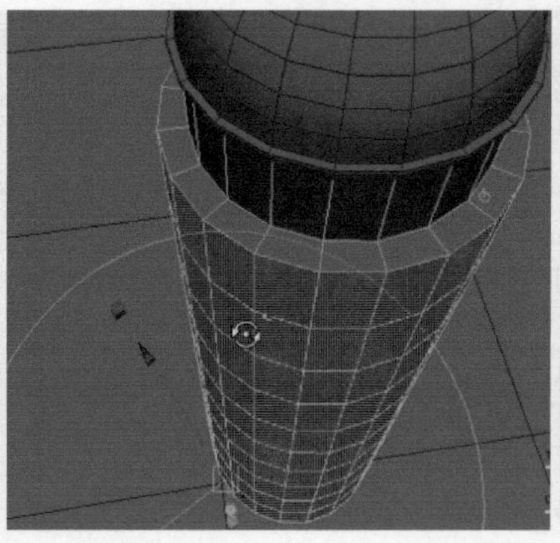
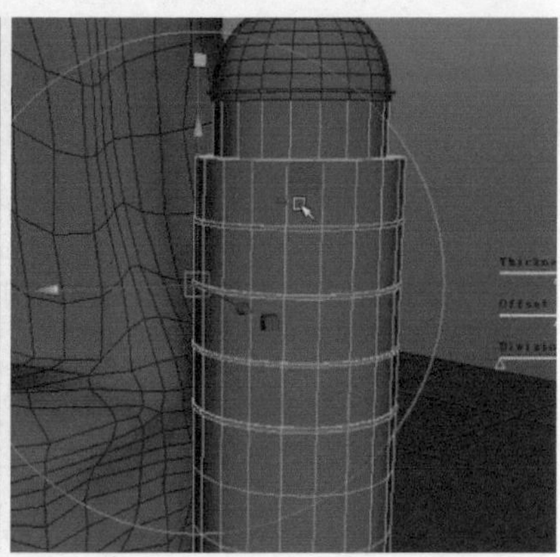

图5-147

18 创建立方体，垂直缩放，匹配圆柱体的高度。使用插入循环边工具在上端插入线段，挤出并调整上端的结构。按D键不放，结合V键（点吸附），把轴心吸附到圆柱体中心。选择这个模型，单击Edit（编辑）>Duplicate Special（特殊复制）命令后的设置选项按钮，在弹出的选项卡中调整Rotate和Number of copies的参数，然后单击Apply（应用），把模型旋转复制出来，如图5-148所示。

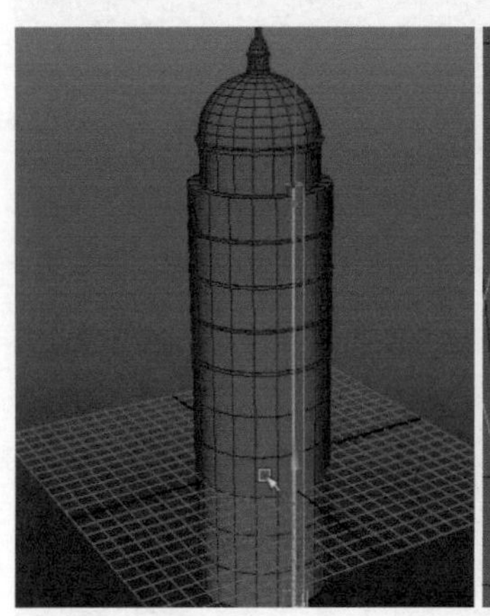
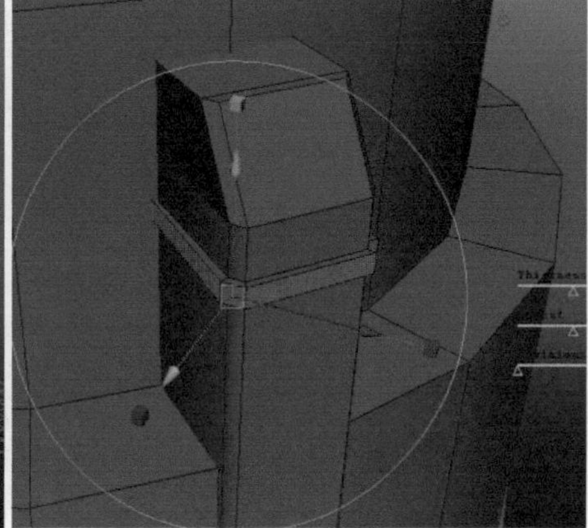
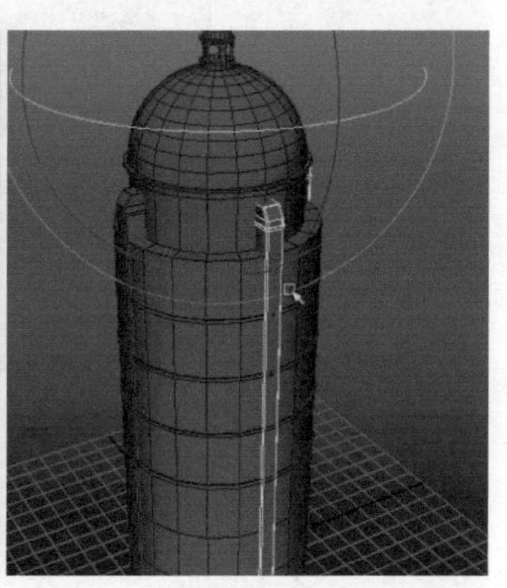

图5-148

19 创建一个圆柱体，切换至面的选择模式，删除另一半。选择模型，执行Mesh（网格）>Fill Hole（填充洞）命令，填补底端镂空区域的面。选择底端的面，执行Edit Mesh（编辑网格）>Extrude（挤出）命令，向下挤出一段距离，如图5-149所示。

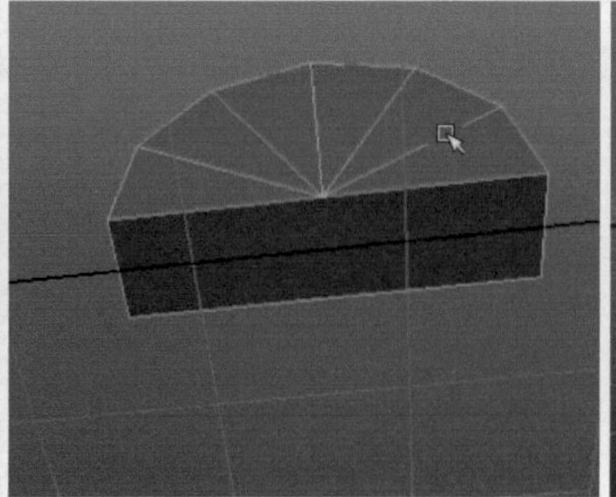
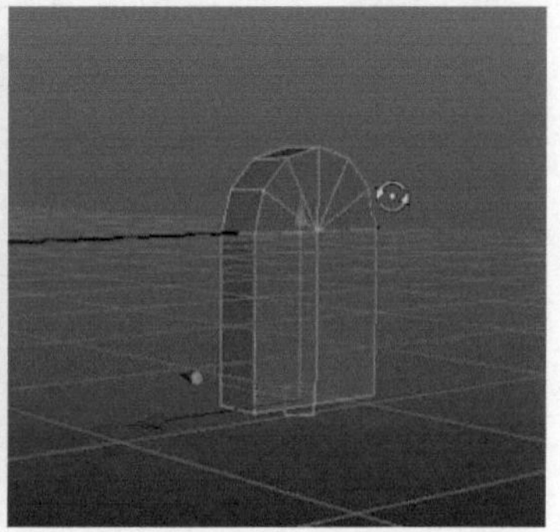

图5-149

20 把模型复制一份，并对其进行缩放。选择这两个模型，执行Mesh（网格）>Booleans（布尔）>Union（并集）命令，合并模型。选择合并后的模型，把轴心吸附到圆柱体中心，使用特殊复制的方法，把模型旋转复制出来，如图5-150所示。

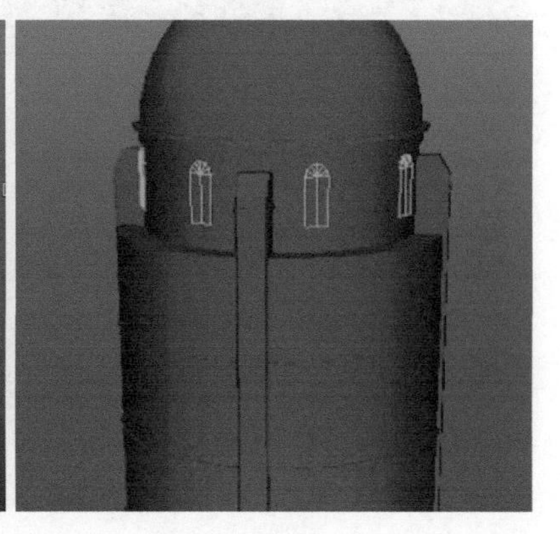

图5-150

21 使用同样的方法，制作和复制下面的窗口，制作时需要注意大小的变化和排列的疏密，如图5-151所示。

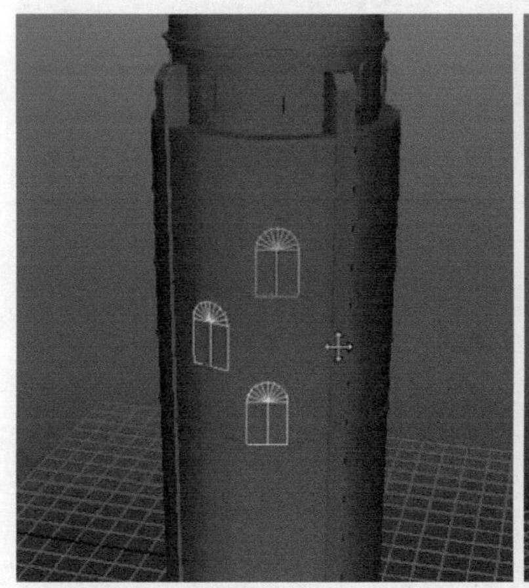
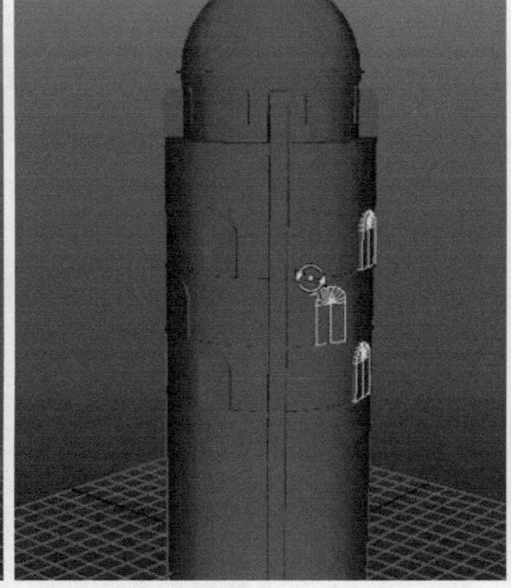

图5-151

22 选择所有窗口模型，执行Mesh（网格）>Combine（合并）命令，把它们进行合并。先选择建筑模型再选择合并的窗口模型，执行Mesh（网格）>Booleans（布尔）> Difference（差集）命令，做出窗口的镂空效果，如图5-152所示。

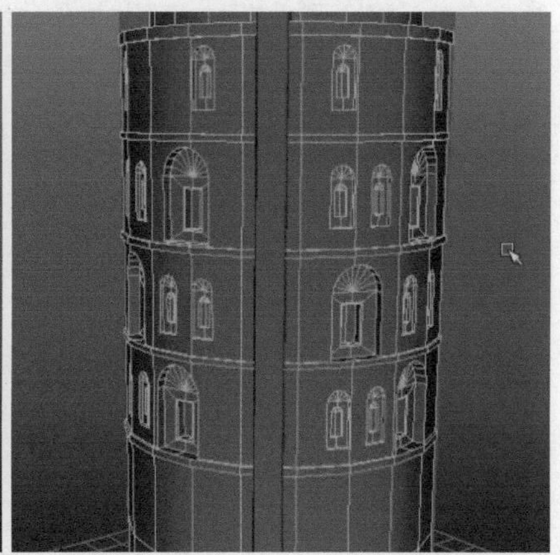

图5-152

23 创建一个立方体，放置在圆柱体建筑旁边，切换至顶视图，执行Edit Mesh（编辑网格）>Cut Faces Tool（切面工具）命令，沿直线切割模型上的所有面，如图5-153所示。

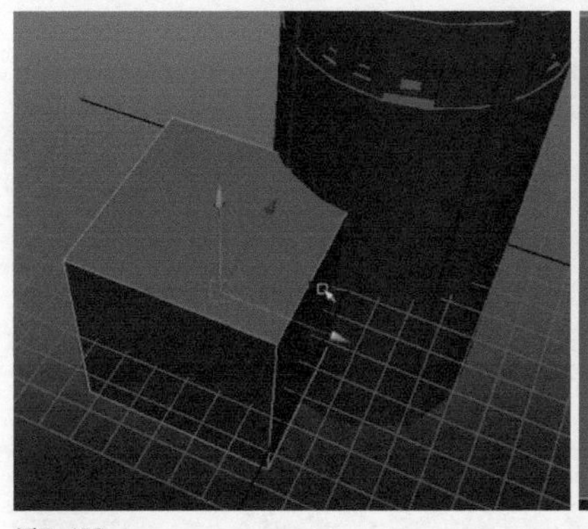
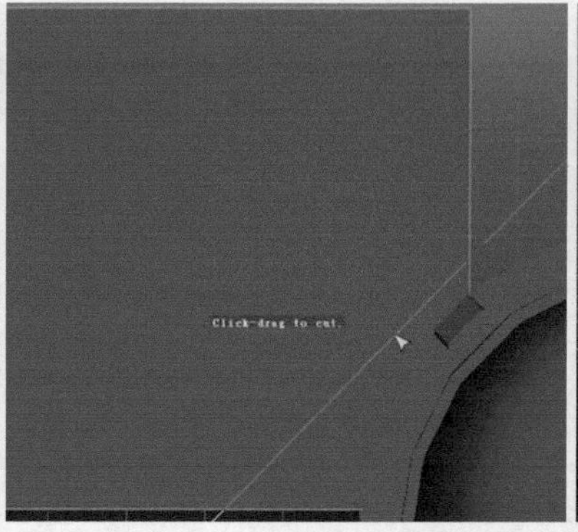

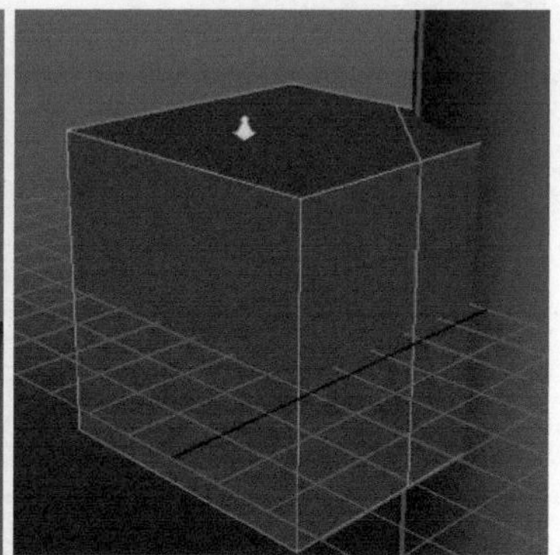

图5-153

24 删除背部不需要的结构，然后执行Edit Mesh（编辑网格）>Interactive Split Tool（交互式分割工具）命令，使用分割多边形工具填补这里的线段，如图5-154所示。

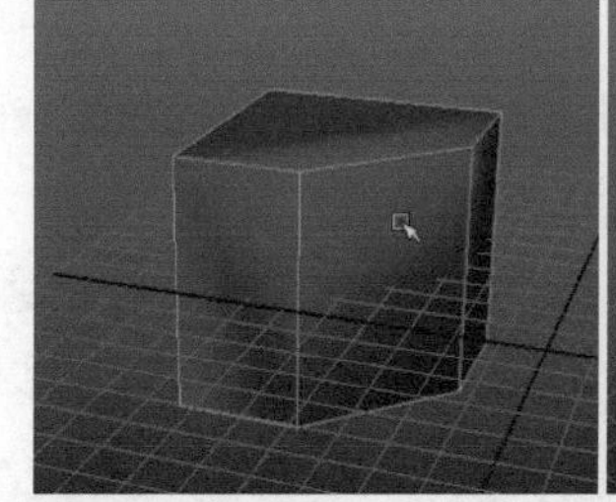
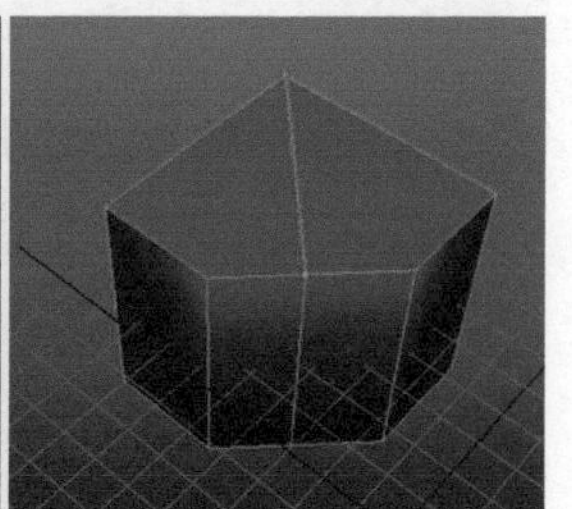

图5-154

25 切换至点元素模式，调整模型的高度，并复制一个放置在上端，整体缩放调整，如图5-155所示。

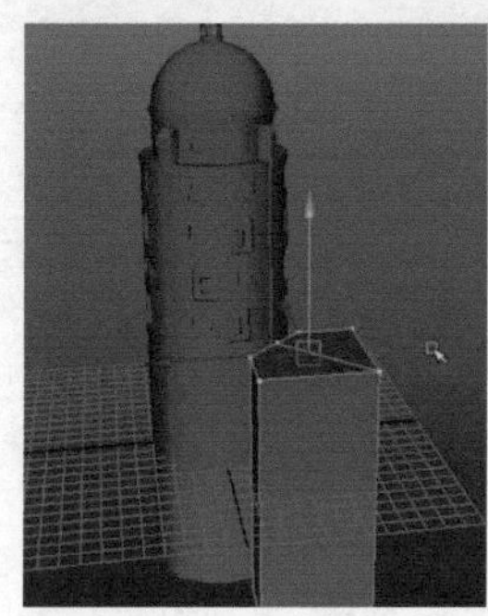
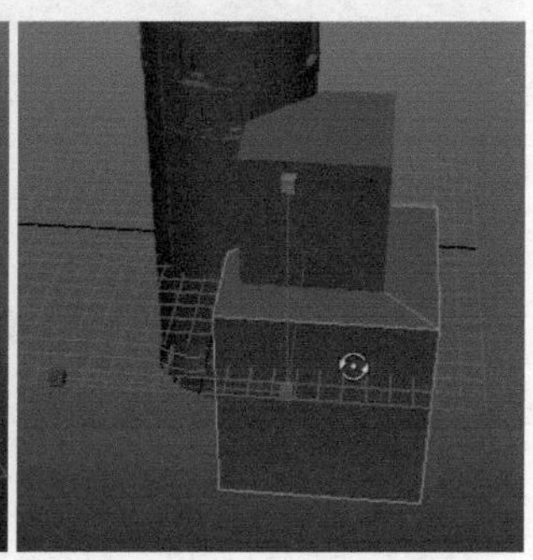

图5-155

26 创建立方体，和之前做的模型堆放在一起。执行Edit Mesh（编辑网格）>Insert Edge Loop Tool（插入循环边工具）命令，通过插入结构线，挤出一些复杂的结构，这里可以根据自己的设计去制作，如图5-156所示。

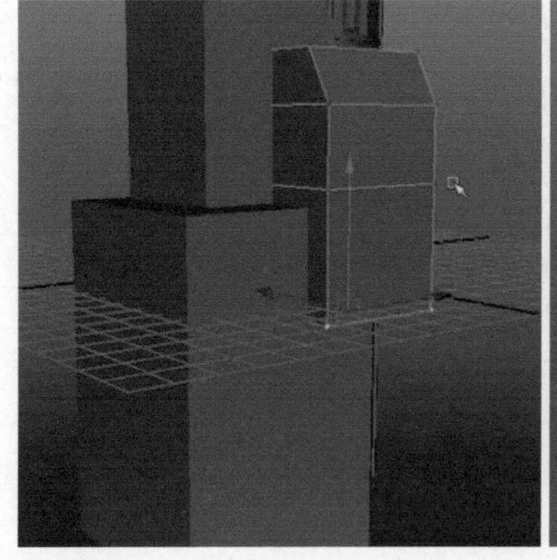

图5-156

27 选择这部分模型，按键盘Ctrl+G组合键，把模型进行打组，然后放置在场景合适的位置，完成这部分城堡建筑的基本制作，如图5-157所示。

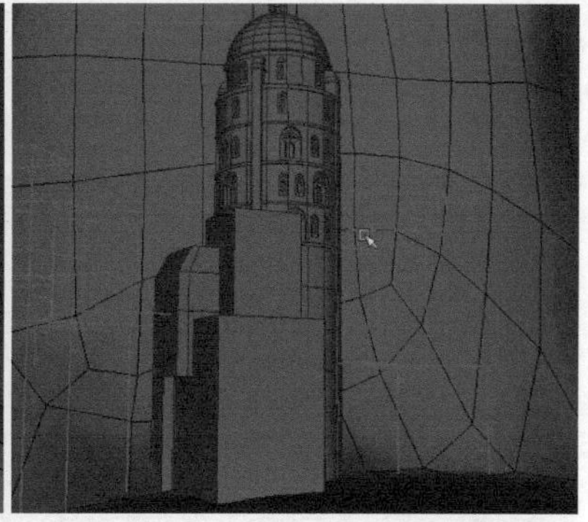

图5-157

◆第 2 阶段：城墙制作

城墙具有防火以及抵挡弓箭和其他投射武器攻击的功能，令敌军无法在没有攻城装备的情况下爬上陡峭的城墙。而城墙顶端的防卫者则可以向下射箭或投掷物件对攻城者施袭。如果城墙是建筑在悬崖或其他高峭的地方，其效力和防御价值将大为提高，如图5-158所示。

图5-158

这个场景很大一部分的建筑是建在城墙上的，自下而上分为3阶，给人感觉高大稳固，因此在制作过程中，要注意城墙高度以及它和建筑的比例关系，做出城墙宏伟的气势，如图5-159所示。

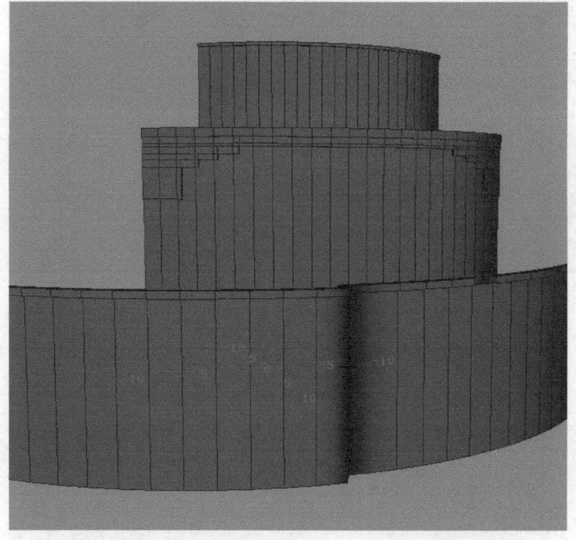

图5-159

01 执行Create（创建）>Polygon Primitives（多边形基本体）>Cylinder（圆柱体）命令，创建一个圆柱体，并在通道栏里调整足够的分段。删除上下两端以及背后不需要的面，如图5-160所示。

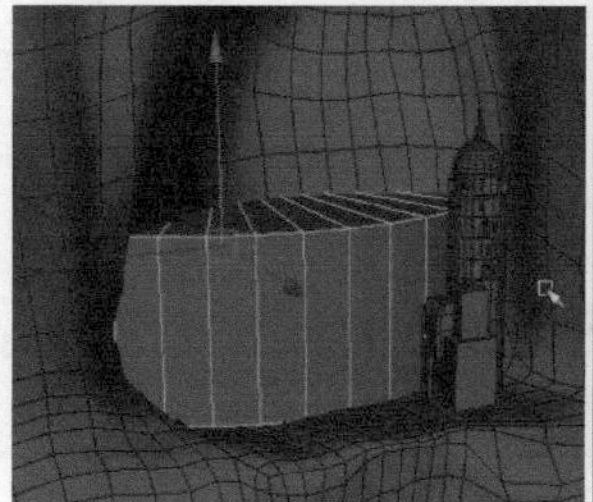

图5-160

02 选择模型，执行Edit Mesh（编辑网格）>Insert Edge Loop Tool（插入循环边工具）命令，在上端插入一条循环边。选择这条循环边，执行Edit Mesh（编辑网格）>Extrude（挤出）命令，向内挤出一个面片。选择挤出的面，执行Mesh（网格）>Extract（提取）命令，把面提取分离，如图5-161所示。

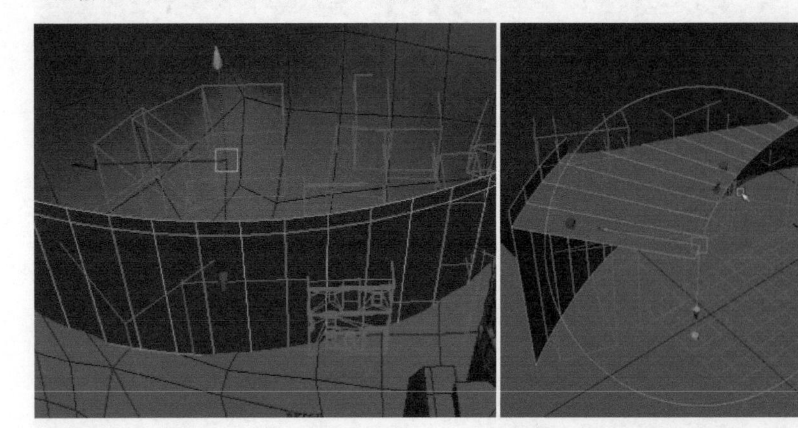

图5-161

03 选择圆柱体面片，挤出上端的厚度及转折结构，作为城墙的建筑。选择城墙模型，向上复制缩放出另外两层，如图5-162所示。

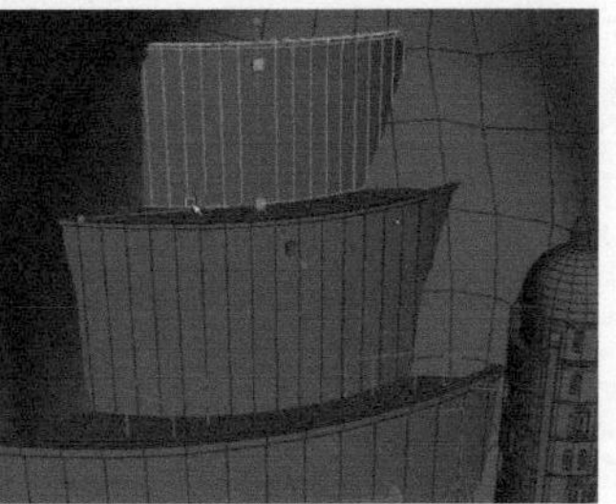

图5-162

04 复制一份城墙模型，执行Edit Mesh（编辑网格）>Insert Edge Loop Tool（插入循环边工具）命令，在上部横向插入需要的结构线。挑选两端的面，执行Edit Mesh（编辑网格）>Cut Faces Tool（切面工具）命令，沿直线纵向切割面，这样只有选择的面才会被切割，如图5-163所示。

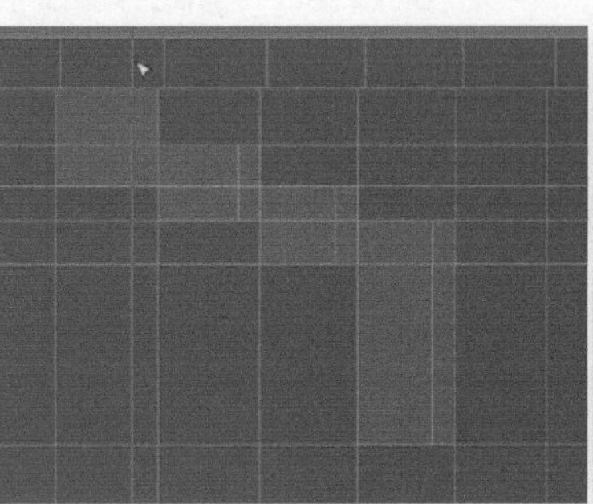
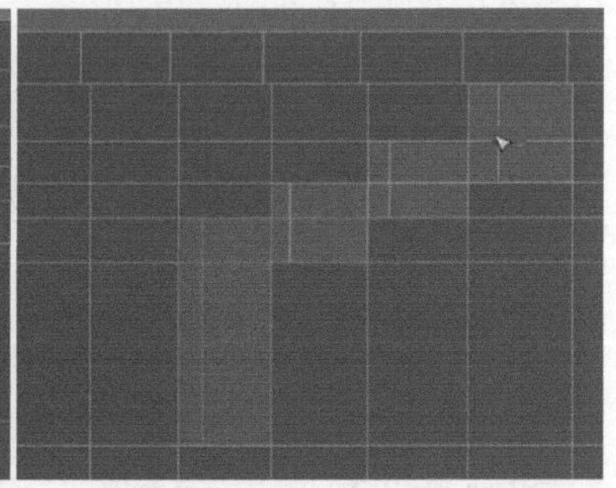

图5-163

05 切线完成之后，挑选面，然后反选删除不需要的面，如图5-164所示。

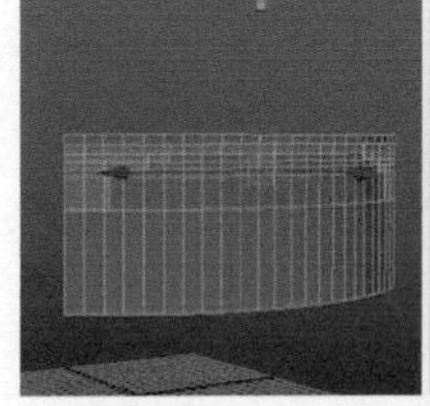

图5-164

06 选择模型，整体挤出它的厚度，然后挑选内侧的面，再次执行挤出命令，挤出更多的结构，如图5-165所示。

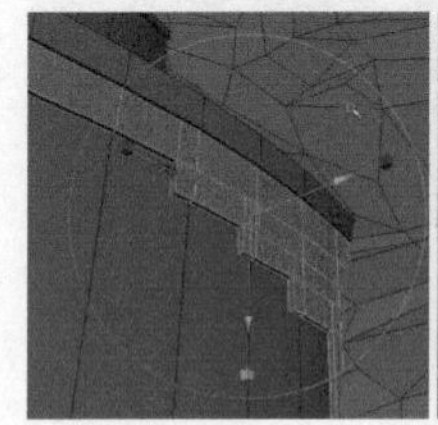
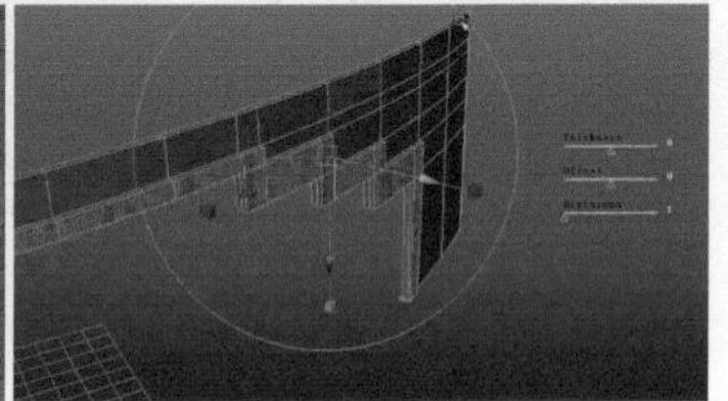

图5-165

◆第 3 阶段：城墙箭塔第一部分制作

箭塔建在城角或城墙上，依固定间隔而设，作为坚固的据点。箭塔会从平整的城墙中突出，让身在箭塔的防卫者可以沿着城墙面对的方向对外射击。而城角的箭塔，则可让防卫者扩大攻击的面向，向不同的角度做出射击，让守城人从各个方向保卫城门，如图5-166所示。

在这个场景内有多种形式的箭塔，本案例只针对两个比较主要的箭塔进行制作讲解。首先第一部分箭塔，形体比较高，并且具有丰富的细节结构，如图5-167所示。

图5-166

图5-167

01 创建立方体，使用插入循环边工具插入基础的分段，然后执行Edit Mesh（编辑网格）>Interactive Split Tool（交互式分割工具）命令，使用分割多边形工具布出将要制作的凹槽结构线，如图5-168所示。

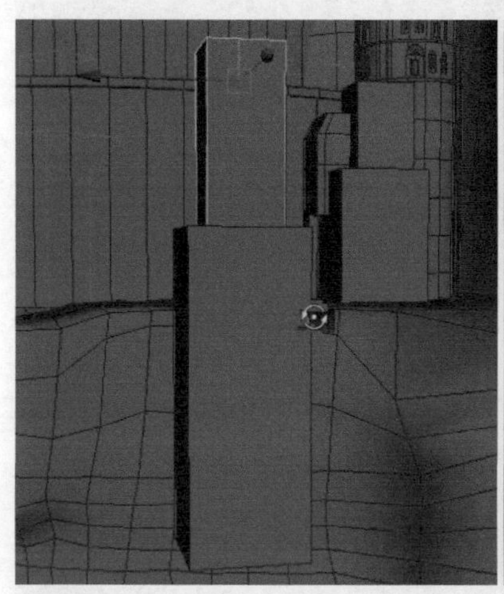

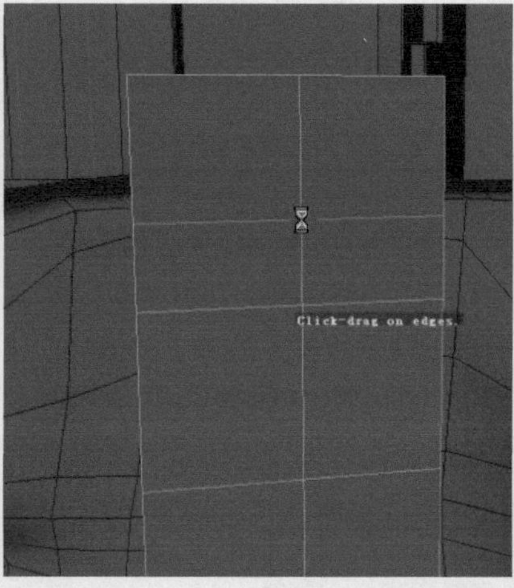

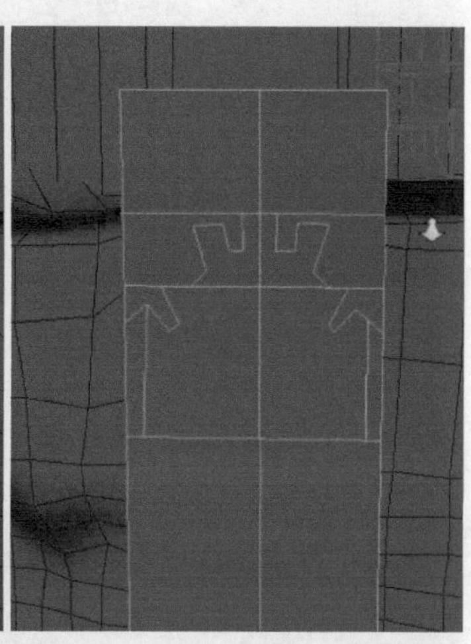

图5-168

02 使用画笔选择工具，挑选模型的面，执行Edit Mesh（编辑网格）>Extrude（挤出）命令，向外挤出一段距离，相对的凹陷结构也就出来了，如图5-169所示。

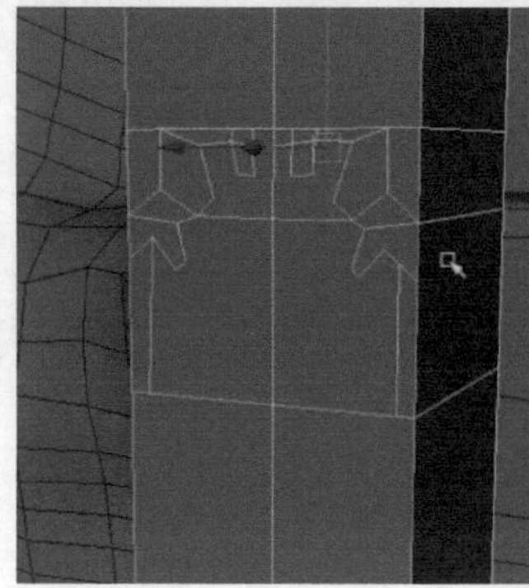

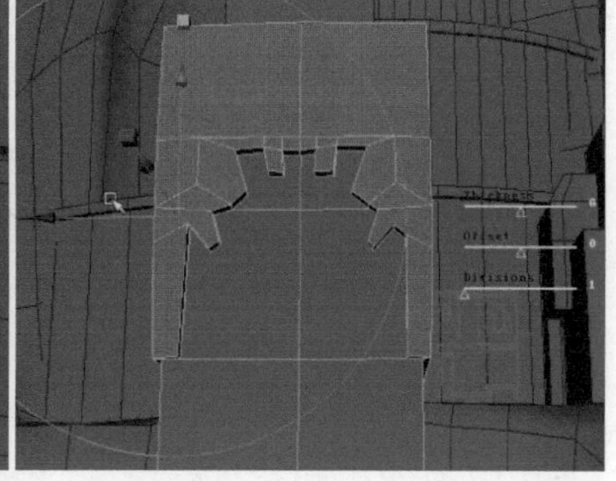

图5-169

03 选择上面的立方体模型，使用插入循环边工具插入结构线。选择面，执行挤出命令，挤出凹槽的结构，制作时需要注意上面的拱弧形结构，如图5-170所示。

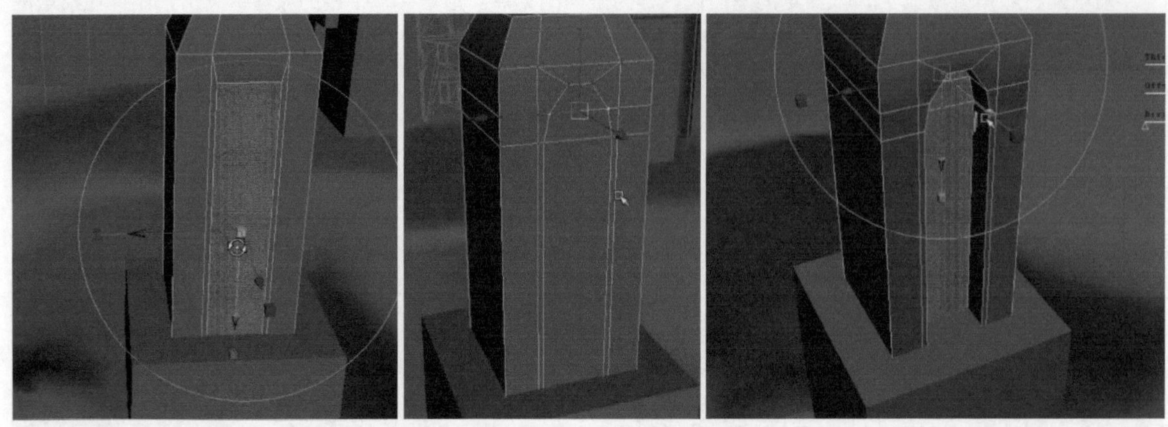

图5-170

04 选择凹槽的轮廓循环边，执行Edit Mesh（编辑网格）>Bevel（倒角）命令，然后在通道栏修改Offset（偏移）参数来调整倒角的大小。使用相同的方法，对两端的棱角也进行倒角处理，如图5-171所示。

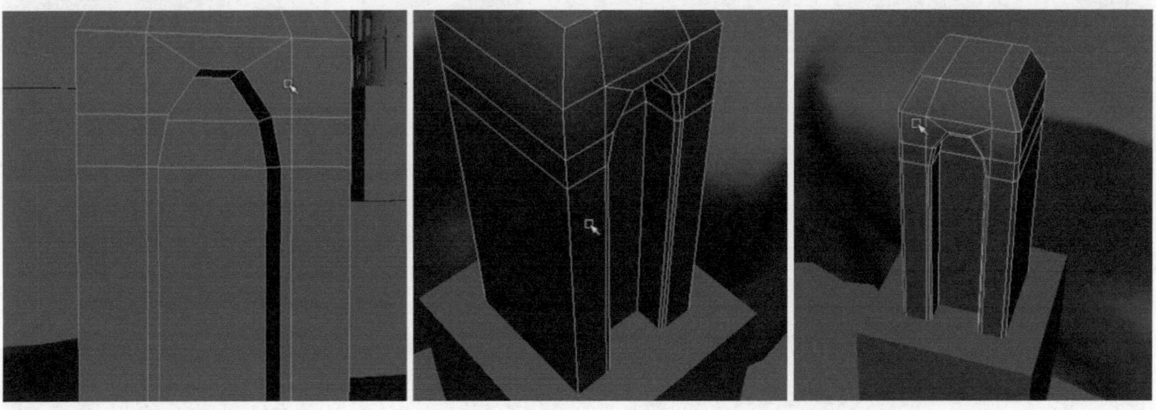

图5-171

05 创建立方体并向下复制两个进行合并，先选择建筑模型，再选择合并的立方体模型，执行Mesh（网格）>Booleans（布尔）> Difference（差集）命令，做出小的凹槽结构，如图5-172所示。

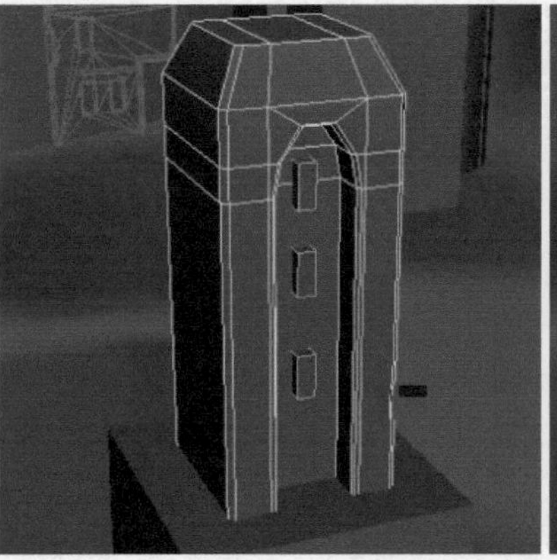

图5-172

06 选择这部分模型进行打组，移动至城墙处。切换至点元素模式，调整这部分模型的高度与城墙高度进行匹配，如图5-173所示。

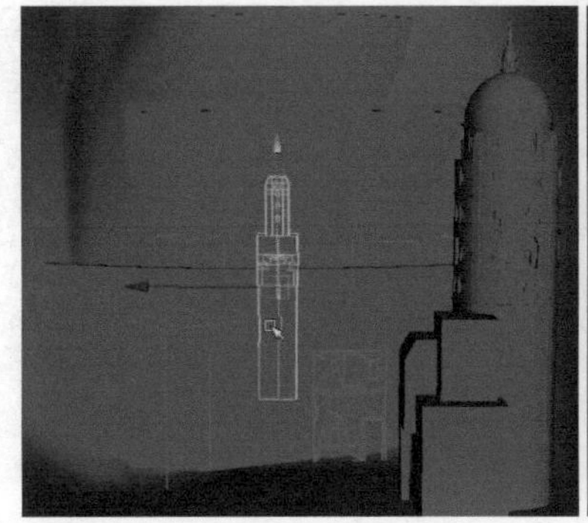
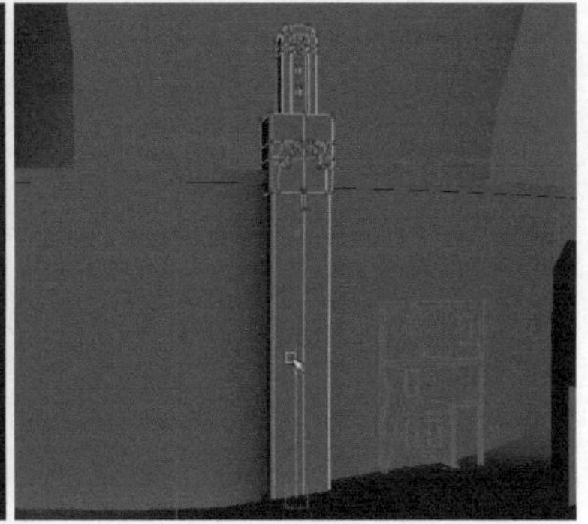

图5-173

◆第 4 阶段：城墙箭塔第二部分制作

第二部分城墙箭塔和第一部分箭塔形式不同，需要重新制作，多种样式的箭塔搭建，可以使场景的内容更加丰富，如图5-174所示。

图5-174

01 创建一个立方体，执行Edit Mesh（编辑网格）>Insert Edge Loop Tool（插入循环边工具）命令，插入足够的结构线。隔段挑选边，向上移动，调整出拱弧形的结构。删除不需要的边，如图5-175所示。

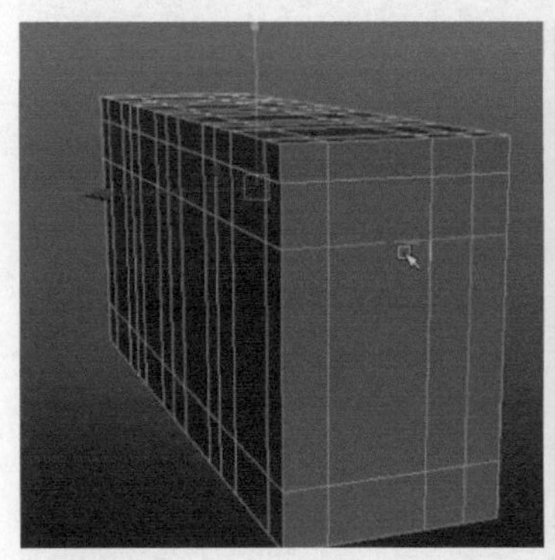
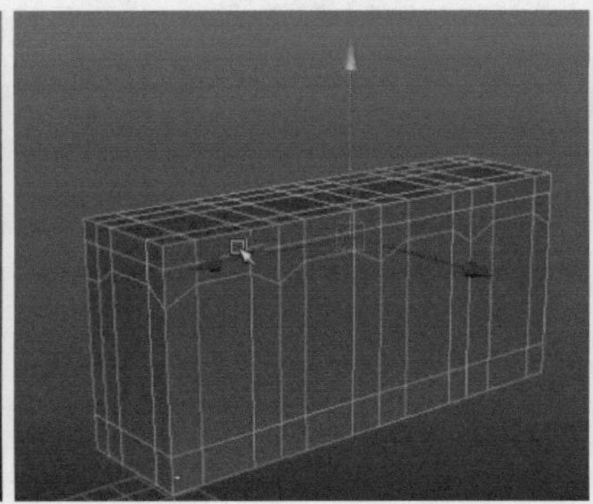
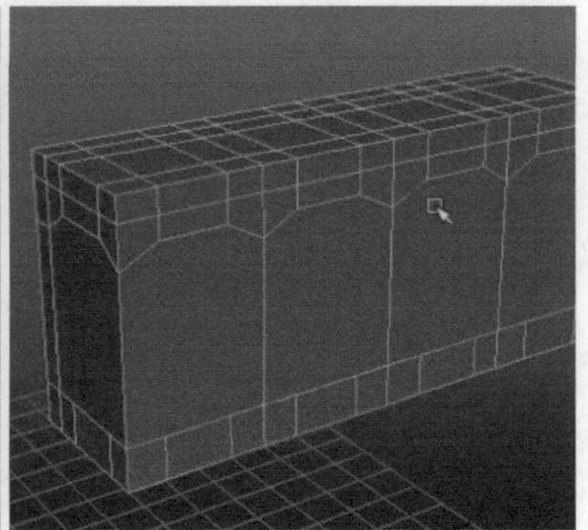

图5-175

02 选择面，把Edit Mesh（编辑网格）菜单下的Keep Faces Together（保持面的连接）的勾选去掉，执行Edit Mesh（编辑网格）>Extrude（挤出）命令，挤出镂空的结构，并删除面，如图5-176所示。

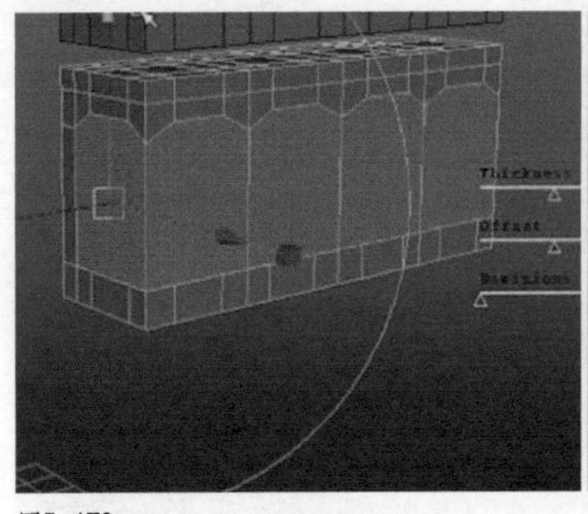
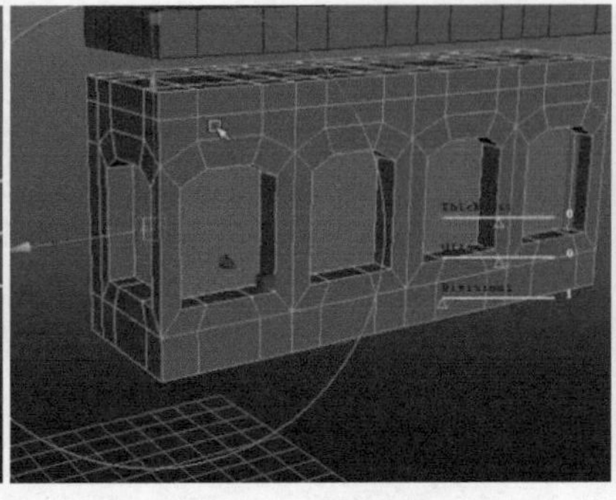
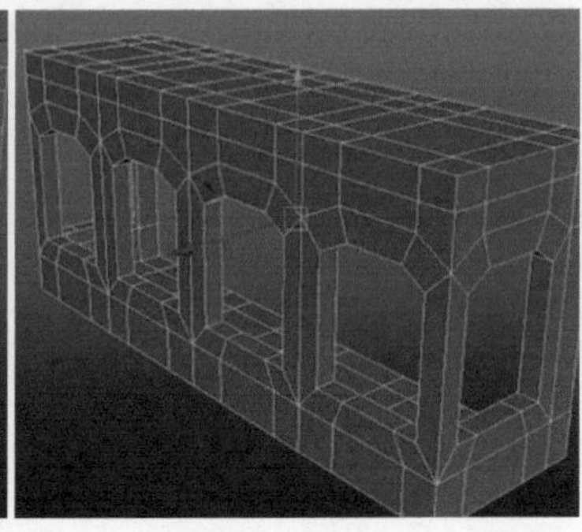

图5-176

03 使用插入循环边工具在模型上下两端插入结构线，然后使用挤出命令，挤出新的转折结构。切换至点元素模式，调整底部的长度与形状，如图5-177所示。

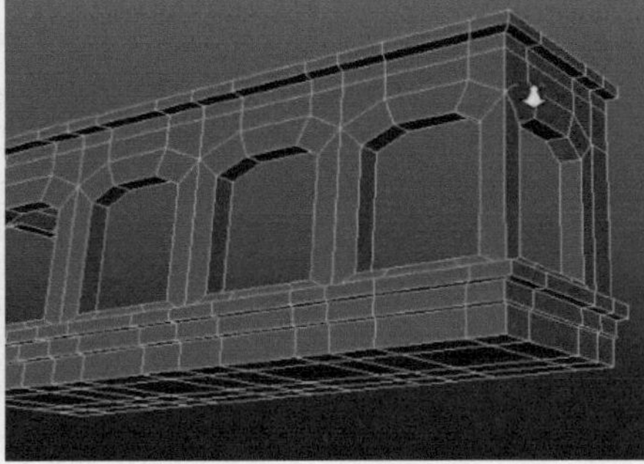
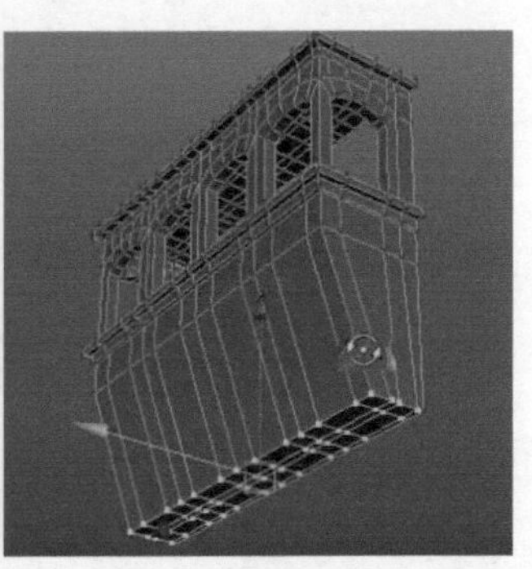

图5-177

04 创建一个圆柱体并删除一半。选择底面，使用挤出命令挤出一段高度。完成之后复制一份，与之前做的模型交叉对齐，如图5-178所示。

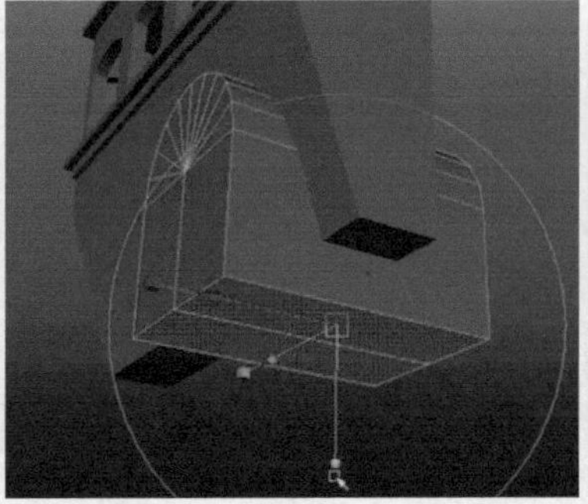
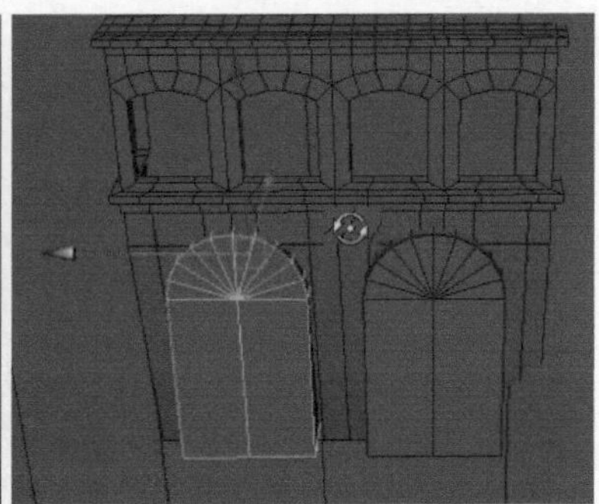

图5-178

05 选择两个模型，执行Mesh（网格）>Combine（合并）命令，把它们进行合并。先选择建筑模型，再选择合并后的模型，执行Mesh（网格）>Booleans（布尔）> Difference（差集）命令，做出镂空结构，如图5-179所示。

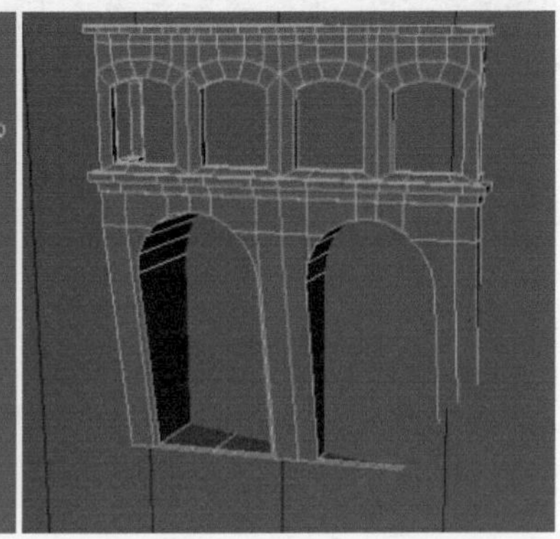

图5-179

06 创建一个立方体，吸附在建筑的顶部并进行对齐。删除上下顶端与背部的面，然后继续删除左右两端的顶点。选择模型，执行挤出命令，挤出它的厚度，如图5-180所示。

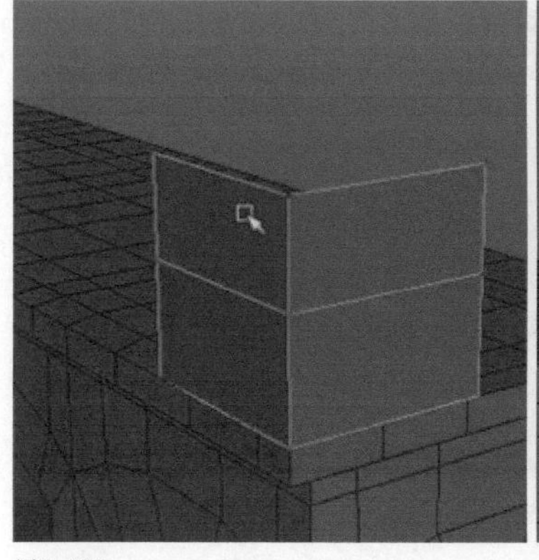

图5-180

07 使用同样的方法制作出中间的结构模型，再把左边的结构镜像复制出来，如图5-181所示。

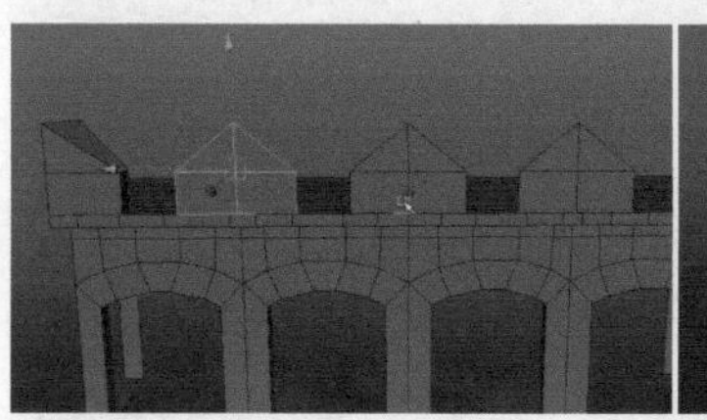

图5-181

08 这部分建筑完成之后，按Ctrl+G组合键把模型进行打组，调整整体的大小，放置在城墙模型上。然后再复制几个摆放在其他位置，如图5-182所示。

图5-182

5.3.6 场景细节纹理制作

场景的细节制作，包括山体的细节纹理雕刻和近景建筑的细节制作两个部分，山体的细节纹理雕刻主要是以zb笔刷绘制的方式制作的，而近景的建筑则需要制作一些破损划痕等细节结构。

◆第 1 阶段：山体细节纹理雕刻

之前对山体所进行的雕刻，并非为山体制作的最终效果，之前的雕刻过程只是山体大型到山体纹理细节的一次过渡，如果，要使场景看上去更加真实和完美，就需要对山体的纹理再进行一次雕刻，如图5-183所示。

图5-183

在纹理雕刻时，要注意纹理的走向，纹理的分布与方向决定着模型的真实程度。同时，还要注意纹理的凹凸深浅的变化，它的凹凸缝隙与转折面决定着模型的质感，如图5-184所示。

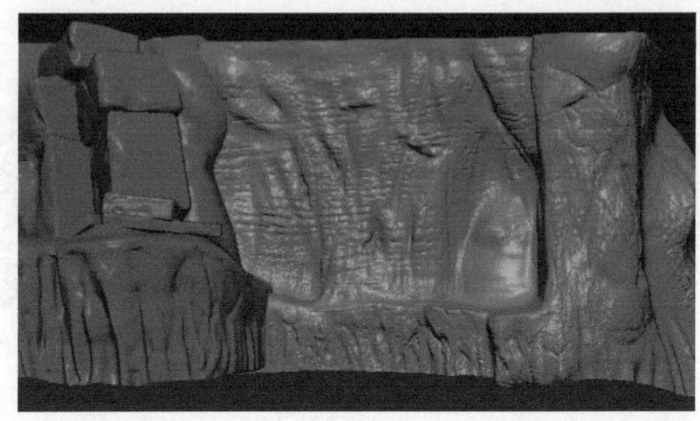

图5-184

01 打开Zbrush软件，在右侧托盘的上端找到Load Tool（载入工具）命令，载入之前雕刻的山体文件，然后在视图区域，按Shift键，以鼠标左键拖曳出模型，如图5-185所示。

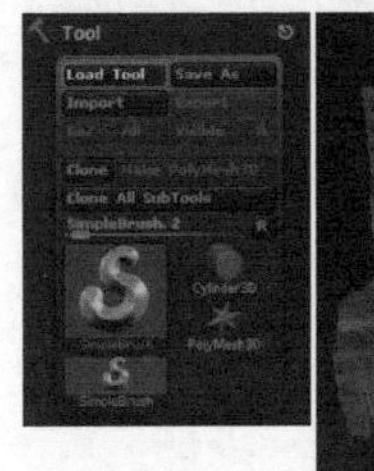

图5-185

02 在左侧单击笔刷Alpha（通道）图标，在显示的笔刷通道面板中找到Import（导入）命令，导入一些用来山体雕刻的纹理笔刷通道，如图5-186所示。

图5-186

03 找到下载或自己制作的笔刷通道文件路径进行导入，导入的笔刷通道如图5-187所示。

图5-187

04 选择Clay（黏土）笔刷，更改笔刷的Alpha（通道），选择导入的山体纹理通道，刷出山体的细节纹理。在雕刻纹理时要注意纹理的分布和纹理的方向，最好找个山体纹理的图片作为参照，如图5-188所示。

图5-188

05 雕刻完成之后，再把模型重新导入到Maya中，和之前所讲的导出导入方法一样，如图5-189所示。

图5-189

◆第 2 阶段：近景建筑细节制作

处于近景的建筑需要制作一些破损结构，来丰富镜头画面的细节。破损的结构轮廓都是比较随机的转折，此外，制作时也要注意破损的分布，有疏有密，如图5-190所示。

破损主要是以布线的方式来制作，在破损的地方通过切割一些随机的布线，然后调整点，把破损的边缘转折拉扯出来，如图5-191所示。

图5-190

图5-191

01 选择建筑模型，依次执行Mesh（网格）>Triangulate（三角面）和Mesh（网格）>Quadrangulate（四边面）命令，自动完成布线的操作，如图5-192所示。

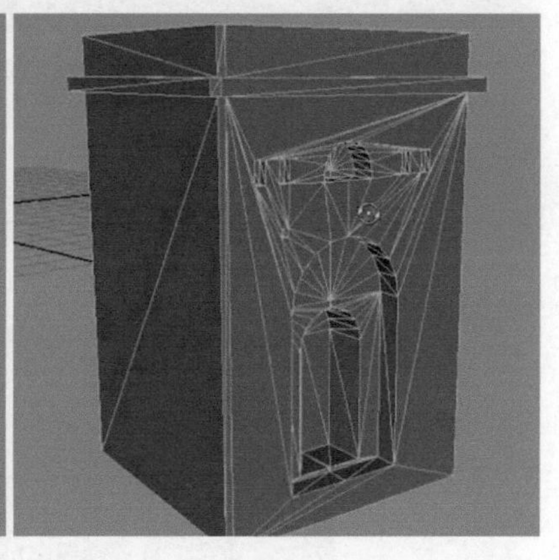

图5-192

02 选择模型，执行Edit Mesh（编辑网格）>Interactive Split Tool（交互式分割工具）命令，使用分割多边形工具在建筑的棱角处切割布线。完成之后，切换至点模式，拖曳控制点，调整出边缘残缺的结构，如图5-193所示。

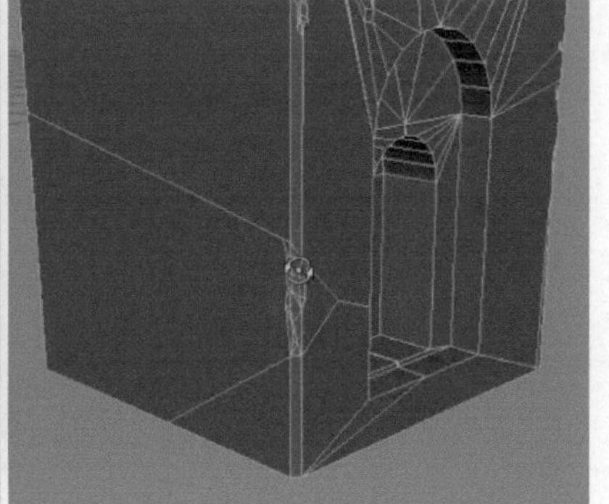

图5-193

5.3.7 部件物体制作

这一节主要是对一些重要的单独物体结构进行制作，包括门栏、木船、支架和植物4个部分。这4个部分都处于场景的前景，也是整个场景的重要装饰陪衬物体，制作时要着重把握物体的细节结构。

◆第 1 阶段：门栏制作

古代建筑的门栏结构比较简单，都是由横竖交叉排列的木板组合而成的，如图5-194所示。

门栏的制作也比较简单，可以使用复制排列的方法来快速完成，然后通过挤出命令，挤出门栏丰富的细节转折结构，根据需要也可以添加一些简单的装饰部件。制作时要尤其注意木板之间的主次关系，分清哪些是主要结构，哪些是次要结构，如图5-195所示。

图5-194

图5-195

01 创建立方体，横向复制排列多个。选择顶端的面，执行一次挤出并缩放出尖端的结构。选择柱体的面，执行Edit Mesh（编辑网格）>Transform Component（变换元素）命令，沿法线方向进行缩放，调整柱体的粗细，如图5-196所示。

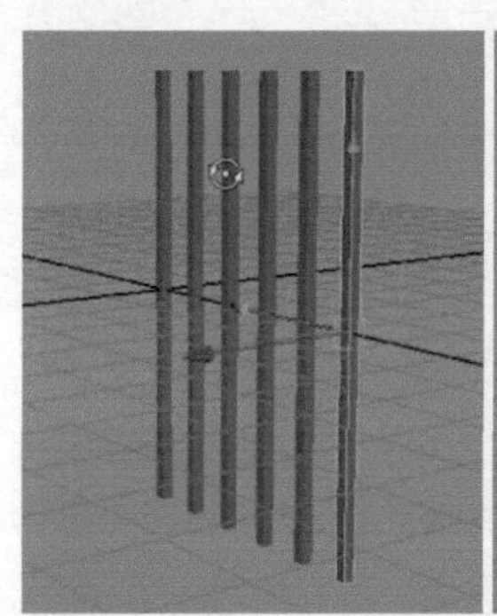

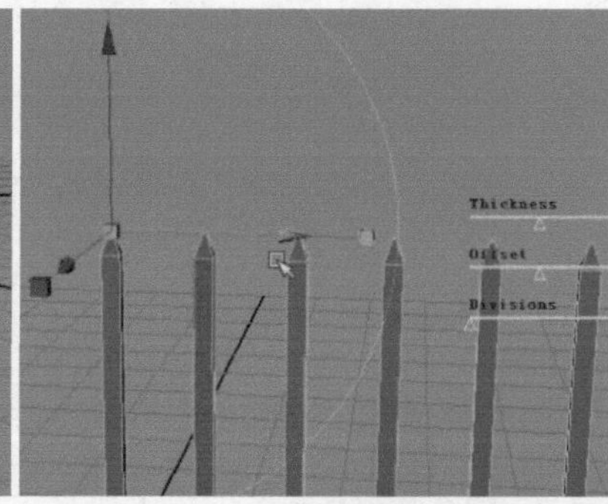

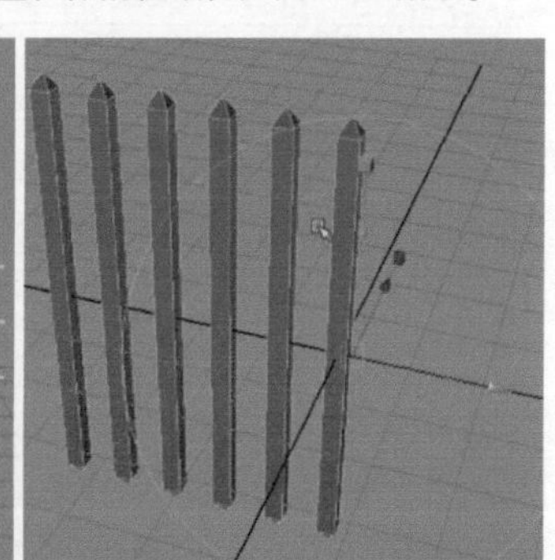

图5-196

02 继续创建立方体，调整其长度比例并进行复制，与柱体结构横向垂直交叉排列，做出门栏的大型，如图5-197所示。

图5-197

03 选择模型，执行Edit Mesh（编辑网格）>Insert Edge Loop Tool（插入循环边工具）命令，在上下两端插入结构线，选择面，执行挤出命令，挤出门柱的装饰结构，如图5-198所示。

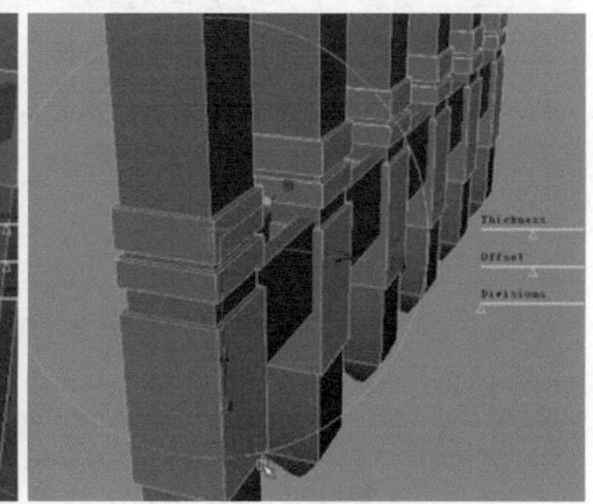

图5-198

04 创建比较细的柱子，横向紧凑排列，放置在门栏内部，使其看上去具有疏密的对比。然后创建一个球体，删除另一半，在它的上面挤出凹槽的结构，复制排列在柱子上端，作为装饰物，如图5-199所示。

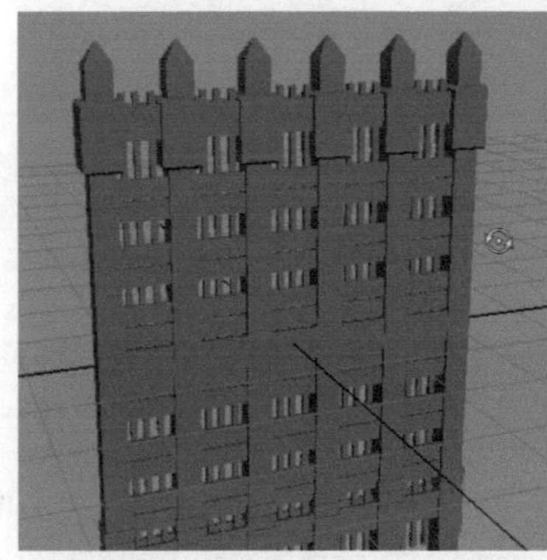
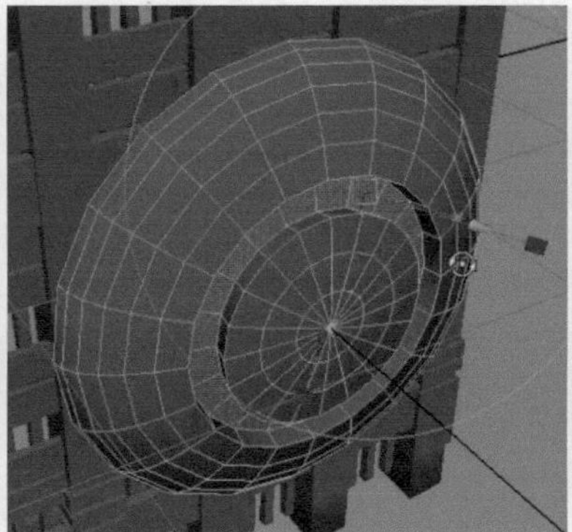
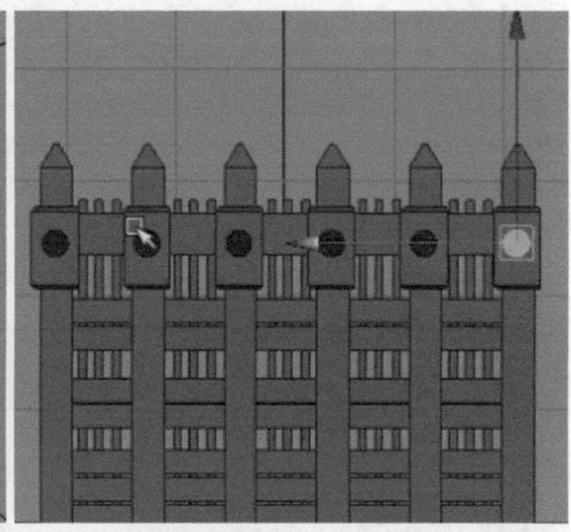

图5-199

05 门栏制作完成之后，把它进行打组，放置在建筑的出入口。选择模型，切换到动画模块，执行Create Deformers（创建变形器）>Lattice（晶格）命令，创建晶格工具。打开通道栏，调整晶格的控制段数和晶格控制的局部影响范围。选择晶格相应的控制点并调整其大小，如图5-200所示。

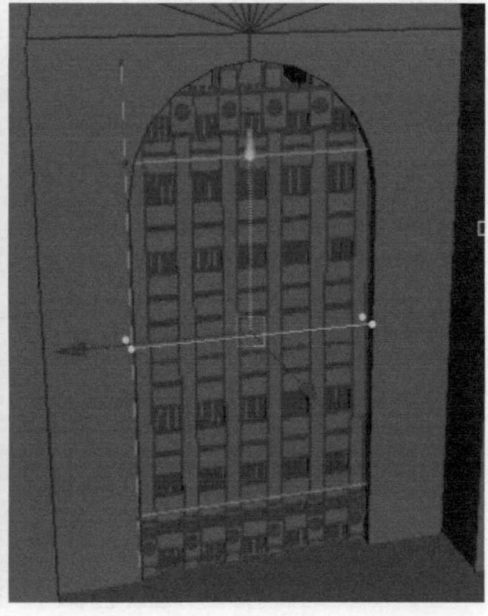

图5-200

◆第 2 阶段：木船制作

在这个场景中，木船是非常重要的陪衬物，它为场景增添了生活气息。另外它处在镜头的前端，与建筑拉开一定的前后距离，是构成前景的重要物体，如图5-201所示。

要制作的两艘木船比较简单，没有过于复杂的结构，基本是使用简单的几何体来制作，完成之后要调整一下船和建筑的大小比例，如图5-202所示。

图5-201

图5-202

01 创建一个圆柱体，删除上面一半，执行Edit Mesh（编辑网格）>Interactive Split Tool（交互式分割工具）命令，使用分割多边形工具更改两端的布线，并调整出船体的大型，如图5-203所示。

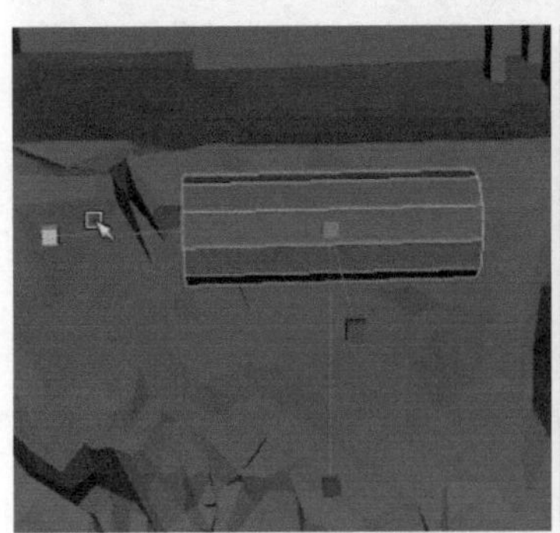

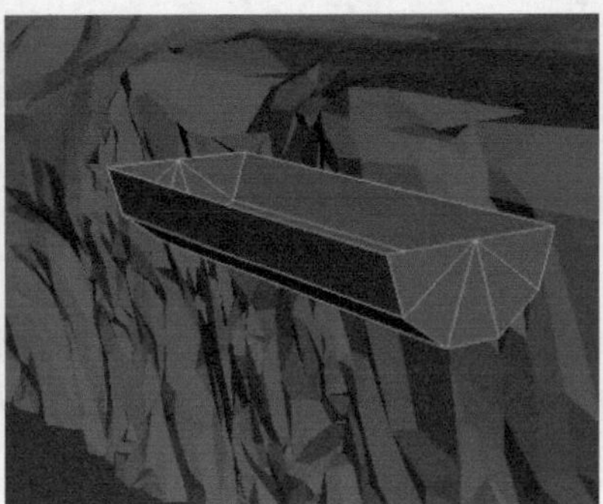

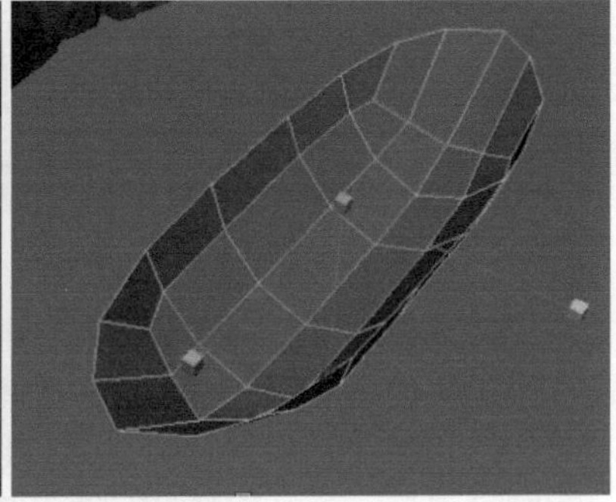

图5-203

02 选择模型，复制一份，执行Edit Mesh（编辑网格）>Insert Edge Loop Tool（插入循环边工具）命令，插入需要的结构线，然后执行Mesh（网格）>Smooth（平滑）命令，把模型进行平滑细分两次，如图5-204所示。

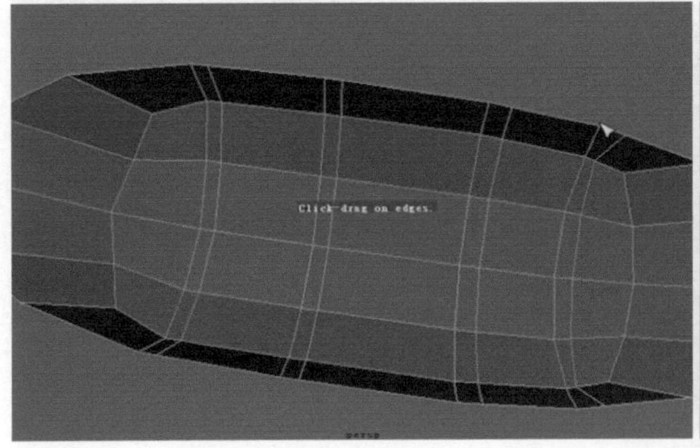

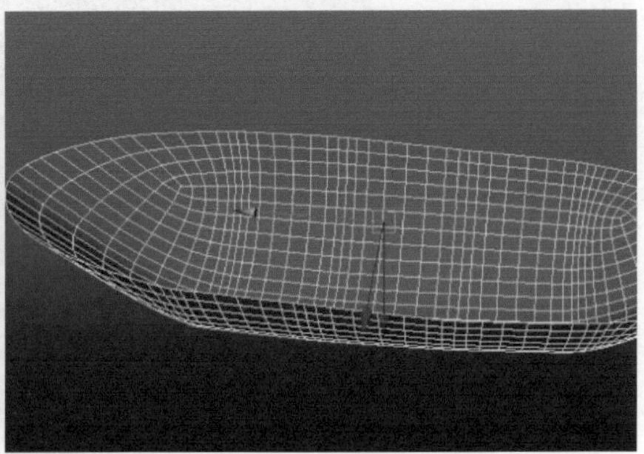

图5-204

03 挑选需要挤出的面，然后进行反选，删除多余的面，如图5-205所示。

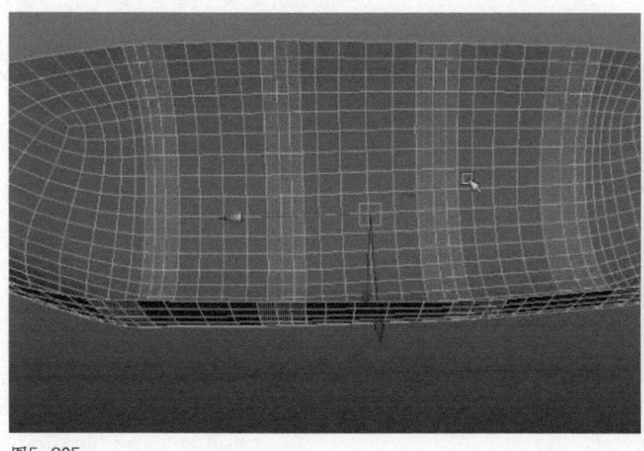

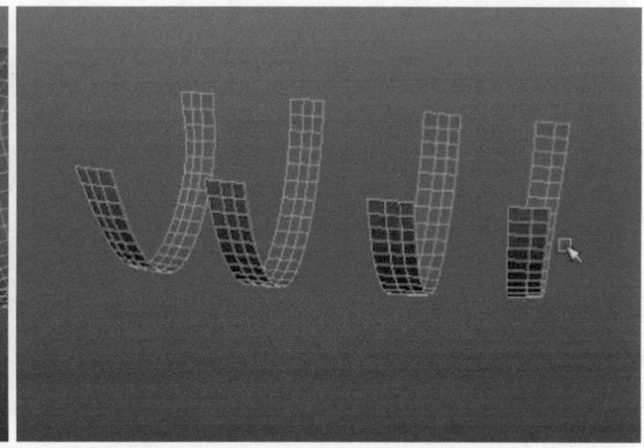

图5-205

04 选择模型，执行Edit Mesh（编辑网格）>Extrude（挤出）命令，向内挤出船架的厚度。切换至点元素模式，调整两侧顶端点的位置，如图5-206所示。

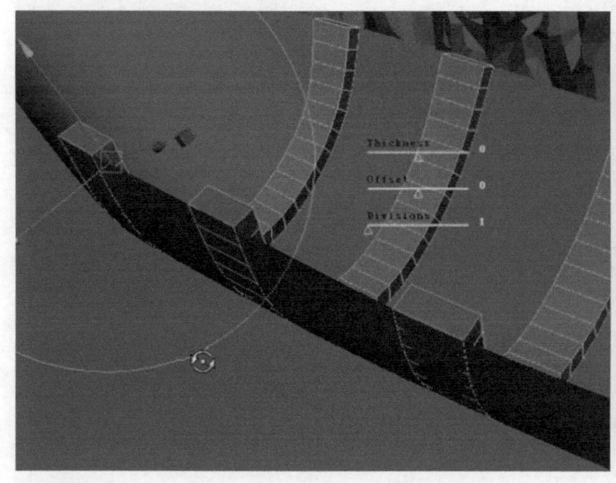

图5-206

05 切换至侧视图，执行Edit Mesh（编辑网格）>Cut Faces Tool（切面工具）命令，沿直线横向切割模型上的面。选择面，挤出船的边缘结构，如图5-207所示。

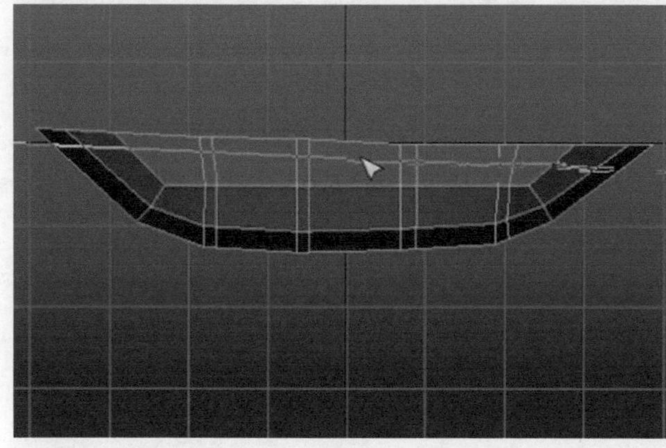

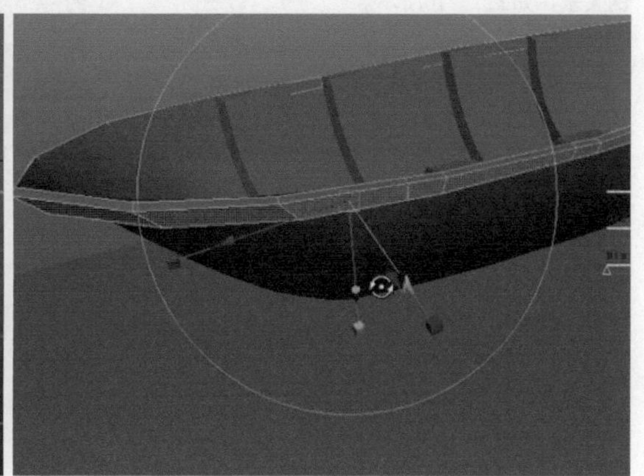

图5-207

06 选择模型，执行Edit Mesh（编辑网格）>Insert Edge Loop Tool（插入循环边工具）命令，纵向插入循环边。挑选面，执行Edit Mesh（编辑网格）>Duplicate Face（复制面）命令，把面复制提取出来，然后挤出厚度，如图5-208所示。

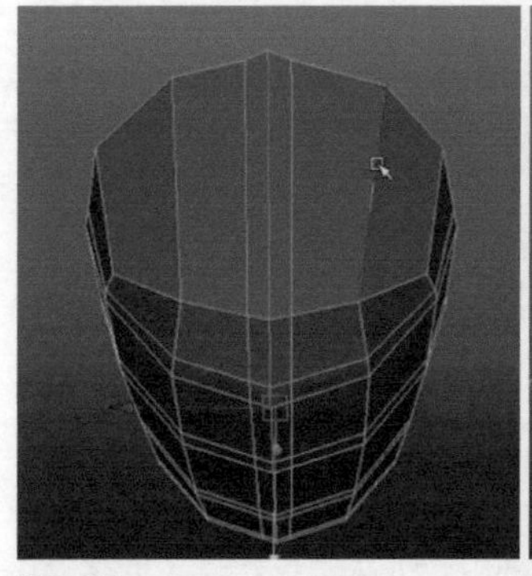

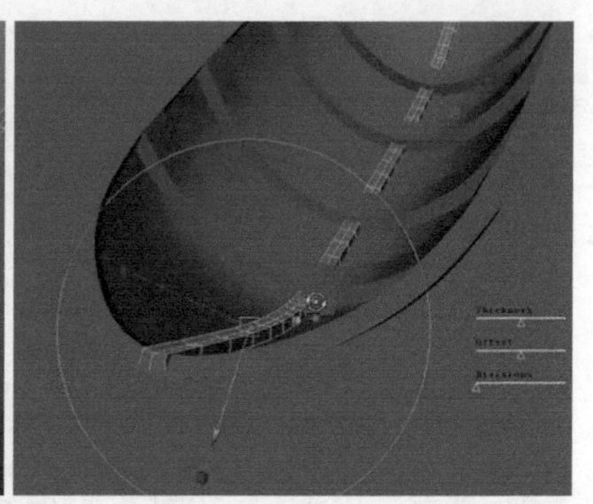

图5-208

07 创建立方体，缩放其比例大小，复制排列在船体中间作为船梁的结构，如图5-209所示。

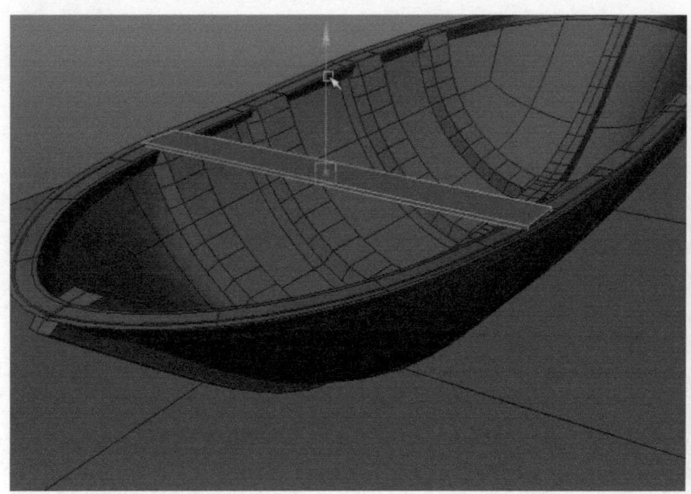

图5-209

08 船的模型制作完成之后，把它进行打组，放置在城堡角落里，注意船只与城堡的比例关系，如图5-210所示。

图5-210

◆第 3 阶段：支架制作

支架是本场景内的一个重要元素，它可以进一步丰富场景的内容，木质的支架重复随机地排列在悬崖边上，打破了山体单调的感觉，而绳子缠绕在支架上面，也为场景增添了不少细节。

支架的制作十分简单，就是简单的立方体结构，通过复制的方法随机排放在悬崖峭壁，而绳子的制作，主要是以创建曲线最后挤出的方法制作，如图5-211所示。

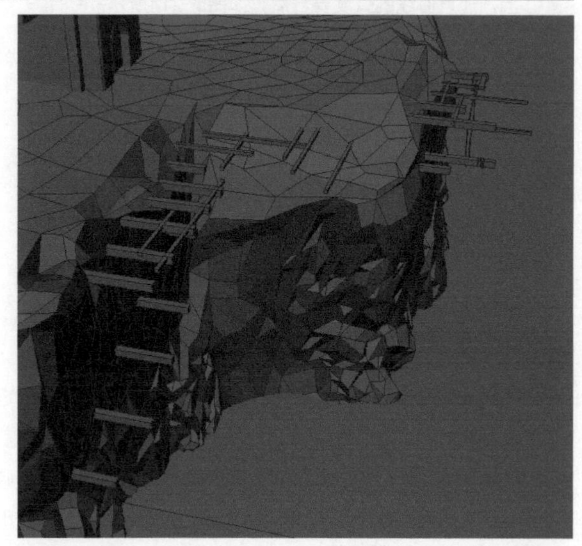

图5-211

01 创建立方体，缩放其长度，放置在山体边缘，然后复制多个，可以横竖交错，随机地排列，作为支架的结构，如图5-212所示。

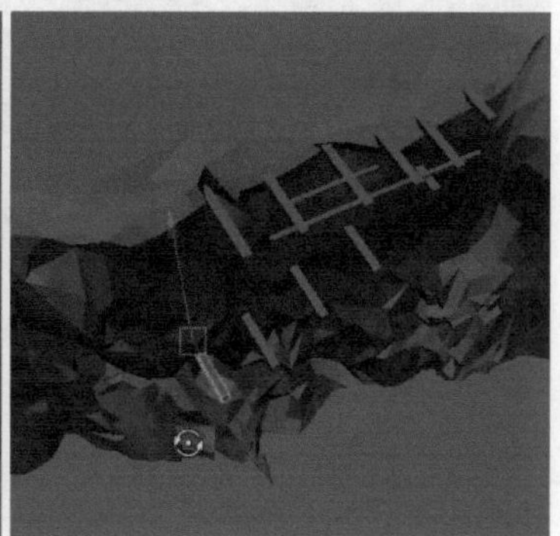

图5-212

02 切换至顶视图，执行Creat（创建）>EP Curve Tool（EP曲线工具）命令，以创建点的方式绘制波浪形的曲线，如图5-213所示。

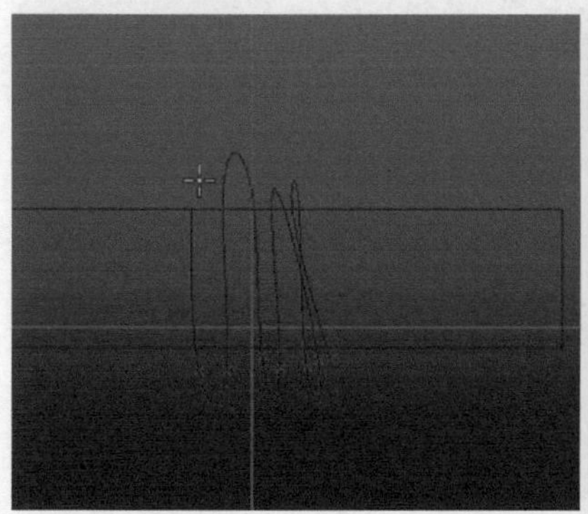

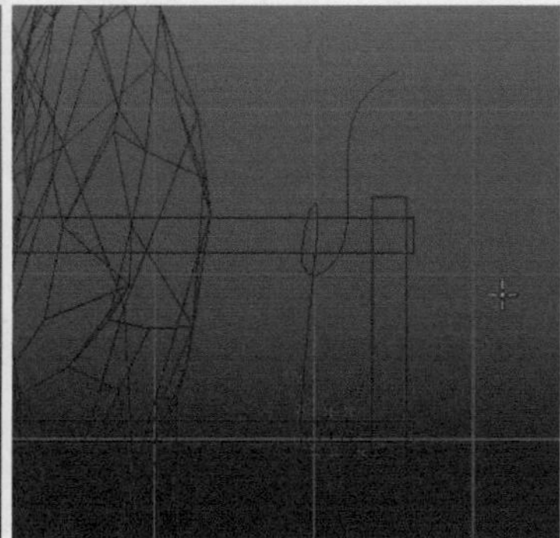

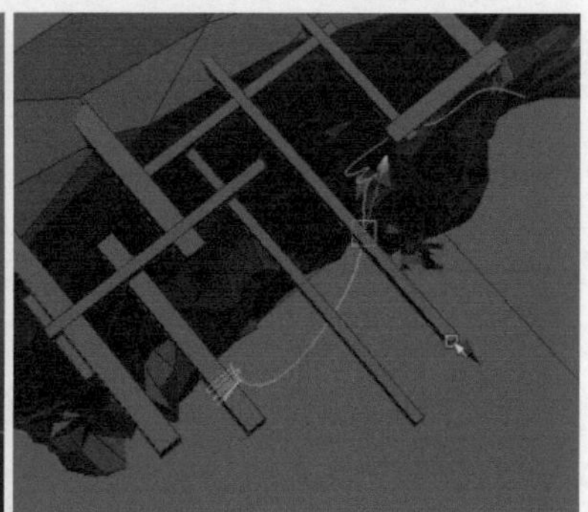

图5-213

03 切换回透视图，调整曲线的控制点，使其缠绕在支架上，注意曲线的弧度要自然，如图5-214所示。

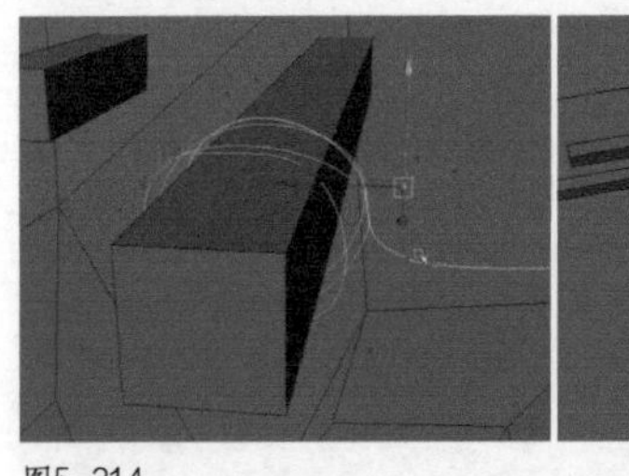
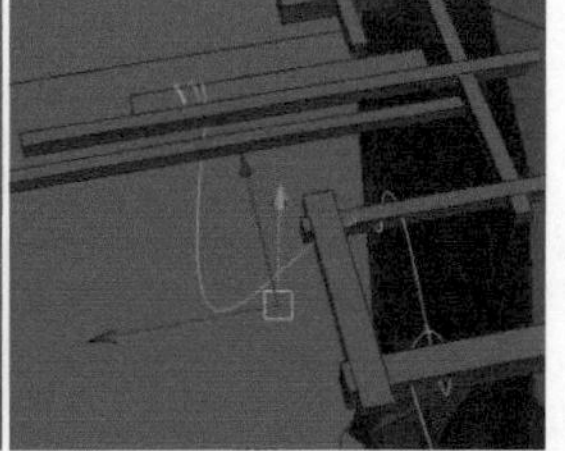

图5-214

04 如果曲线没有足够的控制点数来调整形状，那么就需要对曲线进行分段重建。单击Edit Curves（编辑曲线）>Rebuild Curve（重建曲线）命令后的设置选项按钮，在弹出的选项卡中把Number of spans（分段数）的参数设置为40，然后单击Apply（应用），重建曲线，如图5-215所示。

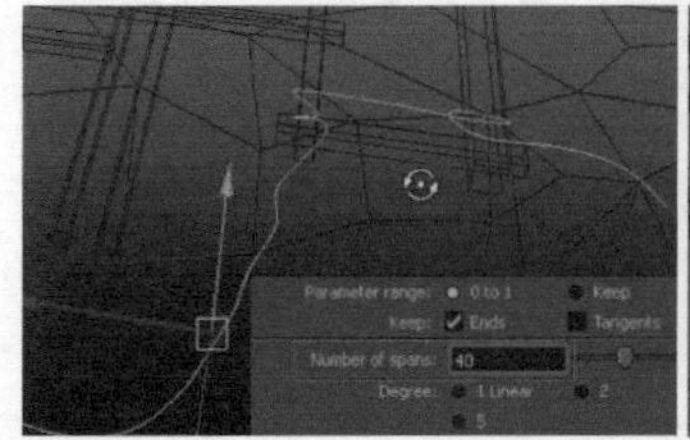
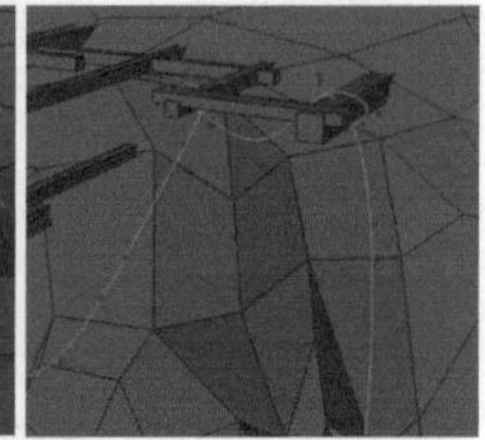

图5-215

05 创建圆柱体，把轴心吸附到顶面的中心，然后再把模型吸附到曲线的顶端，旋转圆柱体，使曲线与圆柱体顶面尽量保持垂直。选择圆柱体顶面，加选曲线，执行挤出命令，挤出绳子的形状，调整通道栏里的Divisions（细分）参数，使其有足够的分段，如图5-216所示。

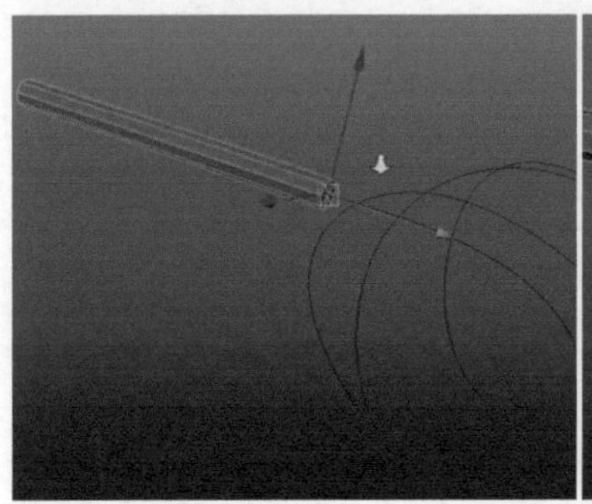
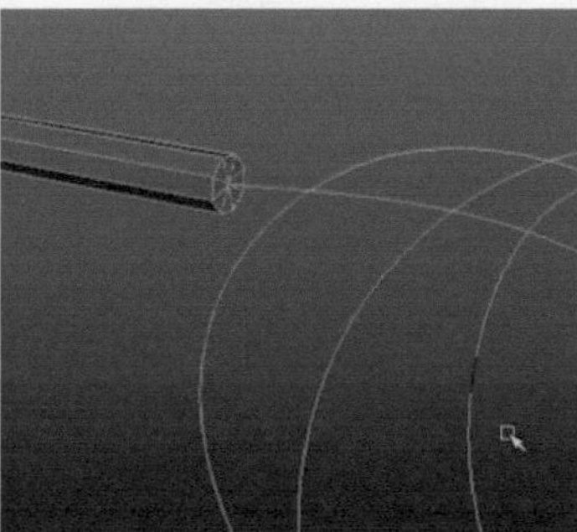
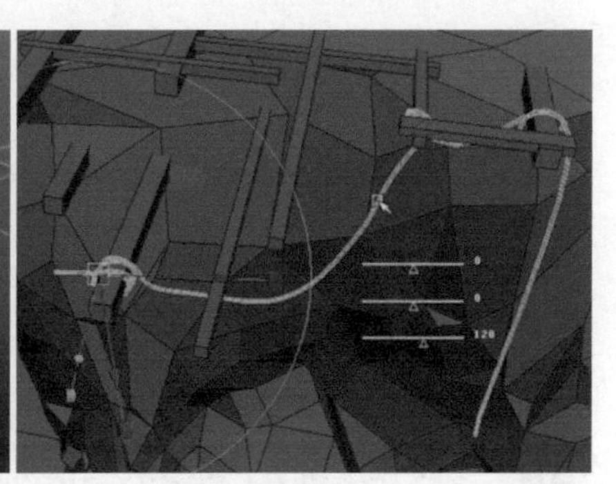

图5-216

◆第 4 阶段：植物制作

植物是场景环境中的一个极其重要的自然元素，植物种类繁多，不同的植物大小、形态、色彩、质地都各有不同，它们丰富多彩的效果，使得植物在整个场景环境中成为最富于变化的因素之一，如图5-217所示。

植物是典型的建筑陪衬物，成为场景建筑的标签式装饰，本小节就对植物进行制作，使用Maya自带的植物笔刷进行绘制，然后再把笔刷转换成多边形物体，如图5-218所示。

图5-217

图5-218

01 打开Window（窗口）>General Editors（常规编辑）>Visor（视导）选项，在弹出的窗口面板中选择Plants（植物），在右侧找到植物的缩略图，选择自己喜欢的植物类型在视图中进行绘制，如图5-219所示。

图5-219

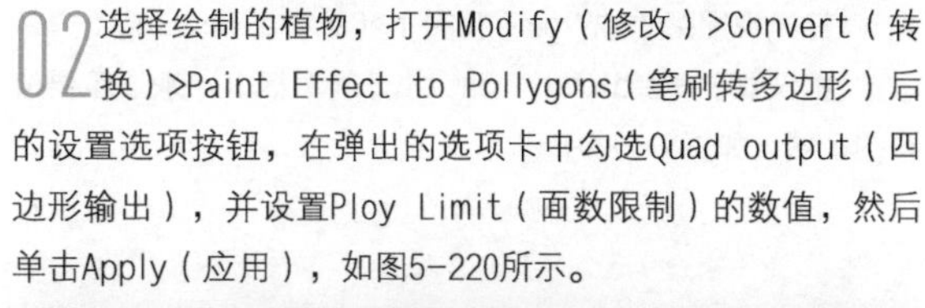

02 选择绘制的植物，打开Modify（修改）>Convert（转换）>Paint Effect to Pollygons（笔刷转多边形）后的设置选项按钮，在弹出的选项卡中勾选Quad output（四边形输出），并设置Ploy Limit（面数限制）的数值，然后单击Apply（应用），如图5-220所示。

图5-220

03 笔刷转成多边形之后，把它在放置到合适的位置。用相同的方法做出其他植物，如图5-221所示。

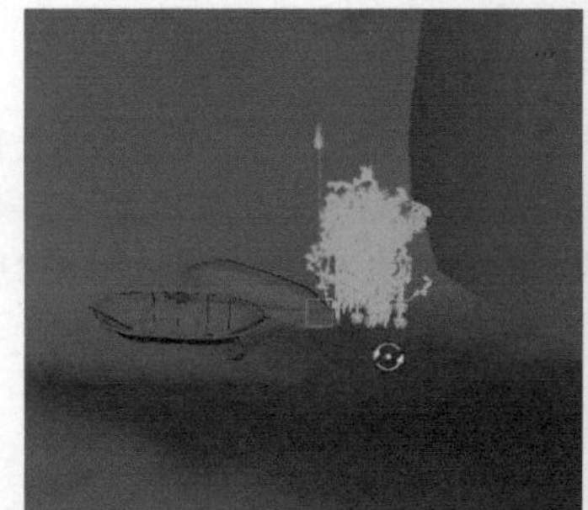

图5-221

5.3.8 最终调整和渲染输出

创建工作基本完成，剩下的就是对模型做最终的检查与调整，尤其是建筑的比例关系和位置的摆放，根据需要再进行一些其他物体的添加，使场景看起来有更加多的细节，最后调整渲染设置，把模型渲染输出来，完成最终效果，如图5-222所示。

图5-222

01 执行Creat（创建）>Cameras（摄像机）>Camera（摄像机）命令，创建一个摄像机。选择视图菜单中的Panels（面板）>Perspective（透视）>camera1（摄像机1），进入新建的摄像机1视角并进行视角调整，如图5-223所示。

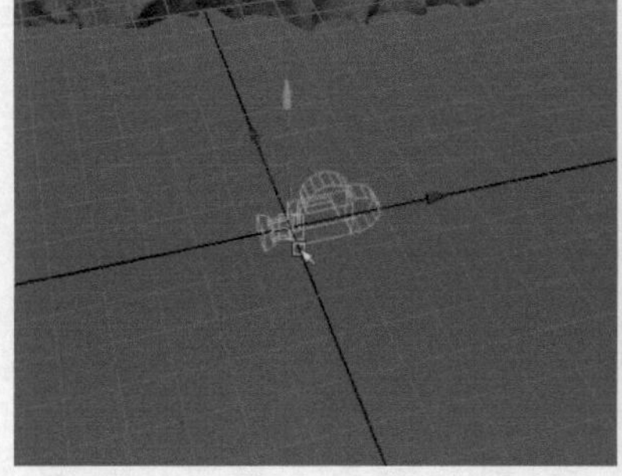

图5-223

02 打开视图菜单的View（视图）>Camera Setting（摄像机设置）>Resolution Gate（分辨率框），来显示要渲染的区域，如图5-224所示。

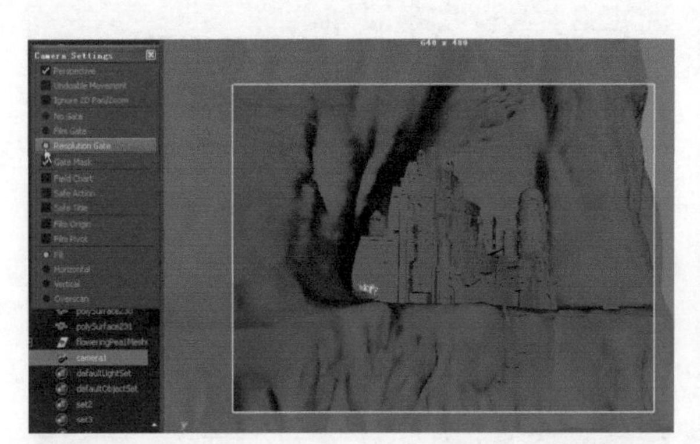

图5-224

03 选择摄像机，打开摄像机的属性编辑面板，找到Focal Length（焦距），把数值调到18左右，增强场景的透视感，如图5-225所示。

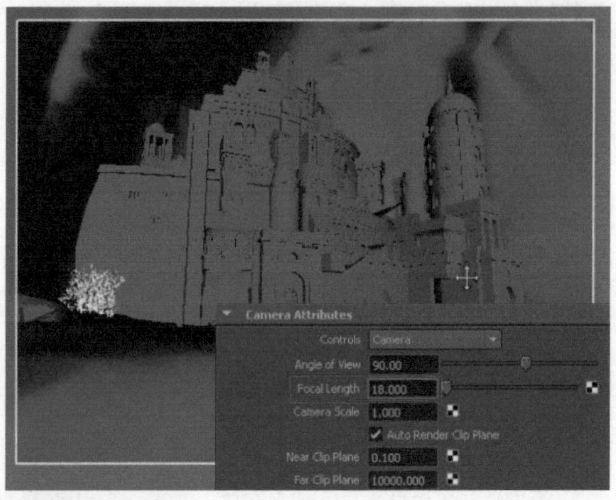

图5-225

04 打开Render Settings（渲染设置），在Common（默认）标签下的Image Size（图像大小）选项里找到Width（宽）和Height（高），修改成要渲染的尺寸数值，如图5-226所示。

图5-226

05 选择场景所有模型，在通道栏下的层管理器中找到Render（渲染）标签，单击创建层按钮，把需要渲染的物体添加到渲染层中，如图5-227所示。

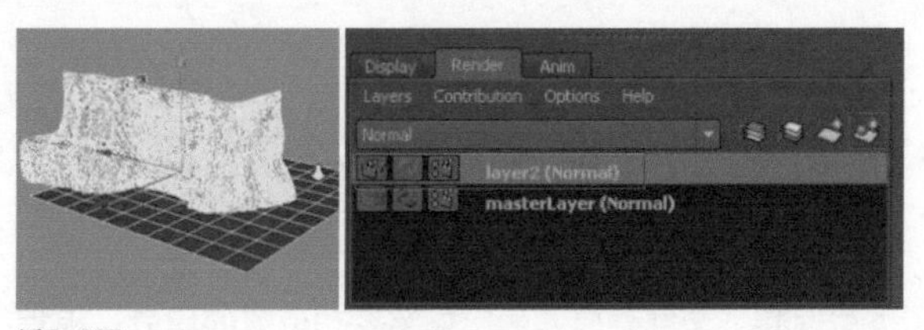

图5-227

06 右键单击新建的渲染层，在下拉列表选项中选择Attributes（属性），如图5-228所示。

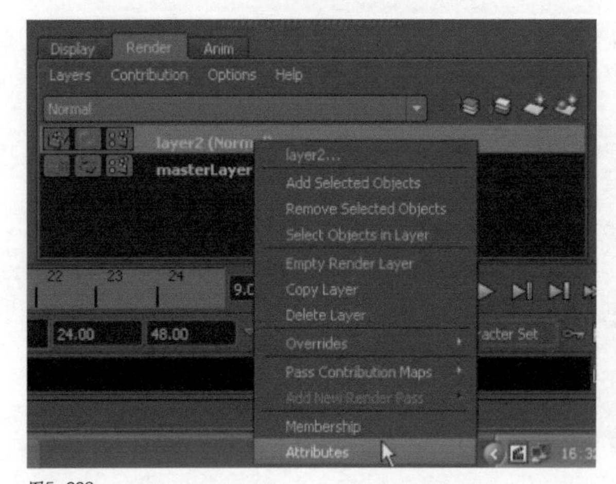

图5-228

07 在层属性编辑面板里找到Presets（预设），单击之后下拉菜单中会有很多预设选项，选择Occlusions（遮挡），如图5-229所示。

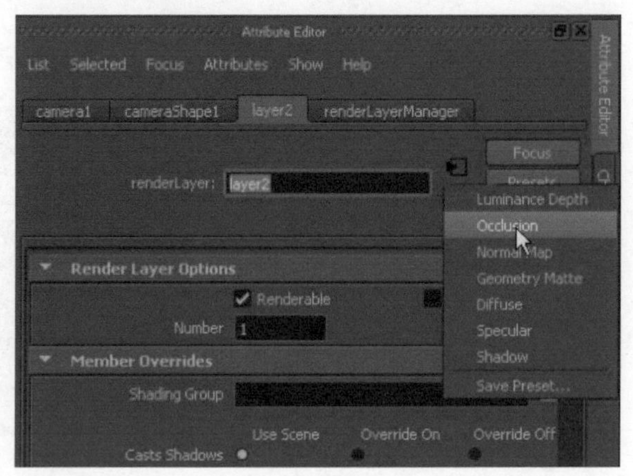

图5-229

08 然后在Surfaceshader（表面着色）的属性编辑面板里，找到Surface Shader Attributes（表面着色属性）下的Out Color（输出颜色）选项，单击后面的图标按钮，如图5-230所示。

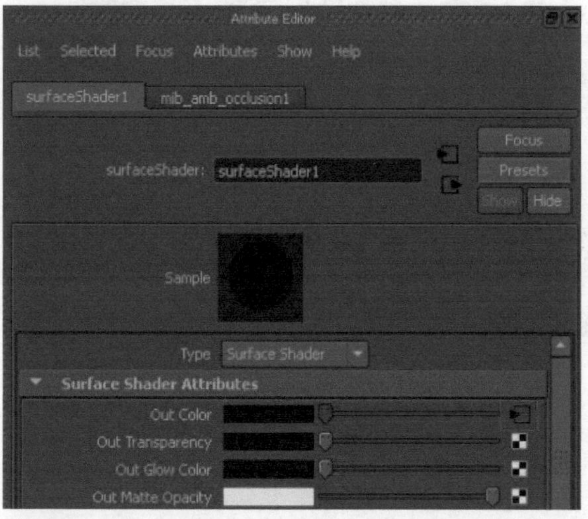

图5-230

09 转到mib_amb_occlusion1的属性编辑面板，把Max Distances（最大距离）参数调为10，如图5-231所示。

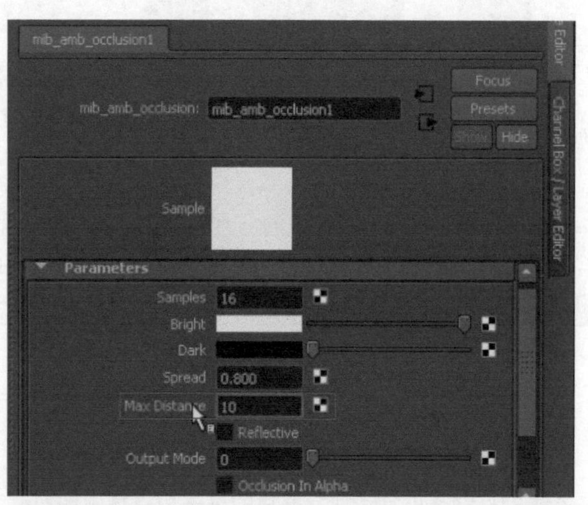

图5-231

10 所有设置完毕之后，打开Render View（渲染视图），单击渲染图标即可渲染，如图5-232所示。

图5-232

5.3.9 本节小结

通过本小节的学习，可以帮助大家了解室外场景的制作方法和规范，包括山体、建筑和花草的创建，此外也可以提高大家对场景空间的把控能力，营造出独特的氛围。这个山中城室外大场景，相比上一个室内场景案例来说工作量会更大，因此也需要大家有一定的耐心去完成制作。

第06章 Maya写实女战士角色设计制作

本章全方位学习Maya写实角色模型制作的整套流程，对人物、服装、配饰等相关的物品进行分析与制作，分析其体貌特征及服装配饰的特点。制作案例之前，也会对人体结构方面的知识做基础的介绍，把握人体的比例结构及形态，从而使大家在以后的创作中能够提高自身的造型能力和作品的质量。

本章案例要做的是一个女战士，她身穿轻甲，能够使用双剑招架攻击，能够使用盾牌格挡攻击，她是天生的近战攻击者，拥有最强的近战伤害输出能力。不管是面对单个敌人，还是一群挑战者，都可以用她那敏捷的身手压制对手，属于敏捷型的战士角色，效果如图6-1所示。

图6-1

6.1 写实角色制作前的准备

在本章案例制作之前应该做好充分的准备工作，需要对角色制作的内容有个大概的了解，认真学习人体结构等相关知识，并且尽可能地多搜集一些参考资料。制作之前掌握一些基础知识更有益于提高制作的质量和效率。

6.1.1 角色制作的认识

角色设计在影视、动画、游戏等制作中处于核心地位，其设计质量高低直接影响整体的视觉审美。可以说，它就是面对观众的一扇窗，设计中的角色就是影片中的演员，所不同的是设计者不是将演员的形体动作直接拍摄到胶片上，而是通过设计者来塑造各类角色的形象并赋予他们生命、性格和感情。比如蜘蛛侠、美国队长以及最近刚上映的《大闹天宫》里面的孙悟空，他们都是所谓的角色设计，如图6-2所示。

图6-2

角色是影视动画之中的主题，作为一名角色设计师最直接的工作是要准确把握原画定稿的思想，用模型去实现原画。负责此职位的工作人员称为角色设计师，多数影视、动画、游戏中的人物设计师亦肩负着服装、配饰、道具的设计。在角色设计制作过程中，必须要掌握人物形象和人物性格塑造的规律和方法，只有将人物这个主题塑造得深入得当，创造出来的影视作品才会有更高的艺术价值。

一部优秀的影视作品总是能塑造出几个鲜活的人物，人物立住了，反映在银幕上，则会让观众铭记在心，多少年后都会记忆犹新，角色的形象设计直接关系到影片的成功与否，因此任何一个角色设计师在这个方面都显得十分谨慎与认真。在影片《复仇者联盟》中，钢铁侠、美国队长、雷神、绿巨人、黑寡妇和鹰眼侠六位超级英雄分别具有各自的特色与能力，人物形象十分鲜明，如图6-3所示。

图6-3

角色设计除了具备扎实的基础和表现能力之外，还必须具备丰富的想象力。作品的创作不是照搬生活，而是在很大程度上以虚拟、浪漫、夸张和想象等特征来进行艺术创作的。因此，具有丰富的想象力、别出心裁、异想天开是搞好设计创作的重要因素。

当然，想象并不是凭空捏造，丰富的想象来源于知识的广博和平时对生活深入细致的观察。观察就要用专业的角度去关注、体察周围的事物，有意识地汲取、思索、分析，因此在讲解本章节案例制作之前，需要对人体结构方面的知识做一些基础的了解。

6.1.2 人体的基础认识

学习人体结构的目的是为了了解结构与个体外型的关系，从多种视角全面分析人体结构，把握人体的比例以及形态。人体是一个结构复杂的有机体，各个部分之间紧密地联系在一起结成不可分割的整体。在对人体作解剖分析研究时，主要是针对骨骼和肌肉进行的，通常把它分为头部（脑颅、面颅）、躯干（颈、胸、腹、背）、上肢（肩、上臂、肘、前臂、腕、掌、指）和下肢（髋、大腿、膝、小腿、踝、足）4个部分。学习人体结构知识对艺术工作者认识人的形象和塑造人的形象方面起着积极的推动作用，如图6-4所示。

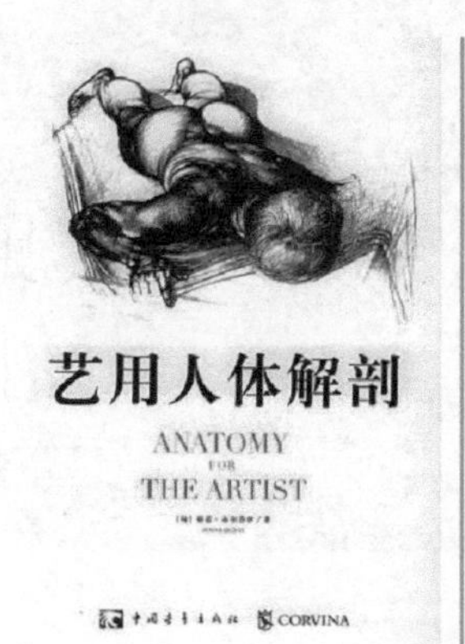

图6-4

骨骼结构是人体构造的关键，在外形上决定着人体比例的长短、体形的大小以及各肢体的生长形状。人体约有206块骨组成人体的支架。骨骼是人体体形的支柱，骨骼配合肌肉的拉力可以产生杠杆作用，形成人体运动。它的形状大体可以分为长骨、短骨、扁骨、混合骨4类。

肌肉为红色纤维组织，有收缩运动的功能并构成人体丰满的外形。它的形状大体可体分为长肌、短肌、圆肌、阔肌等。每块肌肉纤维部分称为肌腹，肌腹两端附着的地方称起点和止点，起止点多属腱质，肌肉收缩运动时，肌尾向起点靠近、肌腹隆起，腱质部分平凹。

6.1.3 头部的比例

人的头部正面比例被概括为三庭五眼，“三庭五眼”是人的脸长与脸宽的一般标准比例，不符合此比例，就会与理想的脸型产生距离。

“三庭”指脸的长度比例，从前额发际线至眉弓，从眉弓至鼻底，从鼻底至下颏，各占脸长的1/3，如图6-5所示。

“五眼”指脸的宽度比例，以眼形长度为单位，把脸的宽度分成5个等份，从左侧发际至右侧发际，为5只眼形。两只眼睛之间有一只眼睛的间距，两眼外侧至侧发际各为一只眼睛的间距，各占比例的1/5，如图6-6所示。

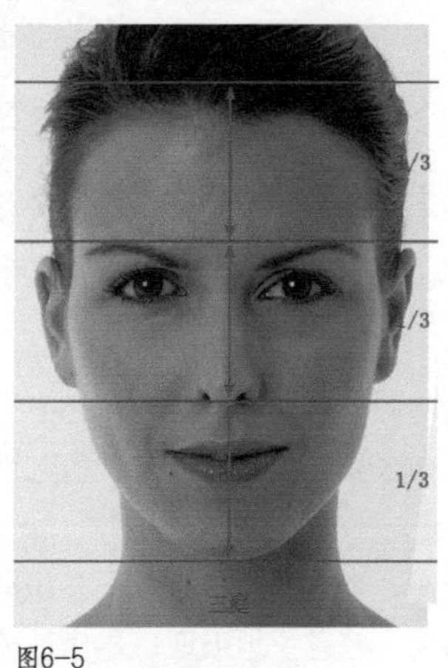

图6-5

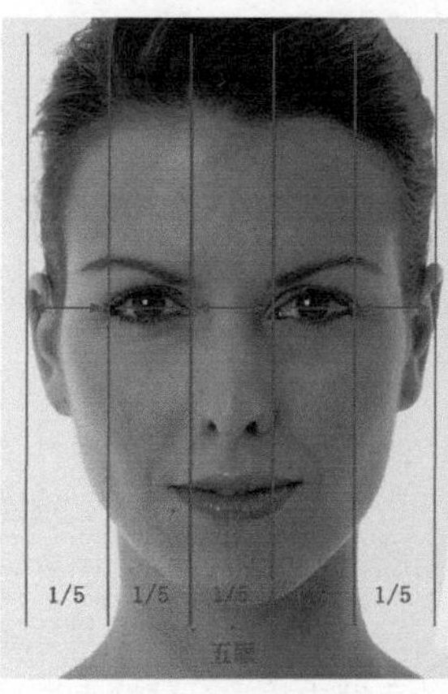

图6-6

6.1.4 头部骨骼、面部肌肉和五官结构

◆第 1 阶段：头部骨骼

头骨（又名颅骨），头骨决定了头部的外形，保护着大脑和听觉器官，由22块骨骼组成。这些骨可以分为两大类：大脑周围的颅骨和支撑双眼、鼻子及嘴巴的面部骨骼。除了下颌骨之外，头盖骨中所有的骨骼边缘都有不规则的连锁齿，缝合了头骨之间的连接，紧紧地把骨固定住。

顶骨：顶骨是不规则的长方形骨，形成了头的顶部。顶骨的突出点在靠后一点的顶结节，顶结节是头部上面与侧面以及侧面与后面的分界点。

枕骨： 位于头的后下方，正好是脊柱的上方，与脊柱相连。

颞骨： 位于头部两侧（耳的周围），有两蝶状的颞骨。

额骨： 近似长方形的不规则骨，构成人颜面上方的大面，额骨上部有两个圆丘状突起称额结节。

颧骨： 在颜面中部左右两侧，为不规则的菱形骨。颧弓横生于颧骨与耳朵间，呈拱形条状隆起，在正面的脸上看为最宽部位。

鼻骨： 额骨的下方中部有两块小小的鼻骨构成鼻梁硬部，鼻骨下接鼻软骨，鼻骨与软骨接触的地方外表有轻微突起。

上颌骨： 上颌骨的范围很大，在面部中间，一直到眼眶下缘，左右各一块与下颌骨共同构成口周围的半圆形。

下颌骨： 在整个头骨中是唯一分离的骨骼，位于面部前下方，近似马蹄形，分为下颌体和下颌枝，前下方有一三角形突起称为颏隆突，颏隆突下面的两端称颏结节，如图6-7所示。

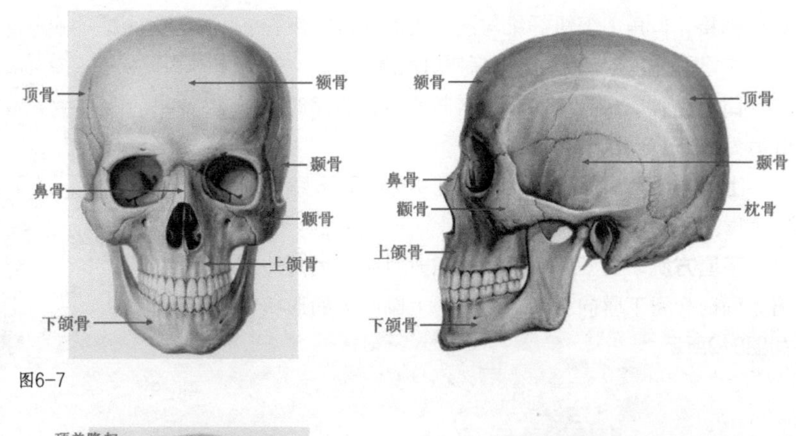

图6-7

骨点： 在人的脸上，虽然肌肉包围着骨骼，外面还有皮肤，但是有些骨骼外面没有覆盖肌肉，或者很薄的肌肉，骨骼的形状直接体现在皮肤上，这样的地方就称为骨点。由于骨点部分几乎没有肌肉和脂肪覆盖，同时它又处在形体的转折部位，因此对造型起着至关重要的作用。

头部的骨点有： 枕外隆突、顶盖隆起、顶结节、额丘、颞线、眉弓、鼻根点、鼻骨高点、颧弓、下颌角、颏隆突，如图6-8所示。

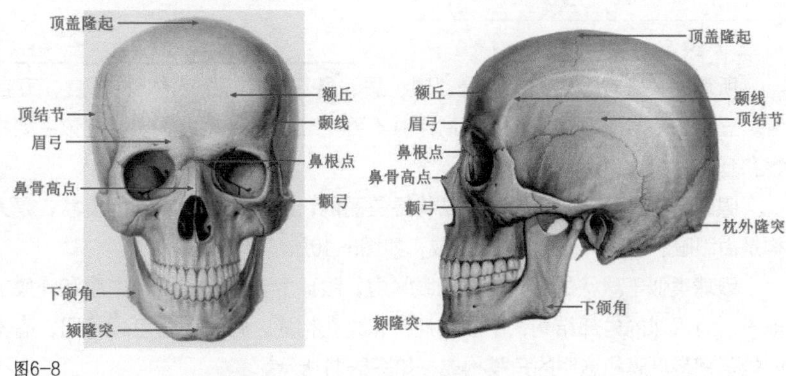

图6-8

◆第 2 阶段：面部肌肉

面部肌肉起自颅骨的不同部位，止于面部皮肤，主要分布于面部孔裂周围，如眼裂、口裂和鼻孔周围，面部肌肉可分为环形肌和辐射肌两种，有闭合或开大上述孔裂的作用；同时，牵动面部皮肤，显示喜怒哀乐等各种表情。

额肌： 两块左右对称生自帽状腱膜，由外上方向内下方生长停止于眉部皮下，覆盖在额骨之上并保护着额骨。

颞肌： 填充颞窝形似扇形，生自弧形的颞线，覆盖颞窝向下肌腹逐渐收窄，收缩运动时能提下颌骨向上闭口。

眼轮匝肌： 覆盖在眼窝眼球的外面，分睑部、眶部，上睑肌肉稍厚，下睑肌肉稍薄。上睑收缩能轻闭眼睛，眶部收缩能紧闭眼睛。

皱眉肌：皱眉肌在眉间与眉部皮下，可以将眉毛挤在一起或将眉毛往下拉，在额中间形成竖着的褶皱。

降眉肌：降眉肌起于鼻骨下部，与皱眉肌联合运动，当皱眉肌和降眉肌一起用力时，眉头就会出现褶皱。

鼻肌：生自上颌骨伸向鼻梁，分横部和翼部。横部收缩使鼻侧生纵斜皱纹，翼部收缩使鼻翼扩张。

颧肌：起自颧骨结节，止于口角，收缩时将口角牵向外上方，使口变阔，鼻唇将横开，人中消失。唇部变薄，下颌骨颏隆突骨相清晰。

咬肌：位置在面部两侧，呈长方形，生自颧弓下沿向下停止于下颌体后部及下颌角。咬肌收缩，引起下颌骨向上闭口。

口轮匝肌：不附着骨骼，环绕口唇，上方正中与鼻中相接，口角上下肌纤维与周围肌肉纤维交织在一起，在周围肌肉的平衡拉力下保持口周围的形态。

口角提肌：由脸部的后侧斜向前面，收缩时可以强有力地牵引嘴角。

上唇方肌：填充在鼻两侧面孔平面上，收缩时能将上唇及鼻唇沟牵向外上方。

下唇方肌：在下唇侧面，收缩时引起口角向外下方，同时牵引下唇向下使口腔成为上圆下方的形状，如图6-9所示。

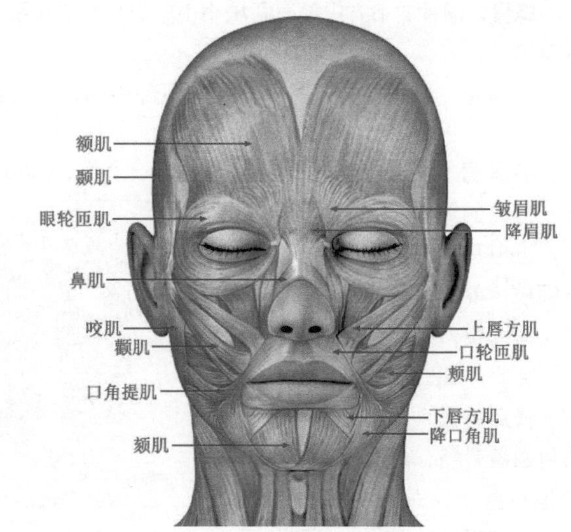

图6-9

◆第 3 阶段：五官结构

所谓的“五官”，指的就是“眼、眉、鼻、口、耳”人体5种器官，五官的造型直接影响了人物面部是否好看。五官是依附于面部结构的，制作时不要把五官孤立地去表现，应该主要把握五官在面部当中的正确的比例位置和基本的结构关系。

眼睛是心灵的窗户，眼睛的结构是美丽的，眼神能传达丰富的情感，是人物角色中最关键的表现部位，其结构是由眼眶、眼睑和眼球3部分组成，如图6-10所示。

眼球类似于球状的形体，位于眼眶内，眼球主要分为内膜、中膜和外膜。内膜为视网膜，是视觉神经生长的地方，为眼球的内部结构；中膜由虹膜和瞳孔构成，虹膜因含色素不同，有不同的颜色变化；外膜是由白色不透明的坚韧带巩膜和透明的角膜构成，如图6-11所示。

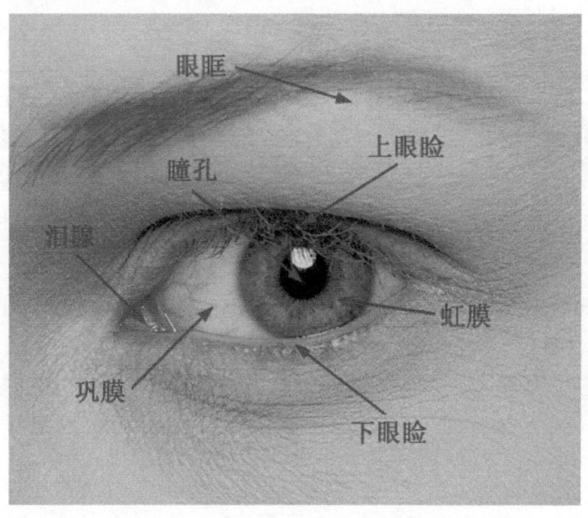

图6-10

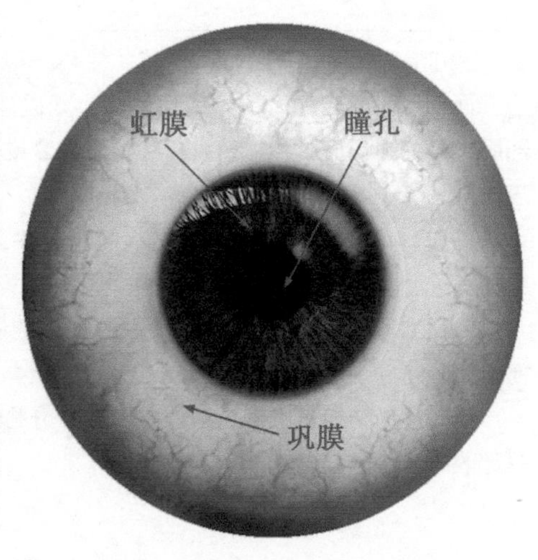

图6-11

眉毛是人体面部位于眼睛上方的毛发，对眼睛有保护作用。它有一定的生长周期，会自然脱落。眉毛是由眉头、眉脊和眉梢组成，也是构成人脸部美的重要组成部分，如图6-12所示。

鼻子位于脸部的中央，呈梯形状，上窄下宽，它由鼻根、鼻梁、鼻头和鼻翼等结构组成，如图6-13所示。

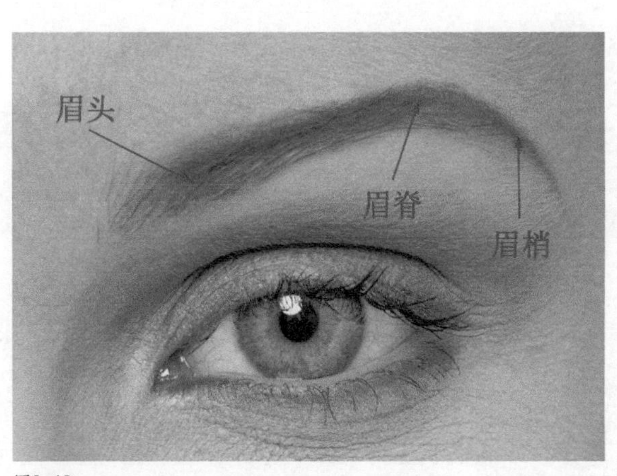

图6-12

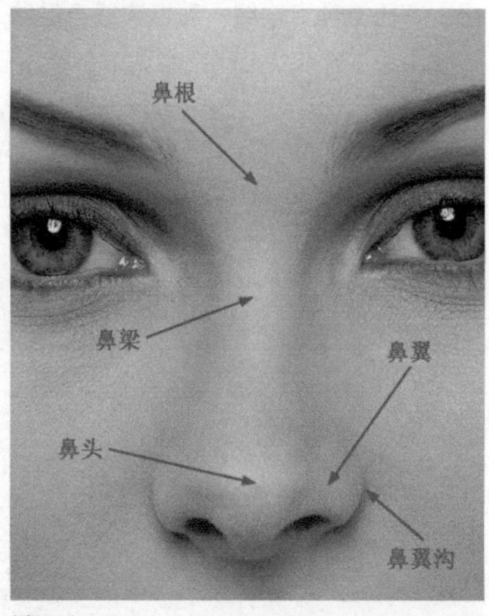

图6-13

嘴部主要是由嘴唇和牙齿组成，嘴唇包括上唇结节、唇翼、唇叶、下唇沟和颏唇沟，如图6-14所示。

耳朵是头部结构最为复杂的部分，它包括耳屏、对耳屏、耳轮、对耳轮、三角窝、耳垂等结构，表面凹凸比较多，形状比较复杂，如图6-15所示。

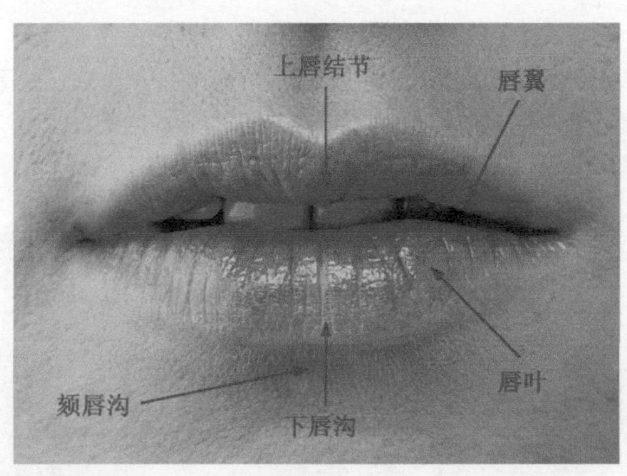

图6-14

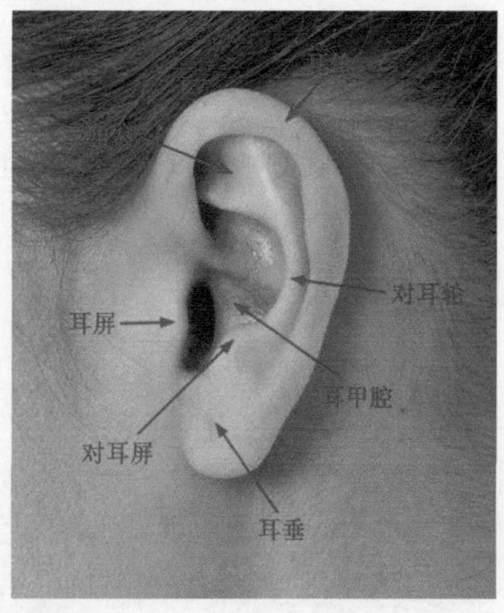

图6-15

6.1.5 身体的比例

达·芬奇是欧洲文艺复兴时代意大利的著名画家。在长期的绘画实践和研究中，他发现并提出了一些重要的人体绘画规律：标准人体的比例为头是身高的1/8，肩宽是身高的1/4，平伸两臂的宽度等于身长，两腋的宽度与臀部宽度相等，乳房与肩胛下角在同一水平上，大腿正面厚度等于脸的厚度，跪下的高度减少1/4。达·芬奇认为，人体凡符合上述比例，就是美的。这一人体比例规律在今天仍被认为是十分有价值的，如图6-16所示。

比例均称、整体和谐是人体美的必备条件。在艺用解剖方面，一般是用一个人的头高作为标准单位，其身高和各部分构造都以头的倍数进行测量，现实生活中人体的比例一般在7~7.5个头之间，但是表现在艺术作品上就显得比较短小。艺术表现比例大多数人体高度是8个头高，也有使用8.5~10个头高比例的，不过一般作品看上去明显地夸张了高度，在本章节中将使用8个头的比例来讲解。

理想化的人体直立时，一般分为8个头长，高度的中心点在耻骨位置。上半身分为4个头长，分别为头顶至下巴、下巴至乳点连线、乳点连线至肚脐、肚脐至耻骨的位置。下半身分为4个头长，分别为耻骨至大腿中段下、大腿中段下至膝关节下、膝关节下至小腿2/3处、小腿2/3处至脚底，如图6-17所示。

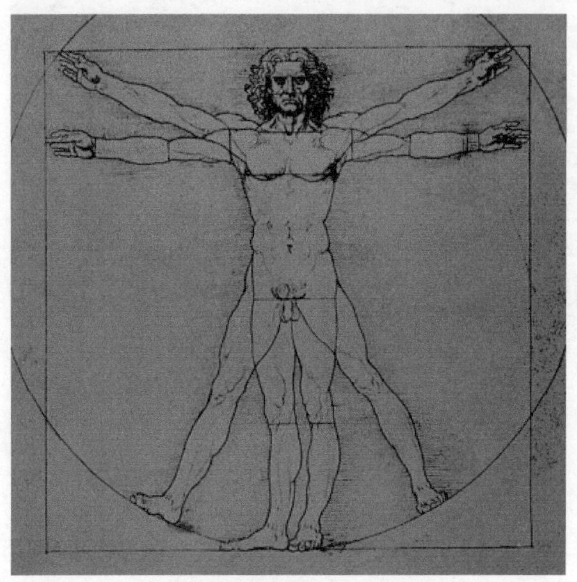

图6-16

图6-17

6.1.6 身体的骨骼和肌肉

在对人体作解剖分析研究时，通常把身体部分分为躯干（颈、胸、腹、背）、上肢（肩、上臂、肘、前臂、腕、掌、指）和下肢（髋、大腿、膝、小腿、踝、足）3个部分。

身体骨骼图如图6-18所示，身体肌肉图如图6-19所示。

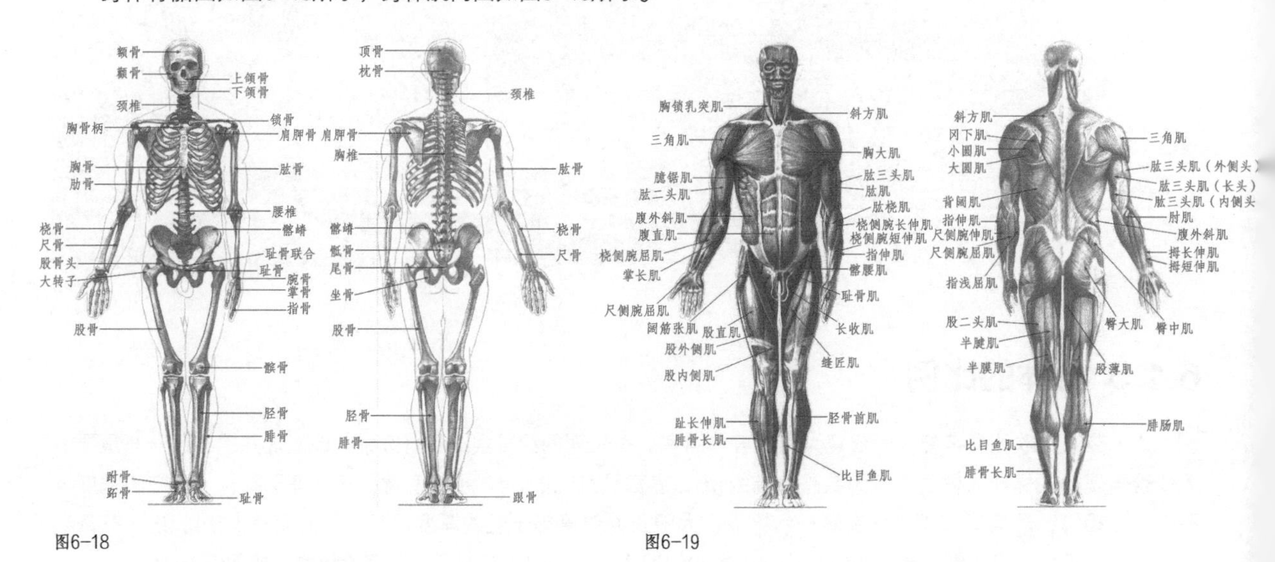

图6-18

图6-19

◆第 1 阶段：躯干的骨骼

躯干的骨骼主要有脊柱、胸廓、骨盆3部分，它们于胸廓上方的肩带骨共同构成了躯干形体的主体。躯干的主要体块是胸廓和骨盆，这两部分体块的基础是由骨骼构成的，其形状相对稳定，可以把躯干归结为两块相对而置的体块。胸廓的体块上宽下窄，上端由横贯胸骨左右的锁骨合成；下缘由胸廓两侧肋骨下角合成。骨盆的体块上窄下宽，上端紧接胸廓体块的下缘，即腰际线的位置；下缘由两侧股骨的大转子连线而成。将这两个体块连接为一体的是富于弹性的轴——脊柱，如图6-20所示。

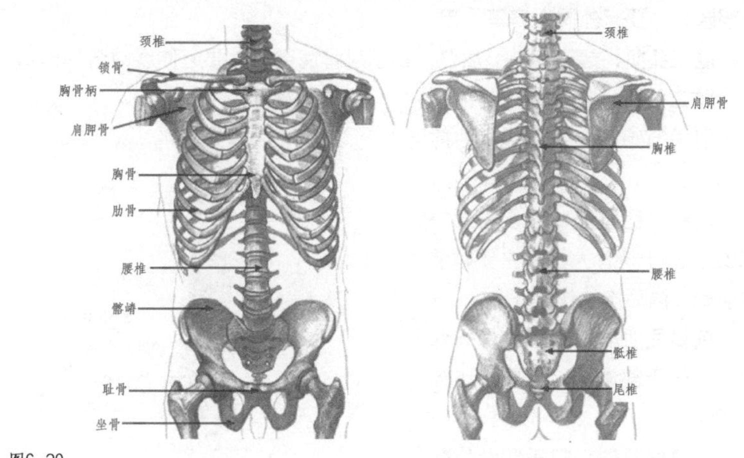

图6-20

◆第 2 阶段：躯干的肌肉

躯干部肌肉多为阔肌，这些肌肉分布在躯干的前后与两侧，由于肌肉收缩牵动骨骼运动，不但能使头颅躯干运动，而且能控制上肢、下肢运动。最明显的是胸大肌、腹直肌和腹外斜肌，肩胛骨上覆盖着上部躯干的肌肉，这些肌肉连接着肩部和手臂，最为重要的是三角肌、斜方肌和背阔肌，其次还有冈下肌、大圆肌和小圆肌等，如图6-21所示。

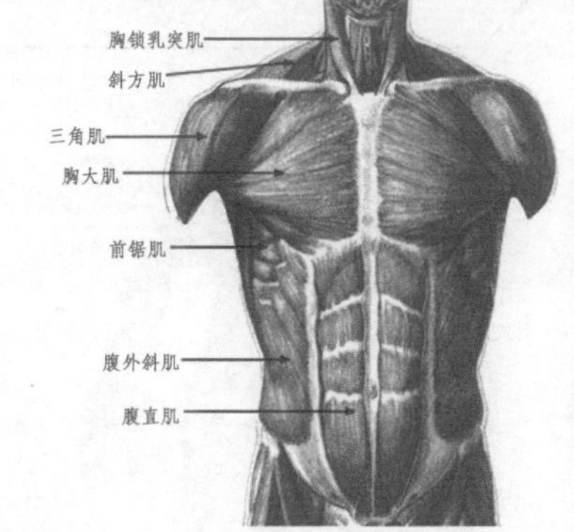

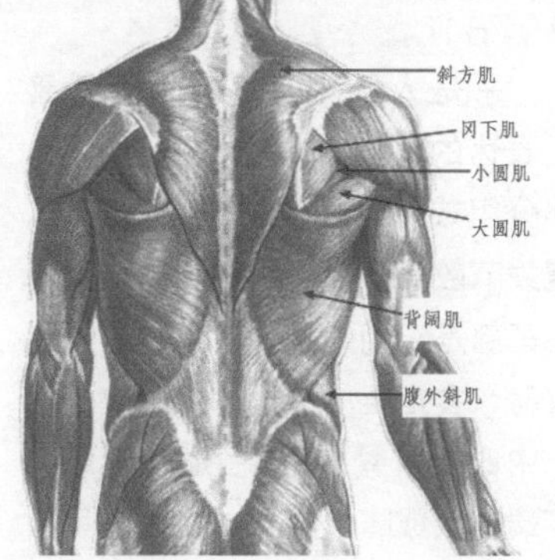

图6-21

◆第 3 阶段：上肢的骨骼

上肢是人体中最灵敏的部分，包括上臂、前臂、腕和手。上肢骨骼由肱骨、桡骨、尺骨和手骨组成。肱骨下端内侧称为内髁，外侧称为外髁，圆柱形，稍微弯曲，能自由运动。桡骨的上端小，呈环状，在肱骨的处髁处有一个系带环将它固定住。尺骨上端有鹰突与肱骨下端相连，下端为尺骨小头。重要关节有肩关节、肘关节与腕关节，如图6-22所示。

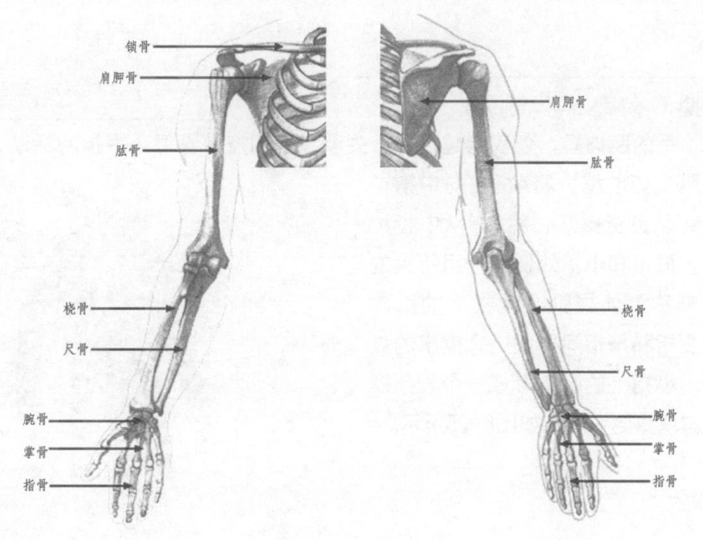

图6-22

◆第 4 阶段：上肢的肌肉

三角肌：位于肩部，呈三角形，起自锁骨的外侧段、肩峰和肩胛冈，肌束逐渐向外下方集中，止于肱骨三角肌粗隆，主要起外展上臂等作用。

肱三头肌：起于肩关节后侧，止于尺骨鹰突，主要起伸展前臂的作用。

肱二头肌：起于肩关节前侧，止于肘关节下端，主要起弯曲前臂的作用。

前臂外侧肌群：起于肱骨外髁1/3处，止于桡骨大头，主要起前臂向前旋、向后旋的作用。

前臂屈肌群：起于肱骨肉髁附近，止于手部掌侧，主要起屈腕、屈指作用。

前臂伸肌群：起于肱骨外髁附近，止于手部背侧，主要起伸腕、伸指的作用，如图6-23所示。

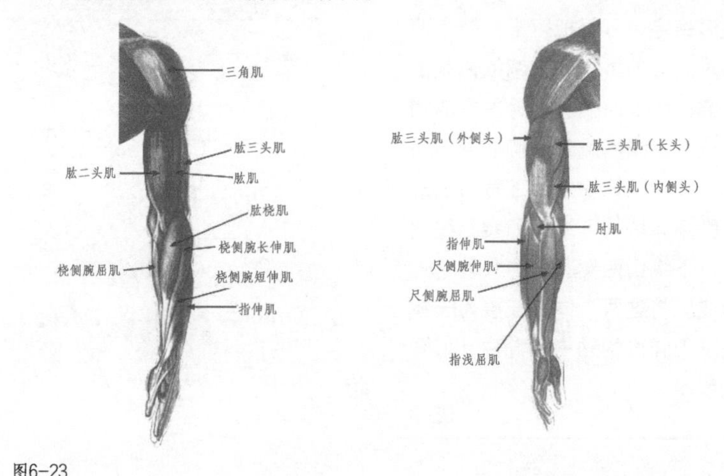

图6-23

◆第 5 阶段：手部骨骼

手是人体除面部表情外最善于表达的部位，由腕、掌、指3大部分组成，5根手指像扇的骨架从腕关节散开，伸展和握拳时，大拇指基部是它们的共同中心；手指内收时，食指至小手指的延线交于这一中心。掌骨由5根弓形骨组成，下端小头成隆起关节，屈指时呈圆球状。每根指骨都有3节，中指最长，它们以拇指底部为圆心，手指撑开时呈放射状，如图6-24所示。

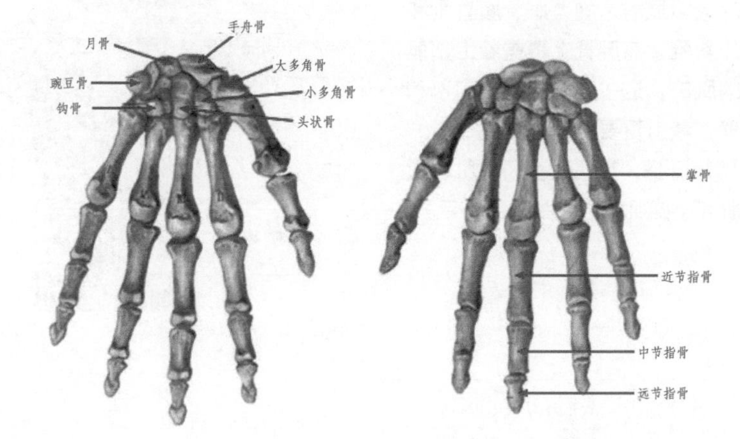

图6-24

◆第 6 阶段：手部肌肉

手的肌肉短，仅仅跨越过一个关节，它们控制着每个手指的活动，其分为两组，称为手背肌和手掌肌。手掌肌负责收缩，将4指拉向中指，手背肌负责撑开，将4指从中指拉开。拇指和小指外侧有一组特大的肌肉称为外展肌。食指上的肌肉在食指和拇指间形成一个突出的鼓包。小指上的肌肉形成一个长条形的肉块直到手腕，如图6-25所示。

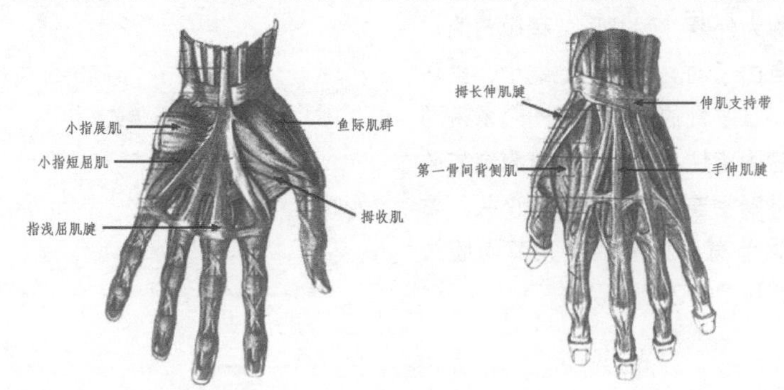

图6-25

◆第 7 阶段：下肢的骨骼

下肢是指人体腹部以下部分，包括臀部、股部、膝部、小腿部和足部。下肢骨骼由髋骨、股骨、胫骨、腓骨与足骨等组成。大腿从骨盆到膝部，小腿从膝部到足，足部从足跟到足趾。

下肢与腹部的界线为骨性骨盆上口，下肢与脊柱区的界线为骶尾骨。下肢是支撑人体的两个强有力的支。下肢的形体从大腿至脚底是由几段不同斜度的体块结合而成，总的外形呈S形曲线状，如图6-26所示。

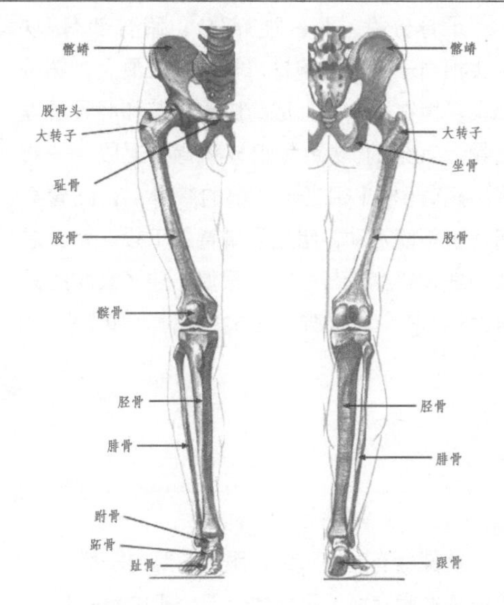

图6-26

◆第 8 阶段：下肢的肌肉

臀部肌群：起于髂嵴前后、骶骨侧缘，止于大转子附近，主要起外展、后伸大腿的作用。

股四头肌：起于髋骨前侧、股骨后缘，止于胫骨隆起，主要起前伸小腿的作用。

股背侧肌群：起于髋骨的盆骨结节等，上端被臀部肌覆盖，外侧止于腓骨小头，内侧止于腓骨上端内侧，主要起后屈小腿、前屈大腿的作用（包括肱二头肌、半腱肌和半膜肌）。

缝匠肌：起于髂嵴前端，止于胫骨粗隆内侧，主要起后屈小腿的作用。

胫骨前肌：起于胫骨外髁上2/3处，止于足内侧面，主要起伸足的作用。

腓骨肌：起于腓骨小头，经外髁，跟骨侧缘止于足底，主要起屈足的作用（包括腓骨长肌和腓骨短肌）。

腓肠肌：小腿后面浅层的大块肌肉，腓肠肌以两个头分别起自股骨的内、外上髁，肌的下端形成坚韧的跟腱联结跟骨。

比目鱼肌：在腓肠肌的深面，起于胫、腓骨上端的后面，两肌在小腿中部结合，向下移行为粗壮的跟腱止于跟骨结节，如图6-27所示。

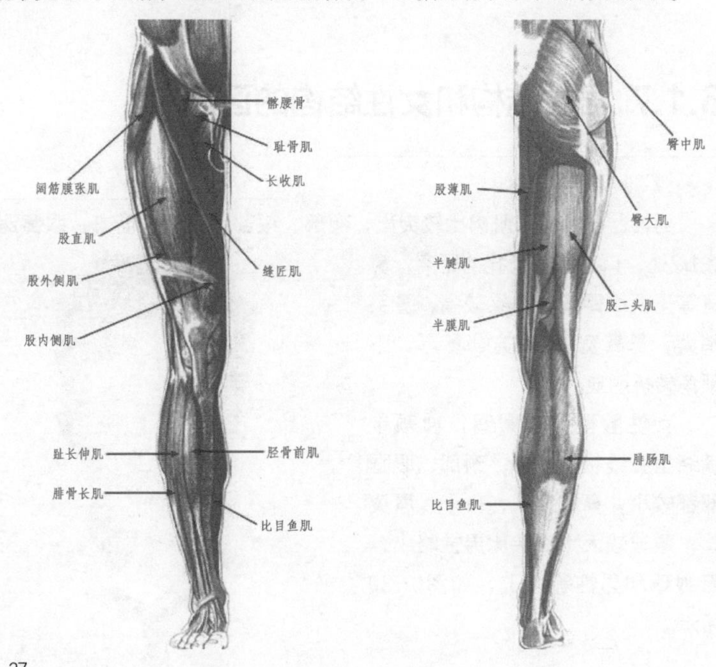

图6-27

◆第 9 阶段：足部骨骼

足骨分跗、跖、趾3部分。跗骨部有7块骨头相当于手部的腕骨，其中跟骨最大，跖骨其次，摞在跟骨之上成为脚踝关节和胫骨的连接骨，其余的5块跗骨组成脚背的上段——脚弓。跖骨5根（相当于手部的掌骨），跖骨之间几乎不能活动，组成了脚背的下段。趾骨总共14块，排列上与手指骨相似，除了大脚趾只有2块，其余每根脚趾是3块趾骨，如图6-28所示。

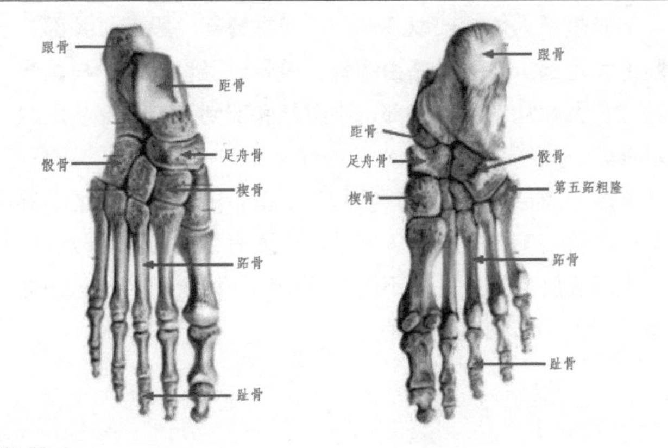

图6-28

◆第 10 阶段：足部肌肉

足部共有20块肌肉，跟手部肌肉一样主要排列在脚底面。足部的大部分肌肉都转化成肌腱，这些肌肉根据其对脚趾的作用分层分群排列，控制脚趾的动作。在体表结构中起作用的肌腱主要有拇长伸肌、趾长伸肌和胫骨前肌腱，如图6-29所示。

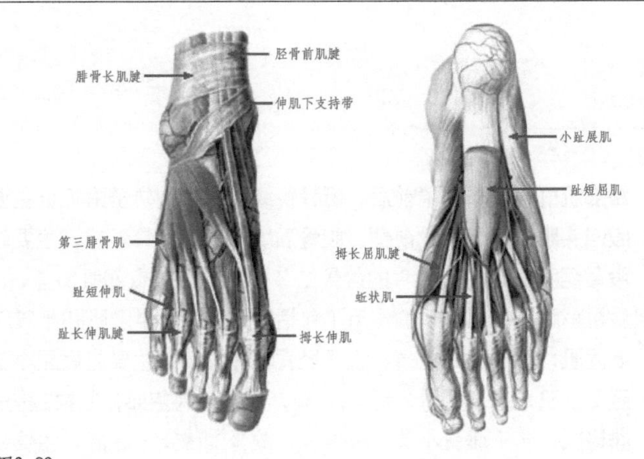

图6-29

6.1.7 男性结构和女性结构的区别

◆第 1 阶段：头部

男性脸部骨感和肌肉比较突出，额部、颏部、下颌宽而方，眼窝深、眼较小，眉浓黑呈直线状，眼在头部纵线1/2处，口宽等于瞳孔的距离，鼻宽等于两眼距离。鼻梁较高，鼻头稍大，鼻翼宽 ，口方、鼻厚，下颌角转折明显。

女性脸型比较圆润，面颊丰满略呈弧线状，颊部、颏部、眼眶部都较小，鼻翼窄低，口小、唇突起，眼显较大（因头比男性略小，而眼球和男性等大），如图6-30所示。

图6-30

◆第 2 阶段：身体

男体大，粗壮，腰部以上发达，肩宽长于髋宽，胸腹部肌肉起伏明显，全身轮廓线多直线感觉，全身中点在耻骨。

女体略小，腰部以下髋部发达，髋宽长于肩宽，皮下脂肪丰富肌肉间隔起伏明显，全身多曲线感觉，中点在耻骨以上，如图6-31所示。

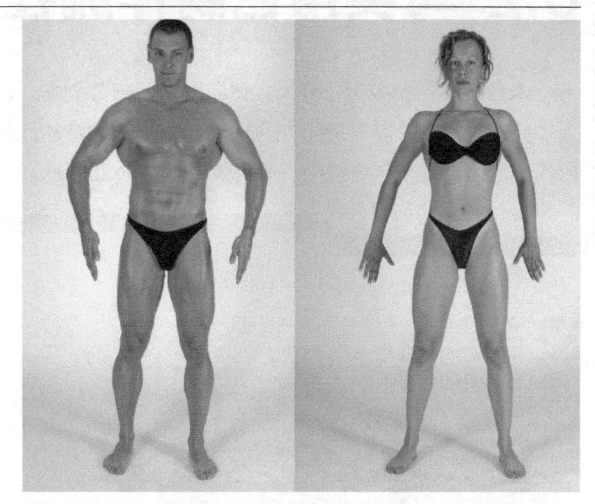

图6-31

6.1.8 人体模型的布线原则

布线的一个最重要目的就是为了动画。要想做到合理且足够的布线，需要对人体结构有一定的了解，清楚地分析理解人体结构和肌肉的走向分布，明白运动的原理和方式。布线的走向要与肌肉运动的方向相符合，否则很难表达出想要做的表情或动作，布线的密度分配主要集中在活动区域比较强烈的部位和关节部位，如图6-32所示。

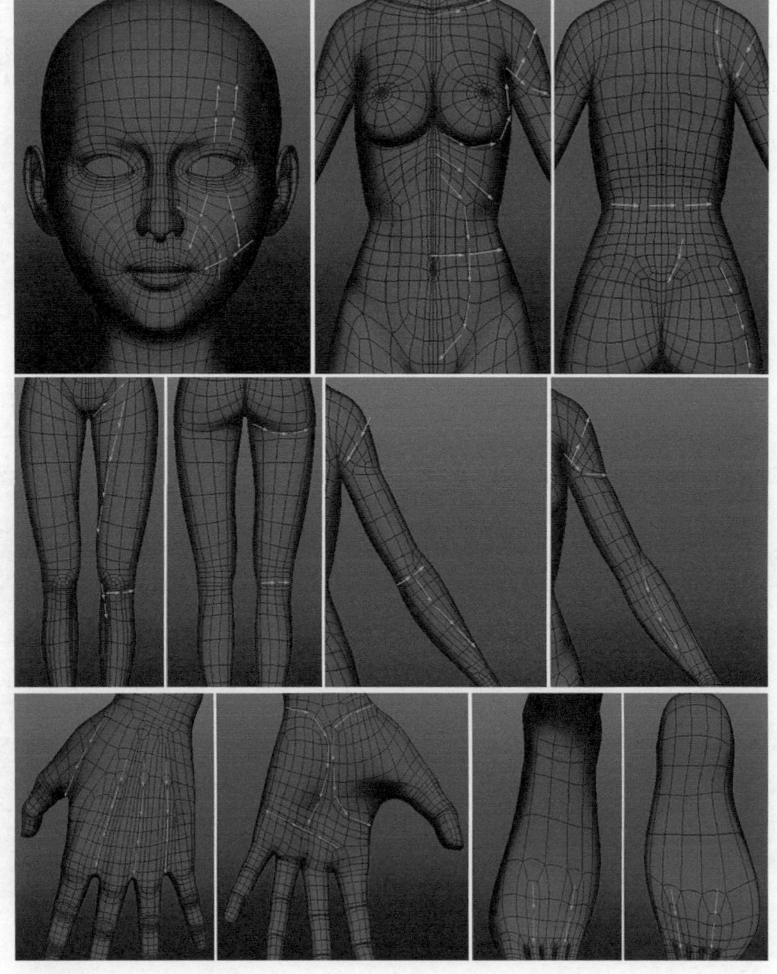

图6-32

6.2 写实角色制作流程

本章节案例女战士，分为人体和服饰两部分制作，由于服饰是依附于人体上面的，所以先从人体部分制作，人体完成之后再在其基础上制作服饰。由于人体结构比较复杂，制作时为方便快捷，通常把头部和身体部分分开制作，最后再进行头身缝合，最终效果如图6-33所示。

图6-33

01 头部制作，包括头部大型制作、五官细节刻画、面部特征调整以及头发的制作等，如图6-34所示。

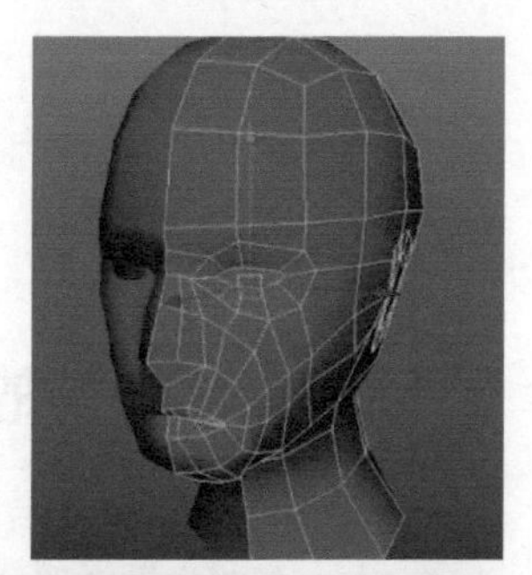

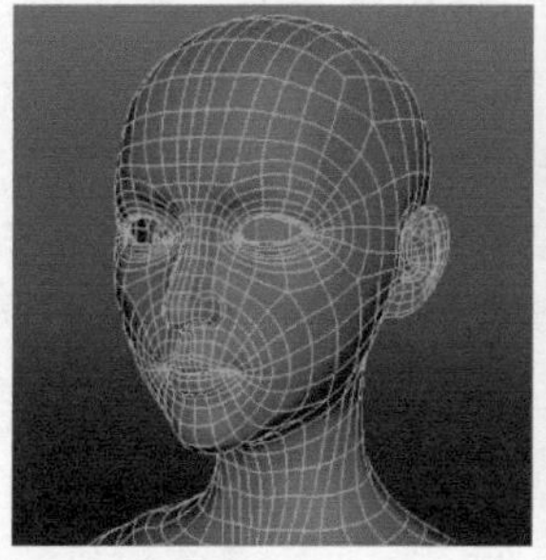

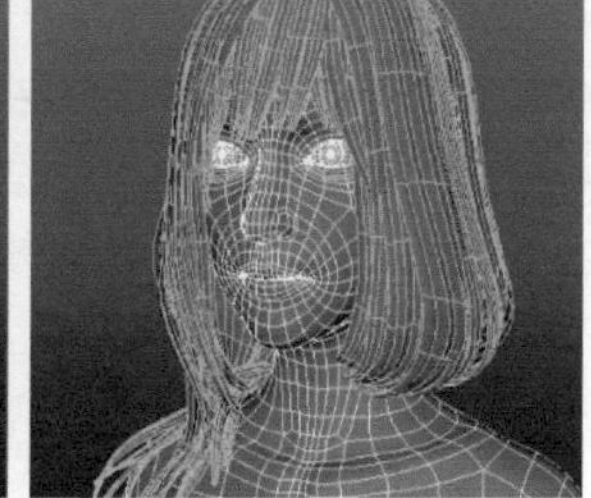

图6-34

02 身体制作，包括身体的大型制作、躯干和四肢的结构细化以及手脚的制作，如图6-35所示。

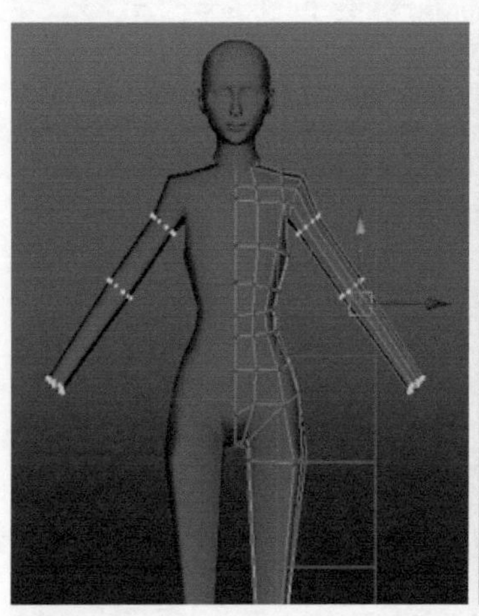

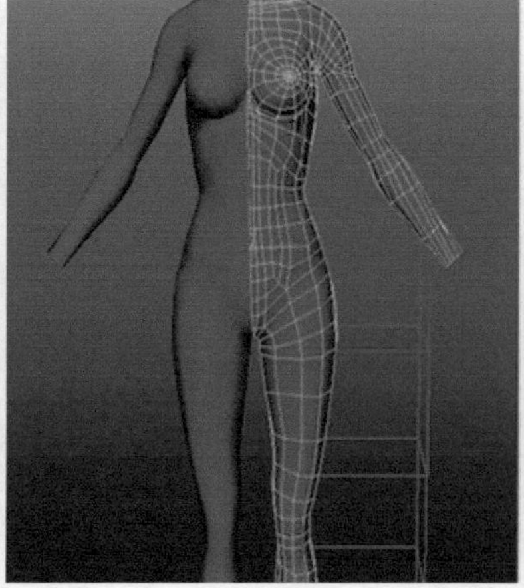

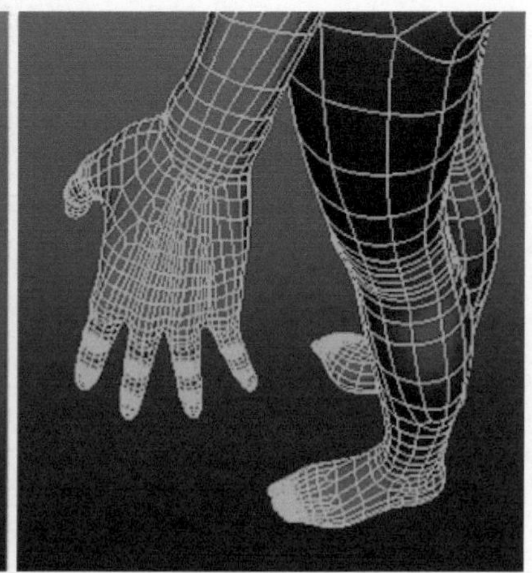

图6-35

03 服饰制作，包括服装布料、盔甲、皮带以及各种装饰制作，如图6-36所示。

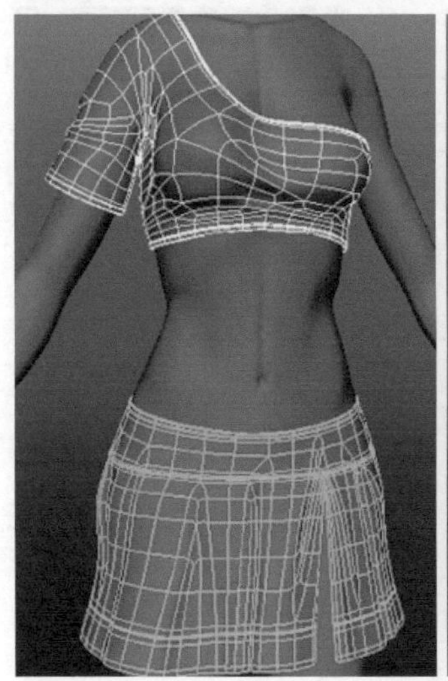
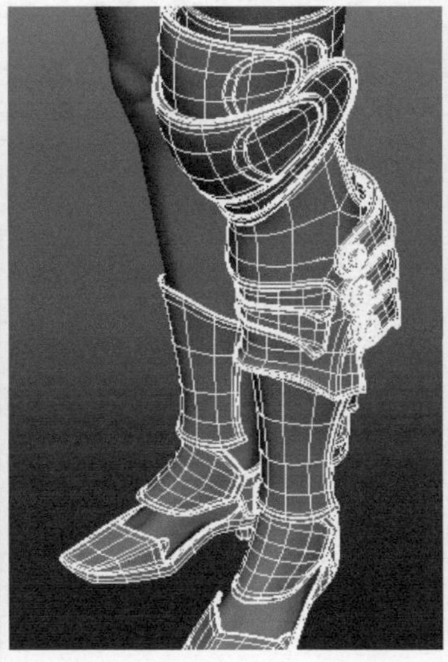
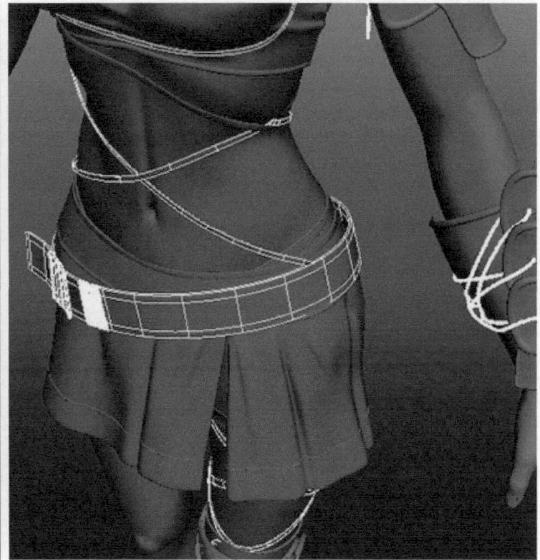

图6-36

6.3 头部制作

头部制作包括头部大型制作、五官细节刻画、面部特征调整以及头发的制作等，效果如图6-37所示。

图6-37

6.3.1 头部大型

头部的大型创建只需要做出头部的大体形状，定出五官的位置以及在头部所占的比例，并不需要对五官进行深入刻画。除了把握之前所讲的三庭五眼的比例关系外，还要注意鼻子的宽度长度、嘴巴的宽度，一般标准的比例是鼻宽等于眼宽，嘴巴的宽度等于两眼瞳孔之间的距离。头部的侧面是轮廓变化比较多的地方，面部有明显的转折结构变化，需要注意的是额头的倾斜度，鼻子的倾斜度，以及鼻底至下颏的倾斜度，如图6-38所示。

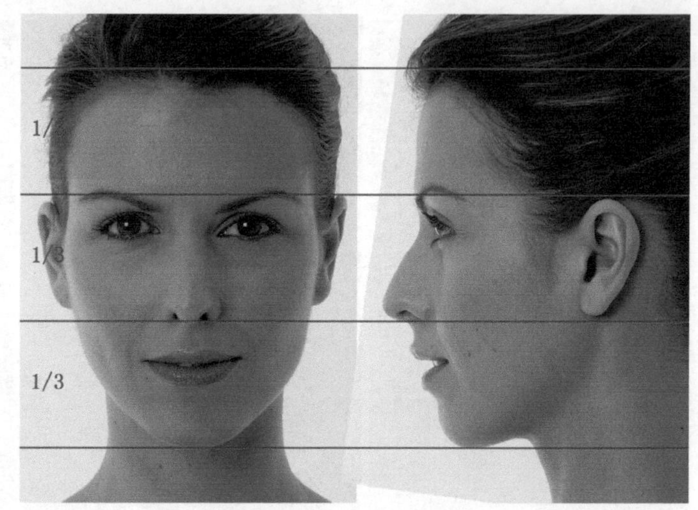

图6-38

01 执行Create（创建）>Polygon Primitives（多边形基本体）>Cube（立方体）命令，创建一个立方体。选择立方体，执行Mesh（网格）>Smooth（平滑）命令，把模型平滑细分，调整通道栏里的Divisions（细分）参数为2，如图6-39所示。

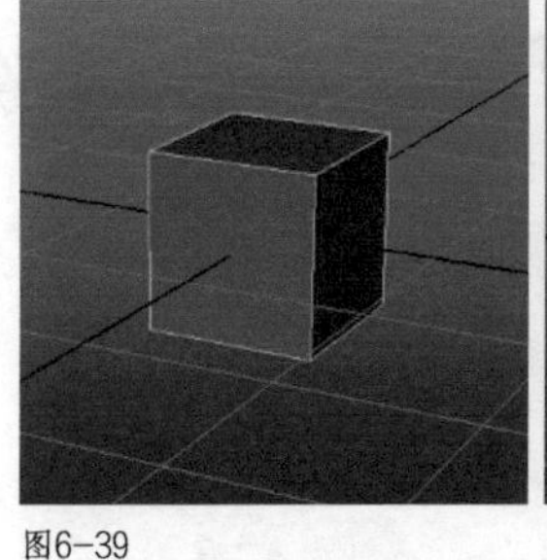
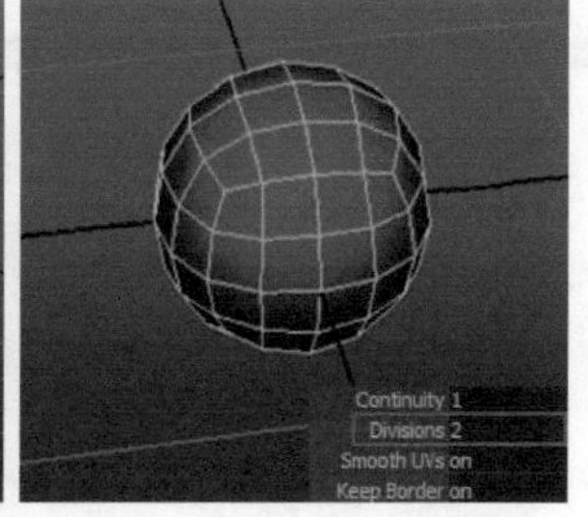

图6-39

02 双击移动工具，打开工具设置面板，勾选Reflection（反射）开启对称操作，切换到点元素模式，按B键开启软选择，分别在前侧视图进行对称调整，调出头骨的大概形状，如图6-40所示。

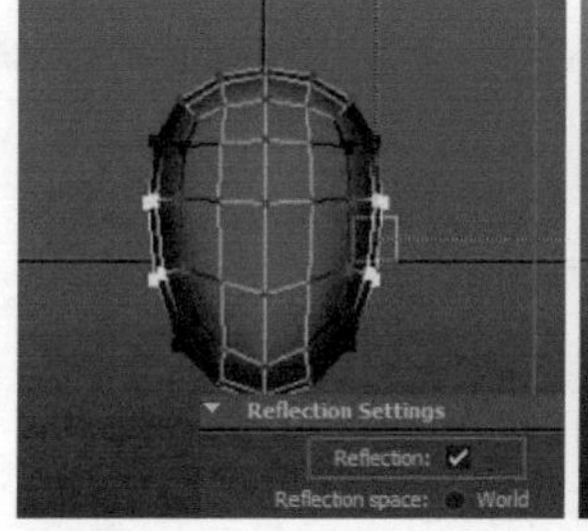

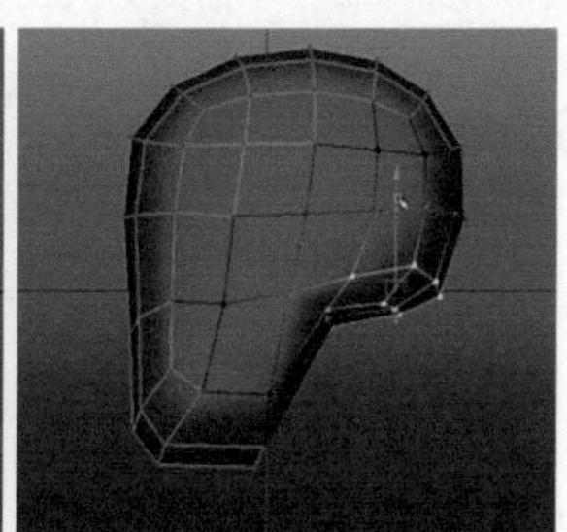
图6-40

03 选择后半部分底端的面，执行Edit Mesh（编辑网格）>Extrude（挤出）命令，挤出颈部的大概形状，接着删除底面。选择颈部与头部衔接处的一圈点，执行Mesh（网格）>Average Vertices（平均点）命令，把这些点进行自动松弛平均，如图6-41所示。

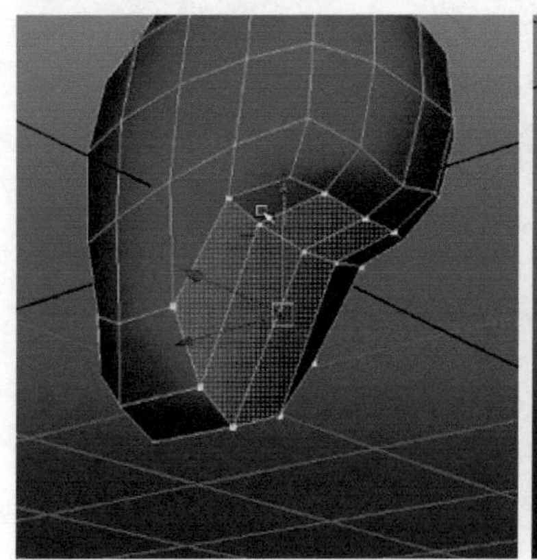
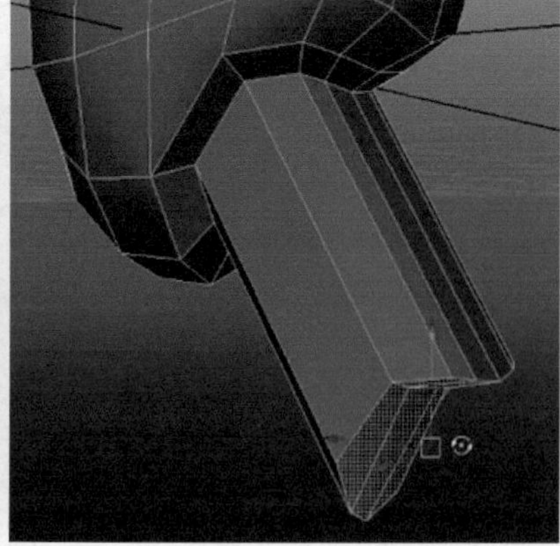
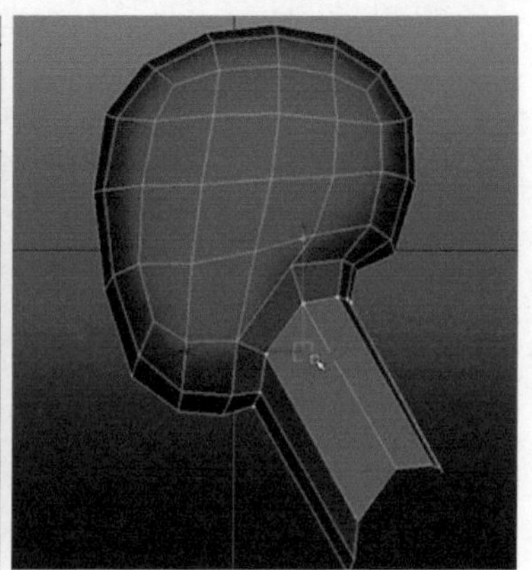
图6-41

04 切换到侧视图，执行Edit Mesh（编辑网格）>Cut Faces Tool（切面工具）命令，横向切出一条直边，删除这条直边下端不规整的多余的面，如图6-42所示。

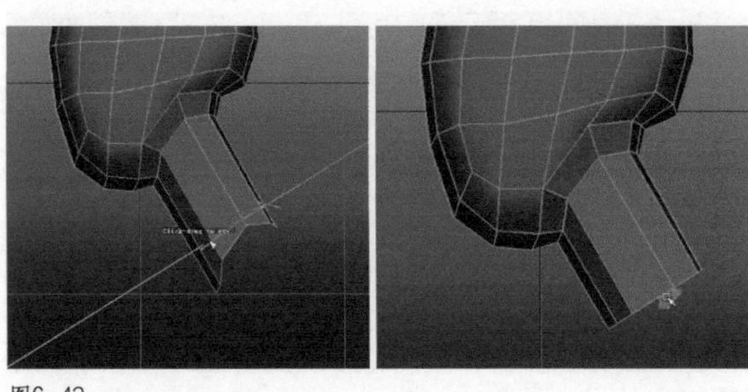

图6-42

05 执行Create（创建）>Polygon Primitives（多边形基本体）>Plane（平面）命令，创建一个平面，作为贴图显示的载体来导入参考图，如图6-43所示。

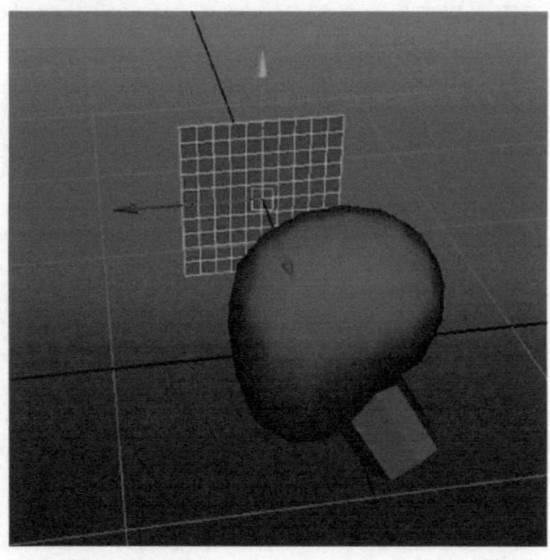

图6-43

06 执行Window（窗口）>Rendering Editors（渲染编辑器）>Hypershade（超级着色器）命令，打开材质编辑器。在弹出的Hypershade（超级着色器）窗口中的左侧创建栏里找到Lambert（兰伯特）材质并单击创建，观察右边的工作区就会找到新建的Lambert2（兰伯特2）材质，如图6-44所示。

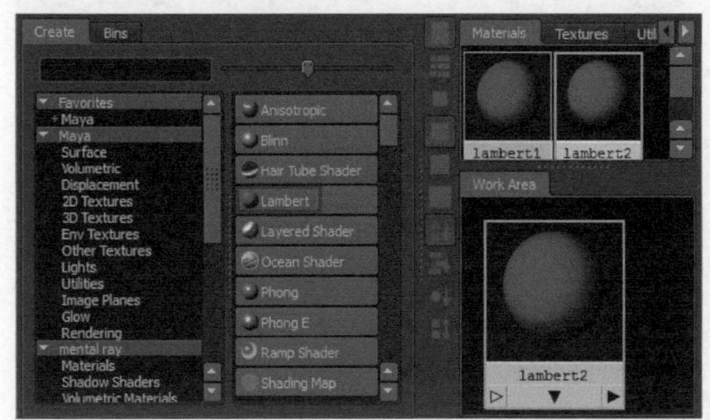

图6-44

07 双击Lambert2（兰伯特2）材质，打开Lambert2（兰伯特2）的属性编辑面板，找到Color（颜色）选项，单击后面的图标，如图6-45所示。

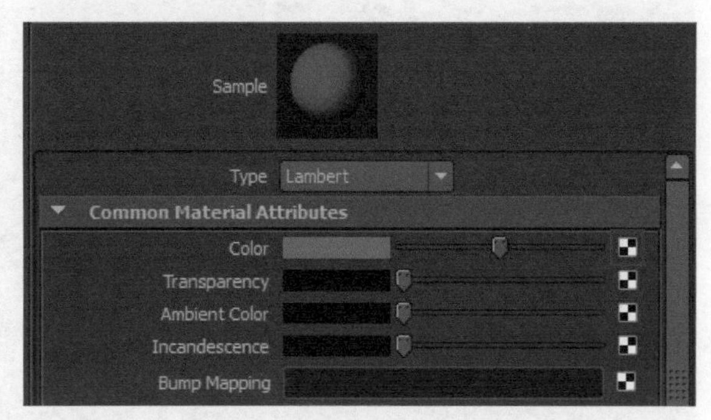

图6-45

08 在弹出的Create Render Node（创建渲染节点）的窗口中，找到File（文件）图标并单击，如图6-46所示。

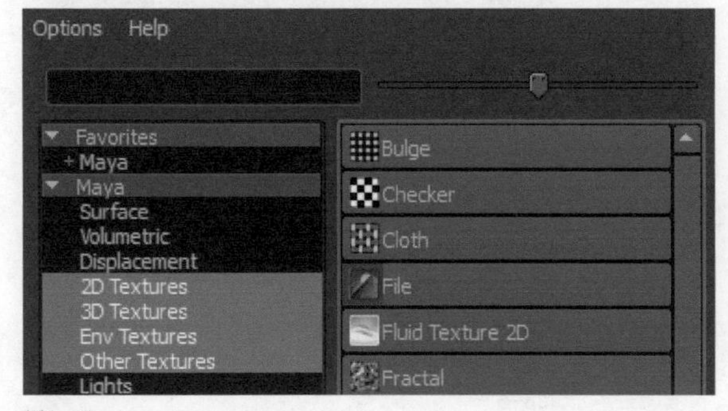

图6-46

09 这时属性编辑器已跳转至File（文件）的属性标签，找到Image Name（图像名称），单击后面的文件夹图标，然后在弹出的Open（打开）窗口中找到准备的参考图即可导入，如图6-47所示。

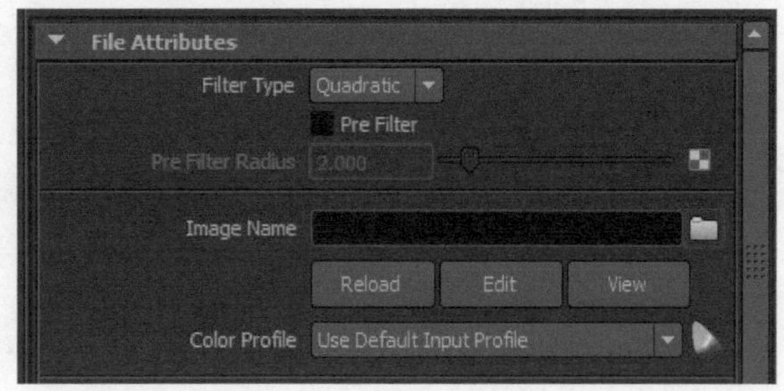

图6-47

10 在Hypershade（超级着色器）窗口中找到新建的lambert2（兰伯特2）材质，按鼠标中键拖曳材质球到创建的平面上，接着按数字6键贴图显示，即可发现创建的平面上显示出参考图了。把平面往-X方向移动并缩放其大小，作为侧视图调整的参考，如图6-48所示。

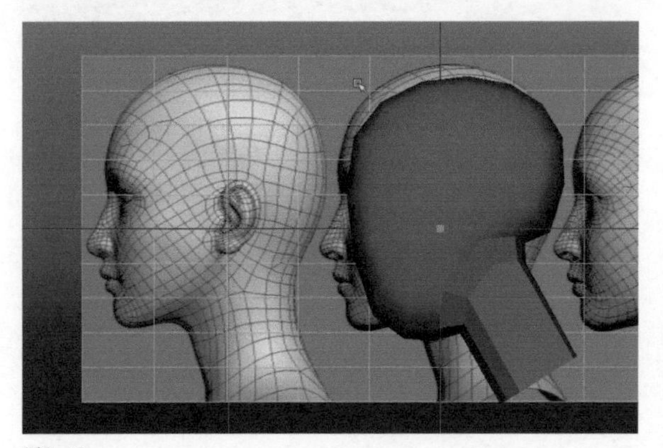
图6-48

11 继续创建一个平面，用相同的方式导入正面参照，移动至侧面参考平面的位置，缩放其大小与侧面参考图匹配。匹配完成之后，再把正面参考放回中心原点位置，并向-Z方向进行移动，作为正视图调整的参考，如图6-49所示。

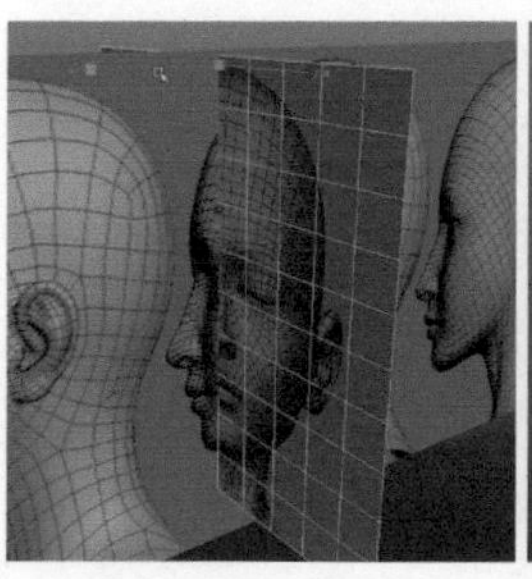
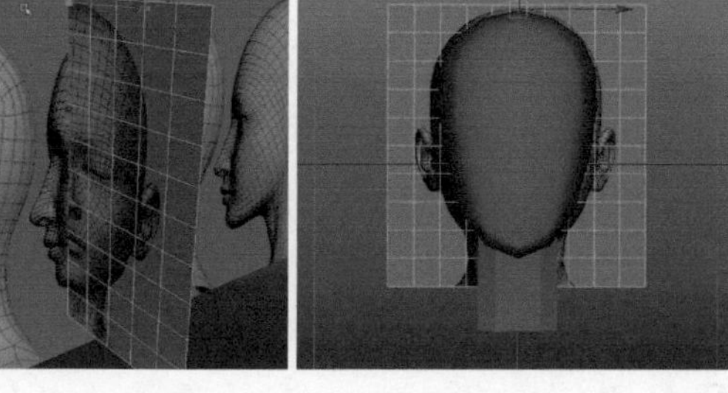
图6-49

12 切换至正视图，删除模型左半边的面。选择模型，单击Edit（编辑）>Duplicate Special（特殊复制）命令后的设置选项按钮，在弹出的选项卡中把Geometry Type（几何体类型）下的选项设置为Instance（实例），Scale X的参数设置为-1，然后单击Apply（应用），复制模型另一半镜像，如图6-50所示。

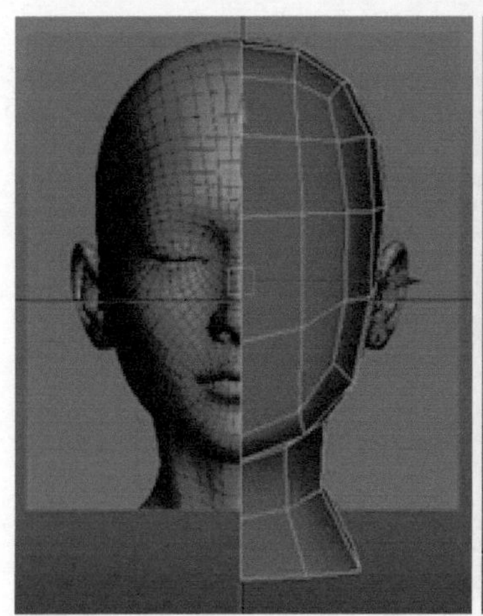
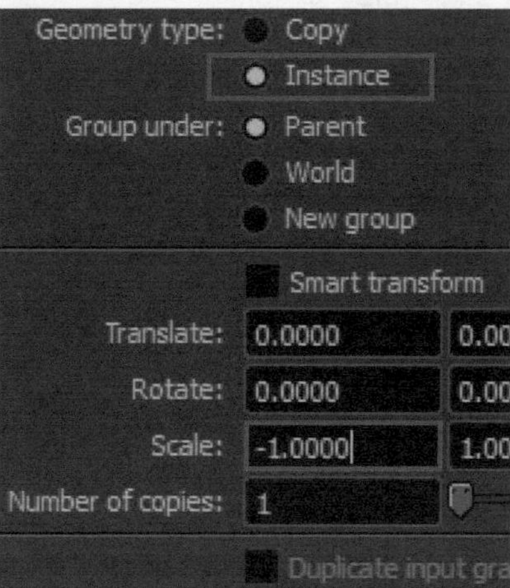

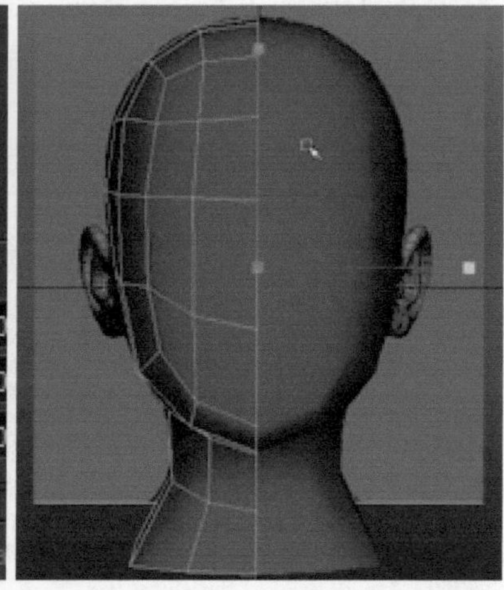
图6-50

13 选择模型，在其材质属性编辑面板中找到Transparency（透明度）滑块，调整材质透明度，以便于和参考图对位时方便观察，如图6-51所示。

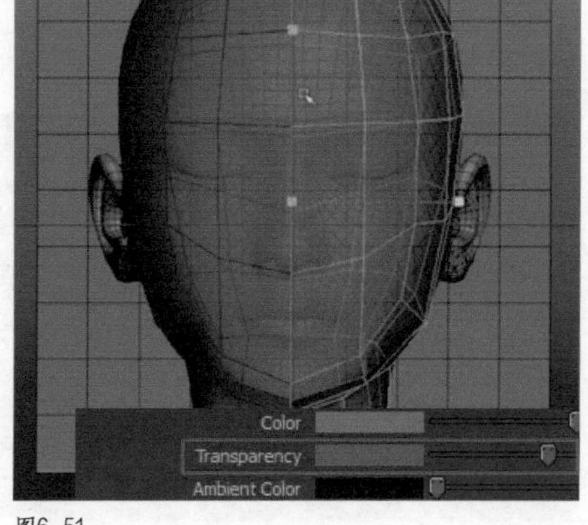

图6-51

14 执行Edit Mesh（编辑网格）>Interactive Split Tool（交互式分割工具）命令，使用分割多边形工具根据参考图把五官的位置切割出来，如图6-52所示。

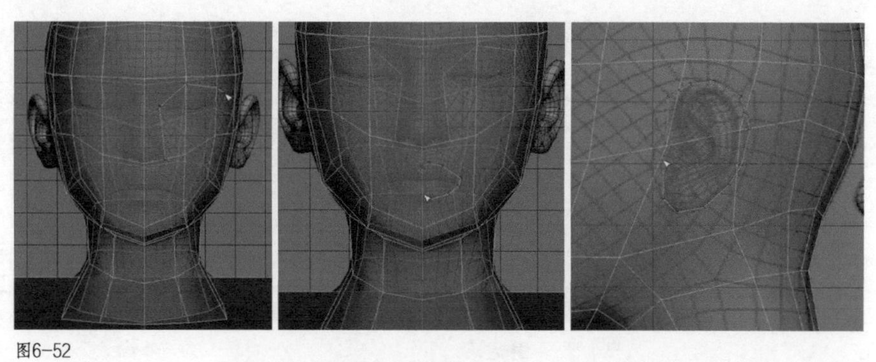

图6-52

15 继续使用分割多边形工具，在鼻子处增加结构线，右键切换到点元素模式，移动调整点的位置，把鼻子的形状做出来，如图6-53所示。

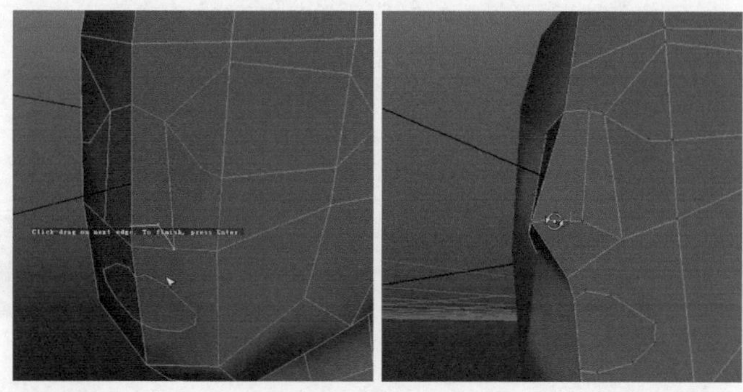

图6-53

16 使用分割多边形工具，在眼部下端切出一条线段。选择眼部的面，执行Edit Mesh（编辑网格）>Extrude（挤出）命令，挤出眼睛的轮廓。删除挤出的面并缩放调整眼睛轮廓，如图6-54所示。

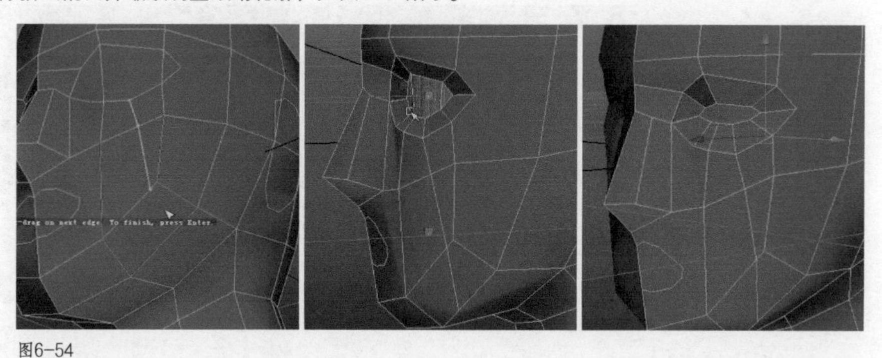

图6-54

17 选择嘴部的面执行一次挤出。切换至缩放工具，按D键进入轴的调节模式，接着按V键打开点吸附，把轴心吸附到嘴部中心，然后进行缩放操作，把嘴唇的面做出来，如图6-55所示。

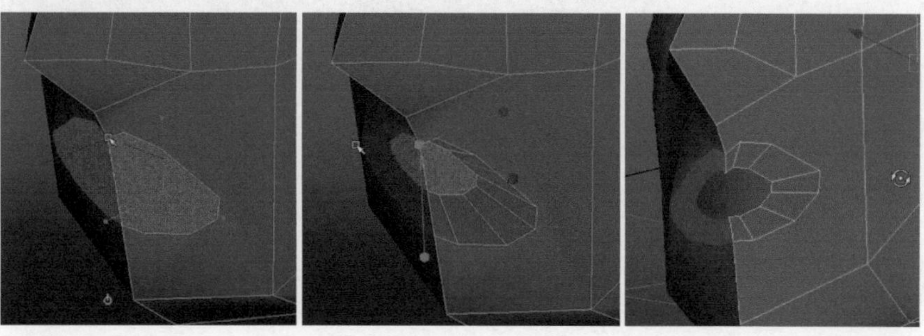

图6-55

18 缩放嘴部的内轮廓边，使其闭合，并调整嘴部的外轮廓以及嘴角的形状，然后使用分割多边形工具把嘴部的线段与周围进行连接或延伸。切换到点元素模式，调整嘴部的结构转折，如图6-56所示。

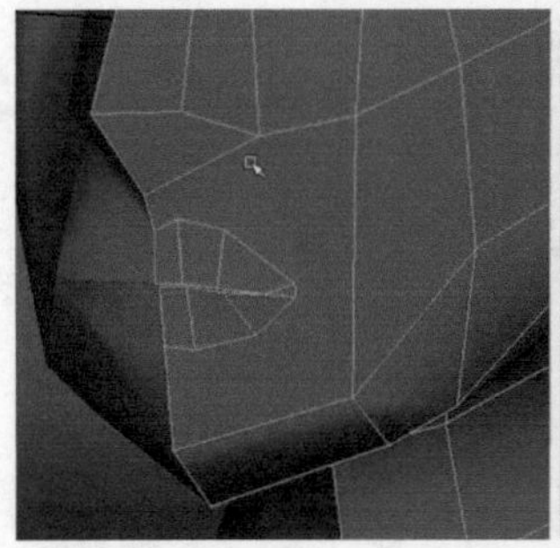
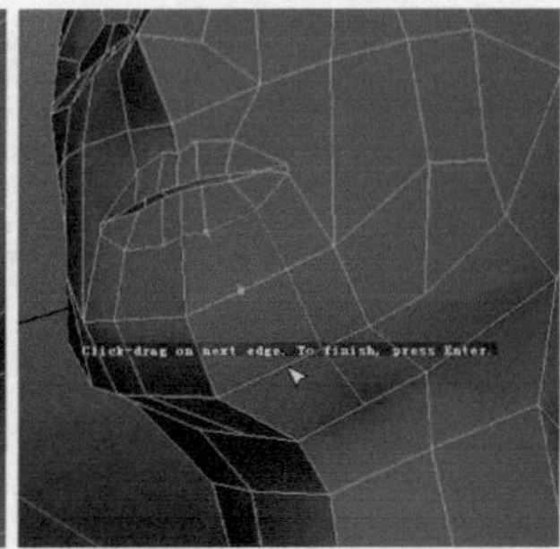

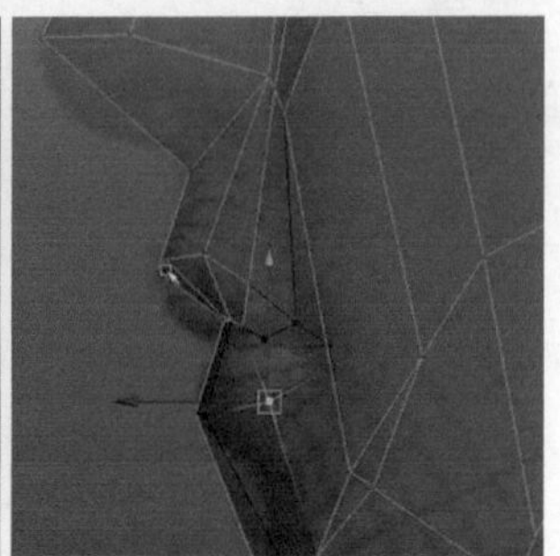

图6-56

19 使用分割多边形工具增加和修改脸部的布线，布线要根据之前所讲的布线规律，按照结构走向去布线，如图6-57所示。

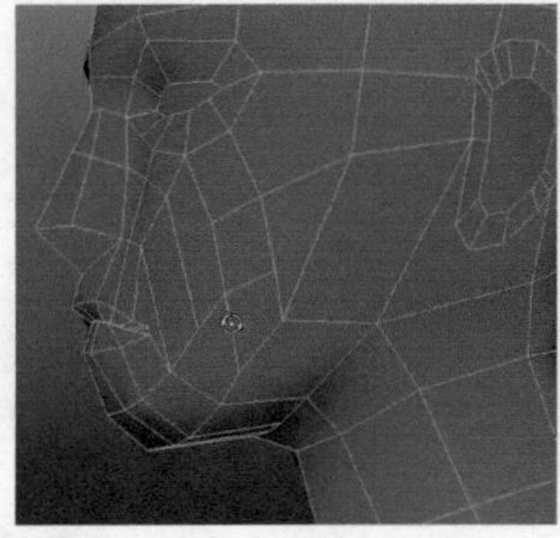
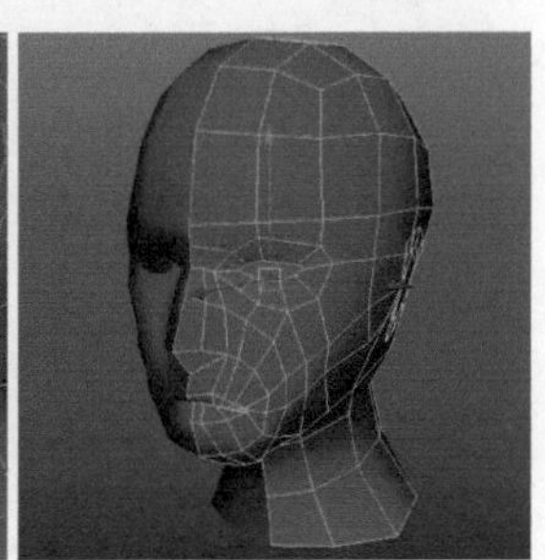

图6-57

20 使用分割多边形工具在眼睛上端位置加线，切换至点元素模式，调整眼睛的轮廓以及内眼角的细节转折结构。选择眼部上端的边，执行Edit Mesh（编辑网格）>Slide Edge Tool（滑动边工具）命令，把边向上滑动，用来卡住眉弓的位置结构，如图6-58所示。

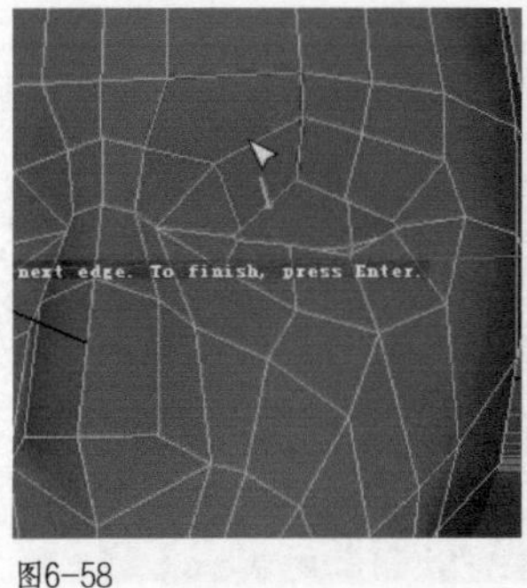

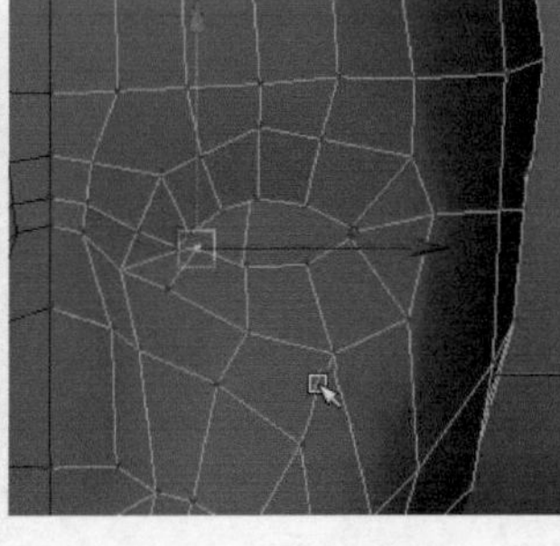
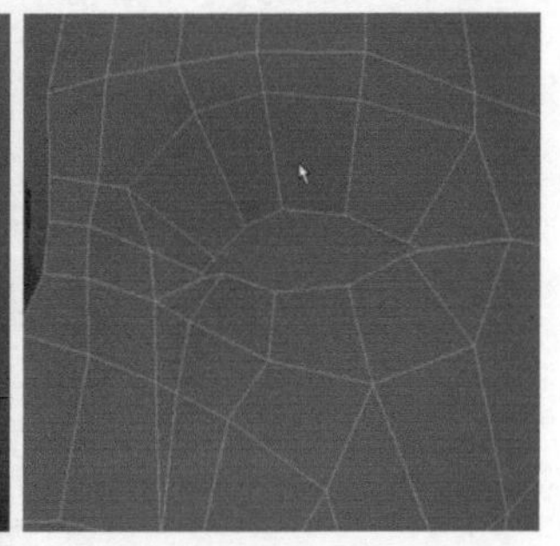

图6-58

21 使用分割多边形工具，在鼻子位置竖向加线连接至嘴部。选择鼻底外侧的面，执行Edit Mesh（编辑网格）>Extrude（挤出）命令，挤出鼻孔的结构，如图6-59所示。

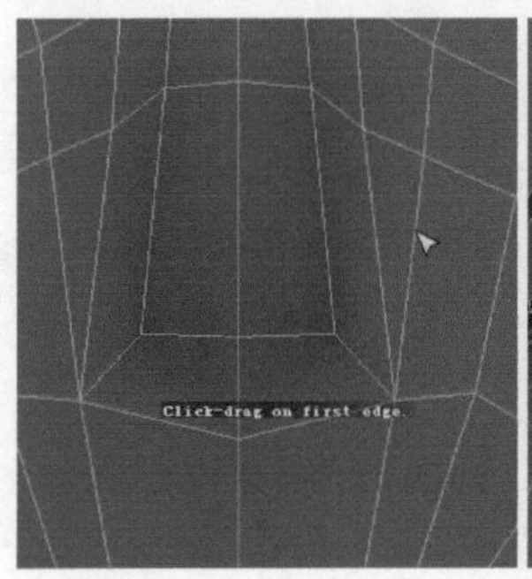

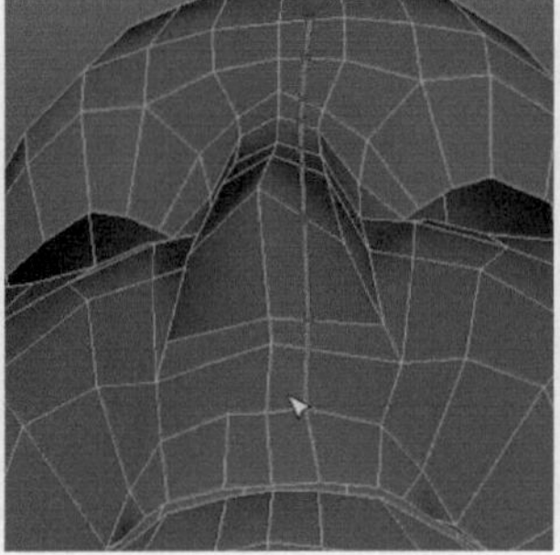
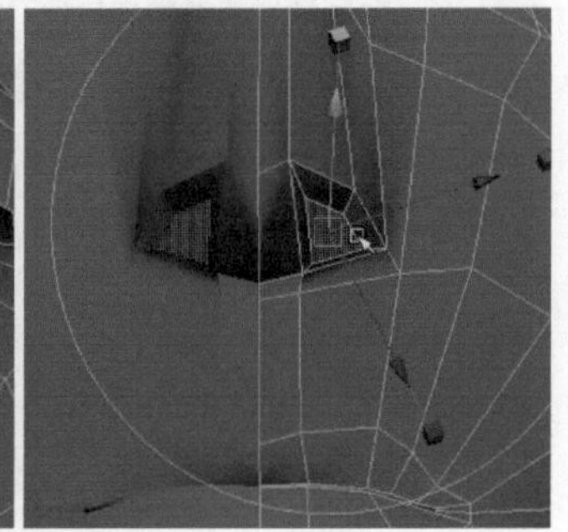

图6-59

22 执行Edit Mesh（编辑网格）>Insert Edge Loop Tool（插入循环边工具）命令，围绕鼻子和嘴部插入一条循环边。接着使用分割多边形工具，再加入一条循环边，以连接鼻翼缺失的线段，如图6-60所示。

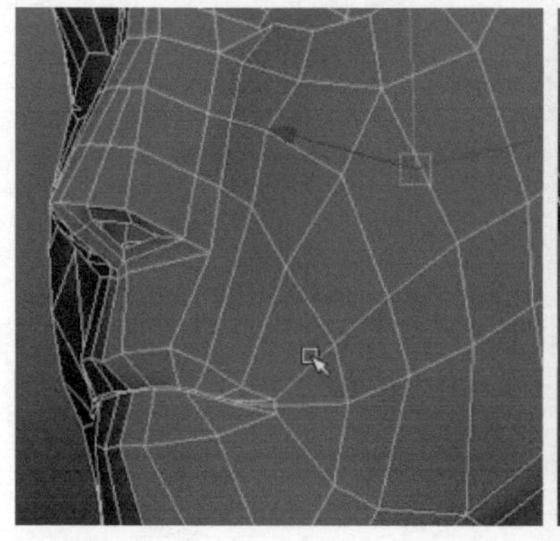

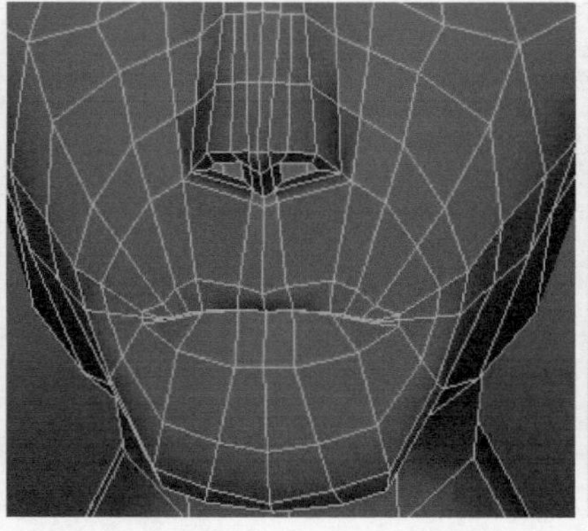

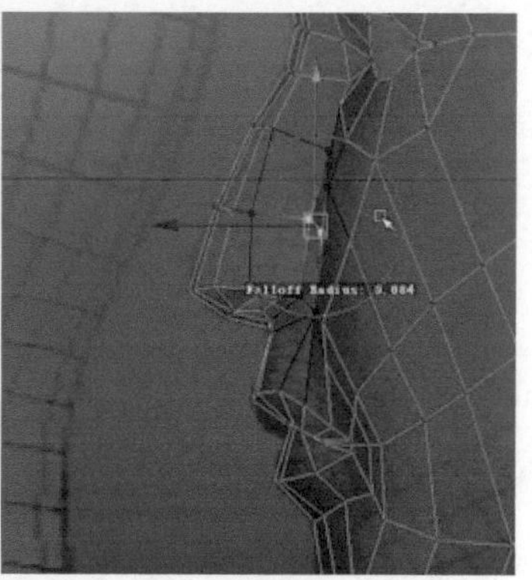

图6-60

23 选择模型，执行Mesh（网格）>Sculp Geometry Tool（雕刻几何体工具）命令，按Shift键绘制模型，可以快速地平滑模型的结构和均匀模型的布线，如图6-61所示。

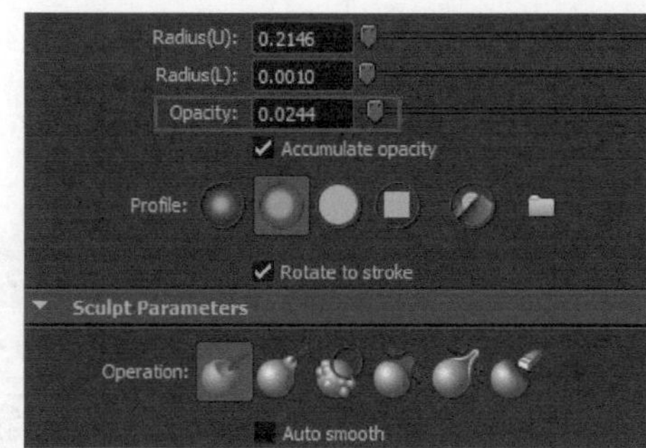

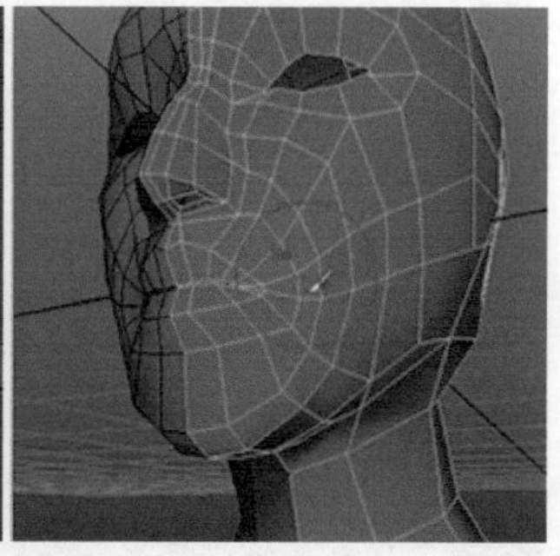

图6-61

6.3.2 眼睛细化

从正面看，平视时，一般常人的眼睛，外眼角要比内眼角略高。从侧面看，外眼角要比内眼角深，如图6-62所示。

眼睛有很多细节结构，除了双眼皮和泪腺等细节，还要注意外眼角处的穿插细节，上眼睑要压住下眼睑，如图6-63所示。

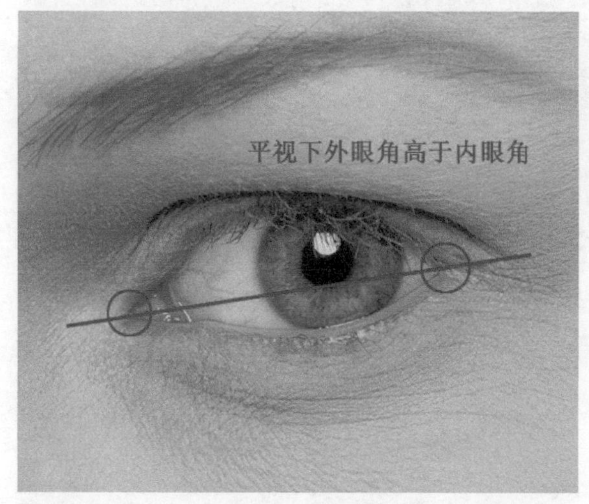

图6-62

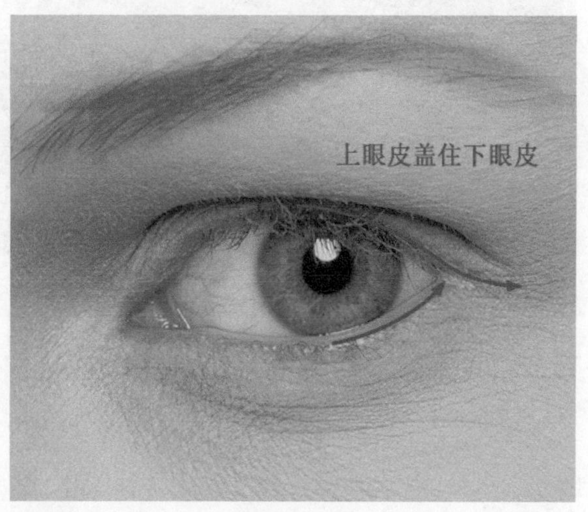

图6-63

从侧面看，眼睛的上眼睑要比下眼睑靠前，如图6-64所示。

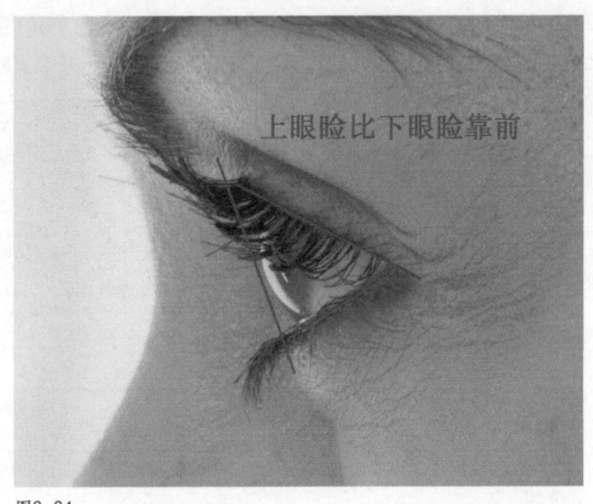

图6-64

01 执行Create（创建）>Polygon Primitives（多边形基本体）>Sphere（球体）命令，创建一个球体旋转放置在眼部位置，作为眼球。切换至点元素模式，调整眼睛的形状，使其包裹住眼球，如图6-65所示。

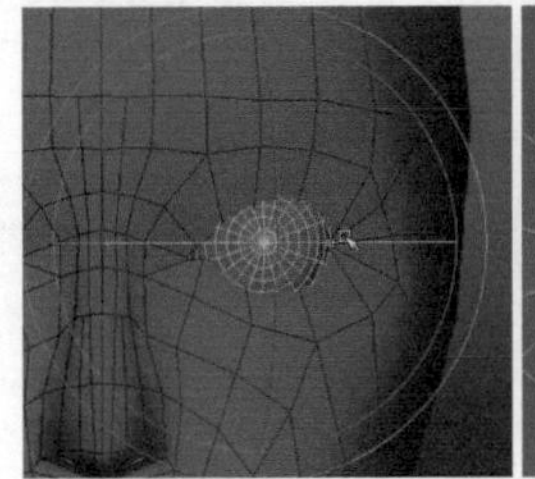

图6-65

02 选择眼睛的轮廓边，执行Edit Mesh（编辑网格）>Extrude（挤出）命令，挤出眼睛的厚度，如图6-66所示。

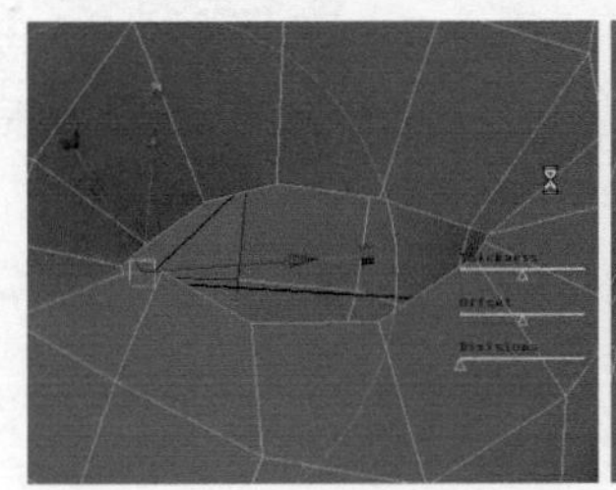

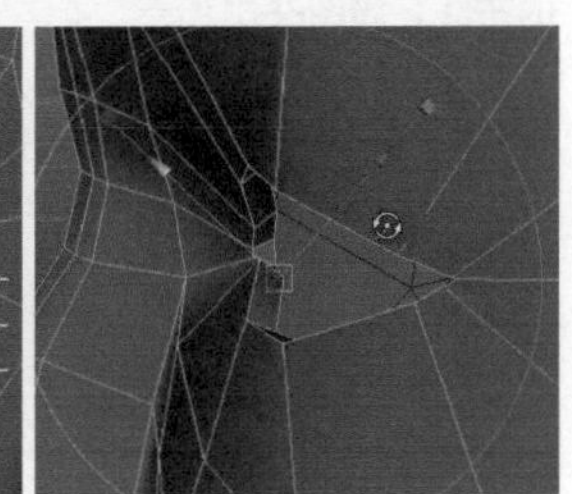

图6-66

03 执行插入循环边工具命令，在眼部插入循环边，增加眼睛形状的控制段数。执行分割多边形工具，修改内眼角处的布线，做出内眼角的结构走势，如图6-67所示。

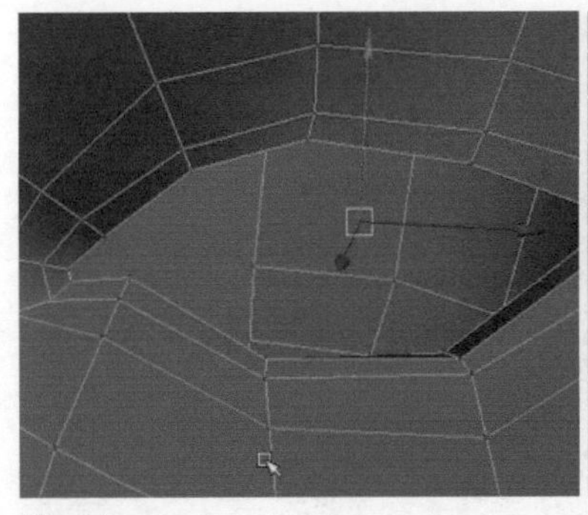

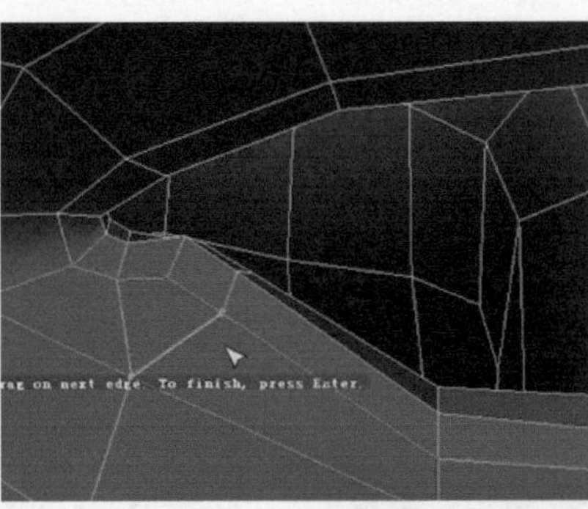

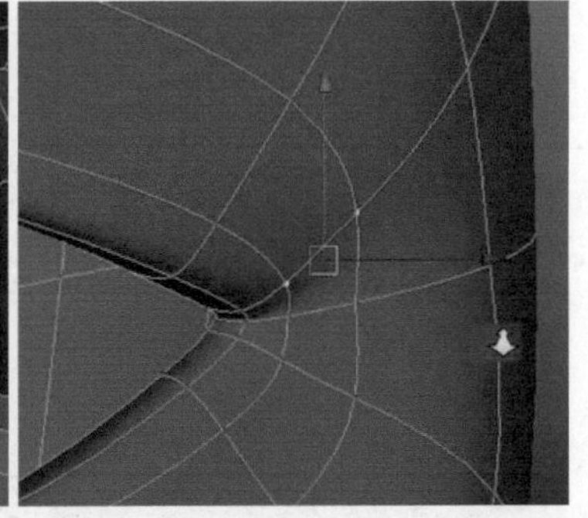

图6-67

04 继续使用插入循环边工具增加眼部的布线，并使用滑动边工具控制布线的疏密，以卡住一些细微的转折结构，如图6-68所示。

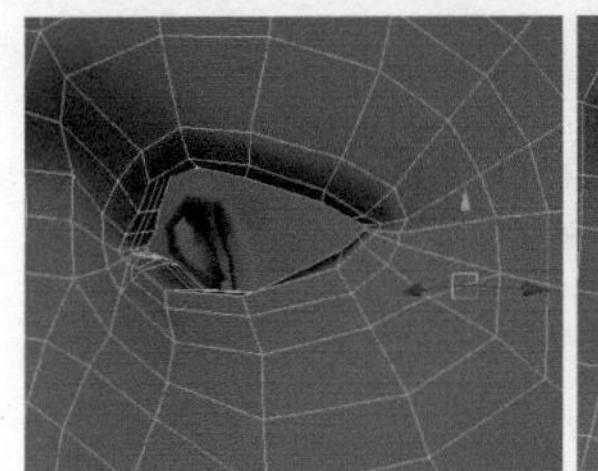

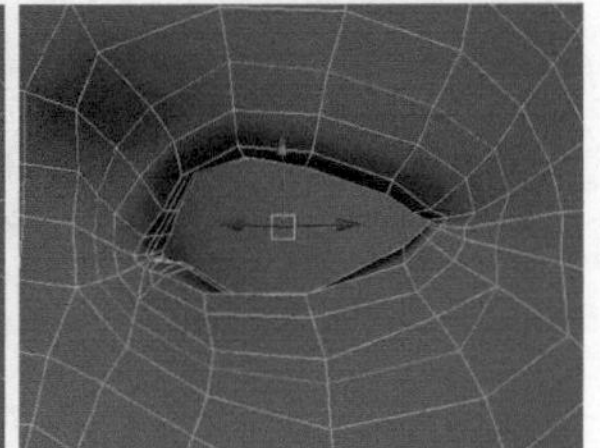

图6-68

05 使用分割多边形工具，增加眼皮位置的结构线，并做出外眼角的布线走势和结构关系，使上眼皮压住下眼皮，如图6-69所示。

图6-69

06 继续使用分割多边形工具，在上眼皮位置切出一条线段。选择这条线段，执行Edit Mesh（编辑网格）>Transform Component（变换元素）命令，把插入的线段向内推，做出双眼皮的结构，如图6-70所示。

图6-70

6.3.3 鼻子细化

鼻子的细节在于鼻翼和鼻底处的结构，鼻翼沟的线可以从鼻翼上端绕到鼻孔内，如图6-71所示。

从侧面看，鼻子位置是非常明显的轮廓转折结构，它也是体现面部主要特征的部位，制作时要注意鼻子的倾斜度以及鼻子底面与上面的体积结构，如图6-72所示。

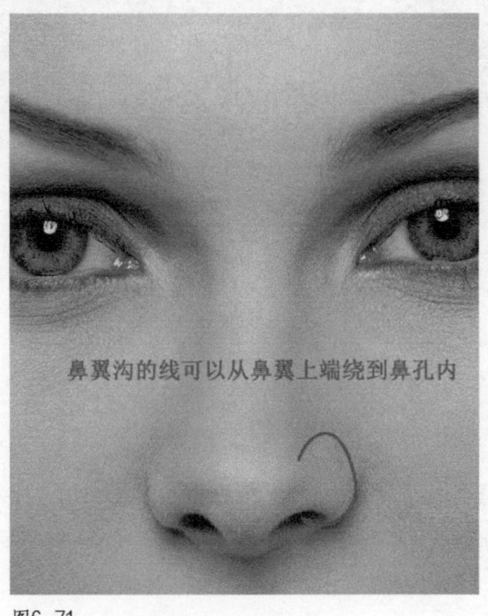

图6-71

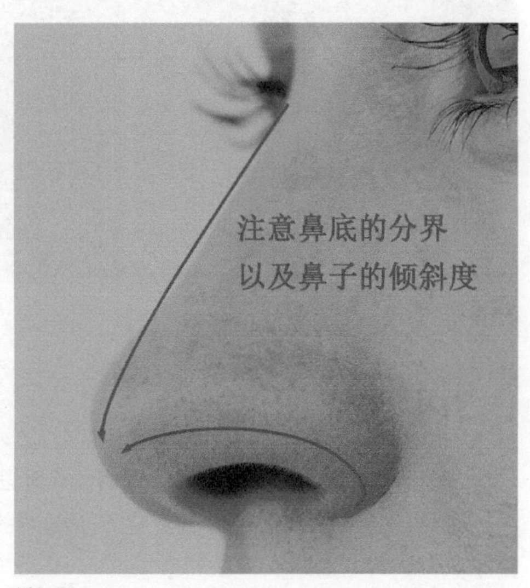

图6-72

01 执行Edit Mesh（编辑网格）>Interactive Split Tool（交互式分割工具）命令，使用分割多边形工具，切出鼻翼的位置和形状。切线完成之后会出现几处三角面，这里需要对其处理。选择三角面的其中一条边，执行Edit Mesh（编辑网格）>Merge To Center（合并到中心）命令，把边合并为一点，这样就去除三角面了，如图6-73所示。

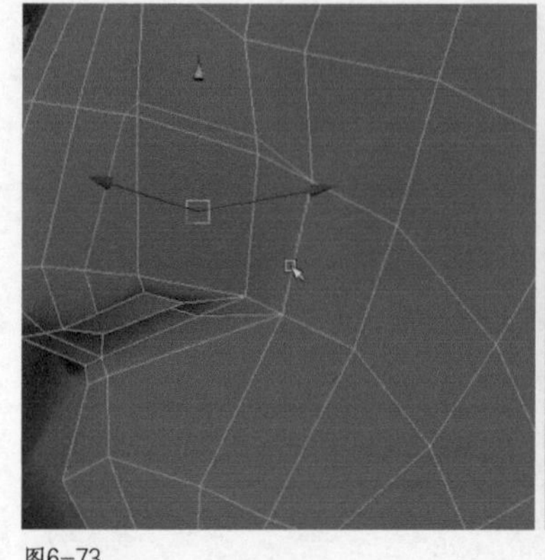
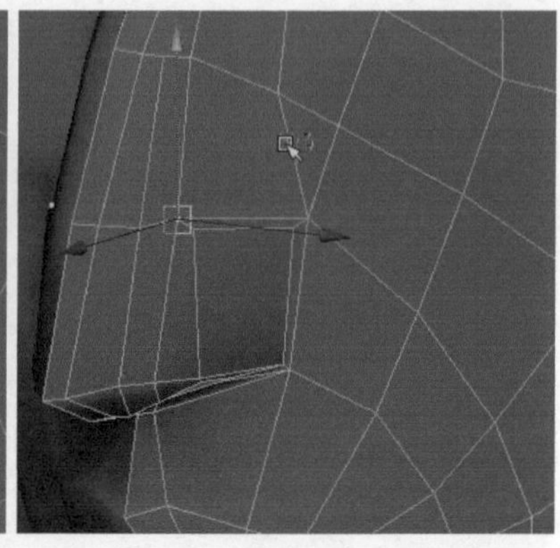

图6-73

02 使用分割多边形工具和插入循环边工具增加鼻翼和嘴部的布线，使其有足够的控制点。切换至侧视图对鼻翼的形状进行移动调整，如图6-74所示。

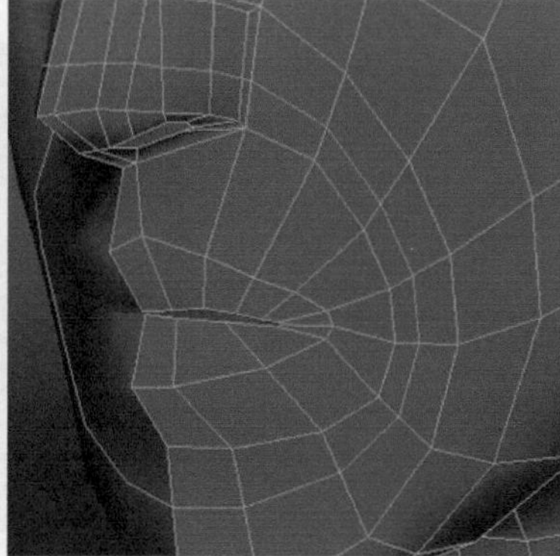
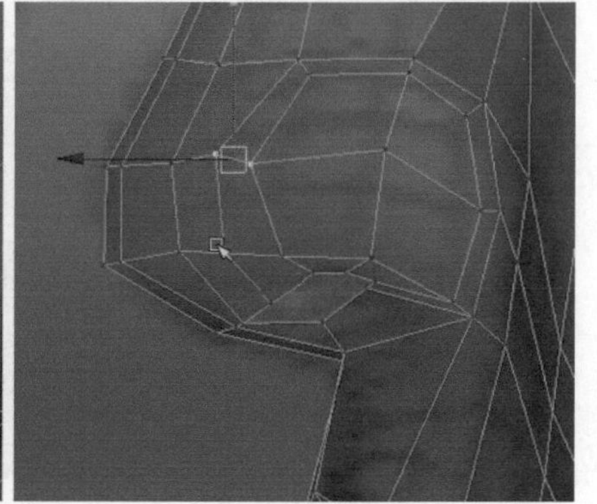

图6-74

03 使用合并点和分割多边形工具的命令，修改和平均鼻背的布线，如图6-75所示。

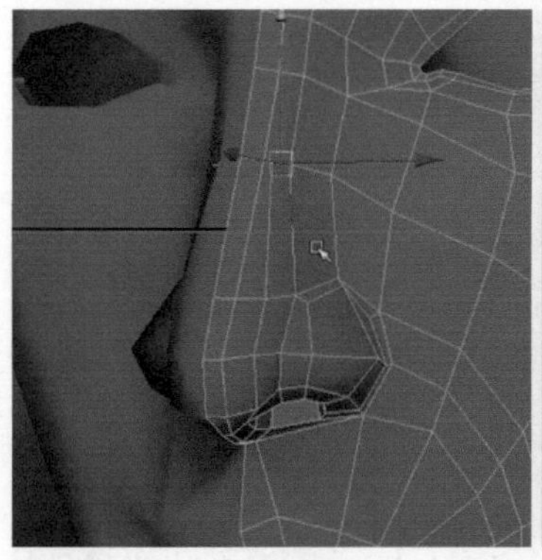

图6-75

6.3.4 嘴部细化

嘴唇有比较多的细节结构，上嘴唇的轮廓呈燕子状，下嘴唇的嘴角处要穿插进口角内，如图6-76所示。

嘴唇的边缘轮廓有软硬的变化，上嘴唇的轮廓比较硬，下嘴唇的轮廓中间比较硬两端比较软，如图6-77所示。

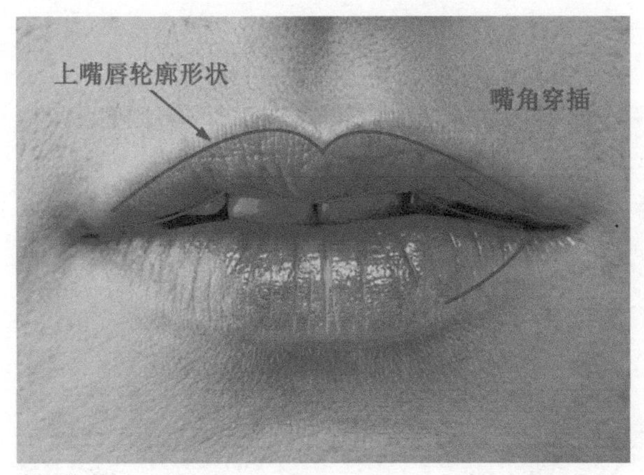

图6-76

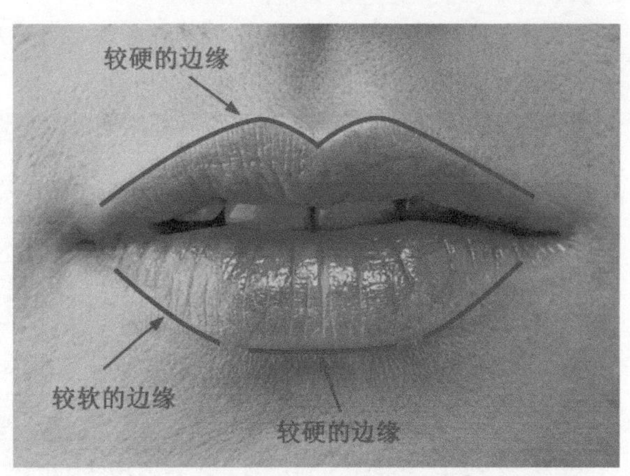

图6-77

从侧面看，嘴唇的体积是有细微的起伏变化，同时也要注意上下嘴唇的前后关系，一般情况是上嘴唇比下嘴唇靠前，如图6-78所示。

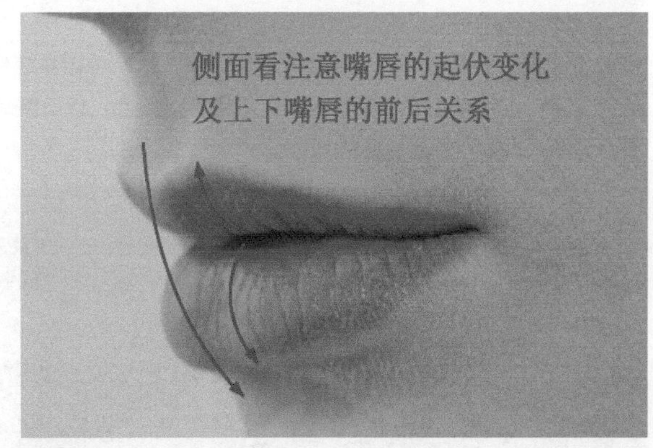

图6-78

01 执行Edit Mesh（编辑网格）>Insert Edge Loop Tool（插入循环边工具）命令，使用插入循环边工具，在上下嘴唇处平均插入两条循环边，调整嘴唇的起伏结构以及嘴角的穿插结构，如图6-79所示。

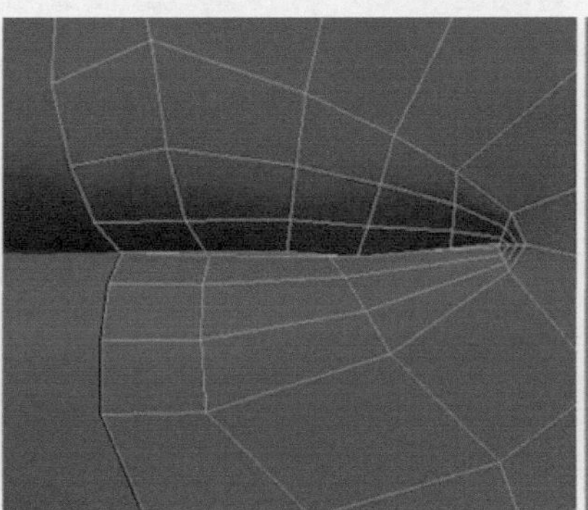
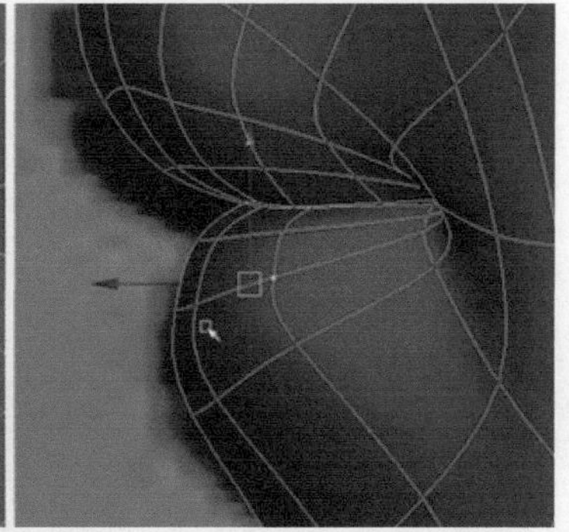
图6-79

02 继续使用插入循环边工具，在嘴部位置插入一条循环边，切换至点元素模式，调整嘴部的起伏以及颏唇沟的结构，如图6-80所示。

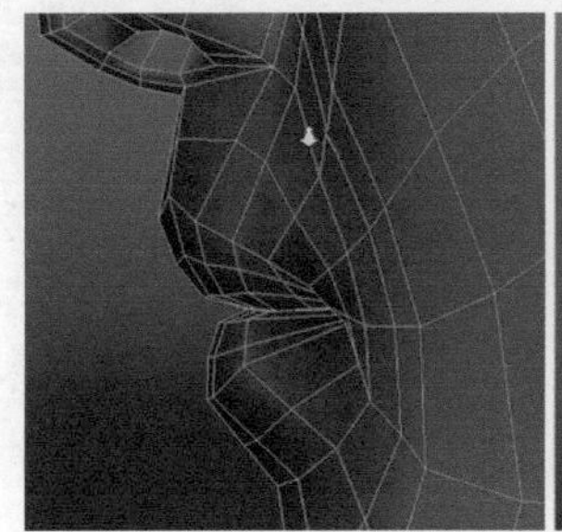
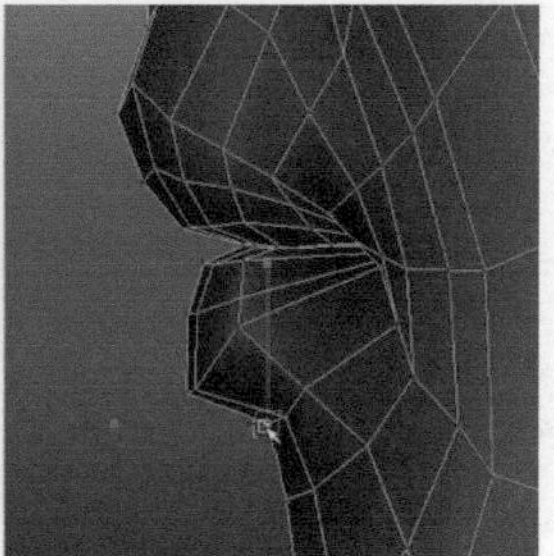
图6-80

03 使用分割多边形工具和插入循环边工具在嘴部的人中位置加线，这样既可以卡出人中的转折结构，又可以去除这里的多边面，如图6-81所示。

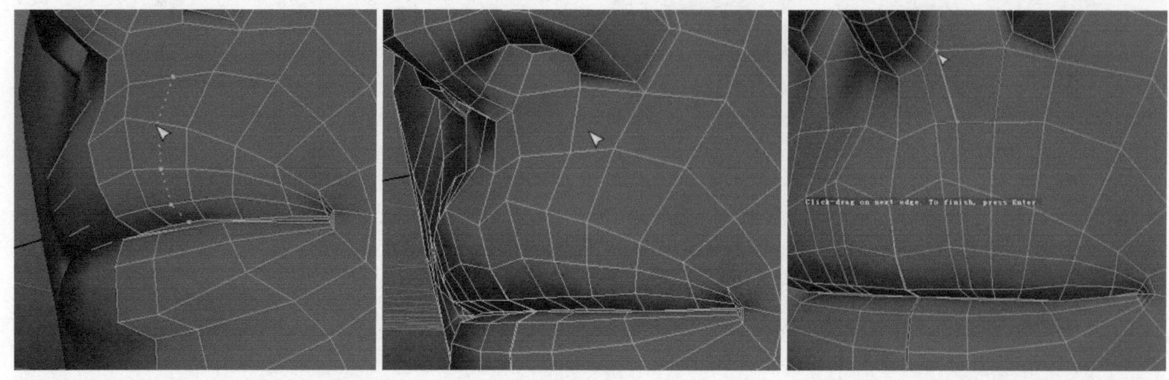

图6-81

04 使用插入循环边工具在嘴唇的轮廓位置插入一条循环结构线。执行Edit Mesh（编辑网格）>Slide Edge Tool（滑动边工具）命令，对下唇至嘴角的边进行滑动松弛，做出嘴部轮廓软硬的变化，最后切换至点元素模式，对嘴唇的形状再次进行调整，如图6-82所示。

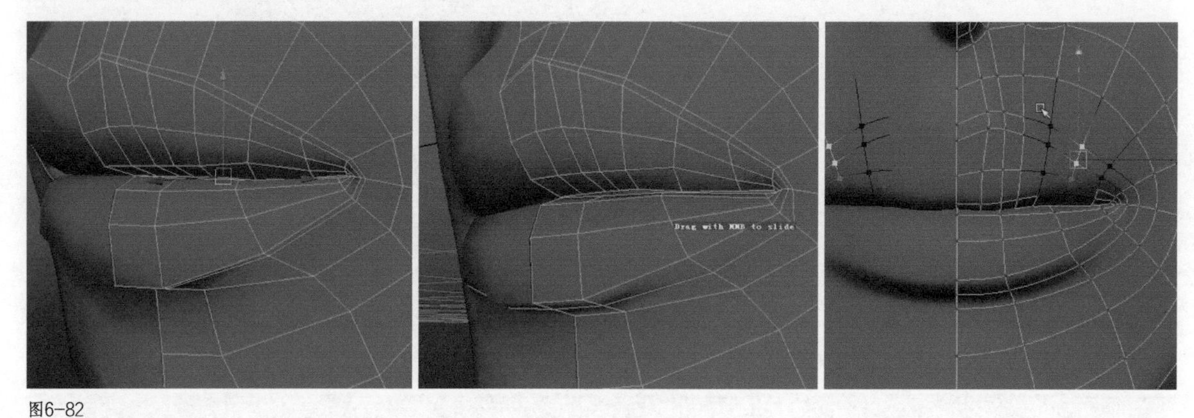

图6-82

6.3.5 耳朵细化

耳朵的结构虽然复杂，但是可以把它简化成9和y的形状来看，如图6-83所示。

从背面看耳朵的结构，是由圆柱体状的耳壳结构穿插进耳轮，如图6-84所示。

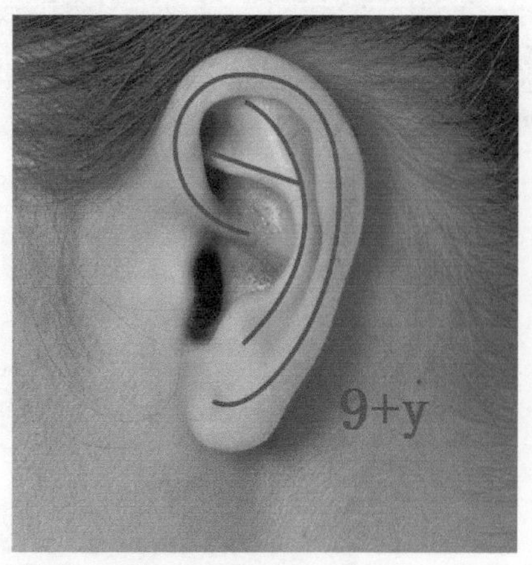

图6-83

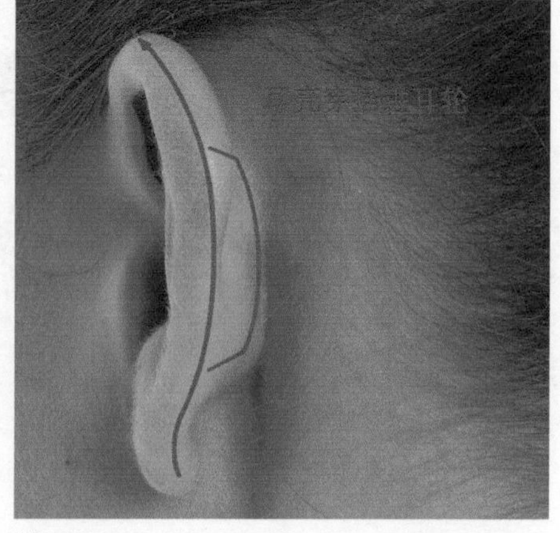

图6-84

01 切换到侧视图中，执行Mesh（网格）>Creat Polygon Tool（创建多边形工具）命令，单击鼠标左键以创建点的形式绘制耳朵对耳轮的y字结构，按Enter键结束绘制操作。执行Edit Mesh（编辑网格）>Interactive Split Tool（交互式分割工具）命令，使用分割多边形工具对绘制的面片进行切割布线，如图6-85所示。

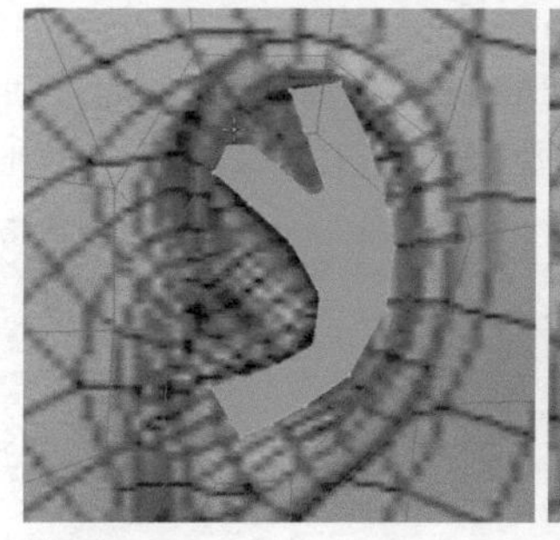
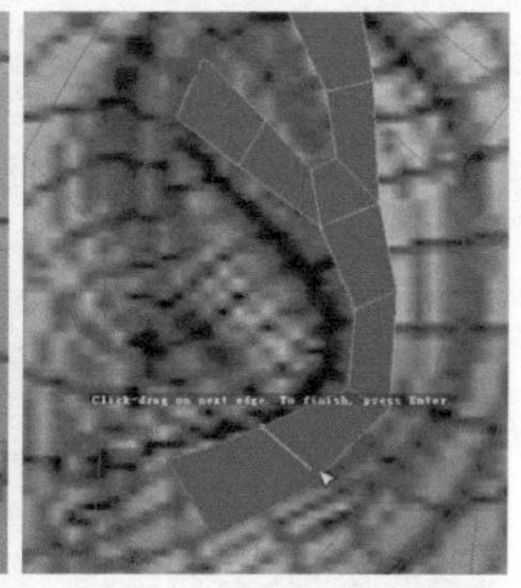

图6-85

02 继续使用创建多边形工具绘制耳轮的形状。选择耳轮面片，依次执行Mesh（网格）>Triangulate（三角面）和Mesh（网格）>Quadrangulate（四边面）命令，自动完成布线的操作，如图6-86所示。

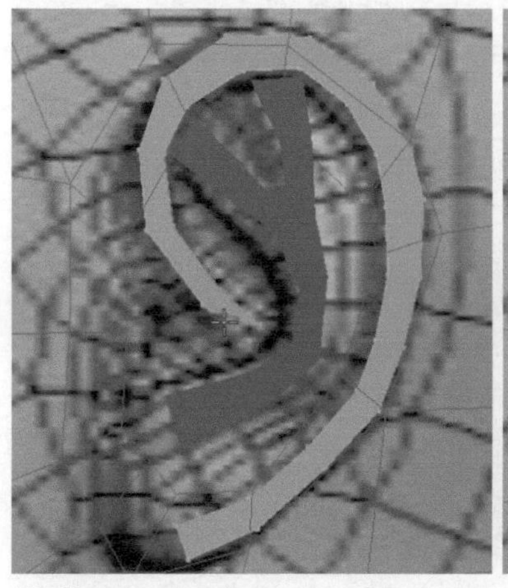
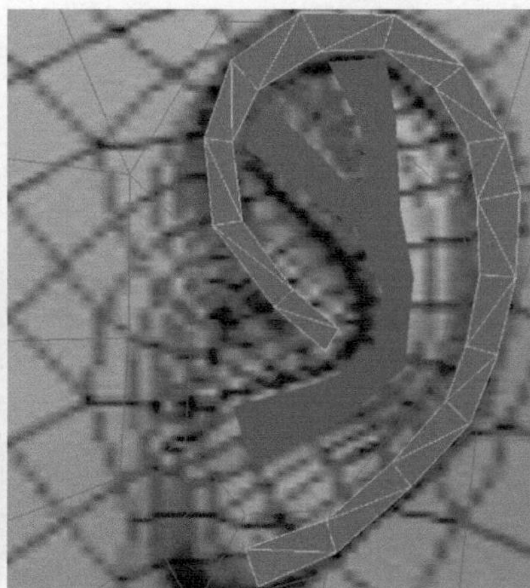
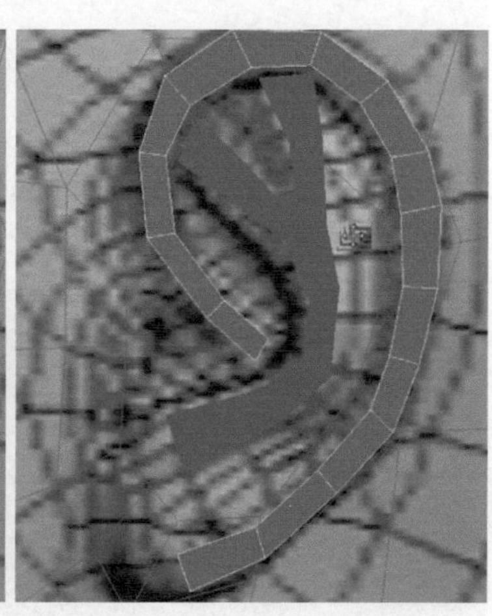

图6-86

03 切换至前视图，按“B”键开启软选择，根据参考图调整耳朵的位置与形状，如图6-87所示。

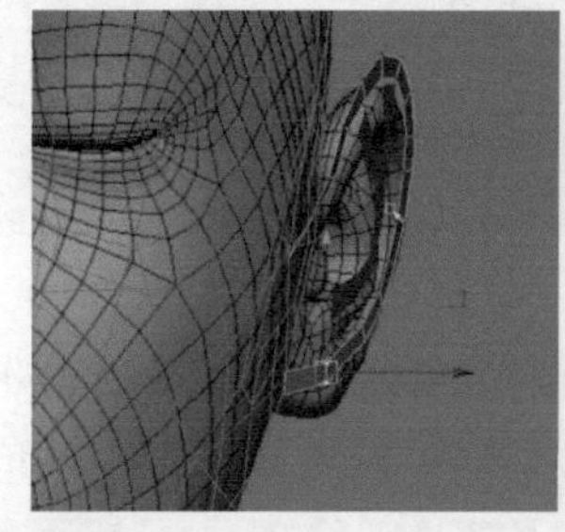
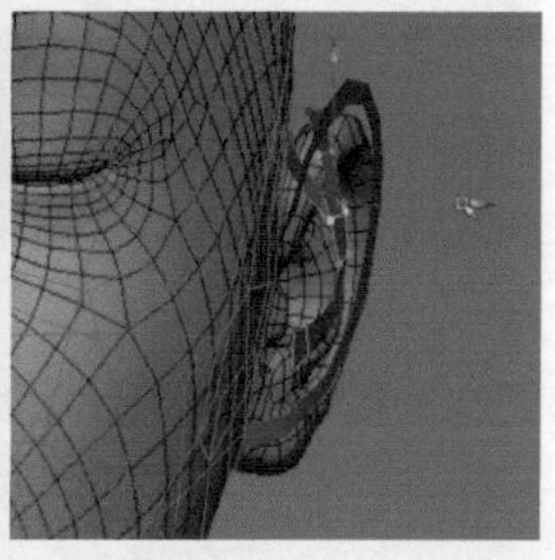

图6-87

04 选择耳轮的内边，执行Edit Mesh（编辑网格）>Extrude（挤出）命令，向内挤出一段距离。按“V”键打开点吸附，把对耳轮顶部的点与附近耳轮的点进行吸附。选择对耳轮的轮廓边，挤出一段距离，如图6-88所示。

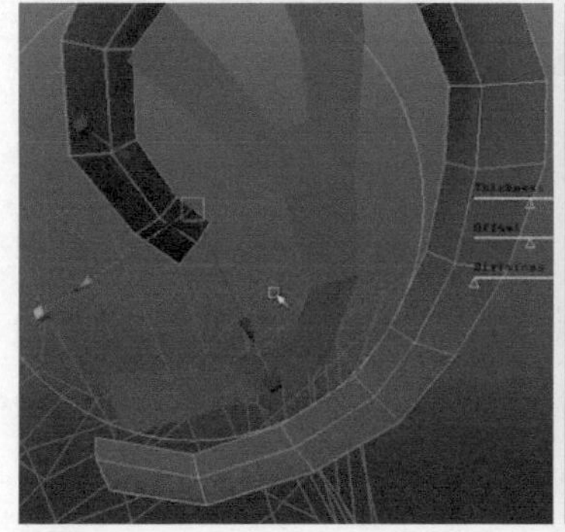
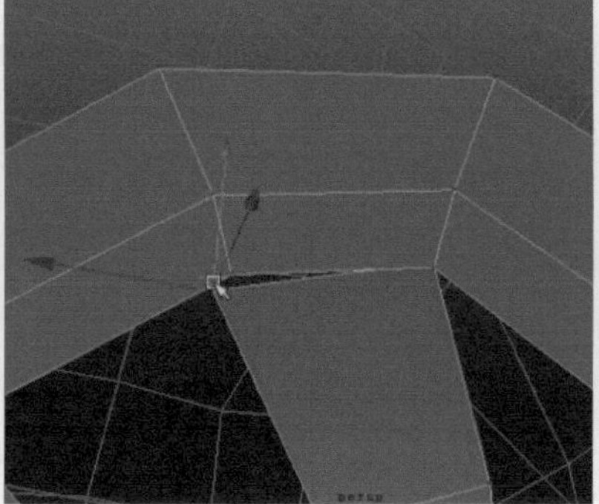
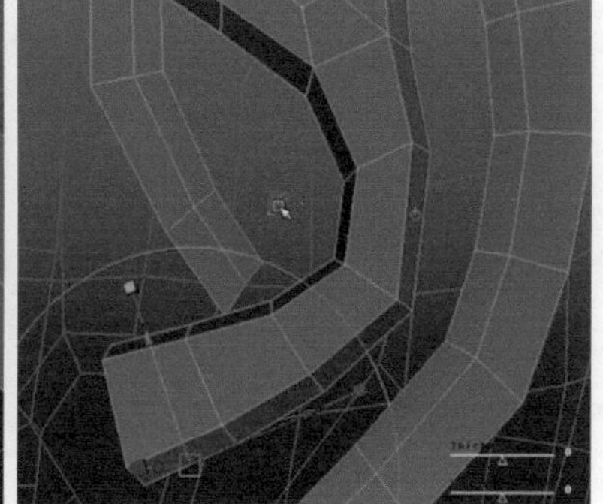

图6-88

05 选择耳轮和对耳轮，执行Mesh（网格）>Combine（合并）命令，把它们合并为一个物体。选择之前吸附的点，执行Edit Mesh（编辑网格）>Merge（合并）命令，把点进行合并。选择镂空处的循环边，执行Mesh（网格）>Fill Hole（填充洞）命令，填补镂空区域的面。使用分割多边形工具，对填补的区域连接布线，如图6-89所示。

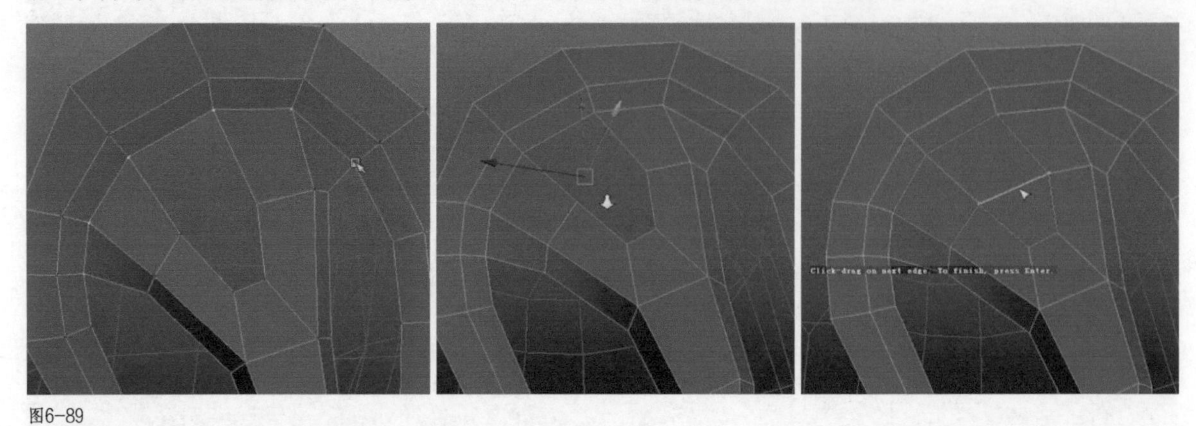

图6-89

06 选择底端的两条边，执行Edit Mesh（编辑网格）>Bridge（桥接）命令，连接出一个新面，然后同样对镂空区域进行填补和布线的操作，如图6-90所示。

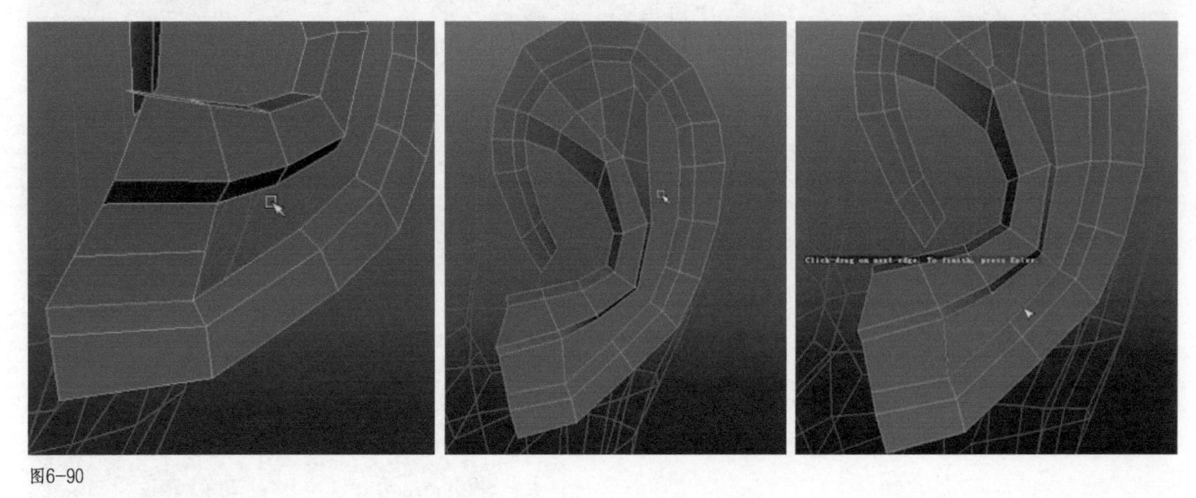

图6-90

07 选择耳轮起始端的边，执行Edit Mesh（编辑网格）>Extrude（挤出）命令，挤出一段距离，然后在右侧插入循环边，使它与耳轮起始端的点数相对应，打开点吸附，把它们的点进行吸附并合并，如图6-91所示。

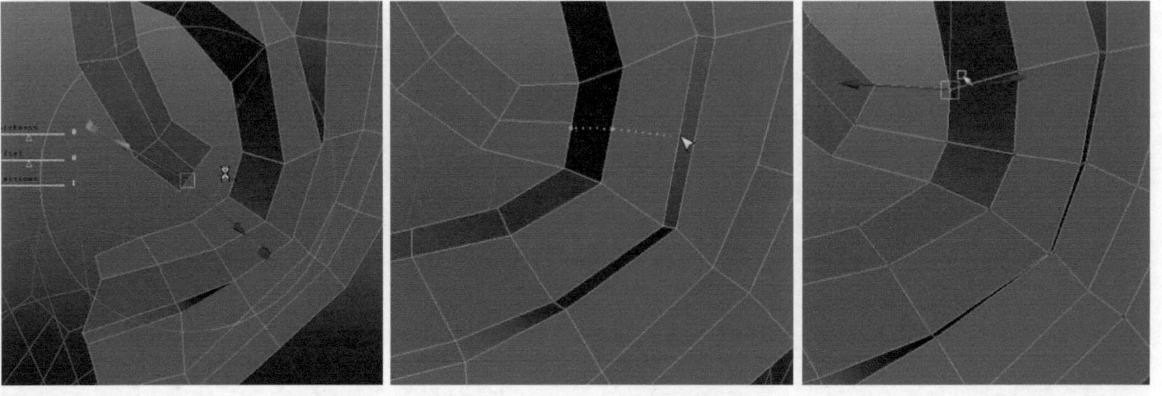

图6-91

08 用之前相同的方法，使用填充洞的命令把耳朵镂空的区域进行填补，使用分割多边形工具对其布线连接，如图6-92所示。

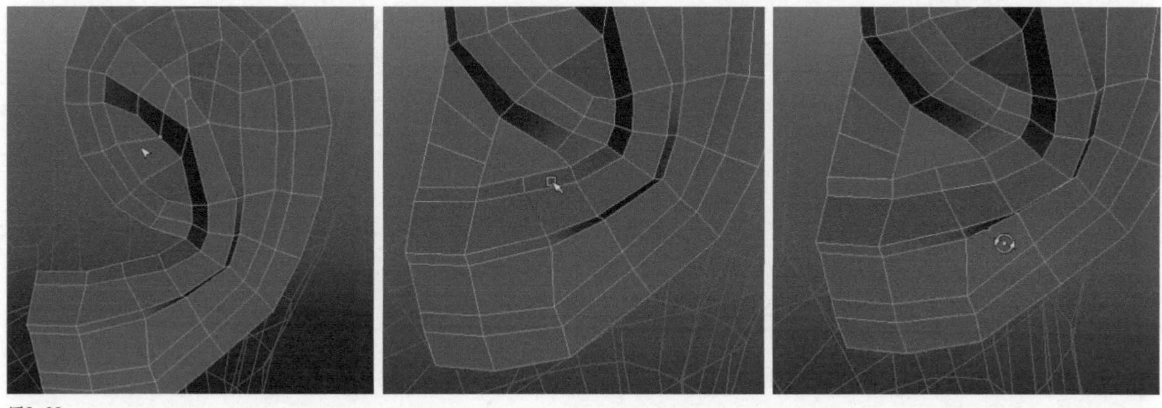

图6-92

09 选择耳洞位置的面，执行Edit Mesh（编辑网格）>Extrude（挤出）命令，挤出耳洞的深度，并进行布线和调点，如图6-93所示。

图6-93

10 使用分割多边形工具，根据耳屏的结构更改布线的走势，并对这里的布线进行优化和规整，如图6-94所示。

图6-94

11 选择耳轮结构内的边，往内部移动调整，做出耳轮的转折结构，并使用滑动边工具，滑动松弛耳垂处的布线，如图6-95所示。

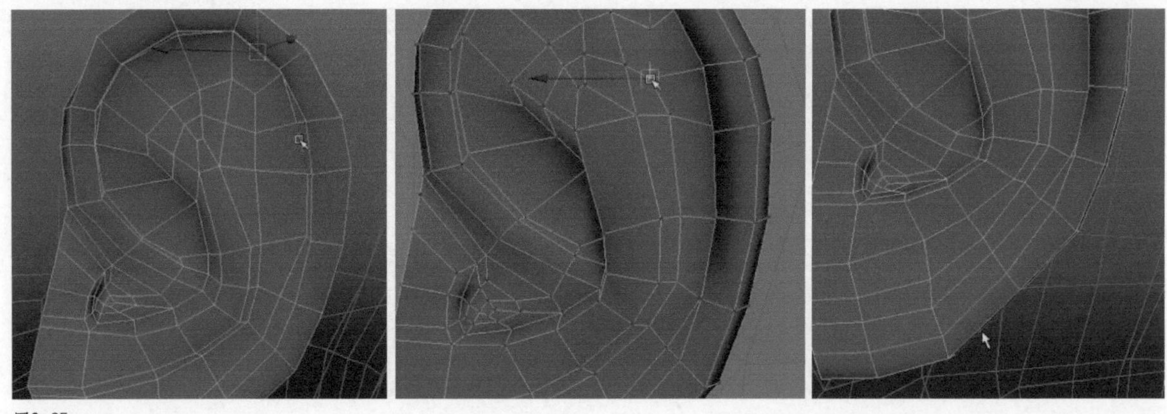

图6-95

12 使用分割多边形工具和插入循环边工具，对耳甲艇的位置的布线进行补充和调整，适当去除多余的三角面和多边面，如图6-96所示。

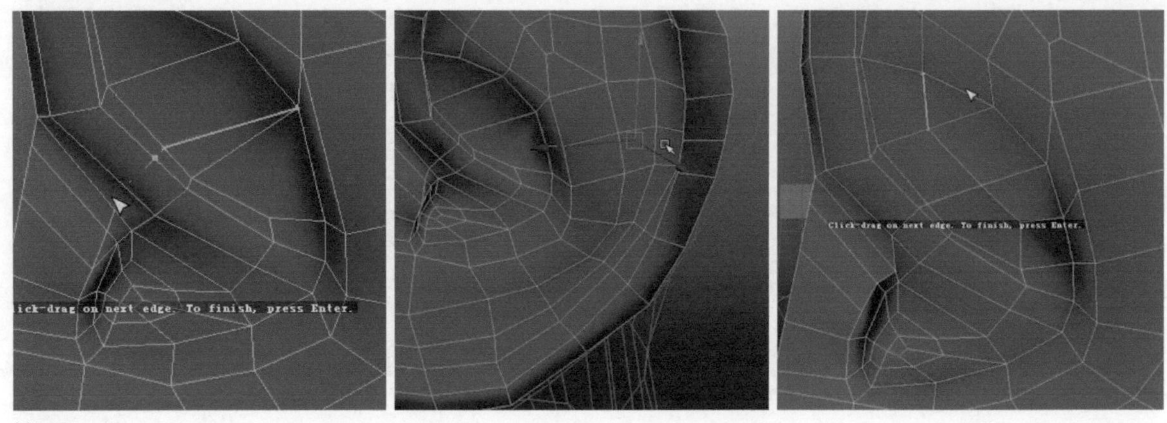

图6-96

13 选择耳垂处的3个点，执行Edit Mesh（编辑网格）>Merge To Center（合并到中心）命令，把点进行合并，然后再删除不需要的边，如图6-97所示。

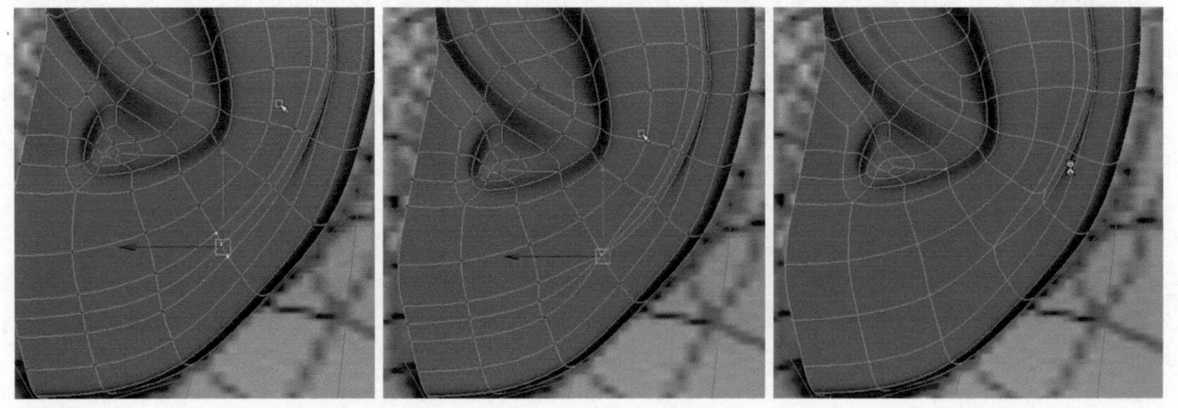

图6-97

6.3.6 耳部与头部缝合

耳朵与头部缝合时要注意耳朵与头部的比例位置关系。从正面看，耳朵顶端与眉弓齐平，耳朵底端与鼻翼齐平；从侧面看，外眼角到耳屏的垂直距离等于外眼角到嘴角的垂直距离，如图6-98所示。

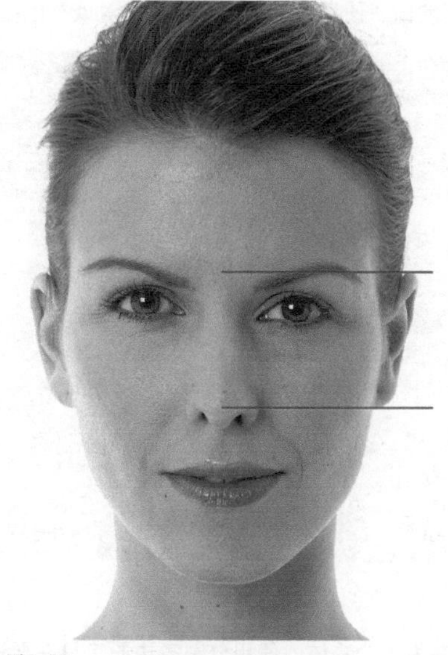
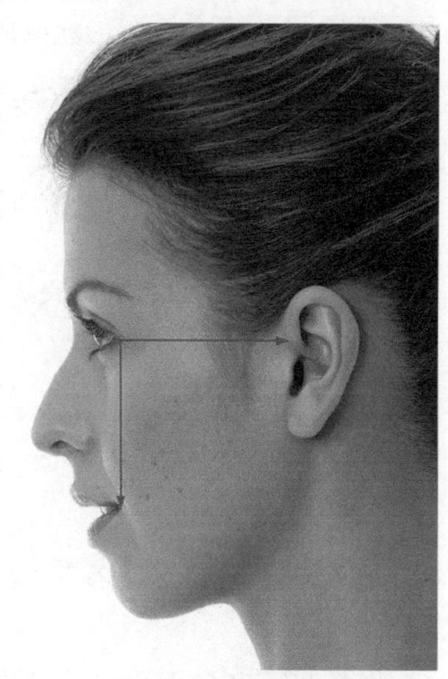

图6-98

01 选择头部模型，执行Modify（修改）>Make Live（激活）命令，把头部作为吸附物体，然后选择耳朵前部的点，吸附到头部耳朵位置的面上。使用分割多边形工具在头部耳朵位置加线，使其与耳朵的点数相对应，然后按V键点对点进行吸附，如图6-99所示。

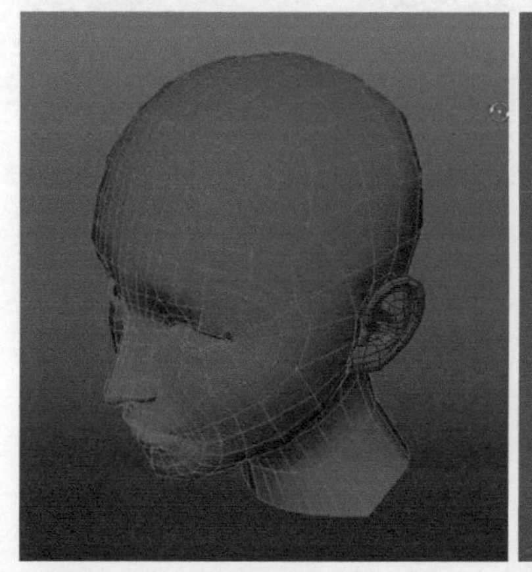
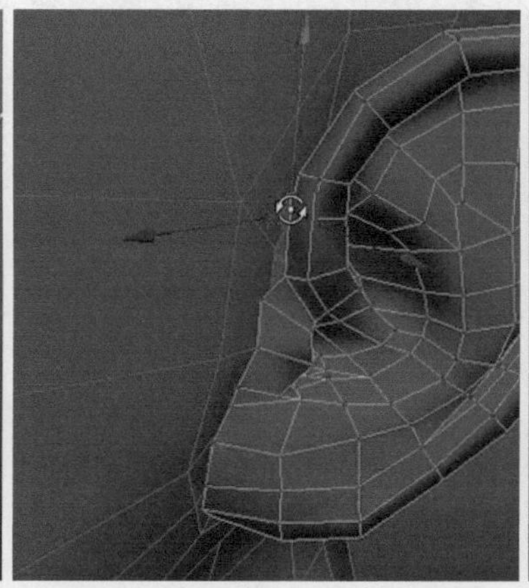
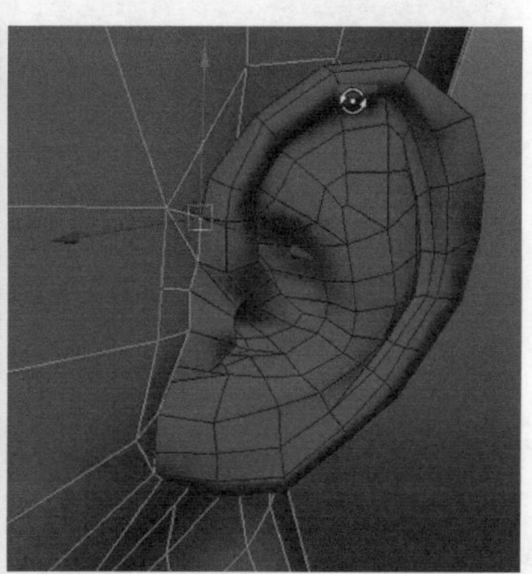

图6-99

02 选择头部耳朵位置的衔接循环边，执行Edit Mesh（编辑网格）>Extrude（挤出）命令，挤出耳壳。选择挤出的耳壳的面，执行Mesh（网格）>Extract（提取）命令，把面提取分离，如图6-100所示。

图6-100

03 选择耳壳和耳朵，执行Mesh（网格）>Combine（合并）命令，把它们合并为一个物体。选择耳壳两端的点与附近的耳朵的点，执行Edit Mesh（编辑网格）>Merge（合并）命令，把点进行合并。选择镂空处的循环边，执行Mesh（网格）>Fill Hole（填充洞）命令，填补镂空区域的面。使用分割多边形工具，对填补的区域连接布线，如图6-101所示。

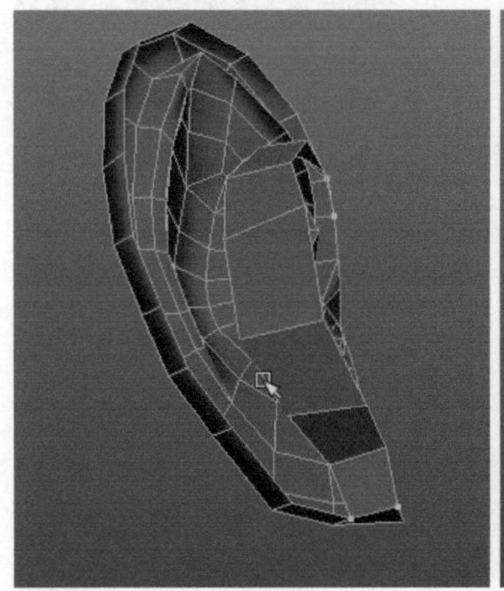
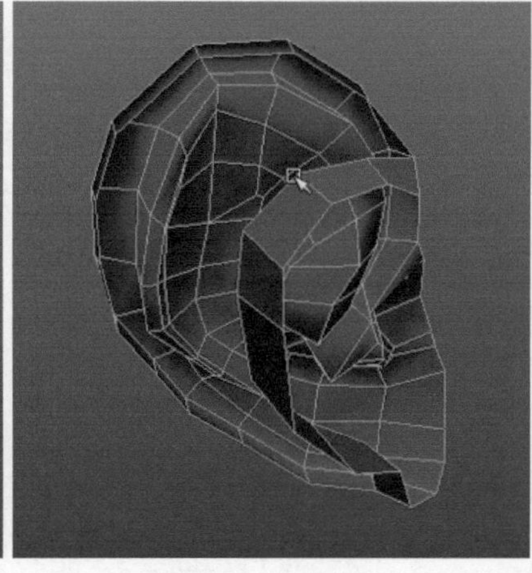
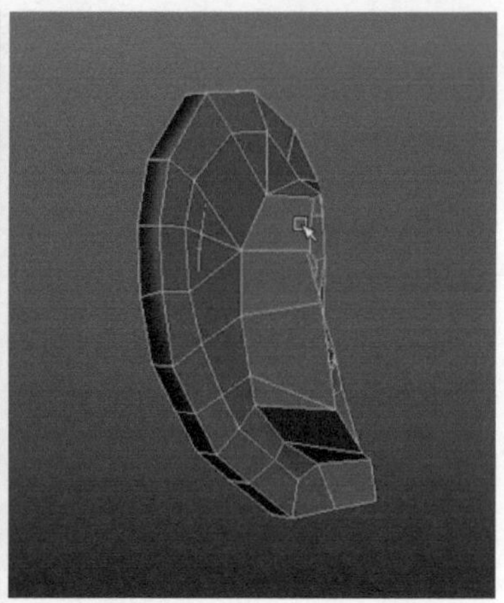

图6-101

04 选择头部和完成的耳朵，把它们合并为一个物体。使用分割多边形工具在要进行衔接的部位加线，使它们在合并时有相对应的点。选择衔接处的所有点，执行Edit Mesh（编辑网格）>Merge（合并）命令，把点进行合并，完成耳朵的最终制作与头部的衔接，如图6-102所示。

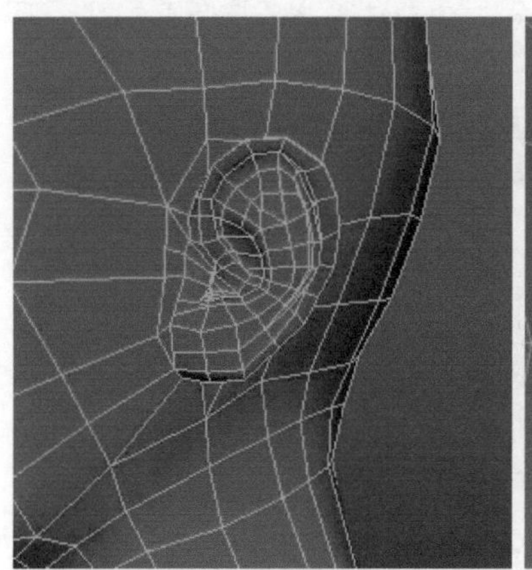
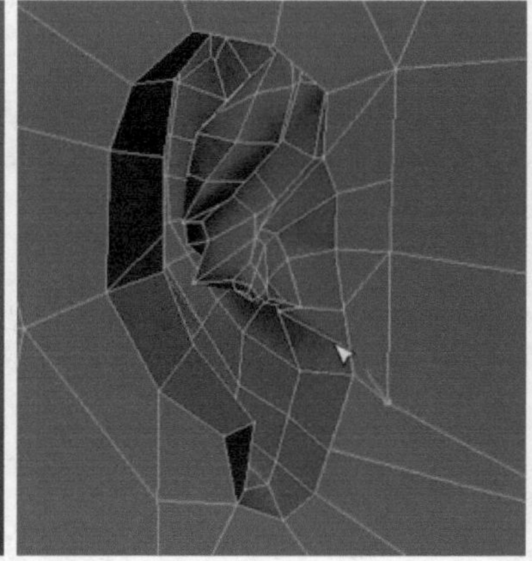
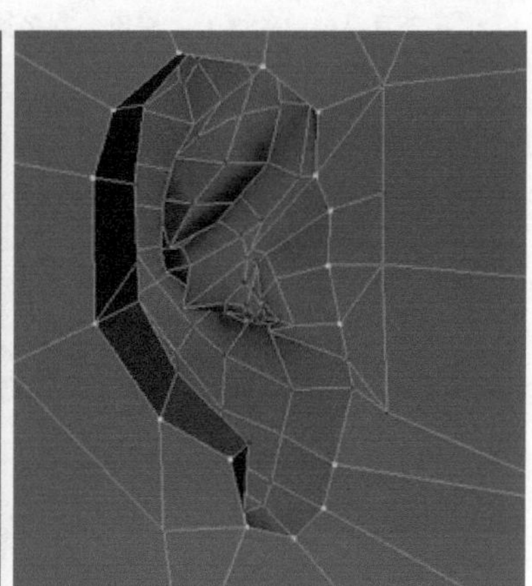

图6-102

6.3.7 面部特征调整

在头部及五官的制作完成之后，所要做的就是对五官及面部做最终的调整，这一步是十分重要的，它是对模型的进一步美化，对角色的进一步塑造，体现其性格特征。不同的人有不同的面貌，虽然结构都大体相像，但是整体看去每个人却是不同的面相感觉，如图6-103所示。

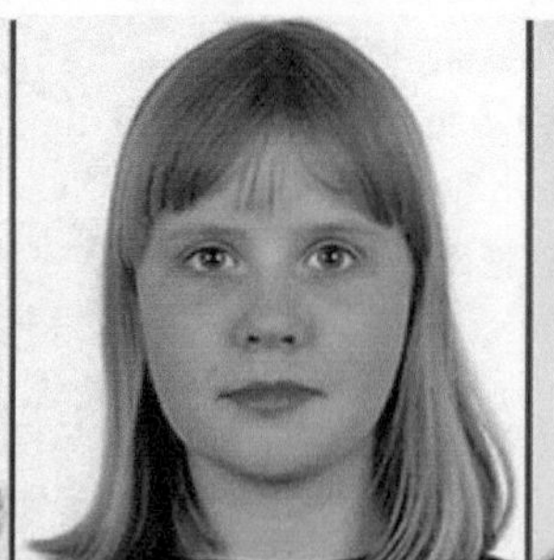

图6-103

01 切换至点元素模式，开启软选择，调整鼻梁、鼻头和鼻翼的形状。选择模型，执行Mesh（网格）>Sculp Geometry Tool（雕刻几何体工具）命令，按Shift键绘制鼻子部分，做出鼻子结构转折的软硬变化，如图6-104所示。

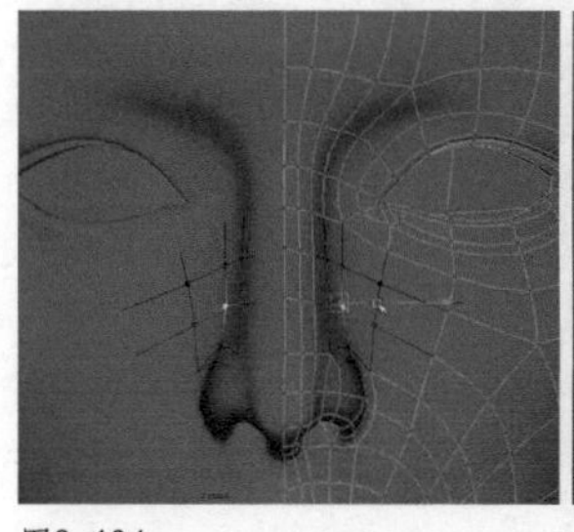
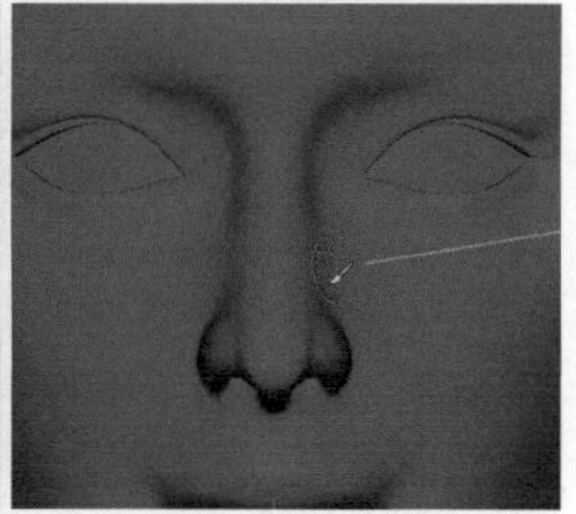
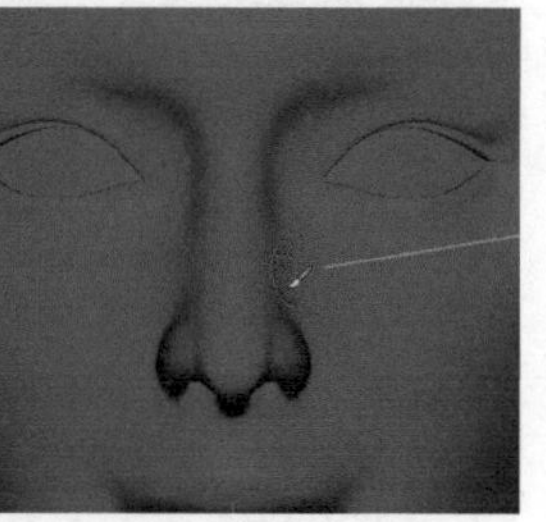

图6-104

02 切换至点元素模式，调整眉弓的高度和眼睛的形状，要注意眼角的结构走向和穿插，如图6-105所示。

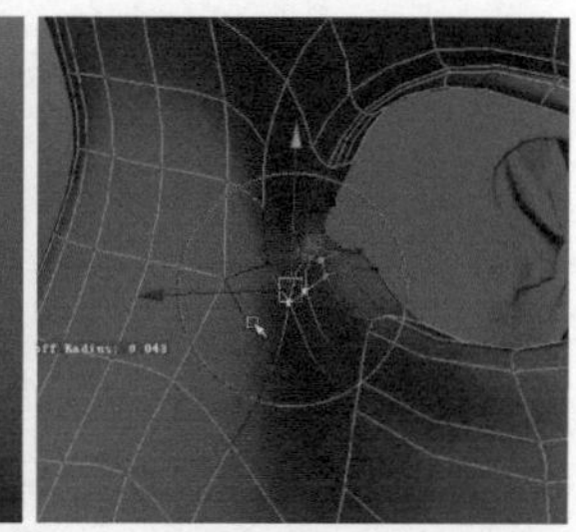

图6-105

03 调整上下嘴唇的厚度以及嘴角处的穿插结构，把上唇结节的结构也适当强调一下，如图6-106所示。

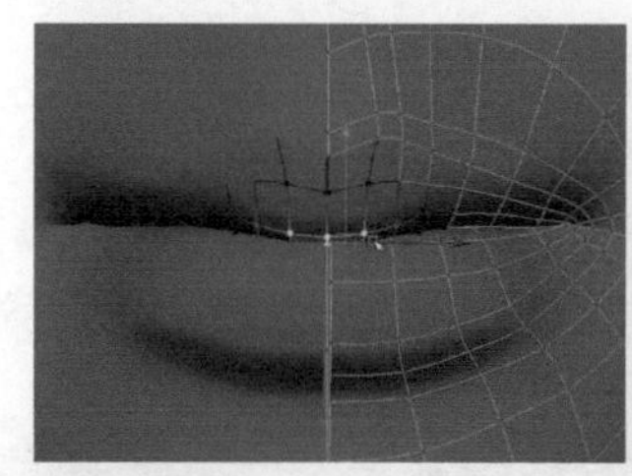
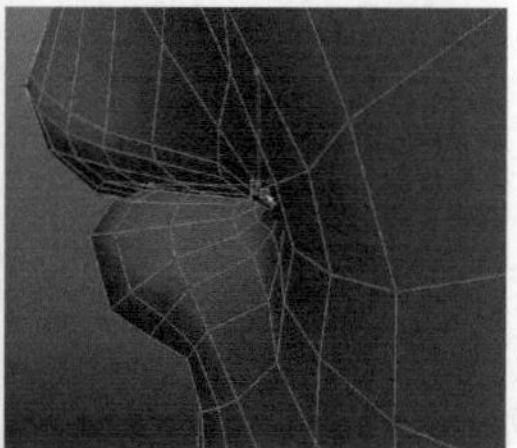

图6-106

04 创建一个立方体，放置在面部位置，作为参照模型，切换至侧视图，选择耳朵部分的点，开启软选择，调整耳朵的位置，如图6-107所示。

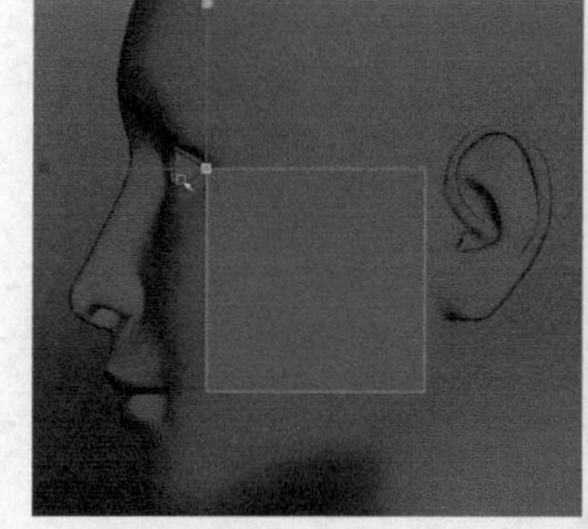
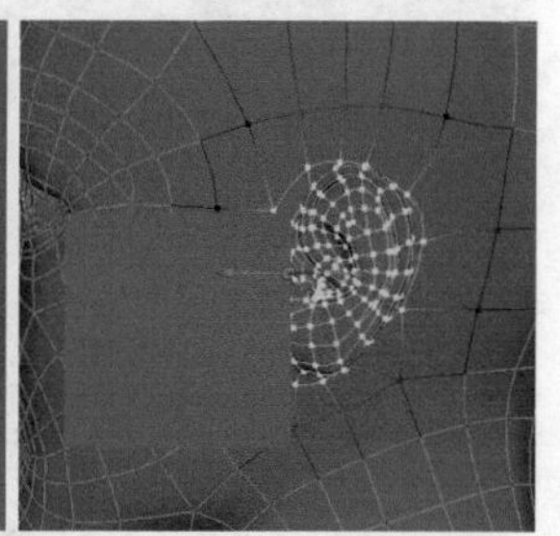

图6-107

05 使用雕刻几何体工具，对面部颧骨位置、嘴部肌肉位置以及下颌位置进行调整，适当强调下结构的凹凸，如图6-108所示。

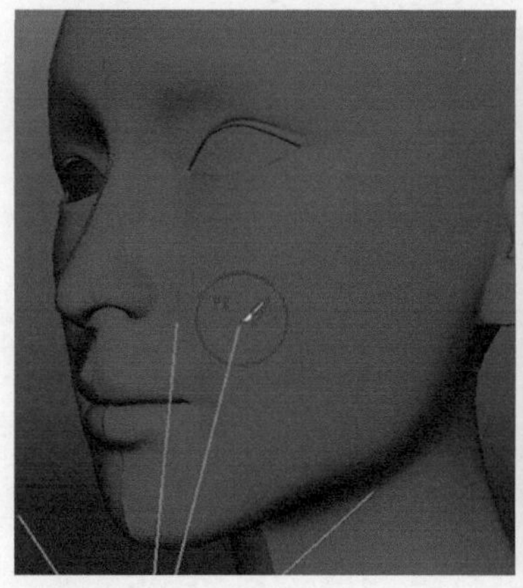
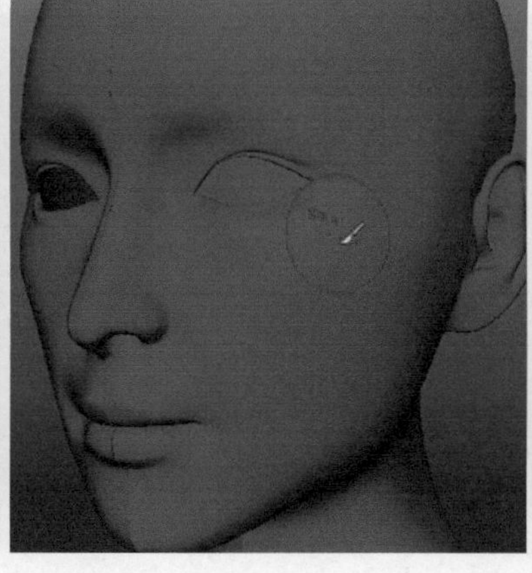
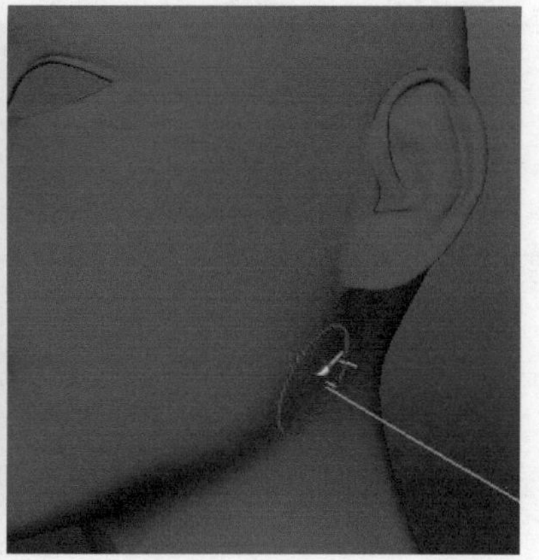

图6-108

6.3.8 眼球制作

从侧面看，眼球并不是一个表面完全光滑的球体，在虹膜和瞳孔位置会有微微的凸起呈扁形半球状，如图6-109所示。

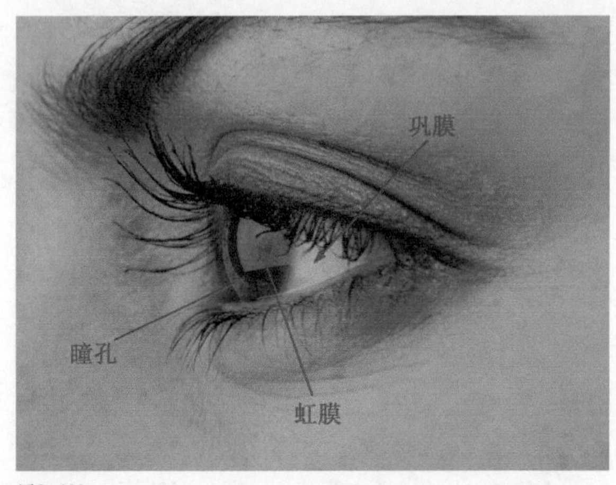

图6-109

01 选择眼部球体，复制一个作为备份。执行Edit Mesh（编辑网格）>Insert Edge Loop Tool（插入循环边工具）命令，使用插入循环边工具，在瞳孔位置插入一条循环边。选择瞳孔位置的面，执行Edit Mesh（编辑网格）>Extrude（挤出）命令，向内挤出一段距离，如图6-110所示。

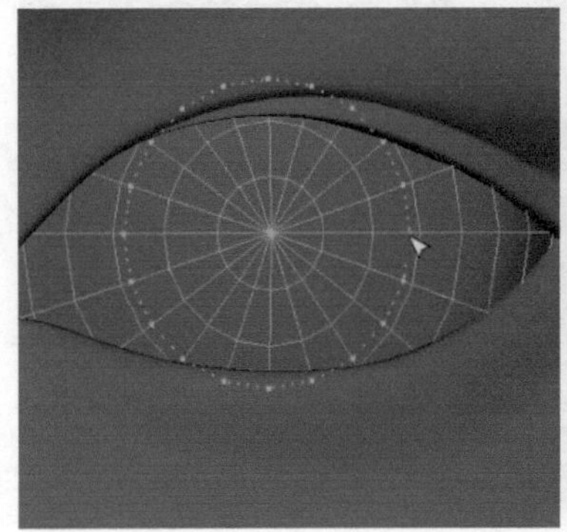
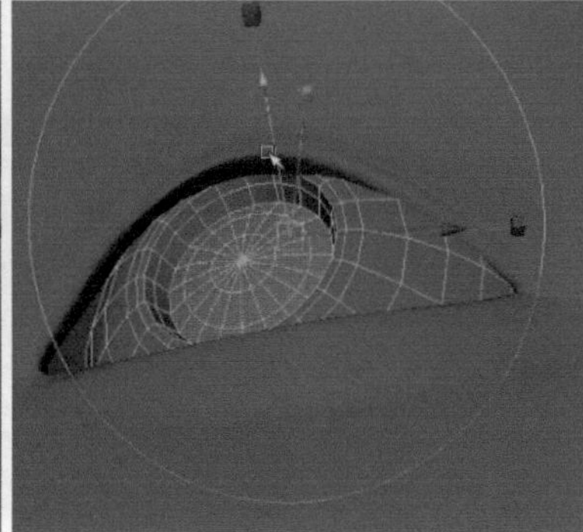
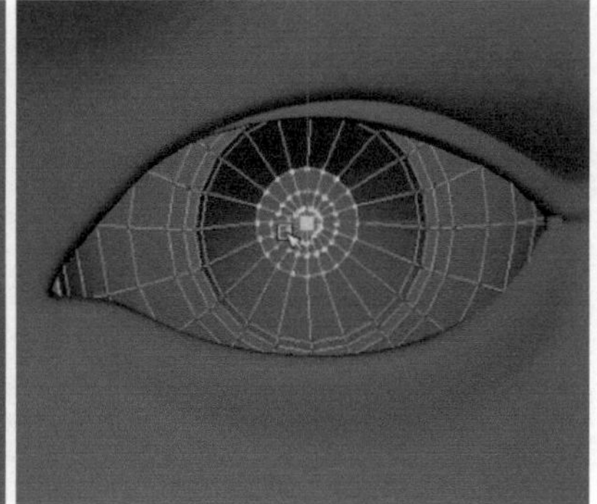

图6-110

02 选择之前复制出的球体，同样在瞳孔位置插入一条循环边。选择瞳孔位置的面向外部推出一点距离，并再次插入循环边固定这里的结构，如图6-111所示。

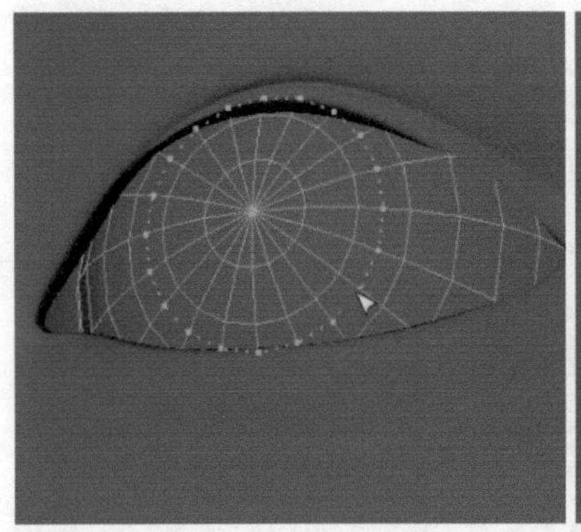
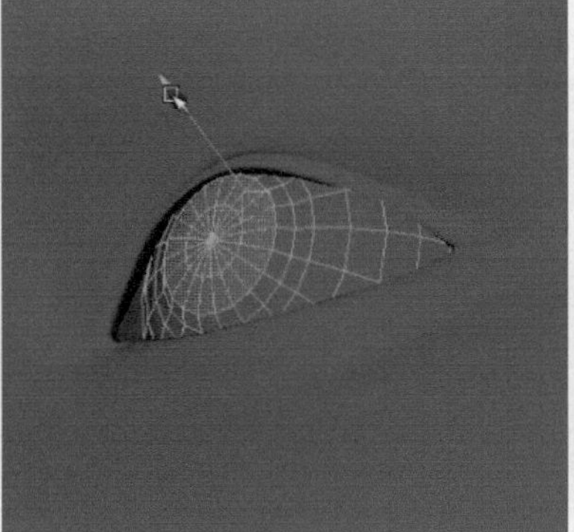

图6-111

03 创建一个立方体，执行Mesh（网格）>Smooth（平滑）命令，把模型平滑细分2级，然后放置在内眼角的位置作为巩膜。开启软选择，调整它的形状，如图6-112所示。

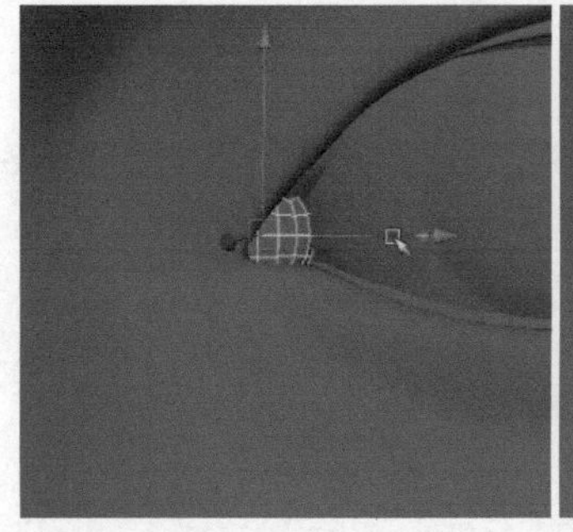
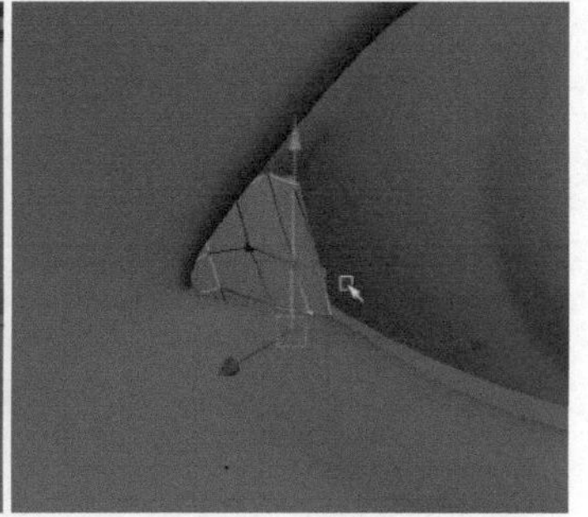

图6-112

6.3.9 头发制作

发型是构成仪容的重要部分，恰当的发型会使人容光焕发，充满朝气。选择发型时应该适合角色的脸型、身材、气质等。头发的长度、颜色和发型都是肉眼所能观察到的，一般分为直发、卷发、束发和短发4种类型，如图6-113所示。

图6-113

在Maya中，头发的制作有很多种，常用的有3种，分别是面片创建头发、painteffect中头发效果的使用、fur工具建立头发。

本章节使用的是面片创建头发的方法，该方法比较实用，并且容易控制，也是目前普遍使用的方法。它主要是通过创建面片的方式做出头发的形状和走向，然后再通过提取线的方式，把曲线从面片上提取出来，最后使用hair或fur系统，把提取的曲线生成毛发。由于毛发的制作属于渲染的模块，所以这里只针对创建面片及分布的模型操作部分进行演示讲解。

面片一般会使用NURBS或者Polygon来创建，NURBS在控制曲面模型上比较方便，因此这里也会使用NURBS来创建。

01 执行Create（创建）>NURBS Primitives（NURBS基本体）>Sphere（球体）命令，创建一个球体。单击鼠标右键选择Isoparm（等参线）模式，单击鼠标左键选择一条横向的等参线向上拖动出一条虚线，切换至Surfaces（曲面）模块，执行Edit NURBS（编辑NURBS）>Insert Isoparms（插入等参线）命令，把虚线生成等参线，如图6-114所示。

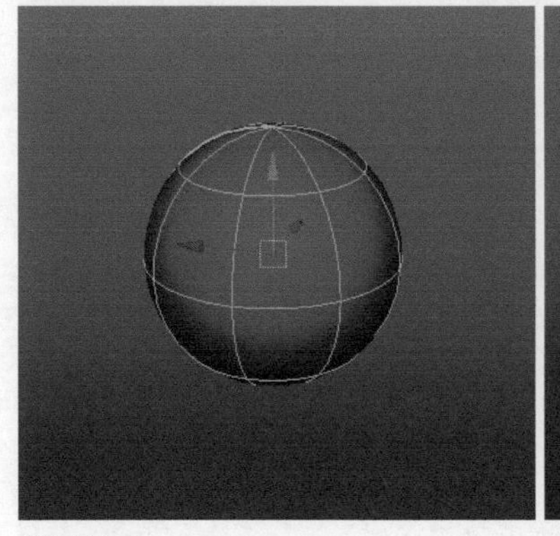
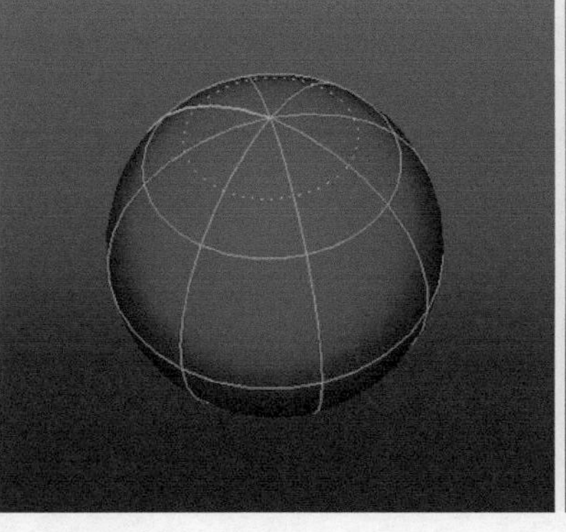
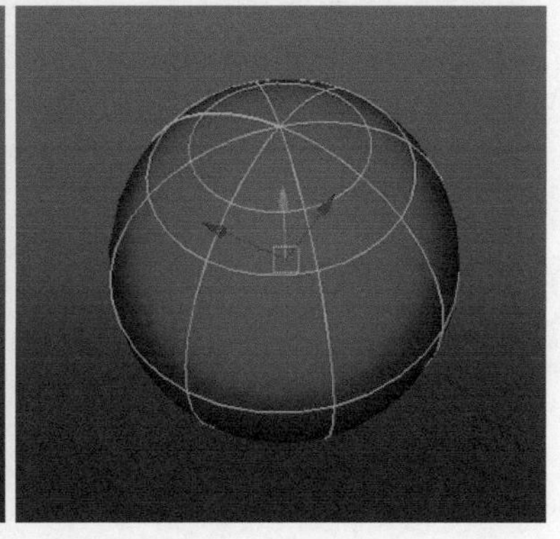

图6-114

02 选择新插入的等参线，执行Edit NURBS（编辑NURBS）>Detach Surfaces（分离曲面）命令，把曲面分离，然后删除顶端的曲面，如图6-115所示。

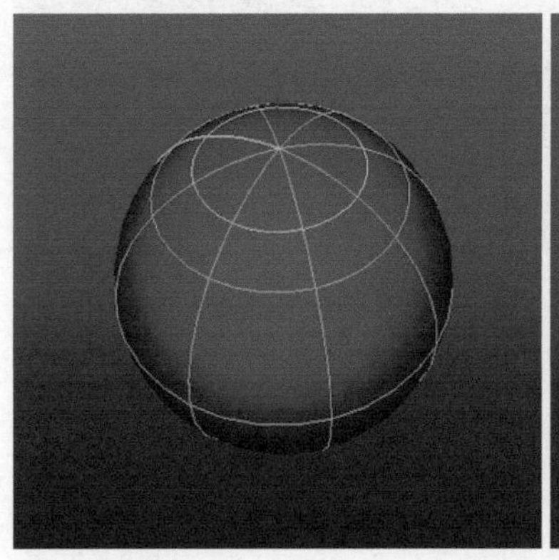
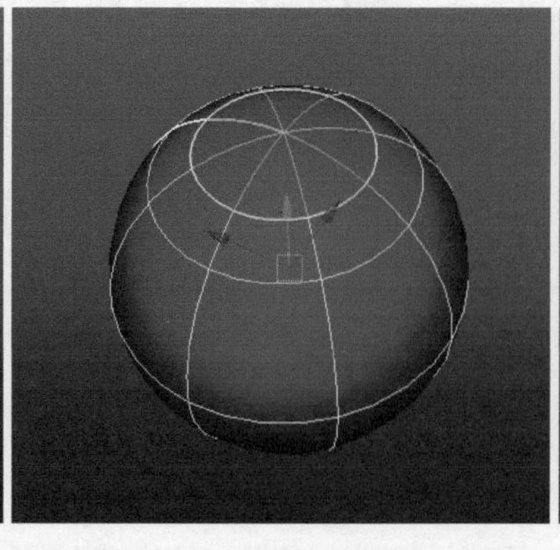
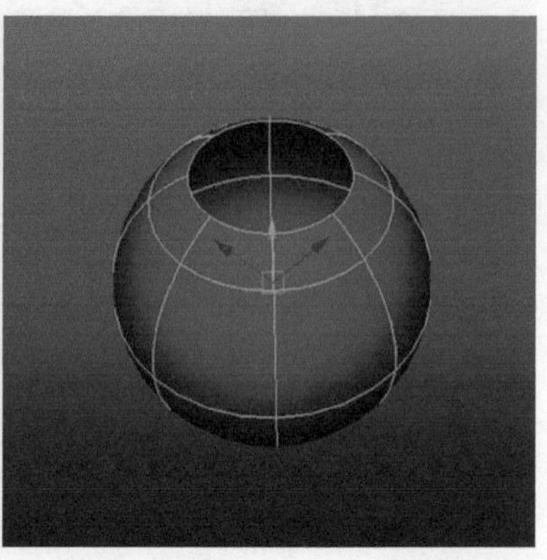

图6-115

03 用同样的方法删除低端的面。切换至等参线模式，单击鼠标左键选择一条纵向的等参线，按Shift键，在纵向加选拖动出两条虚线，执行插入等参线命令，把虚线生成等参线。选择这两条等参线，执行分离曲面命令，把曲面分离，如图6-116所示。

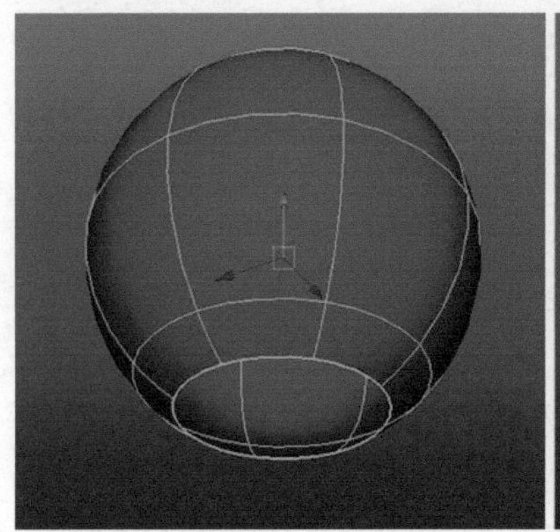
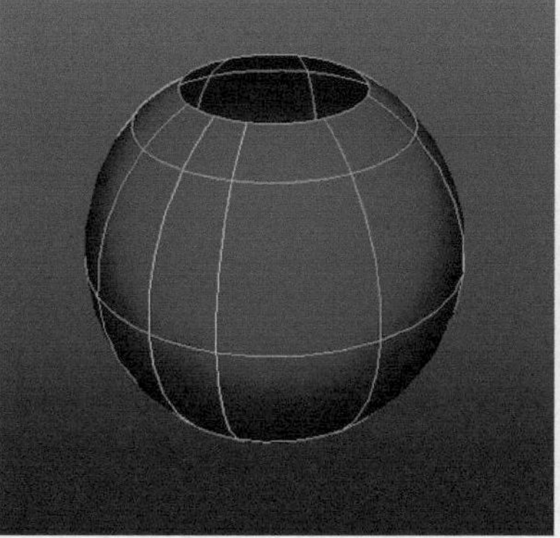
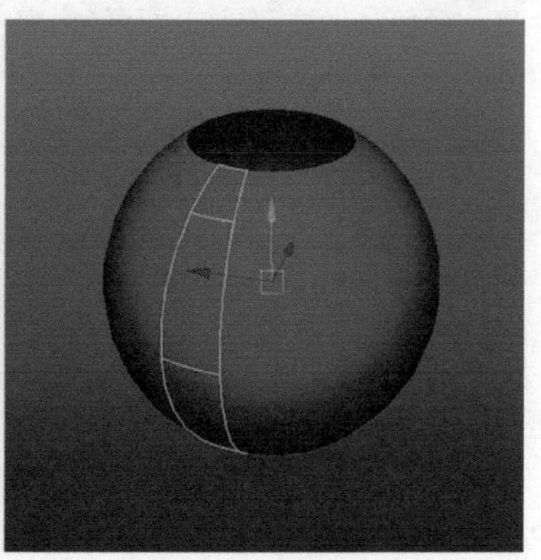

图6-116

04 选择分离出的一束曲面，按D键进入轴心的调节模式，按C键开启线吸附，把轴心吸附到曲面的顶端。选择这束曲面作为一束头发，移动至头部前端并进行旋转与头部匹配，单击鼠标右键选择Control Vertex（控制点）模式，调整这束头发的形状，如图6-117所示。

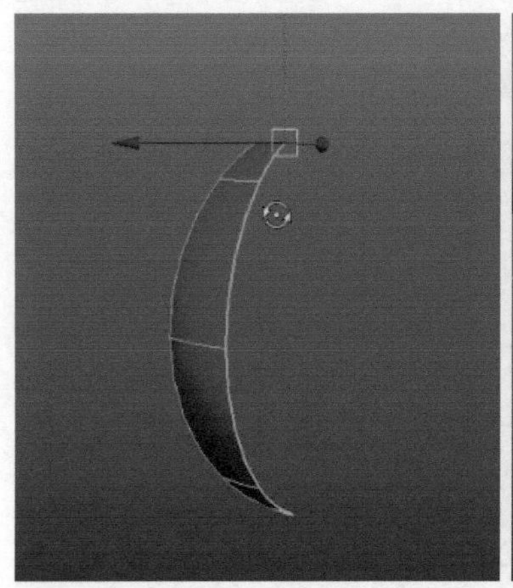
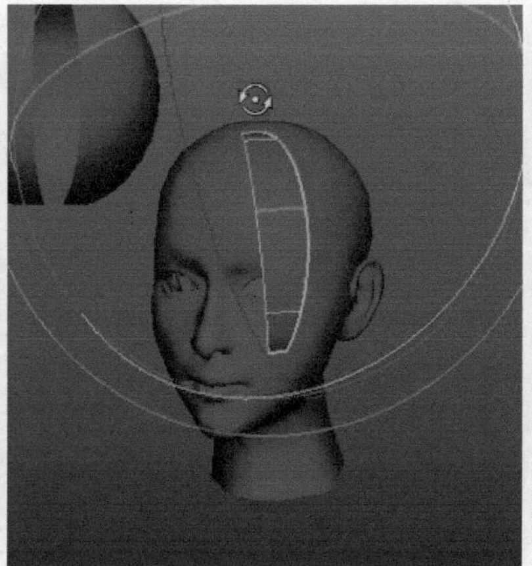
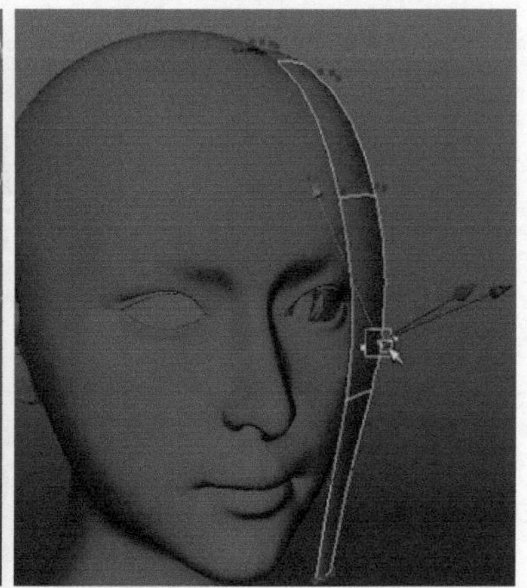

图6-117

05 选择这束头发，向后复制排列，切换至控制点模式，调整复制后的每一束头发的形状及穿插，如图6-118所示。

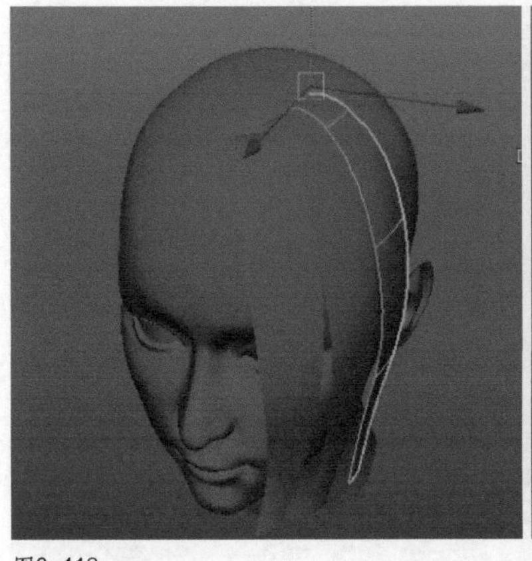
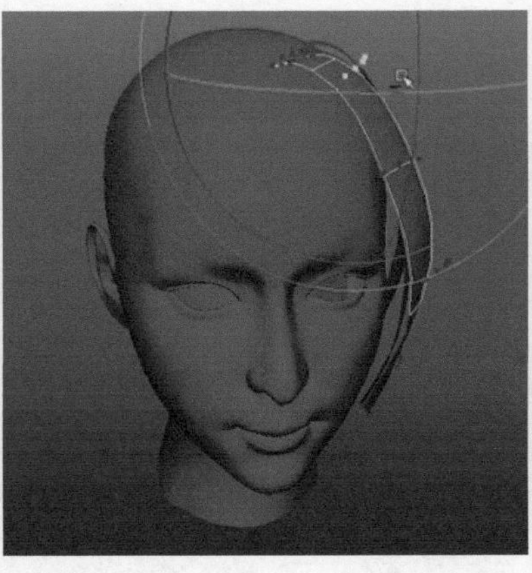
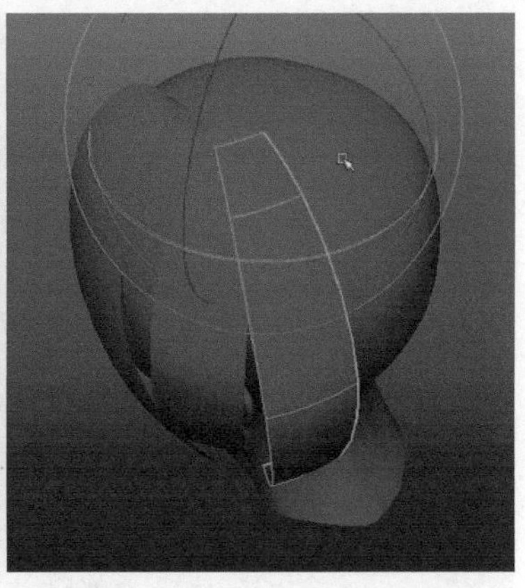

图6-118

06 选择之前创建的NURBS球体，用之前讲的相同的方法分离提取一束新的曲面，作为前额的头发，如图6-119所示。

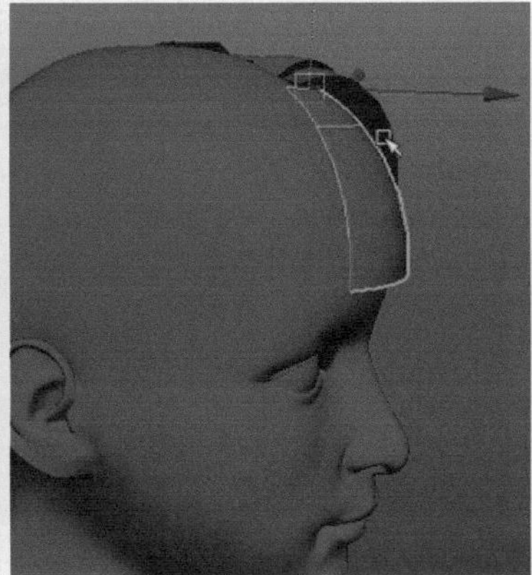
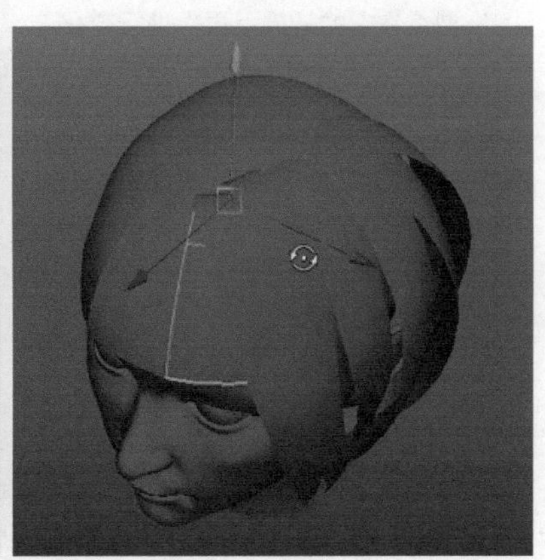

图6-119

07 继续对头发进行复制调整，把头部左半边覆盖填满。选择左侧所有头发，按Ctrl+G组合键，把选择的头发打组，然后复制一份，在通道栏中把Scale X的参数设置为-1，把头发镜像至右侧，如图6-120所示。

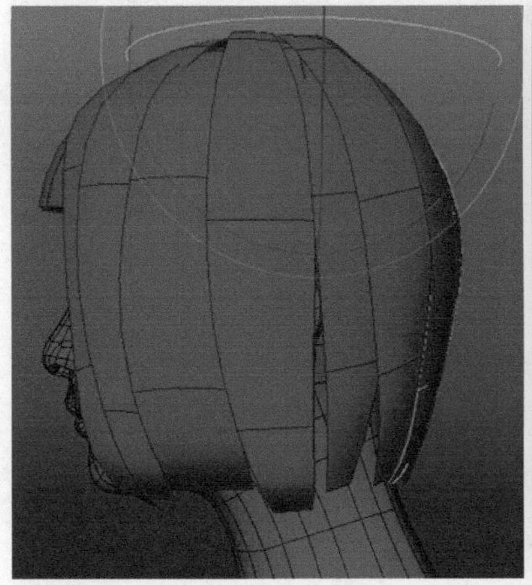
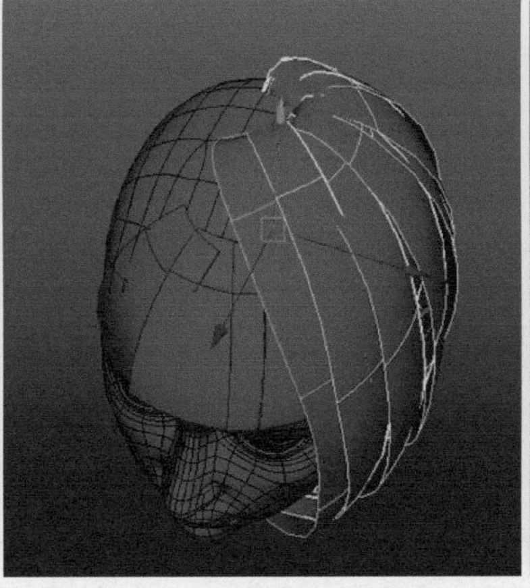
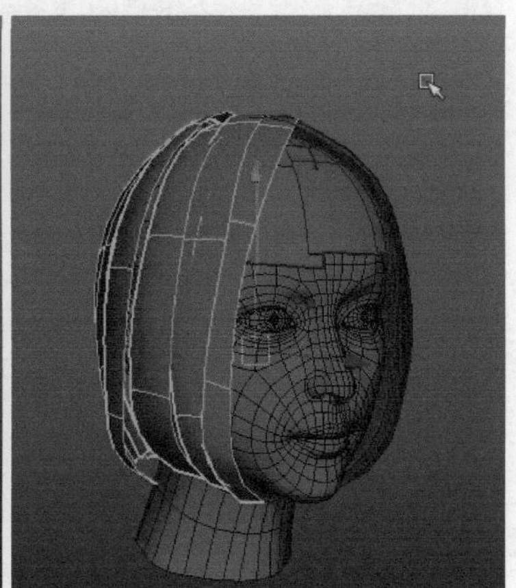

图6-120

08 选择之前制作的第一束头发，在头发末端位置插入多条等参线，然后选择其控制点，调整出发梢的卷曲状，如图6-121所示。

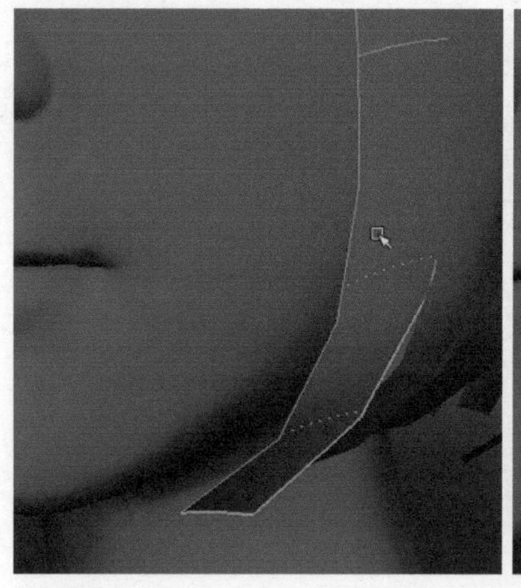
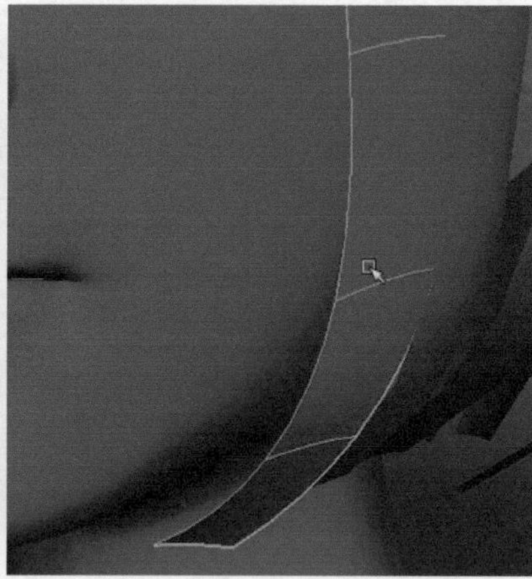
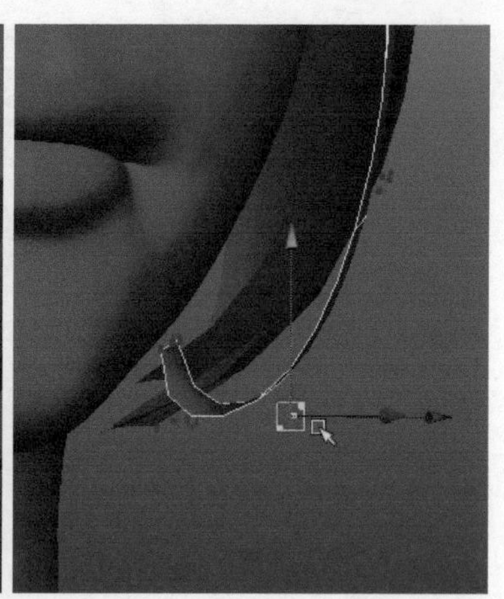

图6-121

09 复制这束调整后的头发，选择控制点在它的基础上再次进行变化调整，使头发有足够的数量和层次感，其他位置的头发也是通过复制调整的方式来制作，如图6-122所示。

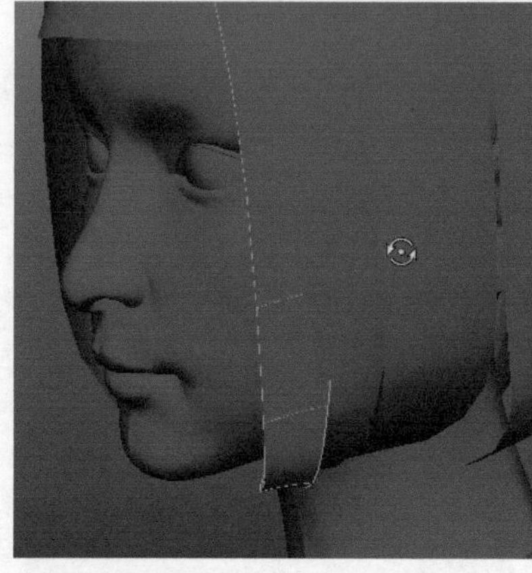
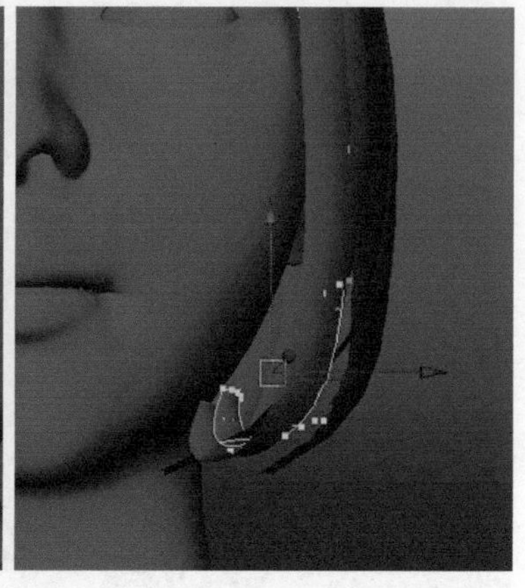

图6-122

10 选择右侧前端的头发，通过插入等参线，得到足够的控制点，调整出较长的几束S型卷曲长发，注意每一束头发的排列组合和穿插，如图6-123所示。

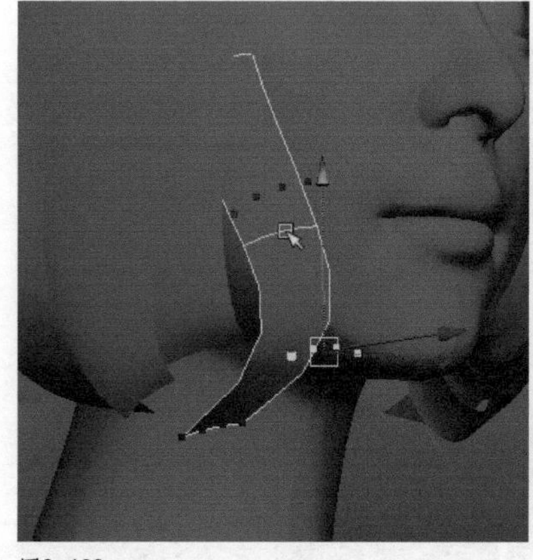
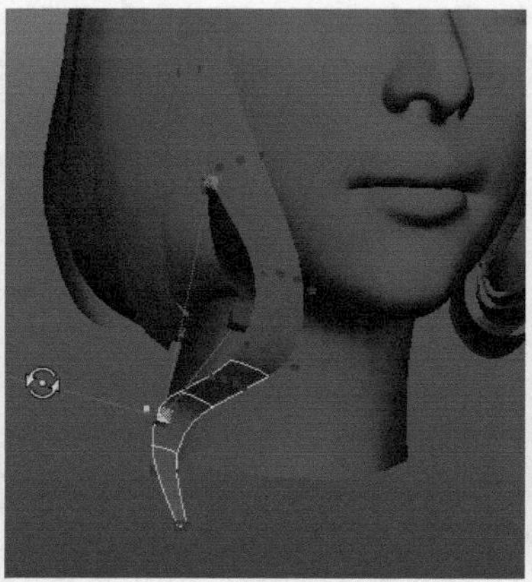
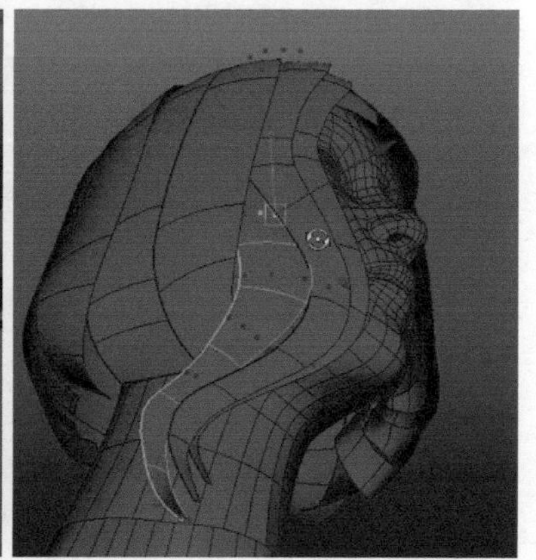

图6-123

11 同样使用插入等参线调整控制点的方式，把左侧后端的头发围绕颈部至右侧前方位置，如图6-124所示。

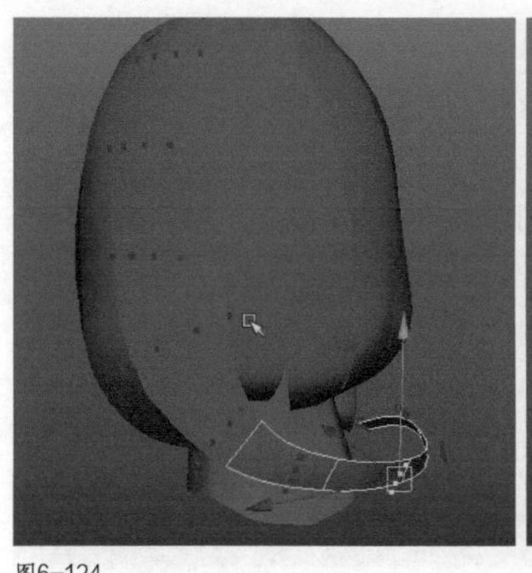
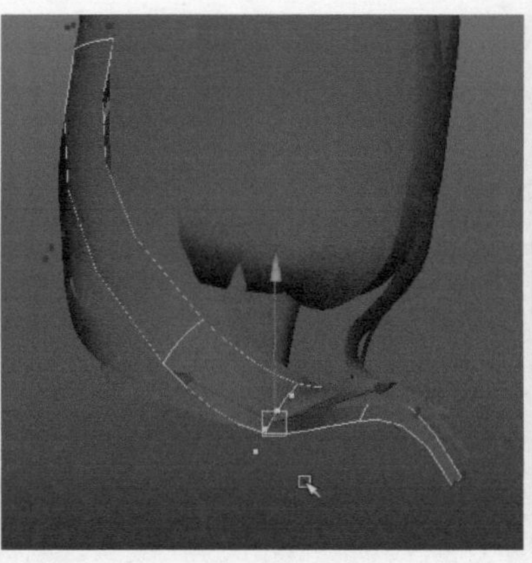
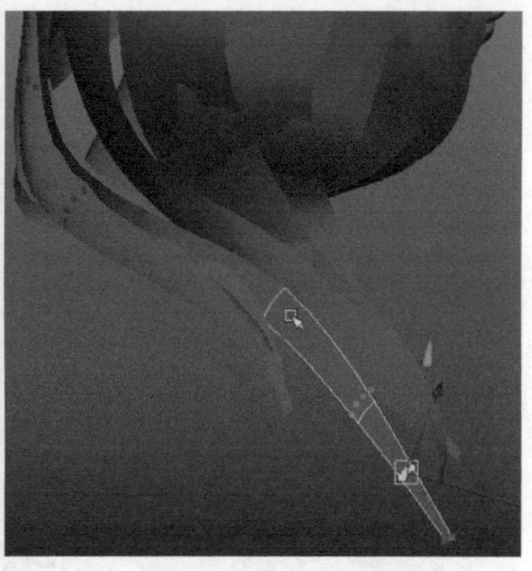

图6-124

12 选择前额的头发，通过插入等参线，把头发分离成3束，然后缩放每一束的发梢，适当调整每一束头发的走势，使它们看起来更加自然，如图6-125所示。

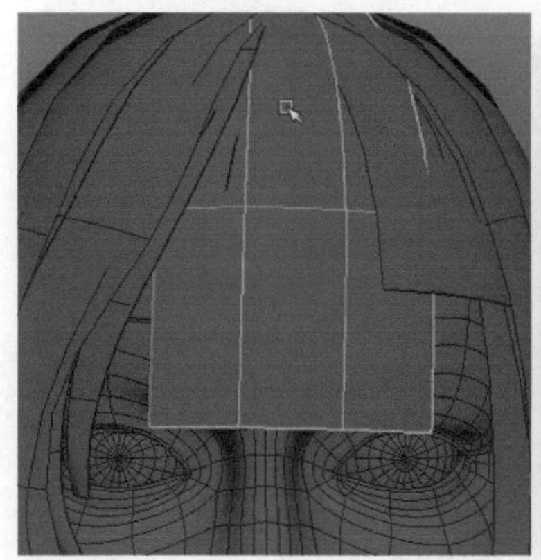
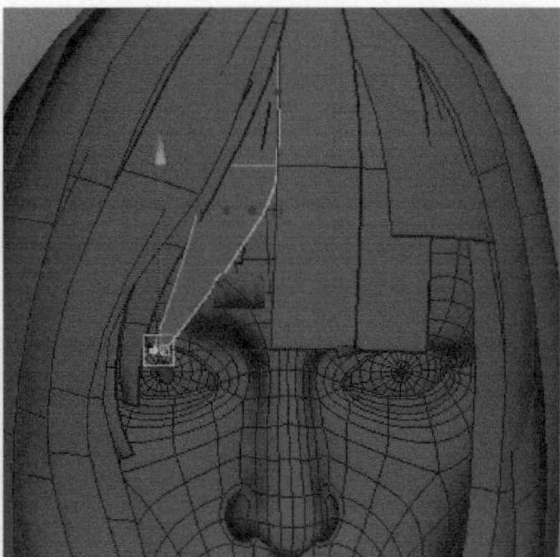
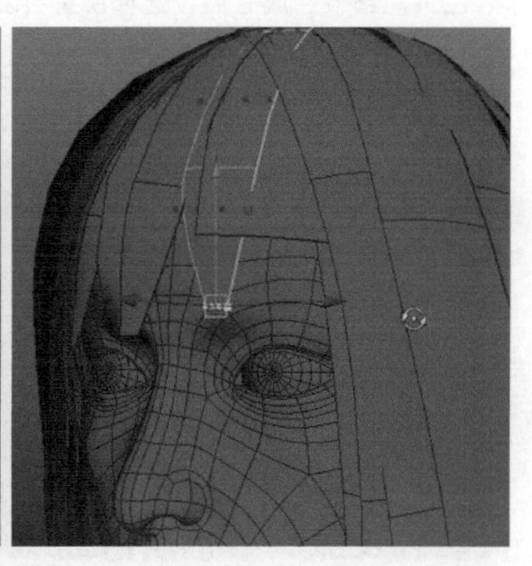

图6-125

13 头发排布制作完成之后，选择所有头发，执行Create Deformers（创建变形器）>Lattice（晶格）命令，创建晶格工具。在通道栏中，找到S、T、U Divisions（S、T、U细分），调整晶格的控制段数，然后再选择晶格点对头发的大型进行整体调整，如图6-126所示。

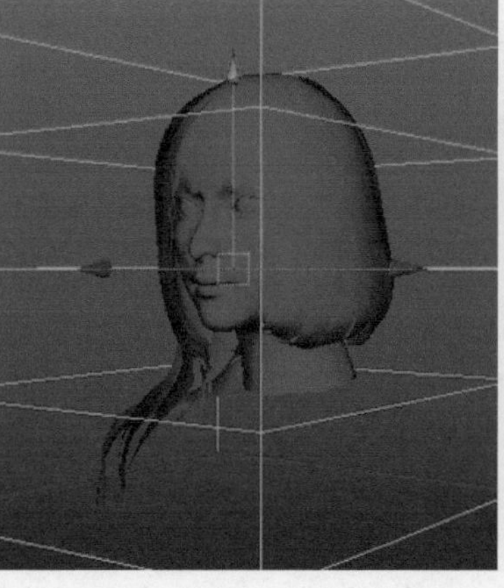
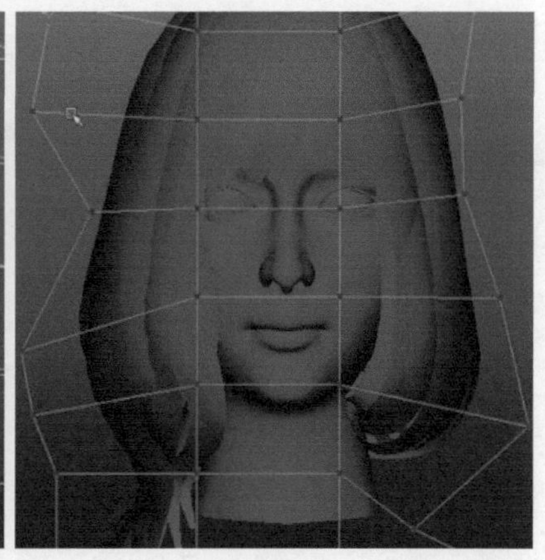

图6-126

14 为了使头发的模型看起来有足够的细节，可以在头发大型排布完成之后对每一束头发做一些处理。选择其中一束头发，在纵向插入多条等参线，单击鼠标右键选择Hull（壳）模式，隔选壳线向内轻移或缩放，做出头发一缕一缕的感觉，如图6-127所示。

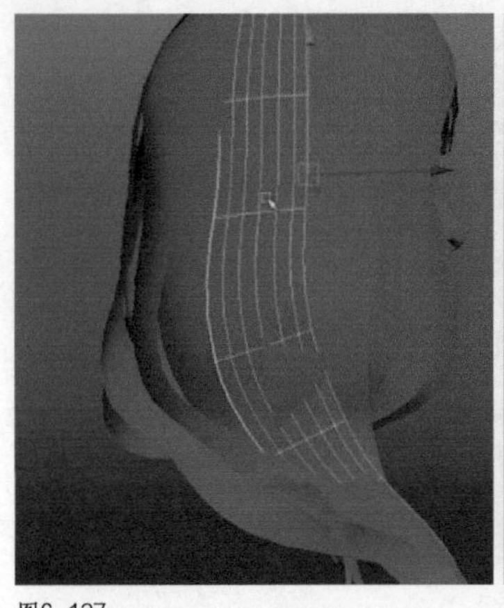
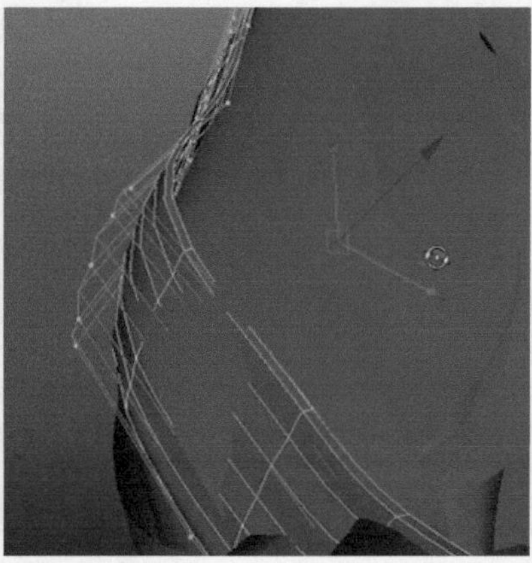
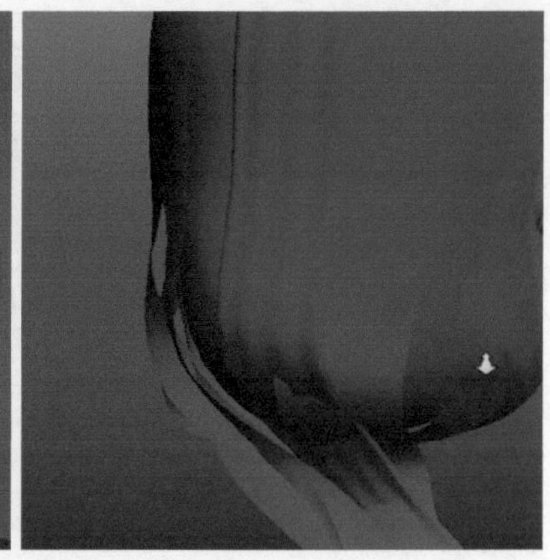

图6-127

15 用相同的方法，把其他头发一缕一缕的细节制做出来。细节完成之后，选择所有头发，按Ctrl+G组合键，把头发进行打组，再整体删除历史，完成头部以及头发的最终制作，如图6-128所示。

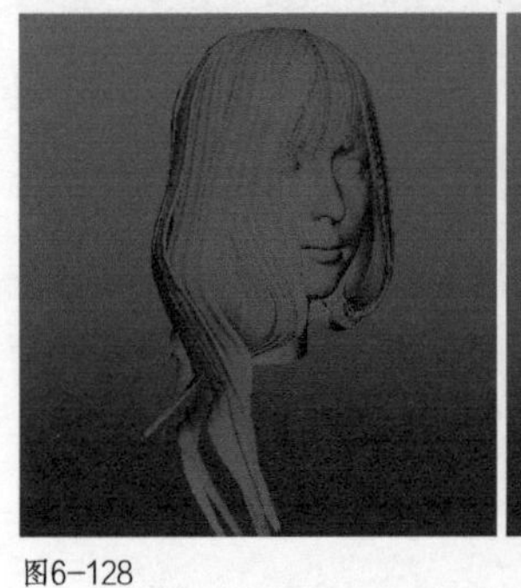
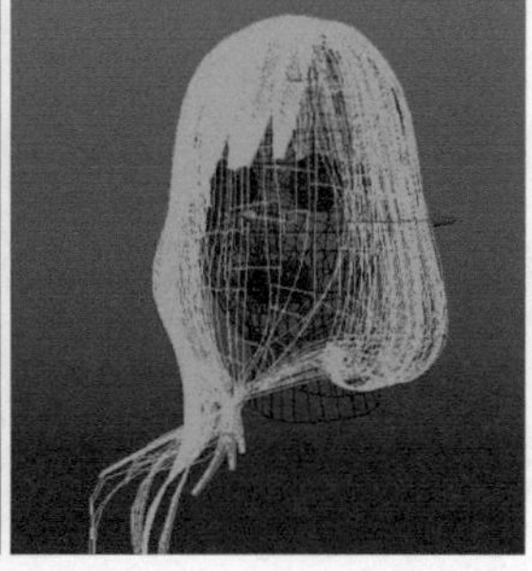

图6-128

16 头部完成后的效果及布线，如图6-129所示。

图6-129

6.4 身体制作

身体的制作包括身体的大型制作、躯干和四肢的结构细化以及手脚的制作，效果如图6-130所示。

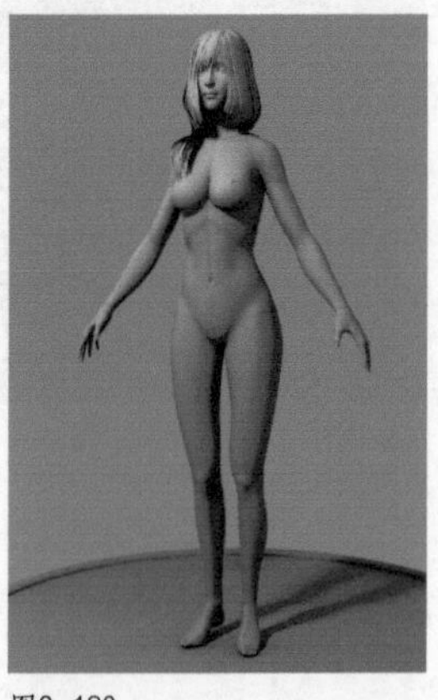

图6-130

6.4.1 身体大型

身体可以看成躯干和四肢两部分进行制作，制作大型时，只需要做出大的形状和比例关系。之前提到人体的比例，都是以头长作为单位来测量的，因此这里同样是以头部为单位，来把握身体的长度和宽度。制作四肢时，可以先把它看成圆柱体来摆放，并且注意调整它的粗细及长度。从正面看，需要注意躯干的肩部、胸部、腰部、胯部的宽窄变化；从侧面看，需要注意调整女性的S型曲线结构，如图6-131所示。

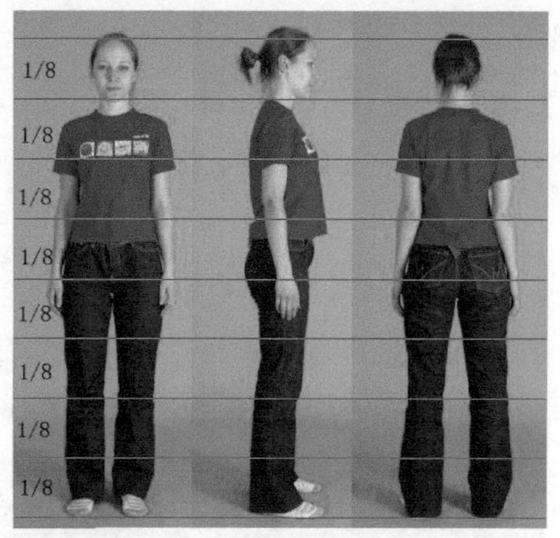

图6-131

01 执行Create（创建）>Polygon Primitives（多边形基本体）>Cube（立方体）命令，创建一个立方体。选择立方体，执行Mesh（网格）>Smooth（平滑）命令，把模型平滑细分一次，放置在胸部位置并调整其形状，然后复制一个放置在胯部位置并调整其形状，如图6-132所示。

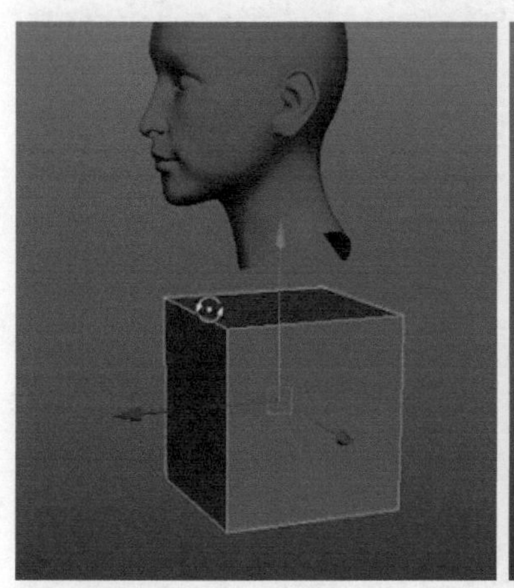
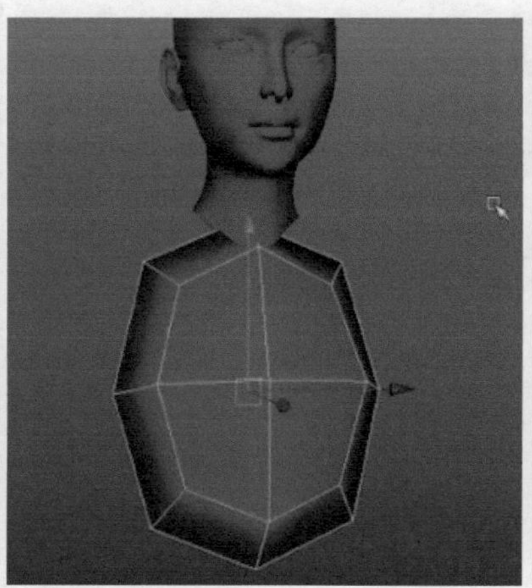
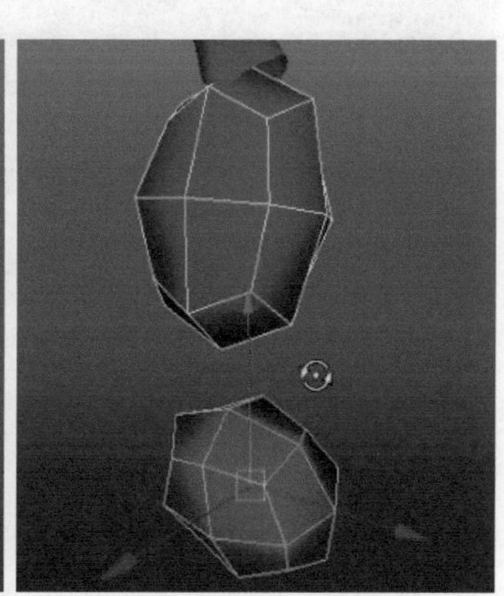

图6-132

02 选择两个物体，执行Mesh（网格）>Combine（合并）命令，把它们合并为一个模型，选择它们相对的面，执行Edit Mesh（编辑网格）>Bridge（桥接）命令，连接出腰腹部的面，如图6-133所示。

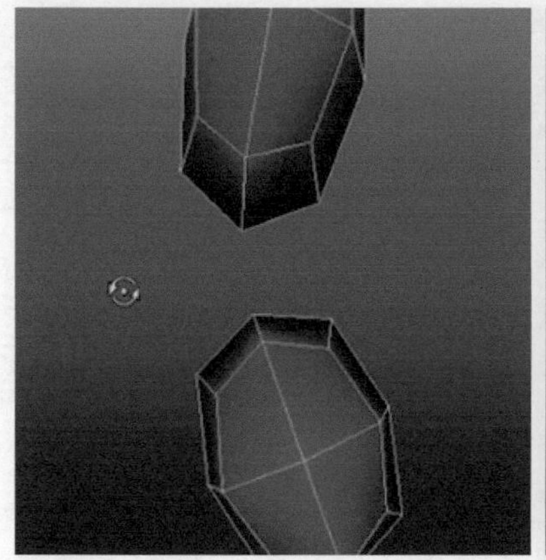
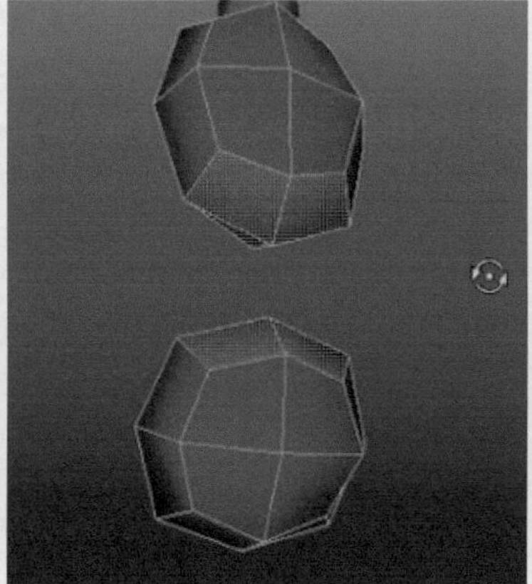
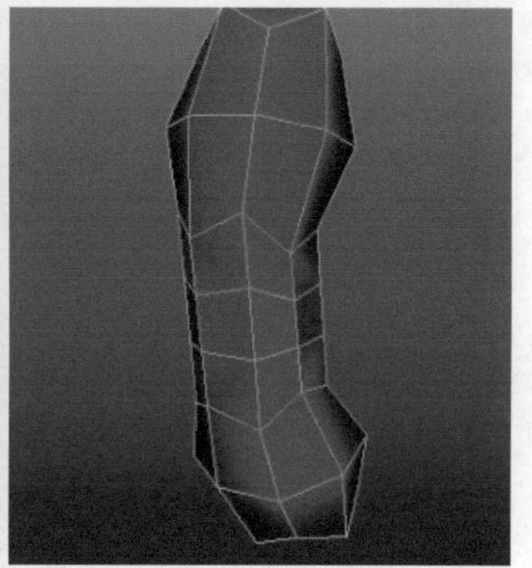

图6-133

03 切换至前视图，删除模型右半部分的面。选择左半部分模型，执行特殊复制命令，把模型重新镜像到右边，如图6-134所示。

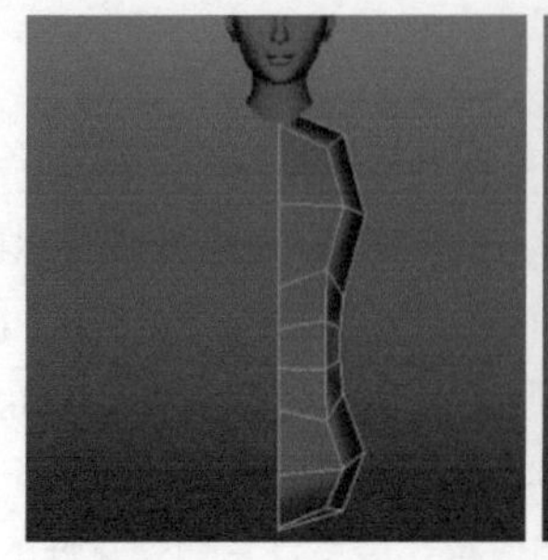
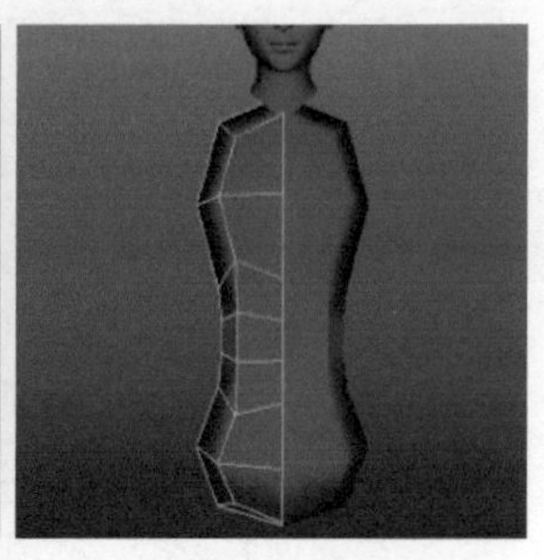
图6-134

04 选择胸腔上的循环边，执行Edit Mesh（编辑网格）>Bevel（倒角）命令，倒角分成两段循环边。调整点的位置，以便挤出上臂时可以得到圆柱体的形状，如图6-135所示。

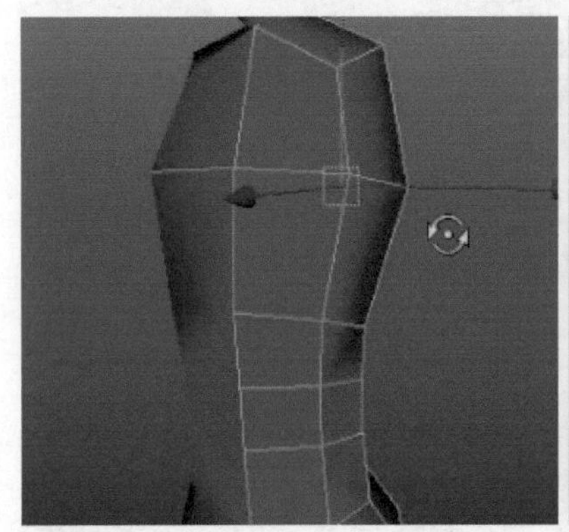
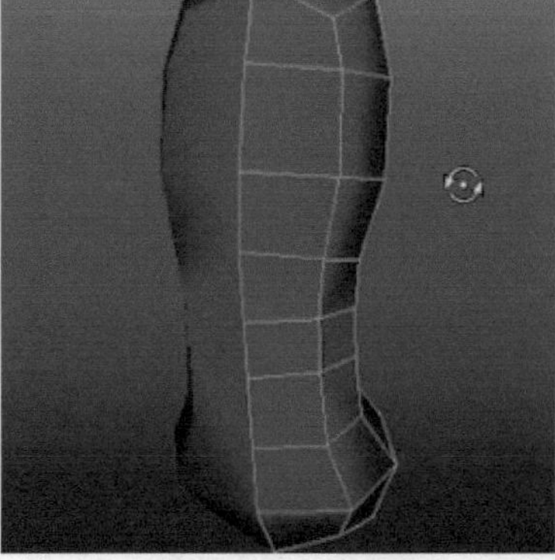
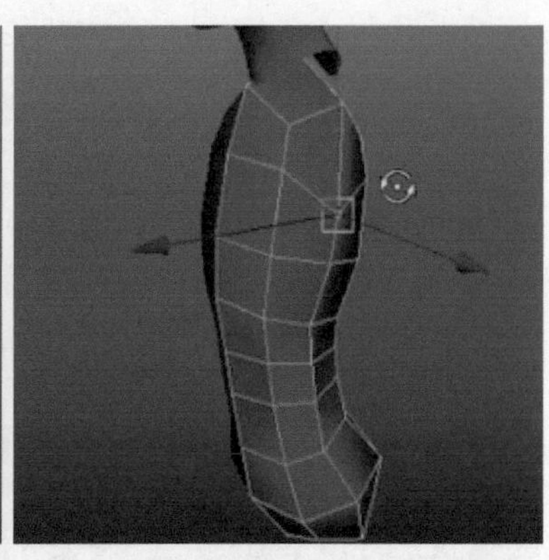
图6-135

05 选择侧面顶端的面，执行Edit Mesh（编辑网格）>Extrude（挤出）命令，挤出手臂的大体形状和长度，如图6-136所示。

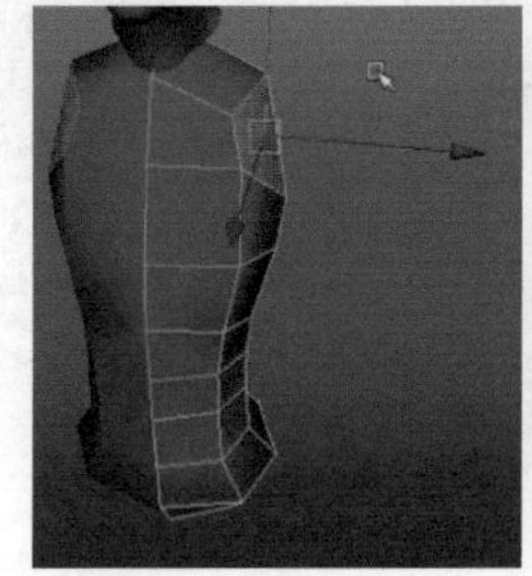
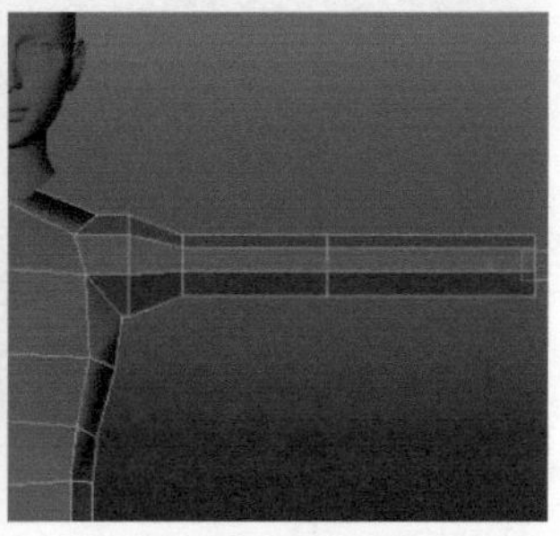
图6-136

06 选择胯部位置的底侧面，执行挤出命令，挤出腿部的长度，执行Edit Mesh（编辑网格）>Insert Edge Loop Tool（插入循环边工具）命令，在关节位置插入基本的结构线。切换至侧视图，调整腿部的结构变化，如图6-137所示。

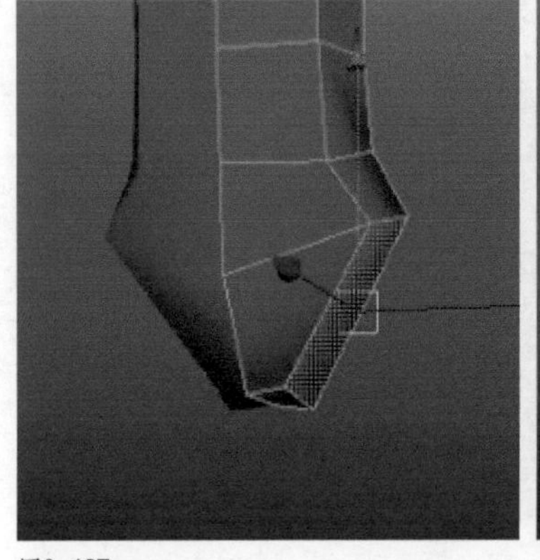
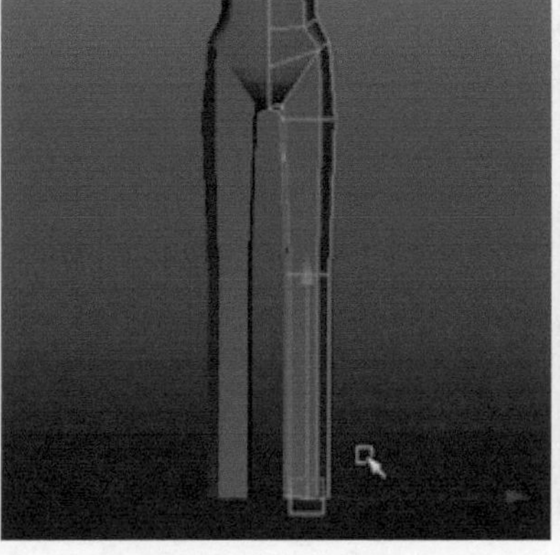
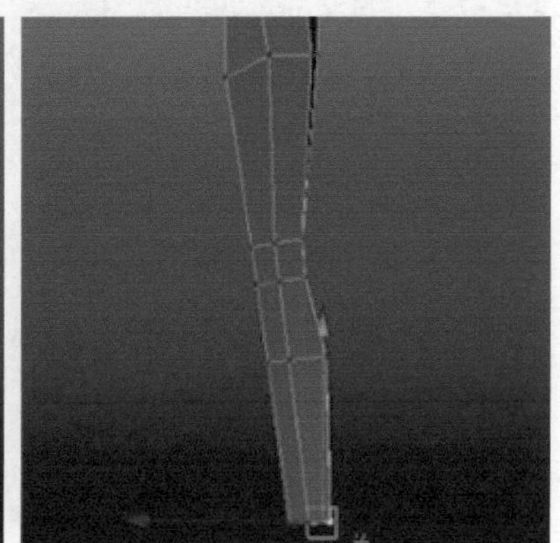
图6-137

07 执行Edit Mesh（编辑网格）>Interactive Split Tool（交互式分割工具）命令，在顶面切出颈部位置的结构线，并删除多余的面，如图6-138所示。

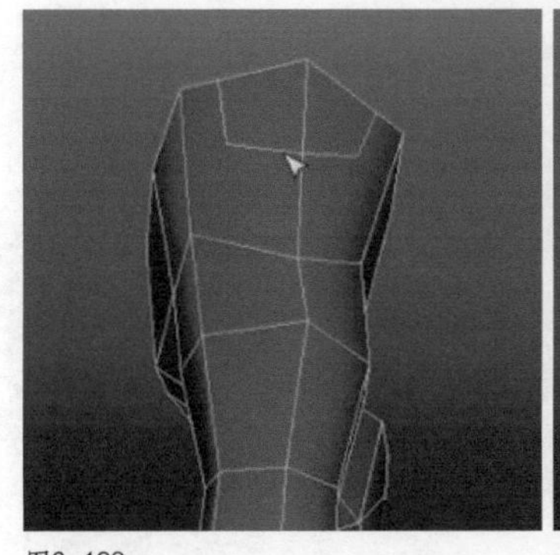
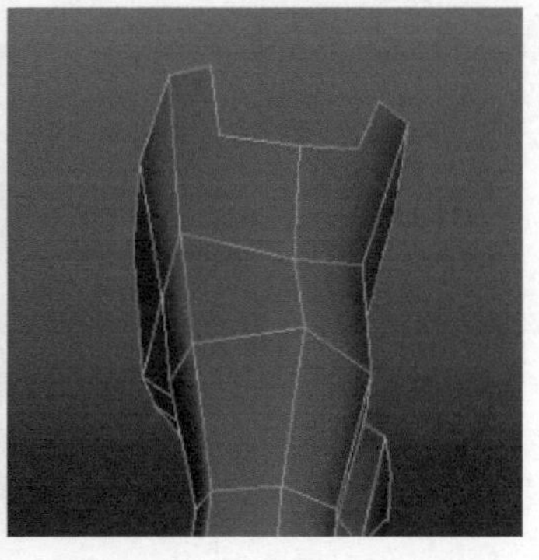

图6-138

08 执行插入循环边工具，在躯干纵向插入一条循环边，使用分割多边形工具连接顶部空缺的线段。选择颈部位置的循环边，执行挤出命令，挤出颈部一段距离，以便之后与完成的头部衔接，如图6-139所示。

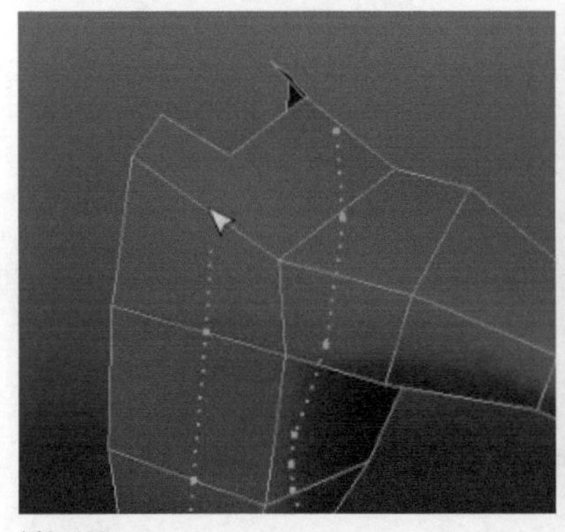
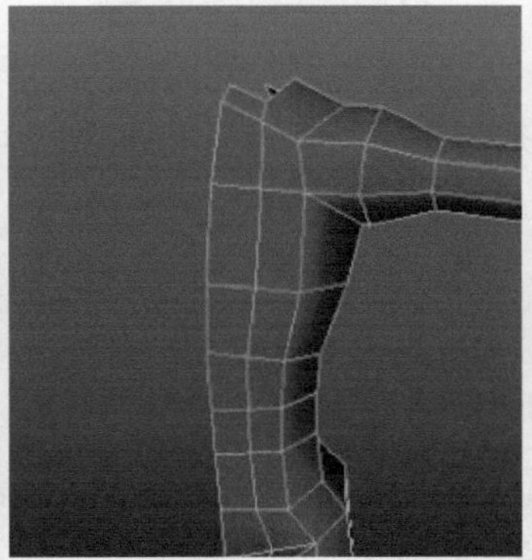
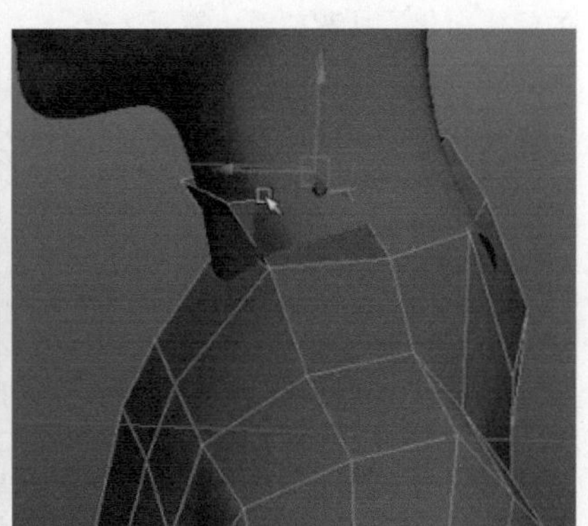

图6-139

09 创建一个立方体，放置在头部位置，缩放其大小与头部长度对齐，然后向下复制出7个。选择8个立方体，把它们添加到层里并进行锁定，作为结构比例调整的参照，如图6-140所示。

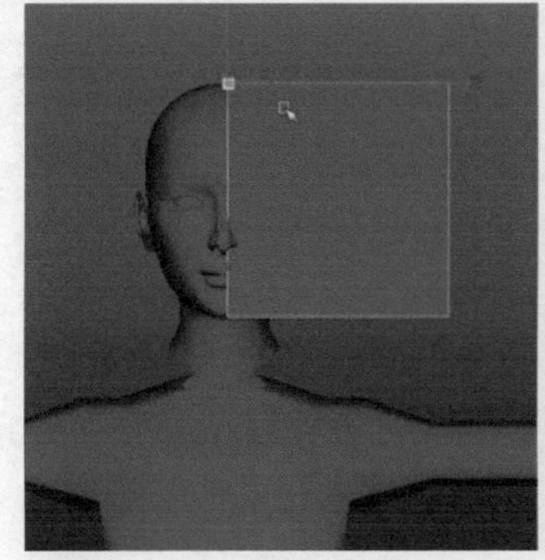
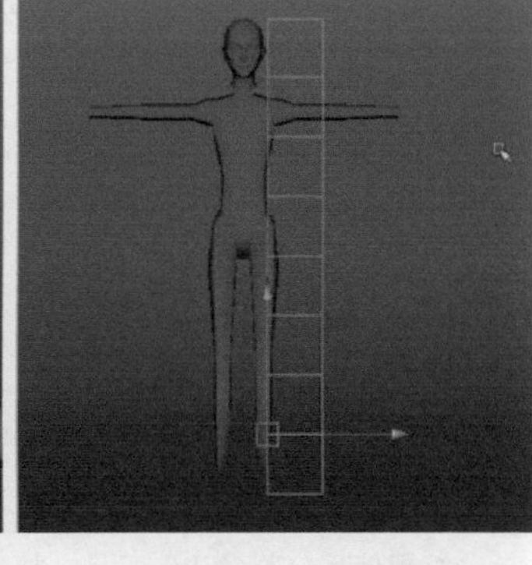

图6-140

10 按B键开启软选择，调整躯干大型和结构的变化。选择手臂的点，调整手臂的动作，使它与躯干呈45°角，改变T字形的死板造型，如图6-141所示。

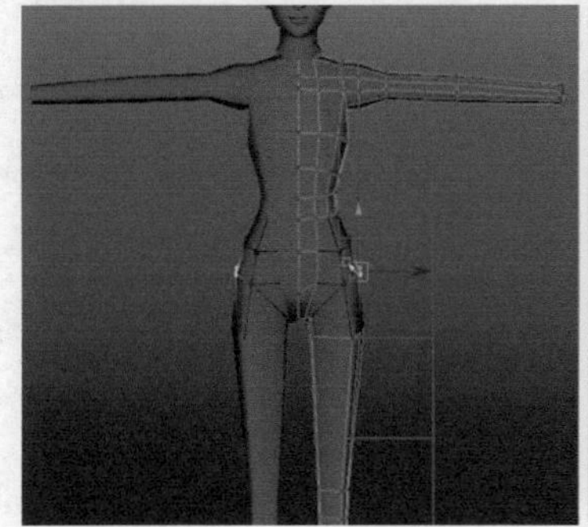
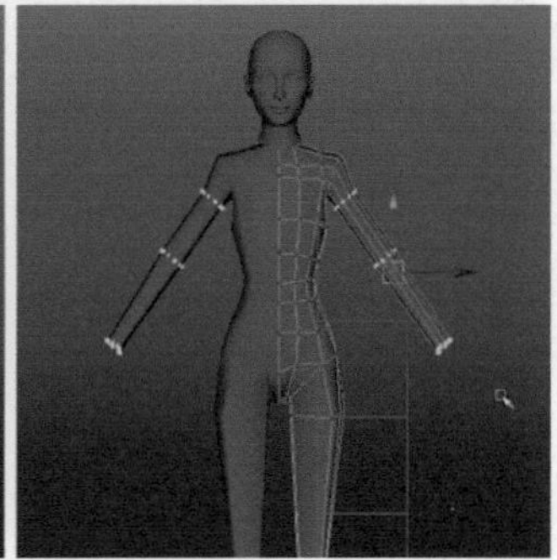

图6-141

6.4.2 躯干细化

一般女性的身体肌肉结构相对男性并不明显，只需要把几处关键的结构加以强调即可。制作时需要注意以下几个位置：从正面看，胸部和三角肌的结构是主要结构，制作时通常把胸部底端的布线流向三角肌至背后。锁骨和肋骨形状也比较明显，制作时要注意其形状走势。女性的腹部肌肉可以看成一个整体，制作时需要适当强调其表面的起伏变化。从背部看，需要注意强调肩胛骨、骶骨三角板以及臀部下缘等结构，如图6-142所示。

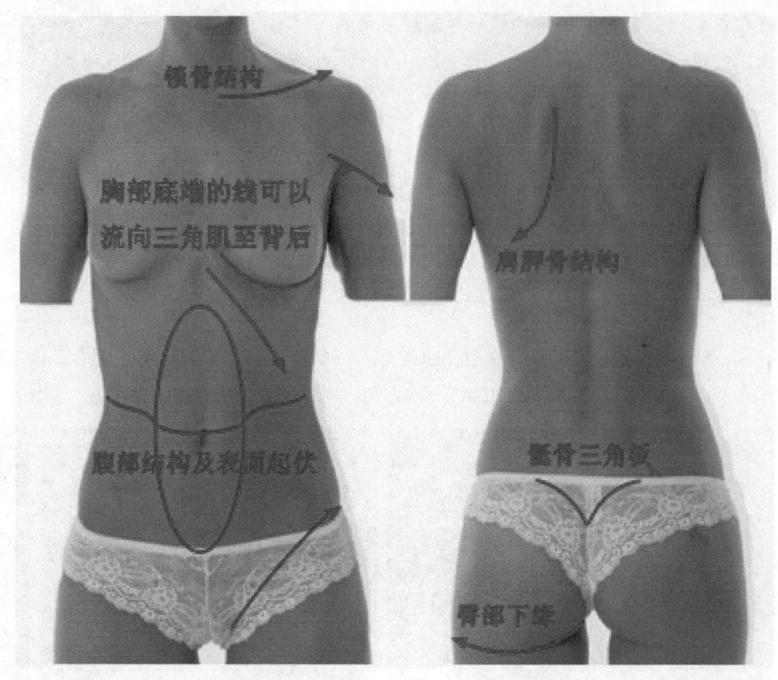

图6-142

01 执行Edit Mesh（编辑网格）>Interactive Split Tool（交互式分割工具）命令，使用分割多边形工具切出锁骨的结构线，并选择边调整锁骨的凸起结构，如图6-143所示。

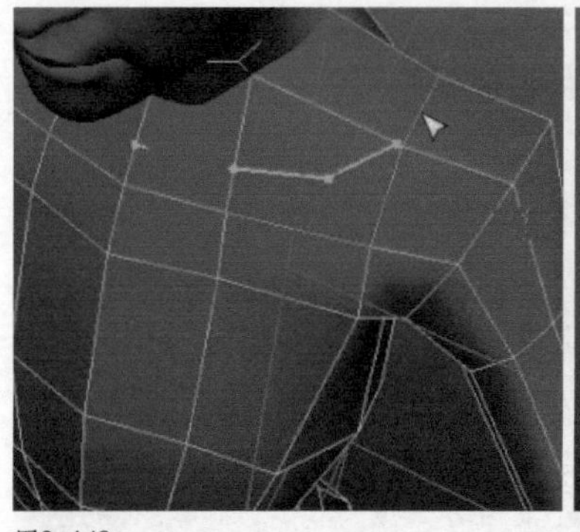

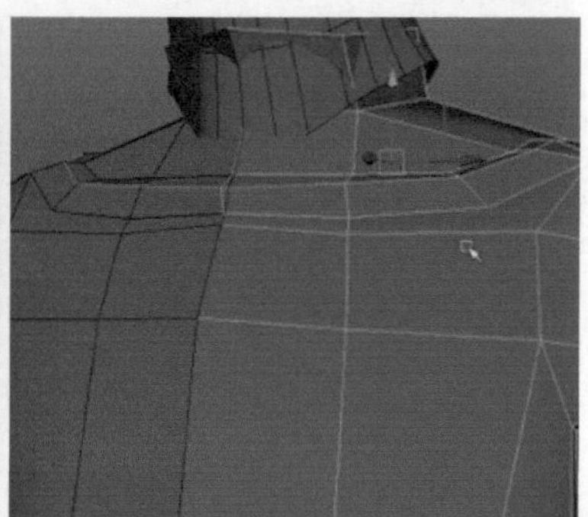

图6-143

02 继续使用分割多边形工具，把锁骨的结构线从背后延伸至腋下位置，如图6-144所示。

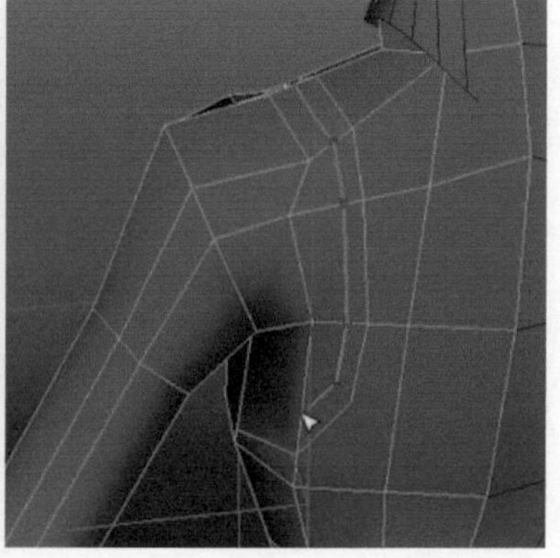

图6-144

03 根据胸部肌肉和三角肌的结构关系，使用分割多边形工具，以胸部位置为起始端向上臂位置切出一条长的结构线结束至背后，如图6-145所示。

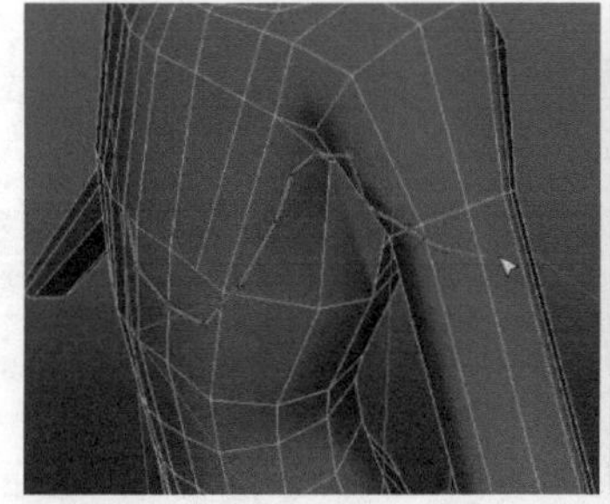
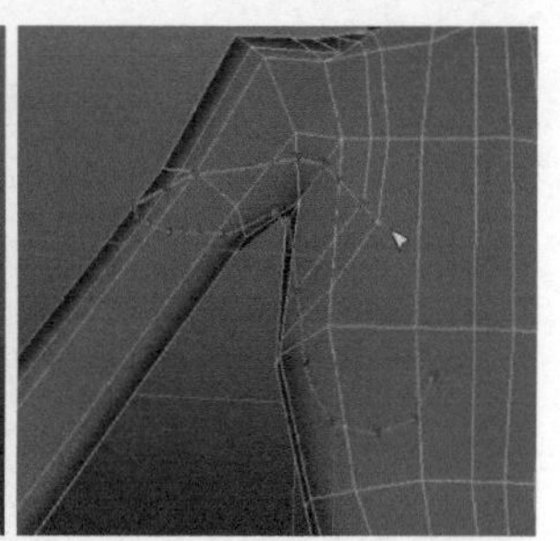

图6-145

04 在切线之后会出现很多费点、三角面和多边面，需要对其进行简单的处理和优化，连接空缺的线段，合并或删除不需要的点，如图6-146所示。

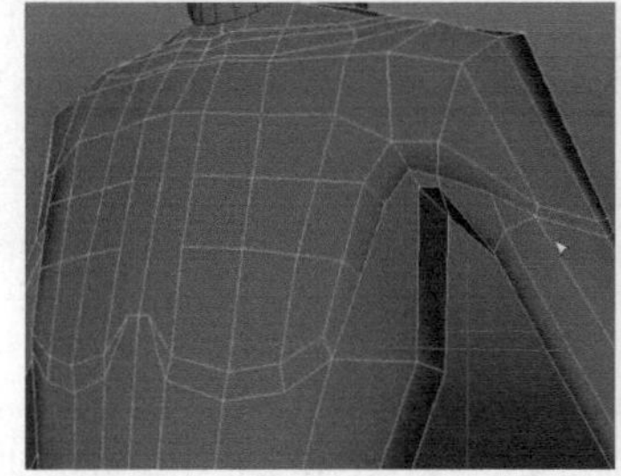
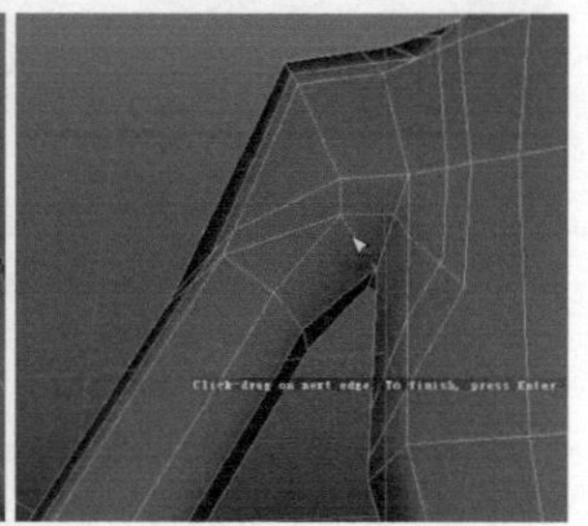

图6-146

05 使用分割多边形工具，在三角肌位置横向切出一条循环边。选择面，执行Edit Mesh（编辑网格）>Cut Faces Tool（切面工具）命令，使用切面的方式切出一条循环边。使用插入循环边工具，再次插入第3条循环边，如图6-147所示。

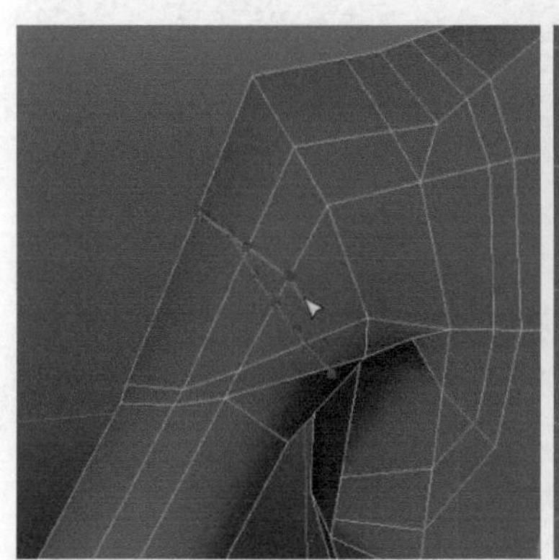

图6-147

06 使用分割多边形工具连接锁骨和颈部之间空缺的线段。选择边，执行Edit Mesh（编辑网格）>Slide Edge Tool（滑动边工具）命令，滑动边均匀调整这里的布线，如图6-148所示。

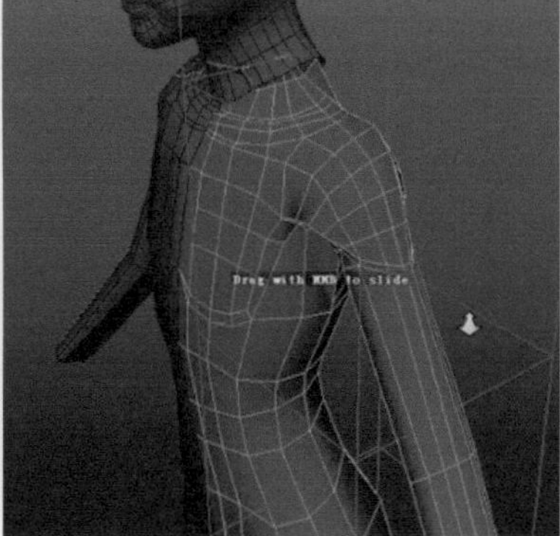

图6-148

07 选择胸部的面，执行Edit Mesh（编辑网格）>Extrude（挤出）命令，挤出胸部的结构。选择模型，执行Mesh（网格）>Sculp Geometry Tool（雕刻几何体工具）命令，雕刻胸部的结构，并可以通过Shift键绘制模型，快速地平滑模型的结构和均匀模型的布线，如图6-149所示。

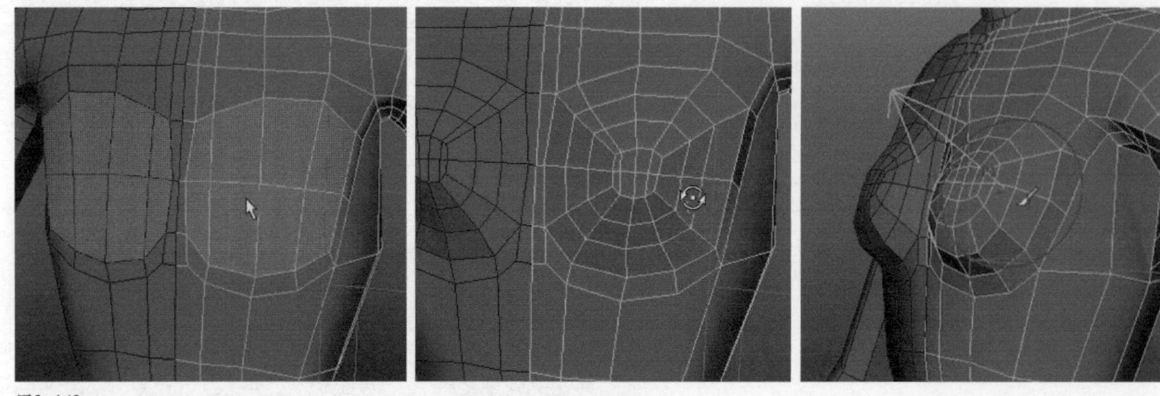

图6-149

08 选择胸部乳头位置的面，执行一次挤出，接着执行Edit Mesh（编辑网格）>Merge To Center（合并到中心）命令，把挤出的面合并为一个中心点。使用雕刻几何体工具对胸部再次进行雕刻调整，如图6-150所示。

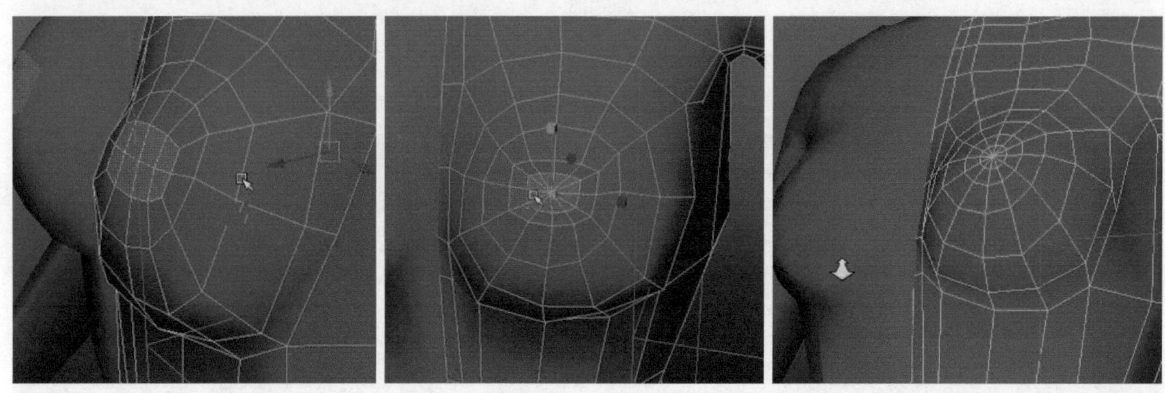

图6-150

09 使用分割多边形工具，连接胸部侧面的布线，并使用插入循环边工具，布出胸廓的走向结构，强调胸腔和腹部的结构变化。使用分割多边形工具在胸部底端卡住一条结构线，以做出胸部脂肪堆积的效果，如图6-151所示。

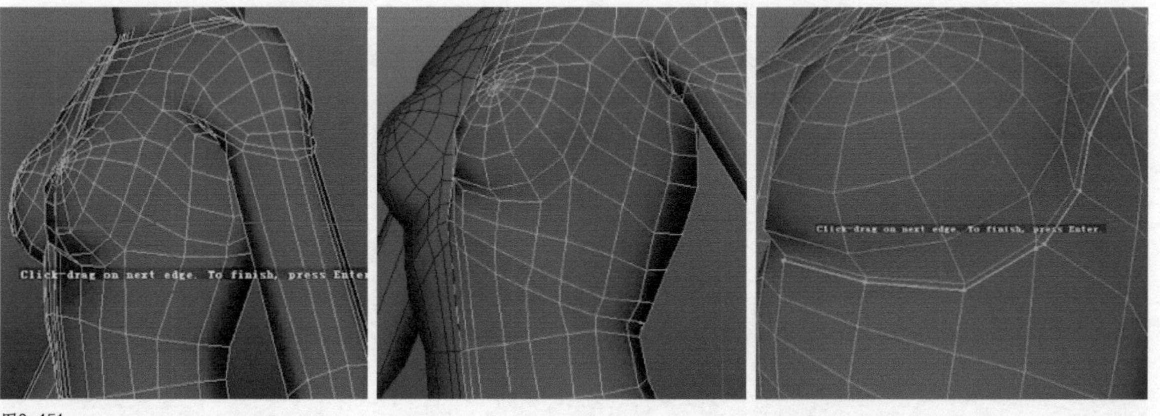

图6-151

10 继续使用分割多边形工具和插入循环边工具，做出腹部的布线和结构，然后再对背部的布线进行优化和调整，如图6-152所示。

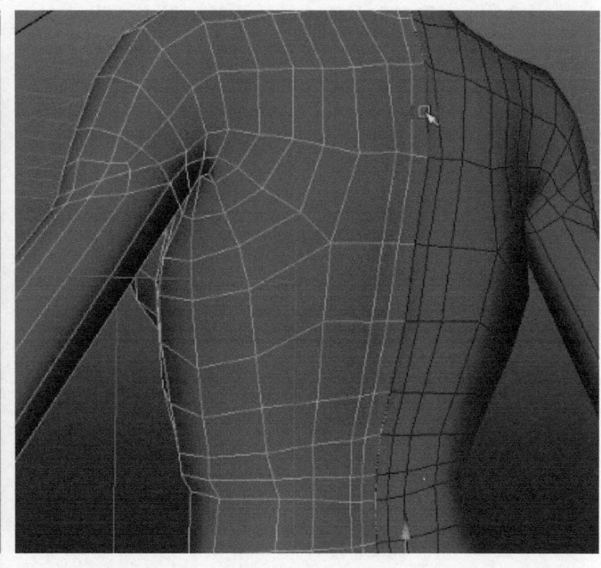

图6-152

11 使用分割多边形工具，在臀部位置切出臀部的大体轮廓结构，接着再对臀部表面进行布线和调整。使用雕刻几何体工具，把臀部的体积雕刻出来，如图6-153所示。

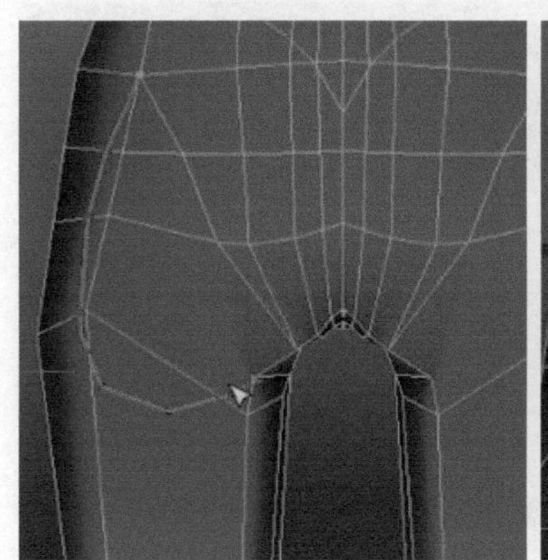
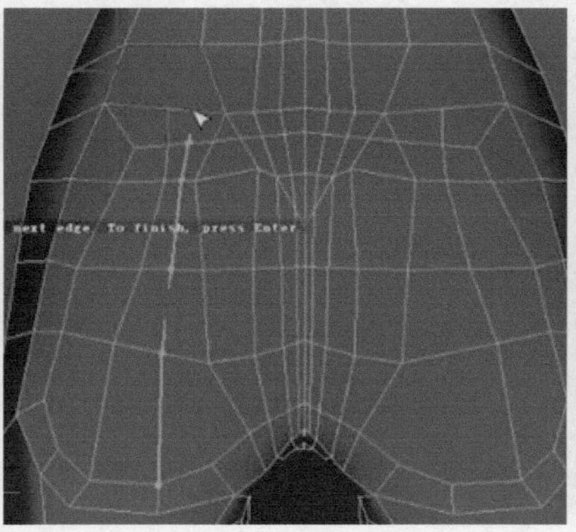

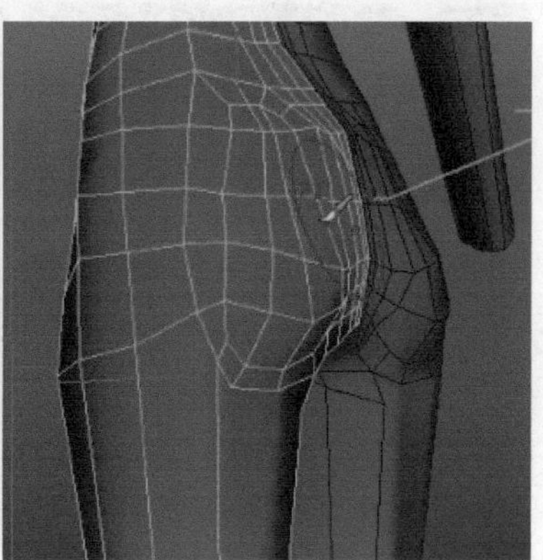

图6-153

12 使用分割多边形工具，在臀部下沿位置切出结构线，并对腿部正面的布线进行连接和调整。布线基本调整完成之后，再一次使用雕刻几何体工具，调整结构的起伏变化和松弛均匀模型的布线，如图6-154所示。

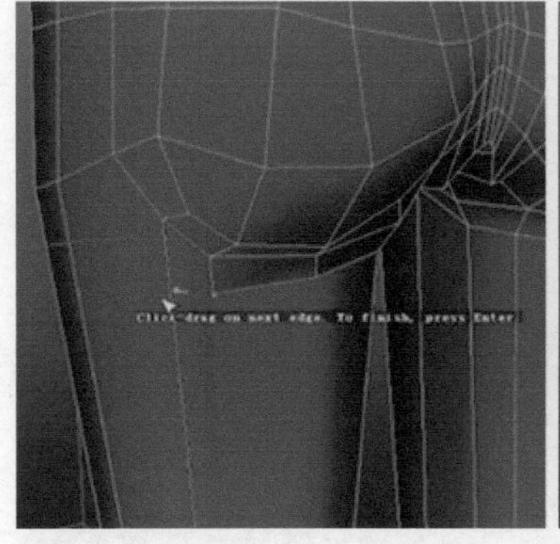

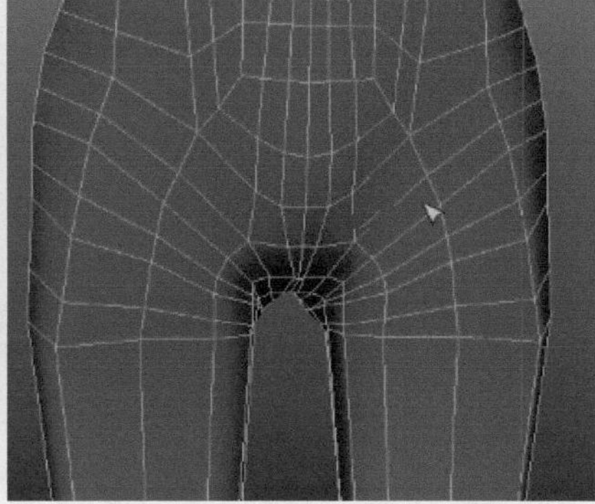
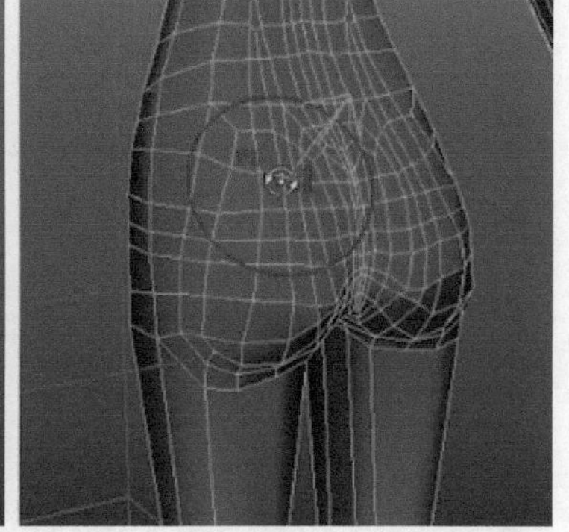

图6-154

6.4.3 四肢细化

女性的上肢和下肢的肌肉结构也并不是十分明显。上肢中，需要注意的是肱二头肌、肱三头肌、肘关节起伏以及前臂的肌肉流向；下肢中，需要注意的是缝匠肌结构、腓肠肌结构、膝关节起伏以及胫骨肌肉的走向，如图6-155所示。

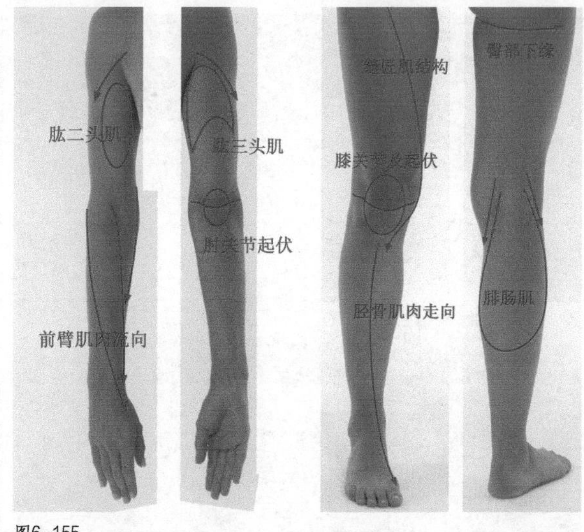

图6-155

01 执行Edit Mesh（编辑网格）>Insert Edge Loop Tool（插入循环边工具）命令，在手臂位置插入足够的循环边。切换至点元素模式，调整手臂的结构。选择下臂的点，按B键开启软选择，根据下臂肌肉的结构走向适当旋转，如图6-156所示。

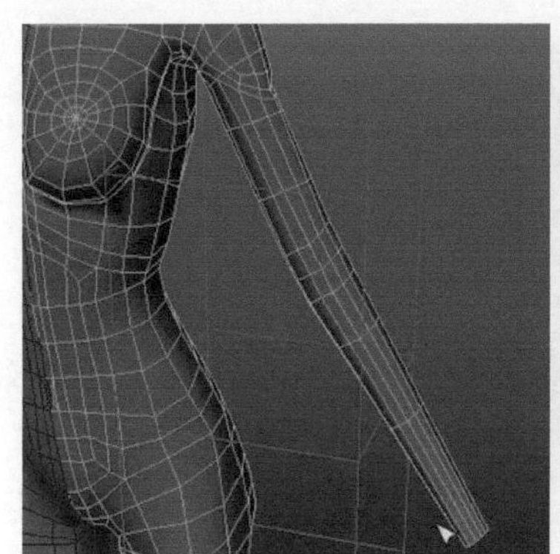
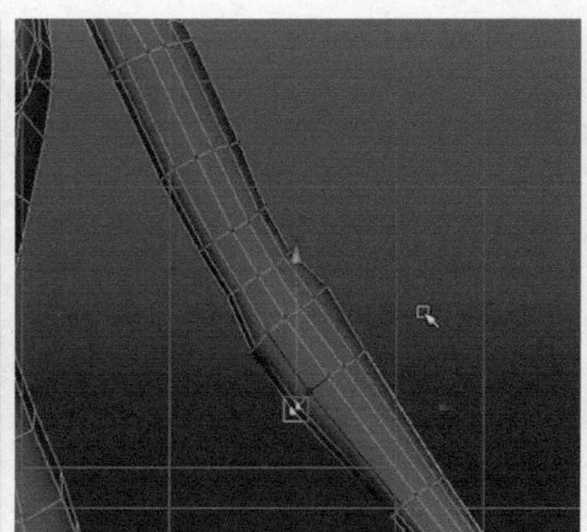
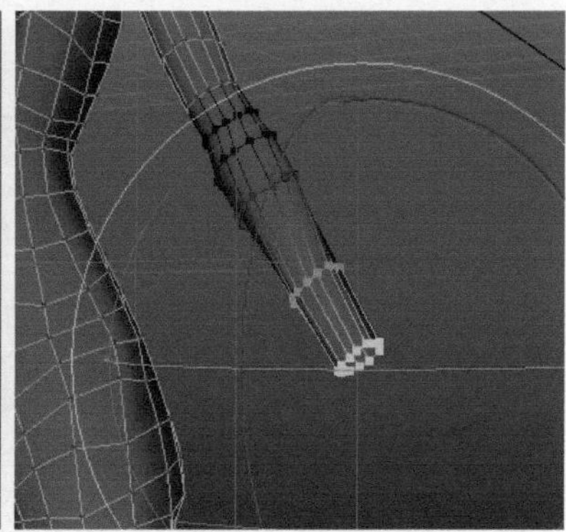

图6-156

02 执行Edit Mesh（编辑网格）>Interactive Split Tool（交互式分割工具）命令，使用分割多边形工具切出肘关节的结构线。使用插入循环边工具，再次在肘部插入循环边。调整肘部位置的点，强调肘部的骨点结构，如图6-157所示。

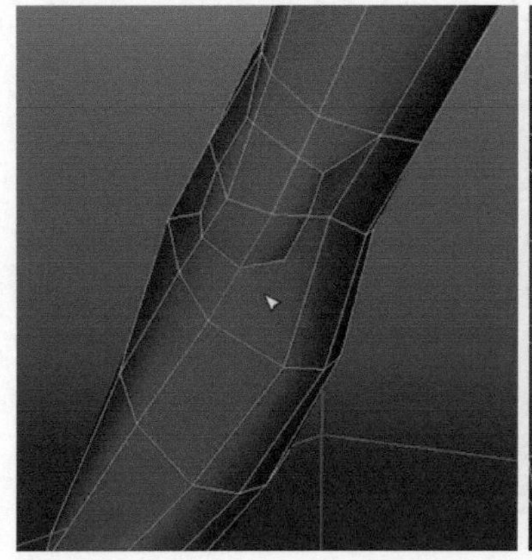
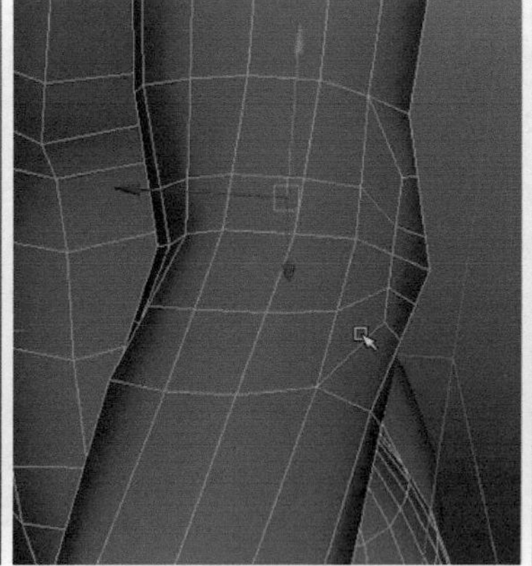
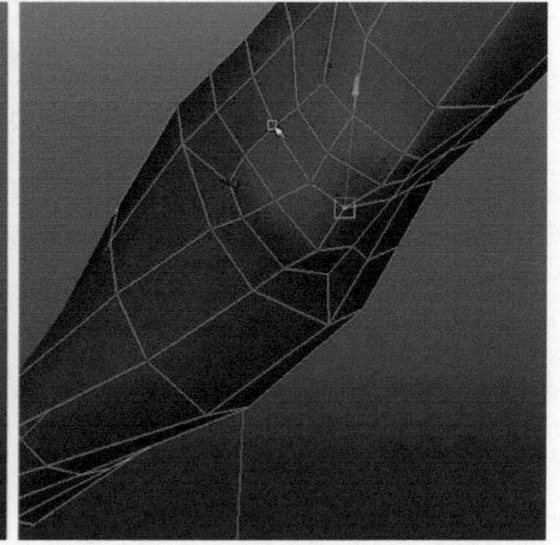

图6-157

03 使用分割多边形工具切出下臂的结构线，适当突出两块比较明显的小臂肌肉群。切线完成之后，会出现三角面和多边面，可以把它转移至肘部，与其他三角面或多边面进行连接处理，如图6-158所示。

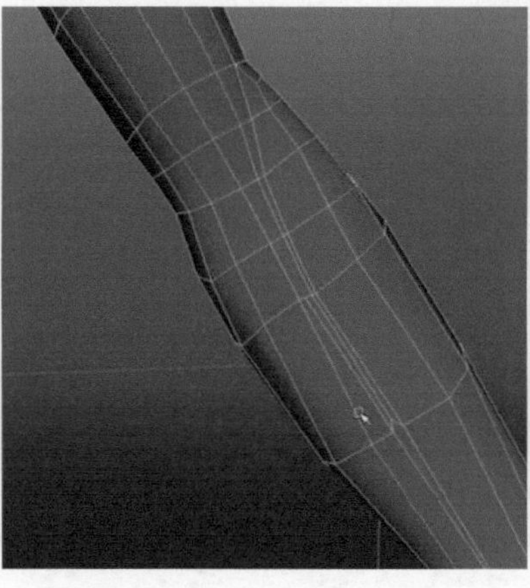

图6-158

04 使用分割多边形工具，把小臂转移的线头绕至肘部进行连接处理，如图6-159所示。

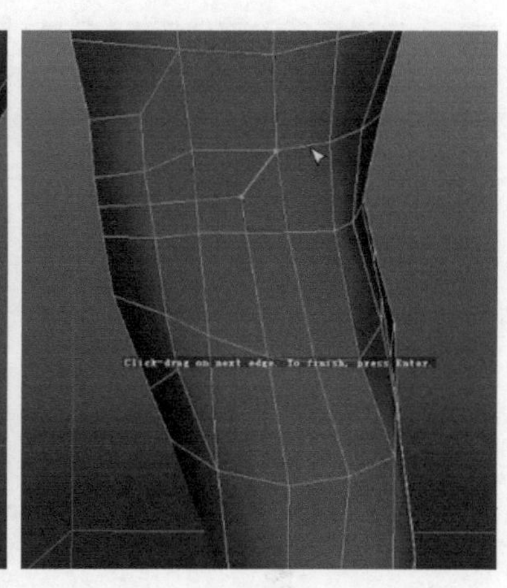

图6-159

05 手臂的正面与背面的布线如图6-160所示。

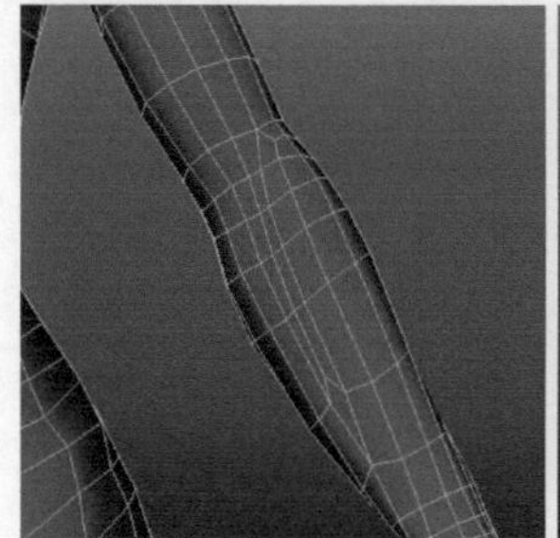
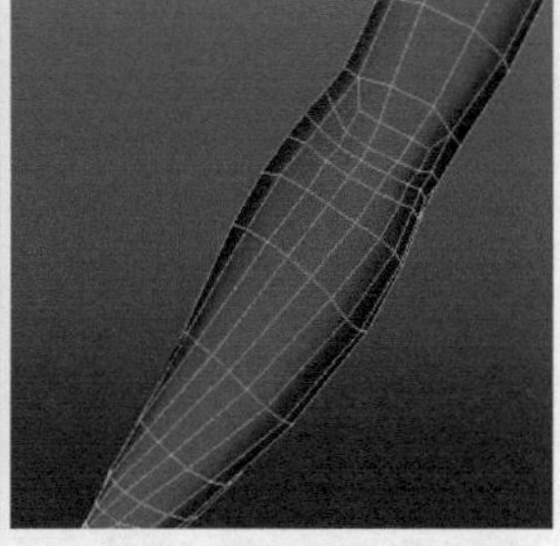

图6-160

06 使用插入循环边工具，给腿部插入足够的循环边，膝盖关节位置要多插入几条。切换至点元素模式，调整腿部的结构，如图6-161所示。

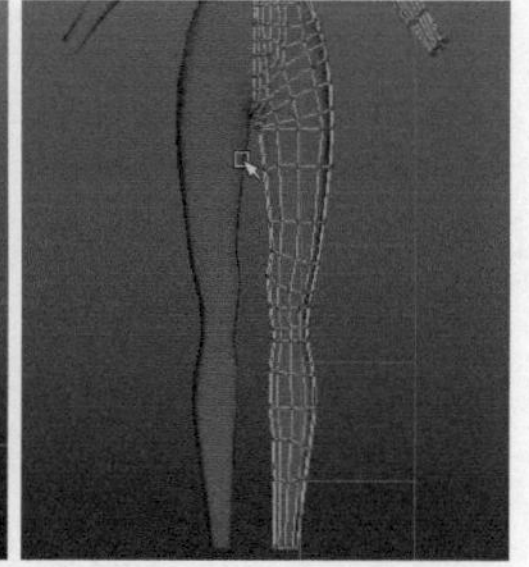

图6-161

07 使用分割多边形工具切出膝盖关节位置的结构线。使用插入循环边工具，在小腿位置纵向插入一条循环边。执行Edit Mesh（编辑网格）>Slide Edge Tool（滑动边工具）命令，滑动边均匀调整小腿的布线，如图6-162所示。

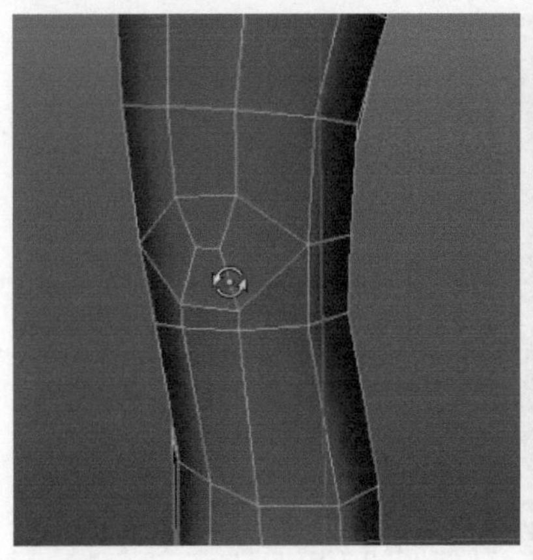
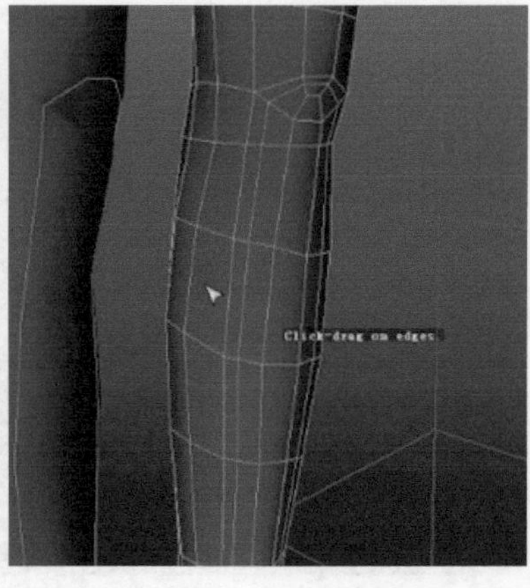

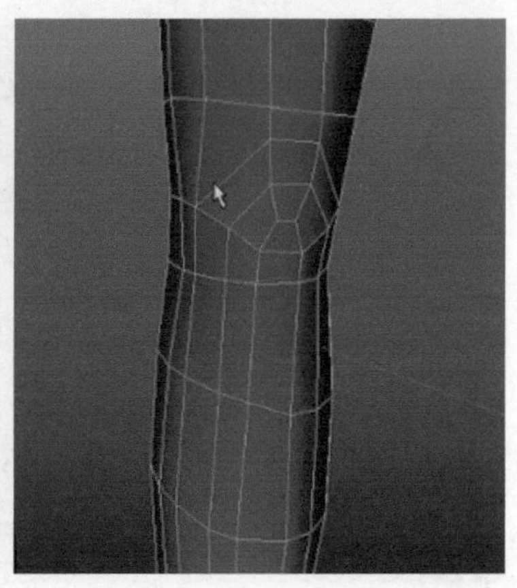

图6-162

08 选择膝部的一条循环边，执行Edit Mesh（编辑网格）>Bevel（倒角）命令，倒角分成两段循环边，使用分割多边形工具连接空缺的线段，并进行加线优化，如图6-163所示。

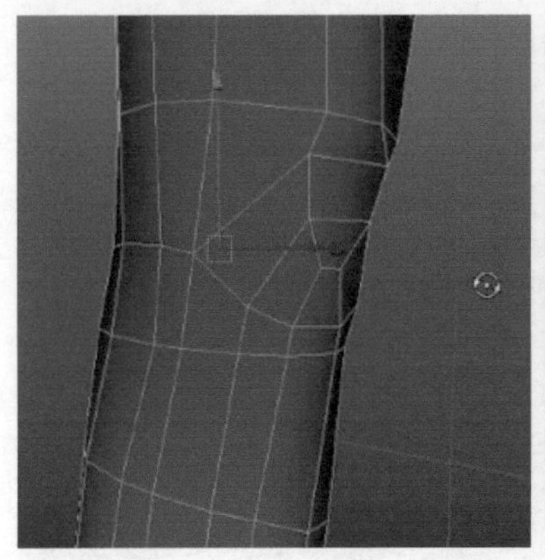
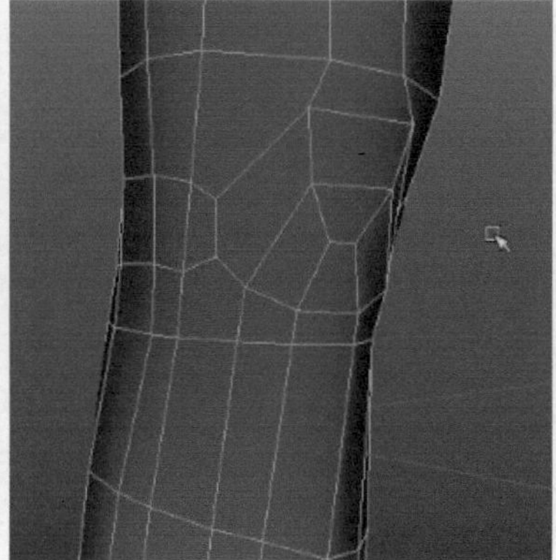
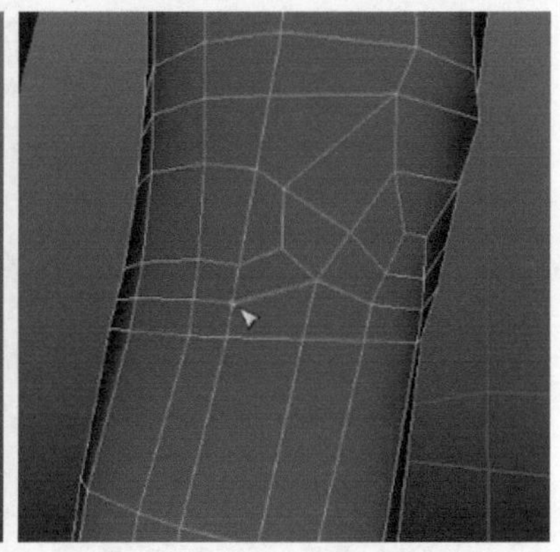

图6-163

09 使用分割多边形工具，切出缝匠肌的结构走向，并对切线之后出现的三角面和多边面进行优化处理，如图6-164所示。

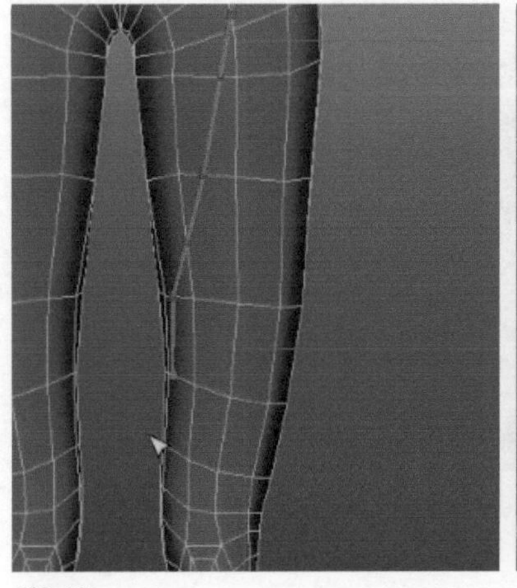

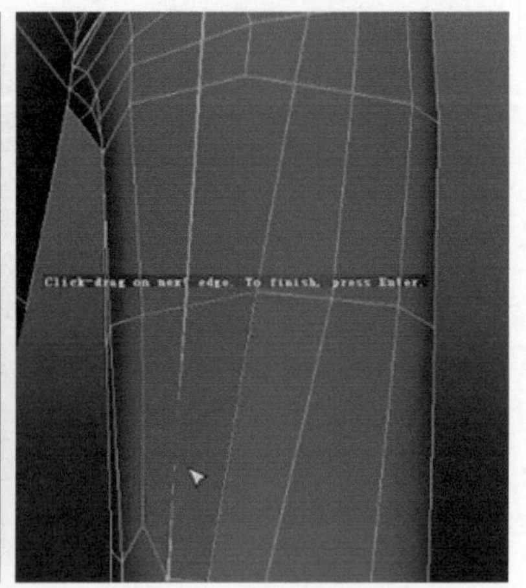

图6-164

10 腿部正面与背面的布线如图6-165所示。

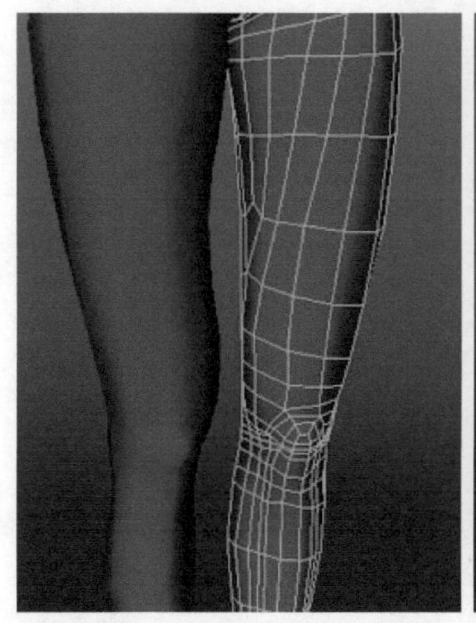
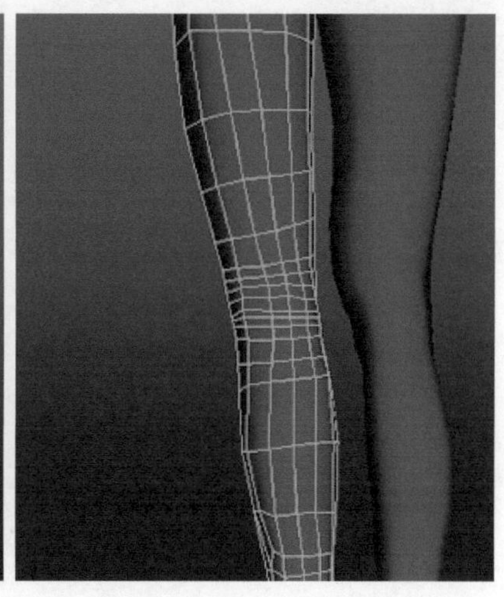

图6-165

6.4.4 头身缝合

01 删除模型的另一半，选择中间的点，用缩放工具进行连续缩放，把中线打直。按X键打开网格吸附，把点吸附到网格中心。执行Mesh（网格）>Mirror Geometry（镜像几何体）命令，修改通道栏中的Merge Threshold（合并阈值）参数为0.001，把模型合并镜像，如图6-166所示。

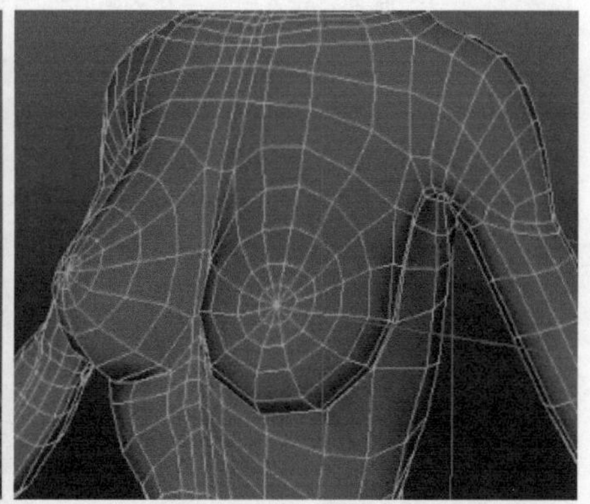

图6-166

02 选择头部模型，删除颈部多出的面。选择头部和身体，执行Mesh（网格）>Combine（合并）命令，把模型合并。选择颈部位置相对应的点，执行Edit Mesh（编辑网格）>Merge To Center（合并到中心）命令，把颈部进行衔接和缝合。切换至点元素模式，开启软选择，调整颈部的结构，如图6-167所示。

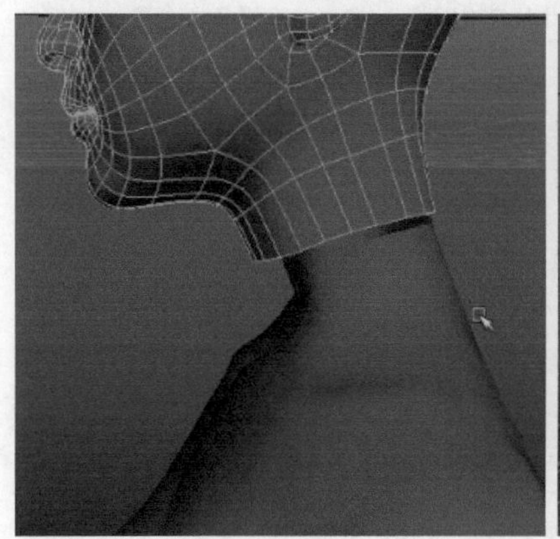
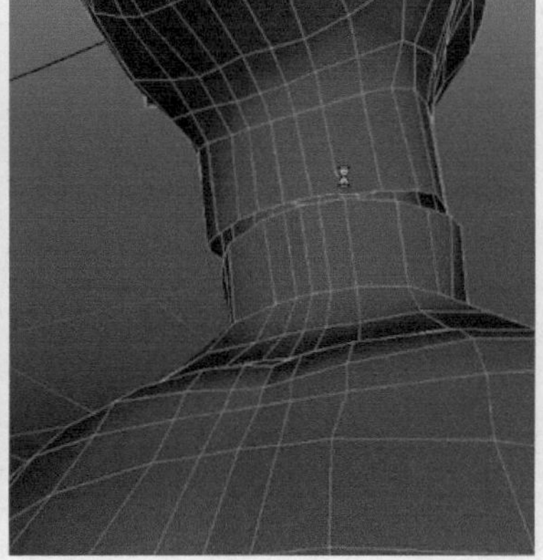
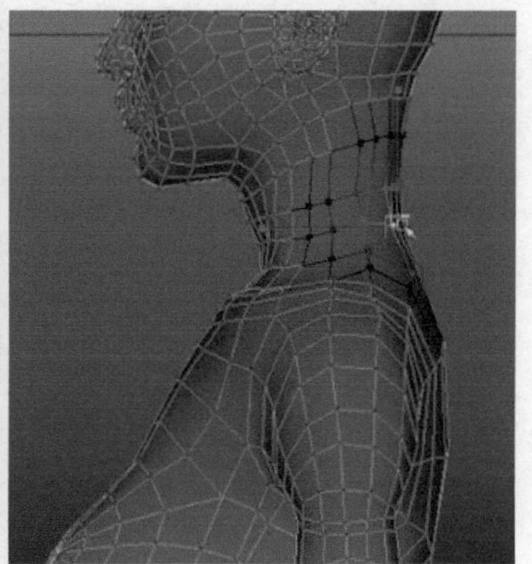

图6-167

6.4.5 手部制作

手部上面有比较复杂的结构，主要是掌心的大鱼际和小鱼际以及手背的肌腱和关节需要去强调。另外手掌的顶端是有弧度的，手指的起端并不在一条水平线上的。如图6-168所示。

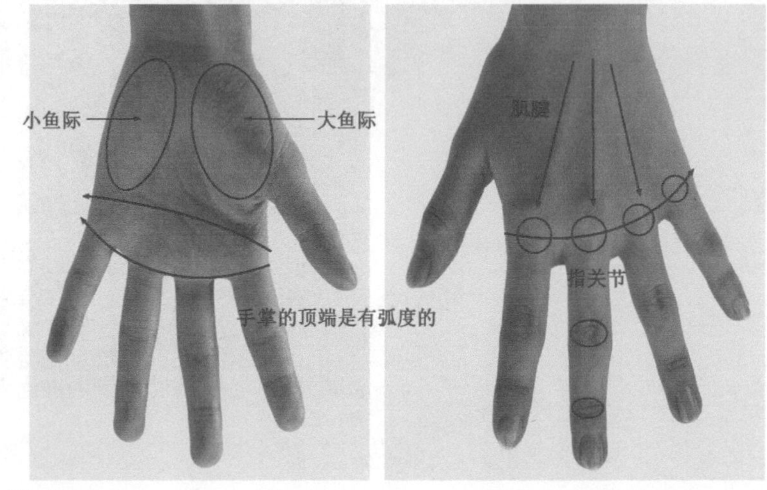

图6-168

01 创建一个面片，导入一张手掌的图片作为参照，导入方法与头部制作导入参考图的方法相同。创建一个立方体，通过加线和挤出的方式，调整出手掌的大体形状，如图6-169所示。

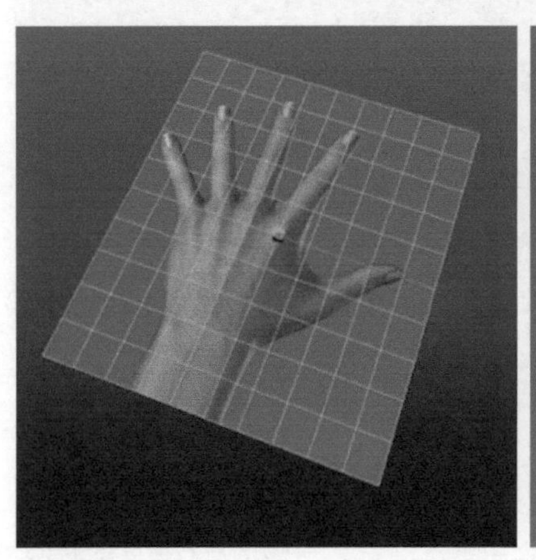
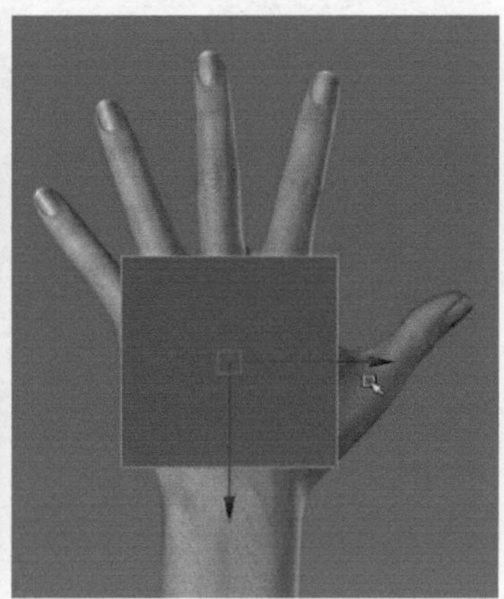
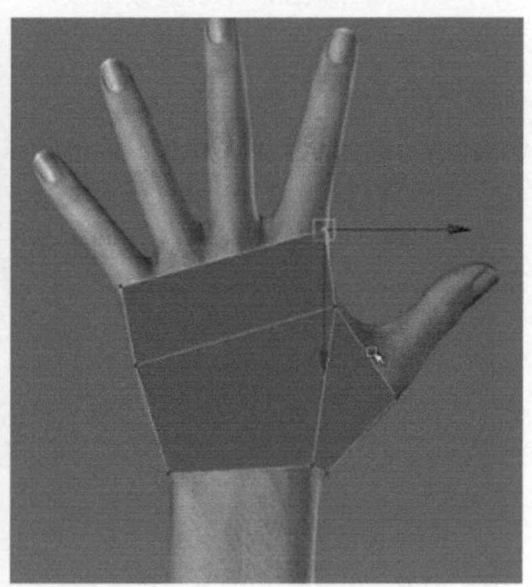
图6-169

02 使用插入循环边工具在手掌插入3条循环边，选中插入的边，执行Edit Mesh（编辑网格）>Bevel（倒角）命令，把每条循环边倒角分成两段循环边，删除不需要的面，如图6-170所示。

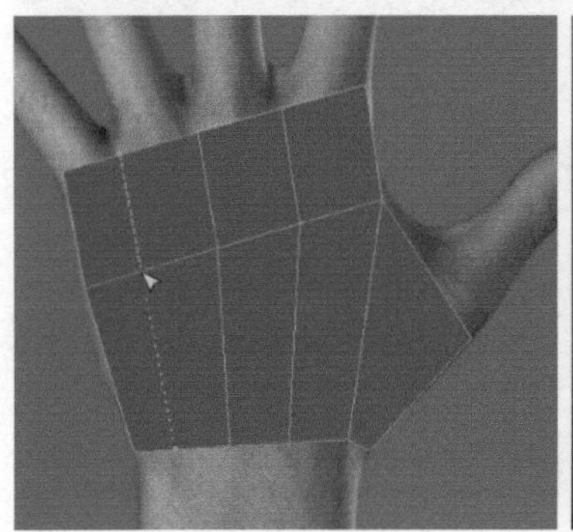
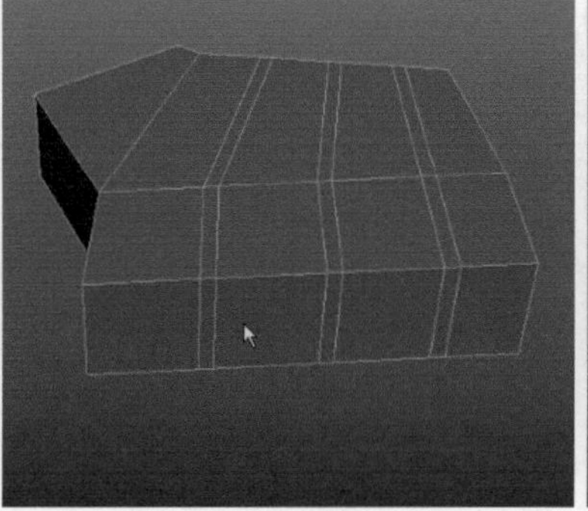
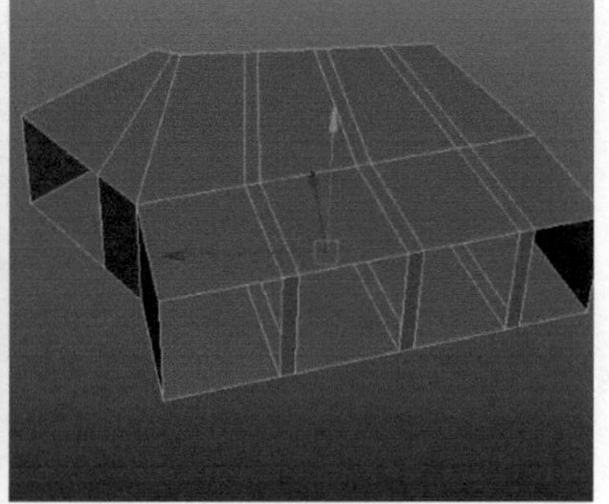
图6-170

03 选择手掌，执行Mesh（网格）>Smooth（平滑）命令，把模型平滑一级。按B键开启软选择，切换至顶视图，根据参考图调整手掌的轮廓形状，如图6-171所示。

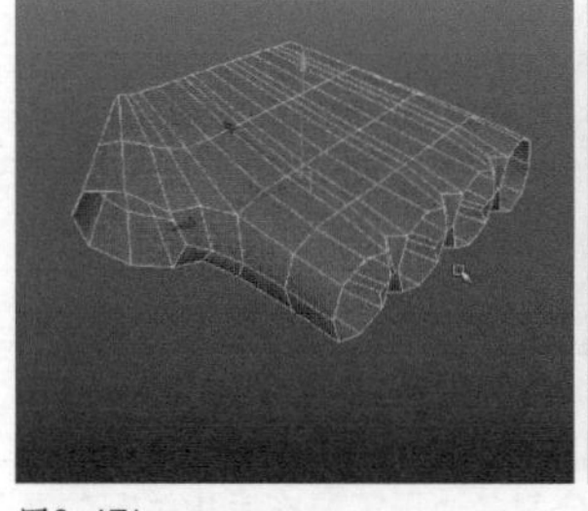
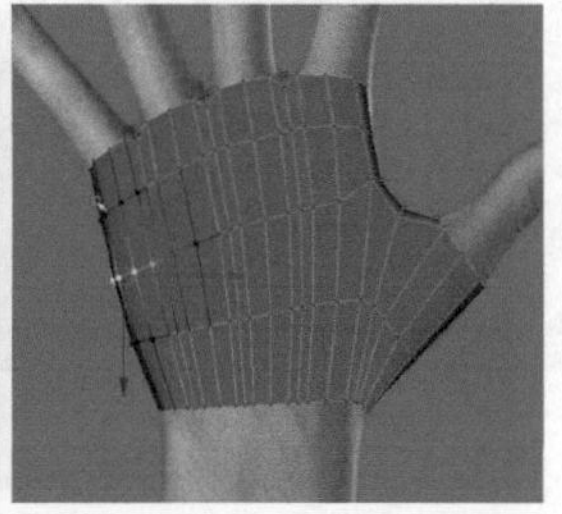

图6-171

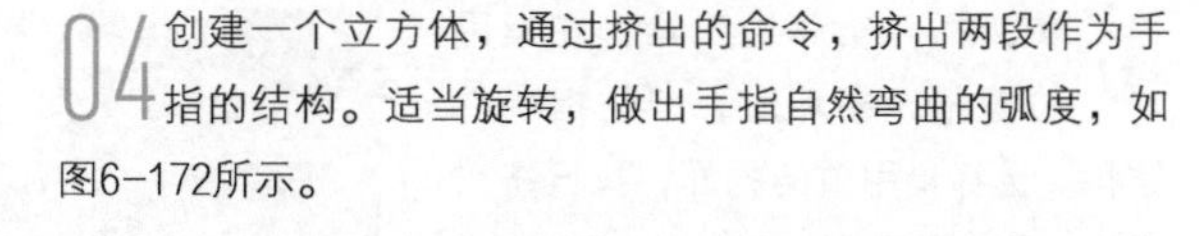

04 创建一个立方体，通过挤出的命令，挤出两段作为手指的结构。适当旋转，做出手指自然弯曲的弧度，如图6-172所示。

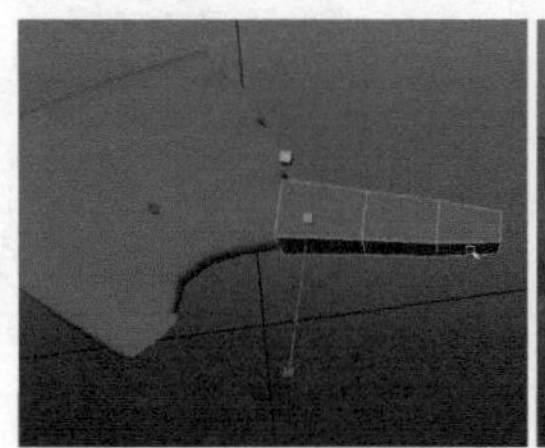
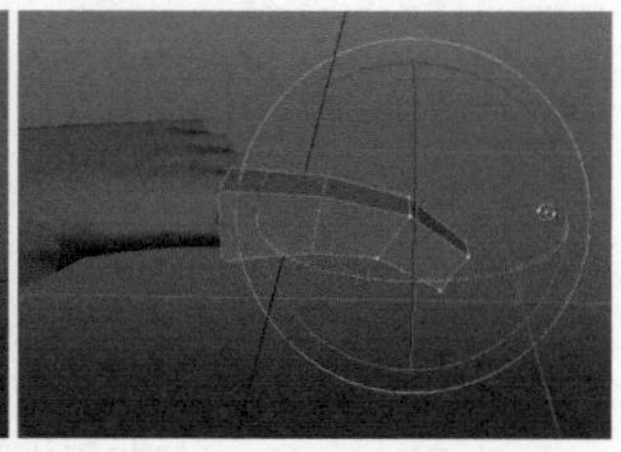

图6-172

05 切换到侧视图，执行Edit Mesh（编辑网格）>Cut Faces Tool（切面工具）命令，在关节位置多切出一条循环边。选择手指，把模型平滑细分一级，然后再调整其结构形态，如图6-173所示。

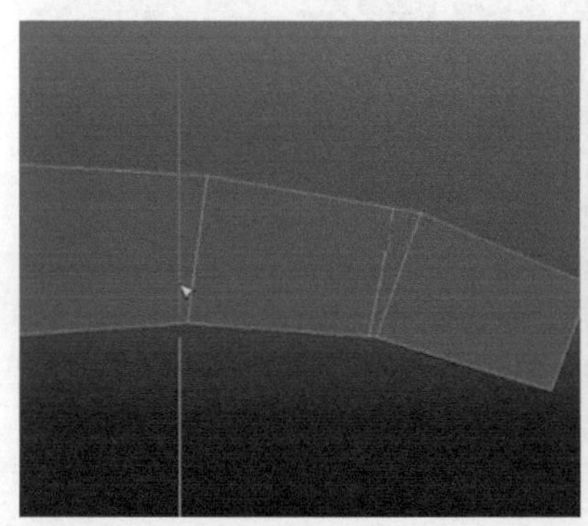
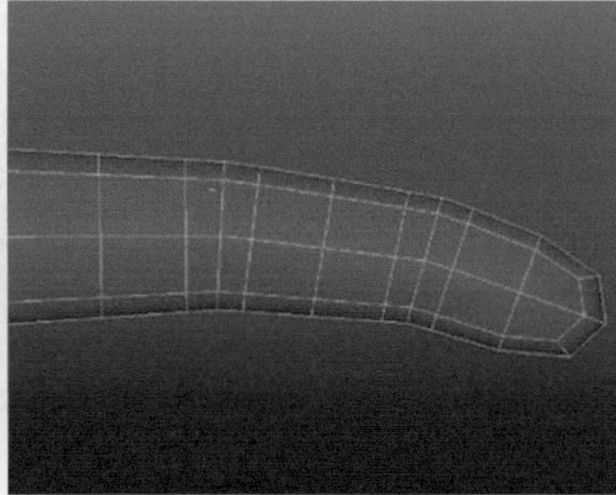
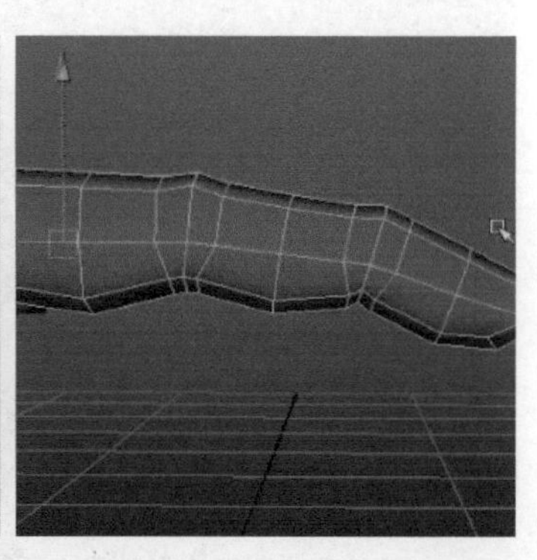

图6-173

06 使用插入循环边工具和倒角边的方式，对手指再次插入足够的段数，如图6-174所示。

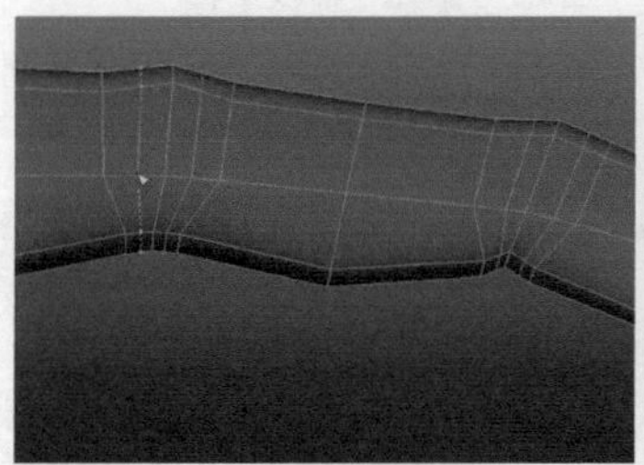

图6-174

07 选择指甲位置的面，执行Edit Mesh（编辑网格）>Extrude（挤出）命令，挤出指甲的形状和厚度，如图6-175所示。

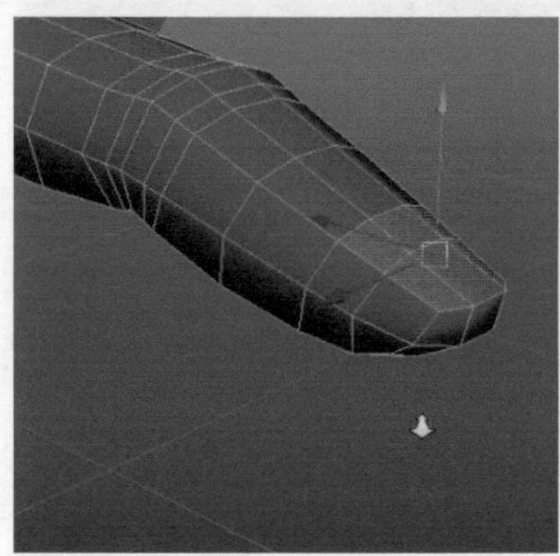
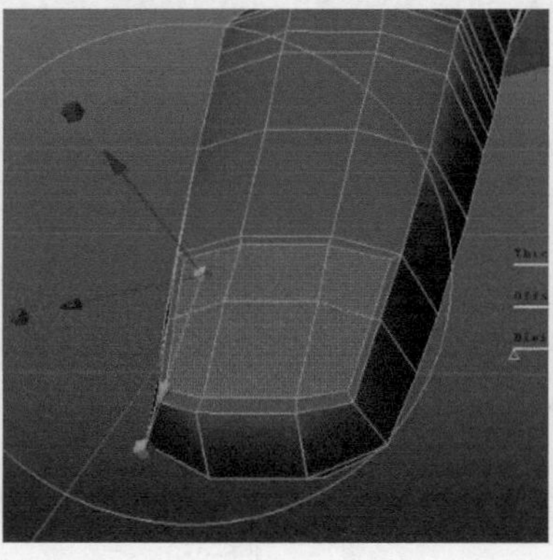

图6-175

08 使用插入循环边工具，在指甲位置插入循环边，卡住指甲的结构。选择指甲前端的面，执行挤出命令，挤出指甲的长度，如图6-176所示。

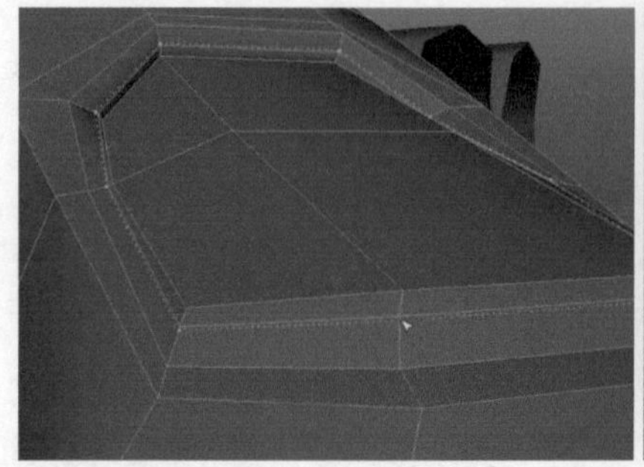

图6-176

09 执行Edit Mesh（编辑网格）>Interactive Split Tool（交互式分割工具）命令，使用分割多边形工具在手指关节位置切出结构线，做出手指关节处褶皱的效果，如图6-177所示。

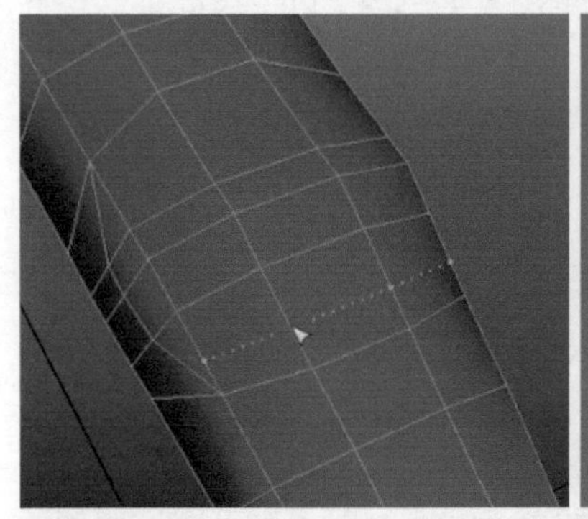
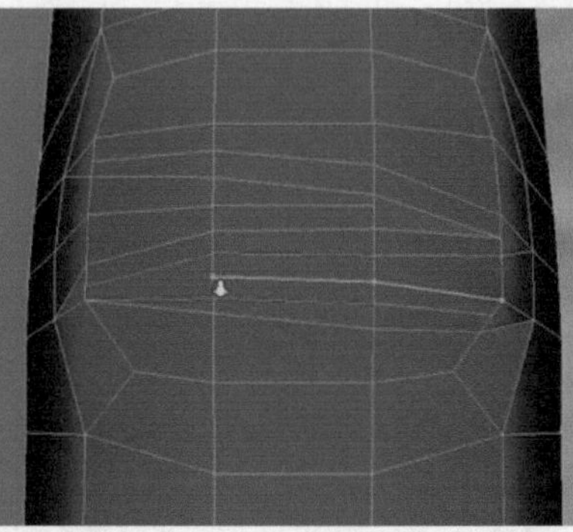

图6-177

10 继续使用分割多边形工具在手指的第二个关节位置切线，同样做出褶皱的效果，并使用雕刻几何体工具，调整手指的结构变化，如图6-178所示。

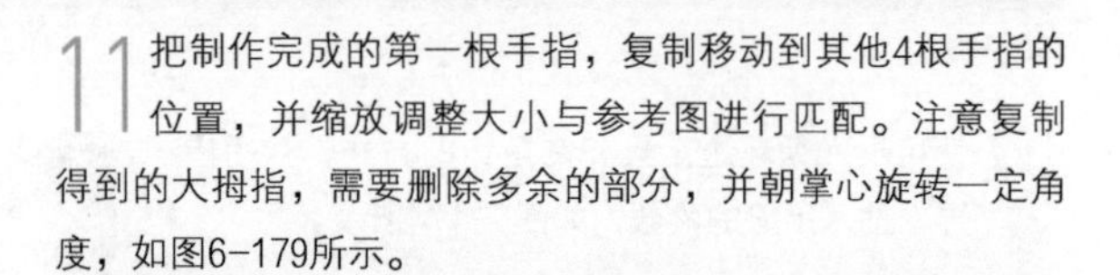

11 把制作完成的第一根手指，复制移动到其他4根手指的位置，并缩放调整大小与参考图进行匹配。注意复制得到的大拇指，需要删除多余的部分，并朝掌心旋转一定角度，如图6-179所示。

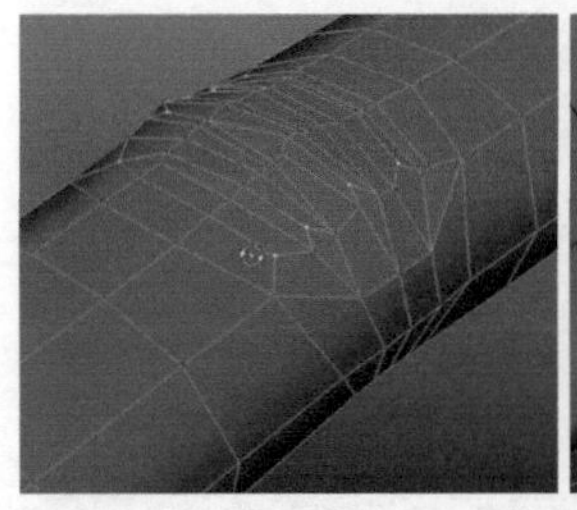
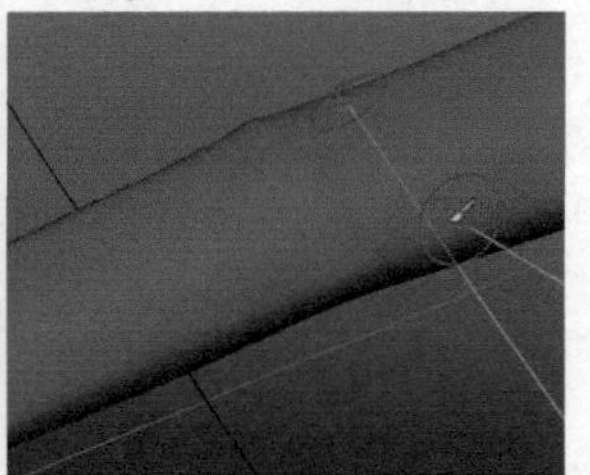

图6-178

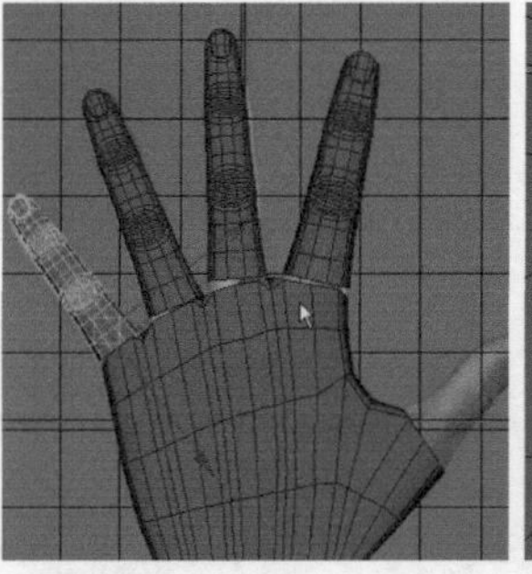
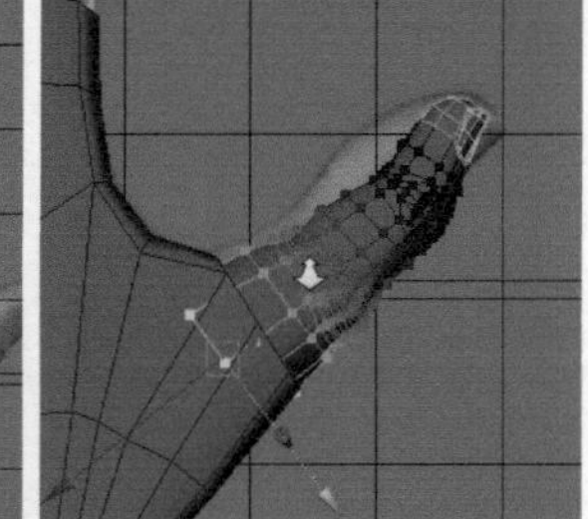

图6-179

12 切换至侧视图，适当调整手指的位置，4根手指要和手掌基本对齐，大拇指要比整个手掌位置要低，如图6-180所示。

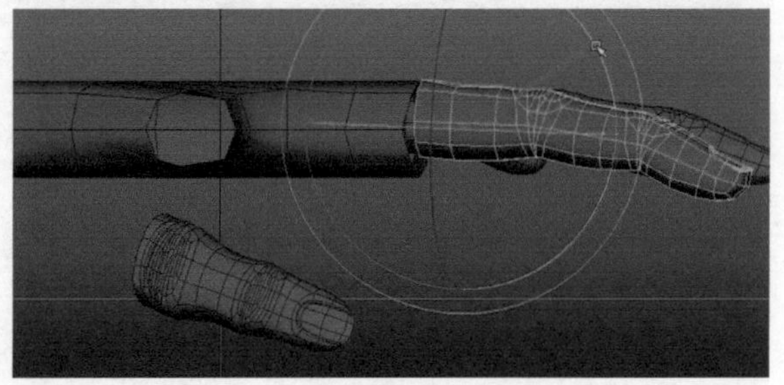

图6-180

13 选择手掌拇指处的点，开启软选择，移动至拇指位置，按V键打开点吸附，把点吸附对齐，并加线调整这里的结构形状，如图6-181所示。

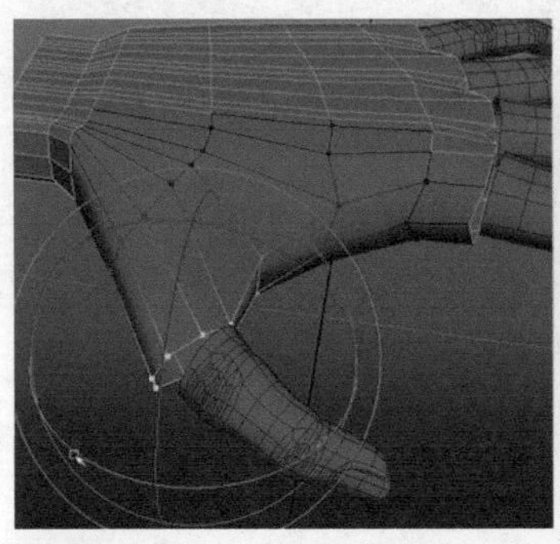
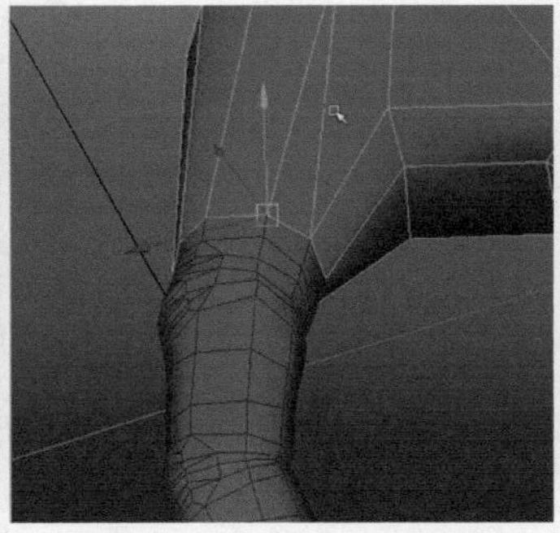
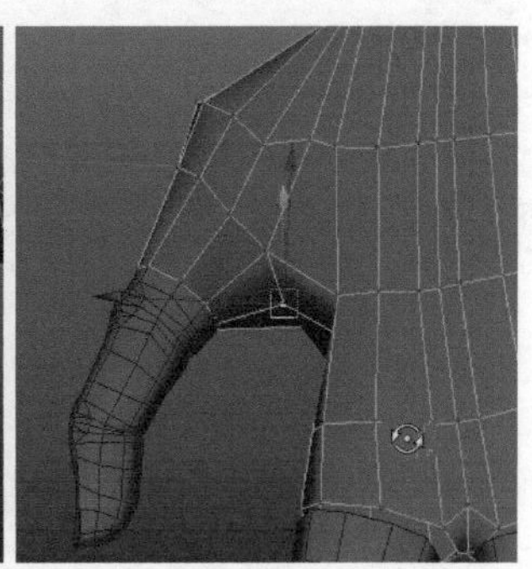

图6-181

14 选择手背和手心的循环边，执行倒角边命令，使手掌的线段数量和手指的线段数量相对应，打开点吸附，把点进行吸附对齐，如图6-182所示。

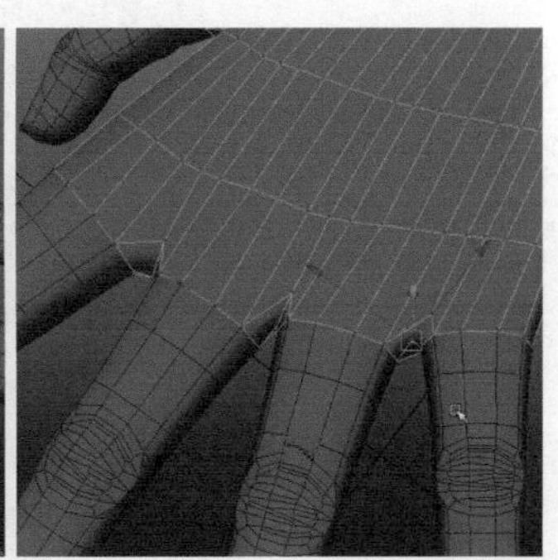

图6-182

15 选择手掌和所有手指，执行Mesh（网格）>Combine（合并）命令，把它们合并为一个物体。选择之前吸附的点，执行Edit Mesh（编辑网格）>Merge（合并）命令，把点进行合并，如图6-183所示。

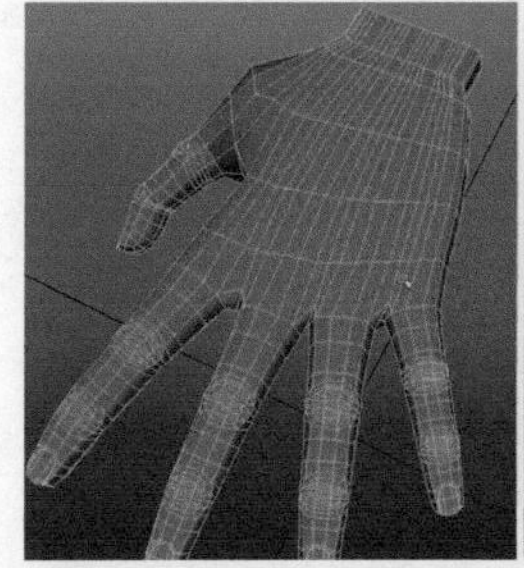
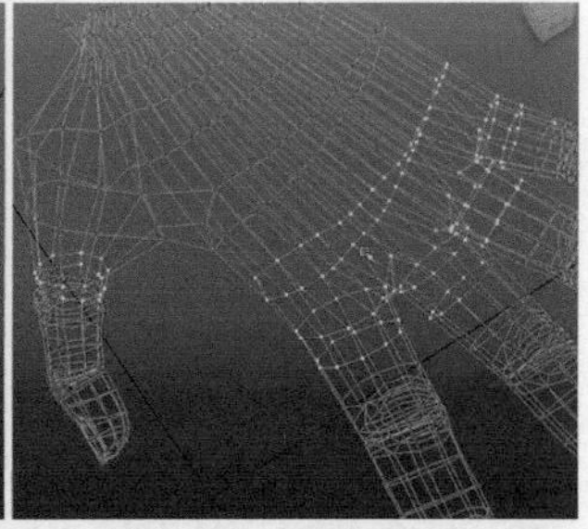

图6-183

16 使用分割多边形工具在4根手指的关节处切出结构线，切换至点元素模式，调整关节凸起的骨点结构，如果16-184所示。

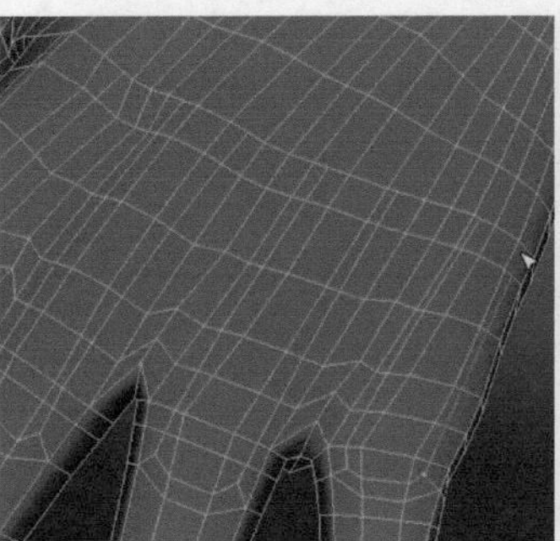
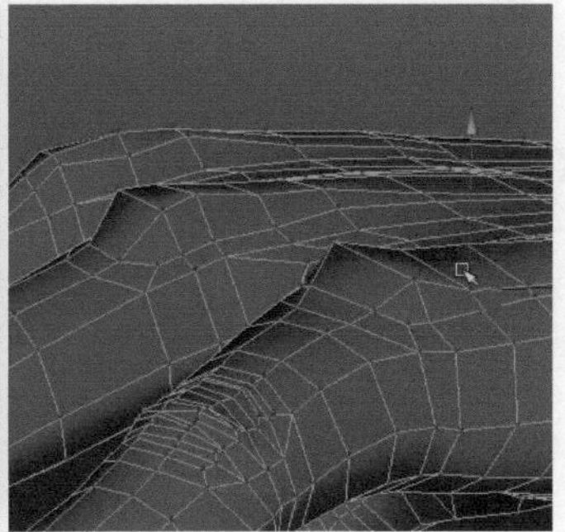

图6-184

17 使用分割多边形工具和插入循环边工具，做出手掌的布线和结构，然后再对其布线进行优化和调整，如图6-185所示。

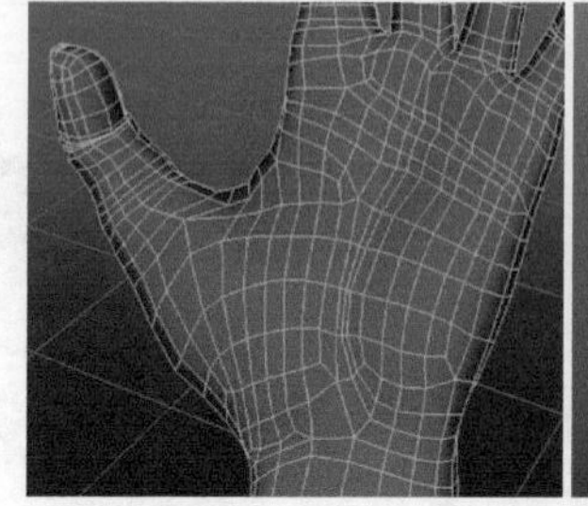
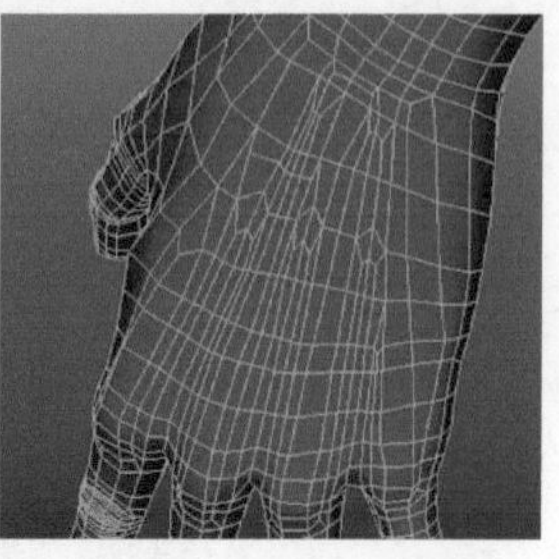

图6-185

18 选择完成的手部模型，移动至手臂位置。调整手部的大小与手臂进行匹配。打开点吸附，把手臂与手掌进行吸附对齐，如图6-186所示。

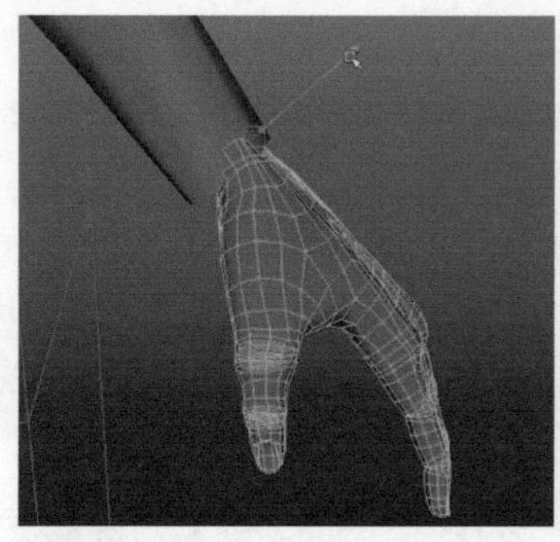
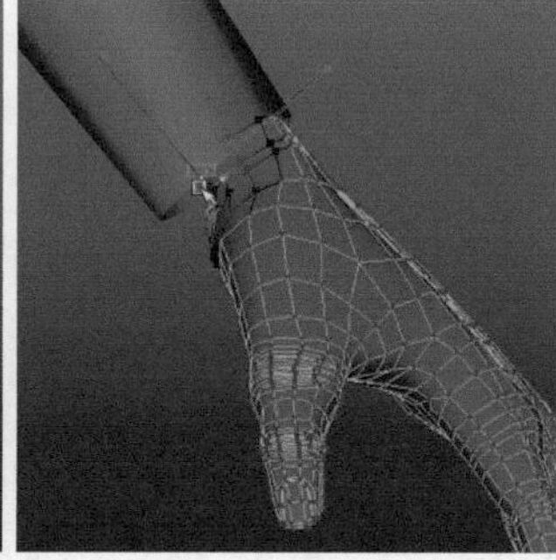

图6-186

19 使用分割多边形工具在手臂末端位置加线，使手臂与手掌的点数相对应。选择吸附完成的点，执行Edit Mesh（编辑网格）>Merge（合并）命令，把点进行合并，如图6-187所示。

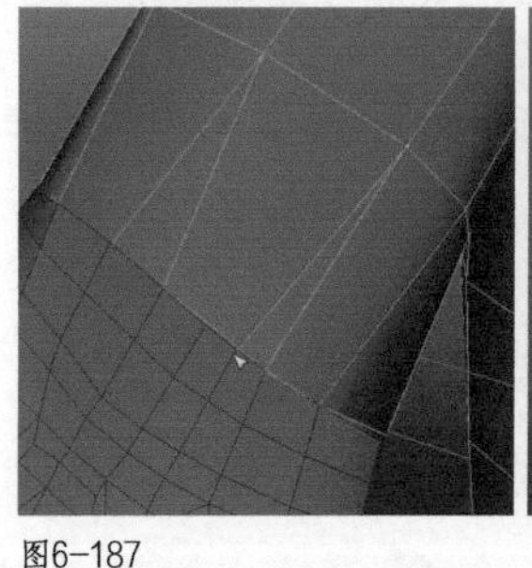
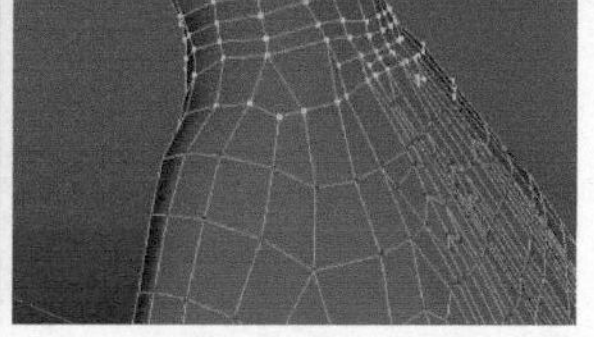

图6-187

20 手臂和手部衔接完成之后，手腕位置会出现很多三角面，需要对其布线进行优化和调整，并做出手腕侧面的骨点结构，如图6-188所示。

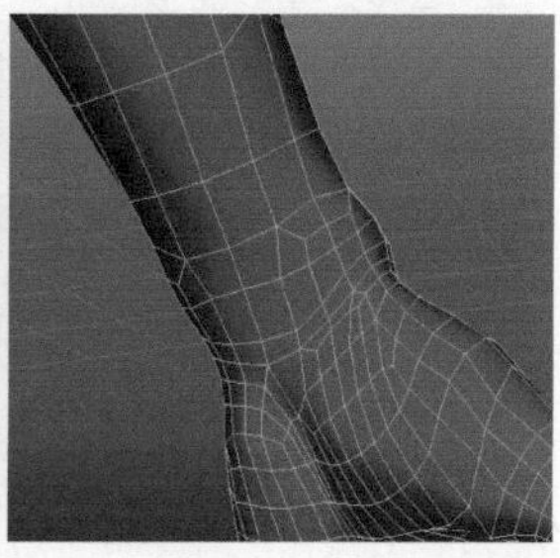

图6-188

6.4.6 脚部制作

脚部和手部的结构类似，由脚掌和脚趾组成，需要注意的是脚掌的顶端弧度以及骨点的凸起位置，如图6-189所示。

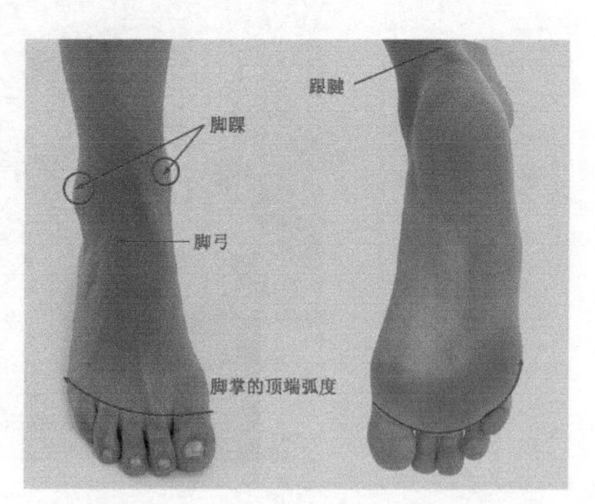

图6-189

01 创建一个立方体，通过加线和挤出的方式，调整出脚掌的大体形状。选择脚掌，执行Mesh（网格）>Smooth（平滑）命令，把模型平滑一级。插入一条循环边，均匀纵向地布线，再次对脚掌形状进行调整，如图6-190所示。

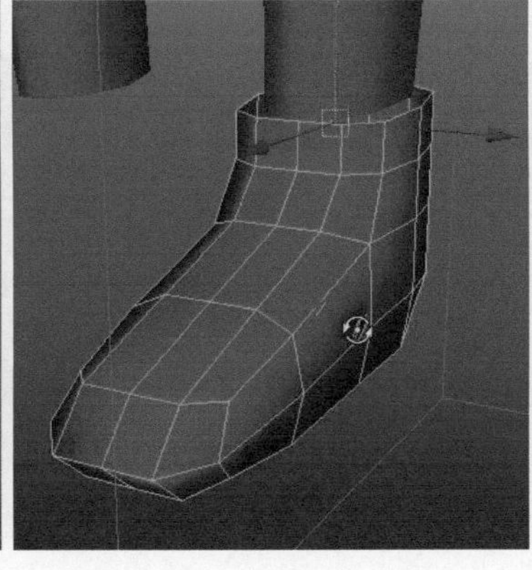
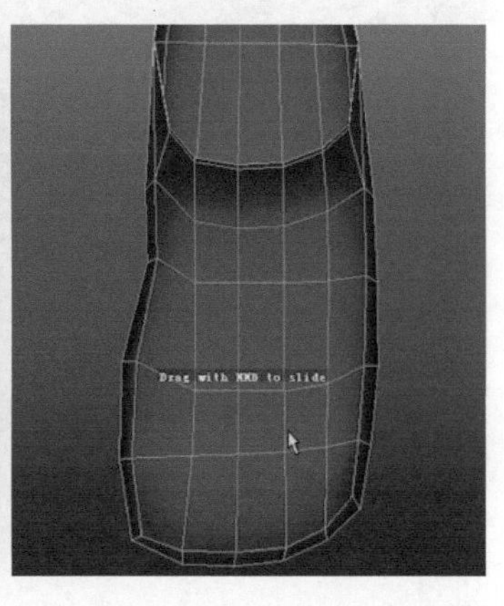

图6-190

02 选择脚掌前端的5个面执行一次挤出并删除。使用插入循环边工具，在间隔的面中各插入两段线。选择前端的点，执行Mesh（网格）>Average Vertices（平均点）命令，把这些点进行自动松弛平均，如图6-191所示。

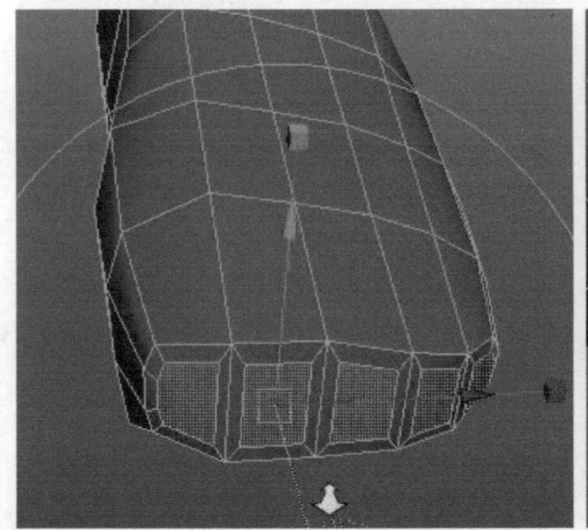
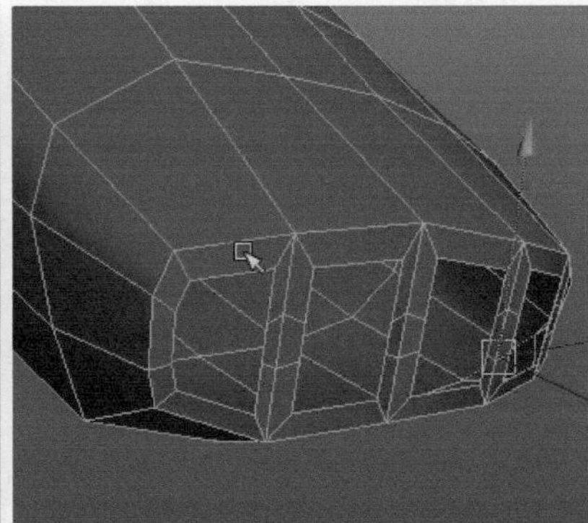
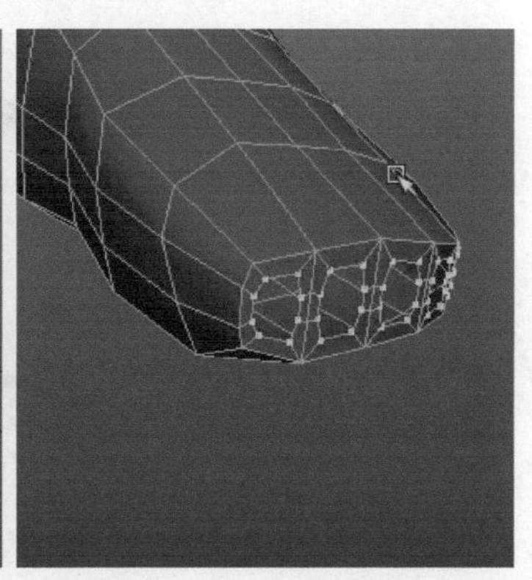

图6-191

03 使用手指制作的方法，把脚趾制作出来，这里脚趾的制作，只需要添加足够的分段和简单的调形，并不需要做出褶皱的效果。同样用之前讲过的合并的方法，把其余脚趾复制并与脚掌缝合，最后再把脚掌与腿部缝合，如图6-192所示。

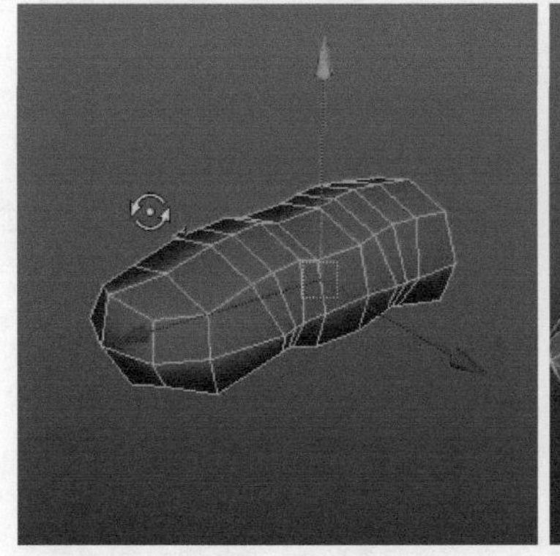
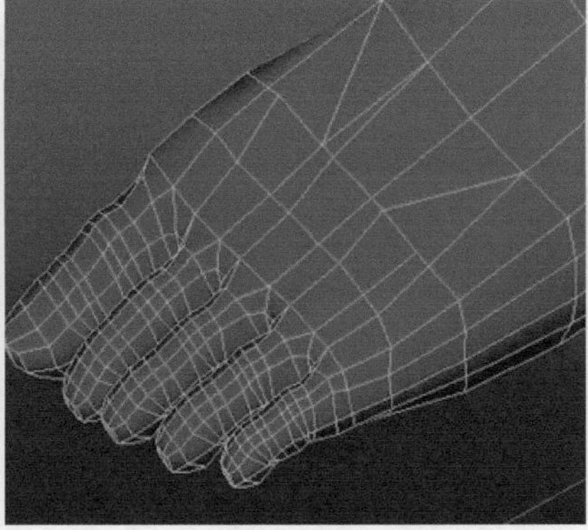
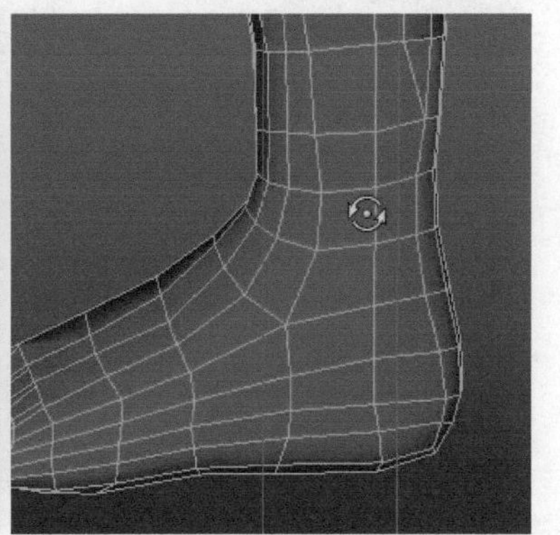

图6-192

04 使用分割多边形工具把内外脚踝的结构做出来，并对整个脚掌的布线进行优化和调整，如图6-193所示。

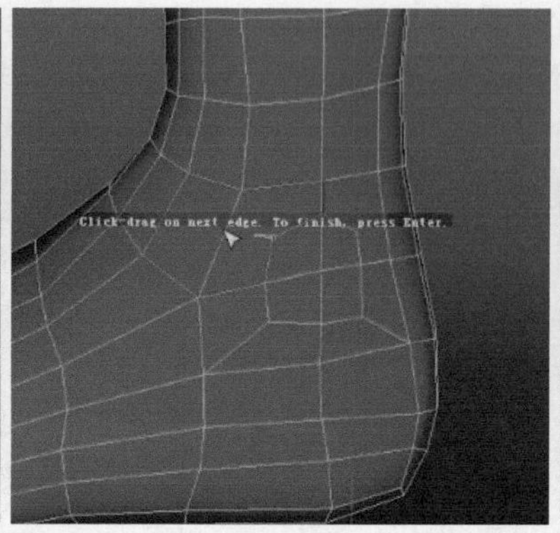

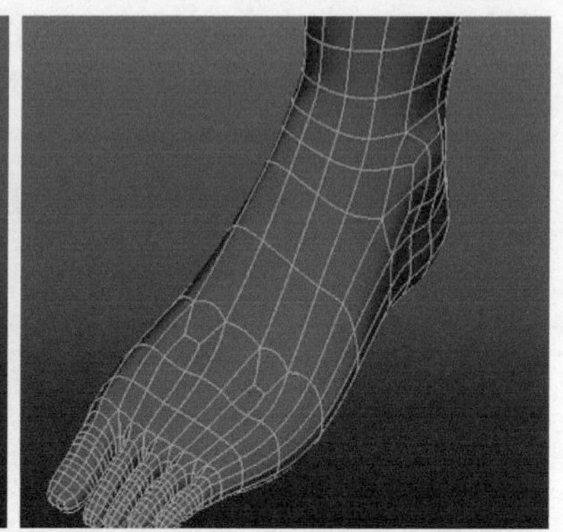

图6-193

05 身体完成后的效果及布线如图6-194所示。

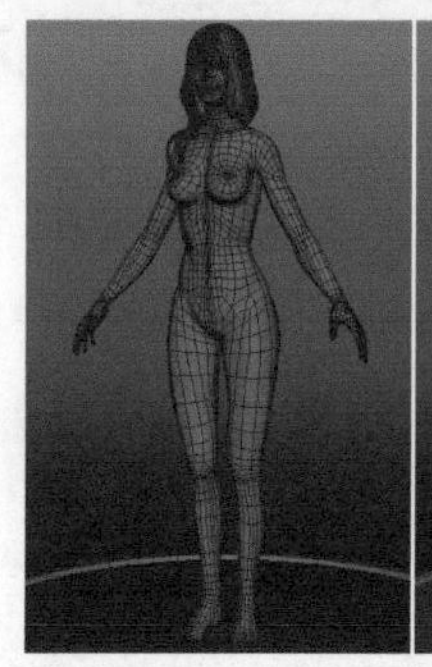
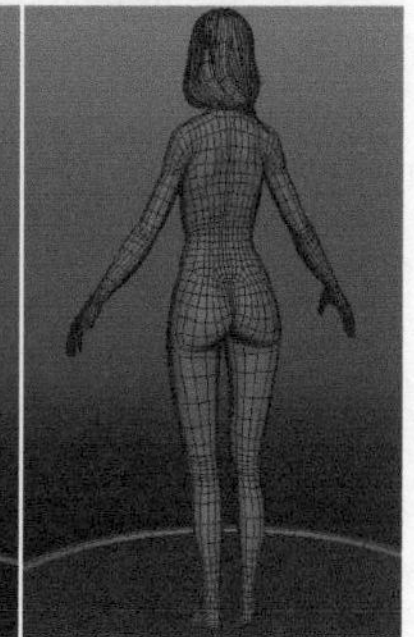

图6-194

6.5 服饰制作

服饰制作也是整个角色制作的重点，因为一个角色的时代背景、性格特征以及职业都是从服饰的风格体现出来的。此外，服饰的制作可以提高模型的质量，增加其复杂程度，大大丰富模型的细节，也是在整个角色制作过程中得以发挥设计的地方。服饰制作包括服装布料、盔甲、皮带以及各种装饰制作，效果如图6-195所示。

图6-195

6.5.1 布料制作

衣服上添加褶皱是为了增加其真实感，真实状态下褶皱的形态是随机的，但并不是毫无规律，根据其受力点，褶皱也有自己的走向规律。

从力学上说，衣服穿在人体上，主要的受力就是两个，一个是地心引力，一个就是人体本身的支撑力。因此制作的时候，脑海中大概要知道这两个力是怎么拉扯衣服的，这是最基本的。有了这个基本以后就要学会分析人体和衣服布料之间的关系了，如图6-196所示。

制作褶皱时要找到受力处，一般褶皱会从这些地方出发或汇集，并且形成较紧的形态，注意的是一个物件上无规律的受力点不要太多，即使真的有，也要依情况处理，分布要有主次和节奏感，并且富有细节。

布料的材质也是影响褶皱形成的重要因素。越是厚重的布料，可供褶皱产生的空间就越小，看起来就会越整齐；越薄的布料，产生褶皱就会越繁复，凸起的坡度就会越陡峭，如图6-197所示。

图6-196

图6-197

本角色需要制作的布料模型分别是上身、裙摆以及护腿部分，由于在设定中它们的布料和结构是不同的，因此每一部分都会有不同的褶皱效果，如图6-198所示。

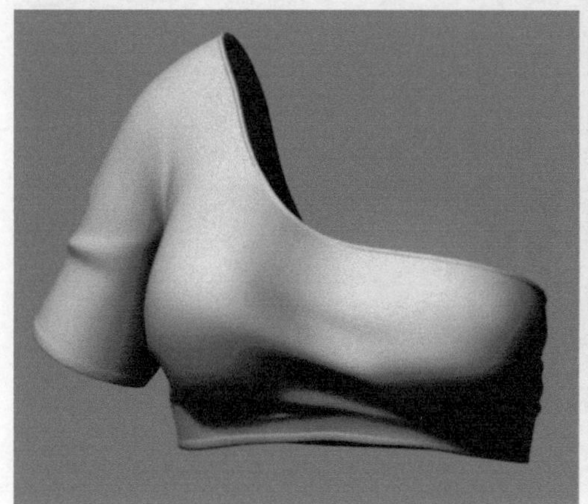

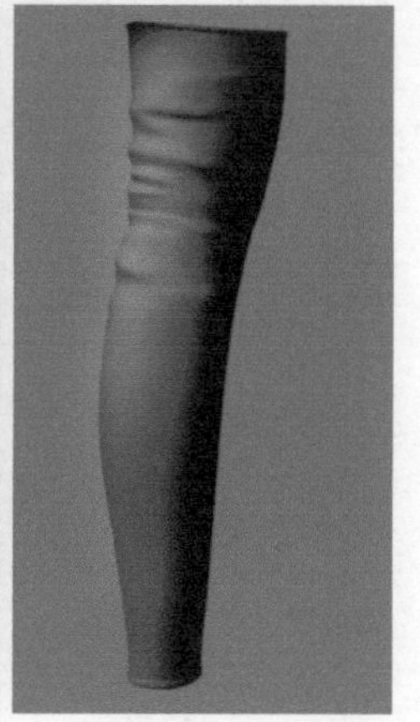

图6-198

01 执行Create（创建）>Polygon Primitives（多边形基本体）>Cylinder（圆柱体）命令，创建一个圆柱体，放置在胸部位置并删除上下端的面。使用插入循环边工具对其插入足够的段数，切换至点元素模式，调整点的位置匹配胸部的结构，如图6-199所示。

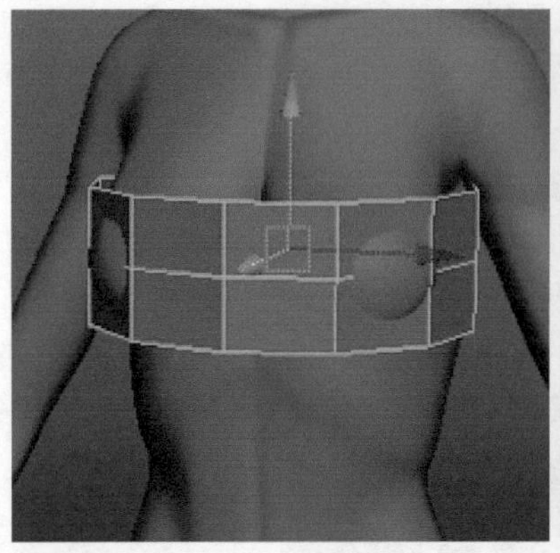
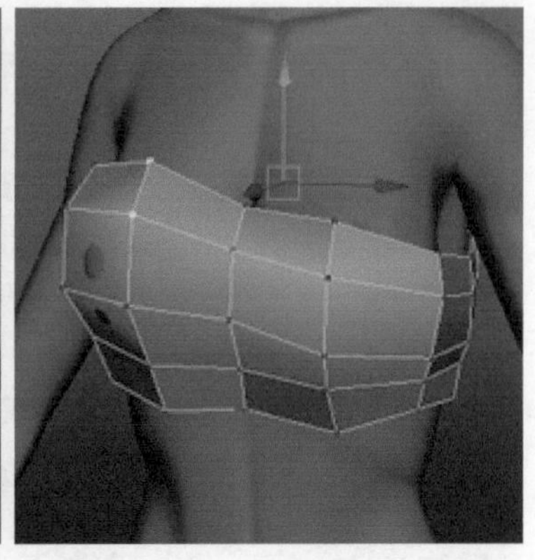

图6-199

02 选择右半部分的边，执行Edit Mesh（编辑网格）>Extrude（挤出）命令，挤出肩部以及袖口的形状。切换至点元素模式，开启软选择，调整上身衣服大的形状，如图6-200所示。

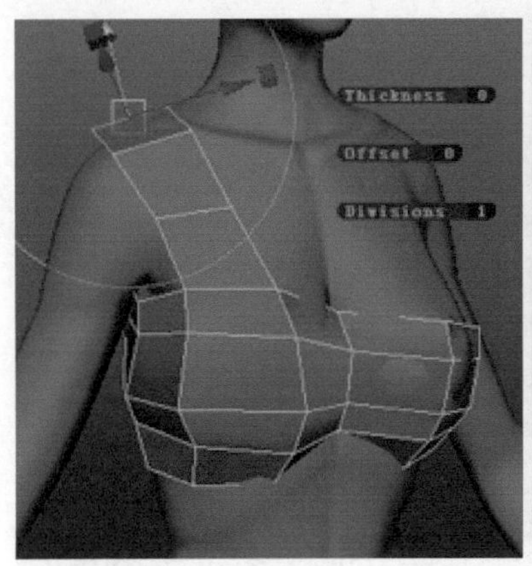

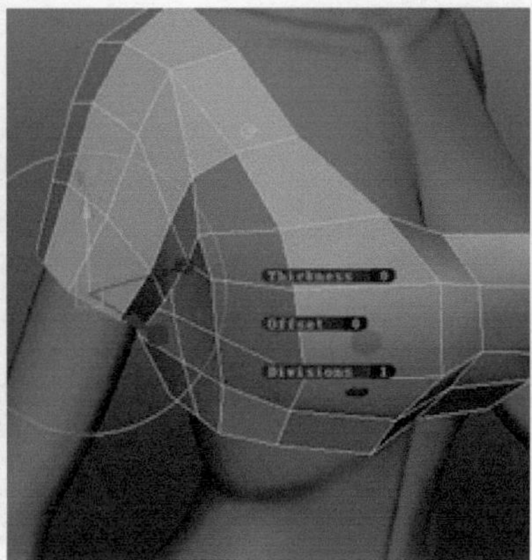

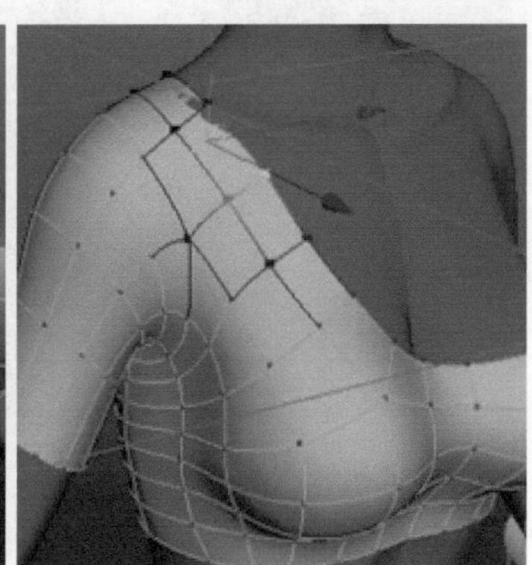

图6-200

03 选择上身衣服的边缘，执行Edit Mesh（编辑网格）>Extrude（挤出）命令，挤出衣服的厚度。执行Edit Mesh（编辑网格）>Insert Edge Loop Tool（插入循环边工具）命令，在厚度位置插入循环边，固定其厚度结构，如图6-201所示。

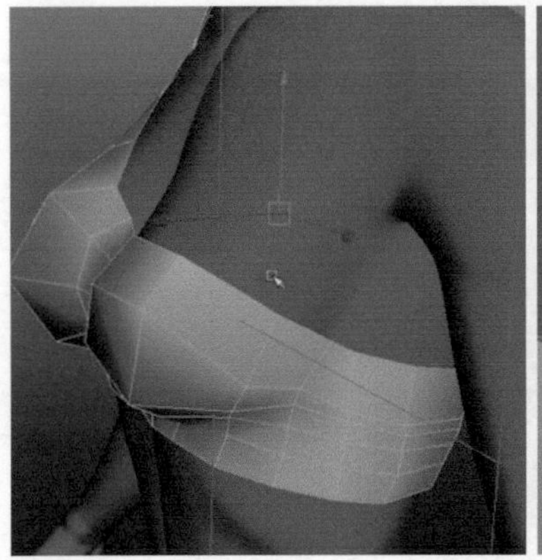

图6-201

04 继续使用插入循环边工具，在衣服边缘插入多条循环边并保留一定宽度。选择宽度中间的循环边，执行Edit Mesh（编辑网格）>Transform Component（变换元素）命令，把插入的循环边向外推，做出衣服的边缘凸起，如图6-202所示。

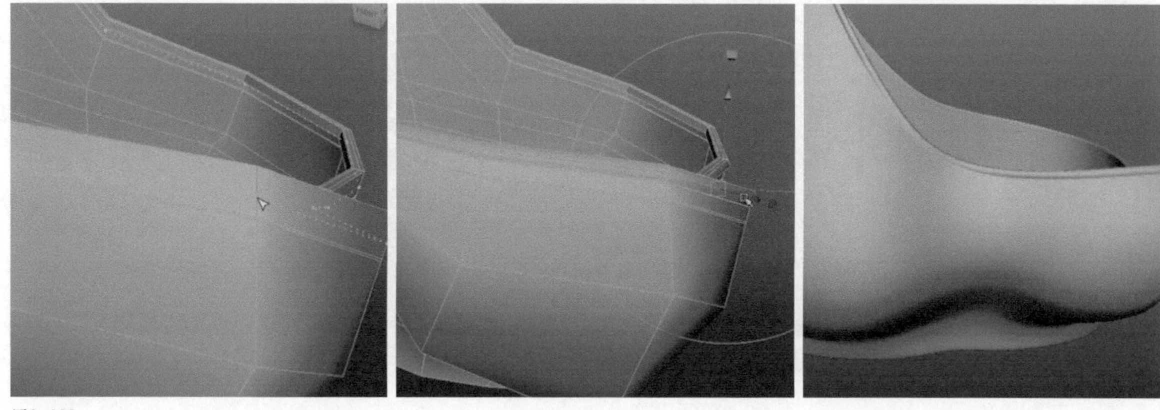

图6-202

05 同样使用挤出和插入循环边的方法，制作出上身衣服底端和袖口的厚度及边缘凸起，如图6-203所示。

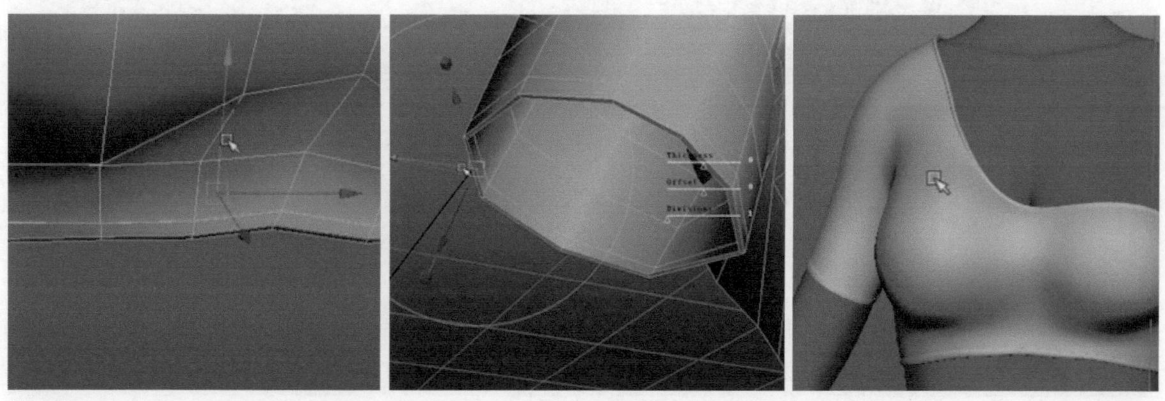

图6-203

06 执行Edit Mesh（编辑网格）>Interactive Split Tool（交互式分割工具）命令，使用分割多边形工具，切出胸部位置衣服褶皱的布线。布线完成之后，切换至点元素模式调整褶皱的起伏结构，如图6-204所示。

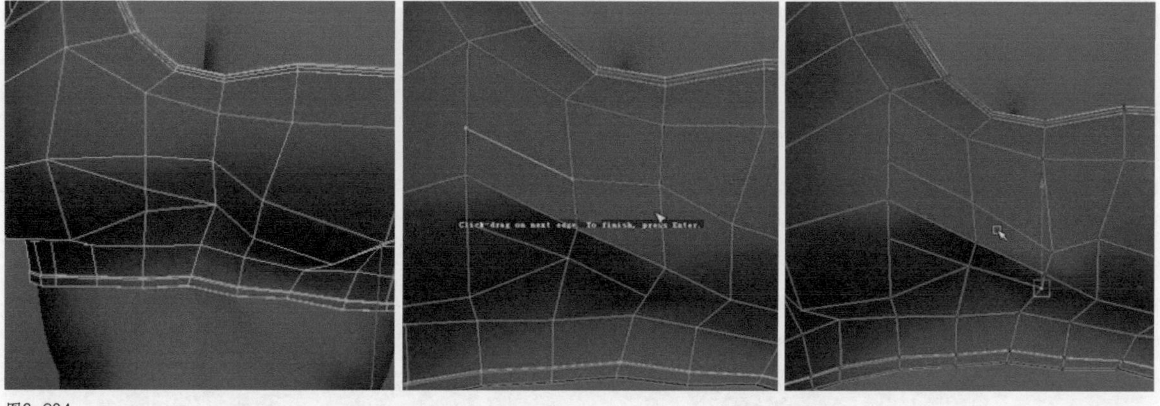

图6-204

07 布料在拉扯或是挤压的时候，褶皱是比较多的，它们往往都是多条穿插联系着的，因此继续使用分割多边形工具，增加褶皱的数量，如图6-205所示。

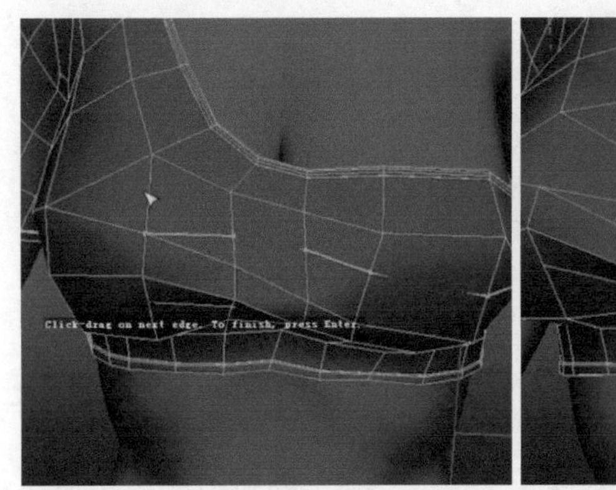

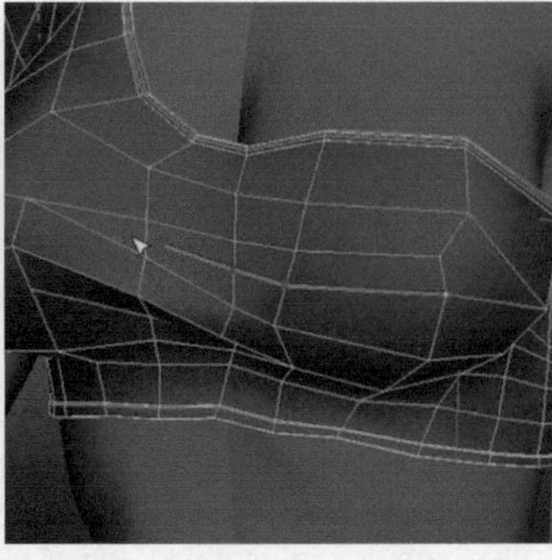
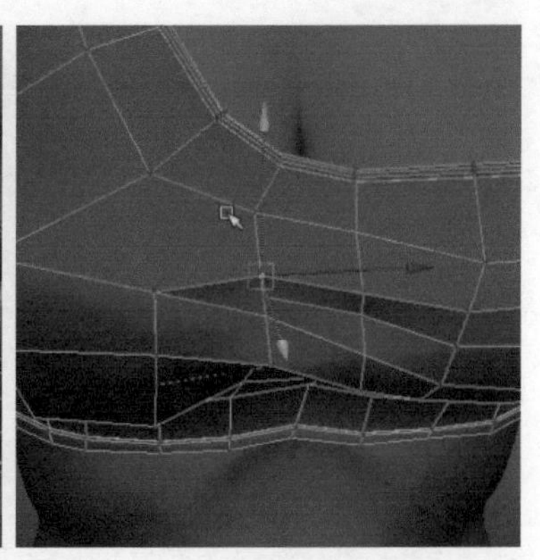

图6-205

08 手臂放下时，会在腋下产生挤压，因此这里到肩部的褶皱也是比较多的。使用分割多边形工具，切出这里褶皱的布线，并调整出其形态，如图6-206所示。

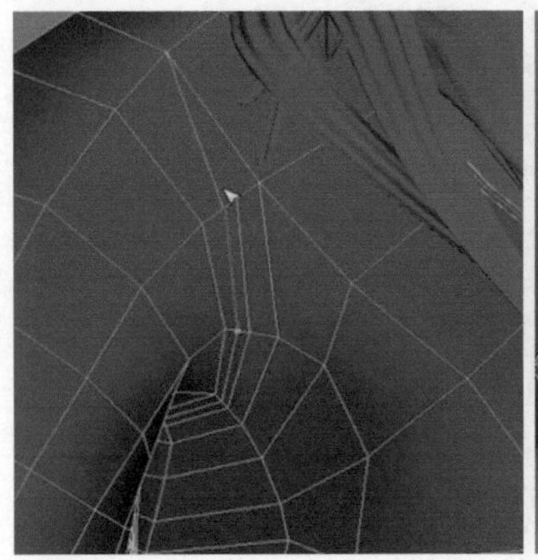
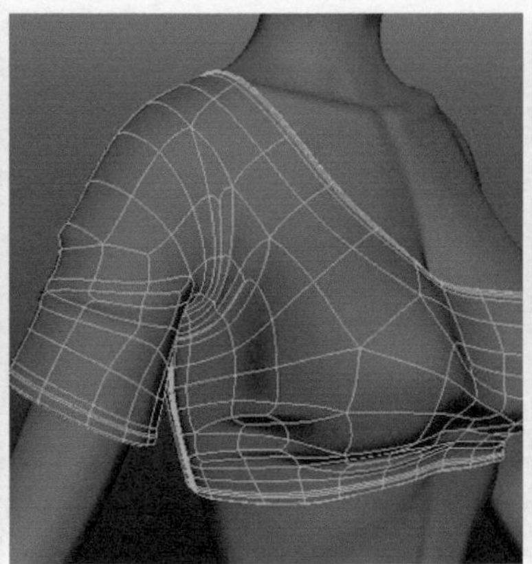
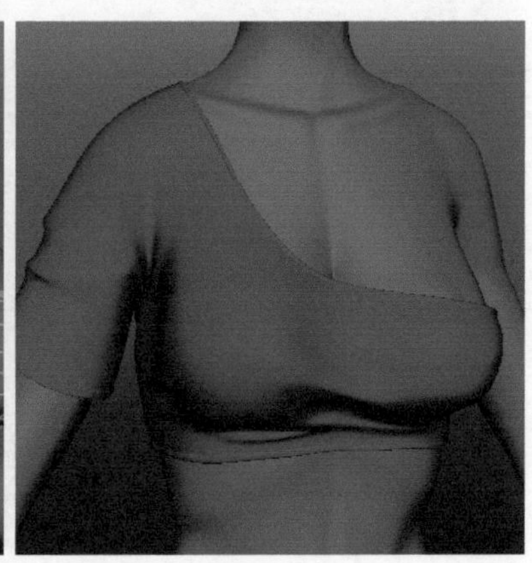

图6-206

09 创建一个圆柱体，删除上下端的面，缩放调整匹配下身的形体结构。选择身体的模型，复制一份，执行Modify（修改）>Convert（转换）>Smooth Mesh Preview To Polygons（平滑预览转成多边形）命令，如图6-207所示。

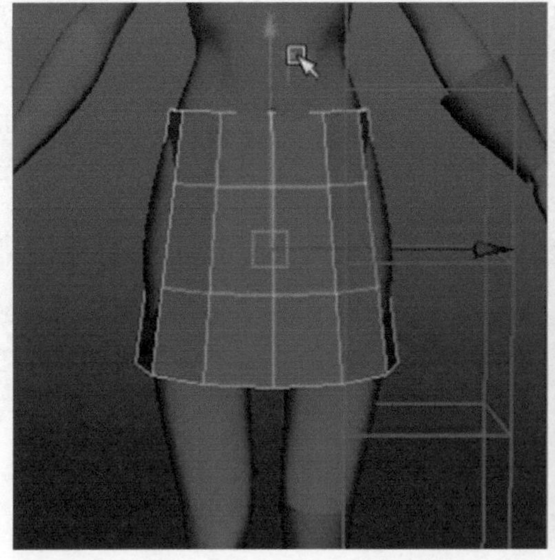

图6-207

10 选择平滑后的模型加选裙子模型，单击Mesh（网格）>Transfer Attribtes（属性转移）命令后的设置选项按钮，在弹出的选项卡中把Vertex position（顶点位置）设置为On（开启），然后单击Apply（应用），从而使裙子与身体的结构进一步贴合。选择裙子上端的点，执行Edit Mesh（编辑网格）>Transform Component（变换元素）命令，把穿插进去的点拉出来，如图6-208所示。

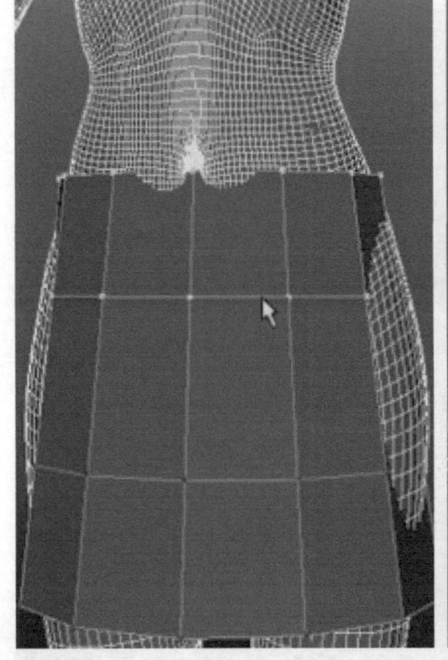

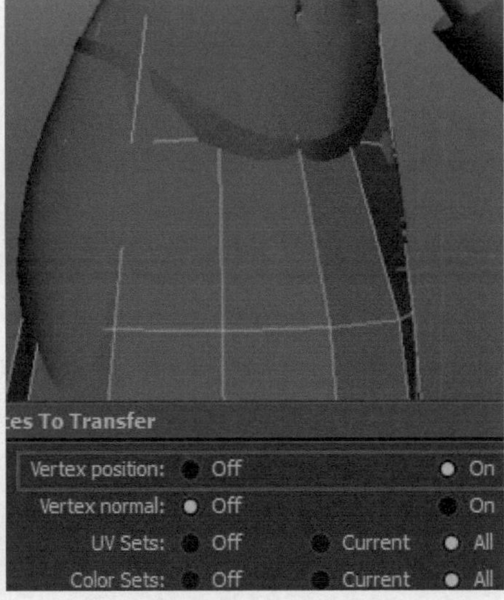

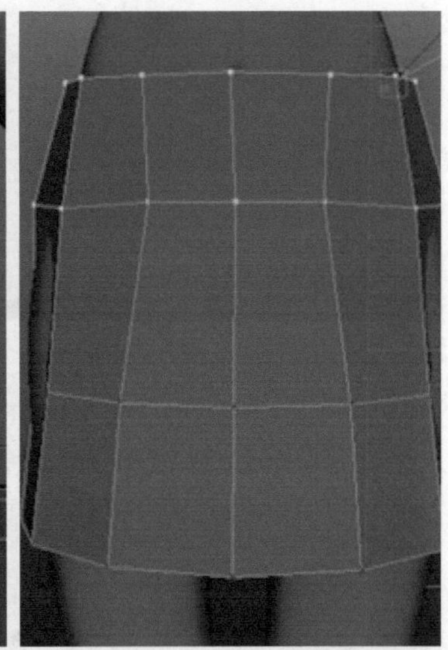

图6-208

11 选择裙子模型，分别从正侧视图调整裙子的形状，并且规整其布线，如图6-209所示。

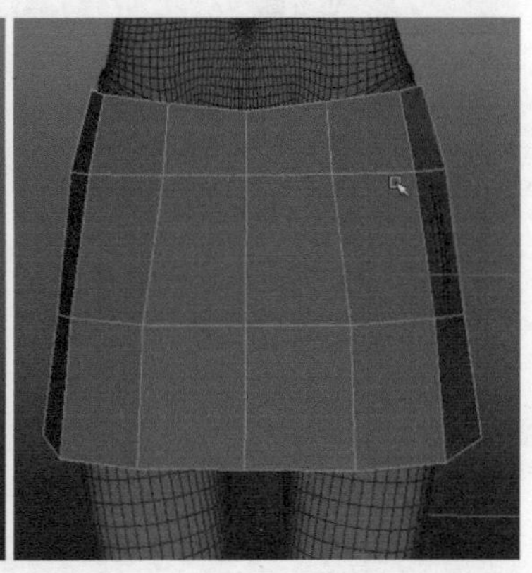

图6-209

12 执行Edit Mesh（编辑网格）>Interactive Split Tool（交互式分割工具）命令，使用分割多边形工具切出裙子的缺口结构，删除缺口的面，使用插入循环边工具插入足够的线段，如图6-210所示。

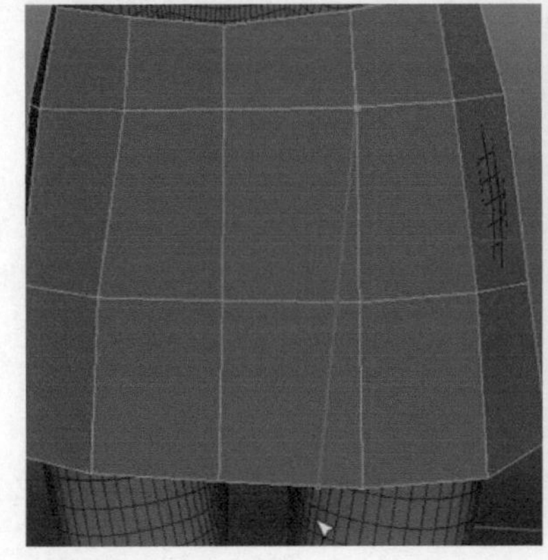

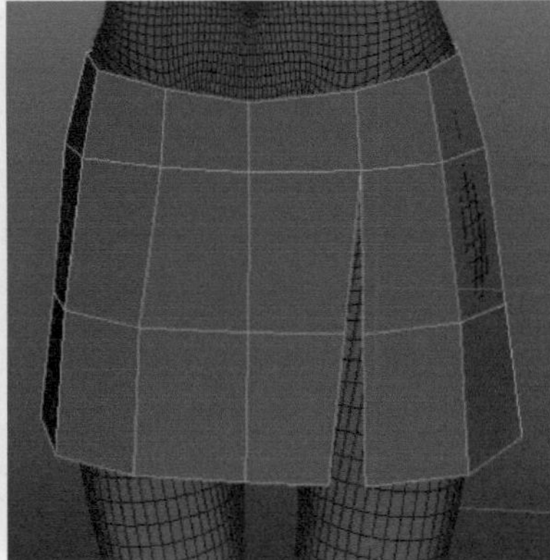

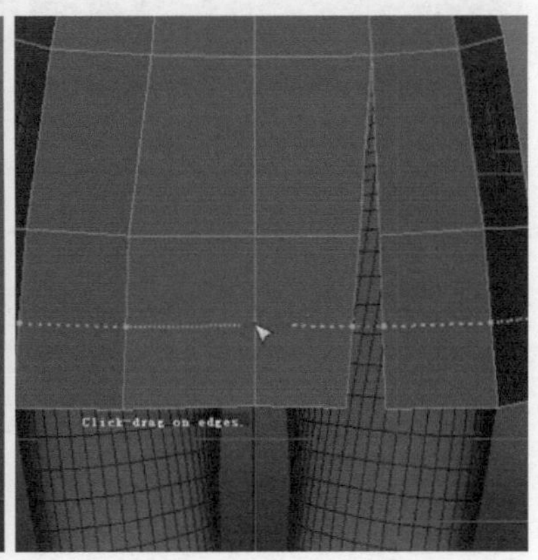

图6-210

13 选择裙子模型，执行Mesh（网格）>Smooth（平滑）命令，把模型平滑细分一级。执行Mesh（网格）>Sculp Geometry Tool（雕刻几何体工具）命令，绘制模型把穿插进去的部分雕刻出来，如图6-211所示。

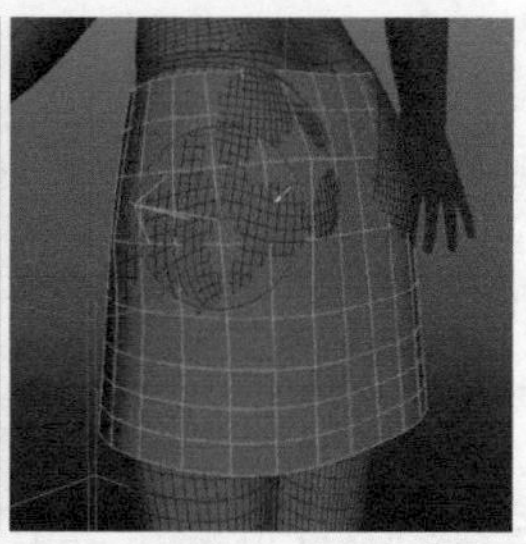

图6-211

14 使用挤出和插入循环边的命令，制作裙子的厚度和边缘突起，如图6-212所示。

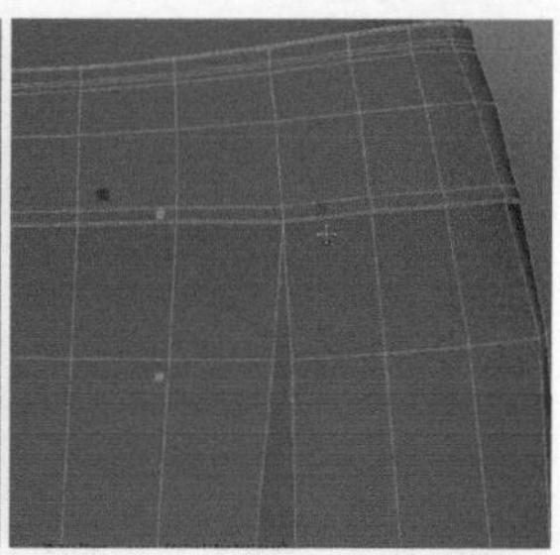

图6-212

15 由于裙子比较宽松并且处于自然下垂的状态，所以纵向的褶皱会比较多。如同制作上身的褶皱一样，使用分割多边形工具，切出褶皱的布线走向，然后再调整其褶皱结构，如图6-213所示。

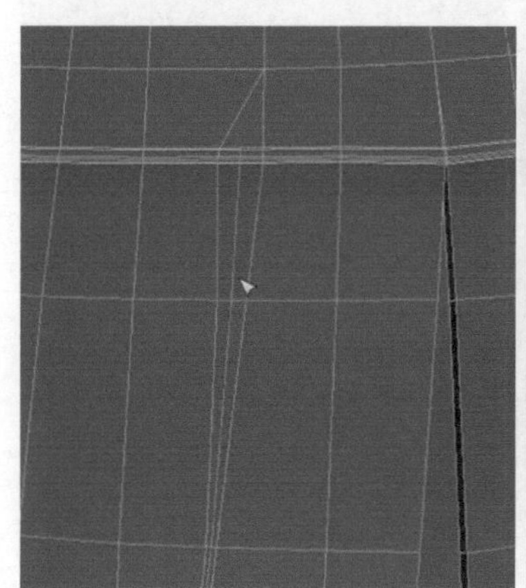
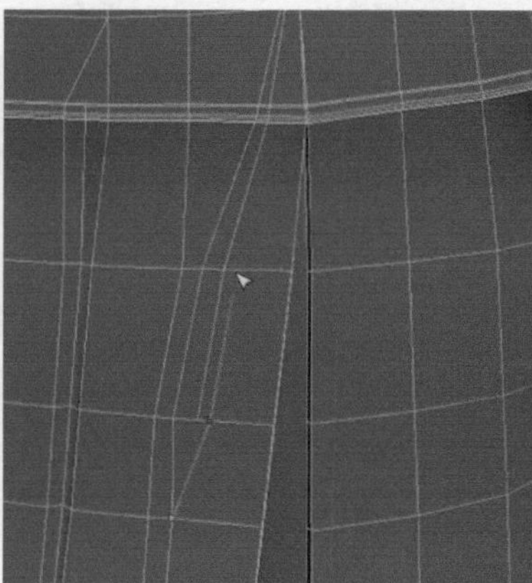
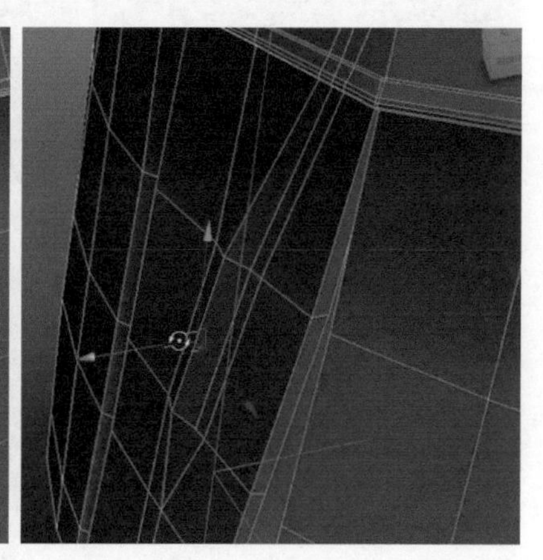

图6-213

16 继续使用分割多边形工具，制作褶皱的细节结构，增加褶皱的层次感，如图6-214所示。

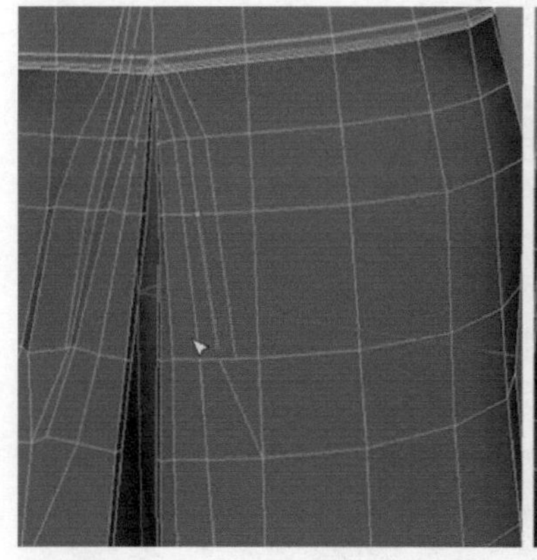
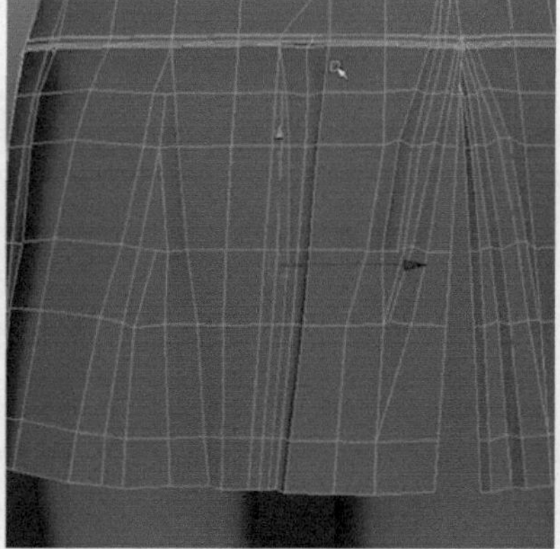
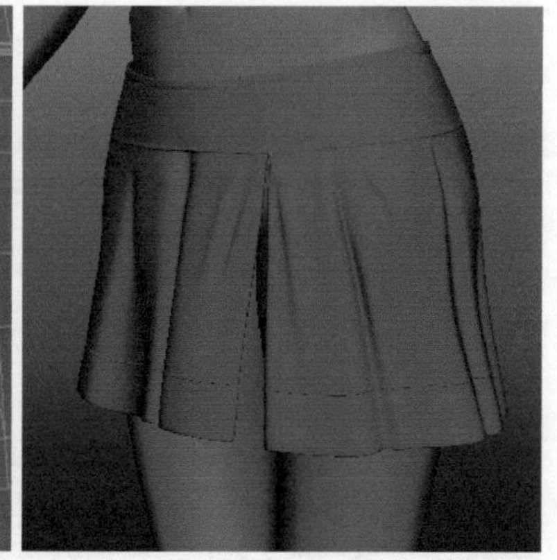

图6-214

17 选择小腿部分的面，执行Edit Mesh（编辑网格）>Duplicate Face（复制面）命令，把面复制提取出来作为护腿的布料结构，然后规整布线，如图6-215所示。

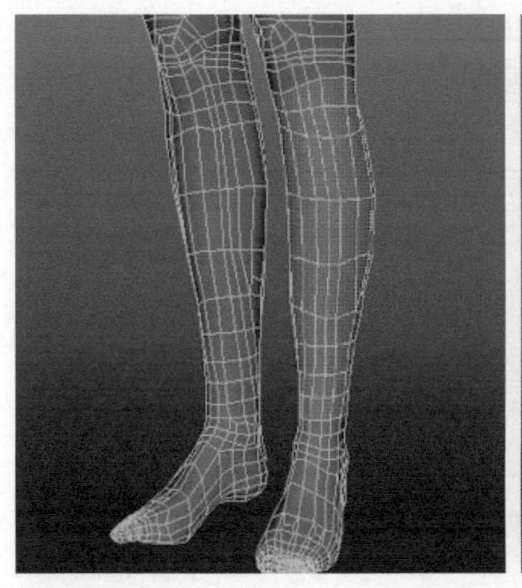
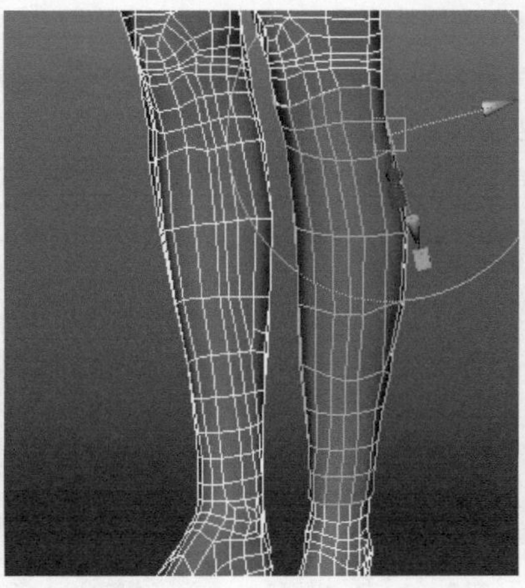
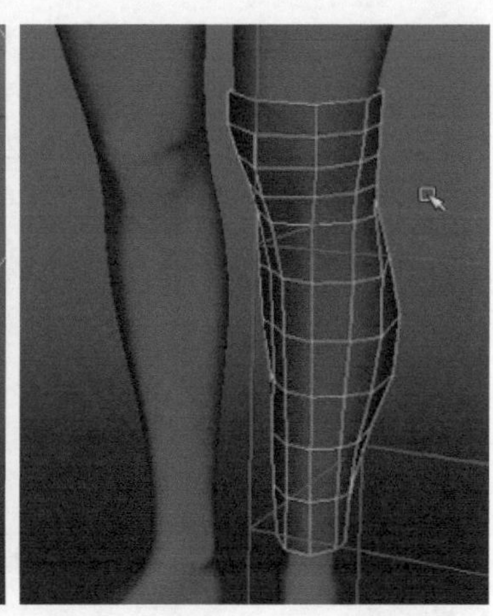

图6-215

18 根据之前的制作方法，使用挤出和插入循环边的命令，制作护腿的厚度和边缘凸起。使用分割多边形工具为其添加腿部腕部的褶皱结构，如图6-216所示。

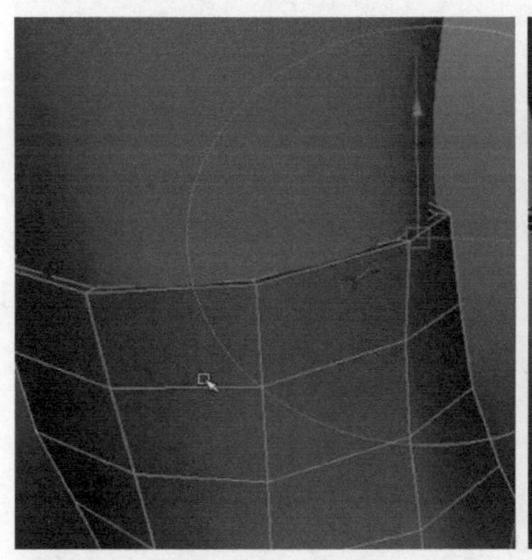
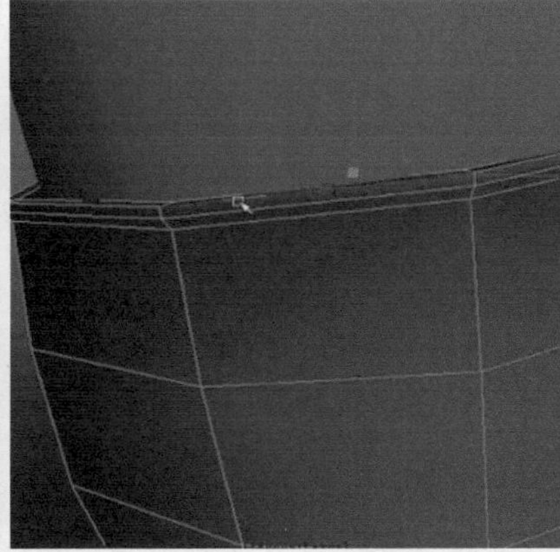
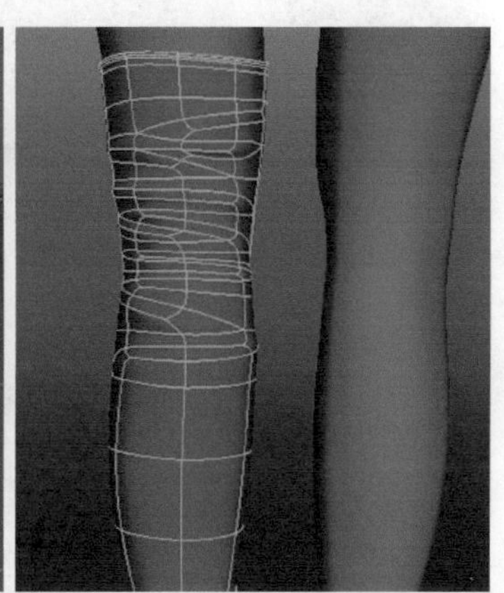

图6-216

6.5.2 盔甲

盔甲是人类在武力冲突中保护身体的器具，也称甲胄、铠甲。其中，盔与胄都是指保护头部的防具；铠与甲是保护身体的防具，而主要是保护胸腹的重要脏器之用。盔甲是战争中的人专属的制服。制服给人一种心理暗示，代表着一些特殊的人群，而这些人群有着特殊的职业，容易给人留下深刻的印象，如图6-217所示。

图6-217

盔甲作为古代战场的功能性服装，在相当长一段时间内成为了主要的防御装备，也在一定程度上引导了一种战场上的时尚。不同时代的盔甲都有不同的装饰元素与装饰风格，有的会融合一些宗教元素和象征性图案，有的还会融合东方的装饰元素，如图6-218所示。

本角色的盔甲并没有覆盖其全身，而是只在手臂和腿部位置，称为臂甲和腿部甲。根据此角色的设定，在盔甲上面也并没有设计过多华丽的装饰及花纹，所以制作起来也是相对比较简单的，如图6-219所示。

图6-218

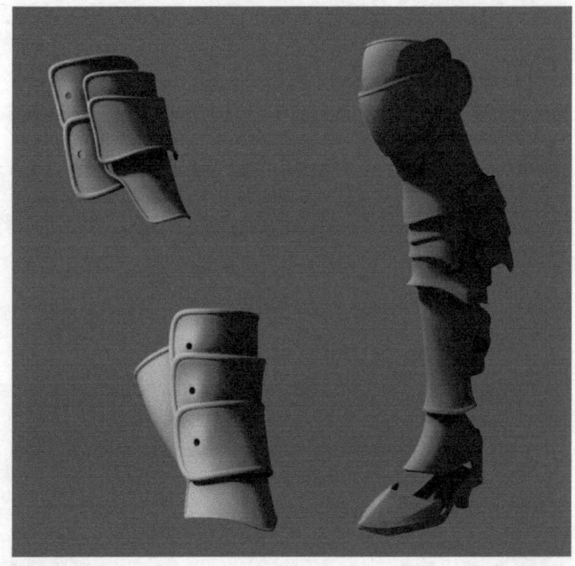

图6-219

01 执行Create（创建）>Polygon Primitives（多边形基本体）>Plane（平面）命令，创建一个平面。选择平面，执行Edit Mesh（编辑网格）>Extrude（挤出）命令，挤出膝部护甲的大体形状，并对其布线进行调整和修改，如图6-220所示。

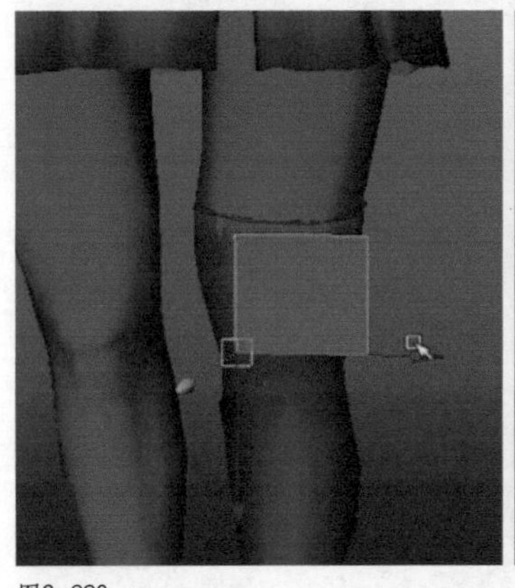

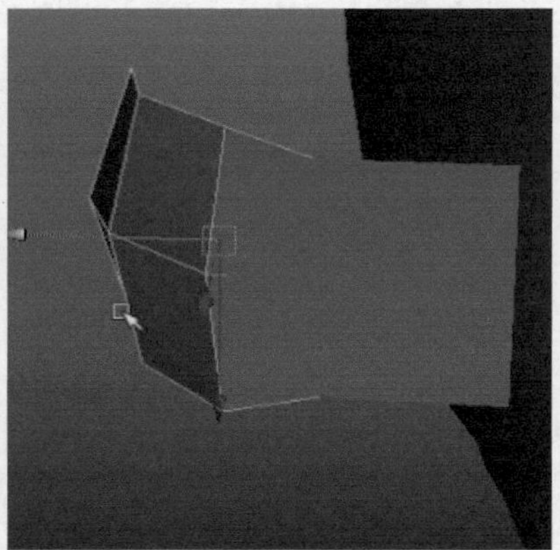

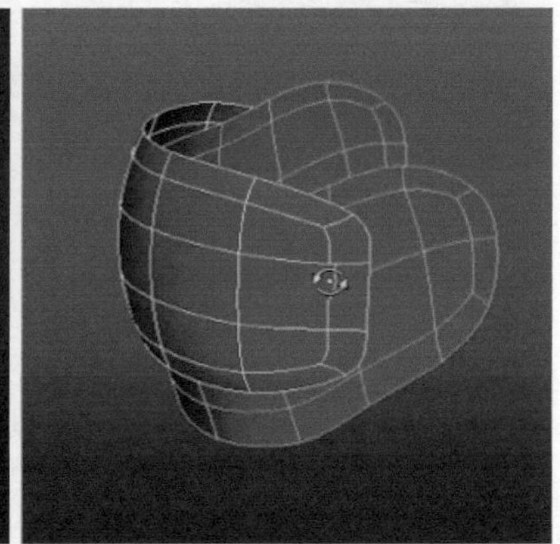

图6-220

02 选择做好的两部分大型，使用挤出命令挤出其厚度。执行Edit Mesh（编辑网格）>Insert Edge Loop Tool（插入循环边工具）命令，在模型边缘插入循环边，制作出边缘凸起的结构，如图6-221所示。

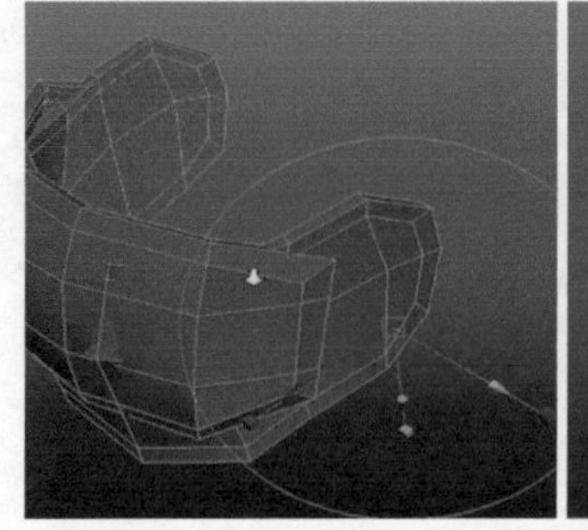

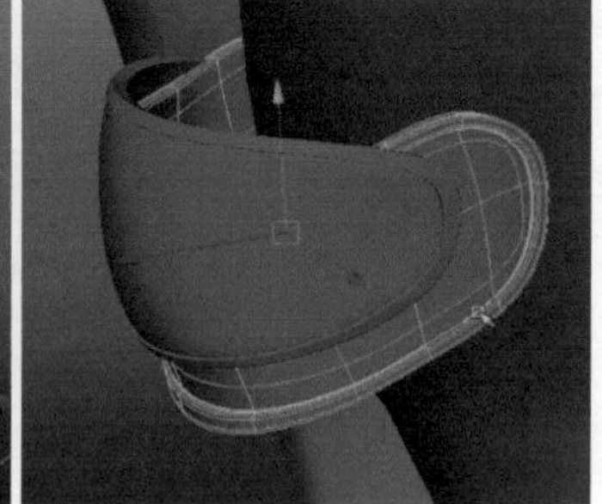

图6-221

03 复制一份外层的护甲，平滑细分一级。执行Modify（修改）>Make Live（激活）命令，把模型作为吸附物体。创建一个面片，在上面挤出一段条形装饰结构，使用挤出命令，挤出其厚度，并对其进行卡线处理，如图6-222所示。

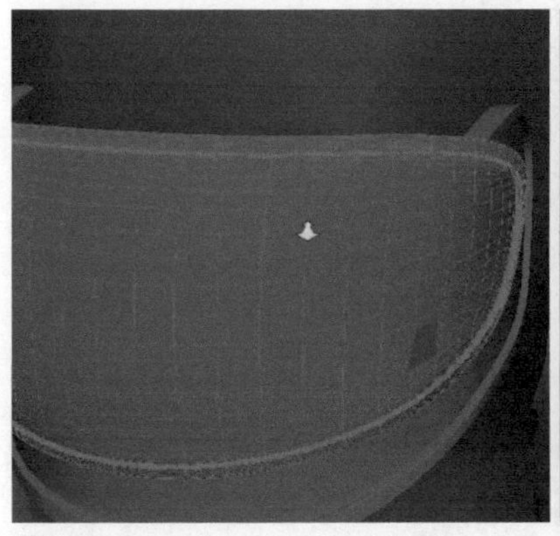
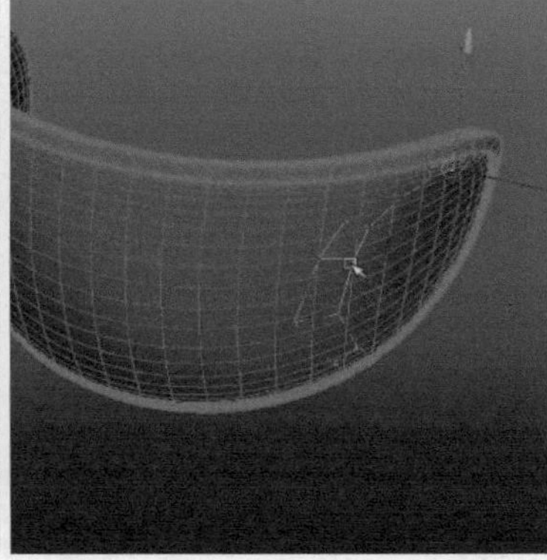
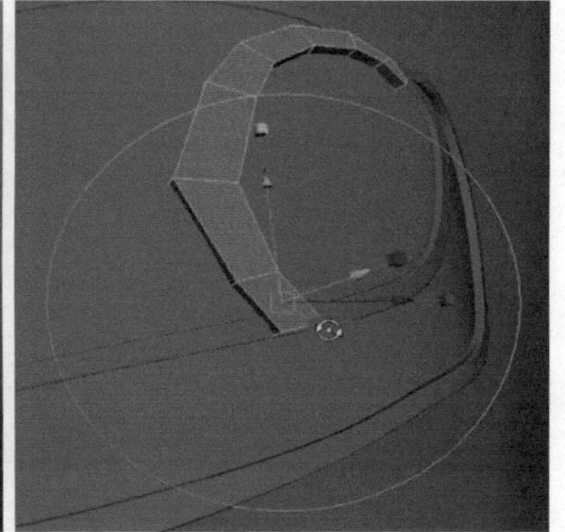

图6-222

04 把制作完成的两片护甲复制一份，向下移动并缩放，使其包裹住前两片护甲。选择这4片护甲，使用晶格工具对其形状大小进行调整以匹配膝部结构，如图6-223所示。

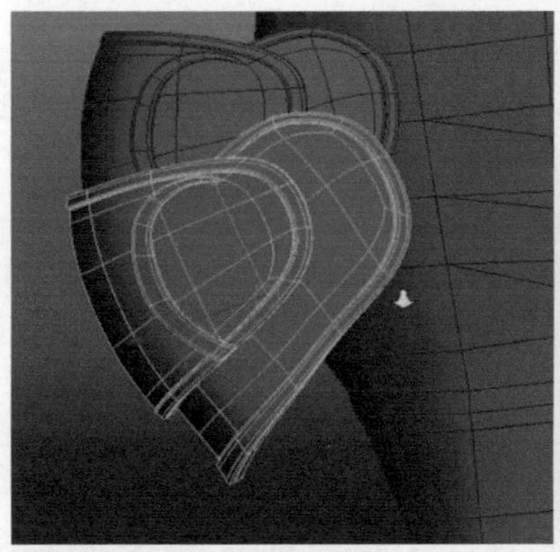
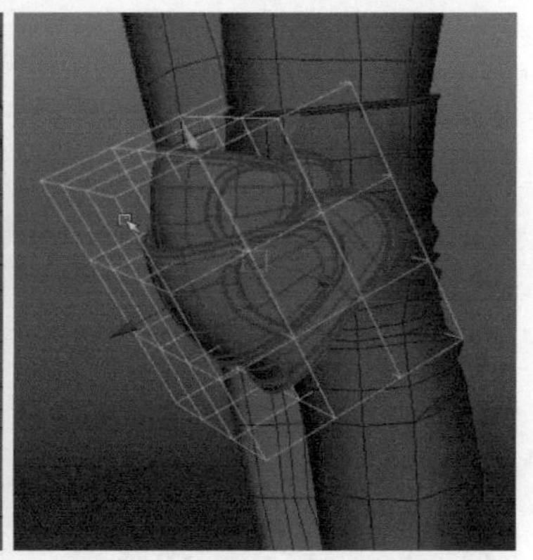

图6-223

05 创建一个圆柱体，删除上下端的面，放置包裹在小腿位置。选择圆柱体和护腿布料模型，执行一次Mesh（网格）>Transfer Attribtes（属性转移），从而使圆柱体与护腿布料结构进行贴合。选择圆柱体，执行Edit Mesh（编辑网格）>Transform Component（变换元素）命令，把穿插进去的点拉出来，如图6-224所示。

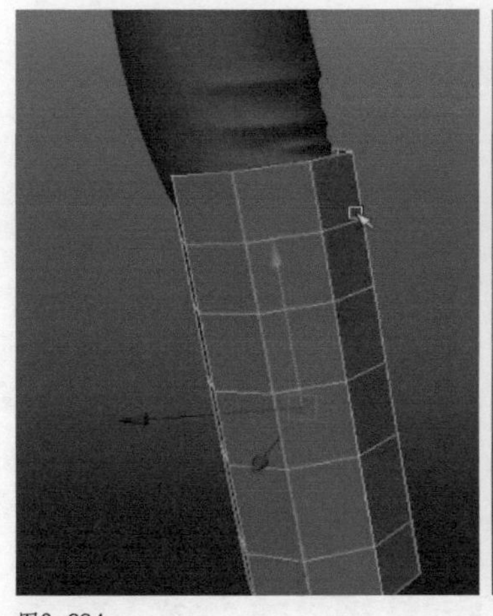
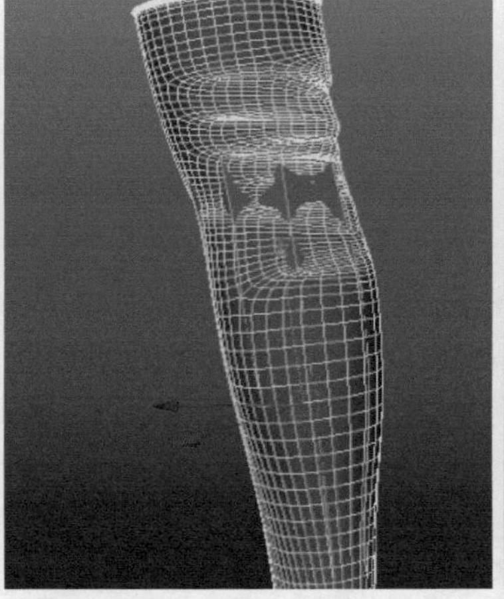
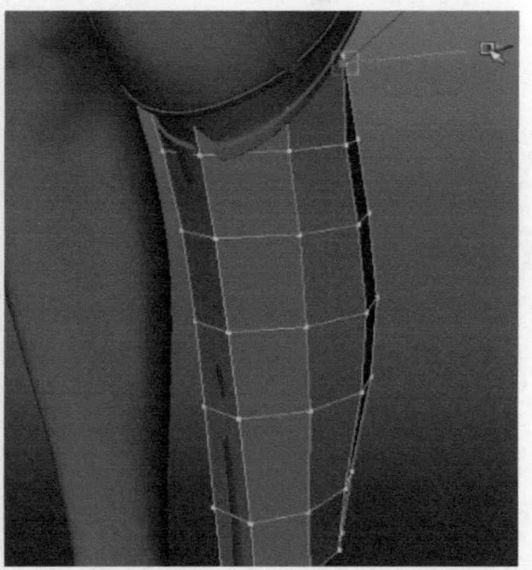

图6-224

06 执行Edit Mesh（编辑网格）>Interactive Split Tool（交互式分割工具）命令，使用分割多边形工具在圆柱体上切出腿部护甲的形状。把切出的形状结构复制提取出来，并继续使用分割多边形工具，修改规整其布线，如图6-225所示。

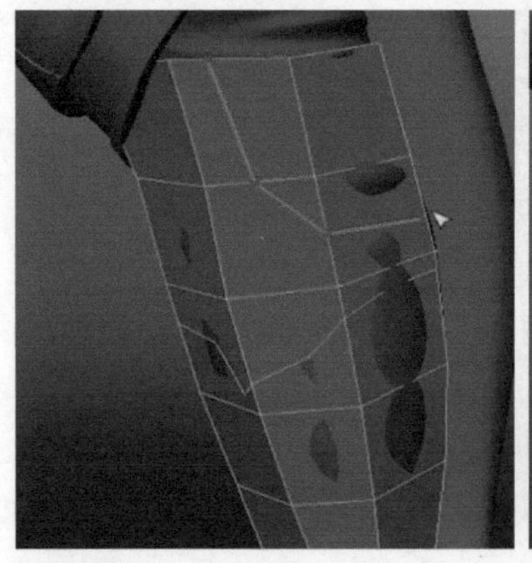
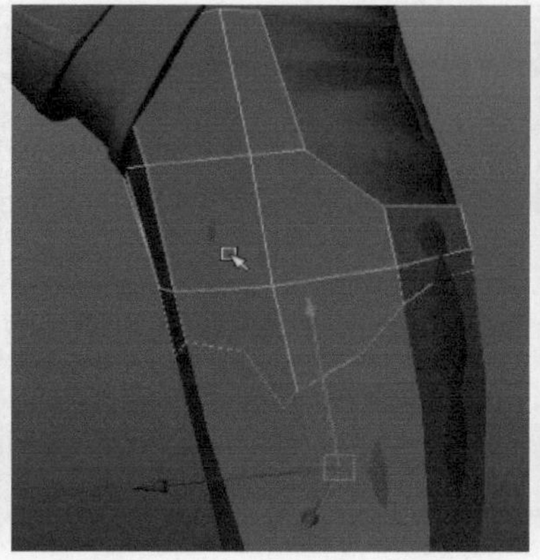
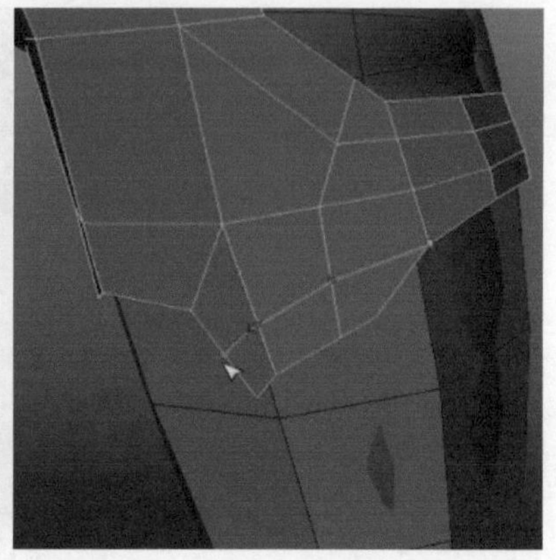

图6-225

07 使用分割多边形工具，制作出腿部护甲的其余部分。完成之后，使用晶格工具调整形状，使它与腿部结构进行匹配。最后再使用挤出和插入循环边工具，把腿部护甲的厚度以及边缘凸起结构制作出来，如图6-226所示。

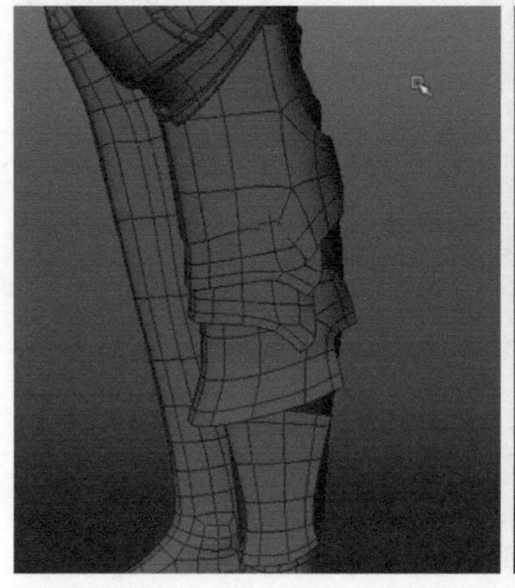
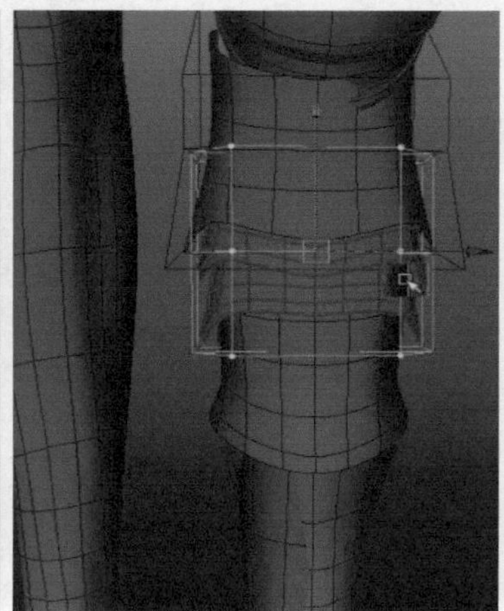
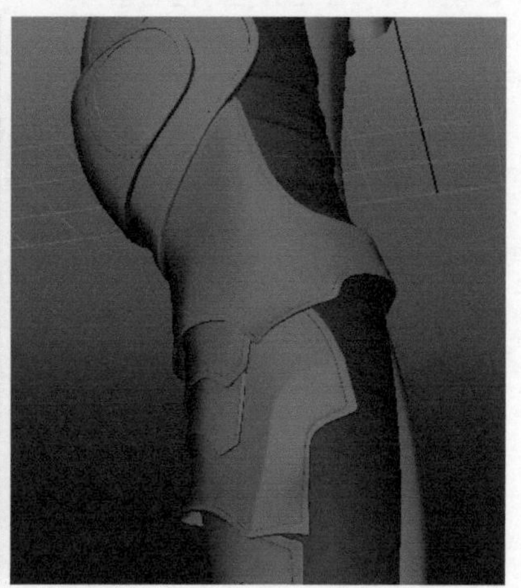

图6-226

08 腿部盔甲完成之后，使用同样的方法把鞋子以及手臂的盔甲部分制作出来，如图6-227所示。

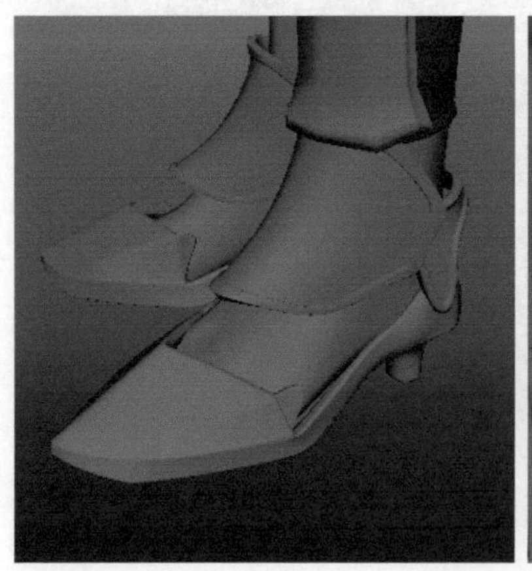
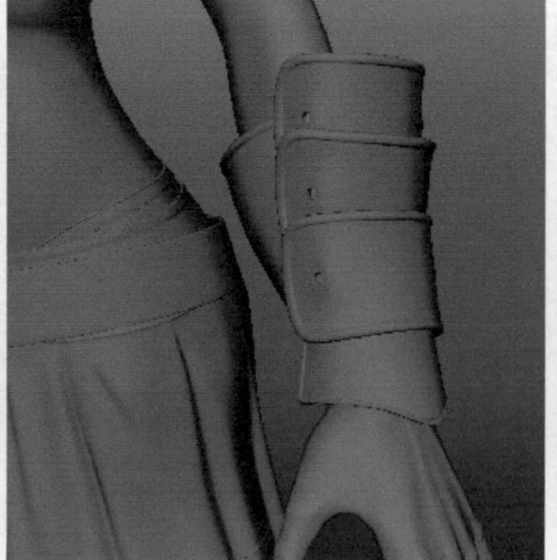
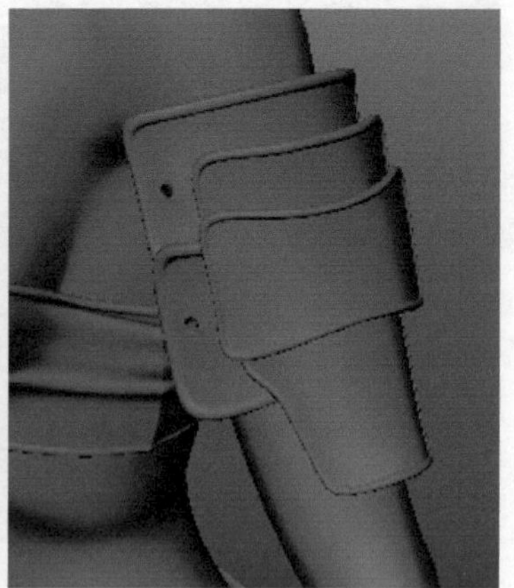

图6-227

6.5.3 皮带

皮带是古代少数民族在长期的生活实践中演变出来的，它不但是用以系束服饰，还用来佩挂一些生产、生活使用的物件，如图6-228所示。

皮带也可作为一种时尚，作为配饰的一部分，皮带自身也拥有很多装饰，包括皮带扣、钉扣、徽章等。皮带腰带能很好地起收身勾勒线条的作用，如图6-229所示。

图6-228

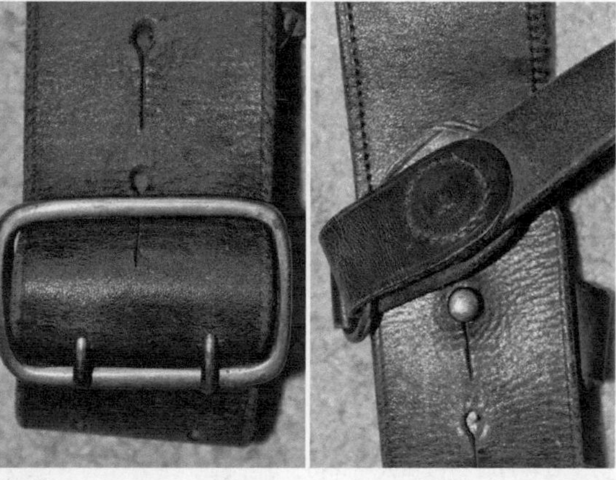

图6-229

皮带的制作方法比较简单，一般是从圆柱体提取环面调整制作。完成之后再为其添加皮带扣、钉扣、徽章等装饰元素。

01 创建一个圆柱体放置在腰部，删除上下端的面，适当旋转一定角度。选择物体，执行Create Deformers（创建变形器）>Lattice（晶格）命令，创建晶格工具。在通道栏中，找到S、T、U Divisions（S、T、U细分），调整晶格的控制段数。选择晶格点，对皮带的大型进行整体调整，如图6-230所示。

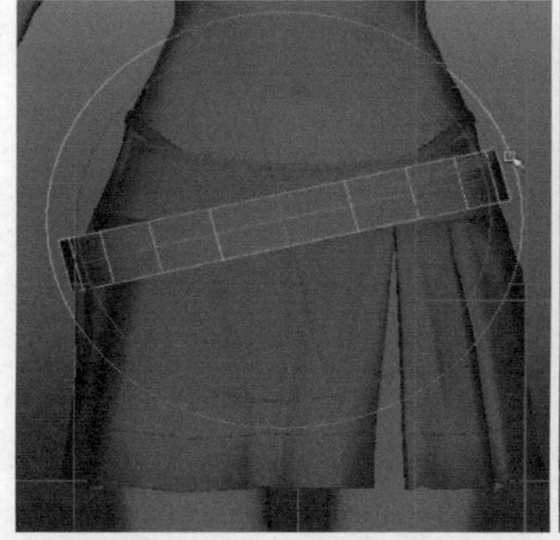

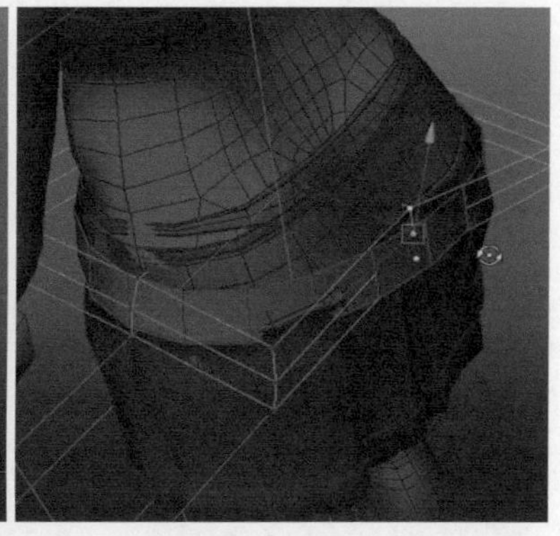

图6-230

02 执行Edit Mesh（编辑网格）>Insert Edge Loop Tool（插入循环边工具）命令，使用插入循环边工具在皮带右前方位置插入循环边，然后删除多余的面使皮带断开，如图6-231所示。

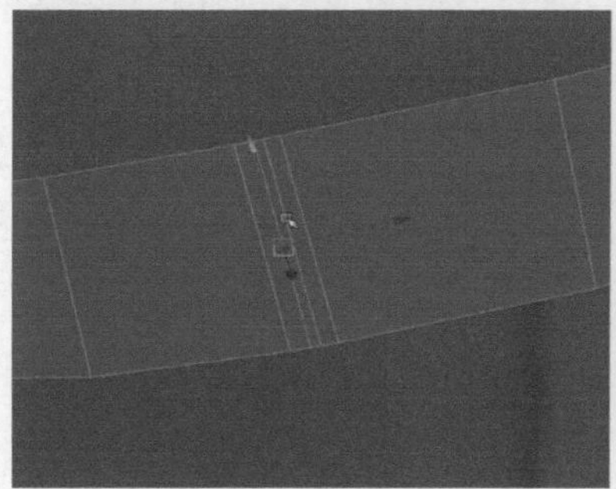

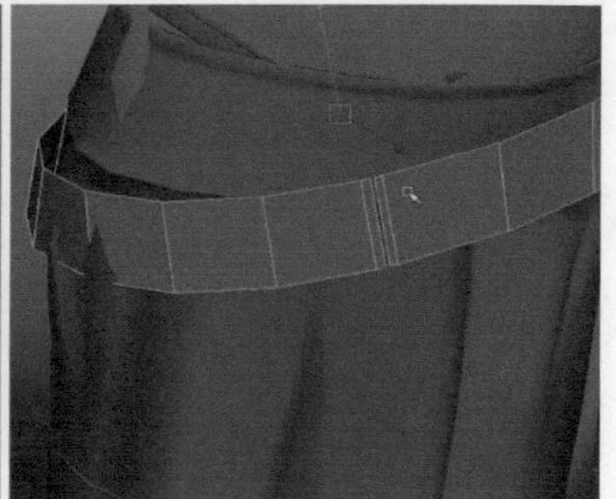

图6-231

03 把皮带复制一份，执行Edit Mesh（编辑网格）>Extrude（挤出）命令，在右侧挤出一小截，然后删除多余的面，如图6-232所示。

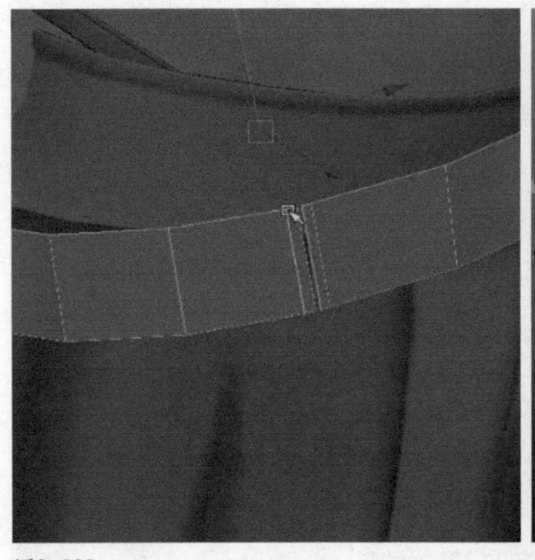
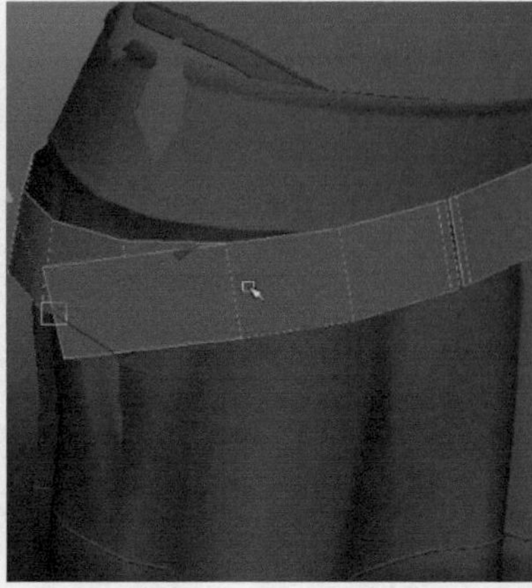
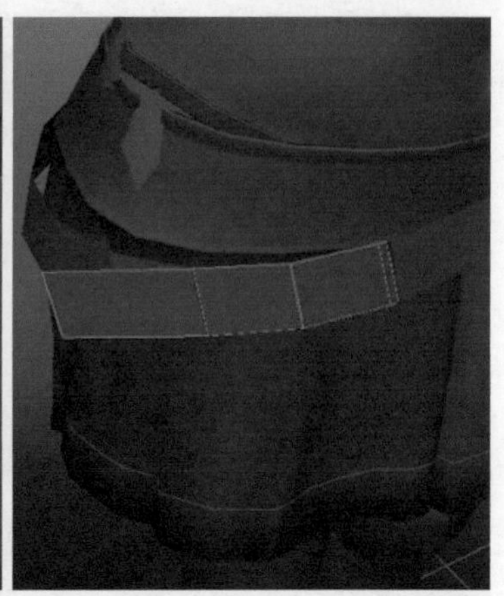

图6-232

04 选择皮带，执行挤出命令，挤出皮带的厚度，然后使用插入循环边工具在厚度位置插入循环边，固定其厚度结构，如图6-233所示。

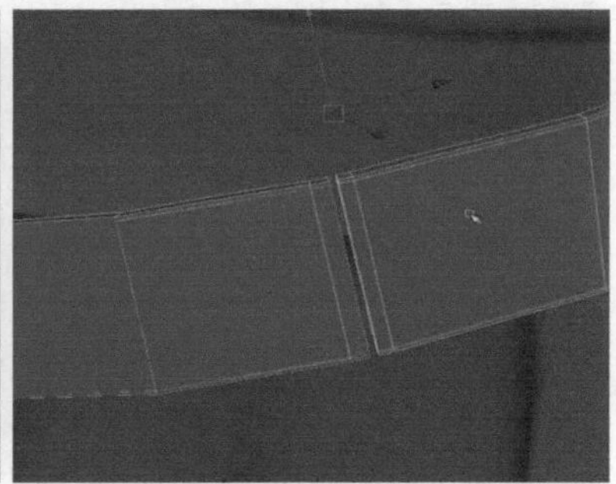

图6-233

05 使用插入循环边工具，在皮带断开位置插入两条纵向循环边。选择断开位置的面，执行Edit Mesh（编辑网格）>Duplicate Face（复制面）命令，把面复制提取出来，作为皮带的组件，如图6-234所示。

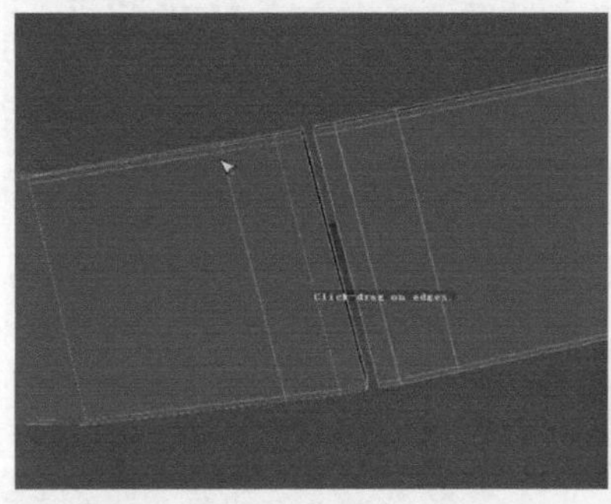

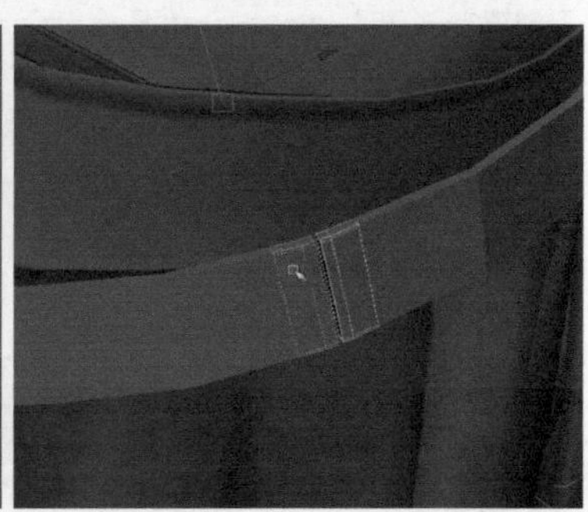

图6-234

06 选择提取得到的皮带组件，使用挤出命令挤出其厚度，并使用倒角命令来固定边缘厚度，如图6-235所示。

图6-235

07 继续使用插入循环边工具，对其连续插入多条循环边。隔行选择插入的循环边，执行Edit Mesh（编辑网格）> Transform Component（变换元素）命令，把插入的循环边向外推，然后执行一次倒角命令，从而做出组件的细节结构，如图6-236所示。

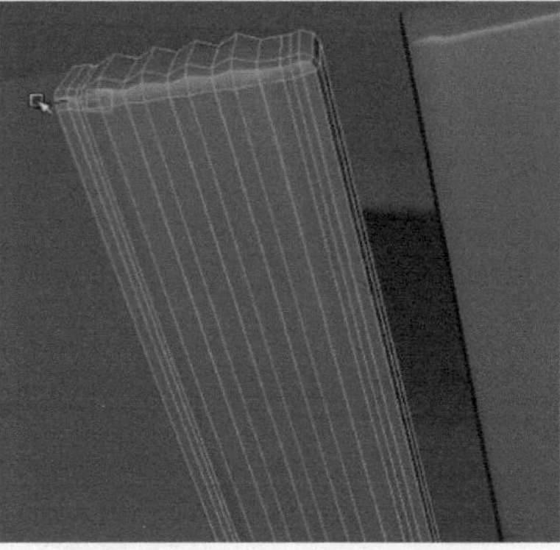
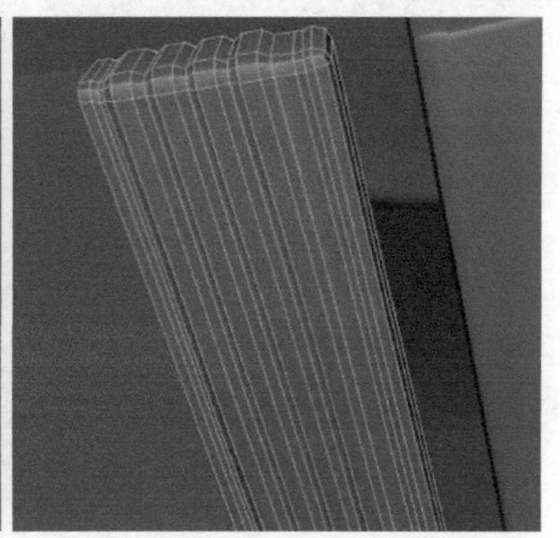

图6-236

08 同样使用复制提取面的方法，再制作一个皮带组件。使用挤出命令挤出其厚度以及上下端的镂空结构，如图6-237所示。

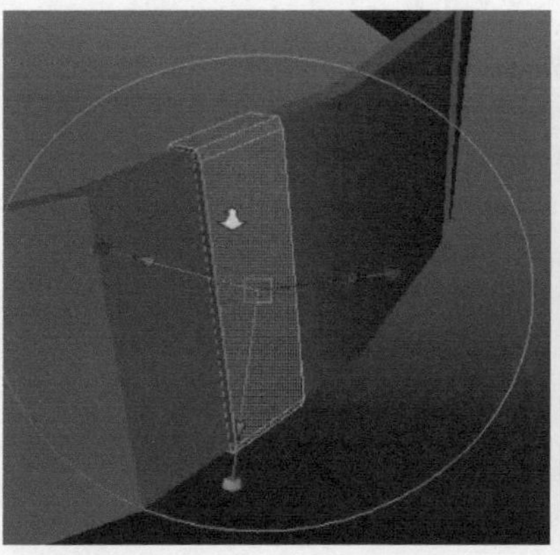
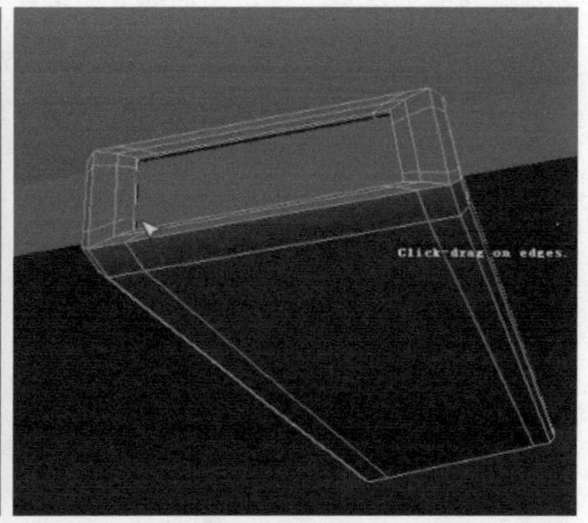

图6-237

09 创建一个立方体，删除前后两端的面，缩放其大小。选择左侧上下的边，执行倒角命令，并调整倒角的大小，如图6-238所示。

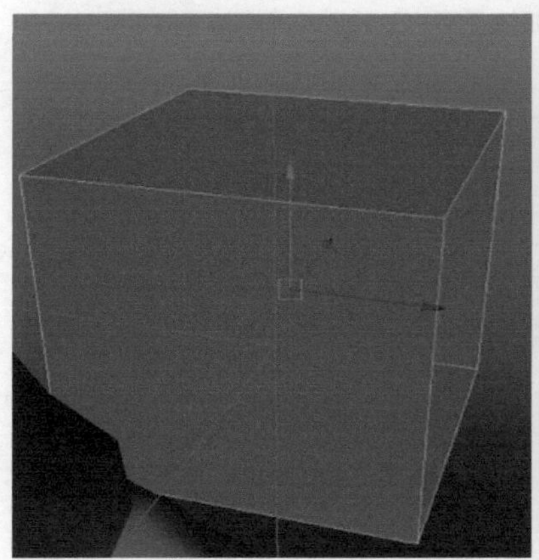
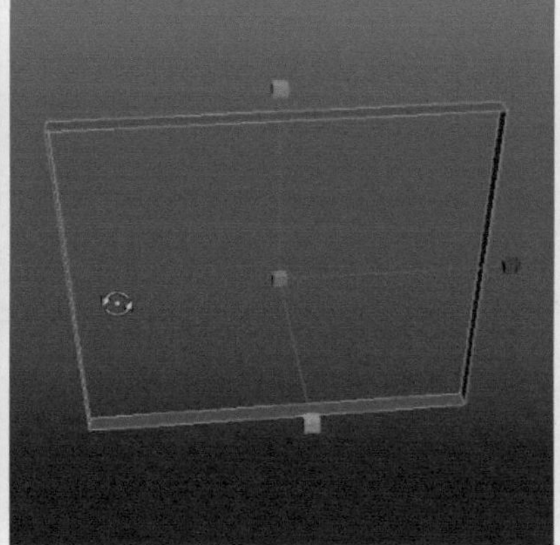
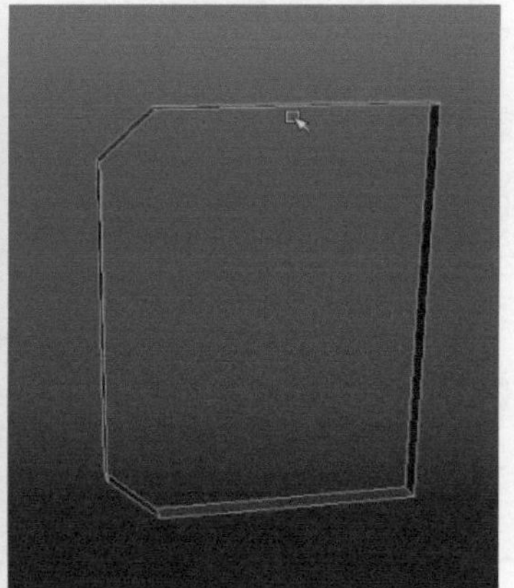

图6-238

10 选择模型，挤出其厚度，然后使用插入循环边工具进行卡线处理，以固定皮带扣的形状。完成之后再把另一半镜像复制过去，如图6-239所示。

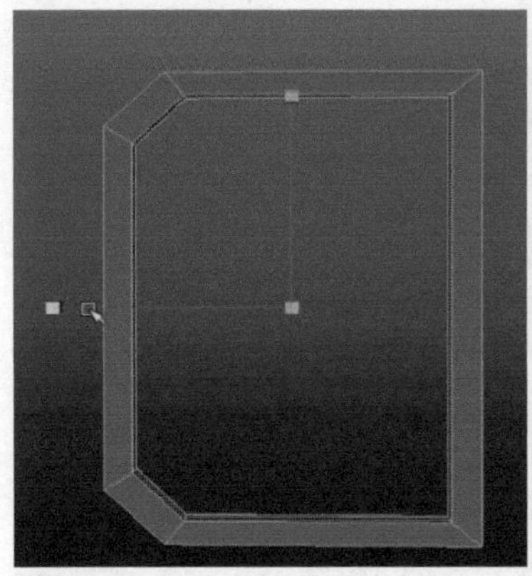
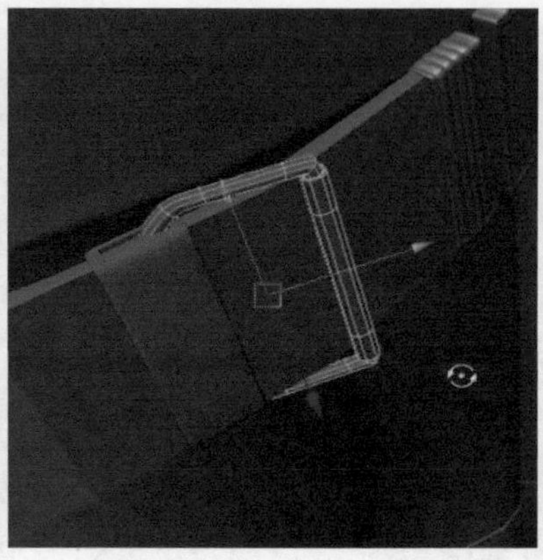
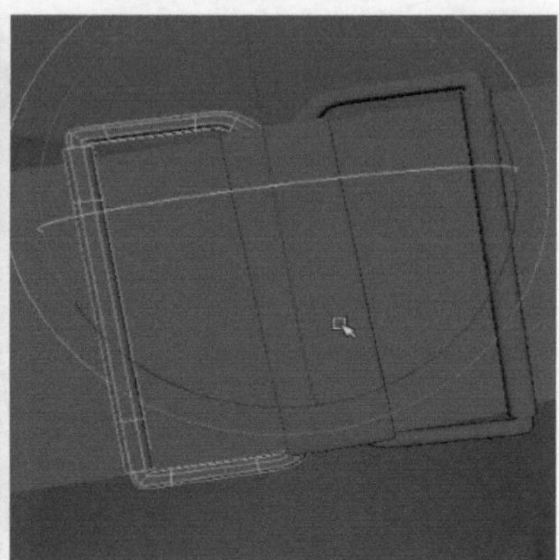

图6-239

6.5.4 绳带制作

绳带犹如皮带一样，不但拥有捆绑连接物体的功能，还具有很强的装饰性，由于绳带比较柔软，可以进行任意的编织来实现不同样式的绳带效果，如图6-240所示。

图6-240

在制作绳带、鞋带等模型时，往往会使用创建曲线的方法，通过创建调整曲线来实现比较复杂的线型结构。制作时还要注意绳带打结的地方，这种打结的地方可以使用模型代替制作。

01 创建一个平面，放置在腹部上方，执行挤出命令，挤出腹部的绳带。并使用插入循环边工具插入足够的段数来调整，如图6-241所示。

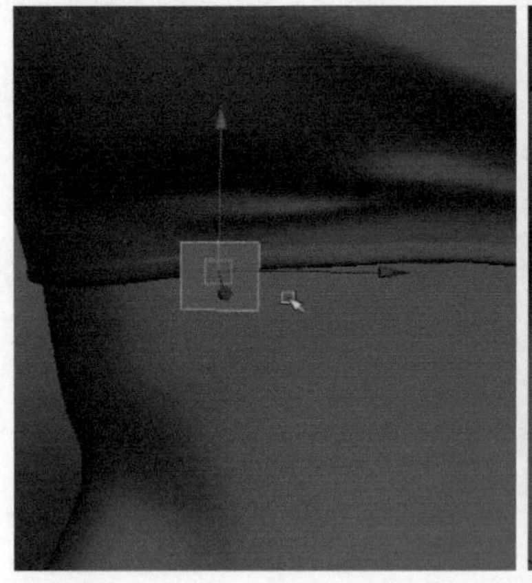
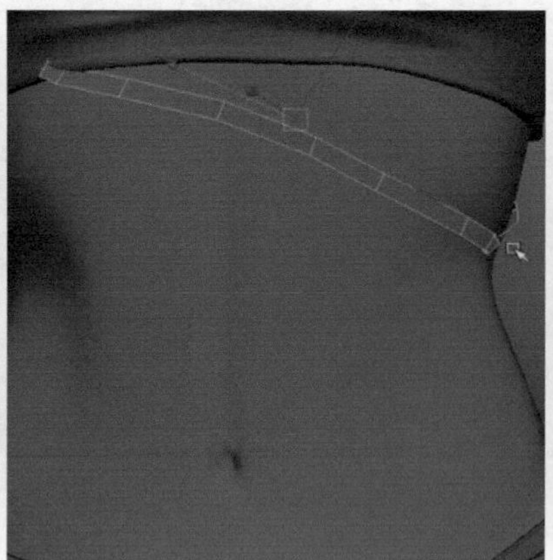
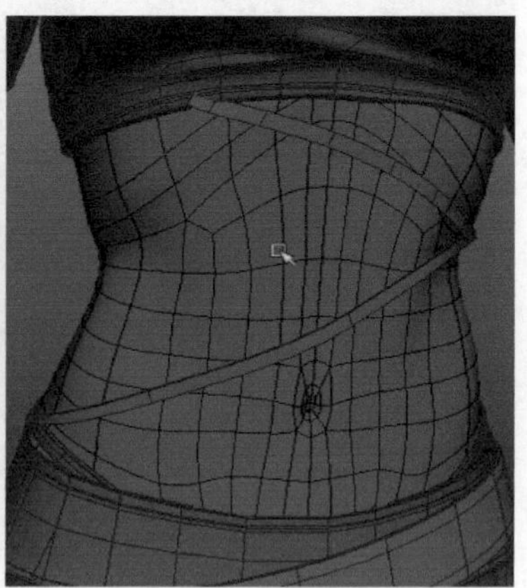

图6-241

02 选择身体模型，执行Modify（修改）>Make Live（激活）命令，把模型作为吸附物体。执行Creat（创建）>EP Curve Tool（EP曲线工具）命令，创建曲线围绕腹部绕至背后，如图6-242所示。

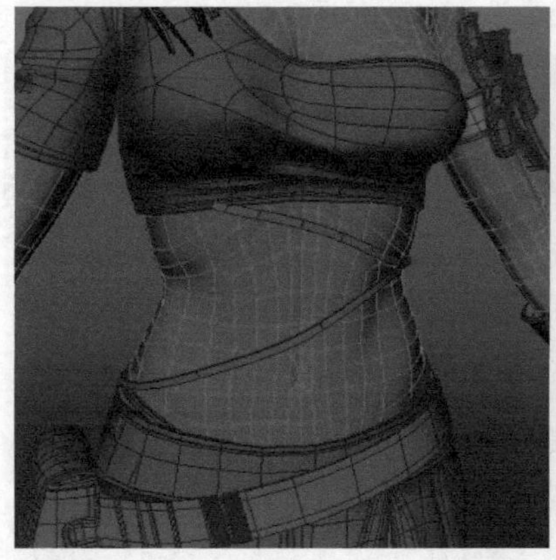
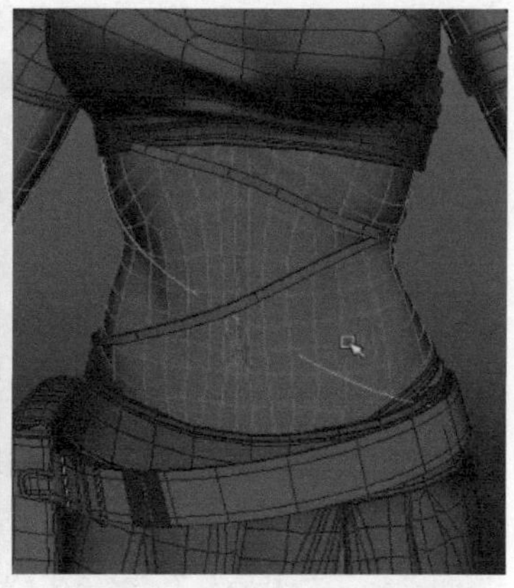

图6-242

03 创建两个平面，放置在曲线的起始端。选择平面的一条边，然后再选择曲线，执行挤出命令，挤出绳带的形状，调整通道栏里的Divisions（细分）参数为15。调整曲线的控制点，把穿插进身体的部分拉出来，如图6-243所示。

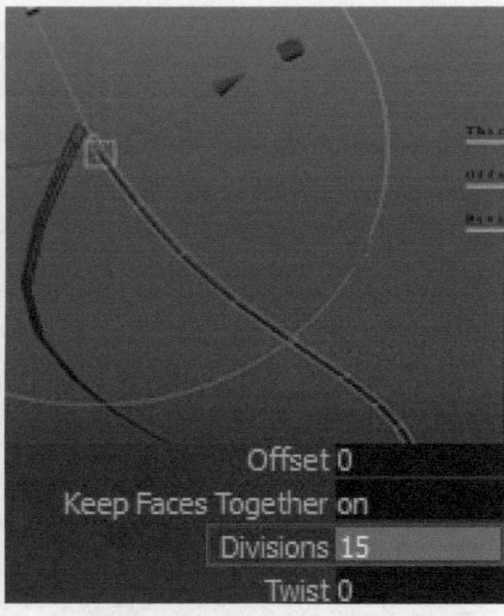

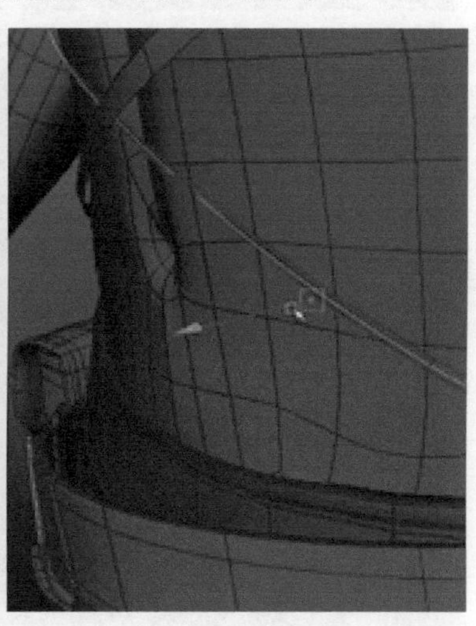

图6-243

04 选择绳带，执行挤出命令，把绳带的厚度挤出来。创建一个立方体，把它放置在两条绳带的交接处。执行插入循环边工具，通过插入足够的段数来调整绳结的褶皱结构，如图6-244所示。

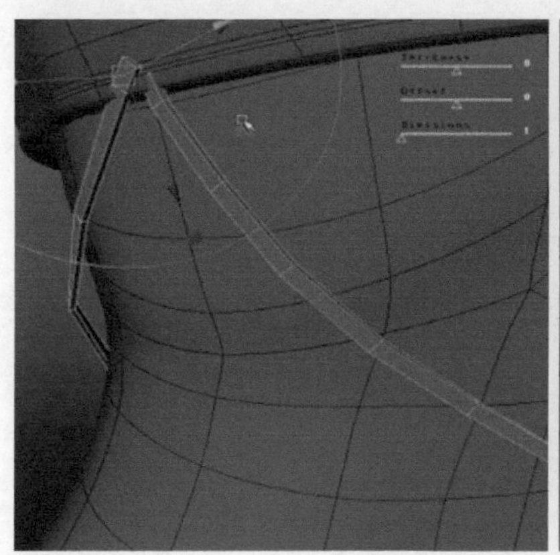
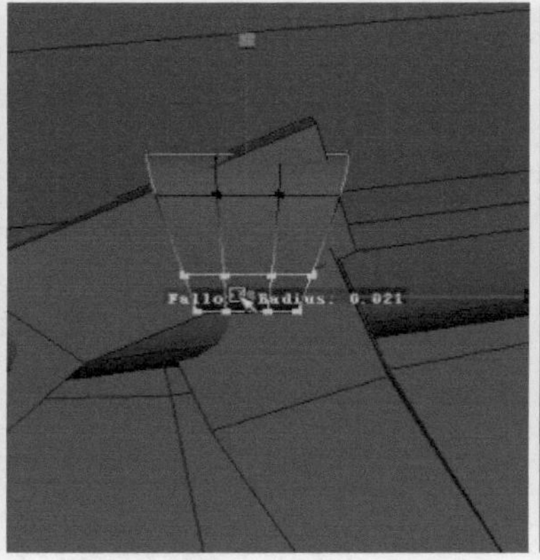

图6-244

05 选择手臂的盔甲，执行激活命令，把它作为吸附物体。使用创建曲线工具，围绕手臂创建多条曲线。创建完成之后，选择手臂的所有曲线，单击Edit Curves（编辑曲线）>Rebuild Curve（重建曲线）命令后的设置选项按钮，在弹出的选项卡中把Number of spans（分段数）的参数设置为10，然后单击Apply（应用），把曲线进行重建，如图6-245所示。

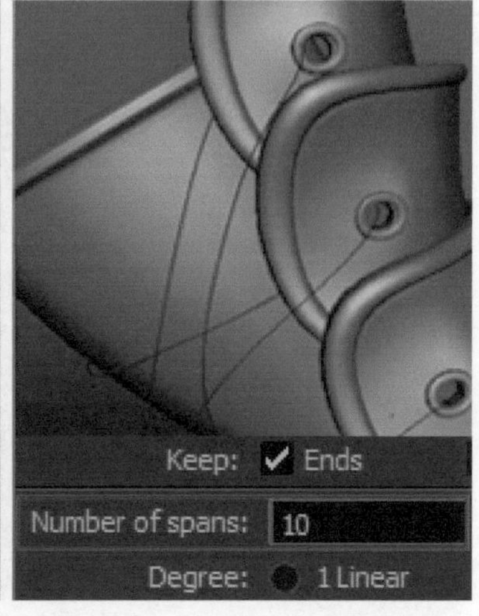

图6-245

06 创建一个圆柱体并复制出两个，放置在曲线的起始端。选择圆柱体的底面加选曲线，执行挤出命令，挤出绳带的形状，调整通道栏里的Divisions（细分）参数为100，Twist（扭曲）参数设置为4000，从而得到编织状的绳带，如图6-246所示。

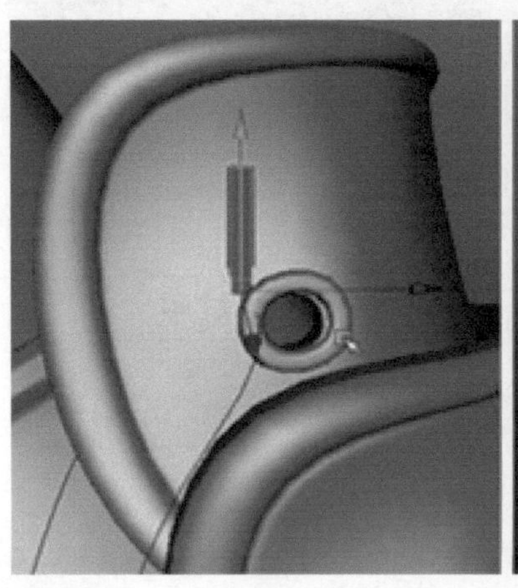
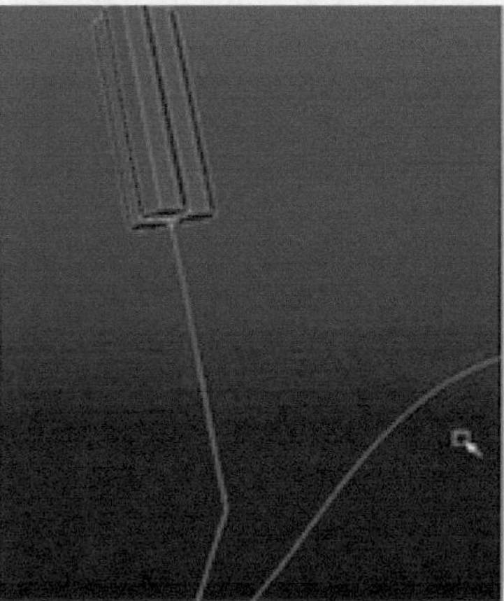
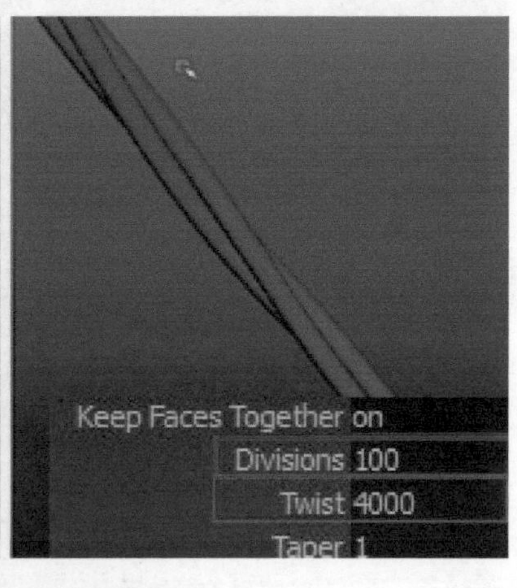

图6-246

07 服饰完成后的效果及布线如图6-247所示。

图6-247

头部、身体及服装相继完成之后，就对所有模型进行最终调整，包括整体的比例、结构的形状以及模型之间的穿插等，最终效果如图6-248所示。

图6-248

6.6 本章小结

本章角色案例涉及写实人体的制作，难度和工作量都是比较大的，这需要大家平时多多复习积累人体知识，只有对人体结构有一定的掌握，才可以制作出合理写实的角色模型。另外，在制作时要注意布线的方式，根据结构去布线，抓住布线的规律。由于本章案例所涉及的模型类型比较多，所以制作过程中使用了不同的制作方法和制作技巧来讲解，从而方便大家在之后的作品创作中熟练应对各种复杂的模型。

第07章 Maya卡通女角色设计制作

本章全方位学习Maya卡通角色模型制作的全部流程，对人物的造型，以及各身体结构的制作进行解析与讲解，帮助大家掌握卡通角色模型的制作。

本章案例要做的是《DOFUS》游戏里面的一个卡通女角色。《DOFUS》是一部将英雄奇幻和色彩鲜明的2D设计结合起来的角色扮演游戏，是全Flash做的，Flash特色的矢量图和半美版卡通风格，使游戏整体非常好看，特别吸引第一眼球，如图7-1所示。

图7-1

《DOFUS》为玩家展现了一个巨大的奇幻游戏世界，游戏中充满创意的画面使探险旅程充满幽默，将角色扮演、多彩的图像和紧张的智谋战斗有机结合在一起。玩家可以结成联盟或是独力去对抗其他的探险者和怪物，玩家在任务中可以感觉到色彩丰富的视觉效果还能体验到惊险的战斗。

对于游戏职业来说，包括魔法师、驯兽师、寻宝者、盗贼、幻术师、赌徒、医师、战士、射手、野蛮人和狂战士，每一种职业都有他们各自的特点，如图7-2所示。

而本章要制作的是一名射手，天生的神射手，他们从来弓不离身，当弓箭失去威力的时候，他们总能得到Cra神的帮忙，如图7-3所示。

图7-2

图7-3

7.1 卡通角色制作前的准备

在案例制作之前，先对卡通角色做一个简单的了解，明白卡通角色的应用领域，卡通角色的制作要求，以及卡通角色在造型方面的问题。

7.1.1 卡通角色设计的作用与意义

卡通形象是生活中不可缺少的一部分，它的产生和发展经历了漫长的过程。一个成功的卡通形象能带动精神、文化、经济的发展，所以应该不断拓展卡通形象在各个领域中的发展。

角色设计的应用范围很广，它普遍应用于动画、影视、游戏等主要产业以及玩具、吉祥物等特殊产业。在涉及角色设计的产业中，角色设计的好坏就如电影作品中的真人角色一样，对本产业起到了相当大的作用，如图7-4所示。

图7-4

7.1.2 卡通角色制作的要求

卡通要求夸张和变形，色彩比较鲜艳，强调讽刺，机制和幽默，表现具体或具有象征性，具有想象和创造性。完整的动画角色造型设计首先要考虑到角色的整体性，即所塑造的角色人物形象是否符合剧本的要求，同时带有创作者自己的风格。动画当中，不同风格的角色造型都有其特有的特征。

7.1.3 卡通角色比例和结构的认识

动画片的造型风格有多种，如形象接近真实的写实风格；形象夸张，富于想象的卡通风格；还有幽默风趣的漫画风格以及形式感强的装饰风格等。当对将要制作的角色风格有个大概的了解之后，就需要有针对性地做一些制作前的准备工作，如图7-5所示。

图7-5

◆第 1 阶段：掌握卡通角色比例和结构

动画角色的比例一般以头部作为衡量的标准，即身体的长度由几个头长所组成。身体的结构可以借助几何图形分解组合。

抓住造型的基本形象特征，例如高、矮、胖、瘦。另外还要把握形象构成的特点，例如正三角形、倒三角形、头身大小比例等。

◆第 2 阶段：熟悉头部及脸形

熟悉头部及其脸形，这是造型的一个很重要的内容。必须充分研究角色脸形五官的特征与比例，因为这部分是角色思想、表情、神韵集中体现的地方。

◆第 3 阶段：熟悉手和脚

动画中手的动作十分重要，许多肢体语言都是通过手的动作来体现的，不可忽视手的结构和形态。要注意手与腕的关系，手掌与手指的关系，而与大拇指与小拇指的轮廓线和虎口线要特别给予注意。

脚部注意脚与踝的关系、脚掌的内外侧边线、脚掌与脚趾的弯曲关系这三要点。

7.1.4 卡通角色的造型方法

◆第 1 阶段：几何形的组合

人们所观察到的任何一个自然形态都是由多几何形所构成的，这些大的几何形组成了自然形态的基本骨架，在制作角色形象时应从大处着眼，将自然形态的物体加以划分，以几何形化的思维方法来观察分析它，从而制作出它的基本形态。比如米老鼠的造型基本由3个圆形构成；而加菲猫最突出的莫过于总是半闭着双眼和与众不同的胡子。符号化能使角色造型有明显的个性特征，也有利于对动画片整体造型风格的统一，如图7-6所示。

图7-6

◆第 2 阶段：夸张变形

夸张变形是在了解自然形态的结构基础上来进行变形的，夸张变形不是随意地扩大或缩小，而是根据自然形态的内在骨骼结构、肌肉和皮毛的走向变化来进行的。

7.2 卡通角色制作流程

本章节案例卡通女角色，和之前的写实角色案例一样，分为人体和服饰两部分制作，制作时要注意卡通角色和写实角色的区别，最终效果如图7-7所示。

图7-7

01 头部制作包括头部大型制作、五官细节刻画以及面部特征调整等，制作时要注意和写实角色的区分，如图7-8所示。

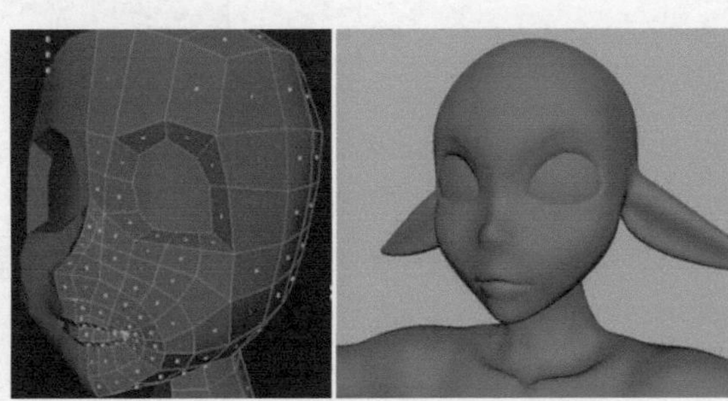

图7-8

02 身体制作，包括身体的大型制作、躯干和四肢的结构细化以及手脚的制作，如图7-9所示。

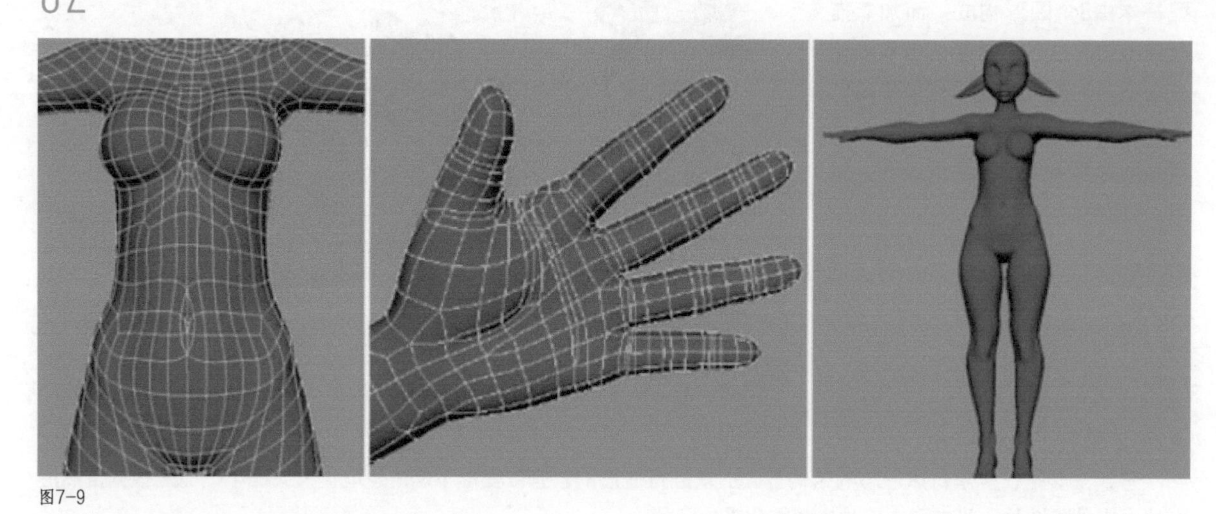

图7-9

03 头发制作，这个角色的头发不是以毛发的形式制作，而是以模型进行表现的，制作时可以叠加头发模型来实现最终效果，如图7-10所示。

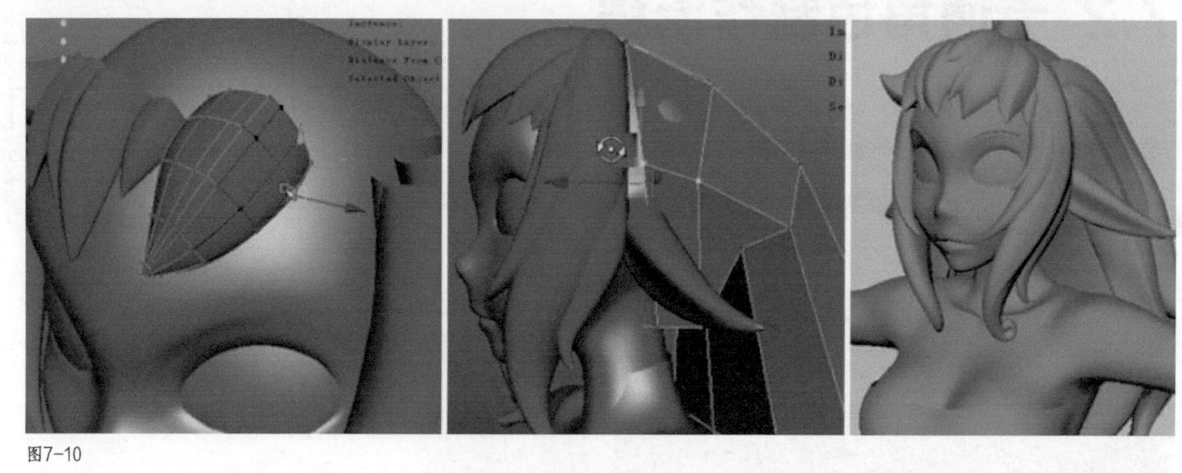

图7-10

04 服饰制作，包括服装布料、盔甲、皮带以及各种装饰制作，如图7-11所示。

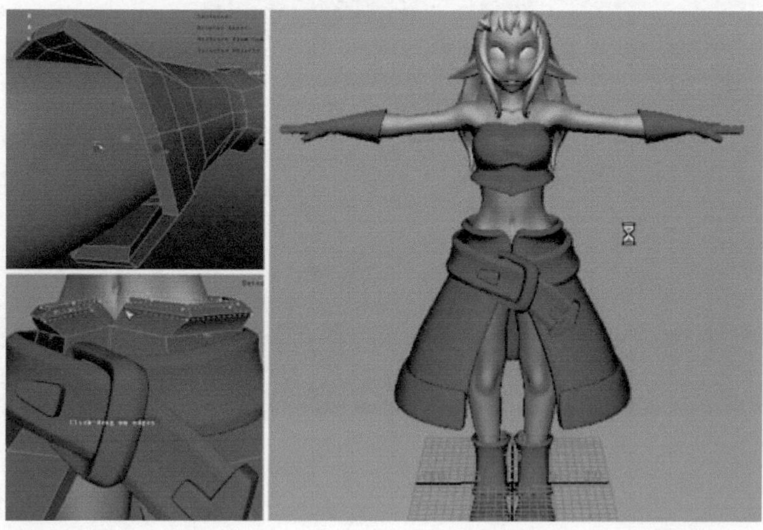

图7-11

7.3 头部制作

头部制作包括头部大型制作、五官细节刻画以及面部特征的调整，制作时要注意和写实角色的区分，效果如图7-12所示。

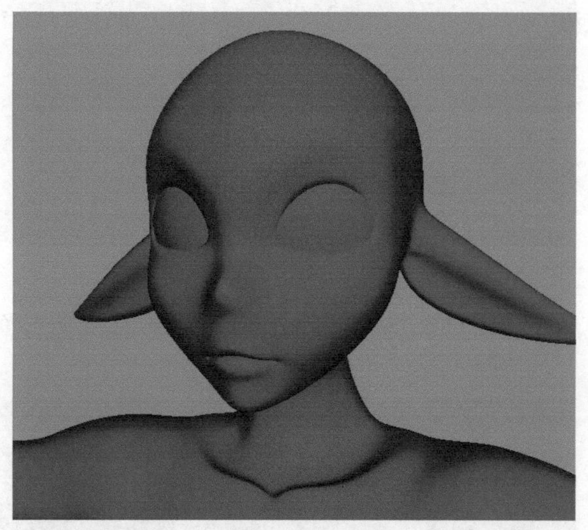
图7-12

7.3.1 头部大型

头部的大型创建只需要做出头部的大体形状，定出五官的位置以及在头部所占的比例，这一步并不需要对五官进行深入刻画。观察参考图，她的眼睛呈椭圆状，在整个头部所占的比例比较大，嘴部和鼻子比较小，如图7-13所示。

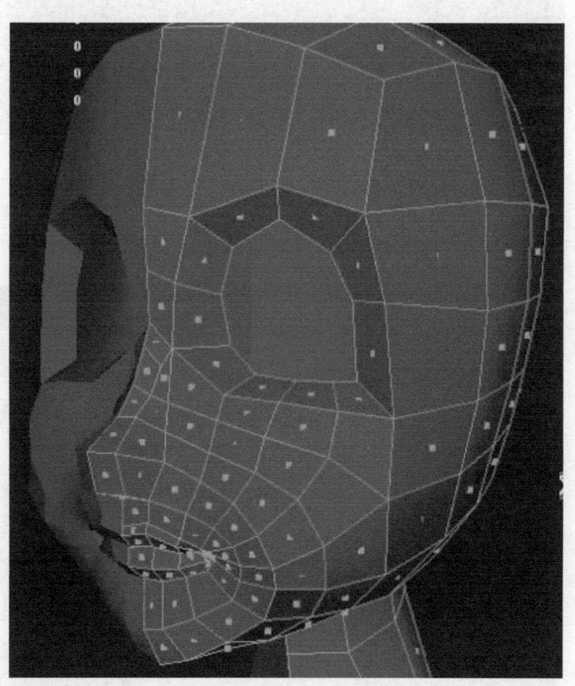
图7-13

01 执行Create（创建）>Polygon Primitives（多边形基本体）>Cube（立方体）命令，创建一个立方体。执行Edit Mesh（编辑网格）>Insert Edge Loop Tool（插入循环边工具）命令，插入基础的控制段数。切换至侧视图，按B键，开启软选择工具，调整头部侧面的大型，如图7-14所示。

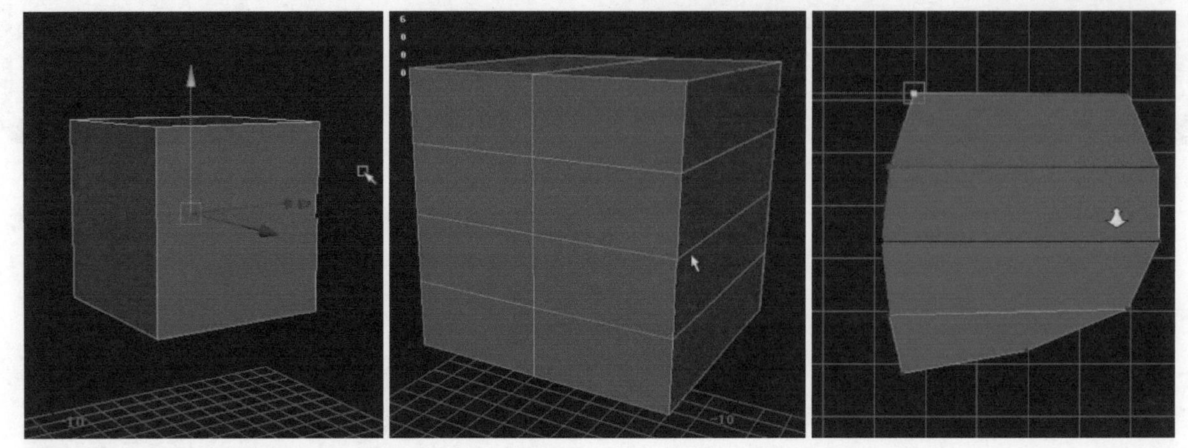

图7-14

02 继续使用插入循环边工具在前端插入结构线。选择中间的线段，缩放其宽度，定出鼻子的位置。调整其他线段，同时把眼眶的区域也划分出来，如图7-15所示。

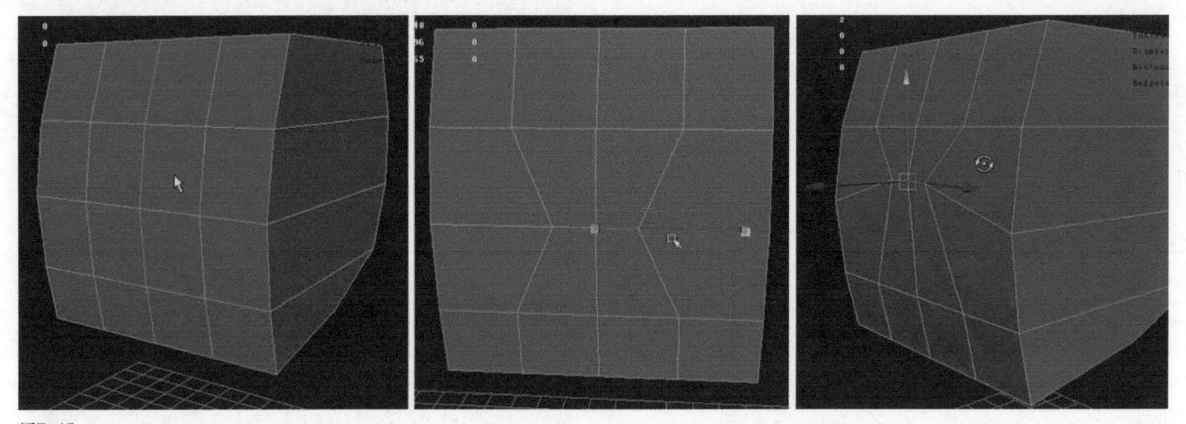

图7-15

03 切换至点元素模式，调整头部的正面轮廓。然后使用插入循环边工具在侧面加线，进一步调整侧面的轮廓造型，如图7-16所示。

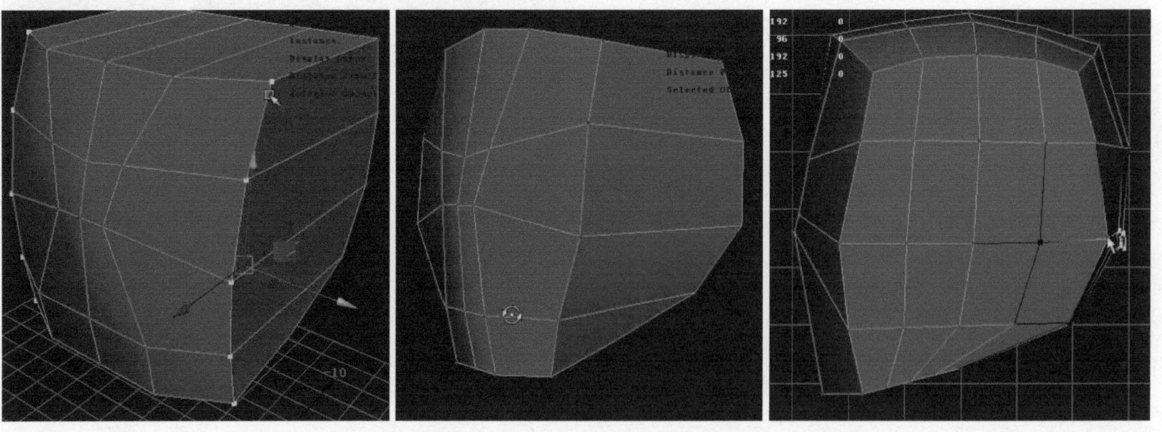

图7-16

04 切换至前视图，删除模型左半边的面。然后选择眼眶位置的面，执行Edit Mesh（编辑网格）>Extrude（挤出）命令，向内挤出眼眶的结构，如图7-17所示。

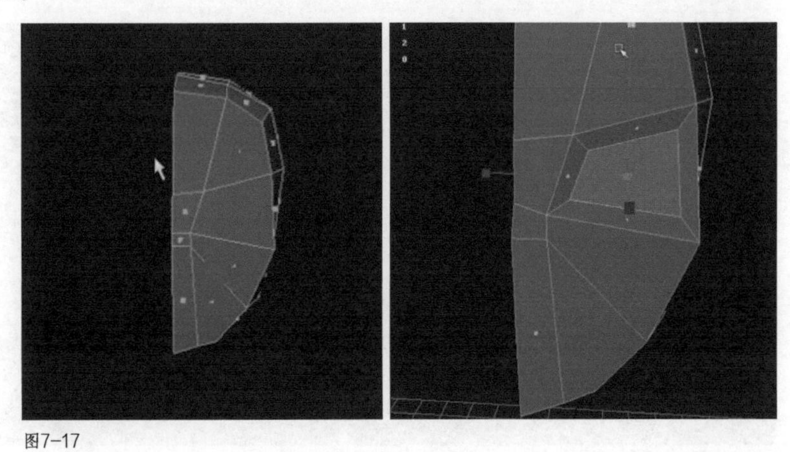

图7-17

05 选择右半边的模型，单击Edit（编辑）>Duplicate Special（特殊复制）命令后的设置选项按钮，在弹出的选项卡中把Geometry Type（几何体类型）下的选项设置为Instance（实例），Scale X的参数设置为-1，然后单击Apply（应用），把模型的另一半重新镜像复制出来。同时选择两侧模型，执行Mesh（网格）>Combine（合并）命令，把它们合并为一个整体。执行Edit Mesh（编辑网格）>Merge（合并）命令，合并相邻和重叠的点，如图7-18所示。

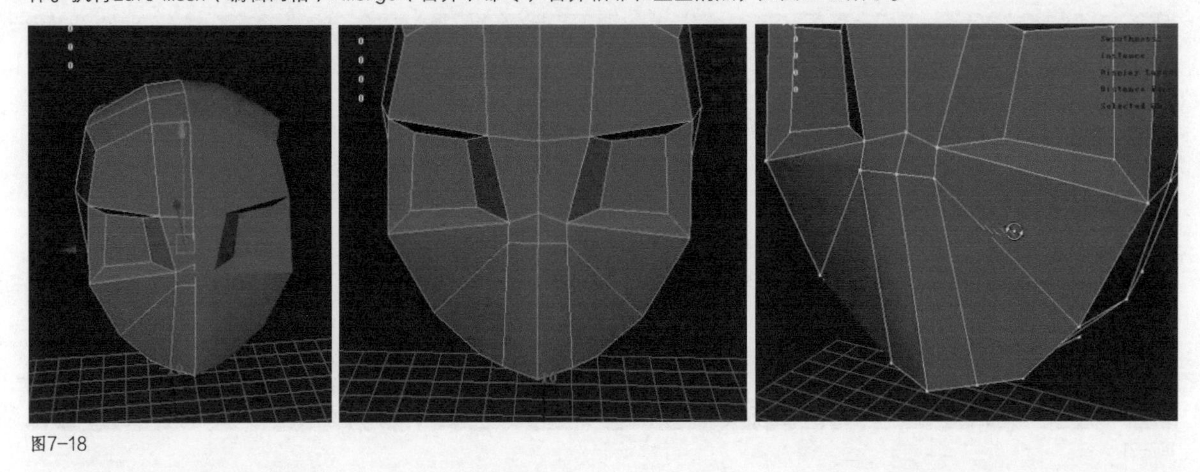

图7-18

06 选择嘴部位置的面，执行Edit Mesh（编辑网格）>Extrude（挤出）命令，挤出嘴部的结构和布线，切换至点元素模式，挤出之后对布线和大型进行微调，如图7-19所示。

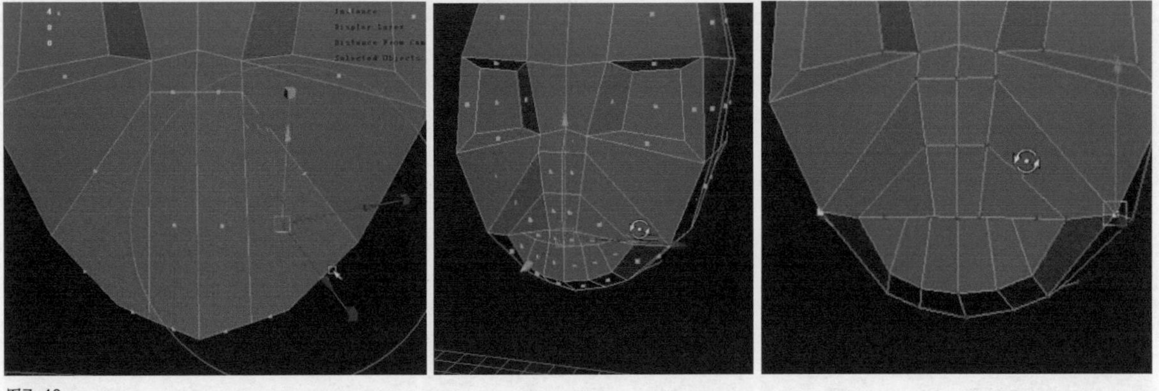

图7-19

07 调整底端的点，把头颈衔接处的位置和宽度定出来。然后挑选面，执行Edit Mesh（编辑网格）>Extrude（挤出）命令，挤出脖子的长度。切换至侧视图，调整头颈间的过渡，如图7-20所示。

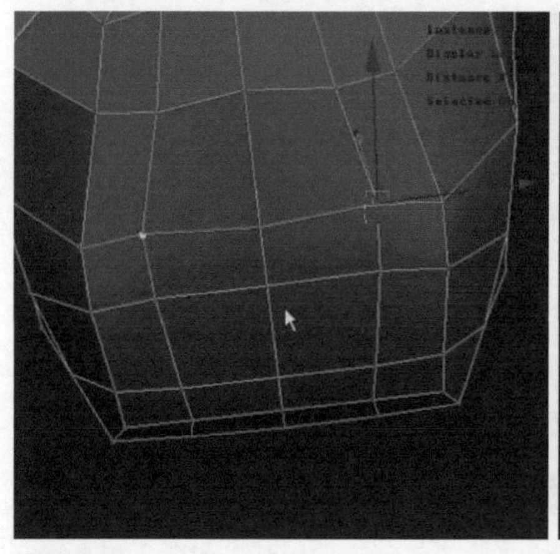
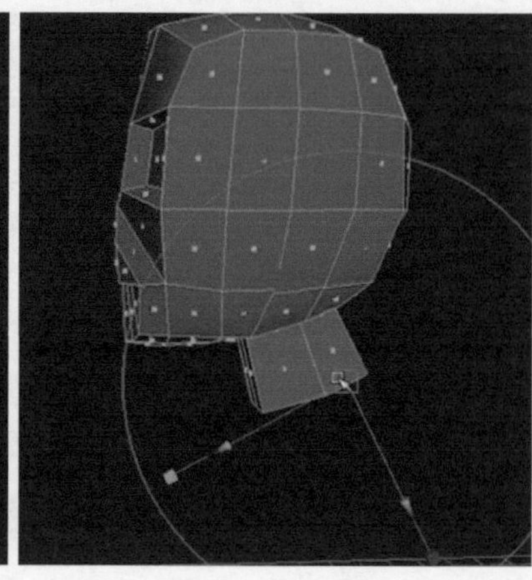
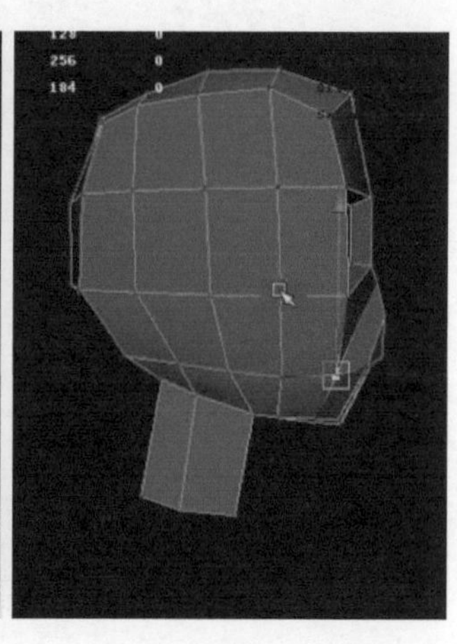

图7-20

08 切换至前视图，删除模型左半边的面。选择剩余的部分，执行Edit（编辑）>Duplicate Special（特殊复制）命令，把模型的另一半重新镜像复制出来，这样可以对两边同时进行操作。执行Edit Mesh（编辑网格）>Insert Edge Loop Tool（插入循环边工具）命令，在面部纵向插入一条循环边，如图7-21所示。

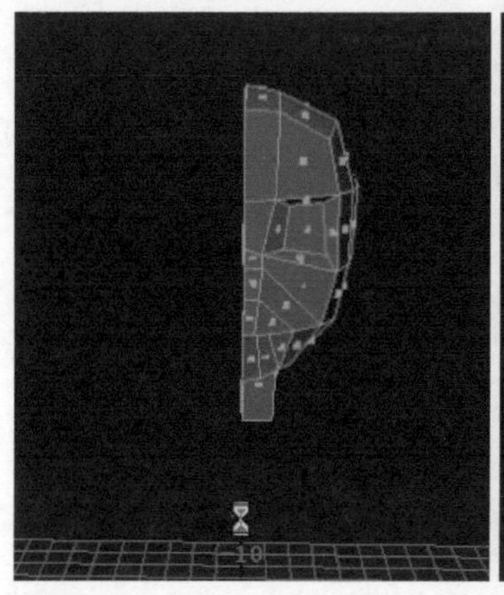
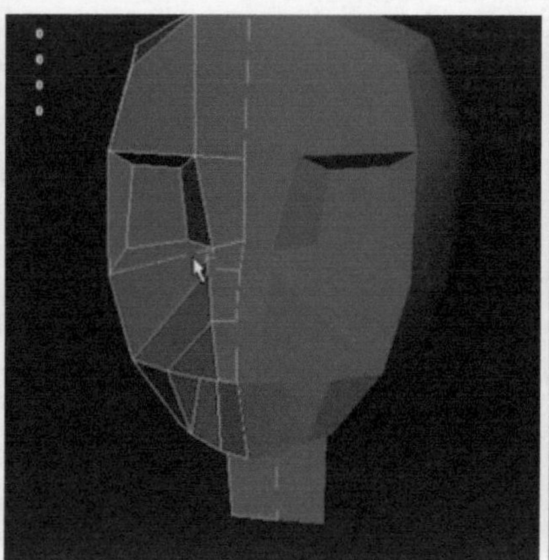
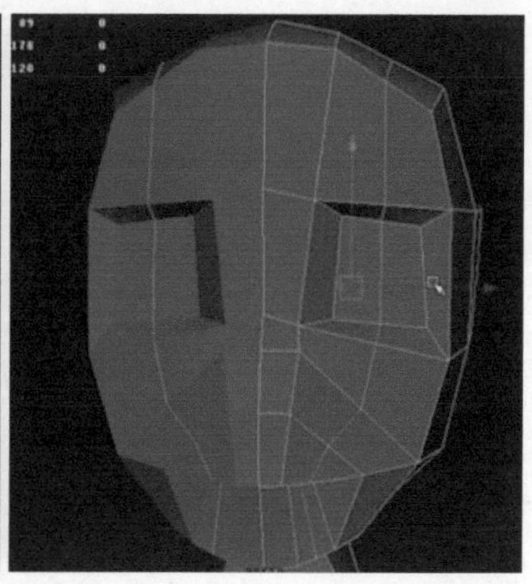

图7-21

09 选择模型，执行Edit Mesh（编辑网格）>Interactive Split Tool（交互式分割工具）命令，使用分割多边形工具切出嘴唇的轮廓大型。切换至侧视图，把嘴部的中线向内推，调整嘴唇的形体凹凸结构。继续使用分割多边形工具围绕嘴唇的结构进行切割布线，如图7-22所示。

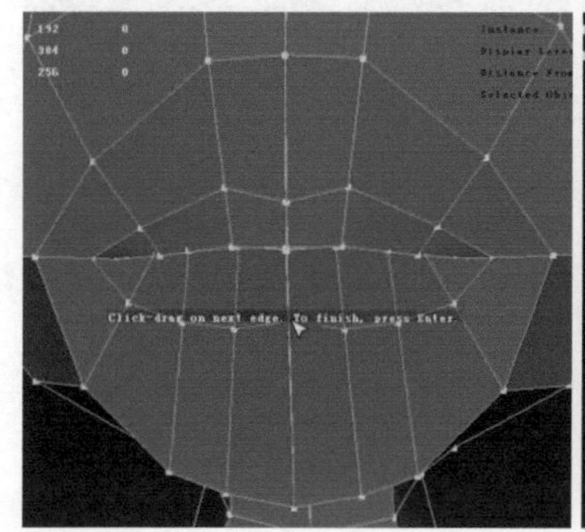

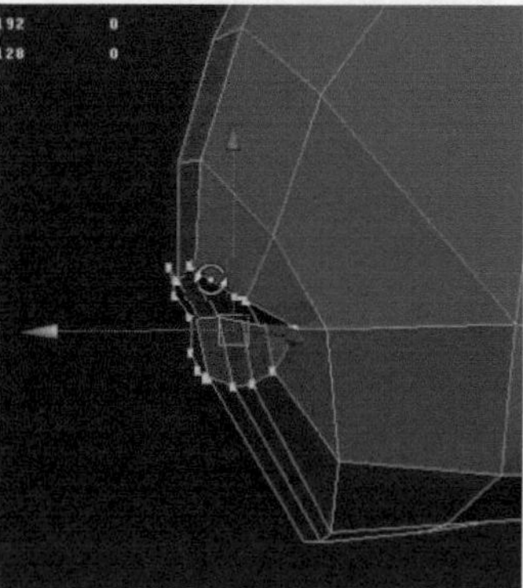
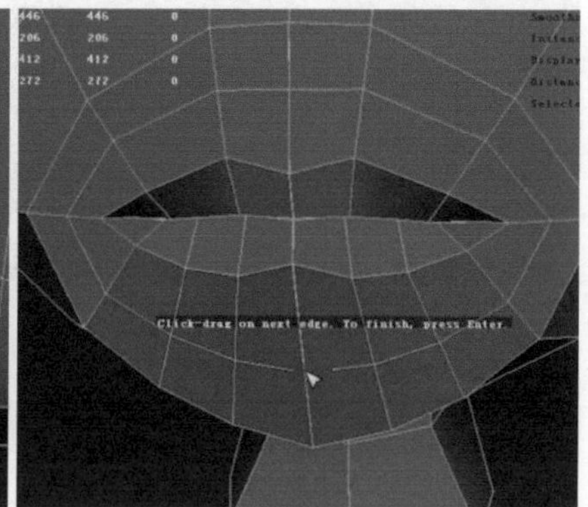

图7-22

10 切换至点元素模式，按B键，开启软选择工具，调整嘴部的点，做出嘴唇的转折结构。执行Edit Mesh（编辑网格）>Interactive Split Tool（交互式分割工具）命令，使用分割多边形工具在眼眶到嘴唇的位置加线。在平滑模式下，调整面部的结构，把面部做得相对饱满圆润一点，如图7-23所示。

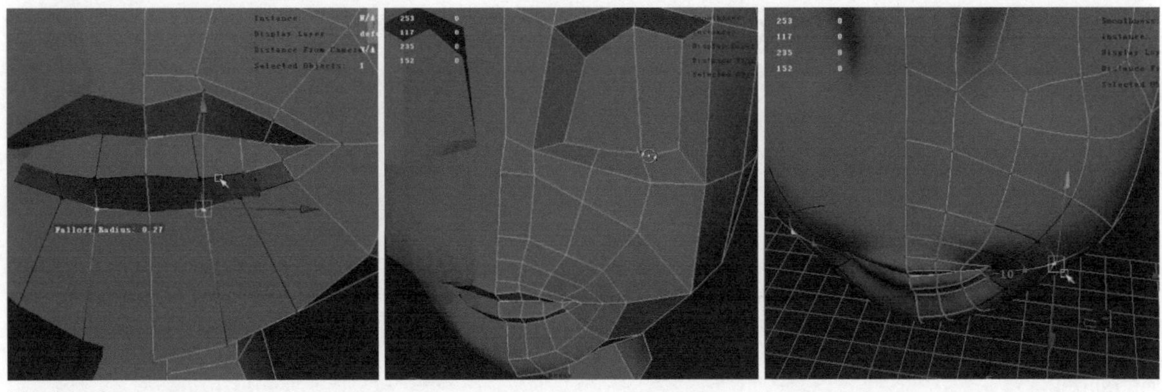

图7-23

11 选择鼻子位置的面，执行Edit Mesh（编辑网格）>Extrude（挤出）命令，挤出鼻子的结构，然后再把挤出后鼻子中间出现的多余的面删除，如图7-24所示。

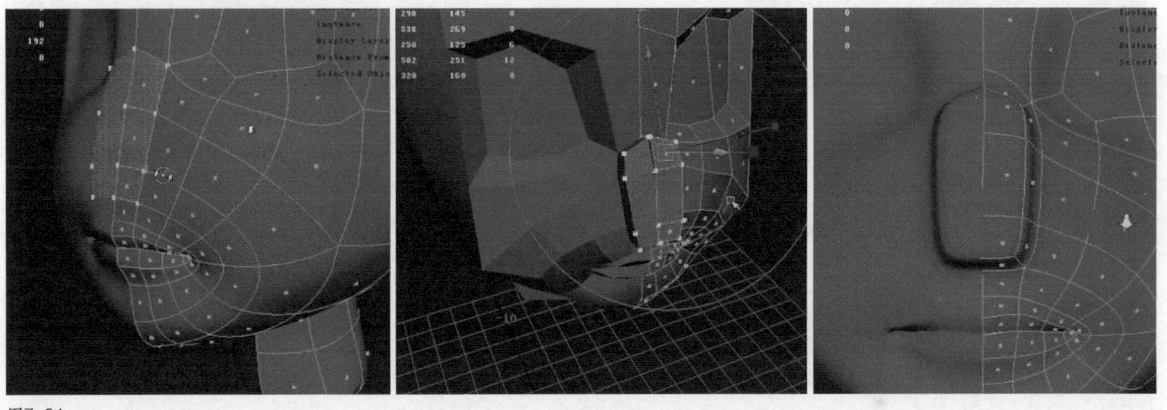

图7-24

12 切换至点元素模式，按B键，开启软选择工具，分别在正视图和侧视图对鼻子的结构进行调整，调整时需要注意鼻子的宽度和高度，以及鼻梁到鼻头的过度，如图7-25所示。

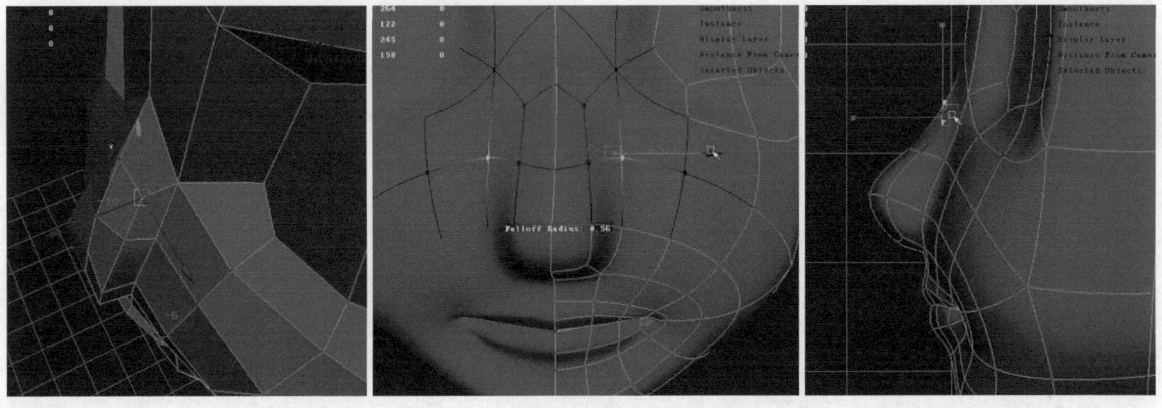

图7-25

13 执行Edit Mesh（编辑网格）>Insert Edge Loop Tool（插入循环边工具）命令，在眼眶内侧插入结构线，并且把眼眶的圆度调整出来。由于在脸颊的位置被拉扯得比较严重，因此需要调整松弛一下点的位置，然后再插入一条结构线，同样，加线之后要对形状做一次微调，如图7-26所示。

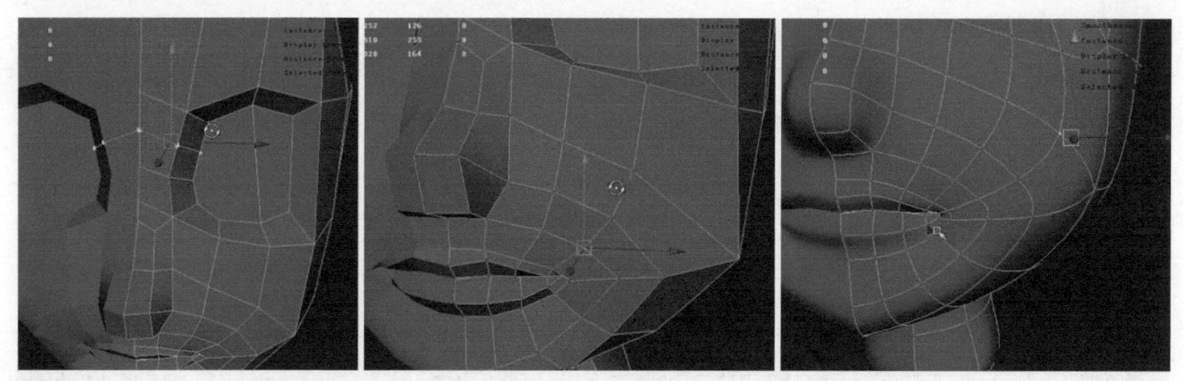

图7-26

14 选择模型，执行Edit Mesh（编辑网格）>Interactive Split Tool（交互式分割工具）命令，使用分割多边形工具在面部位置加线，加线时要注意布线的走向以及形体的调整，如图7-27所示。

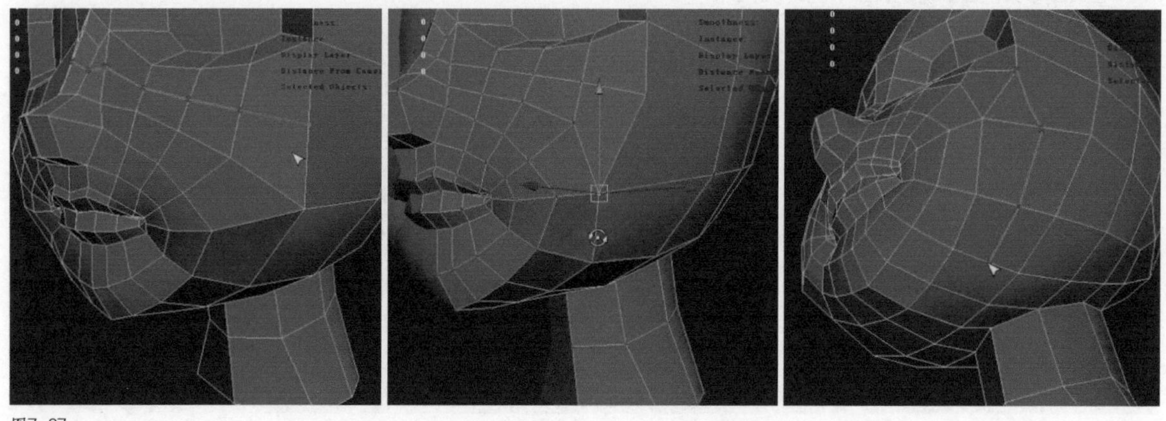

图7-27

15 移动调整脸颊位置的布线，在布线完成一阶段之后，要随时把布线调整得平均一点。然后执行Edit Mesh（编辑网格）>Interactive Split Tool（交互式分割工具）命令，使用分割多边形工具在颧骨位置向后加线，处理掉这里的五边面以及布线不足的问题，如图7-28所示。

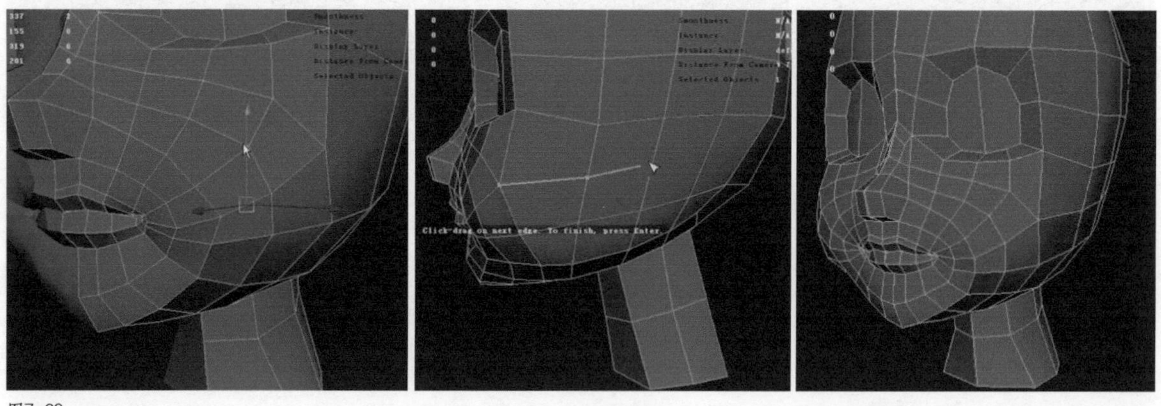

图7-28

16 删除眼眶内的面，执行Edit Mesh（编辑网格）>Insert Edge Loop Tool（插入循环边工具）命令，在眼眶位置插入循环边，然后开启软选择工具进一步调整眼眶的形状结构，如图7-29所示。

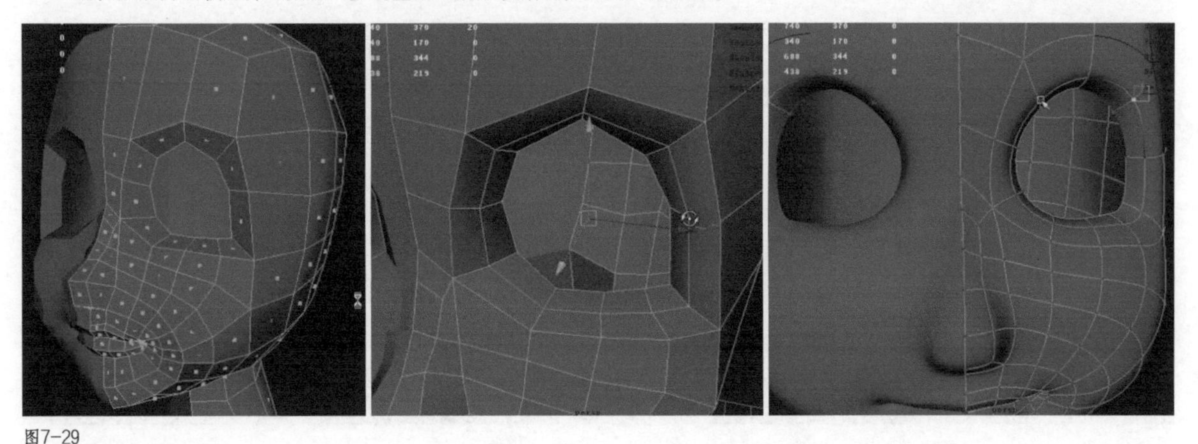

图7-29

7.3.2 头部细化

本角色的头部特点棱角柔和，下巴窄小而不尖锐，颈部细而柔韧。重点刻画角色的眼睛部位，轻巧的鼻子和饱满的双唇等特点。面部表情时刻要保持柔和，制作侧面的时候一定要注意鼻子上翘，这样会显现出很多女性特有的柔美，如图7-30所示。

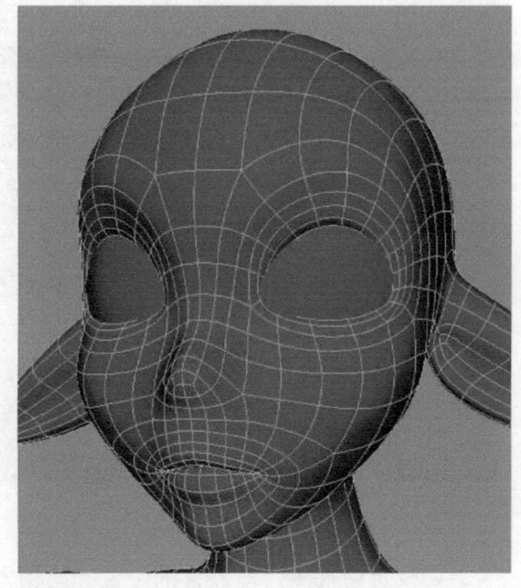

图7-30

01 执行Edit Mesh（编辑网格）>Interactive Split Tool（交互式分割工具）命令，使用分割多边形工具在眼眶周围再次进行切割布线，使眉弓的地方有足够的控制段数，以调整它的细节结构，如图7-31所示。

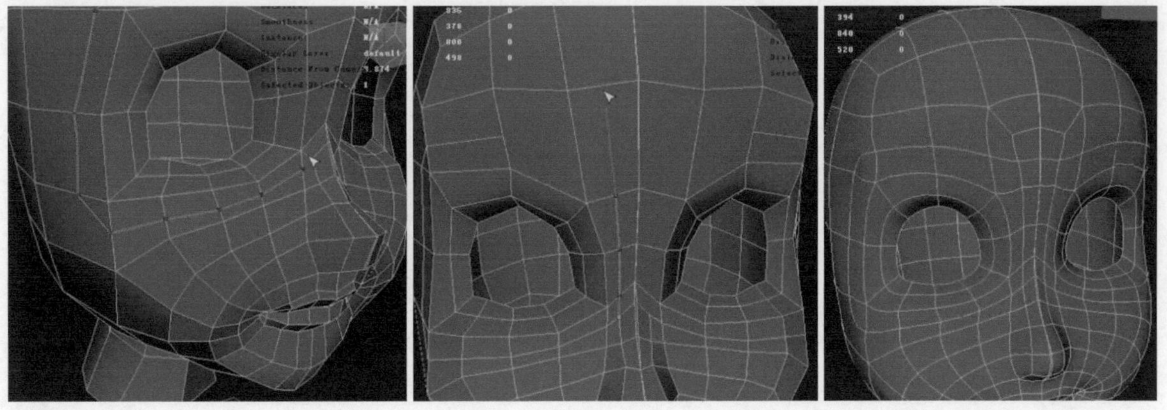

图7-31

02 切换至点元素模式，把眉弓处的点向内推，做出眼窝的凹陷结构。并且开启软选择工具，把衰减开大一点，调整眼眶之间的距离。从各个角度进行观察，对眼眶的轮廓结构做最后细微的调整，如图7-32所示。

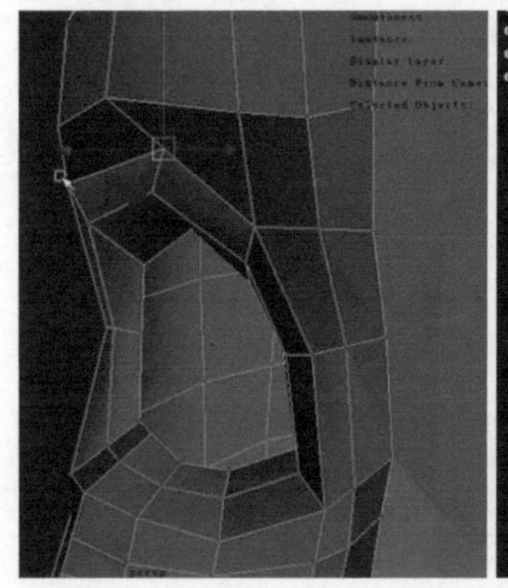
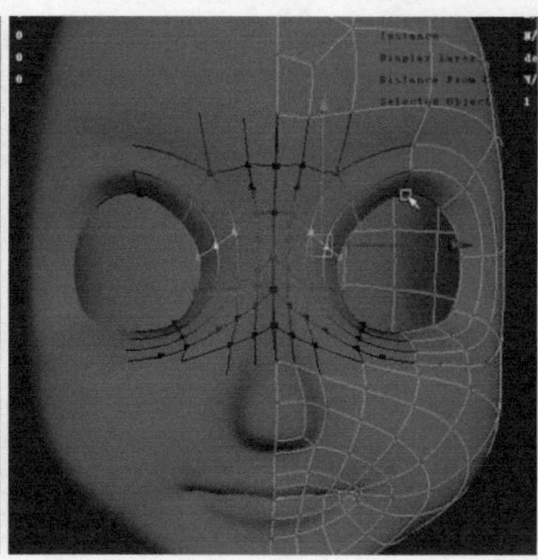
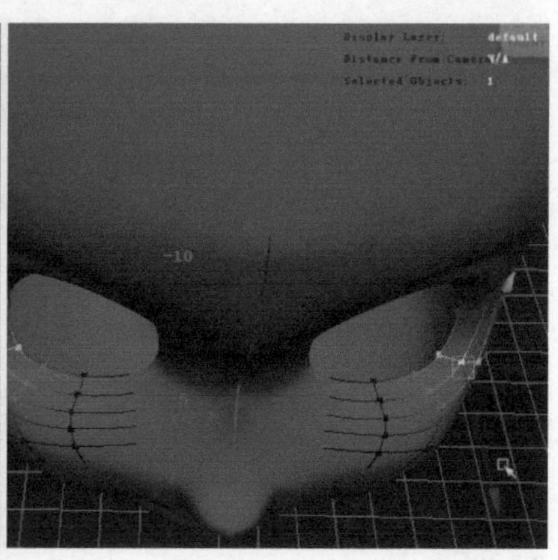

图7-32

03 选择耳朵位置的面，缩放至合适的大小，执行Edit Mesh（编辑网格）>Extrude（挤出）命令，挤出耳朵的结构。接着，对挤出的面进行旋转微调，做出耳朵一定的倾斜度，如图7-33所示。

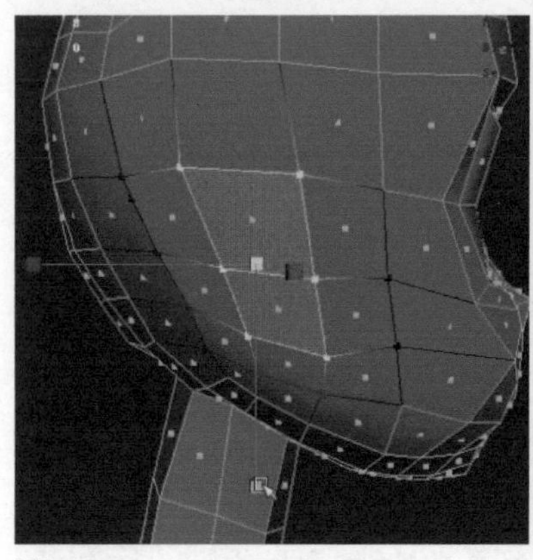
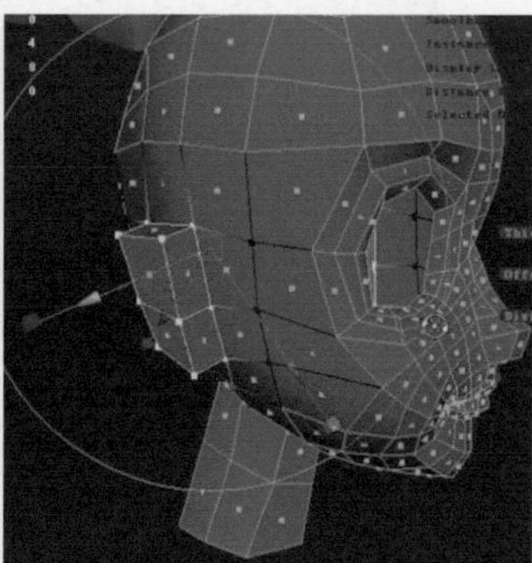
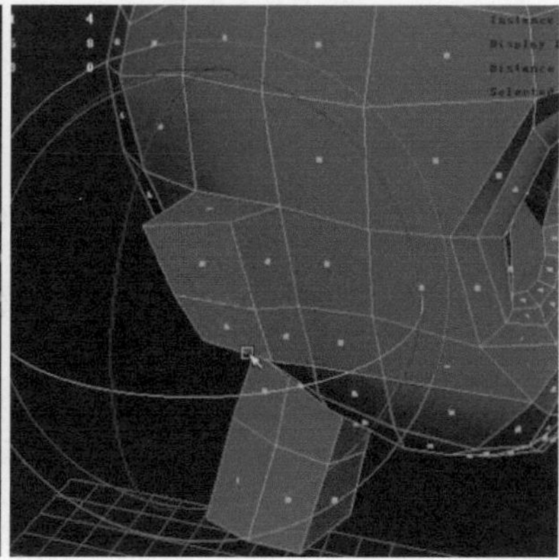

图7-33

04 切换至前视图，对五官的位置和比例做整体的微调，如图7-34所示。

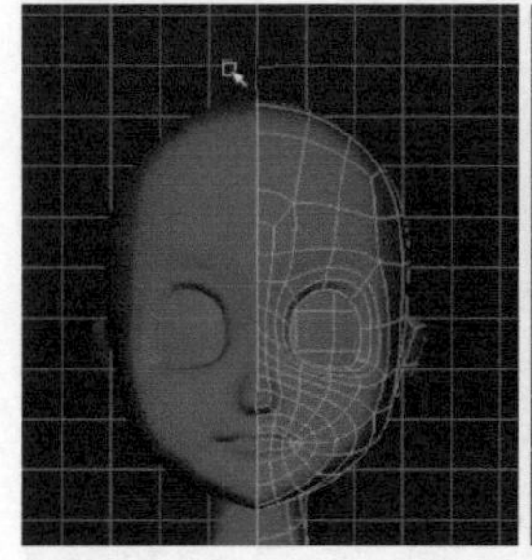
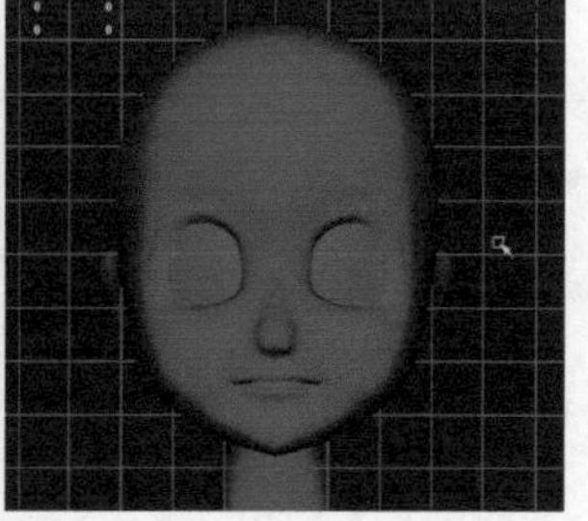

图7-34

05 为了更加清楚地观察模型的结构形态，这里可以把模型更换成Blinn（布林）材质，因为Blinn（布林）材质有比较明显的高光，在调整时对她的凹凸结构会更容易把握。更换材质之后，再次对侧面的结构进行调整，如图7-35所示。

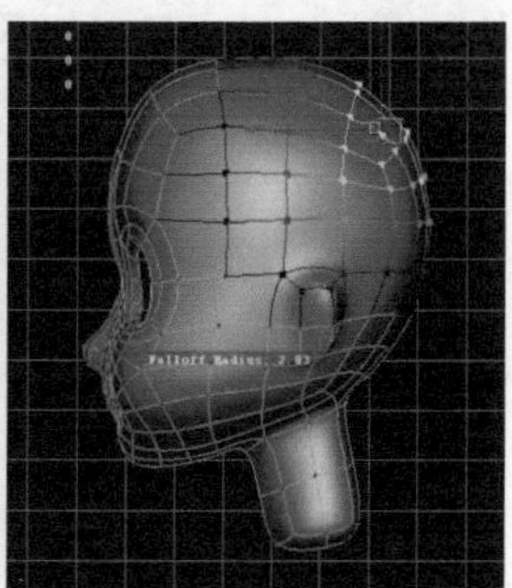

图7-35

06 执行Edit Mesh（编辑网格）>Interactive Split Tool（交互式分割工具）命令，使用分割多边形工具修改嘴部上面结构的布线，避免在平滑模式下，它的布线会有明显的拉伸，如图7-36所示。

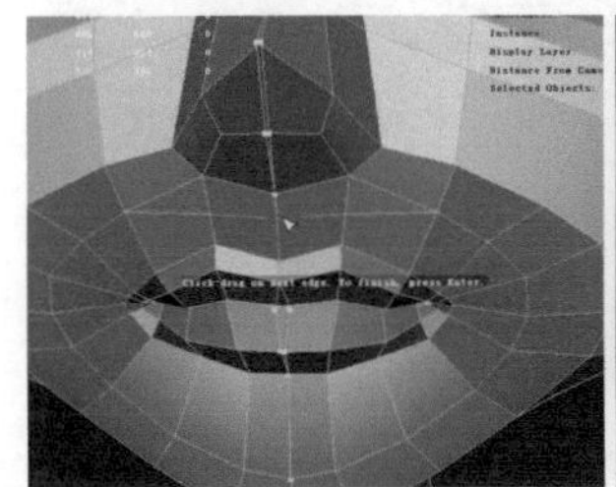
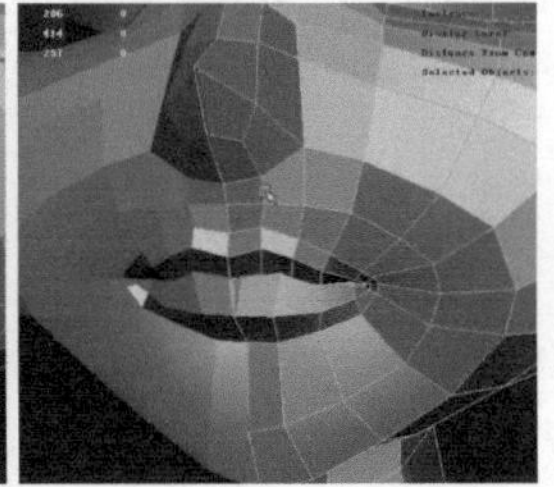

图7-36

07 选择模型，执行Mesh（网格）>Sculp Geometry Tool（雕刻几何体工具）命令，使用雕刻笔刷调整整体的大型和布线。按B键，左右拖动鼠标左键，可以调整笔刷的大小；按M键，左右拖动鼠标左键，可以调整笔刷的力度；按Shift键可以对模型进行平滑雕刻，如图7-37所示。

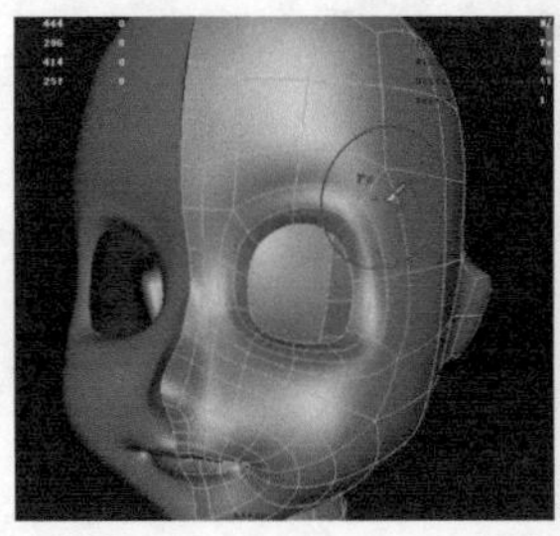
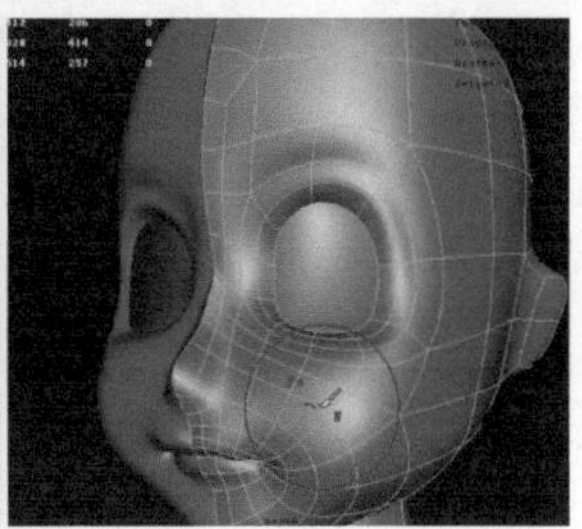

图7-37

08 执行Edit Mesh（编辑网格）>Interactive Split Tool（交互式分割工具）命令，使用分割多边形工具在内眼角的位置进行加线，加线过程中会出现新的三角面，需要转移和处理掉，如图7-38所示。

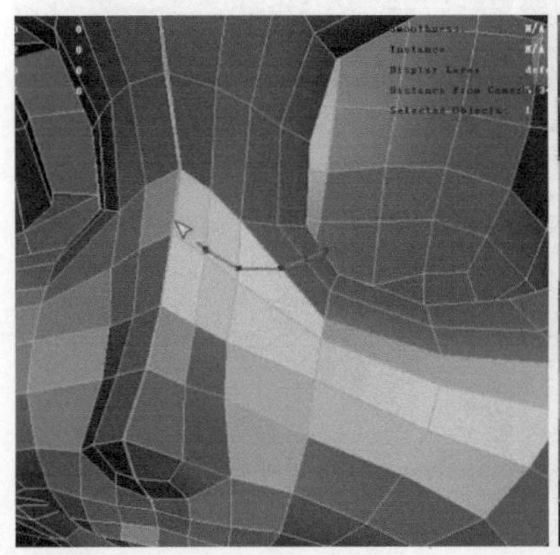
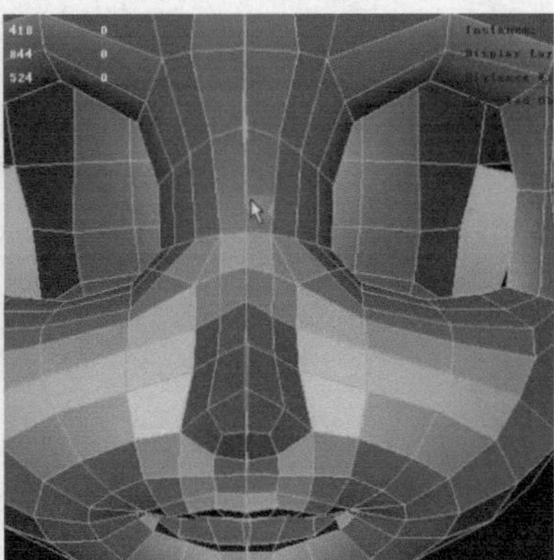
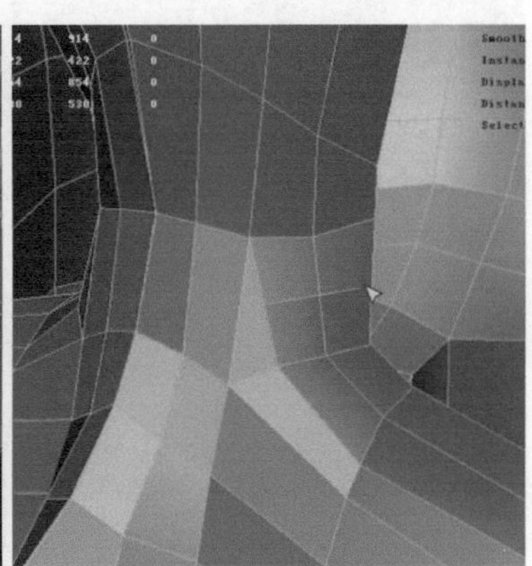

图7-38

09 继续使用分割多边形工具，沿眉弓至下巴的位置进行切割布线。使用合并点的工具合并不需要的废点，优化这里的布线，如图7-39所示。

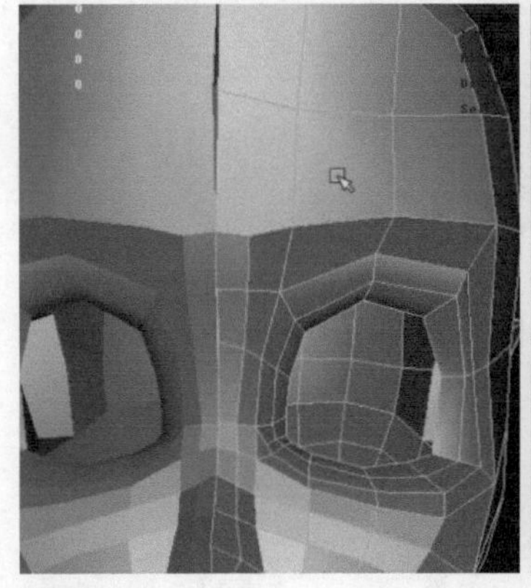
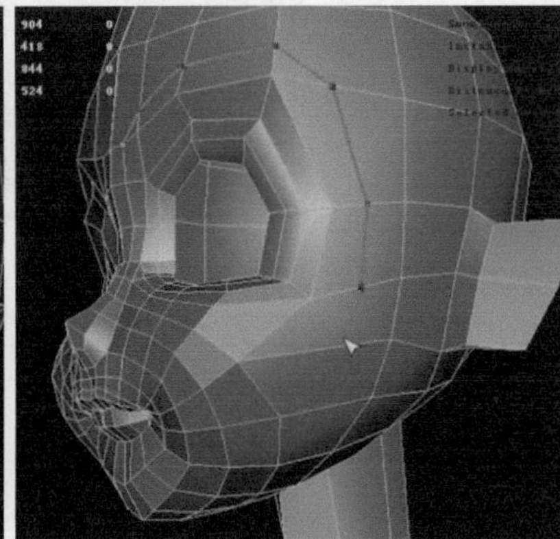
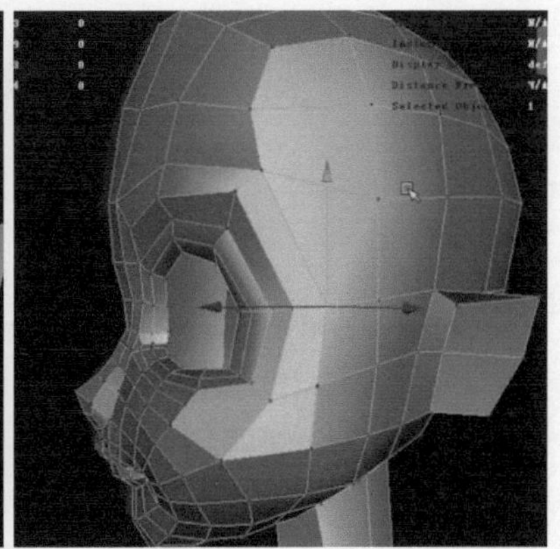

图7-39

10 执行Edit Mesh（编辑网格）>Insert Edge Loop Tool（插入循环边工具）命令，在眼眶外侧横向插入循环边，使其有足够的段数控制侧面的结构，如图7-40所示。

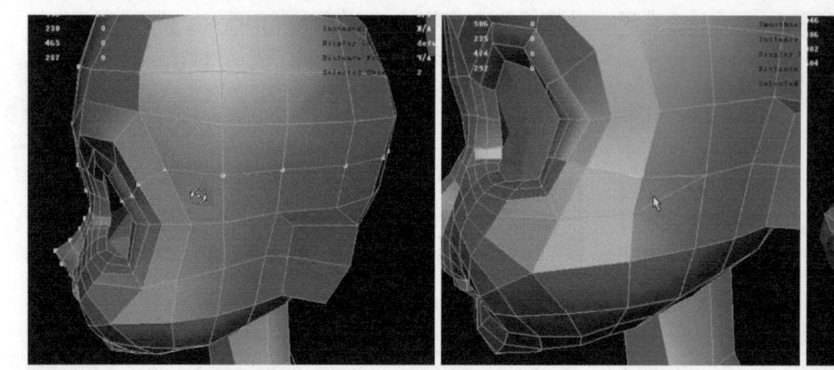
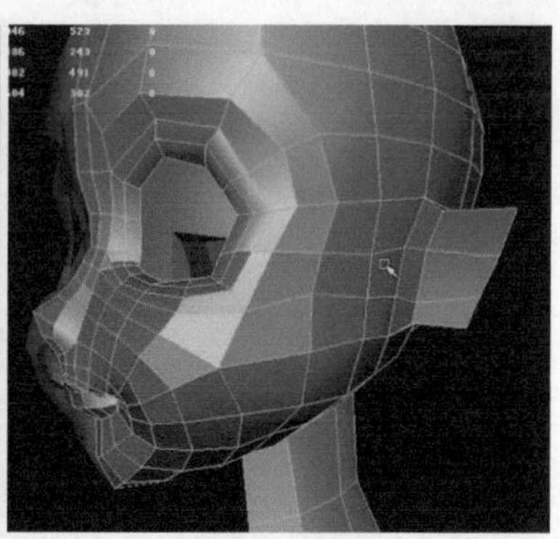

图7-40

11 按B键，开启软选择工具，分别对五官的结构进行调整。在调整嘴部时，要注意多从底面进行观察，这样可以很方便地观察嘴部的起伏结构以及脸形，如图7-41所示。

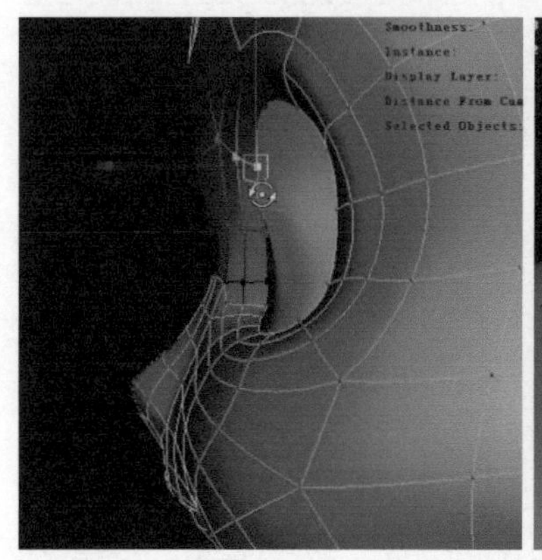
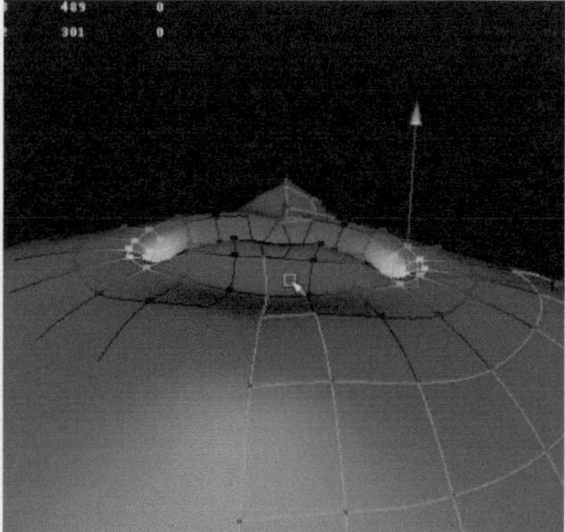
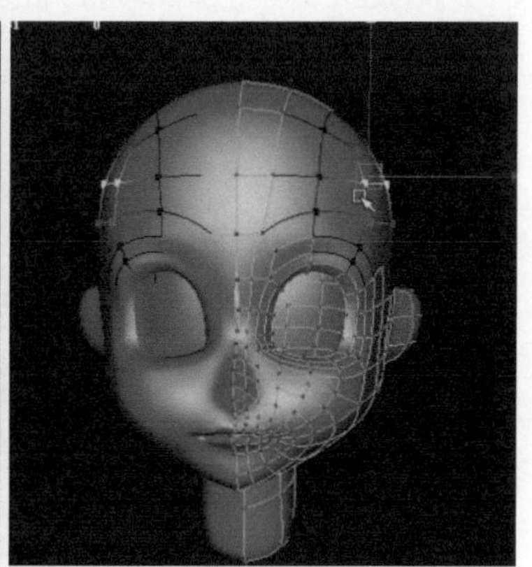

图7-41

12 选择中间的边，在状态栏后面的数值输入面板中找到输入X，把它的值设为0，从而把中线打直，如图7-42所示。

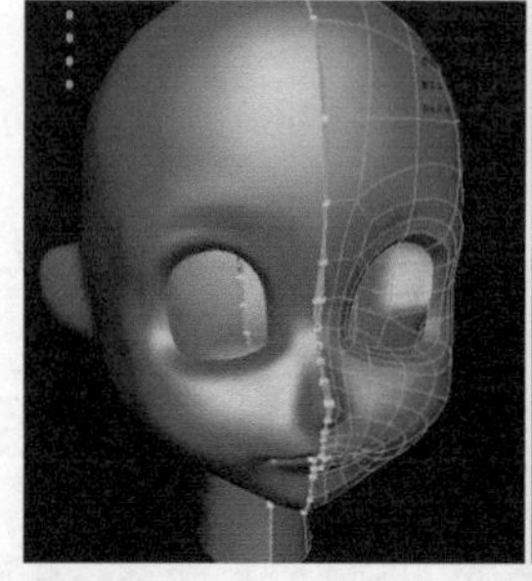
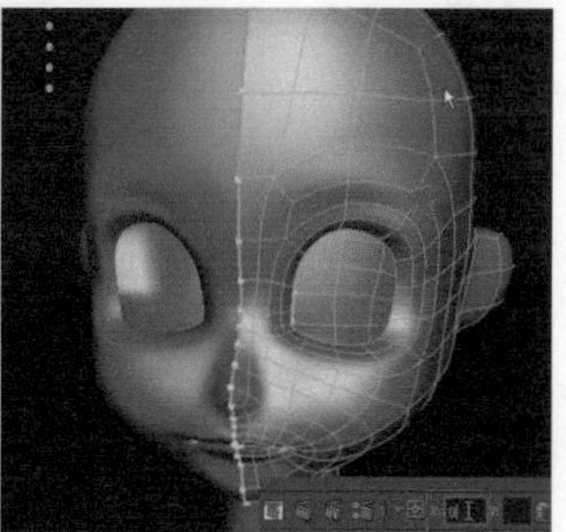

图7-42

13 同时选择两侧模型，执行Mesh（网格）>Combine（合并）命令，把它们合并为一个整体。接着执行Edit Mesh（编辑网格）>Merge（合并）命令，合并相邻和重叠的点，如图7-43所示。

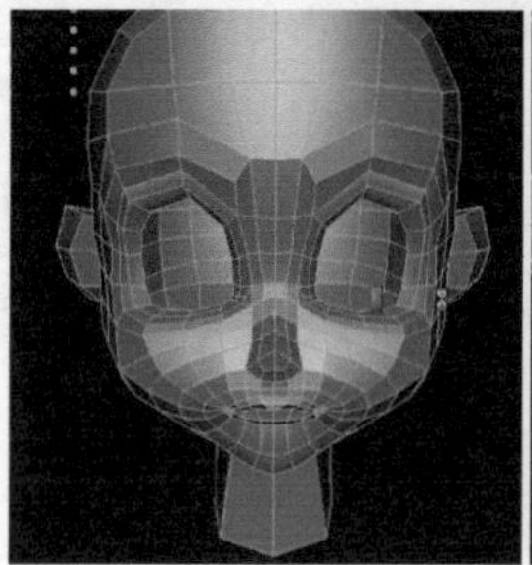
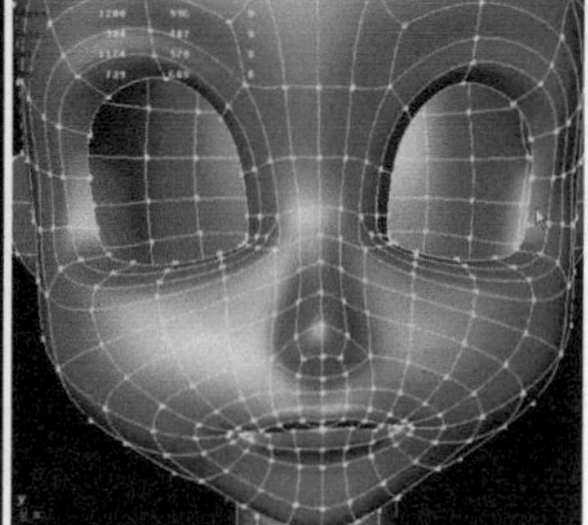

图7-43

14 选择模型，执行Mesh（网格）>Cleanup（清理）命令，在弹出的选项卡中把Operation（操作）设置为Cleanup matching polygons（清理匹配的多边形），勾选Faces with more than 4 sides（大于四边面），对模型的面进行检查和处理，把多边面自动转换成三边面，如图7-44所示。

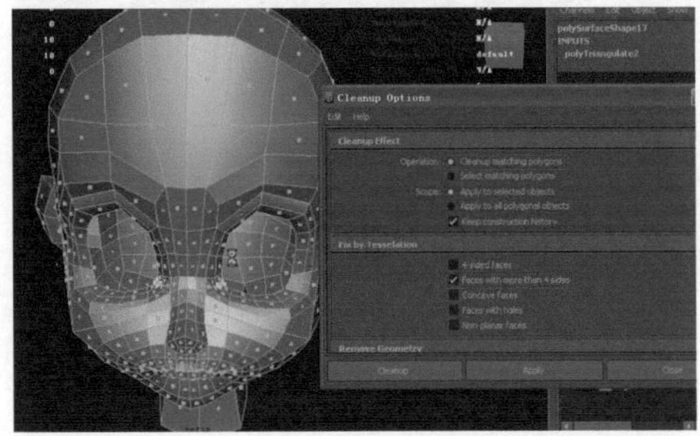

图7-44

15 打开Zbrush软件，把头部的模型导入到Zbrush里面，按Ctrl+D组合键把模型细分两级，如图7-45所示。

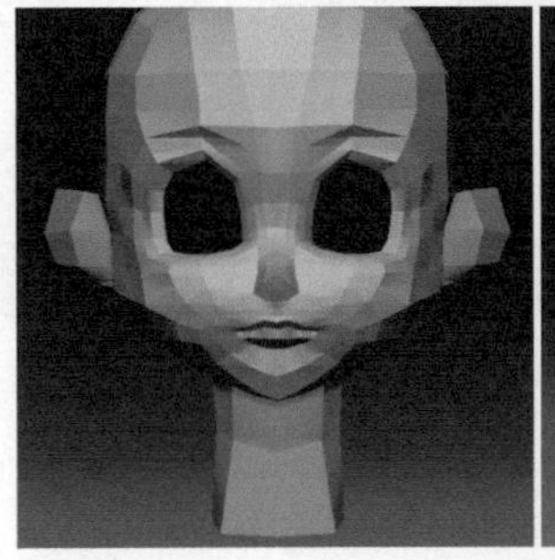
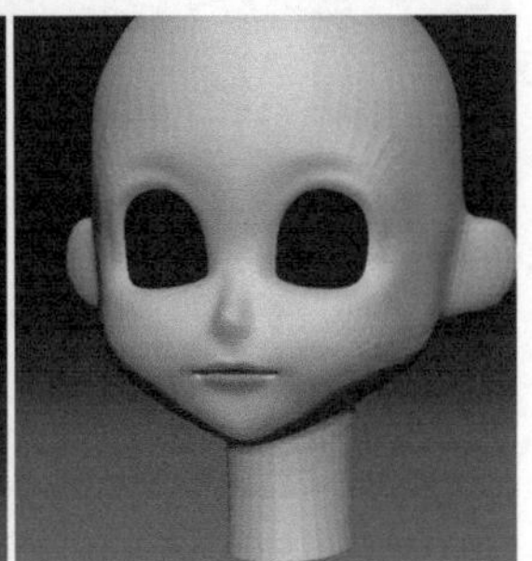

图7-45

16 使用移动笔刷，分别在前视图和侧视图以及其他角度，对模型进行细微的调整，也可以配合使用Shift键平滑模型的结构，如图7-46所示。

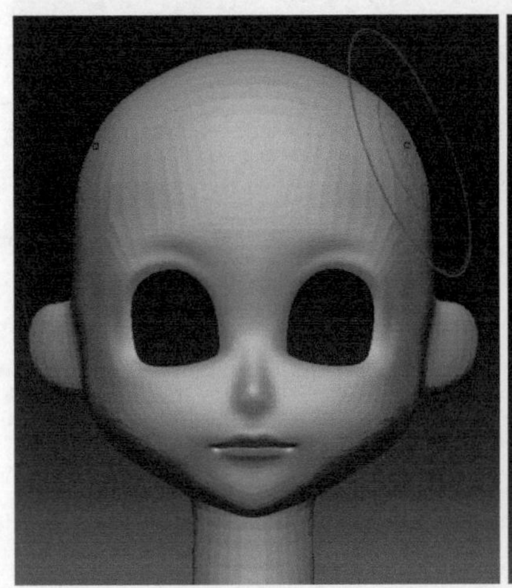
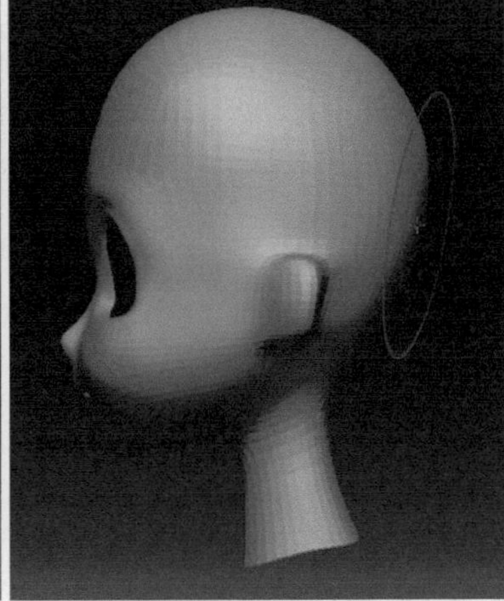

图7-46

17 在Zbrush里面调整完成之后，再重新把模型导入到Maya中，替换原模型，如图7-47所示。

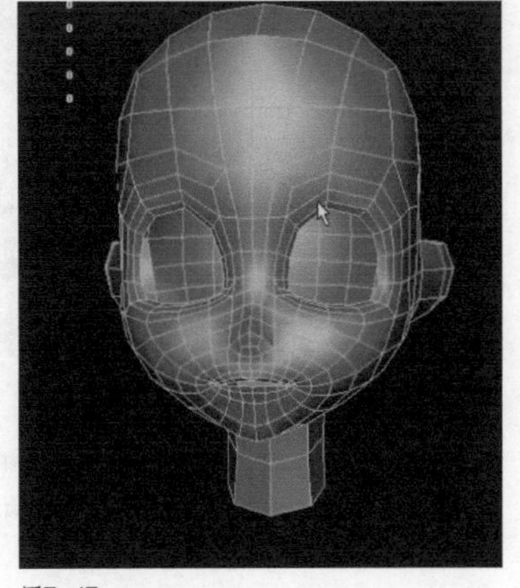

图7-47

18 选择嘴缝的循环边，使用缩放工具把它压平。执行Edit Mesh（编辑网格）>Insert Edge Loop Tool（插入循环边工具）命令，使用插入循环边工具在嘴唇位置插入结构线，然后执行Edit Mesh（编辑网格）>Interactive Split Tool（交互式分割工具）命令，使用分割多边形工具在下嘴唇的边缘位置卡住一条结构线，做出这里比较实的转折结构，如图7-48所示。

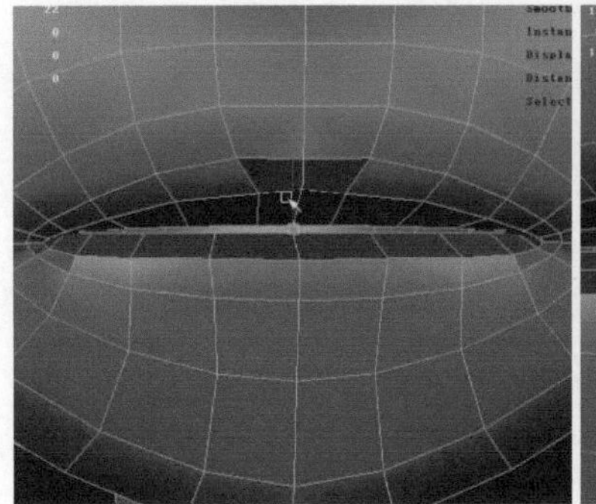
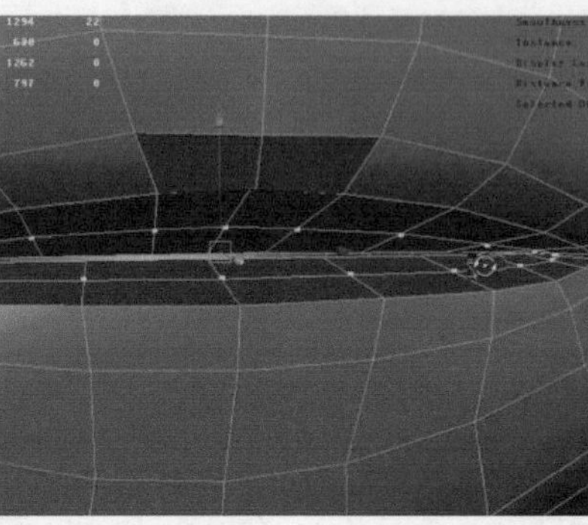
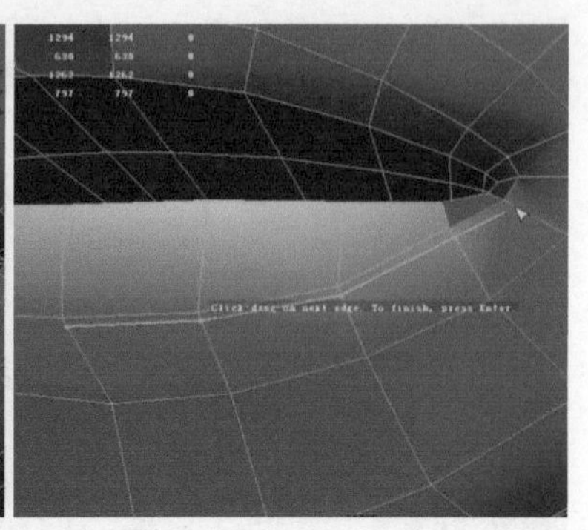

图7-48

19 加线之后，切换至点元素模式，开启软选择工具，根据参考图调整嘴唇的形状和结构，如图7-49所示。

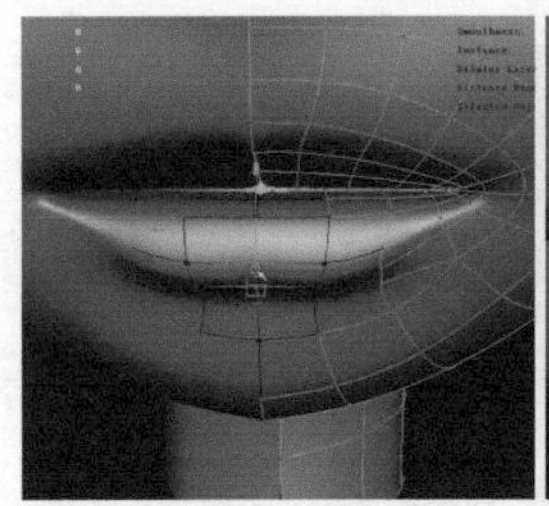
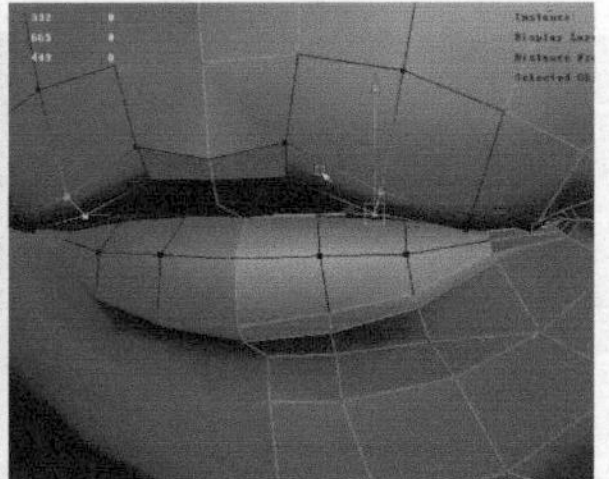

图7-49

20 选择耳朵的面，执行Edit Mesh（编辑网格）>Extrude（挤出）命令，向内挤出一段距离，深化耳朵的结构。切换至点元素模式，调整耳朵的轮廓大型，如图7-50所示。

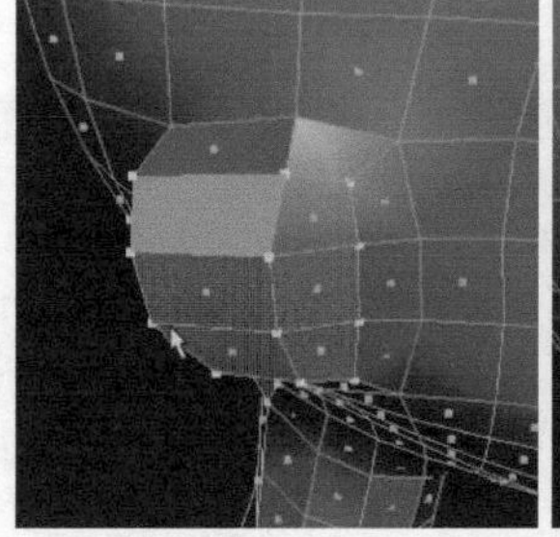
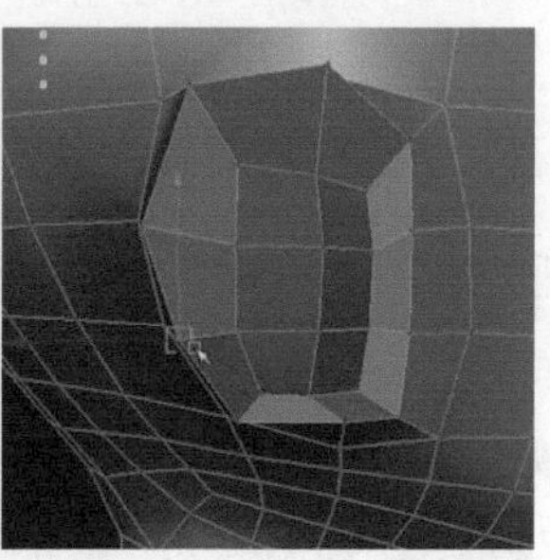

图7-50

21 执行Edit Mesh（编辑网格）>Insert Edge Loop Tool（插入循环边工具）命令，在耳轮位置插入两条循环边。挑选耳轮位置的循环面，执行Edit Mesh（编辑网格）>Extrude（挤出）命令，挤出耳轮的结构并进行调整，如图7-51所示。

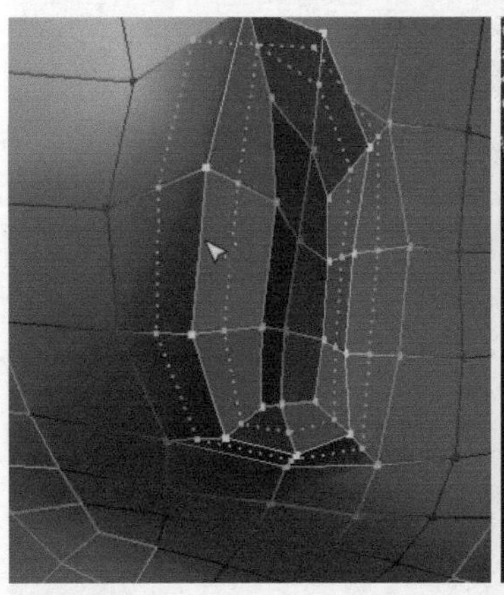
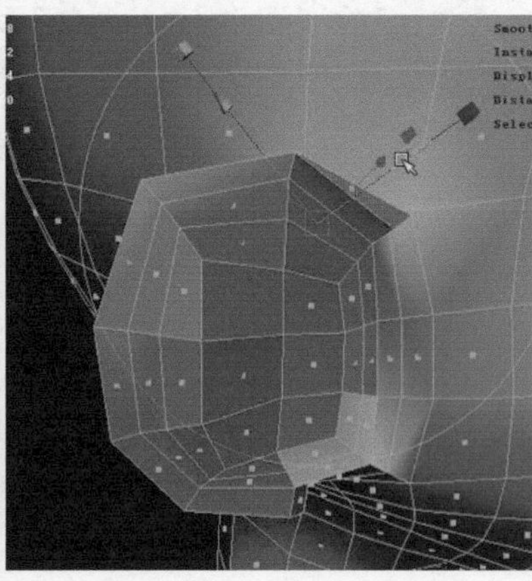
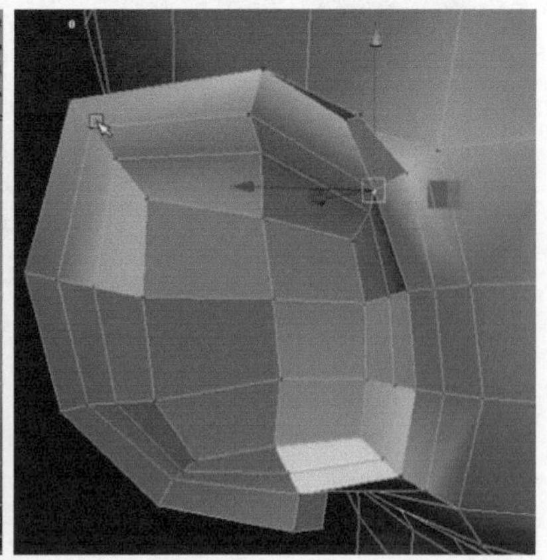

图7-51

22 执行Edit Mesh（编辑网格）>Interactive Split Tool（交互式分割工具）命令，使用分割多边形工具切出内耳轮的结构走向，再把内耳轮的大的起伏结构拖曳出来，然后继续使用分割多边形工具切割和修改这里的布线，如图7-52所示。

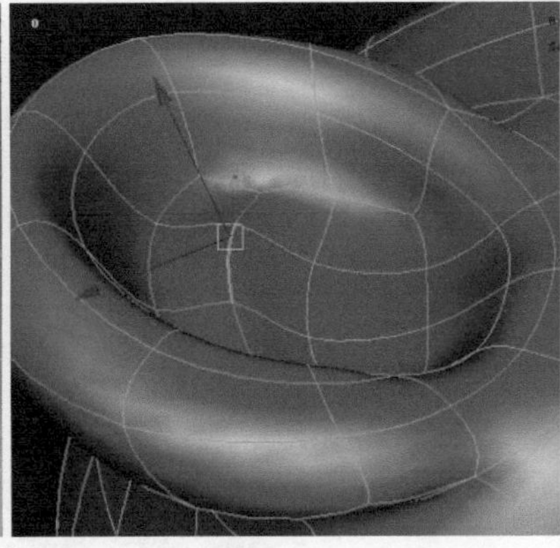
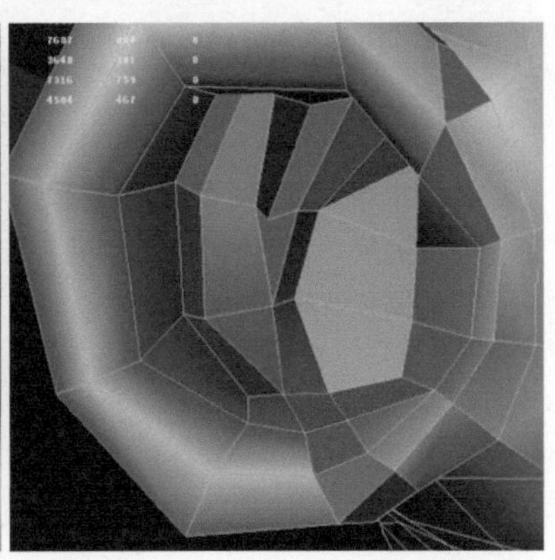

图7-52

23 使用分割多边形工具由耳轮起始端向内切割布线，延伸至内耳轮的结构。挑选面，执行Edit Mesh（编辑网格）>Extrude（挤出）命令，挤出耳轮起始端延至内耳轮的结构。执行Edit Mesh（编辑网格）>Merge Vertex Tool（合并点工具）命令，把挤出后的结构与耳轮起始端的结构进行合并过渡，完成耳朵的制作，如图7-53所示。

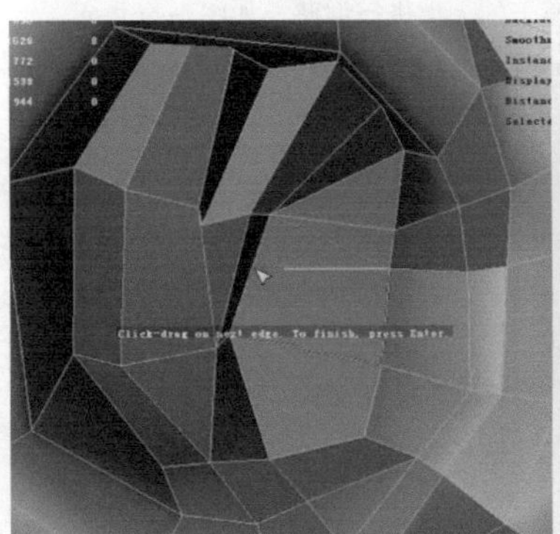

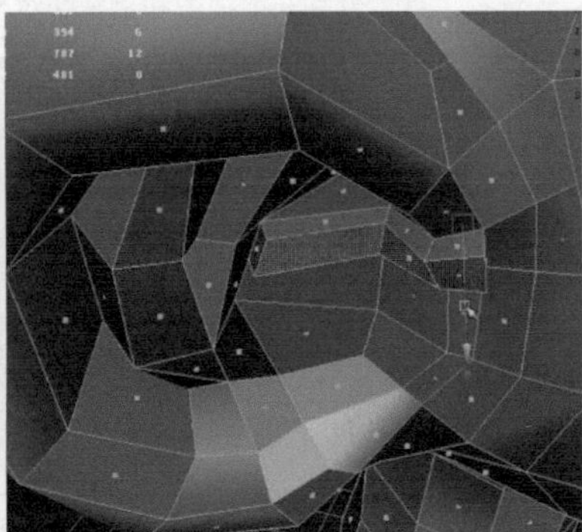
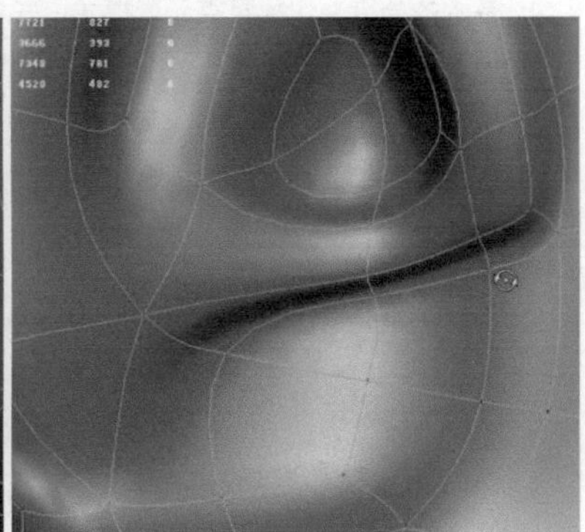

图7-53

7.4 身体制作

身体的制作包括躯干的制作、腿部的制作、手臂的制作以及手脚的制作。制作之前最好再次回顾一下第6章对人体结构的认识，在认识写实角色结构的基础上对卡通角色进行理解和制作，效果如图7-54所示。

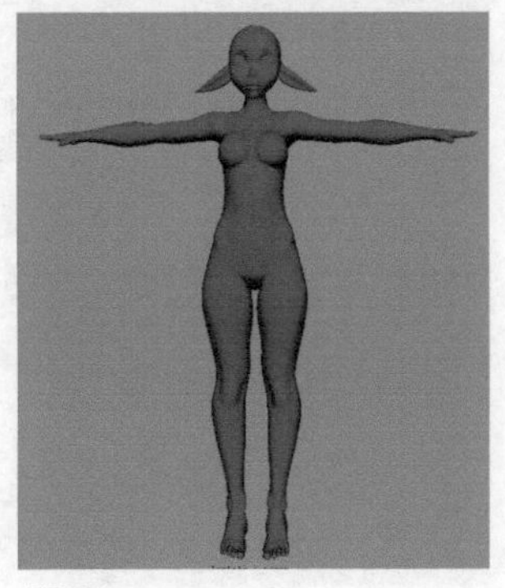

图7-54

7.4.1 躯干制作

在形体比例和结构准确的前提下，可以适当对部分结构进行夸张，女性的胸部要翘起，腰部要细，臀部要宽，肩膀与颈部很小巧，而且还要注意轮廓表现得要有韵律和节奏，这样的曲线会很完美，如图7-55所示。

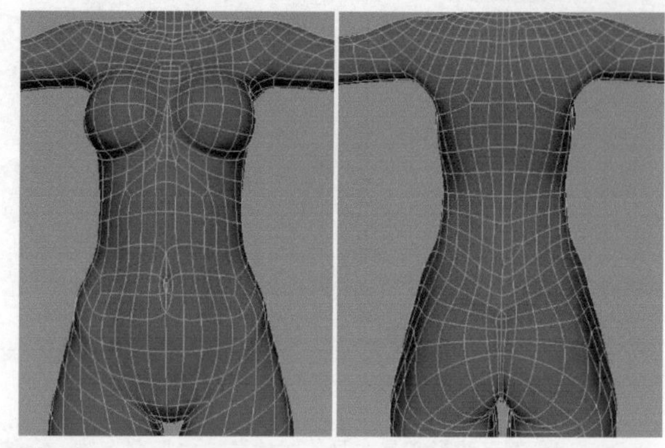

图7-55

01 执行Create（创建）>Polygon Primitives（多边形基本体）>Cube（立方体）命令，创建一个立方体，在通道栏中调整基本的分段。切换至点元素模式，开启软选择工具，分别在前视图和侧视图对躯干的大型进行调整，如图7-56所示。

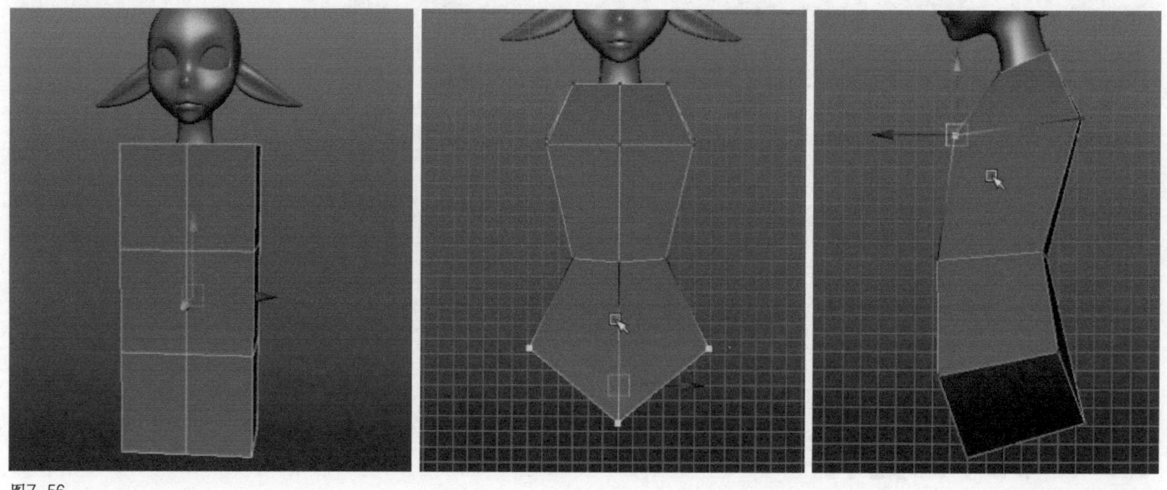

图7-56

02 选择顶端的面，执行Edit Mesh（编辑网格）>Extrude（挤出）命令，向上挤出脖子的大型。切换至前视图，删除身体的左半部分。选择右半部分，执行Edit（编辑）>Duplicate Special（特殊复制）命令，再把左半部分重新镜像复制出来，如图7-57所示。

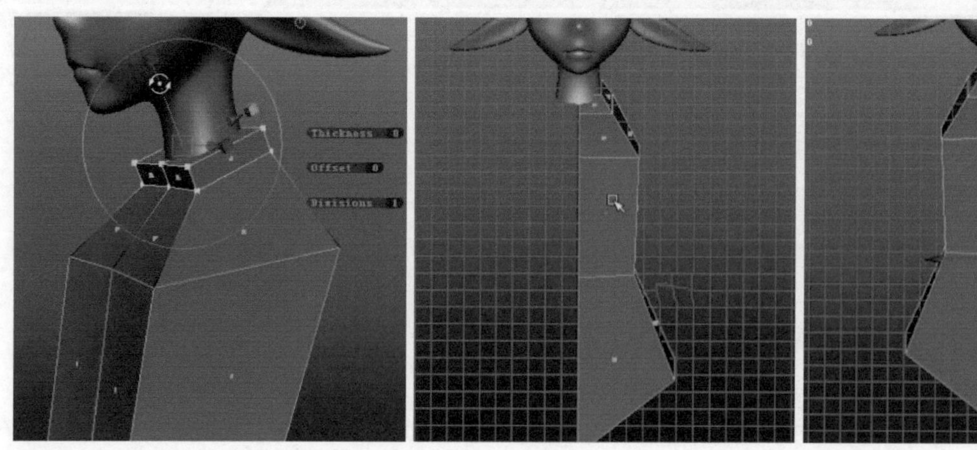

图7-57

03 选择肩部位置的面，执行挤出命令，挤出肩部的结构，并对其形状进行调整，如图7-58所示。

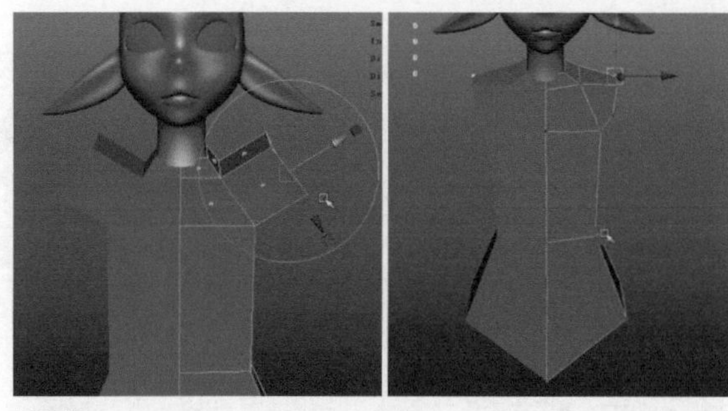
图7-58

04 执行Edit Mesh（编辑网格）>Interactive Split Tool（交互式分割工具）命令，使用分割多边形工具在躯干底端的前后位置加线，如图7-59所示。

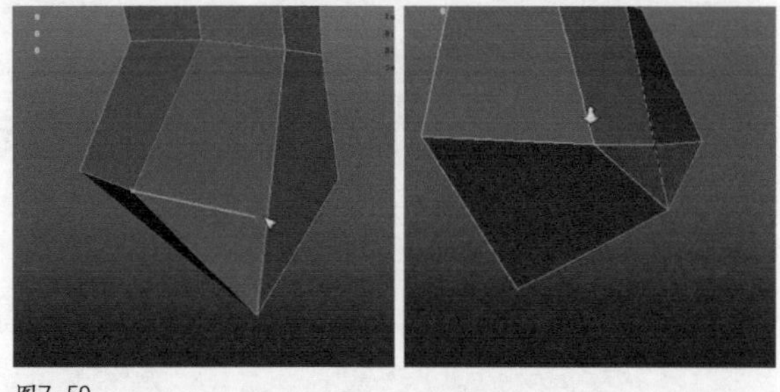
图7-59

05 继续使用分割多边形工具，在躯干的前端和两侧纵向插入循环边，通过调整控制点，进一步完善躯干的大型，如图7-60所示。

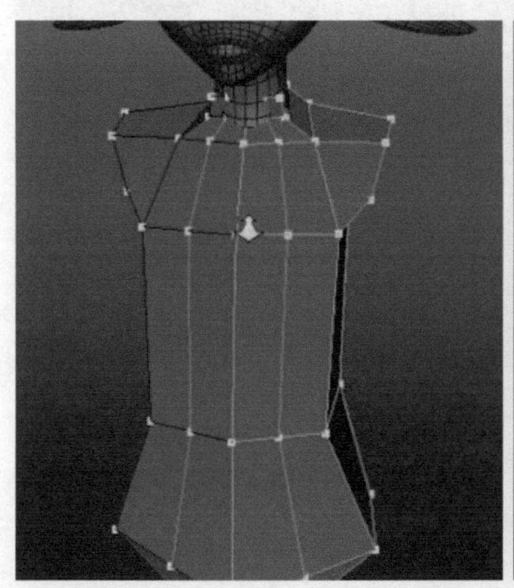
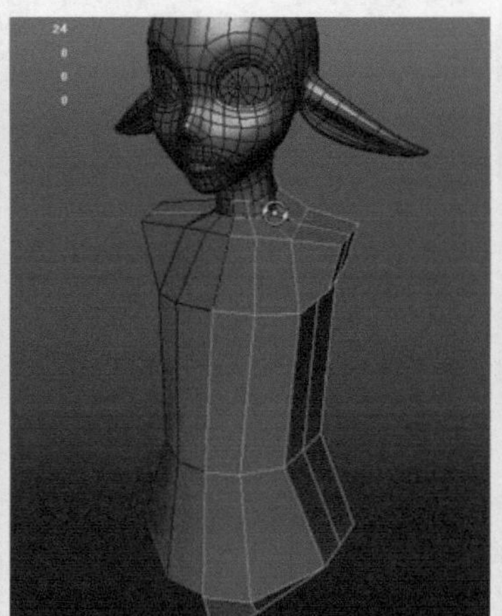
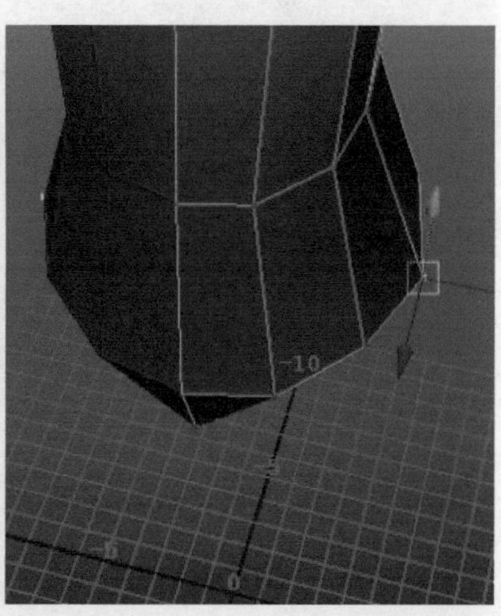
图7-60

06 使用插入循环边工具在躯干的中部横向插入循环边，定出腰部的位置，并切换至点元素模式，调整腰部的宽度，如图7-61所示。

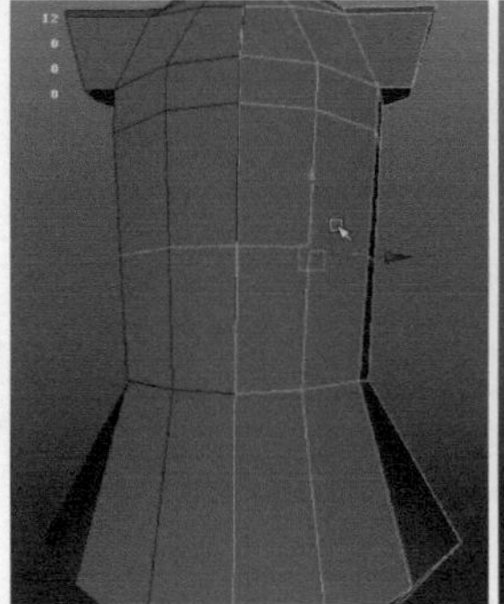
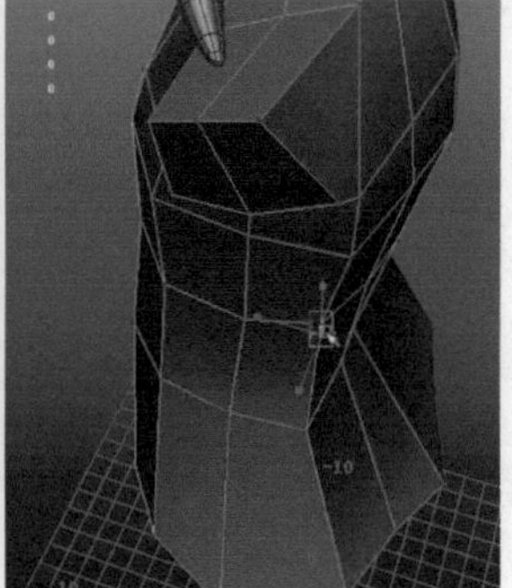
图7-61

07 执行Edit Mesh（编辑网格）>Interactive Split Tool（交互式分割工具）命令，使用分割多边形工具在肩部位置布线，然后选择控制点调整肩部的结构，如图7-62所示。

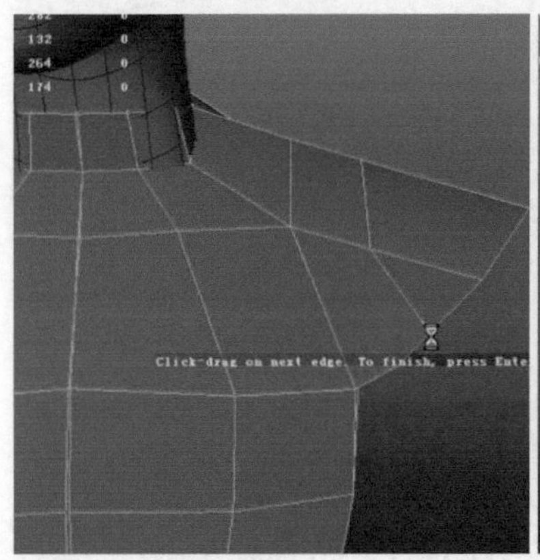

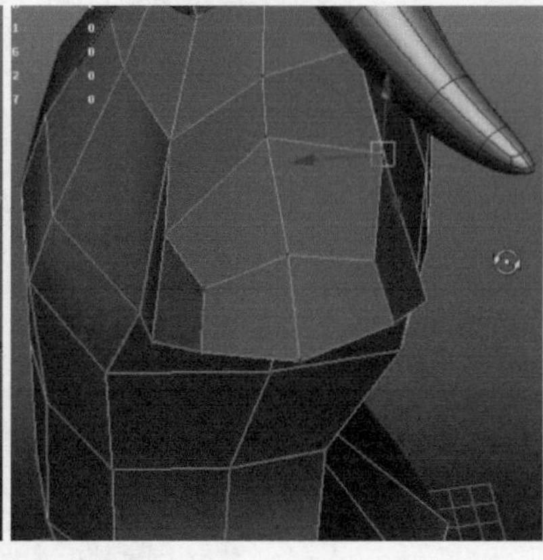

图7-62

08 切换至点元素模式，开启软选择工具，选择两侧的点向上移动，定出髂嵴的大体位置，然后使用分割多边形工具和插入循环边工具在臀部和腹部位置进行加线调整，如图7-63所示。

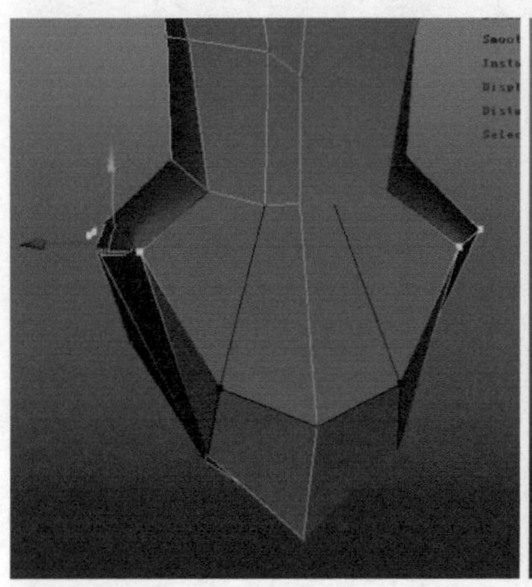
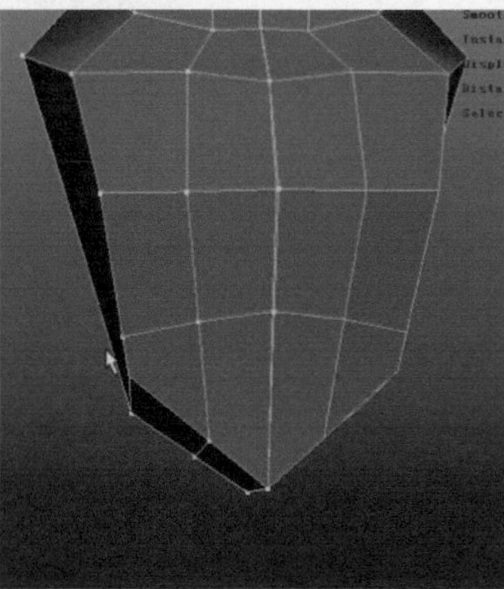
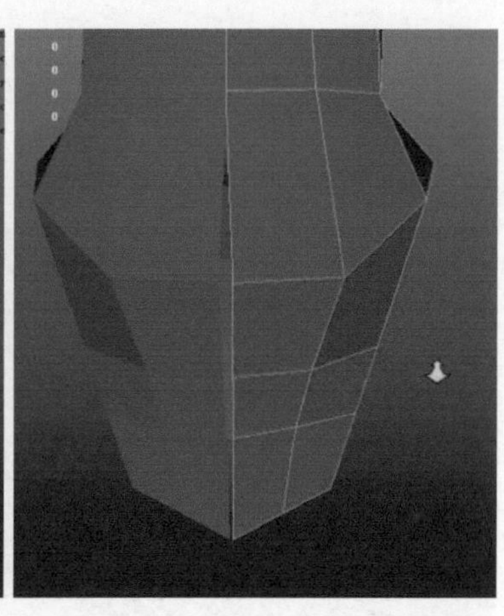

图7-63

09 选择中间的循环边，在状态栏后面的数值输入面板中找到输入X，把它的值设为0，从而把中线打直，完成躯干的大型制作，如图7-64所示。

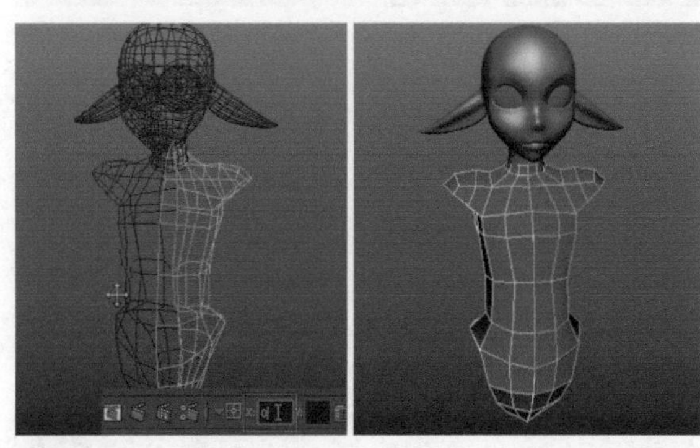

图7-64

10 切换至点元素模式，调整颈部点的位置，把形状调圆。选择颈部的循环边，执行Edit Mesh（编辑网格）>Extrude（挤出）命令，挤出颈部的高度，如图7-65所示。

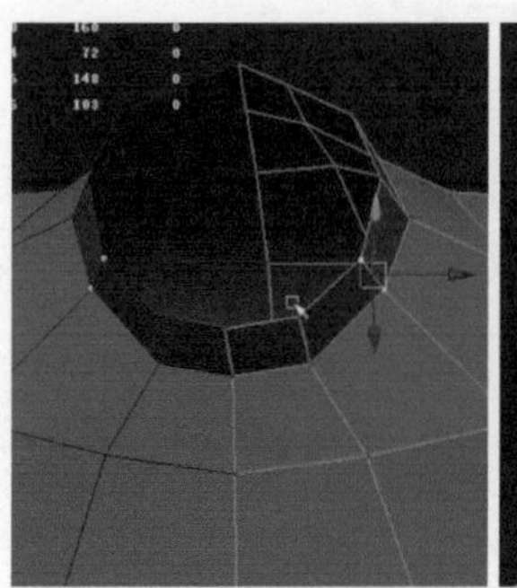
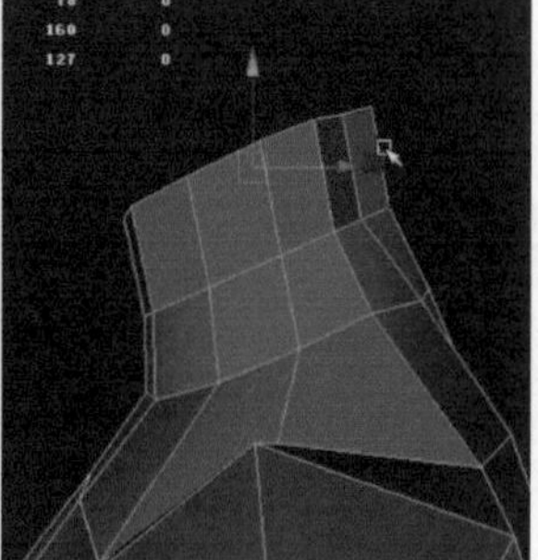

图7-65

11 执行Edit Mesh（编辑网格）>Interactive Split Tool（交互式分割工具）命令，使用分割多边形工具在锁骨位置切割布线。使用合并点的方式，合并多余的点，去除不必要的三角面，优化这里的布线。执行Edit Mesh（编辑网格）>Insert Edge Loop Tool（插入循环边工具）命令，使用插入循环边工具，在锁骨位置继续插入结构线，以方便调整锁骨的形状结构，如图7-66所示。

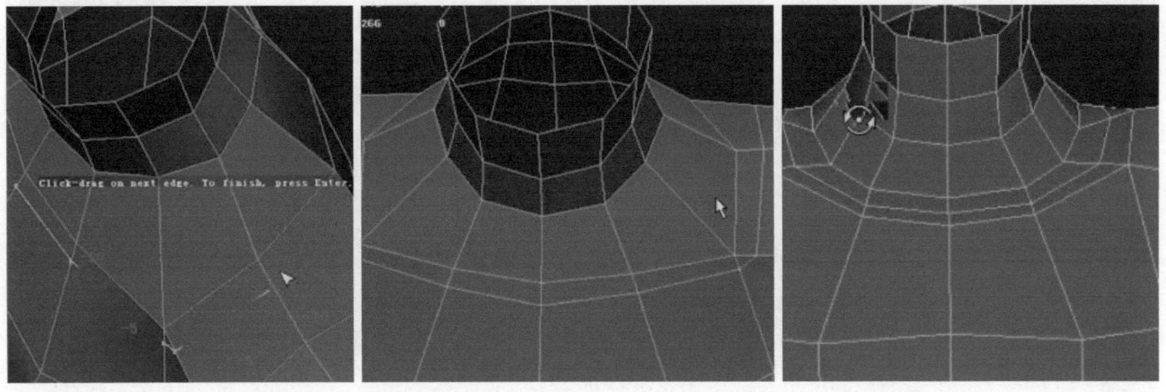

图7-66

12 执行Edit Mesh（编辑网格）>Interactive Split Tool（交互式分割工具）命令，使用分割多边形工具在锁骨头的位置切割布线，然后切换至点元素模式，把锁骨头凸起的骨点结构拉扯出来，如图7-67所示。

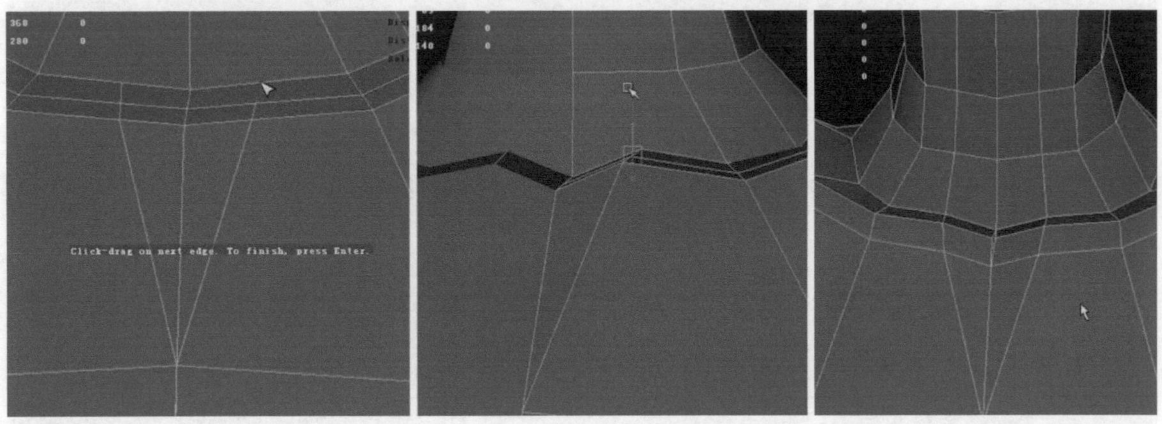

图7-67

13 继续使用分割多边形工具，把锁骨的布线延伸至后背位置，然后使用合并点的方式优化背部的布线，去除一些不必要的三角面，如图7-68所示。

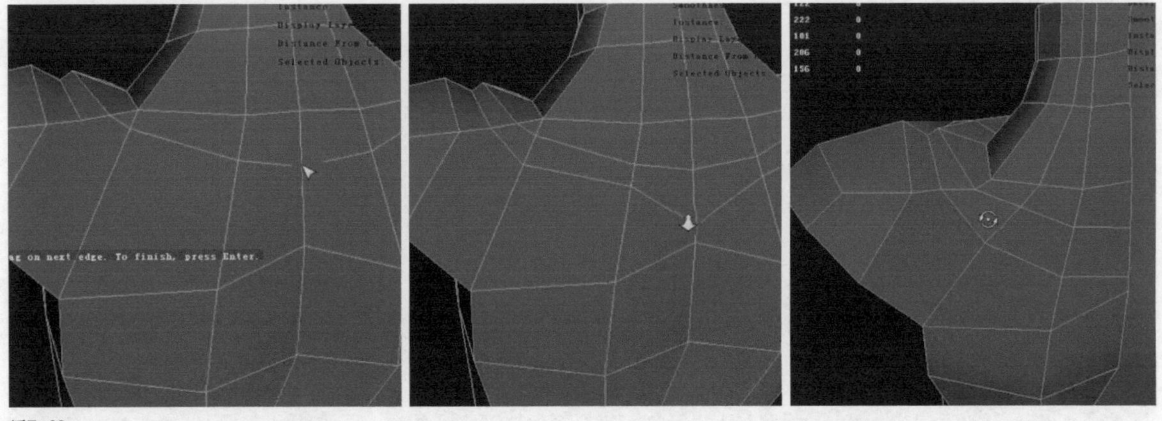

图7-68

14 执行Edit Mesh（编辑网格）>Insert Edge Loop Tool（插入循环边工具）命令，在躯干的侧面位置插入一条循环边，然后删除不需要的线。切换至点元素模式，调整肩部的结构，平均一下布线，如图7-69所示。

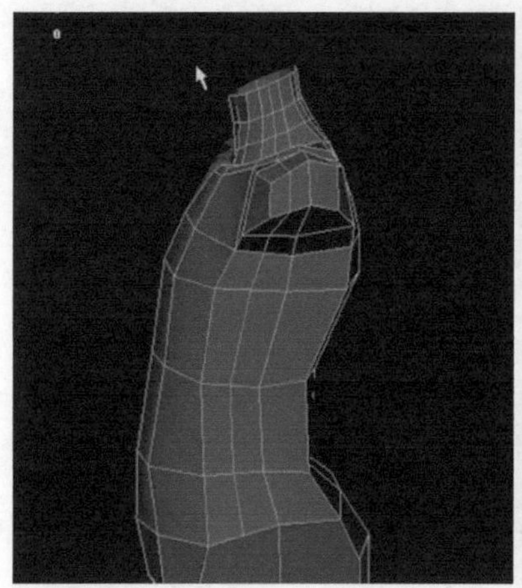
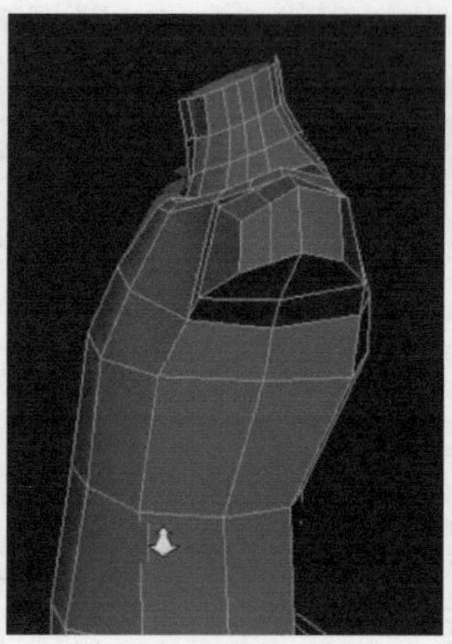
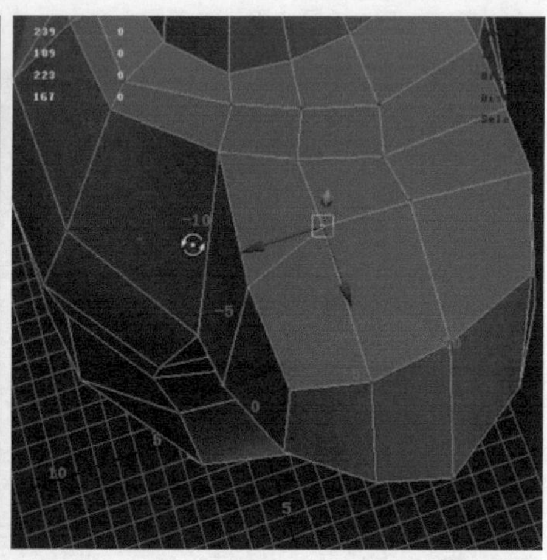

图7-69

15 执行Edit Mesh（编辑网格）>Insert Edge Loop Tool（插入循环边工具）命令，在躯干侧面的右边位置插入循环边，同样删除不需要的线。切换至点元素模式，再次调整肩部的结构和布线，如图7-70所示。

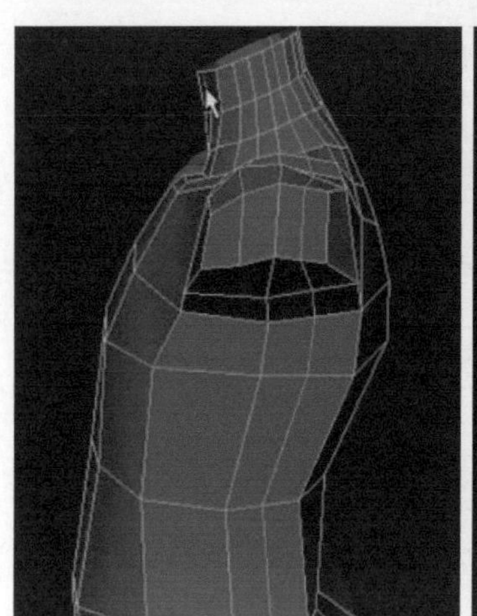
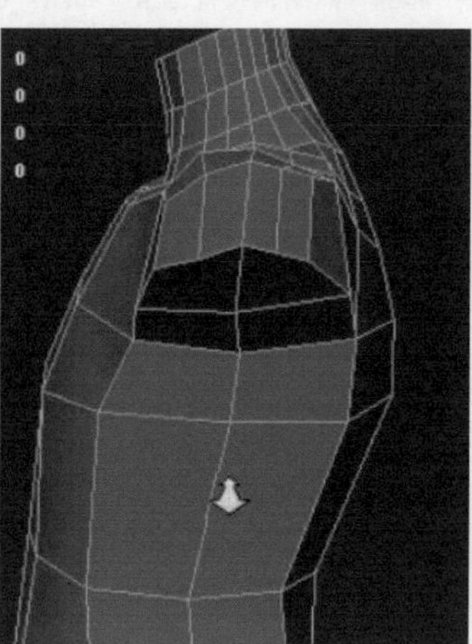
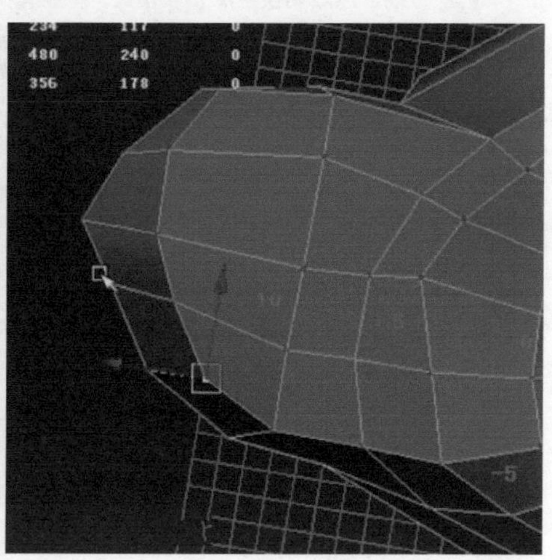

图7-70

16 执行Edit Mesh（编辑网格）>Insert Edge Loop Tool（插入循环边工具）命令，在躯干上部横向插入循环边，然后使用分割多边形工具，把空缺的线段连接上，如图7-71所示。

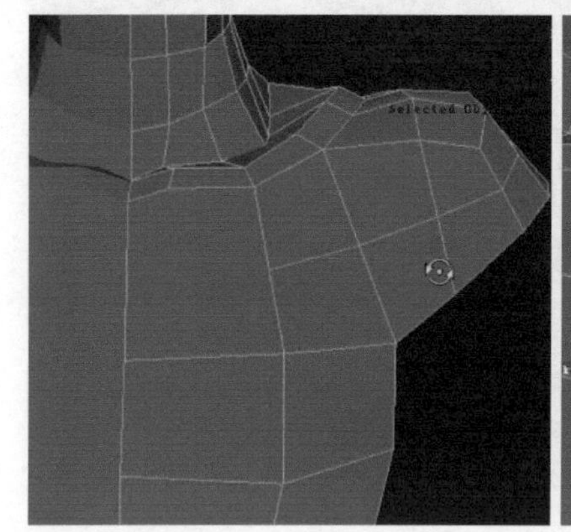
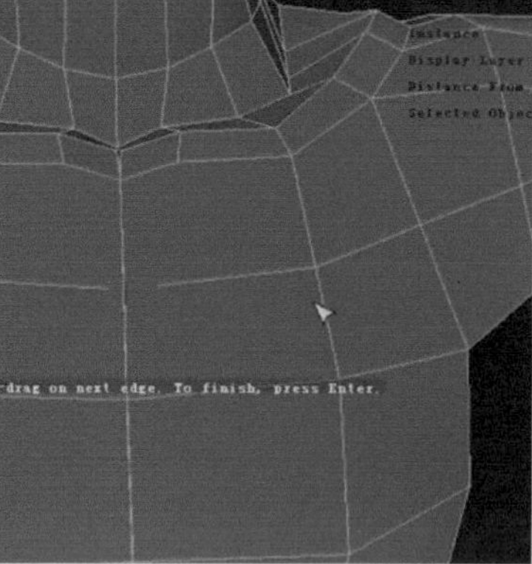

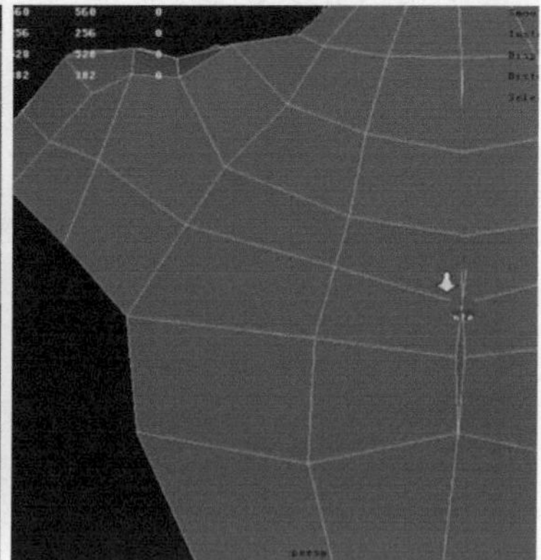

图7-71

17 执行Edit Mesh（编辑网格）>Insert Edge Loop Tool（插入循环边工具）命令，在躯干纵向插入循环边，然后使用分割多边形工具连接空缺的线段。切换至点元素模式，均匀调整这里的布线，如图7-72所示。

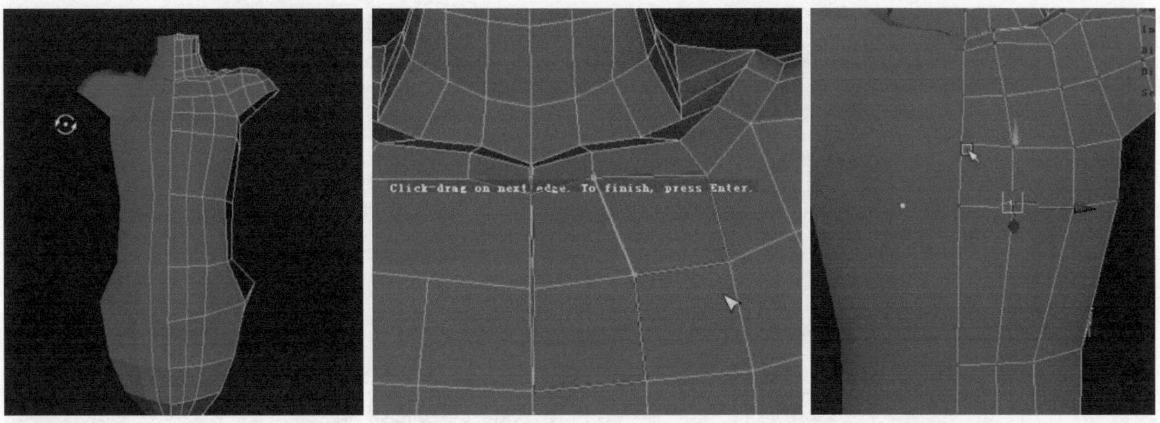

图7-72

18 使用分割多边形工具，沿锁骨走向切割布线，以卡住锁骨的结构，并使用合并点的方式，优化切线之后出现的三角面，如图7-73所示。

图7-73

19 继续使用分割多边形工具沿肋骨线的结构进行切线，完成之后，切换至点元素模式，调整肋骨的位置和形状，如图7-74所示。

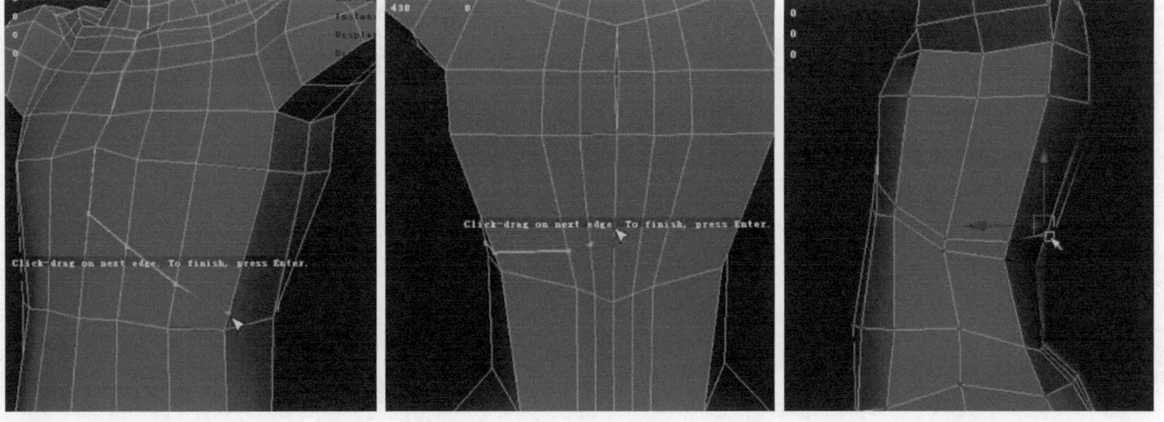

图7-74

20 使用分割多边形工具切出胸部的结构，切线之后优化一下布线，然后切换至点元素模式，调整胸部的大体形状，如图7-75所示。

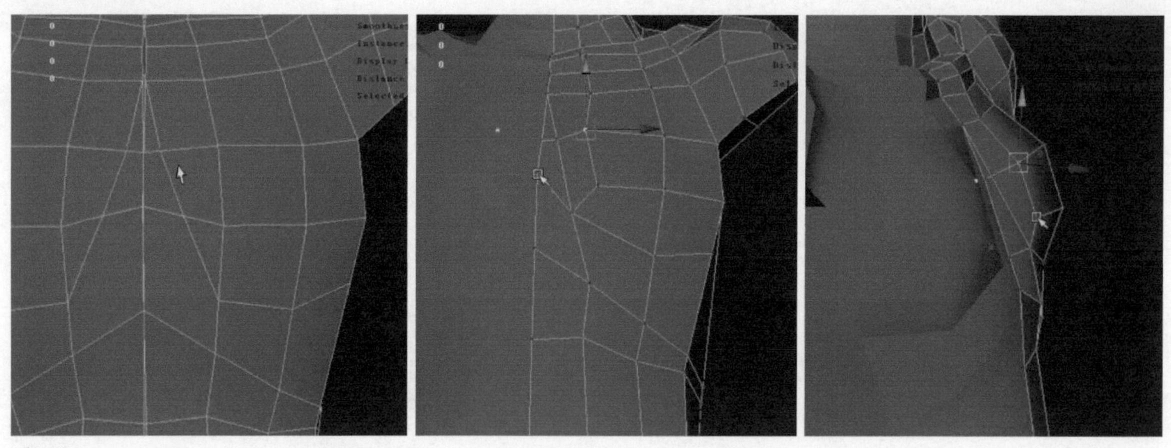

图7-75

21 继续使用分割多边形工具在肩部位置切线，并切换至点元素模式调整点的位置，均匀一下布线，如图7-76所示。

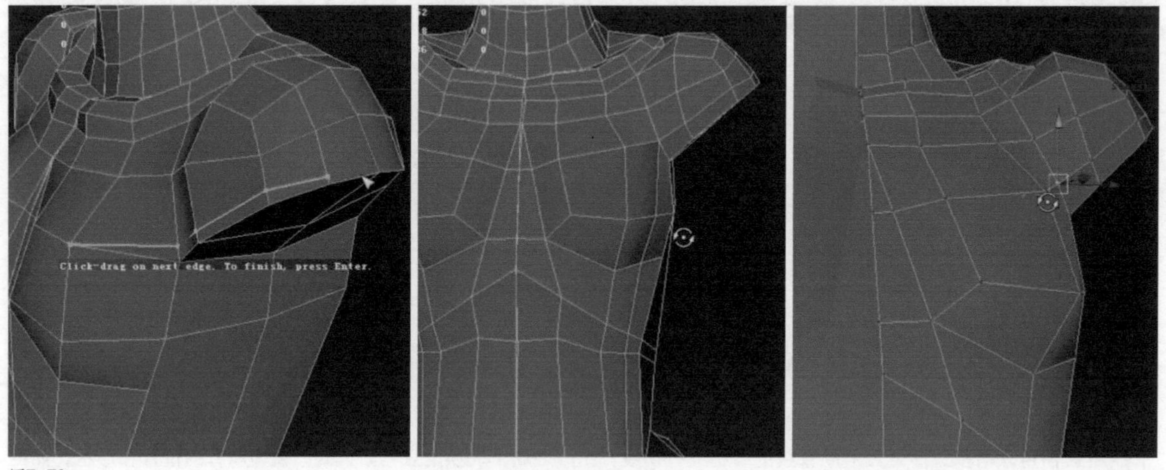

图7-76

22 由于胸腔位置没有足够的线段来控制结构，因此需要进行加线处理。执行Edit Mesh（编辑网格）> Insert Edge Loop Tool（插入循环边工具）命令，在胸腔位置横向插入循环边，然后切换至点元素模式，再次细调胸部的形状结构，如图7-77所示。

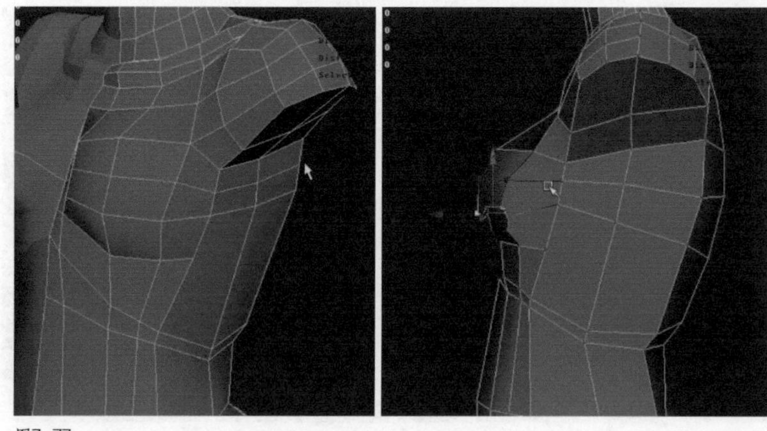

图7-77

23 布线需要按照肌肉结构的走向去布，由于胸部的肌肉和肩部的三角肌在运动时是有叠加和拉扯关系的，因此这里使用分割多边形工具沿胸部底端的轮廓至肩部三角肌的地方进行切线，如图7-78所示。

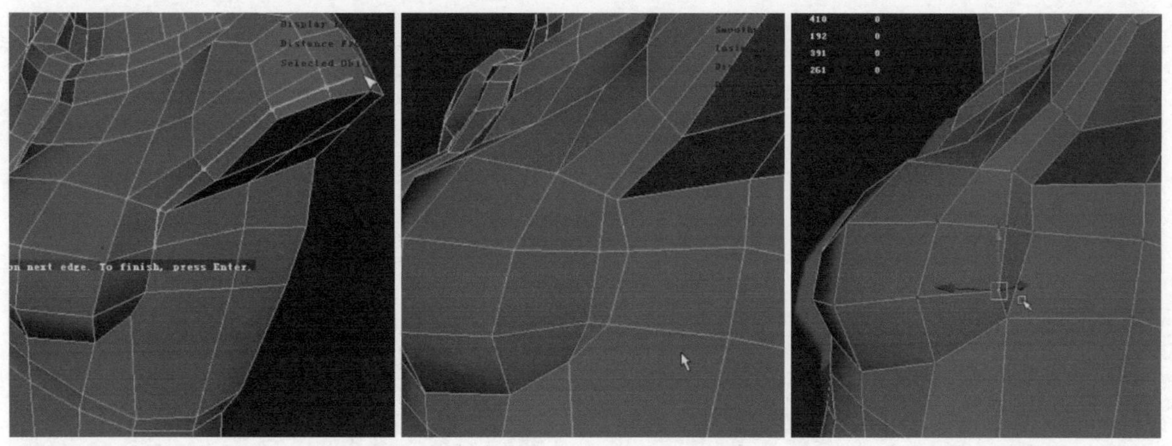

图7-78

24 调整视图至背后，把在前端布线时留下的线头进行延伸连接，然后再调整一下背部的凹凸结构，如图7-79所示。

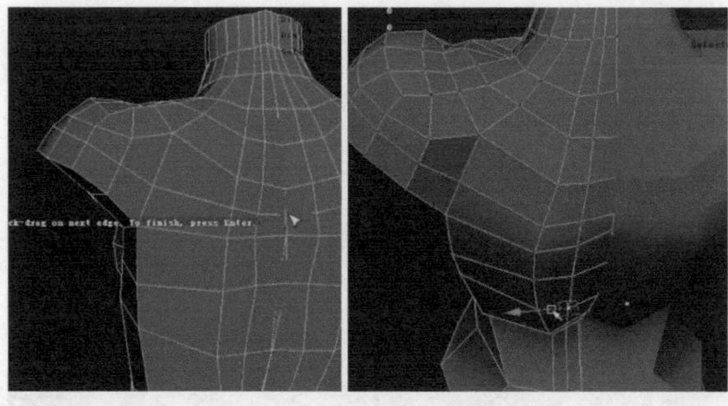

图7-79

25 使用分割多边形工具，沿肩胛骨的位置切线，然后使用合并点的方式，合并优化不需要的点，如图7-80所示。

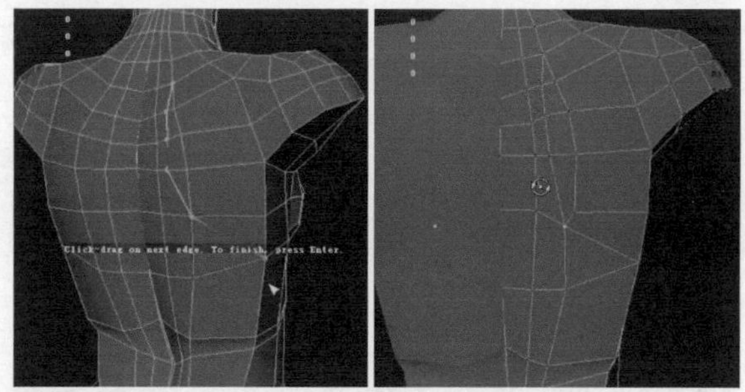

图7-80

26 继续使用分割多边形工具，把肩胛骨上端的线头，延伸至前面的锁骨部分，然后合并优化多余的点。这样既可以去除肩胛骨处的三角面，又可以增加锁骨的布线来调整锁骨的结构，如图7-81所示。

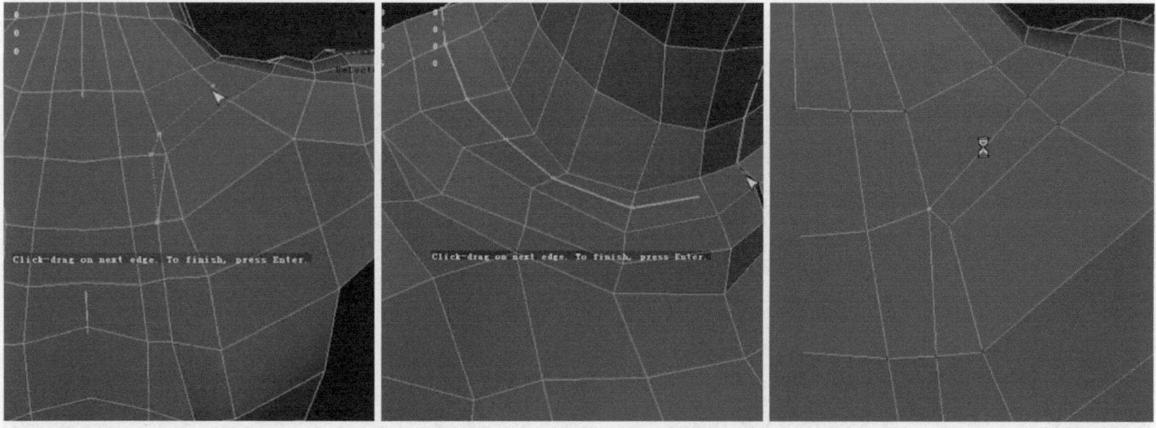

图7-81

27 使用分割多边形工具，修改肩部的布线，把肩部的布线绕至腋下，然后调整点的位置，进行平均优化，如图7-82所示。

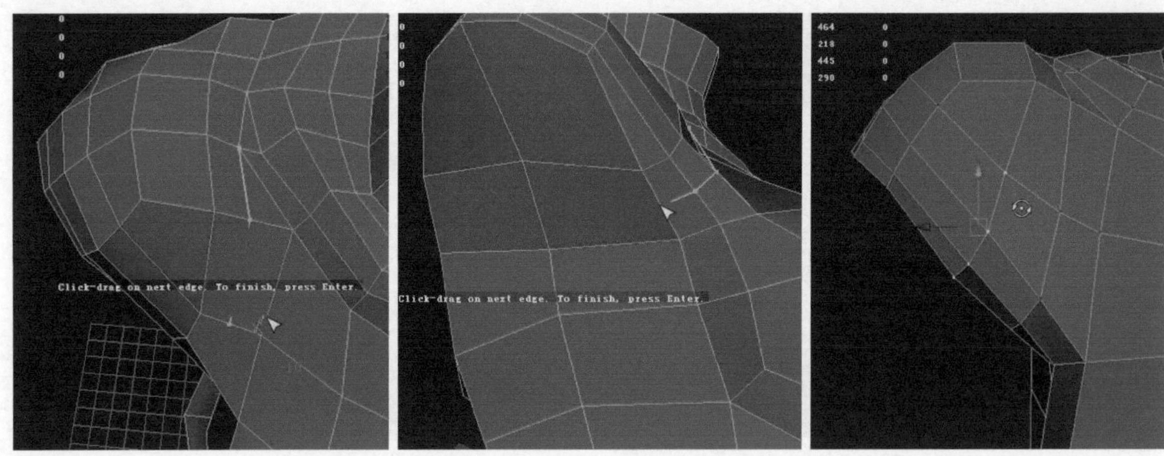

图7-82

28 使用分割多边形工具，在肩胛骨的位置纵向加线，延伸至臀部，切换至点元素模式，调整肩胛骨的凹凸结构，如图7-83所示。

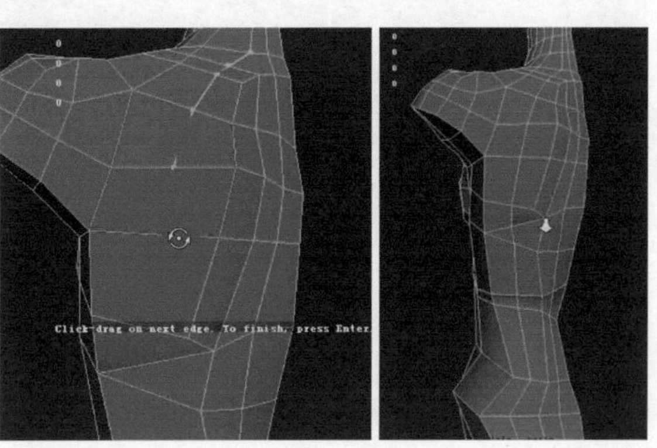

图7-83

29 切换至面元素模式，删除躯干的左半部分。选择中间的边，在状态栏后面的数值输入面板中找到输入X，把它的值设为0，从而把中线打直，如图7-84所示。

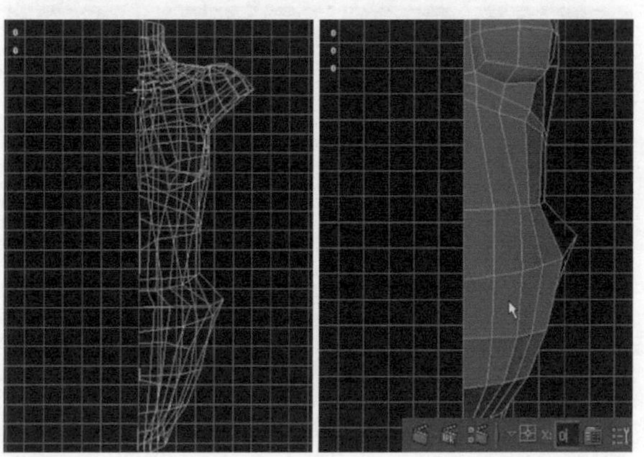

图7-84

30 使用分割多边形工具在胸部底端加线，以便在按3键平滑预览模式下，可以卡住模型的结构。使用特殊复制的命令，把模型的左半边重新镜像复制回来，如图7-85所示。

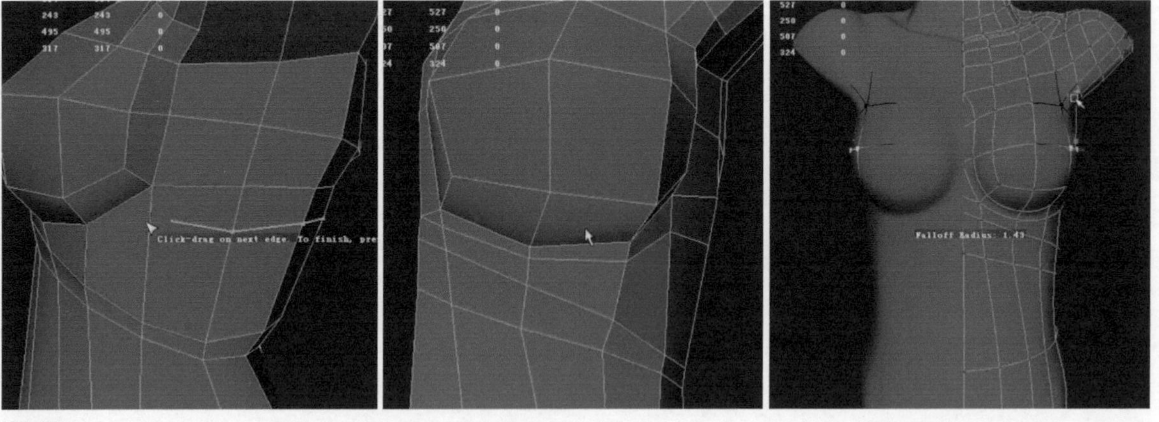

图7-85

31 执行Edit Mesh（编辑网格）>Insert Edge Loop Tool（插入循环边工具）命令，在腹部位置横向插入循环边。切换至点元素模式，调整腹部位置的体积结构，如图7-86所示。

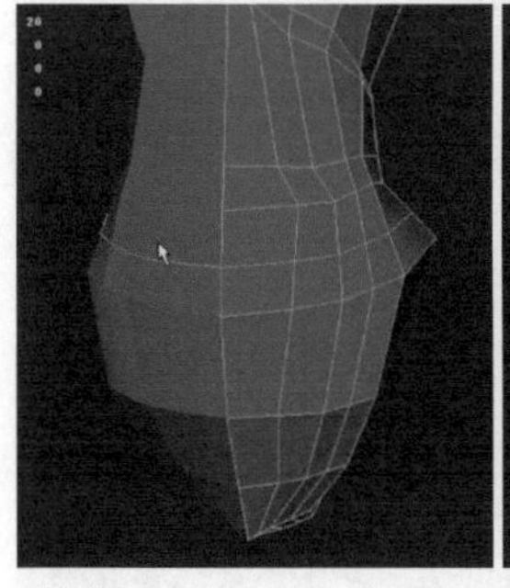
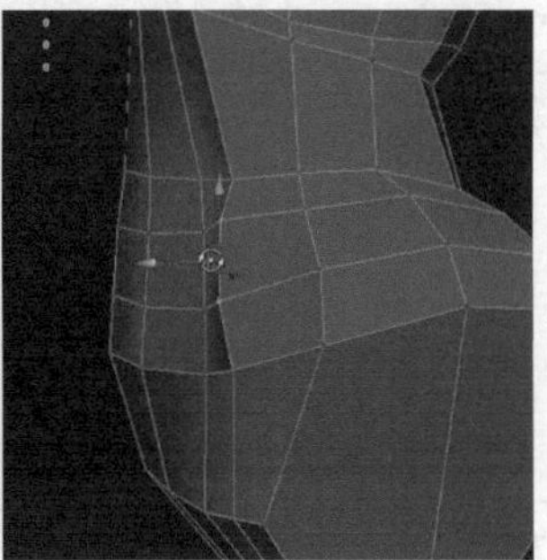

图7-86

32 使用分割多边形工具在髂嵴的位置加线。切换至点元素模式，按B键，开启软选择工具，调整出髂嵴的结构，如图7-87所示。

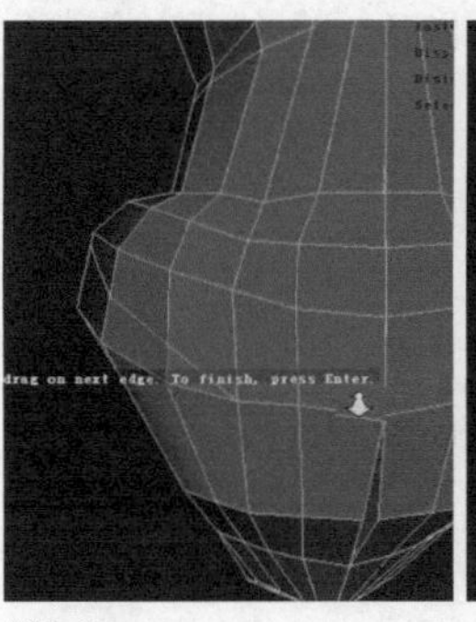

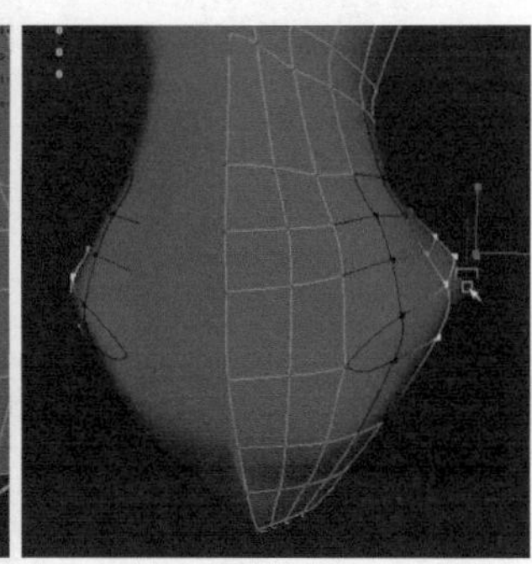

图7-87

33 执行Edit Mesh（编辑网格）>Insert Edge Loop Tool（插入循环边工具）命令，在腰部位置横向插入循环边。执行Edit Mesh（编辑网格）>Interactive Split Tool（交互式分割工具）命令，使用分割多边形工具布出腹部的结构线。切换至点元素模式，调整腹部的起伏结构，如图7-88所示。

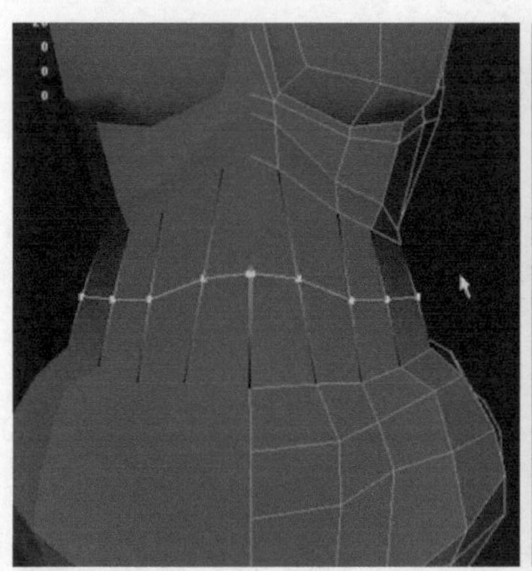
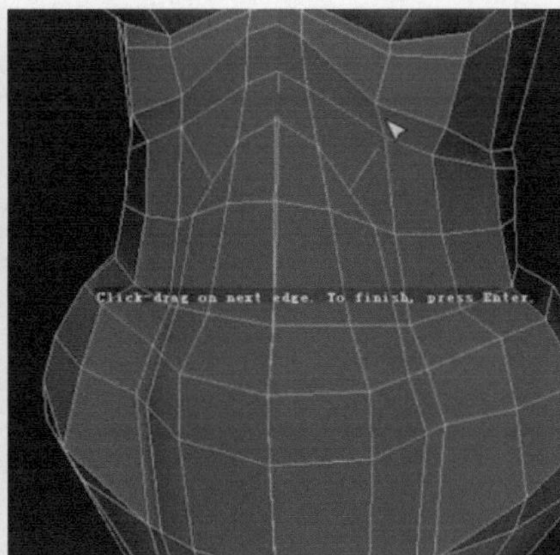

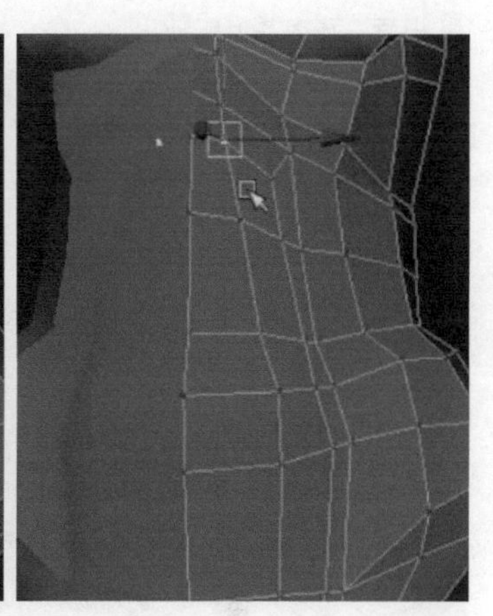

图7-88

34 选择模型，按3键平滑显示，切换至点元素模式，调整肋骨的骨点感觉以及腹部中心的凹陷结构，如图7-89所示。

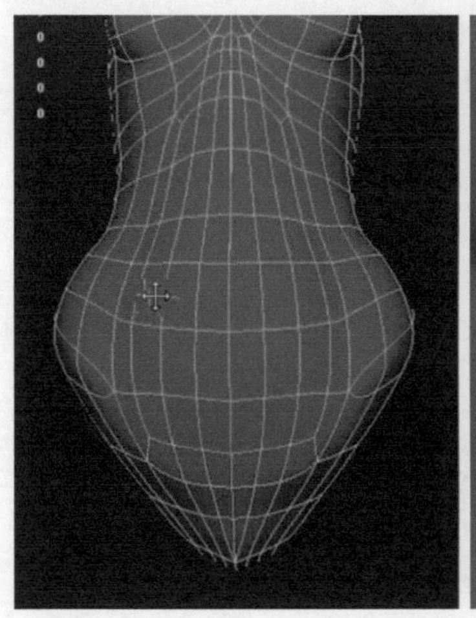
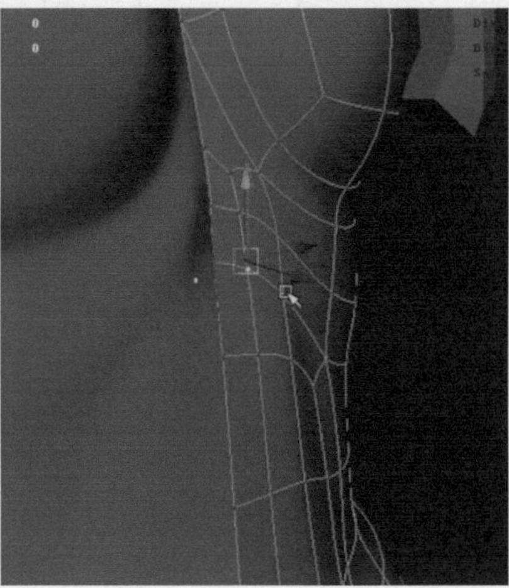
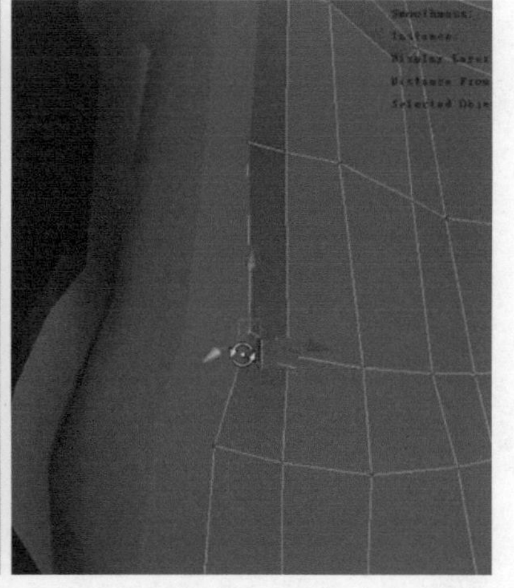

图7-89

35 执行Edit Mesh（编辑网格）>Interactive Split Tool（交互式分割工具）命令，使用分割多边形工具在胸部位置纵向加线，然后使用合并点的方式优化这里的布线，去除不必要的三角面，如图7-90所示。

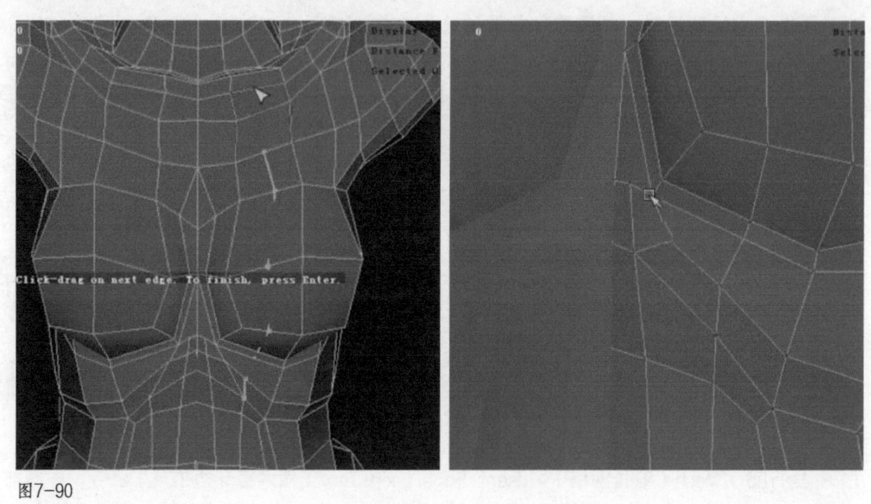

图7-90

36 选择肚脐位置的面，执行Edit Mesh（编辑网格）>Extrude（挤出）命令，向内挤出肚脐的结构，并删除中间多余的面，如图7-91所示。

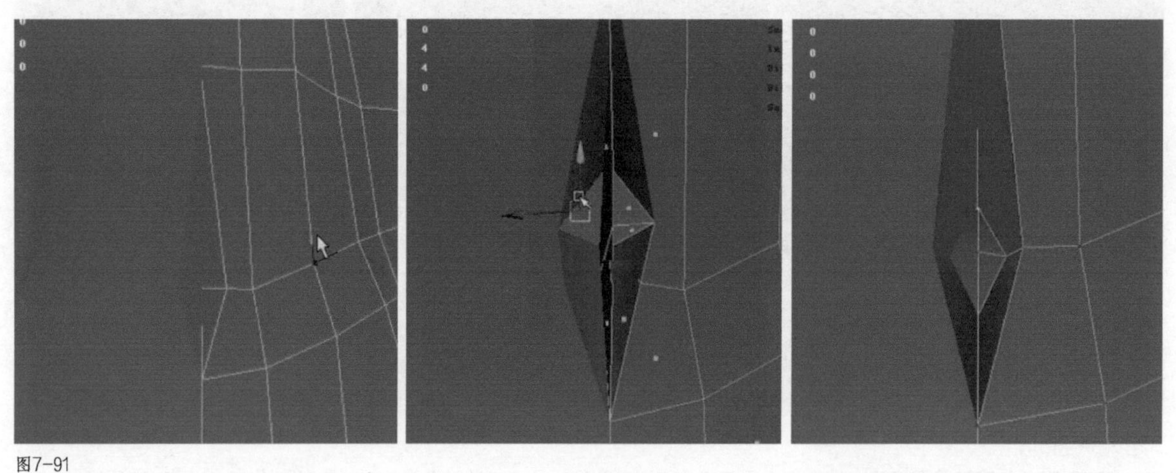

图7-91

37 执行Edit Mesh（编辑网格）>Insert Edge Loop Tool（插入循环边工具）命令，在腰部再次插入循环边，然后使用合并点的方式优化肚脐位置的布线，切换至点元素模式，从侧视图调整腹部的结构，如图7-92所示。

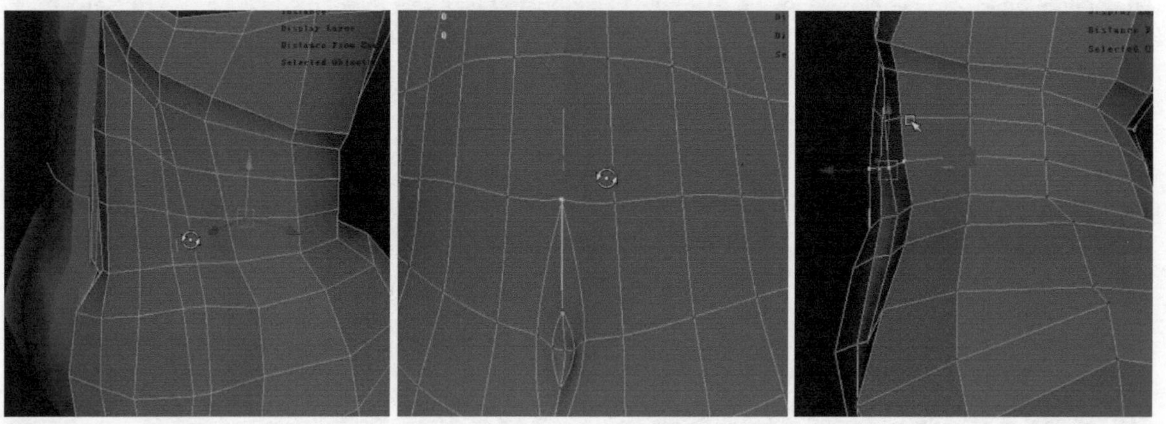

图7-92

38 选择躯干模型，执行Create Deformers（创建变形器）> Lattice（晶格）命令，创建晶格工具。在通道栏中，找到S、T、U Divisions（S、T、U细分），调整晶格的控制段数，然后再选择晶格点，分别从正视图和侧视图调整躯干的形状，如图7-93所示。

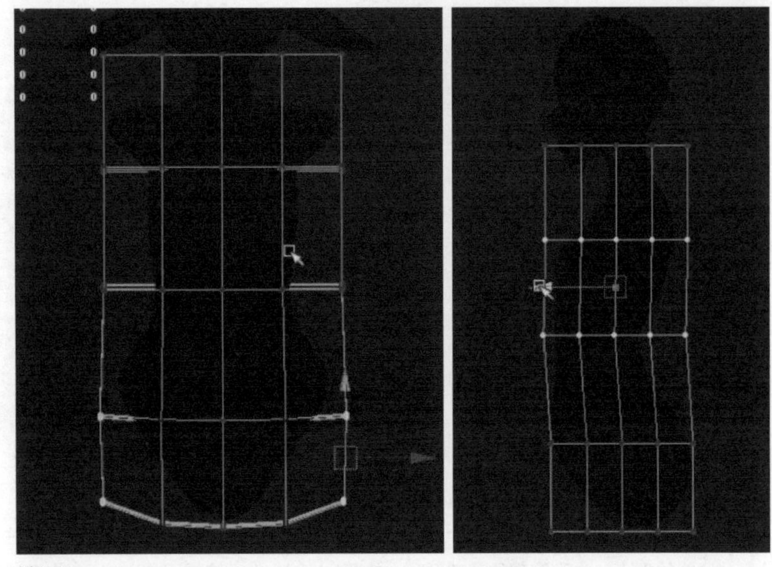

图7-93

39 执行Edit Mesh（编辑网格）>Interactive Split Tool（交互式分割工具）命令，使用分割多边形工具布出耻骨位置的结构线，切线时要注意布线的走向和方式，然后切换至点元素模式，调整出耻骨位置的起伏结构，如图7-94所示。

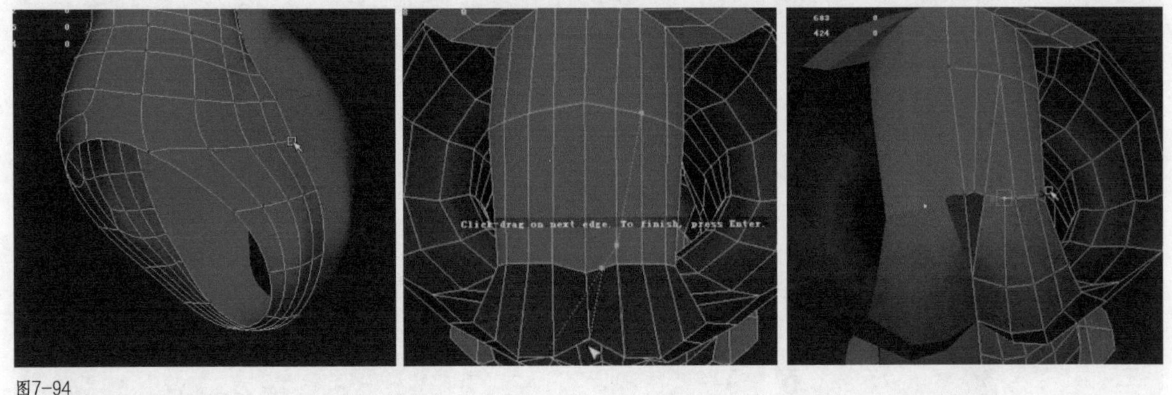

图7-94

40 切换至点元素模式，调整臀部的布线和结构，使臀部看起来更圆润一点，这里要注意臀部上端的布线走向，要根据结构来调整，如图7-95所示。

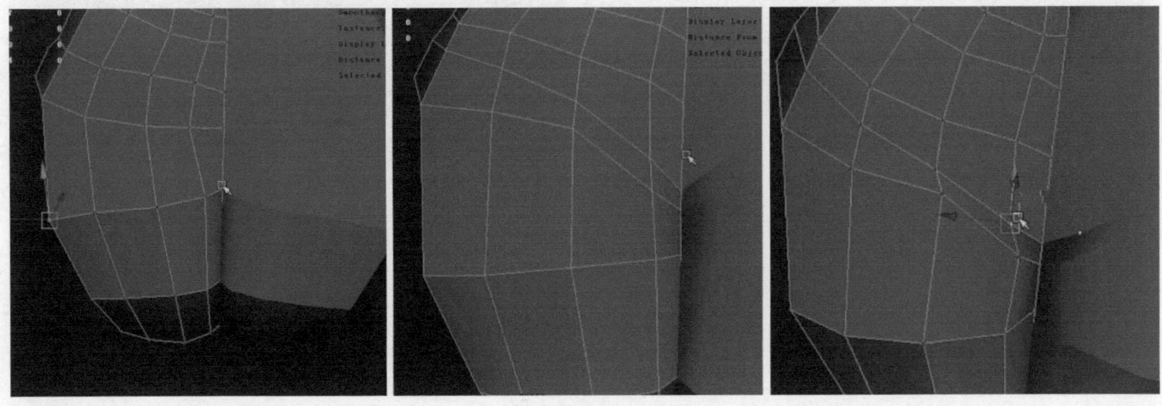

图7-95

7.4.2 腿部制作

腿部由大腿和小腿组成，在把握整个腿部与上身的比例关系的基础上，还要注意大腿与小腿的粗细比例。另外要注意脚部关节位置的结构，在调整结构的同时还要把腿部的内外轮廓的弧度变化做出来，这样模型看起来才有曲线的韵律美感，如图7-96所示。

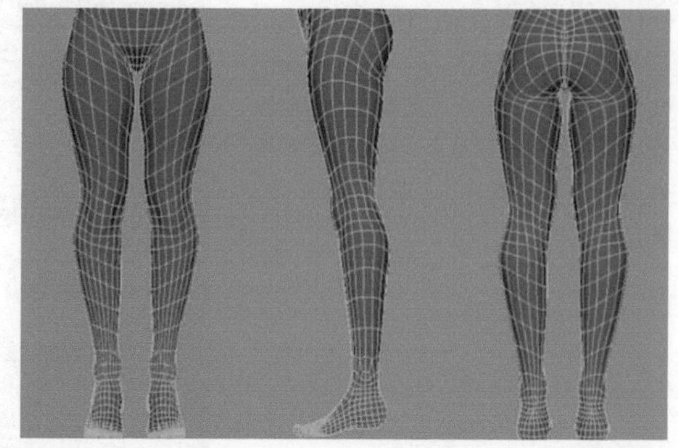

图7-96

01 执行Create（创建）>Polygon Primitives（多边形基本体）>Cylinder（圆柱体）命令，创建一个圆柱体，适当缩放圆柱体的大小，作为腿部的基础形状。执行Edit Mesh（编辑网格）>Insert Edge Loop Tool（插入循环边工具）命令，在上端插入循环边。旋转圆柱顶端的边与躯干对齐，如图7-97所示。

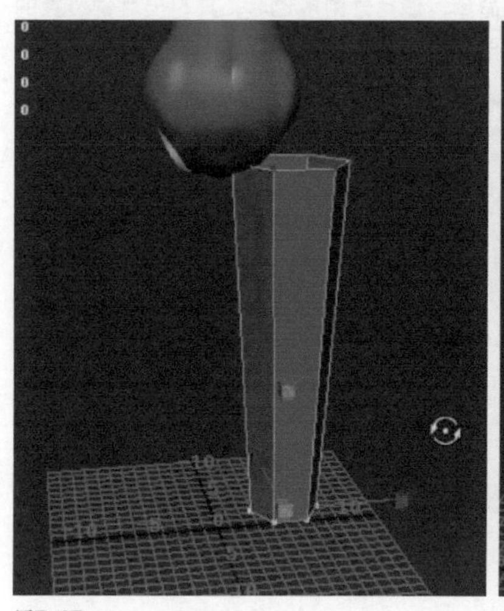

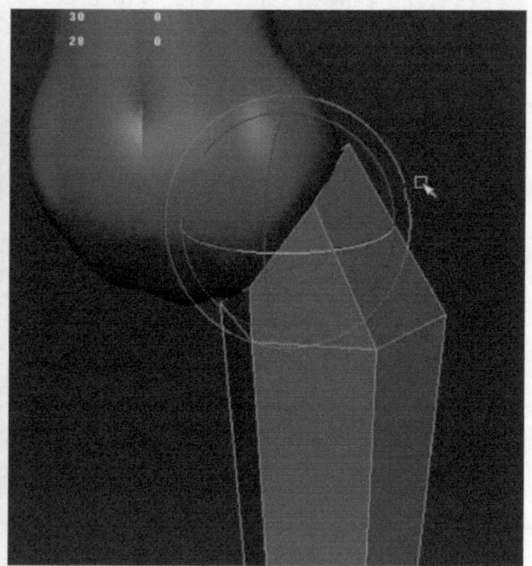

图7-97

02 再次执行插入循环边工具命令，在腿部横向插入多条循环边，特别是膝盖关节处需要有足够的段数。切换至侧视图，选择点，调整腿部的形状，如图7-98所示。

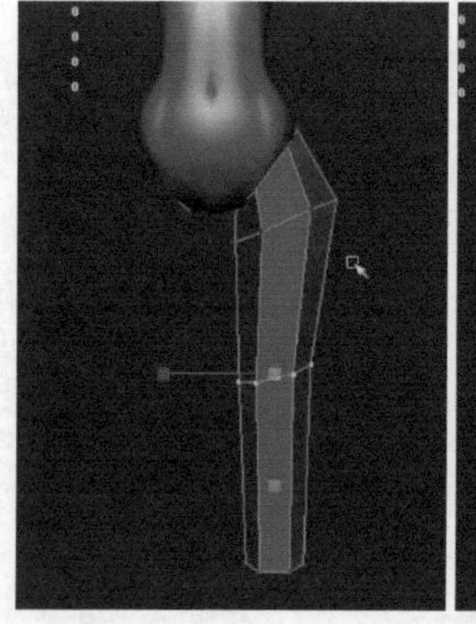

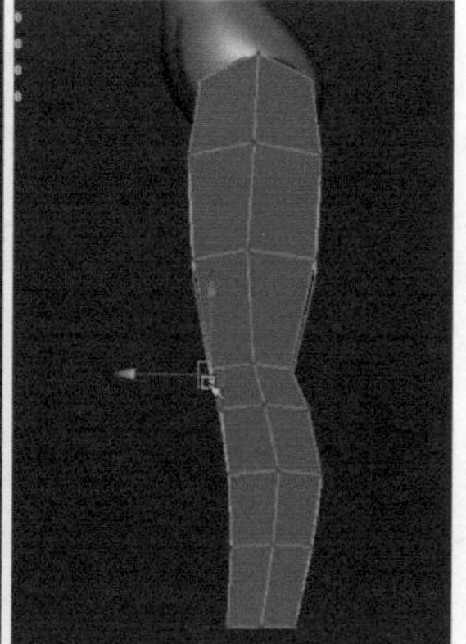

图7-98

03 使用插入循环边工具在腿部纵向插入足够的段数，按B键开启软选择工具，调整腿部的细节结构，如图7-99所示。

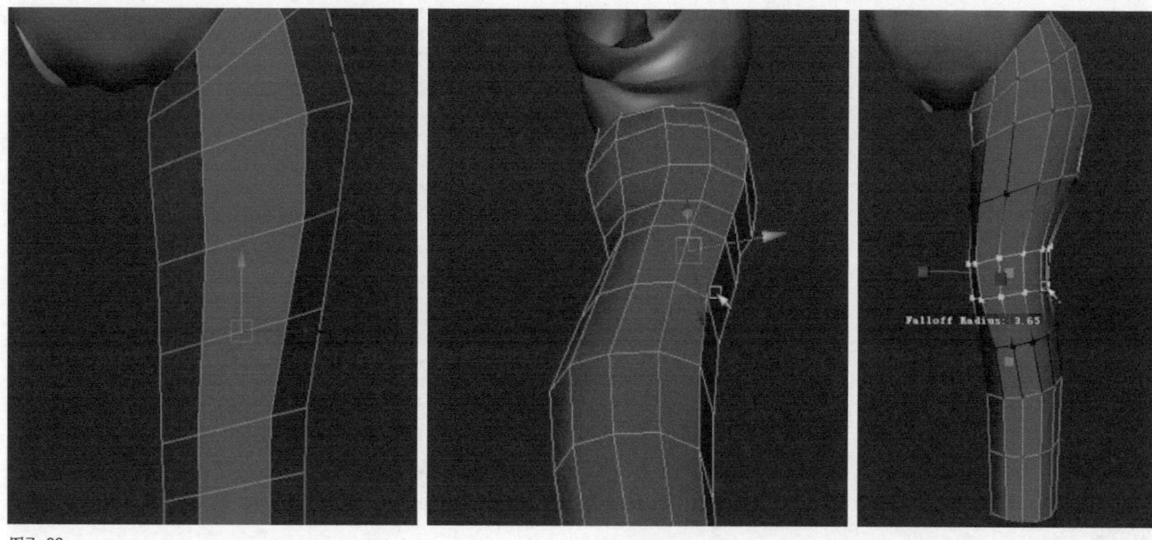

图7-99

04 切换至前视图，开启软选择工具，调整腿部的宽度以及腿部正面的形状变化，如图7-100所示。

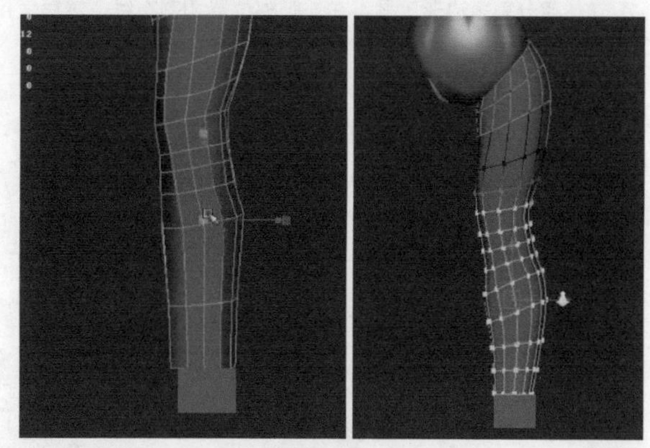
图7-100

05 执行Edit Mesh（编辑网格）>Interactive Split Tool（交互式分割工具）命令，使用分割多边形工具在膝盖位置切割布线，注意布线的方式，这里是切出一个挤出的结构布线。切换至点元素模式，调整膝盖的起伏结构，如图7-101所示。

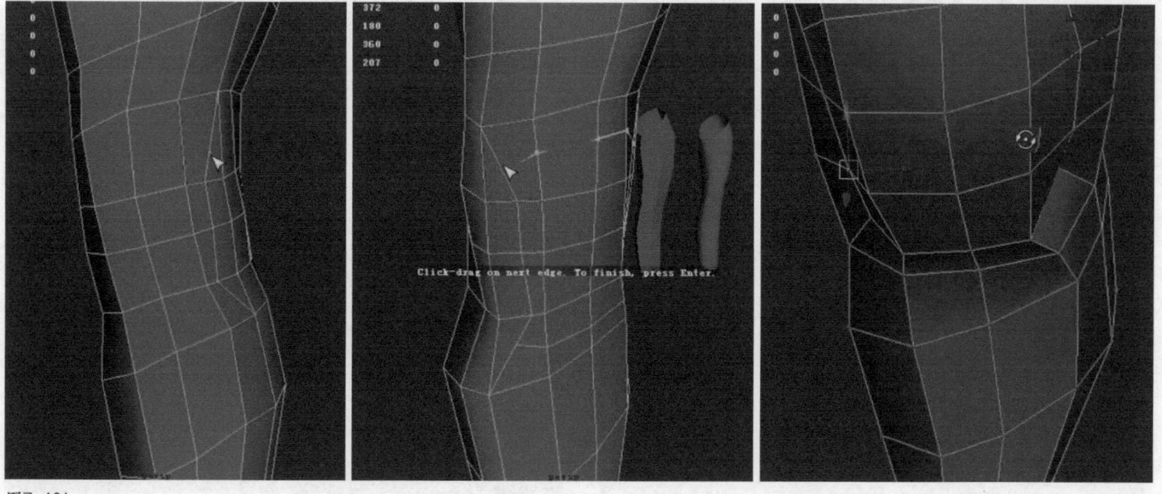

图7-101

06 继续使用分割多边形工具，用同样的布线方式在膝盖背面切出一个挤出的结构布线，并调整其起伏结构，如图7-102所示。

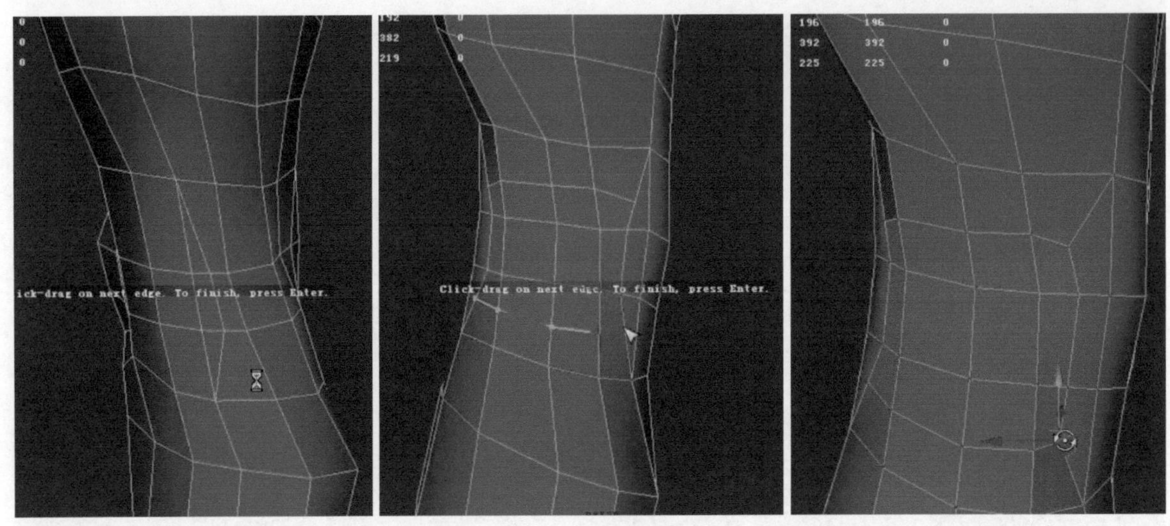

图7-102

07 使用分割多边形工具，在外脚踝位置切割布线，然后使用插入循环边工具，横向插入足够的段数，切换至点元素模式，调整脚踝的结构，如图7-103所示。

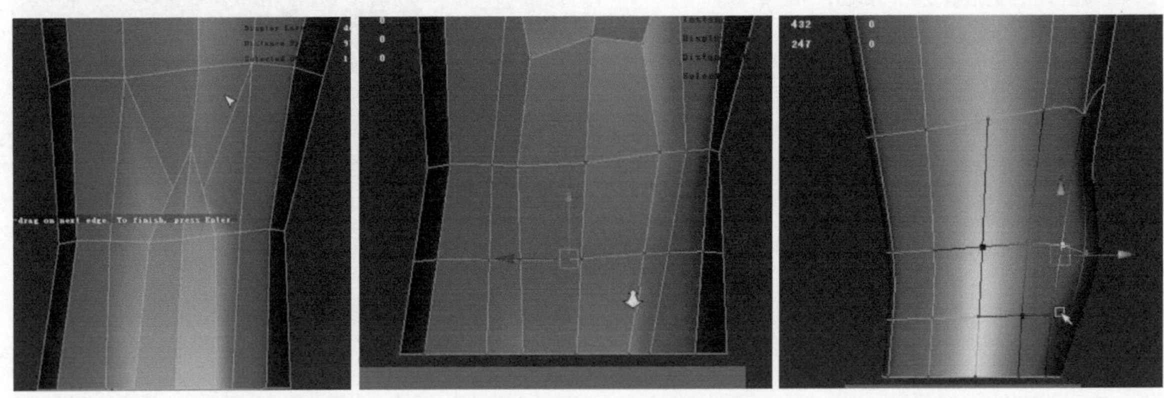

图7-103

08 执行Edit Mesh（编辑网格）>Insert Edge Loop Tool（插入循环边工具）命令，在小腿的位置横向插入足够的段数，按B键开启软选择工具，调整小腿的形状，注意小腿内侧和外侧高低的变化，如图7-104所示。

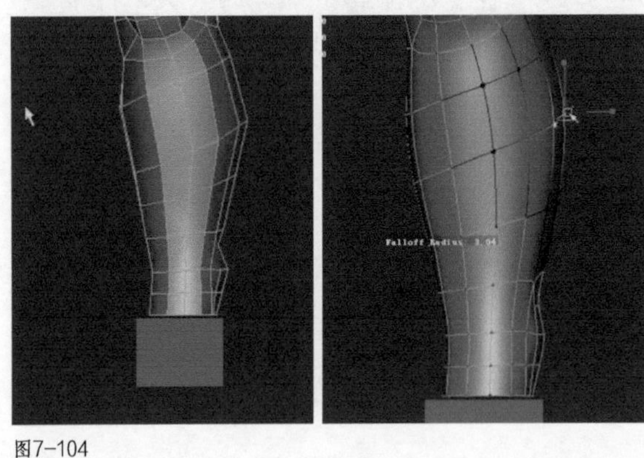
图7-104

09 使用分割多边形工具在内脚踝位置切割布线，然后开启软选择工具，调整内脚踝的凸起结构，如图7-105所示。

图7-105

7.4.3 脚部制作

脚部和手部是比较类似的结构，由脚掌和脚趾组成，这里要注意脚的大小，脚背的弧度，以及内外脚踝的凸起结构，如图7-106所示。

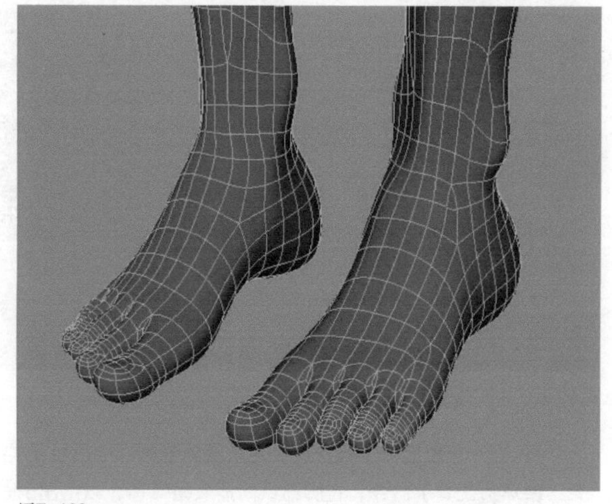

图7-106

01 执行Create（创建）>Polygon Primitives（多边形基本体）>Cube（立方体）命令，创建一个立方体，适当缩放其比例大小，作为脚的基础形状。执行Edit Mesh（编辑网格）>Insert Edge Loop Tool（插入循环边工具）命令，在脚部插入足够的段数。切换至点元素模式，调整脚部的轮廓形状，如图7-107所示。

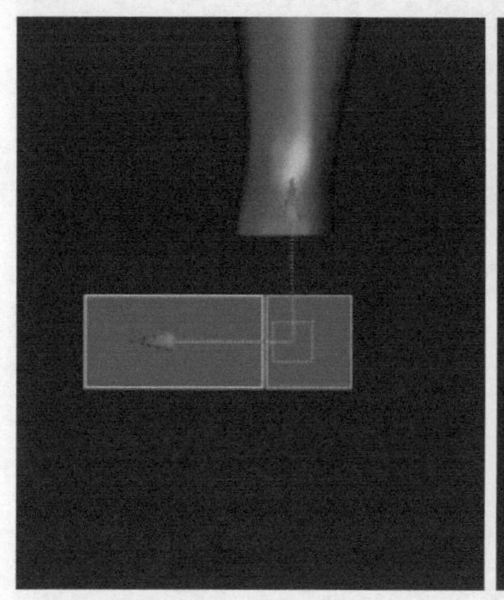
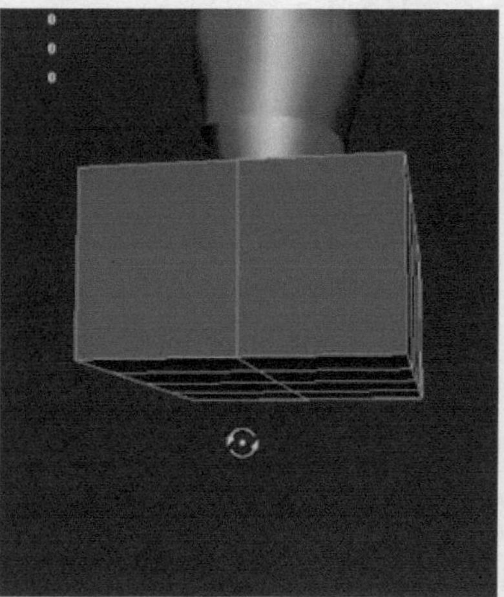
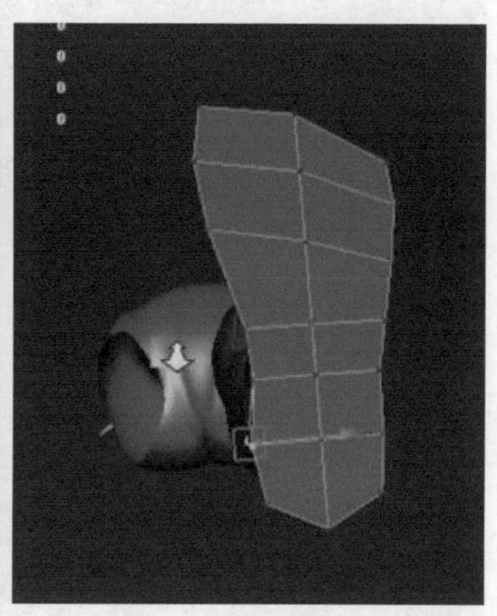

图7-107

02 挑选脚底的面，执行Edit Mesh（编辑网格）>Extrude（挤出）命令，向下挤出脚底起伏凹凸的变化。切换至侧视图，调整脚背的形状，如图7-108所示。

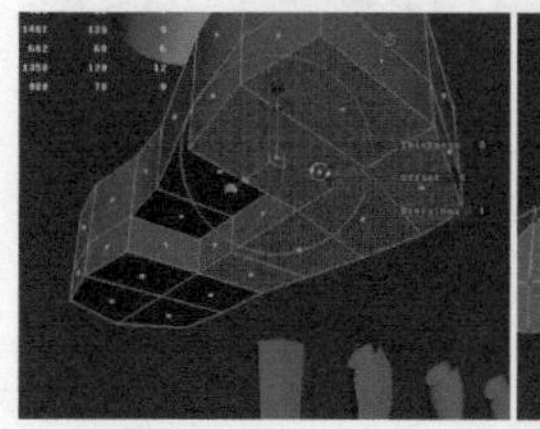
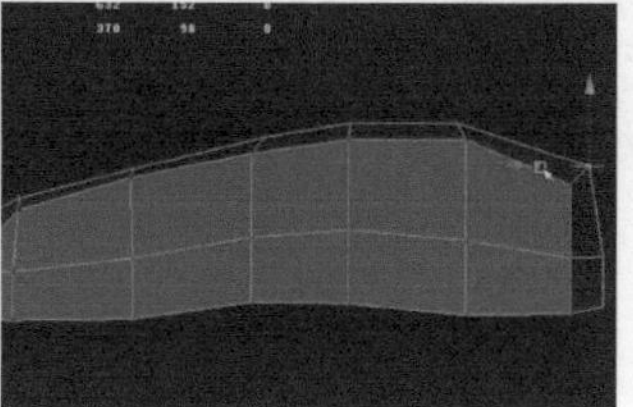

图7-108

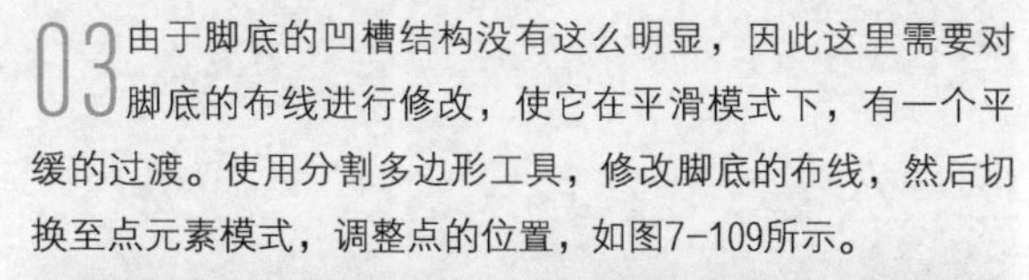

03 由于脚底的凹槽结构没有这么明显，因此这里需要对脚底的布线进行修改，使它在平滑模式下，有一个平缓的过渡。使用分割多边形工具，修改脚底的布线，然后切换至点元素模式，调整点的位置，如图7-109所示。

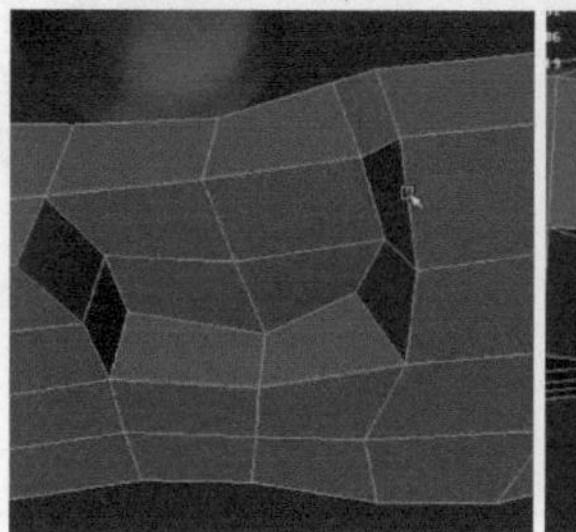
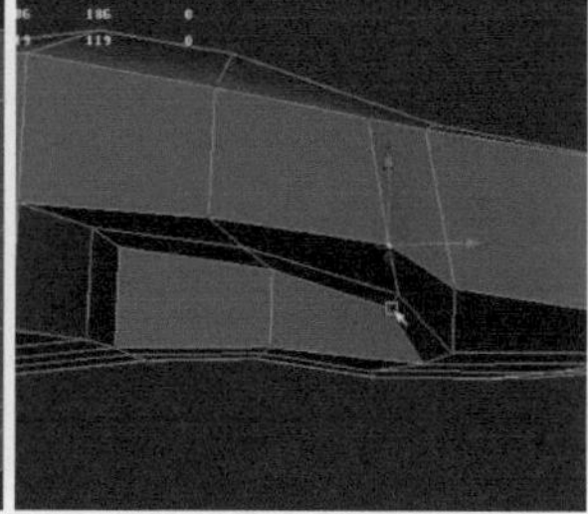

图7-109

04 继续使用分割多边形工具，修改脚底另一侧的布线，同样把脚底的凹槽结构做得平缓一些，如图7-110所示。

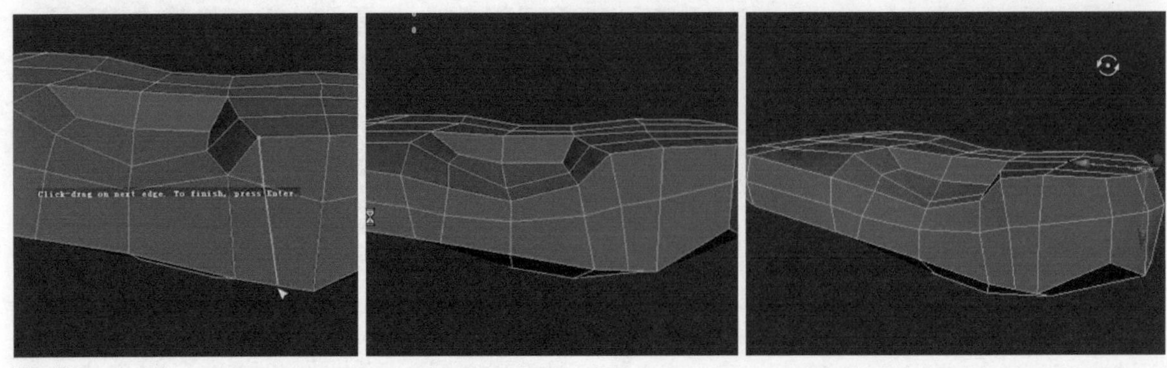

图7-110

05 按B键开启软选择工具，从各个角度调整脚部的形状结构。执行Edit Mesh（编辑网格）>Insert Edge Loop Tool（插入循环边工具）命令，在脚部纵向插入循环边，以空出5根脚趾的位置，如图7-111所示。

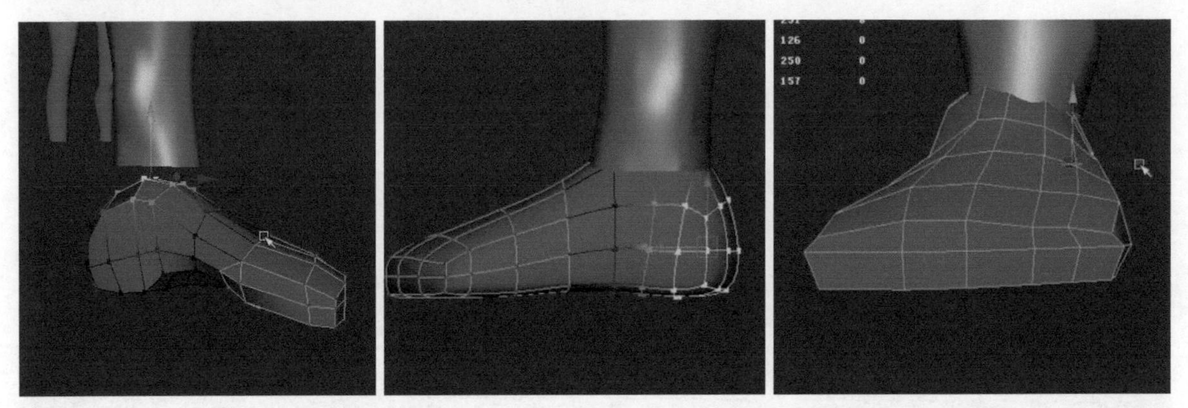

图7-111

06 创建一个立方体，缩放为一个拇趾的比例大小，执行Edit Mesh（编辑网格）>Insert Edge Loop Tool（插入循环边工具）命令，在前端横竖分别插入一条循环边。切换至点元素模式，调整成柱体的形状，如图7-112所示。

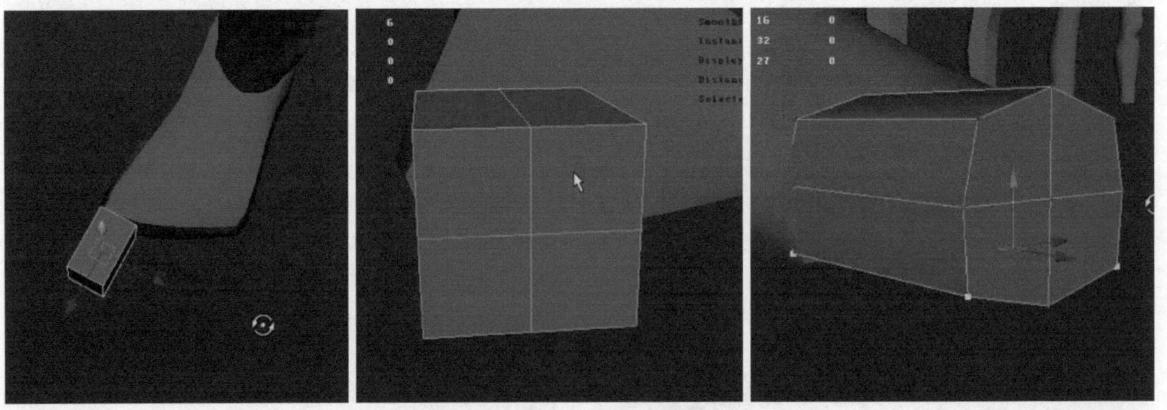

图7-112

07 选择前端的面，执行Edit Mesh（编辑网格）>Extrude（挤出）命令，向前挤出指尖的结构。切换至点元素模式，调整拇趾尖的大小，如图7-113所示。

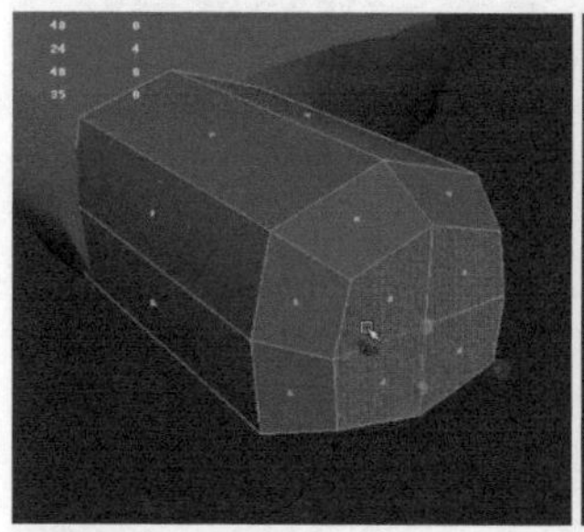
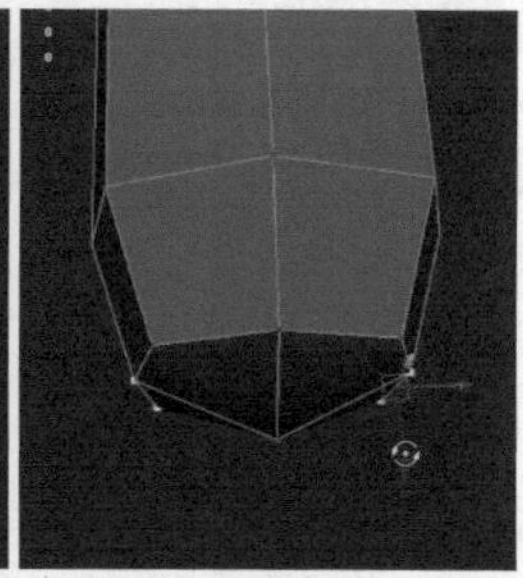

图7-113

08 执行Edit Mesh（编辑网格）>Insert Edge Loop Tool（插入循环边工具）命令，在拇趾关节处插入3条循环边。切换至点元素模式，开启软选择工具，调整点的位置，如图7-114所示。

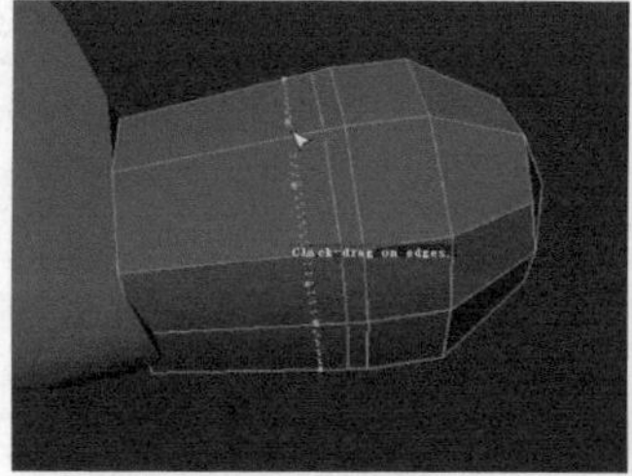

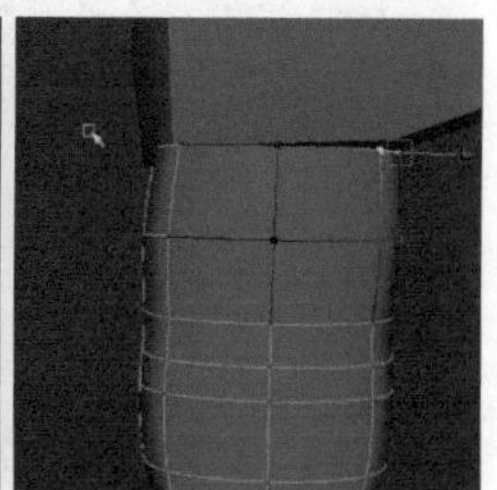

图7-114

09 执行Edit Mesh（编辑网格）>Interactive Split Tool（交互式分割工具）命令，使用分割多边形工具在趾尖位置卡出趾甲的结构，然后选择关节处的边，进行移动调整，把关节的骨点结构做出来，如图7-115所示。

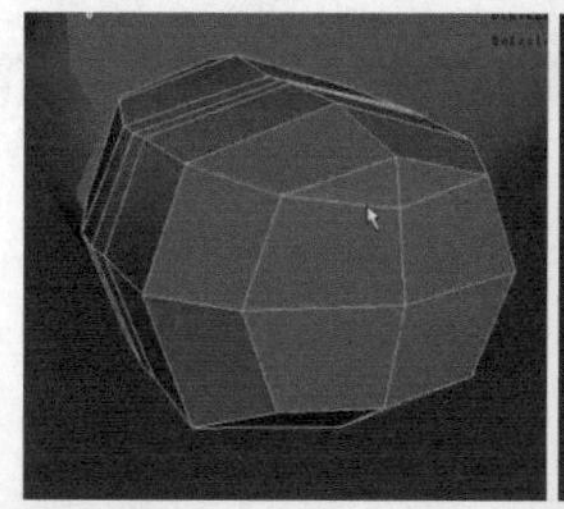
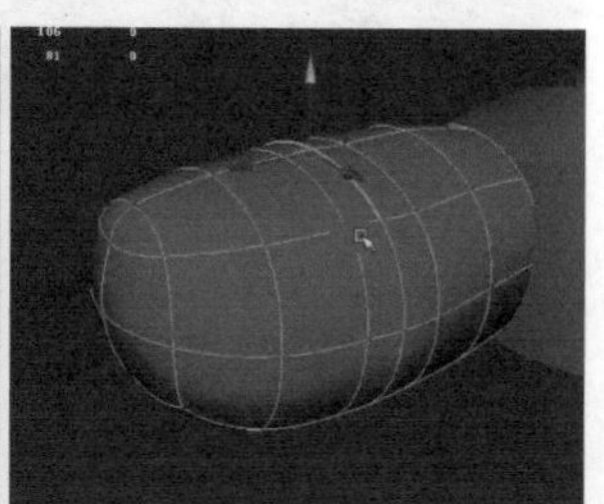

图7-115

10 选择趾甲位置的面，执行Edit Mesh（编辑网格）>Extrude（挤出）命令，挤出趾甲的结构与厚度，然后在平滑预览模式下，调整趾甲的形状，如图7-116所示。

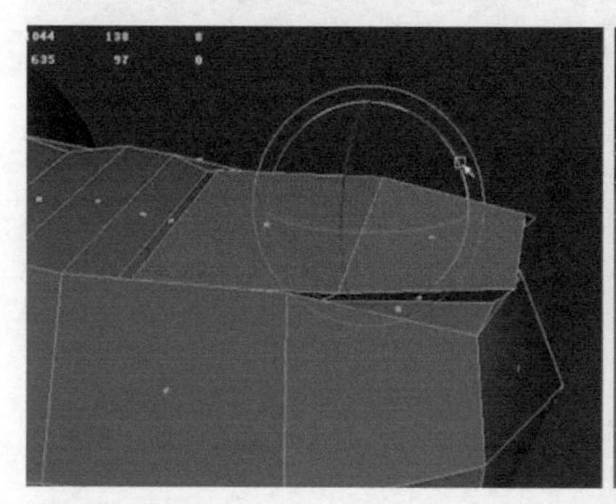
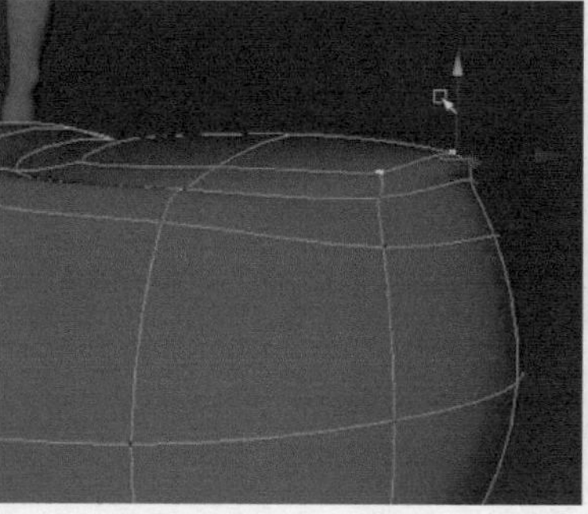

图7-116

11 再次创建一个圆柱体，缩放为脚趾的比例大小，调整通道栏的细分参数为8段。选择前端的面，执行Edit Mesh（编辑网格）>Extrude（挤出）命令，向前挤出指尖的结构。切换至点元素模式，调整趾尖的大小，如图7-117所示。

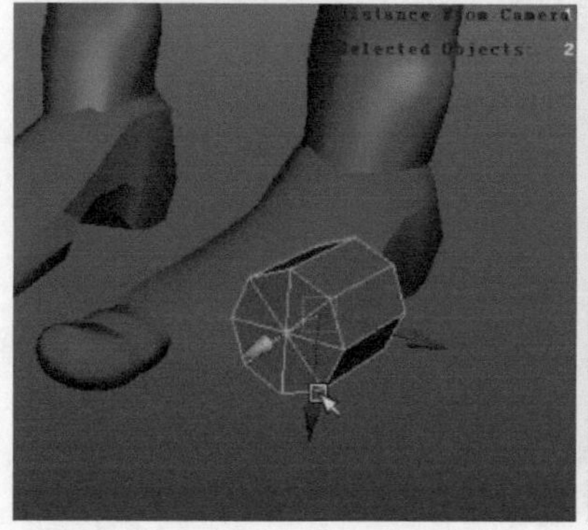
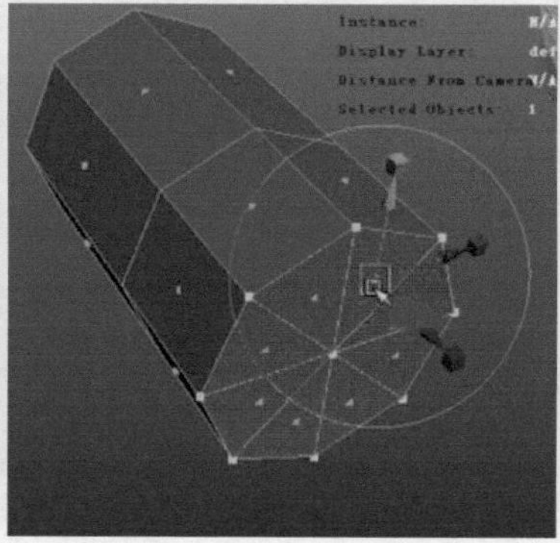

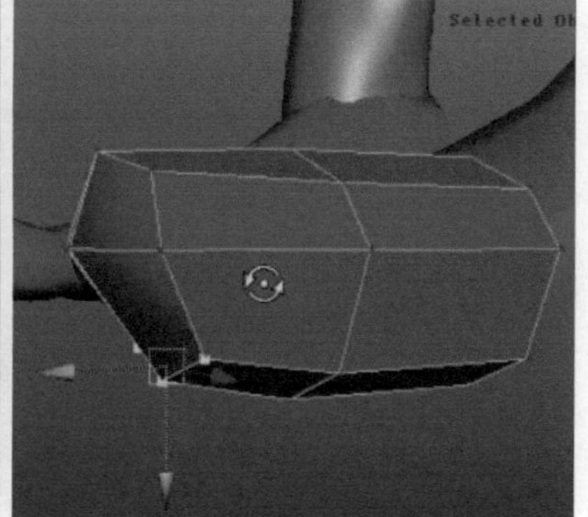

图7-117

12 切换至点元素模式，从侧面调整趾头的形状，调整时要注意趾头的弯曲变化。使用插入循环边工具在关节位置插入结构线，然后再次切换回点元素模式，调整脚趾关节的骨点效果，如图7-118所示。

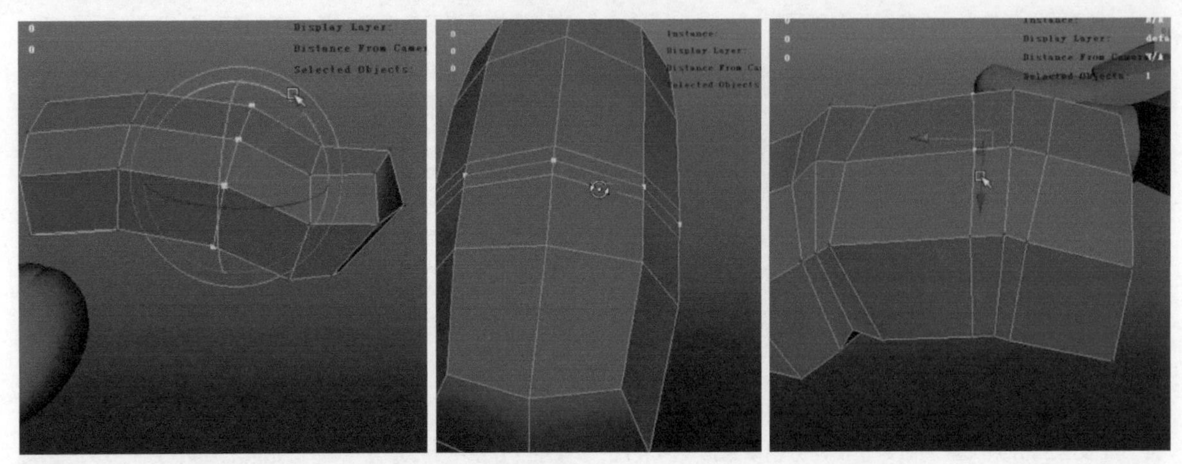

图7-118

13 选择趾甲位置的面，执行Edit Mesh（编辑网格）>Extrude（挤出）命令，挤出趾甲的结构与厚度，然后在平滑预览模式下，调整趾甲的形状，完成这根脚趾的制作。选择这根脚趾，依次复制出其他3根，调整它们的大小比例并放置在相应的位置，如图7-119所示。

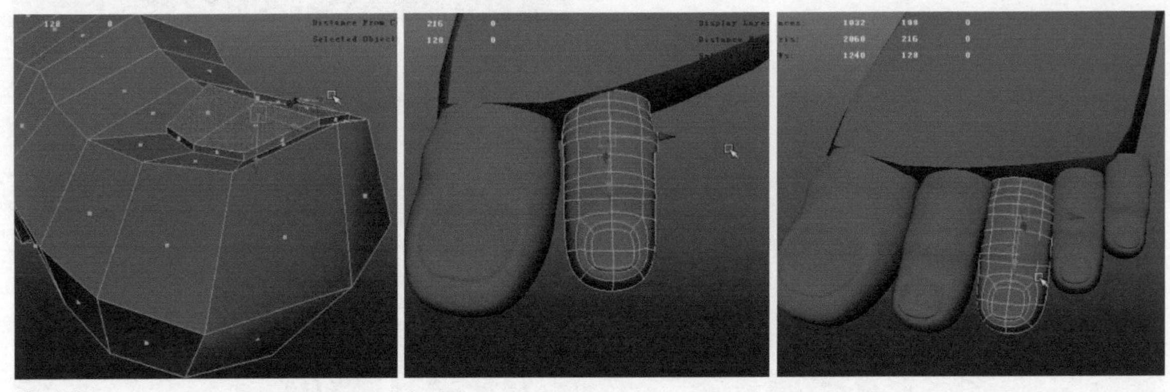

图7-119

14 切换至点元素模式，调整脚掌前端的点，与脚趾进行大致的对齐，然后使用插入循环边工具，在脚掌插入与脚趾相对应的段数，如图7-120所示。

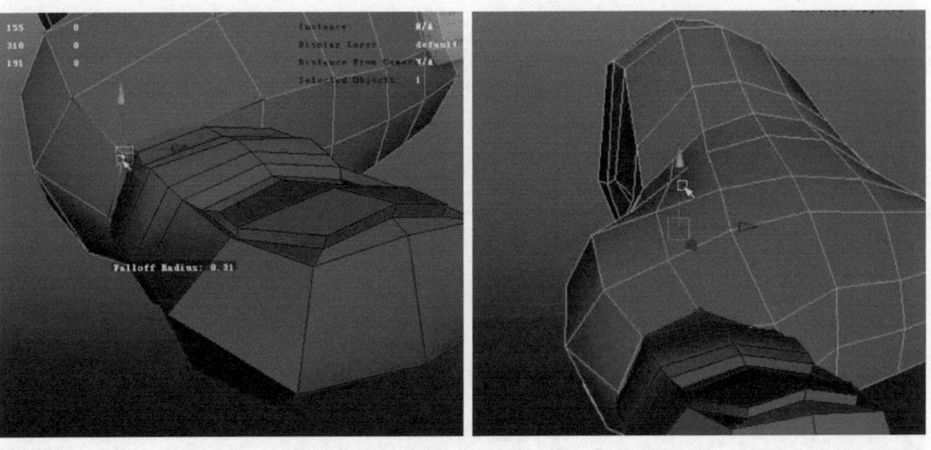

图7-120

15 删除脚掌前端的面。选择脚掌与脚趾的模型，执行Mesh（网格）>Combine（合并）命令，把它们合并为一个整体。然后再执行Edit Mesh（编辑网格）>Merge Vertex Tool（合并点工具）命令，合并它们相邻的点，如图7-121所示。

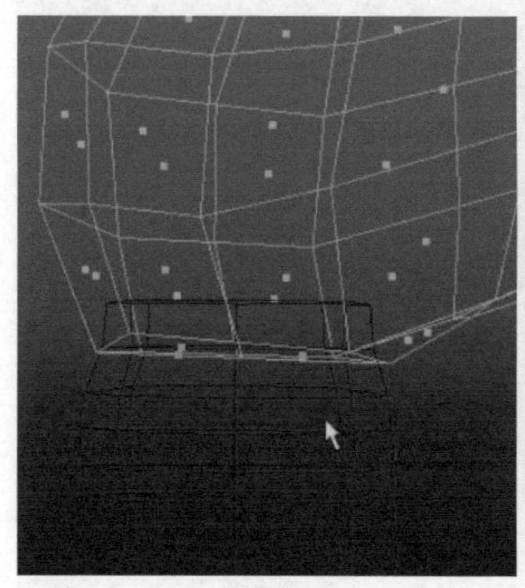
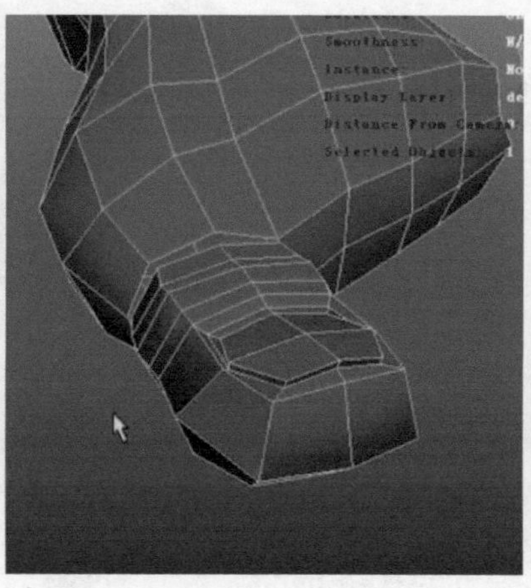
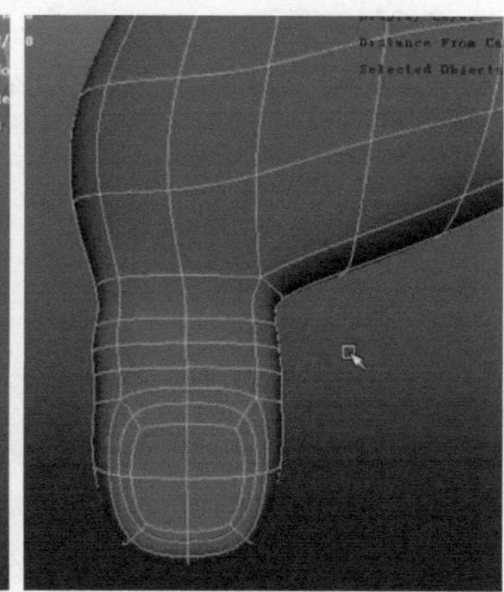

图7-121

16 选择第2根脚趾，使用同样的方法把它与脚掌进行合并，然后使用分割多边形工具，在脚趾之间的位置切割布线。调整点的位置做出脚趾之间的凹陷结构，如图7-122所示。

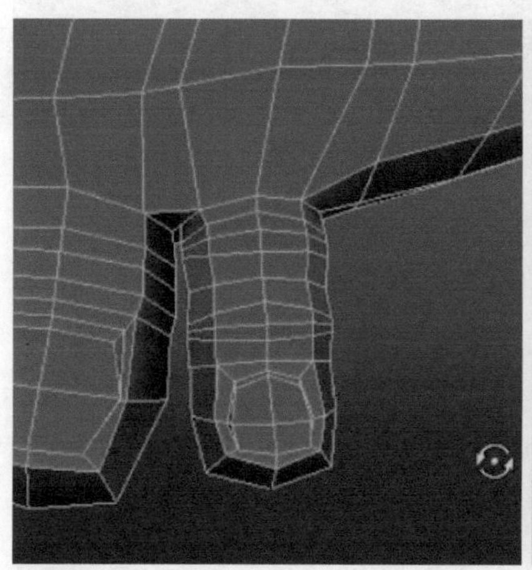
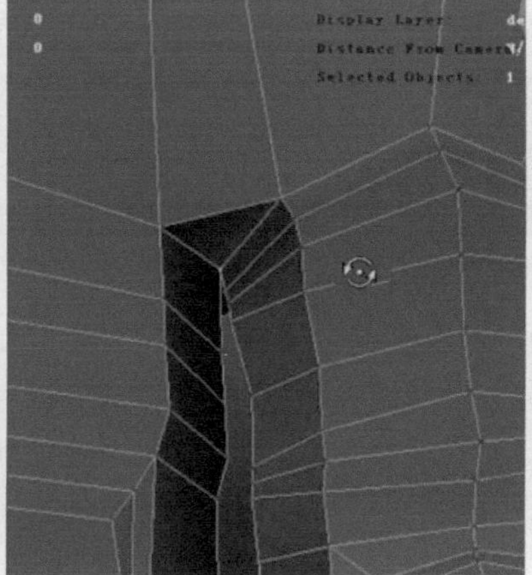
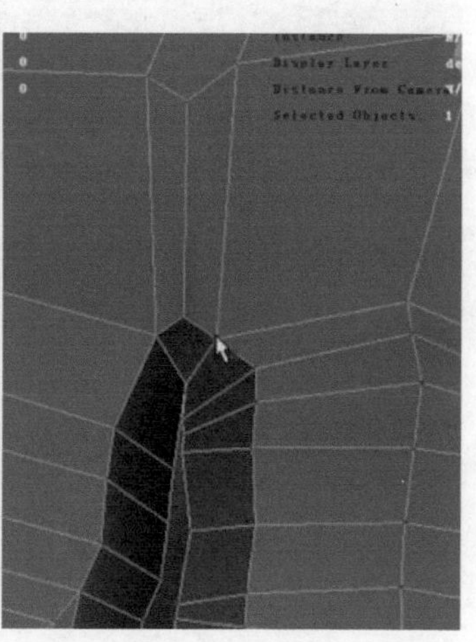

图7-122

17 选择脚趾前端的面，执行Select（选择）>Grow Selection Region（生长选择区域），扩大选择脚趾的面，然后执行Edit Mesh（编辑网格）>Duplicate Face（复制面）命令，把面复制提取出来作为第3根脚趾，如图7-123所示。

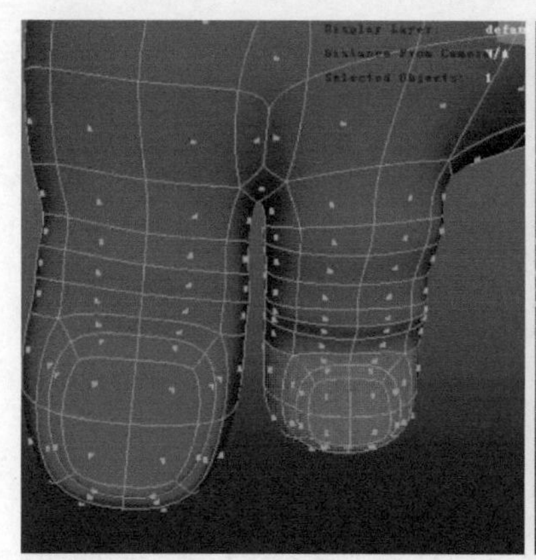
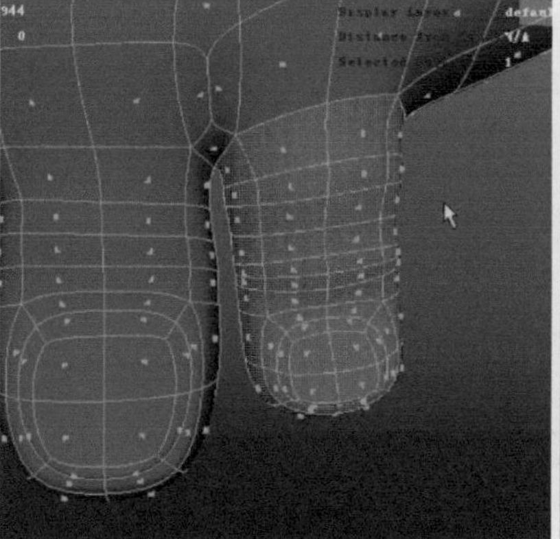
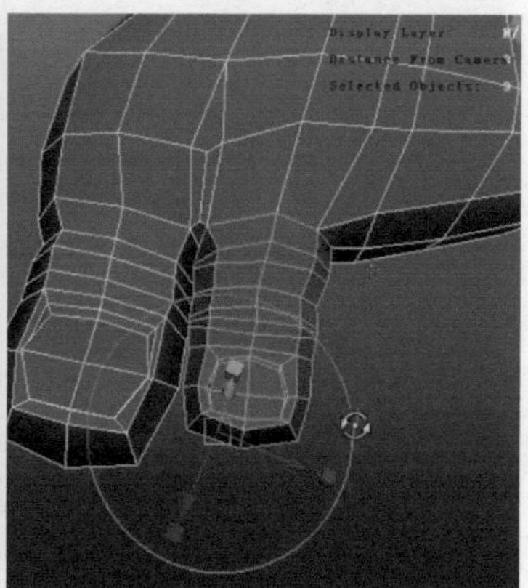

图7-123

18 把复制提取出来的脚趾放置在相对应的位置，然后使用插入循环边工具，在脚掌插入与脚趾相对应的段数，如图7-124所示。

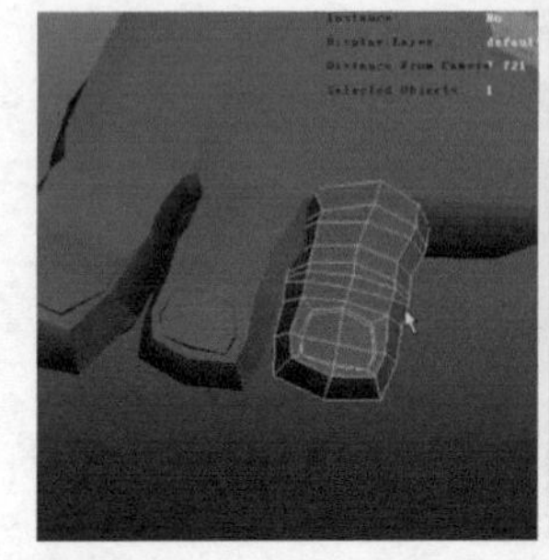
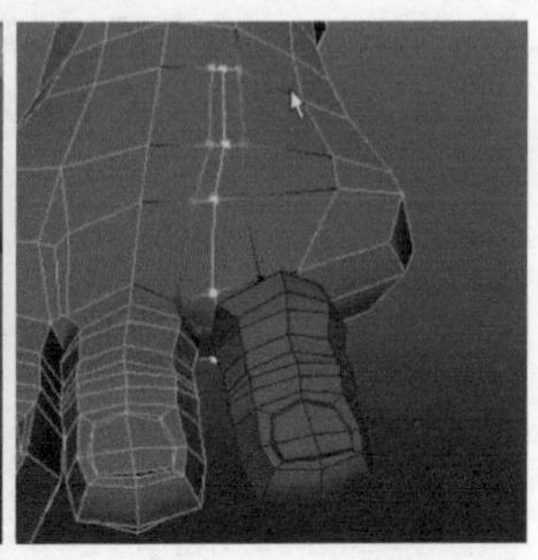

图7-124

19 选择脚掌与第3根脚趾的模型，执行Mesh（网格）>Combine（合并）命令，把它们合并为一个整体。然后再执行Edit Mesh（编辑网格）>Merge Vertex Tool（合并点工具）命令，合并它们相邻的点，如图7-125所示。

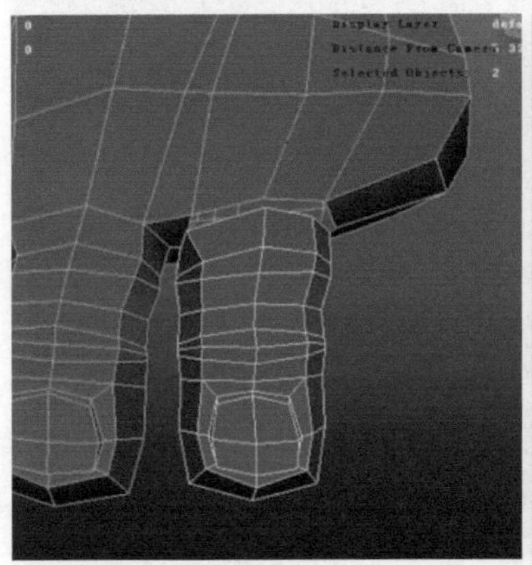
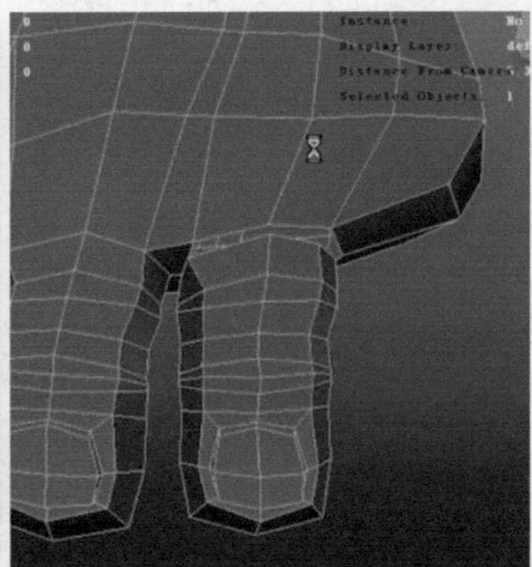
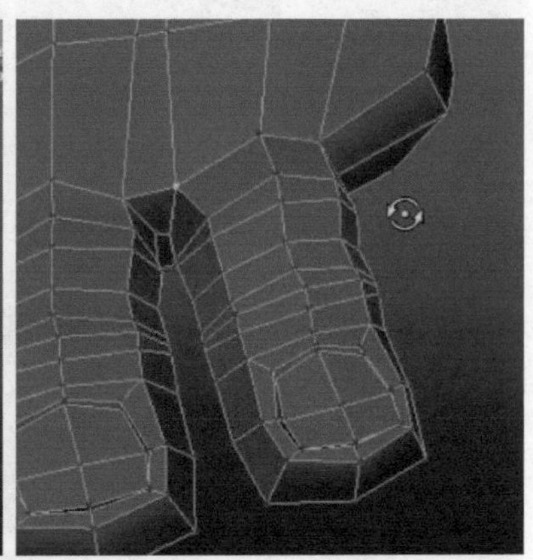

图7-125

20 使用分割多边形工具，在第2根和第3根之间的位置切割布线。切换至点元素模式，做出脚趾之间的凹陷结构，如图7-126所示。

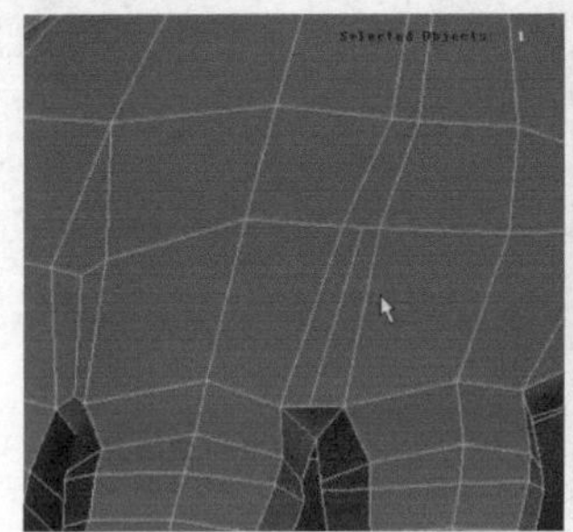
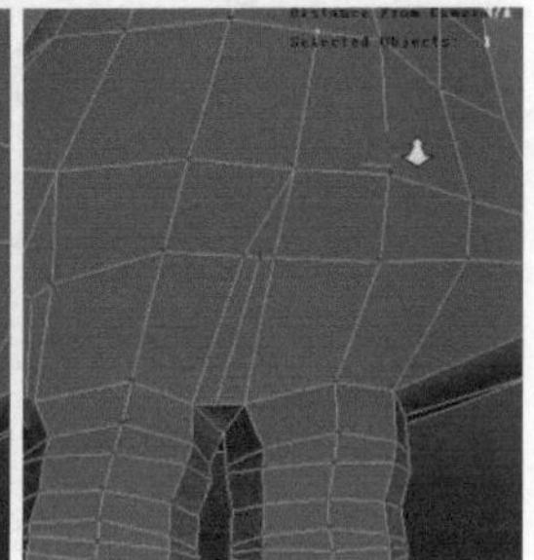

图7-126

21 执行Edit Mesh（编辑网格）>Insert Edge Loop Tool（插入循环边工具）命令，在脚掌右侧插入循环边，空出第4、第5根脚趾的位置。然后使用制作第3根脚趾的方法，复制合并出剩下的脚趾，如图7-127所示。

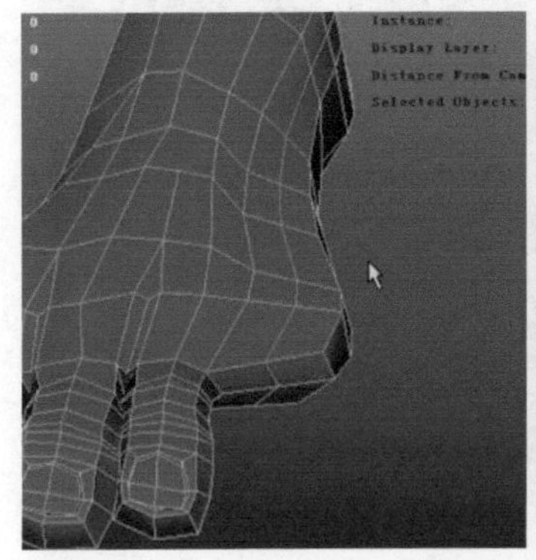
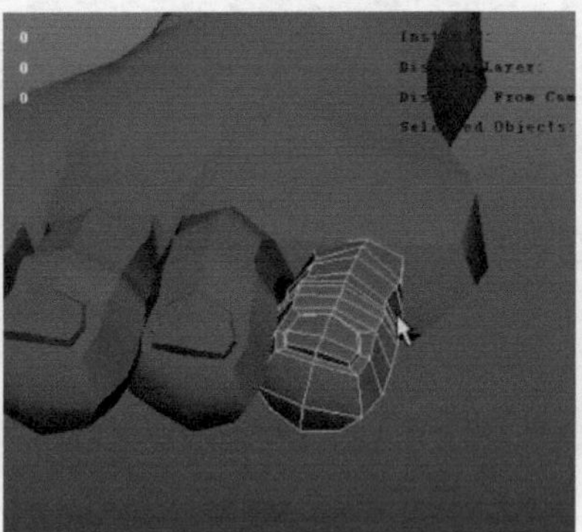
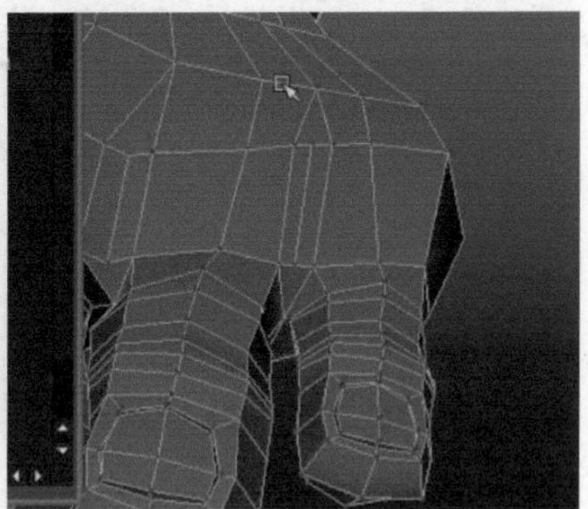

图7-127

22 切换至点元素模式，按B键，开启软选择工具，依次调整每根脚趾的形状与细节结构，如图7-128所示。

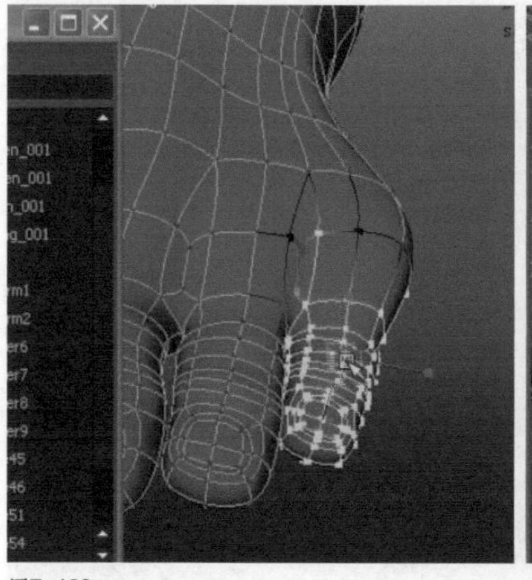
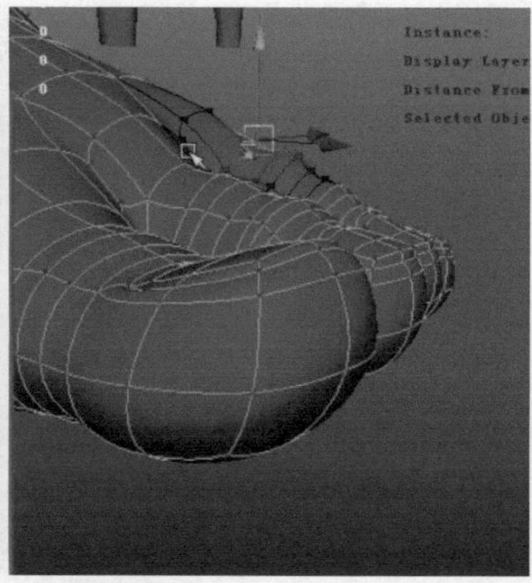
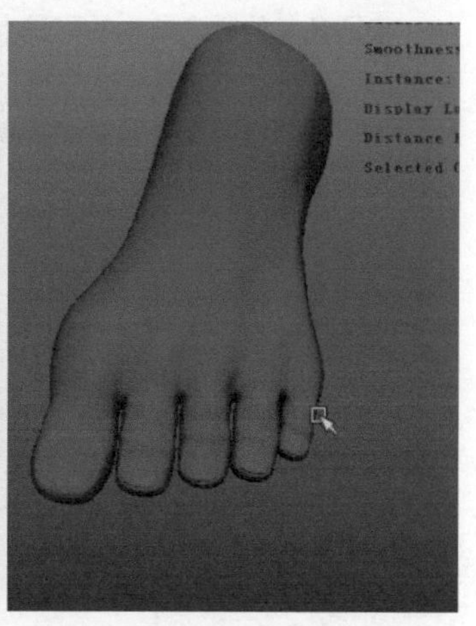

图7-128

23 切换至点元素模式，开启软选择工具，把小腿与脚部衔接的地方对齐，如图7-129所示。

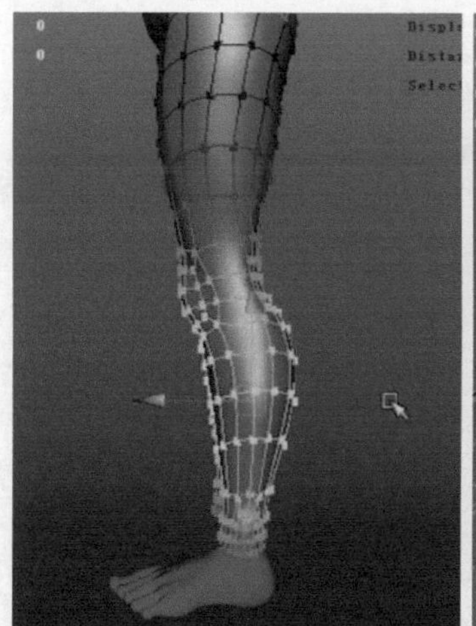
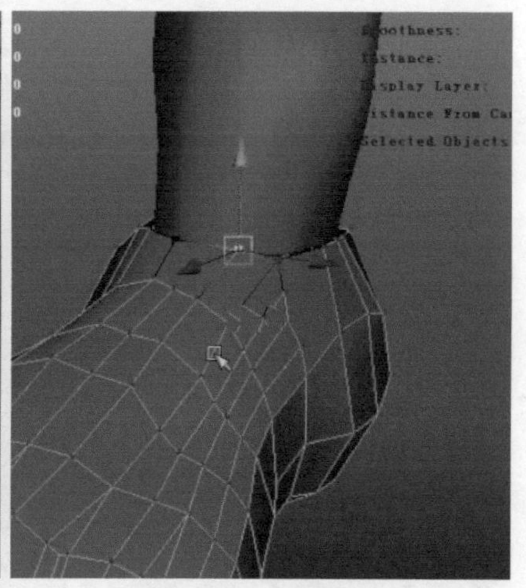

图7-129

24 选择腿部和脚部的模型，执行Mesh（网格）>Combine（合并）命令，把它们合并为一个整体，然后执行Edit Mesh（编辑网格）>Merge（合并）命令，合并相邻和重叠的点，如图7-130所示。

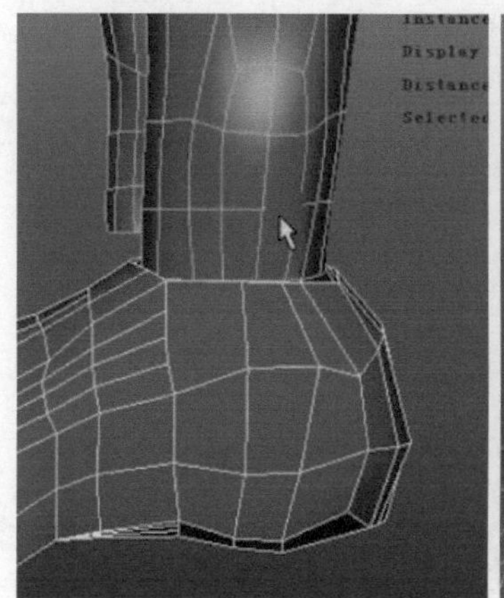
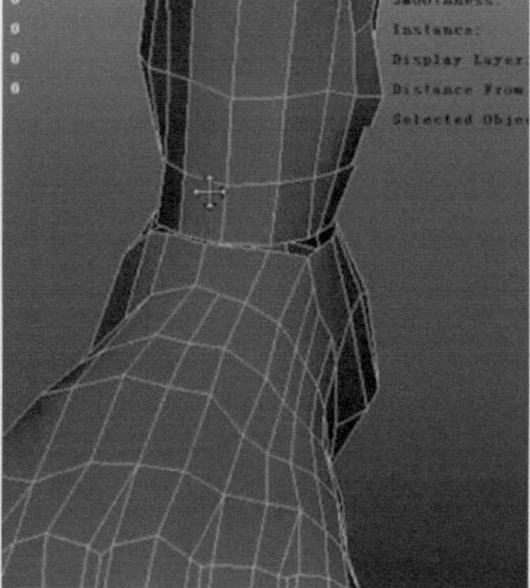
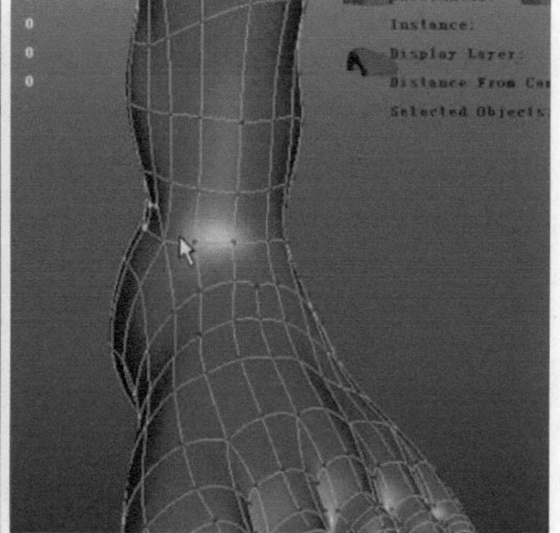

图7-130

7.4.4 手臂制作

卡通角色的肌肉结构并不是十分明显，不需要把手臂的每一块肌肉都做得十分明显，只需要把握手臂的长度粗细，然后在轮廓上面有些结构的起伏变化就可以，如图7-131所示。

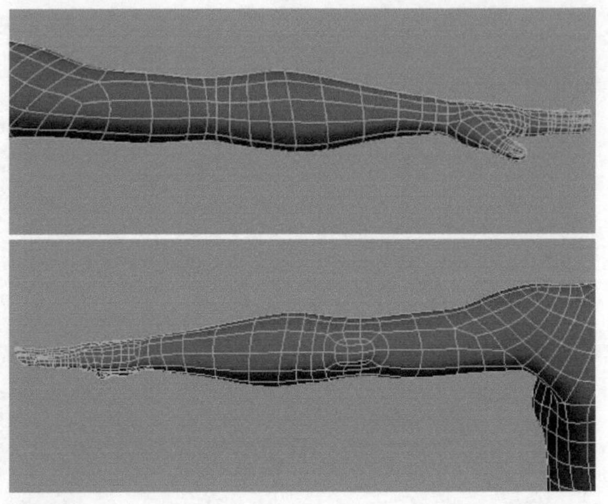

图7-131

01 创建一个圆柱体，作为手臂的基础模型。执行Edit Mesh（编辑网格）>Insert Edge Loop Tool（插入循环边工具）命令，在中间关节处插入三条循环边。切换至点元素模式，调整它的结构，如图7-132所示。

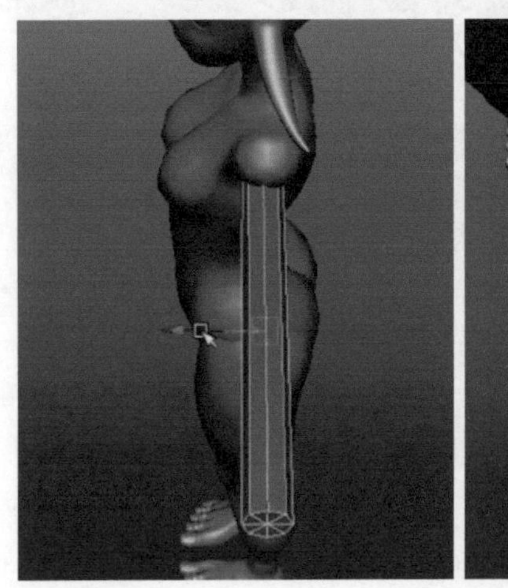

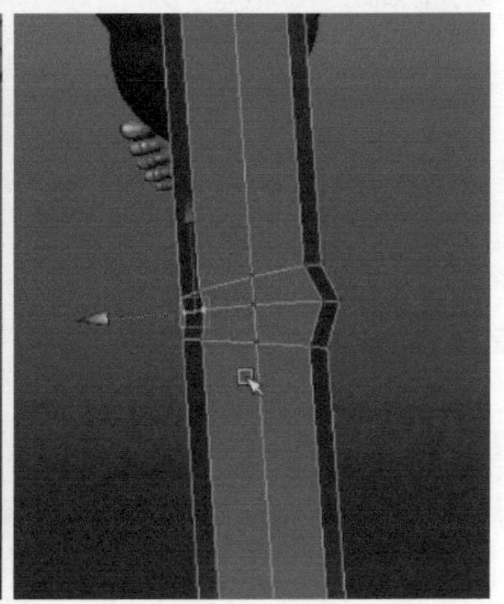

图7-132

02 继续使用插入循环边工具，在上臂和下臂的位置分别插入足够的控制段数，然后切换至点元素模式，打开软选择工具，从顶视图调整手臂的轮廓外形，如图7-133所示。

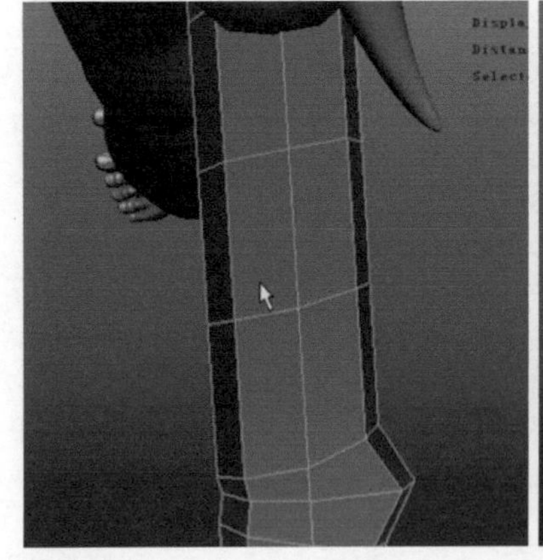

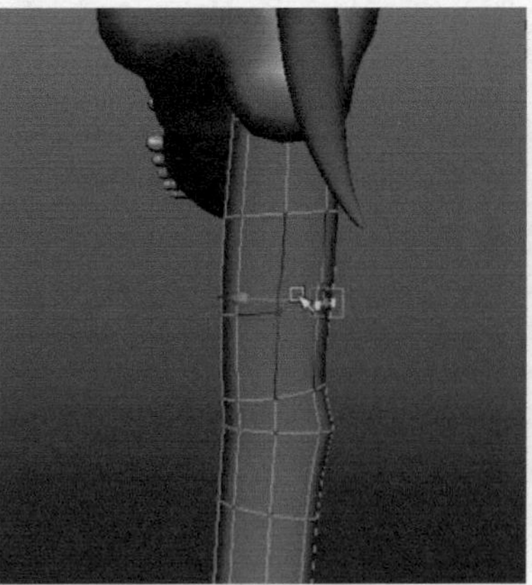

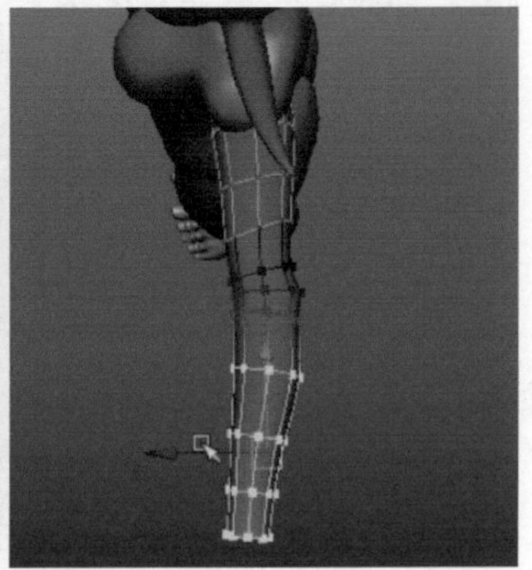

图7-133

03 执行Edit Mesh（编辑网格）>Interactive Split Tool（交互式分割工具）命令，使用分割多边形工具在关节的位置切割布线，这里是切出一个挤出的结构布线。切换至点元素模式，调整鹰嘴凸起的起伏结构，如图7-134所示。

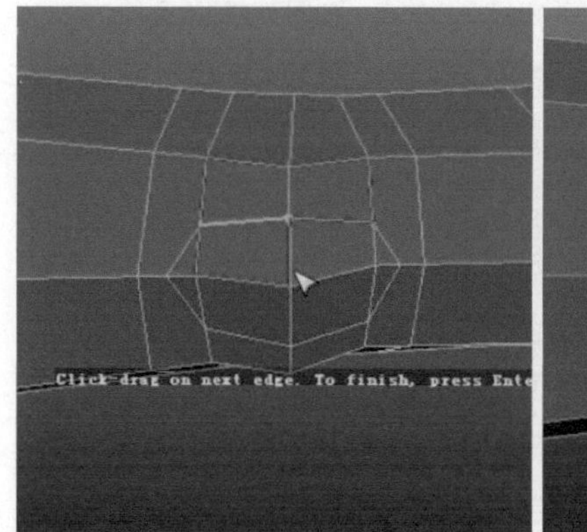

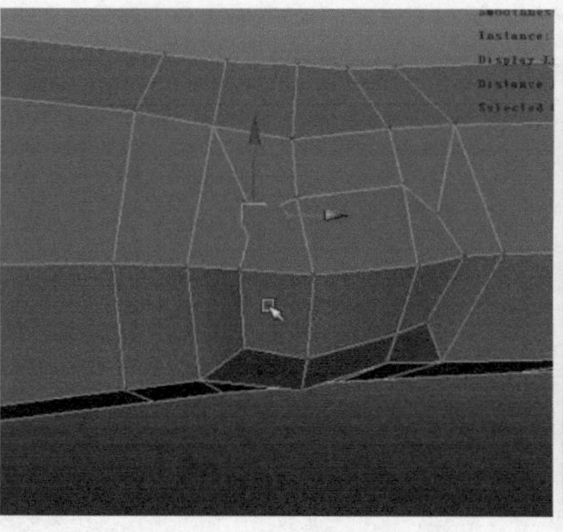
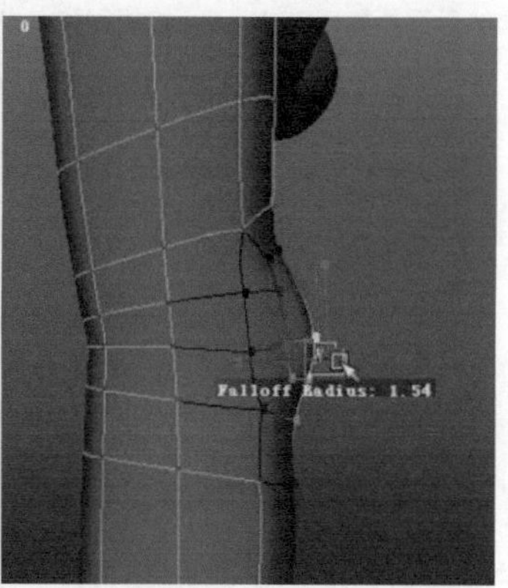

图7-134

04 使用分割多边形工具在关节位置进行卡线处理，使它在平滑预览模式下，固定住骨点的结构，如图7-135所示。

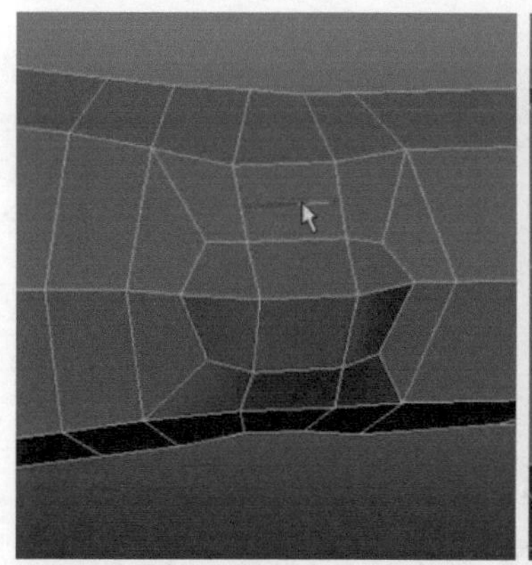
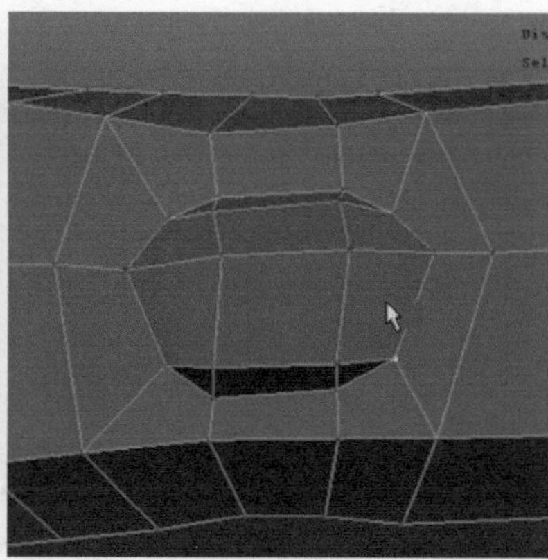

图7-135

05 切换至点元素模式，开启软选择工具，调整肩部的结构造型，然后选择手臂的点与它进行对齐，如图7-136所示。

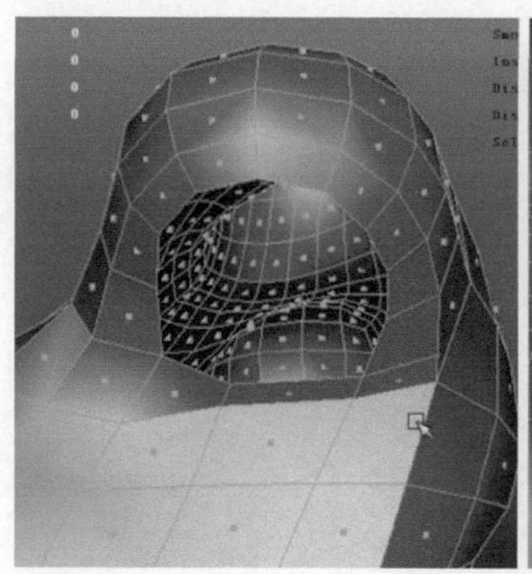
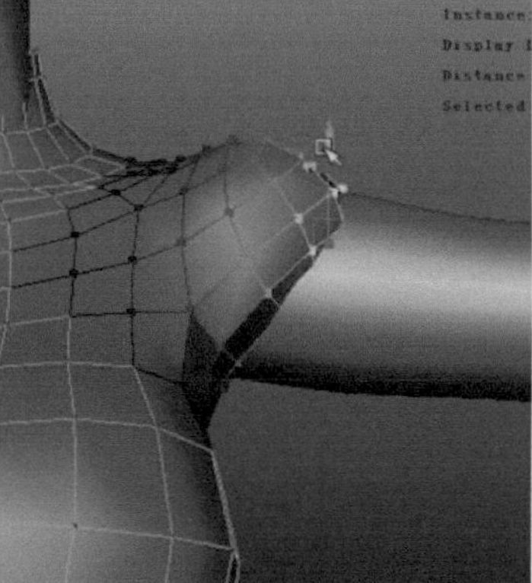
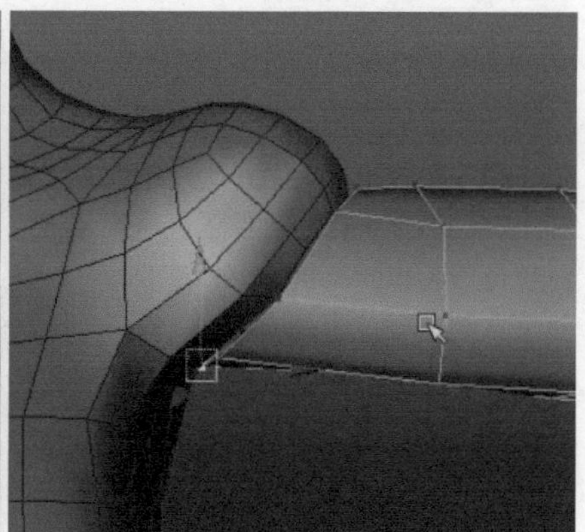

图7-136

06 选择躯干和手臂的模型，执行Mesh（网格）>Combine（合并）命令，把它们合并为一个整体。执行Edit Mesh（编辑网格）>Interactive Split Tool（交互式分割工具）命令，使用分割多边形工具，在手腕位置加线，使它们的点相对应。然后再执行Edit Mesh（编辑网格）>Merge Vertex Tool（合并点工具）命令，合并它们相邻的点，如图7-137所示。

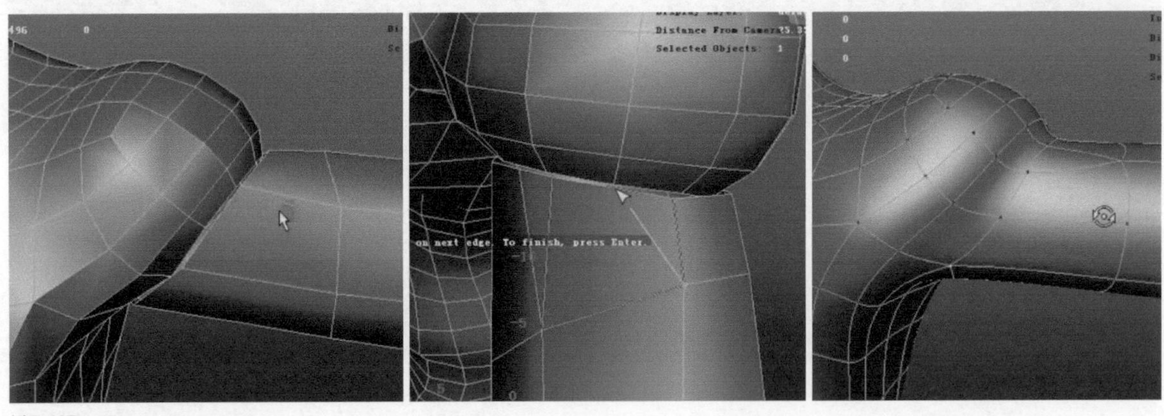

图7-137

07 继续使用分割多边形工具在手臂位置布线，切出足够的段数，如图7-138所示。

图7-138

7.4.5 手部制作

手部的结构比较复杂，它是人体表现的主体结构，和头部一样重要。制作时要注意手掌与手指的长度比例、每根手指的比例以及手指自身每节手指的比例。另外还要注意手背的弧度，并且手指的起端也不是在一条水平线上，和写实的手比较类似，如图7-139所示。

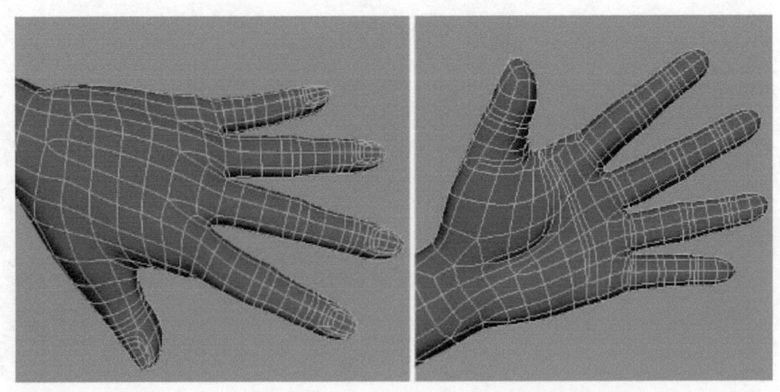

图7-139

01 创建一个立方体，作为手掌的基础模型。执行Edit Mesh（编辑网格）>Insert Edge Loop Tool（插入循环边工具）命令，插入循环边。切换至点元素模式，调整手掌的轮廓，如图7-140所示。

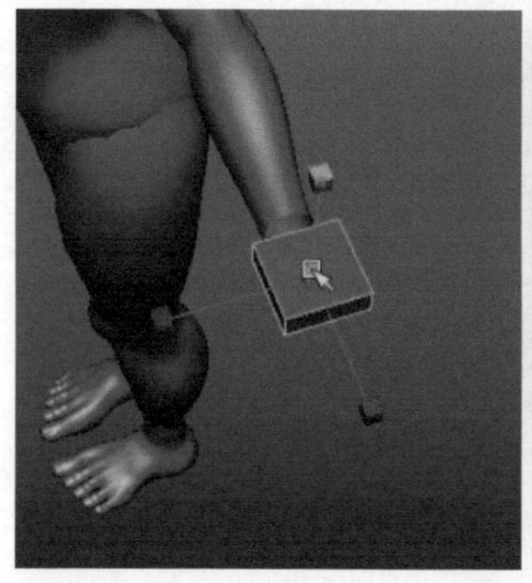
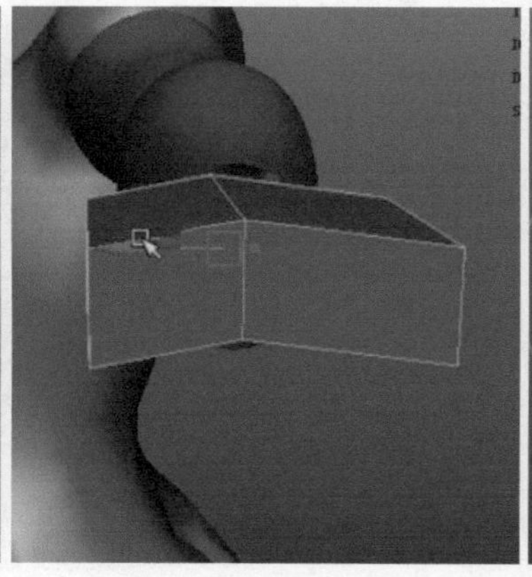
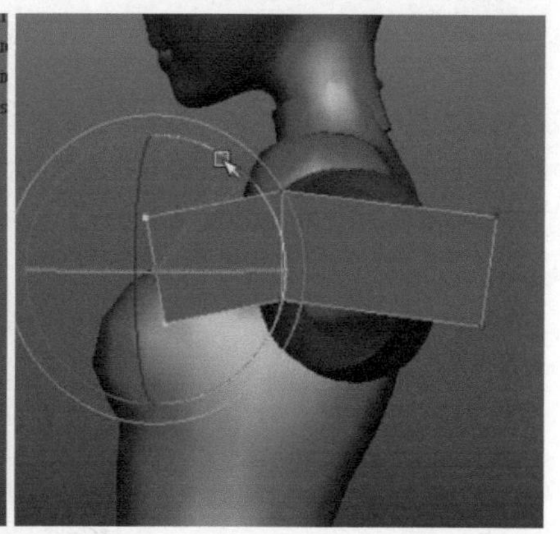

图7-140

02 执行Create（创建）>Polygon Primitives（多边形基本体）>Cylinder（圆柱体）命令，创建一个圆柱体，缩放为手指的大小，然后再复制3根，分别放置在手指的位置，如图7-141所示。

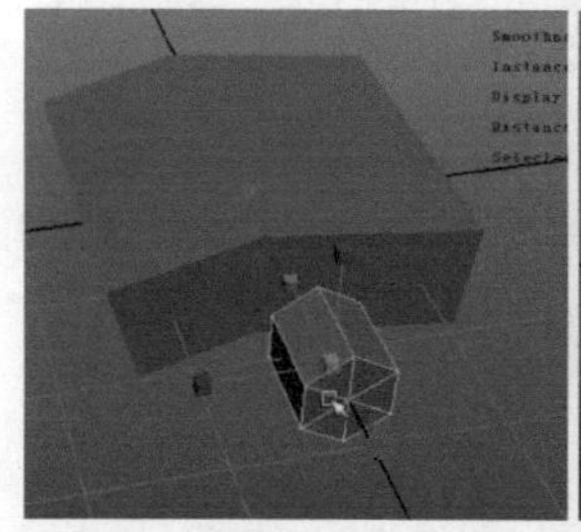
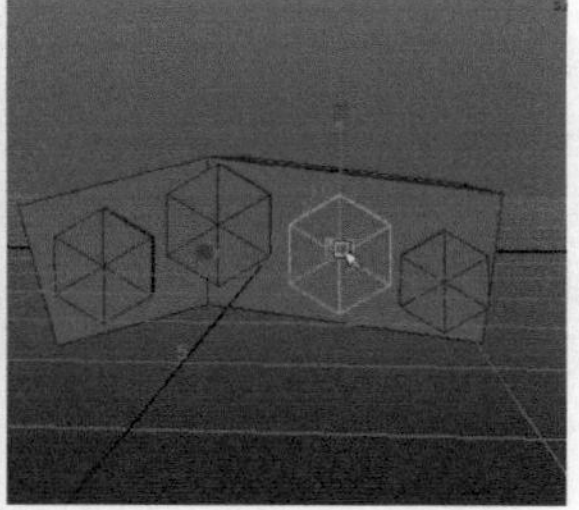

图7-141

03 使用插入循环边工具，在手背和拇指位置加线，继续调整手掌的结构形状，如图7-142所示。

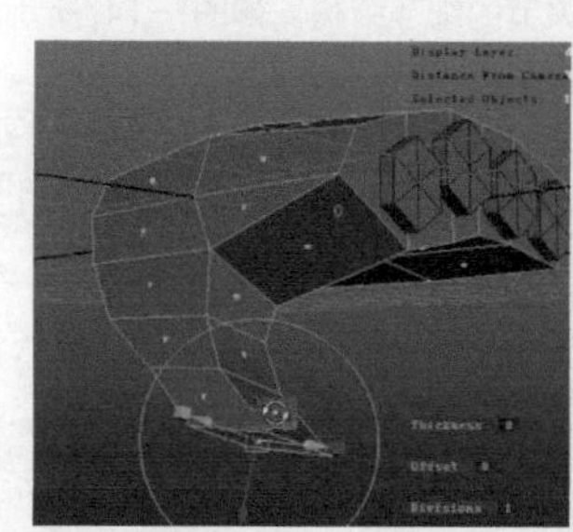
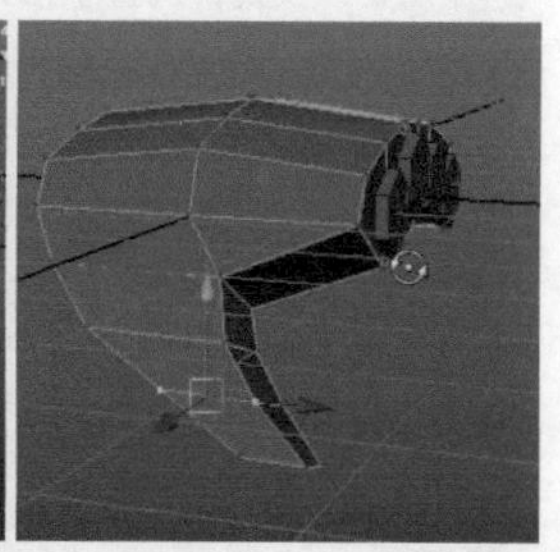

图7-142

04 选择拇指位置的面，执行Edit Mesh（编辑网格）>Extrude（挤出）命令，挤出拇指的结构，挤出时，注意拇指的弯曲和朝向，如图7-143所示。

图7-143

05 执行Edit Mesh（编辑网格）>Interactive Split Tool（交互式分割工具）命令，使用分割多边形工具在手掌位置加线，使用合并点的方式，合并优化不需要的点。切换至点元素模式，调整手掌的形状，如图7-144所示。

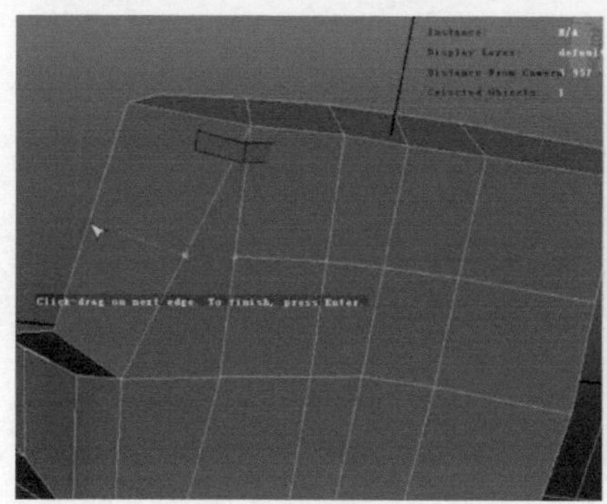

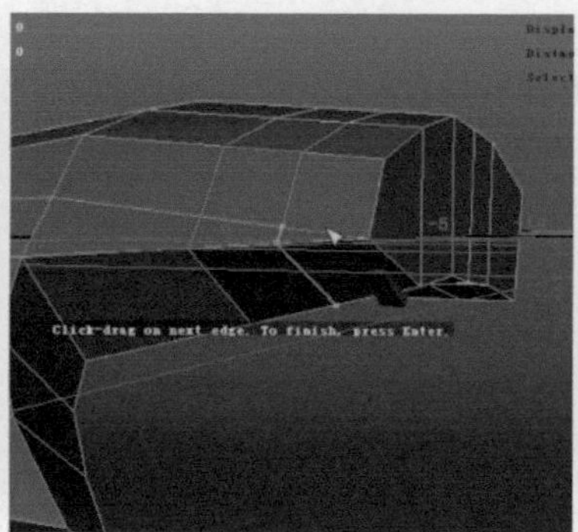

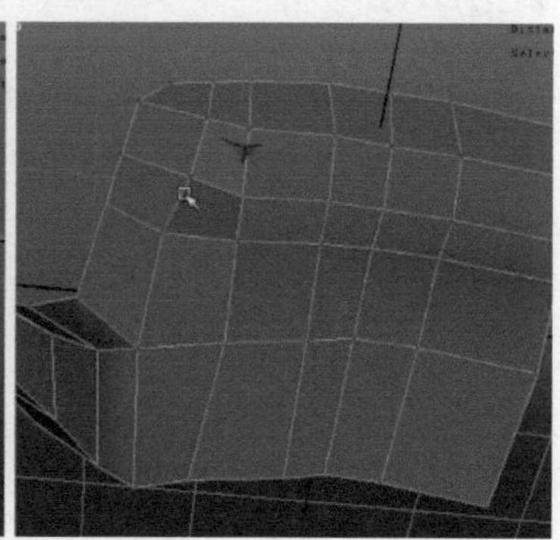

图7-144

06 执行Create（创建）>Polygon Primitives（多边形基本体）>Cylinder（圆柱体）命令，创建一个圆柱体，调整通道栏的细分参数为8段。使用分割多边形工具在关节位置加线，切换至点元素模式，调整每节手指的长度比例，如图7-145所示。

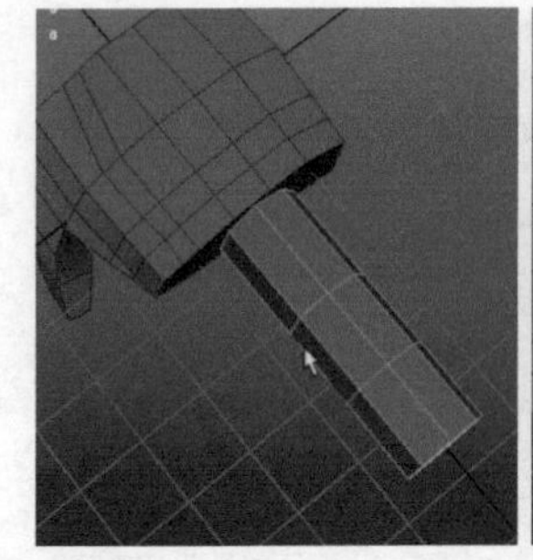
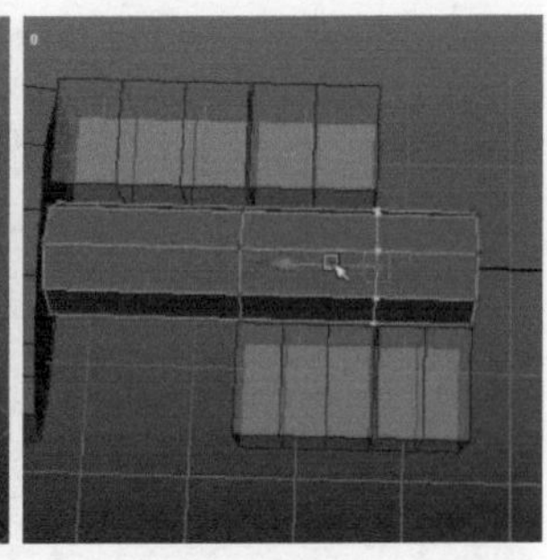

图7-145

07 切换至点元素模式，分别从正视图和侧视图调整指尖的结构形状，如图7-146所示。

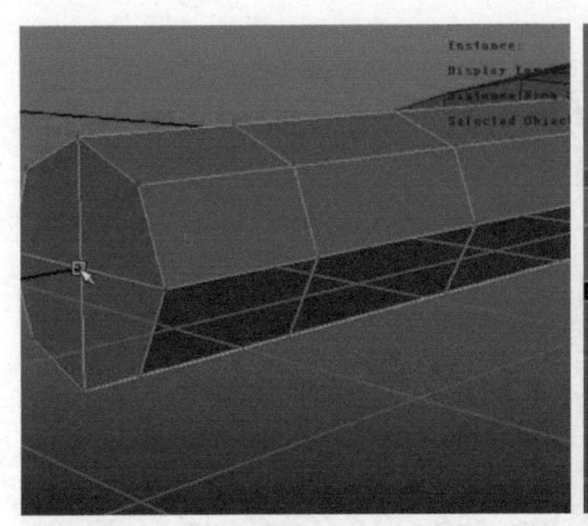
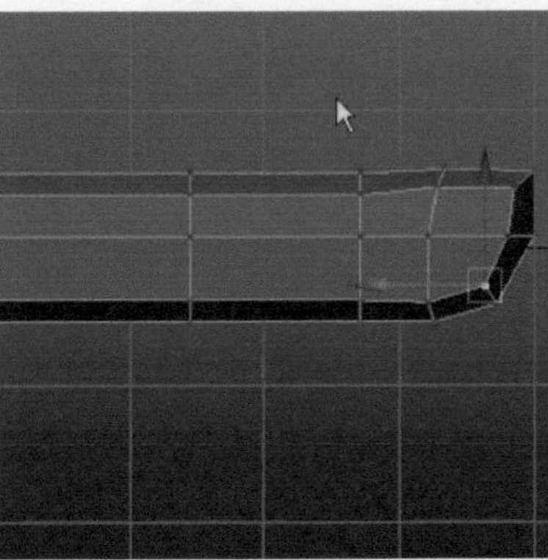

图7-146

08 执行Edit Mesh（编辑网格）>Insert Edge Loop Tool（插入循环边工具）命令，在手指的关节位置插入循环边，切换至点元素模式，调整手指关节的细节结构，如图7-147所示。

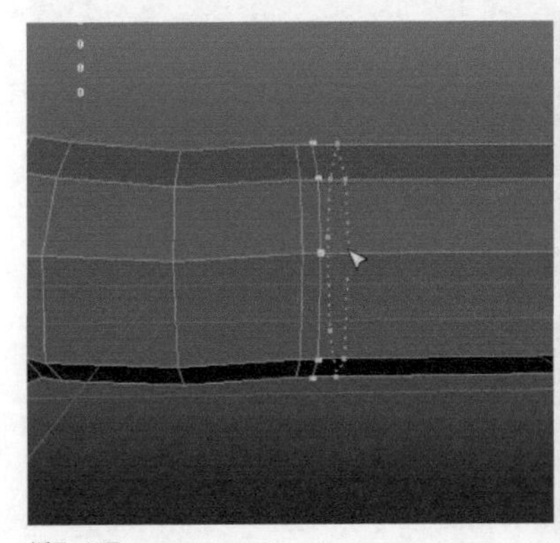
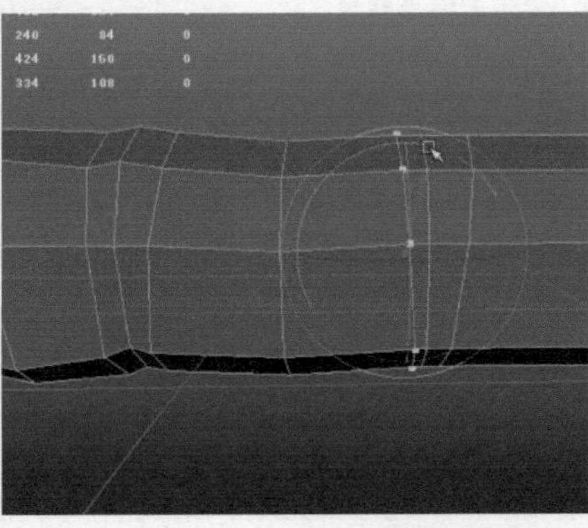
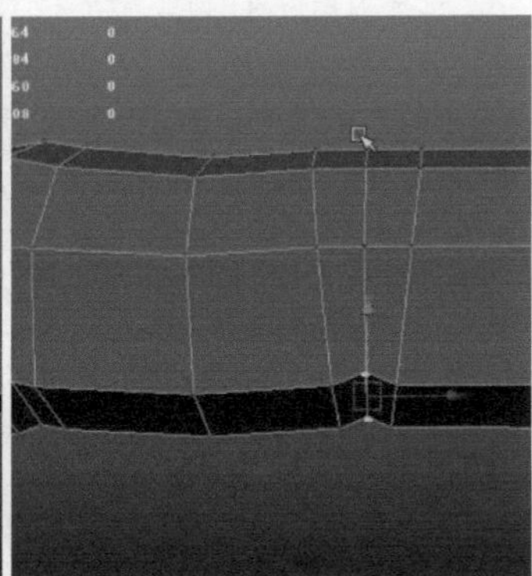

图7-147

09 选择指甲位置的面，执行Edit Mesh（编辑网格）>Extrude（挤出）命令，向上挤出指甲的结构与厚度。挤出时，注意指甲与手指的穿插关系，如图7-148所示。

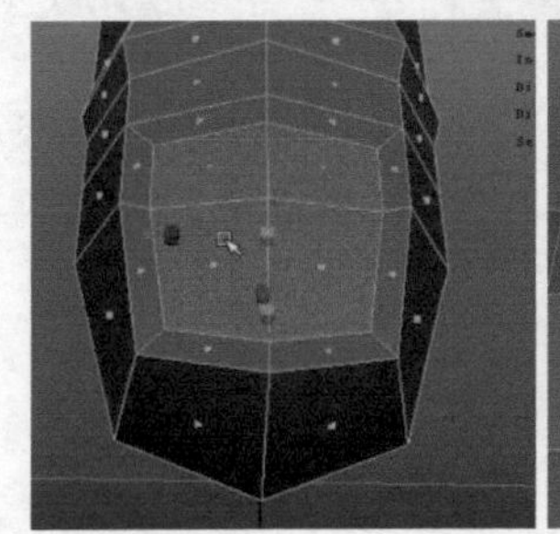
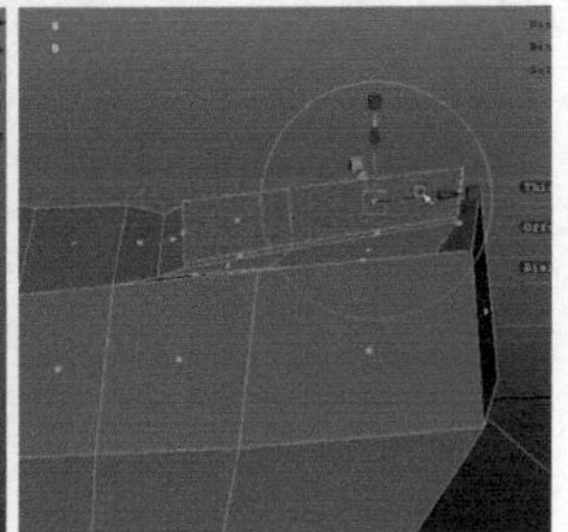

图7-148

10 切换至点元素模式，按键盘B键，开启软选择工具，整体调整手掌前端的弧度，如图7-149所示。

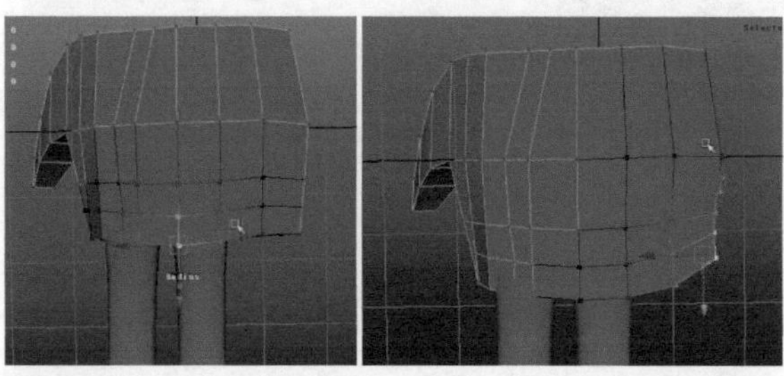

图7-149

11 切换至点元素模式，开启软选择，分别从顶视图和侧视图，调整手指的粗细变化以及手指关节处的褶皱挤压效果，如图7-150所示。

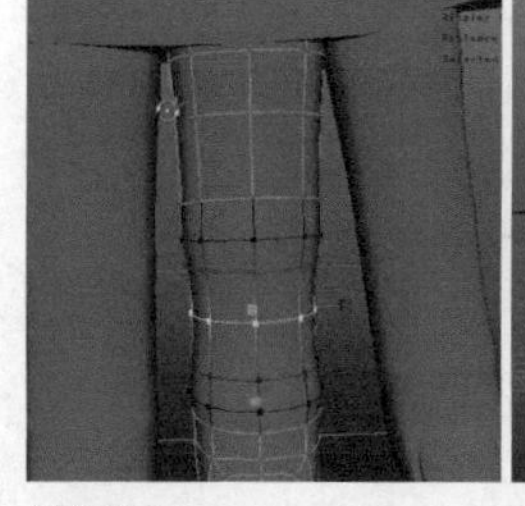
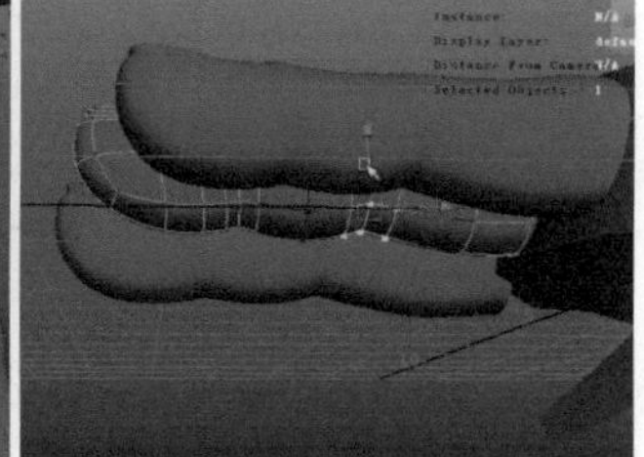

图7-150

12 选择完成的一根手指模型，复制放置到其他手指的位置，并与手掌对齐。切换至点元素模式，调整手指根部关节的凹凸结构，如图7-151所示。

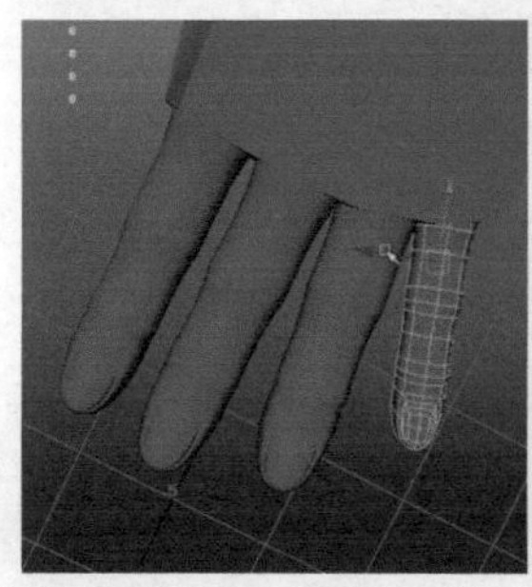
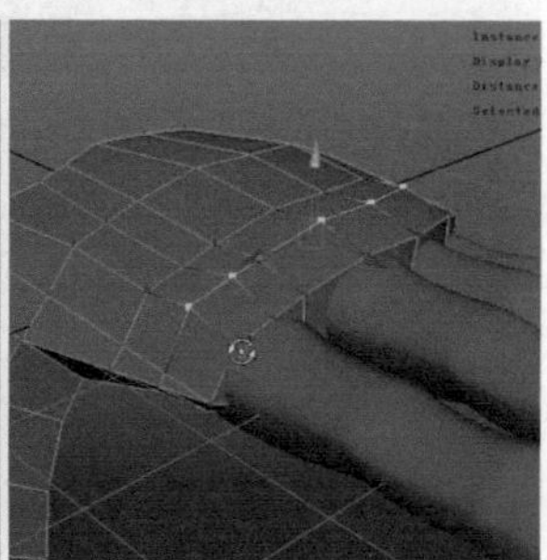

图7-151

13 使用插入循环边工具，在拇指的位置插入循环边，并切换至点元素模式，调整拇指的结构，如图7-152所示。

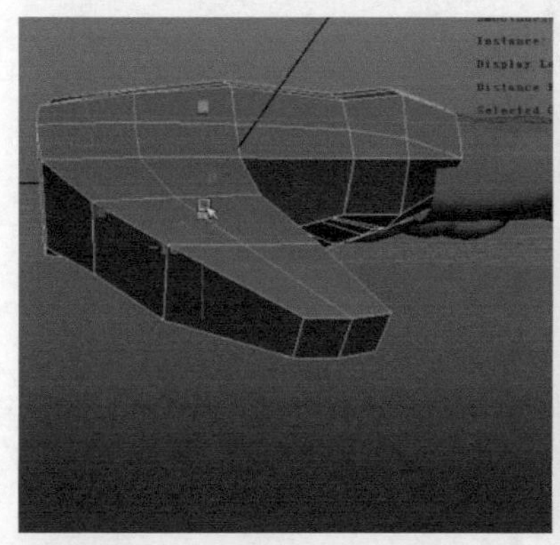
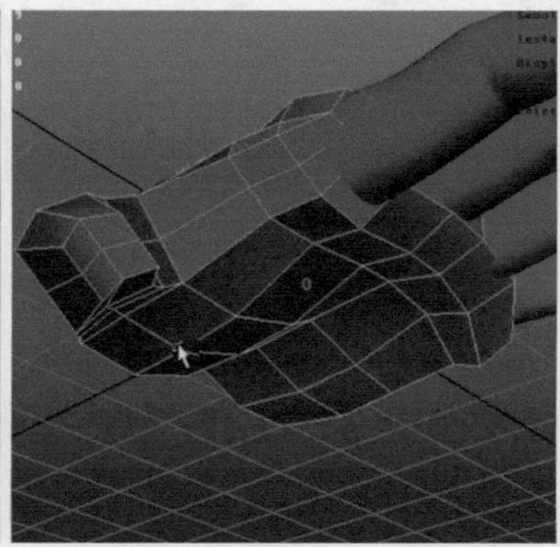
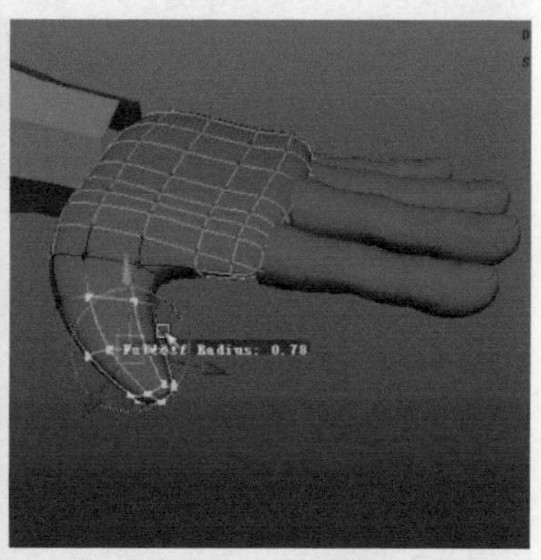

图7-152

14 选择手掌和所有手指的模型，执行Mesh（网格）>Combine（合并）命令，把它们合并为一个整体。然后再执行Edit Mesh（编辑网格）>Merge Vertex Tool（合并点工具）命令，合并它们相邻的点，如图7-153所示。

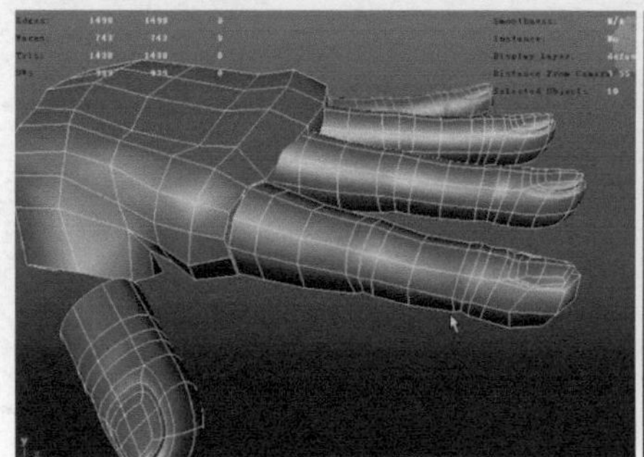
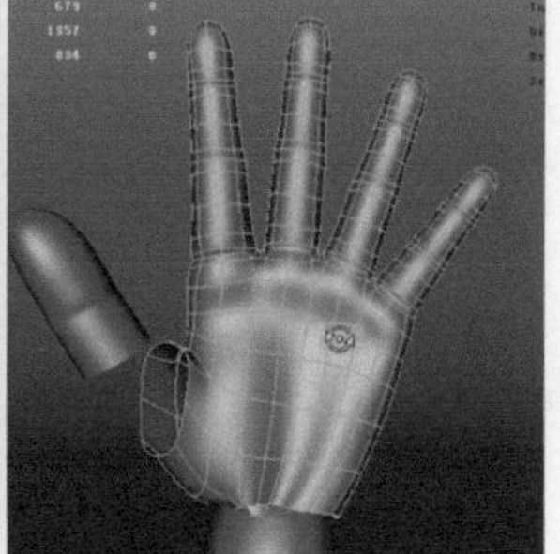

图7-153

15 切换至点元素模式，把拇指的根部与手掌对齐。选择手掌和拇指的模型，使用合并命令把它们合并为一个整体。然后再执行合并点工具，合并它们相邻的点，如图7-154所示。

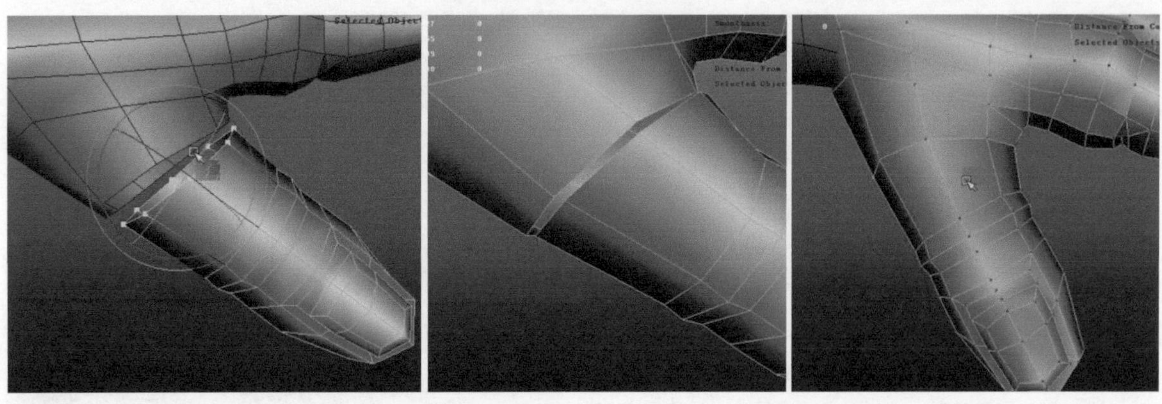

图7-154

16 执行Edit Mesh（编辑网格）>Interactive Split Tool（交互式分割工具）命令，使用分割多边形工具在手掌布出大鱼际的结构线，然后切换至点元素模式，做出大鱼际的结构，如图7-155所示。

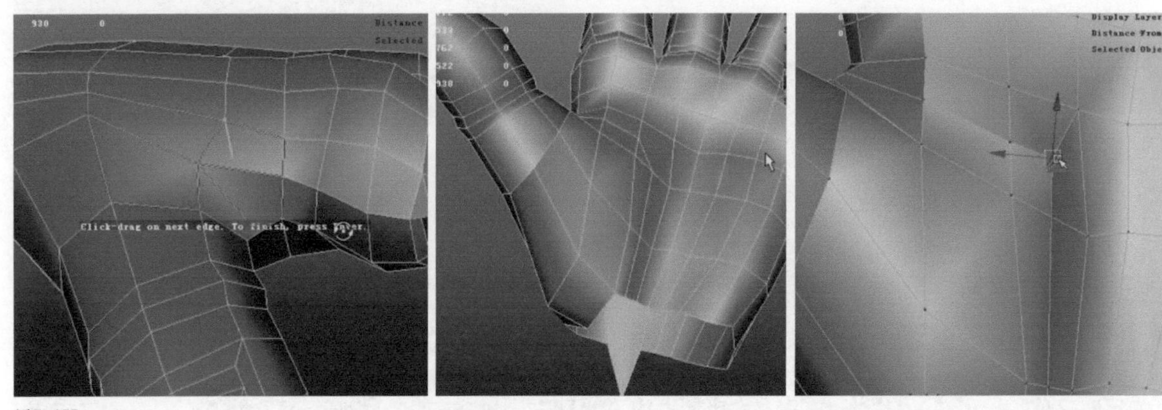

图7-155

17 选择手臂和手掌的模型，执行Mesh（网格）>Combine（合并）命令，把它们合并为一个整体。然后再执行Edit Mesh（编辑网格）>Merge Vertex Tool（合并点工具）命令，合并它们相邻的点，如图7-156所示。

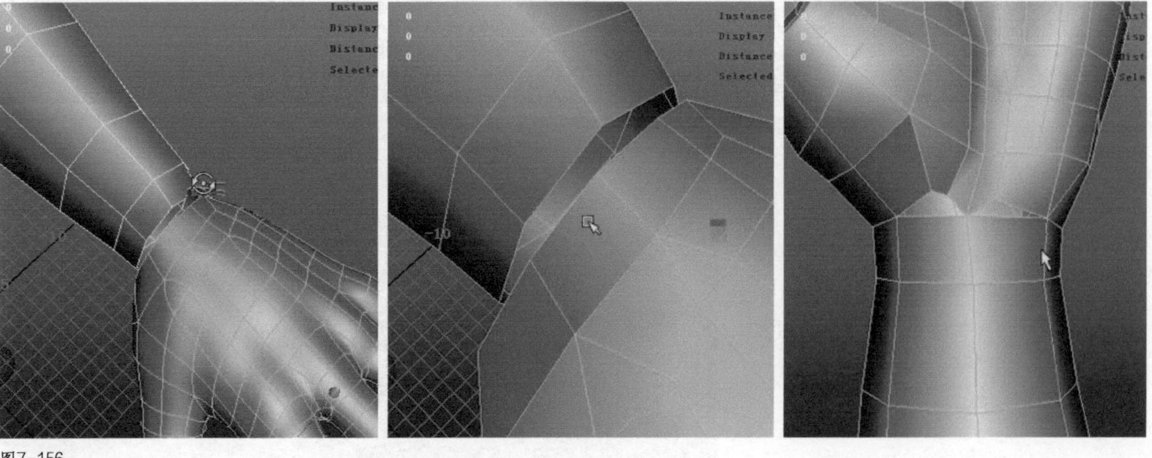

图7-156

18 执行Edit Mesh（编辑网格）>Interactive Split Tool（交互式分割工具）命令，使用分割多边形工具在手腕位置切割布线，使其与手掌的线段相对应，然后再次使用合并点工具，合并点，如图7-157所示。

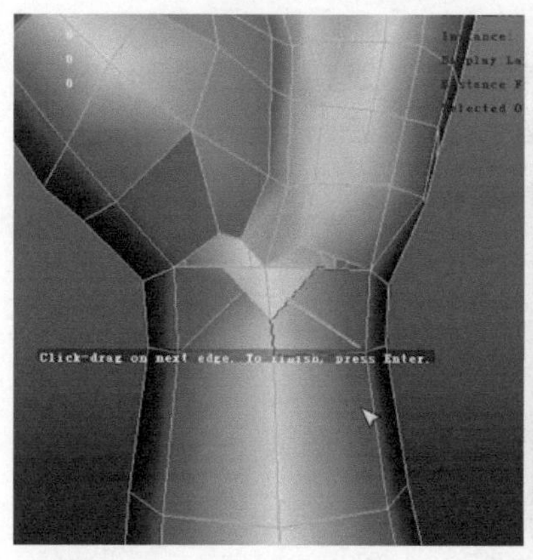
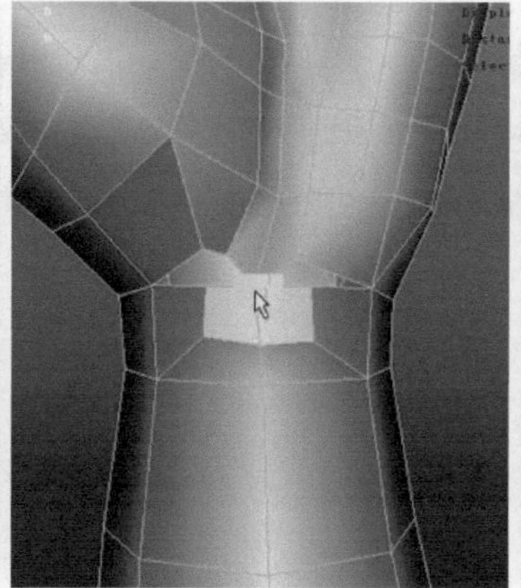
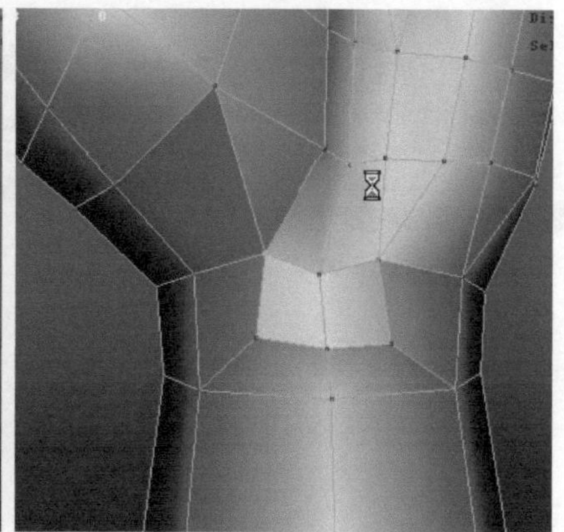

图7-157

19 切换至点元素模式，开启软选择工具，从侧面调整手腕的起伏结构，然后再调整手指的长度比例，如图7-158所示。

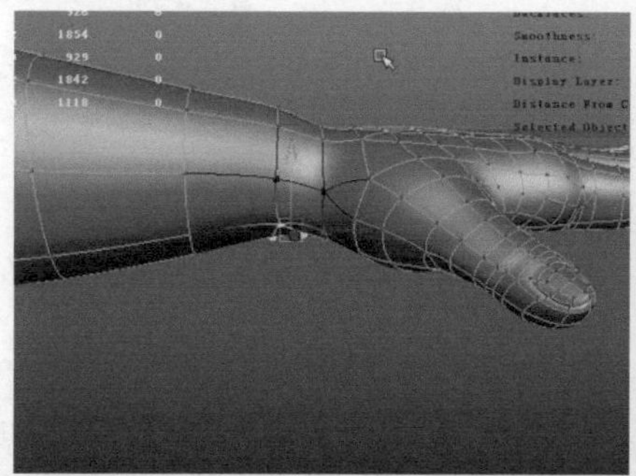
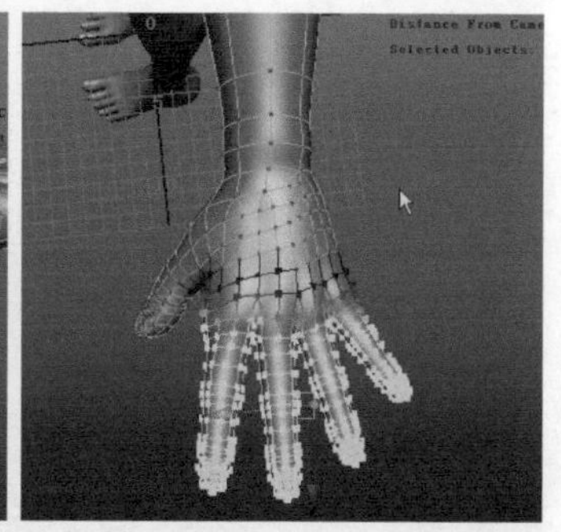

图7-158

20 切换至前视图，删除模型左半边的面。选择剩余的部分，执行Edit（编辑）>Duplicate Special（特殊复制）命令，把模型的另一半重新镜像复制出来，如图7-159所示。

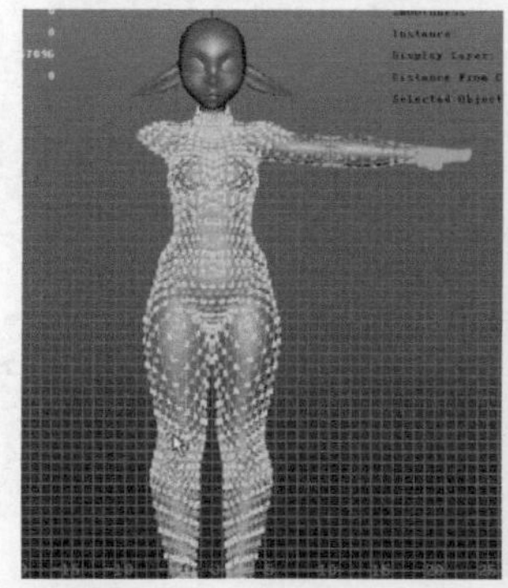
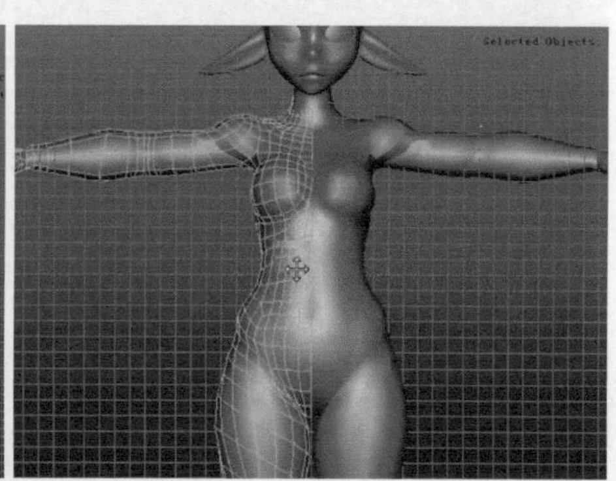

图7-159

21 选择身体的模型，执行Mesh（网格）>Combine（合并）命令，把它们合并为一个整体。然后再执行Edit Mesh（编辑网格）>Merge（合并）命令，合并相邻和重叠的点，如图7-160所示。

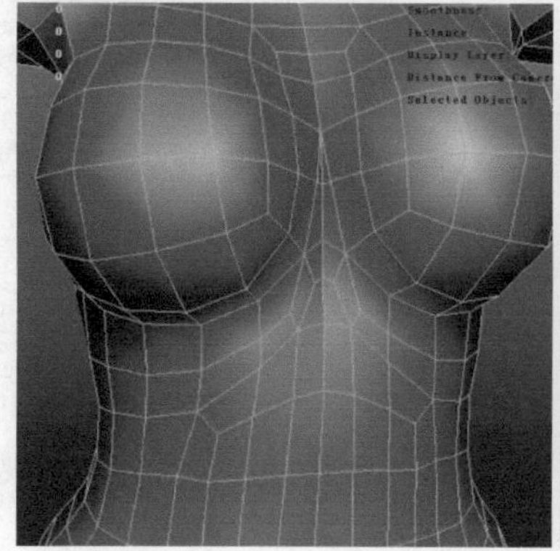
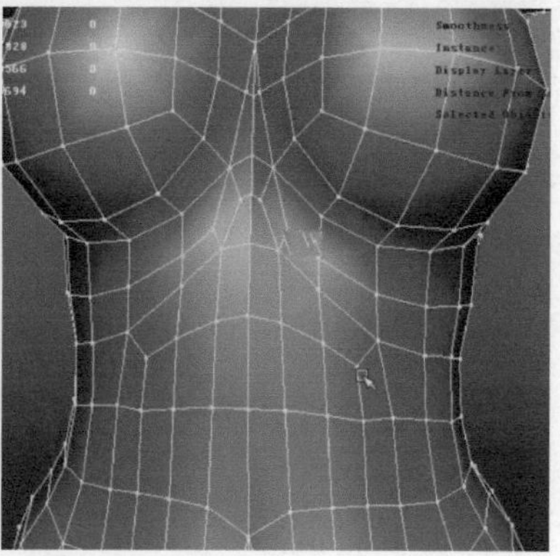

图7-160

7.5 头发制作

一个角色造型，按步骤增加发型、服装和道具，最终产生一个完整的角色模型。发型是女性角色创作至关重要的一个环节，不同的时代、不同的背景条件下，所创作的角色应该有相应的特征，如图7-161所示。

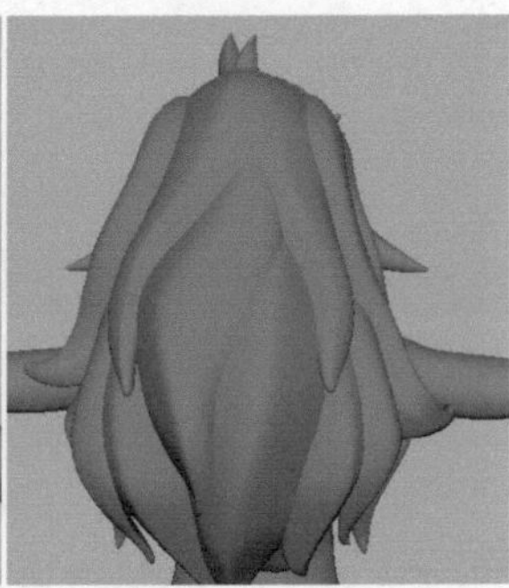

图7-161

01 执行Create（创建）>Polygon Primitives（多边形基本体）>Sphere（球体）命令，创建一个球体，把它大致缩放成一个柱体的比例，删掉模型的一半，把它作为头发的基础模型，如图7-162所示。

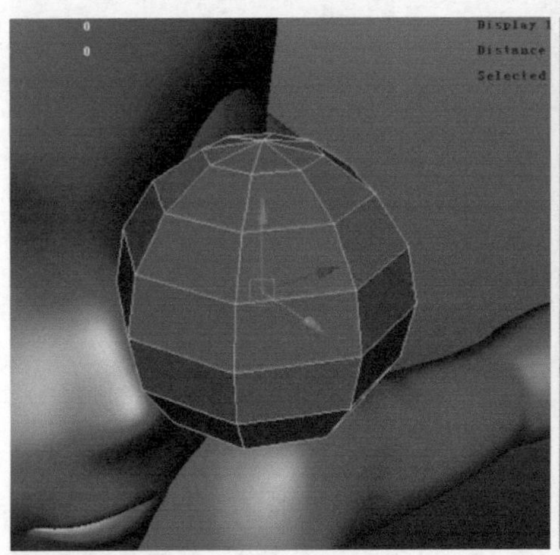
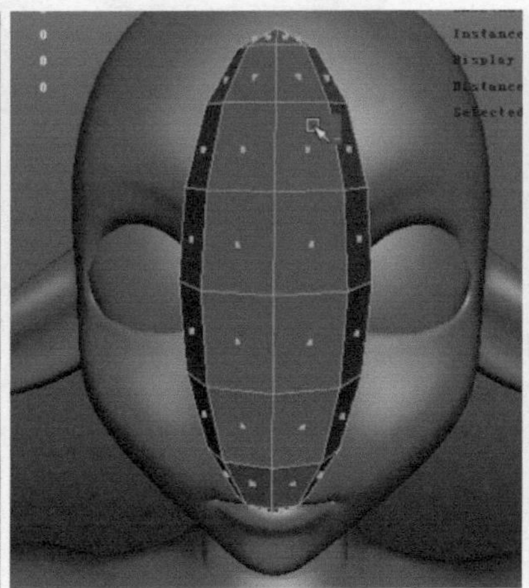
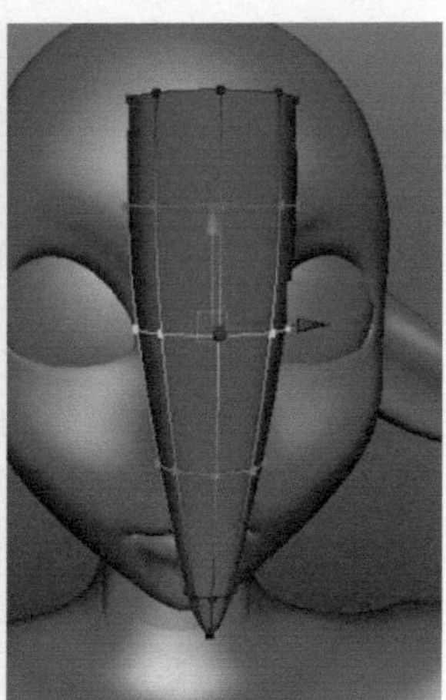

图7-162

02 切换至点元素模式，选择内侧面的点，把头发束模型的内侧面压平，完成之后，把它放置在一边，如图7-163所示。

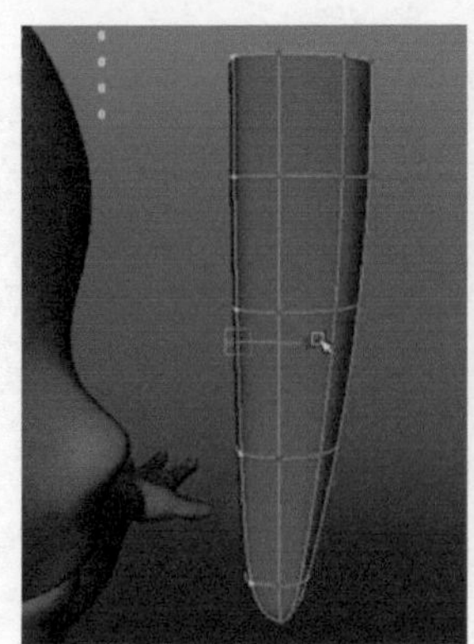

图7-163

03 复制一份头发束模型，把它移动至头部的右侧面，切换至点元素模式，按B键，开启软选择工具，调整头发束的卷曲感，如图7-164所示。

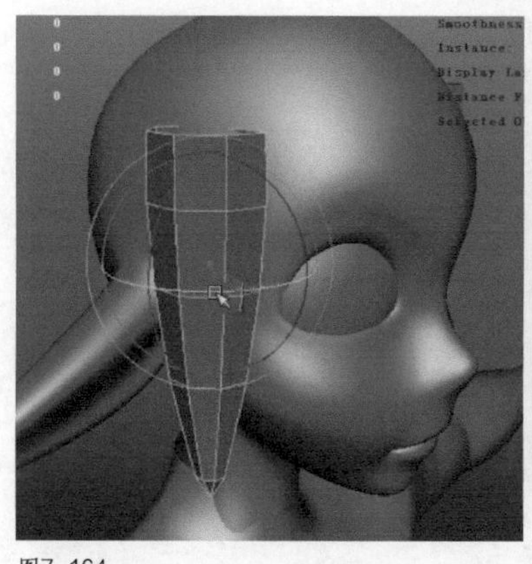
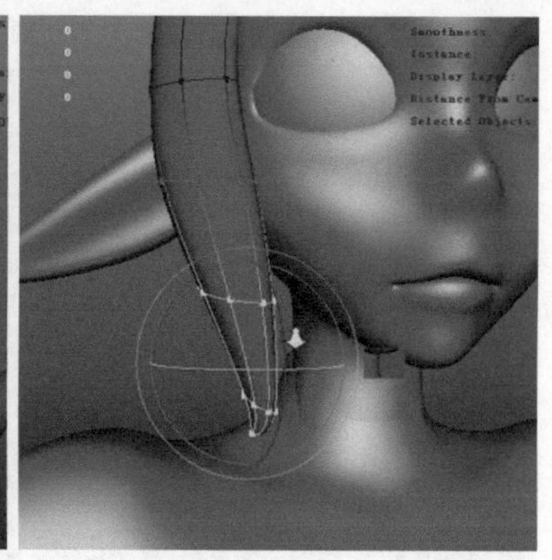

图7-164

04 再复制一束头发，适当缩小。切换至点元素模式，调整一下扭曲的变化，不要让它看上去和之前的头发束太雷同。接着，复制第3束头发，调整一下变化，把它们交叠在一起，如图7-165所示。

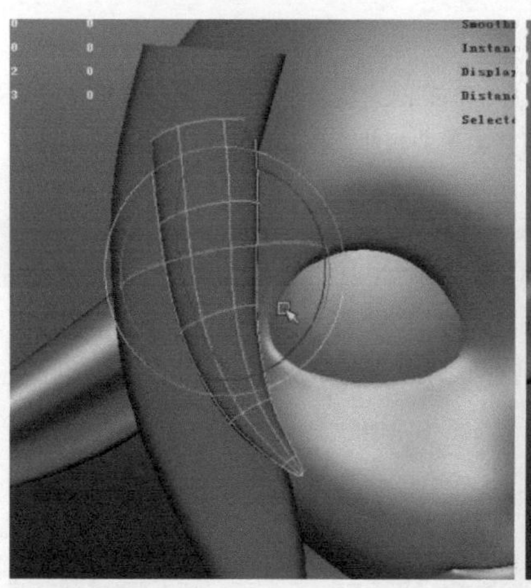
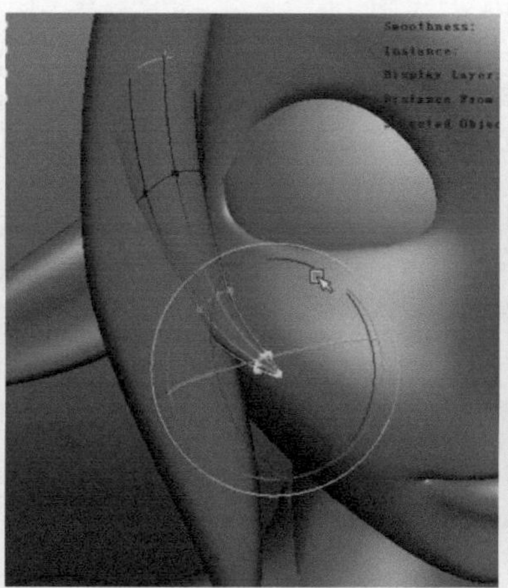
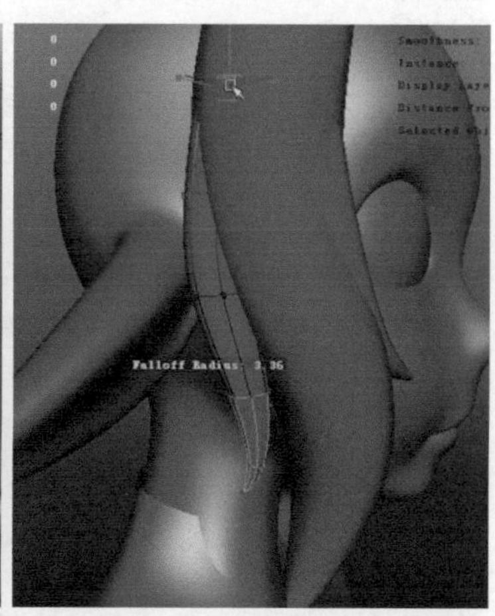

图7-165

05 选择这3束头发，按Ctrl+G组合键把模型打组，然后使用特殊复制，把它们镜像复制到右边。切换至点元素模式，开启软选择，对它们的大型进行调整，如图7-166所示。

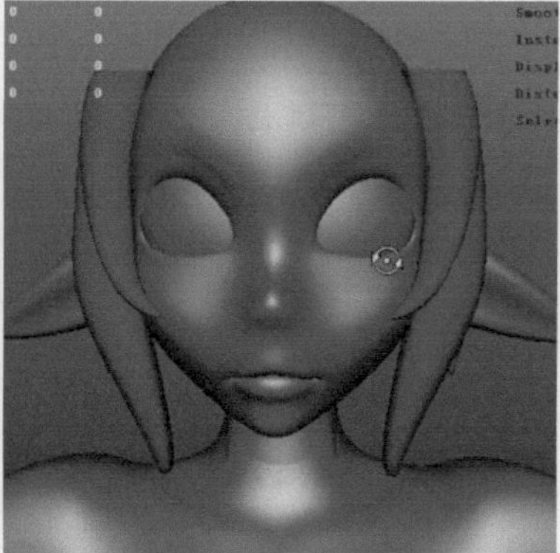
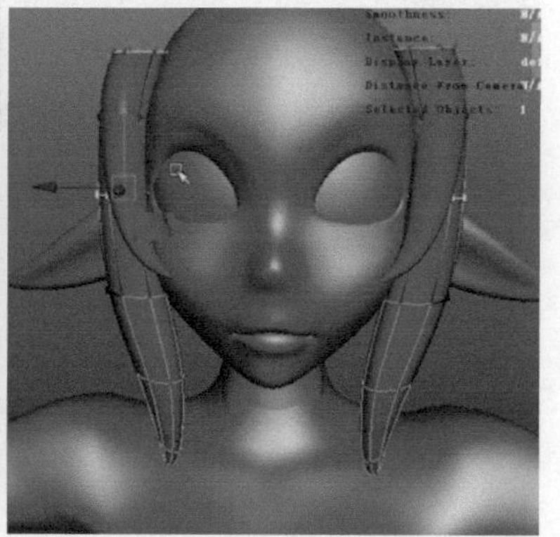

图7-166

06 复制头发束模型，把它缩小放置在额头地方，通过旋转以及调整点的方式，使它与额头进行贴合匹配，如图7-167所示。

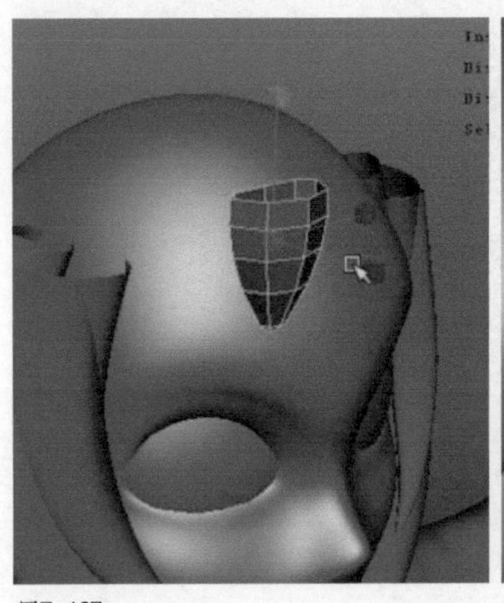
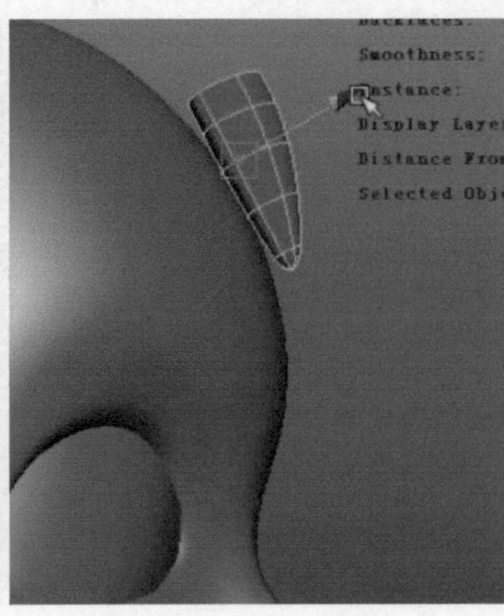

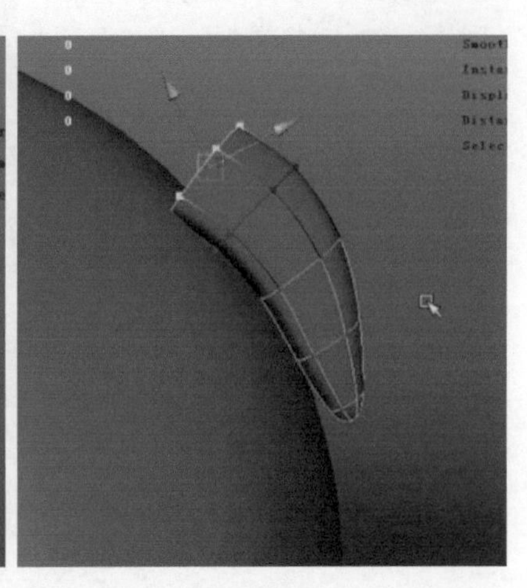

图7-167

07 执行Edit Mesh（编辑网格）>Insert Edge Loop Tool（插入循环边工具）命令，在这束头发的正面以及侧面插入循环边，使它在平滑预览模式下，具有锐利的转折效果。切换至点元素模式，调整尖端的扭曲变化，使它看上去更加自然，如图7-168所示。

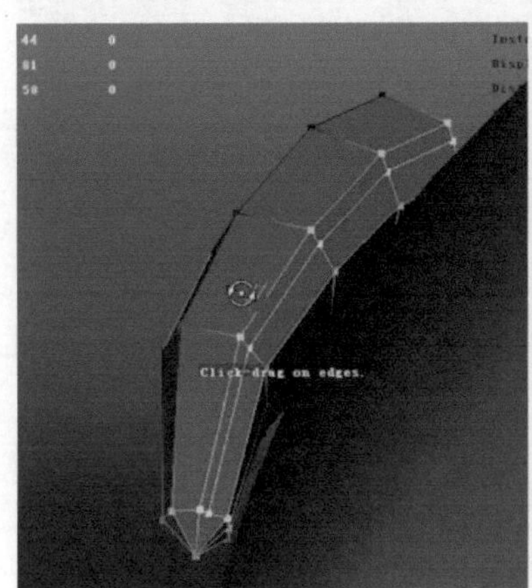

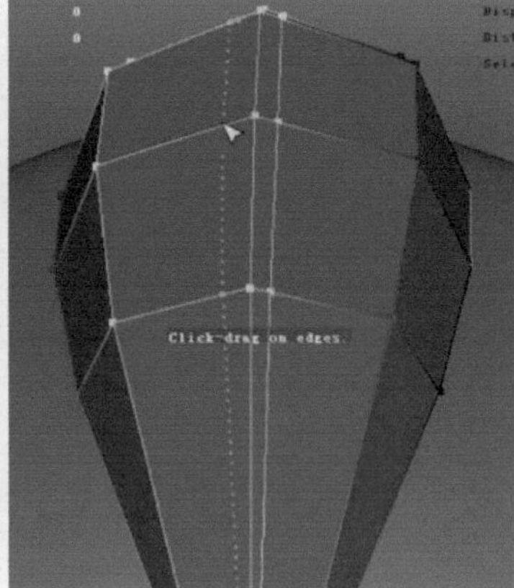

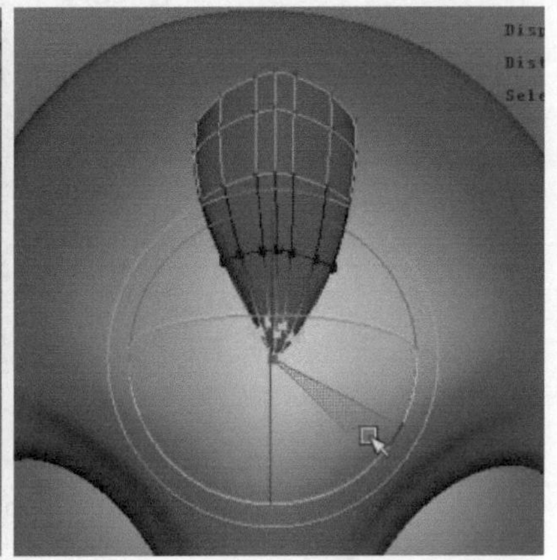

图7-168

08 复制这束头发，把它们排布贴合在额头的位置，注意复制完成后，要随机的调整一下它们的变化，如图7-169所示。

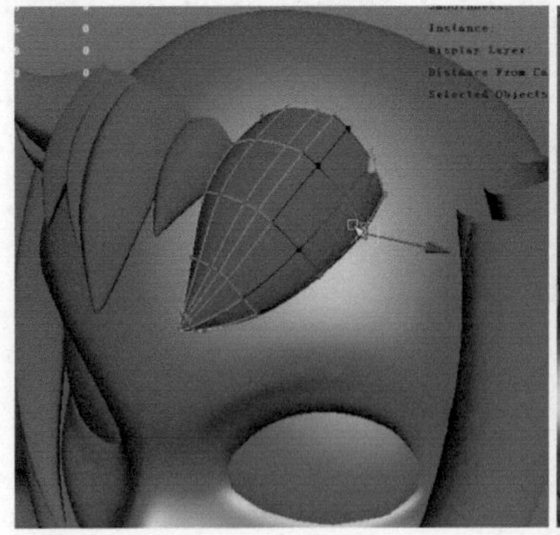
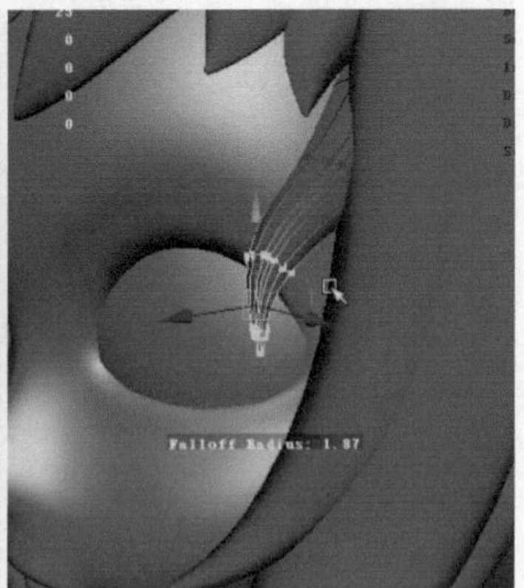

图7-169

09 选择一束较大的头发，选择她的末端的循环边，执行Edit Mesh（编辑网格）>Extrude（挤出）命令，向头顶延伸挤出。使用插入循环边工具，插入需要的控制段数，切换至点元素模式，调整点的位置，使它与头部进行贴合匹配。完成之后，对其他头发也进行此操作，如图7-170所示。

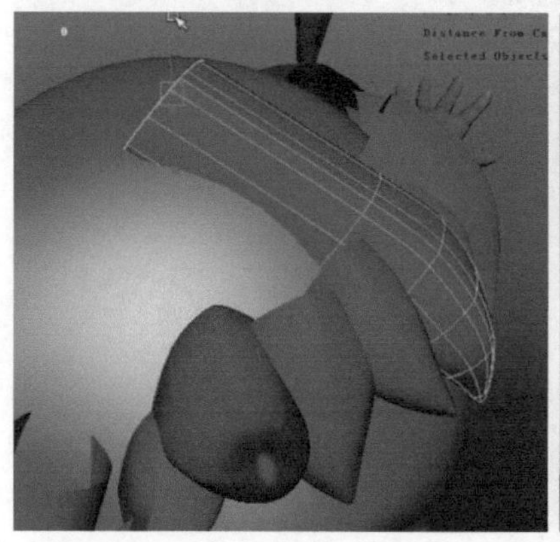
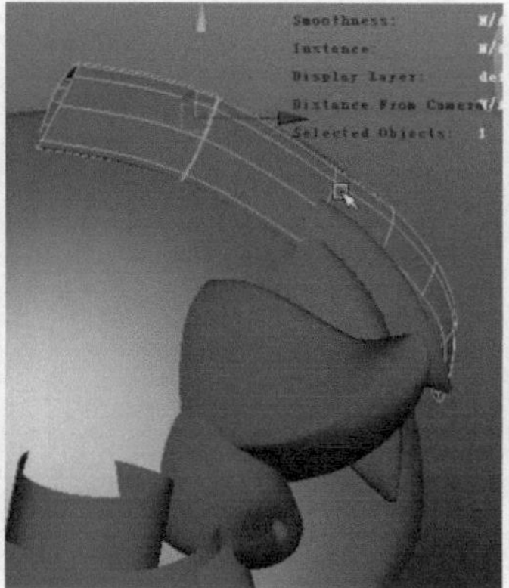
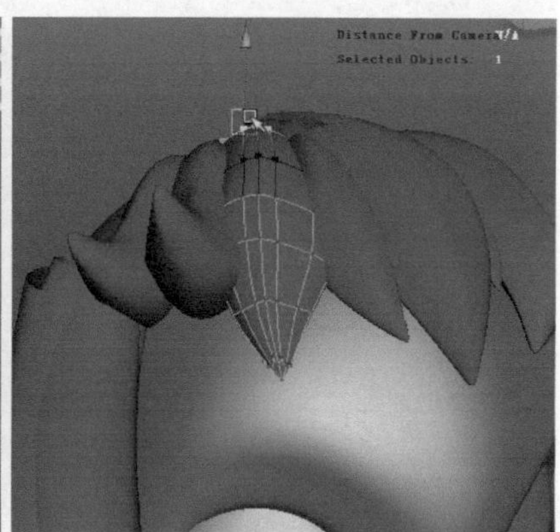

图7-170

10 选择侧面的头发束，也同样把它们进行挤出延伸。调整时注意头发束之间的穿插，交接线要看上去平滑流畅，如图7-171所示。

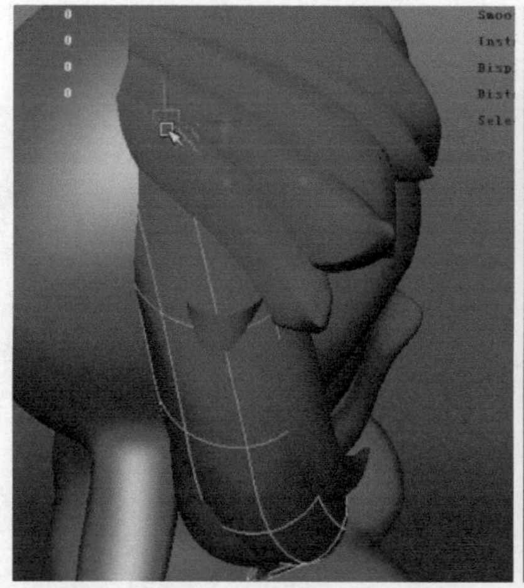
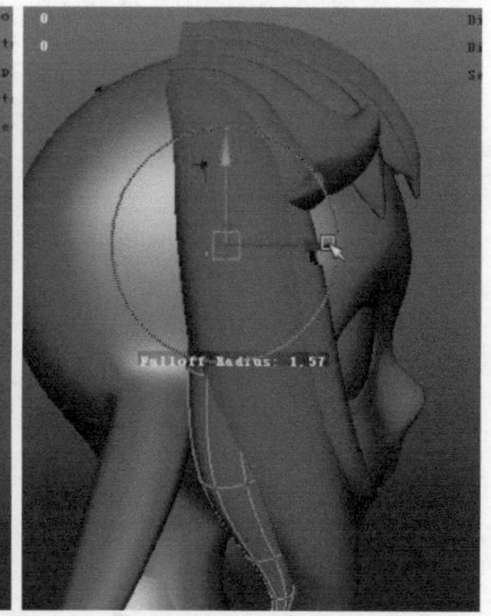

图7-171

11 选择已完成的头发束模型，执行Create Deformers（创建变形器）>Lattice（晶格）命令，创建晶格工具。在通道栏中，找到S、T、U Divisions（S、T、U细分），调整晶格的控制段数，然后再选择晶格点，分别从正视图和侧视图调整头发的形状，如图7-172所示。

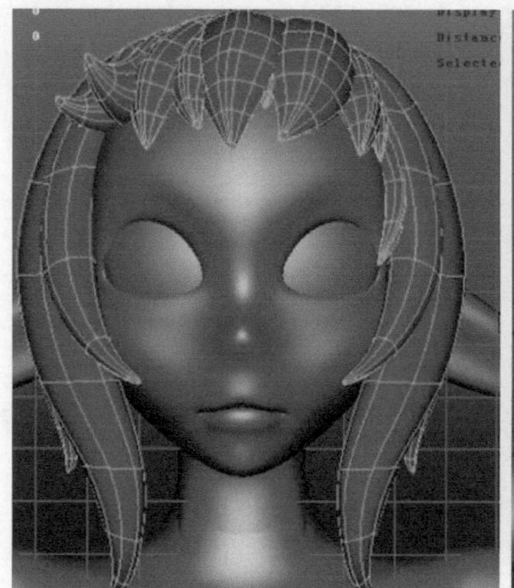
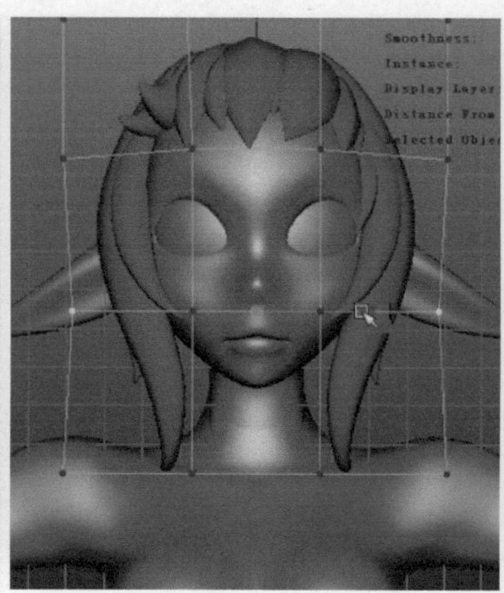
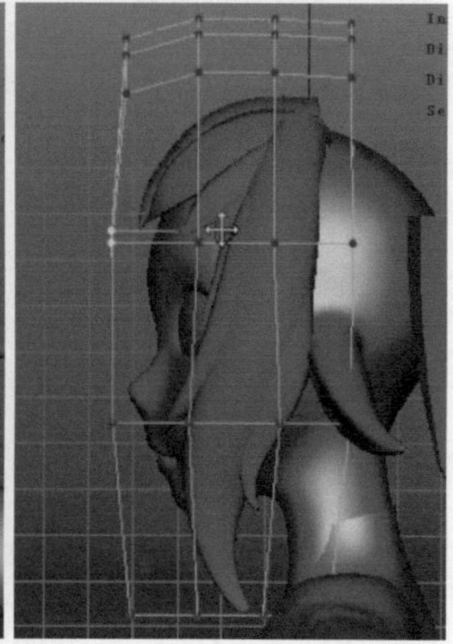

图7-172

12 选择之前创建的备用的头发束，把它进行复制并放大，放置在背后，作为底层的头发层。旋转调整它的轮廓循环边，使它包裹住后面的头皮，如图7-173所示。

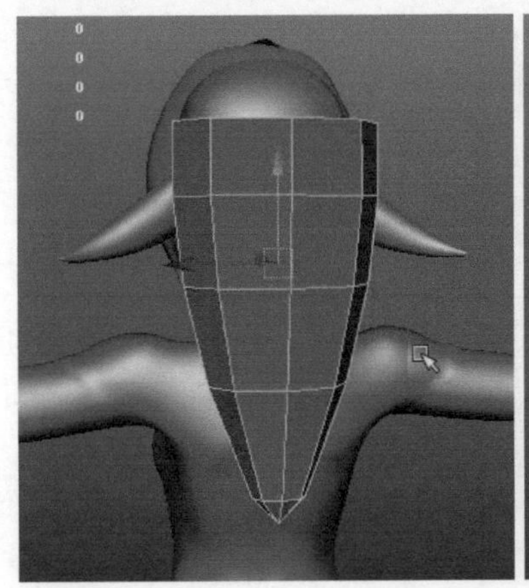
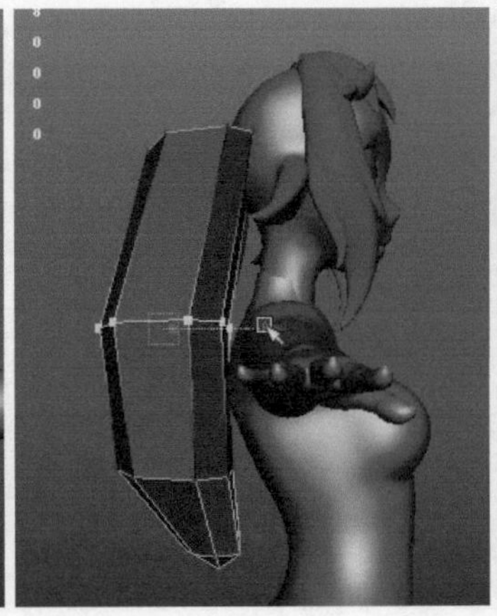
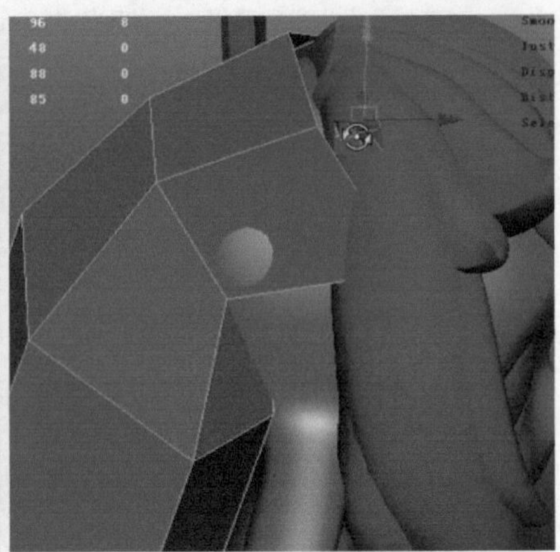

图7-173

13 切换至点元素模式，开启软选择工具，把它与头皮进一步贴合匹配，如图7-174所示。

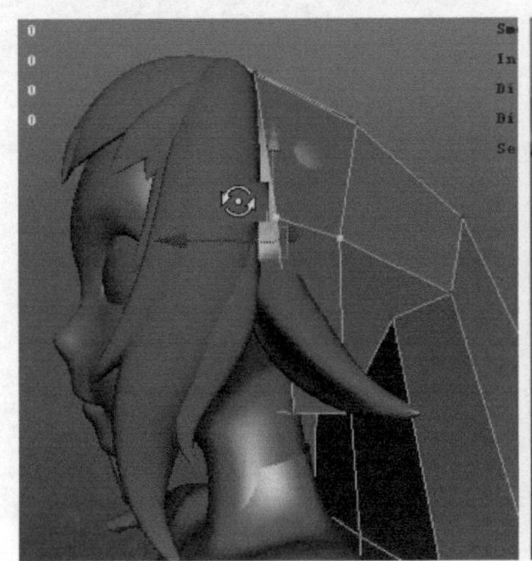
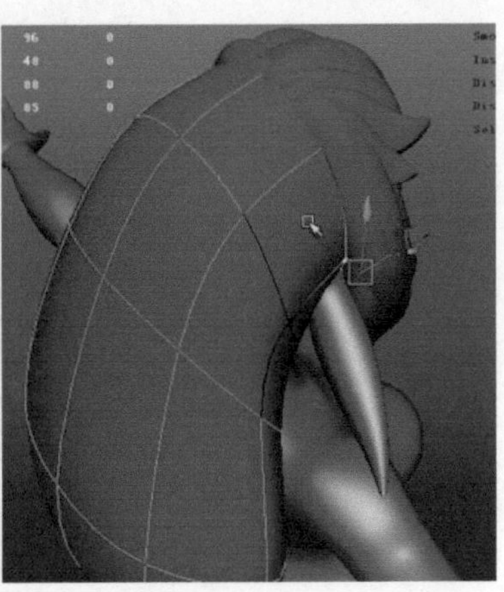

图7-174

14 复制头发束，放置在背后头发的上端，切换至点元素模式，适当调整头发的扭曲感，然后在侧视图调整一下头发束之间的穿插匹配，如图7-175所示。

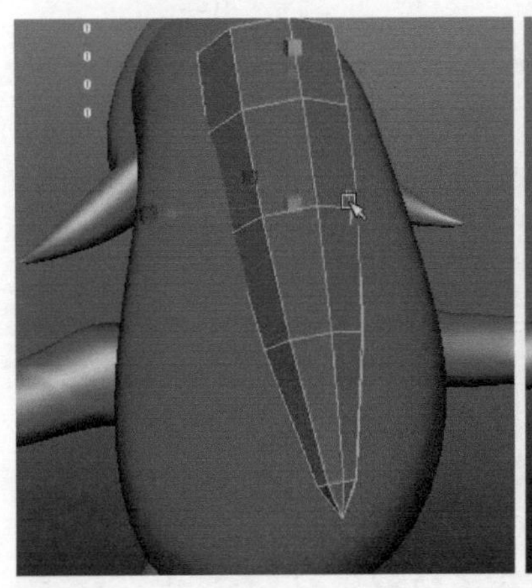
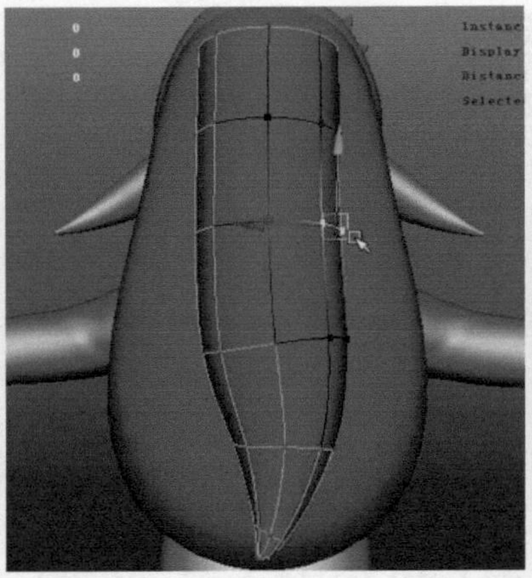
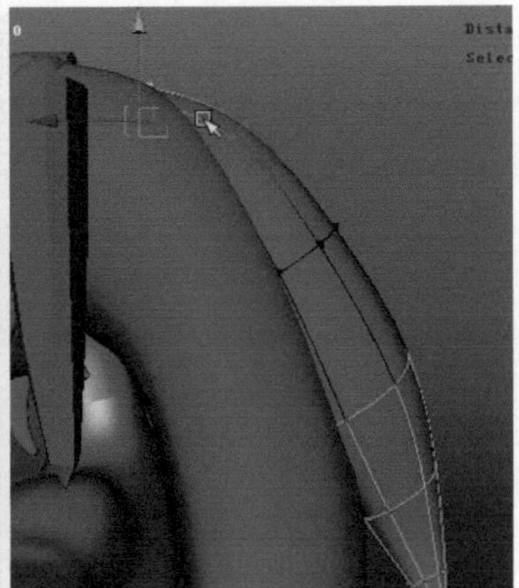

图7-175

15 执行Edit Mesh（编辑网格）>Insert Edge Loop Tool（插入循环边工具）命令，在这束头发上面插入循环边，使它在平滑模式下，具有锐利的转折效果，如图7-176所示。

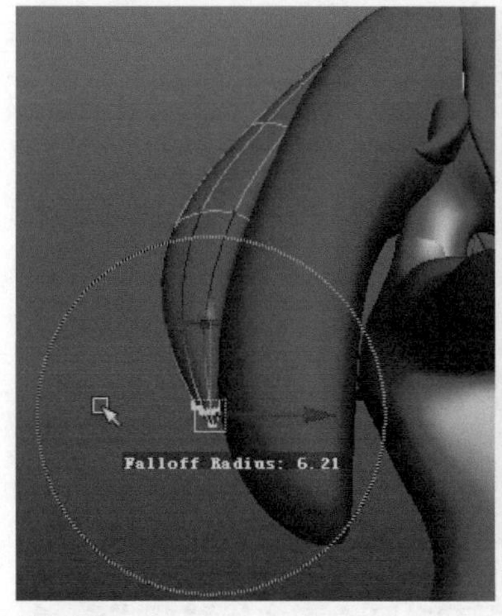

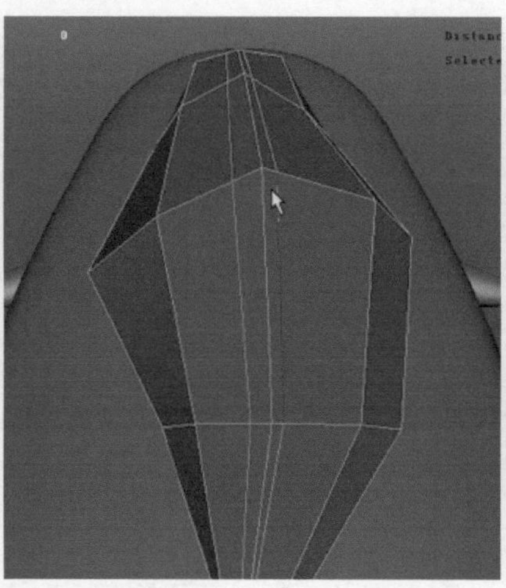
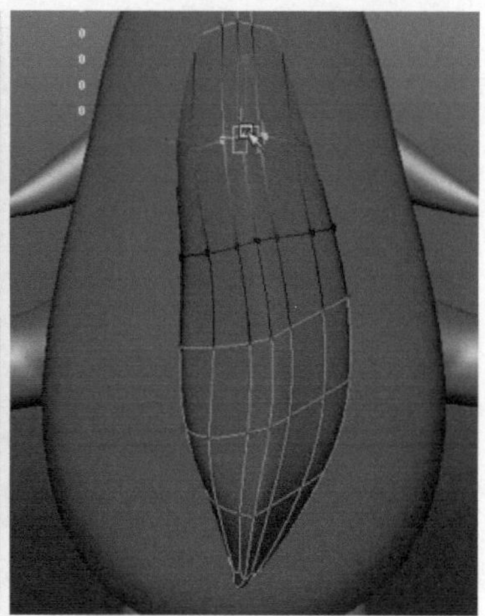

图7-176

16 继续复制头发束，使它们覆盖住头皮。切换至点元素模式，随机的调整它们的扭曲变化，如图7-177所示。

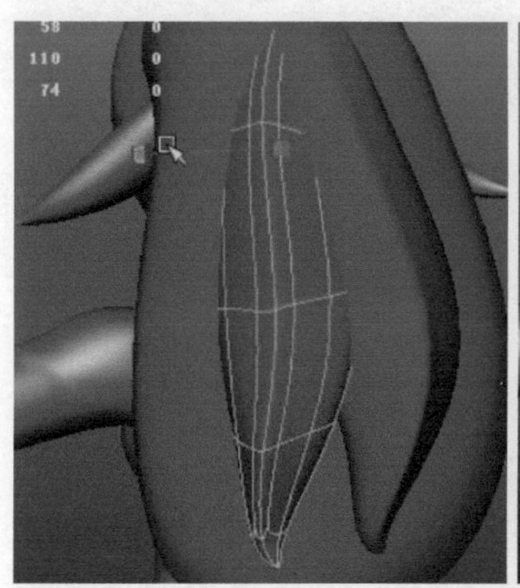
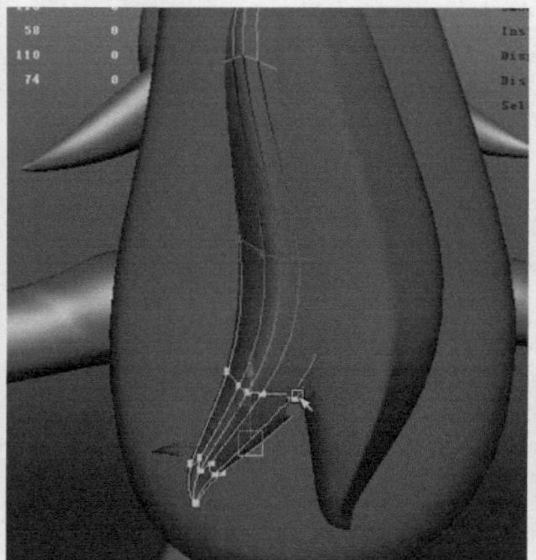
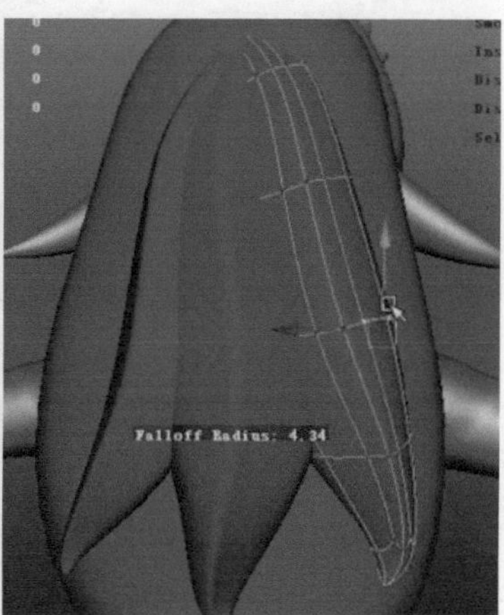

图7-177

17 相应地把侧面的头发束填满，切换至点元素模式，调整出自然扭曲的变化，如图7-178所示。

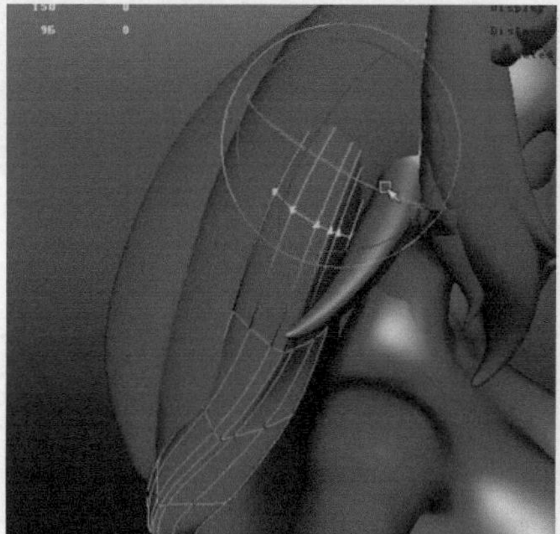
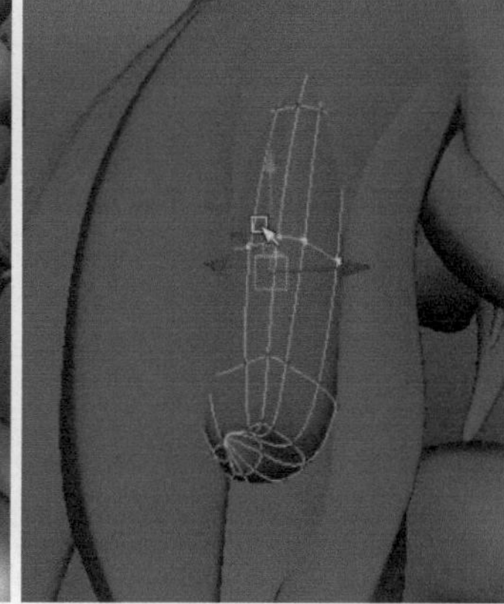

图7-178

18 选择之前创建的第一束头发，执行Edit Mesh（编辑网格）>Insert Edge Loop Tool（插入循环边工具）命令，在尾部插入足够的控制段。切换至点元素模式，调整这束头发的卷曲的效果，如图7-179所示。

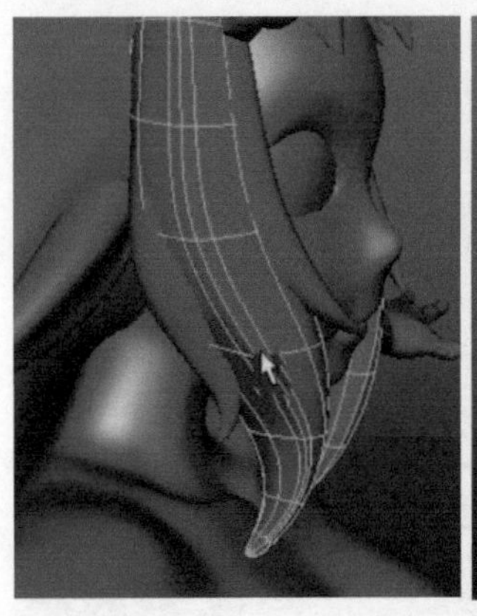
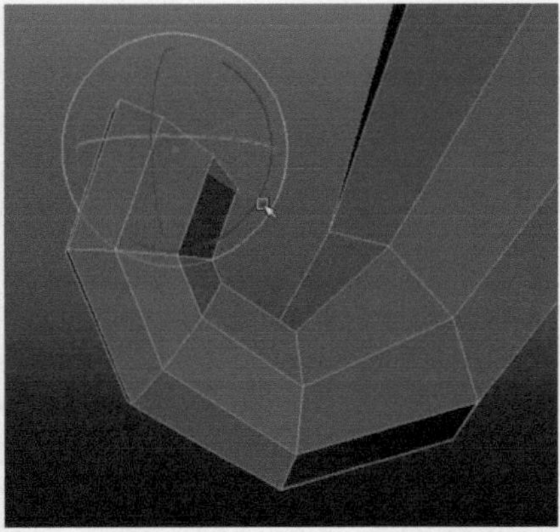
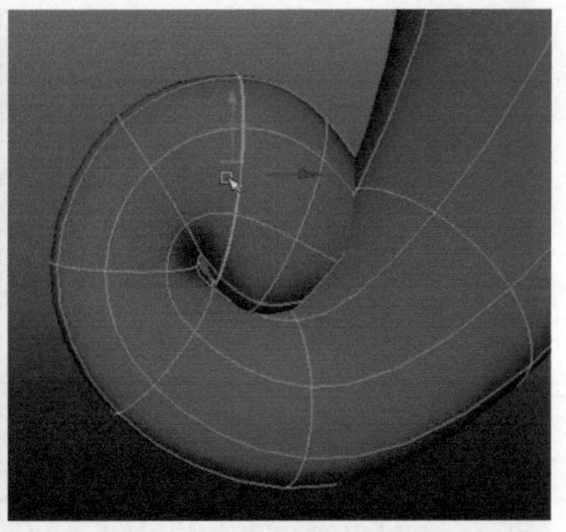

图7-179

19 执行Edit Mesh（编辑网格）>Insert Edge Loop Tool（插入循环边工具）命令，使用插入循环边工具在头发束的外侧插入循环边，做出头发的锐利转折效果，如图7-180所示。

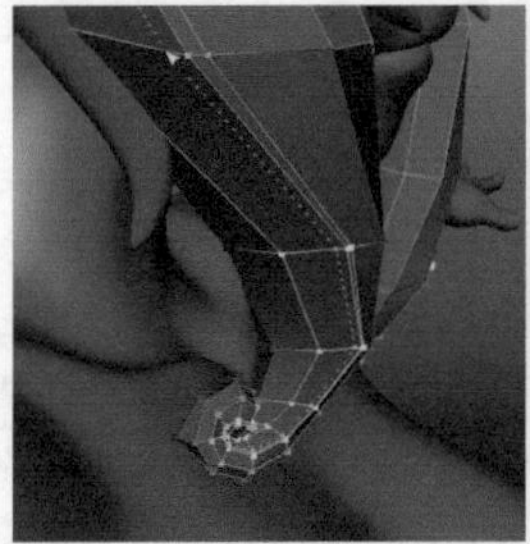
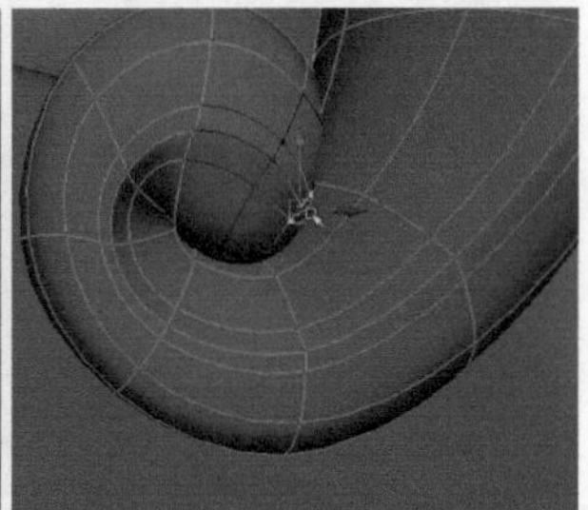

图7-180

20 使用插入循环边工具，给其他头发束插入循环，切换至点元素模式，调整发梢以及头发的其他细节结构，如图7-181所示。

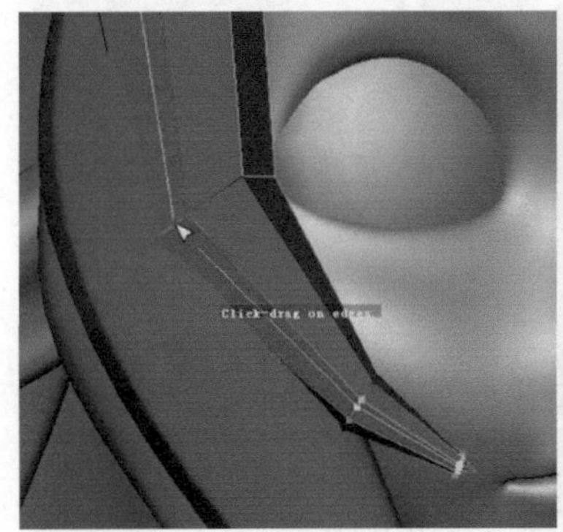
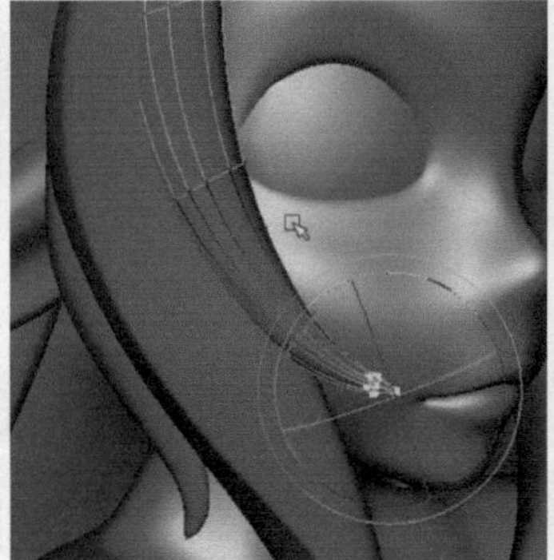
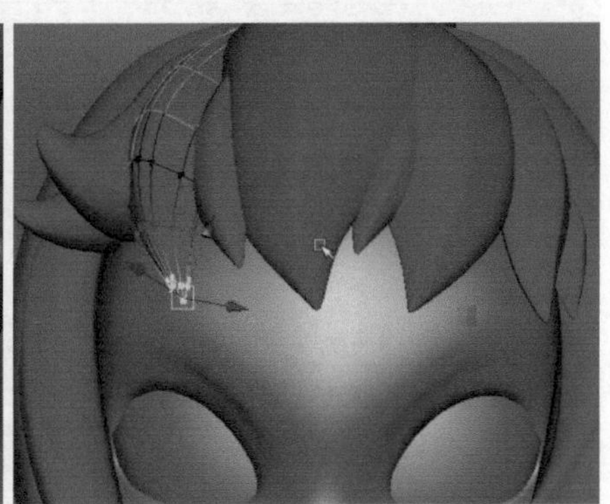

图7-181

21 选择所有头发模型，执行Create Deformers（创建变形器）>Lattice（晶格）命令，创建晶格工具。在通道栏中，找到S、T、U Divisions（S、T、U细分），调整晶格的控制段数，然后再选择晶格点，分别从正视图和侧视图调整头发的形状，如图7-182所示。

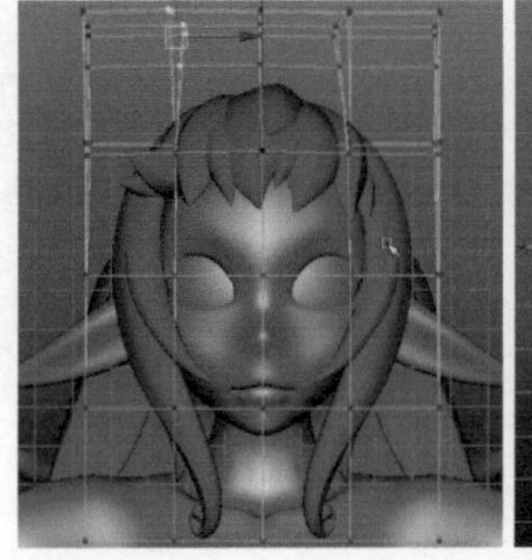
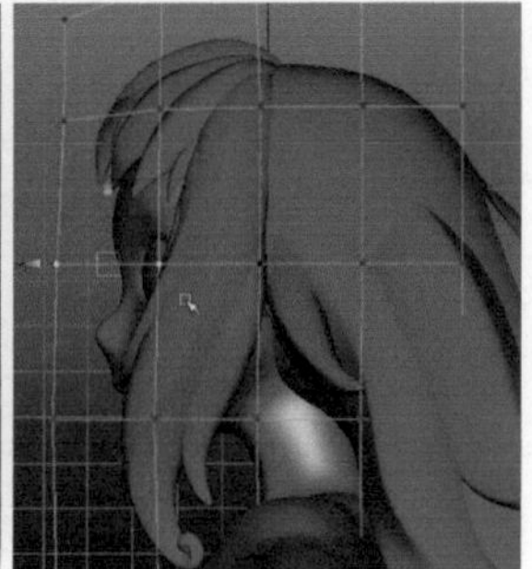

图7-182

22 再次复制背后的头发束，把它放大叠在上层，使整体的头发造型更加有层次感。切换至点元素模式，开启软选择工具，调整头发的扭曲，如图7-183所示。

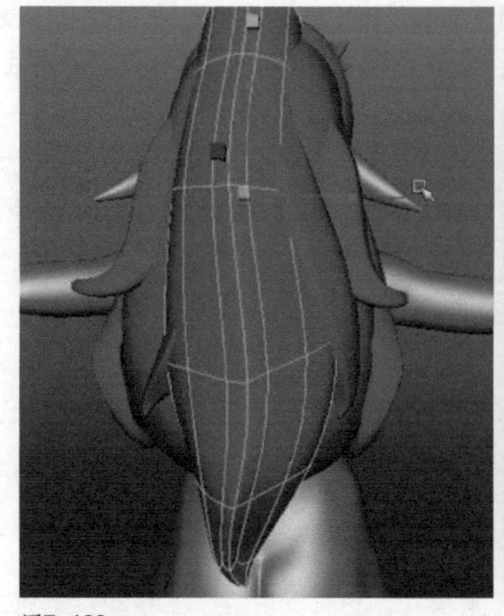
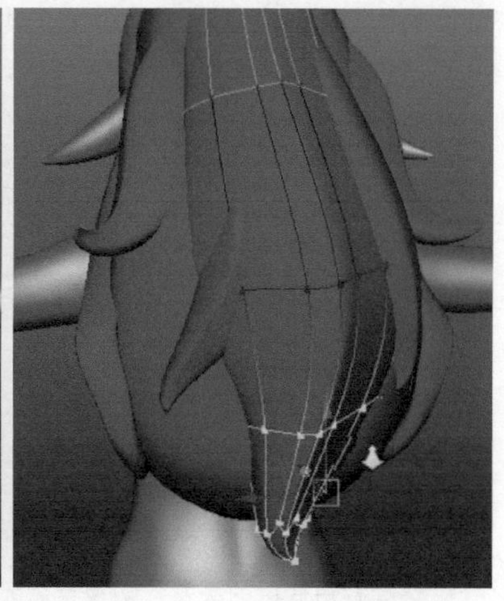

图7-183

23 复制头发束，放置在侧面的位置，然后切换至点元素模式，调整每束头发之间的穿插，使它的交界线看起来比较平滑，如图7-184所示。

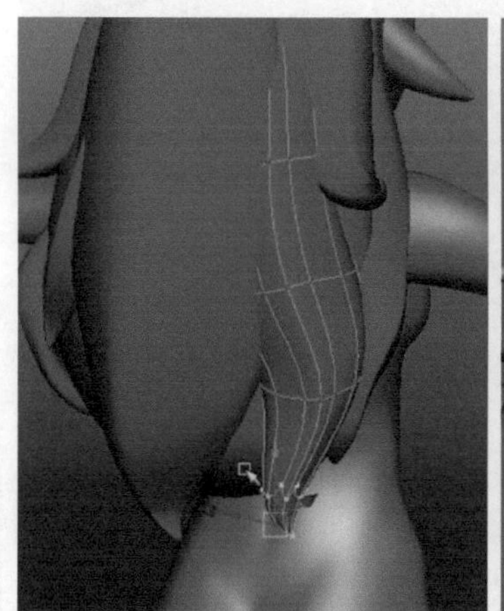
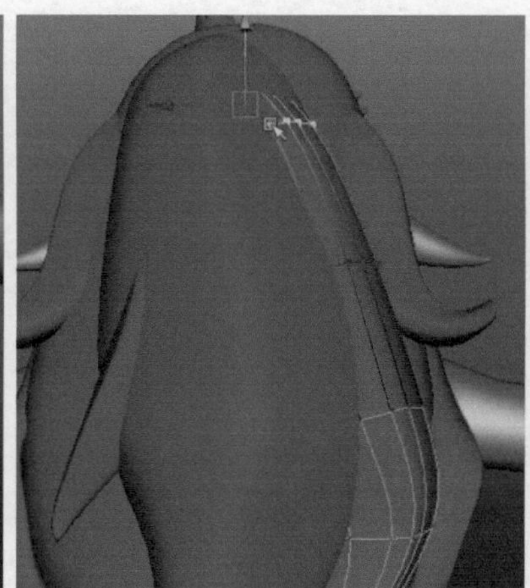
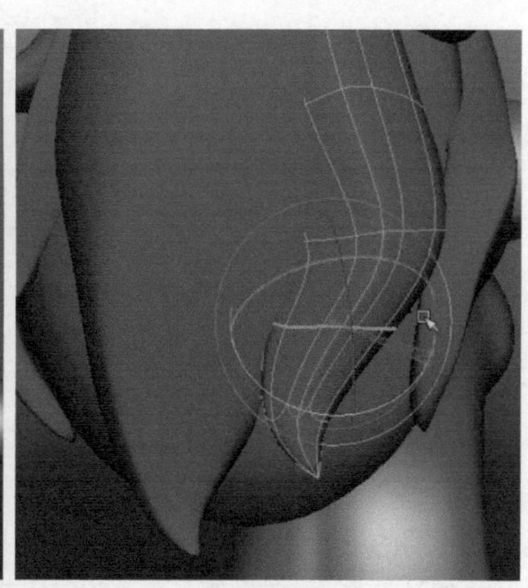

图7-184

24 选择右侧的所有头发，按Ctrl+G组合键，把模型进行打组，然后执行特殊复制命令，把它镜像复制到左侧，如图7-185所示。

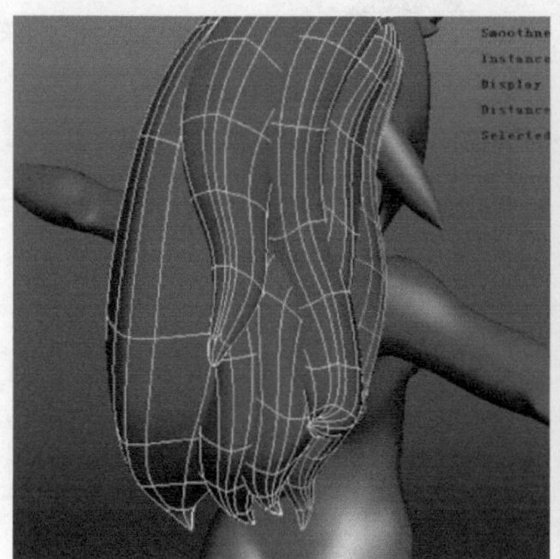
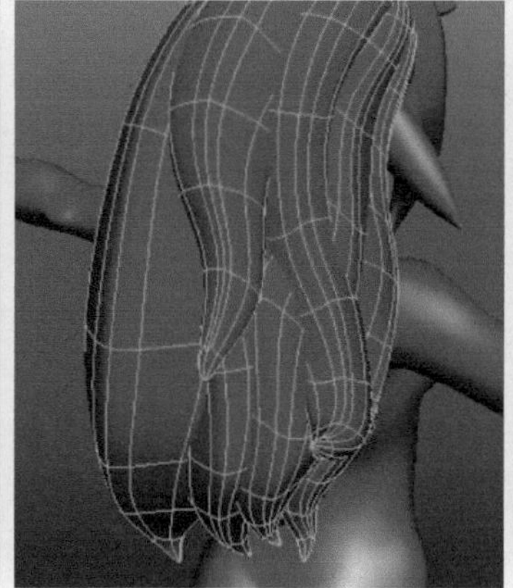
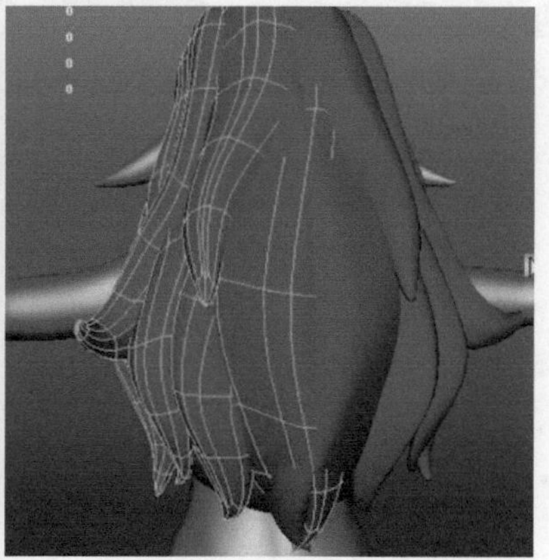

图7-185

25 切换至点元素模式，开启软选择工具，调整左侧头发的扭曲，打破它与右侧头发的对称结构，如图7-186所示。

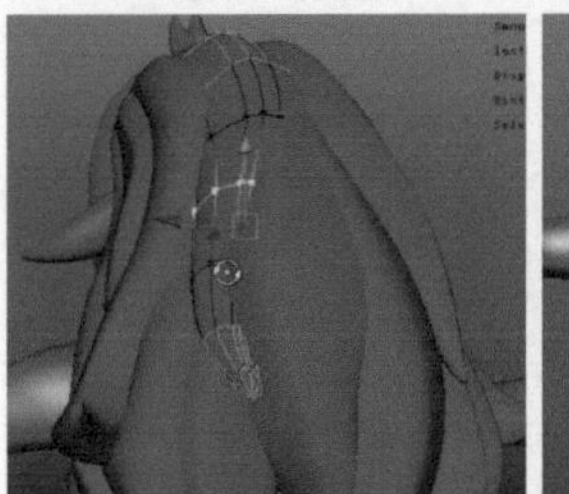
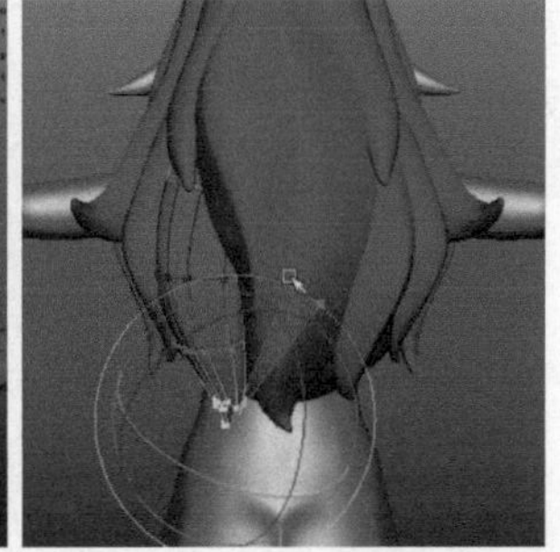

图7-186

26 切换至点元素模式，调整头顶上的最后两撮头发，如图7-187所示。

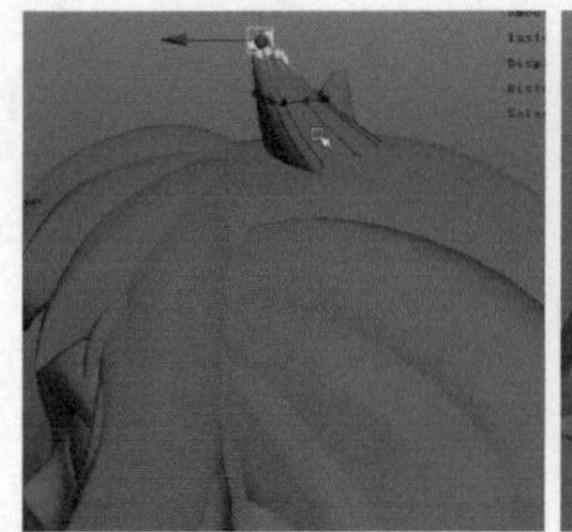

图7-187

27 选择背后底层的头发，切换至点元素模式，把头发底端往上移动，避免穿帮。选择所有头发模型，执行Create Deformers（创建变形器）>Lattice（晶格）命令，创建晶格工具。在通道栏中，找到S、T、U Divisions（S、T、U细分），调整晶格的控制段数，然后再选择晶格点，分别从正视图和侧视图调整头发的形状，如图7-188所示。

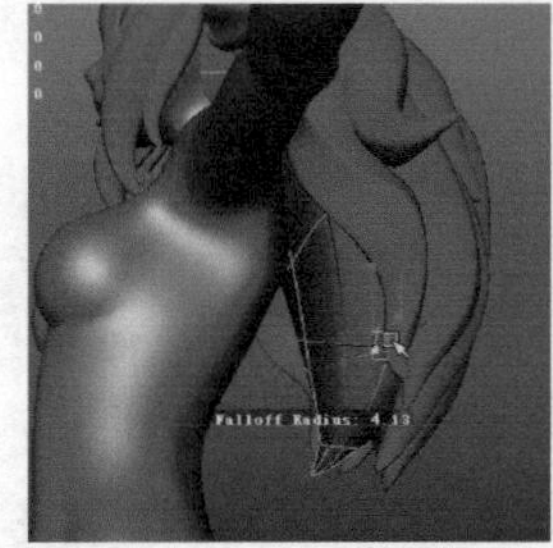
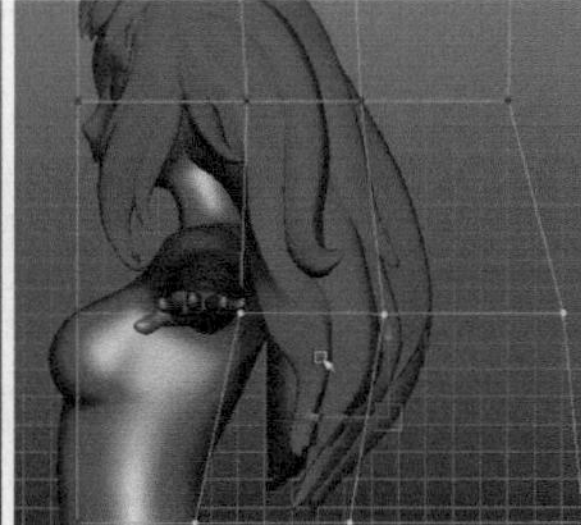
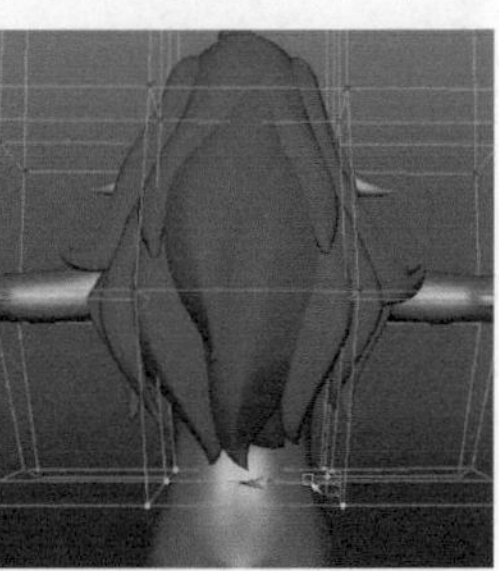

图7-188

7.6 服饰制作

不同的服饰会给角色带来不同的气质表现，给她穿上高级质量感的服装，可以增加身份地位的变化。在饰品添加时要适当，注意饰品大小的对比并分清主次疏密的关系。另外，制作前还要分析设定图，分出哪些物件是需要对称制作的。对称往往给人中规中矩、沉稳的感觉；而不对称则给人新奇感，适合表现有个性的角色，如图7-189所示。

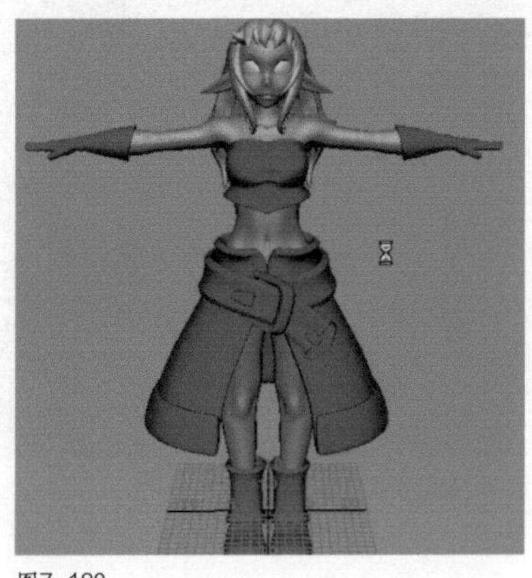

图7-189

7.6.1 服饰大型

01 执行Create（创建）>Polygon Primitives（多边形基本体）>Cylinder（圆柱体）命令，创建一个圆柱体，删除上下两端的面。执行Edit Mesh（编辑网格）>Insert Edge Loop Tool（插入循环边工具）命令，插入一段循环边。切换至点元素模式，选择上下两端的轮廓循环边进行缩放，匹配身体的模型，如图7-190所示。

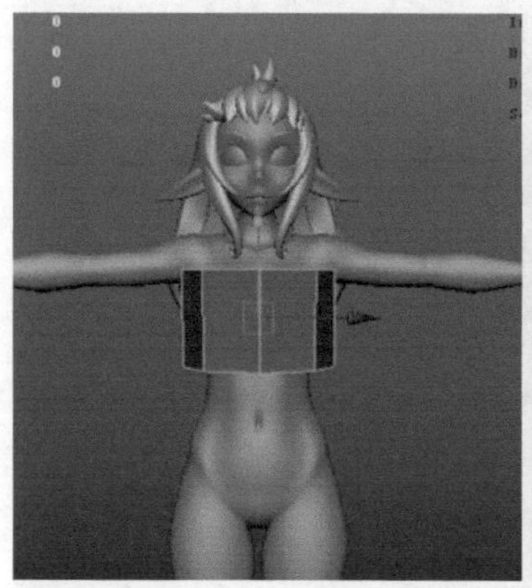
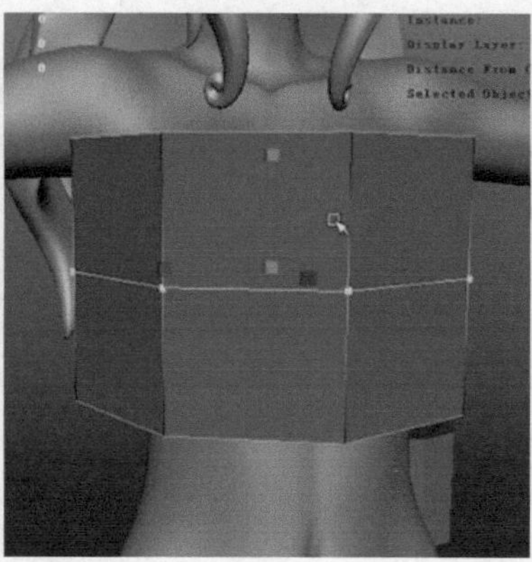
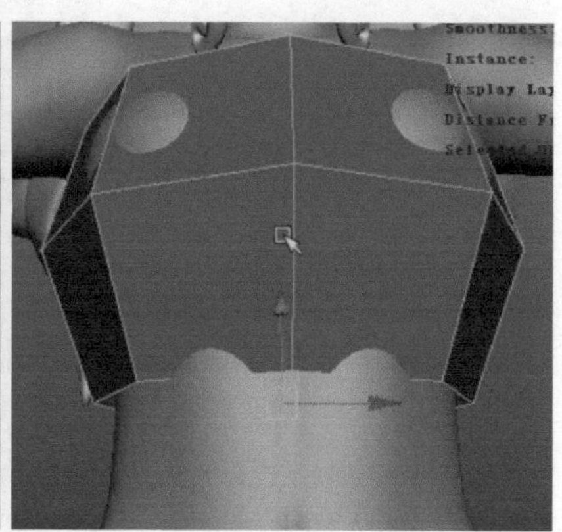

图7-190

02 切换至侧视图，调整点的位置，使它进一步贴合身体的模型。执行插入循环边工具，横向再次插入一条循环边，平均分段，然后切换至点元素模式，继续调整它的形状，如图7-191所示。

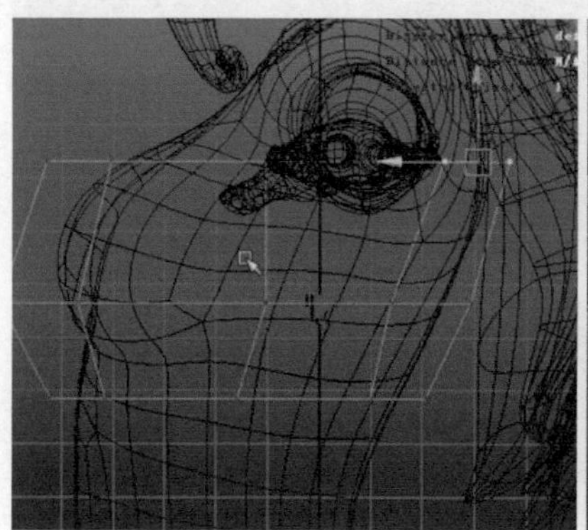
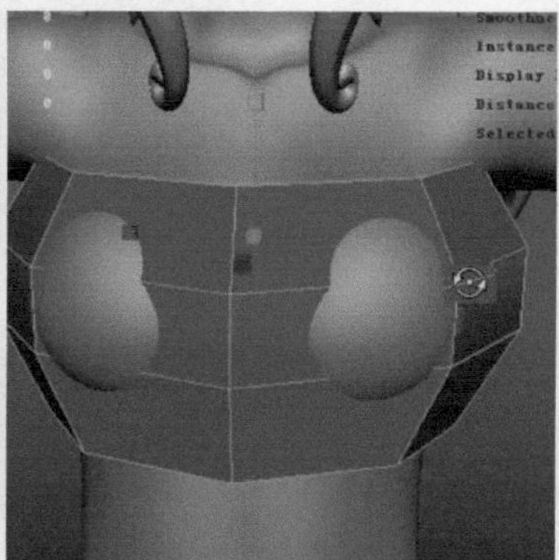
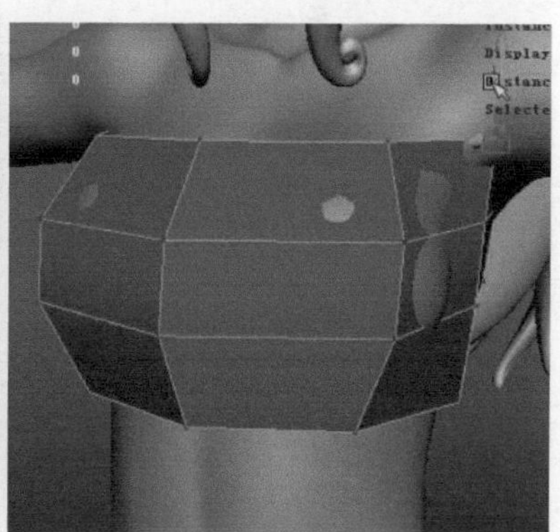

图7-191

03 切换至前视图，删除模型左半边的面。选择剩余的部分，执行Edit（编辑）>Duplicate Special（特殊复制）命令，把模型的另一半重新镜像复制出来，对两边进行同时操作，如图7-192所示。

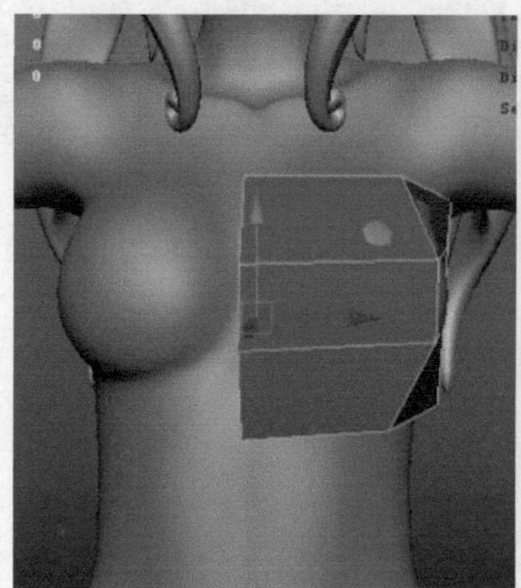
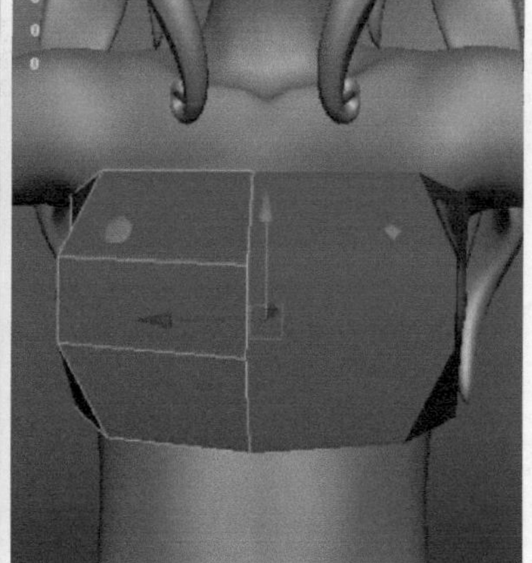

图7-192

04 切换至点元素模式，按B键，开启软选择工具，调整衣服的起伏细节结构，如图7-193所示。

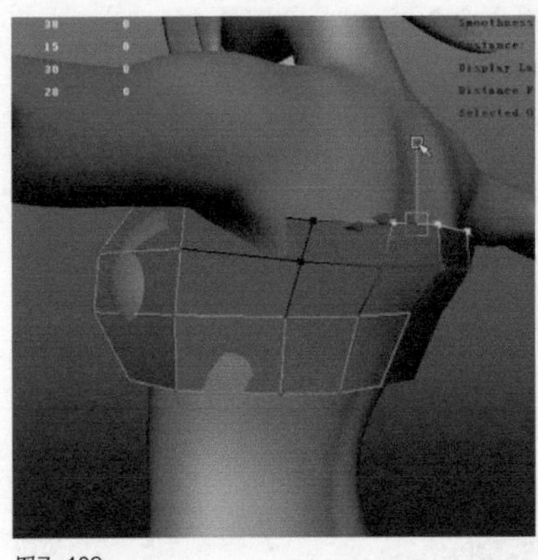
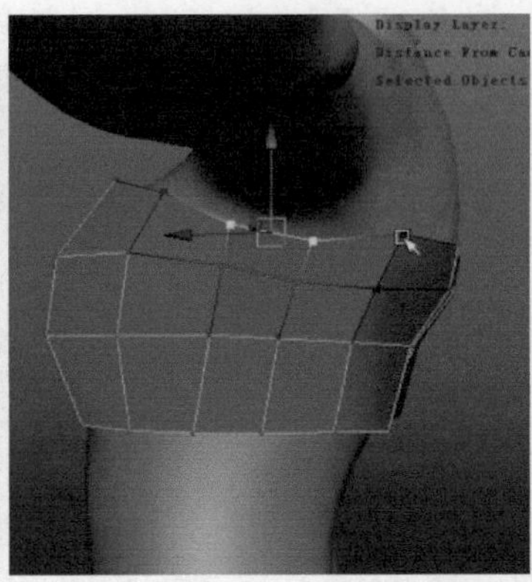
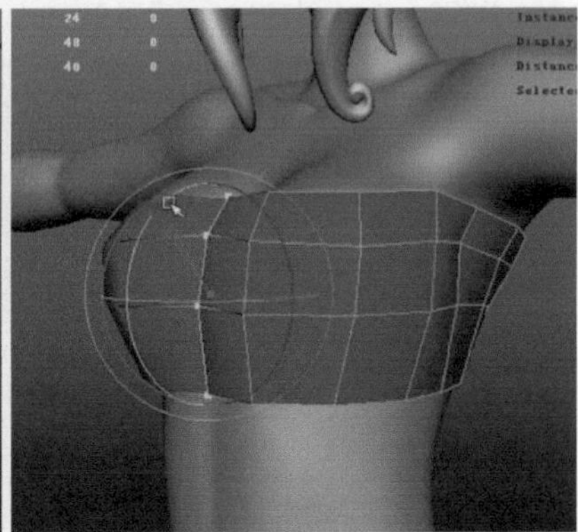

图7-193

05 选择两侧的模型，执行Mesh（网格）>Combine（合并）命令，把它们合并为一个整体。然后选择中间的点，执行Edit Mesh（编辑网格）>Merge（合并）命令，合并它们相邻和重叠的点，如图7-194所示。

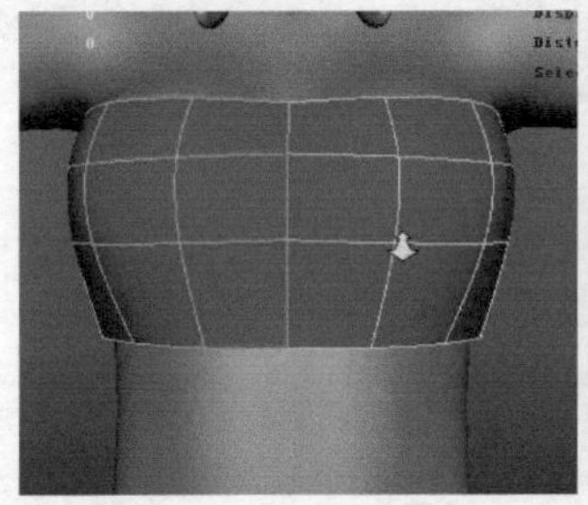
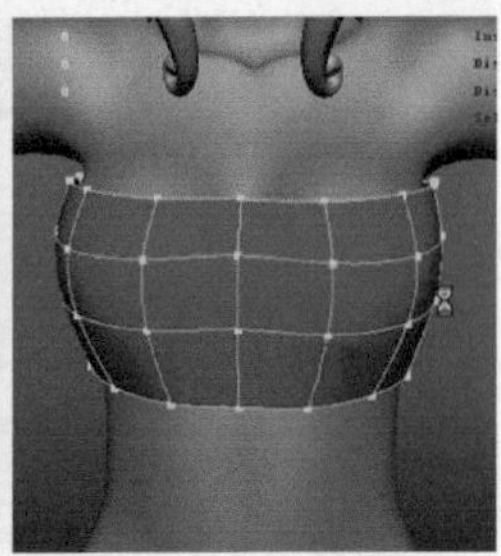

图7-194

06 选择边或点，调整衣服的一些转折起伏的细节结构，丰富模型的形状，如图7-195所示。

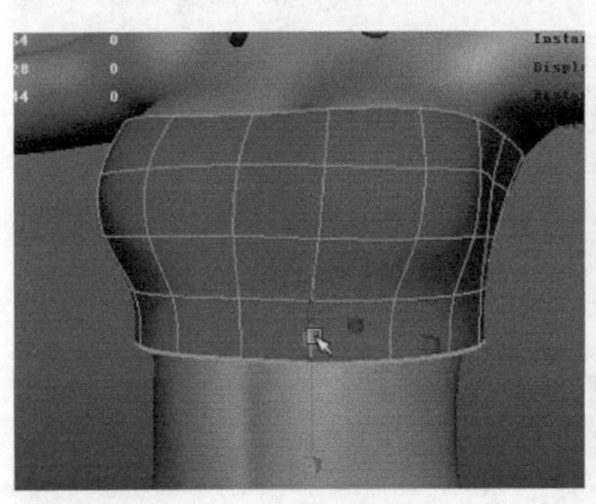
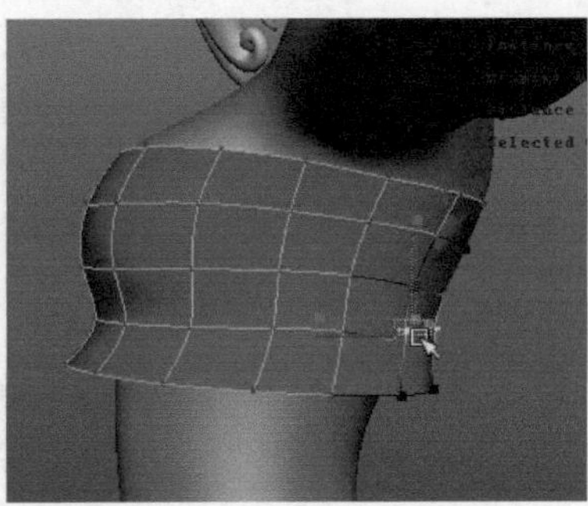
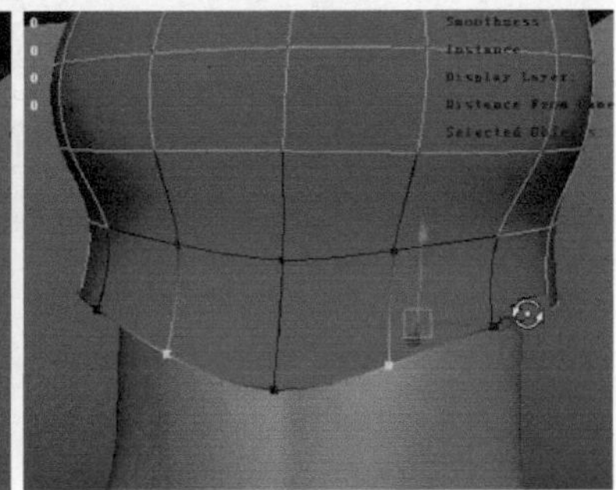

图7-195

07 选择手和手臂的面，执行Edit Mesh（编辑网格）>Duplicate Face（复制面）命令，把面复制提取出来作为手套的模型，如图7-196所示。

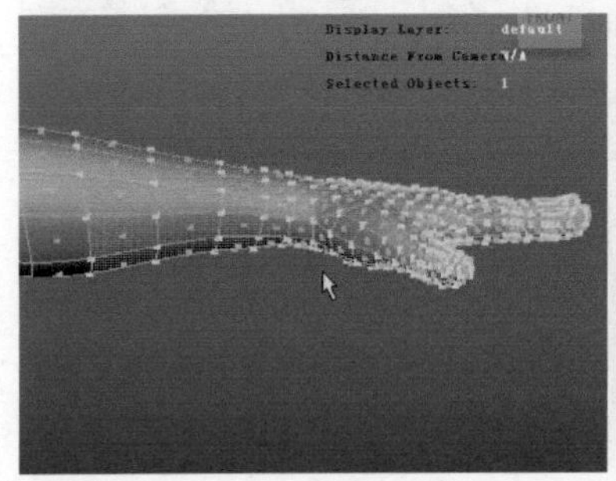
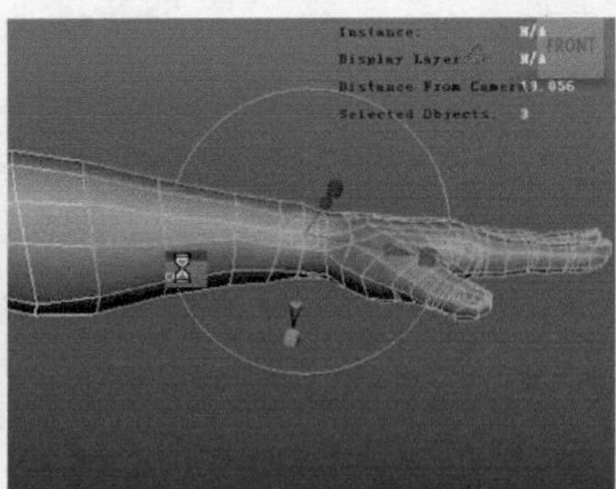
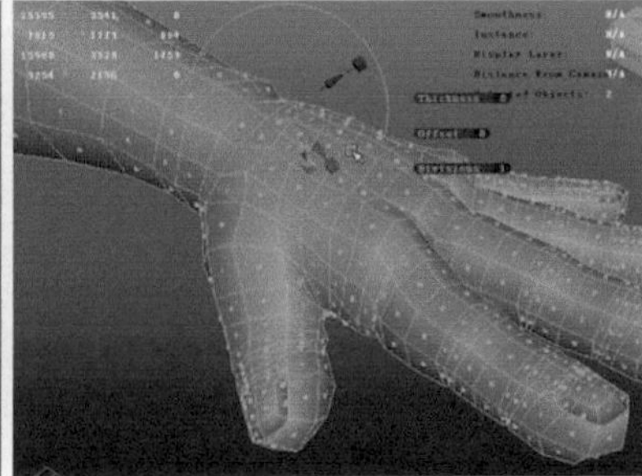

图7-196

08 删除手套指甲位置不需要的线。切换至点元素模式，把指头的形状调整得方一点，如图7-197所示。

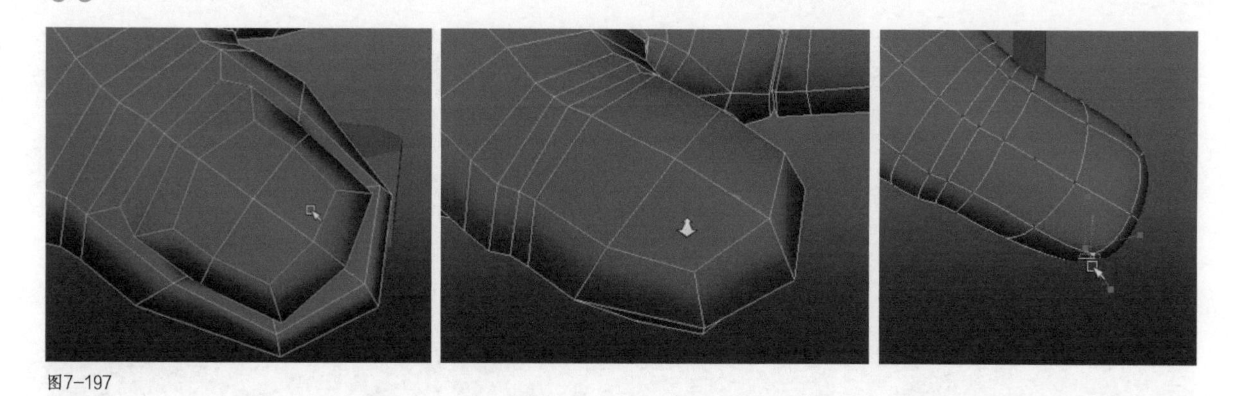

图7-197

09 删除其他手指指甲位置不需要的边，切换至点元素模式，开启软选择工具，调整指头的形状，如图7-198所示。

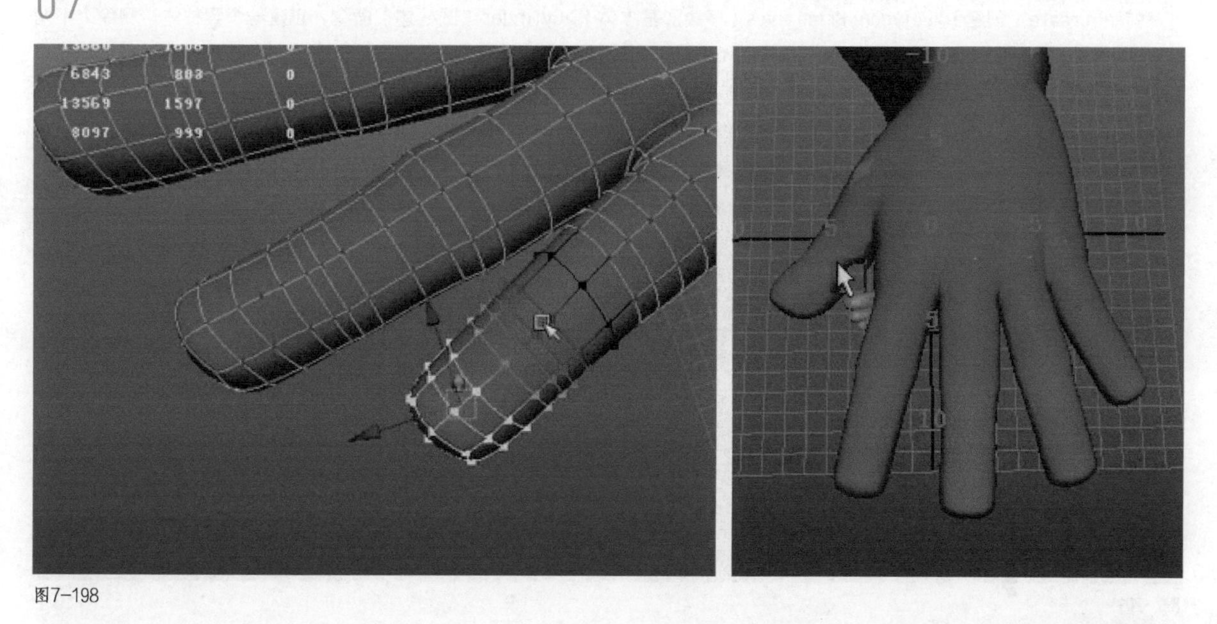

图7-198

10 执行Edit Mesh（编辑网格）>Insert Edge Loop Tool（插入循环边工具）命令，在手腕位置插入循环边并进行缩放，做出褶皱的起伏，然后继续插入一段循环边，卡住褶皱的结构。适当旋转两条循环边，使其看上去不规则，更加自然一点，如图7-199所示。

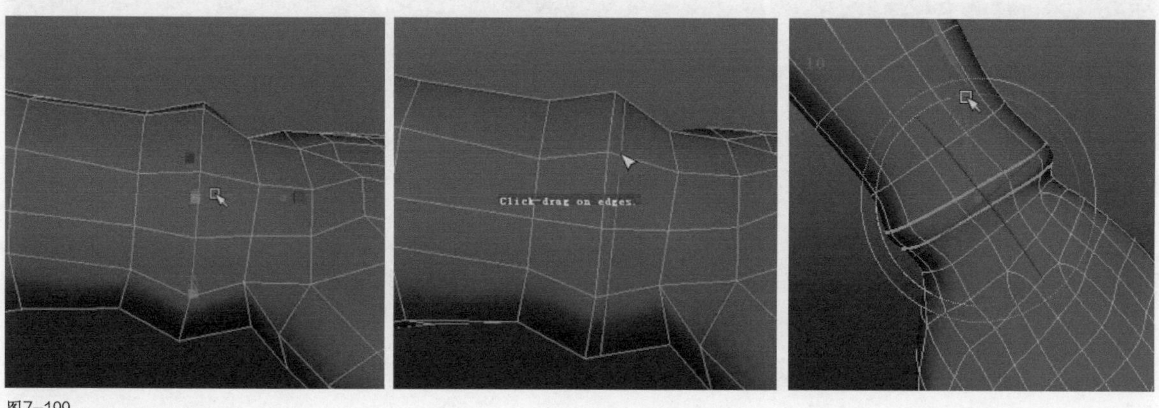

图7-199

11 选择上端的点，进行缩放，做出顶端张开的效果，开启软选择工具，把手套口的形状调圆，如图7-200所示。

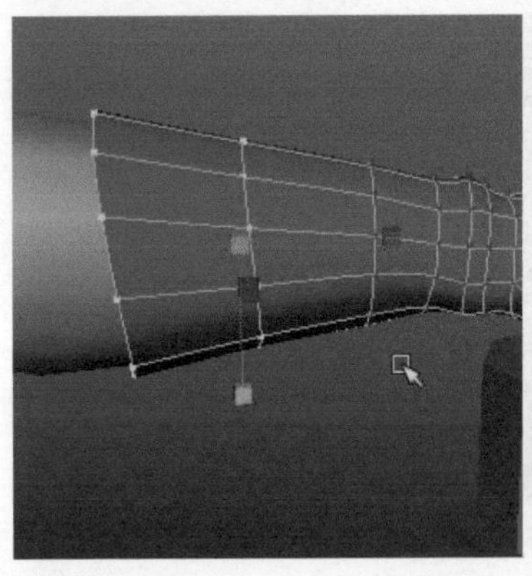
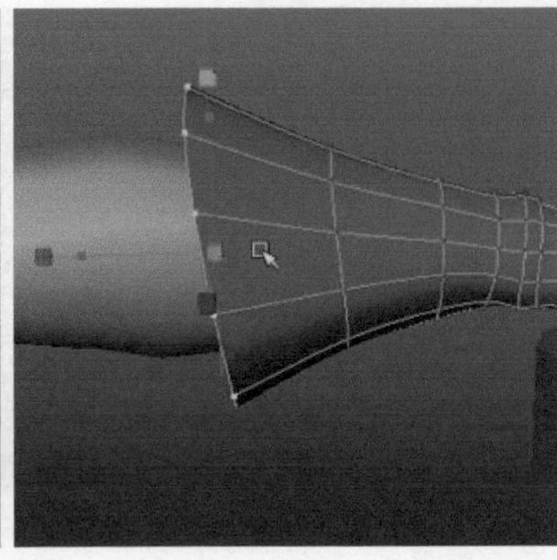
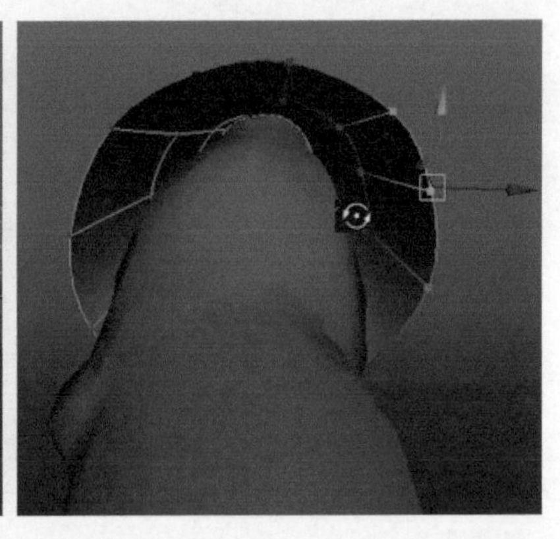

图7-200

12 执行Create（创建）>Polygon Primitives（多边形基本体）>Cylinder（圆柱体）命令，创建一个圆柱体，删除上下两端的面。执行Edit Mesh（编辑网格）>Insert Edge Loop Tool（插入循环边工具）命令，在前段两侧插入一段线，然后删除中间的面，如图7-201所示。

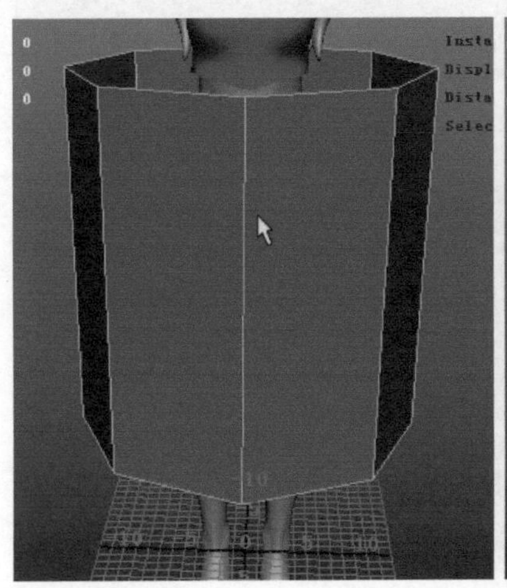
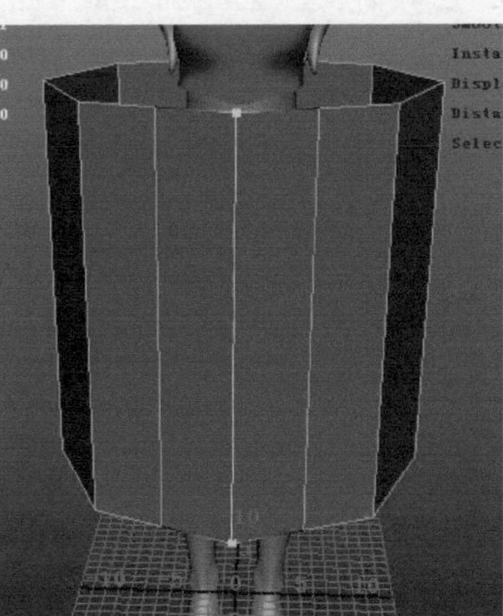
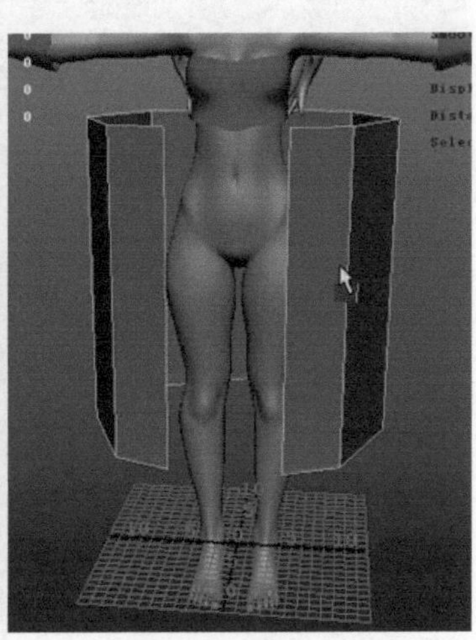

图7-201

13 选择顶端的点，开启软选择工具进行缩放，匹配腰部的粗细。然后继续使用插入循环边工具，在裙子位置横向插入足够的段数，并且对其形状进行调整，如图7-202所示。

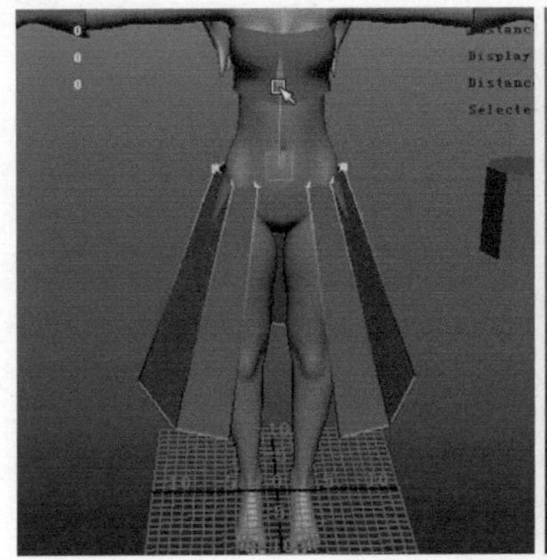
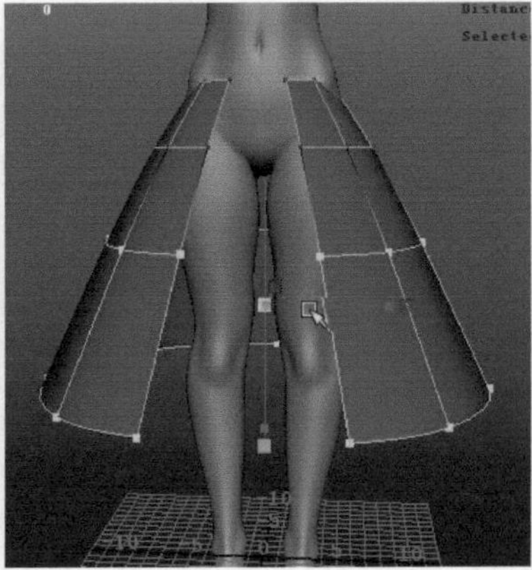
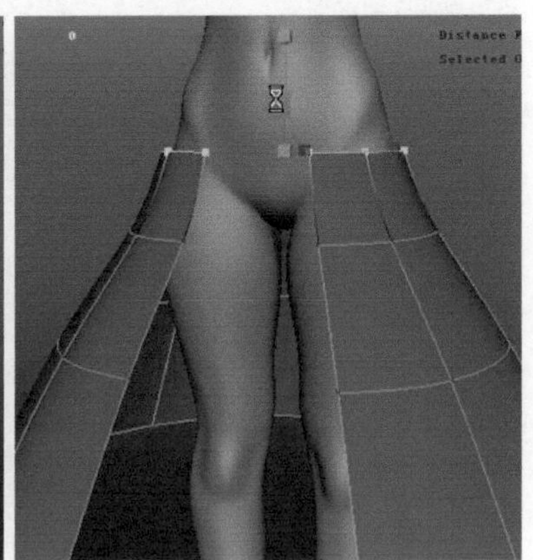

图7-202

14 选择顶端的循环边，向外缩放，做出张开的效果，然后继续插入需要的段数，选择中间的点，向侧边拉扯，如图7-203所示。

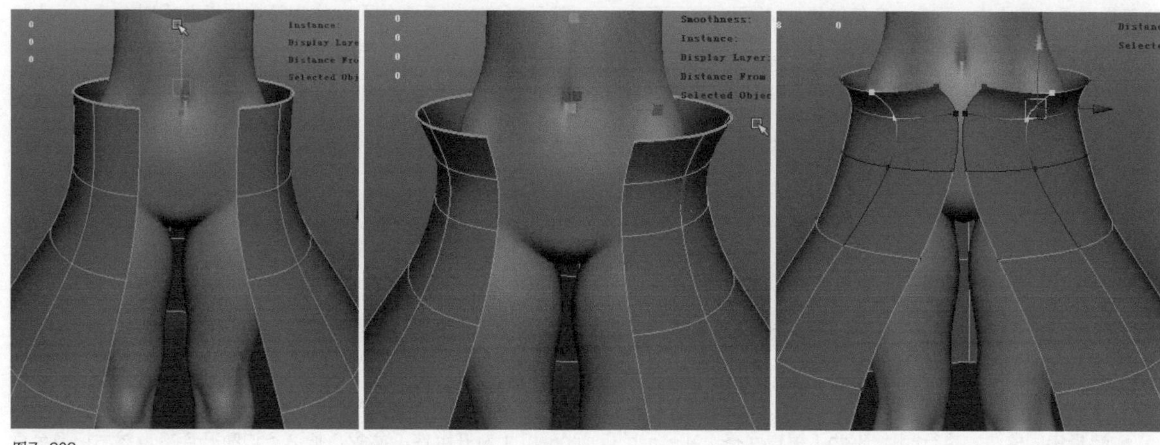

图7-203

15 切换至点元素模式，开启软选择工具，分别从正视图和侧视图，调整裙子的轮廓形状，如图7-204所示。

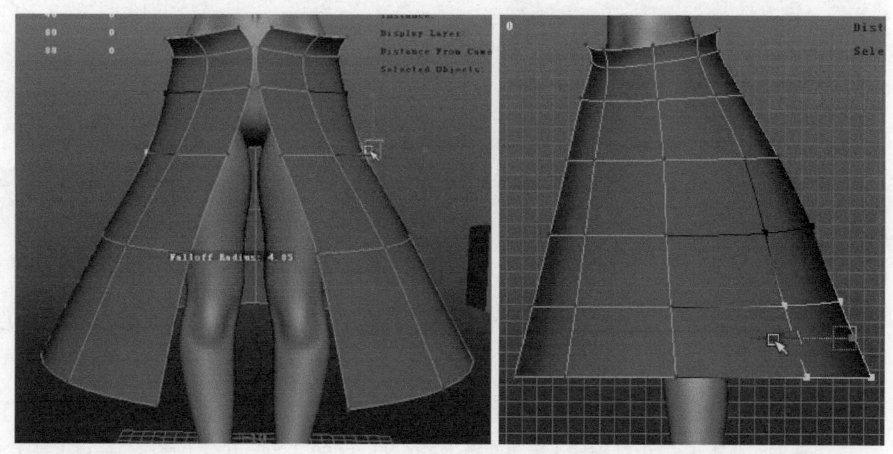

图7-204

16 选择裙子底端的环形面，执行Edit Mesh（编辑网格）>Duplicate Face（复制面）命令，把面复制提取出来作为裙子的镶边结构。接着执行Edit Mesh（编辑网格）>Extrude（挤出）命令，向外挤出，挤出它的厚度，如图7-205所示。

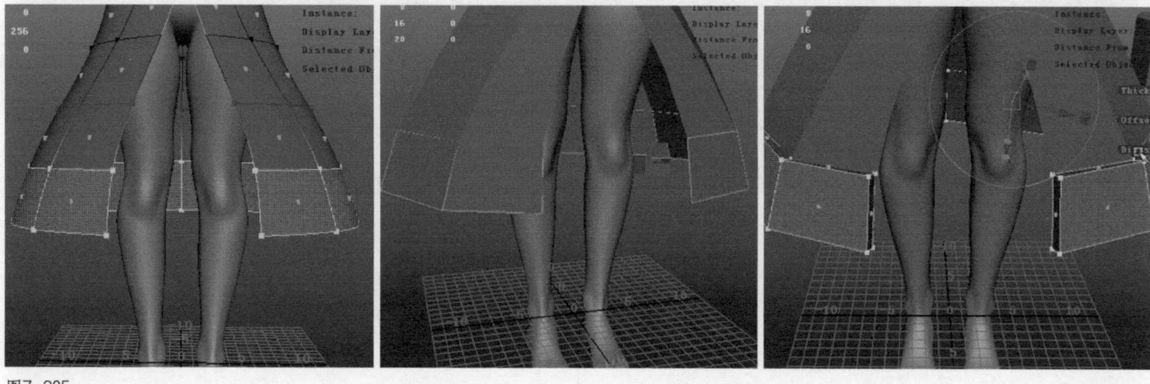

图7-205

17 选择镶边内侧的面，再次执行Edit Mesh（编辑网格）>Extrude（挤出）命令，向内挤出厚度。使用插入循环边工具，插入两段边，固定边角的结构，如图7-206所示。

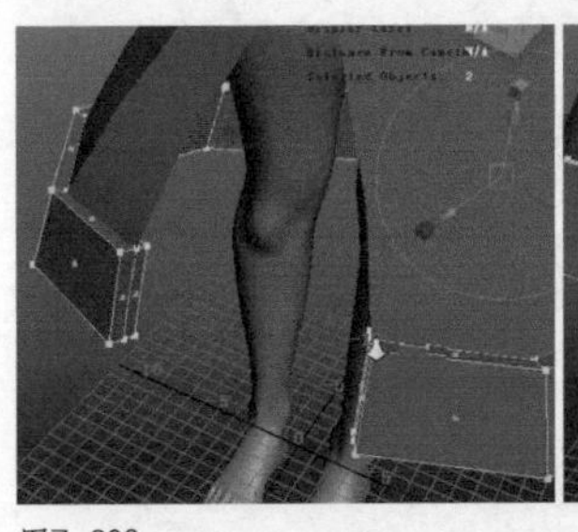
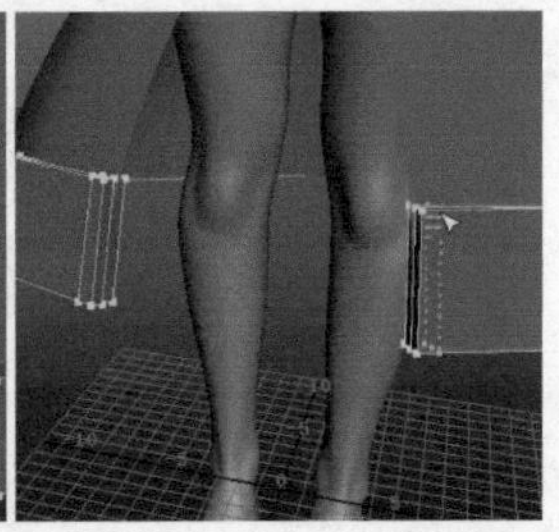

图7-206

18 执行Create（创建）>Polygon Primitives（多边形基本体）>Cylinder（圆柱体）命令，创建一个圆柱体，然后删除上下两端的面，作为腰带的模型。切换至点元素模式，调整它的形状，如图7-207所示。

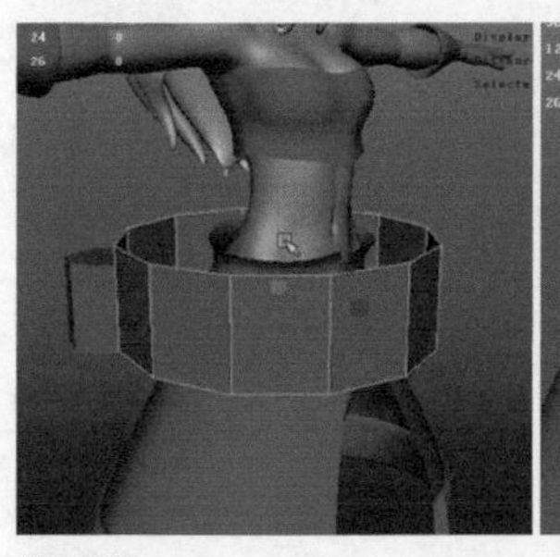
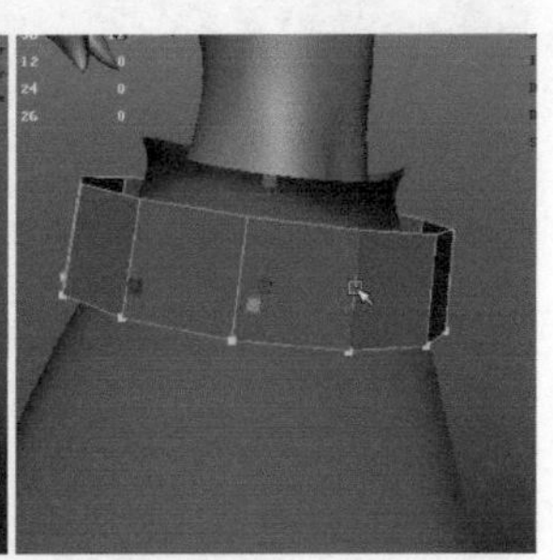

图7-207

19 选择中间的边，执行Edit Mesh（编辑网格）>Detach Component（断开组件）命令，把这条边断开连接，然后切换至点元素模式，调整两边的交叉，如图7-208所示。

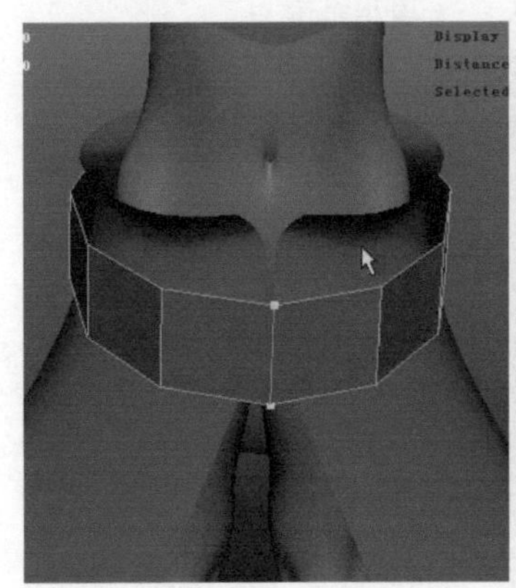
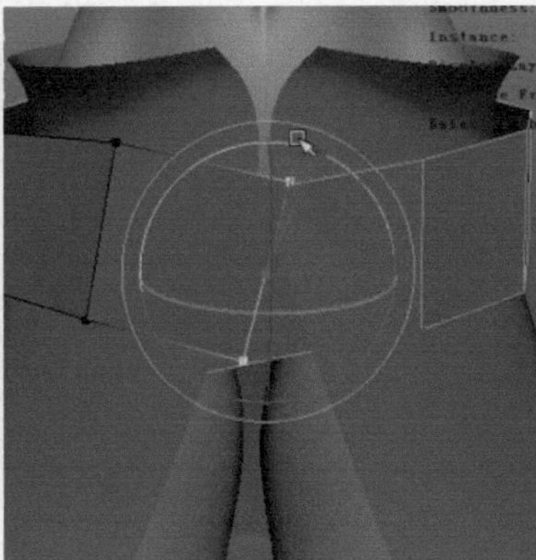
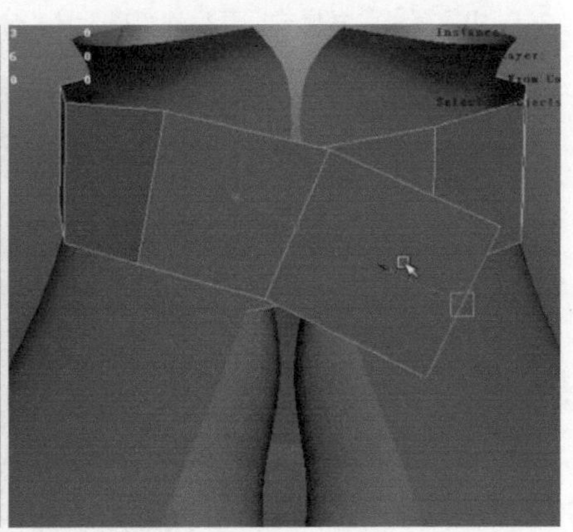

图7-208

20 执行Create（创建）>Polygon Primitives（多边形基本体）>Cylinder（圆柱体）命令，创建一个圆柱体，同样删除上下两端的面。执行Edit Mesh（编辑网格）>Insert Edge Loop Tool（插入循环边工具）命令，横向插入足够的控制段数。选择顶端的循环边，执行Edit Mesh（编辑网格）>Extrude（挤出）命令，挤出护腿的厚度，如图7-209所示。

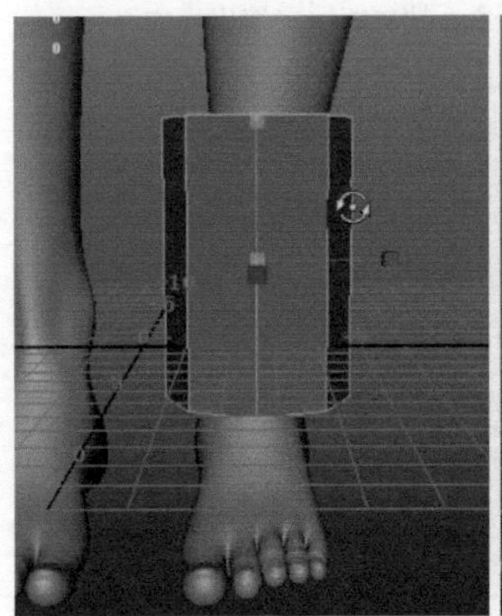
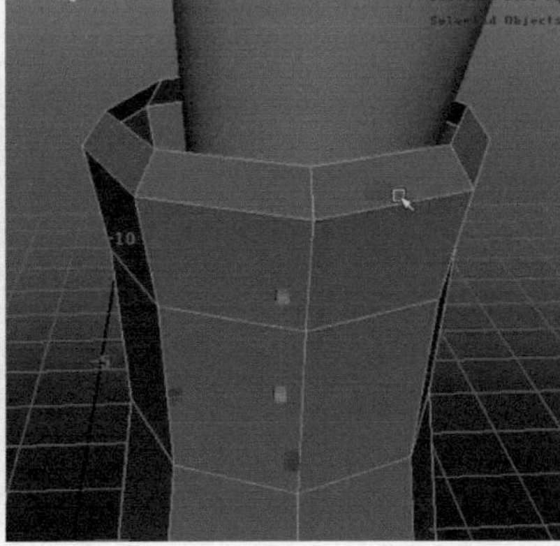
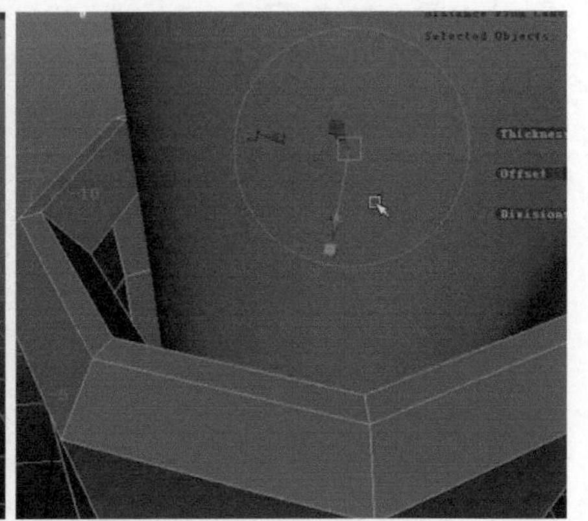

图7-209

21 创建一个立方体，放置并包裹住脚部，作为鞋子的基础模型。然后使用插入循环边工具，插入足够的控制段数。切换至点元素模式，调整鞋子的形状，如图7-210所示。

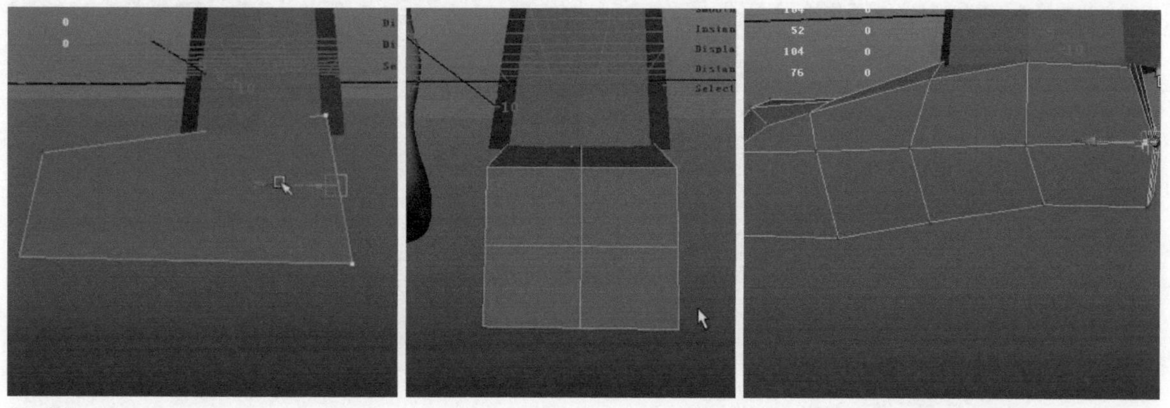
图7-210

22 选择鞋跟位置的面，把它进行缩放压平。然后执行Edit Mesh（编辑网格）>Extrude（挤出）命令，向下挤出鞋跟的结构，如图7-211所示。

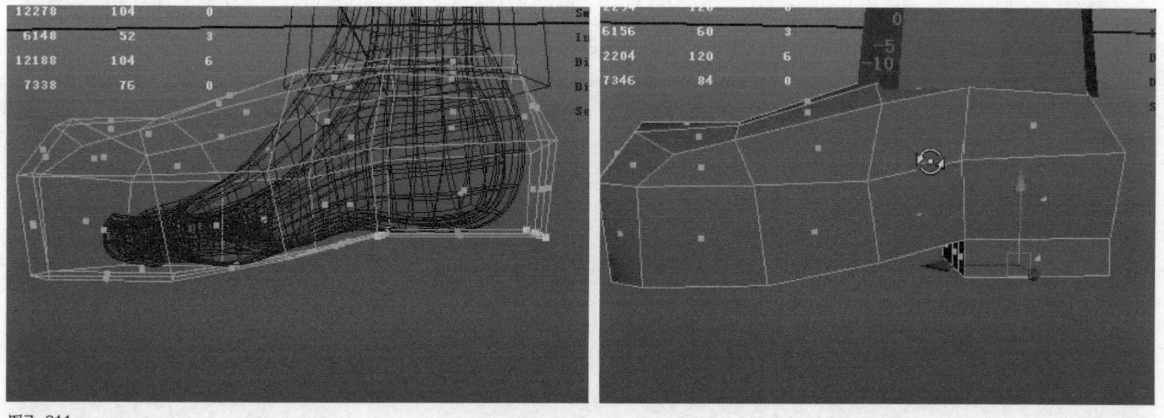
图7-211

23 删除鞋子左半边的面，然后使用特殊复制命令，把它重新镜像复制回来。切换至点元素模式，调整鞋子的轮廓形状，如图7-212所示。

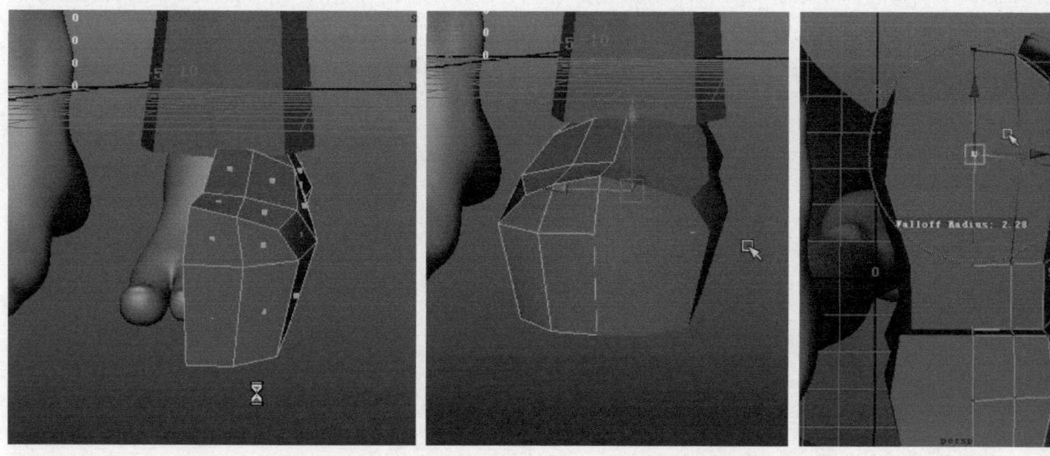

图7-212

24 分别从正视图和侧视图观察服饰整体的轮廓形状，使用软选择调点的方法或者使用晶格工具，对服饰的大型做相应的调整，如图7-213所示。

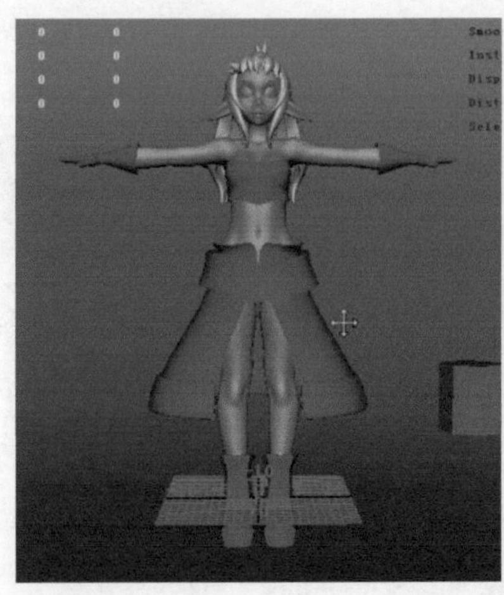
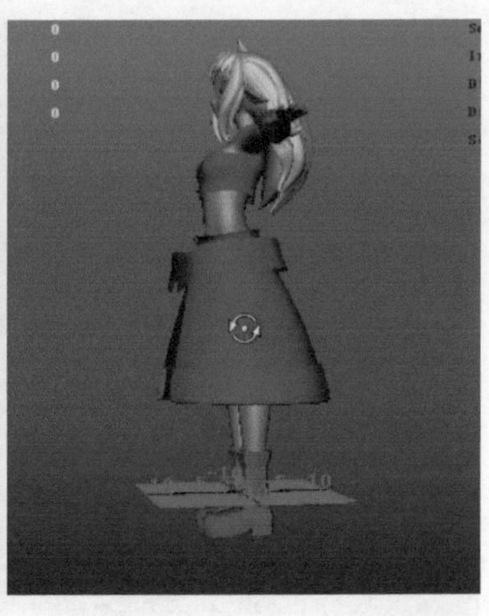
图7-213

7.6.2 布料细化

01 执行Edit Mesh（编辑网格）>Interactive Split Tool（交互式分割工具）命令，使用分割多边形工具在衣服的胸部下沿切出褶皱的结构线，然后切换至点线模式，扯出褶皱的起伏，如图7-214所示。

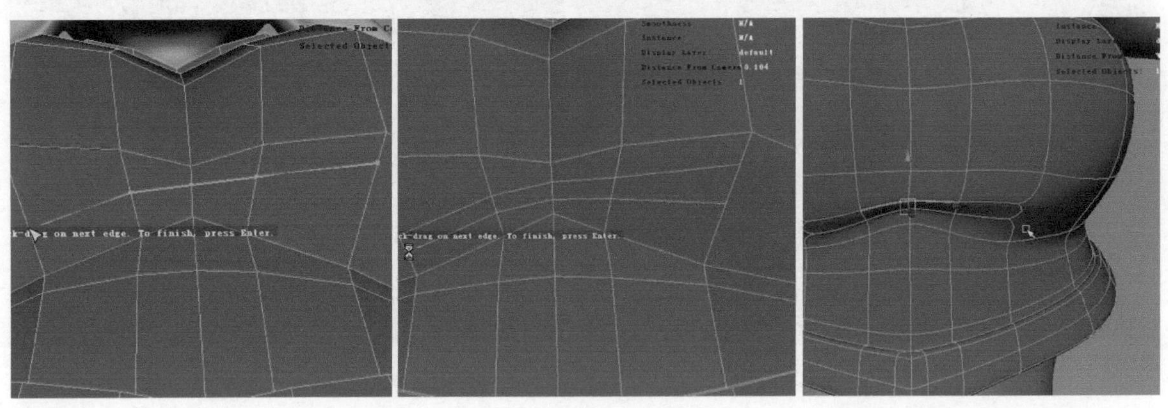
图7-214

02 执行Edit Mesh（编辑网格）>Insert Edge Loop Tool（插入循环边工具）命令，使用插入循环边工具在皱褶位置继续加线以固定褶皱的结构。切换至点元素模式，开启软选择工具，调整皱褶的走向变化，如图7-215所示。

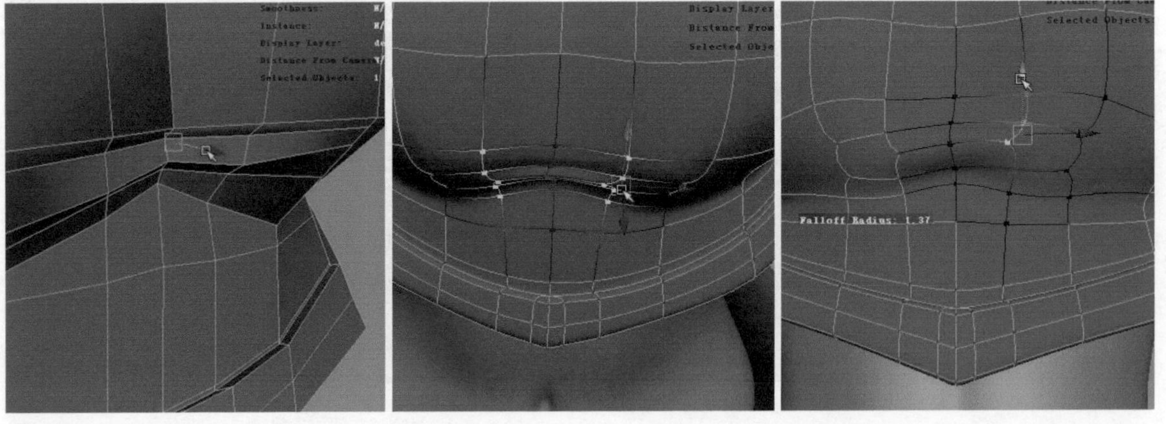
图7-215

03 执行Edit Mesh（编辑网格）>Interactive Split Tool（交互式分割工具）命令，使用分割多边形工具在胸部上端切出皱褶的结构线，然后删除多余的线段。切换至点线模式，扯出皱褶的起伏结构，如图7-216所示。

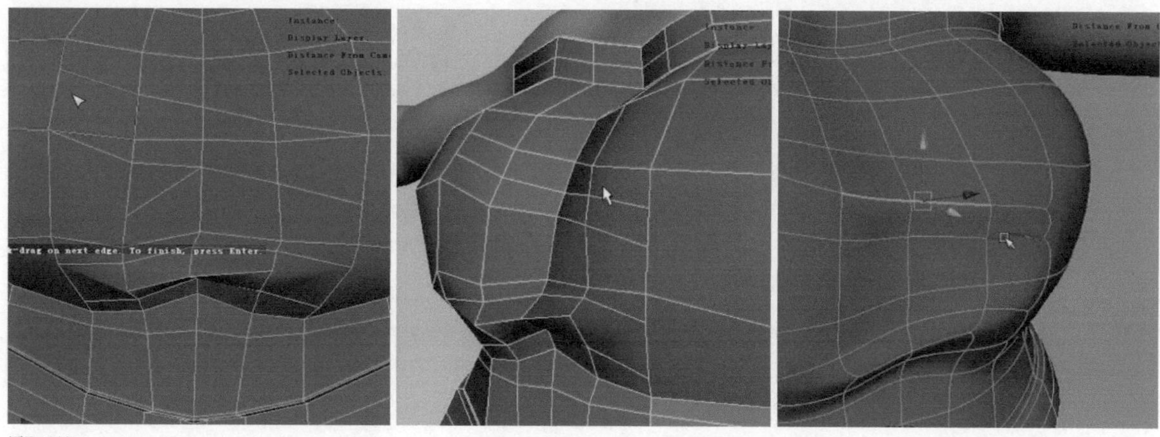

图7-216

04 使用合并点的方式，选择褶皱结构线的线头进行连接或合并，然后再删除多余的线段，优化这里的布线，如图7-217所示。

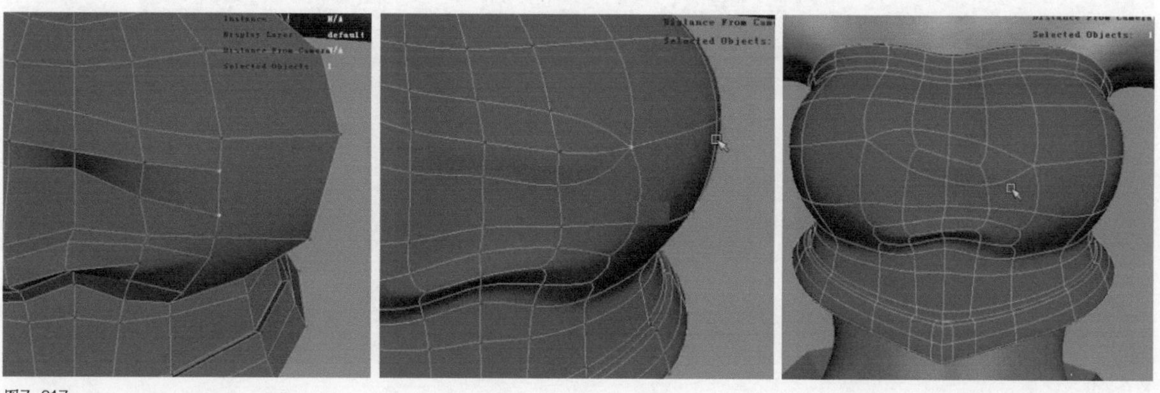

图7-217

7.6.3 手套细化

01 删除手腕上端的两段线，然后切换至点元素模式，把断开的位置移动错开，如图7-218所示。

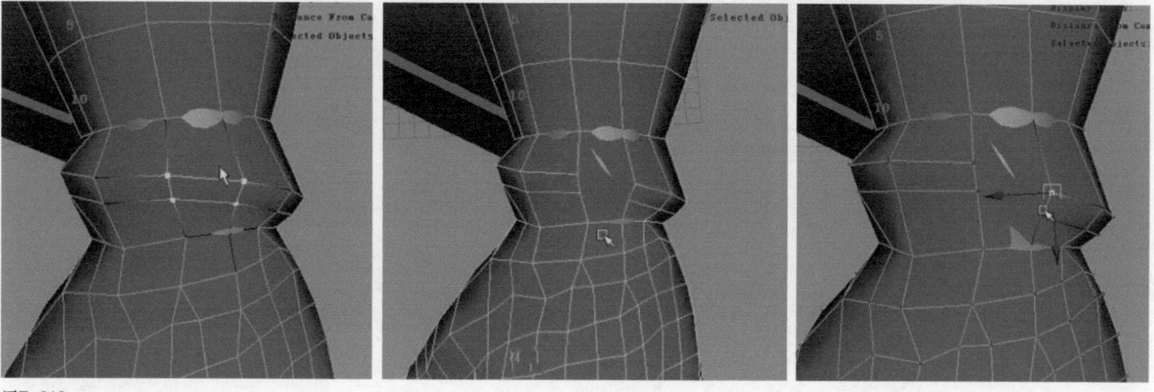

图7-218

02 执行Edit Mesh（编辑网格）>Interactive Split Tool（交互式分割工具）命令，使用分割多边形工具，延伸手腕位置错开的褶皱结构线，如图7-219所示。

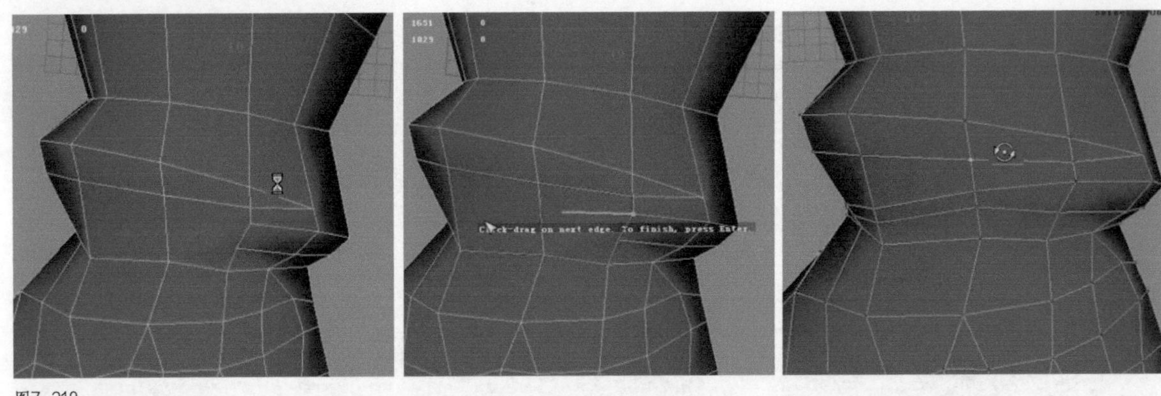

图7-219

03 切换至点元素模式，扯出褶皱的起伏结构。然后再次使用分割多边形工具优化褶皱的布线结构，如图7-220所示。

图7-220

04 切换至前视图，调整手套口的倾斜度。然后选择手套口的循环边，执行Edit Mesh（编辑网格）>Extrude（挤出）命令，向内挤出手套口的厚度，如图7-221所示。

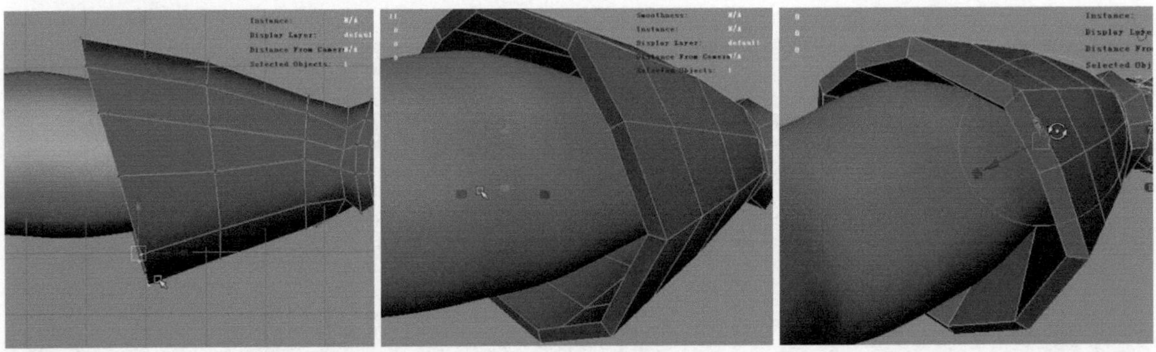

图7-221

05 执行Edit Mesh（编辑网格）>Insert Edge Loop Tool（插入循环边工具）命令，在厚度位置插入循环边，固定它的厚度结构，然后在边缘凸起的位置也插入结构线，缩放循环边，做出边缘凸起的结构，如图7-222所示。

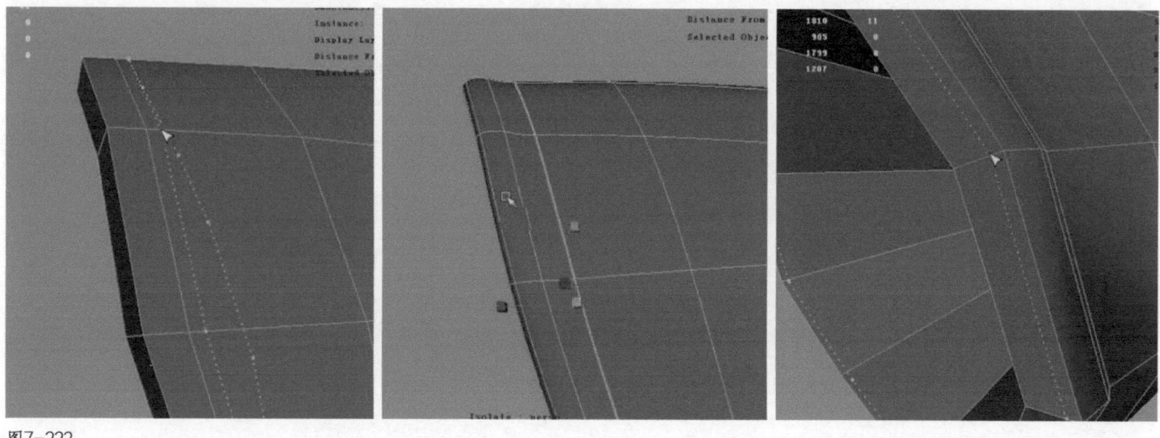
图7-222

06 继续使用插入循环边工具，在手套口附近的位置插入3条循环边，然后选择中间的一段向内适当缩放，做出凹槽的装饰结构。单只手套制作完成之后，使用特殊复制，把它镜像复制到另一边，如图7-223所示。

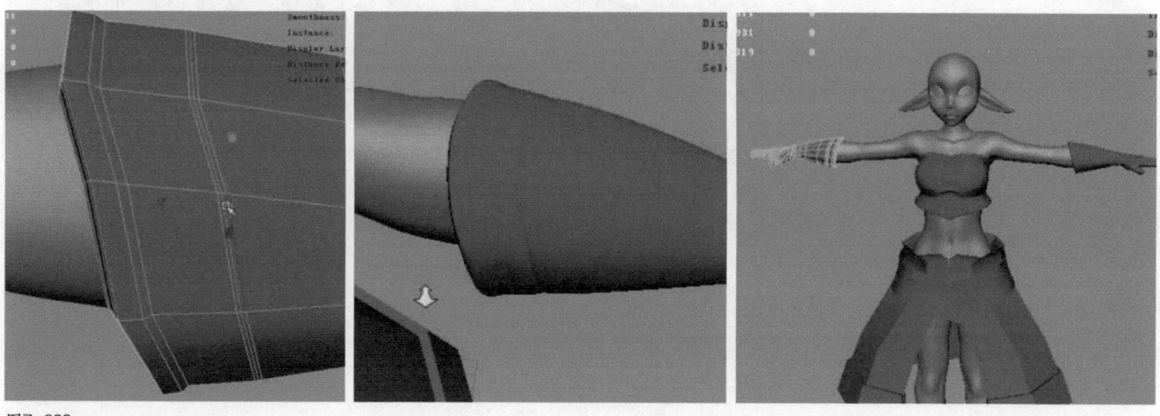
图7-223

7.6.4 皮带细化

01 执行Create（创建）>Polygon Primitives（多边形基本体）>Cube（立方体）命令，创建一个立方体。然后使用插入循环边工具横向插入一段循环边，切换至点元素模式，调整右侧的形状，如图7-224所示。

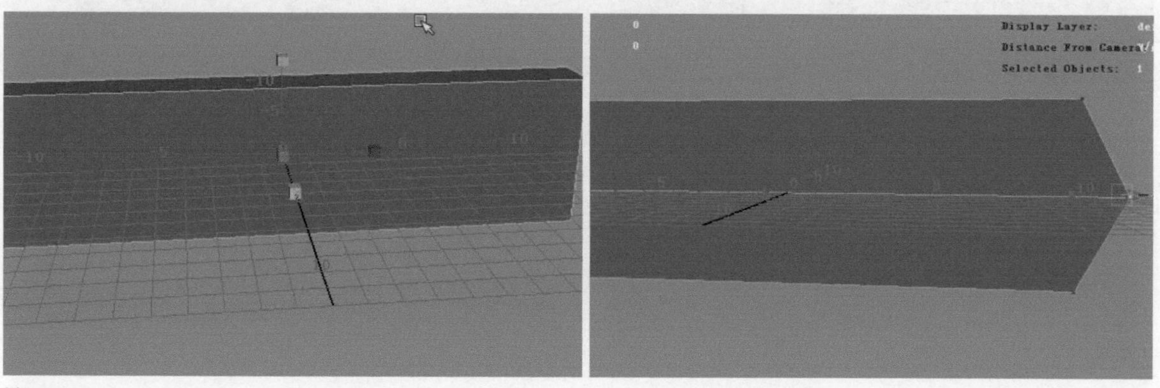
图7-224

02 继续创建一个立方体，缩放为腰带扣的大小。然后删除它前后两端的面，选择剩余的面，执行Edit Mesh（编辑网格）> Extrude（挤出）命令，向内挤出它的厚度，如图7-225所示。

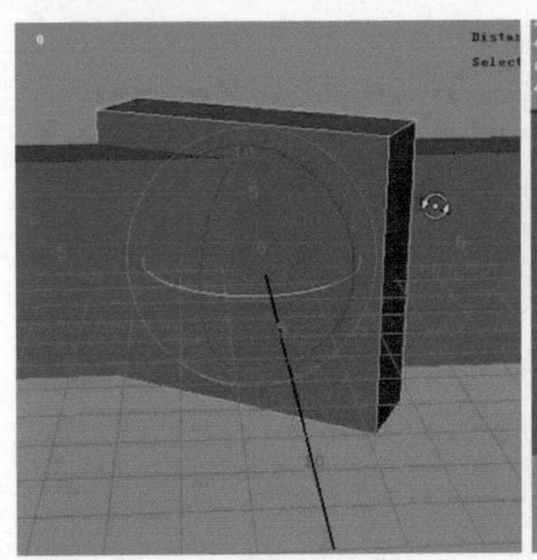

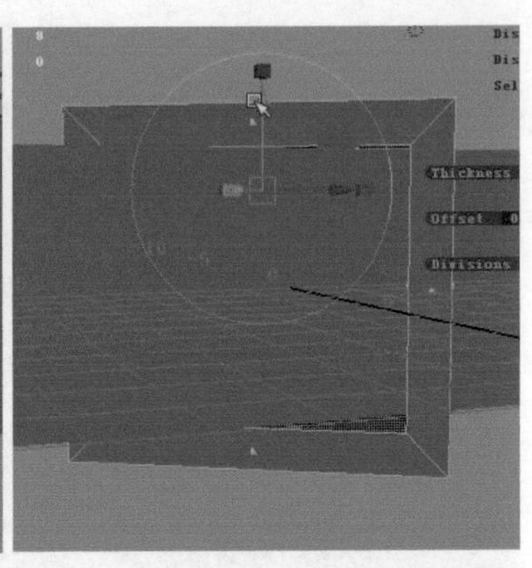

图7-225

03 创建立方体，切换至点元素模式，缩放一侧，调整成梯形形状，作为腰带的装饰元素，如图7-226所示。

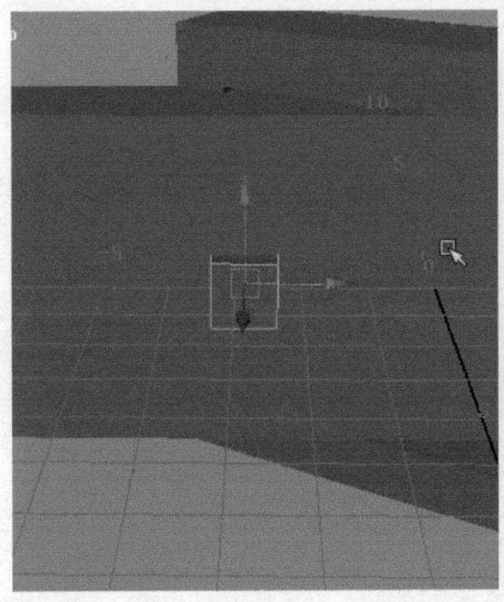

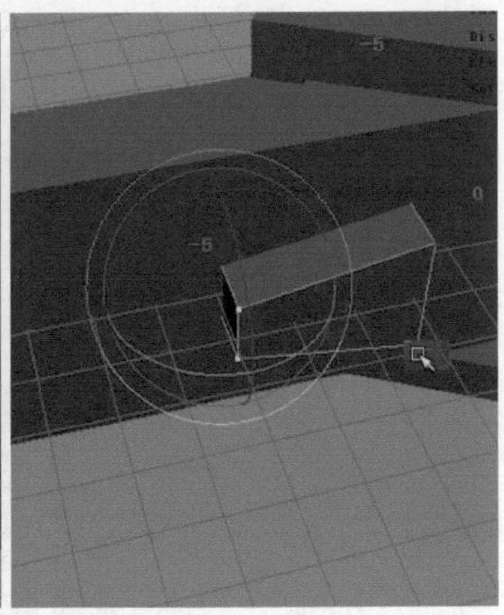

图7-226

04 创建立方体，放置在腰带的尖端，使用插入循环边工具在中间加线。切换至点元素模式，调整它的形状，作为尖端的金属镶边结构。然后再次创建一个立方体放置在镶边的中间位置，作为细节的装饰元素，如图7-227所示。

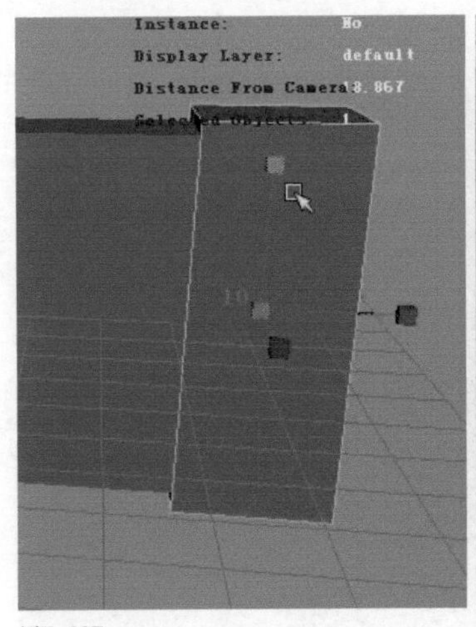

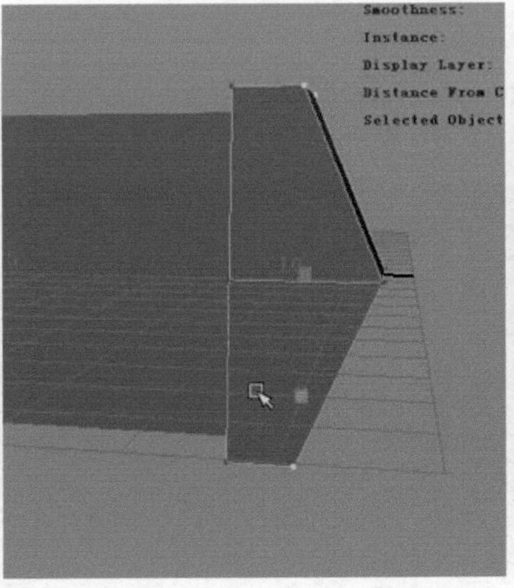

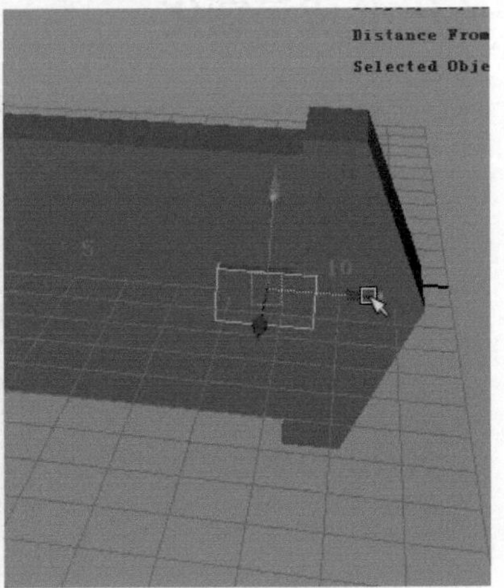

图7-227

05 选择腰带扣的模型，执行Edit Mesh（编辑网格）>Insert Edge Loop Tool（插入循环边工具）命令，插入需要的段数，然后删除底端的一半。切换至点元素模式，调整腰带扣的轮廓形状，如图7-228所示。

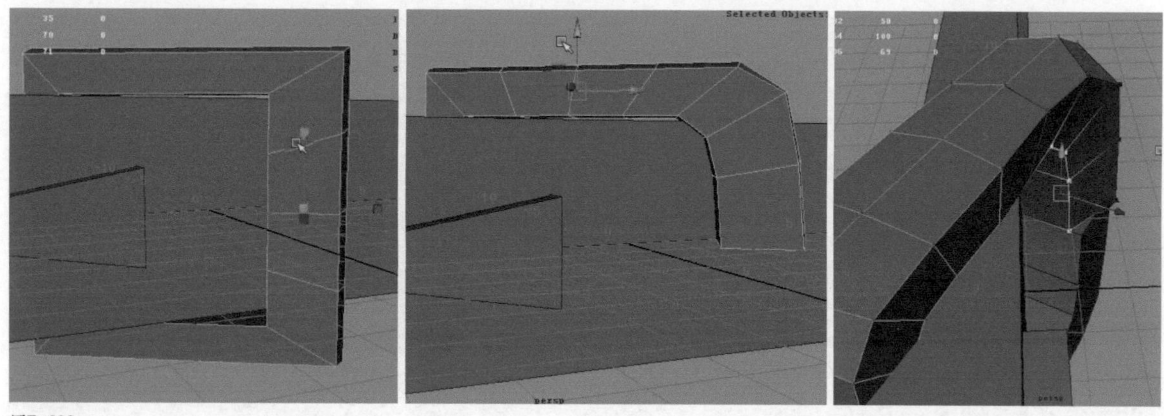

图7-228

06 选择腰带扣的模型，使用特殊复制的命令，把底端的一半重新镜像复制回来。同时选择两侧模型，执行Mesh（网格）>Combine（合并）命令，把它们合并为一个整体，然后执行Edit Mesh（编辑网格）>Merge（合并）命令，合并相邻和重叠的点，如图7-229所示。

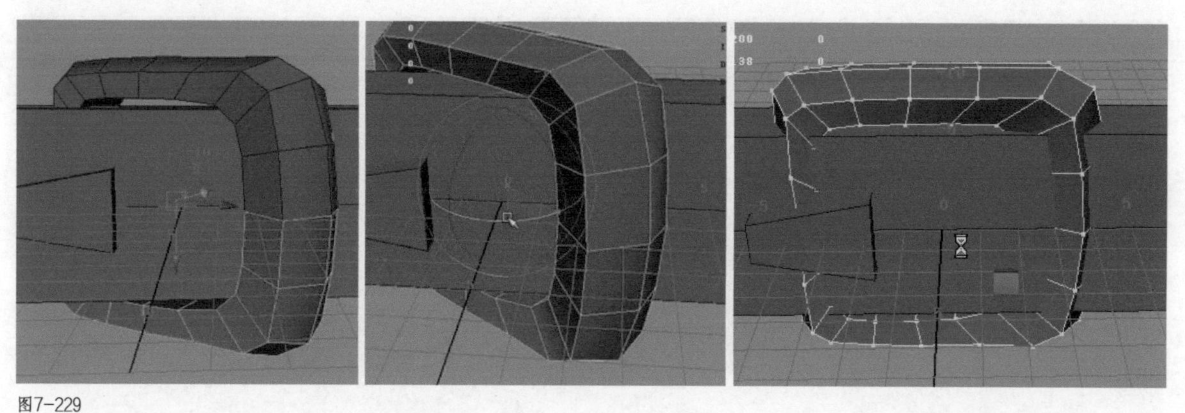

图7-229

07 执行Edit Mesh（编辑网格）>Insert Edge Loop Tool（插入循环边工具）命令，在腰带扣的转折位置插入结构线，以便在平滑模式下卡住这里锐利的转折结构，如图7-230所示。

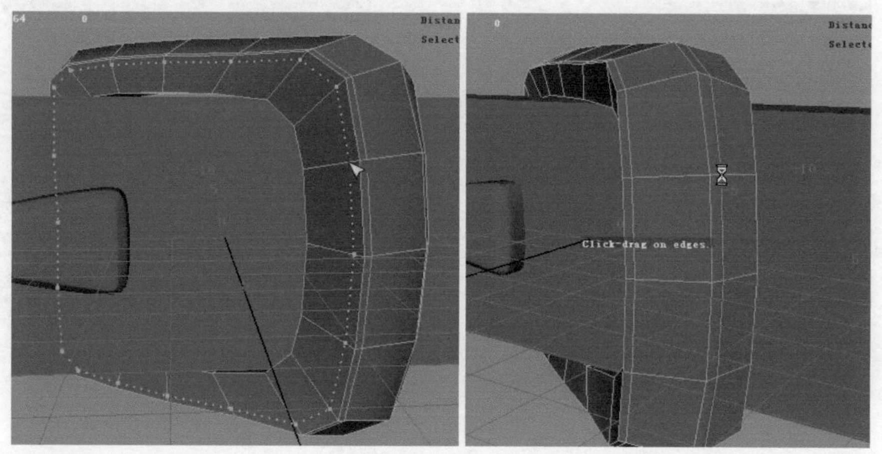

图7-230

08 选择尖端镶边结构的轮廓边，执行Edit Mesh（编辑网格）>Bevel（倒角）命令，做出倒角转折的细节结构，然后使用插入循环边工具插入结构线，卡住模型的转折结构，如图7-231所示。

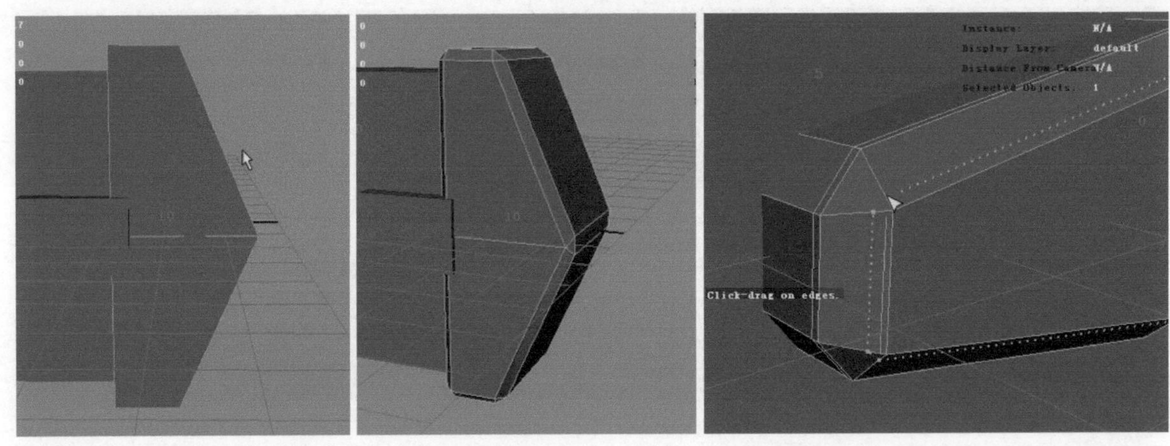

图7-231

09 选择完成的腰带模型，按Ctrl+G组合键，把模型打组，放置在腰部的前端。删除腰带厚度的面，然后使用插入循环边工具在上面插入足够的控制段数，如图7-232所示。

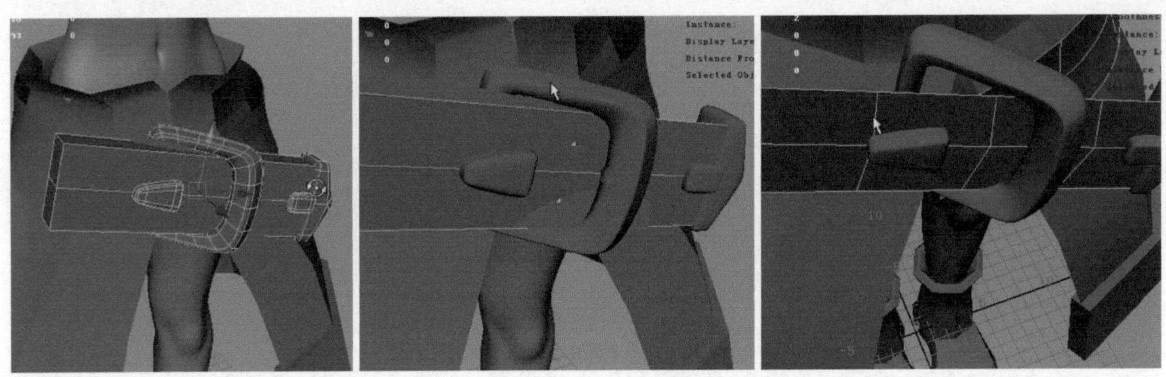

图7-232

10 切换至点元素模式，开启软选择工具，把腰带面片与之前做的腰带模型进行对齐，然后选择前端的结构，适当旋转一定的倾斜角度，如图7-233所示。

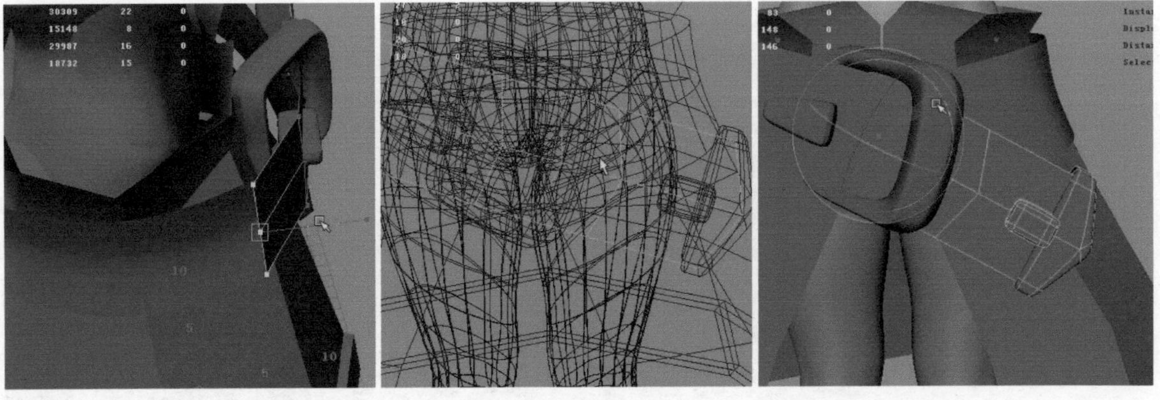

图7-233

11 选择腰带的面片，执行Mesh（网格）>Combine（合并）命令，把它们合并为一个整体，然后使用合并点的方式，把它们彻底合并。完成之后，选择腰带，执行Edit Mesh（编辑网格）>Extrude（挤出）命令，向外挤出它的厚度，如图7-234所示。

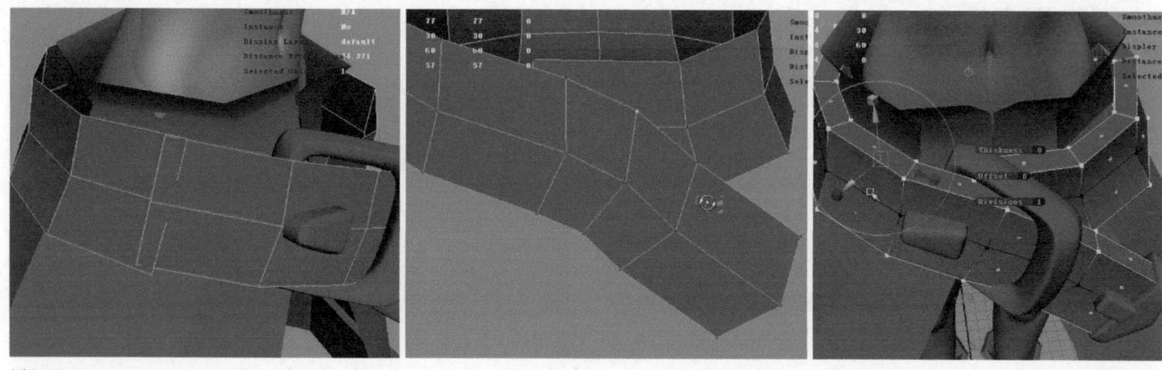

图7-234

12 执行Edit Mesh（编辑网格）>Insert Edge Loop Tool（插入循环边工具）命令，在腰带的厚度转折处进行卡线处理，做出它倒角的转折结构，如图7-235所示。

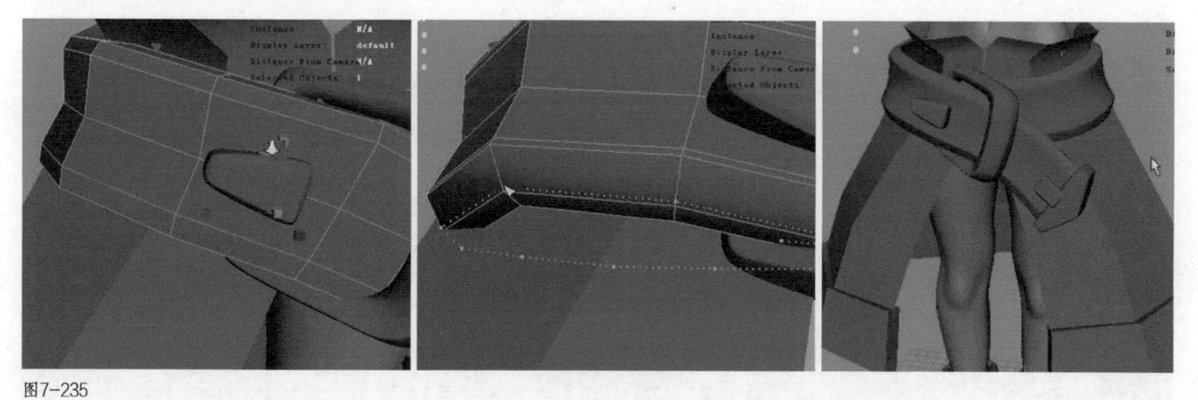

图7-235

7.6.5 裙摆细化

01 选择裙子的模型，执行Edit Mesh（编辑网格）>Extrude（挤出）命令，向内挤出它的厚度，然后执行Edit Mesh（编辑网格）>Insert Edge Loop Tool（插入循环边工具）命令，在转折位置插入结构线，卡住它的厚度转折结构，如图7-236所示。

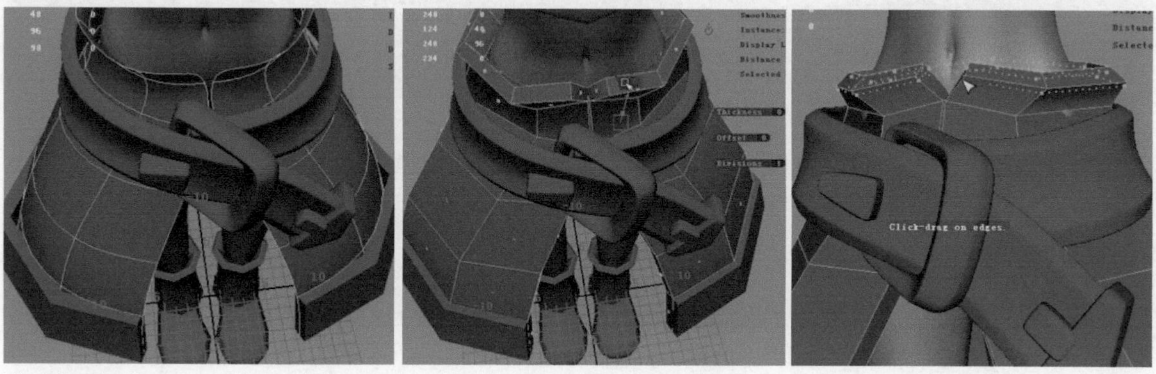

图7-236

02 执行Edit Mesh（编辑网格）>Insert Edge Loop Tool（插入循环边工具）命令，在裙子边缘凸起的地方插入3段循环边，然后选择中间一段向内缩放，做出边缘凸起的效果，如图7-237所示。

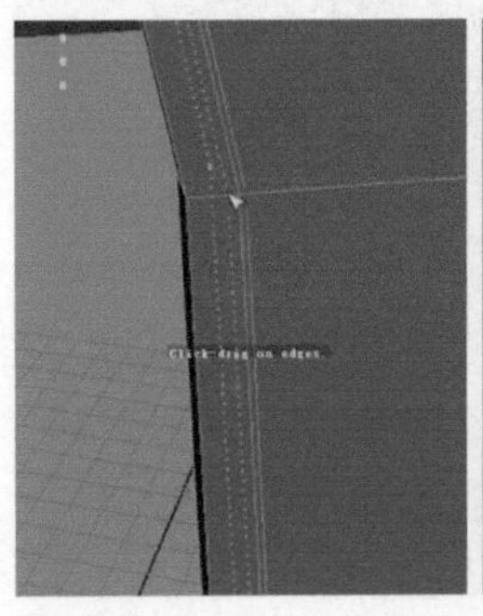
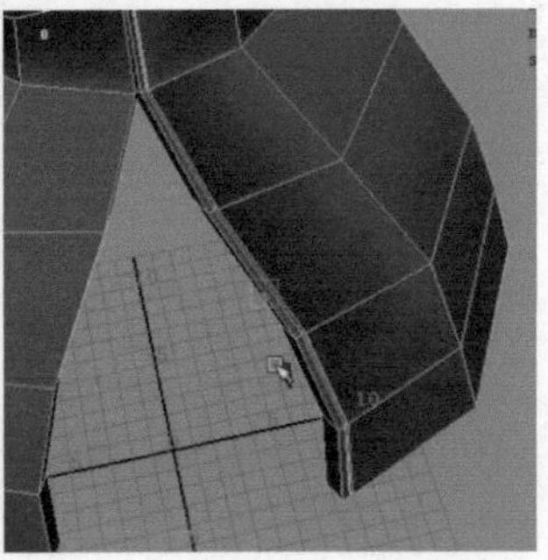

图7-237

03 选择裙子模型，按Ctrl+D组合键复制一份。执行Mesh（网格）>Smooth（平滑）命令，把模型平滑细分两次，如图7-238所示。

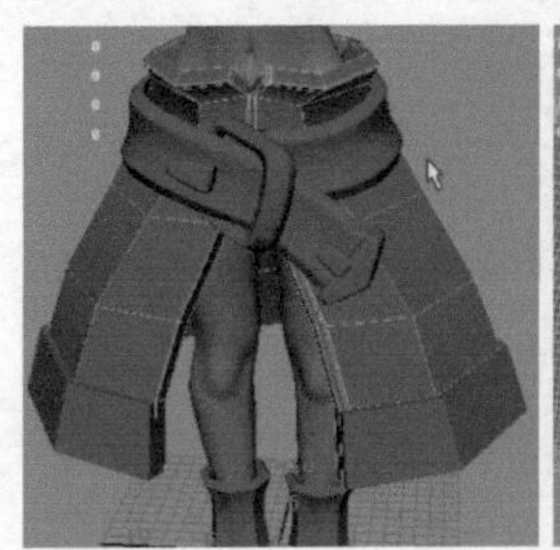
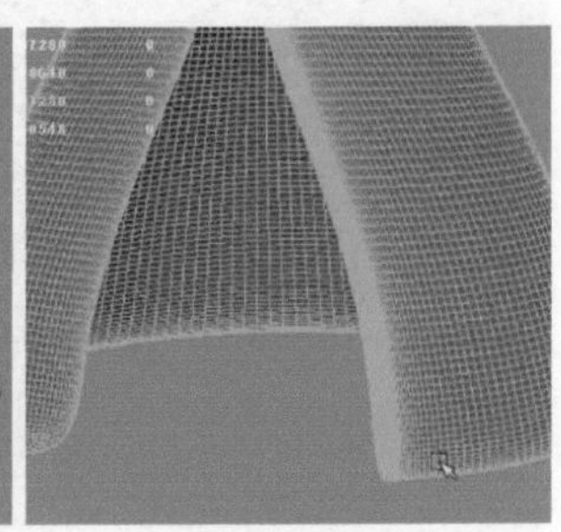

图7-238

04 选择缝线位置的循环面，执行Select（选择）>Grow Selection Region（生长选择区域），扩大选择缝线的面，然后反选，删除其他不需要的面，如图7-239所示。

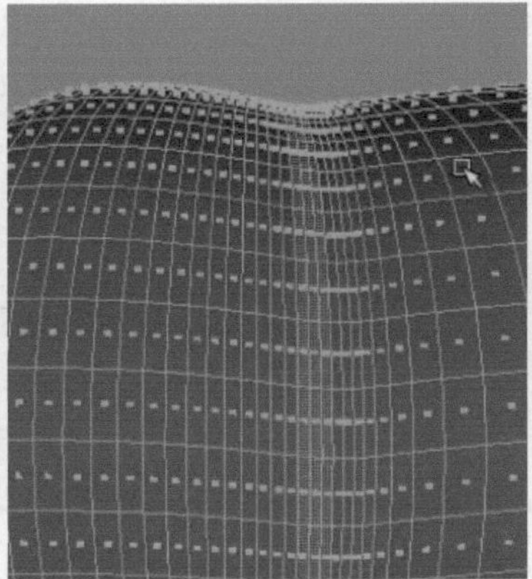
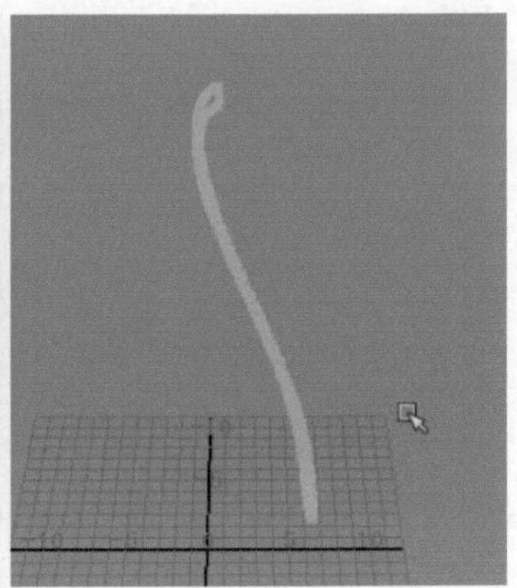

图7-239

05 选择缝线的面，把Edit Mesh（编辑网格）菜单下的Keep Faces Together（保持面的连接）的勾选去掉，执行Edit Mesh（编辑网格）>Extrude（挤出）命令，挤出缝线的凸起结构，如图7-240所示。

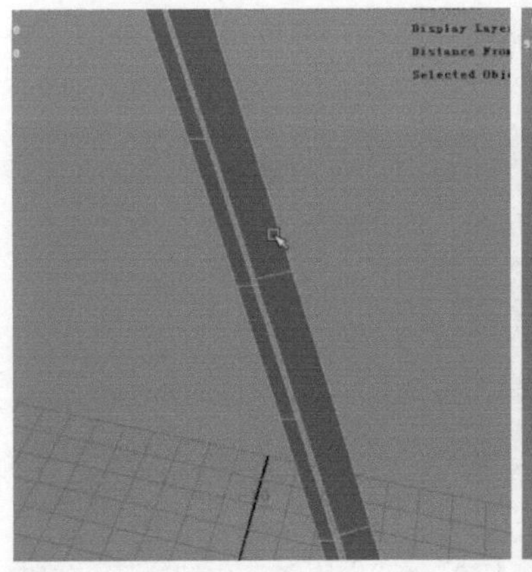
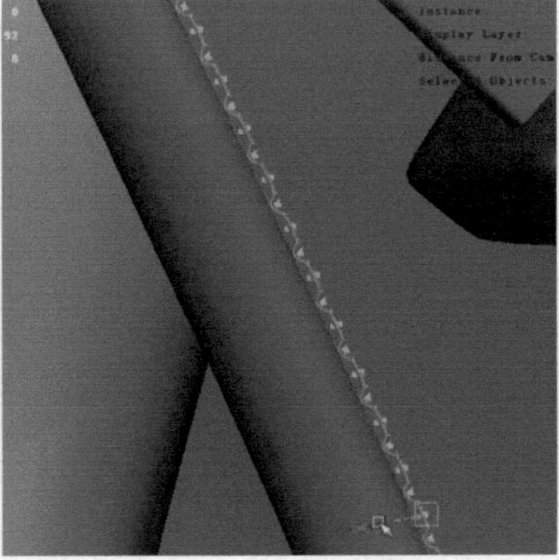
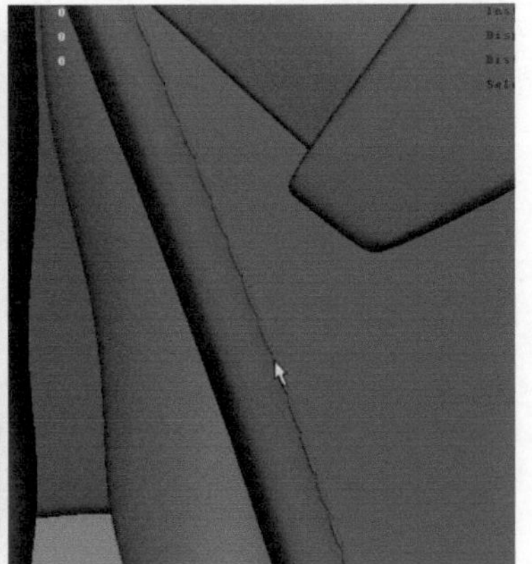

图7-240

7.6.6 鞋子细化

01 选择鞋子模型，执行Edit Mesh（编辑网格）>Insert Edge Loop Tool（插入循环边工具）命令，在鞋面以及鞋底的转折位置插入循环边，以固定它锐利的转折结构，如图7-241所示。

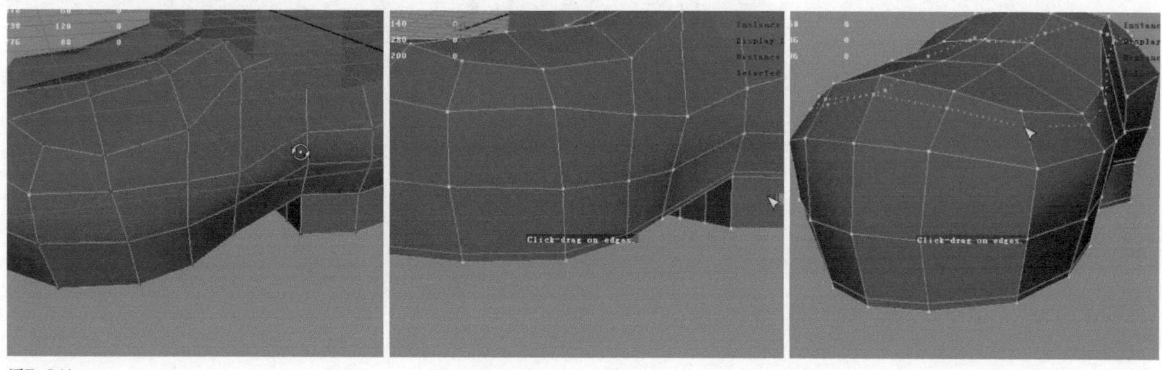

图7-241

02 选择护腿下端的循环边，执行Edit Mesh（编辑网格）>Extrude（挤出）命令，向内挤出厚度结构。切换至点元素模式，开启软选择工具，调整护腿与鞋筒之间的包裹关系，如图7-242所示。

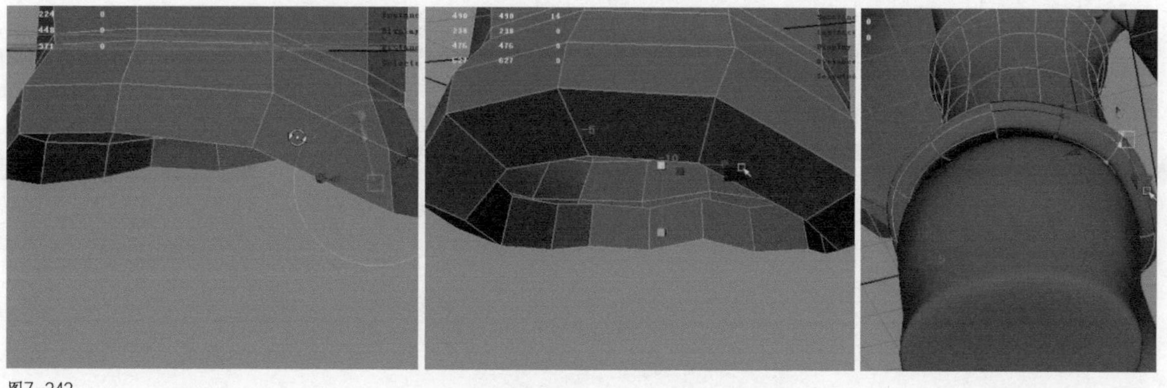

图7-242

03 选择鞋子和护腿模型，按Ctrl+G组合键，把模型进行打组，然后使用特殊复制命令，把模型的另一半镜像复制过去，如图7-243所示。

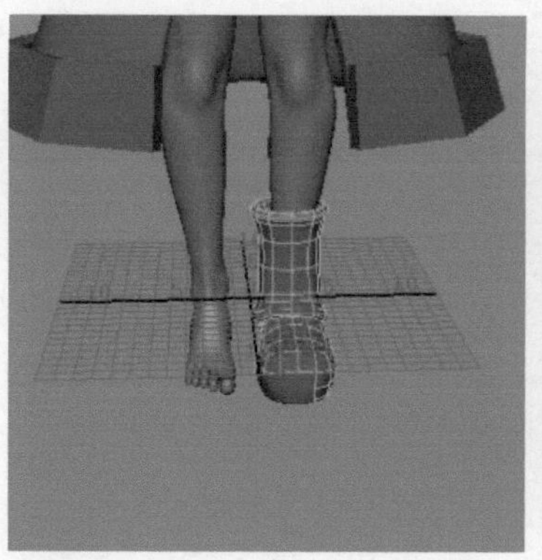

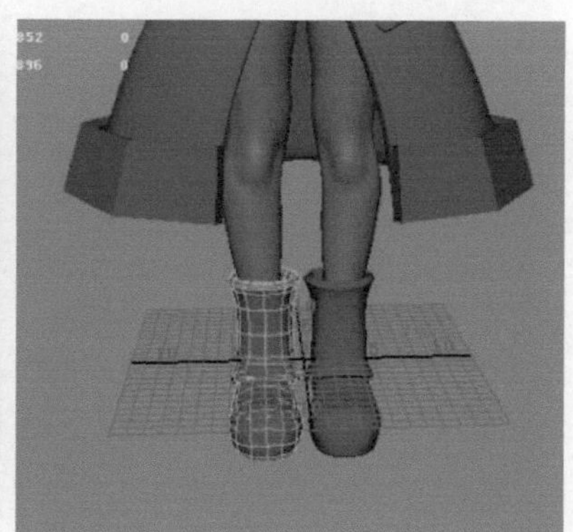

图7-243

04 检查并调整模型的最终大型，然后再给模型赋予不同颜色的材质，以便于观察整体效果，最终完成模型部分的制作，如图7-244所示。

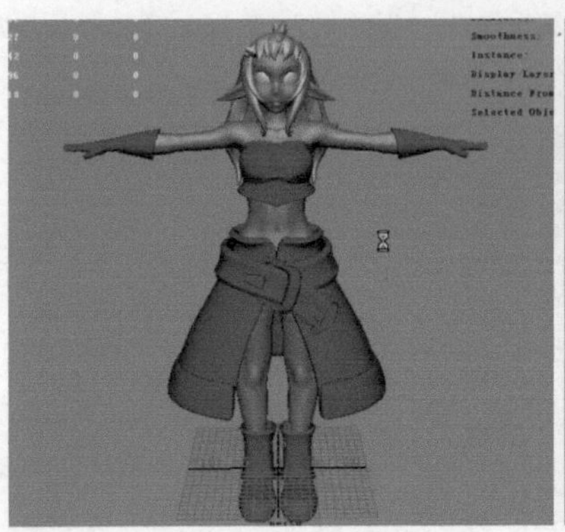
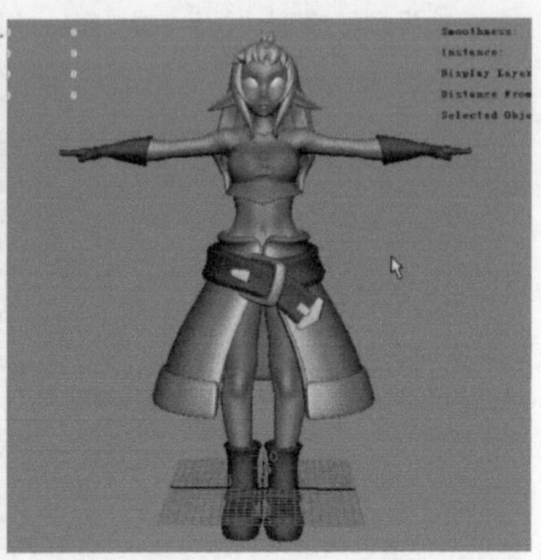

图7-244

7.7 本章小结

通过本章的学习，使大家了解了卡通角色的相关理论知识，通过实例使大家掌握卡通角色在形体比例和面部五官刻画的方法，帮助大家制作出符合要求的角色形象，不仅能突出角色的创作风格，而且能通过各方面的刻画反映出角色的个性。

影视特效就业班

28周课程

本课程涵盖了动画、影视、游戏三大特效行业的学习，深入解析二维后期特效，MAYA三维特效的制作。整个课程从MAYA动画各个基础模块的学习过渡到特效的制作，特效课程主要针对粒子、流体、刚体、毛发、布料、后期几大模块进行重点突破，使学生课后能够真实地模拟爆炸，破碎等VFX影视特效，达到行业的要求。当完成后期课程后，学员能够掌握电影特效和影视追踪及合成的制作方法。

建筑室内外表现全科班

24周课程

通过系统全面地学习建筑室内表现相关的知识内容，培养建筑表现与动画行业的优秀人才。学员毕业时将掌握建筑室内表现及建筑特效相关知识，完成建筑室内表现、虚拟现实、建筑室内表现后期处理等与建筑表现相关的工作。教师在学习过程中采用公司化的高强度训练模式，指导学员完成毕业设计，达到建筑表现与动画行业要求的标准。

平面电商UI全科班

24周课程

本课程将艺术与设计有机结合，全面、系统地学习平面设计师所需的制作技术。学习UI界面设计的规范。图形、图标等移动媒体用户界面风格与整体架构的规划设计。用实战实例使学习者掌握Web UI和独立平台、移动媒体设计的技巧，以及电子商务网站的规划、设计、建设和产品美化。使学员学会全局构思与规划，提高对设计流程的控制能力、掌握交互设计能力，完成多媒体互动站点、门户网站的规划与建设，胜任互联网络媒体设计领域职位。

原画概念设计长期班

24周课程

概念设计的最终目的是要确定一款游戏的美术风格，并为后期的游戏美术制作提供依据，概念设计师要能根据游戏策划的游戏需求，把自己的设计想法清晰、准确地表达出来。概念设计往往不拘泥于细节，着重表现游戏的氛围、世界观等宏观因素。游戏概念设计工作往往需要大量的资料寻找。直到绘画出整个制作团队满意的作品。

插画设计长期班

24周课程

本课程主要学习色彩及电脑绘画相关的技巧，让学生在有限的时间里掌握商业插画绘画技法，插画角色及其配件的贴图绘制，电影MATTE-PAITTING技法中大场景的绘制。通过科学合理的课程安排，使学生对之后的插画基础造型乃至将来的运动规律学习提供理论基础，明确学习目的，达到了解插画、对插画概念有一个正确清晰的认识、形成插画设计意识并且能够掌握学习插画的方法。

漫画设计长期班

24周课程

漫画设计是一种艺术形式，是用简单而夸张的手法来描绘生活或时事的图画。漫画家们一般运用变形、比拟、象征、暗示、影射的方法，构成幽默诙谐的画面或画面组，以取得讽刺或歌颂的效果。常采用夸张、比喻、象征等手法，讽刺、批评或歌颂某些人和事，具有较强的社会性。也有纯为娱乐的作品，娱乐性质的作品往往存在搞笑型和人物创造（设计一个作者所虚拟的世界与规则）两种。